完全学习手册

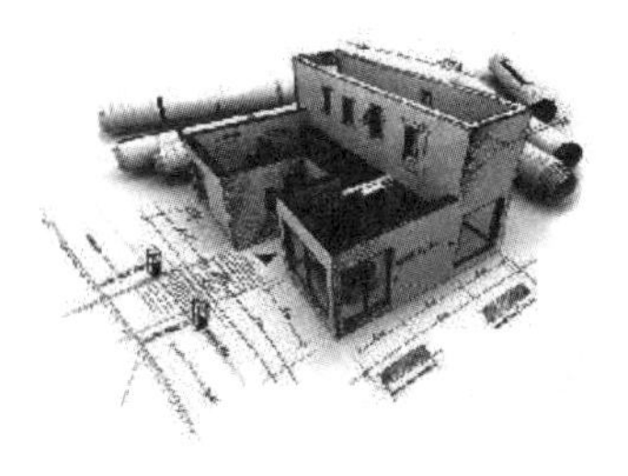

张曼 / 编著

中文版

AutoCAD 2014 完全实战技术手册

清华大学出版社

北京

内 容 简 介

本书是一本帮助 AutoCAD 2014 初学者实现入门、提高到精通的学习宝典，全书采用“基础＋手册＋案例”的写作方法，一本书相当于三本书内容量。

本书分为 4 大篇、共 21 章，第 1 篇为快速入门篇，主要介绍 AutoCAD 的基本知识与界面、参数设置，内容包括软件入门、文件管理、设置绘图环境、图形坐标系、图形的绘制与编辑等；第 2 篇为绘图进阶篇，内容包括图形标注、文字与表格、图层、图块、图形信息查询、打印设置等 AutoCAD 高级功能；第 3 篇为三维绘图篇，分别介绍了三维绘图基础、三维实体与网格建模、三维模型的编辑、三维渲染等内容；第 4 篇为行业应用篇，主要介绍机械设计、建筑设计、室内设计、电气设计等 4 类主要的 AutoCAD 设计领域，详细的实战讲解，具有极高的实用性。

本书读者定位于 AutoCAD 初、中级用户，可作为广大 AutoCAD 初学者和爱好者学习的专业指导教材。对相关专业技术人员来说也是一本不可多得的参考书和速查手册。

图书在版编目（CIP）数据

中文版 AutoCAD 2014 完全实战技术手册 / 张曼编著．—北京：清华大学出版社，2017

（完全学习手册）

ISBN 978-7-302-45866-1

Ⅰ．①中… Ⅱ．①张… Ⅲ．① AutoCAD 软件—技术手册 Ⅳ．① TP391.72-62

中国版本图书馆 CIP 数据核字 (2016) 第 294608 号

责任编辑： 陈绿春
封面设计： 潘国文
责任校对： 胡伟民
责任印制： 李红英

出版发行： 清华大学出版社
网　　址： http://www.tup.com.cn，http://www.wqbook.com
地　　址： 北京清华大学学研大厦 A 座　　**邮　　编：** 100084
社 总 机： 010-62770175　　**邮　　购：** 010-62786544
投稿与读者服务： 010-62776969, c-service@tup.tsinghua.edu.cn
质量反馈： 010-62772015, zhiliang@tup.tsinghua.edu.cn
印 装 者： 清华大学印刷厂
经　　销： 全国新华书店
开　　本： 188mm×260mm　　**印　　张：** 39.5　　**字　　数：** 1170 千字
（附光盘 1 张）
版　　次： 2017 年 6 月第 1 版　　**印　　次：** 2017 年 6 月第 1 次印刷
印　　数： 1～3000
定　　价： 99.00 元

产品编号：055370-01

AutoCAD 软件简介

AutoCAD 是 Autodesk 公司开发的一款绘图软件，也是目前市场上使用率极高的辅助设计软件，被广泛应用于建筑、机械、电子、服装、化工及室内装潢等设计领域。它可以更轻松地帮助用户实现数据设计、图形绘制等多项功能，从而极大地提高了设计人员的工作效率，并成为广大工程技术人员必备的工具。

本书内容安排

本书是一本 AutoCAD 2014 的学习手册，将软件技术与行业应用相结合，通过 4 大行业应用领域、250 多个案例实战，以完全掌握 AutoCAD 2014 的各项功能及其在机械设计、建筑设计、室内设计、电气设计行业的应用方法和技巧。全书分为四大篇，共 21 章，内容结构编排如下。

篇 名	内 容 安 排
第1篇 快速入门篇 （第1章~第6章）	介绍AutoCAD 2014的基本功能与二维图形绘制和编辑等知识，使没有AutoCAD基础的读者能够快速了解和熟悉AutoCAD 2014，并进一步掌握其基本操作方法
第2篇 绘图进阶篇 （第7章~第13章）	在入门的基础之上深入介绍AutoCAD的其他辅助绘图功能，如尺寸标注、图层的设置、图块的创建、打印输出等，让读者能够系统性地掌握AutoCAD的设计方法
第3篇 三维绘图篇 （第14章~第17章）	讲解AutoCAD 2014的三维功能，包括三维坐标系、视点、三维曲面、三维网格、三维实体、三维编辑等内容，培养读者全面的设计能力
第4篇 行业应用篇 （第18章~第21章）	讲解使用AutoCAD进行机械设计、建筑设计、室内设计和电气设计的方法，帮助读者了解和熟悉相关专业的基础知识，积累实际工程图绘制经验，以快速适应工作需要

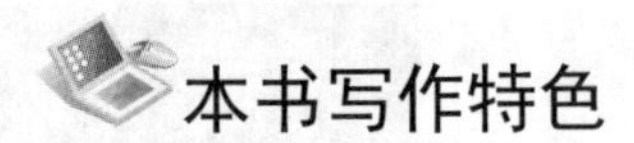

本书写作特色

总的来说，本书具有以下特色。

三大特色板块讲解 绘图技术全面掌握	为了帮助读者更透彻地理解某个命令含义或设计步骤，特地添加了“操作技巧”“技术专题”“拓展案例”这三类解说板块，各板块功能说明如下。 “操作技巧”：对各种经典的绘图技法进行总结。 “技术专题”：结合过往经验，对容易引起歧义的知识点进行解惑。 “拓展案例”：为有一定的难度例题，适合学有余力的读者深入钻研。
案例贴身实战 技巧原理细心解说	本书所有案例例例精彩，个个经典，每个实例都包含相应工具和功能的使用方法和技巧。在一些重点和要点处，还添加了大量的提示和技巧讲解，帮助读者理解和加深认识，从而真正掌握，以达到举一反三、灵活运用的目的
四大应用领域 行业应用全面接触	本书实例涉及的行业应用领域包括机械设计、建筑设计、室内设计、电气设计等常见绘图领域，使广大读者在学习AutoCAD的同时，可以从中积累相关经验，能够了解和熟悉不同领域的专业知识和绘图规范
200多个实战案例 绘图技能快速提升	本书的每个案例都经过作者精挑细选，具有典型性和实用性，具有重要的参考价值，读者可以边做边学，从新手快速成长为AutoCAD绘图高手
高清视频讲解 学习效率轻松翻倍	本书配套光盘收录全书200多个实例长达12小时的高清语音视频教学文件，可以在家享受专家课堂式的讲解，成倍提高学习兴趣和效率

本书创作团队

本书由陕西科技大学张曼编著，负责本书第 1 章到第 10 章的编写工作，参加编写的还包括：陈志民、陈运炳、申玉秀、李红萍、李红艺、李红术、陈云香、陈文香、陈军云、彭斌全、林小群、刘清平、钟睦、刘里锋、朱海涛、廖博、喻文明、易盛、陈晶、黄柯、黄华、杨少波、杨芳、刘有良、刘珊、赵祖欣、齐慧明、胡莹君等。

在本书的编写过程中，我们以科学、严谨的态度，力求精益求精，但疏漏与不妥之处在所难免。在感谢您选择本书的同时，也希望您能够把对本书的意见和建议告诉我们。

联系信箱：lushanbook@qq.com

答疑 QQ 群：368426081，入群后将赠送 2000 余个机械、建筑、室内、电气 4 大行业的常用设计图块；112 种机械原理动态图；107 张经典建筑和室内设计原图；117 张进阶练习用的二维及三维图纸。

编者

2017 年 3 月

目录
CONTENTS

第1篇　快速入门篇

第 1 章　初识 AutoCAD 2014

AutoCAD 是由美国 Autodesk 公司开发的通用计算机辅助设计软件，使用它可以绘制二维图形和三维图形、标注尺寸、渲染图形，以及打印输出图纸等，具有易掌握、使用方便、体系结构开放等优点，广泛应用于机械、建筑、电子、航空等领域。

学习 AutoCAD 2014，首先需要了解 AutoCAD 2014 的基本知识，为后面章节的学习奠定坚实的基础。本章主要介绍 AutoCAD 2014 的基础知识、安装与系统要求、新增功能、工作空间，以及界面组成等。

1.1　了解 AutoCAD 2014

作为一款广受欢迎的计算机辅助设计（Computer Aided Design）软件，AutoCAD 2014 在其原有版本的基础上精益求精，功能进一步完善。本节将带领大家认识 AutoCAD 2014。

1.1.1　AutoCAD 概述

AutoCAD 的全称是 Auto Computer Aided Design（计算机辅助设计），作为一款通用的计算机辅助设计软件，它可以帮助用户在统一的环境下灵活完成概念和细节设计，并在一个环境下创作、管理和分享设计作品，所以非常适合广大普通用户使用，AutoCAD 是目前世界上应用最为广泛的 CAD 软件，市场占有率居世界第一。AutoCAD 软件具有如下特点：

- 具有完善的图形绘制功能。
- 具有强大的图形编辑功能。
- 可以采用多种方式进行二次开发或用户定制。
- 可以进行多种图形格式的转换，具有较强的数据交换能力。
- 支持多种硬件设备。
- 支持多种操作平台。
- 具有通用性、易用性，适用于各类用户。

与以往版本相比，AutoCAD 2014 又增添了许多强大的功能，从而使 AutoCAD 系统更加完善。虽然 AutoCAD 本身的功能已经足以帮助用户完成各种设计工作，但用户还可以通过 AutoCAD 的脚本语言——Auto Lisp 进行二次开发，将 AutoCAD 改造成为满足各专业领域工作的专用设计工具，其中包括建筑、机械、电子、室内装潢，以及航空航天等工程设计领域。

在建筑、园林、室内等设计领域，利用 AutoCAD 可以绘制出十分精确的工程结构图与施工图，为工程的施工提供详实的数据参考，如图 1-1 和图 1-2 所示。

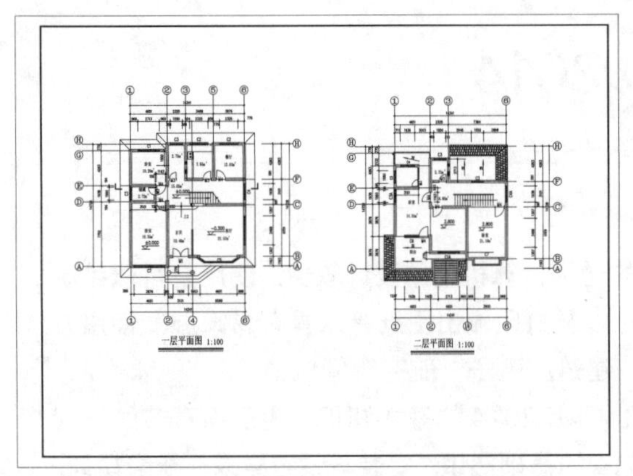

图 1-1 AutoCAD 绘制的建筑平面图

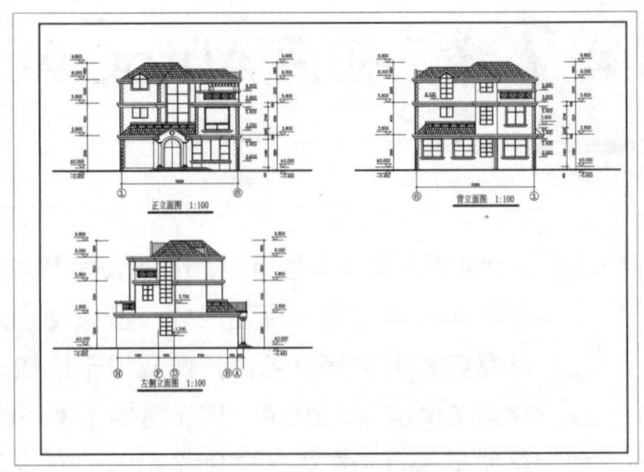

图 1-2 AutoCAD 绘制的建筑立面图

而在机械、电气自动化等工业设计领域，AutoCAD 也是一个十分强大的工业产品设计开发平台，除了能绘制如图 1-3 所示的二维设计图纸以外，还能制作如图 1-4 所示的三维模型效果。

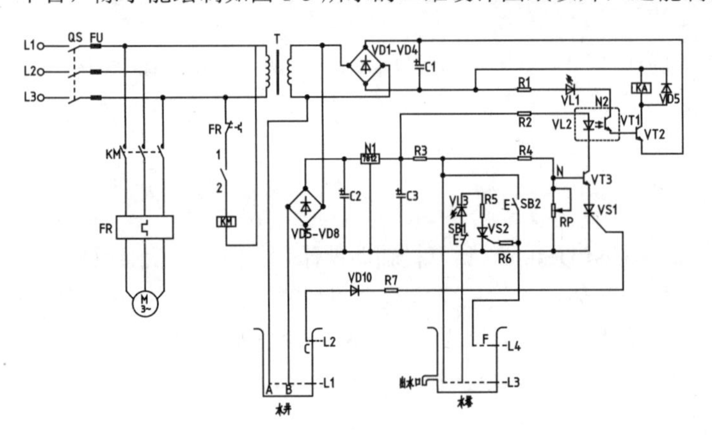

图 1-3 AutoCAD 绘制的电路图

图 1-4 AutoCAD 绘制的零件三维模型

1.1.2 AutoCAD 的发展历程

Autodesk 公司创立于 1982 年 1 月，在近 30 年的发展历程中，该企业不断丰富和完善 AutoCAD 系统，并连续推出新的版本，使 AutoCAD 由一个功能非常有限的绘图软件发展了功能强大、性能稳定、市场占有率位居世界第一的系统，其在城市规划、建筑、绘测、机械、电子、造船、汽车、航空等行业都得到了广泛的应用。据统计资料显示，目前世界上有 75% 的设计部门、数百万的用户在应用此软件。

随着技术的不断发展，AutoCAD 的版本也在不断更新。最初的 AutoCAD 的版本为 1.0，当时没有菜单，命令也只能通过死记硬背，命令的执行方式类似于 DOS。在此之后依次推出了 1.1、1.2、1.3、1.4 版本的软件，同时也加强了尺寸标注和图形输出等功能。

1984 年，AutoCAD 推出了 2.0 版本的软件。从这个版本开始 AutoCAD 的绘图能力有了很大的提升，同时改善了其兼容性，能够在更多种类的硬件上运行。2.N 版本从 1984 年开始，到 1986 年共推出了 5 个版本，依次为 2.0、2.17、2.18、2.5、2.6。

1987 年之后，AutoCAD 结束了 N.N 的版本号形式，改为 RN 形式。从 AutoCAD R9.0 到 R14.0 一共 6 个版本。在此期间 AutoCAD 的功能已经基本齐全，能够适应多种操作环境，实现了与互联网连接和中文操作，无所不及的工具条使操作更方便、快捷。

1999 年，Autodesk 公司发布了 AutoCAD 2000，其后至 AutoCAD 2014，Autodesk 公司的开发团队一直在完善着软件的各种功能，为用户更直接地体验人机对话，更简洁地实现与其他软件的衔接而不断努力。

经过不断的改进和升级，2014 年 4 月，Autodesk 公司正式发布了 AutoCAD 2014。该版本在之前 AutoCAD 2013 的基础上新增了许多强大的功能，从而使 AutoCAD 系统更加完善，将 AutoCAD 改造成为能够满足各专业领域的专业设计工具，其中包括建筑、机械、测绘、电子及航空航天等领域。

1.1.3 AutoCAD 2014 基本功能

AutoCAD 2014 功能强大，其基本功能包括绘图、精确定位、编辑和修改、图形输出、三维渲染和二次开发等功能。

1. 绘图功能

AutoCAD 的“绘图”菜单栏和“绘图”工具栏中包含了丰富的绘图命令，使用这些命令可以绘制直线、圆、椭圆、圆弧、曲线、矩形、正多边形等基本的二维图形，还可以通过拉伸、旋转等操作，使二维图形转换为三维实体，如图 1-5 和图 1-6 所示。

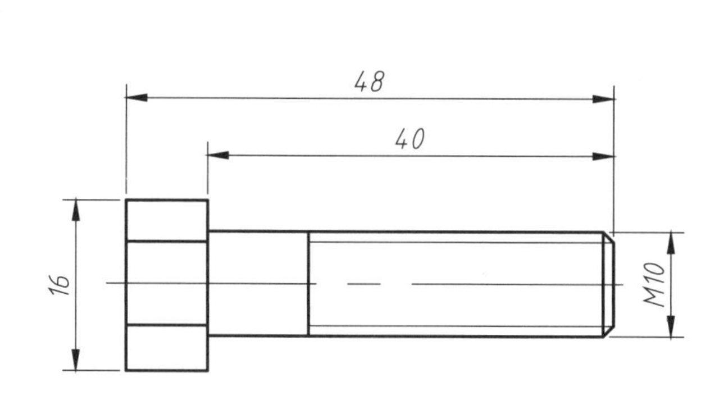

图 1-5 二维图形

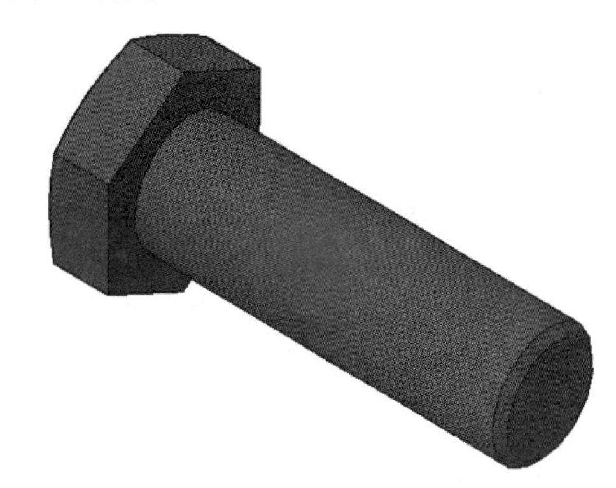

图 1-6 三维图形

2. 精确定位功能

AutoCAD 提供了坐标输入、对象捕捉、极轴追踪、栅格等功能，能够精确地捕捉点的位置，创建具有精确坐标与精确形状的图形对象。这是 AutoCAD 与 Windows 画图程序、Photoshop、CorelDraw 等平面绘图软件相比的优势所在。

3. 编辑和修改功能

AutoCAD 的“修改”菜单、功能区和“修改”工具栏提供了平移、复制、旋转、阵列、修剪等修改命令，使用这些命令相应地修改和编辑已经存在的基本图形，从而绘制出更复杂的图形。

4. 图形输出功能

图形输出主要包括屏幕显示、打印，以及保存至 Autodesk 360 等几种形式。同时，也可以将不同类型的文件导入 AutoCAD 中，将图形中的信息转化为 AutoCAD 图形对象，或者转化为一个单一的块对象，使 AutoCAD 的灵活性大大增强。AutoCAD 可以将图形输出为图元文件、位图文件、平板印刷文件、AutoCAD 块和 3DStudio 文件等。

5. 三维渲染功能

AutoCAD 拥有非常强大的三维渲染功能，可以根据不同的需要提供多种显示设置，以及完整的材质贴图和灯光设备，进而渲染出真实的产品效果。

6. 二次开发功能

AutoCAD 自带的 AutoLISP 语言可以让用户自行定义新命令和开发新功能。通过 DXF、IGES 等图形数据接口，可以实现 AutoCAD 和其他系统的集成。此外，AutoCAD 提供了与其他高级编程语言的接口，具有强大的开放性。

1.2 AutoCAD 2014 的新增功能

AutoCAD 2014 除了继承以前版本的优点以外，还增加了一些新的功能，使绘图更方便、快捷。

1.2.1 新增标签栏

标签栏由多个文件选项卡组成，可以方便图形文件的切换和文件的管理，单击“标签栏”中的“文件选项卡”，就能实现文件之间的快速切换。

单击“文件选项卡”右侧的“+”号能快速新建文件；在“标签栏”空白处单击鼠标右键，系统会弹出快捷菜单，其中包括新建、打开、全部保存和全部关闭，如图 1-7 所示；如果选择“全部关闭”命令，即可关闭标签栏中的所有文件而不会退出 AutoCAD 2014 软件；“文件选项卡”是以文件打开的顺序来显示文件的，可以通过拖曳选项卡来更改它们之间的位置。

图 1-7　标签栏

1.2.2 在命令行直接调用图案填充

AutoCAD 2014 对常用的图案填充操作进行了简化，现在可以直接在命令行中输入要填充的图案名称，并按 Enter 键，即可在绘图区拾取填充区域，对图形进行图案填充，而无须先调用填充图案命令。

例如，填充名称为 ANSI31 的图案，可在命令行中进入如下操作：

```
输入 HPNAME 的新值 <"ANSI31">: ANSI31                    // 直接输入图案命令
命令: _HATCH
拾取内部点或 [ 选择对象 (S) / 放弃 (U) / 设置 (T)]: 正在选择所有对象 ...// 拾取填充区域
正在选择所有可见对象 ...
```

```
正在分析所选数据 ...
正在分析内部孤岛 ...                                        // 填充图案
拾取内部点或 [选择对象(S)/放弃(U)/设置(T)]:
```

1.2.3　命令行自动更正功能

如果命令输入错误，不会再显示“未知命令”，而是自动更正成最接近且有效的AutoCAD命令。例如，如果你输入了 TABEL，那么会自动执行 TABLE 命令。

1.2.4　倒角命令增强

旧版本的“倒角”命令，只能对不平行的两条直线进行“倒角”处理。如果要对多段线进行倒角，要先调用“分解”命令，将多段线分解，才能进行倒角。AutoCAD 2014 解决了这个难题，现在可以直接对多段线进行倒角。

1.2.5　圆弧命令功能增强

使用旧版本的“圆弧”命令绘制圆弧时，圆弧方向不好控制，必须按顺序正确指定圆心（或是起点）、端点，才能绘制正确方向的圆弧。在 AutoCAD 2014 中，在绘制圆弧时可以按住 Ctrl 键来切换圆弧的方向，这样可以轻松绘制不同方向的圆弧，大幅提高绘图的效率。

1.2.6　图层管理器功能增强

AutoCAD 2014 在“图层特性管理器”中新增了“将选定的图层合并到”命令，如图 1-8 所示。调用该命令后，系统弹出如图 1-9 所示的“合并到图层”对话框。在该对话框中选择目标图层，再单击“关闭”按钮，即可完成图层的合并。

图 1-8　调用图层合并命令

图 1-9　“合并到图层”对话框

1.2.7 外部参照功能增强

在 AutoCAD 2014 中，外部参照图形的线型和图层的显示功能加强了。外部参照线型不再显示在功能区或属性选项板上的线型列表中，外部参照图层仍然会显示在功能区中，以便控制它们的可见性，但它们已不在属性选项板中显示了。

执行“插入”|“外部参照”命令，系统弹出“外部参照”对话框，选择添加的外部参照，在其上单击鼠标右键，在弹出的快捷菜单中选择“外部参照类型”，在其子菜单中可以实现附着和覆盖之间的切换，如图 1-10 所示。

外部参照选项板包含了一个新工具，它可以轻松地将外部参照路径更改为“绝对”或“相对”路径，如图 1-11 所示。也可以完全删除路径，XREF 命令包含了一个新的 PATHTYPE 选项，可通过脚本来自动完成路径的改变。

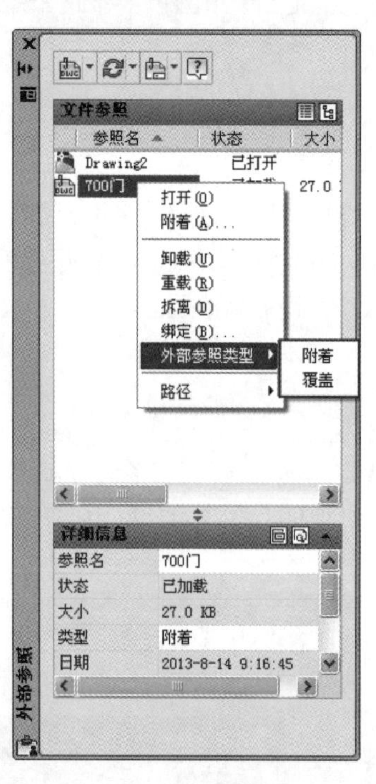

图 1-10 “附着”和“覆盖”之间的切换

图 1-11 设置“绝对”或“相对”路径

1.3 AutoCAD 2014 的启动与退出

正确的安装软件是使用软件前的必要工作，安装前必须确保系统配置能达到软件的要求，安装的过程也必须确保无误。本节将介绍中文版 AutoCAD 2014 的系统要求及安装方法。

1.3.1 AutoCAD 2014 的系统要求

1. 32 位 AutoCAD 2014 的系统要求

➢ 操作系统：Windows XP 专业版或家庭版（SP3 或更高）、Windows 7。

- CPU：Intel Pentium 4 处理器双核，AMD Athlon 3.0 GHz 双核或更高，采用 SSE2 技术。
- 内存：2GB（建议使用 4GB）。
- 显示器分辨率：1024×768（建议使用 1600×1050 或更高）真彩色。
- 磁盘空间：6.0 GB。
- 光驱：DVD。
- 浏览器：Internet Explorer 7.0 或更高。
- NET Frameworks：NET Framework 4.0 或更新版本。

2．64 位 AutoCAD 2014 的系统要求

- 操作系统：Windows XP 专业版或家庭版（SP3 或更高）、Windows 7。
- CPU：AMD Athlon 64（采用 SSE2 技术），AMD Opteron™（采用 SSE2 技术），Intel Xeon®（具有 Intel EM64T 支持和 SSE2），Intel Pentium 4（具有 Intel EM 64T 支持并采用 SSE2 技术）。
- 内存：2GB（建议使用 4GB）。
- 显示器分辨率：1024×768（建议使用 1600×1050 或更高）真彩色。
- 磁盘空间：6.0 GB。
- 光驱：DVD。
- 浏览器：Internet Explorer 7.0 或更高。
- NET Frameworks：NET Framework 4.0 或更新版本。

1.3.2　AutoCAD 2014 的启动与退出

软件安装完成后即可使用软件绘图了，下面介绍 AutoCAD 2014 启动与退出的具体方法。

1．启动 AutoCAD 2014

启动 AutoCAD 有如下几种方法：

- “开始”菜单：单击“开始”菜单，在菜单中选择“程序\Autodesk\ AutoCAD 2014-Simplified Chinese\ AutoCAD 2014- 简体中文（Simplified Chinese）”选项，如图 1-12 所示。

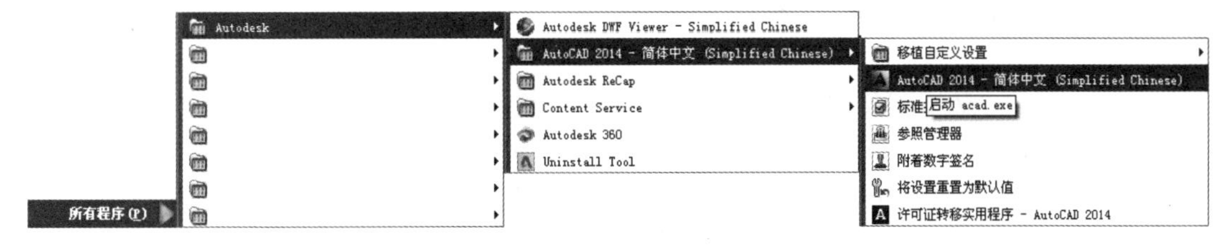

图 1-12　启动 AutoCAD 2014

- 桌面：双击桌面上的快捷图标。
- 双击已经存在的 AutoCAD 图形文件（*.dwg 格式），如图 1-13 所示。

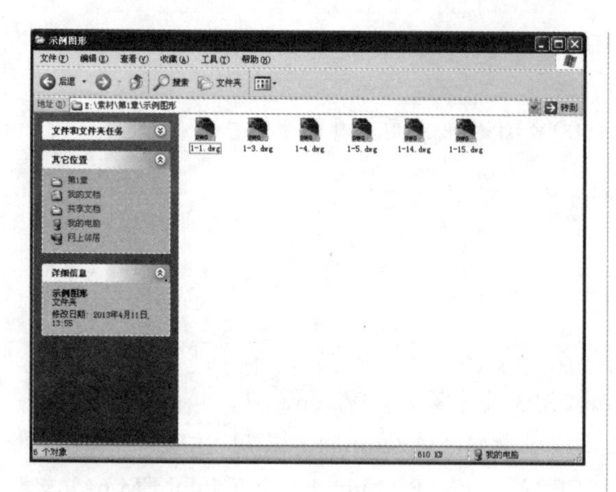

图 1-13　CAD 图形文件

2. 退出 AutoCAD 2014

退出 AutoCAD 有如下几种方法：

- 命令行：在命令行输入 QUIT/EXIT。
- 标题栏：单击标题栏上的“关闭”按钮。
- 菜单栏：执行“文件”|“退出”命令。
- 快捷键：按快捷键 Alt+F4 或 Ctrl+Q。
- 应用程序按钮：单击应用程序按钮，选择“关闭”选项，如图 1-14 所示。

若在退出 AutoCAD 2014 之前未保存文件，系统会弹出如图 1-15 所示的提示对话框。提示使用者在退出软件之前是否保存当前绘图文件。单击“是”按钮，可以保存文件；单击“否”按钮，将不对之前的操作进行保存直接退出；单击“取消”按钮，将返回到操作界面，不退出软件。

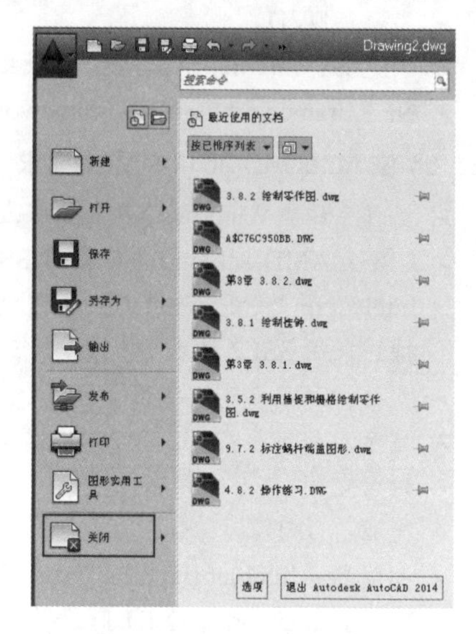

图 1-14　应用程序菜单

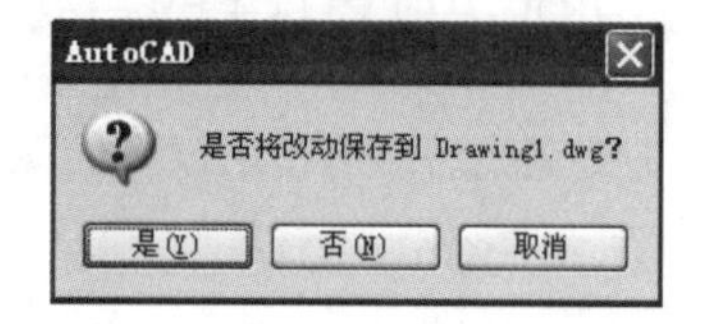

图 1-15　退出提示对话框

1.4　AutoCAD 2014 的工作空间

为了满足不同用户的多方位需求，AutoCAD 2014 提供了 4 种不同的工作空间——AutoCAD 经典、草图与注释、三维基础和三维建模。用户可以根据工作需要随时进行切换，AutoCAD 2014默认的工作空间为草图与注释空间。下面分别对这4种工作空间的特点及切换方法进行讲解。

1.4.1　选择工作空间

切换工作空间的方法有以下几种：

- 菜单栏：在“工具”|“工作空间”子菜单中选择相应的工作空间，如图 1-16 所示。
- 状态栏：直接单击状态栏上“切换工作空间”按钮，在弹出的子菜单中选择相应的空间类型，如图 1-17 所示。

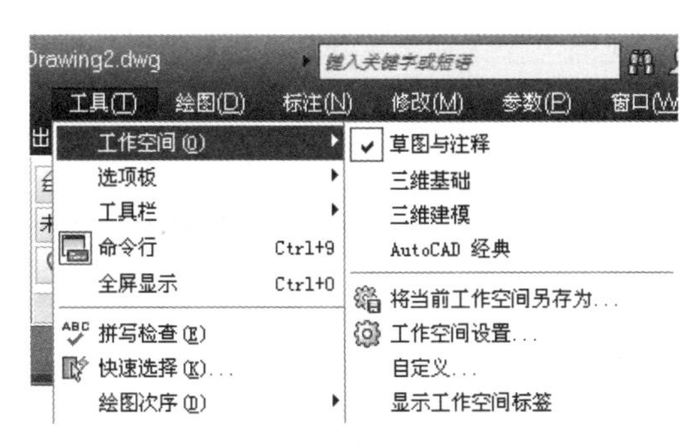

图 1-16　通过“菜单栏”选择工作空间

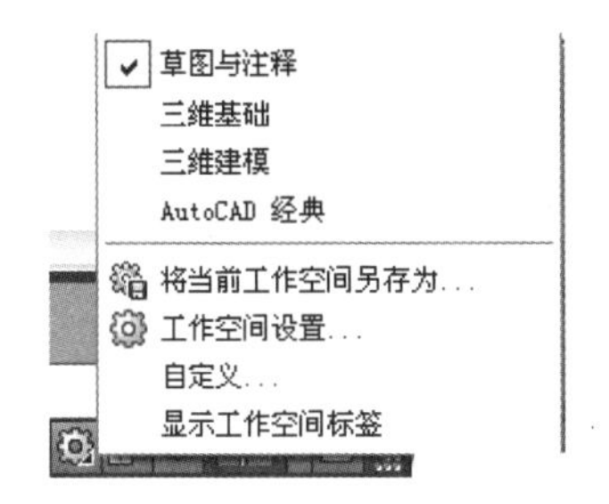

图 1-17　通过切换按钮选择工作空间

➢ 快速访问工具栏：单击“快速访问”工具栏上的草图与注释按钮，在弹出的下拉列表中选择所需的工作空间，如图 1-18 所示。

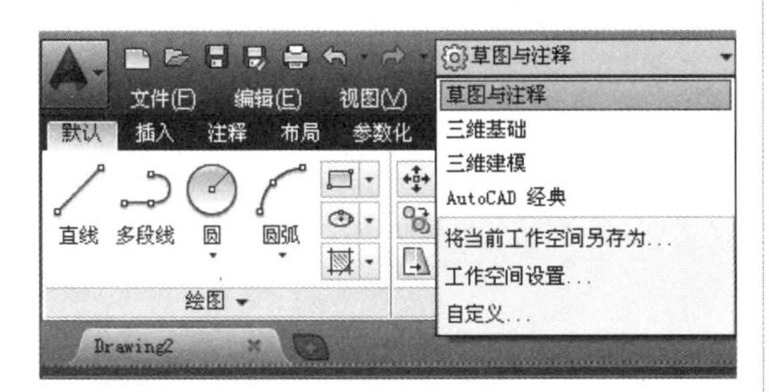

图 1-18　工作空间列表栏

1.4.2　AutoCAD 经典空间

对于习惯AutoCAD传统界面的用户来说，可以采用“AutoCAD 经典”工作空间，以沿用以前的绘图习惯和操作方式。该工作界面的主要特点是有菜单栏和工具栏，用户可以通过选择菜单栏中的命令，或者单击工具栏中的工具按钮，以执行所需的命令，如图 1-19 所示。

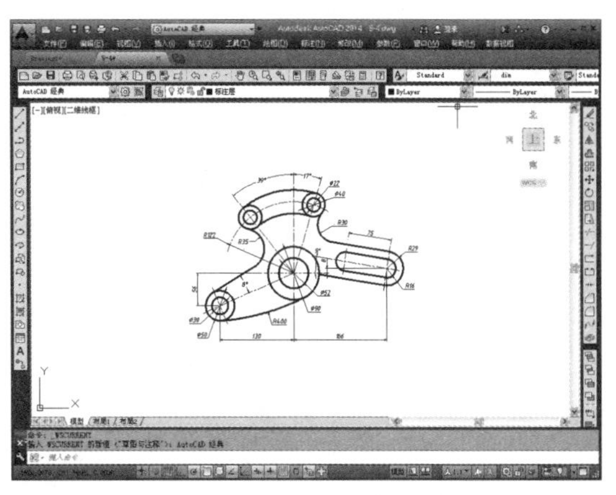

图 1-19　AutoCAD 2014 经典空间

1.4.3　草图与注释空间

“草图与注释”工作空间是 AutoCAD 2014 默认的工作空间，该空间用功能区替代了工具栏和菜单栏，这也是目前比较流行的界面形式，已经在 Office 2007、Creo、Solidworks 2012 等软件中得到了广泛应用。当需要调用某个命令时，需要先切换至功能区下的相应面板，然后单击面板中的按钮。“草图与注释”工作空间的功能区，包含的是最常用的二维图形的绘制、编辑和标注命令，因此非常适合绘制和编辑二维图形时使用，如图 1-20 所示。

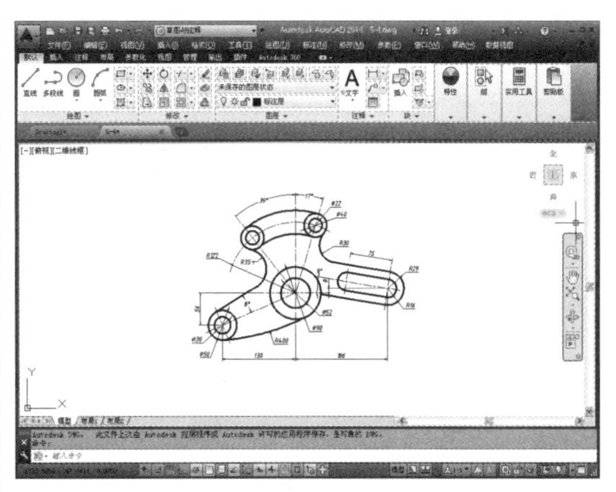

图 1-20　AutoCAD 2014 草图与注释空间

1.4.4 三维基础空间

“三维基础”空间与“草图与注释”工作空间类似，主要以单击功能区面板按钮的方式调用命令。但“三维基础”空间功能区包含的是基本的三维建模工具，如各种常用的三维建模、布尔运算，以及三维编辑工具按钮，能够非常方便地创建基本三维模型，如图1-21所示。

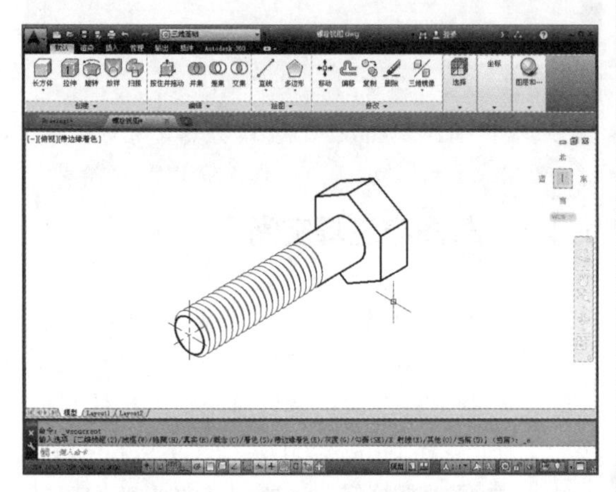

图 1-21 AutoCAD 三维基础空间

1.4.5 三维建模空间

“三维建模”工作空间适合创建、编辑复杂的三维模型，其功能区集成了“三维建模”“视觉样式”“光源”“材质”和“渲染”等面板，为绘制和观察三维图形、附加材质、创建动画、设置光源等操作提供了非常便利的环境，如图1-22所示。

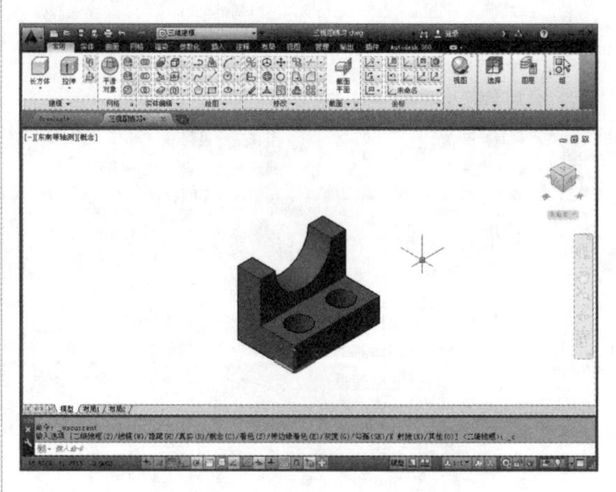

图 1-22 AutoCAD 三维建模空间

1.4.6 AutoCAD 2014 工作界面

启动 AutoCAD 2014 后即可进入如图 1-23 所示的工作空间，该空间类型为“草图与注释”工作空间，该空间提供了十分强大的“功能区”，十分适合初学者的使用。

AutoCAD 2014 操作界面包括标题栏、菜单栏、工具栏、快速访问工具栏、交互信息工具栏、标签栏、功能区、绘图区、光标、坐标系、命令行、状态栏、布局标签、滚动条、状态栏等。

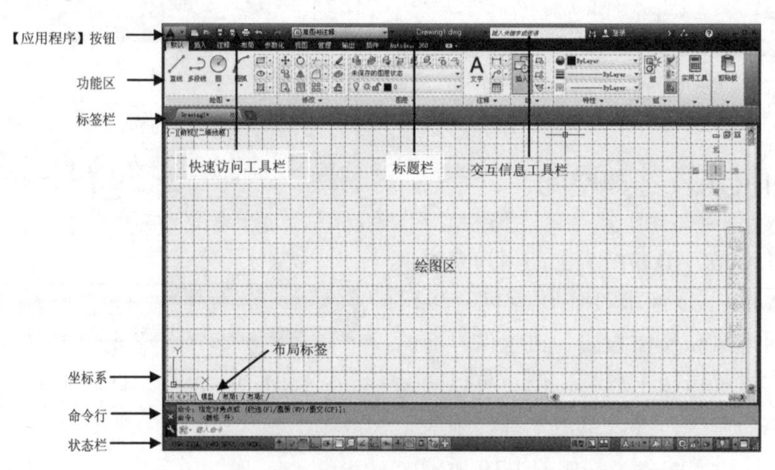

图 1-23 AutoCAD 2014 默认工作界面

1.4.7　“应用程序”按钮

“应用程序”按钮位于界面的左上角。单击该按钮，系统弹出用于管理 AutoCAD 图形文件的命令列表，包括“新建”“打开”“保存”“另存为”“输出”及“打印”等，如图 1-24 所示。

“应用程序”菜单除了可以调用如上所述的常规命令以外，调整其显示为“小图像”或“大图像”，并将鼠标置于菜单右侧排列的“最近使用文档”名称上，可以快速预览打开过的图形文件内容，如图 1-24 所示。

此外，在“应用程序”“搜索”按钮左侧的空白区域内输入命令名称，会弹出与之相关的各种命令的列表，选择其中对应的命令即可快速执行，如图 1-25 所示。

图 1-24　“应用程序”按钮菜单

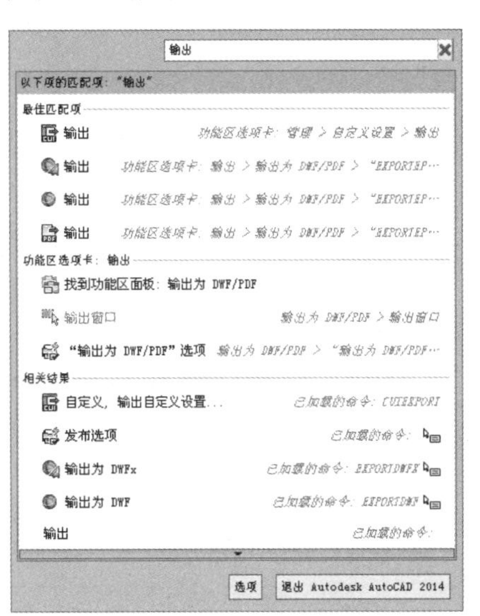

图 1-25　搜索功能

1.4.8　标题栏

标题栏位于 AutoCAD 窗口的顶部，它显示了系统正在运行的应用程序和用户正打开的图形文件的信息。第一次启动 AutoCAD 时，标题栏中显示的是 AutoCAD 启动时创建并打开的图形文件名 Drawing1.dwg，可以在保存文件时对其进行重命名。

1.4.9　“快速访问”工具栏

“快速访问”工具栏位于标题栏的左上角，它包含了最常用的快捷按钮，以方便用户的使用。默认状态下它由 7 个快捷按钮组成，依次为：“新建”、“打开”、“保存”、“另存为”、“打印”、“重做”和“放弃”，如图 1-26 所示。

图 1-26　快速访问工具栏

快速访问工具栏右侧为“工作空间列表框”，如图 1-27 所示，用于切换 AutoCAD 2014 工作空间。用户可以通过相应的操作在“快速访问”工具栏中增加或删除按钮，右击“快速访问”工具栏，在弹出的快捷菜单中选择“自定义快速访问工具栏”命令，即可在弹出的“自定义用户界面”对话框中进行设置。

1.4.10 菜单栏

菜单栏位于标题栏的下方，与其他 Windows 程序一样，AutoCAD 的菜单栏也是下拉形式的，并在菜单中包含了子菜单。AutoCAD 2014 的菜单栏包括了 13 个菜单：“文件”“编辑”“视图”“插入”“格式”“工具”“绘图”“标注”“修改”“参数”“窗口”“帮助”“数据视图”，几乎包含了所有的绘图命令和编辑命令，其作用如下：

- 文件：用于管理图形文件，例如新建、打开、保存、另存为、输出、打印和发布等。
- 编辑：用于对文件图形进行常规编辑，例如剪切、复制、粘贴、清除、链接、查找等。
- 视图：用于管理 AutoCAD 的操作界面，例如缩放、平移、动态观察、相机、视口、三维视图、消隐和渲染等。
- 插入：用于在当前 AutoCAD 绘图状态下，插入所需的图块或其他格式的文件，例如 PDF 参考底图、字段等。
- 格式：用于设置与绘图环境有关的参数，例如图层、颜色、线型、线宽、文字样式、标注样式、表格样式、点样式、厚度和图形界限等。
- 工具：用于设置一些绘图的辅助工具，例如，选项板、工具栏、命令行、查询和向导等。
- 绘图：提供绘制二维图形和三维模型的所有命令，例如，直线、圆、矩形、正多边形、圆环、边界和面域等。
- 标注：提供对图形进行尺寸标注时所需的命令，例如，线性标注、半径标注、直径标注、角度标注等。
- 修改：提供修改图形时所需的命令，例如删除、复制、镜像、偏移、阵列、修剪、倒角和圆角等。
- 参数：提供对图形约束时所需的命令，例如，几何约束、动态约束、标注约束和删除约束等。
- 窗口：用于在多文档状态时设置各个文档的屏幕，例如，层叠、水平平铺和垂直平铺等。
- 帮助：提供使用 AutoCAD 2014 所需的帮助信息。
- 数据视图：数据输入、输出、查找与替换。

操作技巧：除“AutoCAD 经典”空间外，其他三种工作空间都默认不显示菜单栏，以避免给一些操作带来不便。如果需要在这些工作空间中显示菜单栏，可以单击“快速访问”工具栏右端的下拉按钮，在弹出菜单中选择“显示菜单栏”命令。

1.4.11 功能区

功能区是一种智能的人机交互界面，它用于显示与绘图任务相关的按钮和控件，存在于“草图与注释”“三维建模”和“三维基础”空间中。“草图与注释”空间的“功能区”选项板包含了“默认”“插入”“注释”“布局”“参数化”“视图”“管理”“输出”“插件”“Autodesk360”等选项卡，如图 1-27 所示。每个选项卡包含若干个面板，每个面板又包含许多由图标表示的命令按钮。系统默认的是“默认”选项卡。

图 1-27 功能区

1. “默认”功能选项卡

“默认”功能选项卡从左至右依次为“绘图”“修改”“图层”“注释”“块”“特性”“组”“实用工具”及“剪贴板”9大功能面板，如图1-28所示。

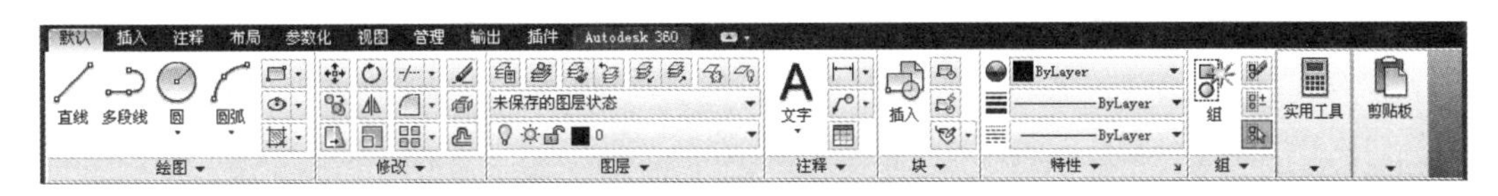

图 1-28 “默认”功能选项卡

2. “插入”功能选项卡

“插入”功能选项卡从左至右依次为“块”“块定义”“参照”“点云”“输入”“数据”“链接和提取”7大功能面板，如图1-29所示。

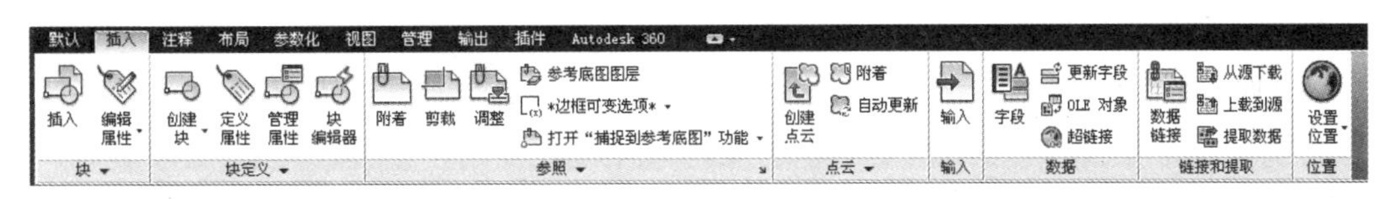

图 1-29 “插入”功能选项卡

3. “注释”功能选项卡

“注释”功能选项卡从左至右依次为“文字”“标注”“引线”“表格”“标记”“注释缩放”6大功能面板，如图1-30所示。

图 1-30 “注释”功能选项卡

4. “布局”功能选项卡

“布局”功能选项卡从左至右依次为“布局”“布局视口”“创建视图”“修改视图”“更新”“样式和标准”6大功能面板，如图1-31所示。

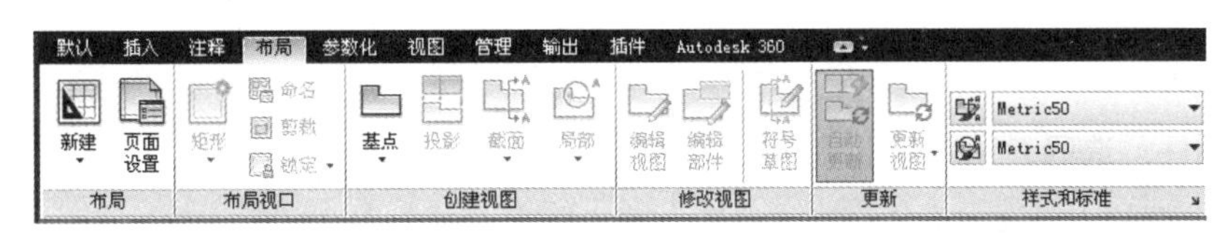

图 1-31 “布局”功能选项卡

5. “参数化”功能选项卡

“参数化”功能选项卡从左至右依次为“几何”“标注”“管理”3 大功能面板，如图 1-32 所示。

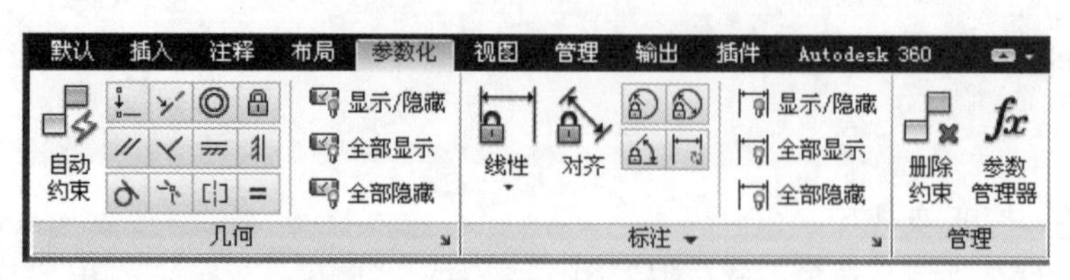

图 1-32 “参数化”功能选项卡

6. “视图”功能选项卡

“视图”功能选项卡从左至右依次为“二维导航”“视图”“视觉样式”“模型视口”“选项板”“用户界面”6 大功能面板，如图 1-33 所示。

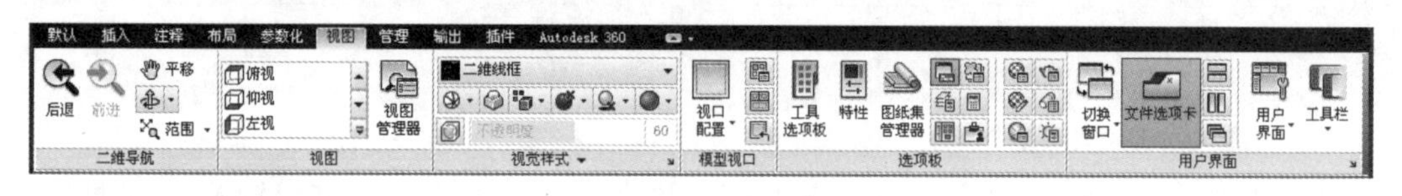

图 1-33 “视图”功能选项卡

7. “管理”功能选项卡

“管理”功能选项卡从左至右依次为“动作录制器”“自定义设置”“应用程序”“CAD 标准”4 大功能面板，如图 1-34 所示。

图 1-34 “管理”功能选项卡

8. “输出”功能选项卡

“输出”功能选项卡从左至右依次为“打印”“输出为 DWF/PDF”两大功能面板，如图 1-35 所示。

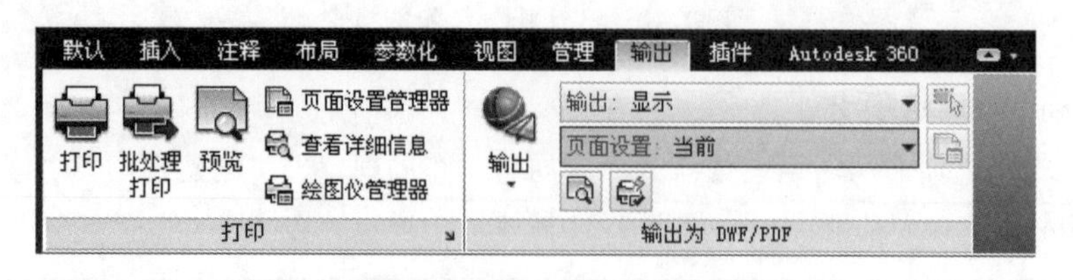

图 1-35 “输出”功能选项卡

9. “插件”选项卡

“插件”选项卡从左至右依次为“内容”和“输入 SKP”两大功能面板，如图 1-36 所示。

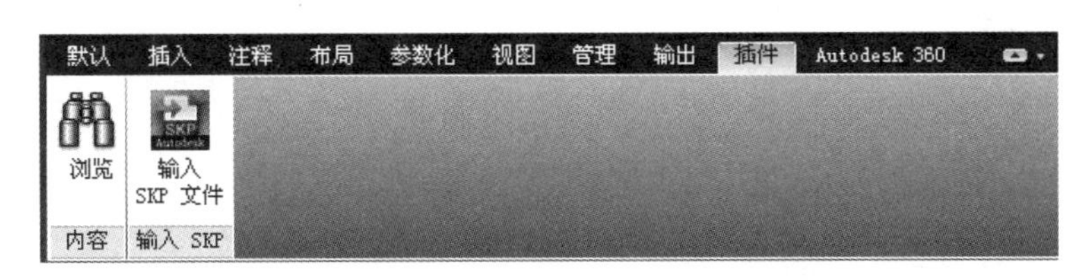

图 1-36 “插件”选项卡

10. “Autodesk 360”选项卡

“Autodesk 360”选项卡从左到右依次为“访问”“自定义同步”“共享与协作”3 大面板，如图 1-37 所示。

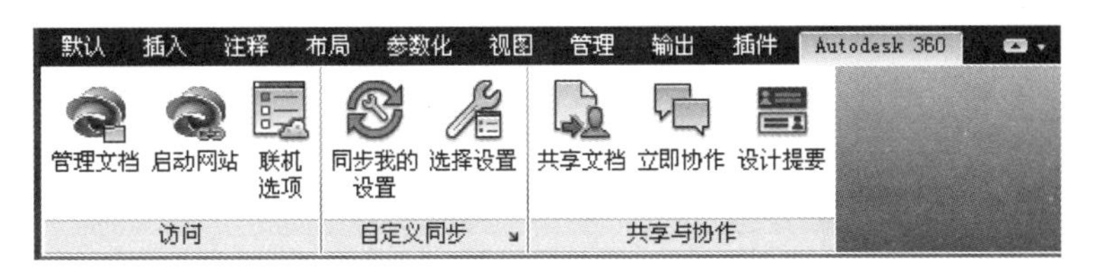

图 1-37 “Autodesk 360”选项卡

技术专题

在功能区选项卡中，有些面板按钮右下角有箭头，表示有扩展菜单，单击箭头，扩展菜单会列出更多的工具按钮，如图 1-38 所示。

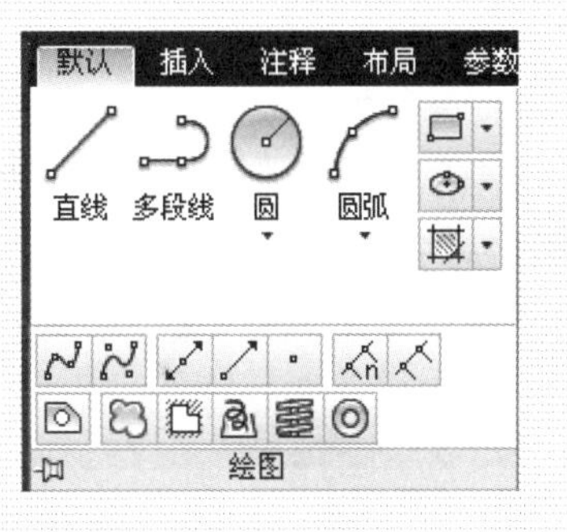

图 1-38 绘图扩展面板

1.4.12 工具栏

工具栏是“AutoCAD 经典”工作空间调用命令的主要方式之一，它是图标型工具按钮的集合，工具栏中的每个按钮图标都形象地表示出了该工具的作用。单击这些图标按钮，即可调用相应的命令。

AutoCAD 2014 提供了 50 余种已命名的工具栏，如果还需要调用其他工具栏，可使用如下几种方法进行操作：

- 菜单栏：执行“工具”|“工具栏”|“AutoCAD”命令，如图 1-39 所示。
- 快捷菜单：可以在任意工具栏上单击鼠标右键，在弹出的快捷菜单中进行相应的选择，如图 1-40 所示。

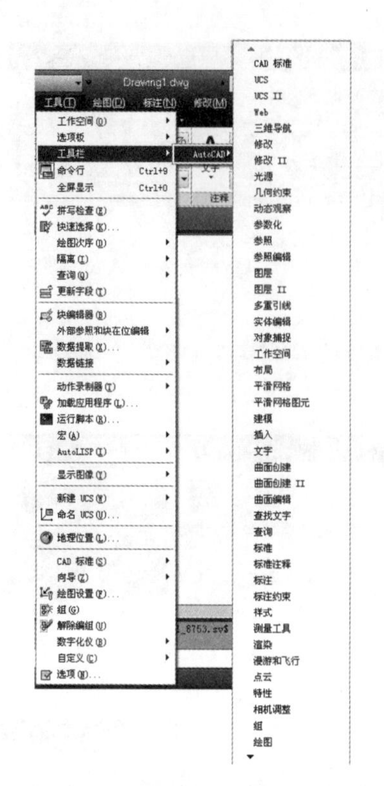

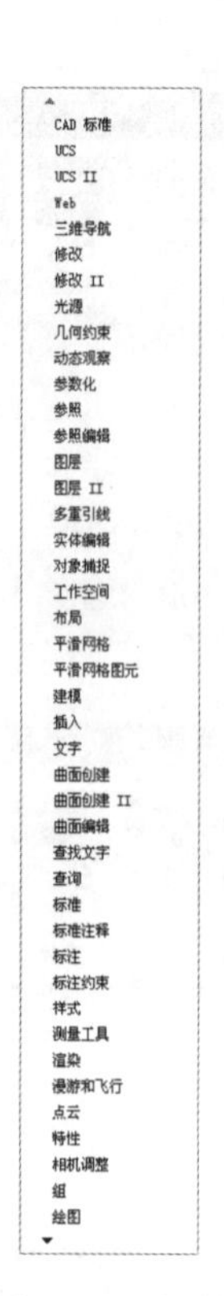

图 1-39　通过标题栏显示工具栏　　　　图 1-40　快捷菜单

操作技巧：在工具栏在“草图与注释”“三维基础”和“三维建模”空间中默认为隐藏状态，但可以通过在这些空间显示菜单栏，然后通过上面介绍的方法将其显示出来。

1.4.13　标签栏

在“草图与注释”工作空间中，“标签栏”位于“功能区”的下方，由“文件选项卡”标签和“+”按钮组成。AutoCAD 2014 的标签栏和一般网页浏览器中的标签栏作用相同，每一个新建或打开的图形文件都会在标签栏上显示一个文件标签，单击某个标签，即可切换至相应的图形文件，单击文件标签右侧的“×”按钮，可以快速将该标签文件关闭，从而方便进行多图形文件的管理，如图 1-41 所示。

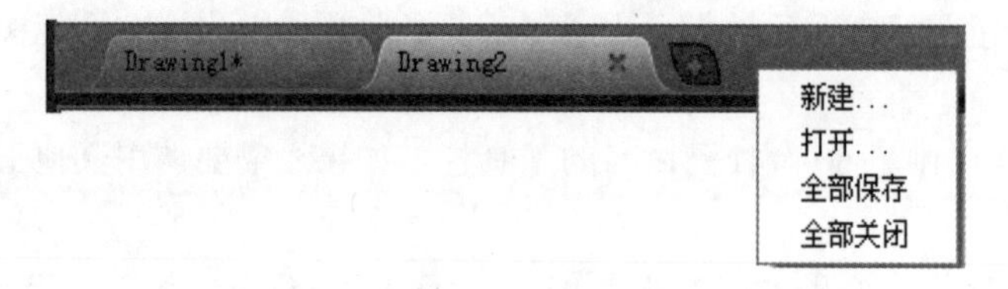

图 1-41　标签栏

单击“文件选项卡”右侧的“+”按钮，可以快速新建图形文件。在“标签栏”空白处单击鼠标右键，系统会弹出一个快捷菜单，该菜单各命令的含义如下：

- 新建：单击“新建”按钮，新建空白文件。
- 打开：单击“打开”按钮，打开已有的文件。

- 全部保存：保存所有“标签栏”中显示的文件。
- 全部关闭：关闭“标签栏”中显示的所有文件，但是不会退出 AutoCAD 2014 软件。

1.4.14　绘图区

标题栏下方的大片空白区域即为绘图区，是用户进行绘图的主要工作区域，如图 1-42 所示。绘图区实际上是无限大的，用户可以通过缩放、平移等命令来观察绘图区的图形。有时为了增大绘图空间，可以根据需要，关闭其他界面元素，例如工具栏和选项板等。

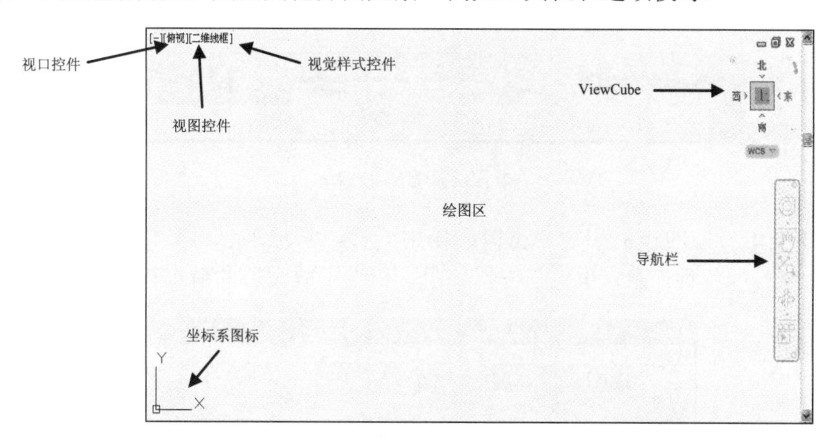

图 1-42　绘图区

图形窗口左上角的三个快捷功能控件，可以快速修改图形的视图方向和视觉样式。

在图形窗口左下角有一个坐标系图标，方便绘图人员了解当前的视图方向。此外，绘图区还会显示一个十字光标，其交点为光标在当前坐标系中的位置。当移动鼠标时，光标的位置也会发生相应的改变。

绘图窗口右侧有 ViewCube 工具和导航栏，用于切换视图方向和控制视图。

单击绘图区右上角的“恢复窗口”按钮■，可以将绘图区单独显示，如图 1-43 所示。此时绘图区窗口显示了“绘图区”标题栏、窗口控制按钮、坐标系、十字光标等元素。

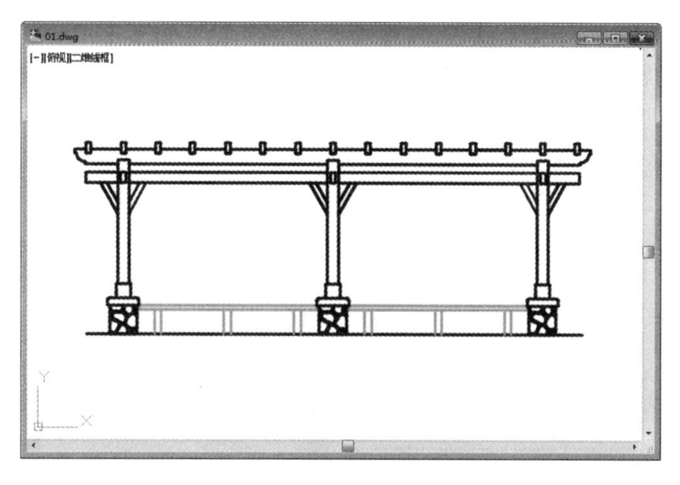

图 1-43　绘图区窗口

1.4.15 命令行与文本窗口

命令行位于绘图窗口的底部，用于接收和输入命令，并显示 AutoCAD 提示信息，如图 1-44 所示。命令窗口中间有一条水平分界线，它将命令窗口分成两个部分：命令行和命令历史窗口，位于水平分界线下方的“命令行”用于接受用户输入的命令，并显示 AutoCAD 提示信息。

位于水平分界线下方的“命令历史窗口”含有 AutoCAD 启动后所用过的全部命令及提示信息，该窗口有垂直滚动条，可以上下滚动查看以前用过的命令。

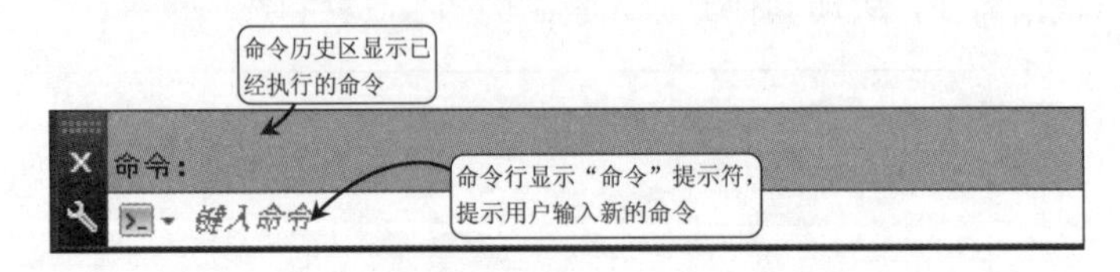

图 1-44 命令行窗口

AutoCAD 文本窗口的作用和命令窗口的作用一样，它记录了对文档进行的所有操作。文本窗口显示了命令行的各种信息，也包括出错信息，相当于放大后的命令行窗口，如图 1-45 所示。

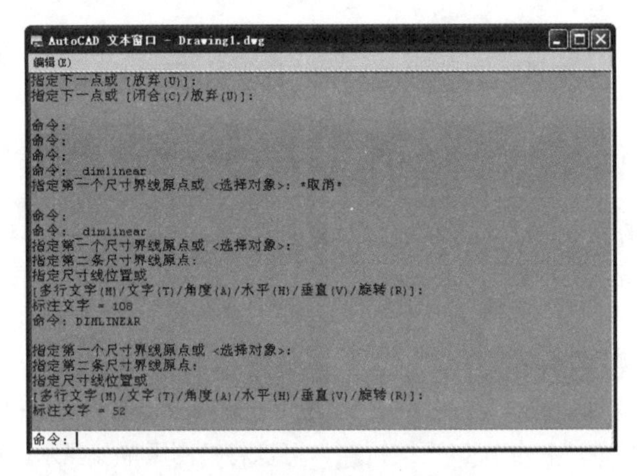

图 1-45 文本窗口

文本窗口在默认界面中没有直接显示，需要通过命令调取，调用文本窗口的方法有如下两种：

- 菜单栏：执行“视图”|“显示”|“文本窗口”命令。
- 快捷键：F2 键。

接下来了解“命令行”窗口的一些常用操作。

- 将光标移至命令行窗口的上边缘，当光标呈形状时，按住鼠标左键向上拖曳可以增加命令行窗口显示的行数，如图 1-46 所示。
- 单击按住“命令行”窗口的灰色区域，可以对其进行移动，使其成为浮动窗口，如图 1-47 所示。

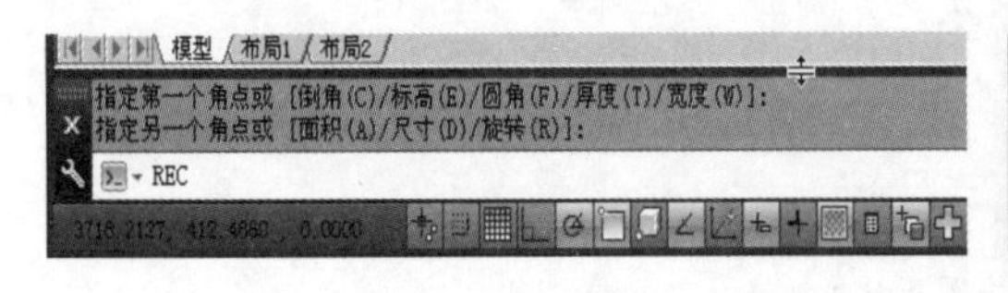

图 1-46 增加命令行显示行数

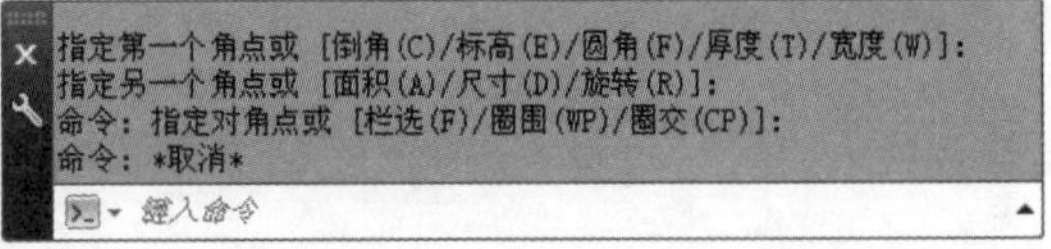

图 1-47 “命令行”浮动窗口

➢ 在工作中通常除了可以调整“命令行”窗口的大小与位置外，在其窗口内单击鼠标右键，选择“选项”命令，单击弹出的“选项”对话框中的“字体”按钮，还可以调整“命令行”内的字体，如图 1-48 所示。

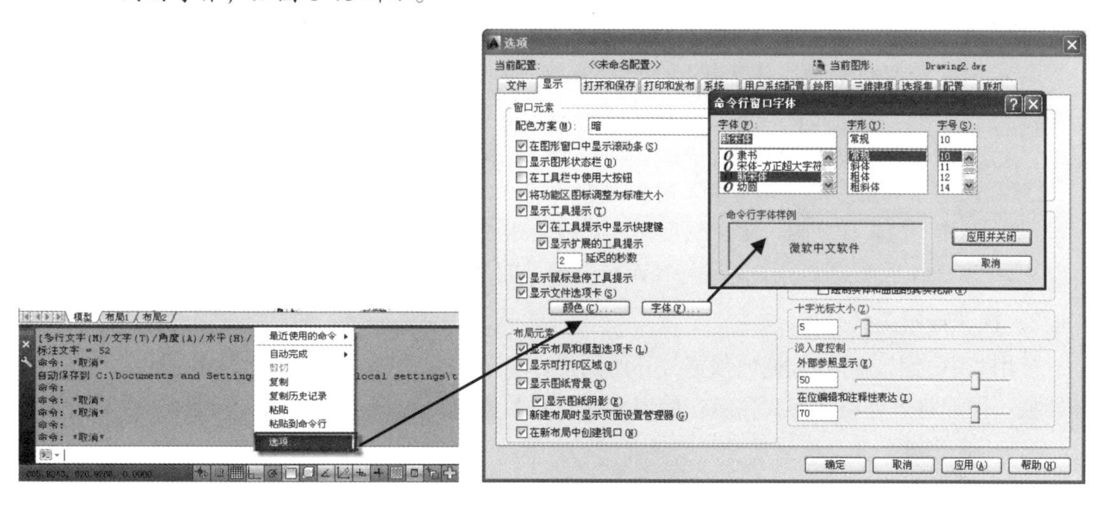

图 1-48　调整命令行字体

1.4.16　状态栏

状态栏位于屏幕的底部，它可以显示 AutoCAD 当前的状态，主要由 5 部分组成。如图 1-49 所示。

图 1-49　状态栏

1．当前光标坐标值

该区域从左至右的 3 个数值分别是十字光标所在 X、Y、Z 轴的坐标数据，光标坐标值显示了绘图区中光标的位置。移动光标，坐标值也会随之变化。

2．辅助工具按钮

绘图辅助工具主要用于控制绘图的性能，其中包括推断约束、捕捉模式、栅格显示、正交模式、极轴追踪、对象捕捉、三维对象捕捉、对象捕捉追踪、允许 / 禁止动态 UCS、动态输入、显示 / 隐藏线宽、显示 / 隐藏线宽、快捷特性和选择循环等工具。各工具按钮的具体用法如下：

➢ 推断约束：该按钮用于开启或关闭推断约束功能。推断约束即自动在正在创建或编辑的对象与对象捕捉的关联对象或点之间应用约束，如平行、垂直等。

➢ 捕捉模式：该按钮用于开启或关闭捕捉模式。捕捉模式可以使光标能够很容易抓取到每个栅格上的点。

➢ 栅格显示：该按钮用于开启或者关闭栅格的显示。

➢ 正交模式：该按钮用于开启或者关闭正交模式。正交即光标只能沿着与 X 轴或者 Y 轴平行的方向移动，不能画斜线。

- 极轴追踪：该按钮用于开启或者关闭极轴追踪模式。用于捕捉和绘制与起点水平线成一定角度的线段。
- 对象捕捉：该按钮用于开启或者关闭对象捕捉。对象捕捉即能使光标在接近某些特殊点的时候自动指引到那些特殊的点上，如中点、垂足点等。
- 对象捕捉追踪：该按钮用于开启或者关闭对象捕捉追踪。该功能和对象捕捉功能同时使用，用于追踪捕捉点在线性方向上与其他对象的特殊交点。
- 允许 / 禁止动态 UCS：用于切换允许和禁止动态 UCS。
- 动态输入：用于动态输入的开启和关闭。
- 显示 / 隐藏线宽：该按钮控制线宽的显示或者隐藏。
- 快捷特性：控制"快捷特性面板"的禁用或开启。

3. 快速查看工具

使用其中的工具可以方便地预览打开的图形，以及打开图形的模型空间与布局，并在其间进行切换。图形将以缩略图形式显示在应用程序窗口的底部。

- 模型：用于模型与图纸空间之间的转换。
- 快速查看布局：快速查看绘制图形的图幅布局。
- 快速查看图形：快速查看图形。

4. 注释工具

用于显示注释工具。对于模型空间和图纸空间，将显示不同的工具。当图形状态栏打开后，将显示在绘图区域的底部；当图形状态栏关闭时，图形状态栏上的工具移至应用程序状态栏。

- 注释比例：注释时可通过此按钮调整注释的比例。
- 注释可见性：单击该按钮，可选择仅显示当前比例的注释或显示所有比例的注释。
- 自动添加注释比例：注释比例更改时，通过该按钮可以自动将比例添加至注释性对象。

5. 工作空间工具

- 切换工作空间：切换绘图空间，可通过此按钮切换 AutoCAD 2014 的工作空间。
- 锁定窗口：用于控制是否锁定工具栏和窗口的位置。
- 硬件加速：用于在绘制图形时通过硬件的支持提高绘图性能，如刷新频率。
- 隔离对象：当需要对大型图形的个别区域进行操作，并在需要显示或隐藏部分对象时，使用该功能在图形中临时隐藏和显示选定的对象。
- 全屏显示：用于开启或退出 AutoCAD 2014 的全屏显示模式。

1.5 视图基本操作

在绘图过程中经常需要对视图进行如平移、缩放、重生成等操作，以方便观察视图并更好地绘图。

1.5.1　视图缩放

视图缩放就是将图形进行放大或缩小，但不改变图形的实际大小。调用“视图缩放”命令的方法有以下几种：

➢ 菜单栏：执行“视图”|“缩放”子菜单中的命令，如图 1-50 所示。
➢ 工具栏：单击如图 1-51 所示的“缩放”工具栏中的按钮。
➢ 命令行：在命令行中输入 ZOOM/Z。

图 1-50　缩放命令

图 1-51　“缩放”工具栏

各种“缩放”方式的含义如下。

1. 全部缩放

“全部缩放”是最大化显示整个模型空间的所有图形对象（包括绘图界限范围内和范围外的所有对象）和视图辅助工具（例如，栅格），缩放前后的对比效果如图 1-52 所示。

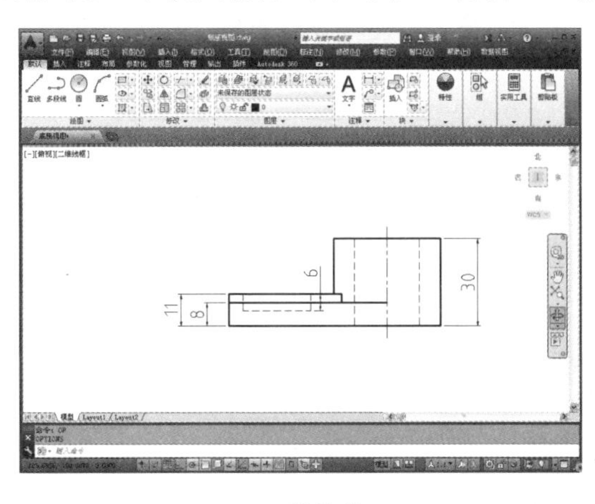

缩放前

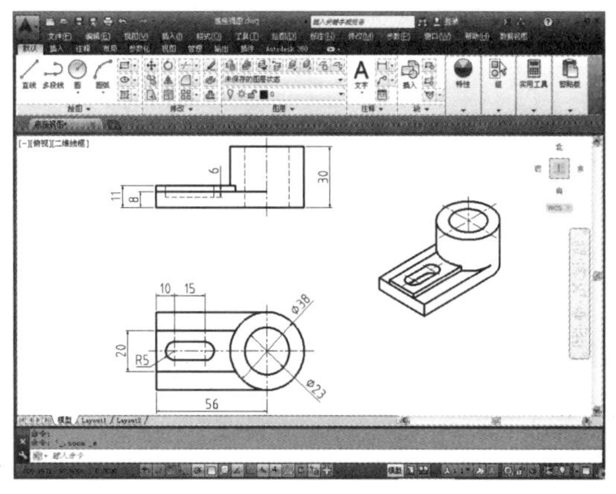

缩放后

图 1-52　全部缩放前、后效果对比

2. 中心缩放

以指定点为中心点，整个图形按照指定的缩放比例缩放，而这个点在缩放操作之后将称为新视图的中心点。命令行的提示如下：

```
    命令：ZOOM↙                                              // 调用缩放命令
    指定窗口的角点，输入比例因子 (nX 或 nXP)，或者
    [全部(A)/中心(C)/动态(D)/范围(E)/上一个(P)/比例(S)/窗口(W)/对象(O)] <实时>:
c↙    // 激活中心缩放
    指定中心点:                                              // 指定一点作为新视图显示的中心点
    输入比例或高度 <当前值>:                                 // 输入比例或高度
```

"当前值"就是当前视图的纵向高度。如果输入的高度值比当前值小，则视图将放大；若输入的高度值比当前值大，则视图缩小。缩放系数等于"当前窗口高度/输入高度"的比值。也可以直接输入缩放系数，或者后跟字母 X 或 XP，含义同"比例"缩放。

3. 动态缩放

对图形进行动态缩放。选择该选项后，绘图区将显示几个不同颜色的方框，拖曳鼠标移动当前视区框到所需位置，调整大小后按 Enter 键，即可将当前视区框内的图形最大化显示，如图 1-53 所示为动态缩放前后的对比效果。

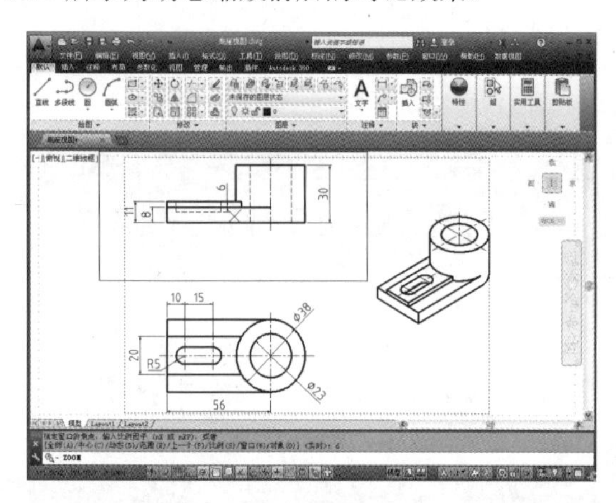

缩放前

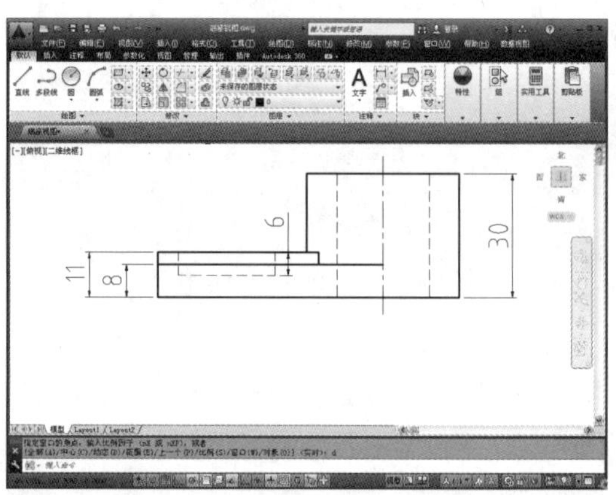

缩放后

图 1-53　动态缩放前后对比

4. 范围缩放

单击该按钮使所有图形对象最大化显示，充满整个视口。视图包含已关闭图层上的对象，但不包含冻结图层上的对象。

操作技巧： 双击鼠标中键可以快速进行视图范围缩放。

5. 缩放上一个

恢复到前一个视图显示的图形状态。

6. 比例缩放

按输入的比例值进行缩放，有 3 种输入方法。

- 直接输入数值，表示相对于图形界限进行缩放。
- 在数值后加 X，表示相对于当前视图进行缩放。

➢ 在数值后加 XP，表示相对于图纸空间单位进行缩放。

如图 1-54 所示为当前视图缩放两倍后的对比效果。

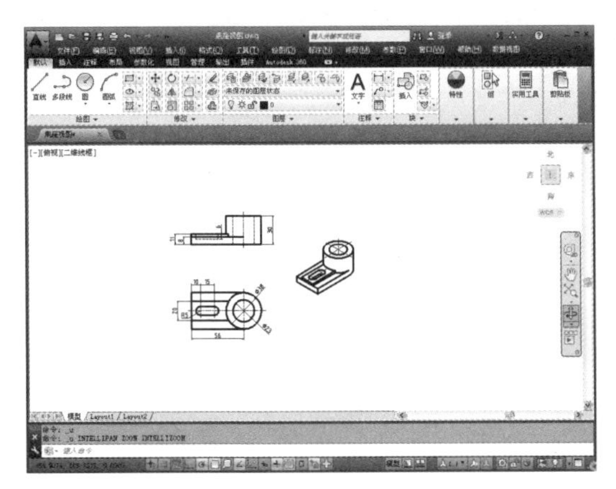

缩放前

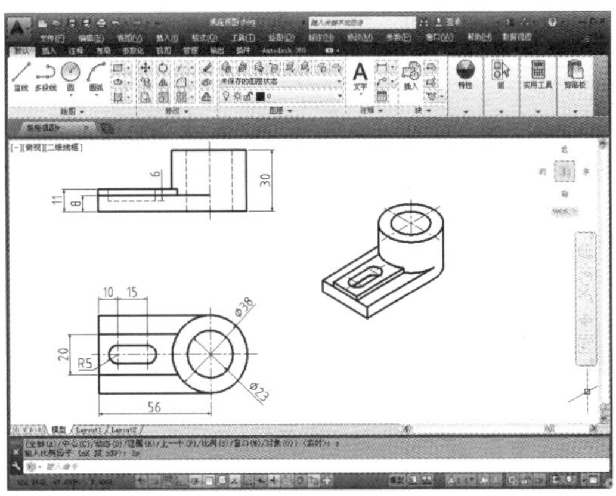

缩放后

图 1-54 比例缩放前后对比

7. 窗口缩放

窗口缩放命令可以将指定的矩形窗口范围内的图形充满当前视窗。执行窗口缩放操作后，用光标确定窗口的对角点，这两个角点确定了一个矩形框窗口，系统将矩形框窗口内的图形放大至整个屏幕，如图 1-55 所示。

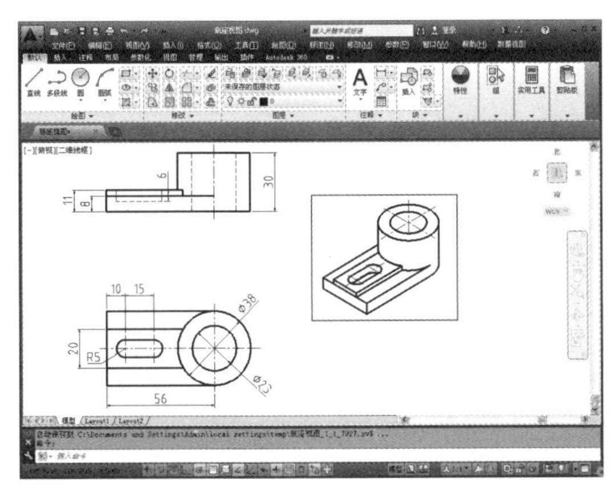

缩放前

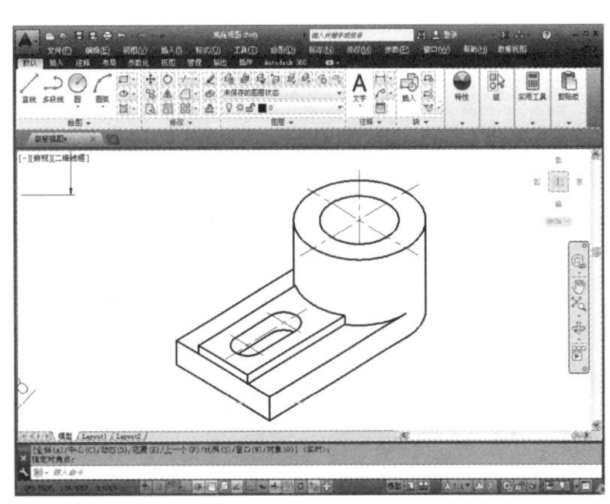

缩放后

图 1-55 窗口缩放前后对比

8. 对象缩放

用于将选中的图形对象最大限度地显示在屏幕上，如图 1-56 所示为将俯视图图形缩放的前后对比效果。

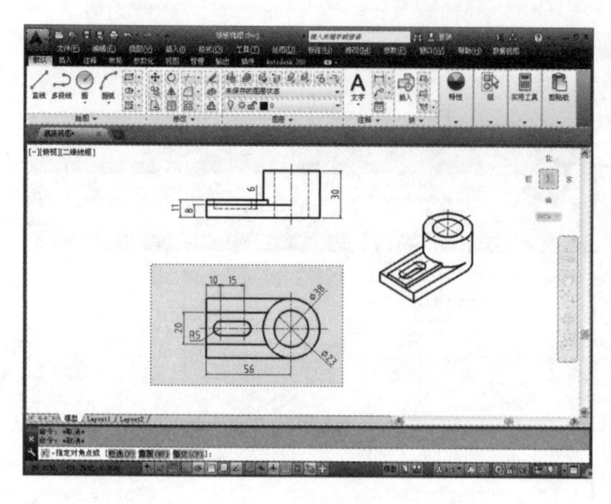

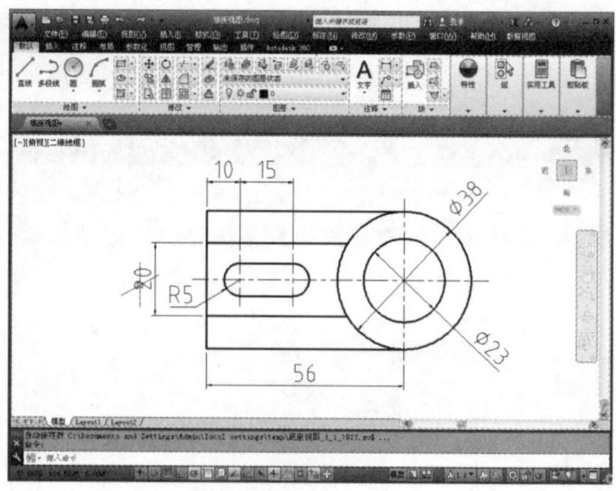

缩放前　　　　　　　　缩放后

图 1-56　对象缩放前后对比效果

9. 实时缩放

该项为默认选项。执行缩放命令后直接按 Enter 键即可使用该选项。在屏幕上会出现一个形状的光标，按住鼠标左键不放向上或向下拖曳，则可实现图形的放大或缩小。

操作技巧： 滚动鼠标滚轮，可以快速地实时缩放视图。

10. 放大

单击该按钮一次，视图中的实体显示比当前视图大一倍。

11. 缩小

单击该按钮一次，视图中的实体显示比当前视图小一半。

1.5.2　视图平移

视图平移不改变视图的大小，只改变其位置，以便观察图形的其他组成部分，如图 1-57 所示。图形显示不全面，且部分区域不可见时，即可使用视图平移。

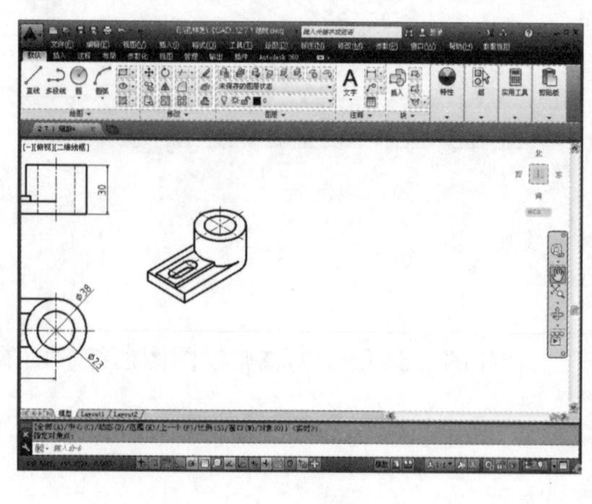

缩放前　　　　　　　　缩放后

图 1-57　视图平移前后对比

调用“平移视图”命令的方法如下：

➢ 菜单栏：在“视图”|“平移”子菜单中选择相应的命令。
➢ 工具栏：单击“标准”工具栏上的“实时平移”按钮。
➢ 命令行：在命令行中输入 PAN/P。

视图平移可以分为“实时平移”和“定点平移”两种，其含义如下：

➢ 实时平移：光标形状变为形状，单击拖曳可以使图形的显示位置随鼠标向同一方向移动。
➢ 定点平移：通过指定平移起始点和目标点的方式进行平移。

“上”“下”“左”“右”四个平移命令表示将图形分别向左、右、上、下方向平移一段距离。必须注意的是，该命令并不是真的移动图形对象，也不是真正改变图形，而是通过位移对视图显示区域进行平移。

操作技巧：按住鼠标滚轮拖曳，可以快速进行视图平移。

1.5.3 使用导航栏

导航栏是一种用户界面元素，也是一个视图控制集成工具，用户可以从中访问通用导航工具和特定于产品的导航工具。单击视口左上角的“[-]”标签，在弹出菜单中选择“导航栏”选项，可以控制导航栏是否在视口中显示，如图 1-58 所示。

导航栏中有以下通用导航工具。

➢ ViewCube：指示模型的当前方向，并用于重定向模型的当前视图。
➢ SteeringWheels：用于在专用导航工具之间快速切换的控制盘集合。
➢ ShowMotion：用户界面元素，为创建和回放电影式相机动画提供屏幕显示，以便进行设计查看、演示和书签样式导航。
➢ 3Dconnexion：一套导航工具，用于使用 3Dconnexion 三维鼠标重新设置模型当前视图的方向。

导航栏中有以下特定于产品的导航工具，如图 1-59 所示。

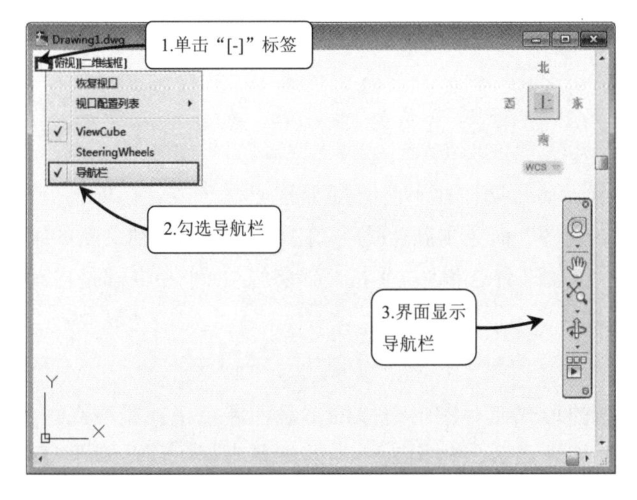

图 1-58 使用导航栏

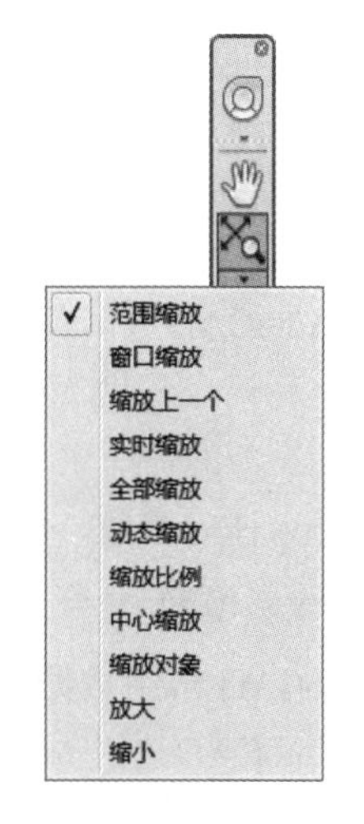

图 1-59 导航工具

- ➢ 平移：沿屏幕平移视图。
- ➢ 缩放工具：用于增大或减小模型的当前视图比例的导航工具集。
- ➢ 动态观察工具：用于旋转模型当前视图的导航工具集。

1.5.4　命名视图

命名视图是将某些视图范围命名保存下来，供以后随时调用。调用“命名视图”命令的方式有以下几种：

- ➢ 菜单栏：执行“视图”|“命名视图”命令，如图 1-60 所示。
- ➢ 工具栏：单击“视图”工具栏中的“命名视图”按钮。
- ➢ 命令行：在命令行输入 VIEW/V。

执行上述任意一种命令后，将打开如图 1-61 所示的“视图管理器”对话框，可以在其中进行视图的命名和保存。

图 1-60　执行“命名视图”命令

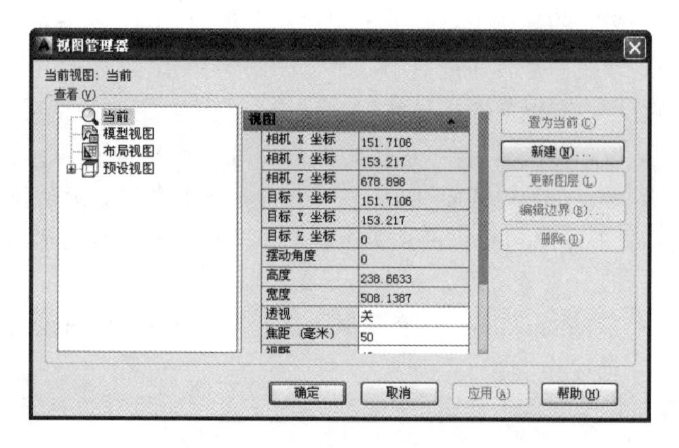

图 1-61　“视图管理器”对话框

1.5.5　刷新视图

在 AutoCAD 中，某些操作完成后，其效果往往不会立即显现出来，或者在屏幕上留下绘图的痕迹与标记。因此，需要通过“刷新视图”命令重新生成当前图形，以观察到最新的编辑效果。

视图刷新的命令主要有两个——“重画”命令和“重生成”命令。这两个命令都是自动完成的，不需要输入任何参数，也没有可选选项。

1. 重画视图

AutoCAD 常用数据库以浮点数据的形式储存图形对象的信息，浮点格式精度高，但计算时间长。AutoCAD 重生成对象时，需要把浮点数值转换为适当的屏幕坐标。因此对于复杂图形，重新生成需要花很长的时间。为此软件提供了“重画”这种速度较快的刷新命令。重画只刷新屏幕显示，因而生成图形的速度更快。执行“重画”命令有以下几种方法。

➢ 菜单栏：选择“视图”｜“重画”命令。

➢ 命令行：在命令行输入 REDRAWALL 或 RADRAW 或 RA。

在命令行中输入 REDRAW 并按 Enter 键，将从当前视口中删除编辑命令留下来的点标记；而输入 REDRAWWALL 并按 Enter 键，将从所有视口中删除编辑命令留下来的点标记。

2. 重生成视图

AutoCAD 使用时间太久或者图纸中内容太多，有时就会影响到图形的显示效果，让图形变得很粗糙时即可执行“重生成”命令来恢复。“重生成”命令不仅重新计算当前视图中所有对象的屏幕坐标，并重新生成整个图形，还重新建立图形数据库索引，从而优化显示和对象选择的性能。执行“重生成”命令有以下几种方法。

➢ 菜单栏：选择“视图”｜“重生成”命令。

➢ 命令行：在命令行输入 REGEN 或 RE。

“重生成”命令仅对当前视图范围内的图形执行重生成，如果要对整个图形执行重生成，可选择“视图”｜“全部重生成”命令。重生成的效果如图 1-62 所示。

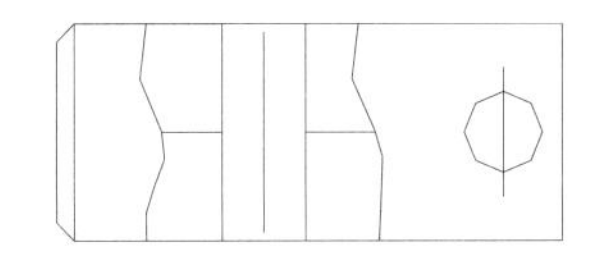

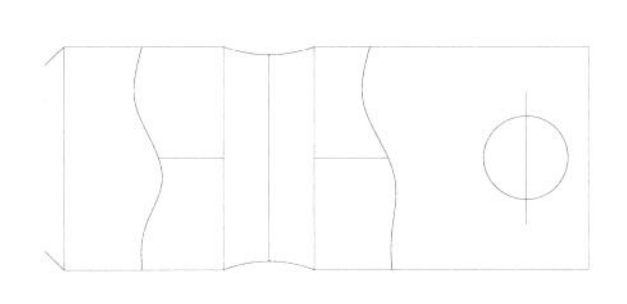

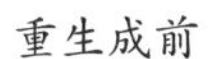

重生成前　　重生成后

图 1-62　重生成前后对比

1.5.6　命名视口

命名视口用于为新建的视口命名，调用该命令的方法如下：

➢ 菜单栏：执行“视图”|“视口”|“命名视口”命令。

➢ 命令行：在命令行输入 VPORTS。

➢ 工具栏：单击“视口”工具栏中的“视口”按钮。

➢ 功能区：在“视图”选项卡中，单击“视口模型”面板中的“命名”按钮。

执行上述操作后，系统将打开如图 1-63 所示的“视口”对话框中的“命名视口”选项卡。该选项卡用来显示保存的视口配置，“预览”显示框用来预览选择的视口配置。

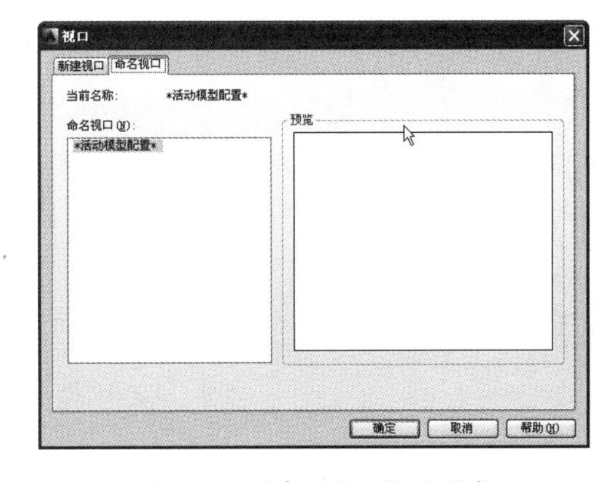

图 1-63　“命名视口”选项卡

第 2 章　文件管理

在深入学习 AutoCAD 绘图之前，本章首先介绍 AutoCAD 文件的管理、样板文件、文件的输出，以及文件的备份与修复等基本知识，使读者对 AutoCAD 文件的管理有一个全面的了解和认识，为快速运用该软件打下坚实的基础。

2.1　AutoCAD 文件的管理

文件管理是软件操作的基础，在 AutoCAD 2014 中，图形文件的基本操作包括新建、打开、保存、查找和输出文件等。

2.1.1　AutoCAD 文件的主要格式

AutoCAD 能直接保存和打开的文件主要有以下 4 种格式：.dwg、.dws、.dwt 和 .dxf，分别介绍如下。

- .dwg：dwg 文件是 AutoCAD 的默认图形文件，是二维或三维图形档案。如果另一个应用程序需要使用该文件信息，则可以通过输出将其转换为其他的特定格式，详见"2.3 文件的输出"一节的内容。
- .dws：dws 文件被称为"标准文件"，其中保存了图层、标注样式、线型、文字样式等信息。当设计单位要实行图纸标准化，对图纸的图层、标注、文字、线型有非常明确的要求时即可使用 dws 标准文件。此外，为了保护自己的文档，可以将图形用 dws 的格式保存，因为 dws 格式的文档只能查看不能修改。
- .dwt：dwt 是 AutoCAD 的模板文件，保存了一些图形设置和常用对象，例如，标题框和文本，详见"2.2 样板文件"的内容。
- .dxf：dxf 文件是包含图形信息的文本文件，其他的 CAD 系统（如 UG、Creo、Solidworks）可以读取文件中的信息。因此可以用 dxf 格式保存 AutoCAD 图形，使其可以在其他绘图软件中打开。

其他几种与 AutoCAD 有关的格式介绍如下。

- .dwl：dwl 是与 AutoCAD 文档 dwg 相关的一种格式，意为"被锁文档"（其中的 L 为 Lock 的首字母）。其实这是早期 AutoCAD 版本软件的一种生成文件，当 AutoCAD 非法退出的时候会自动生成与 dwg 文件名同名，但扩展名为 dwl 的被锁文件。一旦生成这个文件则原来的 dwg 文件将无法打开，必须手动删除该文件才可以恢复打开 dwg 文件。
- .sat：即 ACIS 文件，可以将某些对象类型输出到 ASCII（SAT）格式的 ACIS 文件中。可将代表剪过的 NURBS 曲面、面域和实体的 Shape Manager 对象输出到 ASCII(SAT) 格式的 ACIS 文件中。
- .3ds：即 3D Studio(3DS) 的文件。3DSOUT 仅输出具有表面特征的对

象，即输出的直线或圆弧的厚度不能为零。宽线或多段线的宽度或厚度不能为0。圆、多边形网格和多面始终可以输出；实体和三维面必须至少有3个唯一顶点。如果必要，可将几何图形在输出时网格化。在使用3DSOUT之前，必须将AME（高级建模扩展）和AutoSurf对象转换为网格。3DSOUT将命名视图转换为3D Studio相机，并将相片级光跟踪光源转换为最接近的3D Studio等效对象。点光源变为泛光光源；聚光灯和平行光变为3D Studio聚光灯。

➢ .stl：即平板印刷文件，可以使用与平板印刷设备（SLA）兼容的文件格式写入实体对象。实体数据以三角形网格面的形式装换为SLA。SLA工作站使用该数据来定义代表部件的一系列图层。

➢ WIMF：WIMF文件可以在许多Windows应用程序中使用。WIMF（Windows图文文件格式）文件包含矢量图形或光栅图形格式，但只在矢量图形中创建WIMF文件。矢量格式与其他格式相比，能实现更快的平移和缩放。

➢ 光栅文件：可以为图形中的对象创建与设备无关的光栅图像。可以使用若干命令将对象输出到与设备无关的光栅图像中，光栅图像的格式可以是位图、JPEG、TIFF和PNG。某些文件格式在创建时即为压缩形式，例如JPEG格式。压缩文件占有较少的磁盘空间，但有些应用程序可能无法读取这些文件。

➢ PostScript文件：可以将图形文件转换为PostScript文件，很多桌面发布应用程序都使用该文件格式。将图形转换为PostScript格式后，也可以使用PostScript字体。

2.1.2　新建文件

启动AutoCAD 2014后，系统将自动新建一个名为Drawing1.dwg的图形文件，该图形文件默认以acadiso.dwt为样板创建。如果用户需要绘制一个新的图形，则需要使用“新建”命令。启动“新建”命令有以下几种方法。

➢ 应用程序按钮：单击“应用程序”按钮，在菜单中选择“新建”选项，如图2-1所示。

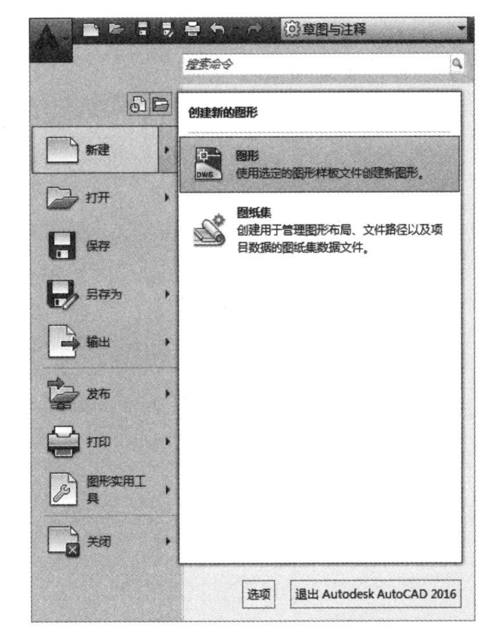

图2-1　“应用程序”按钮新建文件

➢ 快速访问工具栏：单击“快速访问”工具栏中的“新建”按钮。

➢ 菜单栏：执行“文件”|“新建”命令。

➢ 标签栏：单击标签栏上的按钮。

➢ 命令行：NEW或QNEW。

➢ 快捷键：Ctrl+N。

用户可以根据绘图需要，在对话框中选择打开不同的绘图样板，即可以样板文件创建一个新的图形文件。单击“打开”按钮旁的下拉菜单按钮，可以在菜单中选择打开样板文件的方式，共有“打开”“无样板打开-英制（I）”“无样板打开-公制（M）”3种方式，如图2-2所示。通常选择默认的“打开”方式。

图 2-2 “选择样板”对话框

2.1.3 打开文件

AutoCAD 文件的打开方式有很多种，启动“打开”命令有以下几种方法。

- 应用程序按钮：单击“应用程序”按钮，在弹出的快捷菜单中选择“打开”选项。
- 快速访问工具栏：单击“快速访问”工具栏的“打开”按钮。
- 菜单栏：执行“文件”|“打开”命令。
- 标签栏：在标签栏空白位置单击鼠标右键，在弹出的快捷菜单中选择“打开”选项。
- 命令行：OPEN 或 QOPEN。
- 快捷键：Ctrl+O。
- 快捷方式：直接双击要打开的 .dwg 图形文件。

执行以上操作都会弹出“选择文件”对话框，该对话框用于选择已有的 AutoCAD 图形，单击“打开”按钮后的三角按钮，在弹出的菜单中可以选择不同的打开方式，如图 2-3 所示。

“选择文件”对话框中各选项的含义说明如下：

- “打开”：直接打开图形，可对图形进行编辑、修改。
- “以只读方式打开”：打开图形后仅能观察图形，无法进行修改与编辑。
- “局部打开”：局部打开命令允许用户只处理图形的某一部分，只加载指定视图或图层的几何图形。
- “以只读方式局部打开”：局部打开的图形无法被编辑修改，只能观察。

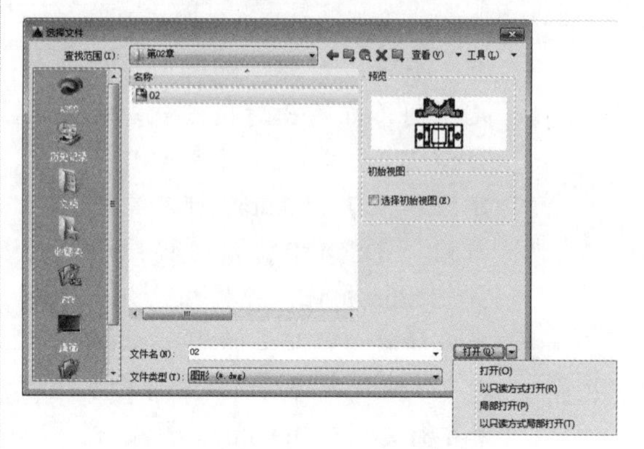

图 2-3 “选择文件”对话框

2.1.4 案例——局部打开图形

素材图形完整打开的效果如图 2-4 所示。本例使用局部打开命令即只处理图形的某一部分，只加载素材文件中指定视图或图层上的几何图形。当处理大型图形文件时，可以选择在打开图形时需要加载的尽可能少的几何图形，指定的几何图形和命名对象包括：块（Block）、图层（Layer）、标注样式（DimensionStyle）、线型（Linetype）、布局（Layout）、文字样式（TextStyle）、视口配置（Viewports）、用户坐标系（UCS）及视图（View）等，操作步骤如下。

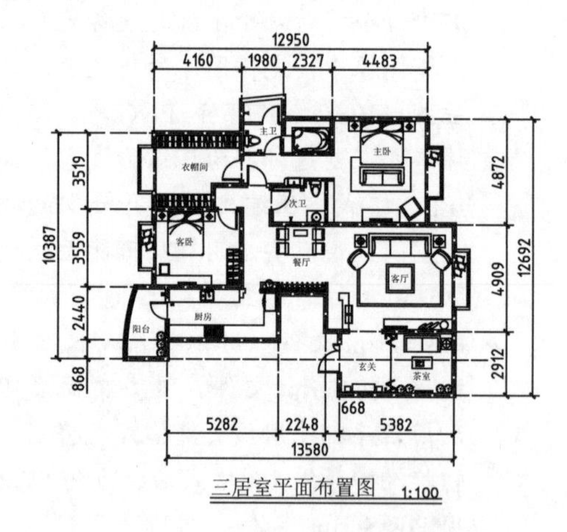

图 2-4 完整打开的素材图形

01 定位至要局部打开的素材文件，单击“选择文件”对话框中“打开”按钮后的三角按钮，在弹出的菜单中选择“局部打开”选项，如图2-5所示。

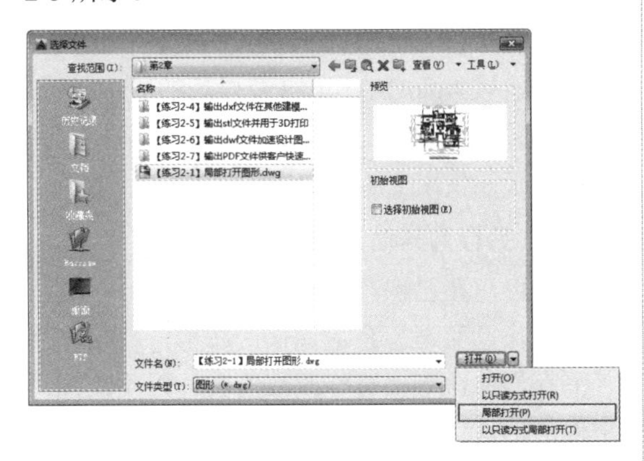

图 2-5　选择“局部打开”

02 系统弹出“局部打开”对话框，在“要加载几何图形的图层”列表中勾选需要局部打开的图层名，如“QT-000 墙体”，如图 2-6 所示。

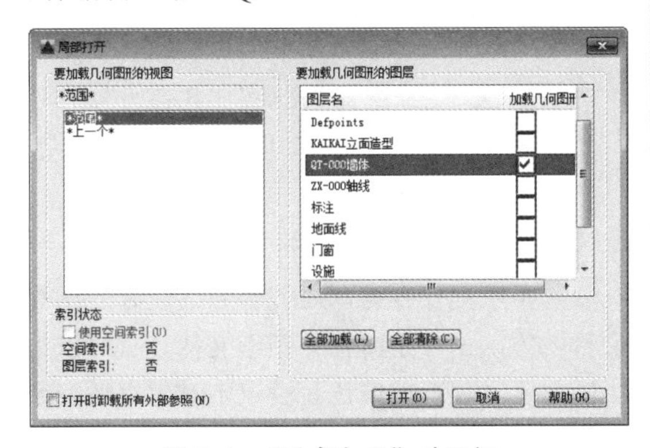

图 2-6　“局部打开”对话框

03 单击“打开”按钮，即可打开仅包含“QT-000墙体”图层的图形对象，同时文件名后会添加“（局部加载）”字样，如图 2-7 所示。

04 对于局部打开的图形，用户还可以通过“局部加载”命令，将其他未载入的几何图形补充进来。在命令行输入 PartialLoad 并按 Enter 键，系统弹出“局部加载”对话框，其与“局部打开”对话框主要的区别是可通过“拾取窗口”按钮划定区域放置视图，如图 2-8 所示。

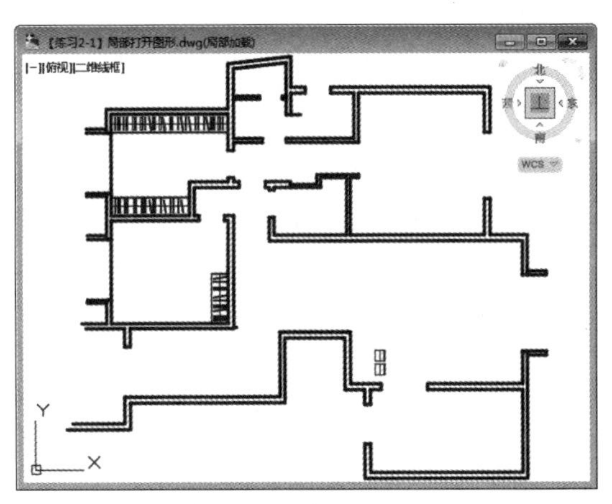

图 2-7　“局部打开”效果

图 2-8　“局部加载”对话框

05 勾选需要加载的选项，如“标注”和“门窗”，单击“局部加载”对话框中的“确定”按钮，即可得到加载效果如图 2-9 所示。

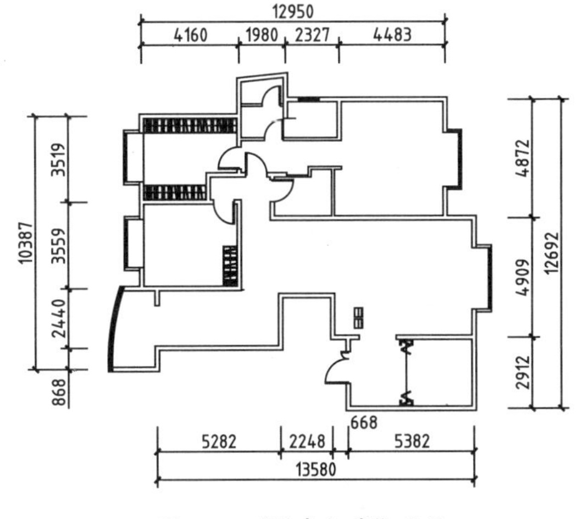

图 2-9　“局部加载”效果

2.1.5 保存文件

保存文件不仅是将新绘制的或修改好的图形文件进行存盘，以便以后对图形进行查看、使用或修改、编辑等，还包括在绘制图形过程中随时对图形进行保存，以避免意外情况发生而导致文件丢失或不完整。

1. 保存新的图形文件

保存新文件就是对新绘制还没保存过的文件进行保存。执行“保存”命令有以下几种方法。

- 应用程序按钮：单击“应用程序”按钮▲，在弹出的快捷菜单中选择“保存”选项。
- 快速访问工具栏：单击“快速访问”工具栏中的“保存”按钮。
- 菜单栏：选择“文件”|“保存”命令。
- 快捷键：Ctrl+ S。
- 命令行：SAVE 或 QSAVE。

执行“保存”命令后，系统弹出如图 2-10 所示的“图形另存为”对话框。在该对话框中，可以进行如下操作。

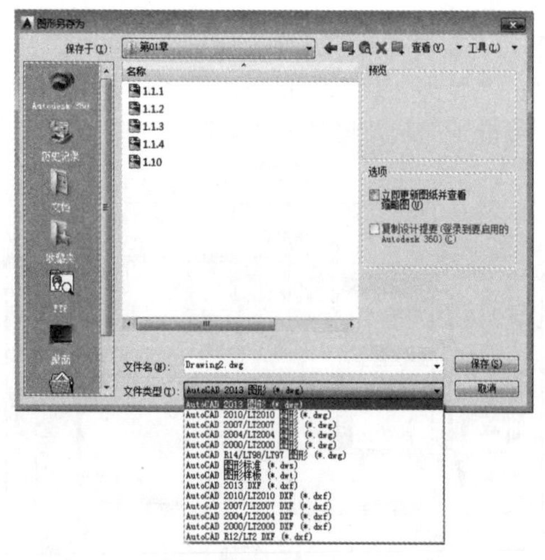

图 2-10 “图形另存为”对话框

- 设置存盘路径。单击“保存于”下拉列表，在展开的下拉列表内设置文件存储的路径。
- 设置文件名。在“文件名”文本框内输入文件名称，如“我的文档”等。
- 设置文件格式。单击该对话框底部的“文件类型”下拉列表，在展开的下拉列表内设置文件的格式类型。

操作技巧：默认的存储类型为“AutoCAD 2014 图形（*.dwg）”。使用该格式将文件存盘后，文件只能被 AutoCAD 2014 及以后的版本打开。如果用户需要在 AutoCAD 早期版本中打开此文件，必须使用低版本的文件格式保存文件。

2. 另存为其他文件

当用户在已保存的图形基础上进行了其他修改工作，又不想覆盖原来的图形，可以使用“另存为”命令，将修改后的图形以不同图形文件的形式保存。启动“另存为”命令有以下几种方法。

- 应用程序：单击“应用程序”按钮▲，在弹出的快捷菜单中选择“另存为”选项。
- 快速访问工具栏：单击“快速访问”工具栏中的“另存为”按钮。
- 菜单栏：选择“文件”|“另存为”命令。
- 快捷键：Ctrl+Shift+S。
- 命令行：SAVE As。

3. 定时保存图形文件

除了手动保存外，还有一种比较好的保存文件的方法——定时保存图形文件，它可以免去随时手动保存的麻烦。设置定时保存后，系统会在一定的时间间隔内自动保存当前文件编辑的文件内容，自动保存的文件后缀名为 .sv$。

2.1.6 案例——将图形另存为低版本文件格式

在日常工作中，经常要与客户或同事进行图纸往来，有时就难免碰到因为彼此 AutoCAD 软件版本不同而打不开图纸的情况，如图 2-11 所示。原则上高版本的 AutoCAD 能打开低版本软件所绘制的图形，而低版本软件却无法打开高版本软件的图形。因此对于使用高版本软件的用户来说，可以将文件通过“另存为”的方式转存为低版本文件。

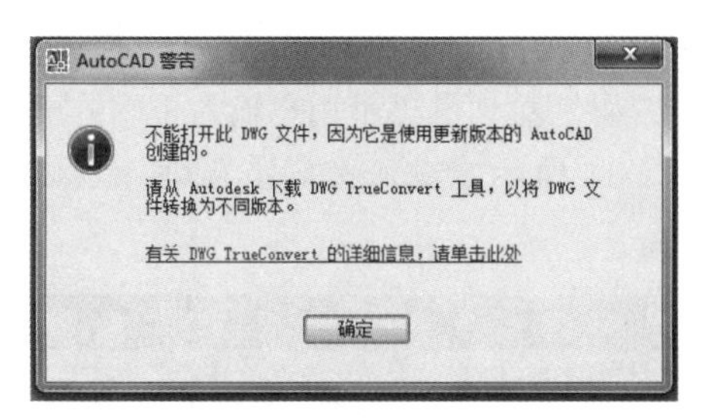

图 2-11　因版本不同出现的 AutoCAD 警告

01 打开要处理的图形文件。

02 单击“快速访问”工具栏中的“另存为”按钮，弹出“图形另存为”对话框，在“文件类型”下拉列表中选择“AutoCAD2000/LT2000 图形（*.dwg）”选项，如图 2-12 所示。

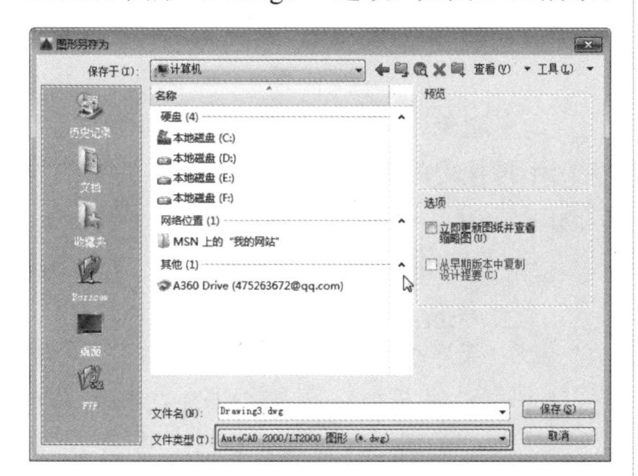

图 2-12　“图形另存为”对话框

03 设置完成后，AutoCAD 所绘图形的保存类型均为 AutoCAD 2000 类型，任何高于 2000 的版本均可以将该文件打开，从而实现工作图纸的无障碍交流。

2.1.7　案例——设置定时保存

AutoCAD 在使用过程中有时会因为内存占用太多而造成崩溃，让辛苦绘制的图纸付诸东流。因此除了在工作中要养成时刻保存的好习惯之外，还可以在 AutoCAD 中设置定时保存来减小意外造成的损失。

01 在命令行中输入 OP，系统弹出“选项”对话框。

02 单击“打开和保存”选项卡，在“文件安全措施”选项组中选中“自动保存”复选框，根据需要在文本框中输入适合的间隔时间和保存方式，如图 2-13 所示。

03 单击“确定”按钮关闭对话框，定时保存设置即可生效。

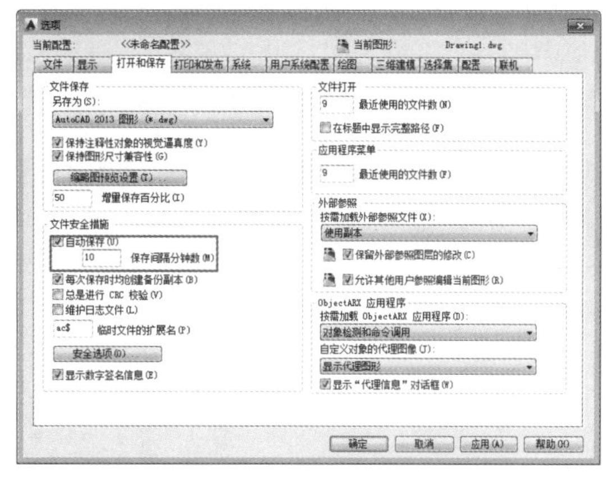

图 2-13　设置定时保存文件

操作技巧：定时保存的时间间隔不宜设置得过短，这样会影响软件的正常使用；也不宜设置得过长，这样不利于实时保存，一般设置在 10 分钟左右较为合适。

2.1.8　拓展案例——加密保存文件

图形文件绘制完成后，可以对其设置密码，使其成为机密文件。设置密码后的文件在打开时需要输入正确的密码，否则就不能打开。

01 按快捷键 Ctrl+S，弹出“图形另存为”对话框，单击该对话框右上角的工具(L)按钮，在弹出的菜单中选择“安全选项”选项，如图 2-14 所示。

02 打开“安全选项”对话框，在其中的文本框中输入打开图形时需要的密码，单击“确定”按钮，如图 2-15 所示。

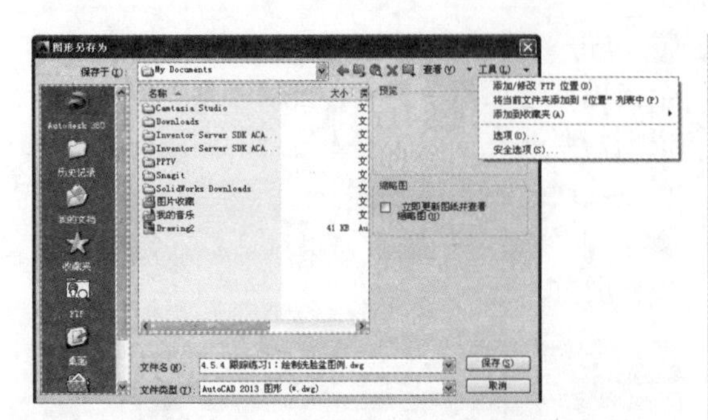

图 2-14 “图形另存为”对话框

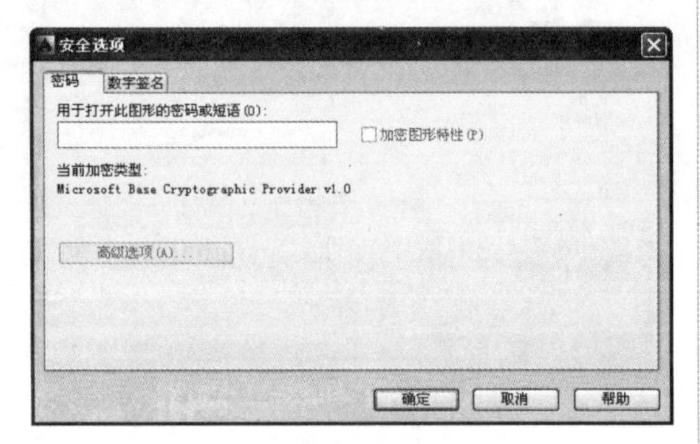

图 2-15 “安全选项”对话框

03 系统弹出“确认密码”对话框，提示用户再次确认上一步设置的密码，此时要输入与上一步完全相同的密码，如图 2-16 所示。

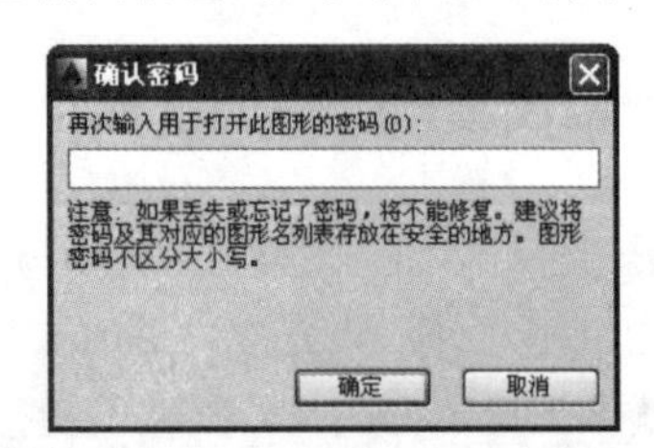

图 2-16 “确认密码”对话框

04 密码设置完成后，系统返回“图形另存为”对话框，设置好保存路径和文件名称，单击“保存”按钮即可保存文件，如图 2-17 所示。

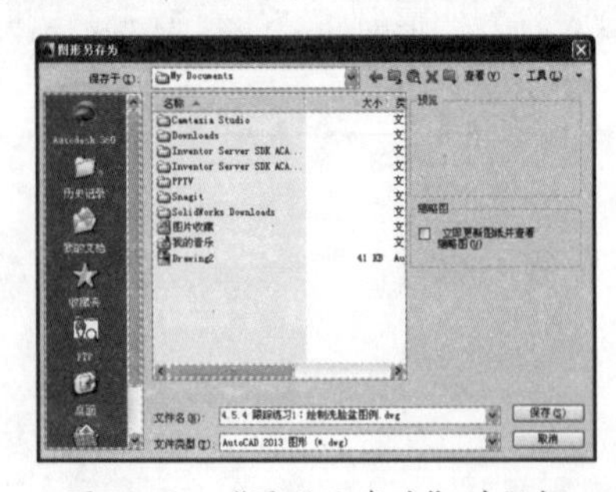

图 2-17 “图形另存为”对话框

操作技巧： 如果保存文件时设置了密码，则打开文件时就要输入打开密码，AutoCAD 会通过“密码”对话框提示用户输入正确的密码，如图 2-18 所示，输入密码不正确，无法打开文件。

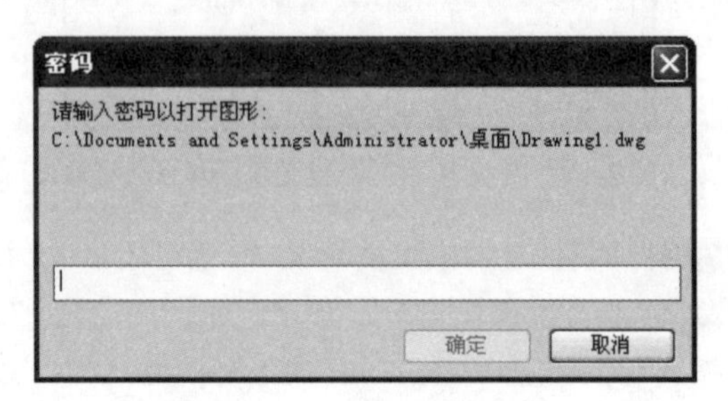

图 2-18 “密码”对话框

2.1.9 关闭文件

为了避免同时打开过多的图形文件，需要关闭不再使用的文件，执行“关闭”命令的方法如下。

- 应用程序按钮：单击“应用程序”按钮，在菜单中选择“关闭”选项。
- 菜单栏：执行“文件”|“关闭”命令。
- 文件窗口：单击文件窗口右上角的“关闭”按钮，如图 2-19 所示。

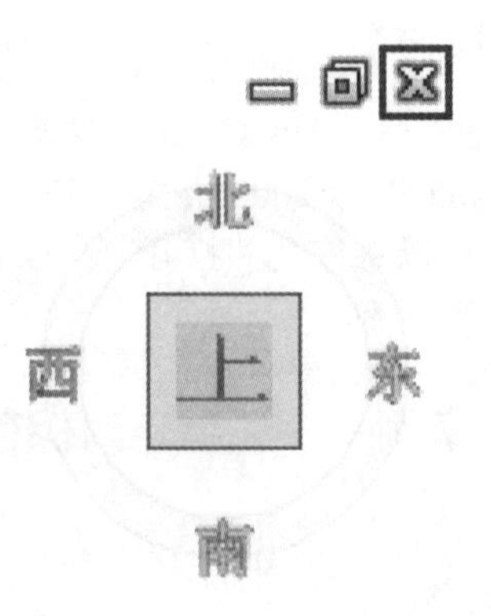

图 2-19 文件窗口右上角的“关闭”按钮

- 标签栏：单击文件标签栏上的“关闭”按钮。
- 命令行：CLOSE。
- 快捷键：Ctrl+F4。

执行该命令后，如果当前图形文件没有保

存，那么，关闭该图形文件时系统将弹出对话框，提示是否需要保存修改，如图 2-20 所示。

操作技巧： 如单击软件窗口的“关闭”按钮，则会直接退出 AutoCAD。

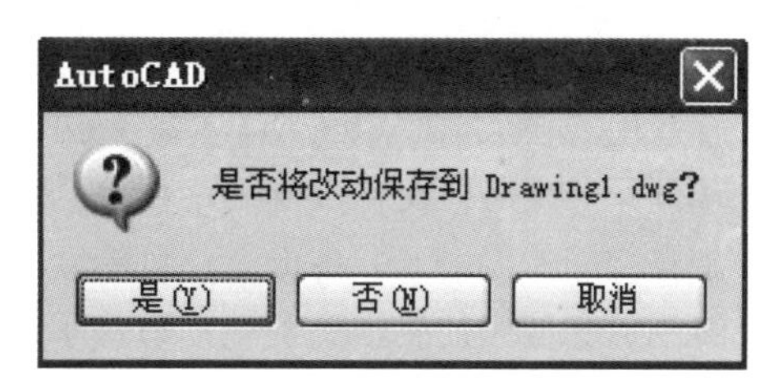

图 2-20　关闭文件时提示保存

2.2 文件的备份、修复与清理

文件的备份、修复有助于确保图形数据的安全，使用户在软件发生意外时可以恢复文件，减小损失；而当图形内容很多时，会影响软件操作的流畅性，此时可以使用清理工具来删除无用的“累赘”。

2.2.1　自动备份文件

很多软件都将创建备份文件设置为软件默认配置，尤其是很多编程、绘图、设计软件，这样的好处是当源文件不小心被删掉、硬件故障、断电或由于软件自身的 BUG 而导致自动退出时，还可以在备份文件的基础上继续编辑，否则前面的工作将付诸东流。

在 AutoCAD 中，后缀名为 bak 的文件即是备份文件。当修改了原 dwg 文件的内容后，再保存了修改后的内容，那么修改前的内容就会自动保存为 bak 备份文件（前提是设置为保留备份）。默认情况下，备份文件将和图形文件保存在相同的位置，而且和 dwg 文件具有相同的名称。例如，site_topo.bak 即是一份备份文件，是 site_topo.dwg 文件的精确副本，是图形文件在上次保存后自动生成的，如图 2-21 所示。值得注意的是，同一个文件在同一时间只会有一个备份文件，新创建的备份文件将始终替换旧的备份，并沿用相同的名称。

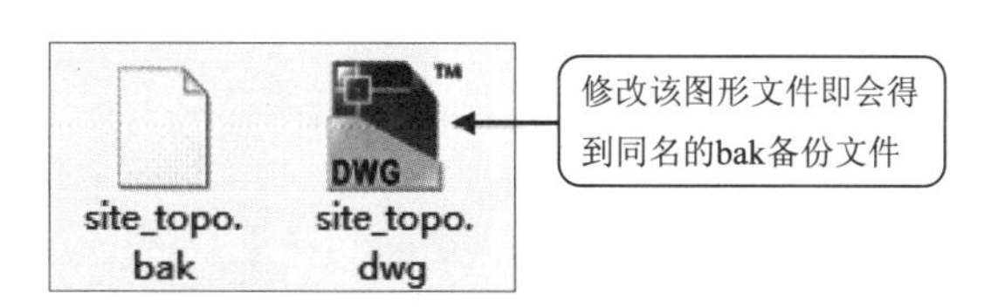

图 2-21　自动备份文件与图形文件

2.2.2　备份文件的恢复与取消

同其他衍生文件一致，bak 备份文件也可以进行恢复图形数据及取消备份等操作。

1．恢复备份文件

备份文件本质上是重命名的 dwg 文件，因此可以再通过重命名的方式来恢复其中保存的数据。如 site_topo.dwg 文件损坏或丢失后，可以重命名 site_topo.bak 文件，将后缀改为 .dwg，再在 AutoCAD 中打开该文件，即可得到备份数据。

2. 取消文件备份

有些用户觉得在AutoCAD中每个文件保存时都创建一个备份文件很麻烦，而且会占用部分硬盘空间，同时bak备份文件可能会影响到最终图形文件夹的整洁、美观，每次手动删除也比较费时，因此可以在AutoCAD中设置好取消备份功能。

在命令行中输入OP并按Enter键，系统弹出“选项”对话框，切换到“打开和保存”选项卡，将“每次保存时均创建备份副本”复选框取消勾选即可，如图2-22所示。也可以用在命令行输入ISAVEBAK，将ISAVEBAK的系统变量修改为0。

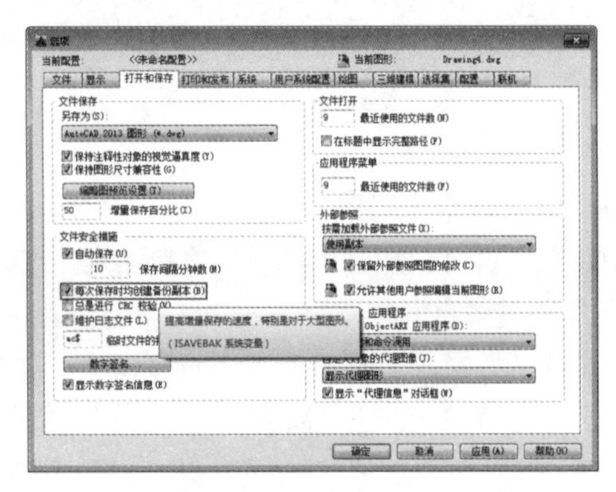

图2-22 “打开和保存”选项卡

操作技巧： bak备份文件不同于系统定时保存的.sv$文件，备份文件只会保留用户截至上一次保存之前的内容，而定时保存文件会根据用户指定的时间间隔进行保存，且二者的保存位置也完全不同。当意外发生时，最好将.bak文件和.sv$文件相互比较，恢复修改时间稍晚的一个，以尽量减小损失。

2.2.3 文件的核查与修复

在计算机突然断电，或者系统出现故障的时候，软件被强制性关闭。此时就可以使用“图形实用工具”中的命令，来核查或者修复意外中止的图形。下面我们就来介绍这些工具的用法。

1. 核查

使用该命令可以核查图形文件是否与标准冲突，然后再解决文件中的冲突。标准批准处理检查器一次可以核查多个文件。将标准文件和图形相关联后，可以定期检查该图形，以确保它符合其标准，这在许多人同时更新一个文件时尤为重要。

执行“核查”命令的方式有几下几种：

- 应用程序按钮：鼠标单击“应用程序”按钮▲，在菜单中选择“图形实用工具”|“核查”命令，如图2-23所示。

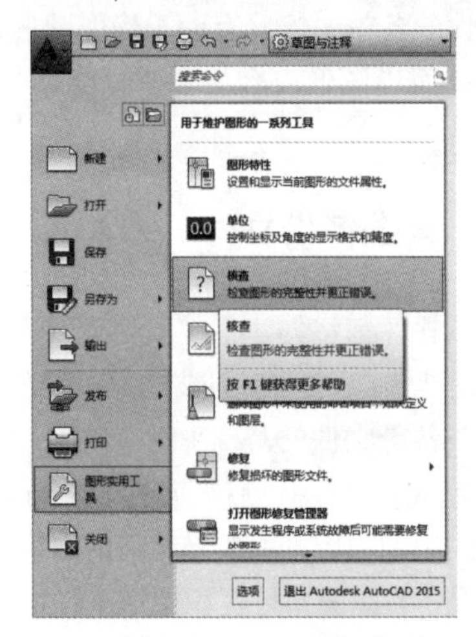

图2-23 执行“核查”命令

- 菜单栏：执行“文件”|“图形实用工具”|“核查”命令，如图2-24所示。

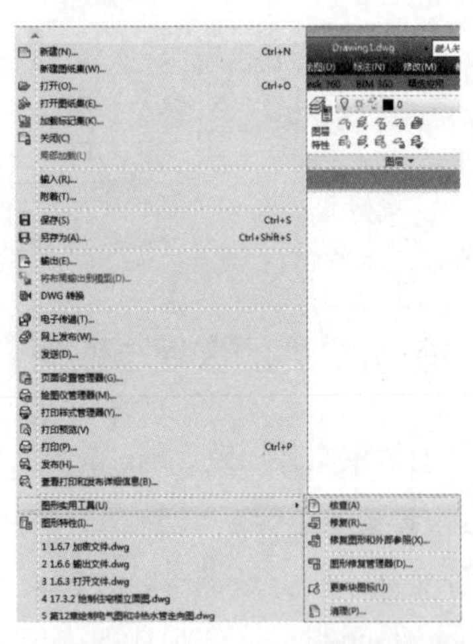

图2-24 执行“核查”命令

“核查”命令可以选择修复或者忽略报告的每个标准冲突。如果忽略所报告的冲突，系统将在图形中对其进行标记。可以关闭显示被忽略的问题，以便下次核查该图形的时候不再将它们作为冲突的情况而进行报告。

如果对当前的标准冲突未进行修复，那么在“替换为”列表中将没有项目显示，“修复”按钮也不可用。如果修复了当前显示在“检查标准”对话框中的标准冲突，那么，除非单击“修复”或“下一个”按钮，否则此冲突不会在对话框中删除。

在整个图形核查完毕后，将显示“检查完成”消息。此消息总结在图形中发现的标准冲突，还显示自动修复的冲突、手动修复的冲突和被忽略的冲突。

操作技巧：如果非标准图层包含多个冲突（例如，一个是非标准图层名称冲突；另一个是非标准图形特性冲突），则显示遇到的第一个冲突。不计算非标准图层上存在的后续冲突，因此也不会显示。用户需要再次运行命令，来检查其他冲突。

2. 修复

单击“应用程序”按钮▲，在其菜单中选择“图形实用工具”|“修复”|“修复”命令，系统弹出“选择文件”对话框，在该对话框中选择一个文件，然后单击“打开”按钮。核查后，系统弹出“打开图形 - 文件损坏”对话框，并显示文件的修复信息，如图 2-25 所示。

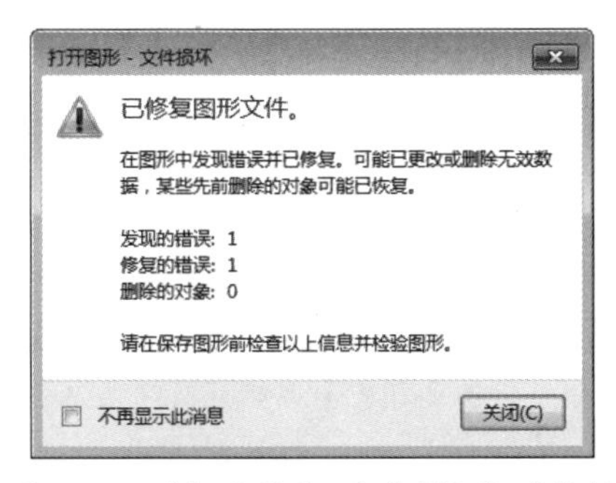

图 2-25　“打开图形 - 文件损坏”对话框

操作技巧：如果将 AUDITCTL 系统变量设置为 1（开），则核查结果将写入核查日志（ADT）文件。

2.2.4　图形修复管理器

单击“应用程序”按钮▲，在其菜单中选择“图形实用工具”|“修复”|“打开图形修复管理器”命令，即可打开“图形修复管理器”选项板，如图 2-26 所示。在该选项板中会显示程序或系统失败时打开的所有图形文件列表，如图 2-27 所示。在该选项板中可以预览并打开每个图形，也可以备份文件，以便选择要另存为 DWG 文件的图形文件。

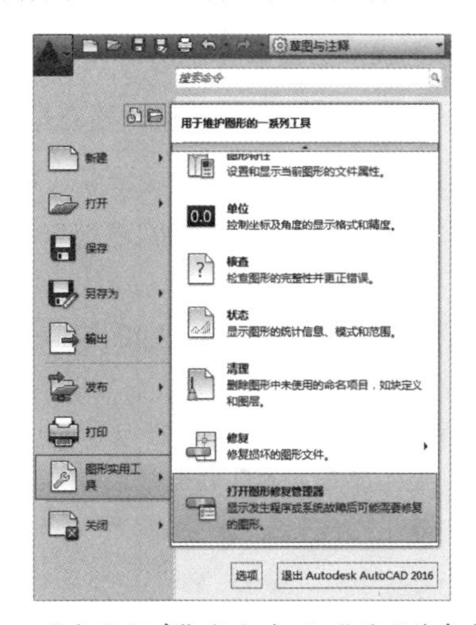

图 2-26　“应用程序”按钮打开“图形修复管理器”

图 2-27　“图形修复管理器”选项板

“图形修复管理器”选项板中各区域的含

义介绍如下：

- "备份文件"区域：显示在程序或者系统失败后可能需要修复的图形，顶层图形节点包含了一组与每个图形相关联的文件。如果存在，最多可显示4个文件，包含程序失败时保存的已修复的图形文件（dwg和dws）、自动保存的文件，也称为"自动保存"文件（sv$）、图形备份文件（bak）和原始图形文件（dwg和dws）。打开并保存了图形或备份文件后，将会从"备份文件"区域中删除相应的顶层图形节点。
- "详细信息"区域：提供有关的"备份文件"区域中当前选定节点的一些信息。如果选定顶层图形的节点，将显示关于原始图形关联的每个可用图形文件或备份文件的信息；如果选定一个图形文件或备份文件，将显示有关该文件的其他信息。
- "预览"区域：显示当前选定的图形文件或备份文件的缩略图。

2.2.5 案例——通过自动保存文件来修复意外中断的图形

对于很多刚刚开始学习AutoCAD的用户来说，虽然知道了自动保存文件的设置方法，但却不知道自动保存文件到底保存在哪里了，也不知道如何通过自动保存文件来修复自己想要的图形。本例便从自动保存的路径开始介绍修复方法。

01 查找自动保存的路径。新建空白文档，在命令行中输入OP，打开"选项"对话框。

02 切换到"选项"对话框中的"文件"选项卡，在"搜索路径、文件和文件位置"列表框中找到"临时图形文件位置"选项，展开此选项，便可以看到自动保存文件的默认保存路径（C: \Users \Administrator\appdata\local \temp），其中Administrator是指系统用户名，根据用户计算机的具体情况而定，如图2-28所示。

03 根据路径查找自动保存文件。在AutoCAD中自动保存的文件是具有隐藏属性的文件，因此需将隐藏的文件显示出来。单击桌面的"计算机"图标，打开"计算机"窗口，选择其中的"工具"|"文件夹选项"，如图2-29所示。

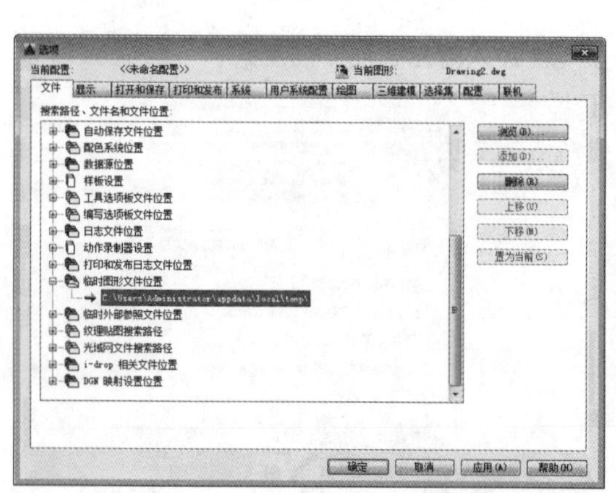

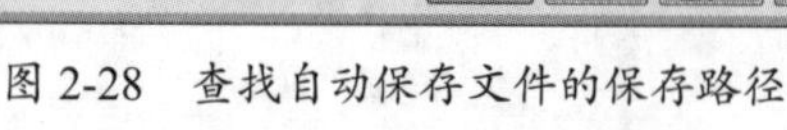

图2-28 查找自动保存文件的保存路径

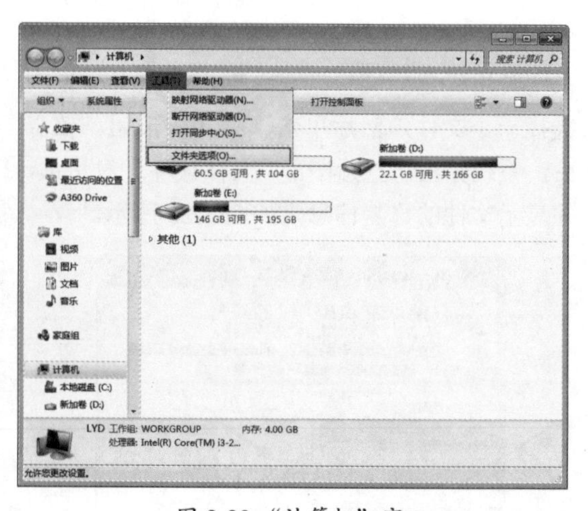

图2-29 "计算机"窗口

04 打开"文件夹选项"对话框，切换到其中的"查看"选项卡，选中"显示隐藏的文件、文件夹和驱动器"选项，并取消勾选"隐藏已知文件类型的扩展名"复选框，如图2-30所示。

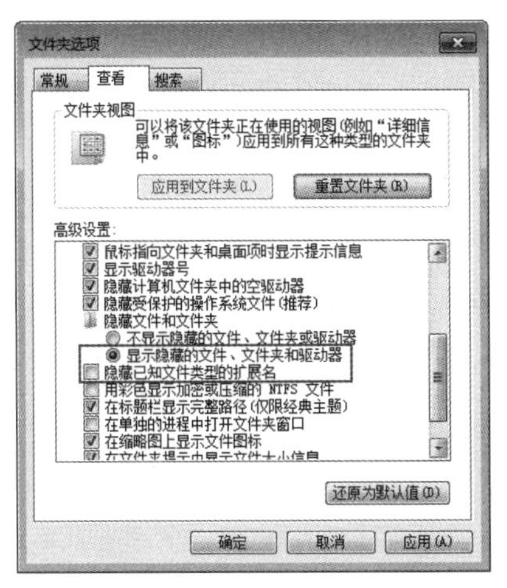

图 2-30 “文件夹选项”对话框

05 单击“确定”按钮返回“计算机”窗口，根据步骤 02 提供的路径打开对应的 Temp 文件夹，并按时间排序找到丢失文件时间段的、且与要修复的图形文件名一致的 .sv$ 文件，如图 2-31 所示。

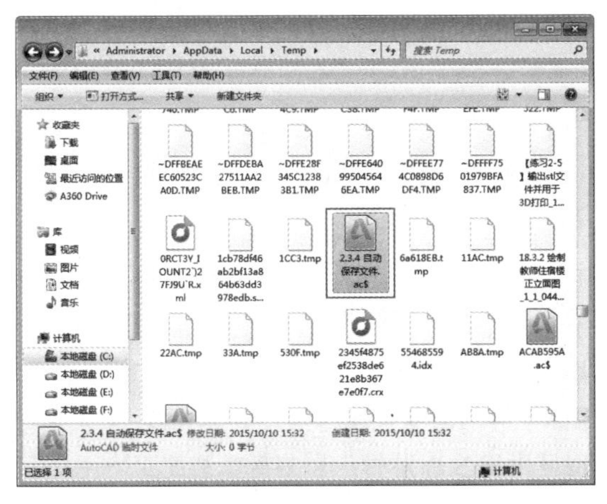

图 2-31 找到自动保存的文件

06 通过自动保存的文件进行恢复。复制该 .sv$ 文件至其他文件夹，并将扩展名 .sv$ 改为 .dwg，修改后再双击打开该 .dwg 文件，即可得到自动保存的文件。

2.2.6 清理图形

绘制复杂的大型工程图纸时，AutoCAD 文档中的信息会非常巨大，这样就很难免会产生无用信息。例如，许多线型样式被加载到文档中，但并没有被使用；文字、尺寸标注等大量的命名样式被创建，但并没有用这些样式创建任何对象；许多图块和外部参照被定义，但文档中并未添加相应的实例。久而久之，这样的信息越来越多，占用了大量的系统资源，降低了计算机的处理效率。因此，这些信息是应该删除的“垃圾信息”。

AutoCAD 提供了一个非常实用的命令——“清理”（PURGE）。通过执行该命令，可以将图形数据库中已经定义，但没有使用的命名对象删除。命名对象包括已经创建的样式、图块、图层、线型等对象。

启动 PURGE 命令的方式有：

- 应用程序按钮：单击“应用程序”按钮，在菜单中选择“图形实用工具”|“清理”命令，如图 2-32 所示。

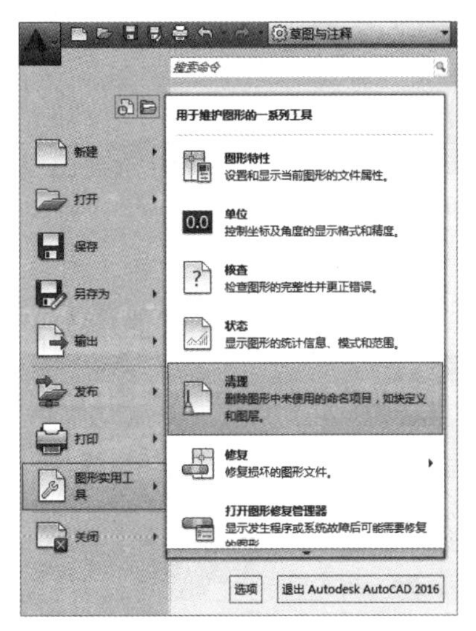

图 2-32 执行“清理”命令

- 菜单栏：“文件”|“绘图实用程序”|“清理”。
- 命令行：PURGE。

执行该命令后，系统弹出如图 2-33 所示的“清理”对话框，在该对话框中显示了可以被清理的项目，可以删除图形中未使用的项目，例如，块定义和图层，从而达到简化图形文件的目的。

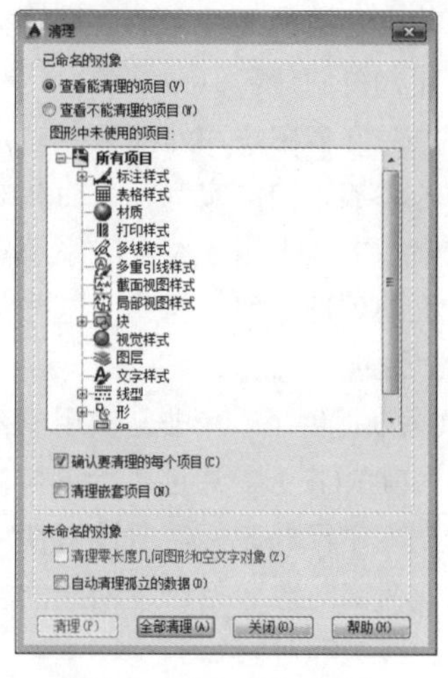

图 2-33 “清理”对话框

操作技巧： PURGE 命令不会从块或锁定图层中删除长度为 0 的几何图形或空文字、多行文字对象。

“清理”对话框中的一些项目及其用途介绍如下：

- “已命名的对象”：查看能清理的项目，切换树状图形，以显示当前图形中可以清理的命名对象的概要。
- “清理镶嵌项目”：从图形中删除所有未使用的命名对象，即使这些对象包含在其他未使用的命名对象中或者是被这些对象所参照。

2.3 文件的输出

AutoCAD 拥有强大、方便的绘图功能，有时我们利用其绘图后，需要将绘图的结果用于其他程序，在这种情况下，我们需要将 AutoCAD 图形输出为通用格式的图像文件，如 JPG、PDF 等。

2.3.1 输出为 dxf 文件

dxf 是 Autodesk 公司开发的用于 AutoCAD 与其他软件之间进行 CAD 数据交换的 CAD 数据文件格式。

dxf 即 Drawing Exchange File（图形交换文件），这是一种 ASCII 文本文件，它包含对应的 dwg 文件的全部信息，不是 ASCII 码形式的，可读性差，但用它形成图形速度快，不同类型的计算机（如 PC 及其兼容机与 SUN 工作站具体不同的 CPU 用总线）哪怕是用同一版本的文件，其 dwg 文件也是不可交换的。为了克服这个缺点，AutoCAD 提供了 dxf 类型文件，其内部为 ASCII 码，这样不同类型的计算机可通过交换 dxf 文件来达到交换图形的目的，由于 dxf 文件可读性好，用户可方便地对其进行修改、编程，达到从外部图形进行编辑、修改的目的。

2.3.2 案例——输出 dxf 文件在其他建模软件中打开

将 AutoCAD 图形输出为 .dxf 文件后，即可导入其他的建模软件中打开，如 UG、Creo、草图大师等。dxf 文件适用于 AutoCAD 的二维草图输出。

01 打开要输出 dxf 格式的 AutoCAD 图形文件，如图 2-34 所示。

02 单击“快速访问”工具栏中的“另存为”按钮，或按快捷键 Ctrl+Shift+S，打开“图形另存为”对话框，选择输出路径，再输入新的文件名为 2-5，在“文件类型”下拉列表中选择“AutoCAD2000/LT2000 图形（*.dxf）”选项，如图 2-35 所示。

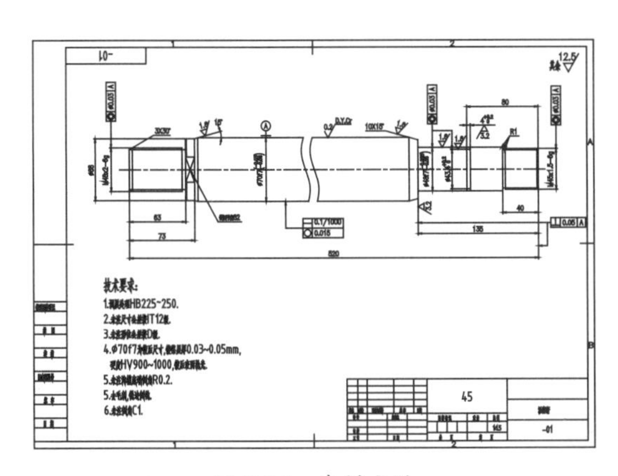

图 2-34 素材文件

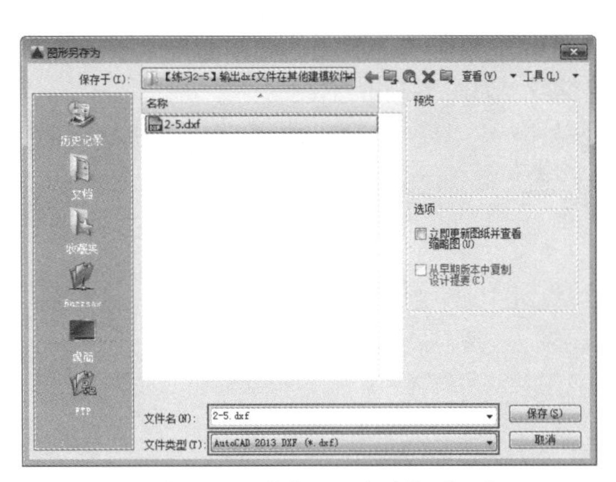

图 2-35 “图形另存为”对话框

03 在建模软件中导入生成的2-5.dxf文件，具体方法见各软件有关资料，最终效果如图2-36所示。

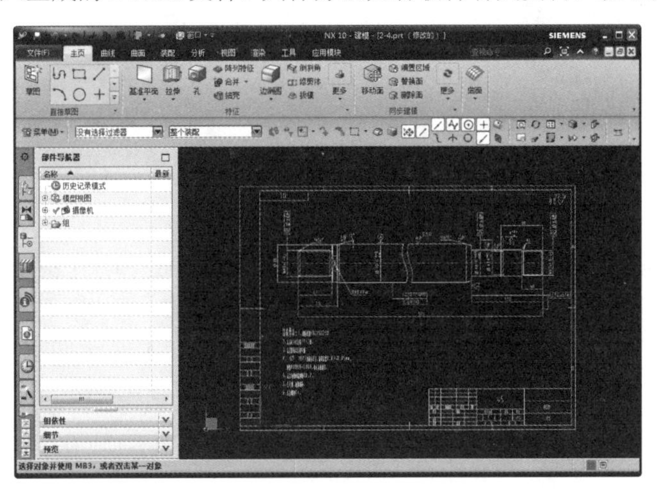

图 2-36 在其他软件（UG）中导入的 dxf 文件

2.3.3 输出为 stl 文件

stl 文件是一种平板印刷文件，可以将实体数据以三角形网格面的形式保存，一般用来转换 AutoCAD 的三维模型。近年来发展迅速的 3D 打印技术就需要使用该种文件格式。除了 3D 打印之外，stl 数据还用于通过沉淀塑料、金属或复合材质的薄图层的连续性来创建对象。生成的部分模型通常用于以下方面：

- 可视化设计概念，识别设计问题。
- 创建产品实体模型、建筑模型和地形模型，测试外形、拟合和功能。
- 为真空成型法创建主文件。

2.3.4 案例——输出 stl 文件并用于 3D 打印

除了专业的三维建模，AutoCAD 2014 所提供的三维建模命令也可以让用户创建出自己想要的模型，并通过输出 stl 文件来进行 3D 打印。

01 打开素材文件“第 2 章 /2.3.4 输出 stl 文件并用于 3D 打印 .dwg”，其中已经创建好了一个三维模型，如图 2-37 所示。

02 单击“应用程序”按钮▲，在弹出的快捷菜单中选择“输出”选项，在右侧的输出菜单中选择“其他格式”命令，如图 2-38 所示。

图 2-37 素材模型

图 2-38 输出其他格式

03 系统自动打开“输出数据”对话框，在文件类型下拉列表中选择“平板印刷（*.stl）”选项，单击“保存”按钮，如图 2-39 所示。

04 单击“保存”按钮后系统返回绘图界面，命令行提示选择实体或无间隙网络，手动将整个模型选中，然后按 Enter 键完成选择，即可在指定路径生成 stl 文件，如图 2-40 所示。

05 该 stl 文件即可支持 3D 打印，具体方法请参阅 3D 打印的有关资料。

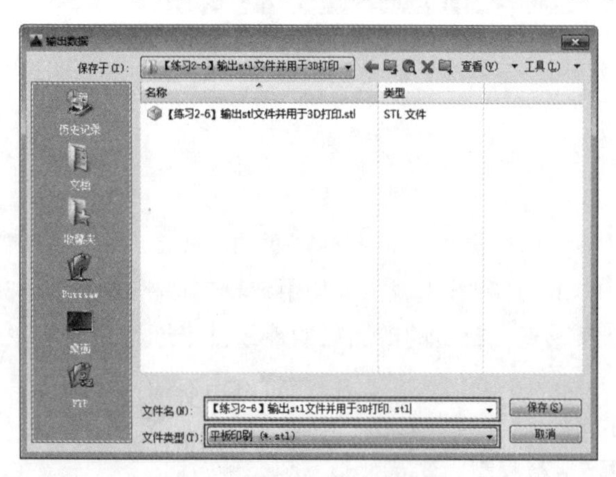

图 2-39 “输出数据”对话框

图 2-40 输出 .stl 文件

2.3.5 输出为 dwf 文件

为了能够在 Internet 上显示 AutoCAD 图形，Autodesk 采用了一种称为 DWF（Drawing Web Format）的新文件格式。dwf 文件格式支持图层、超级链接、背景颜色、距离测量、线宽、比例等图形特性。用户可以在不损失原始图形文件数据特性的前提下，通过 dwf 文件格式共享其数据和文件。用户可以在 AutoCAD 中先输出 DWF 文件，然后下载 DWF Viewer 程序进行查看。

DWF 文件与 DWG 文件相比，具有如下优点：

- DWF 占用内存小。DWF 文件可以被压缩，它的大小比原来的 DWG 图形文件小 8 倍，非常适合整理公司数以千计的大批量图纸库。
- DWF 适合多方交流。对于公司的其他部门（如财务、行政）来说，AutoCAD 并不是一款必需的软件，因此在工作交流中查看 dwg 图纸多有不便，此时就可以输出 dwf 图纸来方便交流。而且由于 DWF 文件较小，因此在网上的传输时间更短。
- DWF 格式更为安全。由于不显示原来的图形，其他用户无法更改原来的 dwg 文件。

当然，DWF 格式存在一些缺点，如：

- DWF 文件不能显示着色或阴影图。
- DWF 是一种二维矢量格式，不能保留 3D 数据。
- AutoCAD 本身不能显示 DWF 文件，如果要显示只能通过“插入”|“DWF 参考底图”方式。
- 将 DWF 文件转换到 DWG 格式，需使用第三方供应商的文件转换软件。

2.3.6　案例——输出 dwf 文件加速设计图评审

设计评审是对一项设计进行正式的、按文件规定的、系统的评估活动，由不直接涉及开发工作的人执行。由于 AutoCAD 不能一次性打开多张图纸，而且图纸数量一多，在 AutoCAD 中来回切换时就多有不便，在评审时经常因此耽误时间。此时即可利用 DWF Viewer 查看 dwf 文件的方式，一次性打开所需图纸，且图纸切换极其方便。

01 打开素材文件“第 2 章 /2.3.6 输出 dwf 文件加速设计图评审 .dwg”，其中已经绘制好了 4 张图纸，如图 2-41 所示。

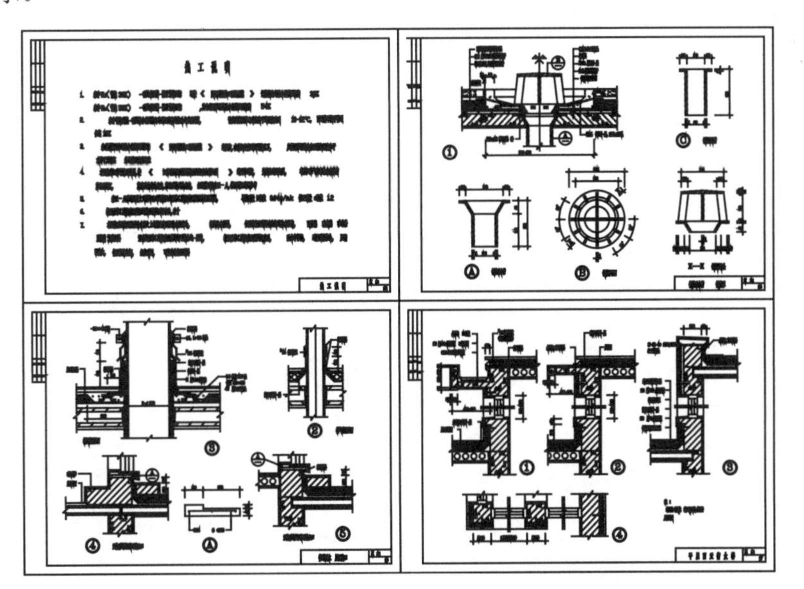

图 2-41　素材文件

02 在状态栏中可以看到已经创建好了对应的4个布局，如图2-42所示，每一个布局对应一张图纸，并控制该图纸的打印。

模型　热工说明　管道泛水屋面出口图　铸铁罩图　平屋面天窗大样图　+

图 2-42　素材创建好的布局

03 单击“应用程序”按钮，在弹出的菜单中选择“发布”选项，打开“发布”对话框，在“发布为”下拉列表中选择“DWF”选项，在“发布选项”中定义发布位置，如图2-43所示。

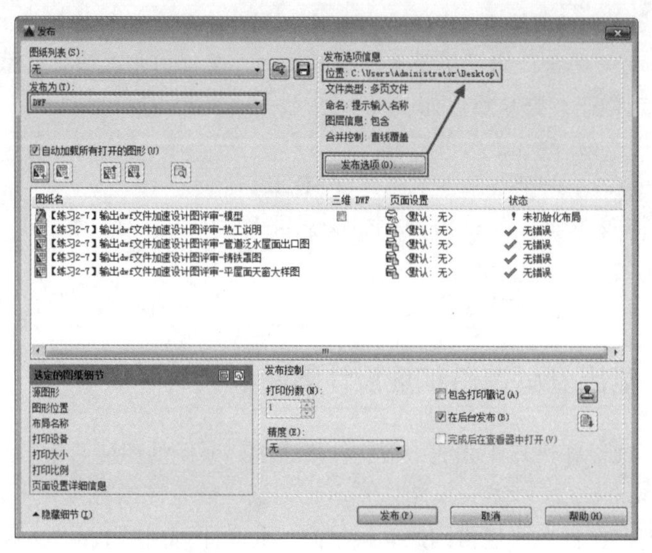

图 2-43　“发布”对话框

04 在“图纸名”列表栏中可以查看到要发布为DWF的文件，右键单击其中的任意一个文件，在弹出的快捷菜单中选择“重命名图纸”选项，如图2-44所示，为图形输入合适的名称，最终效果如图2-45所示。

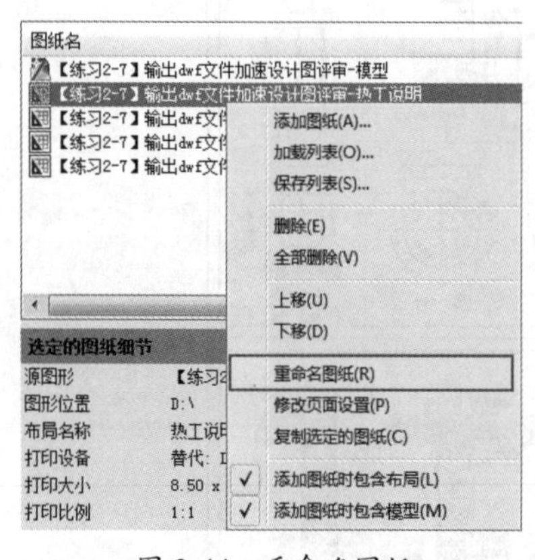

图 2-44　重命名图纸

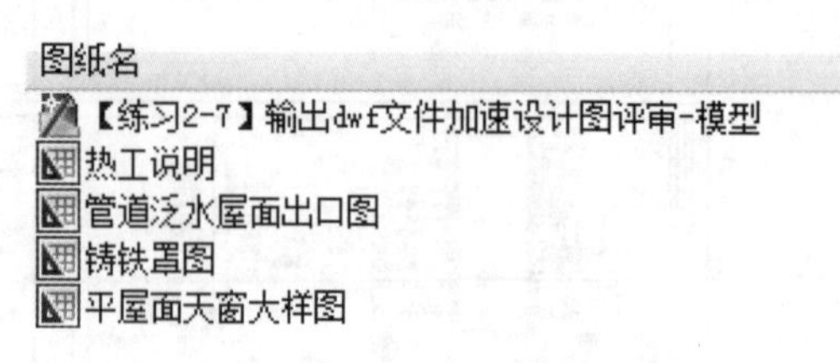

图 2-45　重命名效果

05 设置无误后，单击“发布”对话框中的“发布”按钮，打开“指定DWF文件”对话框，在“文件名”文本框中输入发布后的DWF文件的文件名，单击“选择”按钮即可发布，如图2-46所示。

06 如果是第一次进行DWF发布，会打开“发布-保存图纸列表”对话框，如图2-47所示，单击“否”按钮即可。

图 2-46　“指定 DWF 文件”对话框

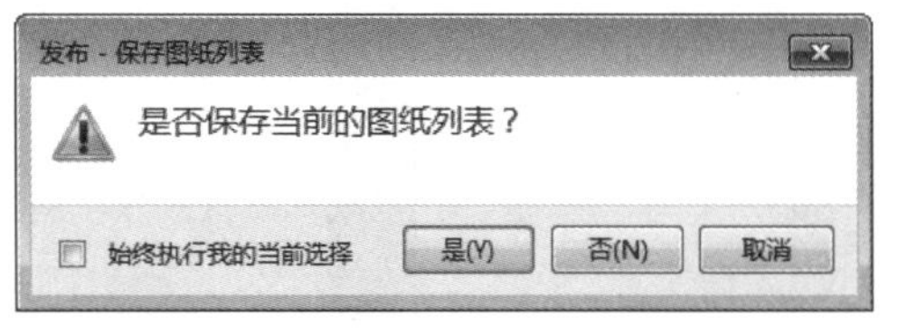

图 2-47　“发布 - 保存图纸列表”对话框

07 此时 AutoCAD 弹出如图 2-48 所示的对话框，开始处理 DWF 文件的输出。输出完成后在状态栏右下角出现如图 2-49 所示的提示，DWF 文件输出完成。

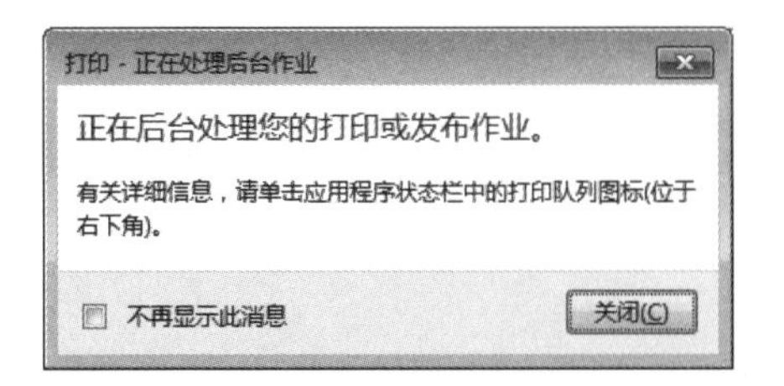

图 2-48　“打印 - 正在处理后台作业”对话框

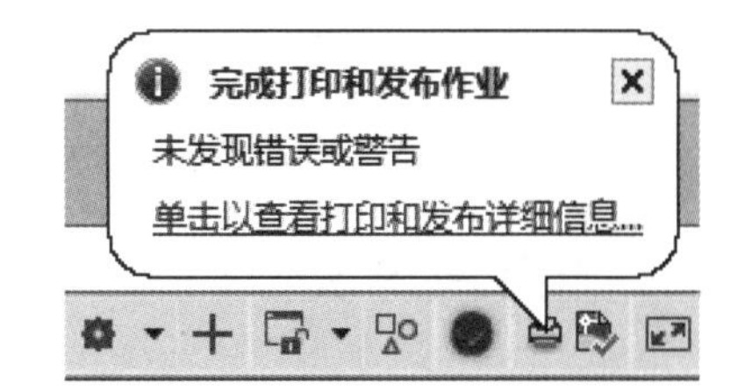

图 2-49　完成打印和发布作业的提示

08 下载 DWF Viewer 软件，或者单击本书素材中提供的 autodeskdwf-v7.msi 文件进行安装。DWF Viewer 的软件界面如图 2-50 所示。

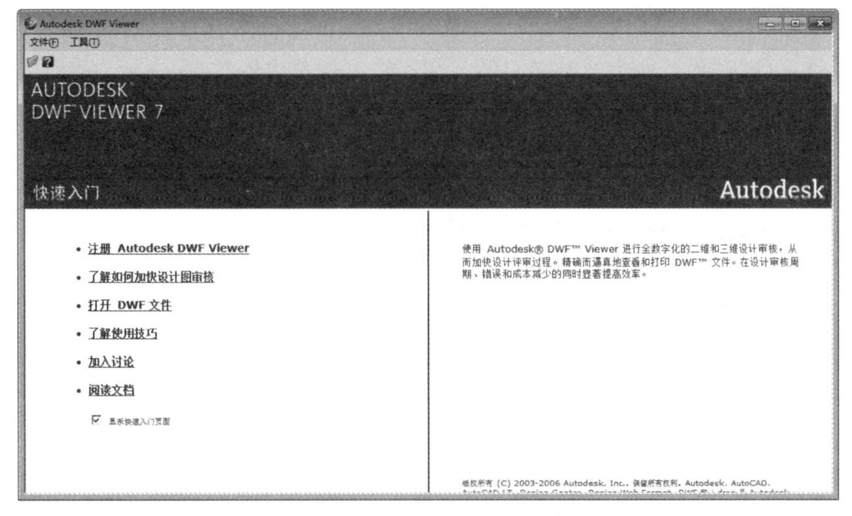

图 2-50　DWF Viewer 软件界面

09 单击左侧的“打开 DWF 文件”链接，打开之前发布的 DWF 文件，效果如图 2-51 所示。在 DWF 窗口除了不能对文件进行编辑外，可以对图形进行观察、测量等各种操作。左侧列表中还可以自由切换图纸，这样一来在进行图纸评审时就方便多了。

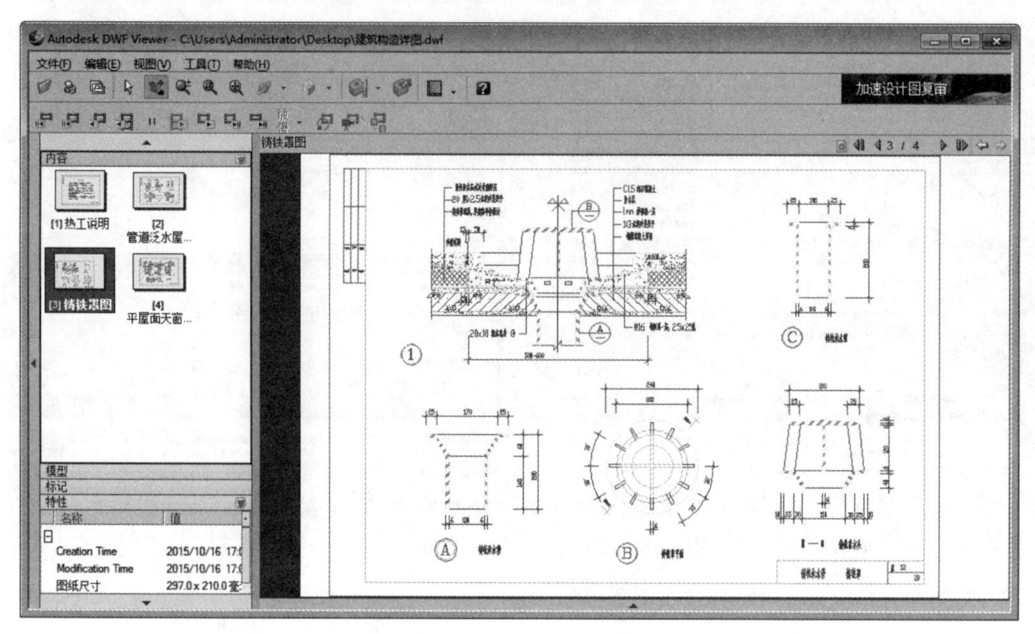

图 2-51　DWF Viewer 查看效果

2.3.7　输出为 PDF 文件

PDF（Portable Document Format 的简称，意为“便携式文档格式”），是由 Adobe 公司用于与应用程序、操作系统、硬件无关的方式进行文件交换所发展出的文件格式。PDF 文件以 PostScript 语言图像模型为基础，无论在哪种打印机上都可以保证精确的颜色和准确的打印效果，即 PDF 会忠实地再现原稿的每一个字符、颜色及图像。

PDF 这种文件格式与操作系统无关，也就是说，PDF 文件不管是在 Windows、Unix 还是在苹果公司的 Mac OS 操作系统中都是通用的。这一特点使它成为在 Internet 上进行电子文档发行和数字化信息传播的理想文档格式。越来越多的电子图书、产品说明、公司文告、网络资料、电子邮件开始使用 PDF 格式文件。

2.3.8　案例——输出 PDF 文件供客户快速查阅

对于 AutoCAD 用户来说，掌握 PDF 文件的输出尤为重要，因为有些客户并非设计专业，在他们的计算机中不会装有 AutoCAD 或者简易的 DWF Viewer，这样进行设计图交流的时候就会很麻烦。直接通过截图的方式交流，截图的分辨率太低；打印成高分辨率的 jpeg 图形又不好添加批注等信息。此时即可将 dwg 图形输出为 PDF 格式文件，既能高清地还原 AutoCAD 图纸信息，又能添加批注，更重要的是 PDF 普及度高，任何平台、系统都能有效打开。

01 打开素材文件“第 2 章 /2.3.8 输出 PDF 文件供客户快速查阅 .dwg”，其中已经绘制好了一份完整图纸，如图 2-52 所示。

02 单击“应用程序”按钮▲，在弹出的菜单中选择“输出”选项，在右侧的输出菜单中选择“PDF”选项，如图 2-53 所示。

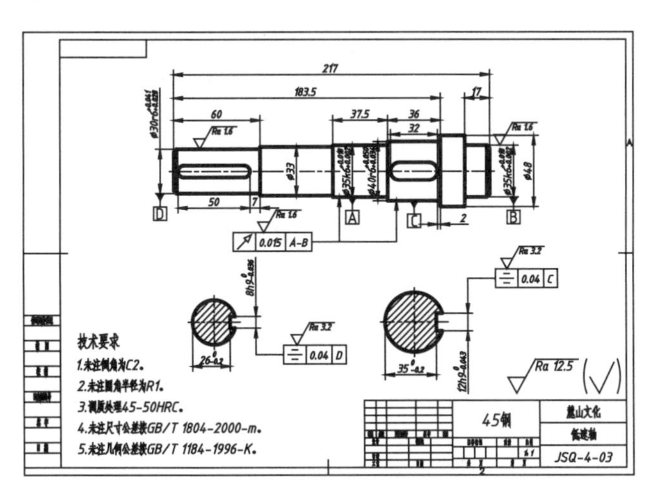

图 2-52 素材模型

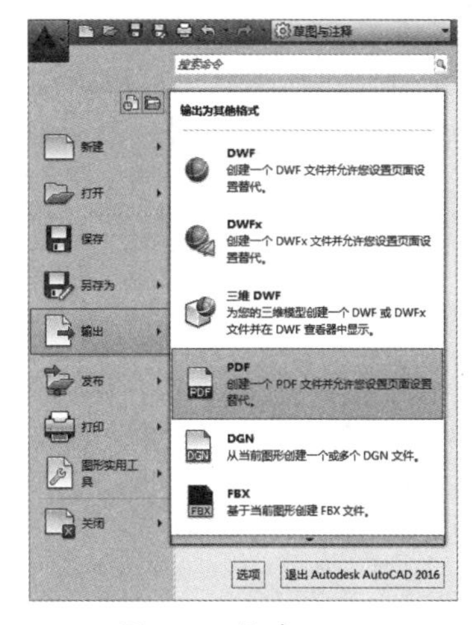

图 2-53 输出 PDF

03 系统自动打开“另存为PDF”对话框，在该对话框中指定输出路径、文件名，然后在“PDF预设”下拉列表中选择“AutoCAD PDF（High Quality Print）”选项，即“高品质打印”，读者也可以自行选择要输出的PDF文件品质，如图2-54所示。

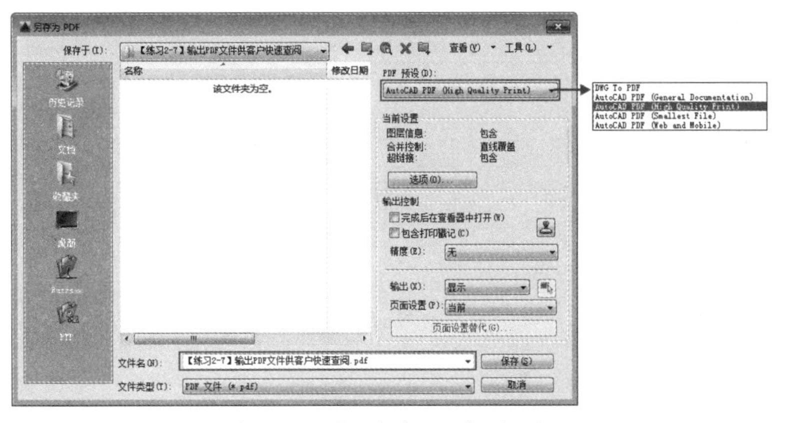

图 2-54 “另存为 PDF”对话框

04 在该对话框的“输出”下拉列表中选择“窗口”选项，系统返回绘图界面，然后点选素材图形的对角点即可，如图2-55所示。

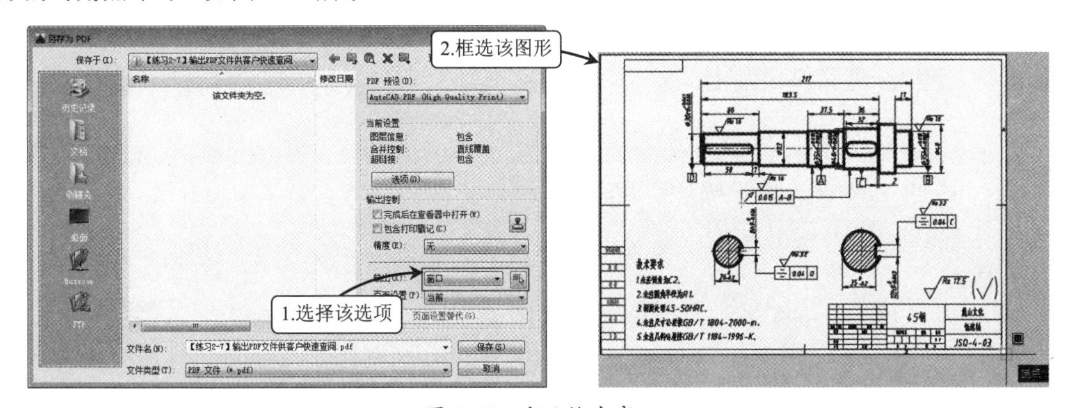

图 2-55 定义输出窗口

05 在该对话框的“页面设置”下拉列表中选择“替代”选项，再单击下方的“页面设置替代”按钮，打开“页面设置替代”对话框，在其中定义打印样式和图纸尺寸，如图 2-56 所示。

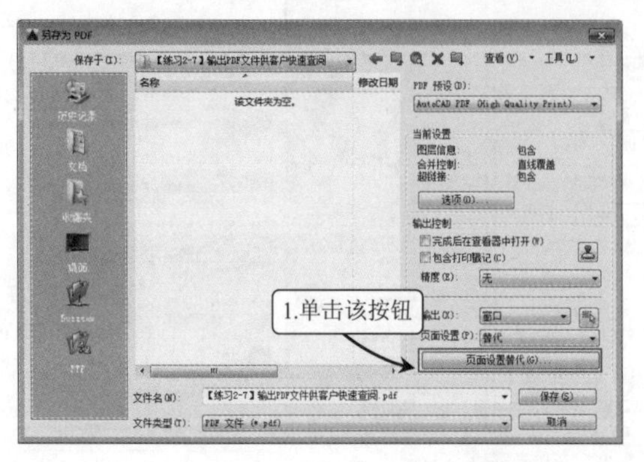

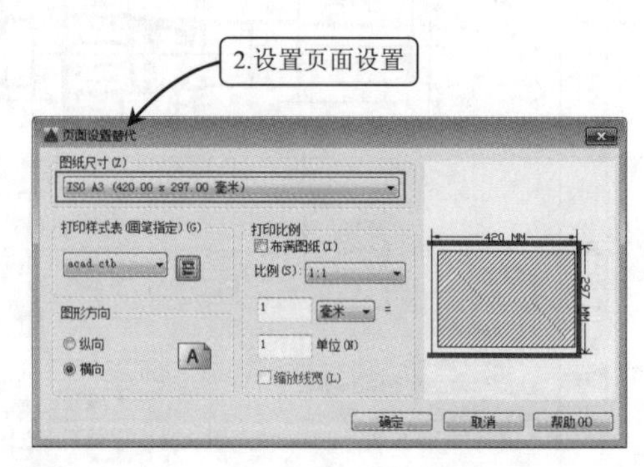

图 2-56　定义页面设置

06 单击“确定”按钮返回“另存为 PDF”对话框，再单击“保存”按钮，即可输出 PDF，效果如图 2-57 所示。

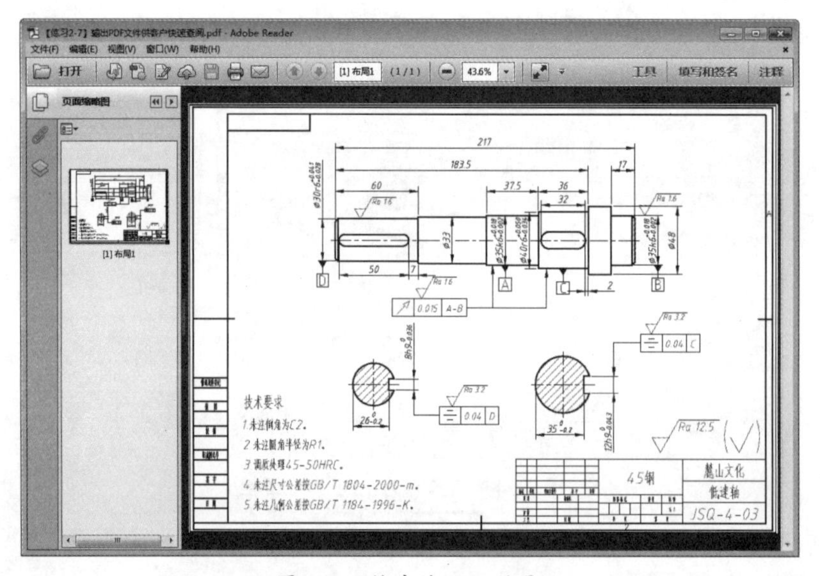

图 2-57　输出的 PDF 效果

2.3.9　其他格式文件的输出

除了上面介绍的几种常见的文件格式之外，在 AutoCAD 中还可以输出 DGN、FBX、IGS 等十余种格式。这些文件的输出方法与所介绍的 4 种相差无几，在此就不多加赘述，只简单介绍其余文件类型的作用与使用方法。

- DGN

DGN 为奔特力（Bentley）工程软件系统有限公司的 MicroStation 和 Intergraph 公司的 Interactive Graphics Design System (IGDS)CAD 程序所支持的格式。在 2000 年之前，所有 DGN 格式都基于 Intergraph 标准文件格式 (ISFF) 定义，此格式在 20 世纪 80 年代末发布。此文件格式

通常被称为 V7 DGN 或者 Intergraph DGN。于 2000 年，Bentley 创建了 DGN 的更新版本。尽管在内部数据结构上和基于 ISFF 定义的 V7 格式有所差别，但总体上说它是 V7 版本 DGN 的超集，一般来说我们称其为 V8 DGN。因此在 AutoCAD 的输出中，可以看到这两种不同 DGN 格式的输出选项，如图 2-58 所示。

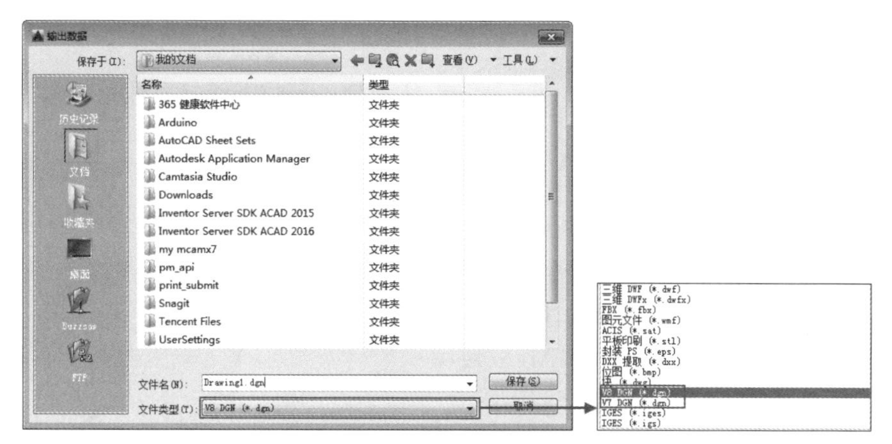

图 2-58　V8 DGN 和 V7 DGN 选项

尽管 DGN 在使用上不如 Autodesk 的 DWG 文件格式那样广泛，但在诸如建筑、高速路、桥梁、工厂设计、船舶制造等许多大型工程上，都发挥着重要的作用。

- FBX

FBX 是 FilmBoX 软件所使用的格式，后改称为 Motionbuilder。FBX 最大的用途是在 3ds Max、MAYA、Softimage 等软件之间进行模型、材质、动作和摄影机信息的互导，这样即可发挥 3ds Max 和 MAYA 等软件的优势。可以说，FBX 文件是这些软件之间最好的互导方案。

因此如需使用 AutoCAD 建模，并得到最佳的动画录制或渲染效果，可以考虑输出为 FBX 文件。

- EPS

EPS（Encapsulated PostScript）是处理图像工作中最重要的格式，它在 Mac 和 PC 环境下的图形和版面设计中广泛使用，并用在 PostScript 输出设备上打印。几乎每个绘画程序及大多数页面布局程序都允许保存 EPS 文档。在 Photoshop 中，通过“文件”菜单的“放置”（Place）命令（注：“放置”命令仅支持 EPS 插图）转换成 EPS 格式。

如果要将一幅 AutoCAD 的 DWG 图形转入到 Photoshop、Illustrator、CorelDRAW、QuarkXPress 等软件时，最好选择 EPS 格式。但是，由于 EPS 格式在保存过程中图像体积过大，因此，如果仅仅是保存图像，不建议使用 EPS 格式。如果你的文件要打印到无 PostScript 的打印机上，为避免打印问题，最好也不要使用 EPS 格式。可以用 TIFF 或 JPEG 格式来替代。

2.4　样板文件

本节主要讲解 AutoCAD 设计时所使用到的样板文件，用户可以通过创建复杂的样板来避免重复进行相同的基本设置和绘图工作。

2.4.1 什么是样板文件

如果将AutoCAD中的绘图工具比作设计师手中的铅笔，那么样板文件就可以看作供铅笔涂写的纸。而纸，也有白纸、带格的纸之分，选择合适格式的纸可以让绘图工作事半功倍，因此选择合适的样板文件也可以让AutoCAD制图变得更轻松。

样板文件存储图形的所有设置，包含预定义的图层、标注样式、文字样式、表格样式和视图布局、图形界限等设置，以及绘制的图框和标题栏。样板文件通过扩展名.dwt区别于其他图形文件。它们通常保存在AutoCAD安装目录下的Template文件夹中，如图2-59所示。

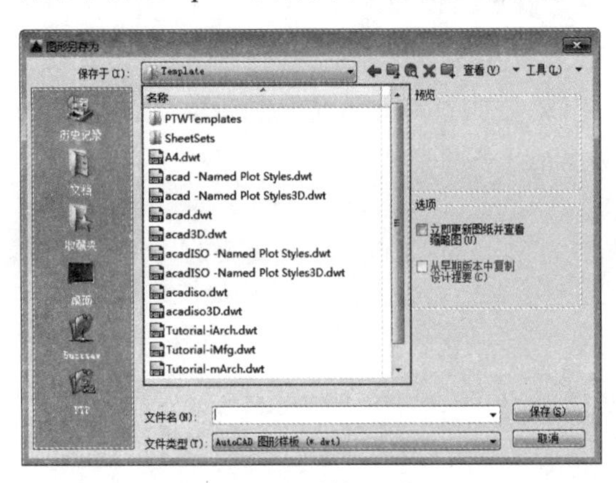

图2-59 样板文件

在AutoCAD软件设计中我们可以根据行业、企业或个人的需要定制dwt模板文件，新建时即可启动自制的模板文件，节省工作时间，又可以统一图纸样式。

AutoCAD的样板文件中自动包含对应的布局，这里简单介绍其中使用得最多的几种。

- Tutorial-iArch.dwt：样例建筑样板（英制），其中已绘制好了英制的建筑图纸标题栏。
- Tutorial-mArch.dwt：样例建筑样板（公制），其中已绘制好了公制的建筑图纸标题栏。
- Tutorial-iMfg.dwt：样例机械设计样板（英制），其中已绘制好了英制的机械图纸标题栏。
- Tutorial-mMfg.dwt：样例机械设计样板（公制），其中已绘制好了公制的机械图纸标题栏。

2.4.2 无样板创建图形文件

有时候可能希望创建一个不带任何设置的图形。实际上这是不可能的，但是却可以创建一个带有最少预设的图形文件。在他人的计算机上进行工作，而又不想花时间去掉大量对自己工作无用的复杂设置时，可能就会有这样的需要了。

要以最少的设置创建图形文件，可以执行“文件”|“新建”命令，此时不要在“选择样板”对话框中选择样板，而是单击位于“打开”按钮右侧的下拉按钮，然后在列表中选择“无样板打开-英制（I）”或“无样板打开-公制（M）”选项，如图2-60所示。

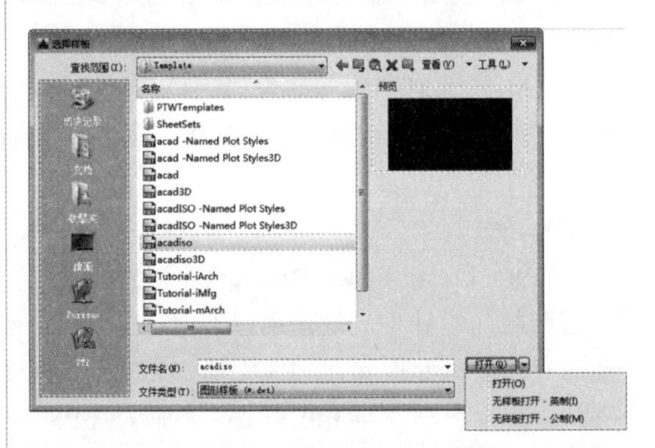

图2-60 “选择样板”对话框

2.4.3 案例——设置默认样板

样板除了包含一些设置之外，还常常包含一些完整的标题块和样板（标准化）文字之类的内容。为了适合自己特定的需要，多数用户都会定义一个或多个自己的默认样板，有了这些个性化的样板，工作中大多数烦琐的设置就不需要再重复进行了。

01 执行"工具"|"选项"命令，打开"选项"对话框，如图 2-61 所示。

图 2-61 "选项"对话框

02 在"文件"选项卡下双击"样板设置"选项，在展开的目录中双击"快速新建的默认样板文件名"选项，接着单击该选项下面列出的样板（默认情况下这里显示"无"），如图 2-62 所示。

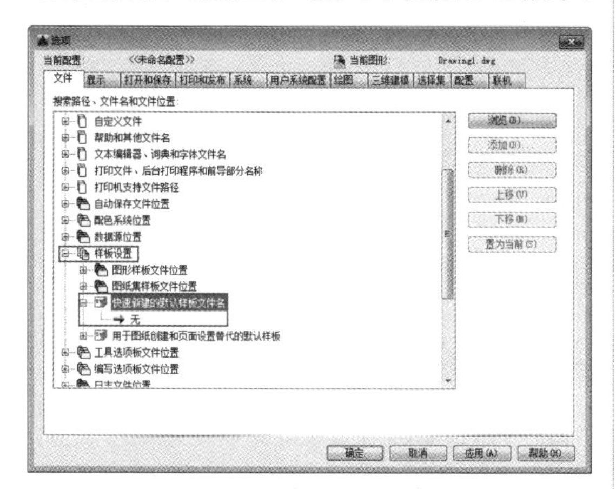

图 2-62 展开"快速新建的默认样板文件名"

03 单击"浏览"按钮，打开"选择文件"对话框，如图 2-63 所示。

04 在"选择文件"对话框内选择一个样板，然后单击"打开"按钮将其加载，最后单击"确定"按钮关闭对话框，如图 2-64 所示。

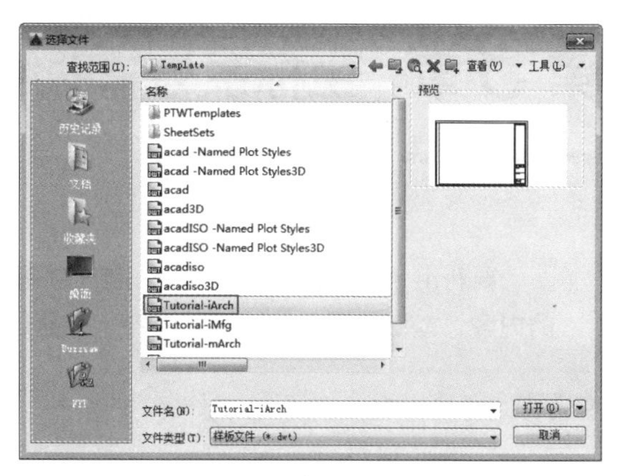

图 2-63 "选择文件"对话框

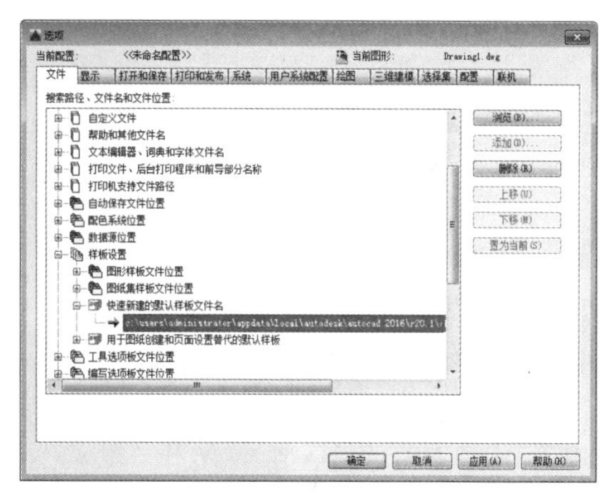

图 2-64 加载样板

05 单击"标准"工具栏上的"新建"按钮，通过默认的样板创建一个新的图形文件，如图 2-65 所示。

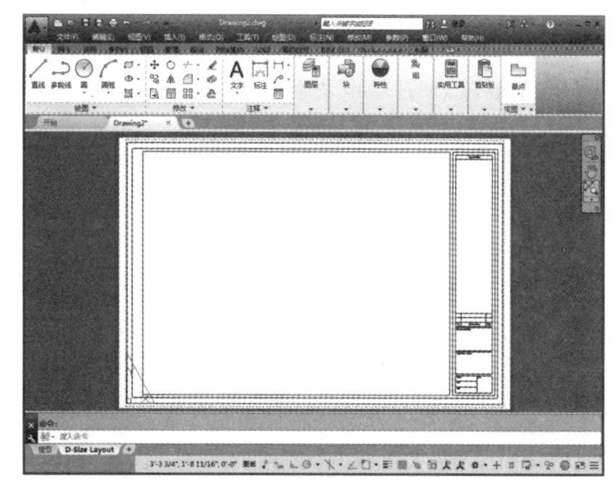

图 2-65 创建一个新的图形文件

第 3 章　坐标系与辅助绘图工具

要利用 AutoCAD 绘制图形，首先就要了解坐标、对象选择和一些辅助绘图工具方面的内容。本章将深入阐述相关内容，并通过实例来帮助大家加深理解。

3.1 AutoCAD 的坐标系

AutoCAD 的图形定位，主要是由坐标系统进行确定的。要想正确、高效地绘图，必须先了解 AutoCAD 坐标系的概念和坐标输入方法。

3.1.1 认识坐标系

在 AutoCAD 2014 中，坐标系分为世界坐标系（WCS）和用户坐标系（UCS）两种。

1. 世界坐标系

世界坐标系统（World Coordinate SYstem，简称 WCS）是 AutoCAD 的基本坐标系统。它由 3 个相互垂直的坐标轴 X、Y 和 Z 组成，在绘制和编辑图形的过程中，它的坐标原点和坐标轴的方向是不变的。

如图 3-1 所示，世界坐标系统在默认的情况下，X 轴正方向水平向右；Y 轴正方向垂直向上；Z 轴正方向垂直屏幕平面方向，指向用户。坐标原点在绘图区左下角，在其上有一个方框标记，表明是世界坐标系统。

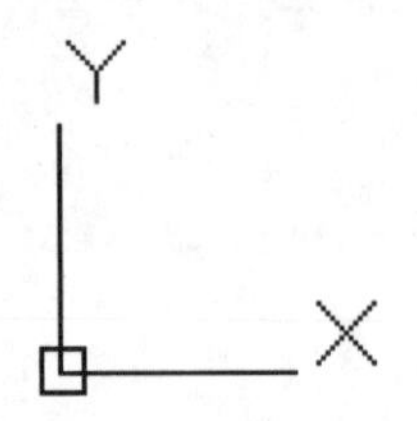

图 3-1　世界坐标系统图标（WCS）

2. 用户坐标系

为了更好地辅助绘图，经常需要修改坐标系的原点位置和坐标方向，此时就需要使用可变的用户坐标系统（User Coordinate SYstem，简称 USC）。在用户坐标系中，可以任意指定或移动原点和旋转坐标轴，默认情况下，用户坐标系统和世界坐标系统重合，如图 3-2 所示。

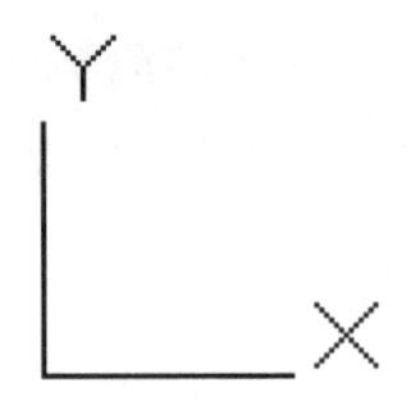

图 3-2　用户坐标系统图标（UCS）

3.1.2 坐标的 4 种表示方法

在指定坐标点时，既可以使用直角坐标，也可以使用极坐标。在 AutoCAD 中，一个点的坐标有绝对直角坐标、绝对极坐标、相对直角坐标和相对极坐标 4 种方法表示。

1. 绝对直角坐标

绝对直角坐标是指相对于坐标原点（0,0）的直角坐标，要使用该方法指定点，应输入以“,”（逗号）隔开的 X、Y 和 Z 值，即用（X,Y,Z）表示。当绘制二维平面图形时，其 Z 值为 0，可省略而不必输入，仅输入 X、Y 值即可，如图 3-3 所示。

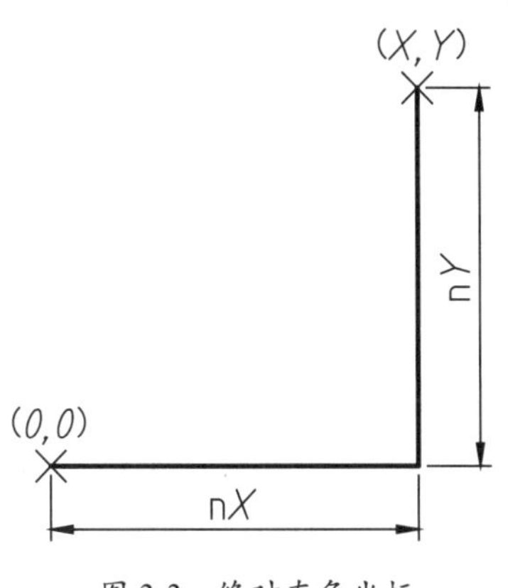

图 3-3　绝对直角坐标

2. 相对直角坐标

相对直角坐标是基于上一个输入点而言的，以某点相对于另一特定点的相对位置来定义该点的位置。相对特定坐标点（X,Y,Z）增加（nX,nY,nZ）的坐标点的输入格式为（@nX,nY,nZ）。相对坐标输入格式为（@X,Y），“@”符号表示使用相对坐标输入，是指定相对于上一个点的偏移量，如图 3-4 所示。

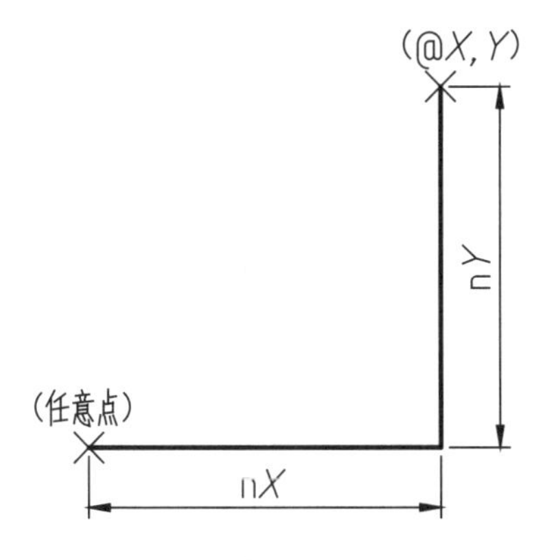

图 3-4　相对直角坐标

操作技巧： 坐标分割的逗号“,”和“@”符号都应是英文输入法下的字符，否则无效。

3. 绝对极坐标

该坐标方式是指相对于坐标原点（0,0）的极坐标。例如，坐标（12<30）是指从 X 轴正方向逆时针旋转 30°，距离原点 12 个图形单位的点，如图 3-5 所示。在实际绘图工作中，由于很难确定与坐标原点之间的绝对极轴距离，因此该方法较少使用。

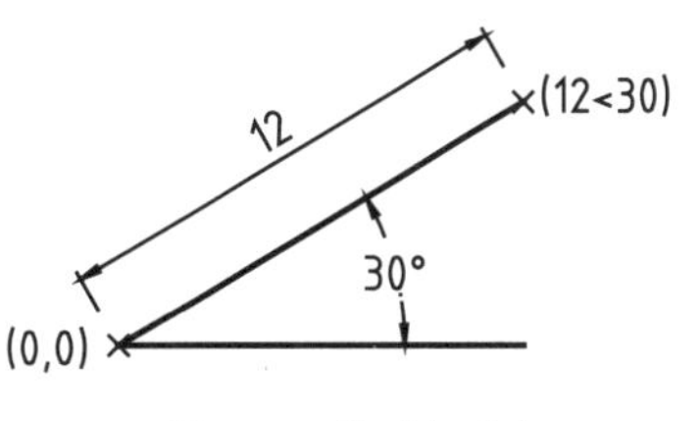

图 3-5　绝对极坐标

4. 相对极坐标

以某一个特定点为参考极点，输入相对于参考极点的距离和角度来定义一个点的位置。相对极坐标输入格式为（@A< 角度），其中 A 表示指定与特定点的距离。例如，坐标（@14<45）是指相对于前一点角度为 45°，距离为 14 个图形单位的一个点，如图 3-6 所示。

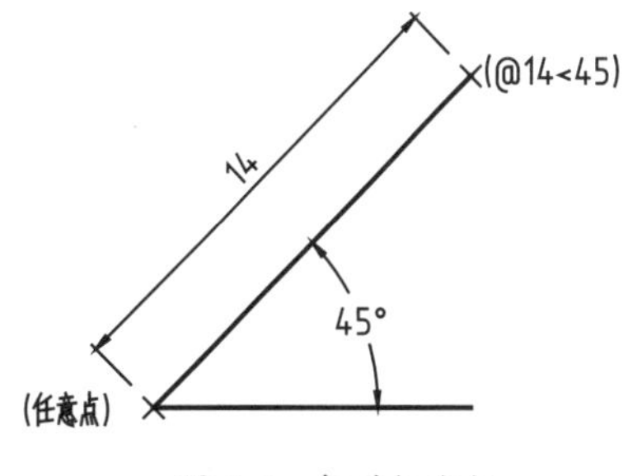

图 3-6　相对极坐标

操作技巧： 这 4 种坐标的表示方法，除了绝对极坐标以外，其余 3 种均使用较多，需要重点掌握。以下便通过 3 个例子，分别采用不同的坐标方法绘制相同的图形，来做进一步的说明。

3.1.3　案例——通过绝对直角坐标绘制图形

以绝对直角坐标输入的方法绘制如图 3-7 所示的图形。图中 O 点为 AutoCAD 的坐标原点，坐标即（0,0），因此 A 点的绝对坐标则为（10,10），B 点的绝对坐标为（50,10），C 点的绝对坐标为（50,40）。因此绘制步骤如下。

01 在“默认”选项卡中，单击“绘图”面板上的“直线”按钮 ，执行直线命令。

02 命令行出现“指定第一点”的提示，直接在其后输入 10,10，即第一点——A 点的坐标，如图 3-8 所示。

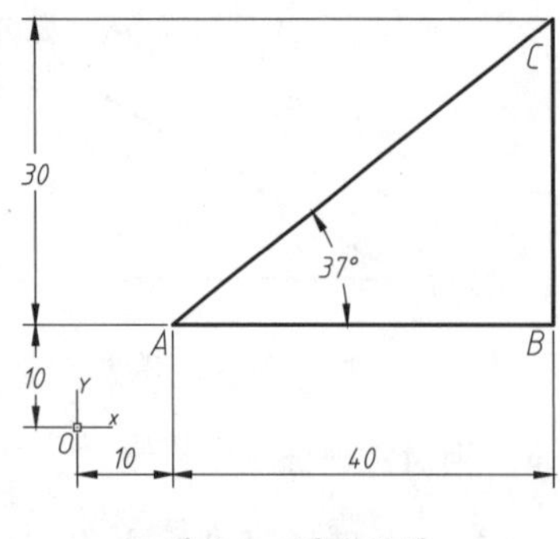

图 3-7　图形效果

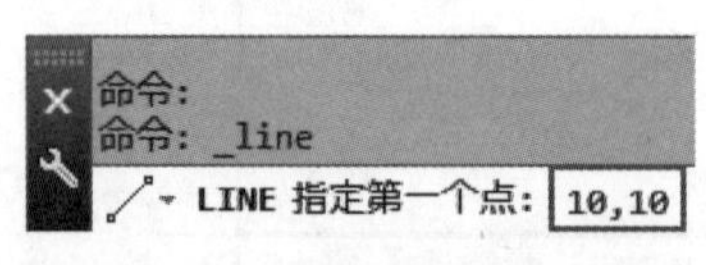

图 3-8　输入绝对坐标确定第一点

03 按 Enter 键确定第一点的输入，接着命令行提示“指定下一点”，再按相同方法输入 B、C 点的绝对坐标值，即可得到图 3-7 的图形效果。完整的命令行操作过程如下。

```
命令： L LINE                                  // 调用“直线”命令
指定第一个点： 10,10↙                           // 输入 A 点的绝对坐标
指定下一点或 [ 放弃 (U)]： 50,10↙               // 输入 B 点的绝对坐标
指定下一点或 [ 放弃 (U)]： 50,40↙               // 输入 C 点的绝对坐标
指定下一点或 [ 闭合 (C)/ 放弃 (U)]： c↙         // 闭合图形
```

操作技巧： 本书中命令行操作文本中的“↙”符号代表按下 Enter 键；“//”符号后的文字为提示文字。

3.1.4　案例——通过相对直角坐标绘制图形

以相对直角坐标输入的方法绘制图 3-7 的图形。在实际绘图工作中，大多数设计师都喜欢随意在绘图区中指定一点为第一点，这样就很难界定该点及后续图形与坐标原点（0,0）的关系，因此往往多采用相对坐标的输入方法来进行绘制。相比于绝对坐标的刻板，相对坐标显得更为灵活多变。

01 在“默认”选项卡中，单击“绘图”面板上的“直线”按钮，执行直线命令。

02 输入 A 点。可按上例中的方法输入 A 点，也可以在绘图区中任意指定一点作为 A 点。

03 输入 B 点。在图 3-7 中，B 点位于 A 点的正 X 轴方向，距离为 40 点处，Y 轴增量为 0，因此相对于 A 点的坐标为（@40,0），可在命令行提示“指定下一点”时输入 @40,0，即可确定 B 点，如图 3-9 所示。

04 输入 C 点。由于相对直角坐标是相对于上一点进行定义的，因此在输入 C 点的相对坐标时，要考虑其与 B 点的相对关系，C 点位于 B 点的正上方，距离为 30，即输入 @0,30，如图 3-10 所示。

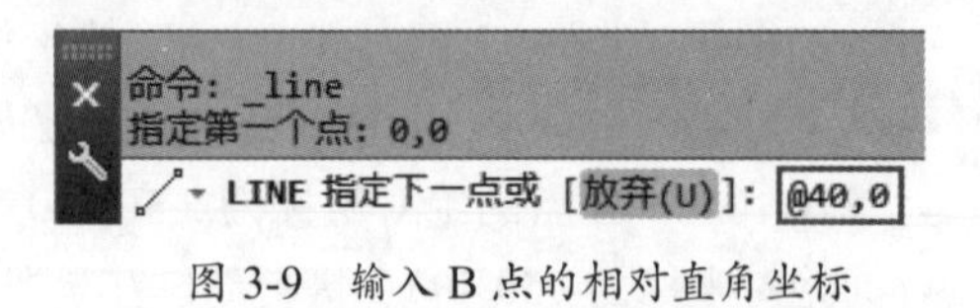

图 3-9　输入 B 点的相对直角坐标

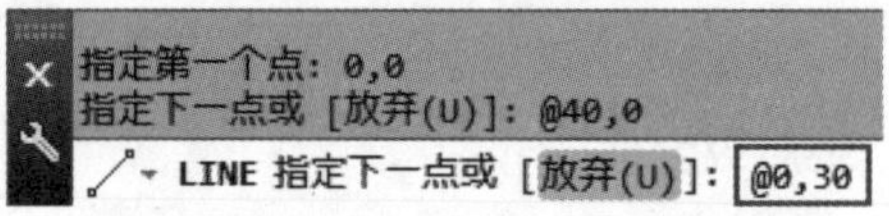

图 3-10　输入 C 点的相对直角坐标

05 将图形封闭即绘制完成。完整的命令行操作过程如下。

```
命令： L LINE                              // 调用“直线”命令
指定第一个点：      10,10↙                 // 输入 A 点的绝对坐标
指定下一点或 [ 放弃 (U)]： @40,0↙          // 输入 B 点相对于上一个点（A 点）的相对坐标
指定下一点或 [ 放弃 (U)]： @0,30↙          // 输入 C 点相对于上一个点（B 点）的相对坐标
指定下一点或 [ 闭合 (C)/ 放弃 (U)]： c↙    // 闭合图形
```

3.1.5　案例——通过相对极坐标绘制图形

以相对极坐标输入的方法绘制图 3-7 的图形。相对极坐标与相对直角坐标一样，都是以上一点为参考基点，输入增量来定义下一个点的位置。只不过相对极坐标输入的是极轴增量和角度值。

01 在“默认”选项卡中，单击“绘图”面板上的“直线”按钮 ，执行直线命令。

02 输入 A 点。可按上例中的方法输入 A 点，也可以在绘图区中任意指定一点作为 A 点。

03 输入 C 点。A 点确定后，即可通过相对极坐标的方式确定 C 点。C 点位于 A 点的 37° 方向，距离为 50（由勾股定理可知），因此相对极坐标为（@50<37），在命令行提示“指定下一点”时输入 @50<37，即可确定 C 点，如图 3-11 所示。

04 输入 B 点。B 点位于 C 点的 -90° 方向，距离为 30，因此相对极坐标为（@30<-90），输入 @30<-90 即可确定 B 点，如图 3-12 所示。

图 3-11　输入 C 点的相对极坐标

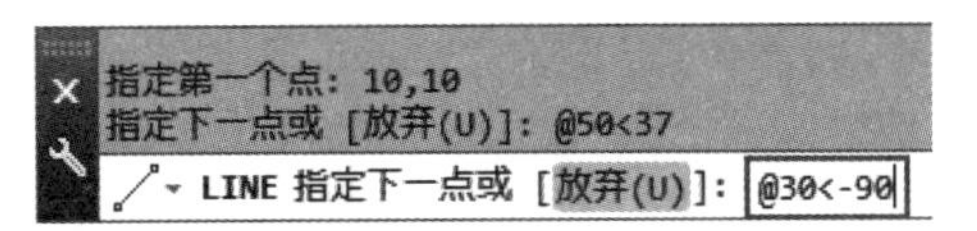

图 3-12　输入 B 点的相对极坐标

05 将图形封闭即绘制完成。完整的命令行操作过程如下。

```
命令： _line                                    //调用“直线”命令
指定第一个点：10,10↙                            //输入A点的绝对坐标
指定下一点或 [放弃(U)]：@50<37↙                //输入C点相对于上一个点（A点）的相对极坐标
指定下一点或 [放弃(U)]：@30<-90↙               //输入B点相对于上一个点（C点）的相对极坐标
指定下一点或 [闭合(C)/放弃(U)]：c↙             //闭合图形
```

3.1.6　坐标值的显示

在 AutoCAD 状态栏的左侧区域，会显示当前光标所处位置的坐标值，该坐标值有 3 种显示状态。

- 绝对直角坐标状态：显示光标所在位置的坐标（118.8822, -0.4634, 0.0000）。
- 相对极坐标状态：在相对于前一点来指定第二点时可以使用此状态（37.6469<216, 0.0000）。
- 关闭状态：颜色变为灰色，并“冻结”关闭时所显示的坐标值，如图 3-13 所示。

用户可根据需要在这三种状态之间相互切换。

- 按快捷键 Ctrl+I 可以关闭 / 开启坐标显示。
- 当确定一个位置后，在状态栏中显示坐标值的区域，单击也可以进行切换。
- 在状态栏中显示坐标值的区域，右键单击即可弹出快捷菜单，如图 3-14 所示，可在其中选择所需状态。

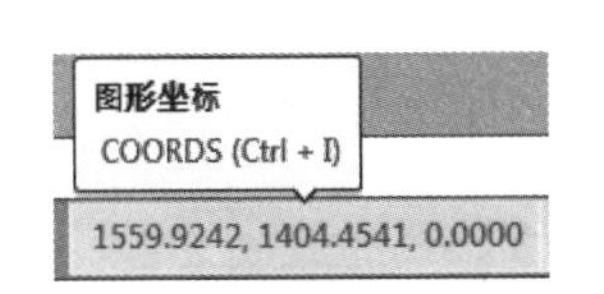

图 3-13　关闭状态下的坐标值

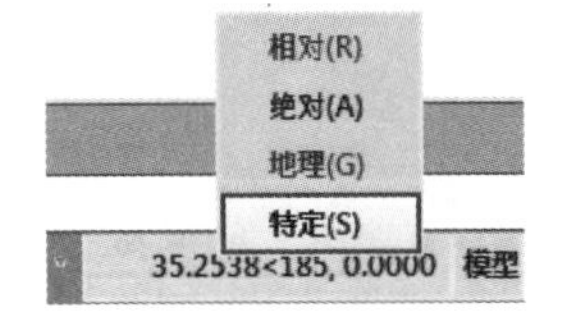

图 3-14　坐标的快捷菜单

3.2 辅助绘图工具

本节将介绍 AutoCAD 2014 辅助工具的设置。通过对辅助功能进行适当的设置，可以提高用户制图的工作效率和绘图的准确性。在实际绘图中，用鼠标定位虽然方便、快捷，但精度不够，因此为了解决需要快速、准确的定位问题，AutoCAD提供了一些绘图辅助工具，如动态输入、栅格、栅格捕捉、正交和极轴追踪等。

3.2.1 动态输入

在 AutoCAD 中，单击状态栏中的 DYN 模式（动态输入）按钮 ，可在指针位置显示指针输入或标注输入的命令提示等信息，从而极大地提高了绘图的效率。

1. 启用指针输入

在“草图设置”对话框的“动态输入”选项卡中，选择“启用指针输入”复选框，如图3-15所示。单击“指针输入”选项区的“设置”按钮，打开“指针输入设置”对话框，如图 3-16 所示。可以在其中设置指针的格式和可见性。在工具提示中，十字光标所在位置的坐标值将显示在光标旁边。命令提示用户输入点时，可以在工具提示（而非命令窗口）中输入坐标值。

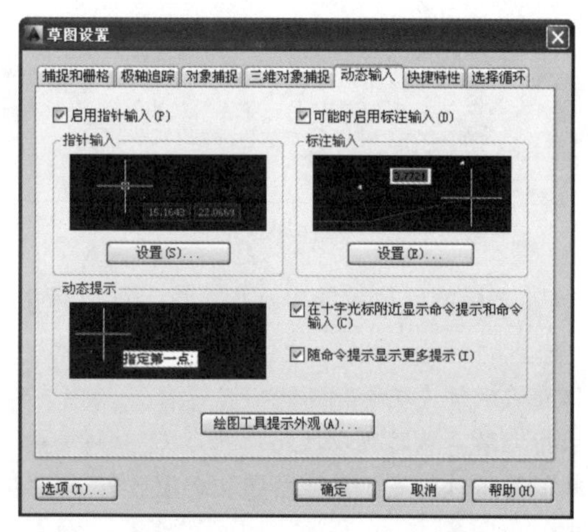

图 3-15 “动态输入”选项卡

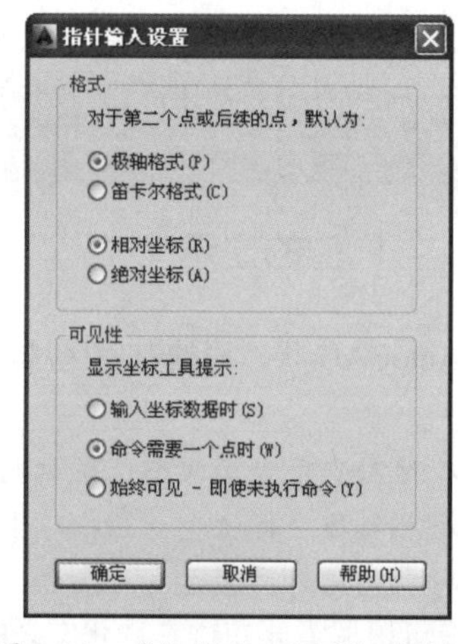

图 3-16 “指针输入设置”对话框

2. 启用标注输入

在“草图设置”对话框的“动态输入”选项卡中，选择“可能时启用标注输入”复选框，启用标注输入功能。单击“标注输入”选项区域的“设置”按钮，打开“标注输入的设置”对话框，如图 3-17 所示。

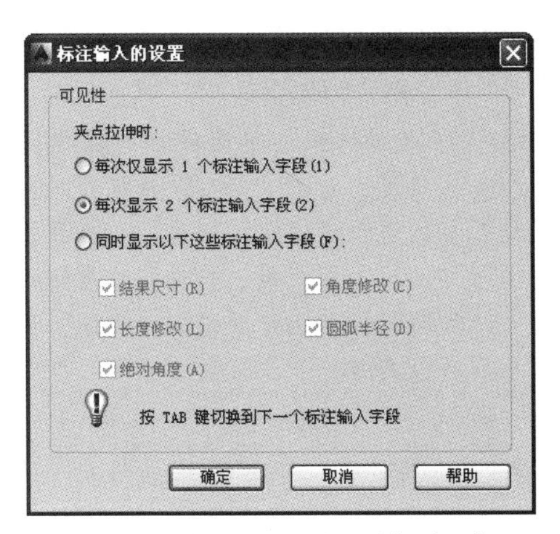

图 3-17 "标注输入的设置"对话框

3. 显示动态提示

在"动态提示"选项卡中，启用"动态提示"选项组中的"在十字光标附近显示命令提示和命令输入"复选框，可在光标附近显示命令提示。

3.2.2 栅格

"栅格"相当于手工制图中使用的坐标纸，它按照相等的间距在屏幕上设置栅格点（或线）。使用者可以通过栅格点数目来确定距离，从而达到精确绘图的目的。"栅格"不是图形的一部分，只供用户视觉参考，打印时不会被输出。

控制"栅格"显示的方法如下：

- 快捷键：按F7键可以切换开、关状态。
- 状态栏：单击状态栏上的"显示图形栅格"按钮▦，若亮显则为开启。

用户可以根据实际需要自定义"栅格"的间距、大小与样式。在命令行中输入DS"草图设置"命令，系统自动弹出"草图设置"对话框，在"栅格间距"选项区中设置间距、大小与样式。或是调用GRID命令，根据命令行提示同样可以控制栅格的特性。

在AutoCAD 2014中，栅格有两种显示样式——点矩阵和线矩阵，默认状态下显示的是线矩阵栅格，如图3-18所示。右键单击状态栏上的"显示图形栅格"按钮▦，选择弹出的"网格设置"选项，打开"草图设置"对话框中的"捕捉和栅格"选项卡，然后选择"栅格样式"区域中的"二维模型空间"复选框，即可在二维模型空间显示点矩阵形式的栅格，如图3-19所示。

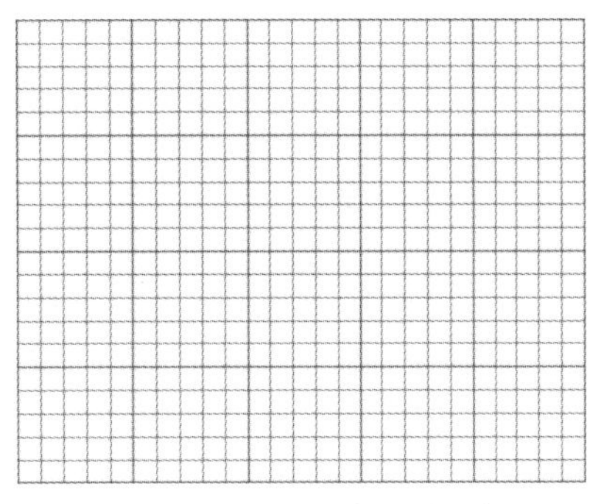

图 3-18 默认的线矩阵栅格

图 3-19 显示点矩阵栅格

3.2.3 捕捉

"捕捉"功能可以控制光标移动的距离。它经常与"栅格"功能联用，当捕捉功能打开时，光标便能停留在栅格点上，这样就只能绘制出栅格间距整数倍的距离。

控制"捕捉"功能的方法如下：

- 快捷键：按F9键可以切换开、关状态。
- 状态栏：单击状态栏上的"捕捉模式"按钮▦▾，若亮显则为开启。

同样，也可以在"草图设置"对话框中的"捕捉和栅格"选项卡中控制捕捉的开关状态及其相关属性。

1．设置栅格捕捉间距

在“捕捉间距”下的“捕捉X轴间距”和“捕捉Y轴间距”文本框中可输入光标移动的间距。通常情况下，“捕捉间距”应等于“栅格间距”，这样在启动“栅格捕捉”功能后，就能将光标限制在栅格点上，如图3-20所示；如果“捕捉间距”不等于“栅格间距”，则会出现捕捉不到栅格点的情况，如图3-21所示。

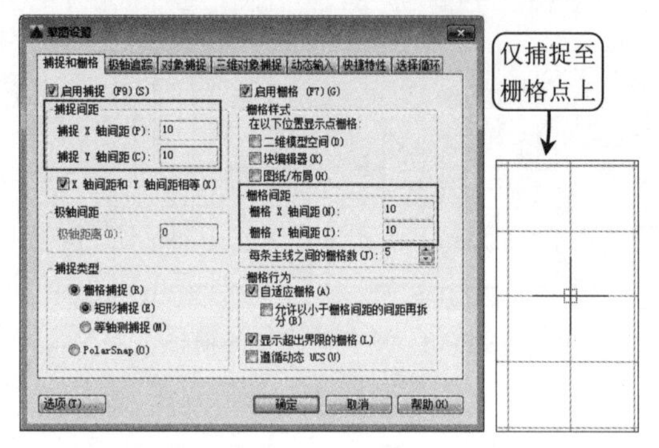

图3-20 “捕捉间距”与“栅格间距”相等时的效果

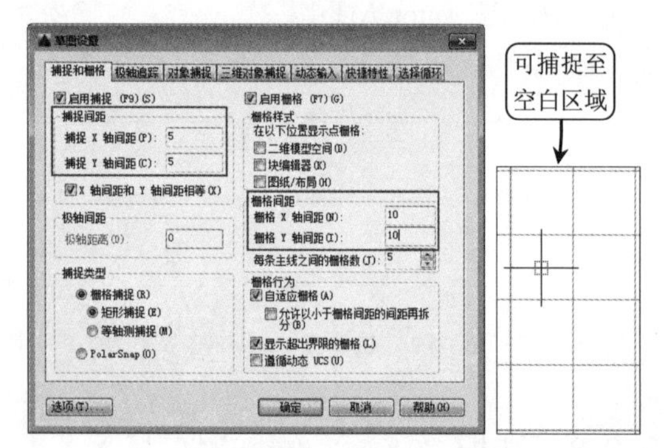

图3-21 “捕捉间距”与“栅格间距”不相等时的效果

在正常工作中，“捕捉间距”不需要和“栅格间距”相同。例如，可以设定较宽的“栅格间距”作为参照，但使用较小的“捕捉间距”可以保证定位点时的精确性。

2．设置捕捉类型

捕捉有两种捕捉类型——栅格捕捉和极轴捕捉，两种捕捉类型分别介绍如下。

- 栅格捕捉

设定栅格捕捉类型。如果指定点，光标将沿垂直或水平栅格点进行捕捉。“栅格捕捉”下分两个单选按钮——“矩形捕捉”和“等轴测捕捉”，分别介绍如下：

- “矩形捕捉”单选按钮：将捕捉样式设定为标准“矩形”捕捉模式。当捕捉类型设定为“栅格”，并且打开“捕捉”模式时，光标将捕捉矩形捕捉栅格，适用于普通二维视图，如图3-22所示。

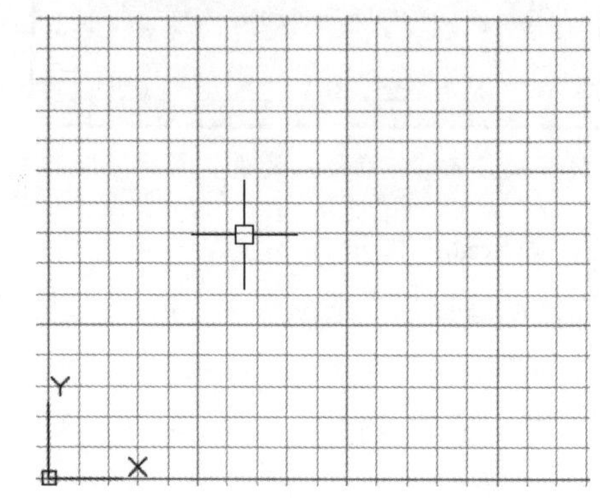

图3-22 “矩形捕捉”模式下的栅格

- “等轴测捕捉”单选按钮：将捕捉样式设定为“等轴测”捕捉模式。当捕捉类型设定为“栅格”，并且打开“捕捉”模式时，光标将捕捉等轴测捕捉栅格，适用于等轴测视图，如图3-23所示。

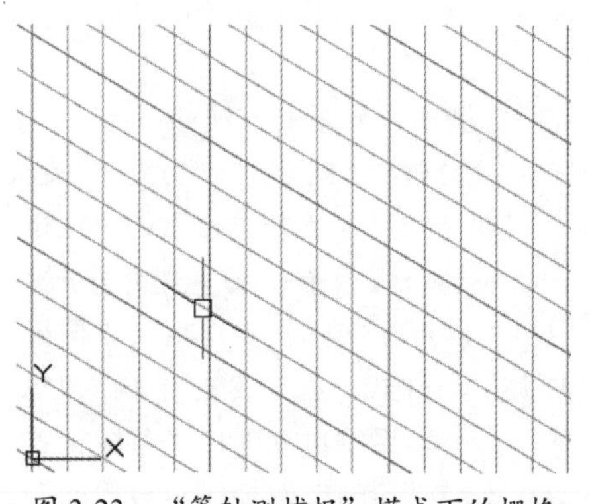

图3-23 “等轴测捕捉”模式下的栅格

- PolarSnap（极轴捕捉）

将捕捉类型设定为PolarSnap。如果启用了“捕捉”模式并在极轴追踪打开的情况下指定点，光标将沿在“极轴追踪”选项卡上相对于极轴追踪起点设置的极轴对齐角度进行捕捉。

启用 PolarSnap 后，“捕捉间距”变为不可用，同时“极轴间距”文本框变得可用，可在该文本框中输入要进行捕捉的增量距离，如果该值为 0，则 PolarSnap 捕捉的距离采用“捕捉 X 轴间距”文本框中的值。启用 PolarSnap 后无法将光标定位至栅格点上，但在执行“极轴追踪”的时候，可将增量固定为设定的整数倍，效果如图 3-24 所示。

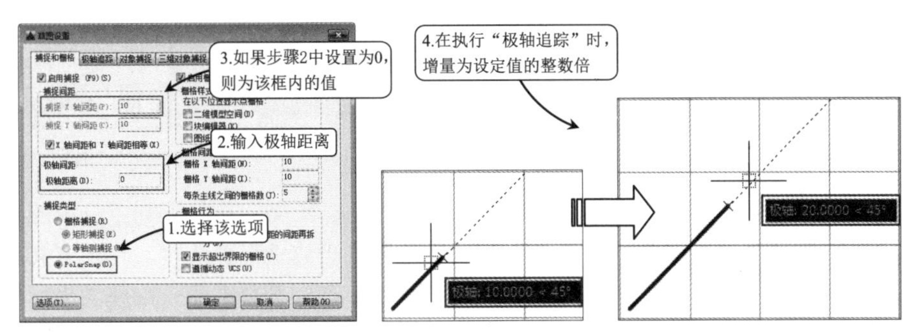

图 3-24　PolarSnap（极轴捕捉）效果

PolarSnap 设置应与“极轴追踪”或“对象捕捉追踪”结合使用，如果两个追踪功能都未启用，则 PolarSnap 设置视为无效。

3.2.4　案例——通过栅格与捕捉绘制图形

除了前面练习中所用到的通过输入坐标方法绘图以外，在 AutoCAD 中还可以借助“栅格”与“捕捉”进行绘制。该方法适合绘制尺寸规整、外形简单的图形，本例同样绘制图 3-7 的图形，以方便读者进行对比。

01 右键单击状态栏上的“捕捉模式”按钮，选择“捕捉设置”选项，如图 3-25 所示，系统弹出“草图设置”对话框。

02 设置栅格与捕捉间距。在图 3-7 中可知最小尺寸为 10，因此可以设置栅格与捕捉的间距同样为 10，使十字光标以 10 为单位进行移动。

03 勾选“启用捕捉”和“启用栅格”复选框，在“捕捉间距”选项区域修改“捕捉 X 轴间距”为 10，“捕捉 Y 轴间距”为 10；在“栅格间距”选项区域，修改“栅格 X 轴间距”为 10，“栅格 Y 轴间距”为 10，“每条主线之间的栅格数”为 5，如图 3-26 所示。

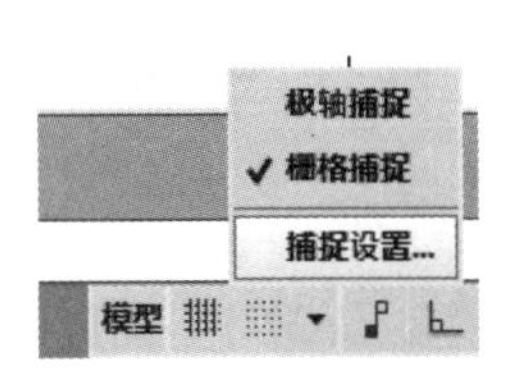

图 3-25　设置选项

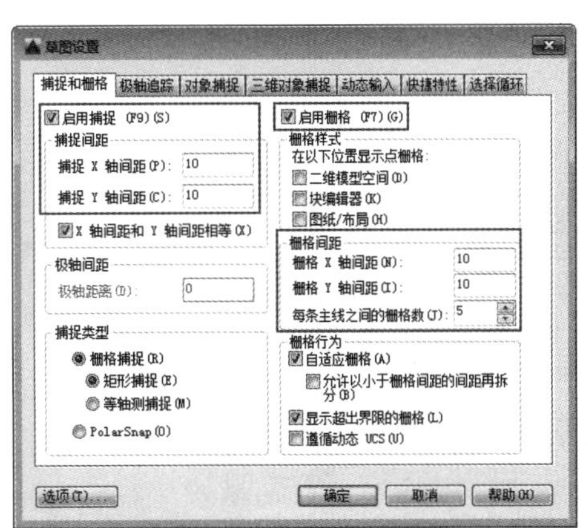

图 3-26　设置参数

04 单击“确定”按钮，完成栅格的设置。

05 在命令行中输入 L，调用“直线”命令，可见光标只能在间距为10的栅格点处进行移动，如图 3-27 所示。

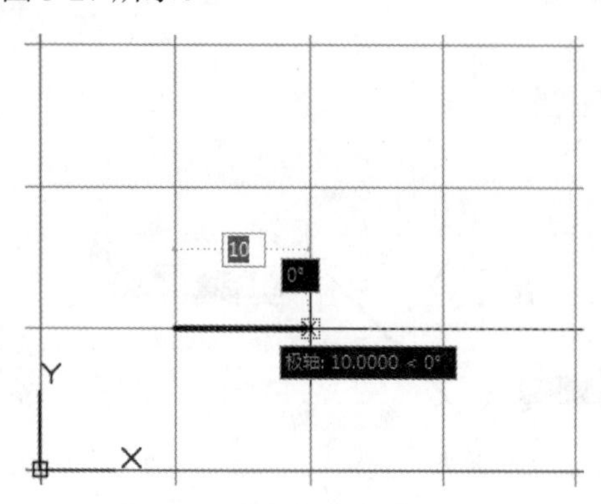

图 3-27 捕捉栅格点进行绘制

06 捕捉各栅格点，绘制最终图形如图 3-28 所示。

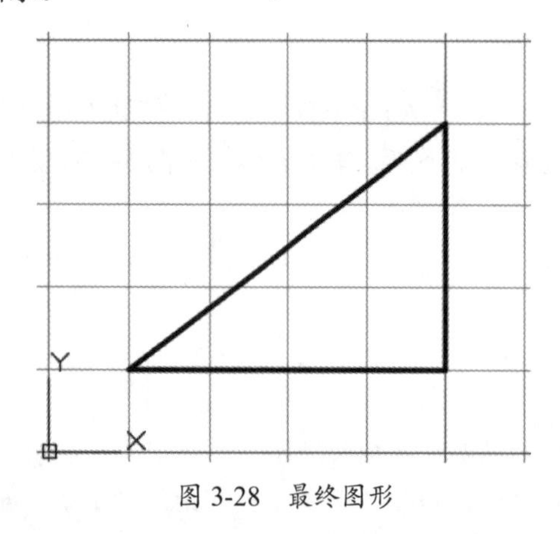

图 3-28 最终图形

3.2.5 正交

在绘图过程中，使用“正交”功能可以将十字光标限制在水平或垂直轴向上，同时也限制在当前的栅格旋转角度内。使用“正交”功能就如同使用了丁字尺绘图，可以保证绘制的直线呈水平或垂直状态，方便绘制水平或垂直直线。

打开或关闭“正交”功能的方法如下。

- 快捷键：按 F8 键可以切换开、关正交模式。
- 状态栏：单击“正交”按钮，若亮显则为开启，如图 3-29 所示。

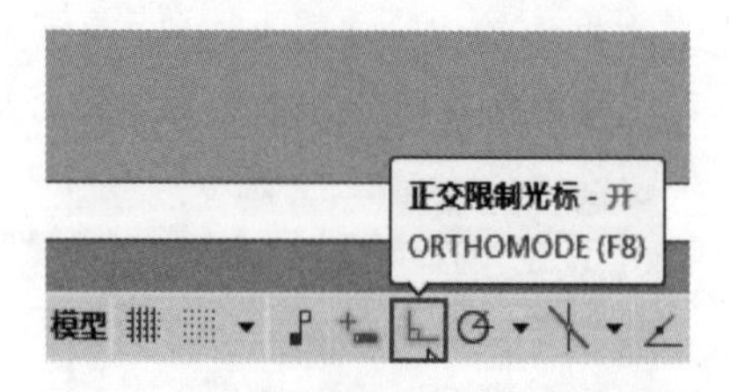

图 3-29 状态栏中开启“正交”功能

因为“正交”功能限制了直线的方向，所以绘制水平或垂直直线时，指定方向后直接输入长度即可，不必再输入完整的坐标值。开启正交后光标状态如图 3-30 所示；关闭正交后光标状态如图 3-31 所示。

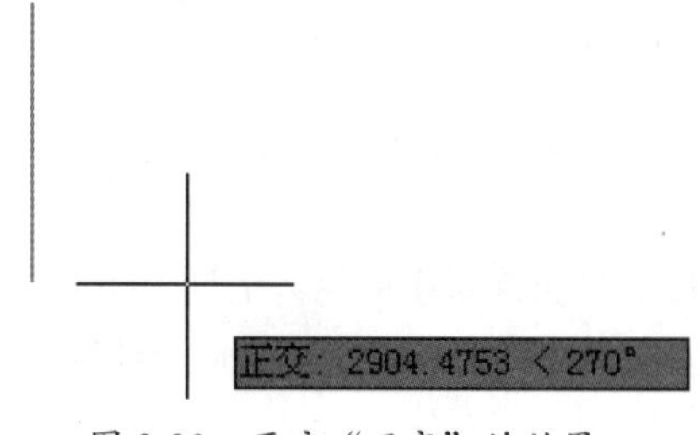

图 3-30 开启“正交”的效果

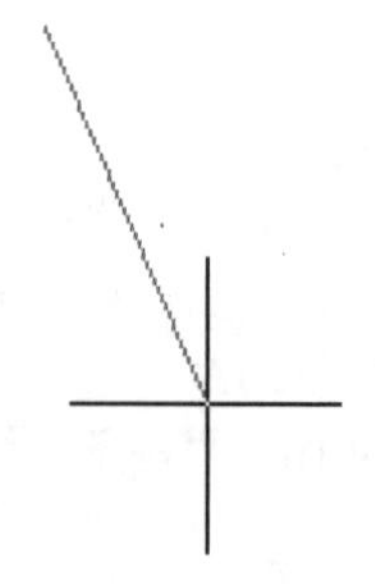

图 3-31 关闭“正交”的效果

3.2.6 案例——通过“正交”功能绘制图形

通过“正交”绘制如图 3-32 所示的图形。“正交”功能开启后，系统自动将光标强制性地定位在水平或垂直位置上，在引出的追踪线上，直接输入一个数值即可定位目标点，而不用手动输入坐标值或捕捉栅格点来确定。

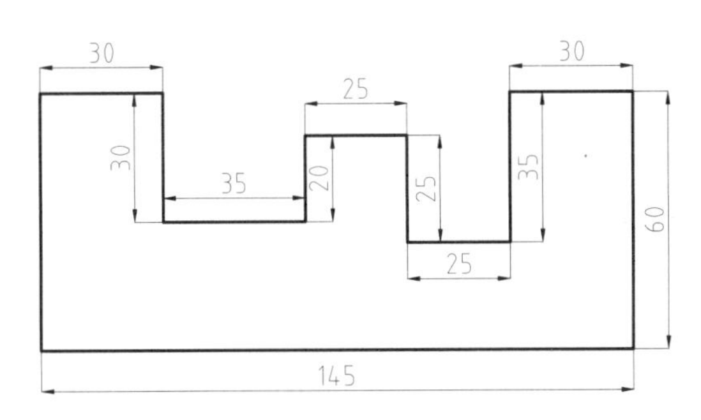

图 3-32　通过正交绘制图形

01 单击状态栏中的 按钮，或按 F8 键，激活"正交"功能。

02 单击"绘图"面板中的 按钮，激活"直线"命令，配合"正交"功能，绘制图形。命令行操作过程如下：

```
    命令： _line
    指定第一点：                          //在绘图区任意位置单击，拾取一点作为起点
    指定下一点或 [放弃(U)]:60↙           //向上移动光标，引出 90° 正交追踪线，如图 3-33 所示，
此时输入 60，即定位第 2 点
    指定下一点或 [放弃(U)]:30↙           //向右移动光标，引出 0° 正交追踪线，如图 3-34 所示，输
入 30，定位第 3 点
    指定下一点或 [放弃(U)]:30↙           //向下移动光标，引出 270° 正交追踪线，输入 30，定位第 4 点
    指定下一点或 [放弃(U)]:35↙           //向右移动光标，引出 0° 正交追踪线，输入 35，定位第 5 点
    指定下一点或 [放弃(U)]:20↙           //向上移动光标，引出 90° 正交追踪线，输入 20，定位第 6 点
    指定下一点或 [放弃(U)]:25↙           //向右移动光标，引出 0° 的正交追踪线，输入 25，定位第 7 点
```

03 根据以上方法，配合"正交"功能绘制其他线段，最终的结果如图 3-35 所示。

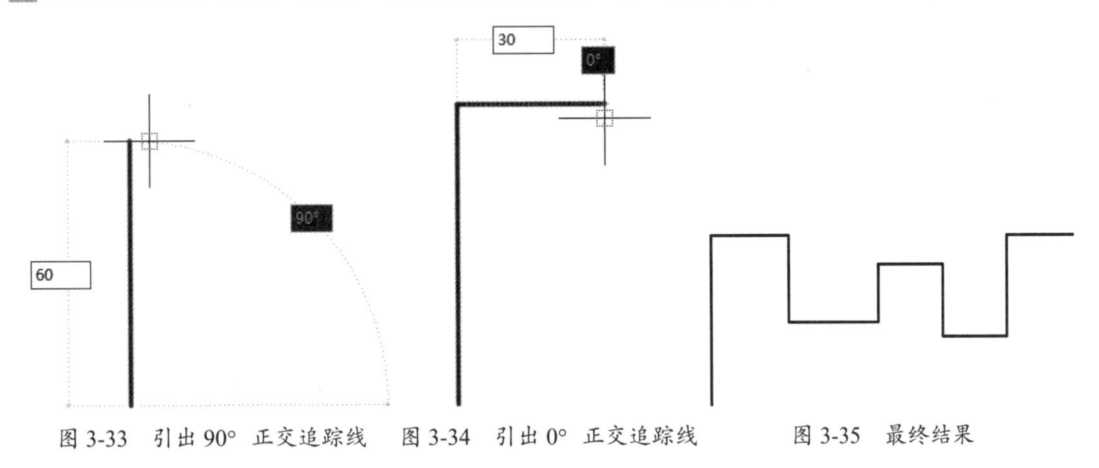

图 3-33　引出 90° 正交追踪线　图 3-34　引出 0° 正交追踪线　图 3-35　最终结果

3.2.7　极轴追踪

"极轴追踪"功能实际上是极坐标的一个应用。使用极轴追踪绘制直线时，捕捉到一定的极轴方向即确定了极角，然后输入直线的长度即确定了极半径，因此与正交绘制直线一样，极轴追踪绘制直线一般使用输入长度确定直线的第二点，代替坐标输入。"极轴追踪"功能可以用来绘制带角度的直线，如图 3-36 所示。

一般来说，极轴可以绘制任意角度的直线，包括水平的 0°、180° 与垂直的 90°、270° 等，因此某些情况下可以代替"正交"功能使用。"极轴追踪"绘制的图形如图 3-37 所示。

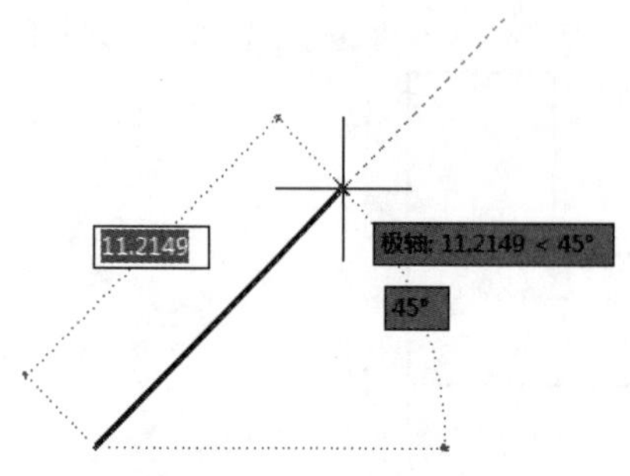

图 3-36 开启“极轴追踪”效果

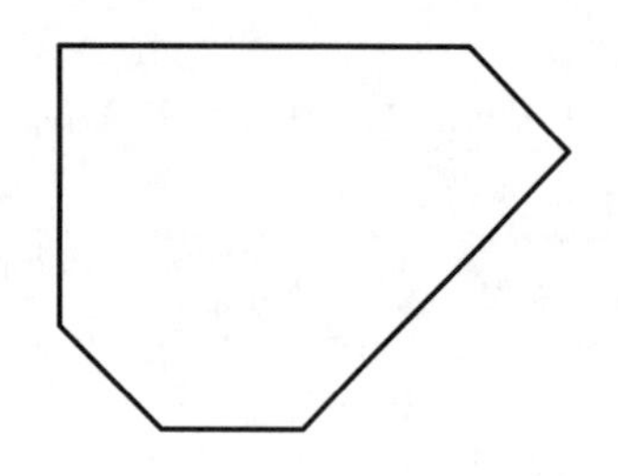

图 3-37 “极轴追踪”模式绘制的直线

切换开、关“极轴追踪”功能有以下两种方法。

- 快捷键：按F10键切换开、关状态。
- 状态栏：单击状态栏上的“极轴追踪”按钮，若亮显则为开启，反之关闭，如图3-38所示。

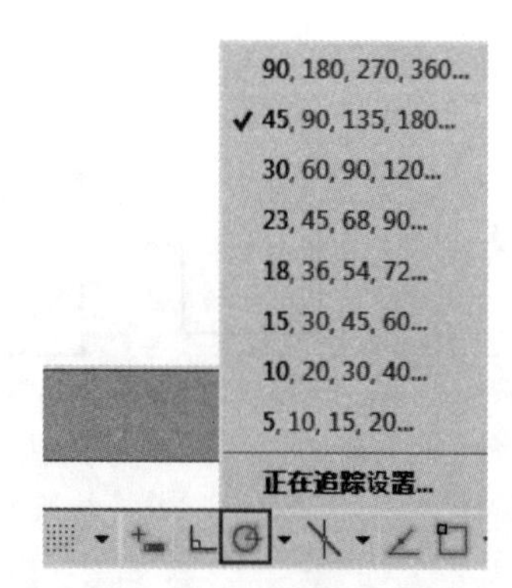

图 3-38 选择“正在追踪设置”命令

右键单击状态栏上的“极轴追踪”按钮，弹出追踪角度列表，如图3-38所示，其中的数值便为启用“极轴追踪”时的捕捉角度。在弹出的快捷菜单中选择“正在追踪设置”选项，则打开“草图设置”对话框，在“极轴追踪”选项卡中可设置极轴追踪的开关和其他角度值的增量角等，如图3-39所示。

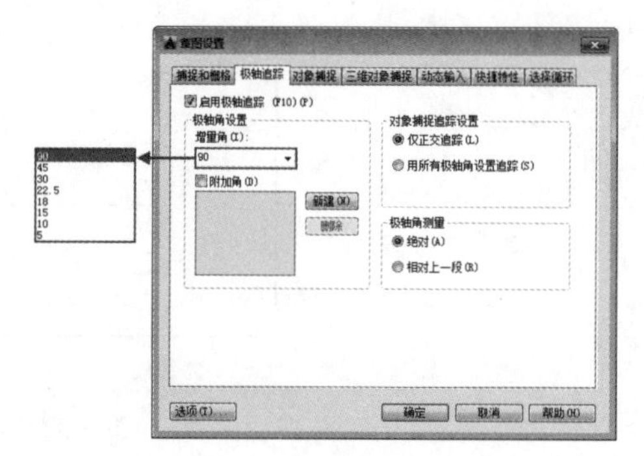

图 3-39 “极轴追踪”选项卡

“极轴追踪”选项卡中各选项的含义如下。

- “增量角”列表框：用于设置极轴追踪角度。当光标的相对角度等于该角，或者该角的整数倍时，屏幕上将显示出追踪路径，如图3-40所示。

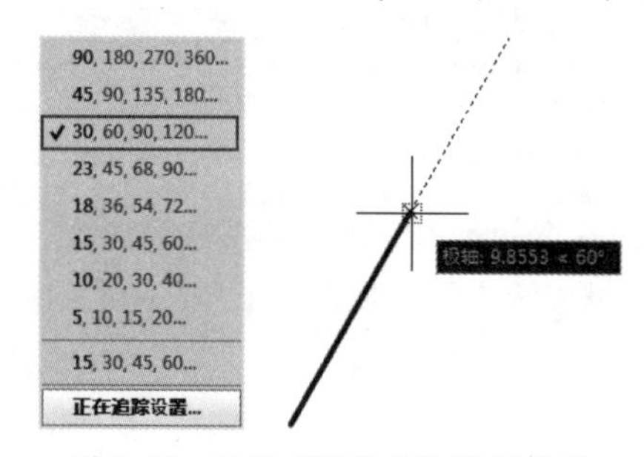

图 3-40 设置“增量角”进行捕捉

- “附加角”复选框：增加任意角度值作为极轴追踪的附加角度。勾选“附加角”复选框，并单击“新建”按钮，然后输入所需追踪的角度值，即可捕捉至附加角的角度，如图3-41所示。

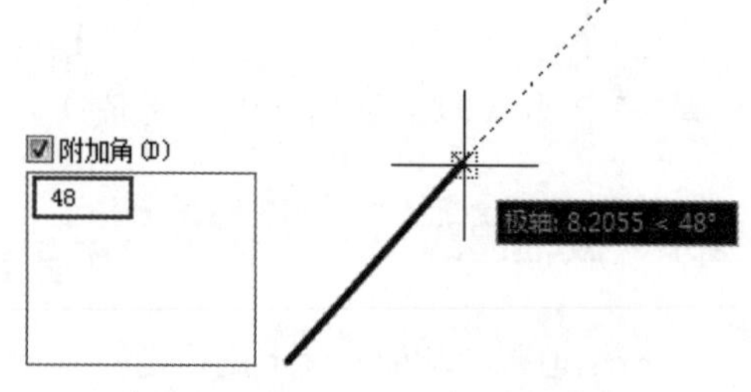

图 3-41 设置“附加角”进行捕捉

- “仅正交追踪”单选按钮：当对象捕捉追踪打开时，仅显示已获得对象捕捉点的正交（水平和垂直方向）对象，捕捉追踪路径，如图3-42所示。

➢ “用所有极轴角设置追踪”单选按钮：打开对象捕捉追踪时，将从对象捕捉点起，沿任何极轴追踪角进行追踪，如图 3-43 所示。

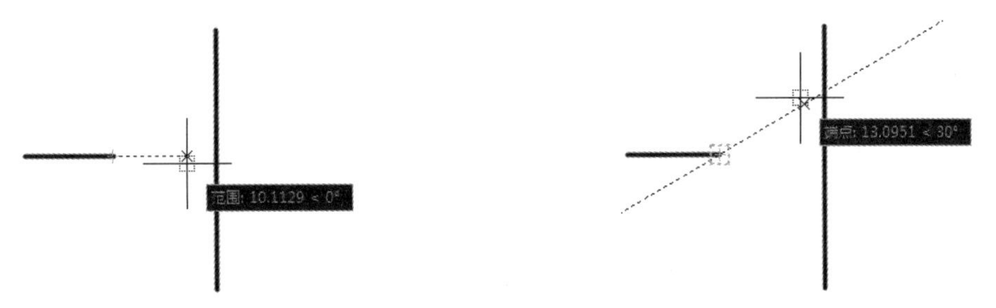

图 3-42 仅从正交方向显示对象捕捉路径　　图 3-43 可从极轴追踪角度显示对象捕捉路径

➢ “极轴角测量”选项组：设置极轴角的参照标准。“绝对”单选按钮表示使用绝对极坐标，以 X 轴正方向为 0°。“相对上一段”单选按钮根据上一段绘制的直线确定极轴追踪角，上一段直线所在的方向为 0°，如图 3-44 所示。

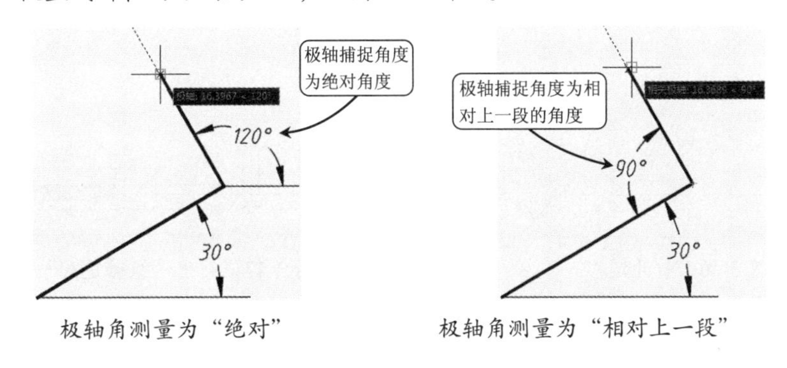

极轴角测量为“绝对”　　极轴角测量为“相对上一段”

图 3-44 不同的“极轴角测量”效果

操作技巧：细心的读者可能会发现，极轴追踪的增量角与后续捕捉角度都是成倍递增的，如图 3-38 所示。但图中唯有一个例外，那就是 23° 的增量角后直接跳到了 45°，与后面的各角度也不成整数倍关系。这是由于 AutoCAD 的角度单位精度设置为整数，因此 22.5° 就被四舍五入为了 23°。所以只需选择“格式”|“单位”命令，在“图形单位”对话框中将角度精度设置为 0.0，即可使 23° 的增量角还原为 22.5°，使用极轴追踪时也能正常捕捉至 22.5°，如图 3-45 所示。

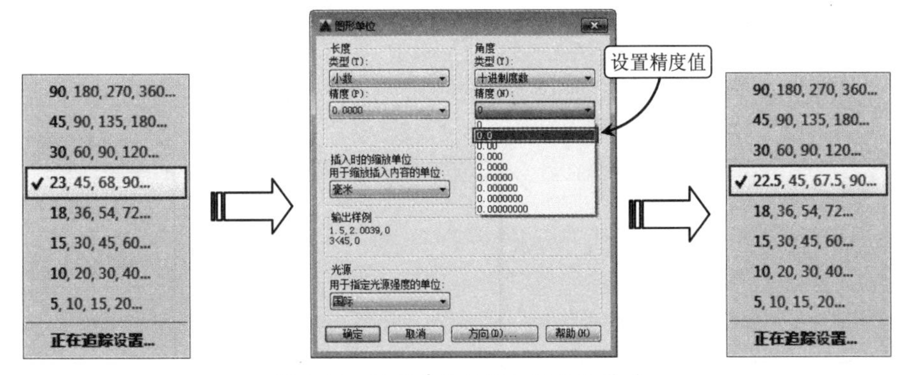

图 3-45 图形单位与极轴捕捉的关系

3.2.8 案例——使用“极轴追踪”功能绘制图形

通过“极轴追踪”绘制如图 3-46 所示的图形。极轴追踪功能是一个非常重要的辅助工具，该工具可以在任何角度和方向上引出角度矢量，从而可以很方便地精确定位角度方向上的任何一点。相比于坐标输入、栅格与捕捉、正交等绘图方法来说，极轴追踪更为便捷，足以绘制绝大部分图形，因此是使用最多的一种绘图方法。

01 打开素材文件“第 3 章 /3.2.8 使用“极轴追踪”功能绘制图形 .dwg”，如图 3-46 所示。

02 右击状态栏上的“极轴追踪”按钮 ，在弹出的快捷菜单中选择“设置”选项，系统弹出对话框，在“极轴追踪”选项卡中设置“增量角”为 220。

03 单击“绘图”面板上的“直线”按钮 ，捕捉并单击端点 A，指定直线起点，向左下角方向移动鼠标，系统自动显示 220° 极轴追踪线，捕捉并单击极轴追踪线与线段 B 的交点，作为直线终点，如图 3-47 所示。

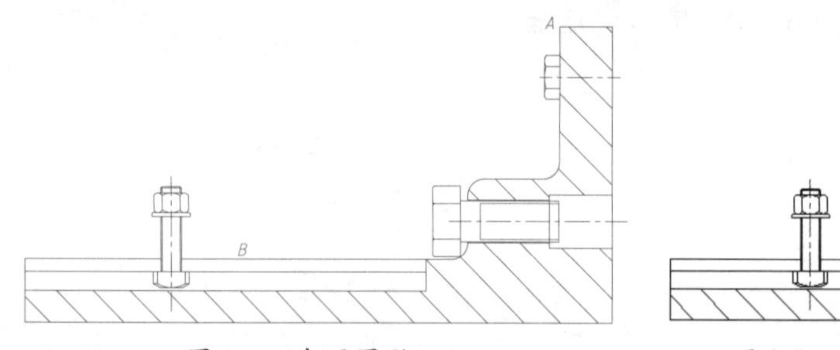

图 3-46 打开图形

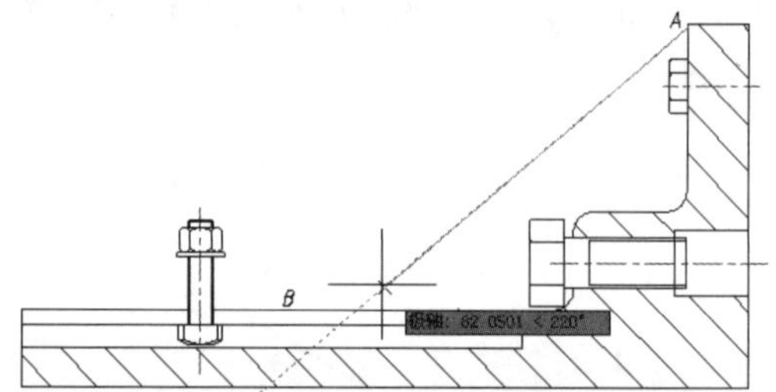

图 3-47 利用“极轴追踪”绘制直线

3.3 对象捕捉

通过“对象捕捉”功能可以精确定位现有图形对象的特征点，如圆心、中点、端点、节点、象限点等，从而为精确绘制图形提供了有利条件。

3.3.1 对象捕捉概述

鉴于点坐标法与直接肉眼确定法的各种弊端，AutoCAD 提供了“对象捕捉”功能。在“对象捕捉”开启的情况下，系统会自动捕捉某些特征点，如圆心、中点、端点、节点、象限点等。因此，“对象捕捉”的实质作用是对图形对象特征点的捕捉，如图 3-48 所示。

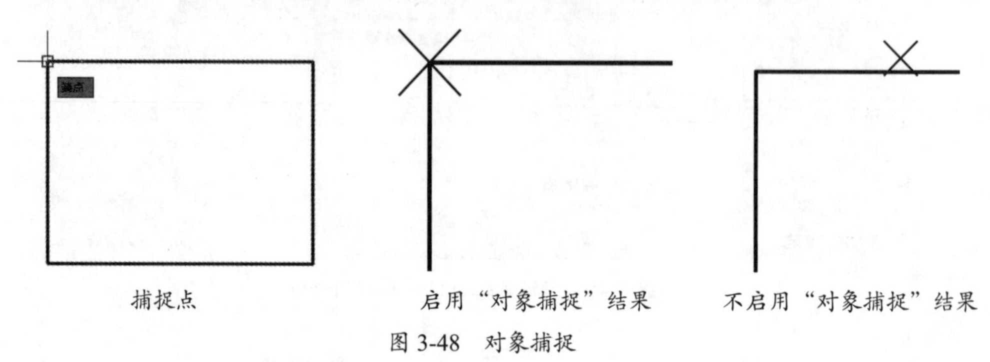

捕捉点　　启用“对象捕捉”结果　　不启用“对象捕捉”结果

图 3-48 对象捕捉

“对象捕捉”功能生效需要具备2个条件。

➢ “对象捕捉”开关必须打开。
➢ 必须在命令行提示输入点位置时。

如果命令行并没有提示输入点位置，则“对象捕捉”功能是不会生效的。因此，“对象捕捉”实际上是通过捕捉特征点的位置，来代替命令行输入特征点的坐标。

3.3.2 设置对象捕捉点

开启和关闭“对象捕捉”功能的方法如下。

➢ 菜单栏：选择“工具”|“草图设置”命令，弹出“草图设置”对话框。进入“对象捕捉”选项卡，选中或取消选中“启用对象捕捉”复选框，也可以打开或关闭对象捕捉，但这种操作太烦琐，实际中一般不使用。
➢ 快捷键：按F3键可以切换开、关状态。
➢ 状态栏：单击状态栏上的“对象捕捉”按钮，若亮显则为开启，反之关闭，如图3-49所示。

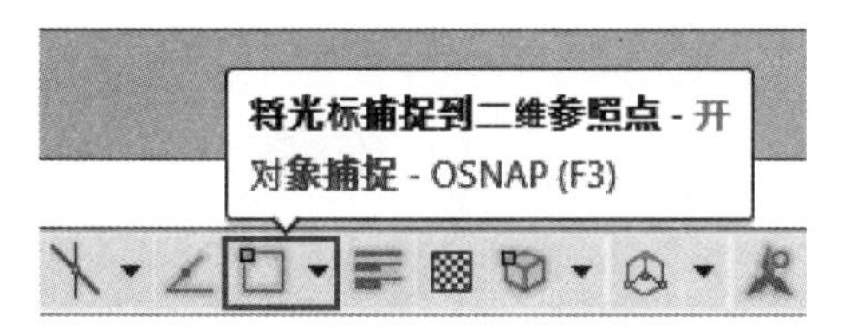

图3-49　状态栏中开启“对象捕捉”功能

➢ 命令行：输入OSNAP，打开“草图设置”对话框，单击“对象捕捉”选项卡，勾选“启用对象捕捉”复选框。

在设置对象捕捉点之前，需要确定哪些特性点是需要的，哪些是不需要的。这样不仅仅可以提高效率，也可以避免捕捉失误。使用任何一种开启“对象捕捉”的方法之后，系统弹出“草图设置”对话框，在“对象捕捉模式”选项区域中勾选需要的特征点，单击“确定”按钮，关闭对话框即可，如图3-50所示。

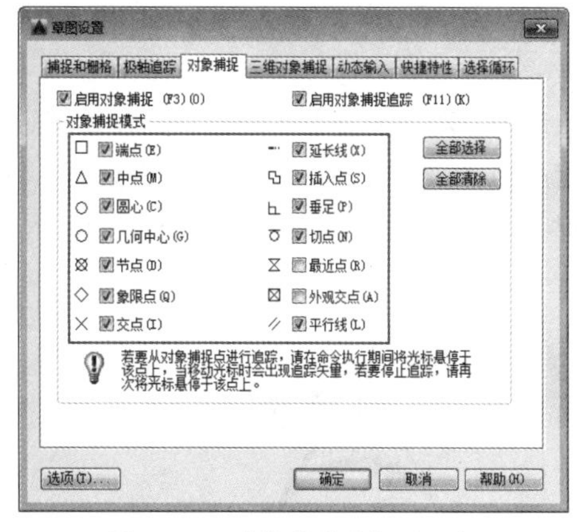

图3-50　“草图设置”对话框

在AutoCAD 2014中，该对话框共列出14种对象捕捉点和对应的捕捉标记，各含义如下。

➢ “端点”：捕捉直线或曲线的端点。
➢ “中点”：捕捉直线或弧段的中心点。
➢ “圆心”：捕捉圆、椭圆或弧的中心点。
➢ “几何中心”：捕捉多段线、二维多段线和二维样条曲线的几何中心点。
➢ “节点”：捕捉用“点”“多点”“定数等分”“定距等分”等POINT类命令绘制的点对象。
➢ “象限点”：捕捉位于圆、椭圆或弧段上0°、90°、180°和270°处的点。
➢ “交点”：捕捉两条直线或弧段的交点。
➢ “延长线”：捕捉直线延长线路径上的点。
➢ “插入点”：捕捉图块、标注对象或外部参照的插入点。
➢ “垂足”：捕捉从已知点到已知直线的垂线的垂足。
➢ “切点”：捕捉圆、弧段及其他曲线的切点。
➢ “最近点”：捕捉处在直线、弧段、椭圆或样条曲线上，而且距离光标最近的特征点。
➢ “外观交点”：在三维视图中，从某个角度观察两个对象可能相交，但实际并不一定相交，可以使用“外观交点”功能捕捉对象在外观上相交的点。

➢ “平行”：选定路径上的一点，使通过该点的直线与已知直线平行。

启用“对象捕捉”功能之后，在绘图过程中，当十字光标靠近这些被启用的捕捉特殊点后，将自动对其进行捕捉，效果如图 3-51 所示。这里需要注意的是，在“对象捕捉”选项卡中，各捕捉特殊点前面的形状符号，如□、╳、○等，便是在绘图区捕捉时显示的对应形状。

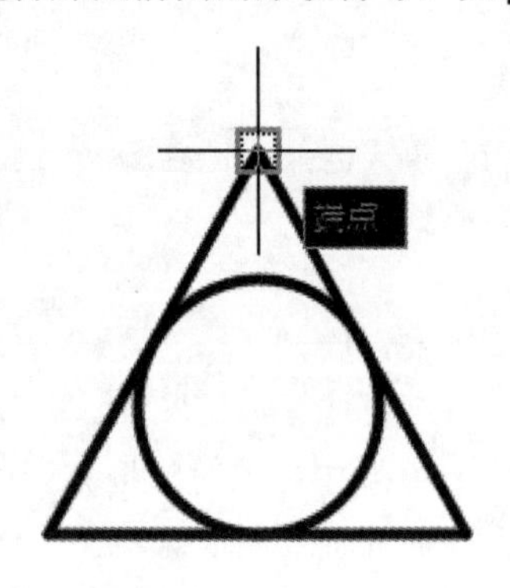

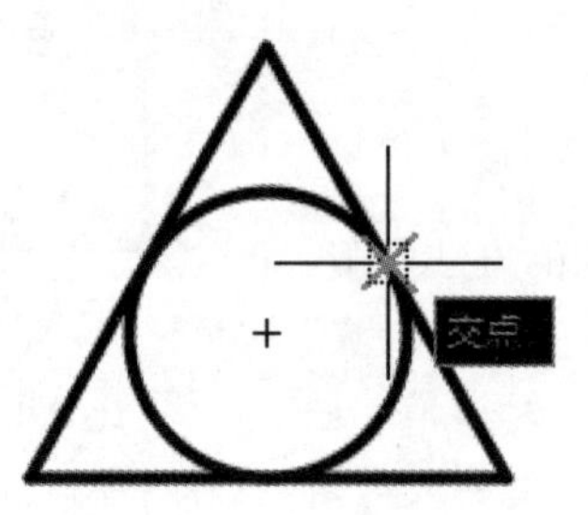

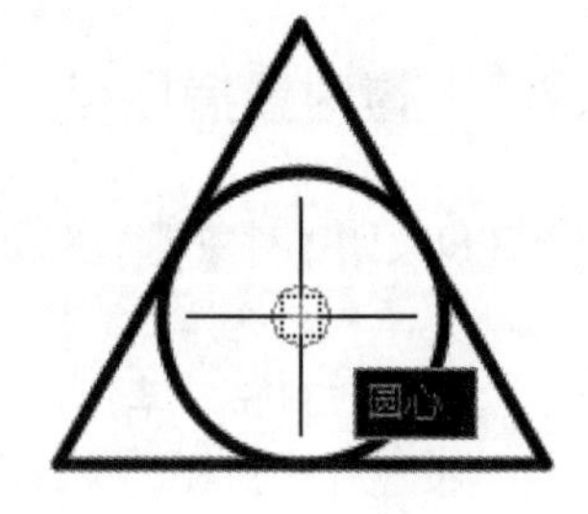

图 3-51　各捕捉效果

操作技巧： 当需要捕捉一个物体上的点时，只要将鼠标靠近某个或某些物体，不断地按 Tab 键，这个或这些物体的某些特殊点（如直线的端点、中间点、垂直点、与物体的交点、圆的四分圆点、中心点、切点、垂直点、交点）就会轮换显示出来，单击选择需要的点即可以捕捉这些点，如图 3-52 所示。

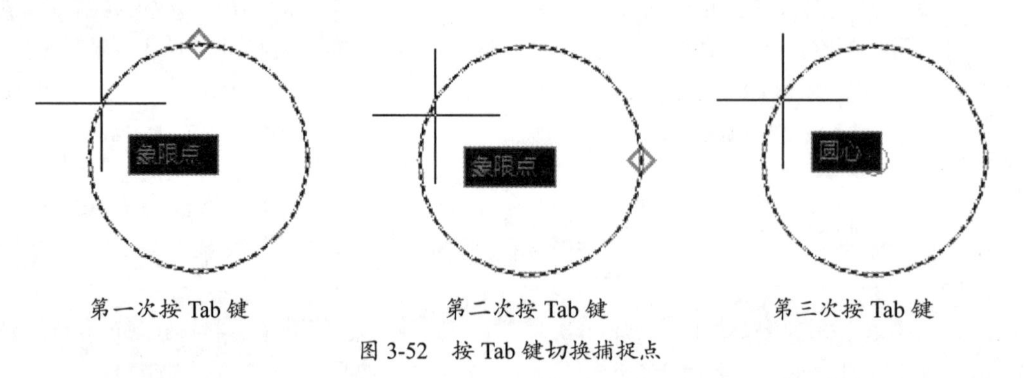

第一次按 Tab 键　　第二次按 Tab 键　　第三次按 Tab 键

图 3-52　按 Tab 键切换捕捉点

3.3.3　对象捕捉追踪

在绘图过程中，除了需要掌握对象捕捉的应用外，也需要掌握对象追踪的相关知识和应用的方法，从而能提高绘图的效率。

切换开、关“对象捕捉追踪”功能有以下两种方法。

➢ 快捷键：按 F11 键，切换开、关状态。

➢ 状态栏：单击状态栏上的“对象捕捉追踪”按钮∠。

启用“对象捕捉追踪”后，在绘图的过程中需要指定点时，光标可以沿基于其他对象捕捉点的对齐路径进行追踪，如图 3-53 所示为中点捕捉追踪效果，如图 3-54 所示为交点捕捉追踪效果。

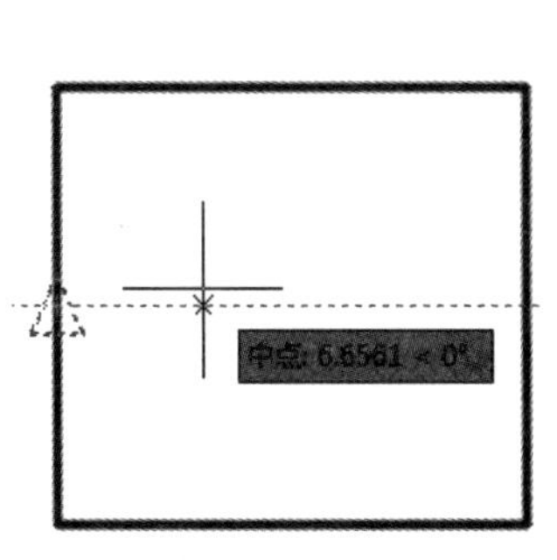

图 3-53　中点捕捉追踪

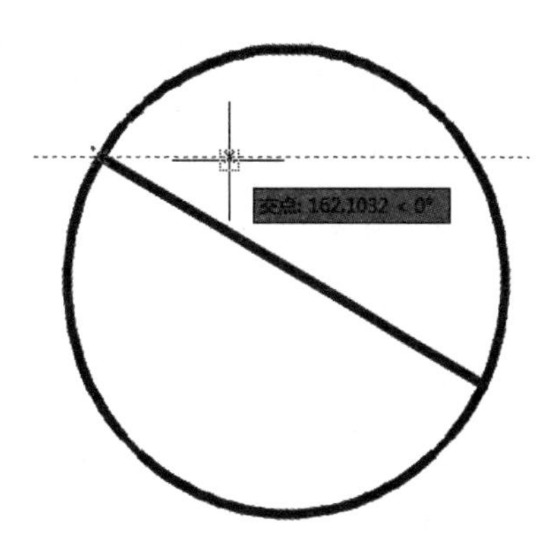

图 3-54　交点捕捉追踪

操作技巧：由于对象捕捉追踪的使用是基于对象捕捉进行操作的，因此，要使用对象捕捉追踪功能，必须先开启一个或多个对象捕捉功能。

已获取的点将显示一个小加号（+），一次最多可以获得 7 个追踪点。获取点之后，当在绘图路径上移动光标时，将显示相对于获取点的水平、垂直或指定角度的对齐路径。

例如，在如图 3-55 所示的示意图中，启用了“端点”对象捕捉，单击直线的“起点 1”开始绘制直线，将光标移动到另一条直线的“端点 2”处获取该点，然后沿水平对齐路径移动光标，定位要绘制的直线的“端点 3”。

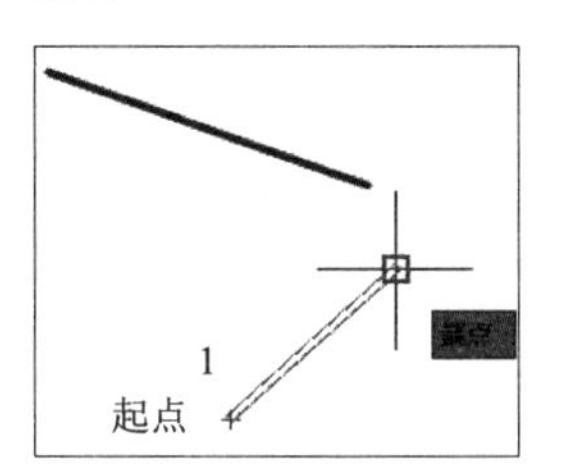

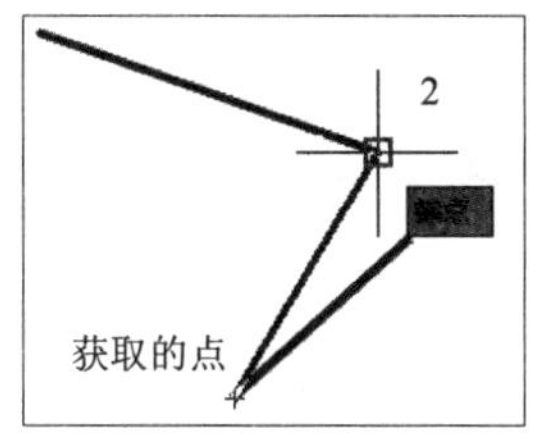

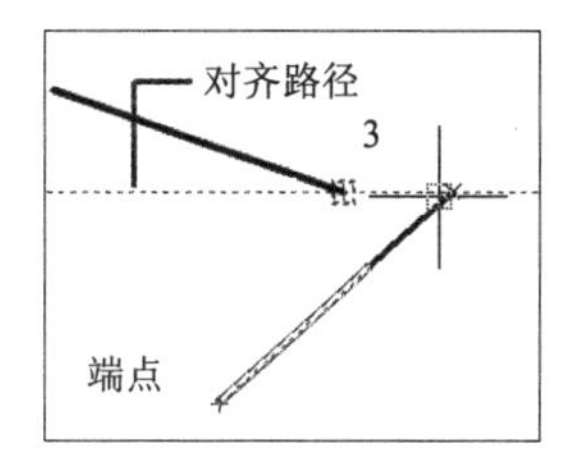

图 3-55　对象捕捉追踪示意图

3.4　临时捕捉

除了前面介绍的对象捕捉之外，AutoCAD 还提供了临时捕捉功能，同样可以捕捉如圆心、中点、端点、节点、象限点等特征点。与对象捕捉不同的是临时捕捉属于“临时”调用，无法一直生效，但在绘图过程中可随时调用。

3.4.1　临时捕捉概述

临时捕捉是一种一次性的捕捉模式，这种捕捉模式不是自动的，当用户需要临时捕捉某个特征点时，需要在捕捉之前手工设置需要捕捉的特征点，然后进行对象捕捉。这种捕捉不能反复使用，再次使用捕捉需要重新选择捕捉类型。

执行临时捕捉有以下两种方法：

- 快捷菜单：在命令行提示输入点的坐标时，如果要使用临时捕捉模式，可按住 Shift 键然后单击右键，系统弹出快捷菜单，如图 3-56 所示，可以在其中选择需要的捕捉类型。

➢ 命令行：可以直接在命令行中输入执行捕捉对象的快捷指令来选择捕捉模式。例如在绘图过程中，输入并执行 MID 命令将临时捕捉图形的中点，如图 3-57 所示。AutoCAD 常用对象捕捉模式及快捷命令如表 3-1 所示。

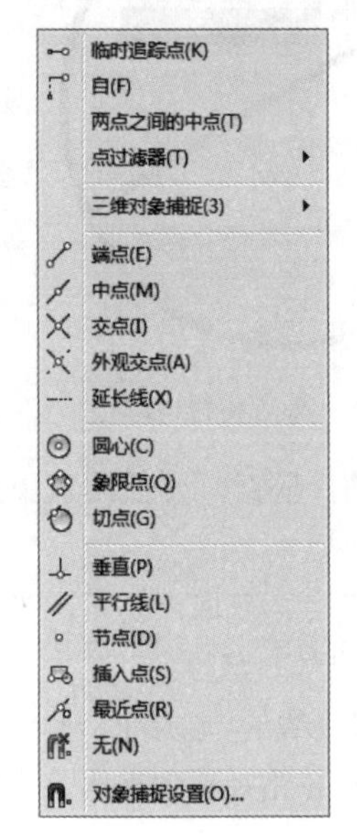

图 3-56　临时捕捉快捷菜单

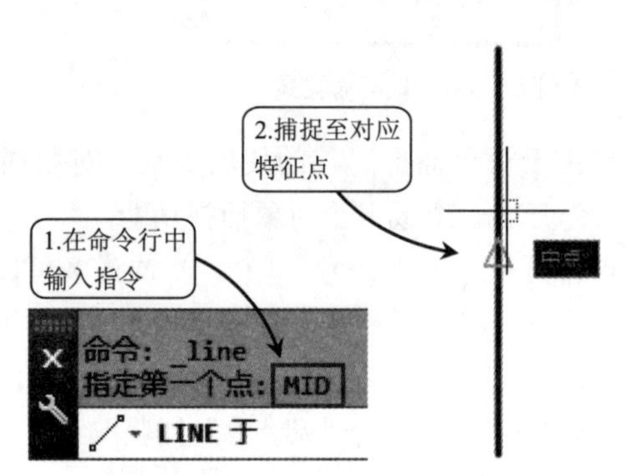

图 3-57　在命令行中输入指令

表 3-1　常用对象捕捉模式及其指令

捕捉模式	快捷命令	捕捉模式	快捷命令	捕捉模式	快捷命令
临时追踪点	TT	节点	NOD	切点	TAN
自	FROM	象限点	QUA	最近点	NEA
两点之间的中点	MTP	交点	INT	外观交点	APP
端点	ENDP	延长线	EXT	平行	PAR
中点	MID	插入点	INS	无	NON
圆心	CEN	垂足	PER	对象捕捉设置	OSNAP

操作技巧：这些指令即第一章所介绍的透明命令，可以在执行命令的过程中输入。

3.4.2　案例——使用“临时捕捉”绘制公切线

在实际工作中，有些图形看似简单，但画起来却并不方便（如相切线、中心线等），此时就可以借助临时捕捉将光标锁定在所需的对象点上，从而进行绘制。

01 打开“第 3 章 /3.4.2 使用临时捕捉绘制公切线 .dwg”素材文件，素材图形如图 3-58 所示。

02 在“默认”选项卡中，单击“绘图”面板上的“直线”按钮，命令行提示指定直线的起点。

03 此时按住 Shift 键然后单击右键，在临时捕捉选项中选择“切点”，将指针移到大圆上，出现切点捕捉标记，如图 3-59 所示，在此位置单击确定直线第一点。

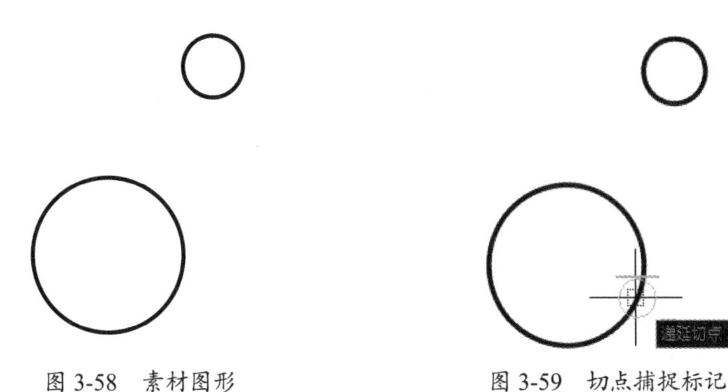

图 3-58　素材图形　　　　图 3-59　切点捕捉标记

04 确定第一点后，临时捕捉失效。再次选择“切点”临时捕捉，将指针移到小圆上，出现切点捕捉标记时单击，完成公切线的绘制，如图 3-60 所示。

05 重复上述操作，绘制另外一条公切线，如图 3-61 所示。

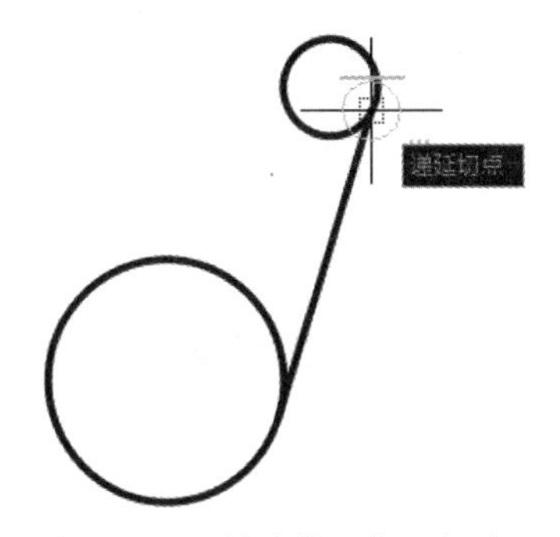

图 3-60　绘制的第一条公切线

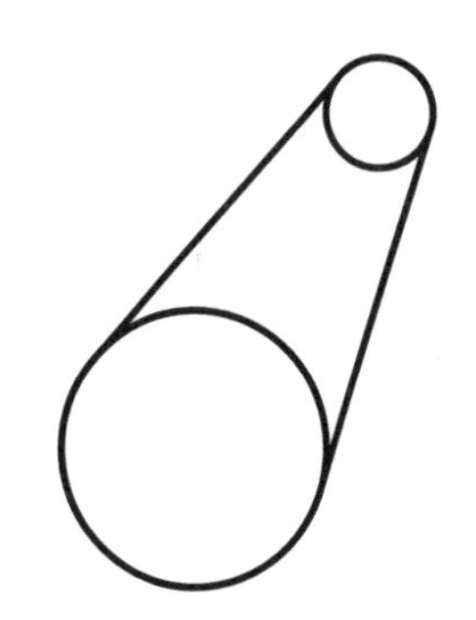

图 3-61　绘制的第二条公切线

3.4.3　临时追踪点

“临时追踪点”是在进行图像编辑前临时建立的暂时捕捉点，以供后续绘图参考。在绘图时可通过指定“临时追踪点”来快速指定起点，而无须借助辅助线。执行“临时追踪点”命令有以下几种方法。

- 快捷键：按住 Shift 键同时单击右键，在弹出的菜单中选择“临时追踪点”选项。
- 命令行：在执行命令时输入 tt。

执行该命令后，系统提示指定一个临时追踪点，后续操作即以该点为追踪点进行绘制。

3.4.4　案例——使用“临时追踪点”绘制图形

如果要在半径为 20 的圆中绘制一条指定长度为 30 的弦，通常情况下，都是以圆心为起点，分别绘制两条辅助线，才可以得到最终图形，如图 3-62 所示。

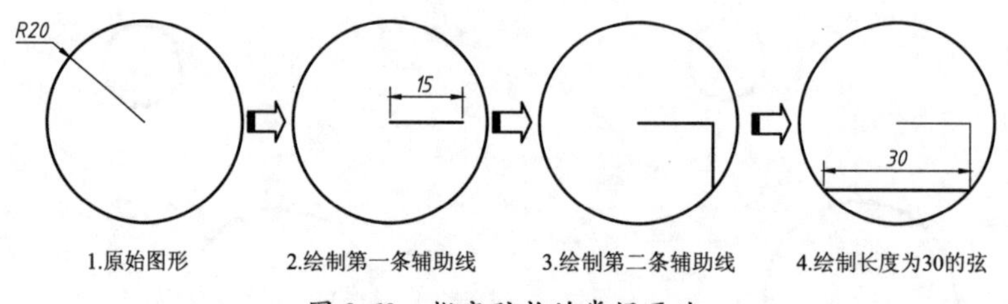

图 3-62 指定弦长的常规画法

而如果使用“临时追踪点”进行绘制，则可以跳过 2、3 步辅助线的绘制，直接从第 1 步原始图形跳到第 4 步，绘制出长度为 30 的弦。该方法的详细步骤如下。

01 打开素材文件“第 3 章/3.4.4 使用临时追踪点绘制图形.dwg”，其中已经绘制好了半径为 20 的圆，如图 3-63 所示。

02 在“默认”选项卡中，单击“绘图”面板上的“直线”按钮 ，执行直线命令。

03 执行临时追踪点。命令行出现“指定第一点”的提示时，输入 tt，执行“临时追踪点”命令，如图 3-64 所示。也可以在绘图区中单击右键，在弹出的快捷菜单中选择“临时追踪点”选项。

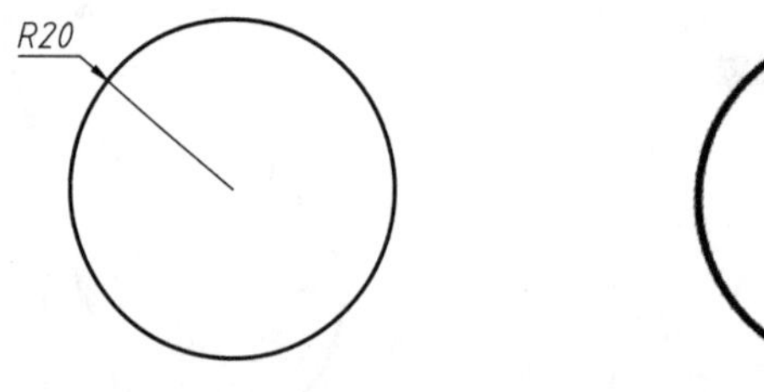

图 3-63 素材图形 图 3-64 执行“临时追踪点”

04 指定“临时追踪点”。将光标移动至圆心处，然后水平向右移动光标，引出 0° 的极轴追踪虚线，接着输入 15，即将临时追踪点指定为圆心右侧距离为 15 的点，如图 3-65 所示。

05 指定直线起点。垂直向下移动光标，引出 270° 的极轴追踪虚线，到达与圆的交点处，作为直线的起点，如图 3-66 所示。

06 指定直线端点。水平向左移动光标，引出 180° 的极轴追踪虚线，到达与圆的另一交点处，作为直线的终点，该直线即为所绘制长度为 30 的弦，如图 3-67 所示。

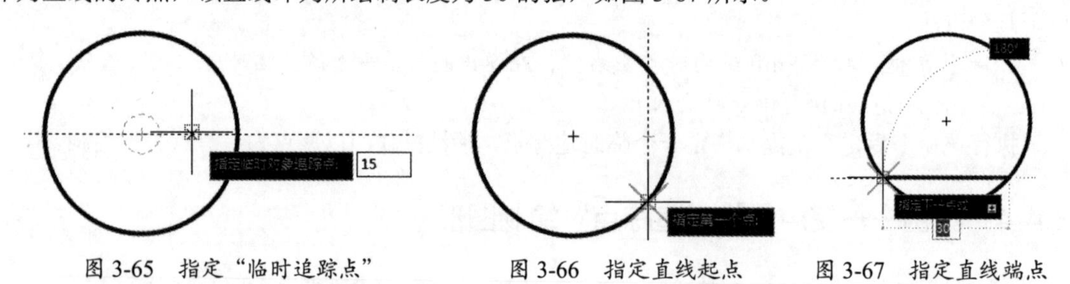

图 3-65 指定“临时追踪点” 图 3-66 指定直线起点 图 3-67 指定直线端点

3.4.5 “自”功能

“自”功能可以帮助用户在正确的位置绘制新对象。当需要指定的点不在任何对象捕捉点上，但在 X、Y 方向上距现有对象捕捉点的距离是已知的时，就可以使用“自”功能来进行捕捉。开启“自”功能有以下几种方法。

- 快捷键：按住 Shift 键的同时单击右键，在弹出的菜单中选择“自”选项。
- 命令行：在执行命令时输入 from。

执行某个命令来绘制一个对象，例如 L“直线”命令，然后启用“自”功能，此时提示需要指定一个基点，指定基点后会提示需要一个偏移点，可以使用相对坐标或者极轴坐标来指定偏移点与基点的位置关系，偏移点就将作为直线的起点。

3.4.6　案例——使用“自”功能绘制图形

假如要在如图 3-68 所示的正方形中绘制一个小长方形，如图 3-69 所示。一般情况下只能借助辅助线来进行绘制，因为对象捕捉只能捕捉到正方形每个边上的端点和中点，这样即使通过对象捕捉的追踪线也无法定位至小长方形的起点（图中 A 点）。此时就可以用到“自”功能进行绘制，操作步骤如下。

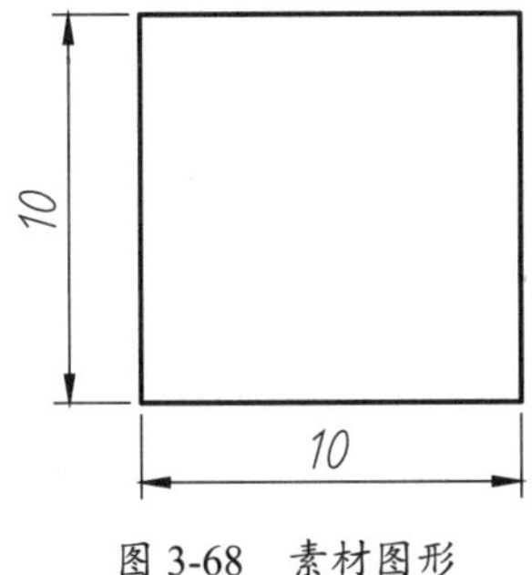

图 3-68　素材图形

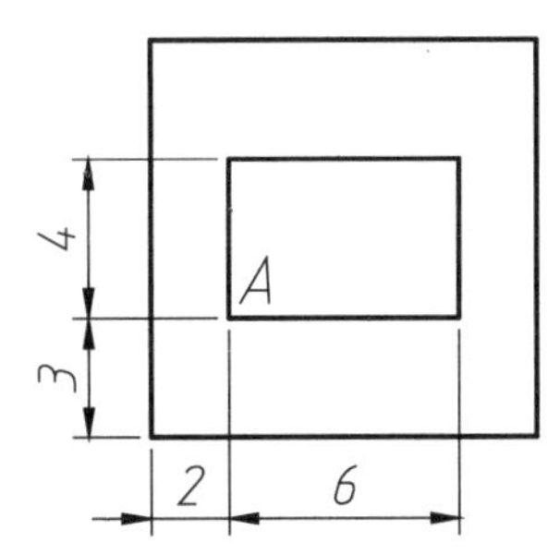

图 3-69　在正方体中绘制小长方体

01 打开素材文件“第 3 章 /3.4.6 使用“自”功能绘制图形 .dwg”，其中已经绘制好了边长为 10 的正方形。

02 在“默认”选项卡中，单击“绘图”面板上的“直线”按钮，执行直线命令。

03 执行“自”功能。命令行出现“指定第一点”的提示时，输入 from，执行“自”命令，如图 3-70 所示。也可以在绘图区中单击右键，在弹出的快捷菜单中选择“自”选项。

04 指定基点。此时提示需要指定一个基点，选择正方形的左下角点作为基点，如图 3-71 所示。

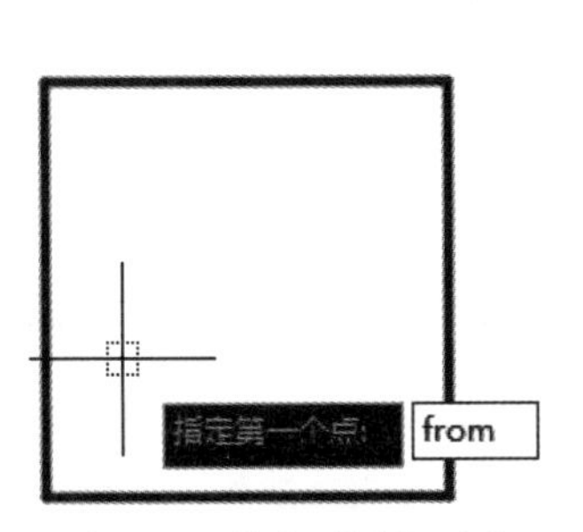

图 3-70　执行“自”功能

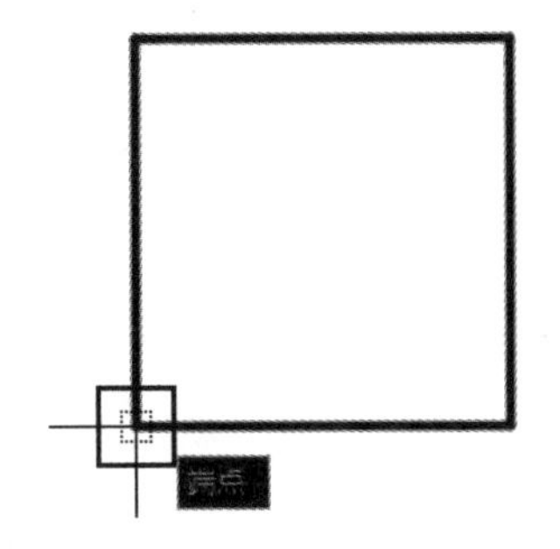

图 3-71　指定基点

05 输入偏移距离。指定完基点后，命令行出现“< 偏移 :>”提示，此时输入小长方形起点 A 与基点的相对坐标（@2,3），如图 3-72 所示。

06 绘制图形。输入完毕后即可将直线起点定位至 A 点处，然后按给定尺寸绘制图形即可，如图 3-73 所示。

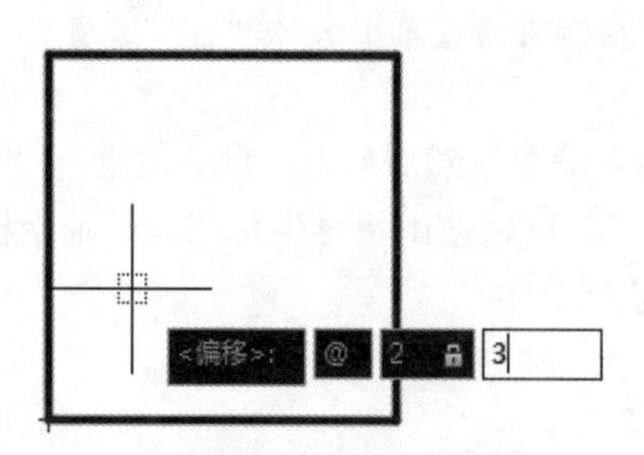

图 3-72　输入偏移距离

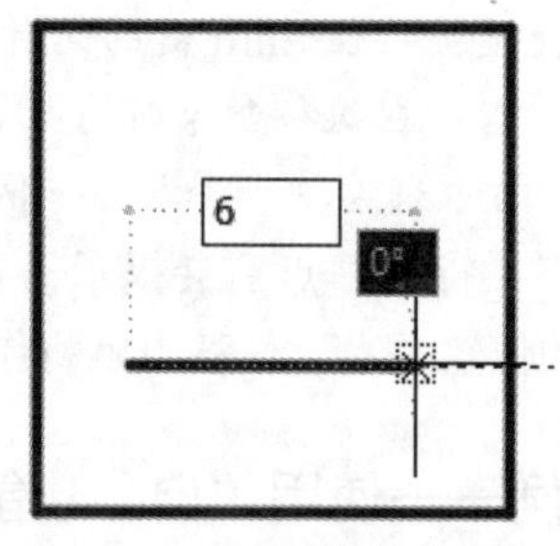

图 3-73　绘制图形

操作技巧：在为“自”功能指定偏移点的时候，即使动态输入中默认的设置是相对坐标，也需要在输入时加上 @ 来表明这是一个相对坐标值。动态输入的相对坐标设置仅适用于指定第 2 点的时候，例如，绘制一条直线时，输入的第一个坐标被当作绝对坐标，随后输入的坐标才被当作相对坐标。

3.4.7　拓展案例——使用“自”功能调整门的位置

在从事室内设计的时候，经常需要根据客户要求对图形进行修改，如调整门、窗类图形的位置。在大多数情况下，通过 S“拉伸”命令都可以完成修改。但如果碰到如图 3-74 所示的情况，仅靠“拉伸”命令就很难成效，因为距离差值并非整数，此时即可利用“自”功能来辅助修改，保证图形的准确性。

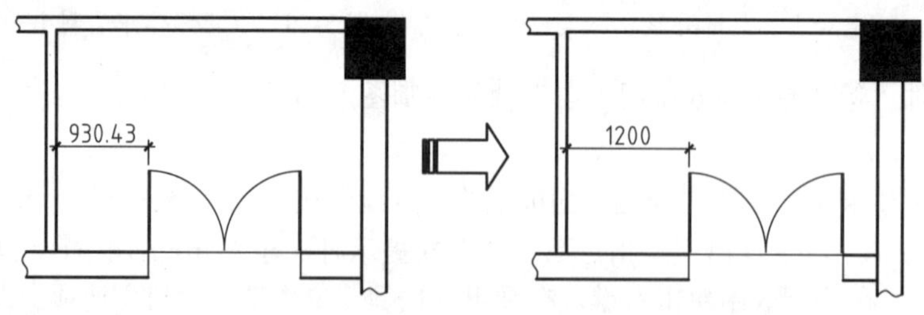

图 3-74　修改门的位置

01 打开“第 3 章 /3.4.7 使用“自”功能调整门的位置 .dwg”素材文件，素材图形如图 3-75 所示，为局部室内图形，其中尺寸 930.43 为无理数，此处只显示两位小数。

02 在命令行中输入 S，执行“拉伸”命令，提示选择对象时按住左键，从右向左框选整个门图形，如图 3-76 所示。

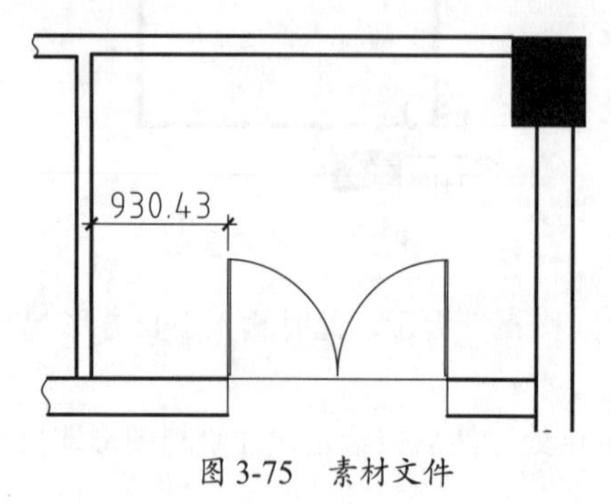

图 3-75　素材文件

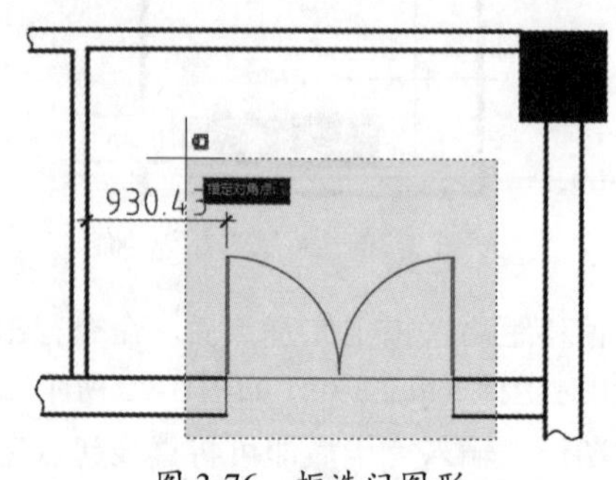

图 3-76　框选门图形

03 指定拉伸基点。框选完毕后按 Enter 键确认，命令行提示指定拉伸基点，选择门图形左侧的端点为基点（即尺寸测量点），如图 3-77 所示。

04 指定“自”功能基点。拉伸基点确定之后命令行便提示指定拉伸的第二个点，此时输入 from，或在绘图区中单击右键，在弹出的快捷菜单中选择“自”选项，执行“自”命令，以左侧的墙角测量点为“自”功能的基点，如图 3-78 所示。

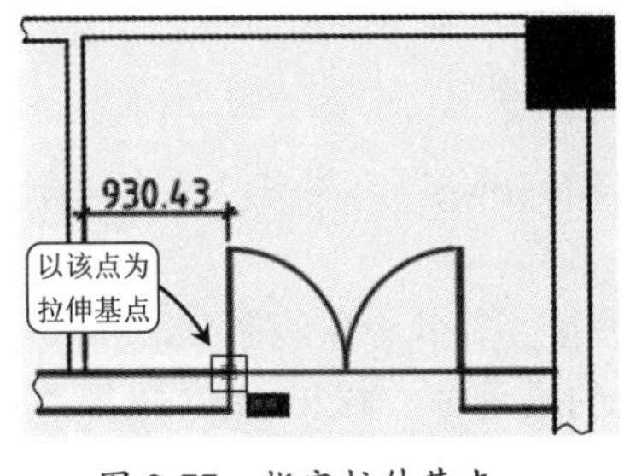

图 3-77　指定拉伸基点

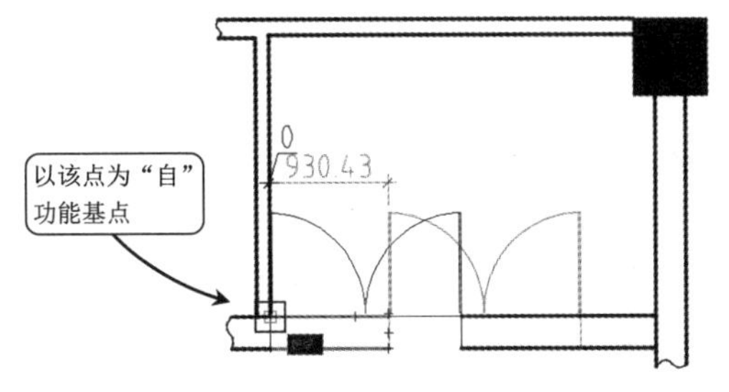

图 3-78　指定“自”功能基点

05 输入拉伸距离。此时将光标向右移动，输入偏移距离 1200，即可得到最终的图形，如图 3-79 所示。

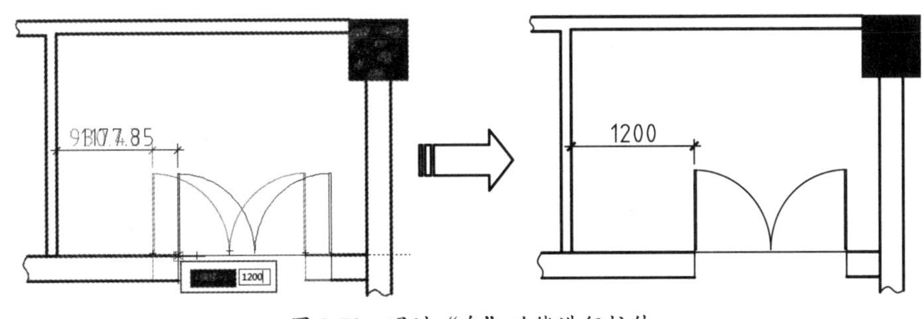

图 3-79　通过“自”功能进行拉伸

3.4.8　两点之间的中点

“两点之间的中点”（MTP）命令修饰符可以在执行对象捕捉或对象捕捉替代时使用，用以捕捉两定点之间连线的中点。“两点之间的中点”命令使用较为灵活，如果熟练掌握可以快速绘制出众多独特的图形。执行“两点之间的中点”命令有以下几种方法。

- 快捷键：按住 Shift 键的同时单击右键，在弹出的菜单中选择“两点之间的中点”选项。
- 命令行：在执行命令时输入 mtp。

执行该命令后，系统会提示指定中点的第一个点和第二个点，指定完毕后便自动跳转至该两点之间连线的中点上。

3.4.9　案例——使用“两点之间的中点”绘制图形

如图 3-80 所示，在已知圆的情况下，要绘制出对角长为半径的正方形。通常只能借助辅助线或“移动”“旋转”等编辑功能实现，但如果使用“两点之间的中点”命令，则可以一次性解决，详细步骤介绍如下。

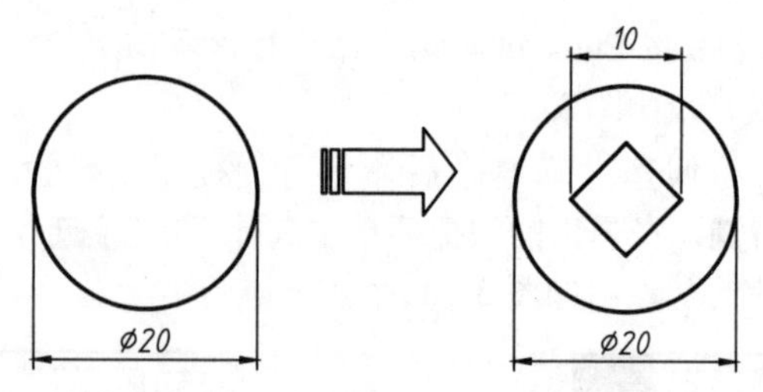

图 3-80　使用“两点之间的中点”绘制图形

01 打开素材文件“第 3 章 /3.4.9 使用两点之间的中点绘制图形 .dwg”，其中已经绘制好了直径为 20 的圆，如图 3-81 所示。

02 在“默认”选项卡中，单击“绘图”面板上的“直线”按钮，执行直线命令。

03 执行“两点之间的中点”。命令行出现“指定第一点”的提示时，输入 mtp，执行“两点之间的中点”命令，如图 3-82 所示。也可以在绘图区中单击右键，在弹出的快捷菜单中选择“两点之间的中点”选项。

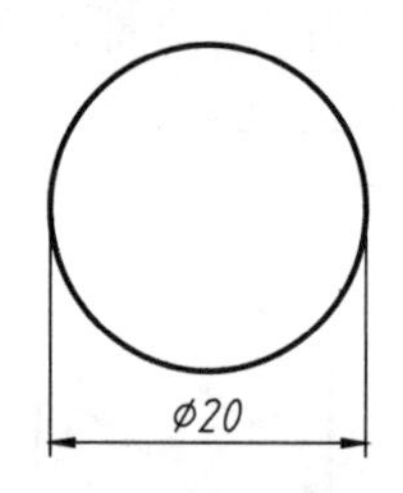

图 3-81　素材图形

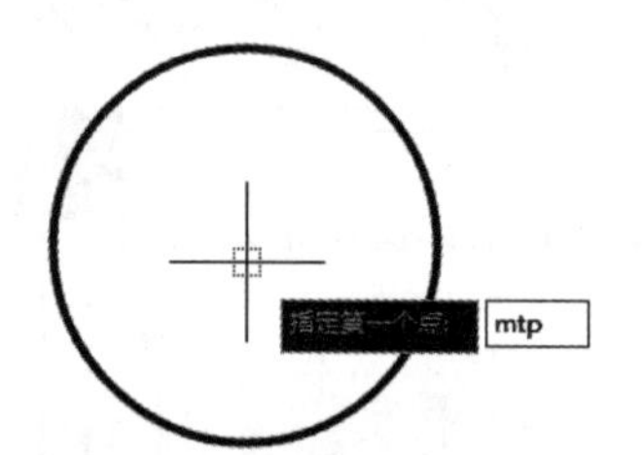

图 3-82　执行“两点之间的中点”

04 指定中点的第一个点。将光标移动至圆心处，捕捉圆心为中点的第一个点，如图 3-83 所示。

05 指定中点的第二个点。将光标移动至圆最右侧的象限点处，捕捉该象限点为第二个点，如图 3-84 所示。

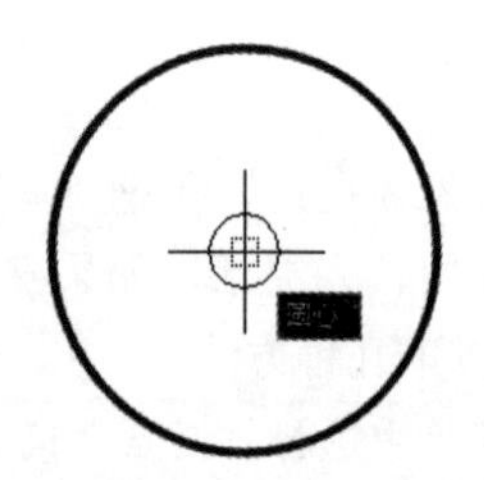

图 3-83　捕捉圆心为中点的第一个点

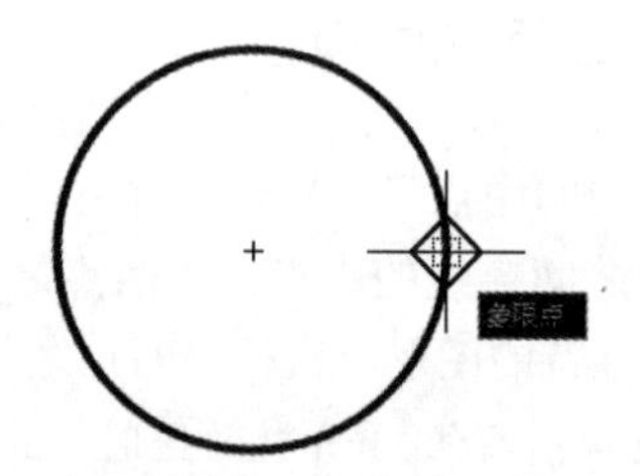

图 3-84　捕捉象限点为中点的第二个点

06 直线的起点自动定位至圆心与象限点之间的中点处，接着按相同方法将直线的第二点定位至圆心与上象限点的中点处，如图 3-85 所示。

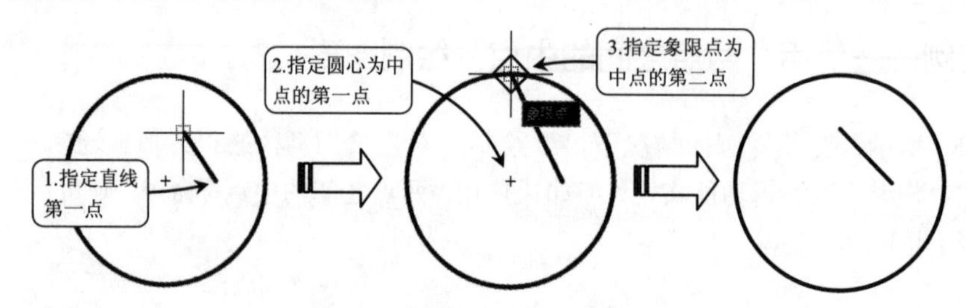

图 3-85　定位直线的第二个点

07 按照相同方法，绘制其余段的直线，最终效果如图 3-86 所示。

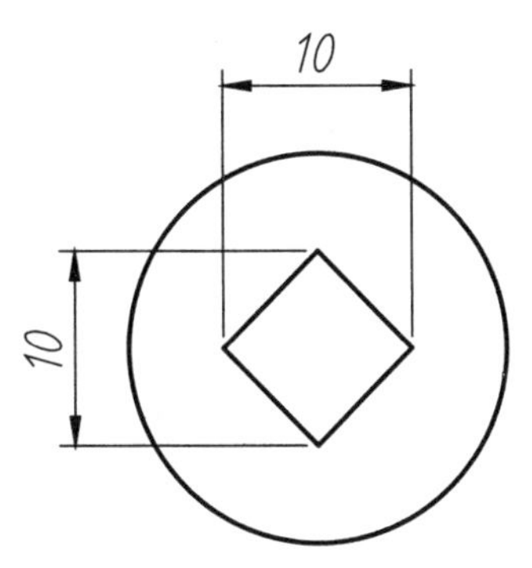

图 3-86　“两点之间的中点”绘制图形效果

3.4.10　点过滤器

点过滤器可以提取一个已有对象的 X 坐标值和另一个对象的 Y 坐标值，来拼凑出一个新的（X,Y）坐标位置。执行“点过滤器”命令有以下几种方法。

- 快捷键：按住 Shift 键同时单击右键，在弹出的菜单中选择“点过滤器”菜单中的命令。
- 命令行：在命令行输入 .X 或 .Y。

执行上述命令后，通过对象捕捉指定一点，输入另外一个坐标值，接着可以继续执行命令操作。

3.4.11　案例——使用“点过滤器”绘制图形

在如图 3-87 所示的图例中，定位面的孔位于矩形的中心，这是通过从定位面的水平直线段和垂直直线段的中点提取出 X,Y 坐标而实现的，即通过“点过滤器”来捕捉孔的圆心。

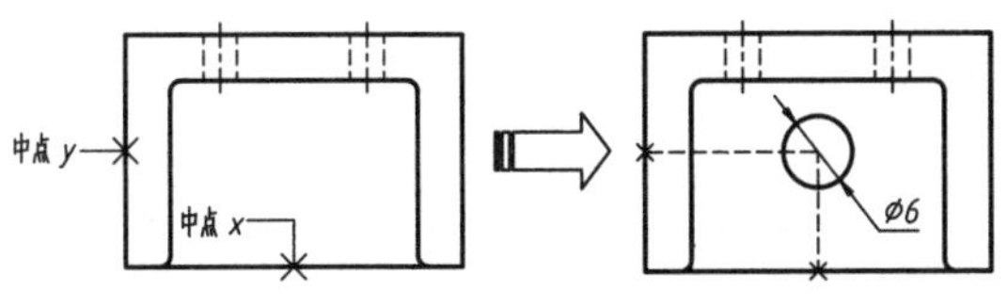

图 3-87　使用“点过滤器”绘制图形

01 打开素材文件“第 3 章 /3.4.11 使用点过滤器绘制图形 .dwg”，其中已经绘制好了一个平面图形，如图 3-88 所示。

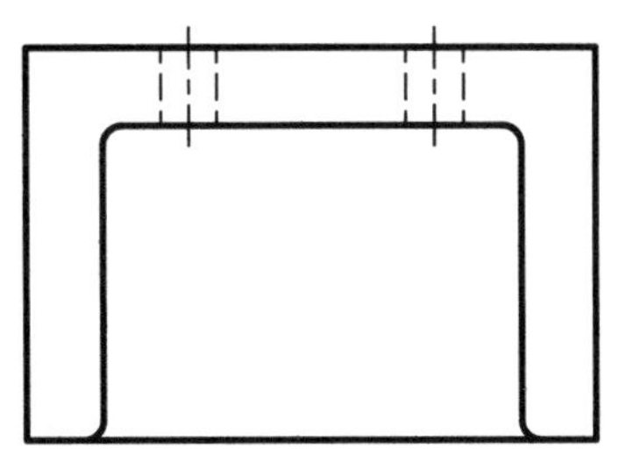

图 3-88　素材图形

02 在“默认”选项卡中，单击“绘图”面板上的“圆”按钮，执行圆命令。

03 执行“点过滤器”。命令行出现“指定第一点”的提示时，输入“.X”，执行“点过滤器”命令，如图 3-89 所示。也可以在绘图区中单击右键，在弹出的快捷菜单中选择“点过滤器”中的“.X”子选项。

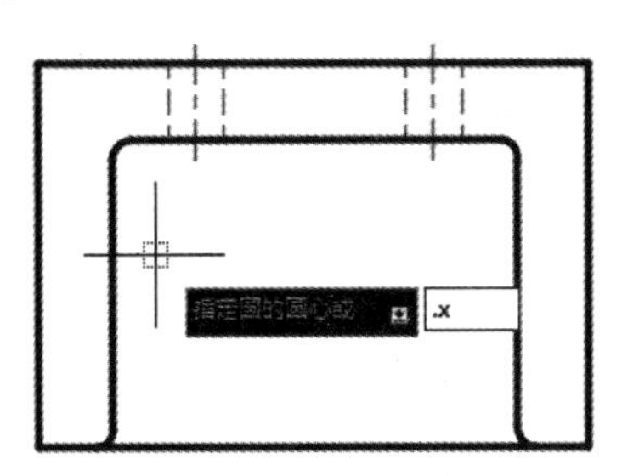

图 3-89　执行“点过滤器”

04 指定要提取 X 坐标值的点。选择图形底边的中点，即提取该点的 X 坐标值，如图 3-90 所示。

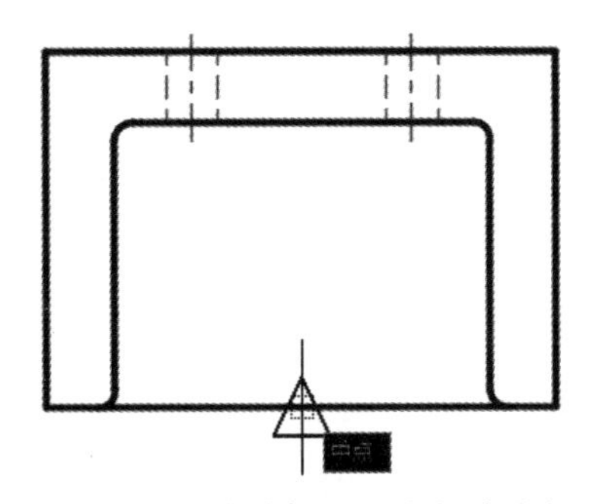

图 3-90　指定要提取 X 坐标值的点

05 指定要提取 Y 坐标值的点。选择图形左侧边的中点，即提取该点的 Y 坐标值，如图 3-91 所示。

06 系统将新提取的 X、Y 坐标值指定为圆心，接着输入直径 6，即可绘制如图 3-92 所示的图形。

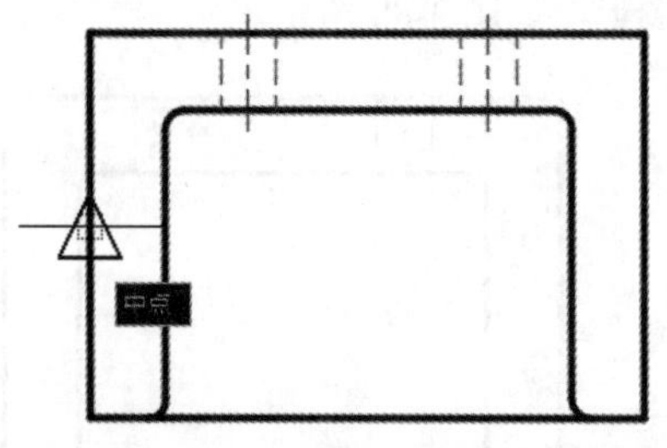

图 3-91　指定要提取 Y 坐标值的点

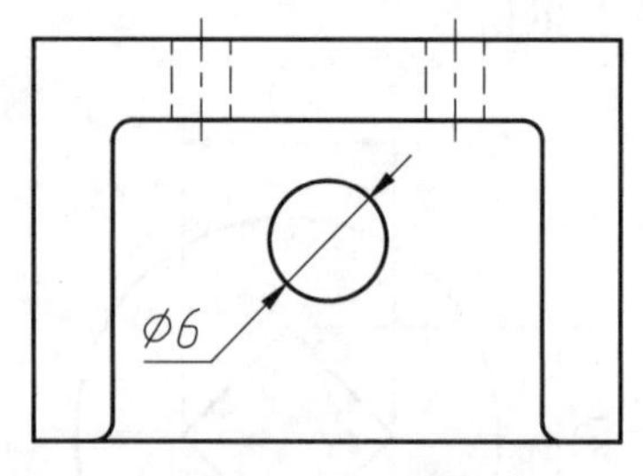

图 3-92　绘制圆

操作技巧： 并不需要坐标值的 X 和 Y 部分都使用已有对象的坐标值。例如，可以使用已有的一条直线的 Y 坐标值并选取屏幕上任意一点的 X 坐标值来构建 X、Y 坐标值。

3.5 选择图形

对图形进行任何编辑和修改操作时，必须先选择图形对象。针对不同的情况，采用最佳的选择方法，能大幅提高图形的编辑效率。AutoCAD 2014 提供了多种选择对象的基本方法，如点选、窗口选择、窗交选择、栏选、圈围等。

3.5.1 点选

如果选择的是单个图形对象，可以使用点选的方法。直接将拾取光标移动到选择对象上方，此时该图形对象会虚线亮显表示，单击即可完成单个对象的选择。点选方式一次只能选中一个对象，如图 3-93 所示。连续单击需要选择的对象，可以同时选择多个对象，如图 3-94 所示，虚线显示部分为被选中的部分。

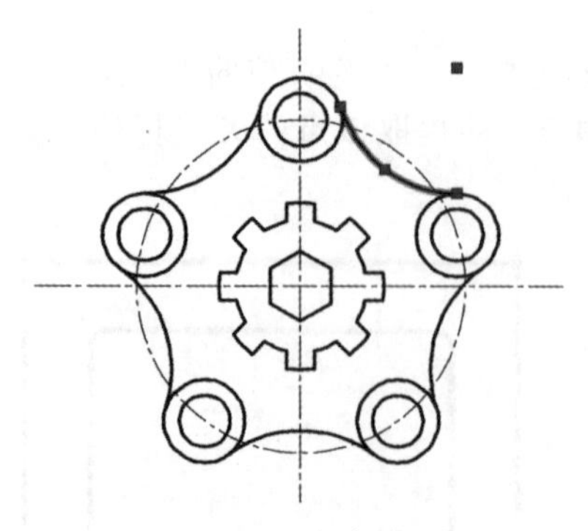

图 3-93　点选单个对象

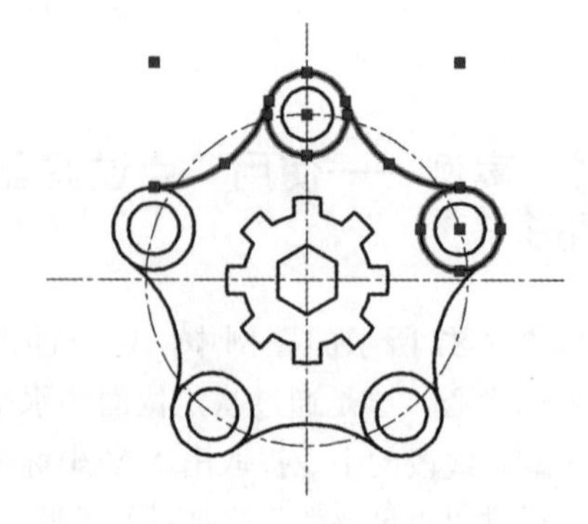

图 3-94　点选多个对象

操作技巧： 按下 Shift 键并再次单击已经选中的对象，可以将这些对象从当前选择集中删除。按 Esc 键，可以取消对当前全部选定对象的选择。

如果需要同时选择多个对象，再使用点选的方法不仅费时费力，而且容易出错。此时，宜使用 AutoCAD 2014 提供的窗口、窗交、栏选等选择方法。

3.5.2　窗口选择

窗口选择是一种通过定义矩形窗口选择对象的方法。利用该方法选择对象时，从左往右拉出矩形窗口，框住需要选择的对象，此时绘图区将出现一个实线的矩形方框，选框内颜色为蓝色，如图 3-95 所示；释放鼠标后，被方框完全包围的对象将被选中，如图 3-96 所示，虚线显示部分为被选中的部分，按 Delete 键删除选择对象，结果如图 3-97 所示。

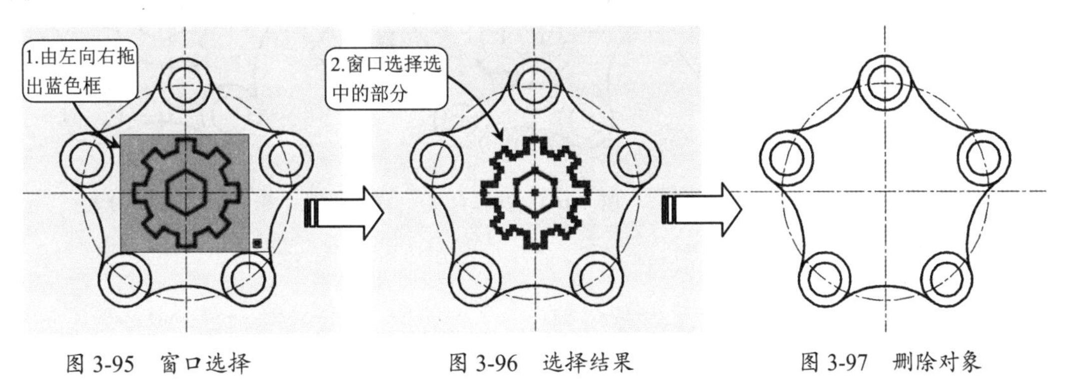

图 3-95　窗口选择　　图 3-96　选择结果　　图 3-97　删除对象

3.5.3　窗交选择

窗交选择对象的选择方向正好与窗口选择相反，它是按住鼠标向左上方或左下方拖曳，框住需要选择的对象，框选时绘图区将出现一个虚线的矩形方框，选框内颜色为绿色，如图 3-98 所示，释放鼠标后，与方框相交和被方框完全包围的对象都将被选中，如图 3-99 所示，虚线显示部分为被选中的部分，删除选中对象，如图 3-100 所示。

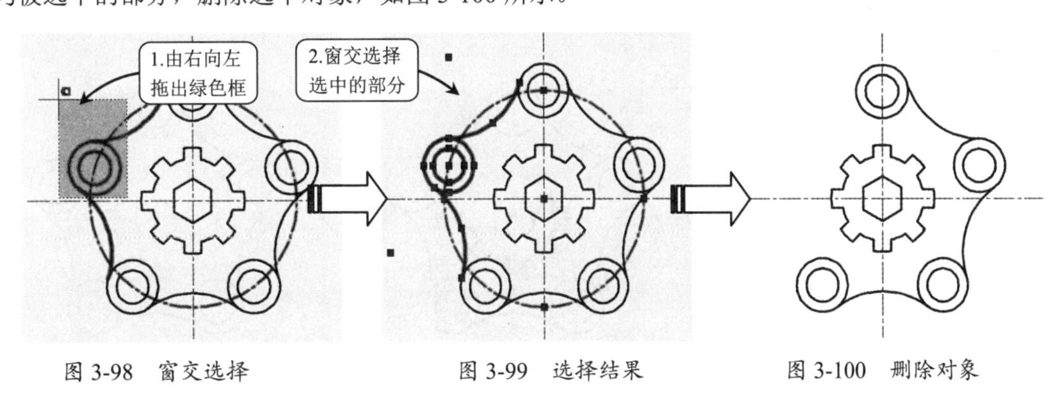

图 3-98　窗交选择　　图 3-99　选择结果　　图 3-100　删除对象

3.5.4　栏选

栏选图形是指在选择图形时拖曳出任意折线，如图 3-101 所示，凡是与折线相交的图形对象均被选中，如图 3-102 所示，虚线显示部分为被选中的部分，删除选中对象，如图 3-103 所示。

光标空置时，在绘图区空白处单击，并在命令行中输入 F 并按 Enter 键，即可调用栏选命令，再根据命令行提示分别指定各栏选点，命令行操作如下：

```
指定对角点或 [栏选 (F)/圈围 (WP)/圈交 (CP)]: F↙          //选择“栏选”方式
```

```
指定第一个栏选点：
指定下一个栏选点或 [放弃(U)]：
```
使用该方式选择连续性对象非常方便，但栏选线不能封闭或相交。

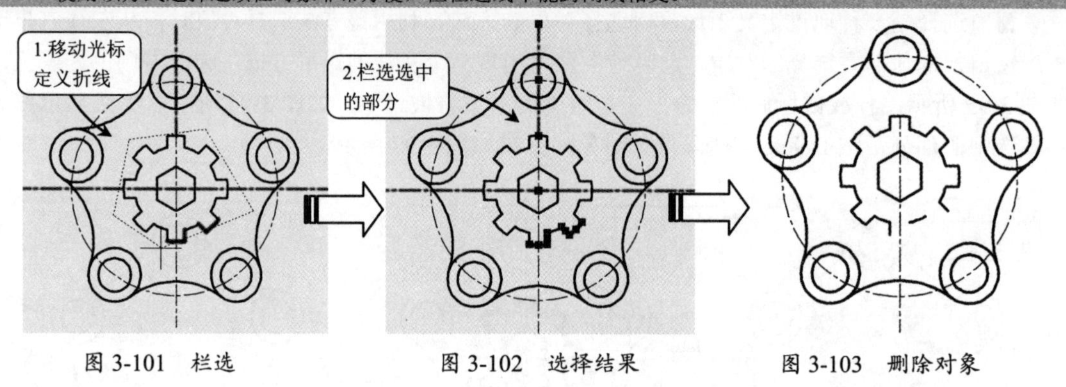

图 3-101　栏选　　图 3-102　选择结果　　图 3-103　删除对象

3.5.5　圈围

圈围是一种以多边形窗口选择的方式，与窗口选择对象的方法类似，不同的是圈围方法可以构造任意形状的多边形，如图 3-104 所示，被多边形选择框完全包围的对象才能被选中，如图 3-105 所示，虚线显示部分为被选中的部分，删除选中对象，如图 3-106 所示。

光标空置时，在绘图区空白处单击，并在命令行中输入 WP 按 Enter 键，即可调用圈围命令，命令行提示如下：

```
指定对角点或 [栏选(F)/圈围(WP)/圈交(CP)]：WP↙          //选择"圈围"选择方式
第一圈围点：
指定直线的端点或 [放弃(U)]：
指定直线的端点或 [放弃(U)]：
```
圈围对象范围确定后，按 Enter 键或空格键确认选择。

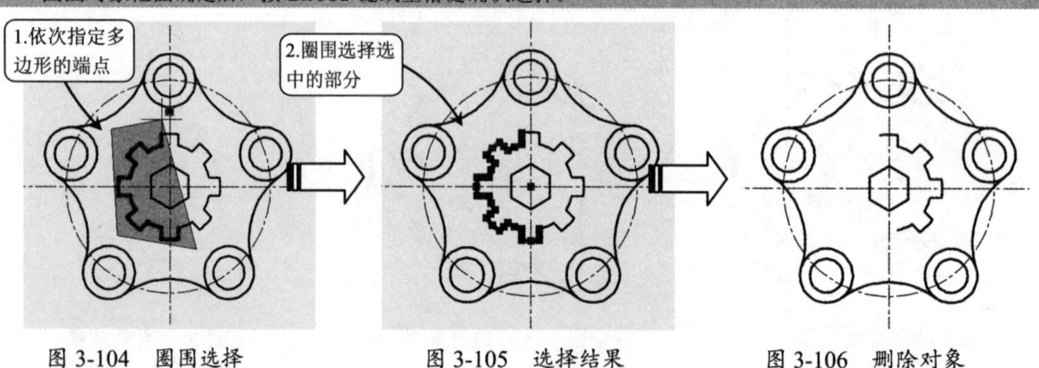

图 3-104　圈围选择　　图 3-105　选择结果　　图 3-106　删除对象

3.5.6　圈交

圈交是一种多边形窗交选择方式，与窗交选择对象的方法类似，不同的是圈交方法可以构建任意形状的多边形，它可以绘制任意闭合但不能与选择框自身相交或相切的多边形，如图 3-107 所示，选择完毕后可以选择多边形中与它相交的所有对象，如图 3-108 所示，虚线显示部分为被选中的部分，删除选中对象，如图 3-109 所示。

光标空置时，在绘图区空白处单击，并在命令行中输入 CP 按 Enter 键，即可调用圈围命令，命令行提示如下：

```
指定对角点或 [栏选(F)/圈围(WP)/圈交(CP)]: CP↙            //选择“圈交”选择方式
第一圈围点：
指定直线的端点或 [放弃(U)]:
指定直线的端点或 [放弃(U)]:
圈交对象范围确定后，按 Enter 键或空格键确认选择。
```

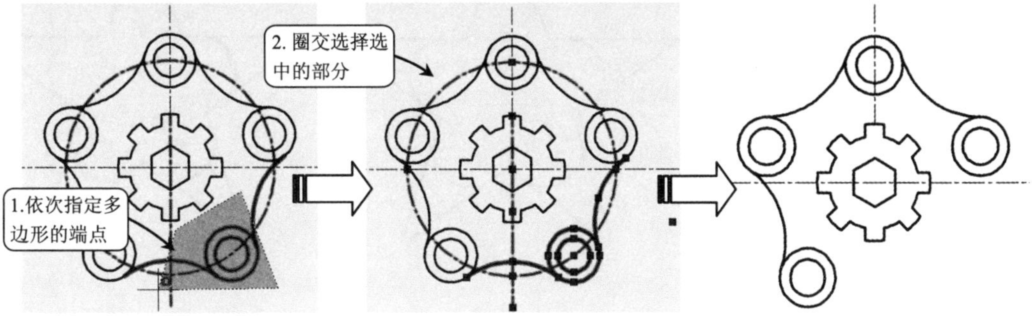

1.依次指定多边形的端点

2.圈交选择选中的部分

图 3-107　圈交选择　　图 3-108　选择结果　　图 3-109　删除对象

3.5.7　套索选择

套索选择是 AutoCAD 2014 新增的选择方式，是框选命令的一种延伸，使用方法与以前版本的“框选”命令类似。只是当拖曳鼠标围绕对象拖曳时，将生成不规则的套索选区，使用起来更加人性化。根据拖曳方向的不同，套索选择分为窗口套索和窗交套索两种。

- 顺时针方向拖曳为窗口套索选择方式，如图 3-110 所示。
- 逆时针拖曳则为窗交套索选择方式，如图 3-111 所示。

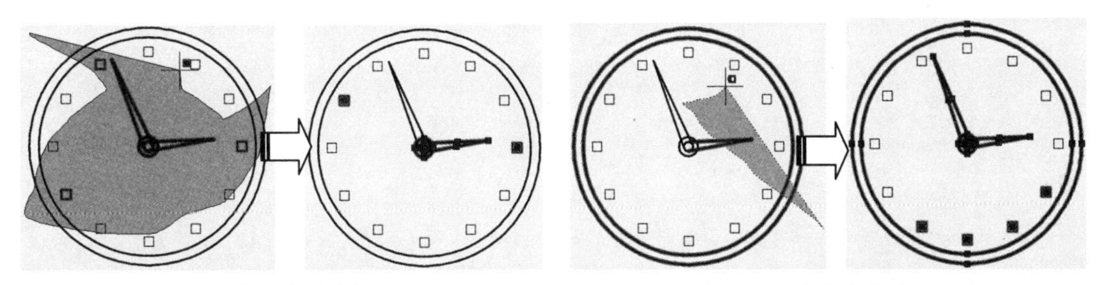

图 3-110　窗口套索选择效果　　图 3-111　窗交套索选择效果

3.5.8　快速选择图形对象

快速选择可以根据对象的图层、线型、颜色、图案填充等特性选择对象，从而可以准确、快速地从复杂的图形中选择满足某种特性的图形对象。

选择“工具”|“快速选择”命令，弹出“快速选择”对话框，如图 3-112 所示。用户可以根据要求设置选择范围，单击“确定”按钮，完成选择操作。

如要选择如图 3-113 所示中的圆弧，除了手动选择的方法外，还可以利用快速选择工具进行选取。选择“工具”|“快速选择”命令，弹出“快速选择”对话框，在“对象类型”下拉列表

框中选择“圆弧”选项，单击“确定”按钮，选择结果如图 3-114 所示。

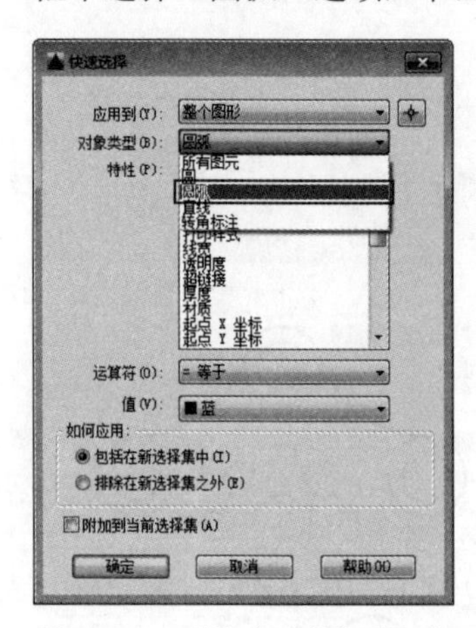

图 3-112 “快速选择”对话框

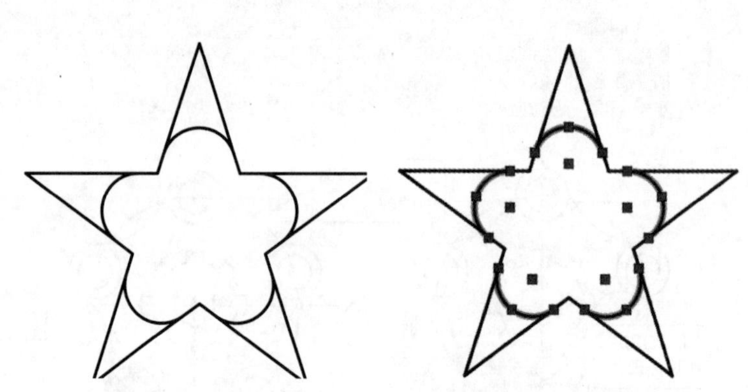

图 3-113 示例图形　　图 3-114 快速选择后的结果

第 4 章 绘图环境的设置

绘图环境指的是绘图的单位、图纸的界限、绘图区的背景颜色等，AutoCAD 可以将大多数设置保存在一个样板中，这样就无须每次绘制新图形时重新进行设置，本章将介绍这些设置方法。

4.1 设置图形单位与界限

通常，在开始绘制一幅新的图形时，为了绘制出精确的图形，首先要设置图形的尺寸和度量单位。

4.1.1 设置图形单位

设置绘图环境的第一步就是设定图形的度量单位类型。单位规定了图形对象的度量方式，可以将设定的度量单位保存在样板中，如表 4-1 所示。

表 4-1 度量单位

度量单位	度量示例	描述
分数	32 1/2	整数位加分数
工程	2′ -8.50″	英尺和英寸、英寸部分含小数
建筑	2′ -8 1/2″	英尺和英寸、英寸部分含分数
科学	3.25E + 01	基数加幂指数
小数	32.50	十进制整数位加小数位

为了便于不同领域的设计人员进行设计创作，AutoCAD 允许灵活更改绘图单位，以适应不同的工作需求。AutoCAD 2014 在“图形单位”对话框中设置图形单位。

打开“图形单位”对话框有如下 3 种方法。

- 应用程序按钮：单击“应用程序”按钮▲，在弹出的快捷菜单中选择“图形实用工具”|“单位”选项，如图 4-1 所示。
- 菜单栏：选择“格式”|“单位”命令。
- 命令行：UNITS 或 UN。

执行以上任意一种操作后，将打开“图形单位”对话框，如图 4-2 所示。在该对话框中，通过“长度”区域内“类型”下拉列表选择需要使用的度量单位类型，默认的度量单位为“小数”；在“精度”下拉列表中可以选择所需的精度，以及从 AutoCAD 设计中心插入图块或外部参照时的缩放单位。

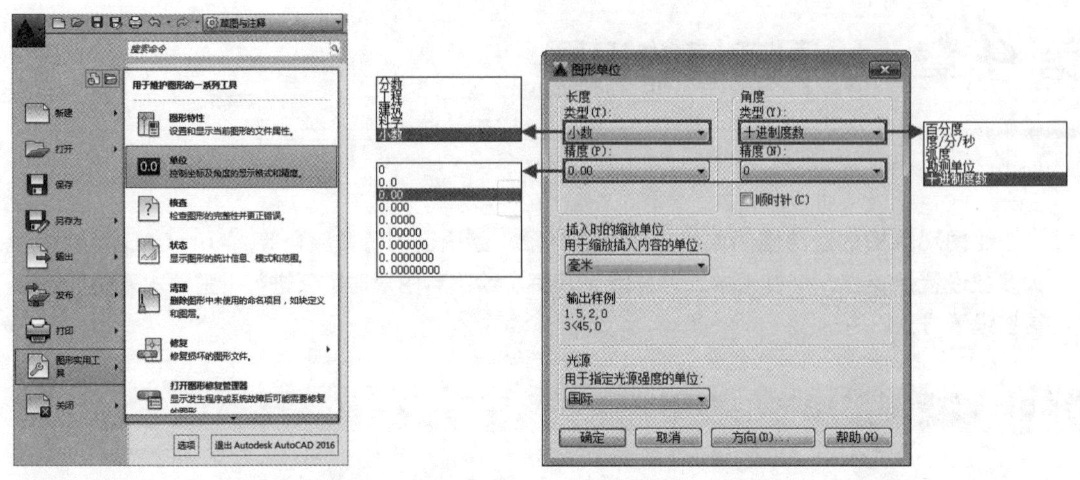

图 4-1 “应用程序”按钮调用“单位”命令　　图 4-2 “图形单位”对话框

操作技巧：毫米（mm）是国内工程绘图领域最常用的绘图单位，AutoCAD 默认的绘图单位也是毫米（mm），所以有时候可以省略绘图单位设置的步骤。

4.1.2 设置角度的类型

与度量单位一样，在不同的专业领域和工作环境中，用来表示角度的方法也是不同的，如表 4-2 所示。默认设置是十进制角度。

表 4-2 角度类型

角度类型名称	度量示例	描述
十进制度数	32.5′	整数角度和小数部分角度
度 / 分 / 秒	32° 30′ 0″	度、分、秒
百分度	36.1111g	百分度数
弧度	0.5672r	弧度数
勘测单位	N 57d30′ E	勘测（方位）单位

在“图形单位”对话框中，通过“角度”区域内“类型”下拉列表选择需要使用的度量单位类型，默认的度量单位为“十进制度数”；在“精度”下拉列表中可以选择所需的精度。

要注意的是，角度中的 1′ 是 1° 的 1/60，而 1″ 是 1′ 的 1/60。百分度和弧度都只是另外一种表示角度的方法，公制角度的一百分度相当于直角的 1/100，弧度用弧长与圆弧半径的比值来度量角度。弧度的范围从 0 到 2p，相当于通常角度中的 0° 到 360°，其中 1 弧度大约等于 57.3°。勘测单位则是以方位角来表示角度的，先以北或南作为起点，然后加上特定的角（度、分、秒）来表示该角相对于正南或正北方向的偏移角，以及偏向哪个方向（东或西）。

另外，在这里更改角度类型的设置并不能自动更改标注中角度类型，需要通过“标注样式管理器”来更改标注。

4.1.3　设置角度的测量方法与方向

按照惯例，角度都是按逆时针方向递增的，以向右的方向为0°，也称为“东方”。可以通过勾选“图形单位”对话框中的“顺时针”选项来改变角度的度量方向，如图4-3所示。

要改变0°的方向，可以单击“图形单位”对话框中的“方向”按钮 方向(D)... ，打开如图4-4所示的“方向控制”对话框，用以控制角度的起点和测量方向。默认的起点角度为0º，方向正东。在其中可以设置基准角度，即设置0º角。例如，将基准角度设为“北”，则绘图时的0º实际上在90º方向上。如果选择“其他”单选按钮，则可以单击“拾取角度”按钮，切换到图形窗口中，通过拾取两个点来确定基准角度0º的方向。

图4-3 “图形单位”对话框

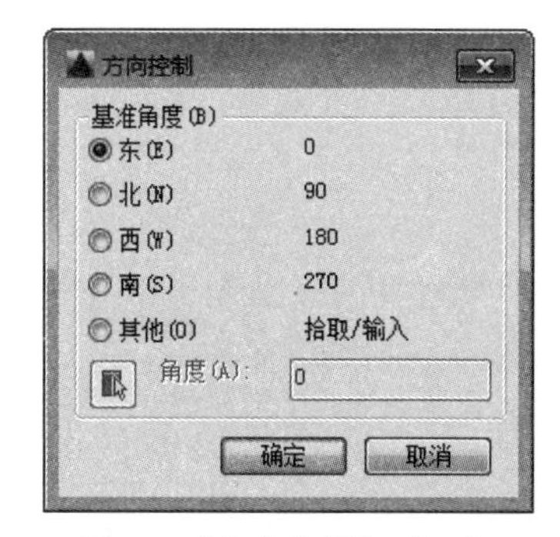

图4-4 “方向控制”对话框

操作技巧：对角度方向的更改会对输入角度及显示坐标值产生影响，但这不会改变用户坐标系（UCS）设置的绝对坐标值。如果使用动态输入功能，会发现动态输入工具栏提示中显示出来的角度值从来不会超过180°，这个介于0°~180°的值代表的是当前点与0°角水平线之间在顺时针和逆时针方向上的夹角。

4.1.4　设置图形界限

AutoCAD的绘图区域是无限大的，用户可以绘制任意大小的图形，但由于现实中使用的图纸均有特定的尺寸（如常见的A4纸大小为297mm×210mm），为了使绘制的图形符合纸张大小，需要设置一定的图形界限。执行“设置绘图界限”命令操作有以下几种方法。

- 菜单栏：选择“格式”|“图形界限”命令。
- 命令行：LIMITS。

通过以上任意一种方法执行图形界限命令后，在命令行输入图形界限的两个角点坐标，即可定义图形界限。而在执行图形界限操作之前，需要激活状态栏中的“栅格”按钮，只有启用该功能才能查看图限的设置效果。它确定的区域是可见栅格指示的区域。

4.1.5 案例——设置 A4（297 mm × 210 mm）的图形界限

01 单击快速访问工具栏中的“新建”按钮，新建文件。

02 选择“格式” | “图形界限”命令，设置图形界限，命令行提示如下。此时若选择 ON 选项，则绘图时图形不能超出图形界限，若超出系统不予显示；选择 OFF 选项时准予超出界限图形。

```
    命令：_limits↙                                            //调用“图形界限”命令
    重新设置模型空间界限：
    指定左下角点或 [开(ON)/关(OFF)] <0.0,0.0>: 0,0↙          //指定坐标原点为图形界限的左
下角点
    指定右上角点<420.0,297.0>: 297,210↙                      //指定右上角点
```

03 右击状态栏上的“栅格”按钮，在弹出的快捷菜单中选择“网格设置”命令，或在命令行输入 SE 并按 Enter 键，系统弹出“草图设置”对话框，在“捕捉和栅格”选项卡中，取消选中“显示超出界限的栅格”复选框，如图 4-5 所示。

04 单击“确定”按钮，设置的图形界限以栅格的范围显示，如图 4-6 所示。

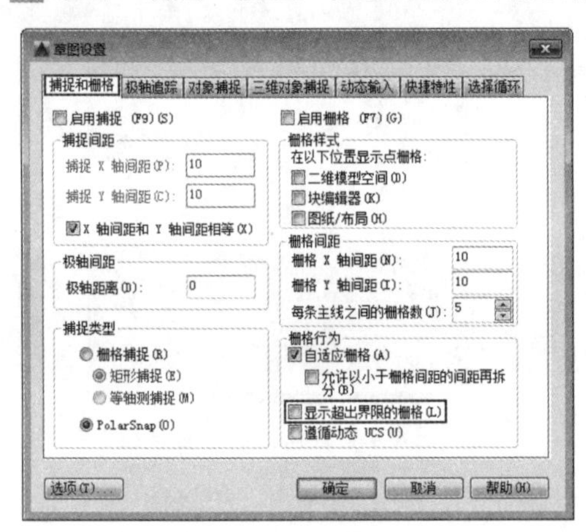

图 4-5 “草图设置”对话框

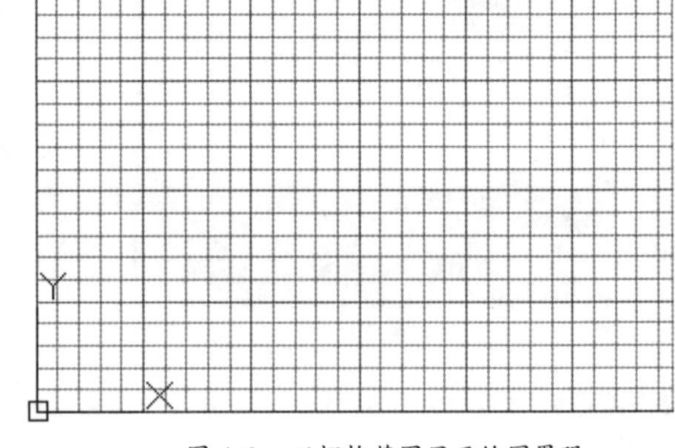

图 4-6 以栅格范围显示绘图界限

05 将设置的图形界限 (A4 图纸范围) 放大至全屏显示，如图 4-7 所示，命令行操作如下。

```
    命令：zoom↙                            //调用视图缩放命令指定窗口的角点，输入比例因子
    (nX 或 nXP)，或者 [全部(A)/中心(C)/动态(D)/范围(E)/上一个(P)/比例(S)/窗口(W)/
对象(O)] <实时>: A↙                        //激活“全部”选项，正在重生成模型。
```

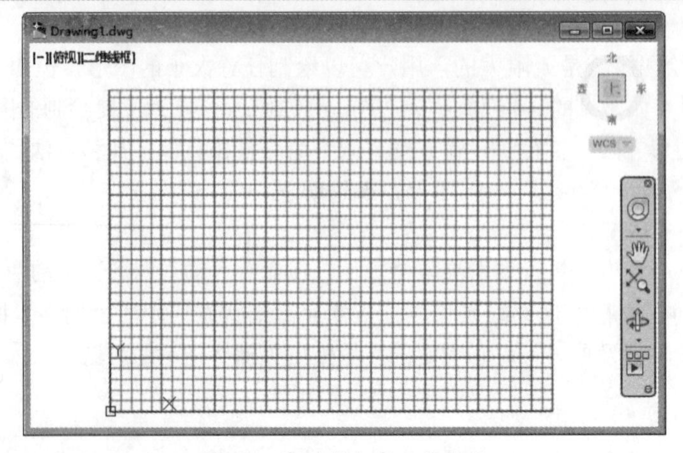

图 4-7 布满整个窗口的栅格

4.2 设置系统环境

设置一个合理且适合用户所需的系统环境，是绘图前的重要工作，这对绘图的速度和质量起着至关重要的作用。系统环境包括鼠标按键的定义、图形保存方式等各种与用户操作习惯有关的参数设置。

AutoCAD 2014 提供了“选项”对话框用于设置系统环境，打开该对话框方法如下：

- 菜单栏：执行“工具”|“选项”命令，如图 4-8 所示。
- 命令行：OPTIONS 或 OP。
- 应用程序：单击“应用程序”按钮，在菜单中选择“选项”命令，如图 4-9 所示。

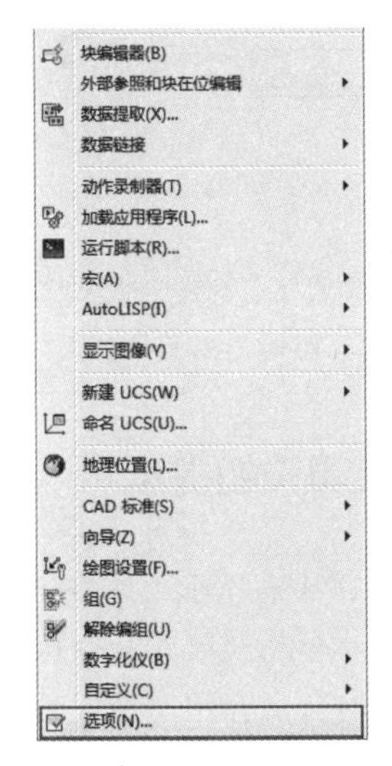

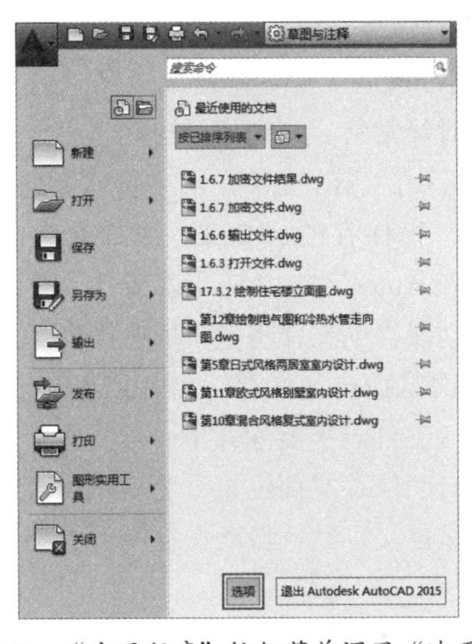

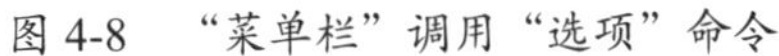

图 4-8　“菜单栏”调用“选项”命令　　　图 4-9　“应用程序”按钮菜单调用“选项”命令

- 快捷操作：在绘图区空白处单击右键，在弹出的快捷菜单中选择“选项”，如图 4-10 所示。

采用上述任意方法执行该命令后，系统均弹出“选项”对话框，如图 4-11 所示。接下来便按该对话框中选项卡的顺序依次讲解各类型的绘图环境的设置方法。

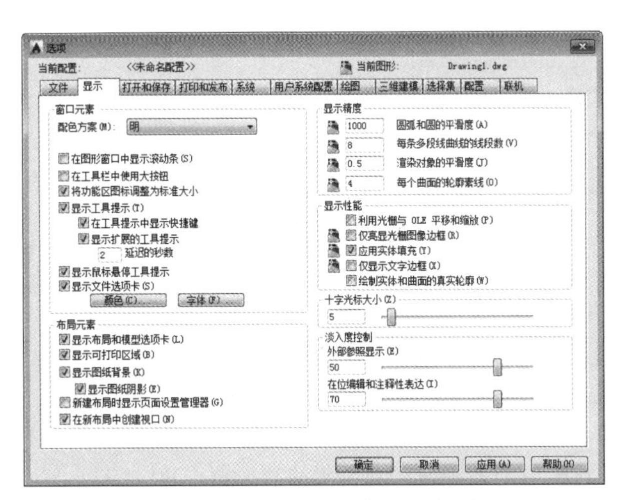

图 4-10　快捷菜单调用“选项”　　　图 4-11　“选项”对话框

4.2.1 设置文件保存路径

“选项”对话框的第一个选项卡是“文件”选项卡，该选项卡用于确定系统搜索支持文件、驱动程序文件、菜单文件和其他文件的路径，以及用户定义的一些设置，如图 4-12 所示。该选项卡主要用来设置自动保存文件（.sv$）与临时图形文件（.ac$）的位置，这两种文件及路径含义介绍如下。

1. 自动保存文件

如果 AutoCAD 发生崩溃或以其他方式在执行任务时异常终止，则可以自动将部分数据保存在路径中的 .sv$ 文件。用户通过查找自动保存路径，将保存的 .sv$ 文件重命名为 .dwg 文件，并在 AutoCAD 中打开该文件即可获得恢复。自动保存的文件将包含所有图形信息作为最后一次运行自动保存。当 AutoCAD 正常关闭时 .sv$ 文件将被删除。单击“文件”选项卡中的“自动保存文件位置”选项，可对其进行浏览与重定义，默认自动保存文件的路径如图 4-12 所示。

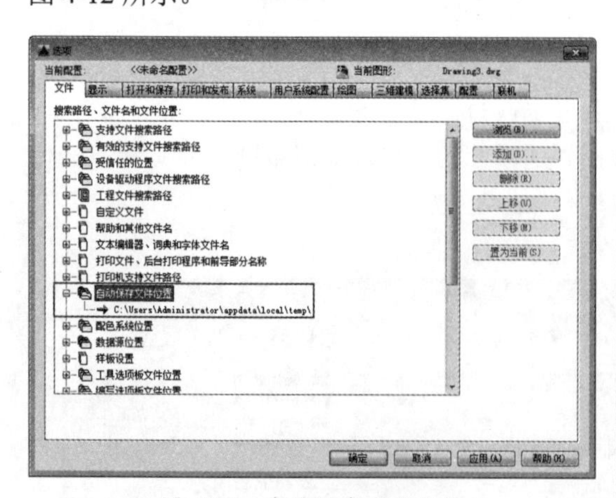

图 4-12 自动保存文件位置

2. 临时图形文件

AutoCAD 临时文件的扩展名为 .ac$，一般而言，当 AutoCAD 正常退出时，临时文件也将被自动删除，但是如果 AutoCAD 出现错误或计算机出现故障时，ac.$ 文件被保留，重要的是它保存的是最近一次自动保存的文件信息，所以我们可以通过打开 ac.$ 文件来最大限度地挽回损失。单击“文件”选项卡中的“临时图形文件位置”可对其进行浏览与重定义。默认自动保存文件的路径，如图 4-13 所示。

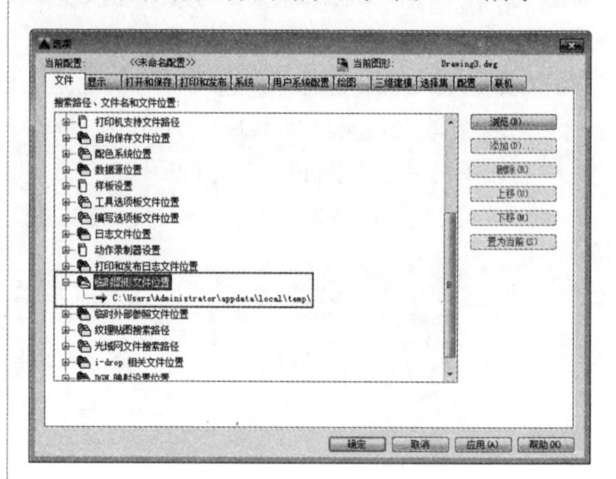

图 4-13 临时图形文件位置

4.2.2 设置工具按钮提示

AutoCAD 2014 中有一项很人性化的设置，那就是将鼠标悬停至功能区的命令按钮上时，可以出现该命令的含义介绍，悬停时间稍长还会出现相关的操作提示，如图 4-14 所示，这有利于初学者熟悉相应的命令。

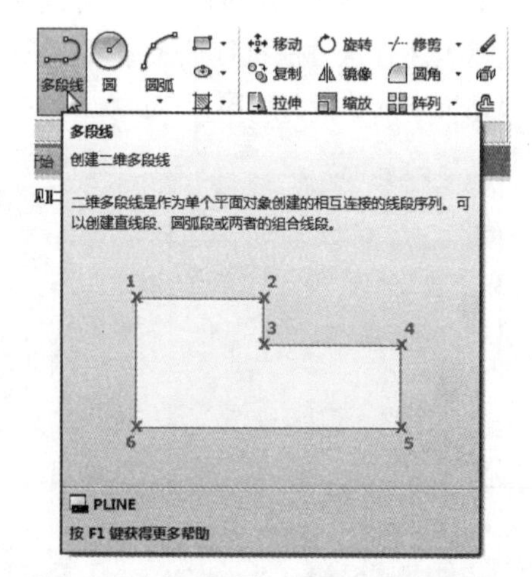

图 4-14 光标置于命令按钮上出现的提示

该提示的出现与否可以用“显示”选项卡的“显示工具提示”复选框进行控制，如图 4-15 所示。取消勾选即不会再出现命令提示。

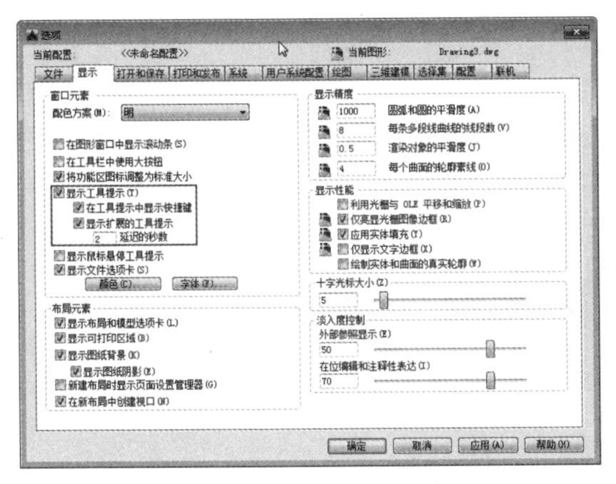

图 4-15　“显示工具提示”复选框

4.2.3　设置 AutoCAD 可打开文件的数量

AutoCAD 2014 为方便用户工作，可支持用户同时打开多个图形，并在其中任意切换。这种设置虽然方便了用户操作，但也有一定的操作隐患，如果图形过多，修改时间一长就很容易让用户遗忘哪些图纸被修改过，哪些没有。

此时就可以限制 AutoCAD 打开文件的数量，当用软件打开一个图形文件后，再打开另一个图形文件时，软件自动将之前的图形文件关闭退出，即在“窗口”菜单中始终只显示一个文件名称。只需取消勾选“显现”选项卡中的“显示文件选项卡”复选框即可，如图 4-16 所示。

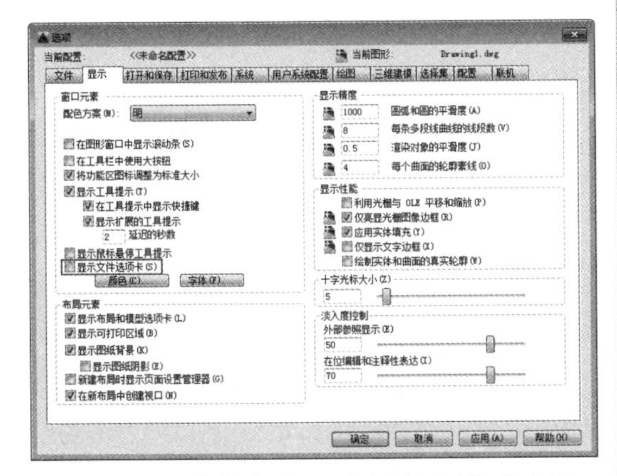

图 4-16　取消勾选“显示文件选项卡”复选框

4.2.4　设置默认保存类型

在日常工作中，经常要与客户或同事进行图纸往来，有时就难免碰到因为彼此 AutoCAD 版本不同而打不开图纸的情况。虽然按照本书前面讲述的方法可以解决该问题，但仅限于当前图形。而通过修改“打开与保存”选项卡中的保存类型，即可让以后的图形都以低版本进行保存，达到一劳永逸的目的。该选项卡用于设置是否自动保存文件、是否维护日志、是否加载外部参照，以及指定保存文件的时间间隔等。

在“打开和保存”选项卡的“另存为”下拉列表中选择默认保存的文件类型，如“AutoCAD2000/LT2000 图形（*.dwg）”选项，如图 4-17 所示。则以后所有新建的图形在进行保存时，都会保存为低版本的 AutoCAD 2000 类型，实现无障碍打开。

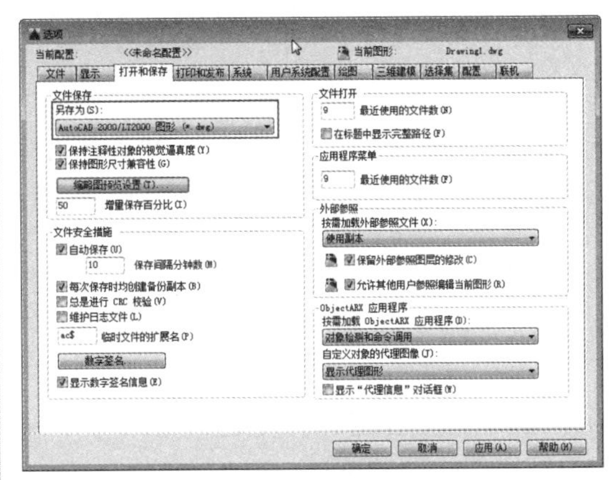

图 4-17　设置默认保存类型

4.2.5　设置 dwg 文件的缩略图效果

AutoCAD 的图形文件通常都以 .dwg 的格式保存在硬盘中，除了通过文件名来区分图形以外，还可以根据文件的缩略图效果进行分辨，如图 4-18 所示。

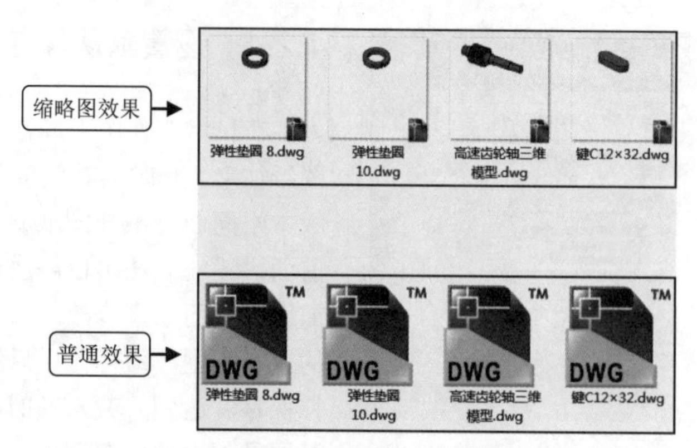

图 4-18　dwg 文件的缩略图与普通效果

单击“打开与保存”选项卡中的“缩略图预览设置”按钮，打开“缩略图预览设置”对话框，勾选其中的“保存缩略图预览图像”复选框，即可使保存后的 AutoCAD 图形文件在文件夹中以缩略图形式保存，如图 4-19 所示。

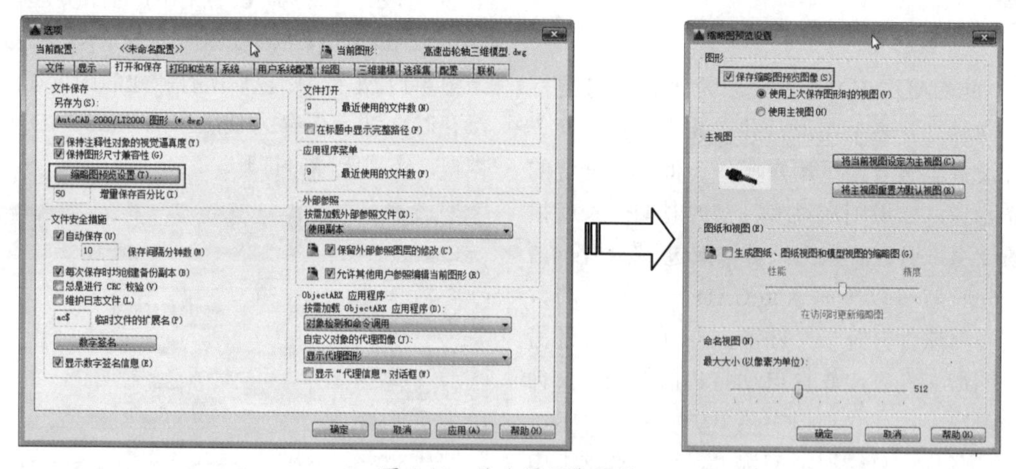

图 4-19　缩略图预览设置

4.2.6　设置自动保存措施

为了防止AutoCAD在使用过程中出现崩溃现象，而造成工作文件损坏或遗失，因此需要在“打开和保存”选项卡设置文件的自动保存措施，方法见第 2 章的相关内容，在此不再赘述。

“每次保存时均创建备份副本”选项可以控制 .bak 备份文件的生成，同样在第二章中的相关内容中有详细介绍。

4.2.7　设置默认打印设备

在“打印和发布”选项卡中，可设置默认的打印输出设备、发布与打印戳记等有关参数。用户可以根据自己的需要在下拉列表中选择专门的绘图仪，如图 4-20 所示。如果下拉列表中的绘图仪不符合要求，用户可以单击下方的“添加或配置绘图仪”按钮来添加绘图仪，具体方法详见第 13 章的内容。

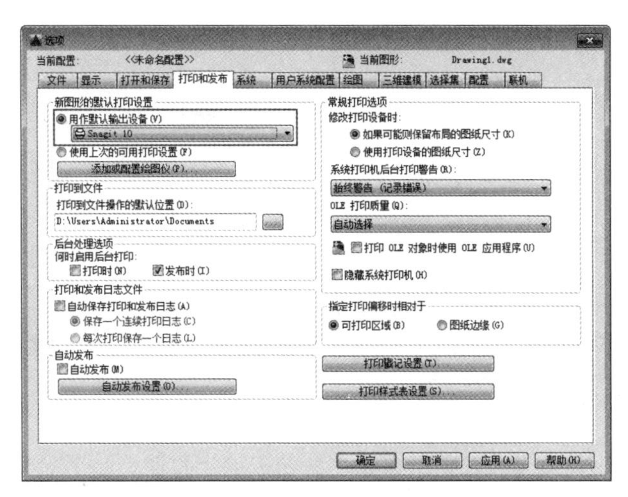

图 4-20　选择默认的输出设备

4.2.8　案例——设置打印戳记

有时绘制好图形之后，需要将该图形打印出来，并且要加上一个私人或公司的打印戳记。打印戳记类似于水印，可以起到文件真伪鉴别、版权保护等作用。嵌入的打印戳记信息隐藏于宿主文件中，不影响原始文件的可观性和完整性。在 AutoCAD 中这类戳记可通过在“打印和发布”选项卡中的设置，一次性设定好所需的标记，并在打印图纸时直接启用即可。

01 打开素材文件“第 4 章 /4.2.8 设置打印戳记 .dwg”，其中已经绘制好了样例图形，如图 4-21 所示。

02 在图形空白处单击右键，在弹出的快捷菜单中选择“选项”命令，打开“选项”对话框，切换到“打印和发布”选项卡，单击其中的“打印戳记设置”按钮，如图 4-22 所示。

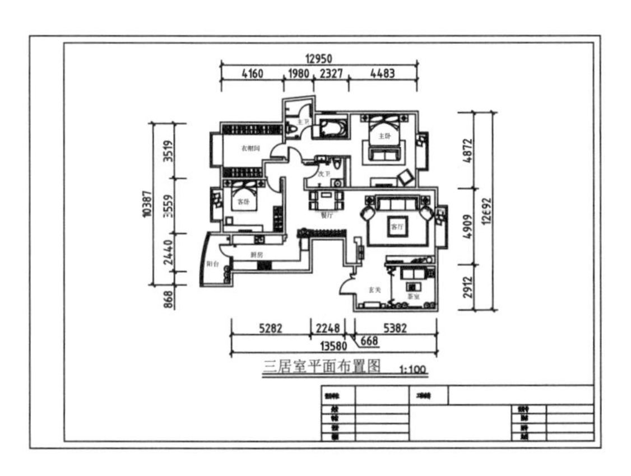

图 4-21　素材图形

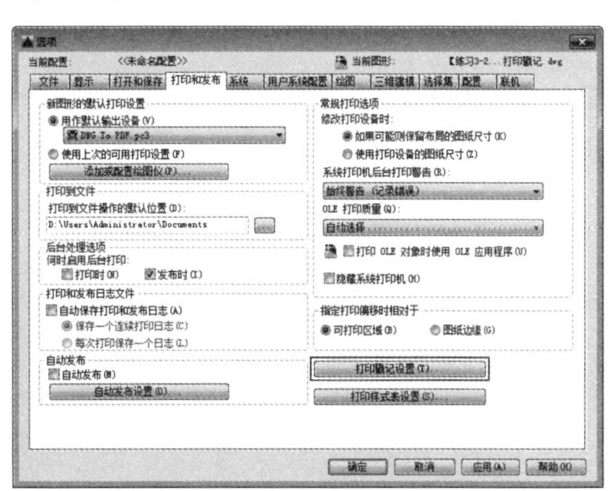

图 4-22　“打印和发布”选项卡

03 系统弹出“打印戳记”对话框，该对话框中自动提供了图形名、设备名、布局名称、图纸尺寸、日期和时间、打印比例、登录名等 7 类标记选项，勾选任意选项即可在戳记中添加相关信息。

04 输入戳记文字。而本例中需创建自定义的戳记标签，所以可不勾选以上信息。直接单击该对话框中的“添加 / 编辑”按钮，打开“用户自定义的字段”对话框，再单击“添加”按钮，即可在左侧输入所需的戳记文字，如图 4-23 所示。

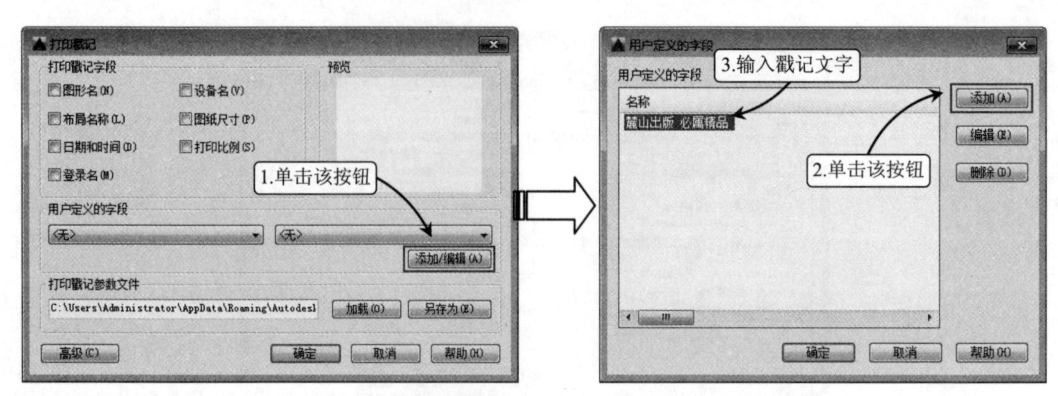

图 4-23　输入戳记文字

05 定义戳记文字的大小与位置。单击“确定”按钮返回“打印戳记”对话框，然后在“用户定义的字段”下拉列表中选择创建的文本，接着单击该对话框左下角的“高级”按钮，打开“高级选项”对话框，设置戳记文本的大小与位置，如图 4-24 所示。

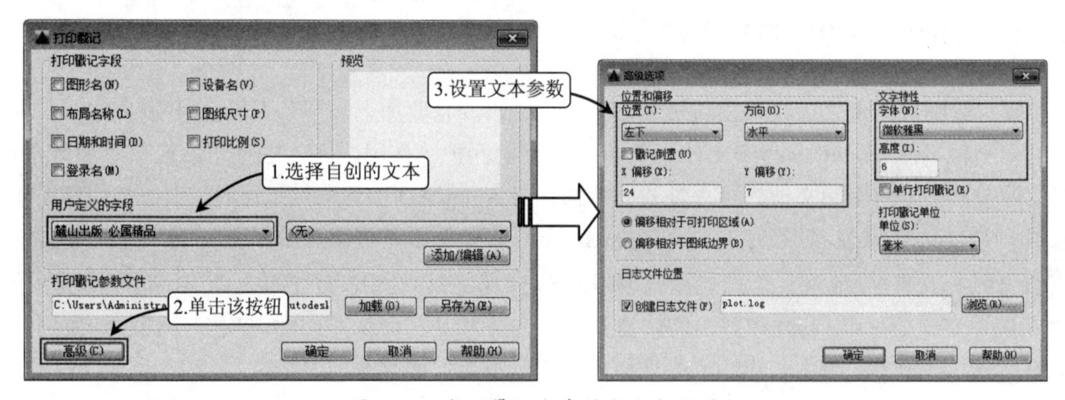

图 4-24　定义戳记文字的大小与位置

06 设置完成后单击“确定”按钮返回图形，然后按快捷键 Ctrl+P 执行“打印”命令，在“打印”对话框中勾选“打开打印戳记”复选框，如图 4-25 所示。

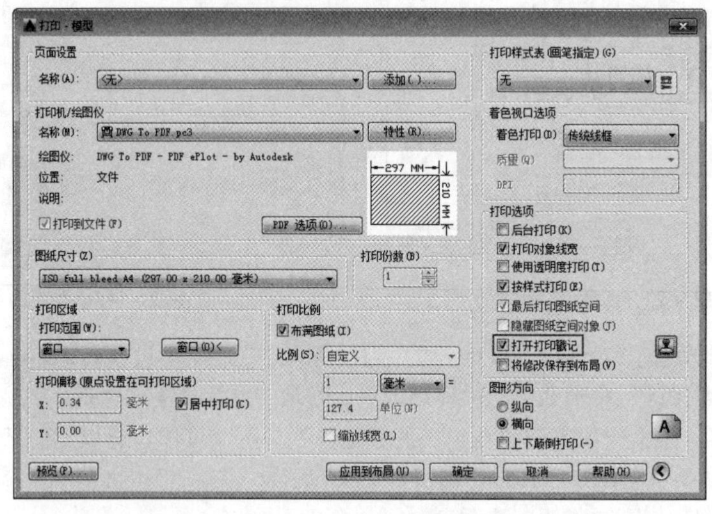

图 4-25　“打印”对话框

07 单击“打印”对话框左下角的“预览”按钮，即可预览到打印戳记在打印图纸上的效果，如图 4-26 所示。

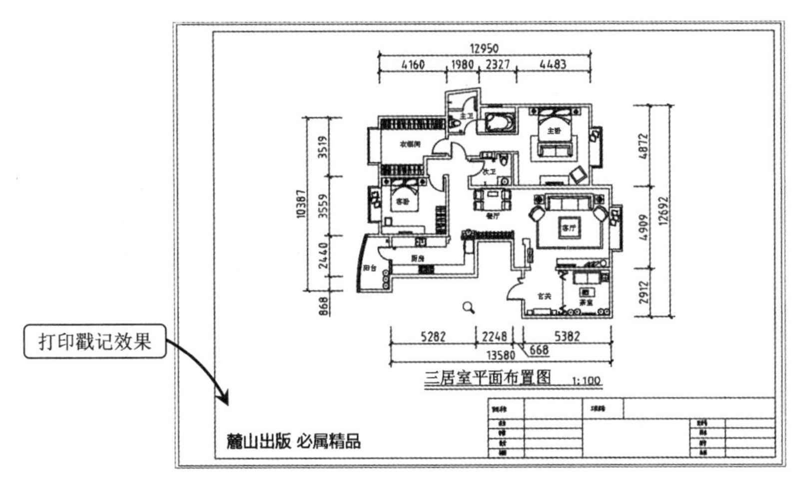

图 4-26　带戳记的打印效果

4.2.9　硬件加速与图形性能

设置图形性能有关的参数都集中在“系统”选项卡中，该选项卡用来设置图形的显示特性、设置定点设备、“OLE 文字大小”对话框的显示控制、警告信息的显示控制、网络链接检查、启动选项面板的显示控制，以及是否允许长符号名称等，如图 4-27 所示。

单击“硬件加速”区域中的“图形性能”按钮，可以打开“图形性能”对话框，在其中可以启用与“硬件加速”有关的一些设置。由于 AutoCAD 2014 对计算机的配置要求比较高，因此部分低配计算机在运行时就可能会出现卡顿的情况。此时即可在该对话框中关闭“硬件加速”功能，降低 AutoCAD 的运行性能，从而达到提高运行速度的目的，如图 4-28 所示。

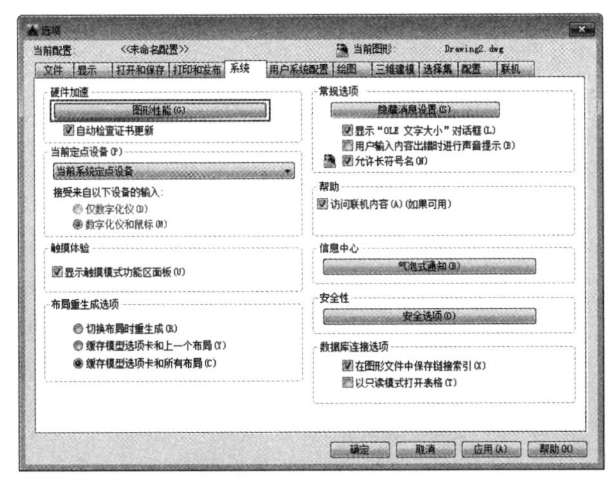

图 4-27 “系统”选项卡

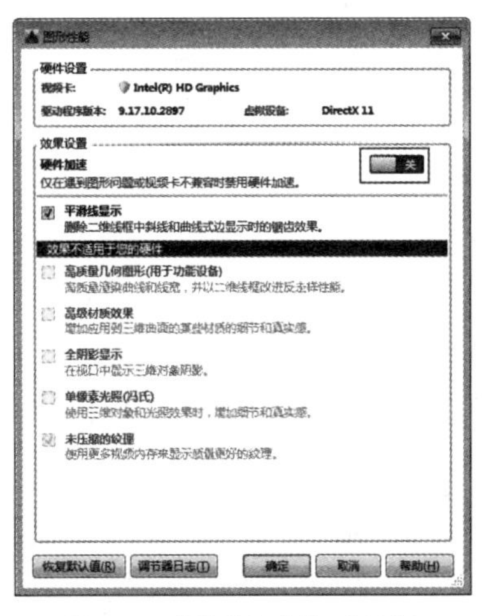

图 4-28 “图形性能”对话框

在“图形性能”对话框的“硬件设置”栏中显示出了当前计算机的显卡配置情况，而在“效果设置”栏中则显示出了与硬件加速有关的 6 个选项，具体使用方法介绍如下。

1．平滑线显示

该选项为 AutoCAD 图形性能的必选项，无论是否开启硬件加速都会被启用。在旧版本的 AutoCAD 中，二维的斜线和曲线都会带有一定的锯齿效果，如图 4-29 所示，这是因为图形都是由细小的锯齿状线条连接而成的，因此无论如何调节分辨率均只能得到一定的改善，不能根除。

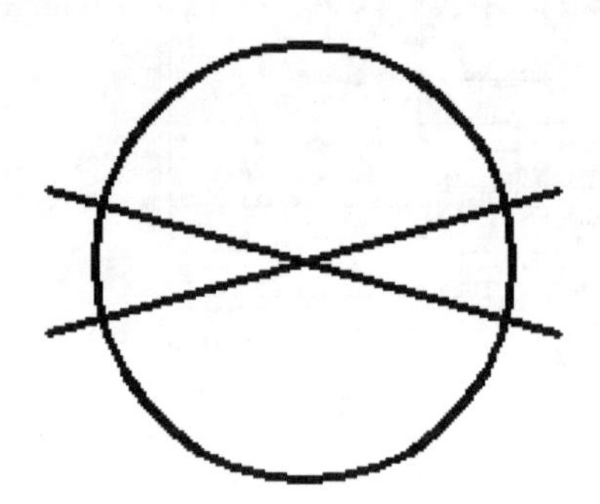

图 4-29　锯齿状效果

而在 AutoCAD 2014 中新加入了“平滑线显示”功能，以更平滑的曲线和圆弧来取代锯齿状线条，这样即可消除以前版本中的锯齿效果了，如图 4-30 所示。

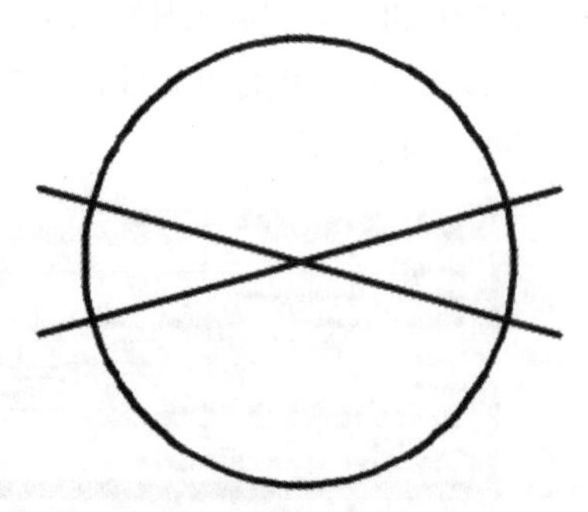

图 4-30　平滑线显示效果

2．高质量几何图形

开启“硬件加速”功能后可用。该选项可创建高质量曲线和线宽（用于功能设备），并自动启用“平滑线显示”选项。要注意的是，此选项仅适用于 DirectX 11（或更高版本）虚拟设备。

3．高级材质效果

开启“硬件加速”功能后可用。该选项控制屏幕上高级材质效果的状态，可增强三维曲面和某些高级材质的细节和真实感。相同模型、相同材质在不同设置下的表现效果，如图 4-31 和图 4-32 所示。

图 4-31　关闭“高级材质效果”

图 4-32　开启“高级材质效果”

4．全阴影显示

开启“硬件加速”功能后可用。该选项可在视口中显示三维模型的阴影。视口中的着色对象可以显示阴影。地面阴影是对象投射到地面上的阴影。映射对象阴影是对象投射到其他对象上的阴影。若要显示映射对象阴影，视口中的光照必须来源于用户创建的光源或者阳光。阴影重叠的地方，显示的颜色较深。

5．单像素光照

开启“硬件加速”功能后可用。为各个像素启用颜色计算，此选项打开时，三维对象和光照效果将更为平滑地显示在视口中，以增强细节和真实感。

6. 未压缩的纹理

开启“硬件加速”功能后可用。使用更多视频内存量，以在包含带图像的材质或具有附着图像的图形中，显示质量更好的纹理。

4.2.10 设置鼠标右键功能模式

“选项”对话框中的“用户系统配置”选项卡，为用户提供了可以自行定义的选项。这些设置不会改变 AutoCAD 系统配置，但是可以满足各种用户使用上的偏好。

在 AutoCAD 中，鼠标动作有特定的含义，例如双击对象将执行编辑；单击右键将展开快捷菜单。用户可以自主设置鼠标动作的含义。打开“选项”对话框，切换到“用户系统配置”选项卡，在“Windows 标准操作”选项组中设置鼠标动作，如图 4-33 所示。单击“自定义右键单击”按钮，系统弹出“自定义右键单击”对话框，如图 4-34 所示，可根据需要设置右键单击的含义。

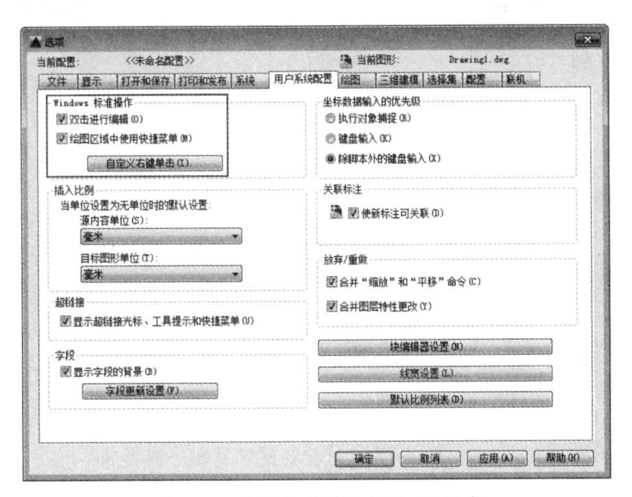

图 4-33 “用户系统配置”选项卡

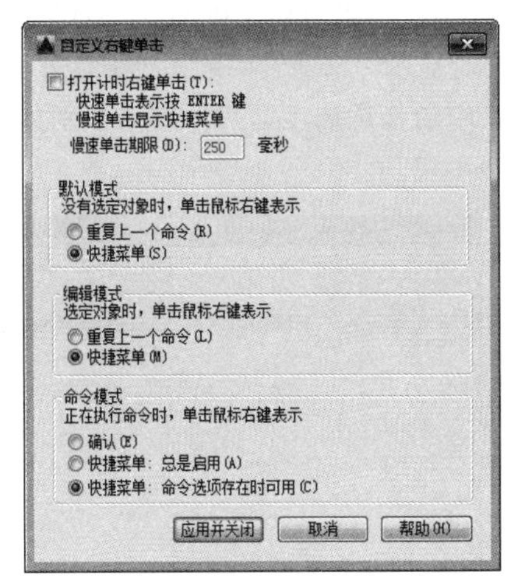

图 4-34 “自定义右键单击”对话框

4.3 设置显示效果

通过第 1 章的学习可知 AutoCAD 的界面有多个组成部分，这些部分大多数都可以进行设置，以更改它们的显示效果，包括绘图区的背景颜色、图形的显示精度、光标的显示大小等，用以帮助用户创建个性化的软件界面。

4.3.1 设置 AutoCAD 界面颜色

“选项”对话框的第 2 个选项卡为“显示”选项卡，如图 4-35 所示。在“显示”选项卡中，可以设置 AutoCAD 工作界面的一些显示选项，如界窗口元素、布局元素、显示精度、显示性能、十字光标大小，以及参照编辑的褪色度等显示属性。

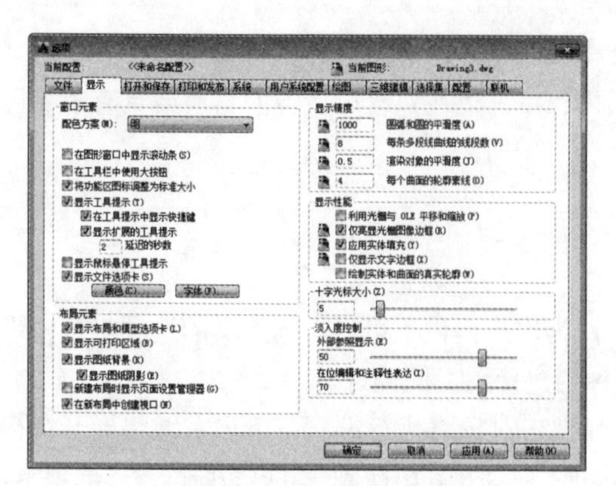

图 4-35　“显示”选项卡

在 AutoCAD 中，提供了两种配色方案——明、暗，可以用来控制 AutoCAD 界面的颜色。在“显示”选项卡中选择“配色方案”下拉列表中的任意选项即可，效果分别如图 4-36 和图 4-37 所示。

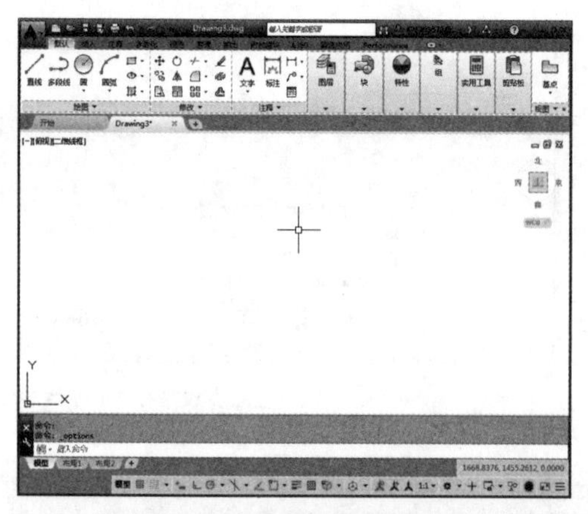

图 4-36　配色方案为“明”

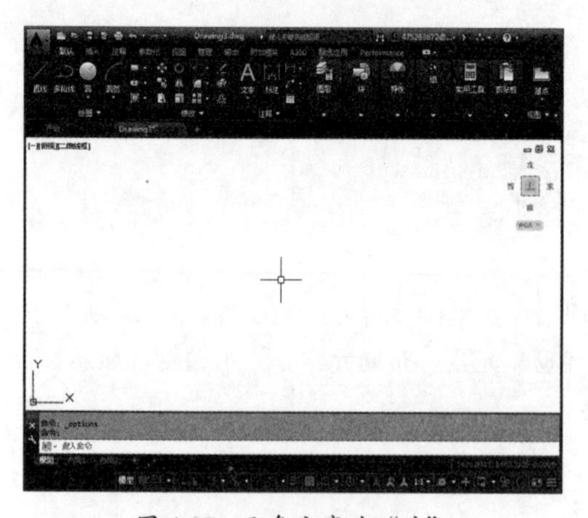

图 4-37　配色方案为“暗”

4.3.2　设置绘图区背景颜色

在 AutoCAD 中可以按用户喜好自定义绘图区的背景颜色。在旧版本的 AutoCAD 中，绘图区默认背景颜色为黑色，而在 AutoCAD 2014 中默认背景颜色为白色。

单击“显示”选项卡中的“颜色”按钮，打开“图形窗口颜色”对话框，在该对话框中可设置各类背景颜色，如二维模型空间、三维平行投影、命令行等，如图 4-38 所示。

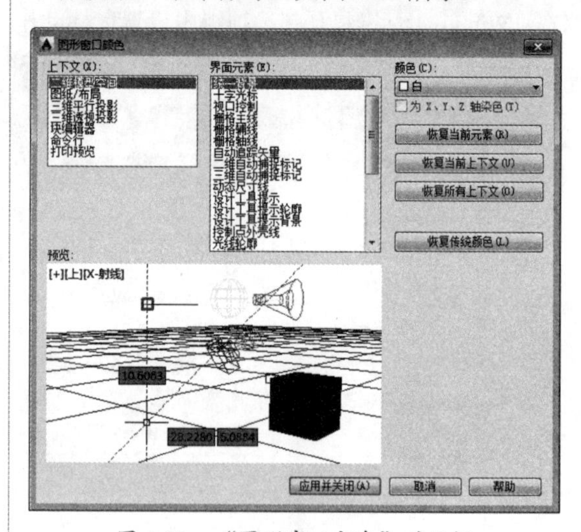

图 4-38　“图形窗口颜色”对话框

4.3.3　设置布局显示效果

在“显示”选项卡左下方的“布局元素”区域，可以设置与布局显示相关的一系列属性，包括模型与布局选项卡、布局中的可打印区域、布局中的图纸背景等。

1．设置模型与布局选项卡

在 AutoCAD 2014 状态栏的左下角，有“模型”和“布局”选项卡，用于切换模型与布局空间。有时由于误操作，会造成该选项卡的消失。此时即可在“显示”选项卡中勾选“显示布局和模型选项卡”复选框将其调出，如图 4-39 所示。

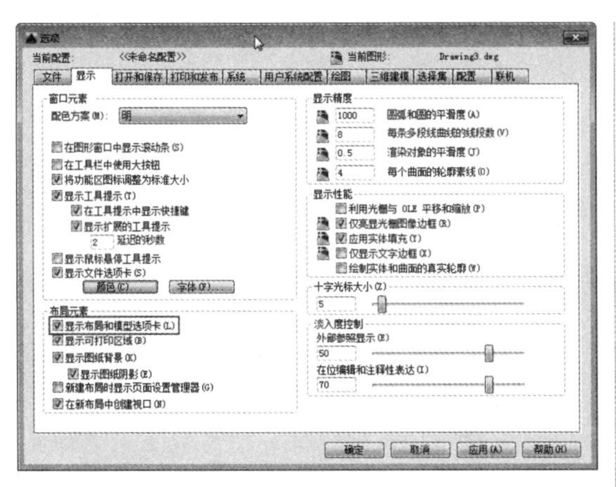

图 4-39　“显示布局和模型选项卡”复选框

模型、布局选项卡的消隐效果，如图 4-40 所示。

图 4-40　模型、布局选项卡的消隐

2. 隐藏布局中的可打印区域

单击状态栏中的“布局”选项卡，将界面切换至布局空间，该空间的界面组成如图 4-41 所示。最外层的是纸张边界，其通过“纸张设置”中的纸张类型和打印方向确定。靠里面的是一个虚线线框打印边界，其作用就好像 Word 文档中的页边距一样，只有位于打印边界内部的图形才会被打印出来。位于图形四周的实线线框为视口边界，边界内部的图形就是模型空间中的模型，视口边界的大小和位置是可调的。

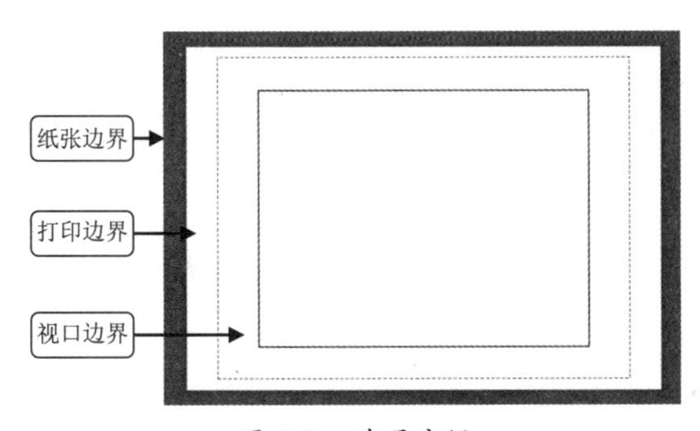

图 4-41　布局空间

如果取消勾选“显示可打印区域”复选框，将不会在布局空间中显示打印边界，效果如图 4-42 所示。

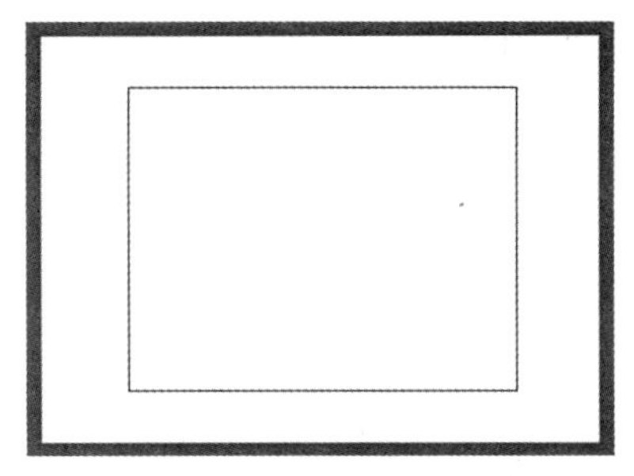

图 4-42　打印边界被隐藏

3. 隐藏布局中的图纸背景

布局空间中纸张边界外侧的大片灰色区域即是图纸背景，取消勾选“显示图纸背景”复选框可将该区域完全隐藏，效果如图 4-43 所示。另外其下的“显示图纸阴影”复选框可以控制纸张边界处的阴影显示效果。

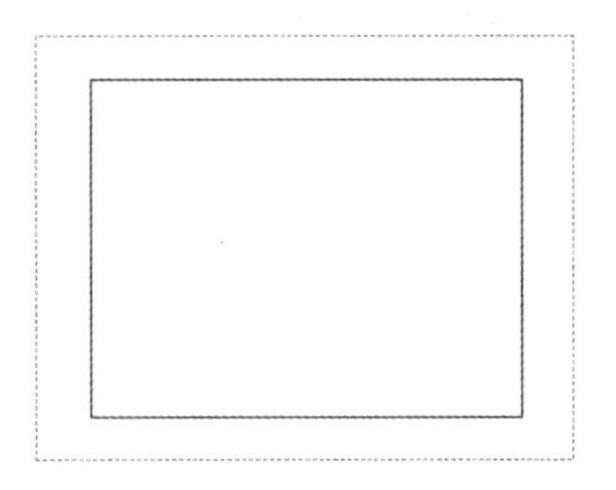

图 4-43　隐藏布局中的图纸背景

4. 取消布局中的自动视口

在新建布局时，系统会自动创建一个视口，用于显示模型空间中的图形。但在通常情况下，用户会根据需要自主创建视口，而不使用由系统自动创建的视口，因此可以通过取消勾选“在新布局中创建视口”复选框来取消自动视口的创建，如图 4-44 所示。

图 4-44　取消布局中的自动视口

4.3.4 设置夹点的大小和颜色

除了拾取框和捕捉靶框的大小可以调节之外，还可以通过滑块来调节夹点的显示尺寸。

夹点（Grips）是指选中图形物体后所显示的特征点，例如直线的特征点是两个端点，一个中点；圆形是 4 个象限点和圆心点等，如图 4-45 所示。

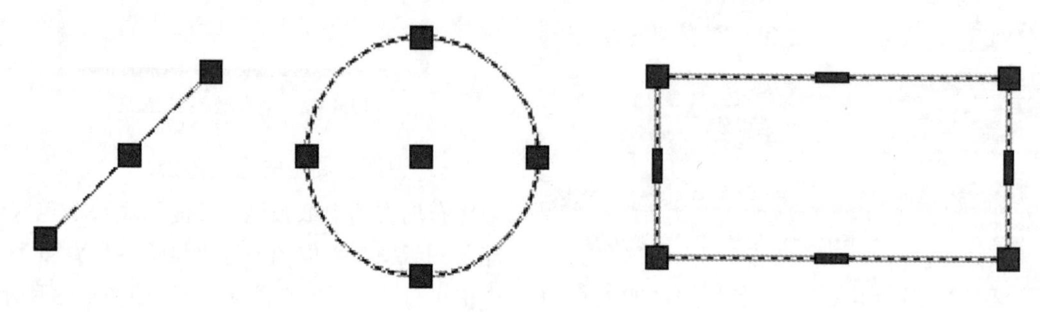

图 4-45　夹点

操作技巧： 通常情况下夹点显示为蓝色，被称作“冷夹点”；如果在该对象上选中一个夹点，该夹点就变成了红色，称作“热夹点”。通过热夹点可以对图形进行编辑，详见本书第 6 章的内容。早期版本中这些夹点只有方形的，但在AutoCAD的高版本中又增加了一些其他形式的夹点，例如，多段线中点处夹点是长方形的；椭圆弧两端的夹点是三角形加方形的小框；动态块不同参数和动作的夹点形式也不一样，有方形、三角形、圆形、箭头等各种不同的形状，如图 4-46 所示。

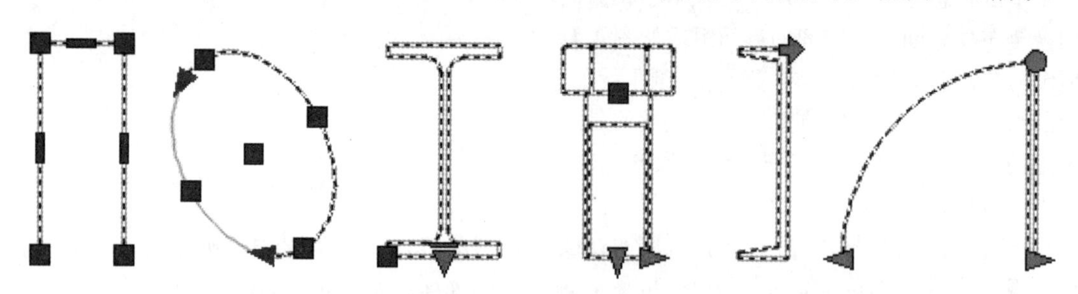

图 4-46　不同的夹点形状

夹点的种类繁多，其表达的意义及操作后的结果也不尽相同，详见表 4-3 所示。

表 4-3 夹点类型及使用方法

夹点类型	夹点形状	夹点移动或结果	参数：关联的动作
标准		平面内的任意方向	基点：无 点：移动、拉伸 极轴：移动、缩放、拉伸、极轴拉伸、阵列 XY：移动、缩放、拉伸、阵列
线性		按规定方向或沿某一条轴往返移动	线性：移动、缩放、拉伸、阵列
旋转		围绕某一条轴	旋转：旋转
翻转		切换到块几何图形的镜像	翻转：翻转
对齐		平面内的任意方向；如果在某个对象上移动，则使块参照与该对象对齐	对齐：无（隐含动作）

续表

夹点类型	夹点形状	夹点移动或结果	参数：关联的动作
查寻	▼	显示值列表	可见性：无（隐含动作） 查寻：查寻

1. 修改夹点大小

要调整夹点的大小，可在“选择集”选项卡中拖曳“夹点尺寸”区域的滑块，放大夹点后的图形效果，如图4-47所示。

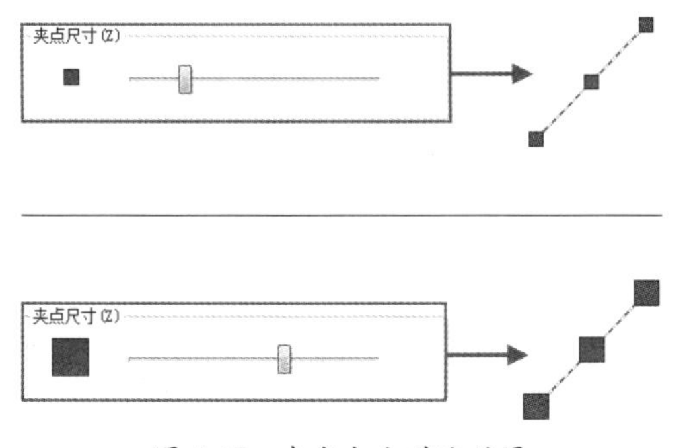

图4-47　夹点大小对比效果

2. 修改夹点颜色

单击“夹点”区域中的“夹点颜色”按钮，打开“夹点颜色”对话框，如图4-48所示。在该对话框中即可设置3种状态下的夹点颜色，以及夹点的外围轮廓颜色。

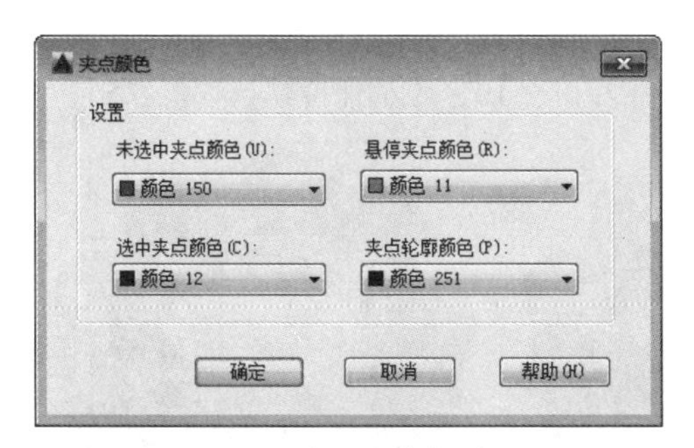

图4-48　“夹点颜色”对话框

4.3.5　设置图形显示精度

在AutoCAD 2014中，为了加快图形的显示与刷新速度，圆弧、圆及椭圆都是以高平滑度的多边形进行显示的。

在命令行中输入OP（选项）命令，系统弹出“选项”对话框，进入“显示”选项卡，如图4-49所示，根据绘图需要调整“显示精度”下的参数，以取得显示效果与绘图效率的平衡。

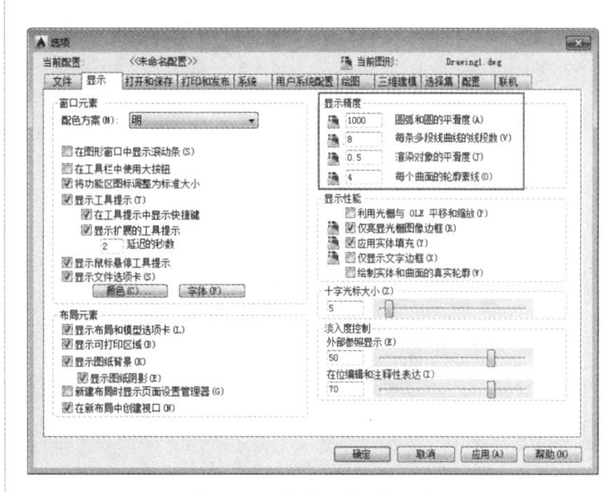

图4-49　“选项”对话框

“显示精度”常用参数选项的具体功能说明如下。

1. 圆弧和圆的平滑度

对于圆弧、圆和其他曲线对象，平滑度会直接影响其显示效果，数值过低会显示锯齿状，过高会影响软件的运行速度。因此，应根据计算机硬件的配置情况进行设定，一般默认数值为1000。执行该命令有以下几种方法。

- “选项”对话框：在“显示”选项卡显示精度列表中设置圆弧和圆的平滑度，如图4-50所示。
- 命令行：VIEWRES。

执行上述命令后，命令行提示如下。

```
命令：VIEWRES↙                                          //调用“弧形对象分辨率”命令
是否需要快速缩放？[是(Y)/否(N)] <Y>:↙                   //激活“是(Y)”选项
输入圆的缩放百分比 (1-20000) <1000>:↙                   //输入圆的缩放百分比
正在重生成模型                                          //完成操作，结果如图 4-51 所示。
```

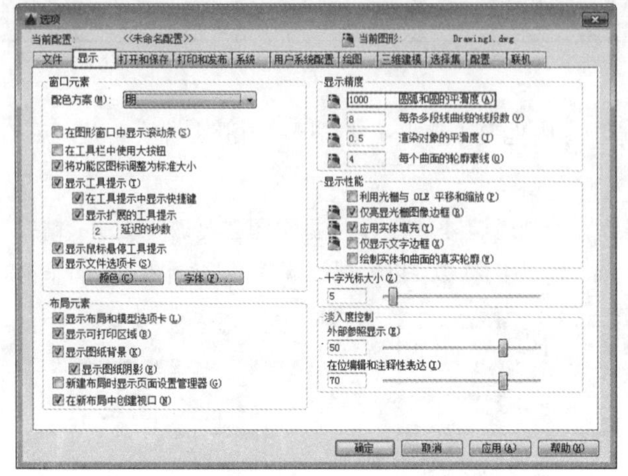

图 4-50　设置圆弧和圆的平滑度

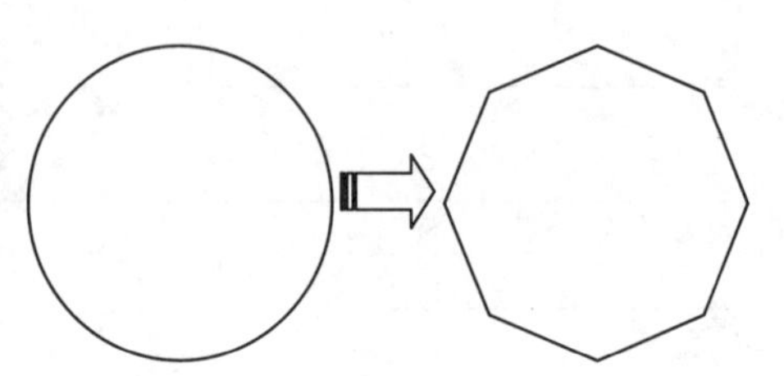

图 4-51　降低分辨率前后的效果对比

1. 每条多段线曲线的线段数

该参数用于控制多段线转换为样条曲线时的线段数（多段线通过 Pedit 命令的“样条曲线”选项生成）。同样，数值越大，生成的对象越平滑，所需要的刷新时间也越长，通常保持其默认数值为 8 即可。

2. 渲染对象的平滑度

该参数用于控制曲面实体模型着色及渲染的平滑度，效果如图 4-52 所示。该参数的设置数值与之前设置的“圆弧和圆的平滑度”的乘积最终决定曲面实体的平滑度，因此数值越大，生成的对象越平滑，但着色与渲染的时间也更长。有效值为 0 ～ 10，通常保持默认数值 0.5 即可。

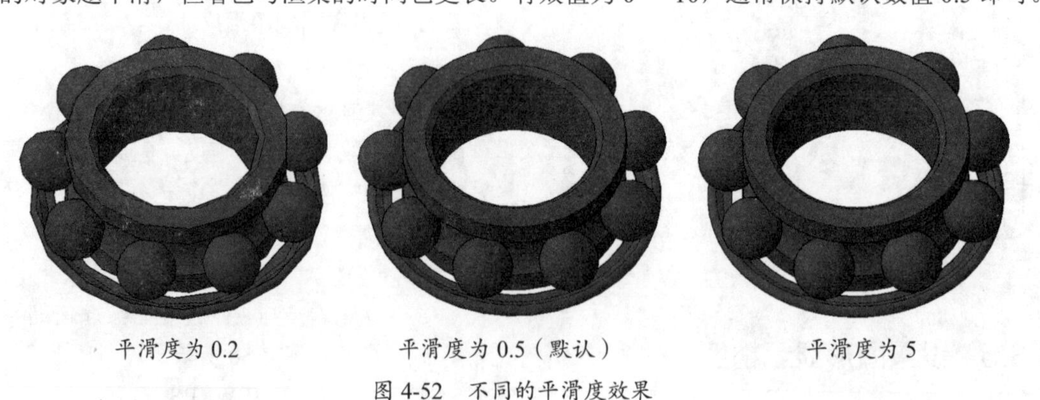

图 4-52　不同的平滑度效果

3. 每个曲面的轮廓素线

该参数用于三维模型中，控制实体模型上每个曲面部分的轮廓素线数量，如图 4-53 所示。同样，数值越大，生成的对象越平滑，所需要的着色与渲染时间也越长。有效整数值为 0 ～ 2047，通常保持其默认数值 4 即可。

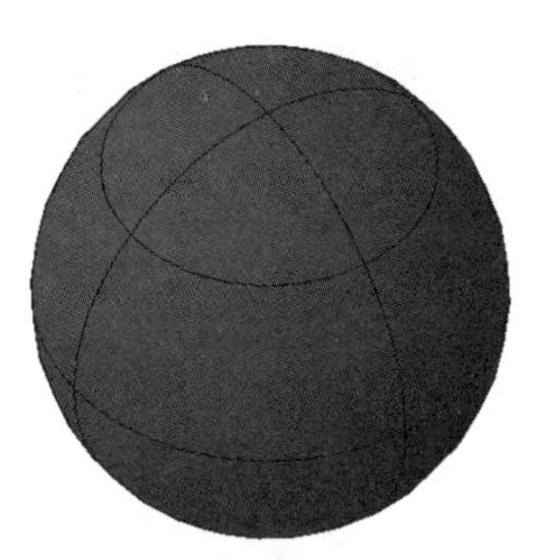

轮廓素线设置为 4（默认）

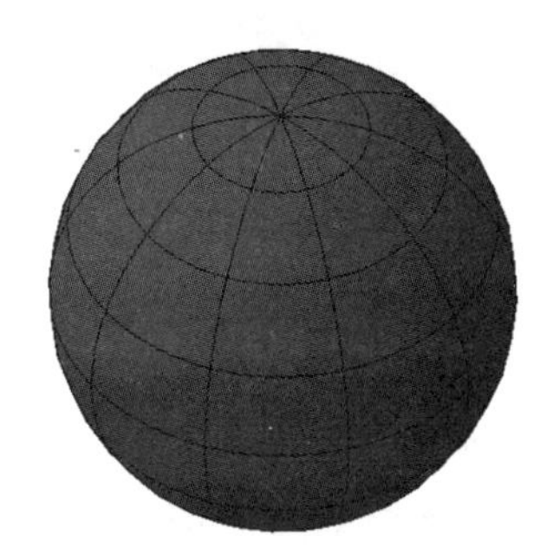

轮廓素线设置为 10

图 4-53 不同数量的轮廓素线效果

4.3.6 设置十字光标大小

部分读者可能习惯于较大的十字光标，这样的好处就是能直接将十字光标作为水平、垂直方向上的参考。

在“显示”选项卡的“十字光标大小”区域中，可以根据自己的操作习惯，调整十字光标的大小，十字光标可以延伸到屏幕边缘。拖曳右下方“十字光标大小”区域的滑块▯，如图 4-54 所示，即可调整光标长度，调整效果如图 4-55 所示。十字光标预设尺寸为 5，其大小的取值范围为 1 ～ 100，数值越大，十字光标越长，100 为全屏显示。

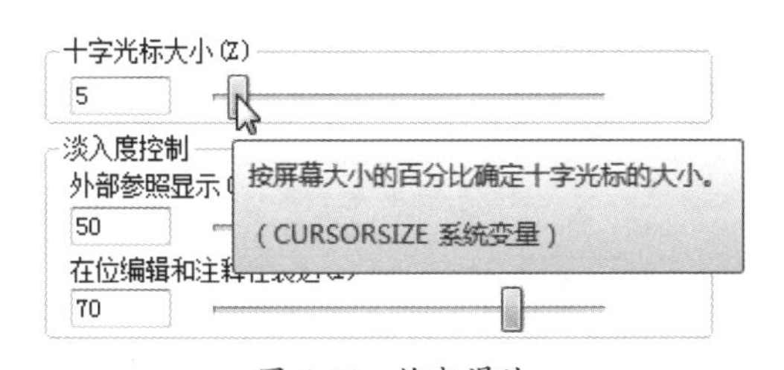

图 4-54 拖曳滑块

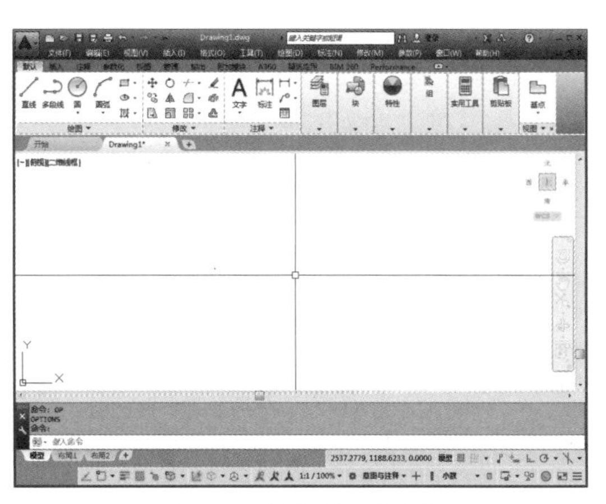

图 4-55 较大的十字光标

4.3.7 设置三维十字光标效果

“三维建模”选项卡用于设置三维绘图相关的参数，包括设置三维十字光标、显示 View Club 或 UCS 图标、三维对象、三维导航及动态输入等，如图 4-56 所示。

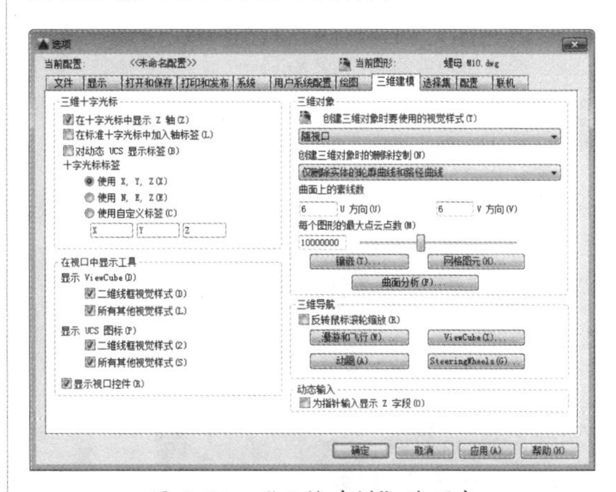

图 4-56 “三维建模”选项卡

在“三维建模”选项卡的“三维十字光标”区域，可以设置三维绘图环境下的光标效果，各选项含义说明如下。

- 在十字光标中显示 Z 轴：默认开启。该选项可以控制三维环境中十字光标上 Z 轴的启用状态，如图 4-57 所示。
- 在标准十字光标中加入轴标签：默认关闭。在三维十字光标中加入各轴名的标签，如图 4-58 所示。

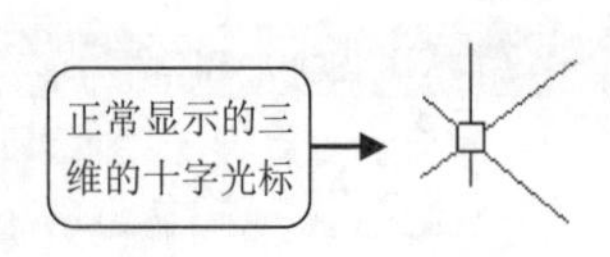

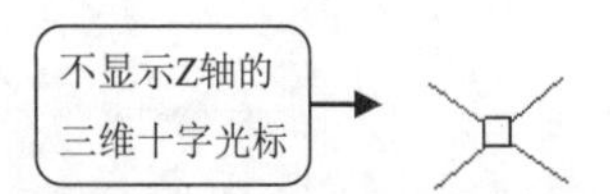

图 4-57　三维十字光标效果

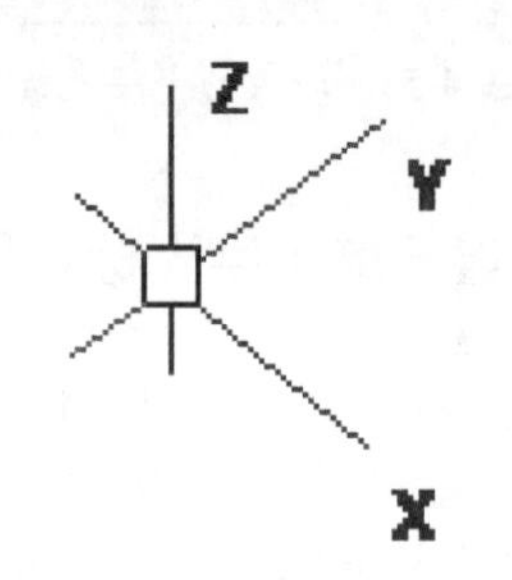

图 4-58　带轴标签的三维十字光标

➢ 对动态 UCS 显示标签：默认关闭。正常状态下隐藏各轴名的标签，只有在执行动态 UCS 时才会显示，如图 4-59 所示。

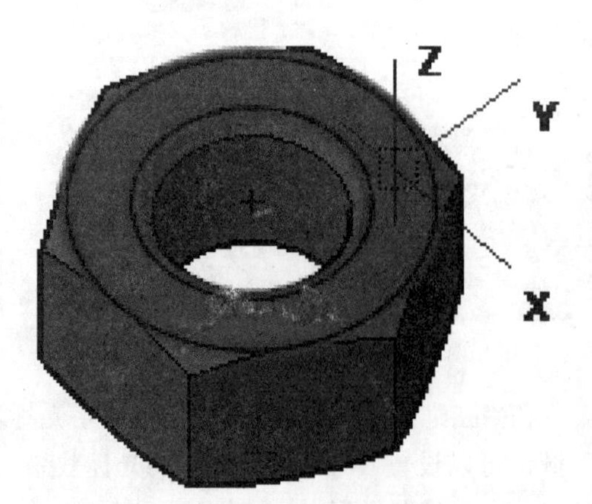

图 4-59　动态 UCS 下的三维十字光标

4.3.8　设置视口工具

“三维建模”选项卡中的“在视口显示工具”区域，可以控制 AutoCAD 界面视口工具的显现，各选项含义说明如下。

1. 显示 ViewCube

➢ 二维线框视觉样式：勾选该选项即可在“二维线框”视觉样式下显示绘图区右上角的 ViewCube 工具，如图 4-60 所示。

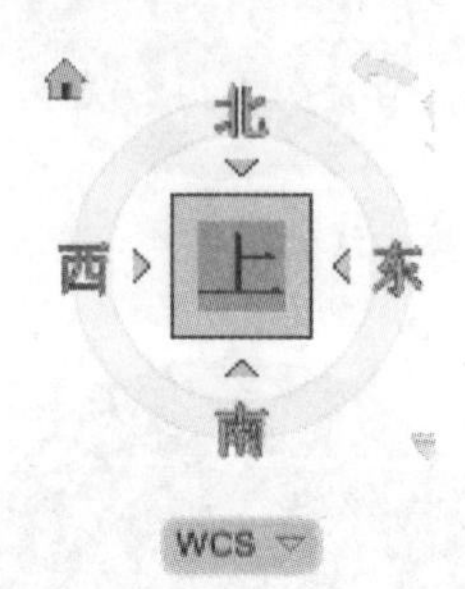

图 4-60　ViewCube 工具

➢ 所有其他视觉样式：勾选该选项，可在除“二维线框”之外的所有视觉模型上显示 ViewCube 工具。

2. 显示 UCS 图标

➢ 二维线框视觉样式：勾选该选项即可在“二维线框”视觉样式下显示绘图区左下角的原点坐标，如图 4-61 所示。

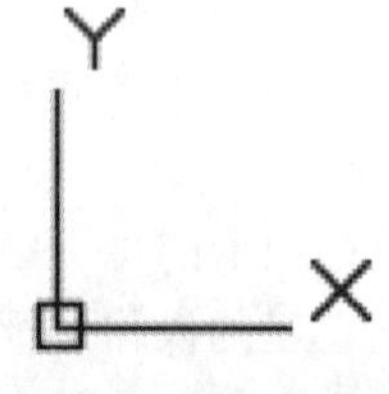

图 4-61　原点坐标

➢ 所有其他视觉样式：勾选该选项，可在除“二维线框”之外的所有视觉模型显示原点坐标。

3. 显示视口控件

勾选该选项，即在绘图区左上角显示视口工具、视图和视觉样式的视口控件菜单等 3 个控件，如图 4-62 所示。

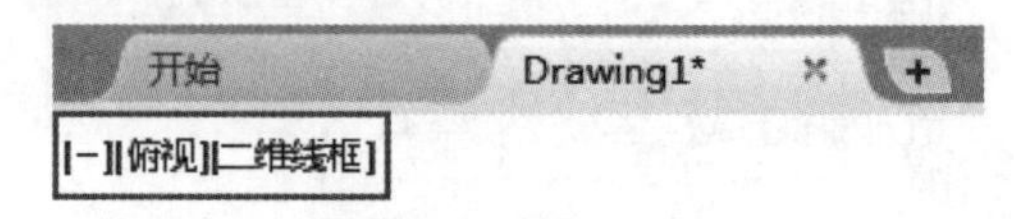

图 4-62　视口控件

4.3.9　设置曲面显示精度

在 AutoCAD 中，曲面的显示精度与曲面是构成素线的相关参数，而素线可以通过“三维建模”中的“曲面上的素线数”进行设置。该值初始值为 6，有效值介于 0 ～ 200 之间，值越高曲面越精细，运算越复杂，效果如图 4-63 所示。

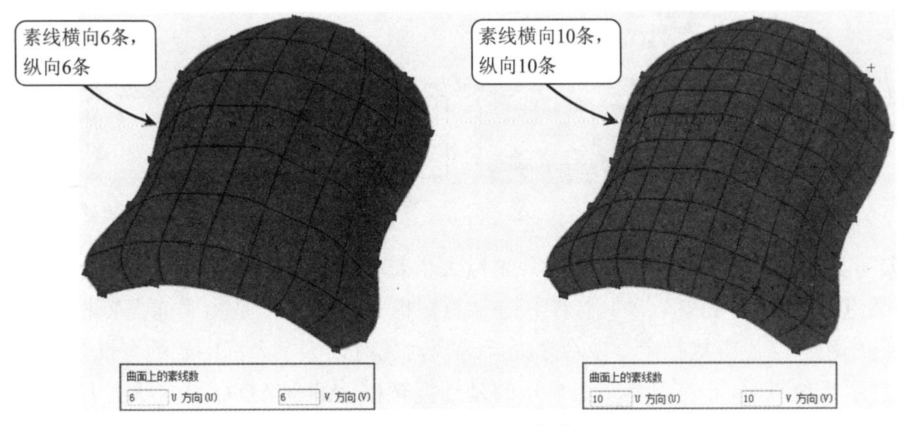

图 4-63　曲面显示精度

4.3.10　设置动态输入的 Z 轴字段

由于 AutoCAD 默认的绘图工作空间为“草图与注释”，主要用于二维图形的绘制，因此在执行动态输入时，也只会出现 X、Y 两个坐标输入框，而不会出现 Z 轴输入框。但在“三维基础”“三维建模”等三维工作空间中，就需要使用到 Z 轴输入，因此可以在动态输入中将 Z 轴输入框调出。

打开“选项”对话框，进入其中的“三维建模”选项卡，勾选右下角“动态输入”区域中的“为指针输入显示 Z 字段”复选框即可，结果如图 4-64 所示。

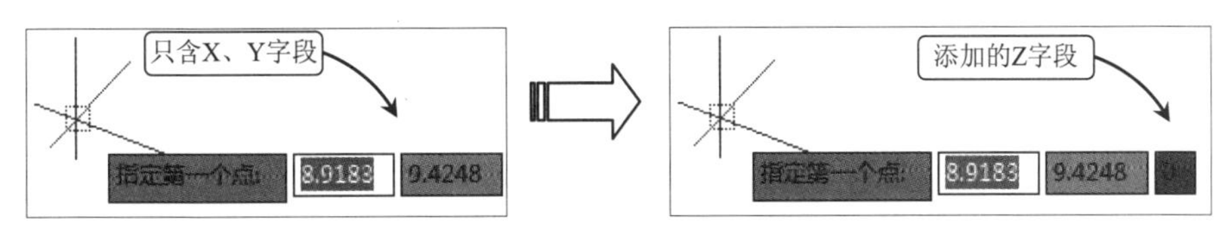

图 4-64　为动态输入添加 Z 字段

4.3.11　设置十字光标拾取框大小

“选项”对话框的“选项集”选项卡用于设置与对象选择相关的特性，如选择模式、拾取框及夹点等，如图 4-65 所示。

在 4.2.7 小节中介绍了十字光标大小的调整方法，但仅限于水平、竖直两轴线的延伸，中间的拾取框大小并没有得到调整。要调整拾取框的大小，可在“选择集”选项卡中拖曳“拾取框大小”区域的滑块，常规的拾取框与放大的拾取框示例，如图 4-66 所示。

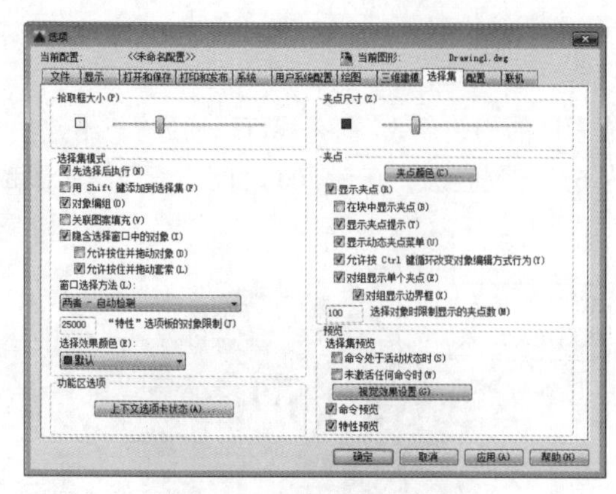

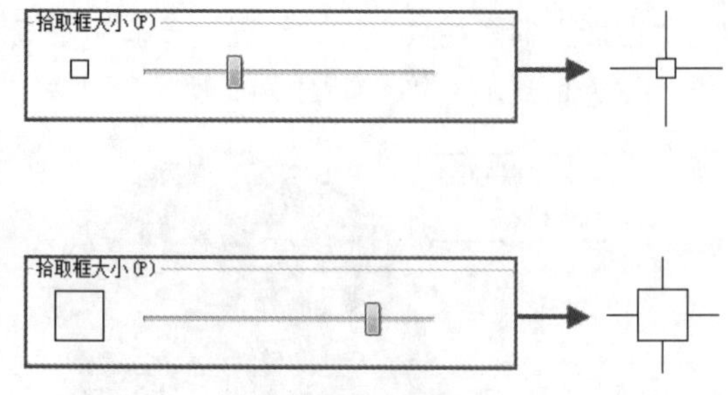

图 4-65 “选择集”选项卡　　　　图 4-66 拾取框大小示例

操作技巧： 4.2.7 小节与本节所设置的十字光标大小是指“选择拾取框”，是用于选择的，只在选择的时候起作用；而 4.2.14 第 3 小节中拖曳的靶框大小滑块，是指“捕捉靶框”，只有在捕捉的时候起作用。当没有执行命令或命令提示选择对象时，十字光标中心的方框是选择拾取框，当命令行提示定位点时，十字光标中心显示的是捕捉靶框。AutoCAD 高版本默认不显示捕捉靶框，一旦提示定位点时，例如输入一个 L 命令并按 Enter 键后，会看到十字光标中心的小方框消失了。

4.3.12 设置图形的选择效果和颜色

如果“硬件加速”为“关”，则图形被选中后呈虚线状显示，如图 4-67 所示，与旧版本 AutoCAD 无异；而当“硬件加速”为“开”，则图形被选中后会出现带有光晕亮显的效果，如图 4-68 所示。

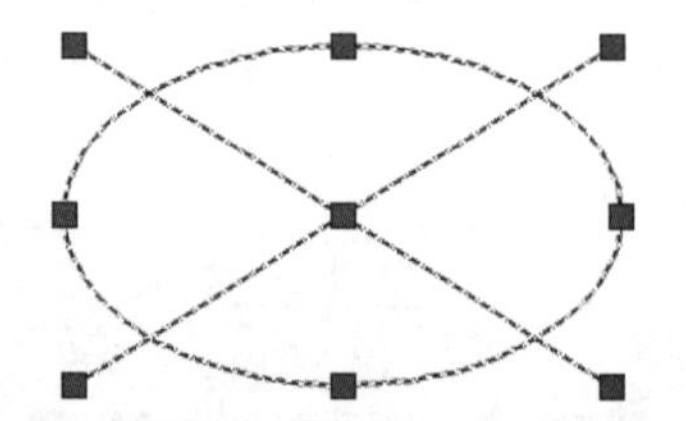

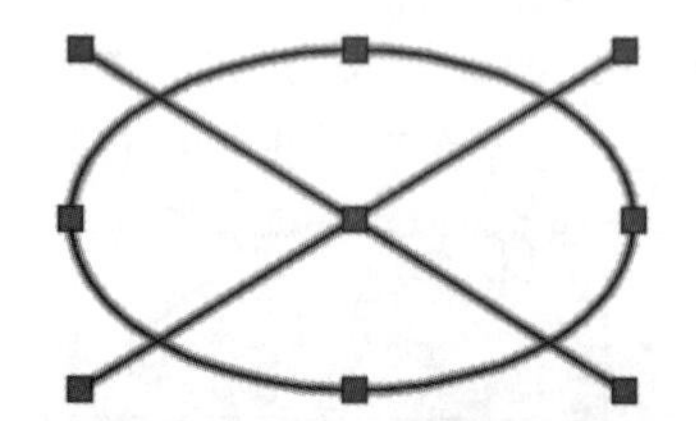

图 4-67 “硬件加速”关闭时选取对象的效果　　　　图 4-68 “硬件加速”开启时选取对象的效果

光晕亮显效果的颜色可以通过“选择集”选项卡中的“选择效果颜色”下拉列表进行设置，不同颜色的显示效果如图 4-69 和图 4-70 所示。默认的颜色为 AutoCAD 索引颜色编号 150 的蓝色，其 RGB 为：0，127，255。

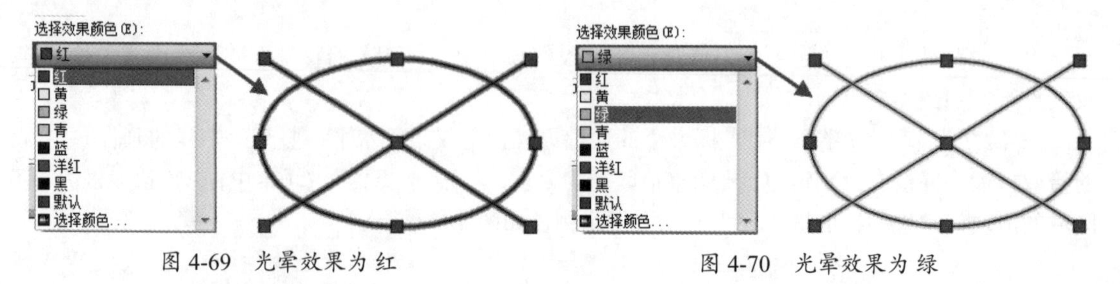

图 4-69 光晕效果为红　　　　图 4-70 光晕效果为绿

4.3.13　设置夹点的选择效果

在框选图形对象的时候，有时会显示出夹点，有时又不会显示，如图4-71所示。

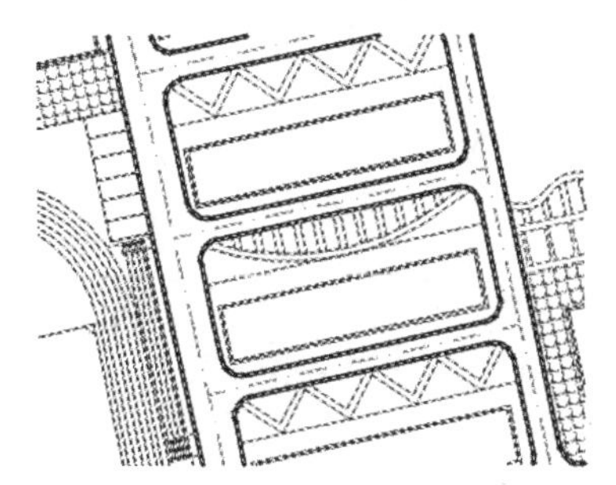

选择时不显示夹点

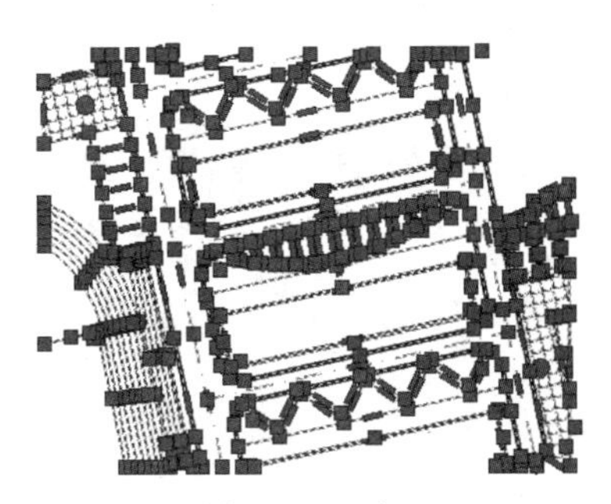

选择时显示夹点

图4-71　选择对象时的夹点显示效果

这是由于限制了选择时的夹点数量所致的。只需在“选择集”选项卡中，重新指定“选择对象时限制的夹点数”即可，如图4-72所示。如果所选择的对象数量大于该值，则不会显示出夹点，反之显示。

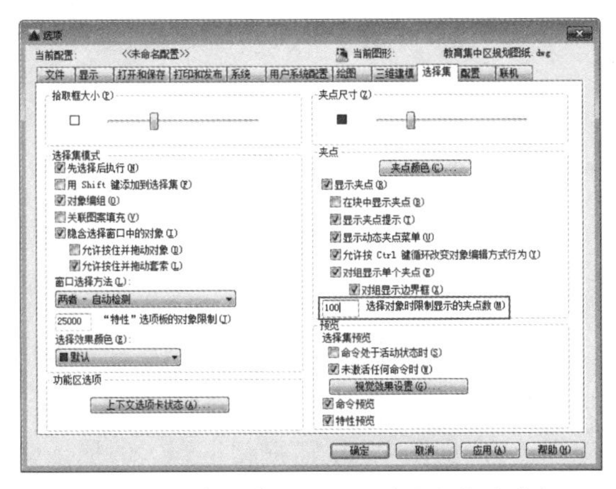

图4-72 “选择对象时限制的夹点数”文本框

4.3.14　设置自动捕捉标记效果

“选项”对话框中的“绘图”选项卡可用于对象捕捉、自动追踪等定形和定位功能的设置，包括自动捕捉和自动追踪时特征点标记的颜色、大小和显示特征等，如图4-73所示。

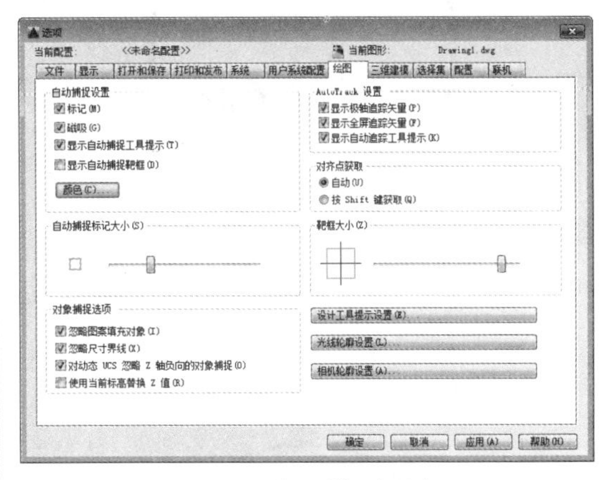

图4-73 “绘图”选项卡

1. 自动捕捉设置与颜色

单击“绘图”选项卡中的“颜色”按钮，打开“图形窗口颜色”对话框，在其中可以设置各绘图环境中捕捉标记的颜色，如图4-74所示。

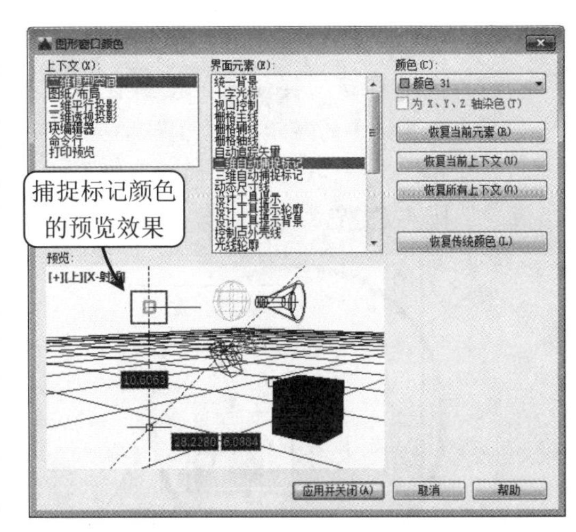

图4-74 “图形窗口颜色”对话框

在“绘图”选项卡的“自动捕捉设置”区域，可以设定与自动捕捉有关的一些特性，各选项含义说明如下。

➢ 标记：控制自动捕捉标记的显示。该标记是当十字光标移动至捕捉点上时显示的几何符号，如图 4-75 所示。

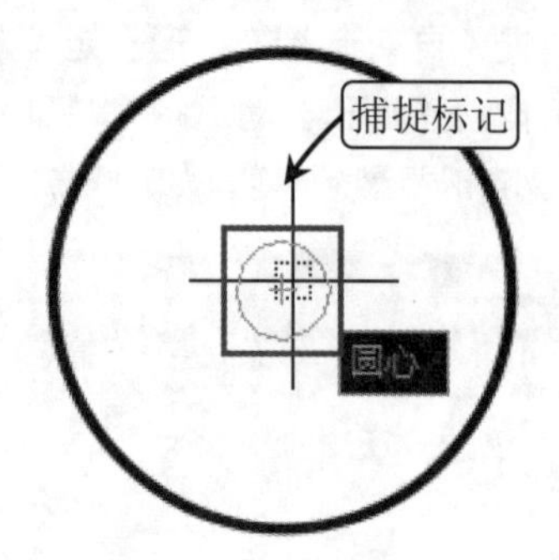

图 4-75　自动捕捉标记

➢ 磁吸：打开或关闭自动捕捉磁吸。磁吸是指十字光标自动移动并锁定到最近的捕捉点上，如图 4-76 所示。

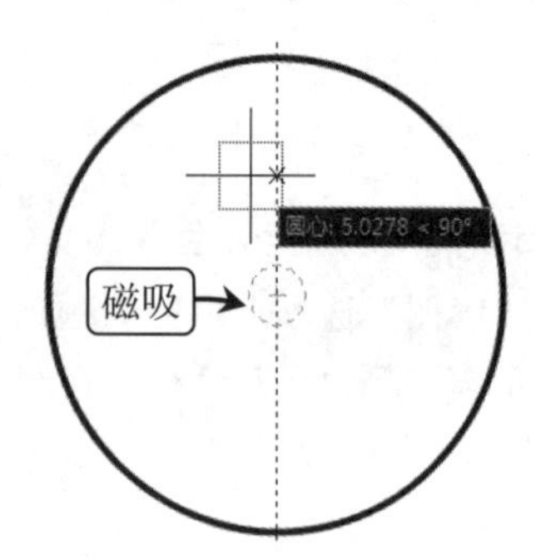

图 4-76　磁吸

➢ 显示自动捕捉提示：控制自动捕捉工具提示的显示。工具提示是一个标签，用来描述捕捉到的对象部分，如图 4-77 所示。

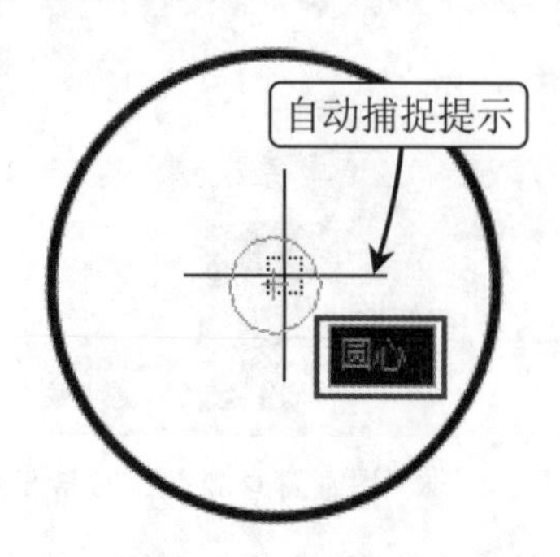

图 4-77　自动捕捉提示

➢ 显示自动捕捉靶框：打开或关闭自动捕捉靶框的显示，如图 4-78 所示。

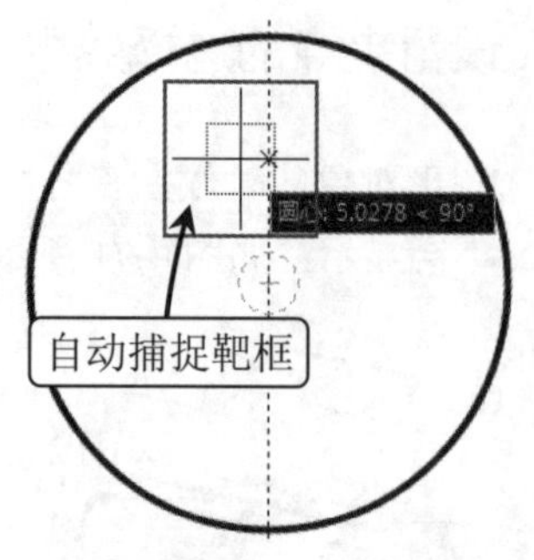

图 4-78　自动捕捉靶框

1. 设置自动捕捉标记大小

在“绘图”选项卡拖曳“自动捕捉标记大小”区域的滑块，即可调整捕捉标记的大小，如图 4-79 所示。如图 4-80 所示为较大的圆心捕捉标记的样式。

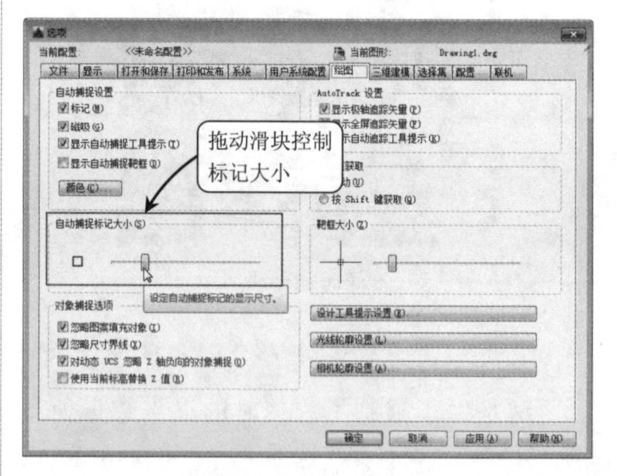

图 4-79　拖曳滑块

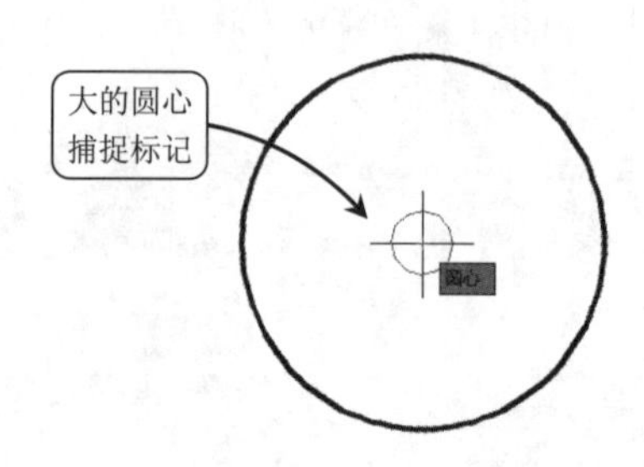

图 4-80　较大的圆心捕捉标记

2. 设置捕捉靶框大小

在“绘图”选项卡中拖曳“自动捕捉标记大小”区域的滑块，即可调整捕捉靶框大小，如图 4-81 所示。常规捕捉靶框和大的捕捉靶框对比效果，如图 4-82 所示。

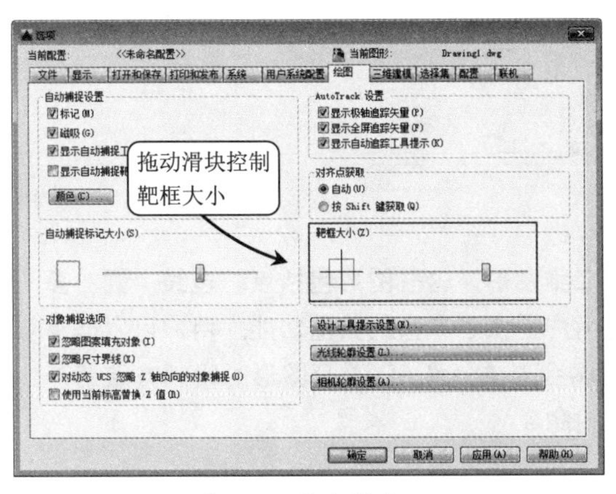

图 4-81　拖曳滑块

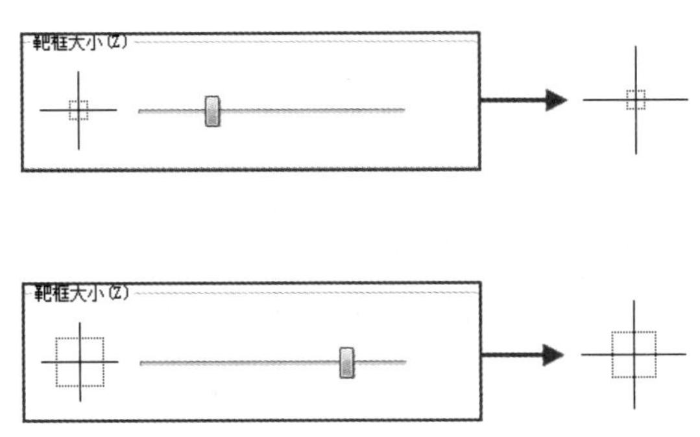

图 4-82　靶框大小示例

此处需要注意的是，只有在“绘图”选项卡中勾选“显示自动捕捉靶框”复选框，再去拖曳靶框大小滑块，才可以在绘图区进行捕捉的时候才能观察到效果。

第 5 章　图形绘制

任何复杂的图形都可以分解成多个基本的二维图形，这些图形包括点、直线、圆、多边形、圆弧和样条曲线等，AutoCAD 2014 为用户提供了丰富的绘图功能，用户可以非常轻松地绘制这些图形。通过本章的学习，读者将会对 AutoCAD 平面图形的绘制方法有一个全面的了解和认识，并能熟练掌握常用的绘图命令。

5.1　绘制点

点是所有图形中最基本的图形对象，可以用来作为捕捉和偏移对象的参考点。在 AutoCAD 2014 中，可以通过单点、多点、定数等分和定距等分 4 种方法创建点对象。

5.1.1　点样式

从理论上来讲，点是没有长度和大小的图形对象。在 AutoCAD 中，系统默认情况下绘制的点显示为一个小圆点，在屏幕中很难看清，因此可以使用“点样式”设置，调整点的外观形状，也可以调整点的尺寸，以便根据需要，让点显示在图形中。在绘制单点、多点、定数等分点或定距等分点之后，我们经常需要调整点的显示方式，以方便对象捕捉，绘制图形。

执行“点样式”命令的方法有以下几种。

- ➢ 功能区：单击“默认”选项卡中“实用工具”面板的“点样式”按钮，如图 5-1 所示。

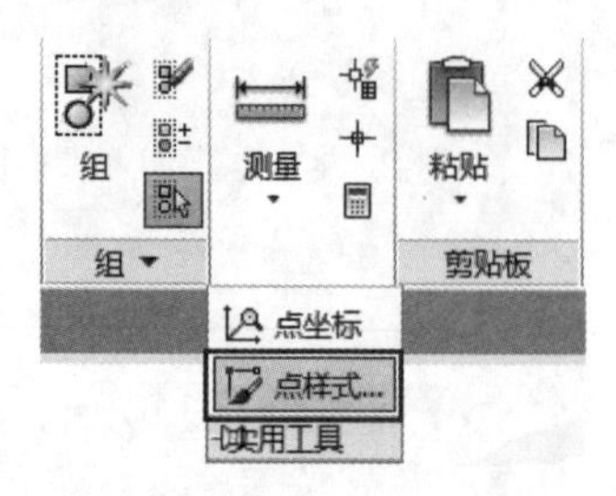

图 5-1　“点样式”按钮

- ➢ 菜单栏：选择“格式”|“点样式”命令。
- ➢ 命令行：DDPTYPE。

执行该命令后，将弹出如图 5-2 所示的“点样式”对话框，可以在其中设置共计 20 种点的显示样式和大小。

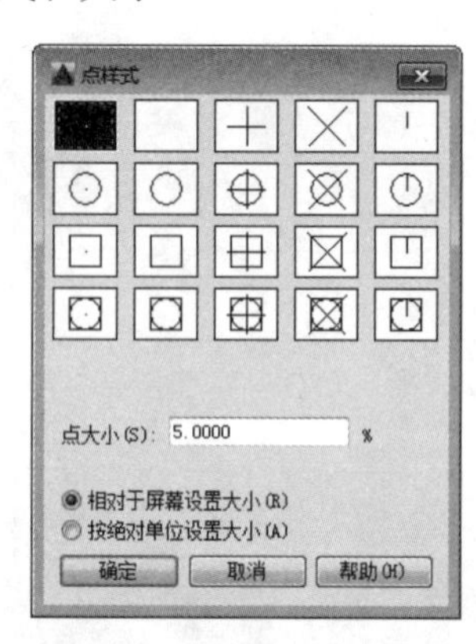

图 5-2　“点样式”对话框

- 命令子选项说明

对话框中各选项的含义说明如下。

- ➢ “点大小（S）”文本框：用于设置点的显示大小，与下面的两个选项相关。
- ➢ “相对于屏幕设置大小（R）”单选按钮：用于按 AutoCAD 绘图屏幕尺寸的百分比设置点的显示大小，在进行视图缩放操作时，点的显示大小并不改变，在命令行输入 RE 命令即可重生成，始终保持与屏幕的相对比例，如图 5-3 所示。

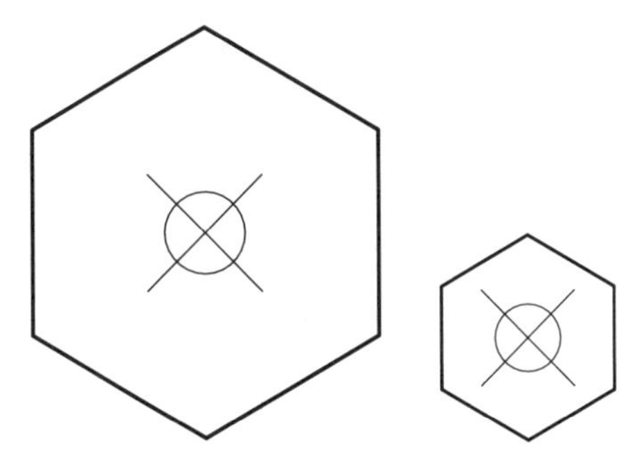

图 5-3　视图缩放时点大小相对于屏幕不变

➢ “按绝对单位设置大小（A）”单选按钮：使用实际单位设置点的大小，同其他的图形元素（如直线、圆），当进行视图缩放操作时，点的显示大小也会随之改变，如图 5-4 所示。

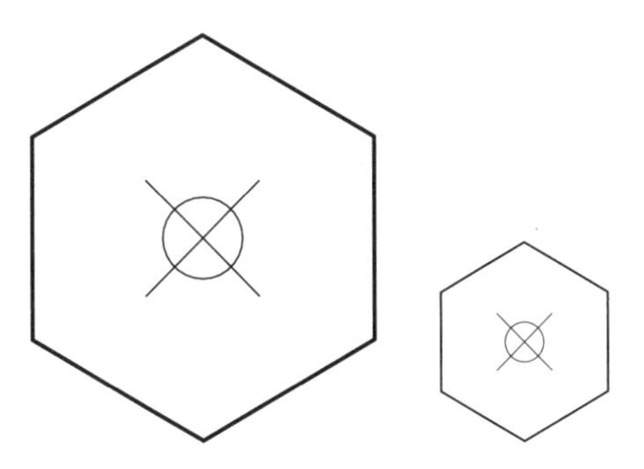

图 5-4　视图缩放时点大小相对于图形不变

5.1.2　案例——创建刻度

通过图 5-2 的“点样式”对话框可知，点样式的种类很多，使用情况也各不相同。通过指定合适的点样式，即可快速获得所需的图形，如矢量线上的刻度，操作步骤如下。

01 单击“快速访问”工具栏中的“打开”按钮 ，打开“5.1.2 创建刻度 .dwg”素材文件，图形在各数值上已经创建好了点，但并没有设置点样式，如图 5-5 所示。

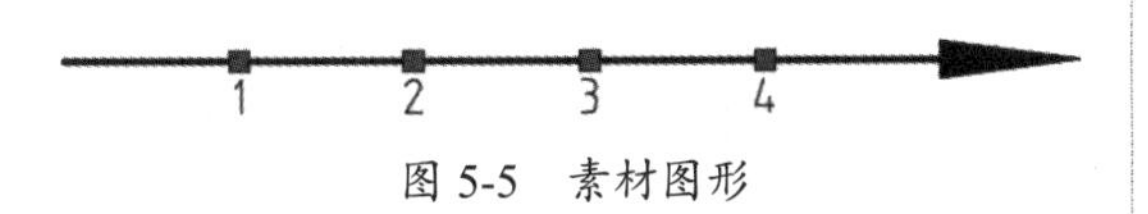

图 5-5　素材图形

02 在命令行中输入 DDPTYPE，调用“点样式”命令，系统弹出“点样式”对话框，根据需要，在该对话框中选择第一排最右侧的形状，然后选择“按绝对单位设置大小”单选按钮，输入“点大小”为 2，如图 5-6 所示。

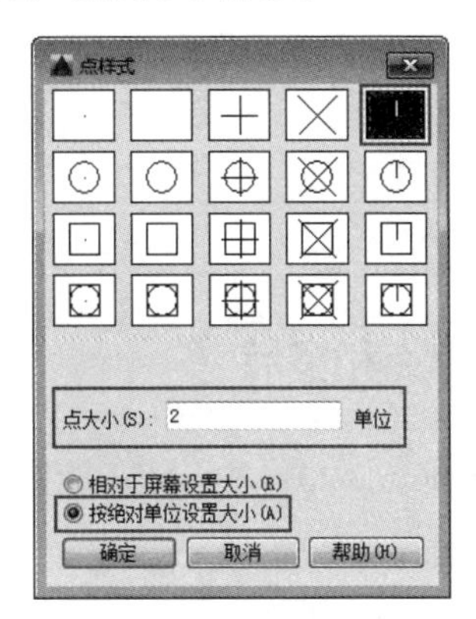

图 5-6　设置点样式

03 单击“确定”按钮，关闭对话框，完成“点样式”的设置，最终结果如图 5-7 所示。

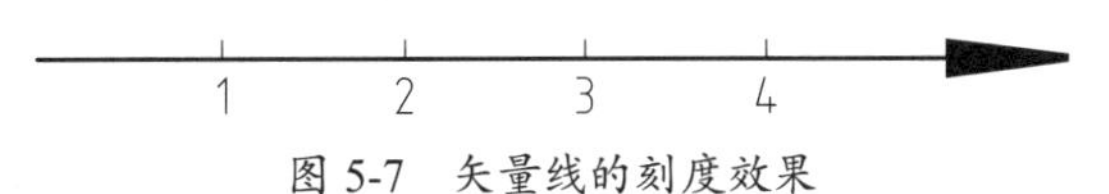

图 5-7　矢量线的刻度效果

- 点样式的特性

“点样式”与“文字样式”“标注样式”等不同，在同一个 dwg 文件中有且仅有一种点样式，而文字样式、标注样式可以设置出多种不同的样式。要想设置不同的点视觉效果，唯一能做的便是在“特性”中选择不同的颜色。

除了可以在“点样式”对话框中设置点的显示形状和大小外，还可以使用 PDSIZE（点尺寸）和 PDMODE（点数值）命令来进行设置。这两项参数指令含义说明如下。

➢ PDSIZE（点尺寸）：在命令行中输入该指令，将提示输入点的尺寸。输入的尺寸为正值时按“绝对单位设置大小”处理；而当输入尺寸为负值时则按“相对于屏幕设置大小”处理。

➢ PDMODE（点数值）：在命令行中输入该指令，将提示输入 pdmode 的新值，可以输入 0 ~ 4、32 ~ 36、64 ~ 68、96 ~ 100 之间的整数，每个值所对应的点形状，如图 5-8 所示。

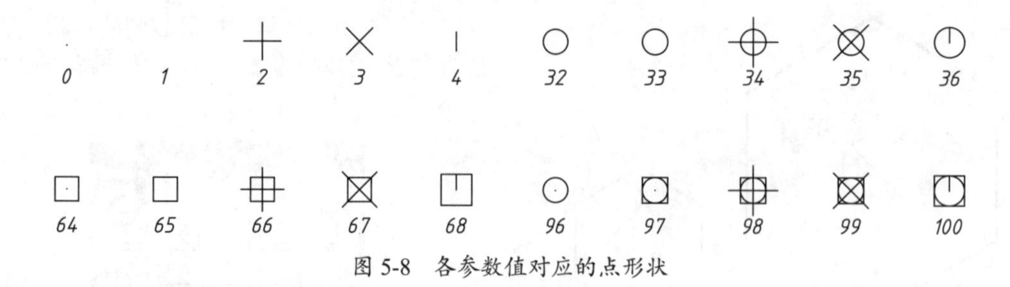

图 5-8 各参数值对应的点形状

5.1.3 单点和多点

在 AutoCAD 2014 中，点的绘制通常使用“多点”命令来完成，“单点”命令已不太常用。

1. 单点

绘制单点就是指执行一次命令只能指定一个点，指定完后自动结束命令。执行“单点”命令有以下几种方法。

- 菜单栏：选择“绘图”|“点”|“单点”命令，如图 5-9 所示。
- 命令行：PONIT 或 PO。

设置好点样式之后，选择“绘图”|“点”|“单点”命令，根据命令行提示，在绘图区任意位置单击，即完成单点的绘制，结果如图 5-10 所示。命令行操作如下。

```
命令：_point
当前点模式：  PDMODE=33  PDSIZE=0.0000
指定点：                                  //在任意位置单击放置点，放置后便自动结束“单点”命令
```

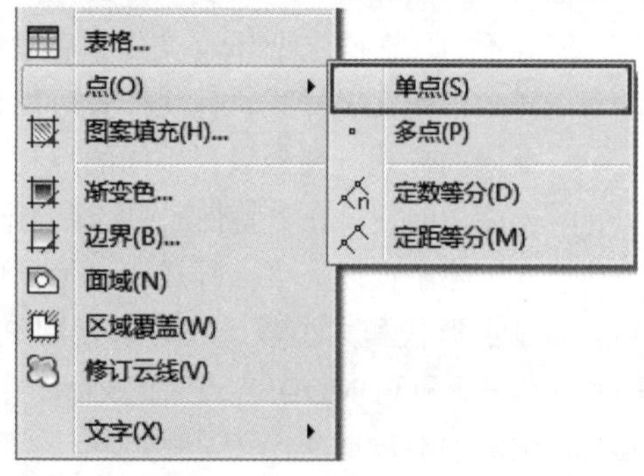

图 5-9 菜单栏中的“单点”

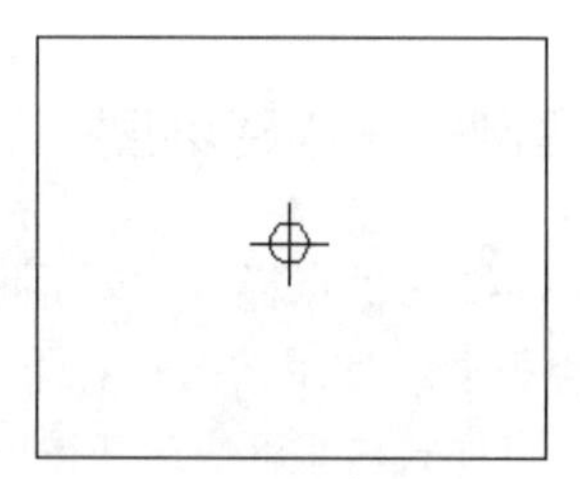

图 5-10 绘制单点效果

2. 多点

绘制多点就是指执行一次命令后可以连续指定多个点，直到按 Esc 键结束命令。执行“多点”命令有以下几种方法。

- 功能区：单击“绘图”面板中的“多点”按钮▪，如图 5-11 所示。
- 菜单栏：选择“绘图”|“点”|“多点”命令。

设置好点样式之后，单击“绘图”面板中的“多点”按钮▪，根据命令行提示，在绘图区任意 6 个位置单击，按 Esc 键退出，即可完成多点的绘制，结果如图 5-12 所示。命令行操作如下。

```
命令：_point
当前点模式：  PDMODE=33  PDSIZE=0.0000               //在任意位置单击放置点
指定点：*取消*                                         //按 Esc 键完成多点绘制
```

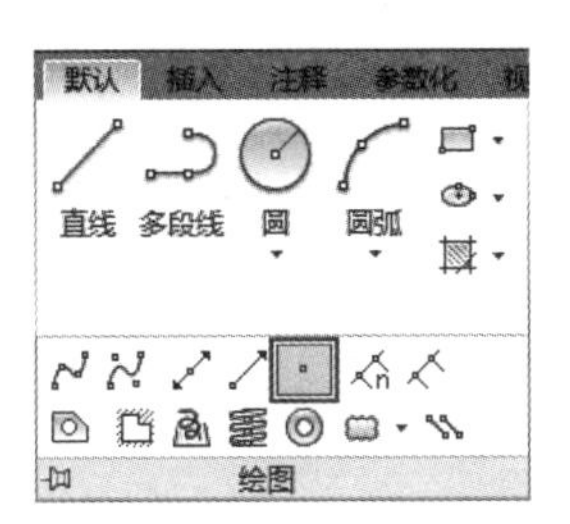

图 5-11　“绘图”面板中的“多点”按钮

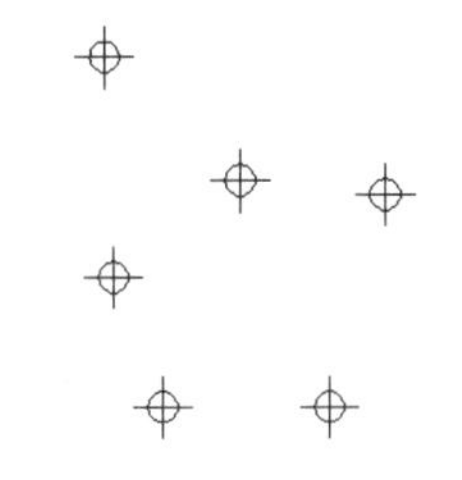
图 5-12　绘制多点效果

5.1.4　定数等分

“定数等分”是将对象按指定的数量分为等长的多段，并在各等分位置生成点。执行“定数等分”命令的方法有以下几种。

➢ 功能区：单击“绘图”面板中的“定数等分”按钮，如图 5-13 所示。

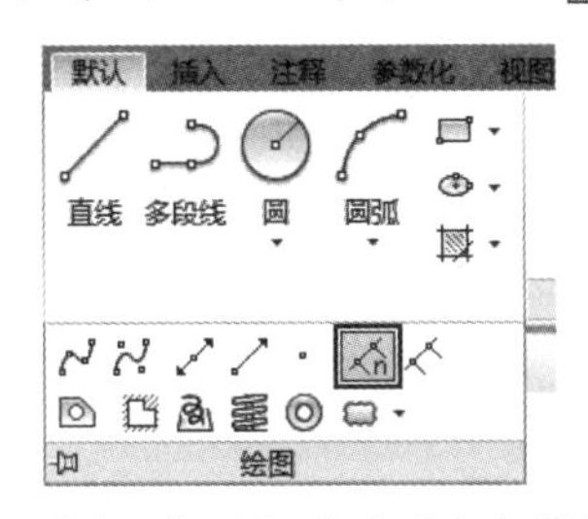

图 5-13　“绘图”面板中的“定数等分”按钮

➢ 菜单栏：选择“绘图”|“点”|“定数等分”命令。
➢ 命令行：DIVIDE 或 DIV。

执行该命令后，先选择需要被等分的对象，然后再输入等分的段数即可，相关命令行提示如下。

```
    命令：_divide                                   //执行“定数等分”命令
    选择要定数等分的对象：                            //选择要等分的对象，可以是直线、圆、
圆弧、样条曲线、多段线
    输入线段数目或 [块(B)]:                          //输入要等分的段数
```

● 命令子选项说明

➢ “输入线段数目”：该选项为默认选项，输入数字即可将被选中的图形进行平分，如图 5-14 所示。
➢ “块（B）”：该命令可以在等分点处生成用户指定的块，如图 5-15 所示。

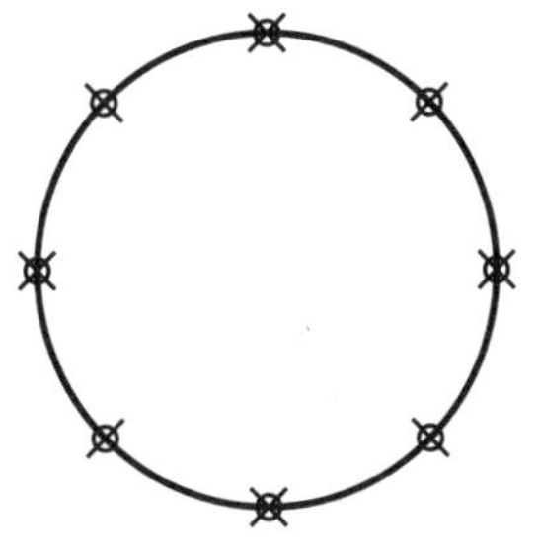
图 5-14　以点定数等分

图 5-15　以块定数等分

操作技巧： 在命令操作过程中，命令行有时会出现“输入线段数目或 [块 (B)]:”的提示，其中的英文字母如“块（B）”等，是执行各选项命令的输入字符。如果要执行“块（B）”选项，只需在该命令行中输入 B 即可。

5.1.5 案例——定数等分直线

由于“定数等分”是将图形按指定的数量进行等分，因此适用于圆、圆弧、椭圆、样条曲线等曲线图形进行等分，常用于绘制一些数量明确、形状相似的图形，如扇子、花架等。

01 用“绘图”|“直线”命令，绘制一条长 500 的线段 AB。

02 调用“绘图”|“等分点”|“定数等分”命令，将线段 AB 等分为 5 份，如图 5-16 所示，命令行操作如下。

```
命令： _divide↙                          // 调用“定数等分”命令
选择要定数等分的对象:                     // 单击选取需要等分的线段 AB
输入线段数目或 [ 块 (B)]： 5↙             // 输入段数 5 并按 Enter 键
```

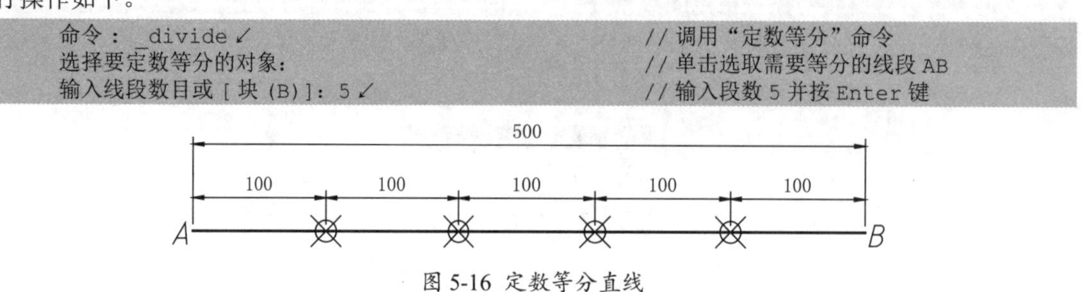

图 5-16 定数等分直线

- 用 list 命令获取等分点坐标

在机械加工行业中，如果需要加工一些非常规的曲线轮廓，就需要技术人员在 AutoCAD 中测量出该曲线的多个点坐标，以此作为数控加工人员的编程参考。此时即可使用“定数等分”一次性在曲线上得出多个点，然后使用 list 命令选中这些点，再在文本窗口中复制相关内容，粘贴到其他应用程序中再处理，即可快速获取各点的坐标。具体操作如图 5-17 所示。

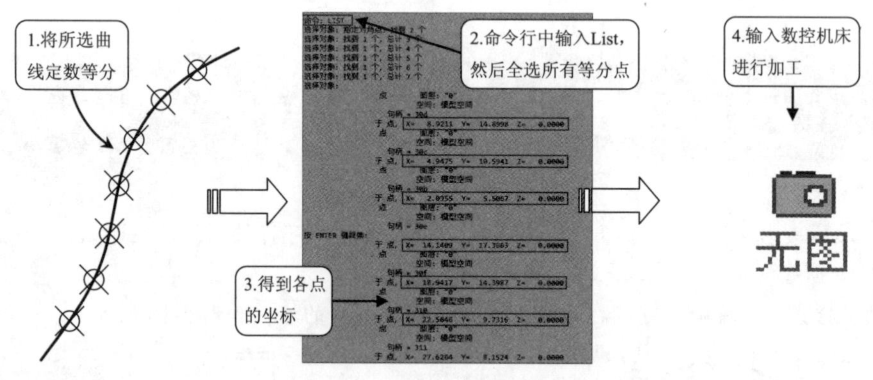

图 5-17 用 list 命令获取等分点坐标

5.1.6 拓展案例——获取加工点

在机械行业，经常会看到一些具有曲线外形的零件，如常见的机床手柄，如图 5-18 所示。要加工这类零件，就势必需要获取曲线轮廓上的若干点来作为加工、检验尺寸的参考，如图 5-19 所示，此时即可通过“定数等分”的方式来获取这些点。点的数量越多，轮廓越精细，但加工、质检时工作量就会越大，因此推荐等分点数在 5 ～ 10。

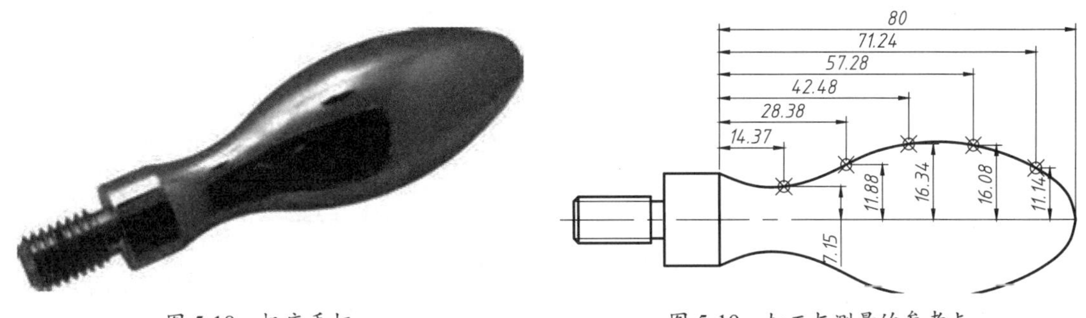

图 5-18　机床手柄　　　　图 5-19　加工与测量的参考点

01 打开“第 5 章 /5.1.6 通过定数等分获取加工点 .dwg”素材文件，其中已经绘制好了一个手柄零件图形，如图 5-20 所示。

02 坐标归零。要得到各加工点的准确坐标，就必须先定义坐标原点，即数据加工中的“对刀点”。在命令行中输入 UCS，按 Enter 键，可见 UCS 坐标粘附于十字光标上，然后将其放置在手柄曲线的起端，如图 5-21 所示。

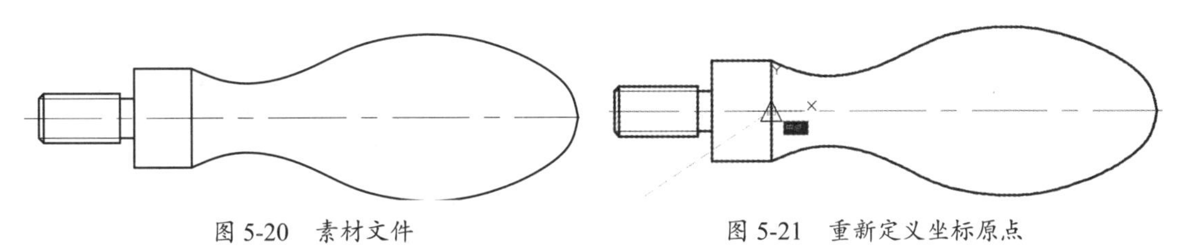

图 5-20　素材文件　　　　图 5-21　重新定义坐标原点

03 执行定数等分。按 Enter 键放置 UCS 坐标，接着单击“绘图”面板中的“定数等分”按钮，选择上方的曲线（上、下两条曲线对称，故选其中一条即可），输入项目数为 6，按 Enter 键完成定数等分，如图 5-22 所示。

04 获取点坐标。在命令行中输入 LIST，选择各等分点，然后按 Enter 键，即在命令行中得到坐标如图 5-23 所示。

05 这些坐标值即为各等分点相对于新指定原点的坐标，可用作加工或质检的参考。

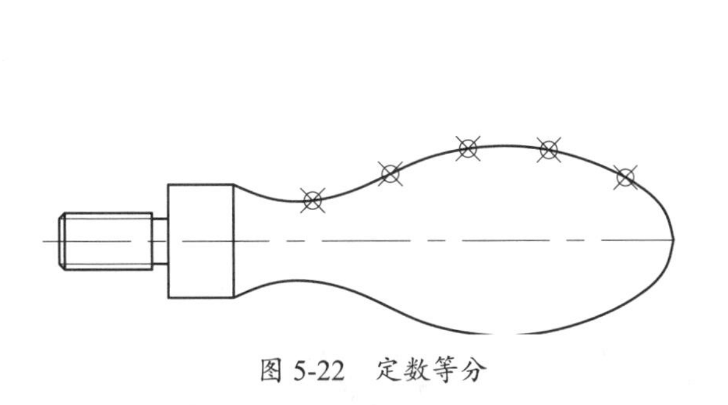

图 5-22　定数等分

```
编辑(E)
命令:  LIST
选择对象: 指定对角点: 找到 5 个
选择对象:
            点          图层: "0"
                        空间: 模型空间
              句柄 = 667
           于 点, X= 14.3732  Y=  7.1519  Z=  0.0000
            点          图层: "0"
                        空间: 模型空间
              句柄 = 666
           于 点, X= 28.3834  Y= 11.8758  Z=  0.0000
            点          图层: "0"
                        空间: 模型空间
              句柄 = 665
           于 点, X= 42.4789  Y= 16.3436  Z=  0.0000
            点          图层: "0"
                        空间: 模型空间
              句柄 = 664
           于 点, X= 57.2780  Y= 16.0756  Z=  0.0000
            点          图层: "0"
                        空间: 模型空间
              句柄 = 663
           于 点, X= 71.2372  Y= 11.1382  Z=  0.0000
命令:
```

图 5-23　通过 LIST 命令获取点坐标

5.1.7 定距等分

“定距等分”是将对象分为长度为指定值的多段，并在各等分位置生成点。执行“定距等分”命令的方法有以下几种。

- 功能区：单击“绘图”面板中的“定距等分”按钮，如图 5-24 所示。
- 菜单栏：选择“绘图”|“点”|“定距等分”命令。
- 命令行：MEASURE 或 ME。

执行该命令后，选择要等分的对象，其命令行提示如下。

```
命令： _measure                          //执行“定距等分”命令
选择要定距等分的对象：                    //选择要等分的对象，可以是直线、圆、圆弧、样条曲线、多段线
指定线段长度或 [块(B)]:                   //输入要等分的单段长度
```

- 命令子选项说明
  - “指定线段长度”：该选项为默认选项，输入的数字即为分段的长度，如图 5-25 所示。
  - “块（B）”：该命令可以在等分点处生成用户指定的块。

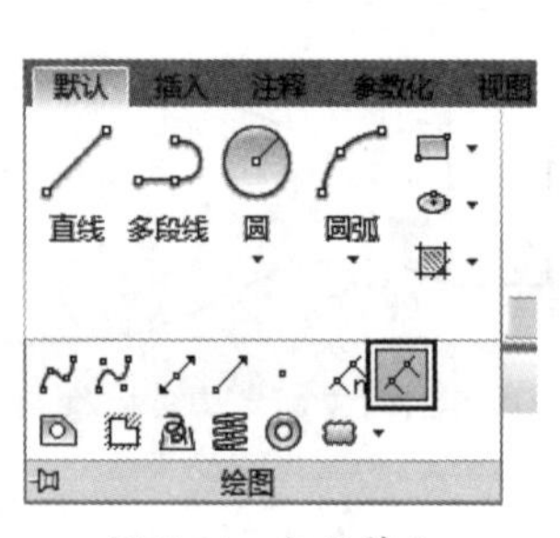

图 5-24 定数等分

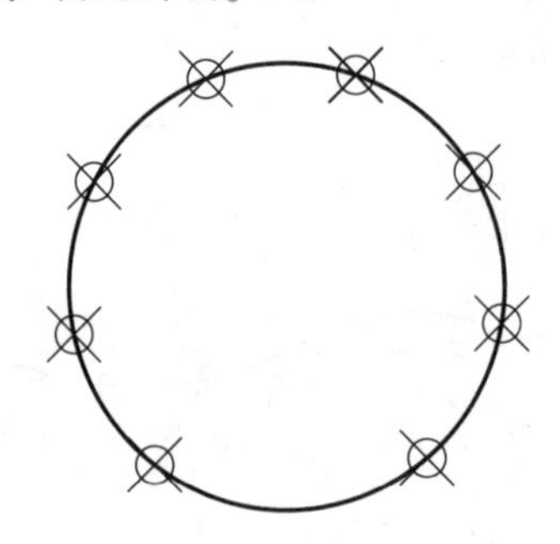
图 5-25 定距等分效果

- “块（B）”等分

在命令操作过程中，命令行有时会出现类似“输入线段数目或 [块 (B)]:”的提示，其中的英文字母如“块（B）”等，是执行各选项命令的输入字符。如果我们要执行“块（B）”选项，只需在该命令行中输入 B 即可。

执行等分点命令时，选择“块（B）”选项，表示在等分点处插入指定的块，操作效果如图 5-26 所示，命令行操作如下。相比于“阵列”操作，该方法有一定的灵活性。

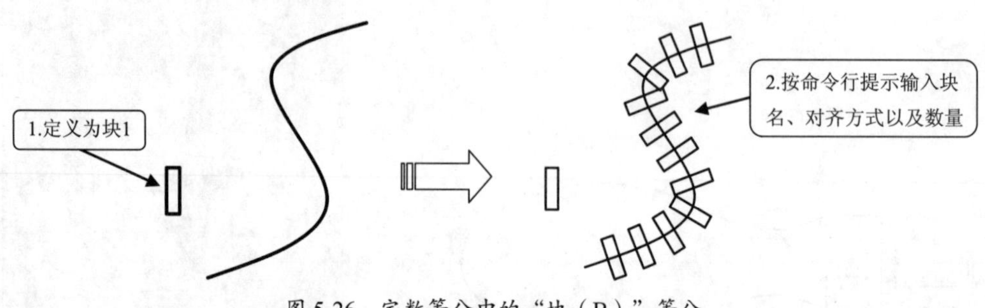

图 5-26 定数等分中的“块（B）”等分

```
命令： _divide                           //执行“定数等分”命令
选择要定数等分的对象：                    //选择要等分的对象，图 5-26 中的样条曲线
输入线段数目或 [块(B)]: B1               //执行“块(B)”选项
```

```
    输入要插入的块名：11                              //输入要插入的块名称，如“1”
    是否对齐块和对象？[是(Y)/否(N)] <Y>:1            //默认对齐
    输入线段数目：121                                 //输入“块(B)”等分的数量
```

5.1.8 案例——绘制园路

“定距等分”是将图形按指定的距离进行等分，因此适用于绘制一些具有固定间隔长度的图形，如楼梯和踏板等。

01 调用“文件”|“打开”命令，打开“第5章/5.1.8 绘制园路.dwg”文件，如图5-27所示。

02 调用“绘图”|“点”|“定距等分”命令，沿着样条曲线绘制园路，如图5-28所示，命令行操作如下。

```
    命令：_measure↙                                  //调用“定距等分”命令
    选择要定距等分的对象：                            //拾取样条曲线
    指定线段长度或 [块(B)]：b↙                       //激活“块(B)”选项
    输入要插入的块名：矩形块↙                         //输入块名
    是否对齐块和对象？[是(Y)/否(N)] <Y>：y↙          //激活“是(Y)”选项
    指定线段长度：350↙                               //输入长度
```

图5-27 素材图形

图5-28 块等分绘制园路

5.2 绘制直线类图形

直线类图形是AutoCAD中最基本的图形对象，在AutoCAD中，根据用途的不同，可以将线分类为直线、射线、构造线、多线和多线段。不同的直线对象具有不同的特性，下面进行详细讲解。

5.2.1 直线

直线是绘图中最常用的图形对象，只要指定了起点和终点，即可绘制出一条直线。执行“直线”命令的方法有以下几种。

- 功能区：单击“绘图”面板中的“直线”按钮╱。
- 菜单栏：选择“绘图”|“直线”命令。
- 命令行：LINE或L。

执行该命令后，可按命令行提示进行操作。

```
    命令：_line                                      //执行“直线”命令
    指定第一个点：                                    //输入直线段的起点，用鼠标指定点或在命令行中
输入点的坐标
    指定下一点或 [放弃(U)]：                          //输入直线段的端点。也可以用鼠标指定一定角度
后，直接输入直线的长度
```

```
    指定下一点或 [放弃(U)]:                    //输入下一直线段的端点。输入U表示放弃之前的
输入
    指定下一点或 [闭合(C)/放弃(U)]:            //输入下一直线段的端点。输入C使图形闭合，或
按Enter键结束命令
```

- 命令子选项说明
  - ➢ “指定下一点”：当命令行提示“指定下一点”时，用户可以指定多个端点，从而绘制出多条直线段。但每一段直线又都是一个独立的对象，可以进行单独的编辑操作，如图5-29所示。
  - ➢ “闭合（C）”：绘制两条以上直线段后，命令行会出现“闭合（C）”选项。此时如果输入C，则系统会自动连接直线命令的起点和最后一个端点，从而绘制出封闭的图形，如图5-30所示。
  - ➢ “放弃（U）”：命令行出现“放弃（U）”选项时，如果输入U，则会擦除最近一次绘制的直线段，如图5-31所示。

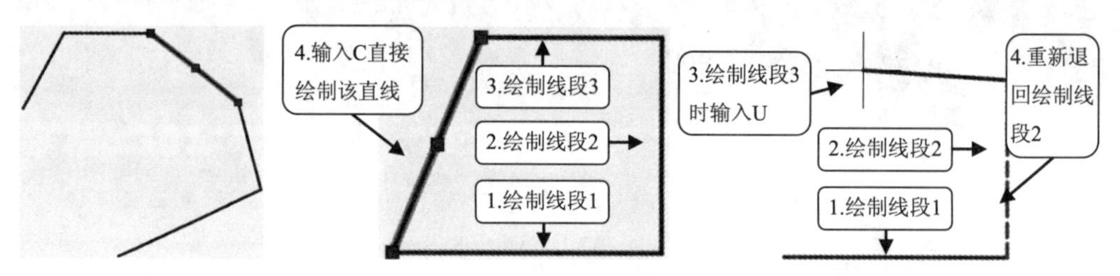

图5-29　每一段直线均可单独编辑　图5-30　输入C绘制封闭图形　图5-31　输入U重新绘制直线

5.2.2　案例——绘制阶梯图

01 单击“快速访问”工具栏中的“新建”按钮，新建空白文件。

02 打开状态栏上的“正交”按钮，开启正交模式，使绘制出来的直线保持水平或垂直。

03 在“默认”选项卡中，单击“绘图”面板中的“直线”按钮绘制直线，命令行提示如下：

```
    命令：_LINE                                  //调用“直线”命令
    指定第一个点:                                //指定原点为直线的起点
    指定下一点或 [放弃(U)]: 0,2001               //输入绝对直角坐标，指定第二点
    指定下一点或 [放弃(U)]: 300,2001             //输入绝对直角坐标，指定第三点
    指定下一点或 [放弃(U)]: 300,4001             //输入绝对直角坐标，指定第四点
    指定下一点或 [放弃(U)]: 600,4001             //输入绝对直角坐标，指定第五点
    指定下一点或 [放弃(U)]: 600,01               //输入绝对直角坐标，指定第六点
    指定下一点或 [闭合(C)/放弃(U)]: C1           //激活“闭合”选项，闭合图形，再按
Enter键结束操作
```

04 完成阶梯剖面图的绘制，效果如图5-32所示。

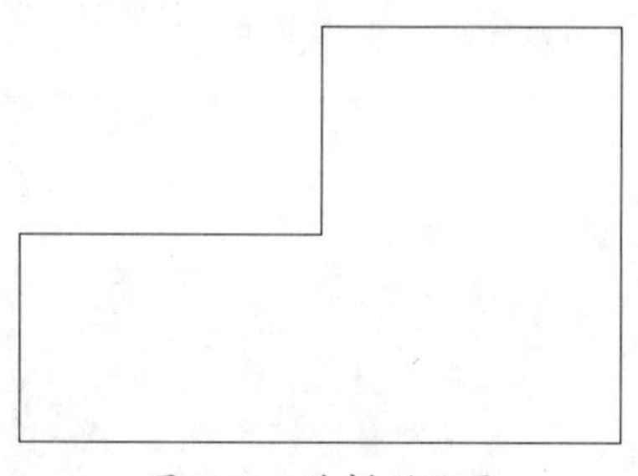

图5-32　阶梯剖面图

操作技巧：单击打开“状态栏”中的“动态输入”时，输入的坐标默认为相对坐标。如果在绘图过程中，需要输入绝对坐标，就要关闭“状态栏”中的“动态输入”。

技术专题：“直线”命令大起底

a. 直线（Line）的起始点确定

若命令行提示“指定第一个点”时，按Enter键，系统则会自动把上次绘制的线（或弧）的终点作为本次直线操作的起点。特别是，如果上次操作为绘制圆弧，按Enter键后会绘出通过圆弧终点的与该圆弧相切的直线段，该线段的长度由鼠标在屏幕上指定的一点与切点之间线段的长度确定，操作效果如图5-33所示，命令行操作如下。

```
命令：_line
指定第一个点：  直线长度：20          //按Enter键确认起点，然后输入直线长度
指定下一点或［放弃(U)]:              //按Esc键完成绘制
```

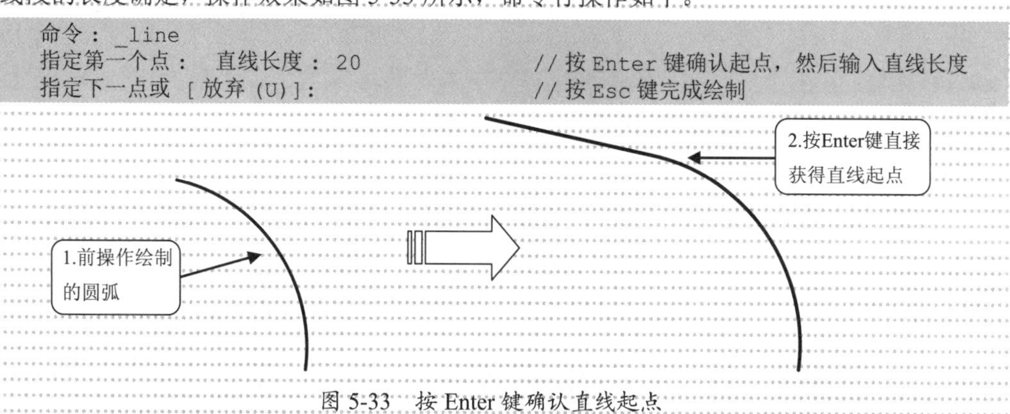

图5-33 按Enter键确认直线起点

b. 直线（Line）命令的操作技巧

➢ 绘制水平、垂直直线。单击“状态栏”中的“正交”按钮，根据正交方向提示，直接输入下一点的距离即可，如图5-34所示。不需要输入@符号，使用临时正交模式也可按住Shift键，在此模式下不能输入命令或数值，可捕捉对象。

➢ 绘制斜线。可单击“状态栏”中的“极轴”按钮，在“极轴”按钮上单击右键，在弹出的快捷菜单中可以选择所需的角度选项，也可以选择“正在追踪设置”选项，则系统会弹出“草图设置”对话框，在“增量角”文本输入框中可设置斜线的捕捉角度，此时，图形即进入了自动捕捉所需角度的状态，其可大大提高制图时输入直线长度的效率，效果如图5-35所示。

➢ 捕捉对象。可按住Shift键单击鼠标右键，在弹出的快捷菜单中选择捕捉选项，然后将光标移动至合适位置，程序会自动进行某些点的捕捉，如端点、中点、圆切点等，“捕捉对象”功能的应用可以极大提高制图效率，如图5-36所示。

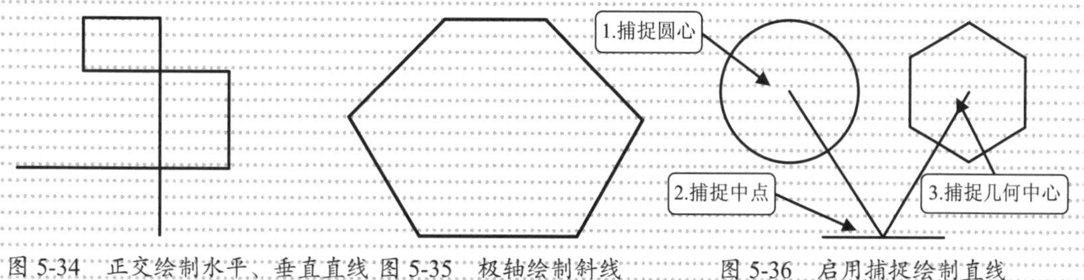

图5-34 正交绘制水平、垂直直线 图5-35 极轴绘制斜线 图5-36 启用捕捉绘制直线

5.2.3 射线

射线是一端固定而另一端无限延伸的直线，它只有起点和方向，没有终点。射线在AutoCAD中使用较少，通常用来作为辅助线，尤其在机械制图中可以作为三视图的投影线使用。

执行“射线”的方法有以下几种。

- 功能区：单击“绘图”面板中的“射线”按钮。
- 菜单栏：选择“绘图”|“射线”命令。
- 命令行：RAY。

执行该命令后，相关的命令行提示如下。

```
命令： _ray                    //执行“射线”命令
指定起点：                     //输入射线的起点，可以用鼠标指定点或在命令行中输入点的坐标
指定通过点： 20<301            //输入射线通过点的坐标
指定通过点： l                 //按Enter键结束命令
```

5.2.4 拓展案例——绘制相贯线

两立体表面的交线称为“相贯线”，如图5-37所示。它们的表面（外表面或内表面）相交，均出现了箭头所指的相贯线，在画该类零件的三视图时，必然会涉及绘制相贯线的投影问题。

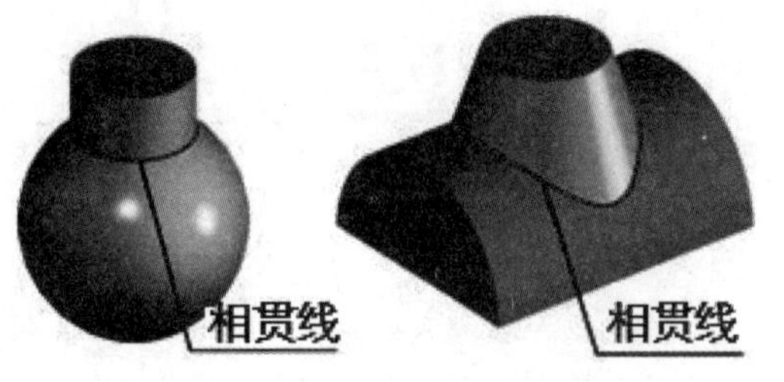

图5-37 相贯线

01 打开素材文件“第5章/5.2.4根据投影规则绘制相贯线.dwg”，其中已经绘制好了零件的左视图与俯视图，如图5-38所示。

02 绘制投影线。单击“绘图”面板中的“射线”按钮，以左视图中各端点与交点为起点向右绘制射线，如图5-39所示。

03 绘制投影线。按相同方法，以俯视图中各端点与交点为起点，向上绘制射线，如图5-40所示。

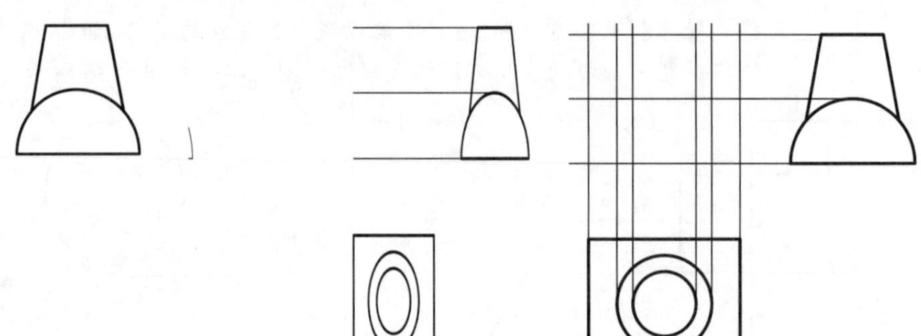

图5-38 素材图形　　图5-39 绘制水平投影线　　图5-40 绘制竖直投影线

04 绘制主视图轮廓。绘制主视图轮廓之前，先要分析出俯视图与左视图中各特征点的投影关系（俯视图中的点，如1、2等，即相当于左视图中的点1’、2’，下同），然后单击“绘图”面板中的“直线”按钮，连接各点的投影在主视图中的交点，即可绘制出主视图轮廓，如图5-41所示。

05 求一般交点。目前所得的图形还不足以绘制出完整的相贯线，因此需要另外找出2点，借以绘制出投影线来获取相贯线上的点（原则上5点才能确定一条曲线）。按“长对正、宽相等、高平齐”的原则，在俯视图和左视图绘制如图5-42所示的两条直线，删除多余射线。

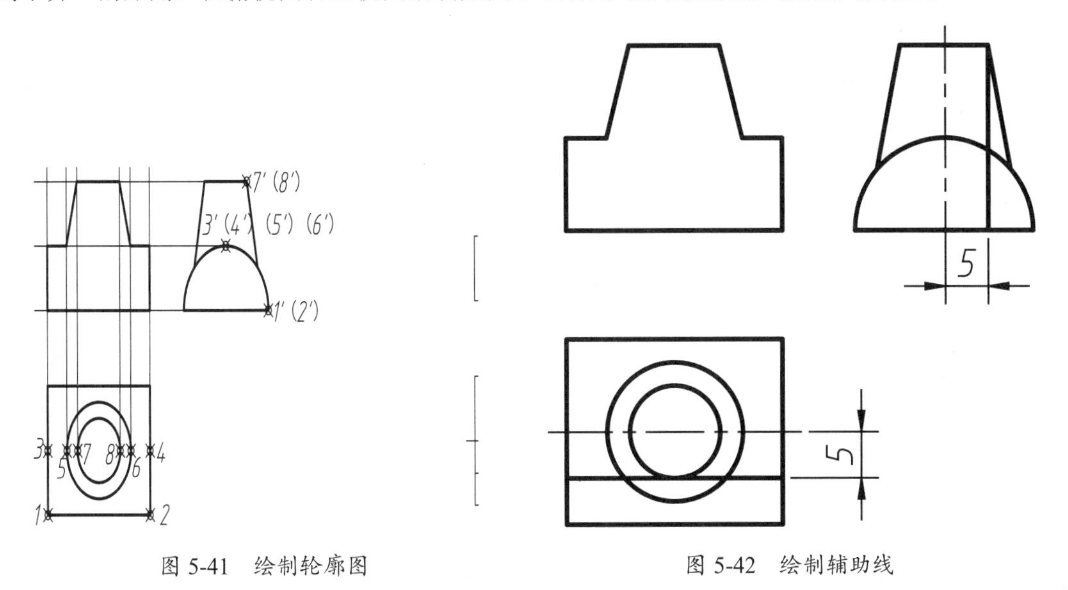

图5-41　绘制轮廓图　　　　图5-42　绘制辅助线

06 绘制投影线。根据辅助线与图形的交点为起点，分别使用“射线”命令绘制投影线，如图5-43所示。

07 绘制相贯线。单击“绘图”面板中的“样条曲线”按钮，连接主视图中各投影线的交点，即可得到相贯线，如图5-44所示。

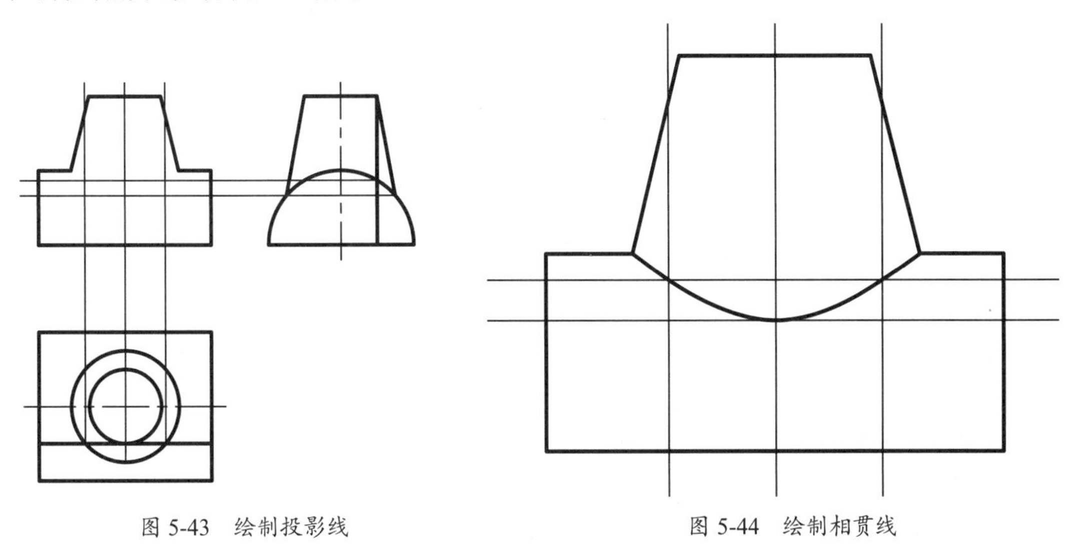

图5-43　绘制投影线　　　　图5-44　绘制相贯线

5.2.5 构造线

构造线是两端无限延伸的直线，没有起点和终点，主要用于绘制辅助线和修剪边界，在建筑设计中常用来作为辅助线，在机械设计中也可作为轴线使用。构造线只需指定两个点即可确定位置和方向。可通过以下方式执行该命令。

- 功能区：单击“绘图”面板中的“构造线”按钮。
- 菜单栏：选择“绘图”|“构造线”命令。
- 命令行：XLINE 或 XL。

执行该命令后，可按如下命令行提示进行操作。

```
命令： _xline                                                        //执行“构造线”命令
指定点或 [水平(H)/垂直(V)/角度(A)/二等分(B)/偏移(O)]：              //输入第一个点
指定通过点：                                                          //输入第二个点
指定通过点：                                                          //继续输入点，可以继
续画线，按Enter键结束命令
```

- 命令子选项说明
  - “水平（H）”“垂直（V）”：选择“水平”或“垂直”选项，可以绘制水平和垂直的构造线，如图5-45所示。

```
命令： _xline
指定点或 [水平(H)/垂直(V)/角度(A)/二等分(B)/偏移(O)]： h
                                                  //输入h或v
指定通过点：                                      //指定通过点，绘制水平或垂直构造线
```

  - “角度（A）”：选择“角度”选项，可以绘制用户所输入角度的构造线，如图5-46所示。

```
命令： _xline
指定点或 [水平(H)/垂直(V)/角度(A)/二等分(B)/偏移(O)]： a
                                                  //输入a，选择“角度”选项
输入构造线的角度 (0) 或 [参照(R)]： 45             //输入构造线的角度
指定通过点：                                      //指定通过点完成创建
```

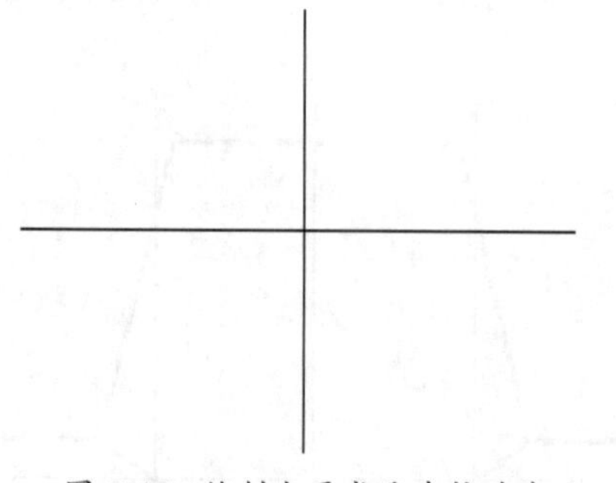

图5-45 绘制水平或垂直构造线

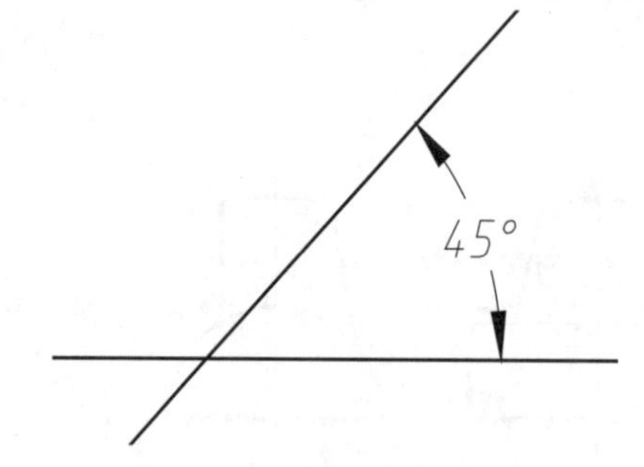

图5-46 绘制成角度的构造线

  - “二等分（B）”：选择“二等分”选项，可以绘制两条相交直线的角平分线，如图5-47所示。绘制角平分线时，使用捕捉功能依次拾取顶点O、起点A和端点B即可（A、B可为直线上除O点外的任意点）。

```
命令： _xline
指定点或 [水平(H)/垂直(V)/角度(A)/二等分(B)/偏移(O)]： b
                                          //输入b，选择“二等分”选项
指定角的顶点：                            //选择O点
指定角的起点：                            //选择A点
指定角的端点：                            //选择B点
```

➢ “偏移（O）”：选择“偏移”选项，可以由已有直线偏移出平行线，如图 5-48 所示。该选项的功能类似于“偏移”命令（详见第 6 章）。通过输入偏移距离和选择要偏移的直线来绘制与该直线平行的构造线。

```
命令：_xline
指定点或 [水平 (H)/垂直 (V)/角度 (A)/二等分 (B)/偏移 (O)]: o
                                                //输入O，选择“偏移”选项
指定偏移距离或 [通过 (T)] <10.0000>: 16         //输入偏移距离
选择直线对象：                                  //选择偏移的对象
指定向哪侧偏移：                                //指定偏移的方向
```

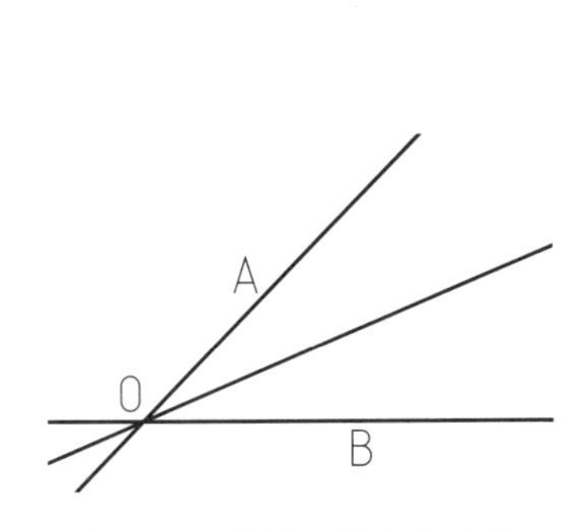

图 5-47　绘制二等分构造线

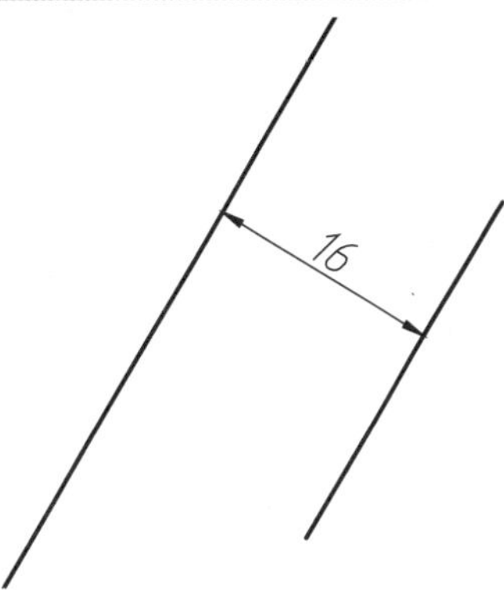

图 5-48　绘制偏移的构造线

5.2.6　案例——绘制角平分线

01 单击“快速访问”工具栏中的“打开”按钮，打开“第 5 章 /5.2.6 绘制角的等分线”素材文件，如图 5-49 所示。

02 在“默认”选项卡中，单击“绘图”面板中的“构造线”按钮，命令行提示如下：

```
命令：_xline                                    //调用构造线命令
xline 指定点或 [水平 (H)/垂直 (V)/角度 (A)/二等分 (B)/偏移 (O)]: bl
                                                //激活二等分选项
指定角的顶点：                                  //指定角边上的一点 (A)
指定角的起点：                                  //指定角边上的一点 (B)
指定角的端点：                                  //指定角边上的一点 (C)
指定角的端点：1                                 //按 Enter 键结束 XLINE 命令，得到角
的平分线，如图 5-50 所示
```

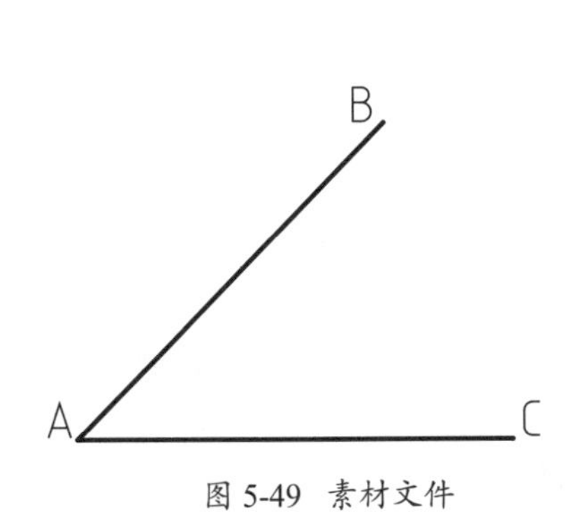

图 5-49　素材文件

图 5-50　绘制的角平分线

技术专题：构造线的特点与应用

构造线是真正意义上的“直线”，可以向两端无限延伸。构造线在控制草图的几何关系、尺寸关系方面，有着极其重要的作用，如三视图中“长对正、高平齐、宽相等”的辅助线，如图5-51所示（图中细实线为构造线，粗实线为轮廓线，下同）。

而且构造线不会改变图形的总面积，因此，它们的无限长特性对缩放或视点没有影响，并会被显示图形范围的命令所忽略。与其他对象相同，构造线也可以移动、旋转和复制。因此构造线常用来绘制各种绘图过程中的辅助线和基准线，如机械上的中心线、建筑中的墙体线，如图5-52所示。所以构造线是绘图提高效率的常用命令。

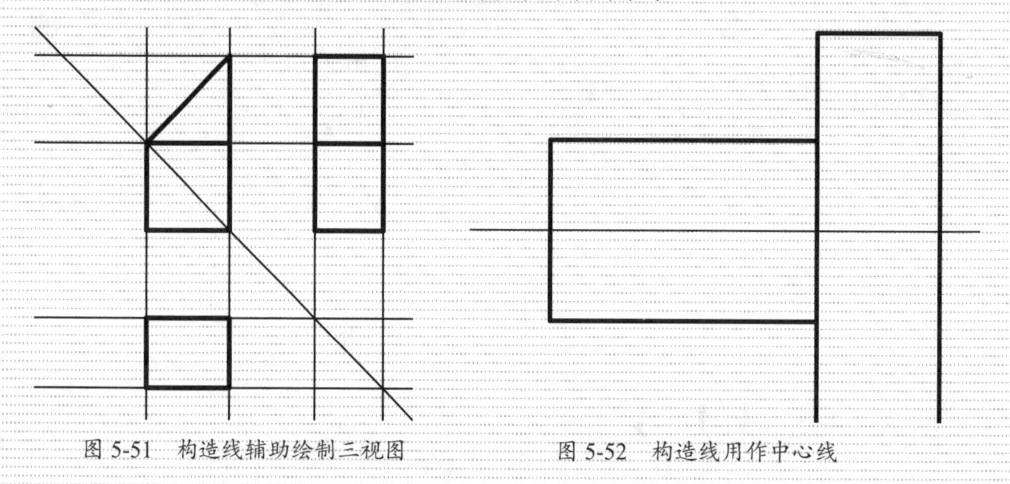

图5-51 构造线辅助绘制三视图　　图5-52 构造线用作中心线

5.3 绘制圆、圆弧类图形

在AutoCAD中，圆、圆弧、椭圆、椭圆弧和圆环都属于圆类图形，其绘制方法相对于直线对象更复杂，下面分别对其进行讲解。

5.3.1 圆

圆也是绘图中最常用的图形对象，因此其执行方式与功能选项也最为丰富。执行“圆”命令的方法有以下几种。

- 功能区：单击“绘图”面板中的“圆”按钮。
- 菜单栏：选择“绘图”|“圆”命令，并在子菜单中选择一种绘制圆的方法。
- 命令行：CIRCLE或C。

执行该命令后，可按如下命令行提示进行操作。

```
命令： _circle                                              //执行“圆”命令
指定圆的圆心或 [三点(3P)/两点(2P)/切点、切点、半径(T)]:
                                                            //选择圆的绘制方式
指定圆的半径或 [直径(D)]: 31                                 //直接输入半径或用鼠标指定半径
```

- 命令子选项说明

在“绘图”面板的“圆”下拉列表中提供了6种绘制圆的命令，各命令的含义如下。

- “圆心、半径(R)”：用圆心和半径方式绘制圆，如图5-53所示，为默认的执行方式。

```
    命令：C↓
    CIRCLE 指定圆的圆心或 [ 三点 (3P) / 两点 (2P) / 切点、切点、半径 (T)]:
                                                   // 输入坐标或用鼠标单击确定圆心
    指定圆的半径或 [ 直径 (D)]: 10↓                  // 输入半径值，也可以输入相对于圆心的相对坐标，
确定圆周上一点
```

➢ “圆心、直径（D）”：用圆心和直径方式绘制圆，如图 5-54 所示。

```
    命令：C↓
    CIRCLE 指定圆的圆心或 [ 三点 (3P) / 两点 (2P) / 切点、切点、半径 (T)]:
                                                   // 输入坐标或用鼠标单击确定圆心
    指定圆的半径或 [ 直径 (D)]<80.1736>: D↓          // 选择直径选项
    指定圆的直径 <200.00>: 20↓                      // 输入直径值
```

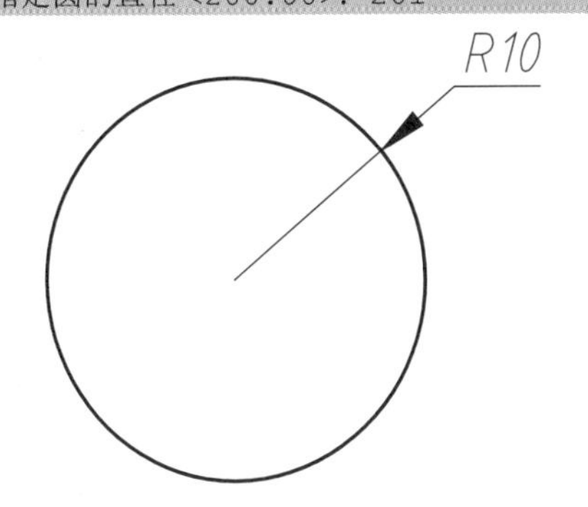

图 5-53　以“圆心、半径（R）”画圆

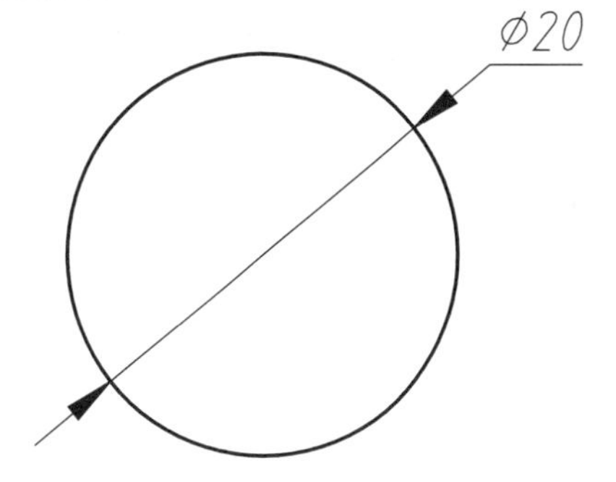

图 5-54　以“圆心、直径（D）”画圆

➢ “两点（2P）”：通过两点（2P）绘制圆，实际上是以这两点的连线为直径，以两点连线的中点为圆心画圆。系统会提示指定圆直径的第一端点和第二端点，如图 5-55 所示。

```
    命令：C↓
    CIRCLE 指定圆的圆心或 [ 三点 (3P) / 两点 (2P) / 切点、切点、半径 (T)]: 2P↓
                                // 选择“两点”选项
    指定圆直径的第一个端点:        // 输入坐标或单击确定直径的第一个端点 1
    指定圆直径的第二个端点:        // 单击确定直径的第二个端点 2，或输入相对于第一个端点的相对坐标
```

➢ “三点（3P）”：通过三点（3P）绘制圆，实际上是绘制这三点确定的三角形的唯一的外接圆。系统会提示指定圆上的第一点、第二点和第三点，如图 5-56 所示。

```
    命令：C↓
    CIRCLE 指定圆的圆心或 [ 三点 (3P) / 两点 (2P) / 切点、切点、半径 (T)]: 3P↓
                                                   // 选择“三点”选项
    指定圆上的第一个点:                              // 单击确定第 1 点
    指定圆上的第二个点:                              // 单击确定第 2 点
    指定圆上的第三个点:                              // 单击确定第 3 点
```

图 5-55　“两点（2P）”画圆

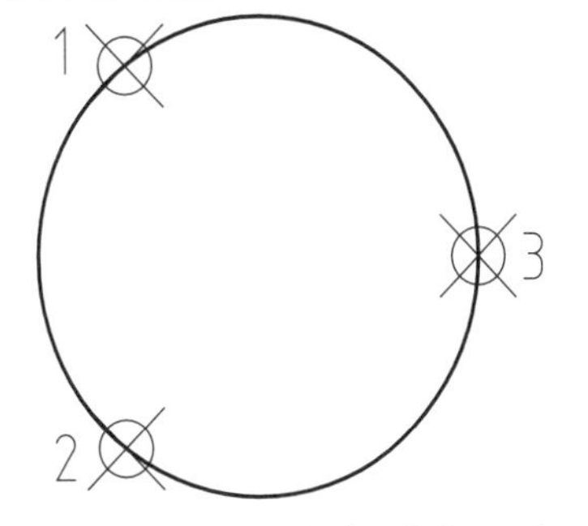

图 5-56　“三点（3P）”画圆

➢ “相切、相切、半径（T）”：如果已经存在两个图形对象，再确定圆的半径值，即可绘制与这两个对象相切的公切圆。系统会提示指定圆的第一切点和第二切点，以及圆的半径，如图 5-57 所示。

```
命令： _circle
指定圆的圆心或 [三点(3P)/两点(2P)/切点、切点、半径(T)]: T
                                        //选择“切点、切点、半径”选项
指定对象与圆的第一个切点：              //单击直线 OA 上任意一点
指定对象与圆的第二个切点：              //单击直线 OB 上任意一点
指定圆的半径： 10                       //输入半径值
```

➢ “相切、相切、相切（A）”：选择 3 条切线来绘制圆，可以绘制出与 3 个图形对象相切的公切圆，如图 5-58 所示。

```
命令： _circle
指定圆的圆心或 [三点(3P)/两点(2P)/切点、切点、半径(T)]: _3p
                                        //单击面板中的“相切、相切、相切”按钮
指定圆上的第一个点： _tan 到            //单击直线 AB 上任意一点
指定圆上的第二个点： _tan 到            //单击直线 BC 上任意一点
指定圆上的第三个点： _tan 到            //单击直线 CD 上任意一点
```

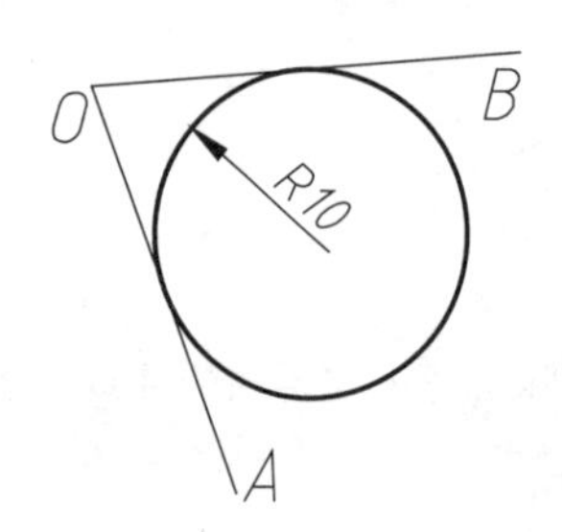

图 5-57　“相切、相切、半径（T）”画圆

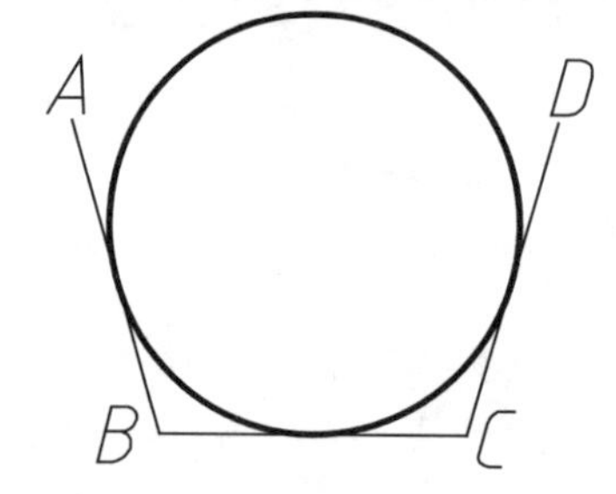

图 5-58　“相切、相切、相切（A）”画圆

技术专题：绘图时不显示虚线框

用 AutoCAD 绘制矩形、圆时，通常会在鼠标光标处显示一个动态虚线框，用来在视觉上帮助设计者判断图形绘制的大小，十分方便。而有时由于新手的误操作，会使该虚线框无法显示，如图 5-59 所示。

这是由于系统变量 DRAGMODE 的设置出现了问题。只需在命令行中输入 DRAGMODE，并根据提示将选项修改为“自动（A）”或“开（ON）”（推荐设置为自动），即可让虚线框的显示恢复正常，如图 5-60 所示。

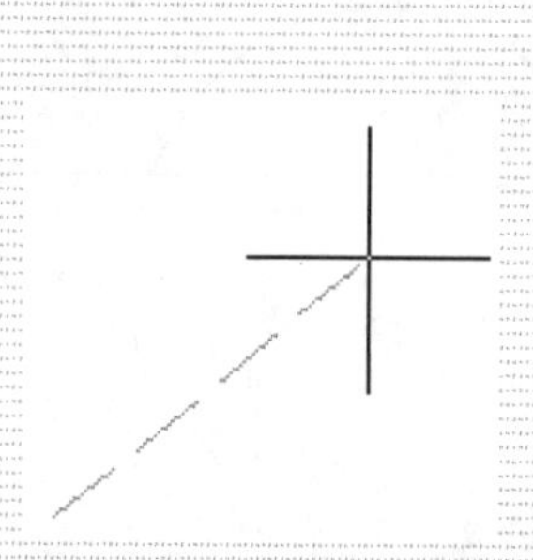

图 5-59　绘图时不显示动态虚线框

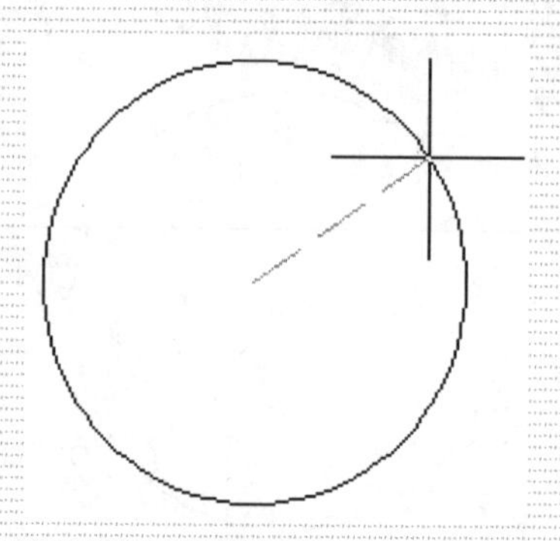

图 5-60　正常状态下绘图显示动态虚线框

5.3.2 案例——绘制拼花图案

圆在各种设计图形中都应用频繁，因此对应的创建方法也很多。而熟练掌握各种圆的创建方法，有助于提高绘图效率。

01 打开素材文件“第 5 章 /5.3.2 绘制拼花图案 .dwg”，其中已经绘制好了一个正五边形，如图 5-61 所示。

02 调用“绘图”|“圆”命令，绘制内切于正五边形的圆，如图 5-62 所示，命令行操作如下：

```
命令： _circle                                          // 调用“圆”命令
指定圆的圆心或 [ 三点 (3P) / 两点 (2P) / 切点、切点、半径 (T)]： 3P ↙
                                                        // 激活“三点 (3P)”选项
指定圆上的第一个点：                                    // 利用“中点捕捉”拾取边长的中心
指定圆上的第二个点：                                    // 利用“中点捕捉”拾取边长的中心
指定圆上的第三个点：                                    // 利用“中点捕捉”拾取边长的中心
```

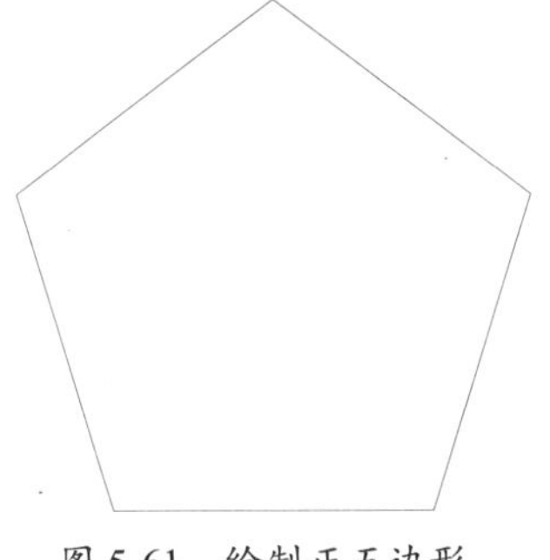

图 5-61　绘制正五边形

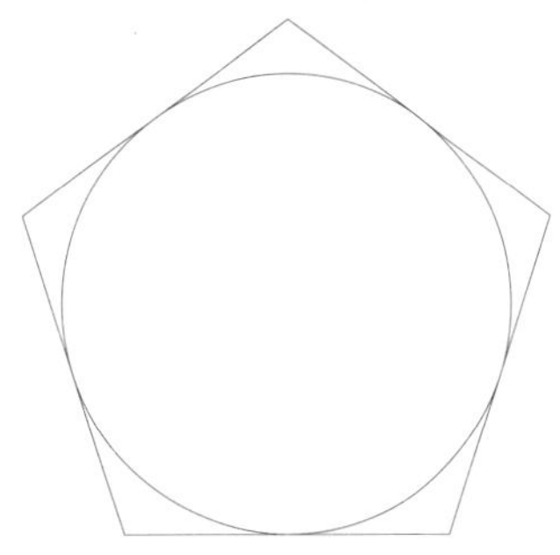

图 5-62　绘制圆

03 调用“绘图”|“多边形”命令，绘制正四边形，捕捉圆的圆心作为正四边形的中心，再利用“中点捕捉”捕捉到中点 A，将这段距离作为正四边形的半径，如图 5-63 所示。

04 调用“绘图”|“圆”|“相切、相切、相切”命令，绘制内切于正四边形的圆，如图 5-64 所示，命令行操作如下：

```
命令： _circle                                          // 调用“圆”命令
指定圆的圆心或 [ 三点 (3P) / 两点 (2P) / 切点、切点、半径 (T)]： _3p
指定圆上的第一个点： _tan 到                            // 选择正四边形的其中一条边
指定圆上的第二个点： _tan 到
指定圆上的第三个点： _tan 到
```

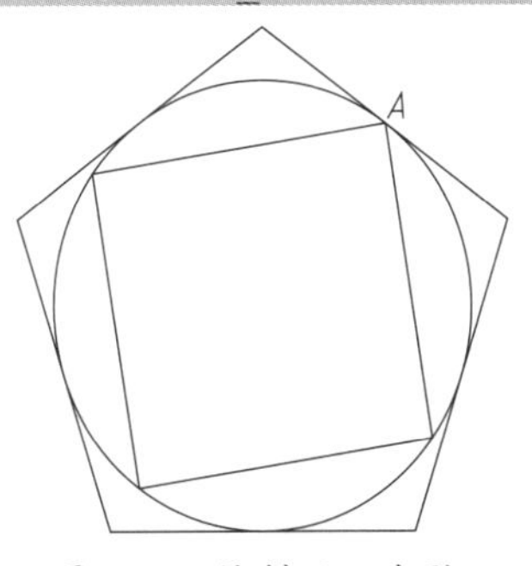

图 5-63　绘制正四边形

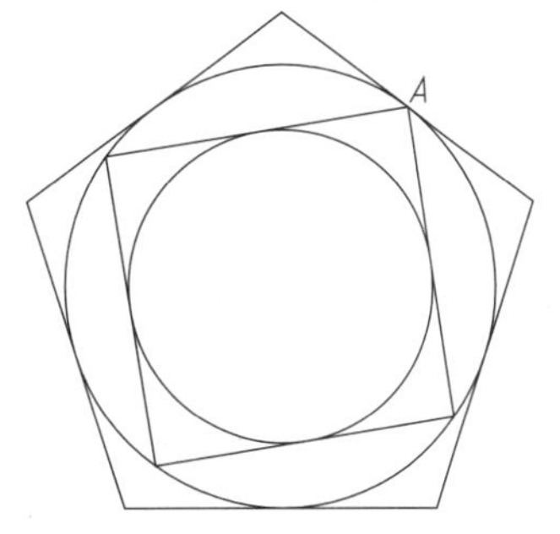

图 5-64　绘制内切圆

05 调用“绘图”|“直线”命令，利用“中点捕捉”连接各中点，如图 5-65 所示。

06 调用“绘图”|“圆”命令，绘制大圆与正四边形之间的小圆，如图 5-66 所示，命令行操作如下：

```
命令：_circle                                              //调用“圆”命令
指定圆的圆心或 [三点(3P)/两点(2P)/切点、切点、半径(T)]：2P↙
                                                           //激活“两点(2P)”选项
指定圆直径的第一个端点：                                   //利用“中点捕捉”拾取正四边形边长的中点
指定圆直径的第二个端点：                                   //利用“垂足捕捉”拾取垂足点，按空格键重复命令继续绘制其他圆
```

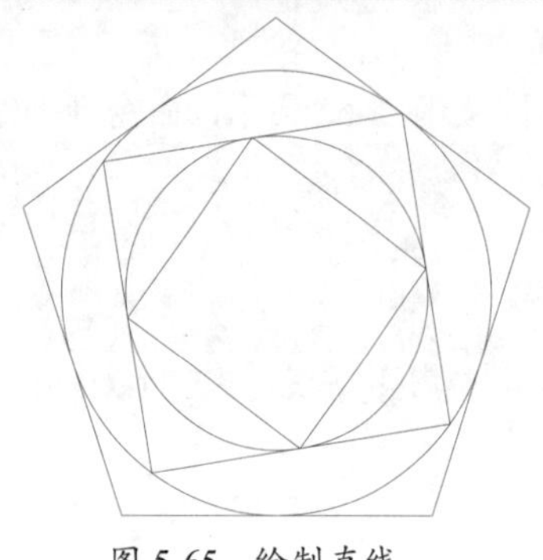

图 5-65　绘制直线

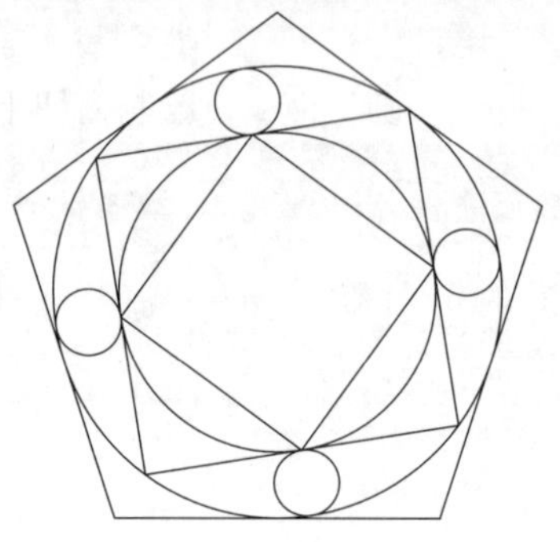

图 5-66　绘制圆

5.3.3　圆弧

圆弧即圆的一部分，在技术制图中，经常需要用圆弧来光滑连接已知的直线或曲线。执行“圆弧”命令的方法有以下几种。

- 功能区：单击“绘图”面板中的“圆弧”按钮。
- 菜单栏：选择“绘图”|“圆弧”命令。
- 命令行：ARC 或 A。

执行该命令后，可按如下命令行提示进行操作。

```
命令：_arc                                         //执行“圆弧”命令
指定圆弧的起点或 [圆心(C)]：                       //指定圆弧的起点
指定圆弧的第二个点或 [圆心(C)/端点(E)]：           //指定圆弧的第二点
指定圆弧的端点：                                   //指定圆弧的端点
```

- 命令子选项说明

在“绘图”面板中“圆弧”按钮的下拉列表提供了 11 种绘制圆弧的命令，各命令的含义如下。

- “三点（P）”：通过指定圆弧上的三点绘制圆弧，需要指定圆弧的起点、通过的第二个点和端点，如图 5-67 所示。

```
命令：_arc
指定圆弧的起点或 [圆心(C)]：                       //指定圆弧的起点 1
指定圆弧的第二个点或 [圆心(C)/端点(E)]：           //指定点 2
指定圆弧的端点：                                   //指定点 3
```

- “起点、圆心、端点（S）”：通过指定圆弧的起点、圆心、端点绘制圆弧，如图 5-68 所示。

```
命令：_arc
指定圆弧的起点或 [圆心(C)]：                       //指定圆弧的起点 1
指定圆弧的第二个点或 [圆心(C)/端点(E)]：_c         //系统自动选择
指定圆弧的圆心：                                   //指定圆弧的圆心 2
指定圆弧的端点(按住 Ctrl 键以切换方向)或 [角度(A)/弦长(L)]：
                                                   //指定圆弧的端点 3
```

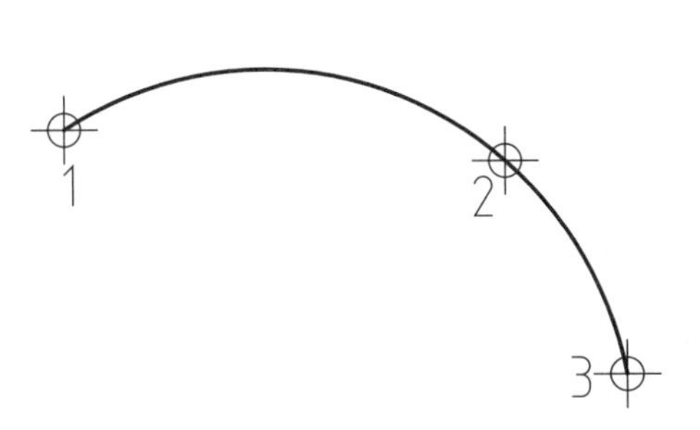

图 5-67　“三点（P）”画圆弧

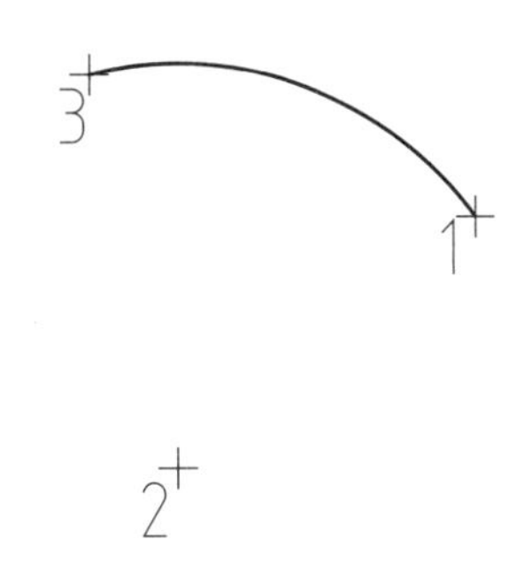

图 5-68　“起点、圆心、端点（S）”画圆弧

- “起点、圆心、角度（T）”：通过指定圆弧的起点、圆心、包含角度绘制圆弧，执行此命令时会出现“指定夹角”的提示，在输入角时，如果当前环境设置逆时针方向为角度正方向，且输入正的角度值，则绘制的圆弧是从起点绕圆心沿逆时针方向绘制，反之则沿顺时针方向绘制，如图 5-69 所示。

```
命令：_arc
指定圆弧的起点或 [圆心(C)]:                                    //指定圆弧的起点 1
指定圆弧的第二个点或 [圆心(C)/端点(E)]: _c                     //系统自动选择
指定圆弧的圆心：                                               //指定圆弧的圆心 2
指定圆弧的端点(按住 Ctrl 键以切换方向)或 [角度(A)/弦长(L)]: _a
                                                               //系统自动选择
指定夹角(按住 Ctrl 键以切换方向): 60                           //输入圆弧夹角角度
```

- “起点、圆心、长度（A）”：通过指定圆弧的起点、圆心、弧长绘制圆弧，如图 5-70 所示。另外，在命令行提示的“指定弦长”提示信息下，如果所输入的值为负，则该值的绝对值将作为对应整圆的空缺部分的圆弧的弧长。

```
命令：_arc
指定圆弧的起点或 [圆心(C)]:                                    //指定圆弧的起点 1
指定圆弧的第二个点或 [圆心(C)/端点(E)]: _c                     //系统自动选择
指定圆弧的圆心：                                               //指定圆弧的圆心 2
指定圆弧的端点(按住 Ctrl 键以切换方向)或 [角度(A)/弦长(L)]: _l
                                                               //系统自动选择
指定弦长(按住 Ctrl 键以切换方向): 10                           //输入弦长
```

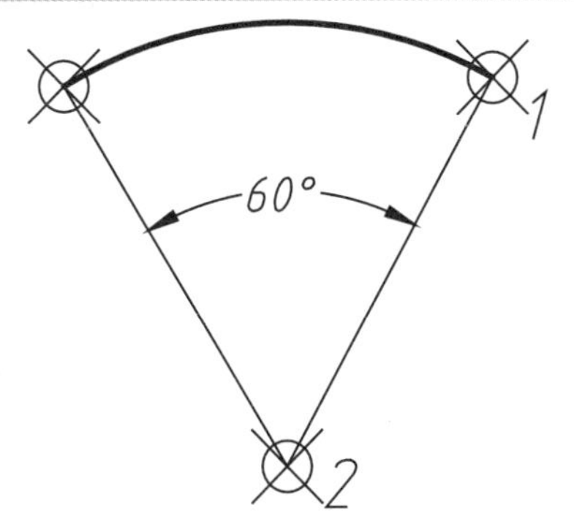

图 5-69　“起点、圆心、角度（T）”画圆弧

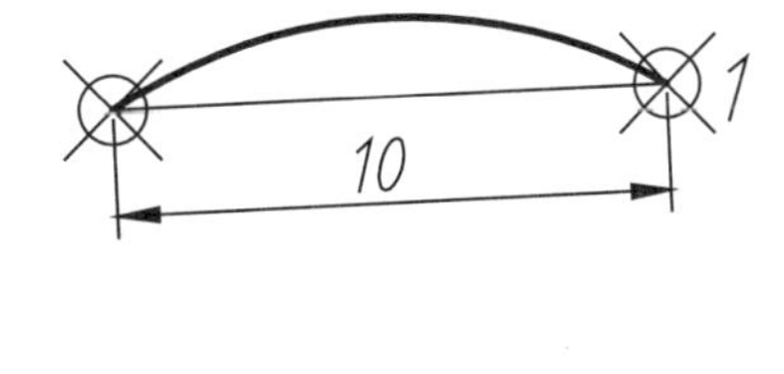

图 5-70　“起点、圆心、长度（A）”画圆弧

- “起点、端点、角度（N）”：通过指定圆弧的起点、端点、包含角绘制圆弧，如图 5-71 所示。

```
命令：_arc
指定圆弧的起点或 [圆心(C)]:                                    //指定圆弧的起点 1
```

```
指定圆弧的第二个点或 [圆心(C)/端点(E)]: _e                  //系统自动选择
指定圆弧的端点:                                             //指定圆弧的端点2
指定圆弧的中心点(按住 Ctrl 键以切换方向)或[角度(A)/方向(D)/半径(R)]: _a
                                                            //系统自动选择
指定夹角(按住 Ctrl 键以切换方向): 60                       //输入圆弧夹角角度
```

➢ “起点、端点、方向（D）”：通过指定圆弧的起点、端点和圆弧的起点切向绘制圆弧，如图5-72所示。命令执行过程中会出现“指定圆弧的起点切向”提示信息，此时拖曳鼠标动态地确定圆弧在起始点处的切线方向和水平方向的夹角。拖曳鼠标时，AutoCAD会在当前光标与圆弧起始点之间形成一条线，即为圆弧在起始点处的切线。确定切线方向后，单击拾取键即可得到相应的圆弧。

```
命令: _arc
指定圆弧的起点或 [圆心(C)]:                                 //指定圆弧的起点1
指定圆弧的第二个点或 [圆心(C)/端点(E)]: _e                  //系统自动选择
指定圆弧的端点:                                             //指定圆弧的端点2
指定圆弧的中心点(按住 Ctrl 键以切换方向)或 [角度(A)/方向(D)/半径(R)]: _d
                                                            //系统自动选择
指定圆弧起点的相切方向(按住Ctrl键以切换方向):              //指定点3确定方向
```

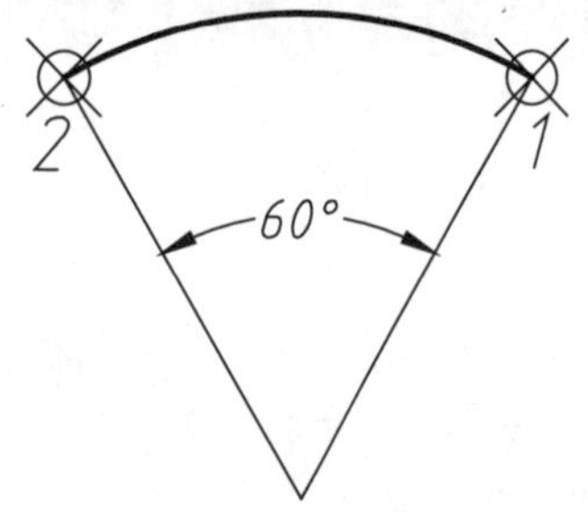

图5-71 “起点、端点、角度（N）”画圆弧

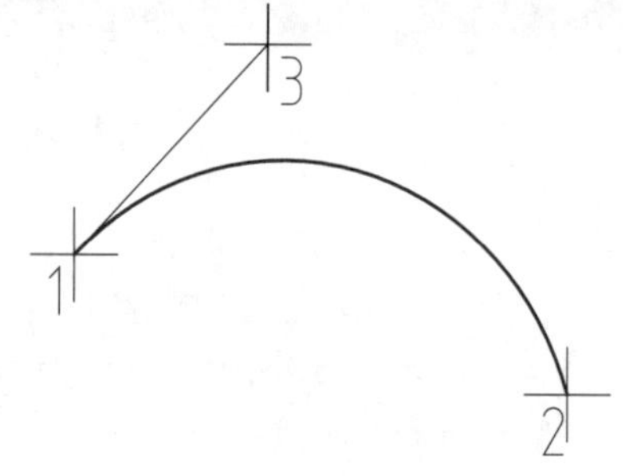

图5-72 “起点、端点、方向（D）”画圆弧

➢ “起点、端点、半径（R）”：通过指定圆弧的起点、端点和圆弧半径绘制圆弧，如图5-73所示。

```
命令: _arc
指定圆弧的起点或 [圆心(C)]:                                 //指定圆弧的起点1
指定圆弧的第二个点或 [圆心(C)/端点(E)]: _e                  //系统自动选择
指定圆弧的端点:                                             //指定圆弧的端点2
指定圆弧的中心点(按住 Ctrl 键以切换方向)或 [角度(A)/方向(D)/半径(R)]: _r
                                                            //系统自动选择
指定圆弧的半径(按住 Ctrl 键以切换方向): 10                 //输入圆弧的半径
```

操作技巧：半径值与圆弧方向的确定方法，请参见5.3.5节中“圆弧的方向与大小”的内容。

➢ “圆心、起点、端点（C）”：以圆弧的圆心、起点、端点方式绘制圆弧，如图5-74所示。

```
命令: _arc
指定圆弧的起点或 [圆心(C)]: _c                              //系统自动选择
指定圆弧的圆心:                                             //指定圆弧的圆心1
指定圆弧的起点:                                             //指定圆弧的起点2
指定圆弧的端点(按住 Ctrl 键以切换方向)或 [角度(A)/弦长(L)]:
                                                            //指定圆弧的端点3
```

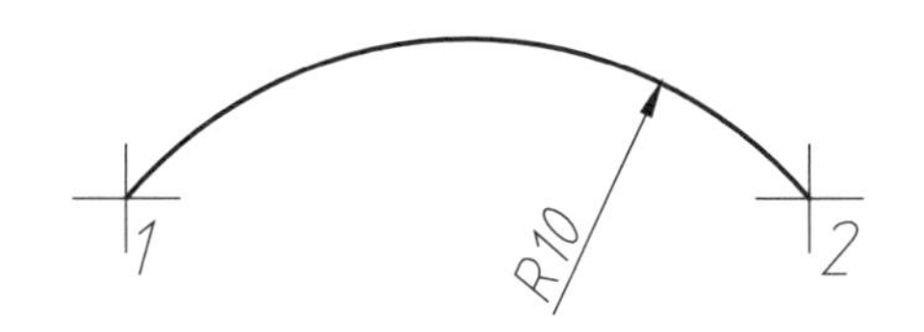

图 5-73　“起点、端点、半径（R）”画圆弧

图 5-74　“圆心、起点、端点（C）”画圆弧

➢ “圆心、起点、角度（E）” ：以圆弧的圆心、起点、圆心角方式绘制圆弧，如图 5-75 所示。

```
命令： _arc
指定圆弧的起点或 [圆心(C)]： _c                                  //系统自动选择
指定圆弧的圆心：                                                 //指定圆弧的圆心1
指定圆弧的起点：                                                 //指定圆弧的起点2
指定圆弧的端点(按住 Ctrl 键以切换方向)或 [角度(A)/弦长(L)]： _a
                                                                 //系统自动选择
指定夹角(按住 Ctrl 键以切换方向)： 60                            //输入圆弧的夹角角度
```

➢ “圆心、起点、长度（L）” ：以圆弧的圆心、起点、弧长方式绘制圆弧，如图 5-76 所示。

```
命令： _arc
指定圆弧的起点或 [圆心(C)]： _c                                  //系统自动选择
指定圆弧的圆心：                                                 //指定圆弧的圆心1
指定圆弧的起点：                                                 //指定圆弧的起点2
指定圆弧的端点(按住 Ctrl 键以切换方向)或 [角度(A)/弦长(L)]： _l
                                                                 //系统自动选择
指定弦长(按住 Ctrl 键以切换方向)： 10                            //输入弦长
```

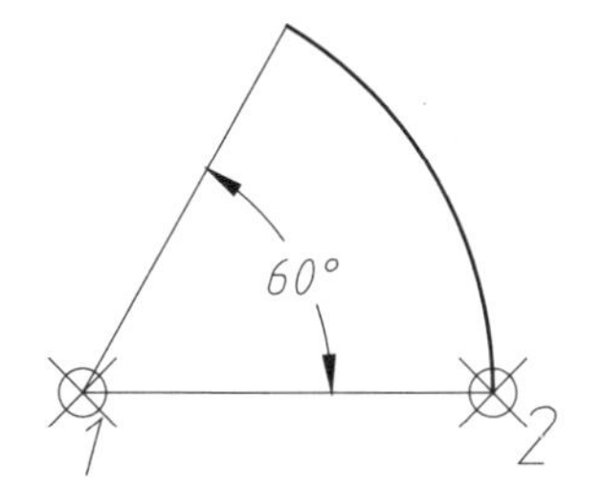

图 5-75　“圆心、起点、角度（E）”画圆弧

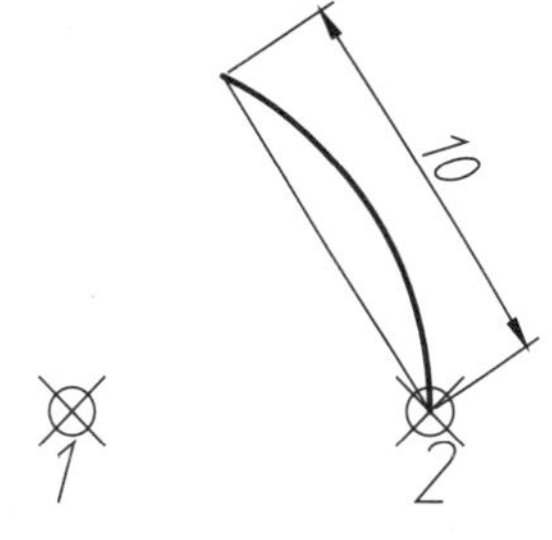

图 5-76　“圆心、起点、长度（L）”画圆弧

➢ “连续（O）” ：绘制其他直线与非封闭曲线后，选择“绘图”|“圆弧”|“继续”命令，系统将自动以刚才绘制对象的终点作为即将绘制的圆弧的起点。

5.3.4　案例——完善景观图

圆弧是 AutoCAD 中创建方法最多的一种图形，这归因于它在各类设计图中都有大量使用，如机械、园林、室内等。因此熟练掌握各种圆弧的创建方法，对于提高 AutoCAD 的综合能力很有帮助。

01 单击“快速访问”工具栏中的“打开”按钮，打开“第 5 章 /5.3.4 绘制圆弧完善景观图 .dwg”素材文件，如图 5-77 所示。

图 5-77　素材图形

02 在“默认”选项卡中，单击“绘图”面板中的“起点、端点、方向”按钮，使用“起点、端点、方向”的方式绘制圆弧，方向为垂直向上方向，绘制结果如图 5-78 所示。

图 5-78　“起点、端点、方向”绘制圆弧

03 重复调用“圆弧”命令，使用“起点、圆心、端点”的方式绘制如图 5-79 所示的圆弧。

图 5-79　“起点、圆心、端点”绘制圆弧

04 在“默认”选项卡中，单击“绘图”面板中的“三点”按钮，使用“三点”的方式绘制圆弧，绘制结果如图 5-80 所示。

图 5-80　绘制大圆弧

5.3.5　拓展案例——绘制葫芦形体

在绘制圆弧的时候，有些绘制出来的结果和用户本人所设想的不同，这是因为没有弄清楚圆弧的大小和方向。下面通过一个经典例题来说明。

01 打开素材文件“第 5 章 /5.3.5 绘制葫芦形体 .dwg”，其中绘制好了一条长度为 20 的线段，如图 5-81 所示。

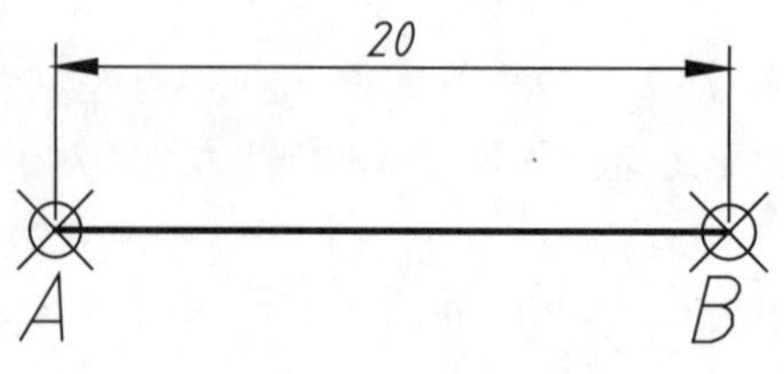

图 5-81　素材图形

01 绘制上圆弧。单击“绘图”面板中“圆弧”按钮的下拉箭头▼，在下拉列表中选择“起点、端点、半径”选项，接着选择直线的右端点B作为起点，左端点A作为端点，然后输入半径值为-22，即可绘制上圆弧，如图5-82所示。

02 绘制下圆弧。按Enter或空格键，重复执行“起点、端点、半径”绘圆弧命令，接着选择直线的左端点A作为起点，右端点B作为端点，然后输入半径值为-44，即可绘制下圆弧，如图5-83所示。

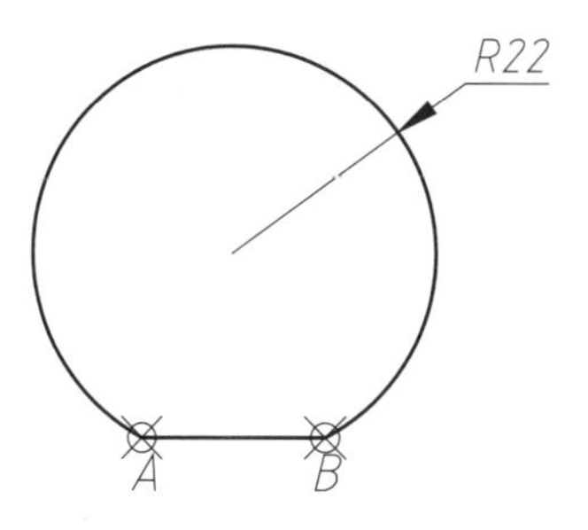

图5-82　绘制上圆弧

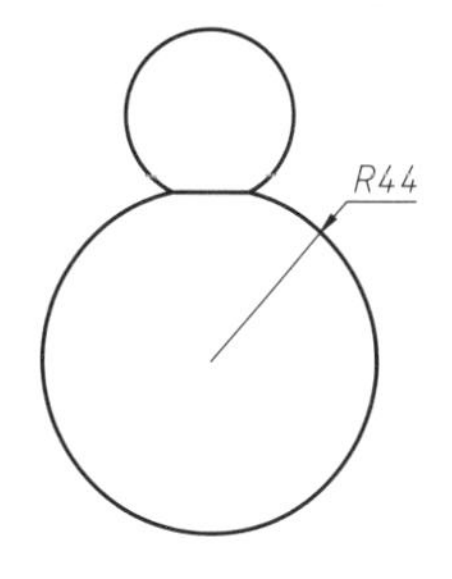

图5-83　绘制下圆弧

技术专题：圆弧的方向与大小

“圆弧”是新手最常犯错的命令之一。由于圆弧的绘制方法及子选项都很丰富，因此初学者在掌握“圆弧”命令的时候容易对概念理解不清楚。如在上例中绘制葫芦形体时，就有两处非常规的地方。

➢ 为什么绘制上、下圆弧时，起点和端点是互相颠倒的？

➢ 为什么输入的半径值是负数？

只需弄懂这两个问题，即可理解大多数的圆弧命令，解释如下。

AutoCAD中圆弧绘制的默认方向是逆时针方向，因此在绘制上圆弧的时候，如果以A点为起点，B点为端点，则会绘制出如图5-84所示的圆弧（命令行虽然提示按Ctrl键反向，但只能外观发现，实际绘制时还是会按原方向处理）。圆弧的默认方向也可以自行修改，具体请参看本书3.2.2小节。

根据几何学的知识我们可知，在半径已知的情况下，弦长对应着两段圆弧：优弧（弧长较长的一段）和劣弧（弧长短的一段）。而在AutoCAD中只有输入负值才能绘制出优弧，具体关系如图5-85所示。

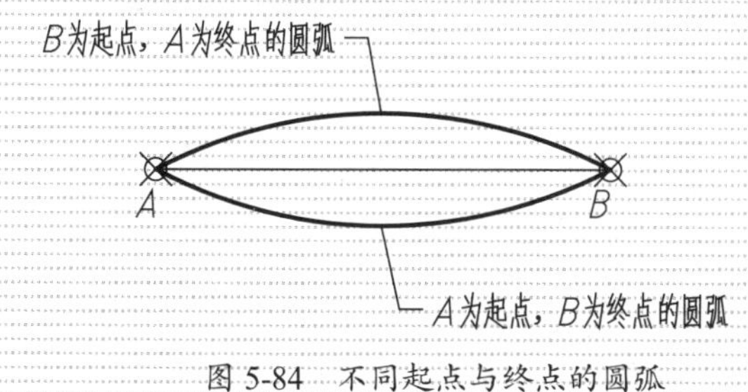

图5-84　不同起点与终点的圆弧

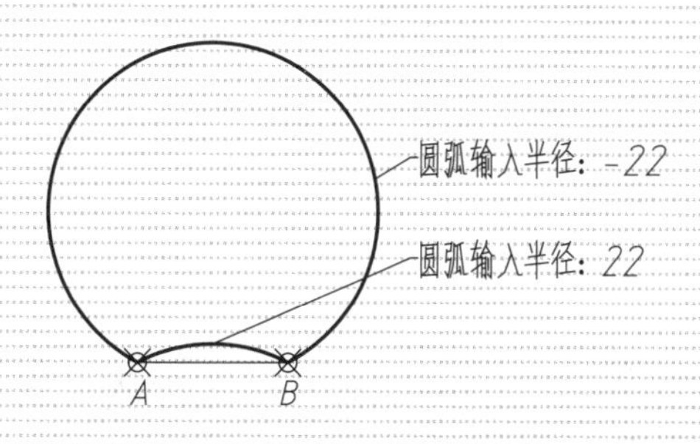

图5-85　不同输入半径的圆弧

5.3.6 椭圆

椭圆是到两定点（焦点）的距离之和为定值的所有点的集合，与圆相比，椭圆的半径长度不一，形状由定义其长度和宽度的两条轴决定，较长的轴称为“长轴”，较短的轴称为“短轴”，如图 5-86 所示。在建筑绘图中，很多图形都是椭圆形的，例如地面拼花、室内吊顶造型等，在机械制图中也一般用椭圆来绘制轴测图上的圆。

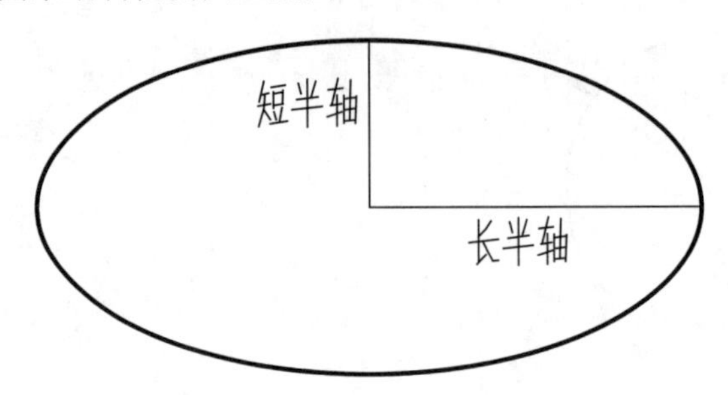

图 5-86　椭圆的长轴和短轴

在 AutoCAD 2014 中启动绘制“椭圆”命令有以下几种常用方法：

- 功能区：单击“绘图”面板中的“椭圆”按钮，即“圆心”或“轴，端点”按钮。
- 菜单栏：执行“绘图”|“椭圆”命令。
- 命令行：ELLIPSE 或 EL。

执行该命令后，可按如下命令行提示进行操作。

```
命令： _ellipse                                  //执行“椭圆”命令
指定椭圆的轴端点或 [圆弧(A)/中心点(C)]: _c        //系统自动选择绘制对象为椭圆
指定椭圆的中心点：                                //在绘图区中指定椭圆的中心点
指定轴的端点：                                    //在绘图区中指定一点
指定另一条半轴长度或 [旋转(R)]:                   //在绘图区中指定一点或输入数值
```

- 命令子选项说明

在“绘图”面板的“椭圆”下拉列表中有“圆心”和“轴，端点”两种方法，各方法介绍如下。

- “圆心”：通过指定椭圆的中心点、一条轴的一个端点及另一条轴的半轴长度来绘制椭圆，如图 5-87 所示，即命令行中的“中心点（C）”选项。

```
命令： _ellipse                                  //执行“椭圆”命令
指定椭圆的轴端点或 [圆弧(A)/中心点(C)]: _c        //系统自动选择椭圆的绘制方法
指定椭圆的中心点：                                //指定中心点 1
指定轴的端点：                                    //指定轴端点 2
指定另一条半轴长度或 [旋转(R)]:  151              //输入另一半轴长度
```

- “轴，端点”：通过指定椭圆一条轴的两个端点及另一条轴的半轴长度来绘制椭圆，如图 5-88 所示，即命令行中的“圆弧（A）”选项。

```
命令： _ellipse                                  //执行“椭圆”命令
指定椭圆的轴端点或 [圆弧(A)/中心点(C)]:           //指定点 1
指定轴的另一个端点：                              //指定点 2
指定另一条半轴长度或 [旋转(R)]: 151               //输入另一半轴的长度
```

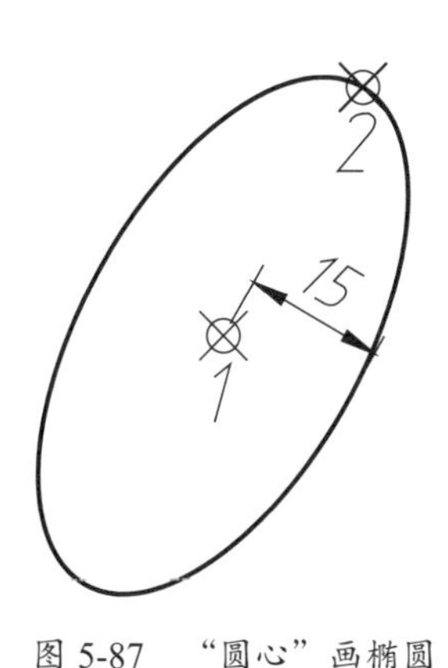

图 5-87　“圆心”画椭圆

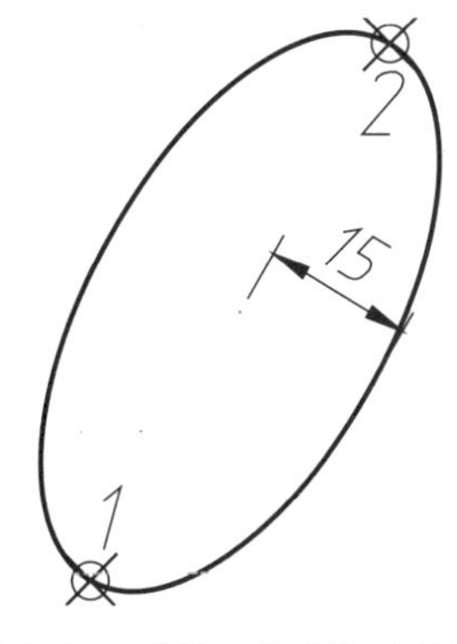

图 5-88　“轴，端点”画椭圆

5.3.7　案例——绘制镜子

01 绘制镜子外轮廓。单击“绘图”工具栏中的“椭圆”按钮，绘制椭圆，命令行操作如下。

```
命令：_ellipse                                   //调用“椭圆”命令
指定椭圆的轴端点或 [圆弧(A)/中心点(C)]: c↵         //选择“中心点”选项
指定椭圆的中心点：0,0↵                            //输入椭圆中心点坐标
指定轴的端点：0,375↵                              //输入长轴的一个端点坐标
指定另一条半轴长度或 [旋转(R)]: 250↵               //输入短轴的长度
```

02 完善外轮廓。单击“绘图”工具栏中的“直线”按钮绘制直线，起点坐标为（-160,-288），终点坐标为（160,-288），结果如图 5-89 所示。

03 绘制镜子内轮廓。单击“绘图”工具栏上的“椭圆弧”按钮，绘制椭圆弧，结果如图 5-91 所示。命令行操作过程如下：

```
命令：_ellipse                                   //调用“椭圆”命令
指定椭圆的轴端点或 [圆弧(A)/中心点(C)]: _a↵        //选择“圆弧”备选项
指定椭圆弧的轴端点或 [中心点(C)]: c↵               //选择“中心点”备选项
指定椭圆弧的中心点：0,0↵                          //输入椭圆弧中心点坐标
指定轴的端点：-230,0↵                             //输入短轴的一个端点坐标
指定另一条半轴长度或 [旋转(R)]: 0,355↵             //输入长轴的一个端点坐标
指定起始角度或 [参数(P)]: 25↵                      //指定椭圆弧的起始角度
指定终止角度或 [参数(P)/包含角度(I)]: 335↵          //指定椭圆弧的终止角度
```

04 绘制玻璃图案。在命令行中调用 LINE 命令，绘制直线，模拟玻璃效果，结果如图 5-89 所示。

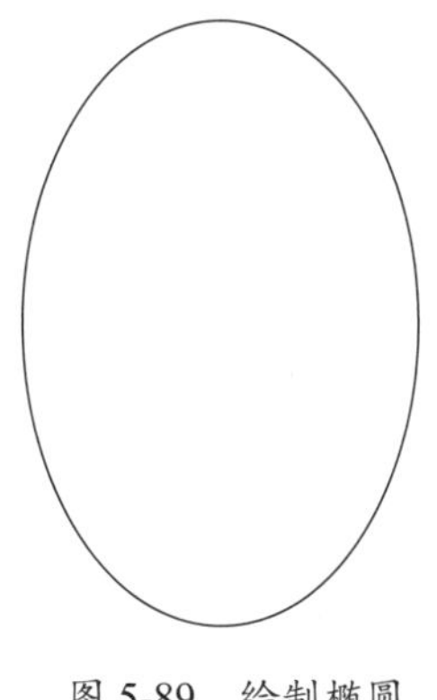
图 5-89　绘制椭圆

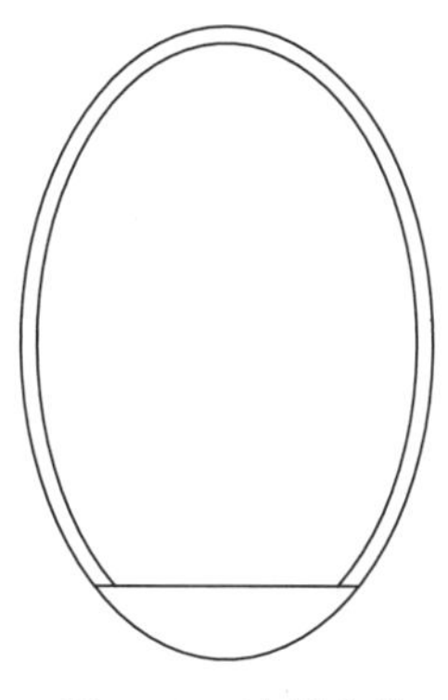
图 5-90　绘制直线

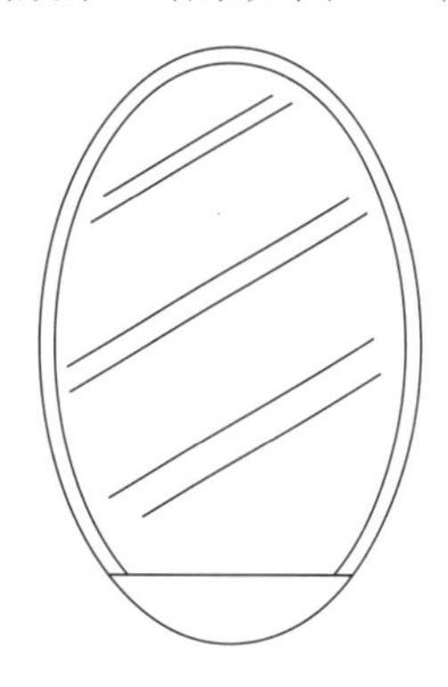
图 5-91　镜子

5.3.8 椭圆弧

椭圆弧是椭圆的一部分。绘制椭圆弧需要确定的参数有：椭圆弧所在椭圆的两条轴，以及椭圆弧的起点和终点的角度。执行“椭圆弧”命令的方法有以下两种。

- 面板：单击“绘图”面板中的“椭圆弧”按钮。
- 菜单栏：选择“绘图”|“椭圆”|“椭圆弧”命令。

按上述方法执行命令后，便可按如下命令行提示进行操作。

```
命令： _ellipse                                    //执行“椭圆弧”命令
指定椭圆的轴端点或 [圆弧(A)/中心点(C)]: _a          //系统自动选择绘制对象为椭圆弧
指定椭圆弧的轴端点或 [中心点(C)]:                   //在绘图区指定椭圆一轴的端点
指定轴的另一个端点：                                //在绘图区指定该轴的另一端点
指定另一条半轴长度或 [旋转(R)]:                     //在绘图区中指定一点或输入数值
指定起点角度或 [参数(P)]:                           //在绘图区中指定一点或输入椭圆弧的起始角度
指定端点角度或 [参数(P)/夹角(I)]:                   //在绘图区中指定一点或输入椭圆弧的终止角度
```

- 命令子选项说明

“椭圆弧”中各选项含义与“椭圆”一致，唯有在指定另一半轴长度后，会提示指定起点角度与端点角度来确定椭圆弧的大小，此时有两种指定方法，即“角度（A）”和“参数（P）”，分别介绍如下。

- “角度（A）”：输入起点与端点角度来确定椭圆弧，角度以椭圆轴中较长的一条为基准进行确定，如图 5-92 所示。

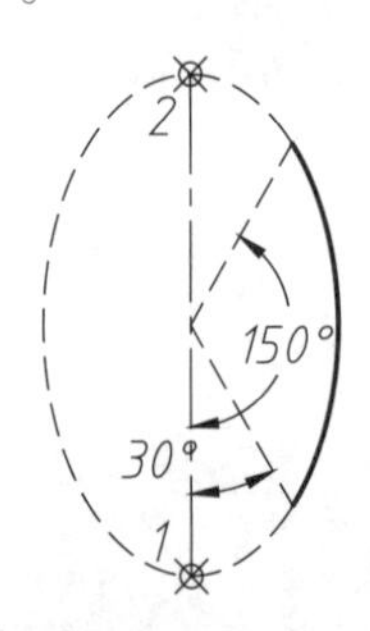

图 5-92 “角度（A）”绘制椭圆弧

```
命令： _ellipse                                    //执行“椭圆”命令
指定椭圆的轴端点或 [圆弧(A)/中心点(C)]: _a          //系统自动选择绘制椭圆弧
指定椭圆弧的轴端点或 [中心点(C)]:                   //指定轴端点1
指定轴的另一个端点：                                //指定轴端点2
指定另一条半轴长度或 [旋转(R)]: 61                  //输入另一半轴长度
指定起点角度或 [参数(P)]: 301                       //输入起始角度
指定端点角度或 [参数(P)/夹角(I)]: 1501              //输入终止角度
```

- “参数（P）”：用参数化矢量方程式（$p(n)=c+a\times\cos(n)+b\times\sin(n)$，其中 n 是用户输入的参数；c 是椭圆弧的半焦距；a 和 b 分别是椭圆长轴与短轴的半轴长。）定义椭圆弧的端点角度。使用“起点参数”选项可以从角度模式切换到参数模式。模式用于控制计算椭圆的方法。
- “夹角(I)”：指定椭圆弧的起点角度后，可选择该选项，然后输入夹角角度来确定圆弧，如图 5-93 所示。值得注意的是，89.4° ～ 90.6° 的夹角值无效，因为此时椭圆将显示为一条直线，如图 5-94 所示。这些角度值的倍数将每隔 90° 产生一次镜像效果。

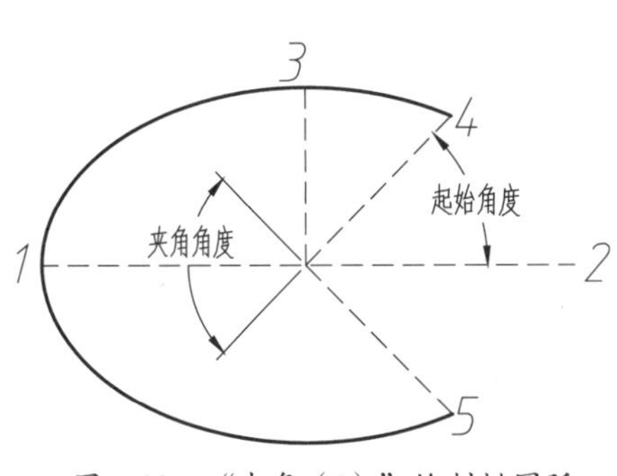

图 5-93　“夹角（I）”绘制椭圆弧

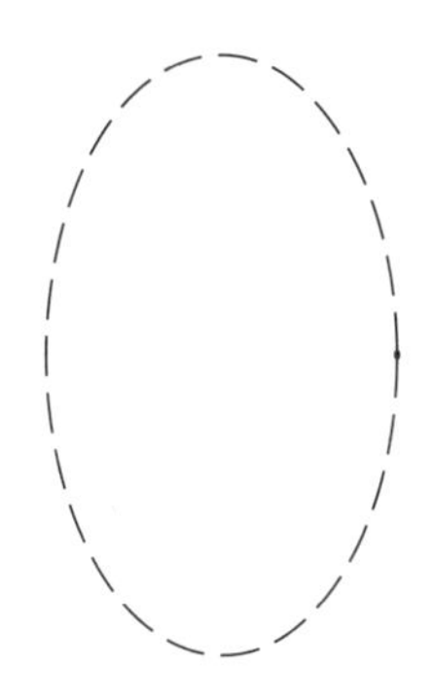

图 5-94　89.4°～90.6° 的夹角不显示椭圆弧

操作技巧：椭圆弧的起始角度从长轴开始计算。

5.3.9　圆环

圆环是由同一圆心、不同直径的两个同心圆组成的，控制圆环的参数是圆心、内直径和外直径。圆环可分为“填充环”（两个圆形中间的面积填充，可用于绘制电路图中的各接点）和“实体填充圆”（圆环的内直径为 0，可用于绘制各种标识 099）。

执行“圆环”命令的方法有以下 3 种。

- 功能区：在“默认”选项卡中，单击“绘图”面板中的“圆环”按钮。
- 菜单栏：选择“绘图”|“圆环”命令。
- 命令行：DONUT 或 DO。

执行命令后的相关命令行提示如下。

```
命令：_donut                                    //执行“圆环”命令
指定圆环的内径 <0.5000>:101                      //指定圆环内径
指定圆环的外径 <1.0000>:201                      //指定圆环外径
指定圆环的中心点或 <退出>:                        //在绘图区中指定一点放置圆环，放置位置为圆心
指定圆环的中心点或 <退出>: *取消*                 //按 ESC 键退出圆环命令
```

- 命令子选项说明

在绘制圆环时，命令行提示指定圆环的内径和外径，正常圆环的内径小于外径，且内径不为 0，如图 5-95 所示；若圆环的内径为 0，则圆环为一黑色实心圆，如图 5-96 所示；如果圆环的内径与外径相等，则圆环就是一个普通圆，如图 5-97 所示。

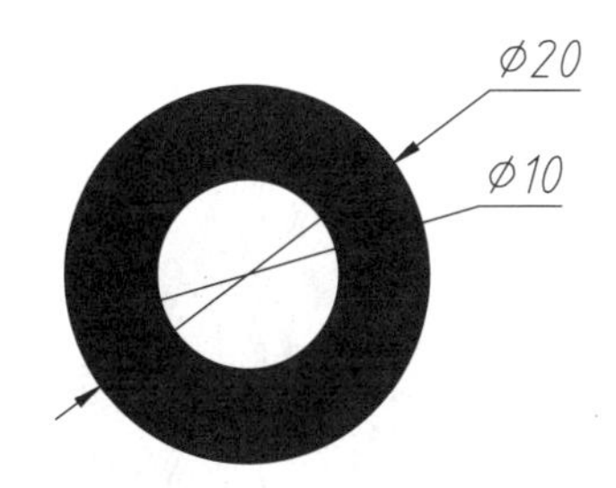

图 5-95　内、外径不相等

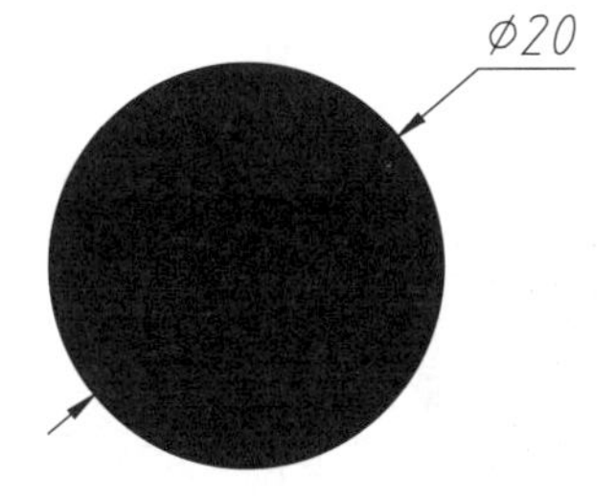

图 5-96　内径为 0，外径为 20

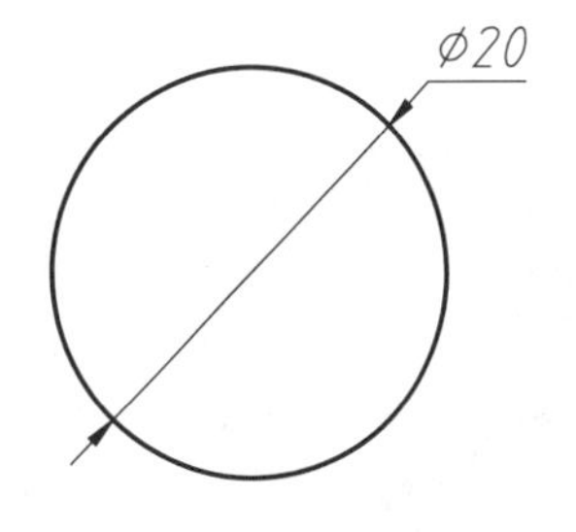

图 5-97　内径与外径均为 20

5.3.10 案例——完善电路图

使用“圆环”命令可以快速创建大量实心或空心圆，因此在绘制电路图时，使用方法比“圆”命令更方便、快捷。本例即通过“圆环”命令来完善某液位自动控制器的电路图。

01 单击“快速访问”工具栏中的“打开”按钮，打开“第5章/5.3.10 完善电路图.dwg”素材文件，素材文件内已经绘制好了一完整的电路图，如图5-98所示。

02 设置圆环参数。在“默认”选项卡中，单击“绘图”面板中的“圆环”按钮，指定圆环的内径为0，外径为4，然后在各线交点处绘制圆环，命令行操作如下，结果如图5-99所示。

```
命令： DONUT                                    // 执行“圆环”命令
指定圆环的内径 <0.5000>: 0                      // 输入圆环的内径
指定圆环的外径 <1.0000>: 4                      // 输入圆环的外径
指定圆环的中心点或 < 退出 >:                    // 在交点处放置圆环
......
指定圆环的中心点或 < 退出 >:                    // 按 Enter 键结束放置
```

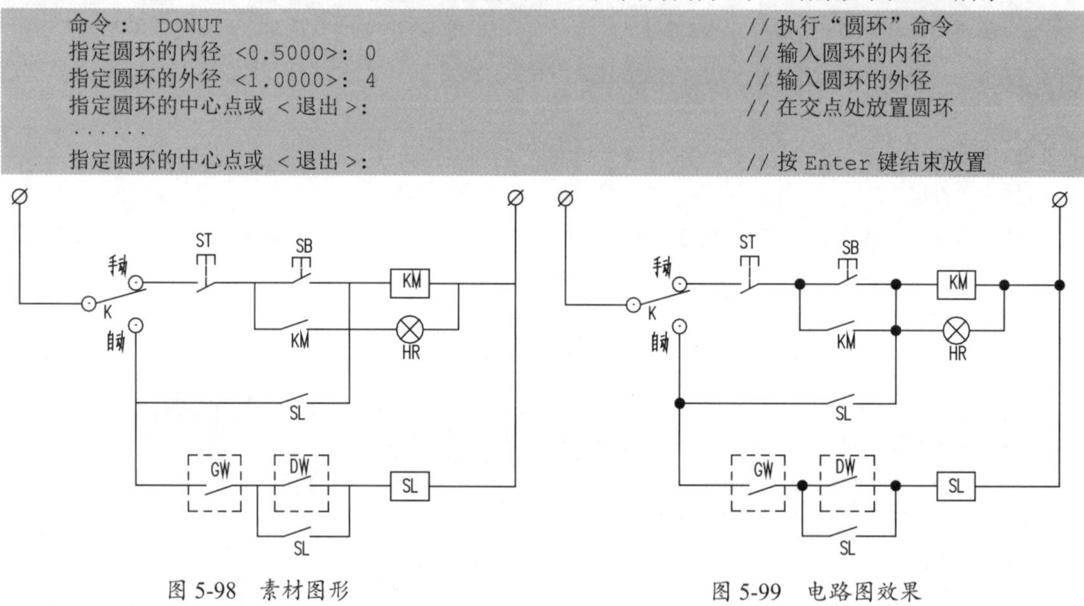

图5-98 素材图形　　图5-99 电路图效果

- 圆环的显示效果

AutoCAD默认情况下，所绘制的圆环为填充的实心图形。如果在绘制圆环之前在命令行中输入FILL，则可以控制圆环和圆的填充可见性。执行FILL命令后，命令行提示如下。

```
命令: FILL↙
输入模式 [ 开 (ON)]|[ 关 (OFF)]< 开 >:          // 输入 ON 或者 OFF 来选择填充效果的开、关
```

选择“开(ON)”模式，表示绘制的圆环和圆都会填充，如图5-100所示；而选择“关(OFF)”模式，表示绘制的圆环和圆不予填充，如图5-101所示。

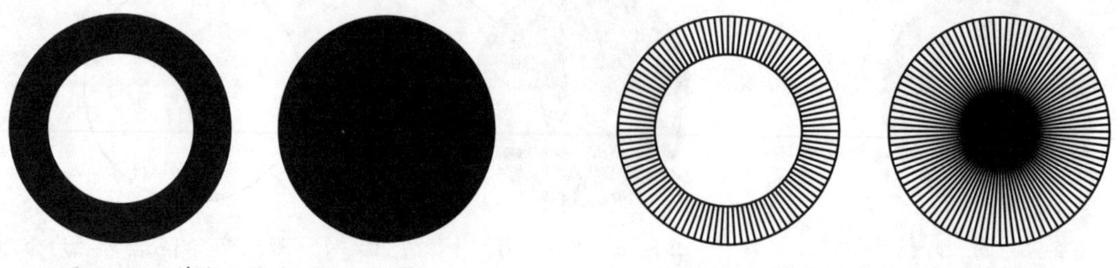

图5-100 填充效果为“开(ON)”　　图5-101 填充效果为“关(OFF)”

此外，执行“直径”标注命令，可以对圆环进行标注。但标注值为外径与内径之和的一半，如图5-102所示。

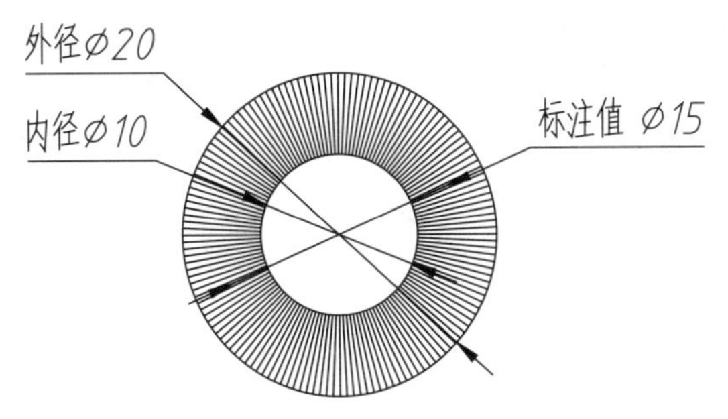

图 5-102　圆环对象的标注值

5.4 多段线

多段线又称为“多义线”，是 AutoCAD 中常用的一类复合图形对象。由多段线所构成的图形是一个整体，可以统一对其进行编辑修改。

5.4.1 多段线概述

与使用“直线”绘制首尾相连的多条线段不同，使用“多段线”命令绘制的图形是一个整体，单击时会选择整个图形，不能分别选择编辑，如图 5-103 所示。而使用“直线”绘制的图形的各线段是彼此独立的不同图形对象，可以分别选择编辑各条线段，如图 5-104 所示。

图 5-103　使用“多段线”命令绘制的图形

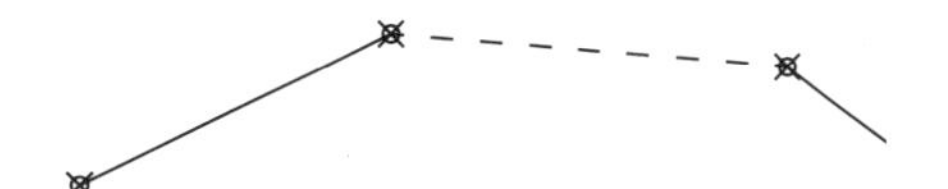

图 5-104　使用“直线”命令绘制的图形

调用“多段线”命令的方式如下。

- 功能区：单击“绘图”面板中的“多段线”按钮，如图 5-105 所示。
- 菜单栏：执行“绘图”｜“多段线”命令，如图 5-106 所示。
- 命令行：PLINE 或 PL。

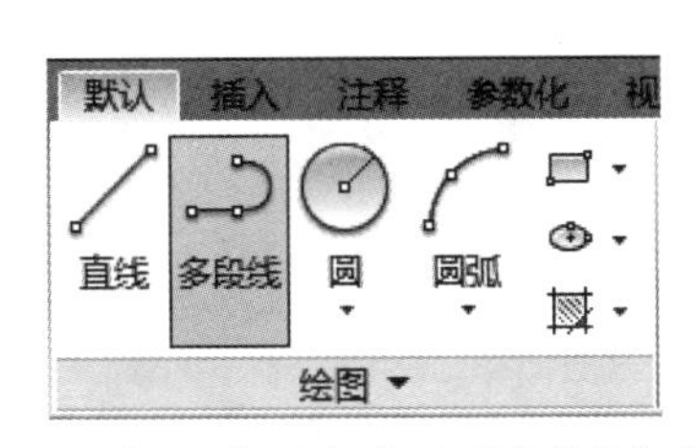

图 5-105　“绘图”面板中的“多段线”按钮

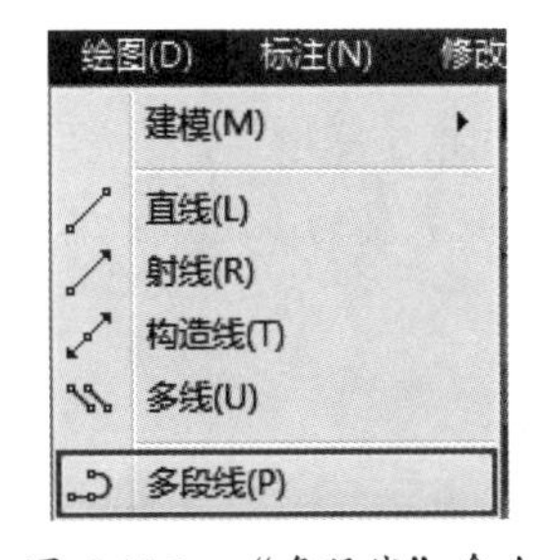

图 5-106　“多段线”命令

执行该命令后，系统会提示“指定起点”，指定一个起点后，可按如下命令行提示进行操作。

```
    命令：_pline                          //执行“多段线”命令
    指定起点：                            //在绘图区中任意指定一点为起点，有临
时的加号标记显示
    当前线宽为 0.0000                     //显示当前线宽
```

指定下一个点或 [圆弧(A)/半宽(H)/长度(L)/放弃(U)/宽度(W)]:
//指定多段线的端点
指定下一点或 [圆弧(A)/闭合(C)/半宽(H)/长度(L)/放弃(U)/宽度(W)]:
//指定下一段多段线的端点
指定下一点或 [圆弧(A)/闭合(C)/半宽(H)/长度(L)/放弃(U)/宽度(W)]:
//指定下一端点或按Enter键结束

由于多段线中子选项众多，因此通过以下两个部分进行讲解：多段线—直线、多段线—圆弧。

5.4.2 多段线——直线

在执行多段线命令时，选择“直线（L）”子选项后便开始创建直线，是默认的选项。若要开始绘制圆弧，可选择“圆弧（A）”选项。直线状态下的多段线，除“长度（L）”子选项之外，其余皆为通用选项，其含义效果分别介绍如下。

- “闭合（C）”：该选项含义与“直线”命令中的一致，可连接第一条和最后一条线段，以创建闭合的多段线。
- “半宽（H）”：指定从宽线段的中心到一条边的宽度。选择该选项后，命令行提示用户分别输入起点与端点的半宽值，而起点宽度将成为默认的端点宽度，如图5-107所示。
- “长度（L）”：按照与上一线段相同的角度、方向创建指定长度的线段。如果上一线段是圆弧，将创建与该圆弧段相切的新直线段。
- “宽度（W）”：设置多段线起始与结束的宽度值。选择该选项后，命令行提示用户分别输入起点与端点的宽度值，而起点宽度将成为默认的端点宽度，如图5-108所示。

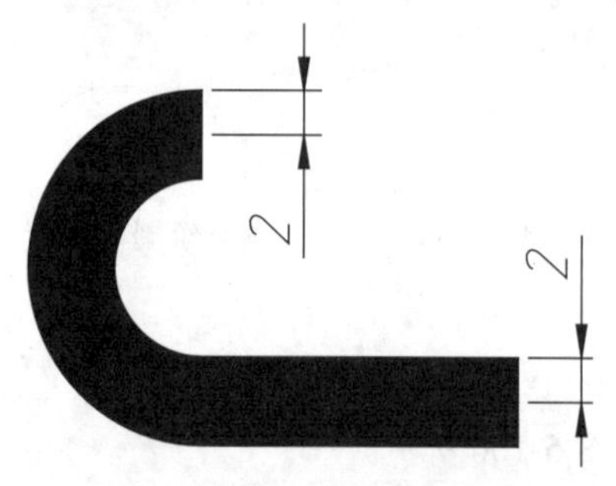

图5-107 半宽为2的示例

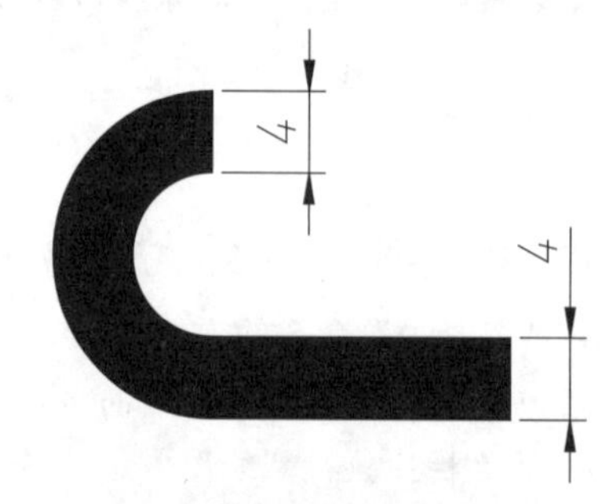

图5-108 宽度为4的示例

- 具有宽度的多段线

为多段线指定宽度后，有如下几点需要注意。

- 带有宽度的多段线，其起点与端点仍位于中心处，如图5-109所示。

图5-109 多段线位于宽度效果的中点

➢ 一般情况下，带有宽度的多段线在转折角处会自动相连，如图 5-110 所示；但在圆弧段互不相切、有非常尖锐的角（小于 29°），或者使用点划线线型的情况下将不倒角，如图 5-111 所示。

图 5-110 多段线在转角处自动相连　　图 5-111 多段线在转角处不相连的情况

5.4.3 案例——绘制箭头

多段线的使用虽不及直线、圆频繁，但却可以通过指定宽度来绘制许多独特的图形，如各种标识箭头。本例便通过灵活定义多段线的线宽来一次性绘制坐标系箭头图形。

01 打开“文件”|“新建”命令，新建空白文件。

02 单击“绘图”面板中的“多段线”按钮，绘制长度为 200，倾斜角度为 15° 的箭头，如图 5-112 所示。

```
命令：PLINE↵                                   //调用“多段线”命令
指定起点：↵                                     //在绘图区域的合适位置拾取一点确定起点 A
当前线宽为 0.0000
指定下一个点或 [圆弧(A)/半宽(H)/长度(L)/放弃(U)/宽度(W)]：W↵ //选择“宽度”备选项，准备设置 AB 段线宽
指定起点宽度 <0.0000>：1↵                       //输入 AB 段起点宽度值 1
指定端点宽度 <1.0000>：↵                        //按 Enter 键选取默认值 1 为 AB 终点宽度，AB 段宽度均匀
指定下一个点或 [圆弧(A)/半宽(H)/长度(L)/放弃(U)/宽度(W)]：@160<15↵
                                                //输入 B 点相对极坐标，绘制 AB
指定下一点或 [圆弧(A)/闭合(C)/半宽(H)/长度(L)/放弃(U)/宽度(W)]：W↵
                                                //选择“宽度”备选项，准备设置 BC 段线宽
指定起点宽度 <1.0000>：10↵                      //设置箭尾端 B 点宽度值为 10
指定端点宽度 <10.0000>：0↵                      //设置箭头端 C 点宽度值为 0，BC 段宽度将产生渐变
指定下一点或 [圆弧(A)/闭合(C)/半宽(H)/长度(L)/放弃(U)/宽度(W)]：@40<45↵
                                                //输入 C 点相对极坐标
指定下一点或 [圆弧(A)/闭合(C)/半宽(H)/长度(L)/放弃(U)/宽度(W)]：↵
                                                //按 Enter 键结束命令
```

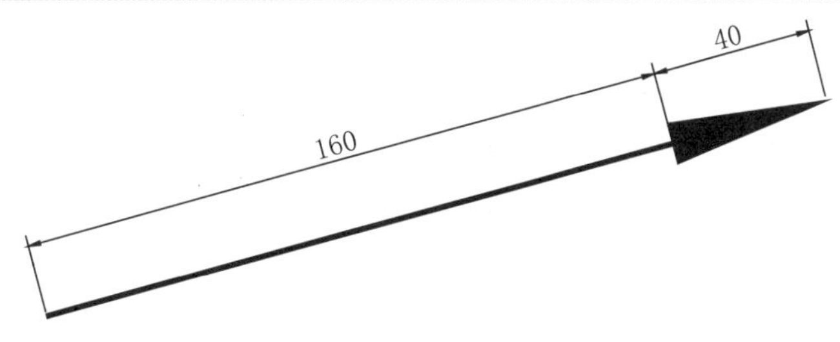

图 5-112 绘制的箭头图形

5.4.4 多段线——圆弧

在执行多段线命令时，选择“圆弧（A）”子选项后便开始创建与上一线段（或圆弧）相切的圆弧段，如图 5-113 所示。若要重新绘制直线，可选择“直线（L）”选项。

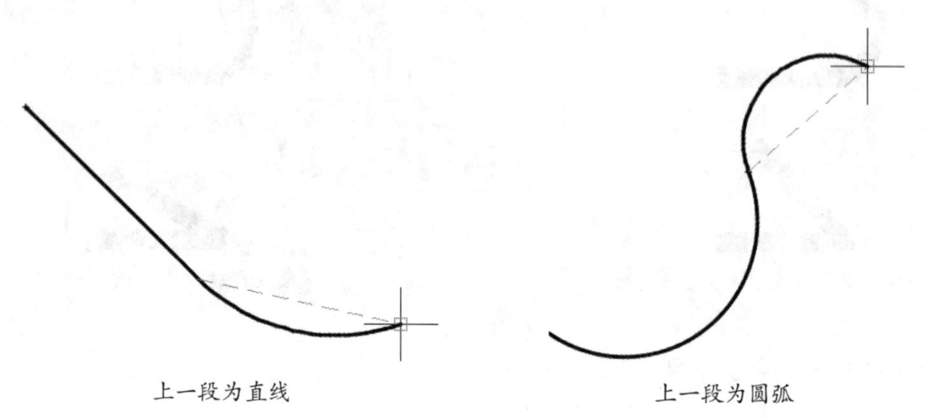

图 5-113 多段线创建圆弧时自动相切

执行该命令后，系统会提示“指定起点”，指定一个起点后，可按如下命令行提示进行操作。

```
命令：_pline                                              //执行“多段线”命令
指定起点：                                                //在绘图区中任意指定一点为起点
当前线宽为 0.0000
指定下一个点或 [圆弧(A)/半宽(H)/长度(L)/放弃(U)/宽度(W)]: A1//选择“圆弧”子选项
指定圆弧的端点(按住 Ctrl 键以切换方向)或                  //指定圆弧的一个端点
[角度(A)/圆心(CE)/方向(D)/半宽(H)/直线(L)/半径(R)/第二个点(S)/放弃(U)/宽度(W)]:
指定圆弧的端点(按住 Ctrl 键以切换方向)或                  //指定圆弧的另一个端点
[角度(A)/圆心(CE)/闭合(CL)/方向(D)/半宽(H)/直线(L)/半径(R)/第二个点(S)/放弃(U)/
宽度(W)]: *取消
```

根据上面的命令行操作过程可知，在执行“圆弧（A）”子选项下的“多段线”命令时，会出现 9 个子选项，各选项含义介绍如下。

- “角度（A）”：指定圆弧段从起点开始的包含角，如图 5-114 所示。输入正值将按逆时针方向创建圆弧段；输入负值将按顺时针方向创建圆弧段。方法类似于“起点、端点、角度”画圆弧。

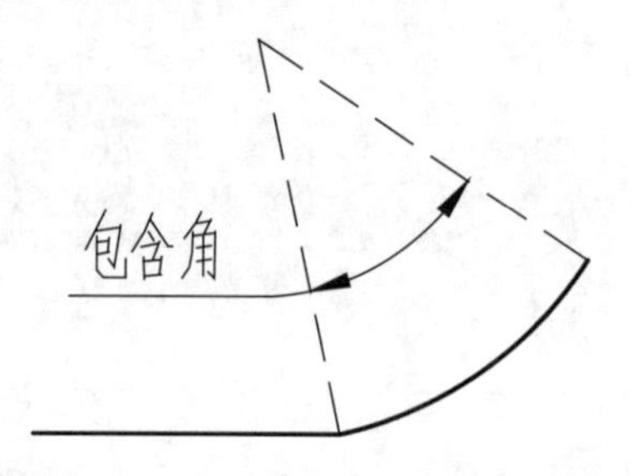

图 5-114 通过角度绘制多段线圆弧

- “圆心（CE）”：通过指定圆弧的圆心来绘制圆弧段，如图 5-115 所示。方法类似于“起点、圆心、端点”画圆弧。
- “方向（D）”：通过指定圆弧的切线来绘制圆弧段，如图 5-116 所示。方法类似于“起点、端点、方向”画圆弧。

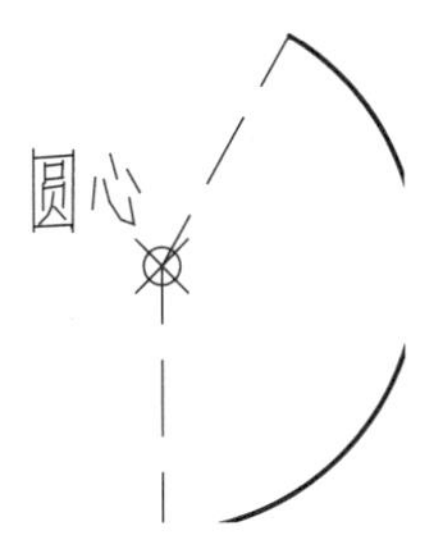

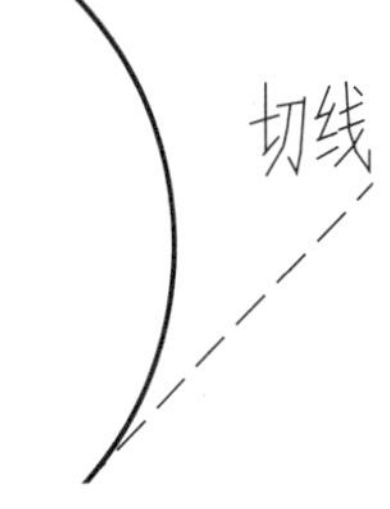

图 5-115　通过圆心绘制多段线圆弧

图 5-116　通过切线绘制多段线圆弧

- “直线（L）”：从绘制圆弧切换到绘制直线。
- “半径（R）”：通过指定圆弧的半径来绘制圆弧，如图 5-117 所示。方法类似于“起点、端点、半径”画圆弧。
- “第二个点（S）”：通过指定圆弧上的第二点和端点来进行绘制，如图 5-118 所示。方法类似于“三点”画圆弧。

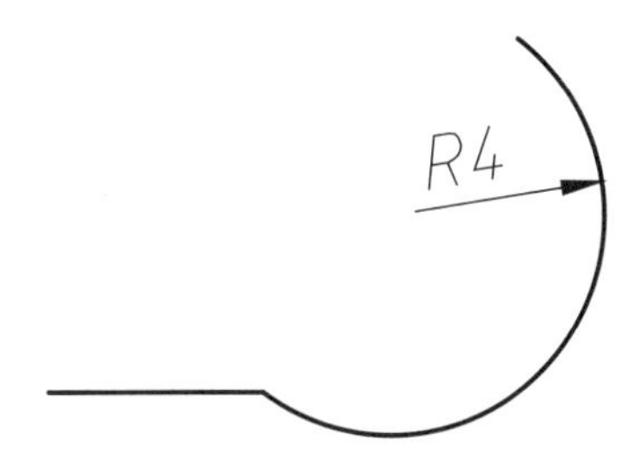

图 5-117　通过半径绘制多段线圆弧

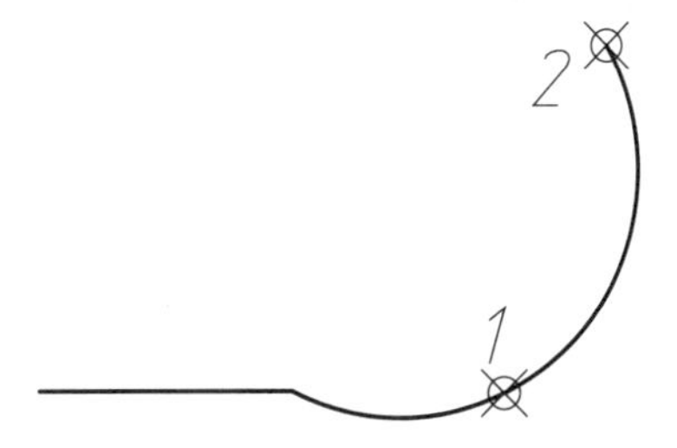

图 5-118　通过第二个点绘制多段线圆弧

5.4.5　案例——绘制跑道

01 打开“文件”|“新建”命令，新建空白文件。

02 单击“绘图”面板中的“多段线”按钮，绘制如图 5-119 所示的跑道图形。

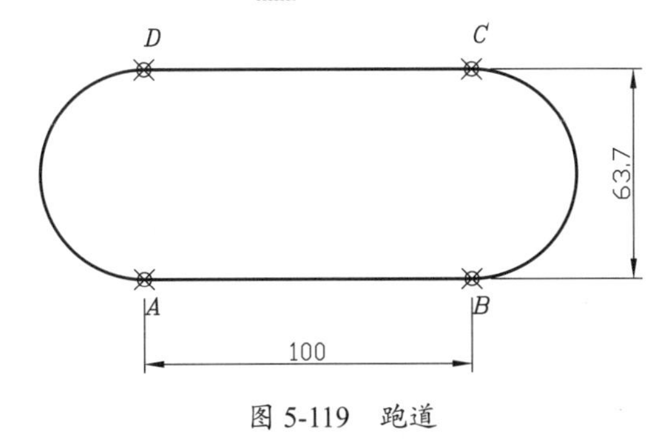

图 5-119　跑道

```
命令：_pline                                                     // 调用“多段线”命令
指定起点：                                                       // 在绘图区域的合适位置单击鼠标确定 A
指定下一个点或 [ 圆弧 (A) / 半宽 (H) / 长度 (L) / 放弃 (U) / 宽度 (W)]:@100,0l
                                                                 // 输入 B 点相对坐标
指定下一点或 [ 圆弧 (A) / 闭合 (C) / 半宽 (H) / 长度 (L) / 放弃 (U) / 宽度 (W)]:Al
                                                                 // 选择“圆弧”备选项
指定圆弧的端点或 [ 角度 (A) / 圆心 (CE) / 闭合 (CL) / 方向 (D) / 半宽 (H) / 直线 (L) / 半径 (R) / 第
二个点 (S) / 放弃 (U) / 宽度 (W)]: @0,-63.7l                     // 输入圆弧的直径
```

```
    指定圆弧的端点或 [ 角度 (A) / 圆心 (CE) / 闭合 (CL) / 方向 (D) / 半宽 (H) / 直线 (L) / 半径 (R) / 第
二个点 (S) / 放弃 (U) / 宽度 (W)]: L1                         // 选择“直线”备选项
    指定下一点或 [ 圆弧 (A) / 闭合 (C) / 半宽 (H) / 长度 (L) / 放弃 (U) / 宽度 (W)]: @-100,01
                                                              // 输入 D 点相对坐标
    指定下一点或 [ 圆弧 (A) / 闭合 (C) / 半宽 (H) / 长度 (L) / 放弃 (U) / 宽度 (W)]:A1
                                                              // 选择“圆弧”选项
    指定圆弧的端点或 [ 角度 (A) / 圆心 (CE) / 闭合 (CL) / 方向 (D) / 半宽 (H) / 直线 (L) / 半径 (R) / 第
二个点 (S) / 放弃 (U) / 宽度 (W)]: CL1                        // 选择 CL 选项表示闭合图形
```

5.5 多线

多线是一种由多条平行线组成的组合图形对象，它可以由 1 ～ 16 条平行直线组成。多线在实际工程设计中的应用非常广泛，如在建筑平面图中绘制墙体、规划设计中绘制道路、机械设计中绘制键、管道工程设计中绘制管道剖面等。

5.5.1 设置多线样式

系统默认的 STANDARD 样式由两条平行线组成，并且平行线的间距是定值。如果要绘制不同规格和样式的多线（带封口或更多数量的平行线），就需要设置多线的样式。执行“多线样式”命令的方法有以下几种。

- ➢ 菜单栏：选择“格式” | “多线样式”命令。
- ➢ 命令行：MLSTYLE。

使用上述方法打开“多线样式”对话框，其中可以新建、修改或者加载多线样式，如图 5-120 所示。单击其中的“新建”按钮，可以打开“创建新的多线样式”对话框，然后定义新的多线样式的名称（如平键），如图 5-121 所示。

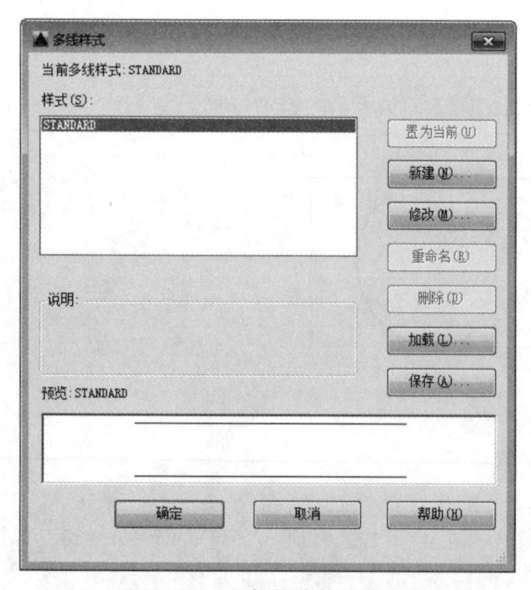

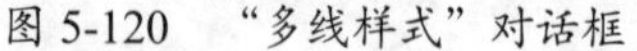

图 5-120 “多线样式”对话框

图 5-121 “创建新的多线样式”对话框

接着单击“继续”按钮，便可打开“新建多线样式”对话框，可以在其中设置多线的各种特性，如图 5-122 所示。

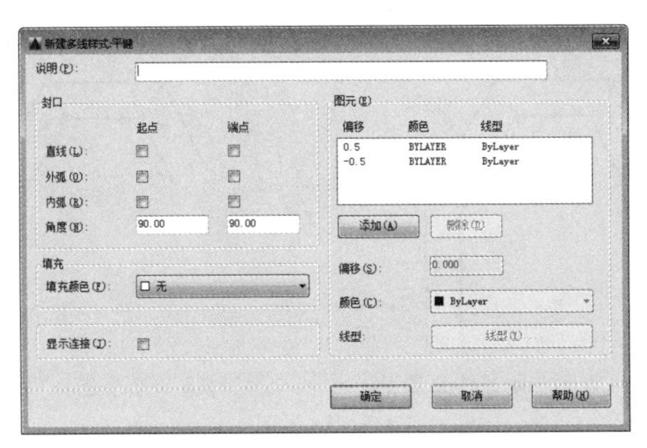

图 5-122 “新建多线样式”对话框

- 命令子选项说明

“新建多线样式”对话框中各选项的含义如下。

➢ “封口”：设置多线的平行线段之间两端封口的样式。当取消勾选“封口”选项区中的复选框时，绘制的多段线两端将呈打开状态，如图 5-123 所示为多线的各种封口形式。

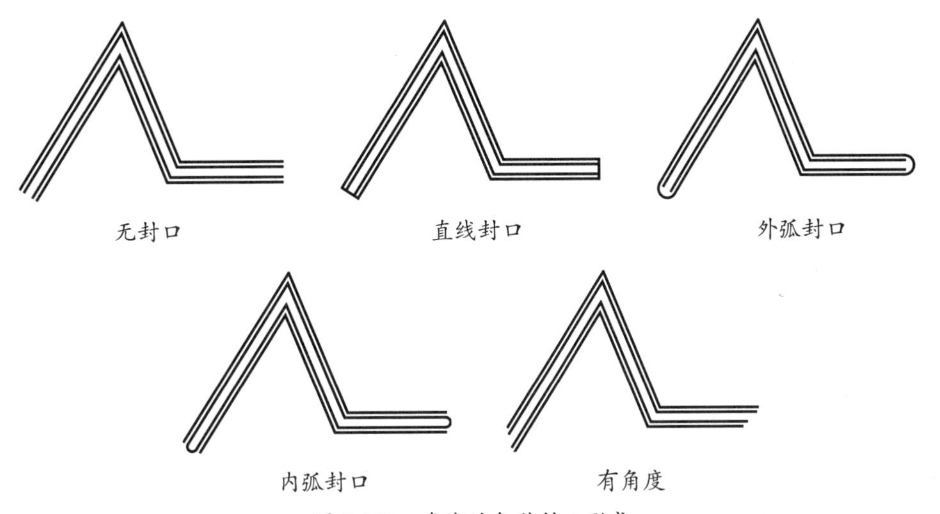

图 5-123　多线的各种封口形式

➢ “填充颜色”下拉列表：设置封闭的多线内的填充颜色，选择“无”选项，表示使用透明颜色填充，如图 5-124 所示。

图 5-124　各多线的填充颜色效果

➢ “显示连接”复选框：显示或隐藏每条多线段顶点处的连接，效果如图 5-125 所示。

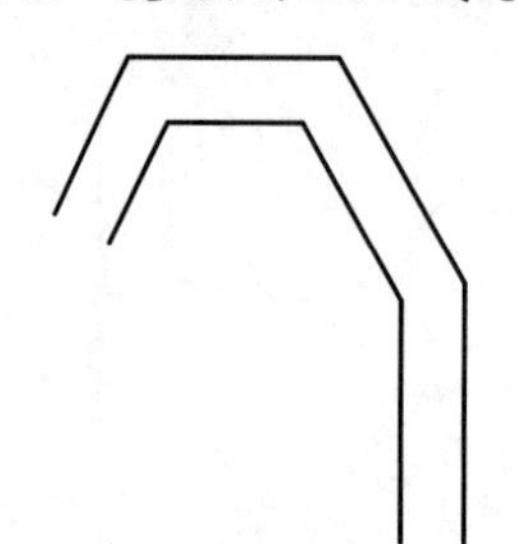

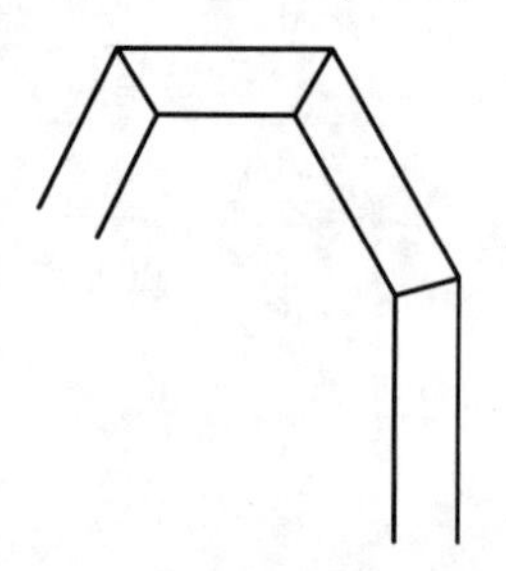

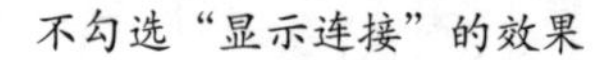

不勾选“显示连接”的效果　　　　勾选“显示连接”的效果

图 5-125　“显示连接”效果

➢ 图元：构成多线的元素，通过单击“添加”按钮可以添加多线的构成元素，也可以通过单击“删除”按钮删除这些元素。
➢ 偏移：设置多线元素从中线的偏移值，值为正表示向上偏移，值为负表示向下偏移。
➢ 颜色：设置组成多线元素的直线线条颜色。
➢ 线型：设置组成多线元素的直线线条线型。

5.5.2　案例——创建“墙体”多线样式

多线的使用虽然方便，但是默认的 STANDARD 样式过于简单，无法用来应对现实工作中所遇到的各种问题（如绘制带有封口的墙体线）。此时即可通过创建新的多线样式来解决，具体步骤如下。

01 单击“快速访问”工具栏中的“新建”按钮，新建空白文件。

02 在命令行中输入 MLSTYLE 并按 Enter 键，系统弹出“多线样式”对话框，如图 5-126 所示。

03 单击“新建”按钮，系统弹出“创建新的多线样式”对话框，新建新样式名为“墙体”，基础样式为 STANDARD，单击“确定”按钮，系统弹出“新建多线样式：墙体”对话框。

04 在“封口”区域勾选“直线”中的两个复选框，在“图元”选项区域中设置“偏移”为 120 与 -120，如图 5-127 所示，单击“确定”按钮，系统返回“多线样式”对话框。

05 单击“置为当前”按钮，单击“确定”按钮，关闭对话框，完成墙体多线样式的设置。单击“快速访问”工具栏中的“保存”按钮，保存文件。

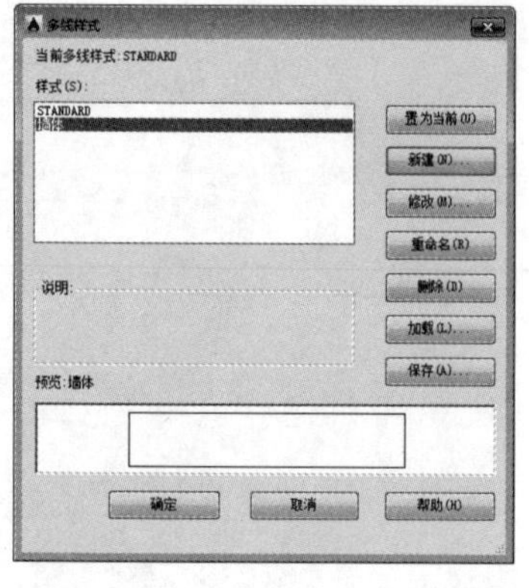

图 5-126　“多线样式”对话框

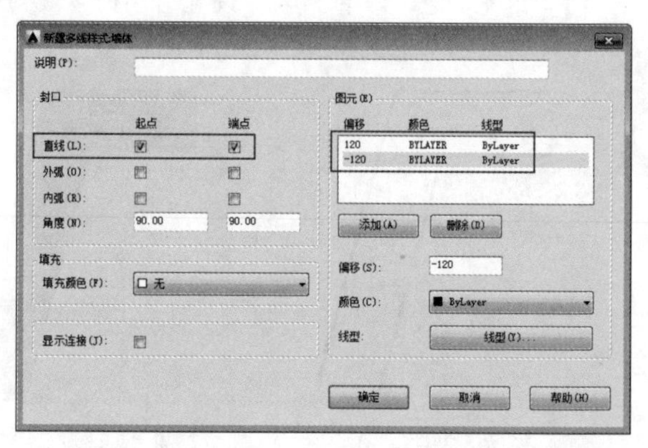

图 5-127　设置封口和偏移值

5.5.3　绘制多线

在AutoCAD中执行"多线"命令的方法不多，只有以下两种。不过也可以通过本书第1章的"练习1-4"的方法向功能区中添加"多线"按钮。

- 菜单栏：选择"绘图"|"多线"命令。
- 命令行：MLINE或ML。

执行"多线"命令后的操作提示如下。

```
    命令：_mline                                              //执行"多线"命令
    当前设置：对正 = 上，比例 = 20.00，样式 = STANDARD         //显示当前的多线设置
    指定起点或 [对正(J)/比例(S)/样式(ST)]:                    //指定多线起点或修改多线设置
    指定下一点：                                              //指定多线的端点
    指定下一点或 [放弃(U)]:                                   //指定下一段多线的端点
    指定下一点或 [闭合(C)/放弃(U)]:                           //指定下一段多线的端点或按
Enter键结束
```

- 命令子选项说明

执行"多线"的过程中，命令行会出现3种设置类型："对正（J）""比例（S）""样式（ST）"，分别介绍如下。

- "对正(J)"：设置绘制多线时相对于输入点的偏移位置。该选项有"上""无"和"下"3个选项，"上"表示多线顶端的线随着光标移动；"无"表示多线的中心线随着光标移动；"下"表示多线底端的线随着光标移动，如图5-128所示。

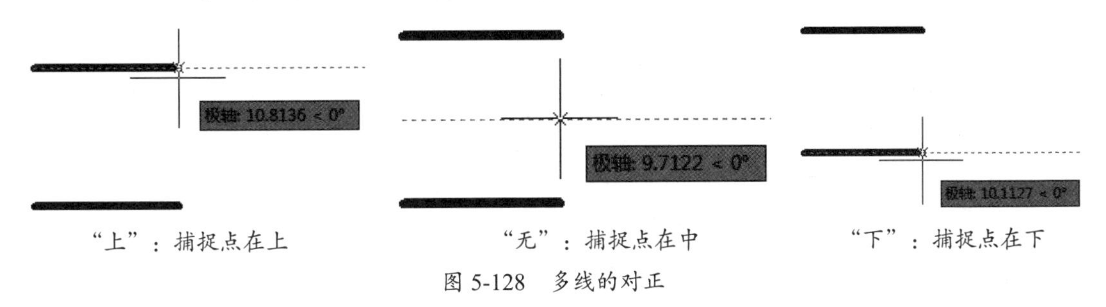

"上"：捕捉点在上　　"无"：捕捉点在中　　"下"：捕捉点在下

图5-128　多线的对正

- "比例（S）"：设置多线样式中多线的宽度比例，可以快速定义多线的间隔宽度，如图5-129所示。

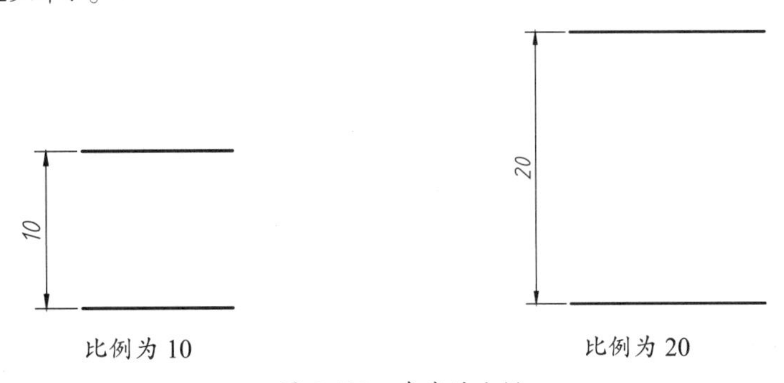

比例为10　　比例为20

图5-129　多线的比例

- "样式（ST）"：设置绘制多线时使用的样式，默认的多线样式为STANDARD，选择该选项后，可以在提示信息"输入多线样式"或"？"后面输入已定义的样式名。输入"？"则会列出当前图形中所有的多线样式。

5.5.4 案例——绘制墙体

“多线”可一次性绘制出大量平行线的特性，非常适合用来绘制室内、建筑平面图中的墙体。本例便根据“练习 5-17”中已经设置好的“墙体”多线样式来进行绘图。

01 单击“快速访问”工具栏中的“打开”按钮，打开“第 5 章 /5.5.4 绘制墙体 .dwg”文件，如图 5-130 所示。

02 创建“墙体”多线样式。按案例 5.5.2 的方法创建“墙体”多线样式，如图 5-131 所示。

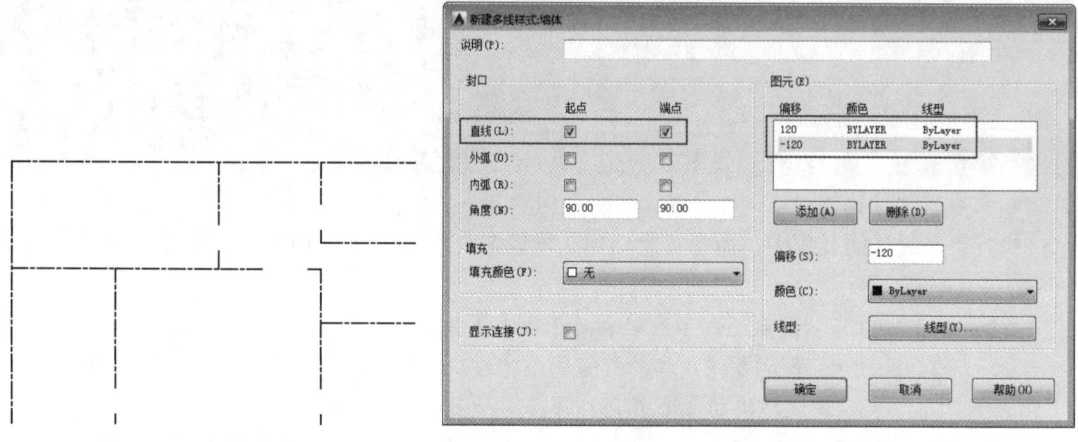

图 5-130　素材图形

图 5-131　创建墙体多线样式

03 在命令行中输入 ML，调用“多线”命令，绘制如图 5-132 所示的墙体，命令行提示如下。

```
命令: _mline↙                                              //调用“多线”命令
当前设置: 对正 = 上, 比例 = 20.00, 样式 = 墙体
指定起点或 [对正(J)/比例(S)/样式(ST)]: S↙                  //激活“比例(S)”选项
输入多线比例 <20.00>: 1↙                                   //输入多线比例
当前设置: 对正 = 上, 比例 = 1.00, 样式 = 墙体
指定起点或 [对正(J)/比例(S)/样式(ST)]: J↙                  //激活“对正(J)”选项
输入对正类型 [上(T)/无(Z)/下(B)] <上>: Z↙                  //激活“无(Z)”选项
当前设置: 对正 = 无, 比例 = 1.00, 样式 = 墙体
指定起点或 [对正(J)/比例(S)/样式(ST)]:                     //沿着轴线绘制墙体
指定下一点:
指定下一点或 [放弃(U)]:
指定下一点或 [闭合(C)/放弃(U)]: ↙                          //按 Enter 键结束绘制
```

04 按空格键重复命令，绘制非承重墙，把比例设置为 0.5，命令行提示如下。

```
命令: MLINE↙                                               //调用“多线”命令
当前设置: 对正 = 无, 比例 = 1.00, 样式 = 墙体
指定起点或 [对正(J)/比例(S)/样式(ST)]: S↙                  //激活“比例(S)”选项
输入多线比例 <1.00>: 0.5↙                                  //输入多线比例
当前设置: 对正 = 无, 比例 = 0.50, 样式 = 墙体
指定起点或 [对正(J)/比例(S)/样式(ST)]: J↙                  //激活“对正(J)”选项
输入对正类型 [上(T)/无(Z)/下(B)] <无>: Z↙                  //激活“无(Z)”选项
当前设置: 对正 = 无, 比例 = 0.50, 样式 = 墙体
指定起点或 [对正(J)/比例(S)/样式(ST)]:
指定下一点:                                                //沿着轴线绘制墙体
指定下一点或 [放弃(U)]: ↙                                  //按 Enter 键结束绘制
```

05 最终效果如图 5-133 所示。

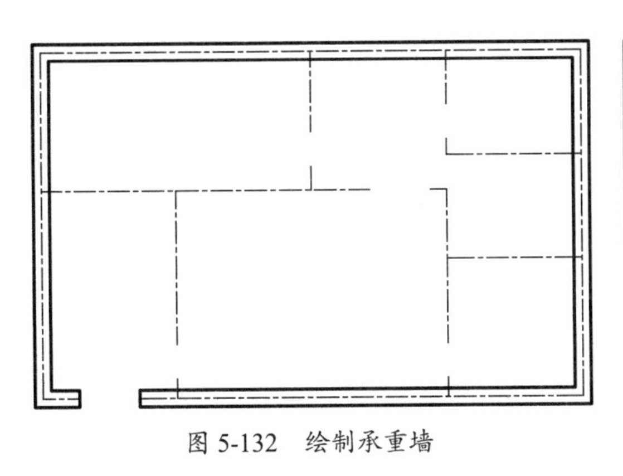

图 5-132 绘制承重墙

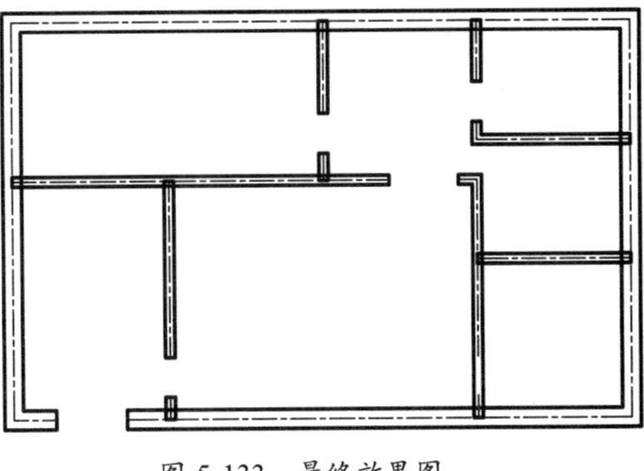

图 5-133 最终效果图

5.5.5 编辑多线

之前介绍了多线是复合对象，只能将其分解为多条直线后才能编辑。但在 AutoCAD 中，也可以在自带的“多线编辑工具”对话框中进行编辑。打开“多线编辑工具”对话框的方法有以下 3 种。

- 菜单栏：执行“修改”|“对象”|“多线”命令，如图 5-134 所示。
- 命令行：MLEDIT。
- 快捷操作：双击绘制的多线图形。

执行上述任意命令后，系统自动弹出“多线编辑工具”对话框，如图 5-135 所示。根据图样选择一种适合的工具图标，即可使用该工具编辑多线。

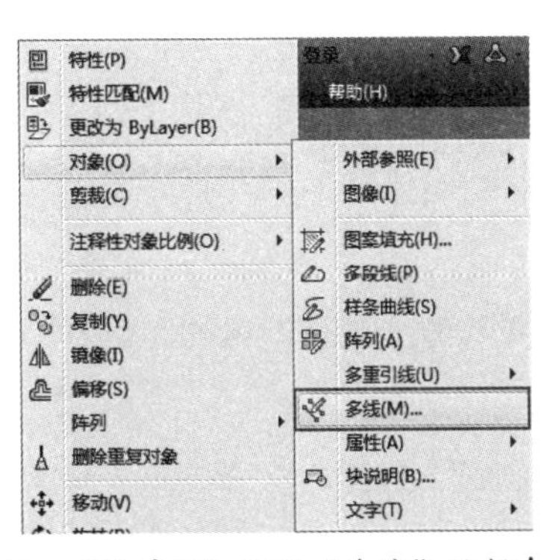

图 5-134 “菜单栏”调用“多线”编辑命令

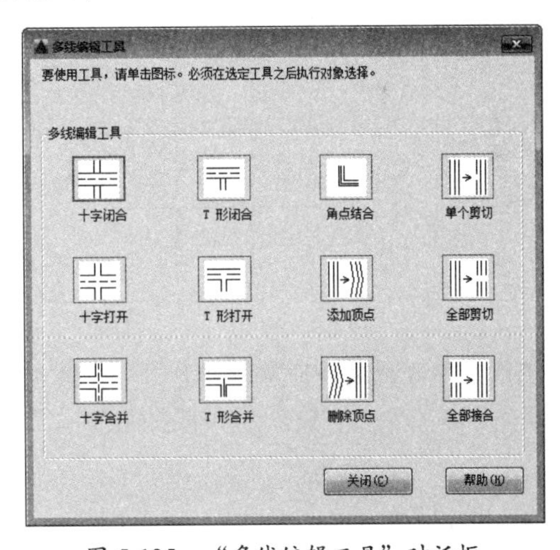

图 5-135 “多线编辑工具”对话框

- 命令子选项说明

“多线编辑工具”对话框中共有 4 列 12 种多线编辑工具：第一列为十字交叉编辑工具；第二列为 T 字交叉编辑工具；第三列为角点结合编辑工具；第四列为中断或接合编辑工具。具体介绍如下。

- “十字闭合”：可在两条多线之间创建闭合的十字交点。选择该工具后，先选择第一条多线，作为打断的隐藏多线；再选择第二条多线，即前置的多线，效果如图 5-136 所示。

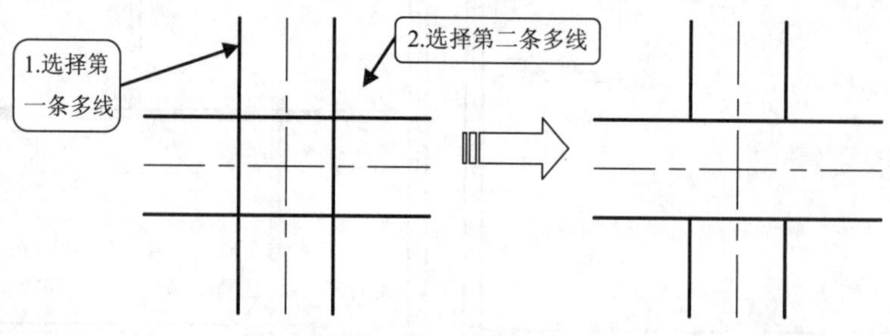

图 5-136　十字闭合

➢ “十字打开”：在两条多线之间创建打开的十字交点。打断将插入第一条多线的所有元素和第二条多线的外部元素，效果如图 5-137 所示。

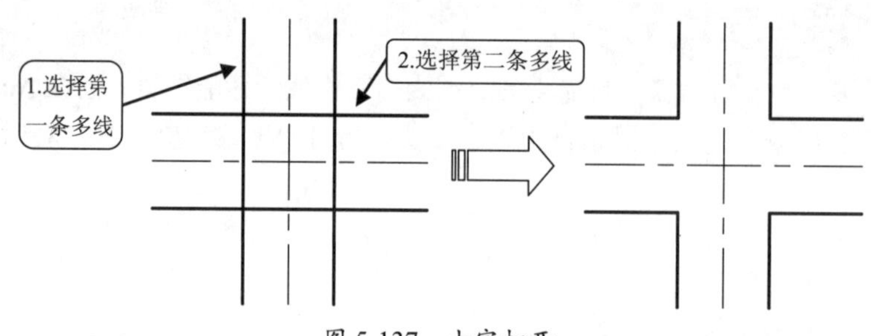

图 5-137　十字打开

➢ “十字合并”：在两条多线之间创建合并的十字交点。选择多线的次序并不重要，效果如图 5-138 所示。

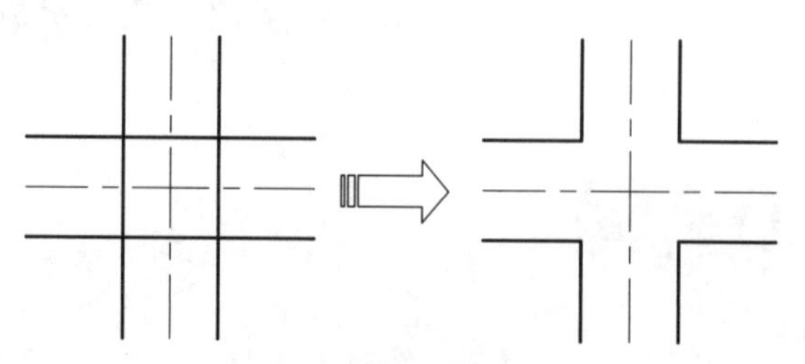

图 5-138　十字合并

操作技巧： 对于双数多线来说，“十字打开”和“十字合并”的结果是一样的，但对于三线，中间线的结果是不一样的，效果如图 5-139 所示。

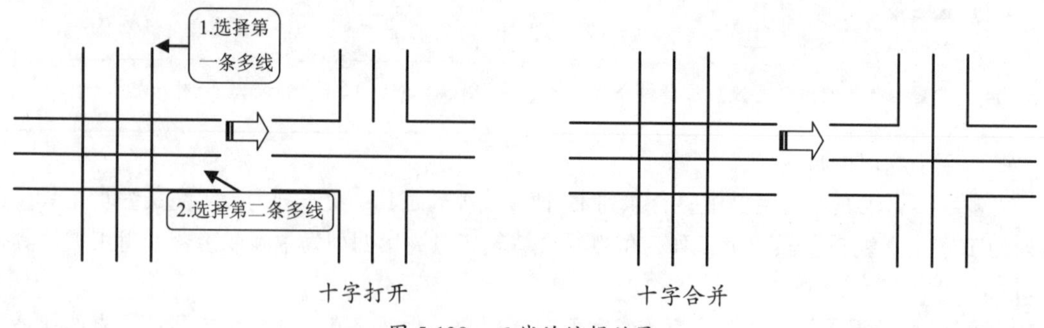

图 5-139　三线的编辑效果

➢ “T 形闭合”：在两条多线之间创建闭合的 T 形交点。将第一条多线修剪或延伸到与第二条多线的交点处，如图 5-140 所示。

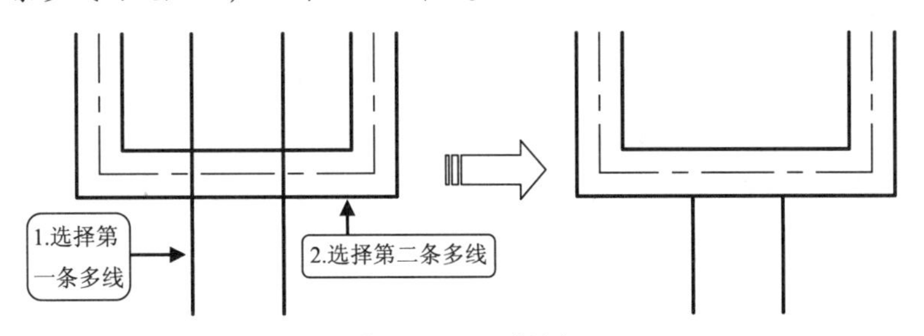

图 5-140 T 形闭合

➢ “T 形打开”：在两条多线之间创建打开的 T 形交点。将第一条多线修剪或延伸到与第二条多线的交点处，如图 5-141 所示。

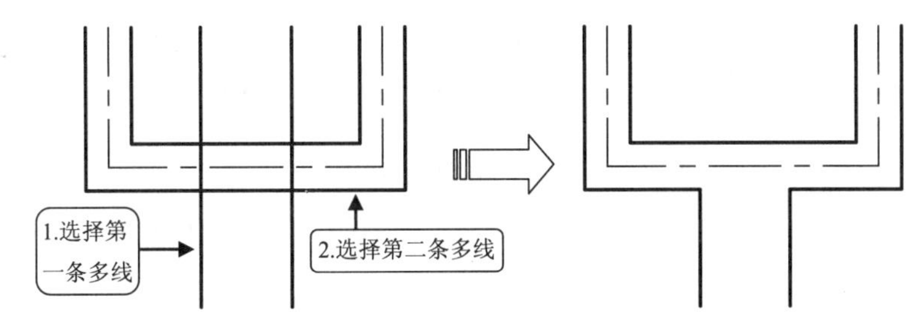

图 5-141 T 形打开

➢ “T 形合并”：在两条多线之间创建合并的 T 形交点。将多线修剪或延伸到与另一条多线的交点处，如图 5-142 所示。

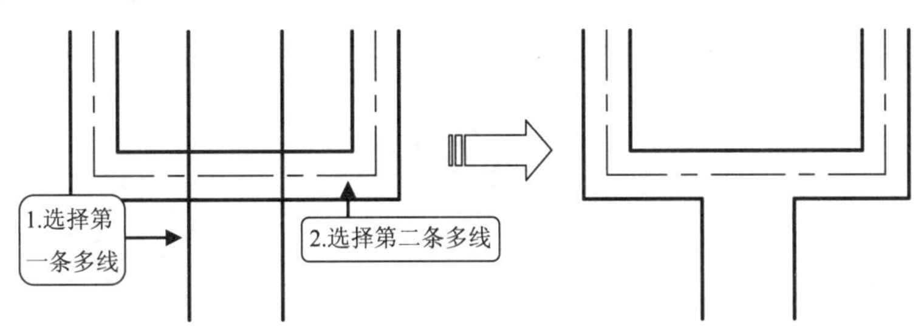

图 5-142 T 形合并

操作技巧：“T 形闭合”“T 形打开”和“T 形合并”的选择对象顺序应先选择 T 字的下半部分，再选择 T 字的上半部分，如图 5-143 所示。

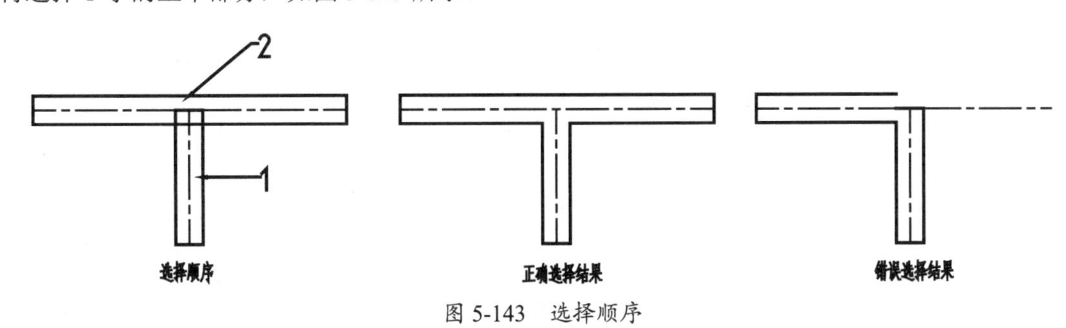

图 5-143 选择顺序

➢ “角点结合”：在多线之间创建角点结合。将多线修剪或延伸到它们的交点处，效果如图 5-144 所示。

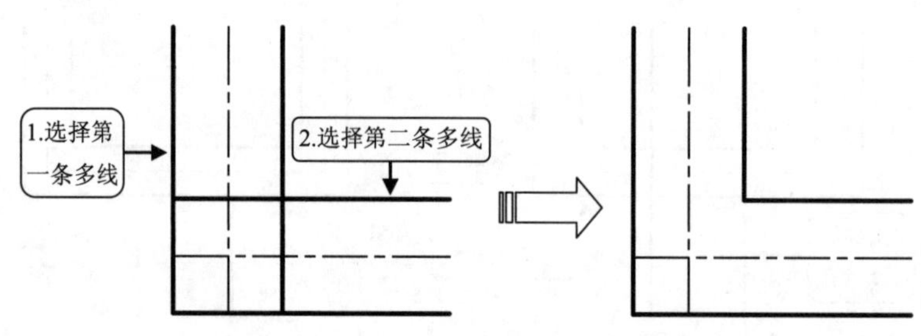

图 5-144 角点结合

➢ “添加顶点”：向多线上添加一个顶点。新添加的角点即可用于夹点编辑，效果如图 5-145 所示。

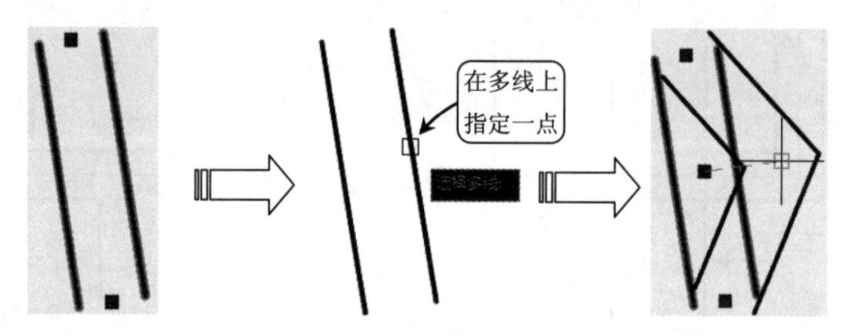

图 5-145 添加顶点

➢ “删除顶点”：从多线上删除一个顶点，效果如图 5-146 所示。

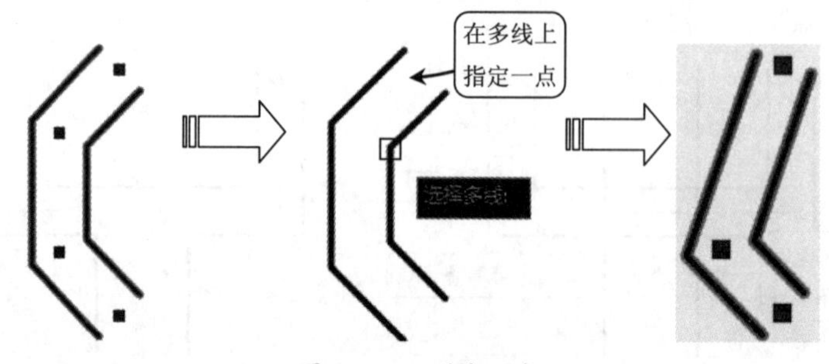

图 5-146 删除顶点

➢ “单个剪切”：在选定多线元素中创建可见打断，效果如图 5-147 所示。

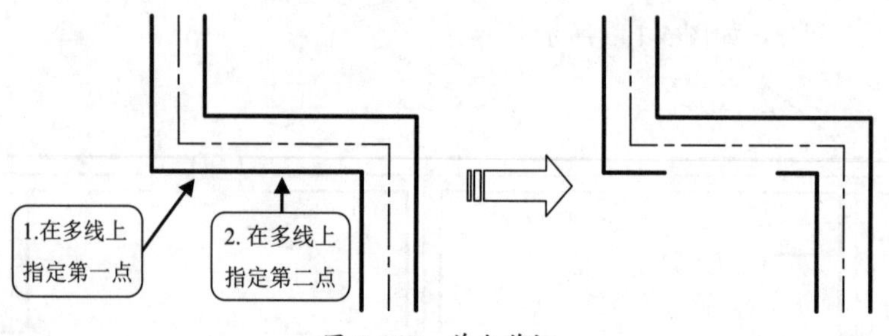

图 5-147 单个剪切

➢ “全部剪切”：创建穿过整条多线的可见打断，效果如图 5-148 所示。

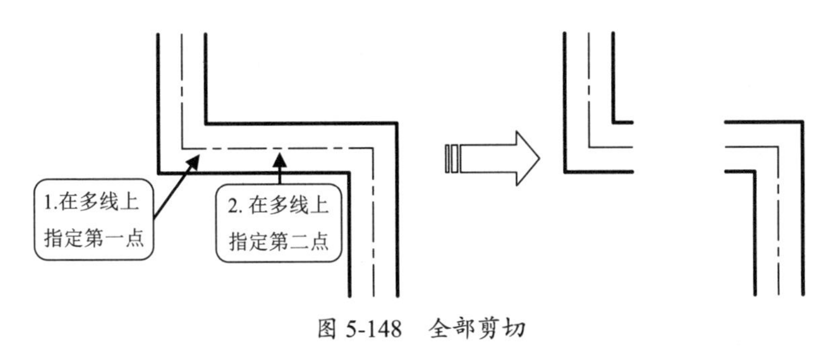

图 5-148　全部剪切

➢ “全部接合”：将已被剪切的多线线段重新接合起来，如图 5-149 所示。

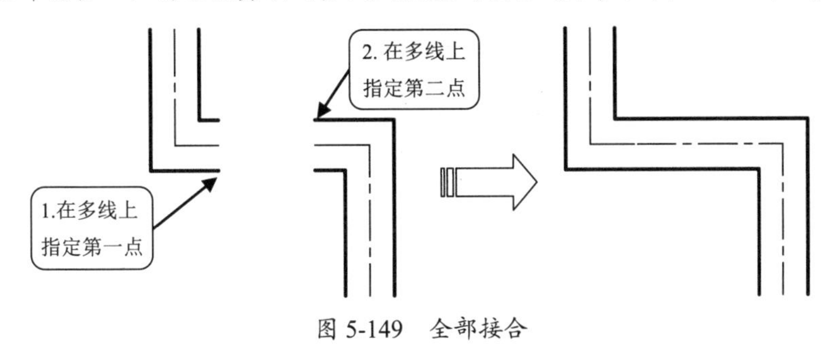

图 5-149　全部接合

5.5.6　案例——编辑墙体

案例 5.5.4 中所绘制完成的墙体仍有瑕疵，因此需要通过多线编辑命令对其进行修改，从而得到最终完整的墙体图形。

01 单击“快速访问”工具栏中的“打开”按钮，打开“第 5 章 /5.5.4 绘制墙体 -OK.dwg”文件，如图 5-150 所示。

02 在命令行中输入 MLEDIT，调用“多线编辑”命令，打开“多线编辑工具”对话框，如图 5-151 所示。

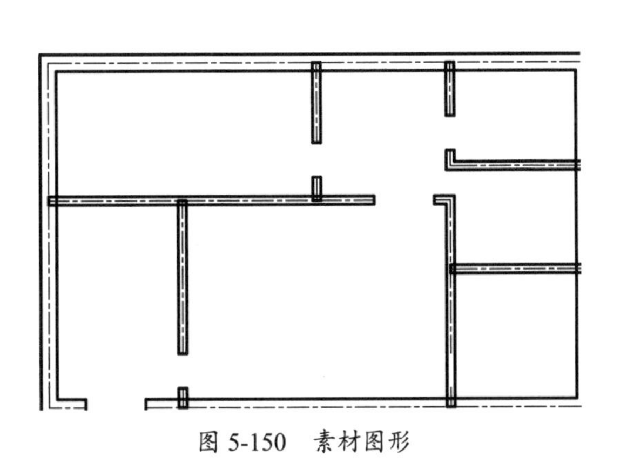

图 5-150　素材图形

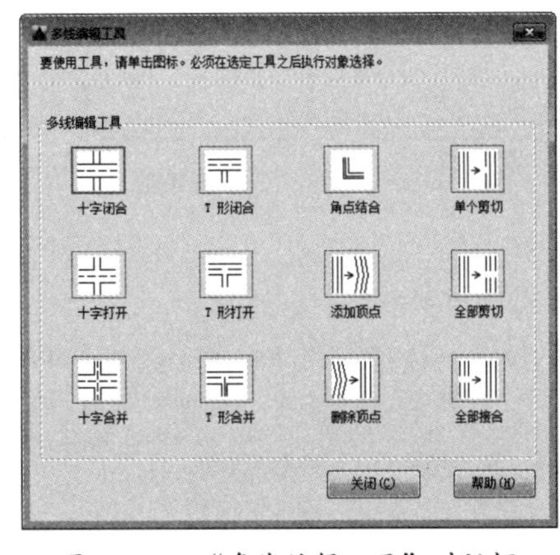

图 5-151　“多线编辑工具”对话框

03 选择该对话框中的“T 形合并”选项，系统自动返回到绘图区域，根据命令行提示对墙体结合部进行编辑，命令行提示如下。

```
命令：MLEDIT ↙                                  //调用"多线编辑"命令
选择第一条多线：                                //选择竖直墙体
选择第二条多线：                                //选择水平墙体
选择第一条多线 或 [放弃(U)]：↙                  //重复操作
```

04 重复上述操作，对所有墙体进行"T 形合并"命令，效果如图 5-152 所示。

05 在命令行中输入 LA，调用"图层特性管理器"命令，在弹出的"图层特性管理器"选项板中，隐藏"轴线"图层，最终效果如图 5-153 所示。

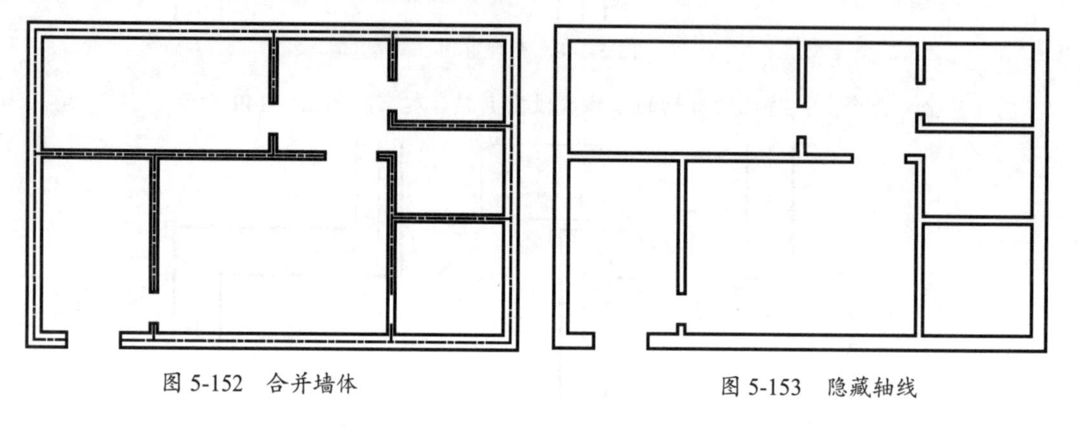

图 5-152　合并墙体　　　　图 5-153　隐藏轴线

5.6 矩形与多边形

多边形图形包括矩形和正多边形，也是在绘图过程中使用较多的一类图形。

5.6.1 矩形

矩形就是我们通常说的长方形，是通过输入矩形的任意两个对角位置确定的，在 AutoCAD 中绘制矩形可以为其设置倒角、圆角，以及宽度和厚度值，如图 5-154 所示。

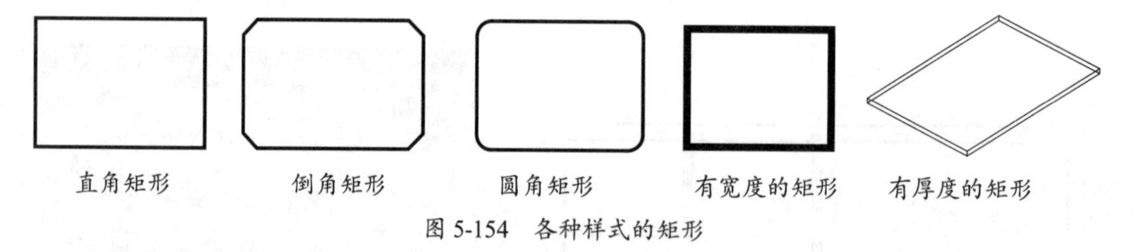

图 5-154　各种样式的矩形

调用"矩形"命令的方法如下。

- 功能区：在"默认"选项卡中，单击"绘图"面板中的"矩形"按钮。
- 菜单栏：执行"绘图"|"矩形"命令。
- 命令行：RECTANG 或 REC。

执行该命令后，命令行提示如下。

```
命令：_rectang                                          //执行"矩形"命令
指定第一个角点或 [倒角(C)/标高(E)/圆角(F)/厚度(T)/宽度(W)]：
                                                        //指定矩形的第一个角点
指定另一个角点或 [面积(A)/尺寸(D)/旋转(R)]：              //指定矩形的对角点
```

● 命令子选项说明

在指定第一个角点前，有5个子选项，而指定第二个对角点的时候有3个子选项，各选项含义具体介绍如下。

➢ "倒角（C）"：用来绘制倒角矩形，选择该选项后可指定矩形的倒角距离，如图5-155所示。设置该选项后，执行矩形命令时此值成为当前的默认值，若无须设置倒角，则要再次将其设置为0。

```
命令: _rectang
指定第一个角点或 [倒角(C)/标高(E)/圆角(F)/厚度(T)/宽度(W)]: C
                                                    //选择"倒角"选项
指定矩形的第一个倒角距离 <0.0000>: 2                //输入第一个倒角距离
指定矩形的第二个倒角距离 <2.0000>: 4                //输入第二个倒角距离
指定第一个角点或 [倒角(C)/标高(E)/圆角(F)/厚度(T)/宽度(W)]:
                                                    //指定第一个角点
指定另一个角点或 [面积(A)/尺寸(D)/旋转(R)]:         //指定第二个角点
```

➢ "标高（E）"：指定矩形的标高，即Z方向上的值。选择该选项后可在高为标高值的平面上绘制矩形，如图5-156所示。

```
命令: _rectang
指定第一个角点或 [倒角(C)/标高(E)/圆角(F)/厚度(T)/宽度(W)]: E
                                                    //选择"标高"选项
指定矩形的标高 <0.0000>: 10                         //输入标高
指定第一个角点或 [倒角(C)/标高(E)/圆角(F)/厚度(T)/宽度(W)]:
                                                    //指定第一个角点
指定另一个角点或 [面积(A)/尺寸(D)/旋转(R)]:         //指定第二个角点
```

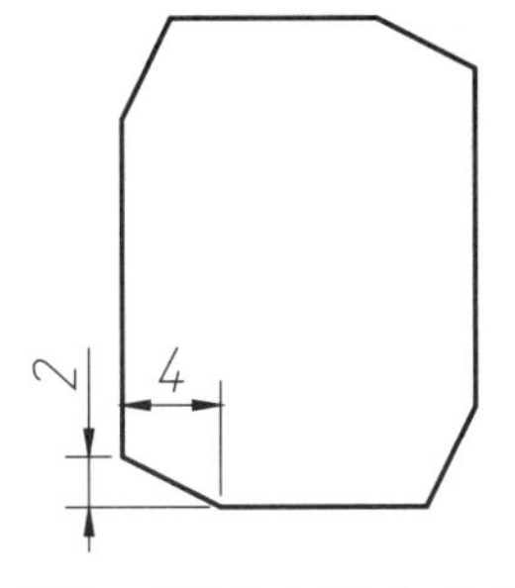

图5-155　"倒角（C）"画矩形

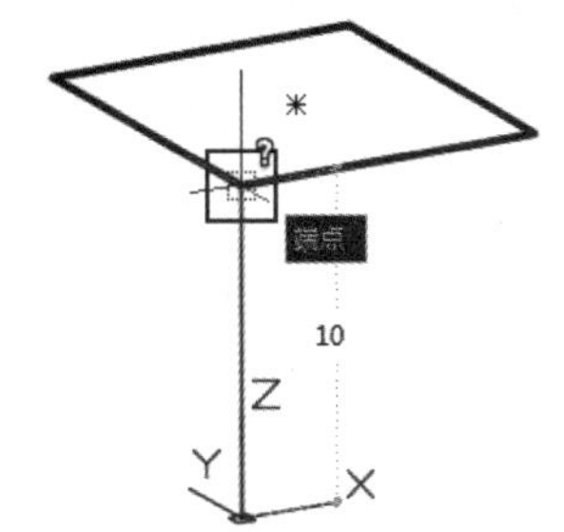

图5-156　"标高（E）"画矩形

➢ "圆角（F）"：用来绘制圆角矩形。选择该选项后可指定矩形的圆角半径，绘制带圆角的矩形，如图5-157所示。

```
命令: _rectang
指定第一个角点或 [倒角(C)/标高(E)/圆角(F)/厚度(T)/宽度(W)]: F
                                                    //选择"圆角"选项
指定矩形的圆角半径 <0.0000>: 5                      //输入圆角半径值
指定第一个角点或 [倒角(C)/标高(E)/圆角(F)/厚度(T)/宽度(W)]:
                                                    //指定第一个角点
指定另一个角点或 [面积(A)/尺寸(D)/旋转(R)]:         //指定第二个角点
```

操作技巧：如果矩形的长度和宽度太小，而无法使用当前设置创建矩形时，绘制出来的矩形将不进行圆角或倒角。

➢ "厚度（T）"：用来绘制有厚度的矩形，该选项为要绘制的矩形指定Z轴上的厚度值，如图5-158所示。

```
命令: _rectang
指定第一个角点或 [倒角(C)/标高(E)/圆角(F)/厚度(T)/宽度(W)]: T
```

```
                                                // 选择“厚度”选项
指定矩形的厚度 <0.0000>: 2                      // 输入矩形厚度值
指定第一个角点或 [倒角(C)/标高(E)/圆角(F)/厚度(T)/宽度(W)]:
                                                // 指定第一个角点
指定另一个角点或 [面积(A)/尺寸(D)/旋转(R)]:     // 指定第二个角点
```

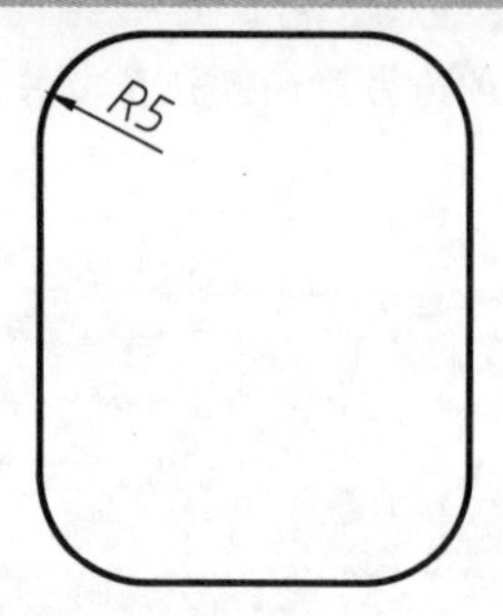

图 5-157 “圆角（F）”画矩形

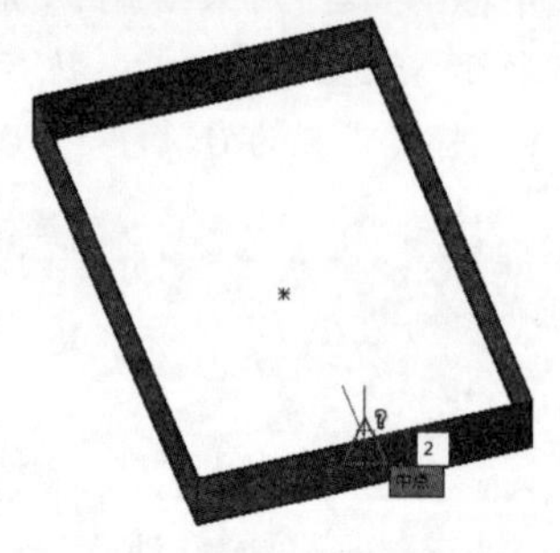

图 5-158 “厚度（T）”画矩形

➢ “宽度（W）”：用来绘制有宽度的矩形，该选项为要绘制的矩形指定线的宽度，效果如图 5-159 所示。

```
命令: _rectang
指定第一个角点或 [倒角(C)/标高(E)/圆角(F)/厚度(T)/宽度(W)]: W
                                                // 选择“宽度”选项
指定矩形的线宽 <0.0000>: 1                      // 输入线宽值
指定第一个角点或 [倒角(C)/标高(E)/圆角(F)/厚度(T)/宽度(W)]:
                                                // 指定第一个角点
指定另一个角点或 [面积(A)/尺寸(D)/旋转(R)]:     // 指定第二个角点
```

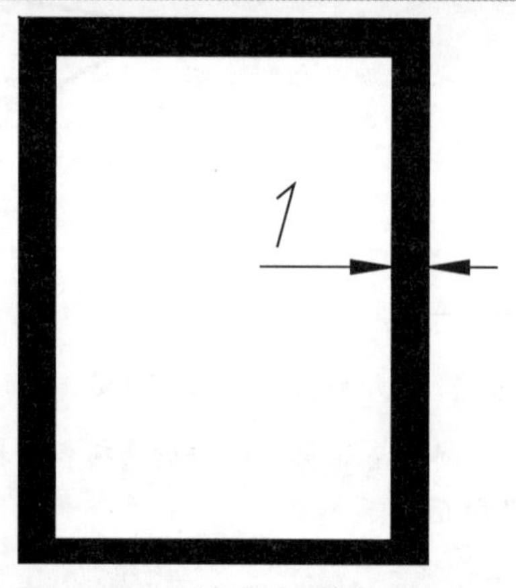

图 5-159 “宽度（W）”画矩形

➢ 面积：该选项提供另一种绘制矩形的方式，即通过确定矩形面积的方式绘制矩形。
➢ 尺寸：该选项通过输入矩形的长和宽确定矩形的大小。
➢ 旋转：选择该选项，可以指定绘制矩形的旋转角度。

5.6.2 案例——绘制带厚度的矩形

01 调用“文件”|“新建”命令，新建空白文件。

02 调用“绘图”|“矩形”命令，绘制一个 100×60 的矩形，并设置矩形线宽为 5，厚度为 20。绘制结果如图 5-160 所示，命令行提示如下。

图 5-160　具有一定厚度的矩形

```
命令：_rectang                                         //调用"矩形"命令
当前矩形模式：  厚度=20.0000   宽度=5.0000
指定第一个角点或 [倒角(C)/标高(E)/圆角(F)/厚度(T)/宽度(W)]：W↙
                                                      //输入宽度选项w并按Enter
指定矩形的线宽 <5.0000>：5↙                             //输入宽度值5并按Enter
指定第一个角点或 [倒角(C)/标高(E)/圆角(F)/厚度(T)/宽度(W)]：T↙
                                                      //输入厚度选项T并按Enter
指定矩形的厚度 <20.0000>：20↙                           //输入矩形厚度值20并按Enter
指定第一个角点或 [倒角(C)/标高(E)/圆角(F)/厚度(T)/宽度(W)]：↙
                                                      //任意拾取一点
指定另一个角点或 [面积(A)/尺寸(D)/旋转(R)]：@100,60↙    //输入相对坐标值
```

03 执行“视图”|“三维视图”|“西南等轴测”命令，把视图调整为“西南等轴测”模式，结果如图 5-161 所示。

04 调用“视图”|“消隐”命令，结果如图 5-162 所示。这样可以更加形象地表现出矩形的厚度与宽度。

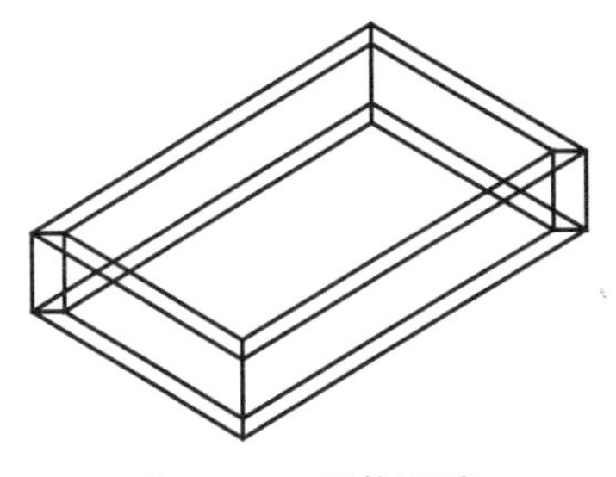

图 5-161　调整视图

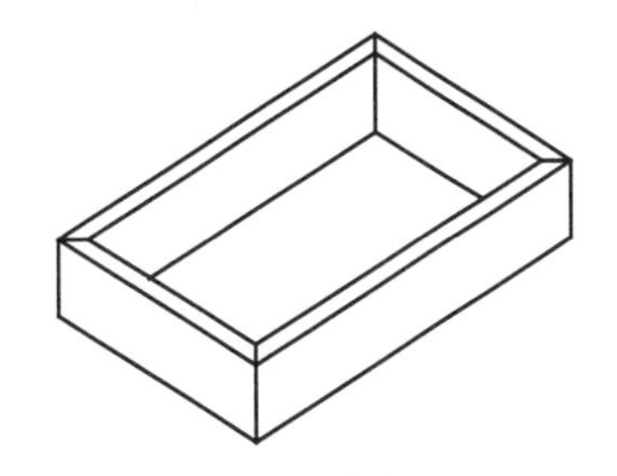

图 5-162　消隐显示

5.6.3　多边形

正多边形是由 3 条或 3 条以上长度相等的线段首尾相接形成的闭合图形，其边数范围值在 3 ～ 1024。启动“多边形”命令有以下 3 种方法。

- 功能区：在“默认”选项卡中，单击“绘图”面板中的“多边形”按钮。
- 菜单栏：选择“绘图” | “多边形”命令。
- 命令行：POLYGON 或 POL。

执行“多边形”命令后，命令行将出现如下提示。

```
    命令：POLYGON↙                                  //执行"多边形"命令
    输入侧面数 <4>：                                 //指定多边形的边数，默认状态为四边形
    指定正多边形的中心点或 [边(E)]：                  //确定多边形的一条边来绘制正多边形，
由边数和边长确定
    输入选项 [内接于圆(I)/外切于圆(C)] <I>：          //选择正多边形的创建方式
    指定圆的半径：                                   //指定创建正多边形时的内接于圆或外切
于圆的半径
```

- 命令子选项说明

执行“多边形”命令时，在命令行中共有 4 种绘制方法，各方法具体介绍如下。

➢ 中心点：通过指定正多边形中心点的方式来绘制正多边形，为默认方式，如图 5-163 所示。

```
命令：_polygon
输入侧面数 <5>: 6                                  //指定边数
指定正多边形的中心点或 [边(E)]:                     //指定中心点 1
输入选项 [内接于圆(I)/外切于圆(C)] <I>:             //选择多边形创建方式
指定圆的半径：100                                   //输入圆半径或指定端点 2
```

➢ “边（E）”：通过指定多边形边的方式来绘制正多边形。该方式将通过边的数量和长度确定正多边形，如图 5-164 所示。选择该方式后不可指定“内接于圆”或“外切于圆”选项。

```
命令：_polygon
输入侧面数 <5>: 6                                  //指定边数
指定正多边形的中心点或 [边(E)]: E                   //选择“边”选项
指定边的第一个端点：                                //指定多边形某条边的端点 1
指定边的第一个端点：                                //指定多边形某条边的端点 2
```

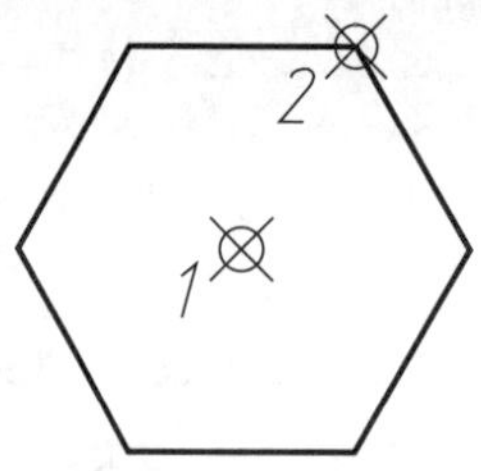

图 5-163 中心点绘制多边形

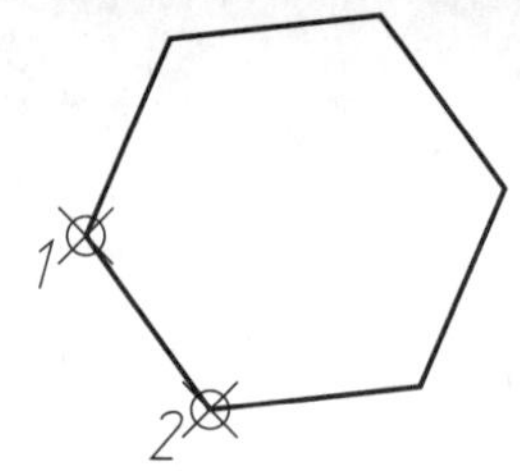

图 5-164 “边（E）”绘制多边形

➢ “内接于圆（I）”：该选项表示以指定正多边形内接圆半径的方式来绘制正多边形，如图 5-165 所示。

```
命令：_polygon
输入侧面数 <5>: 6                                  //指定边数
指定正多边形的中心点或 [边(E)]:                     //指定中心点
输入选项 [内接于圆(I)/外切于圆(C)] <I>:             //选择“内接于圆”方式
指定圆的半径：100                                   //输入圆半径
```

➢ “外切于圆（C）”：内接于圆表示以指定正多边形内接圆半径的方式来绘制正多边形；外切于圆表示以指定正多边形外切圆半径的方式来绘制正多边形，如图 5-166 所示。

```
命令：_polygon
输入侧面数 <5>: 6                                  //指定边数
指定正多边形的中心点或 [边(E)]:                     //指定中心点
输入选项 [内接于圆(I)/外切于圆(C)] <I>: C           //选择“外切于圆”方式
指定圆的半径：100                                   //输入圆半径
```

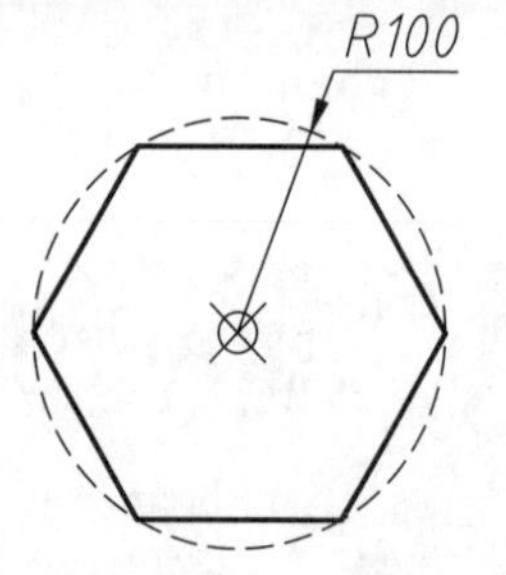

图 5-165 “内接于圆（I）”绘制多边形

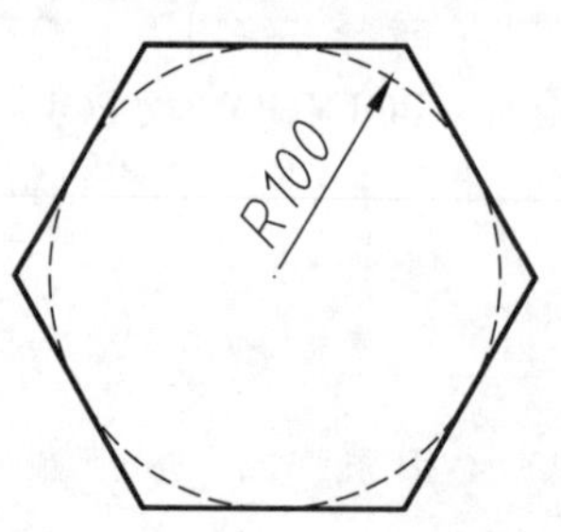

图 5-166 “外切于圆（C）”绘制多边形

5.6.4　案例——绘制五角星

01 打开“正交”模式，执行“绘图”|“多边形”命令，绘制一个正五边形，如图 5-167 所示，命令行提示如下。

```
命令： _polygon                              // 调用“多边形”命令
输入边的数目 <4>： 6l                         // 输入边数
指定正多边形的中心点或 [边(E)]： El           // 输入选项 E，通过定义边长绘制图形
指定边的第一个端点： l                        // 在绘图区合适位置拾取一点作为边的第一点
指定边的第二个端点： l                        // 水平向左拾取一点作为边的第二点
```

02 关闭“正交”模式，单击“绘图”工具栏中的“直线”按钮，捕捉多边形的各个顶点，绘制如图 5-168 所示的直线。

03 选中正五边形，按 Delete 键将其删除，即可完成五角星的绘制，结果如图 5-169 所示。

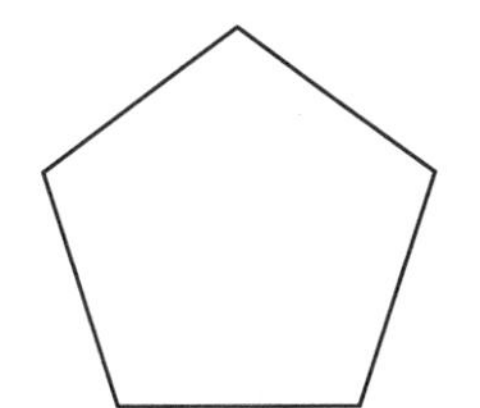

图 5-167　绘制正五边形

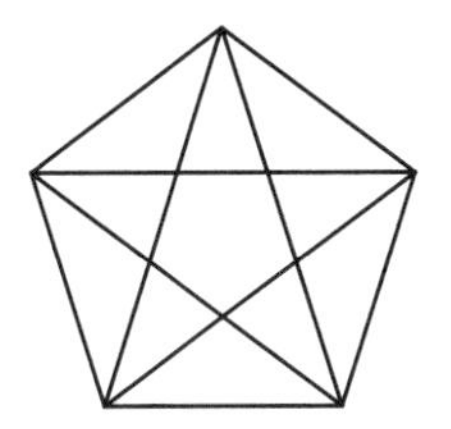

图 5-168　绘制直线

图 5-169　五角星

5.7　样条曲线

样条曲线是经过或接近一系列给定点的平滑曲线，它能够自由编辑，以及控制曲线与点的拟合程度。在景观设计中，常用来绘制水体、流线形的园路及模纹等；在建筑制图中，常用来表示剖面符号等图形；在机械产品设计领域则常用来表示某些产品的轮廓线或剖切线。

5.7.1　绘制样条曲线

在 AutoCAD 2014 中，样条曲线可分为“拟合点样条曲线”和“控制点样条曲线”两种，“拟合点样条曲线”的拟合点与曲线重合，如图 5-170 所示；“控制点样条曲线”是通过曲线外的控制点控制曲线的形状，如图 5-171 所示。

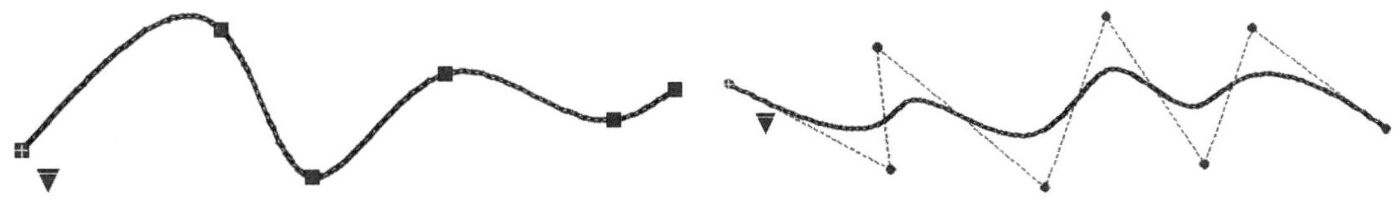

图 5-170　拟合点样条曲线　　图 5-171　控制点样条曲线

调用“样条曲线”命令的方法如下。

- 功能区：单击“绘图”面板上的“样条曲线拟合”按钮或“样条曲线控制点”按钮，如图 5-172 所示。
- 菜单栏：选择“绘图”|“样条曲线”命令，并在子菜单中选择“拟合点”或“控制点”命令，如图 5-173 所示。

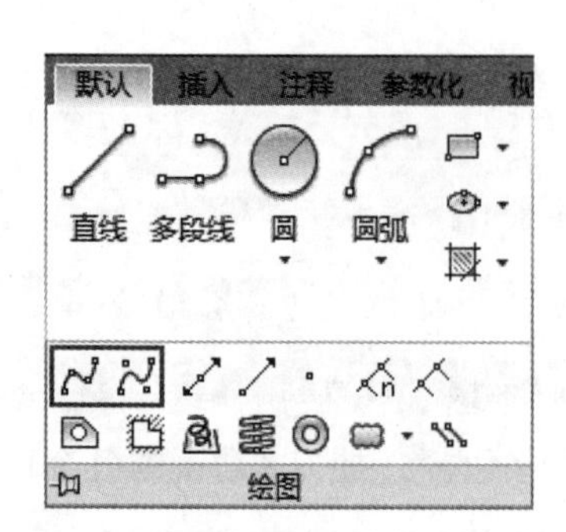

图 5-172 “绘图”面板中的样条曲线按钮

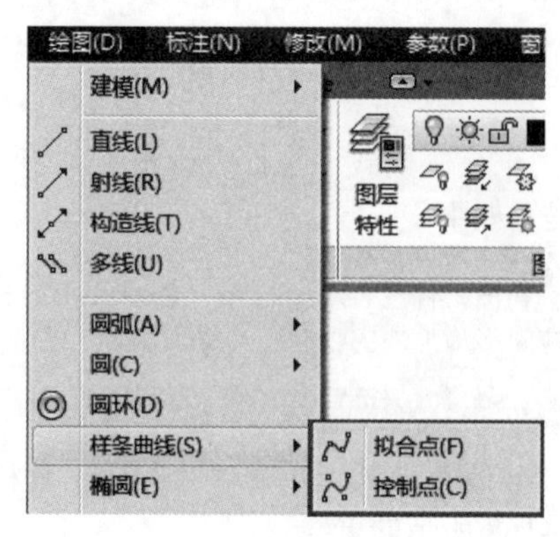

图 5-173 样条曲线的子菜单命令

➢ 命令行：SPLINE 或 SPL。

执行“样条曲线拟合”命令时，命令行操作介绍如下。

```
命令：_SPLINE                                              //执行“样条曲线拟合”命令
当前设置：方式=拟合    节点=弦                              //显示当前样条曲线的设置
指定第一个点或 [方式(M)/节点(K)/对象(O)]：_M               //系统自动选择
输入样条曲线创建方式 [拟合(F)/控制点(CV)] <拟合>：_FIT     //系统自动选择“拟合”方式
当前设置：方式=拟合    节点=弦                              //显示当前方式下的样条曲线设置
指定第一个点或 [方式(M)/节点(K)/对象(O)]：                 //指定样条曲线起点或选择创建
方式
输入下一个点或 [起点切向(T)/公差(L)]：                     //指定样条曲线上的第2点
输入下一个点或 [端点相切(T)/公差(L)/放弃(U)/闭合(C)]：     //指定样条曲线上的第3点
                                                           //要创建样条曲线，最少指定3点
```

执行“样条曲线控制点”命令时，命令行操作介绍如下。

```
命令：_SPLINE                                              //执行“样条曲线控制点”命令
当前设置：方式=控制点    阶数=3                             //显示当前样条曲线的设置
指定第一个点或 [方式(M)/阶数(D)/对象(O)]：_M               //系统自动选择
输入样条曲线创建方式 [拟合(F)/控制点(CV)] <拟合>：_CV      //系统自动选择“控制点”方式
当前设置：方式=控制点    阶数=3                             //显示当前方式下的样条曲线设置
指定第一个点或 [方式(M)/阶数(D)/对象(O)]：                 //指定样条曲线起点或选择创建
方式
输入下一个点：                                             //指定样条曲线上的第2点
输入下一个点或 [闭合(C)/放弃(U)]：                         //指定样条曲线上的第3点
```

- 命令子选项说明

虽然在 AutoCAD 2014 中，绘制样条曲线有“样条曲线拟合”和“样条曲线控制点”两种方式，但是操作过程基本一致，只有少数选项有所区别（“节点”与“阶数”），因此命令行中各选项统一介绍如下。

➢ “拟合（F）”：执行“样条曲线拟合”方式，通过指定样条曲线必须经过的拟合点来创建 3 阶（三次）B 样条曲线。在公差值大于 0（零）时，样条曲线必须在各个点的指定公差距离内。

➢ “控制点（CV）”：执行“样条曲线控制点”方式，通过指定控制点来创建样条曲线。使用此方法创建 1 阶（线性）、2 阶（二次）、3 阶（三次）直到最高为 10 阶的样条曲线。通过移动控制点调整样条曲线的形状，通常可以提供比移动拟合点更好的效果。

➢ “节点（K）”：指定节点参数化，是一种计算方法，用来确定样条曲线中连续拟合点之间的零部件曲线如何过渡。该选项下分 3 个子选项，“弦”“平方根”和“统一”，具体介绍请见本节中的“样条曲线的节点”的内容。

- “阶数（D）”：设置生成的样条曲线的多项式阶数。使用此选项可以创建1阶（线性）、2阶（二次）、3阶（三次）直到最高10阶的样条曲线。
- “对象（O）”：执行该选项后，选择二维或三维的、二次或三次的多段线，可将其转换成等效的样条曲线，如图5-174所示。

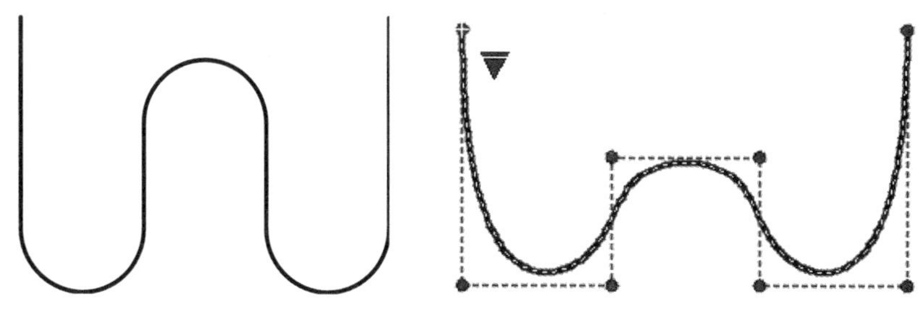

图5-174　将多段线转为样条曲线

操作技巧：根据DELOBJ系统变量的设置，可设置保留或放弃原多段线。

5.7.2　案例——绘制鱼池轮廓

在园林设计中，经常会使用样条曲线来绘制一些非常规的图形，如水体、园路、外围轮廓等。因此本例使用样条曲线命令来绘制一个鱼池轮廓。

01 打开“第5章/5.7.2 绘制鱼池轮廓.dwg”素材文件，如图5-175所示。

02 单击“默认”选项卡中“绘图”面板的“样条曲线拟合”按钮，绘制样条曲线，命令行提示如下。

```
命令：_SPLINE↙
当前设置：方式＝拟合　　节点＝弦↙
指定第一个点或［方式(M)/节点(K)/对象(O)]：M↙　　　　//选择“方式”选项
输入样条曲线创建方式［拟合(F)/控制点(CV)]＜拟合＞：F↙　　//选择“拟合”选项
当前设置：方式＝拟合　　节点＝弦
指定第一个点或［方式(M)/节点(K)/对象(O)]：　　　　//指定样条曲线的第一点
输入下一个点或［起点切向(T)/公差(L)]：　　　　　　//指定样条曲线的第二点
输入下一个点或［端点相切(T)/公差(L)/放弃(U)]：　　//指定最后一点，按Enter键
结束操作
```

03 绘制完成的鱼池轮廓样条曲线，如图5-176所示。

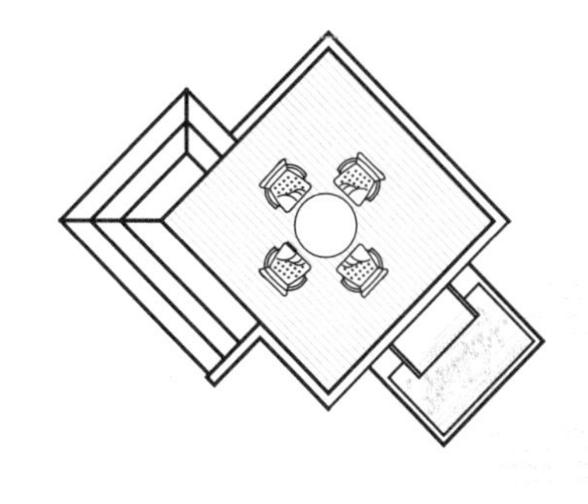

图5-175　素材文件

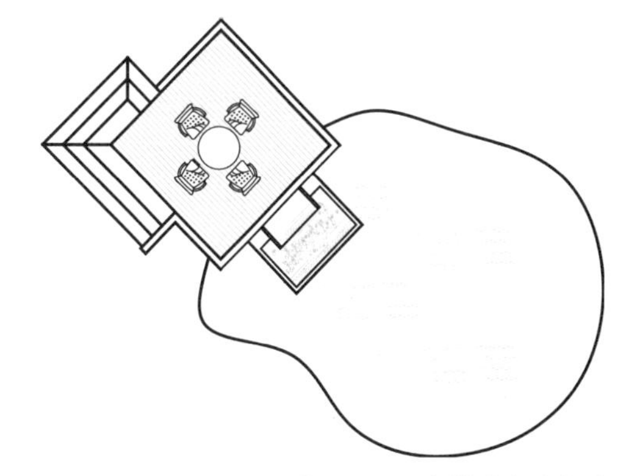

图5-176　绘制的鱼池轮廓

5.7.3 拓展案例——绘制函数曲线

函数曲线又称为“数学曲线”，是根据函数方程在笛卡尔直角坐标系中绘制出来的规律曲线，如三角函数曲线、心形线、渐开线、摆线等。本例所绘制的摆线是一个圆沿一直线缓慢地滚动，圆上一固定点所经过的轨迹，如图 5-177 所示。摆线是数学上的经典曲线，也是机械设计中的重要轮廓造型曲线，广泛应用于各类减速器中，如摆线针轮减速器，其中的传动轮轮廓便是一种摆线，如图 5-178 所示。本例便通过“样条曲线”与“多点”命令，根据摆线的方程来绘制摆线轨迹。

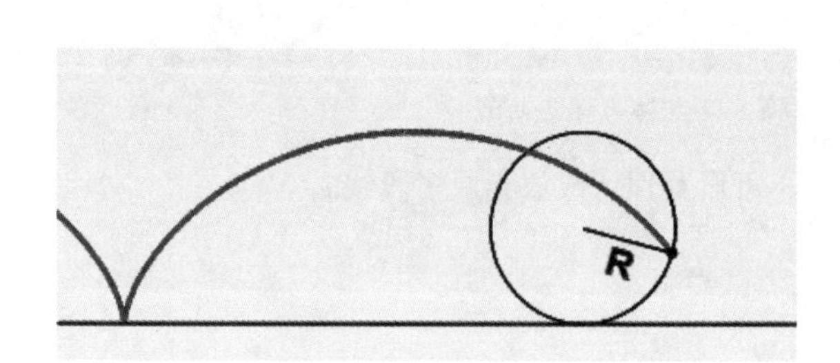

图 5-177 摆线

图 5-178 外轮廓为摆线的传动轮

01 打开“第 5 章 /5.7.3 使用样条曲线绘制函数曲线 .dwg”文件，素材文件内含一个表格，表格中包含摆线的曲线方程和特征点坐标，如图 5-179 所示。

02 设置点样式。选择“格式”|“点样式”命令，在弹出的“点样式”对话框中选择点样式为☒，如图 5-180 所示。

摆线方程式：x=R×(t-sint),y=R×(1-cost)				
R	t	x=r×(t-sint)	y=r×(1-cost)	坐标 (x,y)
R=10	0	0	0	(0,0)
	$\frac{1}{4}\pi$	0.8	2.9	(0.8,2.9)
	$\frac{1}{2}\pi$	5.7	10	(5.7,10)
	$\frac{3}{4}\pi$	16.5	17.1	(16.5,17.1)
	π	31.4	20	(31.4,20)
	$\frac{5}{4}\pi$	46.3	17.1	(46.3,17.1)
	$\frac{3}{2}\pi$	57.1	10	(57.1,10)
	$\frac{7}{4}\pi$	62	2.9	(62,2.9)
	2π	62.8	0	(62.8,0)

图 5-179 素材

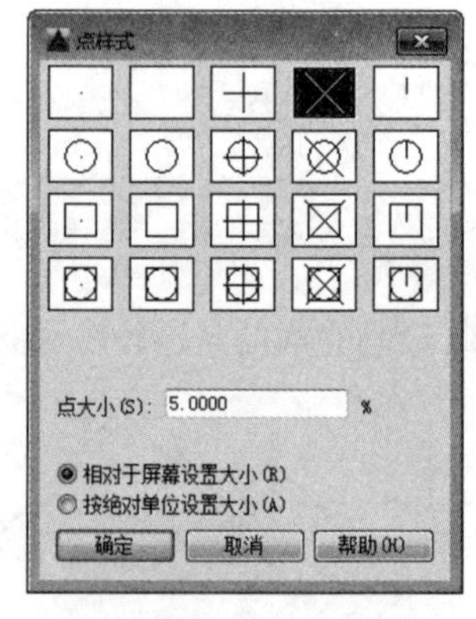

图 5-180 设置点样式

03 绘制各特征点。单击“绘图”面板中的“多点”按钮▪，并在命令行中按表格中的“坐标”栏输入坐标值，所绘制的 9 个特征点如图 5-181 所示，命令行操作如下。

```
命令：_point
当前点模式：  PDMODE=3  PDSIZE=0.0000
指定点：0,0↙                              //输入第一个点的坐标
指定点：0.8, 2.9↙                         //输入第二个点的坐标
指定点：5.7, 10↙                          //输入第三个点的坐标
指定点：16.5, 17.1↙                       //输入第四个点的坐标
指定点：31.4, 20↙                         //输入第五个点的坐标
指定点：46.3, 17.1↙                       //输入第六个点的坐标
```

```
指定点：57.1, 10↙                                  //输入第七个点的坐标
指定点：62, 2.9↙                                   //输入第八个点的坐标
指定点：62.8, 0↙                                   //输入第九个点的坐标
指定点：*取消*                                      //按Esc键取消多点绘制
```

04 用样条曲线进行连接。单击“绘图”面板中的“样条曲线拟合”按钮，启用样条曲线命令，依次连接绘制的9个特征点即可，如图5-182所示。

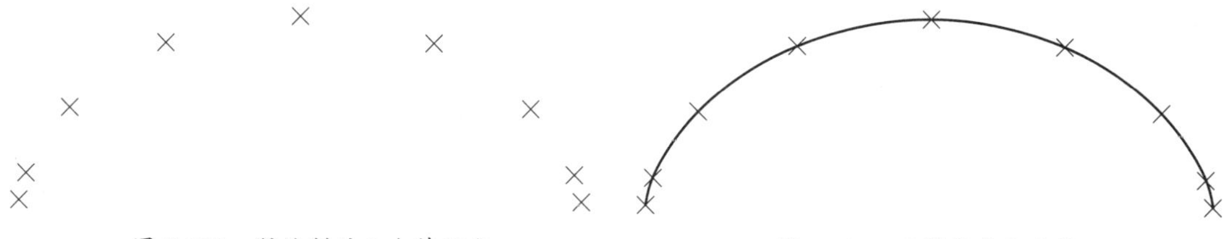

图5-181　所绘制的9个特征点　　图5-182　用样条曲线连接

操作技巧： 函数曲线上的各点坐标可以通过Excel表计算得出，然后按上述方法即可绘制出各种曲线。

5.7.4　编辑样条曲线

与“多线”相同，AutoCAD 2014也提供了专门编辑“样条曲线”的工具。由SPLINE命令绘制的样条曲线具有许多特征，如数据点的数量及位置、端点特征性及切线方向等，用SPLINEDIT（编辑样条曲线）命令可以改变曲线的这些特征。

要对样条曲线进行编辑，有以下3种方法。

- 功能区：在“默认”选项卡中，单击“修改”面板中的“编辑样条曲线”按钮，如图5-183所示。
- 菜单栏：选择“修改”|“对象”|“样条曲线”命令，如图5-184所示。
- 命令行：SPEDIT。

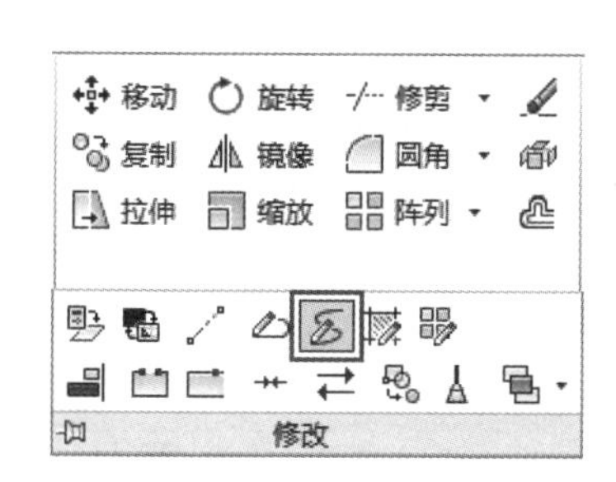

图5-183　“绘图”面板中的样条曲线编辑按钮

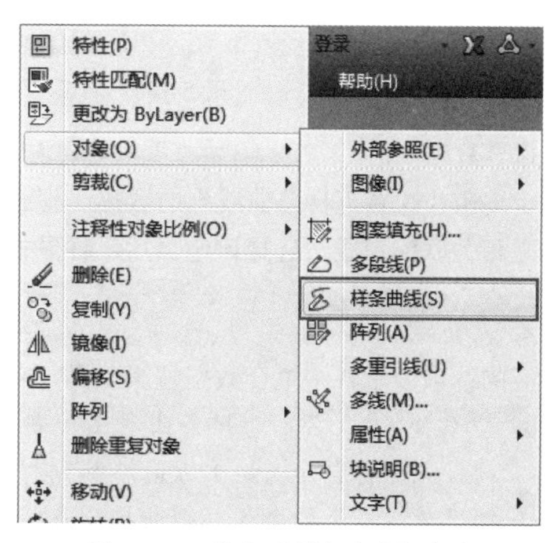

图5-184　执行“样条曲线”命令

按上述方法执行“编辑样条曲线”命令后，选择要编辑的样条曲线，便会在命令行中出现如下提示。

```
输入选项[闭合(C)/合并(J)/拟合数据(F)/编辑顶点(E)/转换为多线段(P)/反转(R)/放弃(U)/
```

退出 (X)]:<退出>

选择其中的子选项即可执行对应命令。

- 命令子选项说明

命令行中各选项的含义说明如下。

a. 闭合（C）

用于闭合开放的样条曲线，执行此选项后，命令将自动变为“打开(O)”，如果再执行“打开”命令又会切换回来，如图5-185所示。

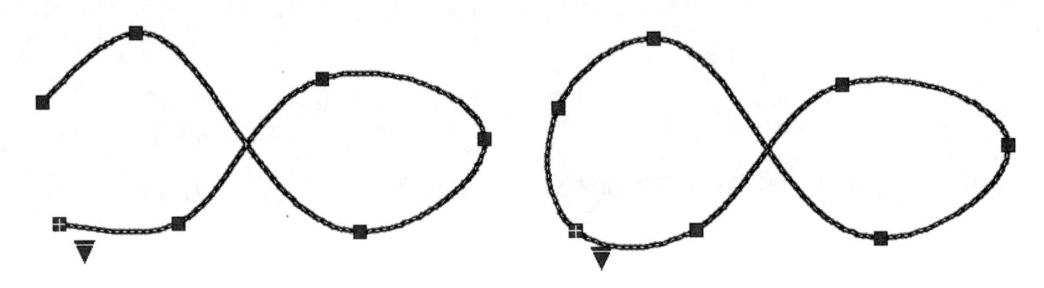

图5-185 闭合的编辑效果

b. 合并（J）

将选定的样条曲线与其他样条曲线、直线、多段线和圆弧在重合端点处合并，以形成一个较大的样条曲线。对象在连接点处使用扭折连接在一起（C0连续性），如图5-186所示。

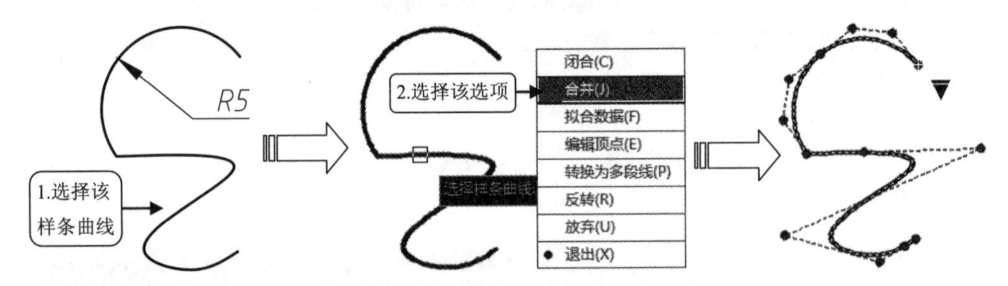

图5-186 将其他图形合并至样条曲线

c. 拟合数据（F）

用于编辑“拟合点样条曲线”的数据。拟合数据包括所有的拟合点、拟合公差及绘制样条曲线时与之相关联的切线。选择该选项后，样条曲线上各控制点将会被激活，命令行提示如下。

输入拟合数据选项 [添加 (A)/闭合 (C)/删除 (D)/扭折 (K)/移动 (M)/清理 (P)/切线 (T)/公差 (L)/退出 (X)]:<退出>:

对应的选项表示各个拟合数据编辑工具，各选项的含义如下。

- “添加（A）”：为样条曲线添加新的控制点。选择一个拟合点后，指定要以下一个拟合点（将自动亮显）方向添加到样条曲线的新拟合点；如果在开放的样条曲线上选择了最后一个拟合点，则新拟合点将添加到样条曲线的端点；如果在开放的样条曲线上选择第一个拟合点，则可以选择将新拟合点添加到第一个点之前或之后。效果如图5-187所示。

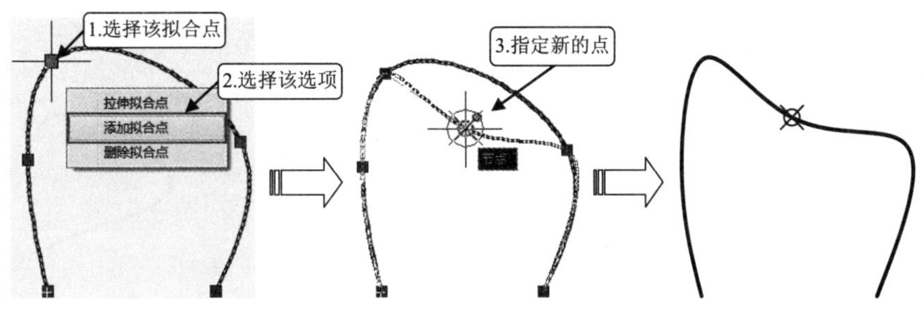

图 5-187　为样条曲线添加新的拟合点

- “闭合（J）”：用于闭合开放的样条曲线，效果同之前介绍的“闭合（C）”，如图 5-185 所示。
- “删除（D）”：用于删除样条曲线的拟合点并重新用其余点拟合样条曲线，如图 5-188 所示。

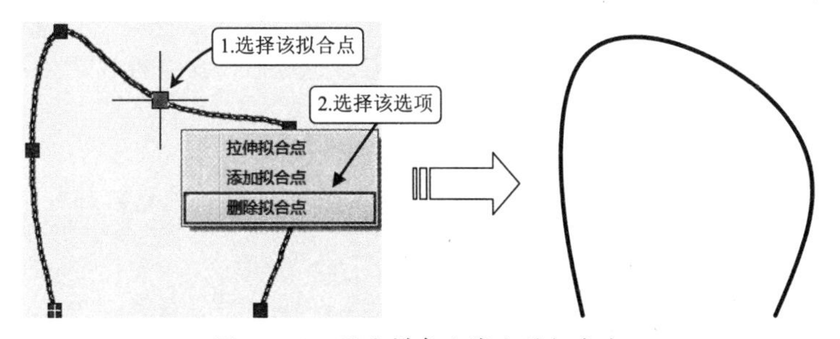

图 5-188　删除样条曲线上的拟合点

- “扭折（K）”：凭空在样条曲线上的指定位置添加节点和拟合点，这不会保持在该点的相切或曲率连续性，效果如图 5-189 所示。

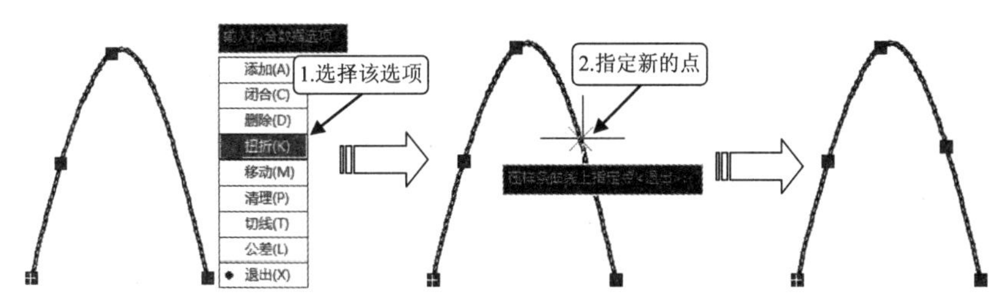

图 5-189　在样条曲线上添加节点

- “移动（M）”：可以依次将拟合点移动到新位置。
- “清理（P）”：从图形数据库中删除样条曲线的拟合数据，将样条曲线从“拟合点”转换为“控制点”，如图 5-190 所示。

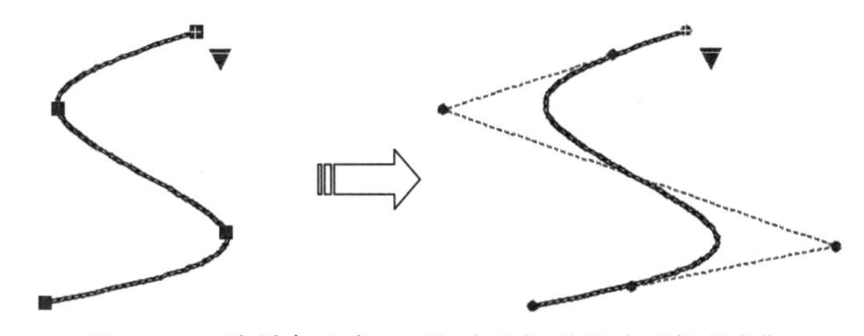

图 5-190　将样条曲线从“拟合点”转换为“控制点”

➢ “切线（T）”：更改样条曲线的开始和结束切线。指定点以建立切线方向。可以使用对象捕捉，例如垂直或平行，效果如图 5-191 所示。

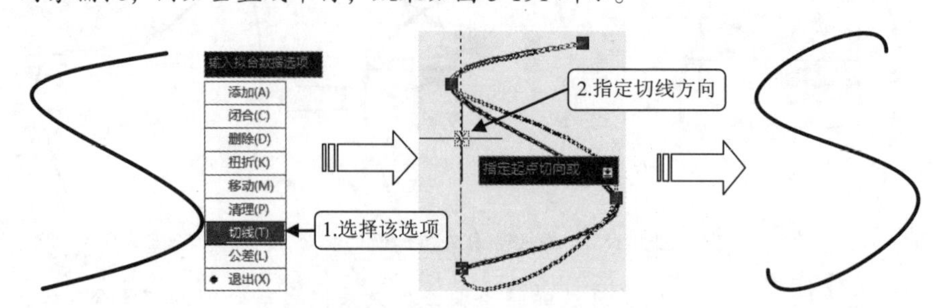

图 5-191　修改样条曲线的切线方向

➢ “公差（L）”：重新设置拟合公差的值。

➢ “退出（X）”：退出拟合数据编辑。

a. 编辑顶点（E）

用于精密调整“控制点样条曲线”的顶点，选取该选项后，命令行提示如下。

输入顶点编辑选项 [添加 (A) / 删除 (D) / 提高阶数 (E) / 移动 (M) / 权值 (W) / 退出 (X)] <退出>:

对应的选项表示编辑顶点的多个工具，各选项的含义如下。

➢ “添加（A）”：在位于两个现有的控制点之间的指定点处添加一个新控制点，如图 5-192 所示。

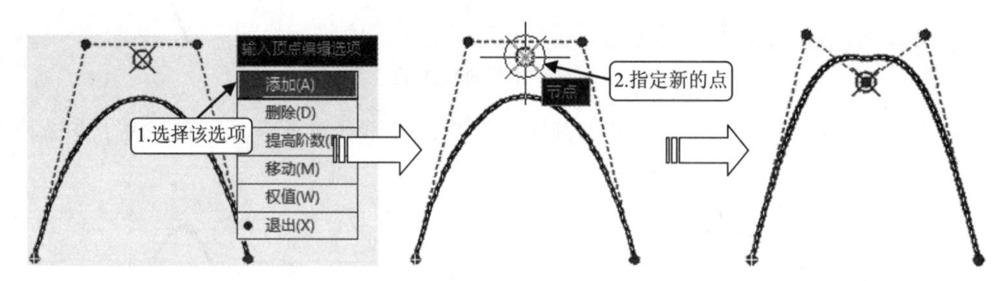

图 5-192　在样条曲线上添加顶点

➢ “删除（D）”：删除样条曲线的顶点，如图 5-193 所示。

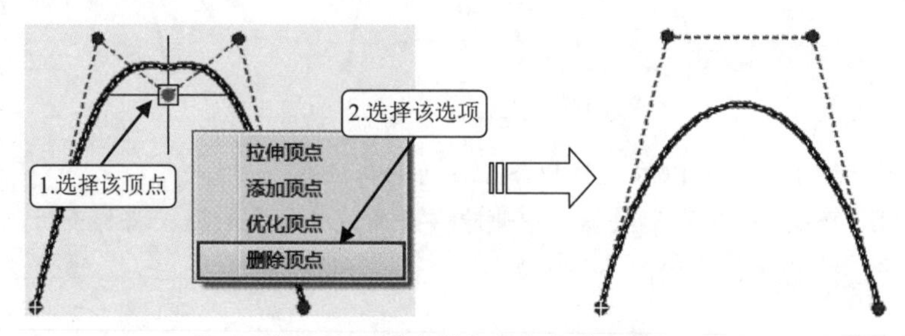

图 5-193　删除样条曲线上的顶点

➢ “提高阶数（E）”：增大样条曲线的多项式阶数（阶数加 1），阶数最高为 26。这将增加整个样条曲线控制点的数量，效果如图 5-194 所示。

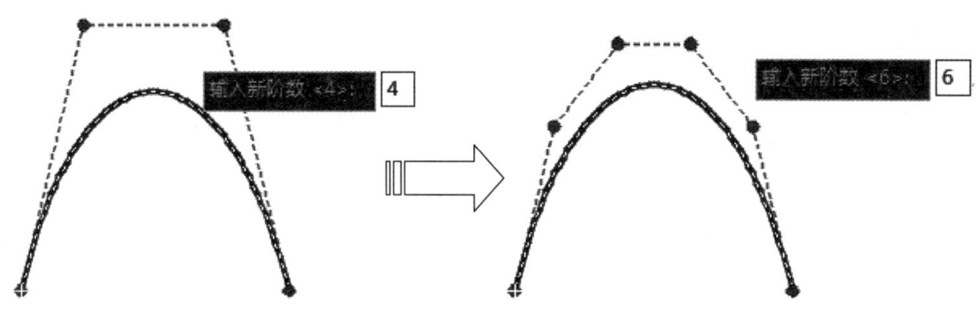

图 5-194　提高样条曲线的阶数

- “移动（M）”：将样条曲线上的顶点移动到合适位置。
- “权值（W）”：修改不同样条曲线控制点的权值，并根据指定控制点的新权值重新计算样条曲线。权值越大，样条曲线越接近控制点，如图 5-195 所示。

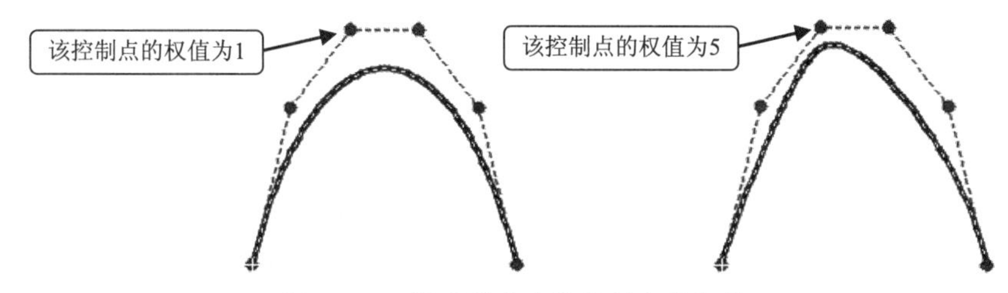

图 5-195　提高样条曲线控制点的权值

a. 转换为多段线（P）

用于将样条曲线转换为多段线。精度值决定生成的多段线与样条曲线的接近程度，有效值为介于 0 ～ 99 的任意整数，但是较高的精度值会降低性能。

b. 反转（E）

可以反转样条曲线的方向。

c. 放弃（U）

还原操作，每选择一次将取消上一次的操作，可一直返回到编辑任务开始时的状态。

5.8　其他绘图命令

AutoCAD 2014 的功能较以往的版本要强大许多，因此绘图区的命令也更为丰富。除了上面介绍的传统绘图命令之外，还有螺旋线、修订云线等命令。

5.8.1　螺旋

在日常生活中，随处可见各种螺旋线，如弹簧、发条、螺纹、旋转楼梯等。如果要绘制这些图形，仅使用“圆弧”“样条曲线”等命令是很难实现的，因此在 AutoCAD 2014 中，就提供了一项专门用来绘制螺旋线的命令——“螺旋”。

绘制螺旋线的方法有以下几种。

- 功能区：在“默认”选项卡中，单击“绘图”面板中的“螺旋”按钮，如图 5-196 所示。

- 菜单栏：执行“绘图”|“螺旋”命令，如图 5-197 所示。
- 命令行：HELIX。

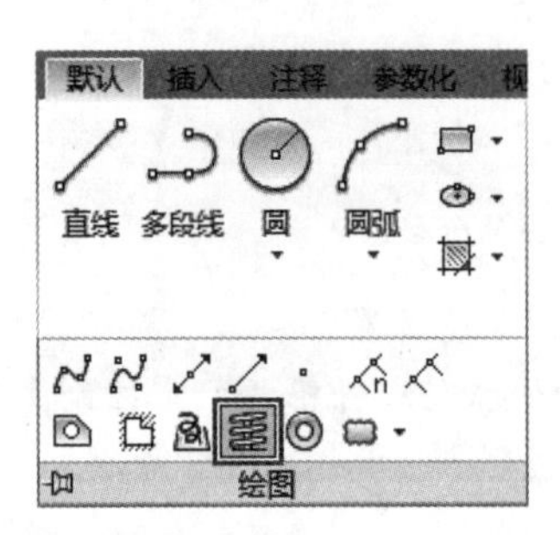

图 5-196 “绘图”面板中的“螺旋”按钮

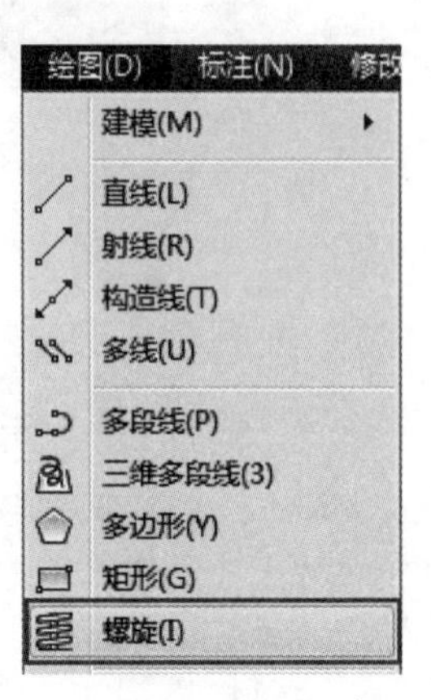

图 5-197 “螺旋”命令

执行“螺旋”命令后，根据命令行提示设置各项参数，即可绘制螺旋线，如图 5-198 所示。命令行提示如下。

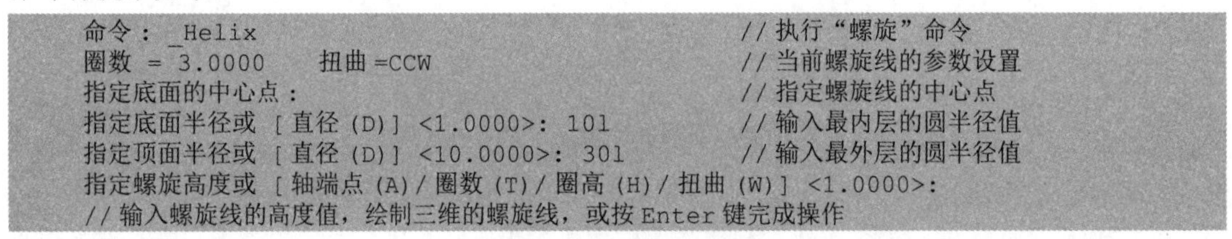

```
命令：_Helix                                          //执行“螺旋”命令
圈数 = 3.0000    扭曲 =CCW                            //当前螺旋线的参数设置
指定底面的中心点：                                    //指定螺旋线的中心点
指定底面半径或 [直径(D)] <1.0000>: 10↙                //输入最内层的圆半径值
指定顶面半径或 [直径(D)] <10.0000>: 30↙               //输入最外层的圆半径值
指定螺旋高度或 [轴端点(A)/圈数(T)/圈高(H)/扭曲(W)] <1.0000>:
//输入螺旋线的高度值，绘制三维的螺旋线，或按Enter键完成操作
```

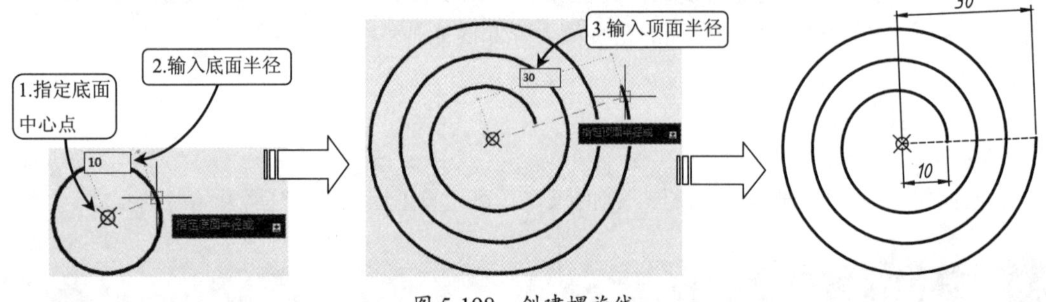

图 5-198 创建螺旋线

- 命令子选项说明

螺旋线的绘制与“螺旋”命令中各项参数设置有关，因此命令行中各选项说明解释如下。

- 底面中心点：即设置螺旋基点的中心。
- 底面半径：指定螺旋底面的半径。初始状态下，默认的底面半径设定为 1。以后在执行“螺旋”命令时，底面半径的默认值则始终是先前输入的任意实体图元或螺旋的底面半径值。
- 顶面半径：指定螺旋顶面的半径。默认值与底面半径相同。底面半径和顶面半径可以相等（但不能都设定为 0），此时创建的螺旋线在二维视图下外观就为一个圆，但三维状态下则为一条标准的弹簧型螺旋线，如图 5-199 所示。

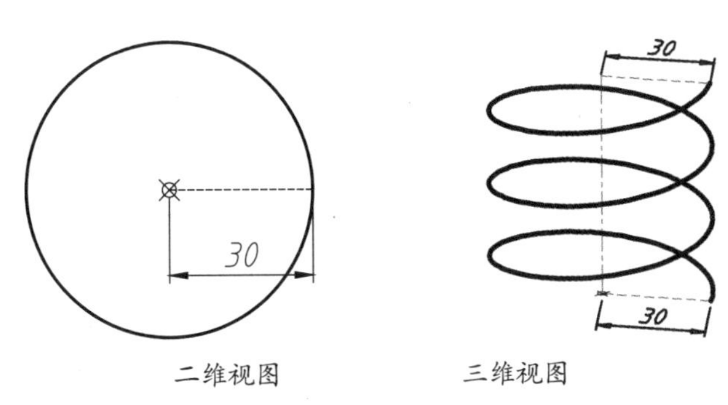

图 5-199 不同视图下的螺旋线显示效果

➢ 螺旋高度：为螺旋线指定高度，即 Z 轴方向上的值，从而创建三维的螺旋线。各种不同底面半径和顶面半径值，在相同螺旋高度下的螺旋线，如图 5-200 所示。

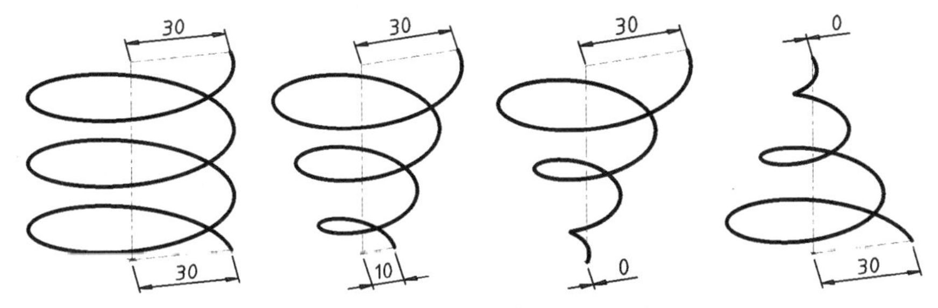

图 5-200 不同半径相同高度的螺旋线效果

➢ “轴端点（A）”：通过指定螺旋轴的端点位置，来确定螺旋线的长度和方向。轴端点可以位于三维空间的任意位置，因此可以通过该选项创建指向各方向的螺旋线，效果如图 5-201 所示。

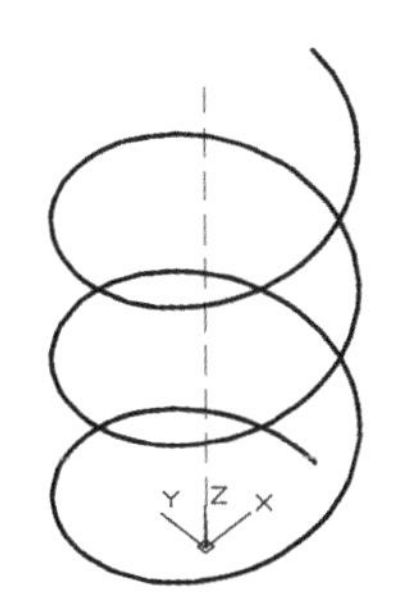

沿 Z 轴指向的螺旋线

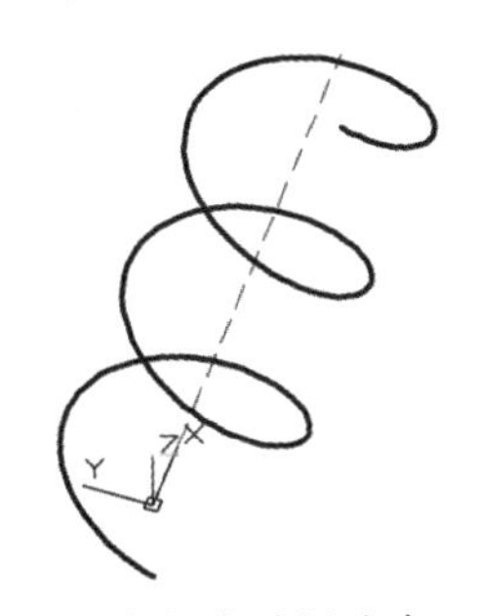

沿 X 轴指向的螺旋线

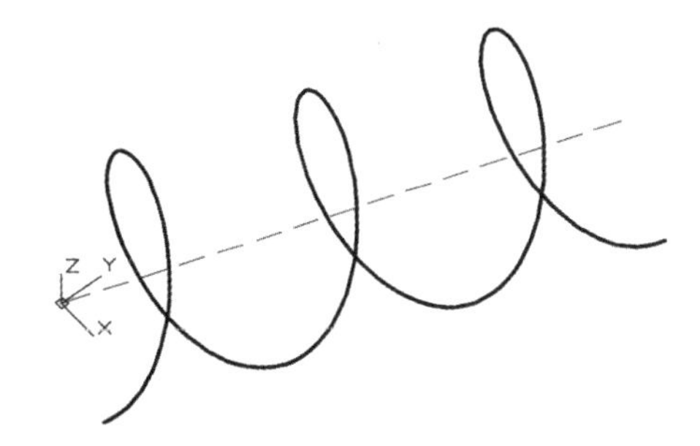

指向任意方向的螺旋线

图 5-201 通过轴端点可以指定螺旋线的指向

➢ “圈数（T）”：通过指定螺旋的圈（旋转）数，来确定螺旋线的高度。螺旋的圈数最大不能超过 500。在初始状态下，圈数的默认值为 3。圈数指定后，再输入螺旋的高度值，则只会实时调整螺旋的间距值（即“圈高”），效果如图 5-202 所示。

```
命令： HELIX                                    //执行“螺旋”命令
......
指定螺旋高度或 [轴端点(A)/圈数(T)/圈高(H)/扭曲(W)] <60.0000>: T1
                                                //选择“圈数”选项
输入圈数 <3.0000>: 51                           //输入圈数
指定螺旋高度或 [轴端点(A)/圈数(T)/圈高(H)/扭曲(W)] <44.6038>: 601
                                                //输入螺旋高度
```

操作技巧： 一旦执行“螺旋”命令，则圈数的默认值始终是先前输入的圈数值。

➢ “圈高(H)”：指定螺旋内一个完整圈的高度。如果已指定螺旋的圈数，则不能输入圈高。选择该选项后，会提示“指定圈间距”，指定该值后，在调整总体高度时，螺旋中的圈数将自动更新，如图5-203所示。

```
命令： HELIX                                              //执行“螺旋”命令
......
指定螺旋高度或 [轴端点(A)/圈数(T)/圈高(H)/扭曲(W)] <60.0000>: H↓
                                                          //选择“圈高”选项
指定圈间距 <15.0000>: 18↓                                 //输入圈间距
指定螺旋高度或 [轴端点(A)/圈数(T)/圈高(H)/扭曲(W)] <44.6038>: 60↓
                                                          //输入螺旋高度
```

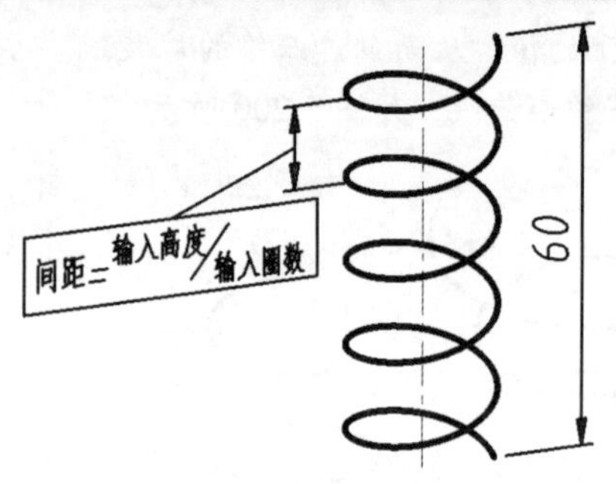

图5-202 “圈数（T）”绘制螺旋线

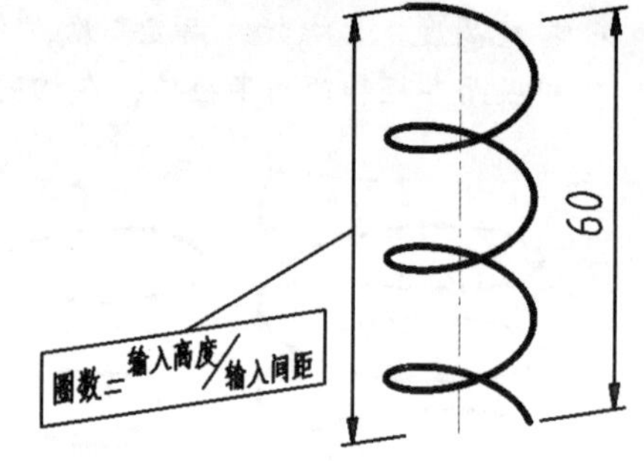

图5-203 “圈高（H）”绘制螺旋线

➢ “扭曲（W）”：可指定螺旋扭曲的方向，有“顺时针”和“逆时针”两个子选项，默认为“逆时针”方向。

5.8.2 案例——绘制发条弹簧

01 打开“第5章/5.8.2绘制发条弹簧.dwg”文件，如图5-204所示，其中已经绘制好了交叉的中心线。

02 单击“绘图”面板中的“螺旋”按钮，以中心线的交点为中心点，绘制底面半径为10，顶面半径为20，圈数为5，高度为0，旋转方向为顺时针的平面螺旋线，如图5-205所示，命令行操作如下。

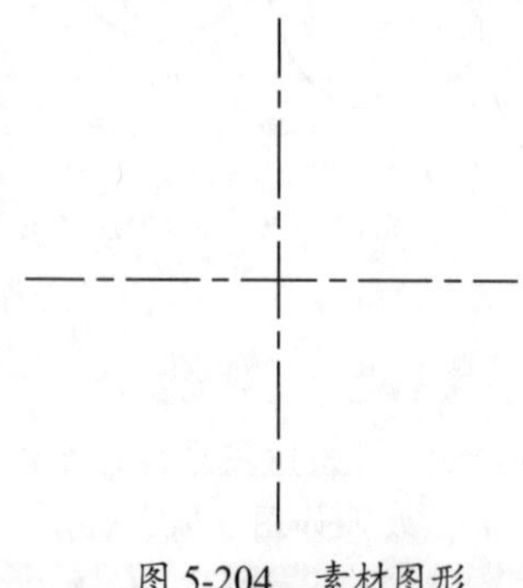
图5-204 素材图形

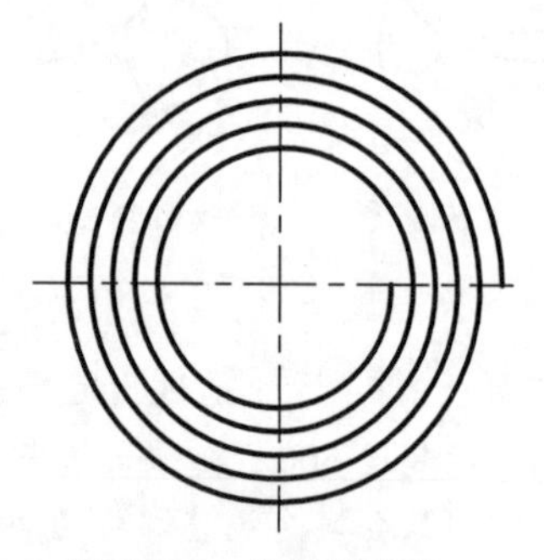
图5-205 绘制螺旋线

```
命令：_Helix
圈数 = 3.0000      扭曲=CCW
指定底面的中心点：                                  //选择中心线的交点
指定底面半径或 [直径(D)] <1.0000>:10                //输入底面半径值
指定顶面半径或 [直径(D)] <10.0000>: 20              //输入顶面半径值
```

```
    指定螺旋高度或 [轴端点(A)/圈数(T)/圈高(H)/扭曲(W)] <0.0000>: wl
                                                    //选择“扭曲”选项
    输入螺旋的扭曲方向 [顺时针(CW)/逆时针(CCW)] <CCW>: cwl //选择顺时针旋转方向
    指定螺旋高度或 [轴端点(A)/圈数(T)/圈高(H)/扭曲(W)] <0.0000>: tl
                                                    //选择“圈数”选项
    输入圈数 <3.0000>:51                              //输入圈数
    指定螺旋高度或 [轴端点(A)/圈数(T)/圈高(H)/扭曲(W)] <0.0000>:
                                                    //输入高度为0，结束操作
```

03 单击“修改”面板中的“旋转”按钮，将螺旋线旋转90°，如图5-206所示。

04 绘制内侧吊杆。执行L“直线”命令，在螺旋线内圈的起点处绘制一条长度为4的竖线，再单击“修改”面板中的“圆角”按钮，将直线与螺旋线倒圆R2，如图5-207所示。

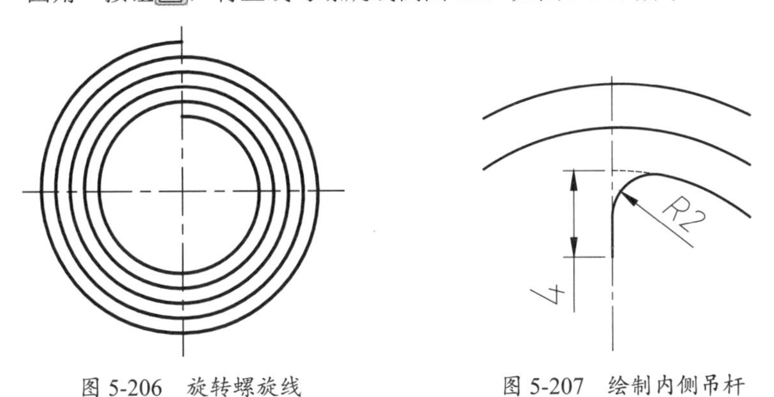

图5-206　旋转螺旋线　　　　图5-207　绘制内侧吊杆

05 绘制外侧吊钩。单击“绘图”面板中的“多段线”按钮，绘制螺旋线外圈的终点为起点，螺旋线中心为圆心，端点角度为30°的圆弧，如图5-208所示，命令行操作如下。

```
    命令：_pline
    指定起点：                                    //指定螺旋线的终点
    当前线宽为 0.0000
    指定下一个点或 [圆弧(A)/半宽(H)/长度(L)/放弃(U)/宽度(W)]: A
                                                  //选择“圆弧”子选项
    指定圆弧的端点(按住 Ctrl 键以切换方向)或
    [角度(A)/圆心(CE)/方向(D)/半宽(H)/直线(L)/半径(R)/第二个点(S)/放弃(U)/宽度(W)]:
cel                                               //选择“圆心”子选项
    指定圆弧的圆心：                              //指定螺旋线中心为圆心
    指定圆弧的端点(按住 Ctrl 键以切换方向)或 [角度(A)/长度(L)]: 30
                                                  //输入端点角度
```

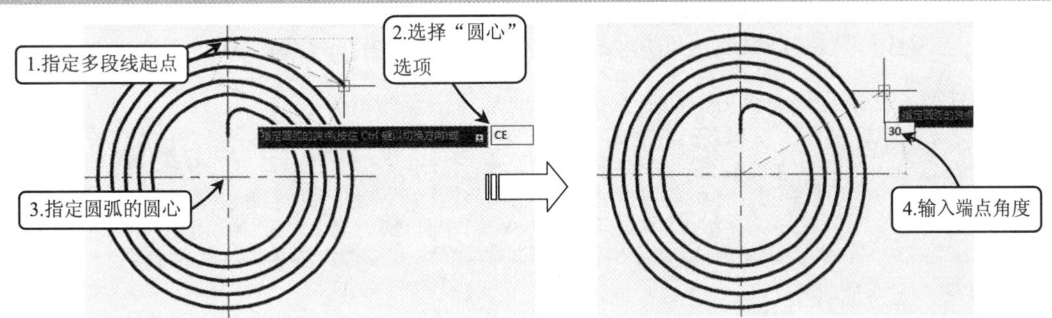

图5-208　绘制第一段多段线

06 继续“多段线”命令，水平向右移动光标，绘制一个跨距为6的圆弧，结束命令，最终图形如图5-209所示。

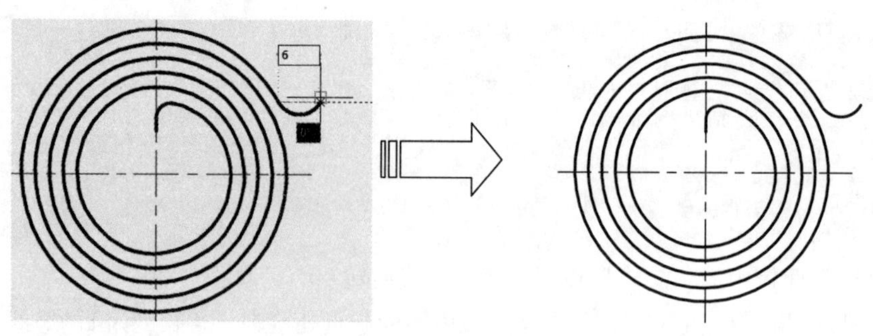

图 5-209　绘制第二段多段线

5.8.3　修订云线

修订云线是一类特殊的线条，它的形状类似于云朵，主要用于突出显示图纸中已修改的部分，在园林绘图中常用于绘制灌木。其组成参数包括多个控制点、最大弧长和最小弧长。绘制修订云线的方法有以下几种。

- 功能区：单击“绘图”面板中的“矩形”按钮、“多边形”按钮、“徒手画”按钮，如图 5-210 所示。
- 菜单栏：“绘图”|“修订云线”命令，如图 5-211 所示。
- 命令行：REVCLOUD。

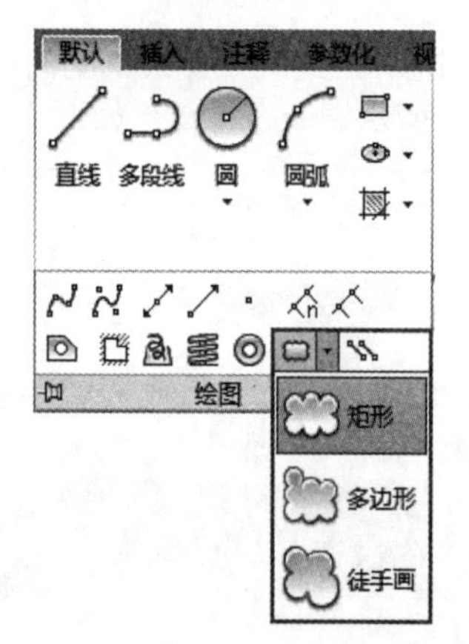

图 5-210　“绘图”面板中的修订云线

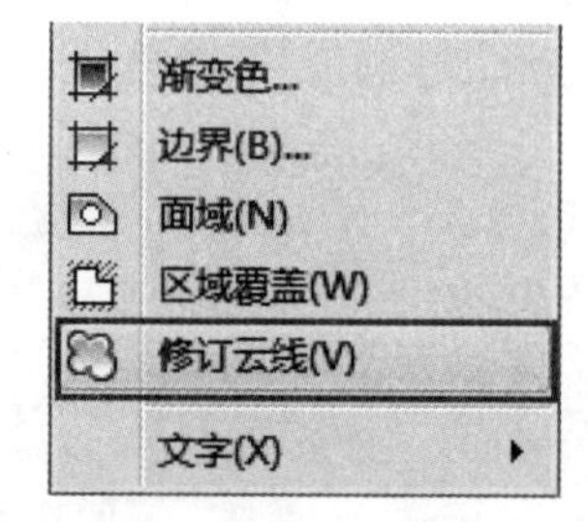

图 5-211　“修订云线”命令

使用任意方法执行该命令后，命令行都会在前几行出现如下提示。

```
命令：_revcloud                              //执行“修订云线”命令
最小弧长：3    最大弧长：5    样式：普通    类型：多边形
                                              //显示当前修订云线的设置
指定起点或 [弧长(A)/对象(O)/矩形(R)/多边形(P)/徒手画(F)/样式(S)/修改(M)] <对象>:
_F                                            //选择修订云线的创建方法或修改设置
```

- 命令子选项说明

其各选项含义如下。

- “弧长（A）”：指定修订云线的弧长，选择该选项后可指定最小与最大弧长，其中最大弧长不能超过最小弧长的 3 倍。
- “对象（O）”：指定要转换为修订云线的单个闭合对象，如图 5-212 所示。

图 5-212 对象转换

➢ “矩形（R）”：通过绘制矩形创建修订云线，如图 5-213 所示。

```
    命令：_revcloud
    最小弧长：3    最大弧长：5    样式：普通    类型：矩形
    指定第一个角点或 [弧长(A)/对象(O)/矩形(R)/多边形(P)/徒手画(F)/样式(S)/修改(M)]
<对象>: _R                              //选择“矩形”选项
    指定第一个角点或 [弧长(A)/对象(O)/矩形(R)/多边形(P)/徒手画(F)/样式(S)/修改(M)]
<对象>:                                 //指定矩形的一个角点 1
    指定对角点：                          //指定矩形的对角点 2
```

➢ “多边形（P）”：通过绘制多段线创建修订云线，如图 5-214 所示。

```
    命令：_revcloud
    指定起点或 [弧长(A)/对象(O)/矩形(R)/多边形(P)/徒手画(F)/样式(S)/修改(M)] <对象>:
_P                                          //选择“多边形”选项
    指定起点或 [弧长(A)/对象(O)/矩形(R)/多边形(P)/徒手画(F)/样式(S)/修改(M)] <对
象>:                                        //指定多边形的起点 1
    指定下一点：                              //指定多边形的第二点 2
    指定下一点或 [放弃(U)]:                   //指定多边形的第三点 3
    指定下一点或 [放弃(U)]:
```

图 5-213 “矩形（R）”绘制修订云线

图 5-214 “多边形（P）”绘制修订云线

➢ “徒手画（F）”：通过绘制自由形状的多段线创建修订云线，如图 5-215 所示。

```
    命令：_revcloud
    指定起点或 [弧长(A)/对象(O)/矩形(R)/多边形(P)/徒手画(F)/样式(S)/修改(M)] <对象>:
_F                                 //选择“徒手画”选项
    最小弧长：3    最大弧长：5    样式：普通    类型：徒手画
    指定第一个点或 [弧长(A)/对象(O)/矩形(R)/多边形(P)/徒手画(F)/样式(S)/修改(M)] <
对象>:                             //指定多边形的起点
    沿云线路径引导十字光标 ... 指定下一点或 [放弃(U)]:
```

操作技巧： 在绘制修订云线时，若不希望其自动闭合，可在绘制过程中将鼠标移动到合适的位置后，单击鼠标右键来结束修订云线的绘制。

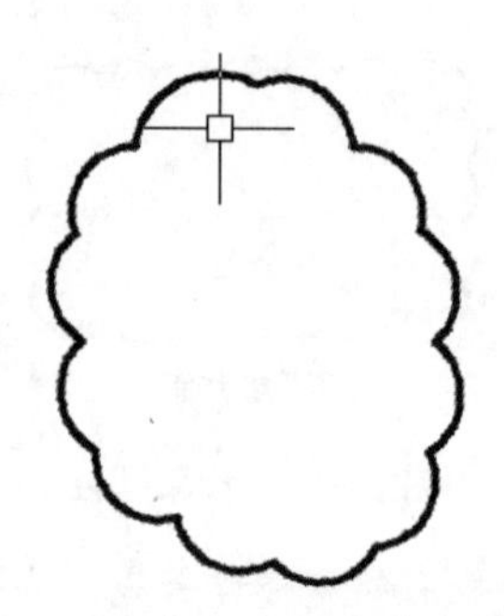

图 5-215 “徒手画（F）”绘制修订云线

5.8.4 案例——绘制绿篱

在园林设计中，有时需要手动绘制一些波浪线的图形，此时即可使用“修订云线”命令来绘制，也可以将现有的封闭图形（如矩形、多边形、圆、椭圆等）转换为修订云线。

01 单击“快速访问”工具栏中的“打开”按钮，打开“第 5 章 /5.8.4 绘制绿篱 .dwg”文件，如图 5-216 所示。

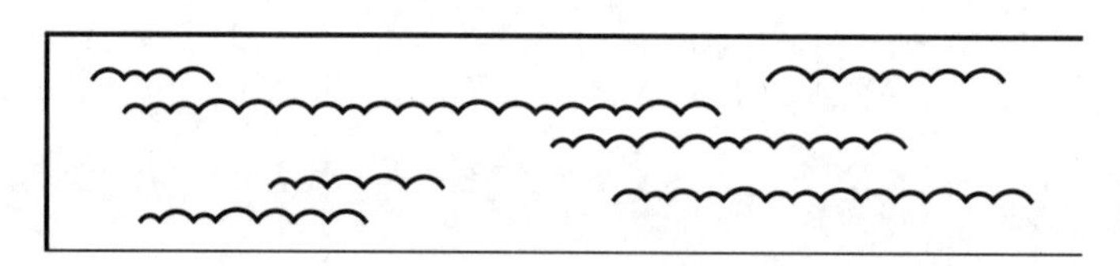

图 5-216 素材图形

02 单击“绘图”面板中的“修订云线”按钮，调用“修订云线”命令，对矩形进行修改，命令行提示如下。

```
命令：_REVCLOUD↙                                          //调用“修订云线”命令
指定起点或 [弧长(A)/对象(O)/样式(S)] <对象>: A↙          //激活“弧长”选项
指定最小弧长 <10>: 100↙                          //指定最小弧长并按Enter键确认
指定最大弧长 <100>: 200↙                    //指定最大弧长并按Enter键确认
指定起点或 [弧长(A)/对象(O)/样式(S)] <对象>: O↙          //激活“对象”选项
反转方向 [是(Y)/否(N)] <否>: ↙
                           //不反转方向，按Enter键确定，再按Enter键完成修订云线
```

03 绘制完成的绿篱效果，如图 5-217 所示。

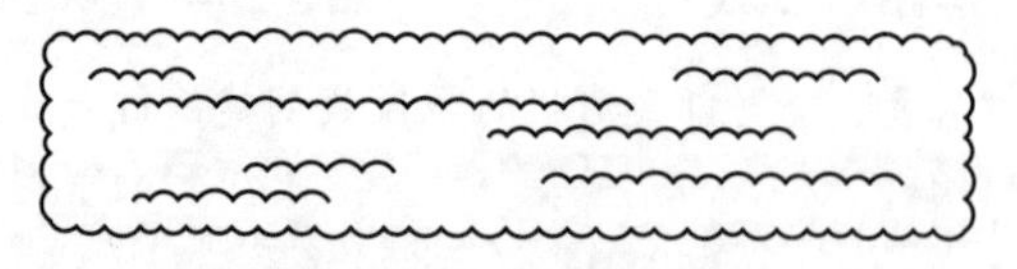

图 5-217 绘制的绿篱

5.8.5 徒手画

使用“徒手画（sketch）”命令可以通过模仿手绘效果创建一系列独立的线段或多段线。这种绘图方式通常适用于签名、绘制木纹、自由轮廓，以及植物等不规则图形的绘制，如图 5-218 所示。

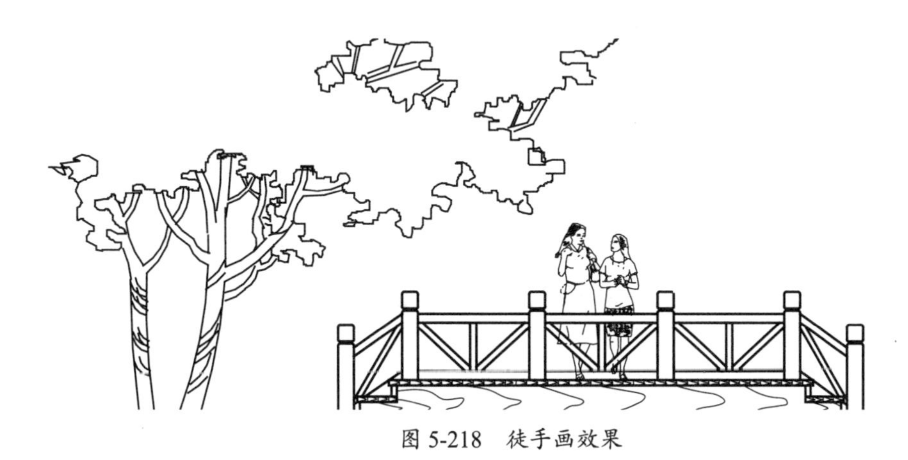

图 5-218　徒手画效果

在 AutoCAD 2014 的初始设置中，只有从命令行中输入 Sketch 才能启用“徒手画”命令。执行“徒手画”命令后，移动光标即可绘制。命令行的提示如下。

```
命令: SKETCH                                         //执行“徒手画”命令
类型 = 直线  增量 = 1.0000  公差 = 0.5000            //当前徒手画的参数设置
指定草图或 [类型(T)/增量(I)/公差(L)]:                //移动光标进行绘制
```

● 命令子选项说明

在移动光标绘制之前，可以选择命令行中提供的 3 个子选项调整有关设置，各子选项含义如下。

➢ “类型（T）”：指定绘制徒手画的方式。其中包括“直线（L）”“多段线（P）”“样条曲线（S）”，效果如图 5-219 所示。

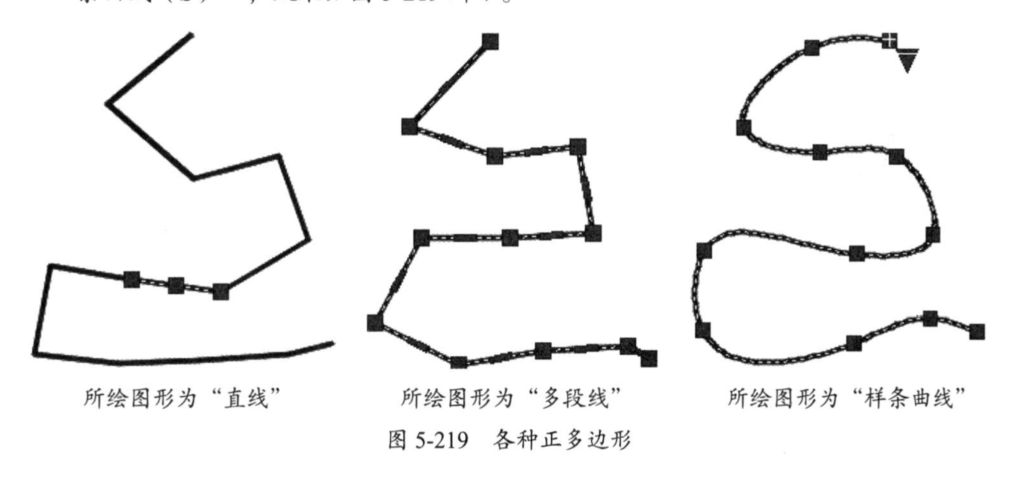

所绘图形为“直线”　　所绘图形为“多段线”　　所绘图形为“样条曲线”

图 5-219　各种正多边形

➢ “增量（I）”：指定草图增量，确定的线段长度可作为徒手画的增量精度，即自动生成线段的最小长度。

➢ “公差（L）”：指定样条曲线拟合公差。

5.9　图案填充与渐变色填充

使用 AutoCAD 的图案和渐变色填充功能，可以方便地对图案和渐变色填充，以区别不同形体的各个组成部分。

5.9.1 图案填充

在图案填充过程中，用户可以根据实际需求选择不同的填充样式，也可以对已填充的图案进行编辑。执行“图案填充”命令的方法有以下 3 种。

- 功能区：在“默认”选项卡中，单击“绘图”面板中的“图案填充”按钮，如图 5-220 所示。
- 菜单栏：选择“绘图”|“图案填充”命令，如图 5-222 所示。
- 命令行：BHATCH 或 CH 或 H。

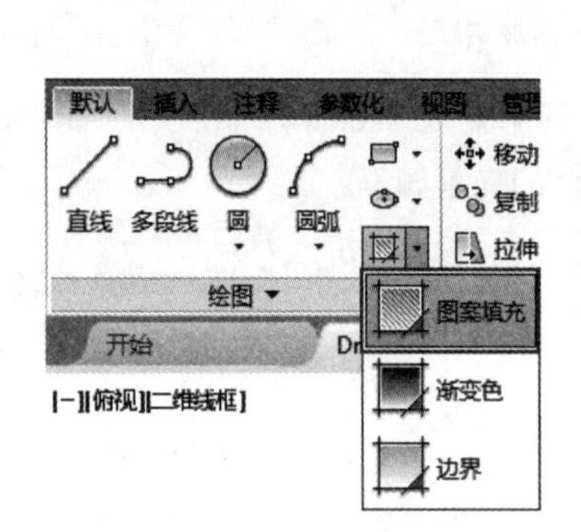

图 5-220 “修改”面板中的“图案填充”按钮

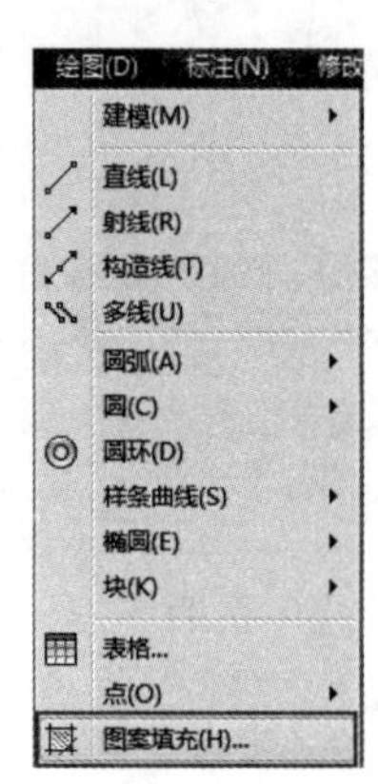

图 5-221 “图案填充”命令

在 AutoCAD 中执行“图案填充”命令后，将显示“图案填充创建”选项卡，如图 5-222 所示。选择所选的填充图案，在要填充的区域中单击，生成效果预览，然后于空白处单击或单击“关闭”面板上的“关闭图案填充”按钮即可创建。

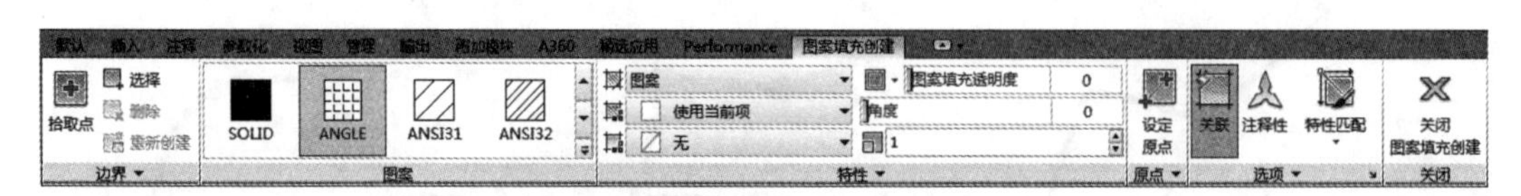

图 5-222 “图案填充创建”选项卡

- 命令子选项说明

该选项卡由“边界”“图案”“特性”“原点”“选项”和“关闭”6 个面板组成，分别介绍如下。

a. “边界”面板

如图 5-223 所示为展开“边界”面板中隐藏的选项，其面板中各选项的含义。

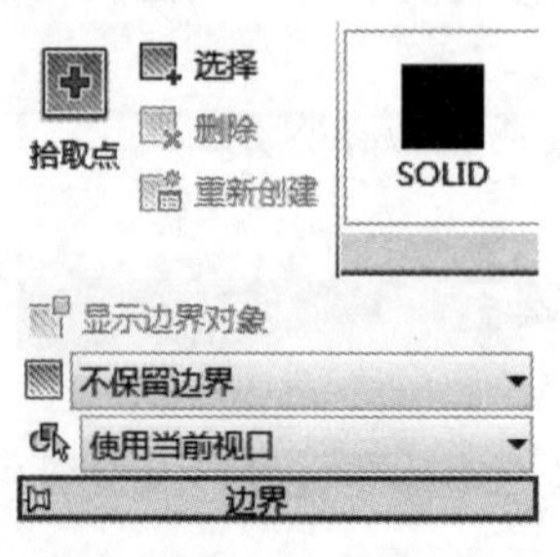

图 5-223 “边界”面板

➢ "拾取点"：单击此按钮，并在填充区域中单击一点，AutoCAD 自动分析边界集，并从中确定包围该点的闭合边界。

➢ "选择"：单击此按钮，并根据封闭区域选择对象确定边界。可通过选择封闭对象的方法确定填充边界，但并不自动检测内部对象，如图 5-224 所示。

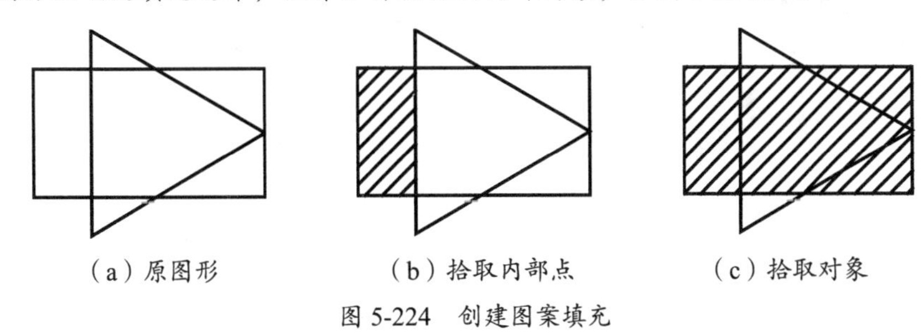

（a）原图形　（b）拾取内部点　（c）拾取对象

图 5-224　创建图案填充

➢ "删除"：用于取消边界，边界即为在一个大的封闭区域内存在的一个独立小区域。

➢ "重新创建"：编辑填充图案时，可利用此按钮生成与图案边界相同的多段线或面域。

➢ "显示边界对象"：单击该按钮，AutoCAD 显示当前的填充边界。使用显示的夹点可修改图案填充边界。

➢ "保留边界对象"：创建图案填充时，创建多段线或面域作为图案填充的边缘，并将图案填充对象与其关联。单击下拉按钮，在下拉列表中包括"不保留边界""保留边界：多段线""保留边界：面域"。

➢ "选择新边界集"：指定对象的有限集（称为"边界集"），以便由图案填充的拾取点进行评估。单击下拉按钮，在下拉列表中展开"使用当前视口"选项，根据当前视口范围中的所有对象定义边界集，选择此选项将放弃当前的任何边界集。

b."图案"面板

显示所有预定义和自定义图案的预览图案。单击右侧的按钮可展开"图案"面板，拖曳滚动条选择所需的填充图案，如图 5-225 所示。

c."特性"面板

如图 5-226 所示为展开的"特性"面板中的隐藏选项，其各选项含义如下。

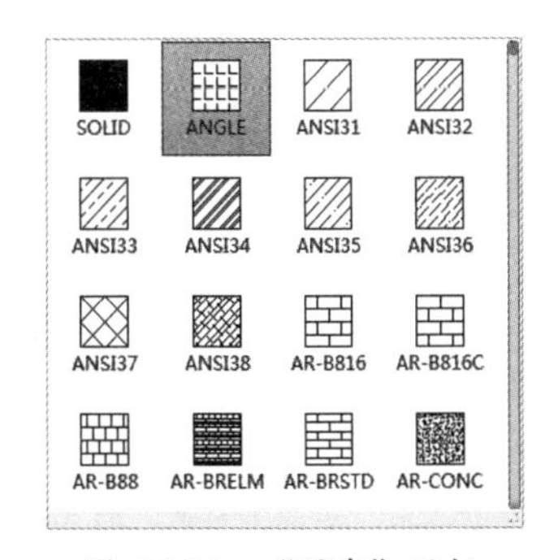

图 5-225　"图案"面板

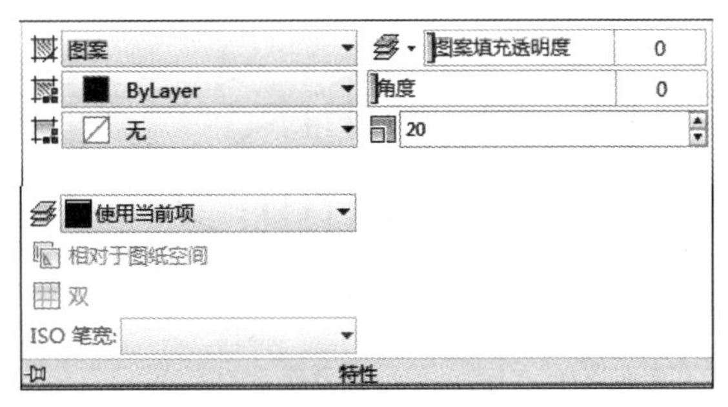

图 5-226　"特性"面板

➢ "图案"：单击下拉按钮，在下拉列表中包括"实体""图案""渐变色""用户定义"4 个选项。若选择"图案"选项，则使用 AutoCAD 预定义的图案，这些图案保存在 acad.pat 和 acadiso.pat 文件中。若选择"用户定义"选项，则采用用户定制的图案，这些图案保存在 .pat 类型的文件中。

➢ “颜色” (图案填充颜色) / (背景色)：单击下拉按钮，在弹出的下拉列表中选择需要的图案颜色或背景颜色，默认状态下为无背景颜色，如图5-227与图5-228所示。

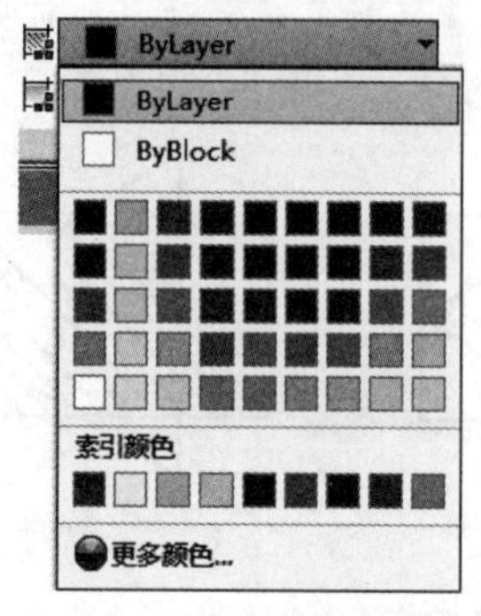

图 5-227　选择图案颜色

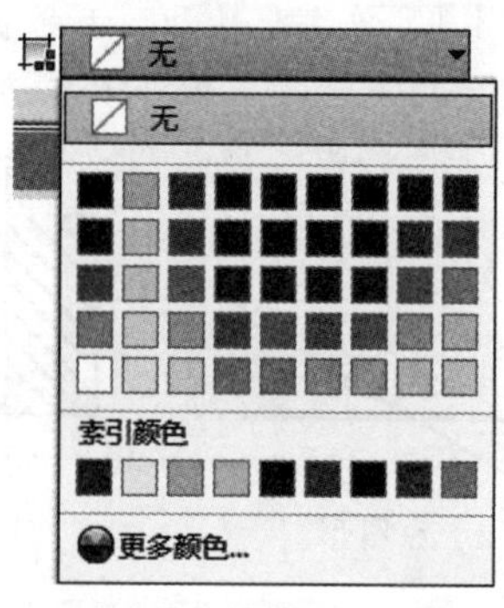

图 5-228　选择背景颜色

➢ “图案填充透明度” 图案填充透明度：通过拖曳滑块，可以设置填充图案的透明度，如图5-229所示。设置完透明度之后，需要单击状态栏中的“显示 / 隐藏透明度”按钮，透明度才能显示出来。

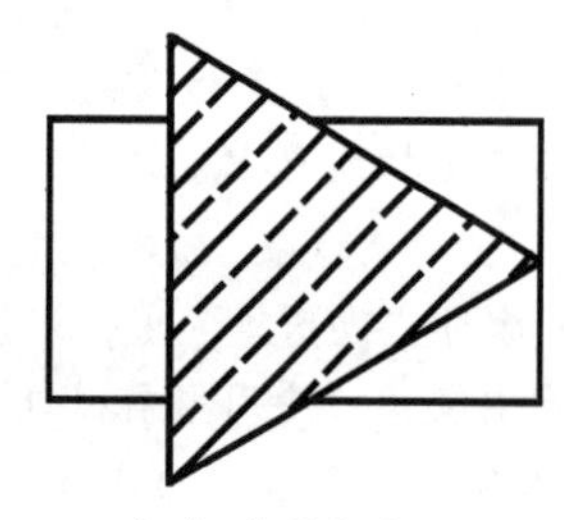
(a) 透明度为 0

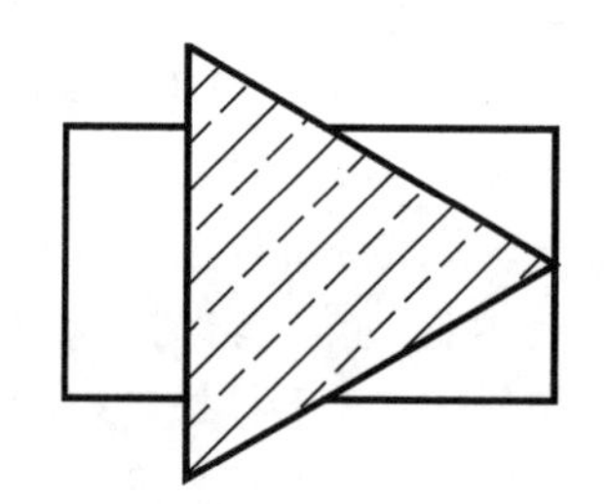
(b) 透明度为 50

图 5-229　设置图案填充的透明度

➢ “角度” 角度 2：通过拖曳滑块，可以设置图案的填充角度，如图5-230所示。

➢ “比例” 1：通过在文本框中输入比例值，可以设置缩放图案的比例，如图5-231所示。

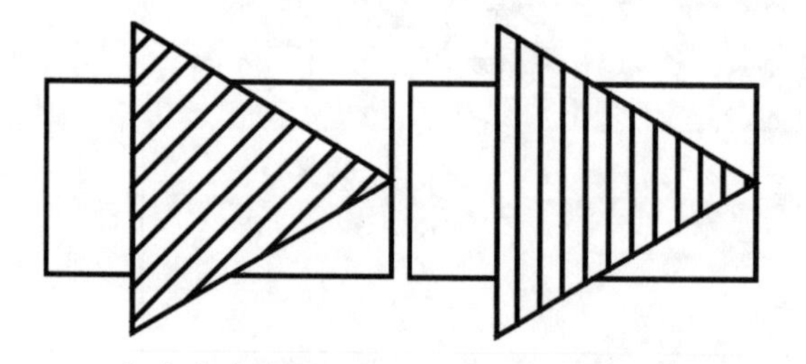
(a) 角度为 0°　(b) 角度为 45°

图 5-230　设置图案填充的角度

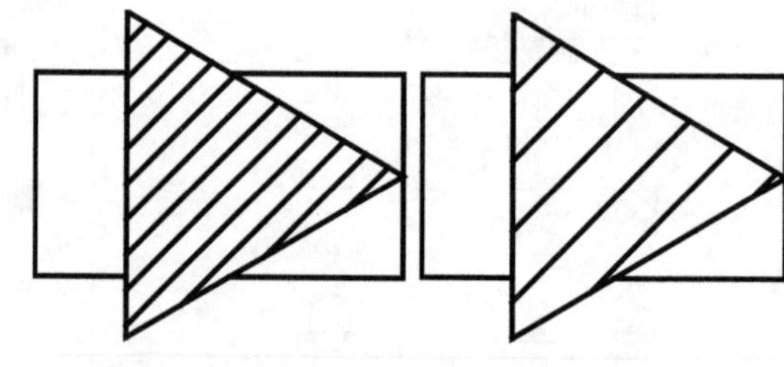
(a) 比例为 25　(b) 比例为 50

图 5-231　设置图案填充的比例

➢ “图层”：在右侧的下拉列表中可以指定图案填充的所在图层。

➢ “相对于图纸空间”：适用于布局。用于设置相对于布局空间单位缩放图案。

➢ “双”：只有在“用户定义”选项时才可用。用于将绘制两组相互呈90°的直线填充图案，从而构成交叉线填充图案。

➢ “ISO 笔宽”：设置基于选定笔宽缩放 ISO 预定义图案。只有图案设置为 ISO 图案的一种时才可用。

d. “原点”面板

如图 5-232 所示是“原点”展开隐藏的面板选项，指定原点的位置有“左下”“右下”“左上”“右上”“中心”“使用当前原点”6 种方式。

➢ “设定原点”：指定新的图案填充原点，如图 5-233 所示。

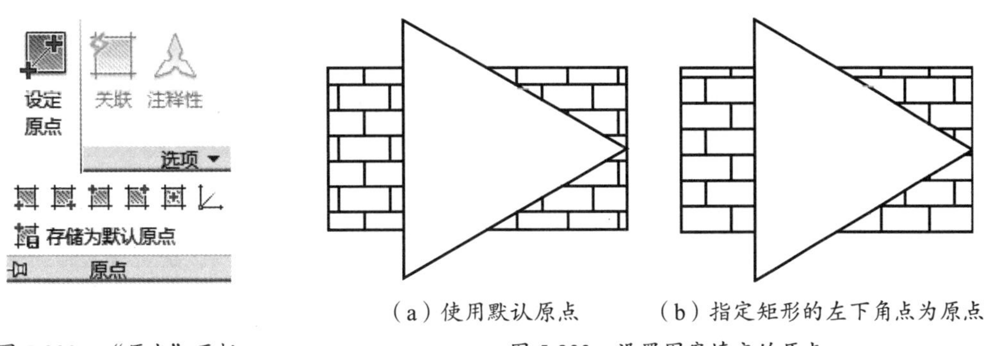

（a）使用默认原点　　（b）指定矩形的左下角点为原点

图 5-232　“原点”面板　　图 5-233　设置图案填充的原点

e. “选项”面板

如图 5-234 所示为展开的“选项”面板中的隐藏选项，其各选项含义如下。

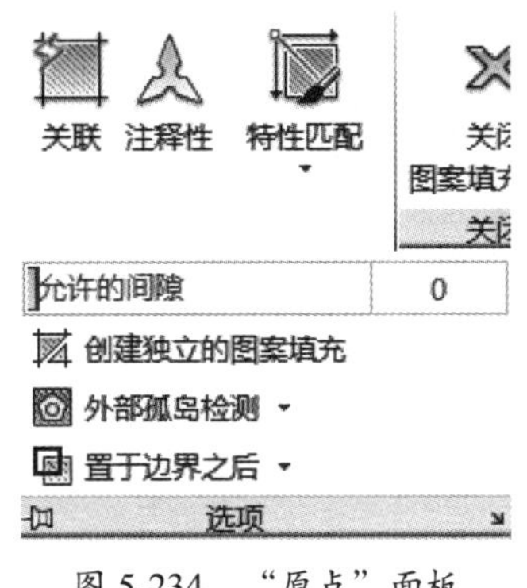

图 5-234　“原点”面板

➢ “关联”：控制当用户修改当期图案时是否自动更新图案填充。

➢ “注释性”：指定图案填充为可注释特性。单击信息图标以了解有相关注释性对象的更多信息。

➢ “特性匹配”：使用选定图案填充对象的特性设置图案填充的特性，图案填充原点除外。单击下拉按钮，在下拉列表中包括“使用当前原点”和“使用原图案原点”。

➢ “允许的间隙”：指定要在几何对象之间桥接的最大间隙，这些对象经过延伸后将闭合边界。

➢ “创建独立的图案填充”：一次在多个闭合边界创建的填充图案是各自独立的。选择时，这些图案是单一对象。

➢ “孤岛”：在闭合区域内的另一个闭合区域。单击下拉按钮，在下拉列表中包含“无孤岛检测”“普通孤岛检测”“外部孤岛检测”和“忽略孤岛检测”，如图 5-235 所示。其中各选项的含义如下。

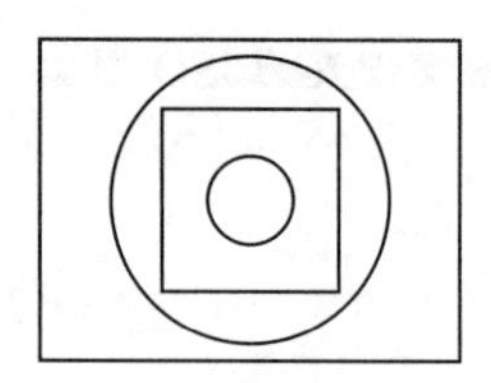

（a）无填充

（b）普通填充方式

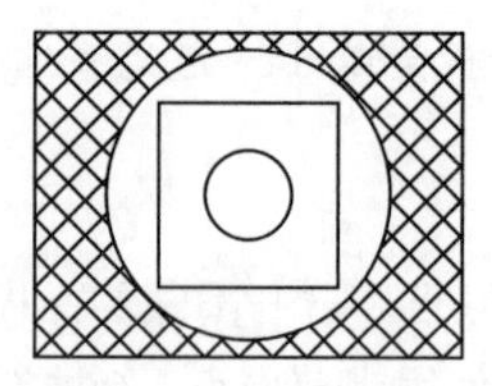

（c）外部填充方式

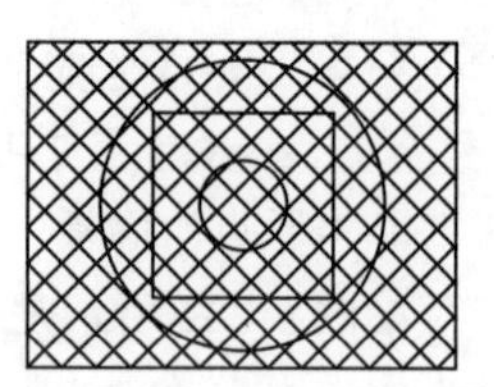

（d）忽略填充方式

图 5-235　孤岛的 3 种显示方式

a) 无孤岛检测：关闭以使用传统孤岛检测方法。

b) 普通：从外部边界向内填充，即第一层填充，第二层不填充。

c) 外部：从外部边界向内填充，即只填充从最外边界向内第一边界之间的区域。

d) 忽略：忽略最外层边界包含的其他任何边界，从最外层边界向内填充全部图形。

➢ “绘图次序”：指定图案填充的创建顺序。单击下拉按钮，在下拉列表中包括“不指定”“后置”“前置”“置于边界之后”“置于边界之前”。默认情况下，图案填充绘制次序是置于边界之后的。

➢ “图案填充和渐变色”对话框：单击“选项”面板上的按钮，打开“图案填充与渐变色”对话框，如图 5-236 所示。其中的选项与“图案填充创建”选项卡中的选项基本相同。

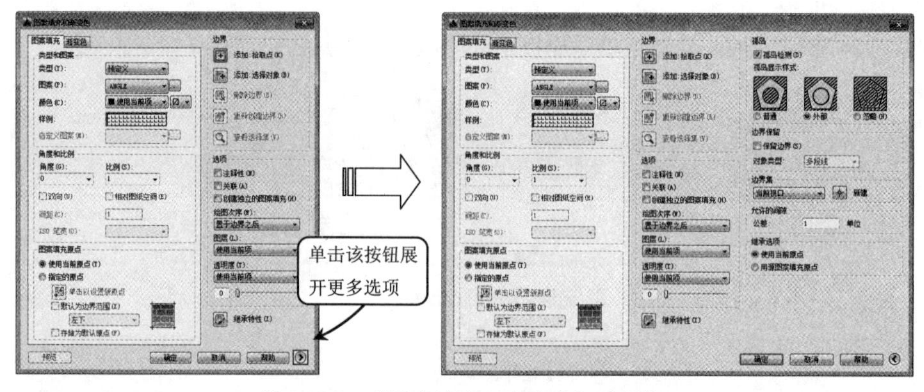

图 5-236　“图案填充与渐变色”对话框

f. “关闭”面板

单击该面板上的“关闭图案填充创建”按钮，可退出图案填充。也可按 Esc 键代替此按钮操作。

在弹出“图案填充创建”选项卡之后，再在命令行中输入 T，即可进入设置界面，即打开“图案填充和渐变色”对话框。单击该对话框右下角的“更多选项”按钮，展开如图 5-236 所示的对话框，显示出更多选项。该对话框中的选项含义与“图案填充创建”选项卡基本相同，不再赘述。

- 图案填充时会遇到的各种问题

a. 图案填充找不到范围？

在使用“图案填充”命令时经常碰到找不到线段封闭范围的情况，尤其是文件本身比较大的时候。此时可以采用 Layiso（图层隔离）命令让欲填充的范围线所在的层“孤立”或“冻结”，再用“图案填充”命令即可快速找到所需填充的范围了。

b. 对象不封闭时进行填充？

如果图形不封闭，就会出现这种情况，弹出“边界定义错误”对话框，如图 5-237 所示。而且在图纸中会用红色圆圈标示出没有封闭的区域，如图 5-238 所示。

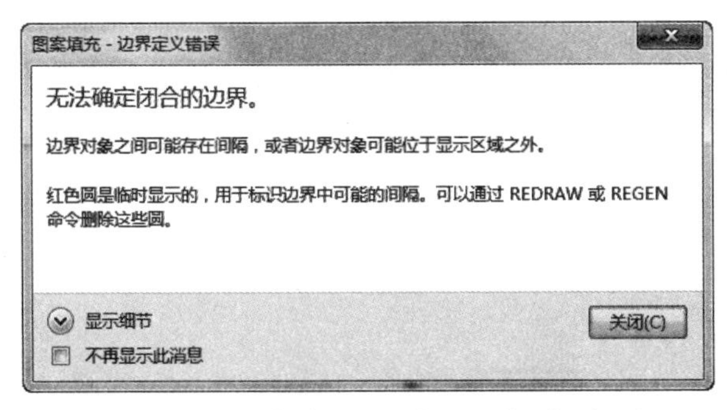

图 5-237　“图案填充 - 边界定义错误”对话框

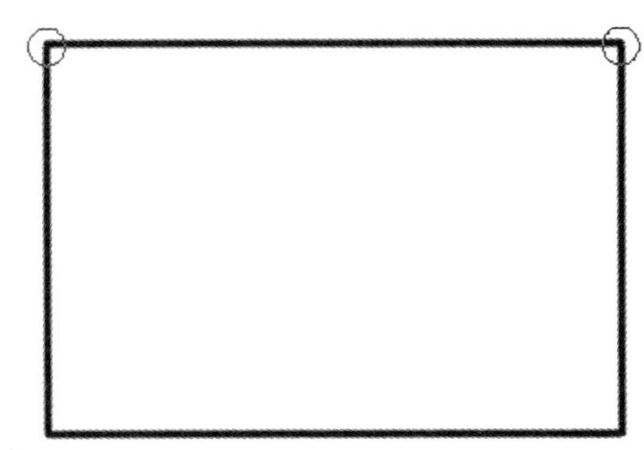

图 5-238　红色圆圈圈出未封闭区域

此时可以在命令行中输入 Hpgaptol，可以输入一个新的数值，用以指定图案填充时可忽略的最小间隙，小于输入数值的间隙都不会影响填充效果，结果如图 5-239 所示。

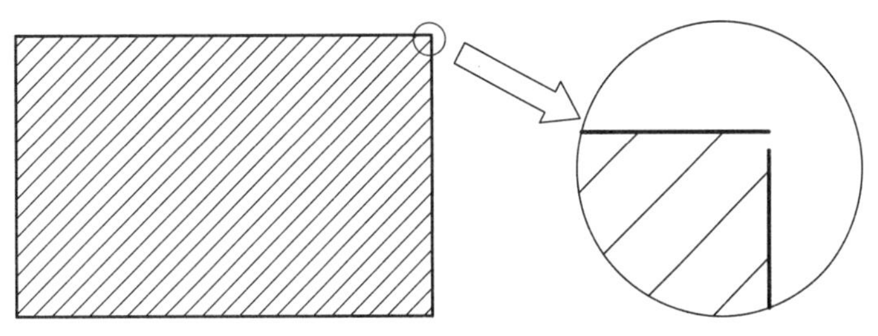

图 5-239　忽略微小间隙进行填充

c. 创建无边界的图案填充？

在 AutoCAD 中创建填充图案最常用的方法是选择一个封闭的图形或在一个封闭的图形区域中拾取一个点。创建填充图案时通常都会输入 HATCH 或按 H 键，打开“图案填充创建”选项卡进行填充。

但是在“图案填充创建”选项卡中是无法创建无边界填充图案的，它要求填充区域是封闭的。有的用户会想到创建填充后删除边界线或隐藏边界线的显示来达成效果，显然这样做是可行的，不过有一种更正规的方法，下面通过一个例子来进行说明。

5.9.2　案例——创建无边界的混凝土填充

在绘制建筑设计的剖面图时，常需要使用“图案填充”命令来表示混凝土或实体地面等。这类填充的一个特点就是范围大、边界不规则，如果仍使用常规的办法先绘制边界，再进行填充的方法，虽然可行，但效果并不好。本例便直接从调用“图案填充”命令开始，一边选择图案，一边手动指定边界。

01 打开“第 5 章 /5.9.2 创建无边界的混凝土填充 .dwg”素材文件，如图 5-240 所示。

02 在命令行中输入 -HATCH 命令并按 Enter 键，命令行操作提示如下。

```
    命令：-HATCH                                          //执行完整的“图案填充”命令
    当前填充图案：  SOLID                                 //当前的填充图案
    指定内部点或 [特性(P)/选择对象(S)/绘图边界(W)/删除边界(B)/高级(A)/绘图次序(DR)/
原点(O)/注释性(AN)/图案填充颜色(CO)/图层(LA)/透明度(T)]: P1
                                                          //选择“特性”命令
    输入图案名称或 [?/实体(S)/用户定义(U)/渐变色(G)]: AR-CONC1
                                                          //输入混凝土填充的名称
```

```
    指定图案缩放比例 <1.0000>:101                          //输入填充的缩放比例
    指定图案角度 <0>: 451                                  //输入填充的角度
    当前填充图案： AR-CONC
    指定内部点或 [特性(P)/选择对象(S)/绘图边界(W)/删除边界(B)/高级(A)/绘图次序(DR)/
原点(O)/注释性(AN)/图案填充颜色(CO)/图层(LA)/透明度(T)]: W1
    //选择“绘图编辑”命令，手动绘制边界。
```

03 在绘图区依次捕捉点，注意打开捕捉模式，如图 5-240 所示。捕捉完之后按两次 Enter 键。

04 系统提示指定内部点，点选绘图区的封闭区域按 Enter 键，绘制结果如图 5-241 所示。

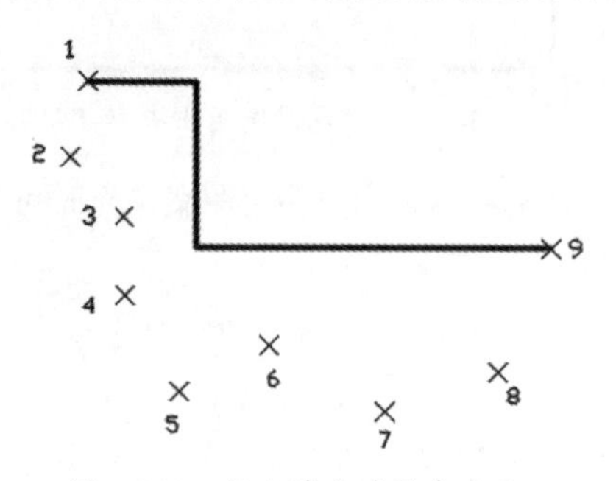

图 5-240 指定填充边界参考点

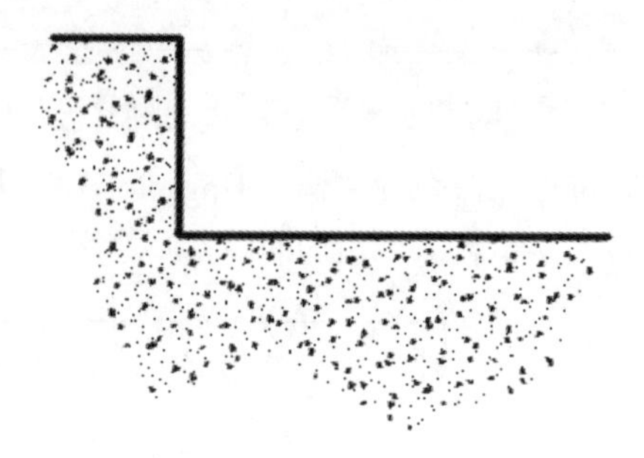

图 5-241 创建的填充图案结果

5.9.3 渐变色填充

在绘图过程中，有些图形在填充时需要用到一种或多种颜色。例如，绘制装潢、美工图纸等。在 AutoCAD 2014 中调用“图案填充”的方法有如下两种。

- 功能区：在“默认”选项卡中，单击“绘图”面板中的“渐变色”按钮。
- 菜单栏：执行“绘图”|“图案填充”命令。

执行“渐变色”填充操作后，将弹出“图案填充创建”选项卡，如图 5-242 所示。该选项卡同样由“边界”“图案”等 6 个面板组成，只是图案换成了渐变色，各面板功能与之前介绍过的图案填充一致，在此不重复介绍。

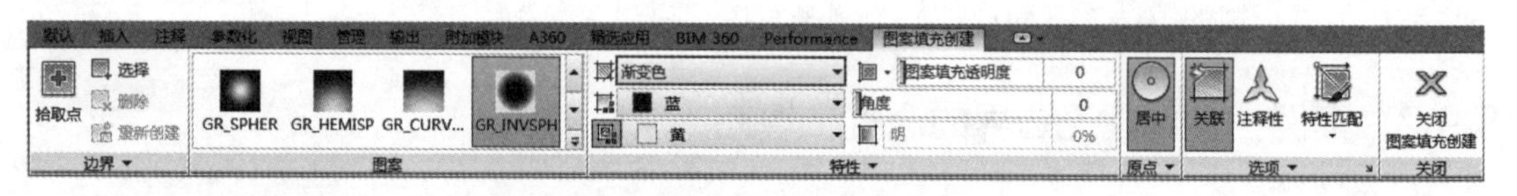

图 5-242 “图案填充创建”选项卡

如果在命令行提示“拾取内部点或 [选择对象 (S)/ 放弃 (U)/ 设置 (T)]:”时，激活“设置（T）”选项，将打开如图 5-243 所示的“图案填充和渐变色”对话框，并自动切换到“渐变色”选项卡。

该对话框中的常用选项含义如下。

- “单色”：指定的颜色将从高饱和度的单色平滑过渡到透明的填充方式。
- “双色”：指定的两种颜色进行平滑过渡的填充方式，如图 5-244 所示。
- “颜色样本”：设定渐变填充的颜色。单击“浏览”按钮打开“选择颜色”对话框，从中选择 AutoCAD 索引颜色（AIC）、真彩色或配色系统颜色。显示的默认颜色为图形的当前颜色。
- “渐变样式”：在渐变区域有 9 种固定渐变填充的图案，这些图案包括径向渐变、线性渐变等。

➢ “向列表框”：在该列表框中，可以设置渐变色的角度及其是否居中。

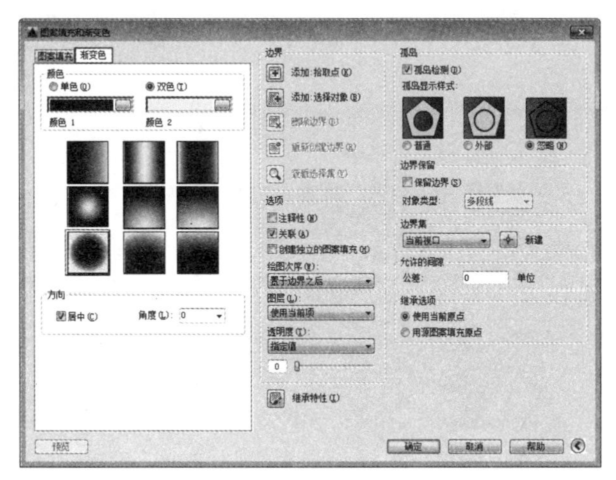

图 5-243　“渐变色”选项卡

图 5-244　渐变色填充效果

5.9.4　编辑填充的图案

在为图形填充了图案后，如果对填充效果不满意，还可以通过“编辑图案填充”命令对其进行编辑。可编辑内容包括填充比例、旋转角度和填充图案等。AutoCAD 2014 增强了图案填充的编辑功能，可以同时选择并编辑多个图案填充对象。

执行“编辑图案填充”命令的方法有以下 6 种。

- ➢ 功能区：在“默认”选项卡中，单击“修改”面板中的“编辑图案填充”按钮，如图 5-245 所示。
- ➢ 菜单栏：选择“修改”|“对象”|“图案填充”命令，如图 5-246 所示。
- ➢ 命令行：HATCHEDIT 或 HE。
- ➢ 快捷操作 1：在要编辑的对象上单击鼠标右键，在弹出的快捷菜单中选择“图案填充编辑”选项。
- ➢ 快捷操作 2：在绘图区双击要编辑的图案填充对象。

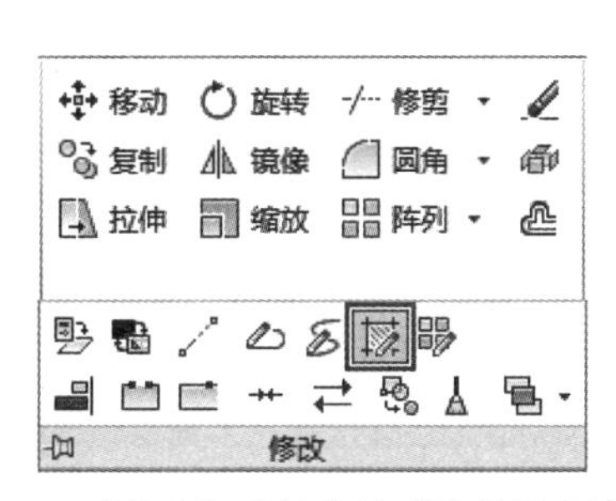

图 5-245　“修改”面板中的“编辑图案填充”按钮

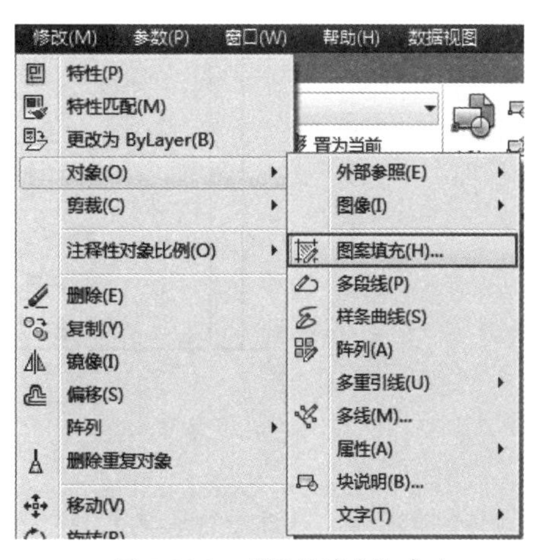

图 5-246　“图案填充”命令

调用该命令后，先选择图案填充对象，系统弹出“图案填充编辑”对话框，如图5-247所示。该对话框中的参数与“图案填充和渐变色”对话框中的参数一致，修改参数即可修改图案填充效果。

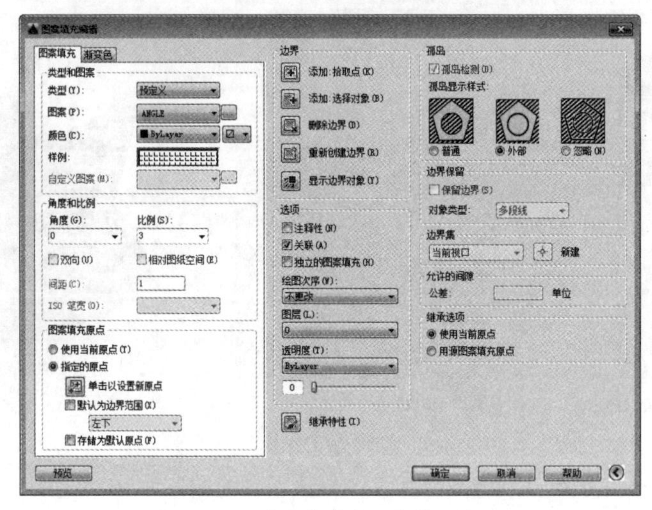

图5-247 “图案填充编辑”对话框

5.9.5 案例——填充室内鞋柜立面

室内设计是否美观，很大程度上决定于它在主要立面上的艺术处理，包括造型与装修是否优美。在设计阶段中，立面图主要是用来研究这种艺术处理的，主要反映房屋的外貌和立面装修的做法。因此室内立面图的绘制，很大程度上需要通过填充来表达这种装修做法。本例便通过填充室内鞋柜立面，让读者熟练掌握图案填充的方法。

01 打开“第5章/5.9.5 填充室内鞋柜立面.dwg”素材文件，如图5-248所示。

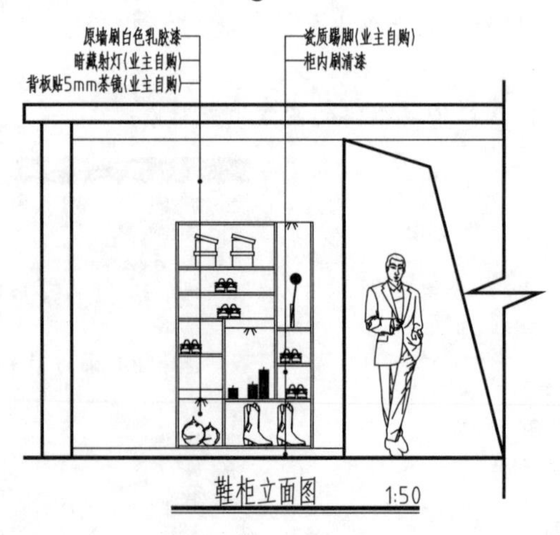

图5-248 素材图形

02 填充墙体结构图案。在命令行中输入H“图案填充”命令并按Enter键，系统在面板上弹出“图案填充创建”选项卡，如图5-249所示，在“图案”面板中设置ANSI31，“特性”面板中设置“填充图案颜色”为 8，“填充图案比例”为 10，设置完成后，拾取墙体为内部拾取点填充，按空格键退出，填充效果如图 5-250 所示。

图 5-249　“图案填充创建”选项卡

03 继续填充墙体结构图案。按空格键再次调用“图案填充”命令，选择“图案”为 AR-CON，“填充图案颜色”为 8，“填充图案比例”为 1，填充效果如图 5-251 所示。

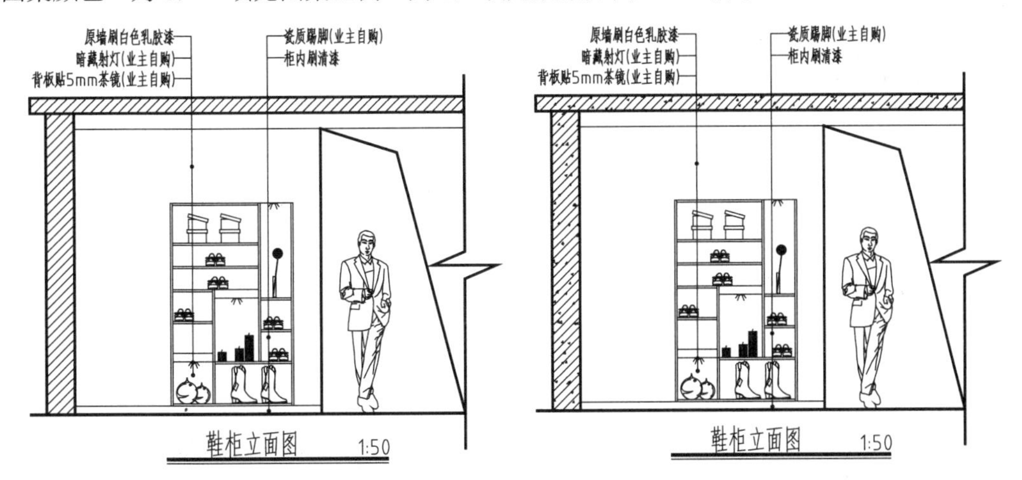

图 5-250　填充墙体钢筋　　　　图 5-251　填充墙体混凝土

04 填充鞋柜背景墙面。按空格键再次调用“图案填充”命令，选择“图案”为 AR-SAND，“填充图案颜色”为 8，“填充图案比例”为 3，填充效果如图 5-252 所示。

05 填充鞋柜玻璃。按空格键再次调用“图案填充”命令，选择“图案”为 AR-RROOF，“填充图案颜色”为 8，“填充图案比例”为 10，最终填充效果如图 5-253 所示。

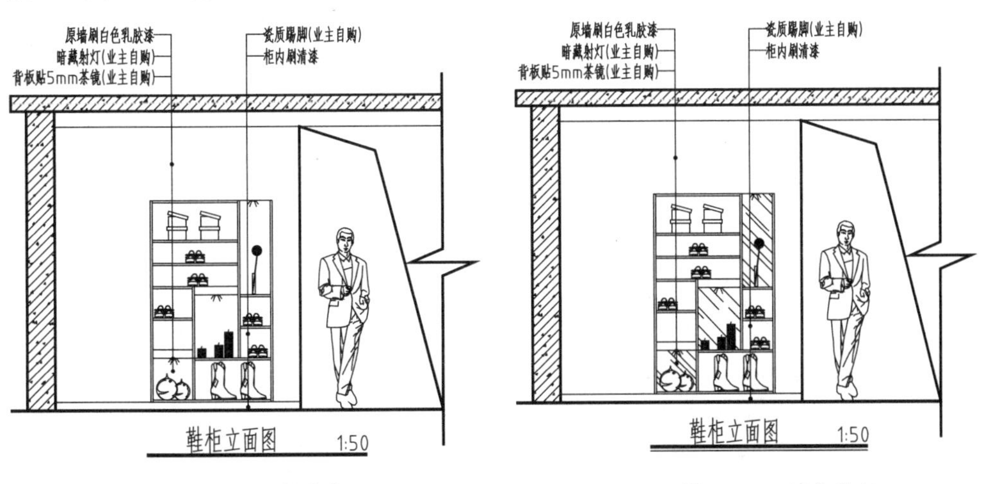

图 5-252　鞋柜背景墙面　　　　图 5-253　填充鞋柜

第 6 章　图形编辑

前面章节学习了各种图形对象的绘制方法，为了创建图形的更多细节特征并提高绘图的效率，AutoCAD 提供了许多编辑命令，常用的有：“移动”“复制”“修剪”“倒角”与“圆角”等。本章主要讲解这些命令的使用方法，以进一步提高读者绘制复杂图形的能力。

6.1　图形修剪类

在 AutoCAD 中绘图不可能一蹴而就，要想得到最终的完整图形，自然需要用到各种修剪命令，将多余的部分剪去或删除，因此修剪类命令是 AutoCAD 编辑命令中最为常用的一类。

6.1.1　修剪

“修剪”命令是将超出边界的多余部分修剪、删除，与橡皮擦的功能相似。“修剪”操作可以修剪直线、圆、弧、多段线、样条曲线和射线等。在调用命令的过程中，需要设置的参数有“修剪边界”和“修剪对象”两类。需要注意的是，在选择修剪对象时需要删除哪一部分，就在该部分上单击。

在 AutoCAD 2014 中“修剪”命令有以下几种常用的调用方法。

- 功能区：单击“修改”面板中的“修剪”按钮，如图 6-1 所示。

图 6-1　“修改”面板中的“修剪”按钮

- 菜单栏：执行“修改”|“修剪”命令，如图 6-2 所示。
- 命令行：TRIM 或 TR。

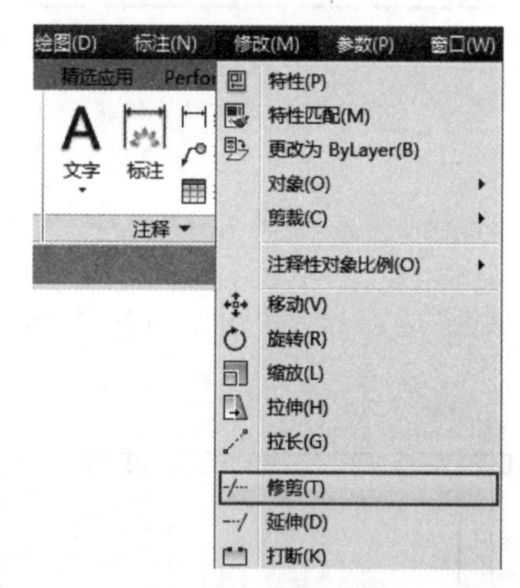

图 6-2　“修剪”命令

执行上述任意命令后，选择作为剪切边的对象（可以是多个对象），命令行提示如下。

```
当前设置：投影=UCS，边＝无
选择边界的边...
选择对象或 <全部选择>:                          //鼠标选择要作为边界的对象
选择对象：                                      //可以继续选择对象或按 Enter 键结束选择
选择要延伸的对象，或按住 Shift 键选择要延伸的对象，或[栏选(F)/窗交(C)/投影(P)/边(E)/
放弃(U)]:                                       //选择要修剪的对象
```

- 命令子选项说明

执行“修剪”命令并选择对象之后，在命令行中会出现一些选择类的选项，这些选项的含义如下。

- “栏选（F）”：用栏选的方式选择要修剪的对象。
- “窗交（C）”：用窗交的方式选择要修剪的对象。
- “投影（P）”：用以指定修剪对象时使用的投影方式，即选择进行修剪的空间。
- “边（E）”：指定修剪对象时是否使用“延伸”模式，默认选项为“不延伸”模式，即修剪对象必须与修剪边界相交才能够修剪；如果选择“延伸”模式，则修剪对象与修剪边界的延伸线相交即可被修剪。例如，如图 6-3 所示的圆弧，使用“延伸”模式才能够被修剪。
- “放弃（U）”：放弃上一次的修剪操作。

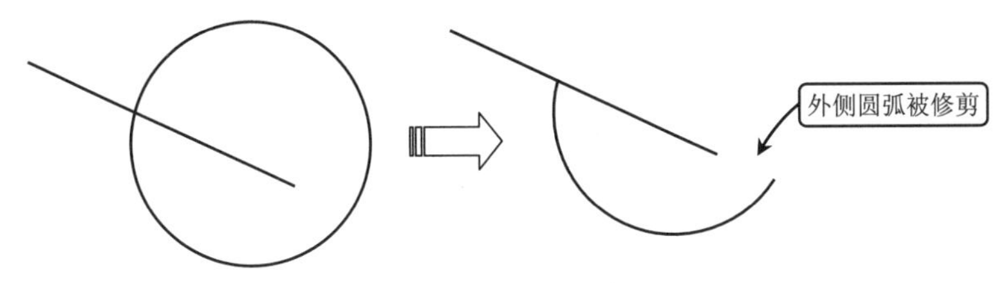

图 6-3　延伸模式修剪效果

- 快速修剪

剪切边也可以同时作为被剪边。默认情况下，选择要修剪的对象（即选择被剪边），系统将以剪切边为界，将被剪切对象上位于拾取点一侧的部分剪切掉。

利用“修剪”工具可以快速完成图形中多余线段的删除效果，如图 6-4 所示。

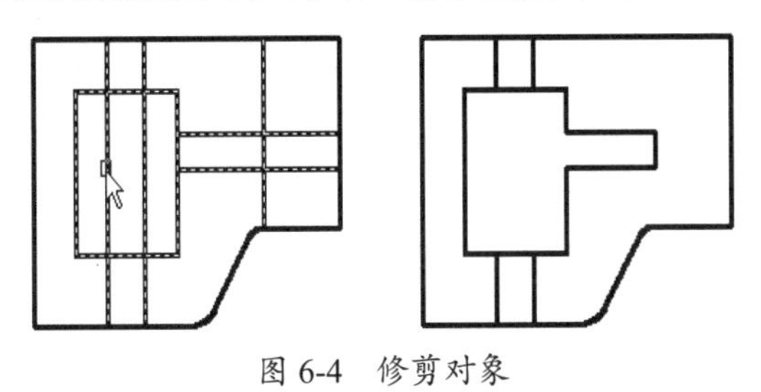

图 6-4　修剪对象

在修剪对象时，可以一次选择多个边界或修剪对象，从而实现快速修剪。例如要将一个“井”字形路口打通，在选择修剪边界时可以使用“窗交”方式同时选择 4 条直线，如图 6-5（b）所示，然后按 Enter 键确认，再将光标移动至要修剪的对象上，如图 6-5（c）所示，单击鼠标左键即可完成一次修剪，依次在其他段上单击，则能得到最终的修剪结果，如图 6-5（d）所示。

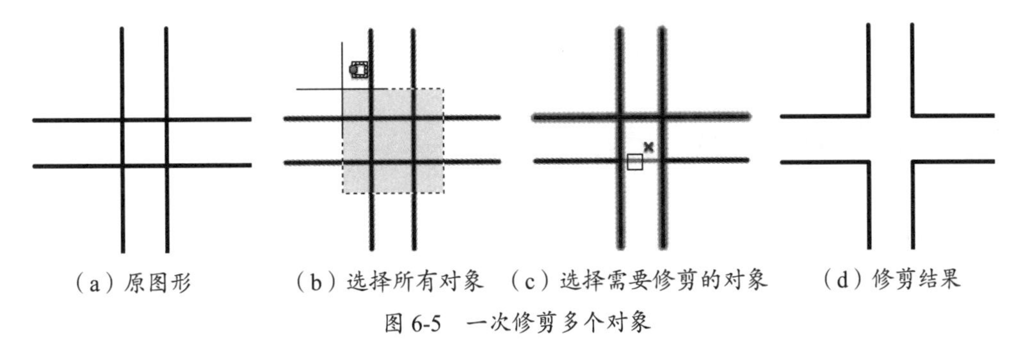

（a）原图形　（b）选择所有对象　（c）选择需要修剪的对象　（d）修剪结果

图 6-5　一次修剪多个对象

6.1.2 案例——修剪零件图

01 单击“快速访问”工具栏中的“打开”按钮，打开“6.1.2 修剪零件图.dwg”文件，如图 6-6 所示。

02 在“默认”选项卡中，单击“修改”面板中的“修剪”按钮，启动“修剪”命令。

03 选择大圆为剪切边，单击鼠标右键确定结束修剪边界的选择，依次选择小圆内侧圆弧为修剪对象，修剪结果如图 6-7 所示。

04 重复调用“修剪”命令，选择小圆为剪切边进行修剪，最终效果如图 6-8 所示。

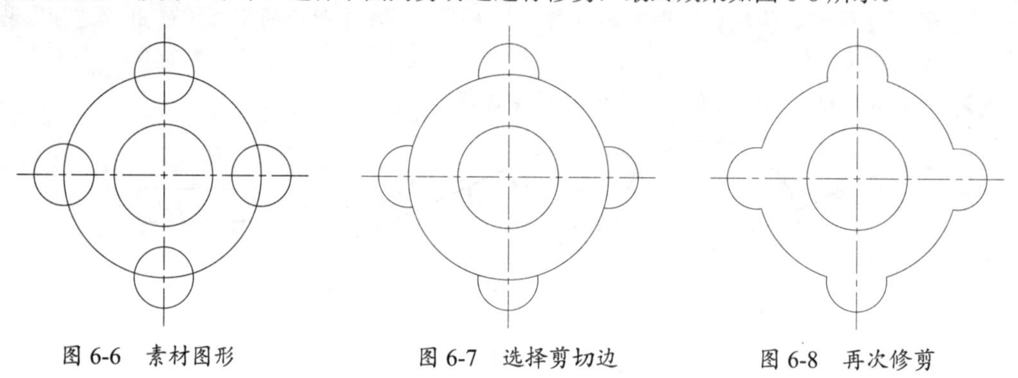

图 6-6　素材图形　　　图 6-7　选择剪切边　　　图 6-8　再次修剪

6.1.3 延伸

“延伸”命令是将没有和边界相交的部分延伸补齐，它和“修剪”命令是一组相对的命令。在调用命令的过程中，需要设置的参数有延伸边界和延伸对象两类。“延伸”命令的使用方法与“修剪”命令的使用方法相似。在使用延伸命令时，如果在按下 Shift 键的同时选择对象，则可以切换执行“修剪”命令。

在 AutoCAD 2014 中，“延伸”命令有以下几种常用的调用方法。

- 功能区：单击“修改”面板中的“延伸”按钮，如图 6-9 所示。
- 菜单栏：选择“修改” | “延伸”命令，如图 6-10 所示。
- 命令行：EXTEND 或 EX。

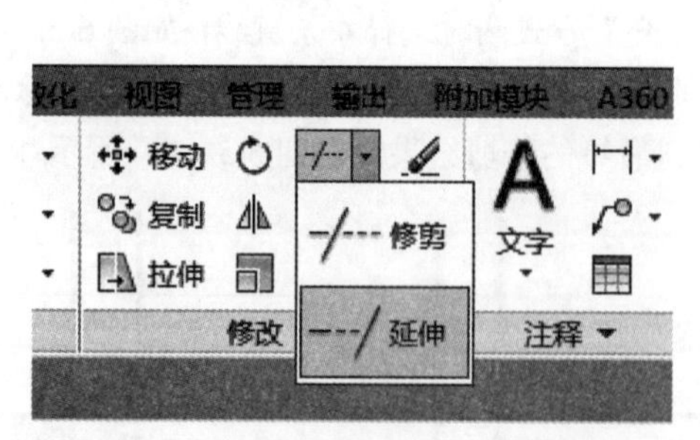

图 6-9　“修改”面板中的“延伸”按钮

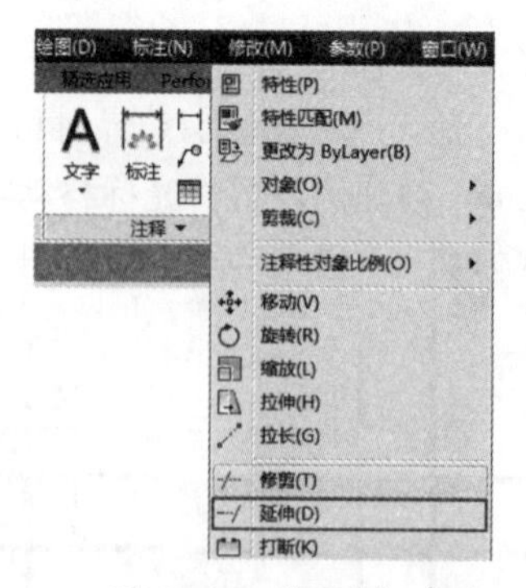

图 6-10　“延伸”命令

执行“延伸”命令后，选择对象（可以是多个对象），命令行提示如下。

```
选择要修剪的对象，或按住 Shift 键选择要修剪的对象，或 [ 栏选 (F) / 窗交 (C) / 投影 (P) / 边 (E) / 删除 (R) / 放弃 (U)]:
```

选择延伸对象时，需要注意延伸方向的选择。向哪个边界延伸，则在靠近边界的那部分上单击。如图 6-11 所示，将直线 AB 延伸至边界直线 M 时，需要在 A 端单击直线，将直线 AB 延伸到直线 N 时，则在 B 端单击直线。

图 6-11　使用“延伸”命令延伸直线

6.1.4　案例——使用延伸完善熔断器箱图形

熔断器是根据电流超过规定值一定时间后，以其自身产生的热量使熔体熔化，从而使用电路断开的原理制成的一种电流保护器。熔断器广泛应用于低压配电系统和控制系统及用电设备中，作为短路和过电流保护的机制，是应用最普遍的保护器件之一。

01 打开“第 6 章 \6.1.4 使用“延伸”完善熔断器箱图形 .dwg”素材文件，如图 6-12 所示。

02 调用“延伸”命令，延伸水平直线，命令行操作过程如下。

```
    命令 :EX ↙    EXTEND                    // 调用延伸命令
    当前设置 : 投影 =UCS, 边 = 无
    选择边界的边 ...
    选择对象或 < 全部选择 >:                 // 选择如图 6-13 所示的边作为延伸边界
    找到 1 个
    选择对象 : ↙                            // 按 Enter 键结束选择
    选择要延伸的对象，或按住 Shift 键选择要修剪的对象，或 [ 栏选 (F) / 窗交 (C) / 投影 (P) / 边 (E) /
放弃 (U)]:                                  // 选择如图 6-14 所示的线条
    选择要延伸的对象，或按住 Shift 键选择要修剪的对象，或 [ 栏选 (F) / 窗交 (C) / 投影 (P) / 边 (E) /
放弃 (U)]:                                  // 选择第二条同样的线条
    选择要延伸的对象，或按住 Shift 键选择要修剪的对象，或 [ 栏选 (F) / 窗交 (C) / 投影 (P) / 边 (E) /
放弃 (U)]:                                  // 使用同样的方法，延伸其他直线，如图 6-15 所示
```

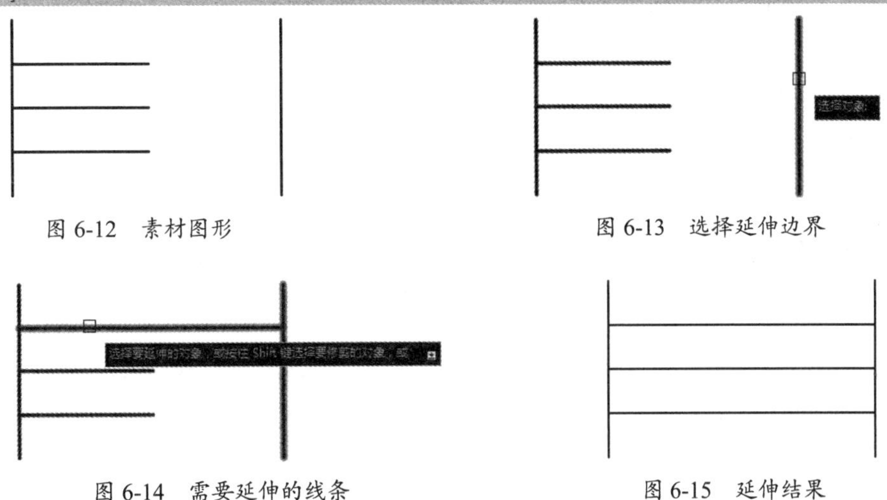

图 6-12　素材图形

图 6-13　选择延伸边界

图 6-14　需要延伸的线条

图 6-15　延伸结果

6.1.5 删除

“删除”命令可将多余的对象从图形中完全清除，是AutoCAD最为常用的命令之一，使用也最为简单。在AutoCAD 2014中执行“删除”命令的方法有以下4种。

- 功能区：在“默认”选项卡中，单击“修改”面板中的“删除”按钮，如图6-16所示。
- 菜单栏：选择“修改”|“删除”命令，如图6-17所示。
- 命令行：ERASE或E。
- 快捷操作：选中对象后直接按Delete键。

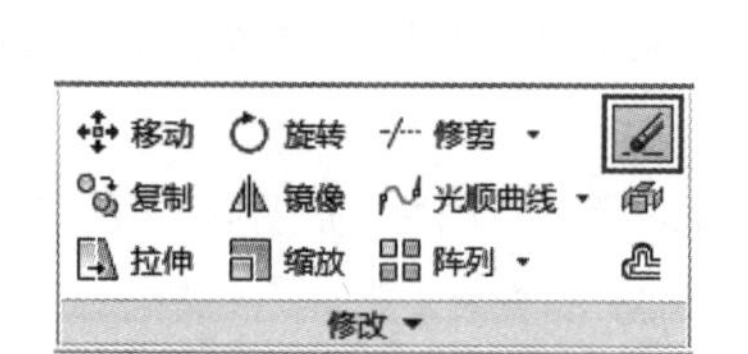

图6-16 “修改”面板中的“删除”按钮

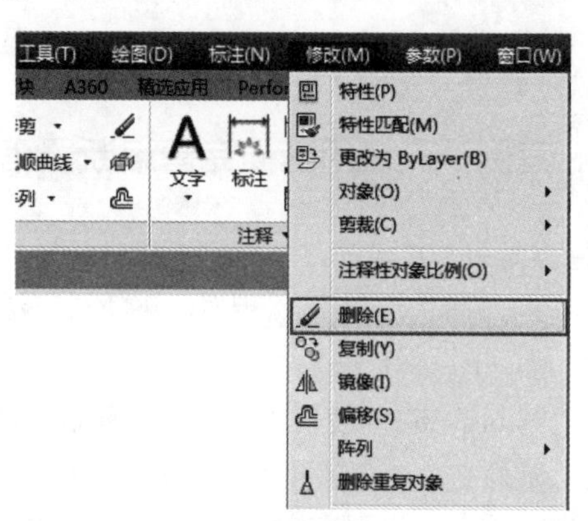

图6-17 “删除”命令

执行上述任意命令后，根据命令行的提示选择需要删除的图形对象，按Enter键即可删除已选中的对象，如图6-18所示。

（a）原对象

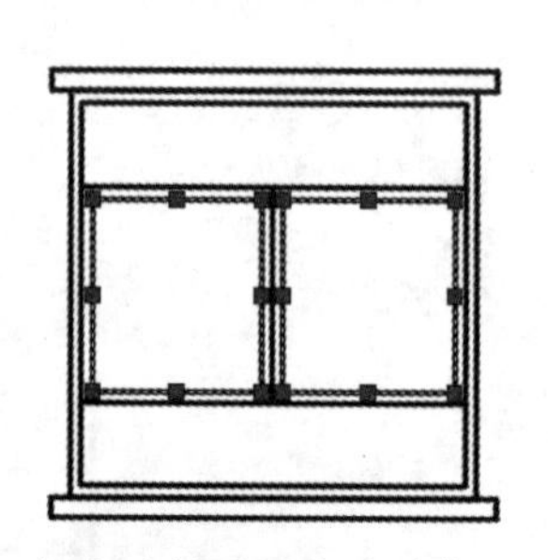

（b）选择要删除的对象

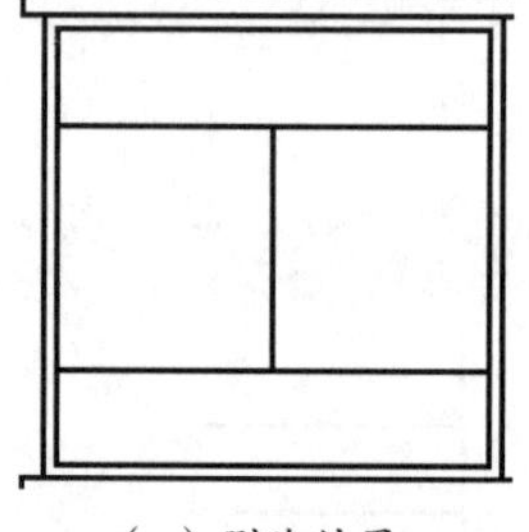

（c）删除结果

图6-18 删除图形

技术专题：恢复被删除的对象

在绘图时如果误删除了对象，可以使用UNDO“撤销”命令或OOPS“恢复删除”命令将其恢复。

- UNDO“撤销”：即放弃上一步操作，快捷键为Ctrl+Z，对所有命令有效。
- OOPS“恢复删除”：OOPS可恢复由上一个ERASE“删除”命令删除的对象，该命令仅对ERASE有效。

此外“删除”命令还有一些隐藏选项，在命令行提示“选择对象”时，除了使用选择方法选择要删除的对象外，还可以输入特定字符，执行隐藏操作，介绍如下。

> ➢ 输入L：删除绘制的上一个对象。
> ➢ 输入P：删除上一个选择集。
> ➢ 输入All：从图形中删除所有对象。
> ➢ 输入?：查看所有选择方法列表。

6.2 图形变化类

在绘图的过程中，可能要对某一个图元进行移动、旋转或拉伸等操作来辅助绘图，因此操作类命令也是使用极为频繁的一类编辑命令。

6.2.1 移动

“移动”命令是将图形从一个位置平移到另一位置，移动过程中图形的大小、形状和倾斜角度均不改变。在调用命令的过程中，需要确定的参数有：需要移动的对象、移动基点和第二点。“移动”命令有以下几种调用方法。

- 功能区：单击“修改”面板中的“移动”按钮，如图6-19所示。
- 菜单栏：执行“修改”|“移动”命令，如图6-20所示。
- 命令行：MOVE或M。

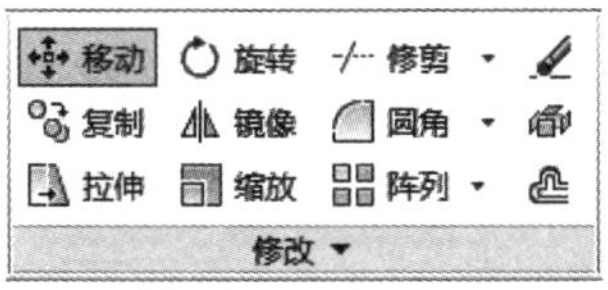

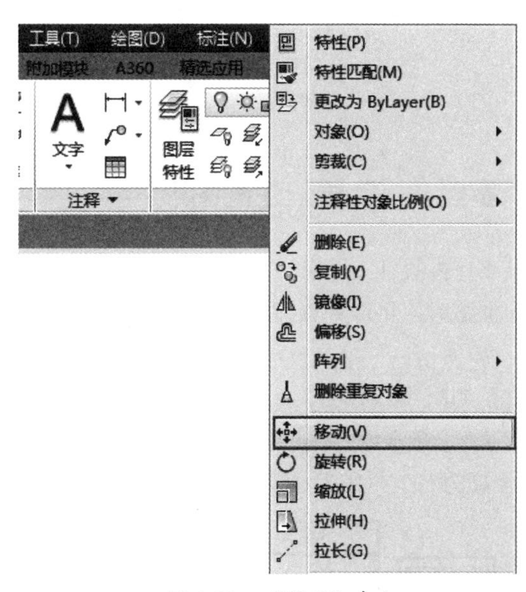

图6-19　“修改”面板中的“移动”按钮

图6-20　“移动”命令

调用“移动”命令后，根据命令行提示，在绘图区中拾取需要移动的对象后单击右键确定，然后拾取移动基点，最后指定第二个点（目标点）即可完成移动操作，如图6-21所示。命令行操作如下。

```
命令：_move                                  //执行“移动”命令
选择对象：找到 1 个                          //选择要移动的对象
指定基点或 [位移(D)] <位移>:                 //选取移动的参考点
指定第二个点或 <使用第一个点作为位移>:       //选取目标点，放置图形
```

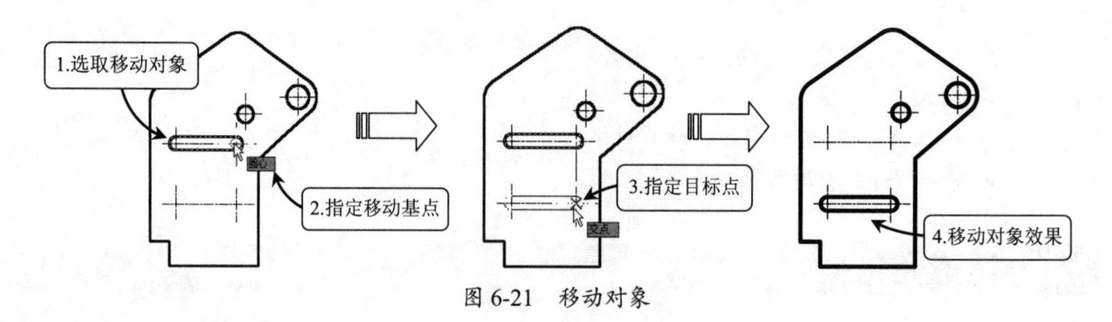

图 6-21　移动对象

- 命令子选项说明

执行“移动”命令时，命令行中只有一个子选项——“位移（D）”，该选项可以输入坐标以表示矢量。输入的坐标值将指定相对距离和方向，如图 6-22 所示为输入坐标（500,100）的位移结果。

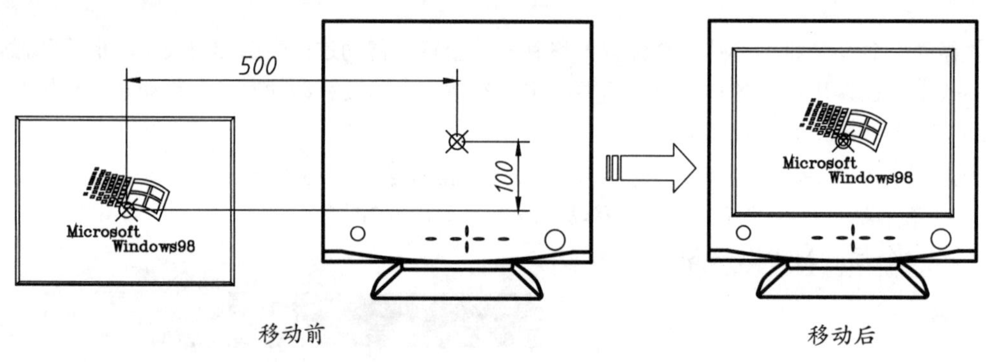

图 6-22　位移移动效果图

6.2.2　案例——完善卫生间图形

在从事室内设计工作时，有很多装饰图形都有现成的图块，如马桶、书桌、门等。因此在绘制室内平面图时，可以先直接插入图块，然后使用“移动”命令将其放置在合适的位置上。

01 单击“快速访问”工具栏中的“打开”按钮，打开“第 6 章 /6.2.2 完善卫生间图形 .dwg”素材文件，如图 6-23 所示。

02 在“默认”选项卡中，单击“修改”面板的“移动”按钮，选择浴缸，按空格键或 Enter 键确定。

03 选择浴缸的右上角作为移动基点，拖至厕所的右上角，如图 6-24 所示。

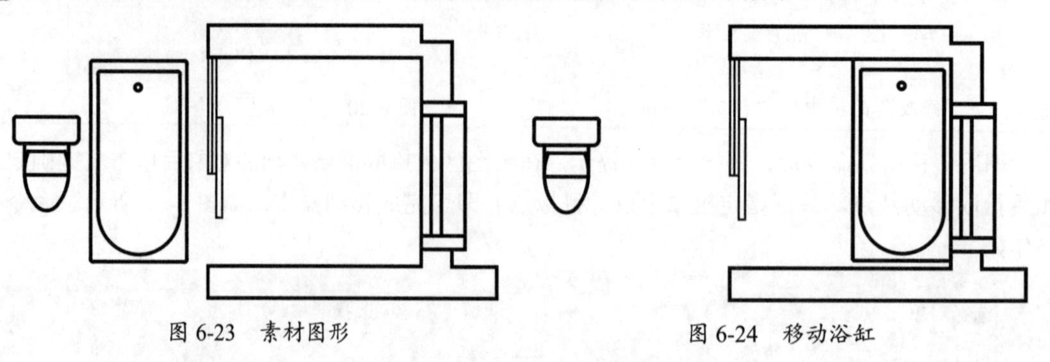

图 6-23　素材图形　　　　图 6-24　移动浴缸

04 重复调用“移动”命令，将马桶移至厕所的上方，最终效果如图 6-25 所示。

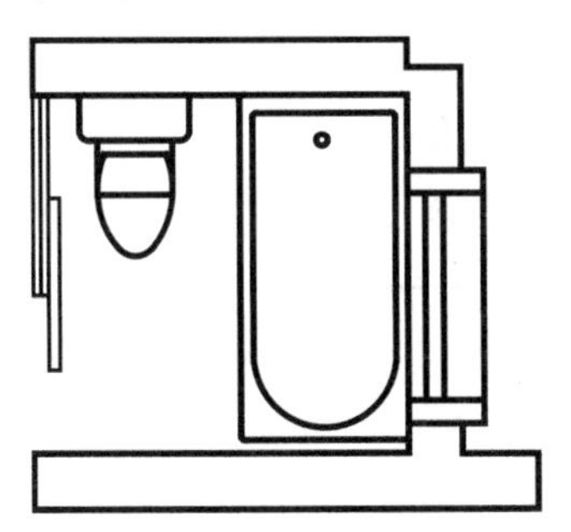

图 6-25　移动马桶

6.2.3　旋转

“旋转”命令是将图形对象绕一个固定的点（基点）旋转一定的角度。在调用命令的过程中，需要确定的参数有：“旋转对象”“旋转基点”和“旋转角度”。默认情况下逆时针旋转的角度为正值；顺时针旋转的角度为负值。也可以通过第 4 章 4.1.3 小节讲述的方法修改。

在 AutoCAD 2014 中“旋转”命令有以下几种常用的调用方法。

- 功能区：单击“修改”面板中的“旋转”按钮，如图 6-26 所示。

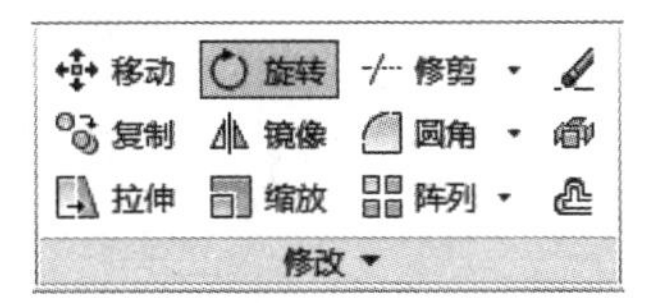

图 6-26　“修改”面板中的“旋转”按钮

- 菜单栏：执行“修改”|“旋转”命令，如图 6-27 所示。

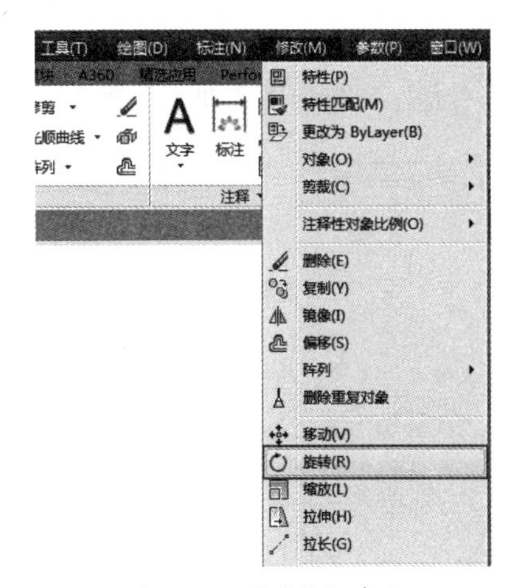

图 6-27　“旋转”命令

- 命令行：ROTATE 或 RO。

按上述方法执行“旋转”命令后，命令行提示如下。

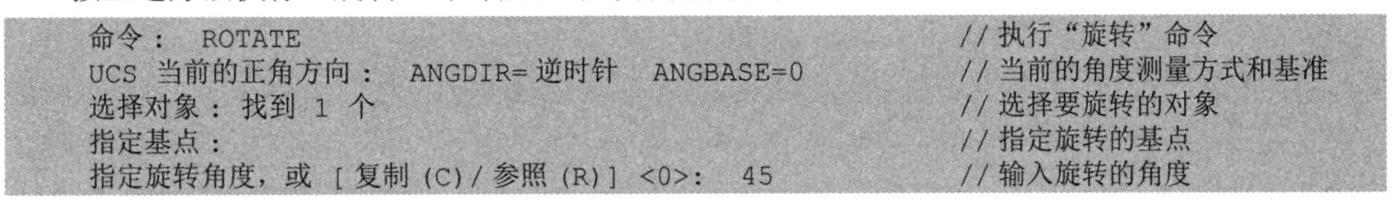

```
命令： ROTATE                                          //执行“旋转”命令
UCS 当前的正角方向： ANGDIR=逆时针  ANGBASE=0           //当前的角度测量方式和基准
选择对象：找到 1 个                                     //选择要旋转的对象
指定基点：                                              //指定旋转的基点
指定旋转角度，或 [复制(C)/参照(R)] <0>: 45              //输入旋转的角度
```

- 命令子选项说明

在命令行中提示“指定旋转角度”时，除了默认的旋转方法，还有“复制（C）”和“参照（R）”两种旋转方式，分别介绍如下。

- 默认旋转：利用该方法旋转图形时，源对象将按指定的旋转中心和旋转角度旋转至新位置，不保留对象的原始副本。执行上述任意命令后，选取旋转对象，然后指定旋转中心，根据命令行提示输入旋转角度，按 Enter 键完成旋转对象操作。
- “复制（C）”：使用该旋转方法旋转对象时，不仅可以将对象的放置方向调整一定的角度，还保留源对象。执行“旋转”命令后，选取旋转对象，然后指定旋转中心，在命令行中激活“复制（C）”子选项，并指定旋转角度，按 Enter 键退出操作，如图 6-28 所示。

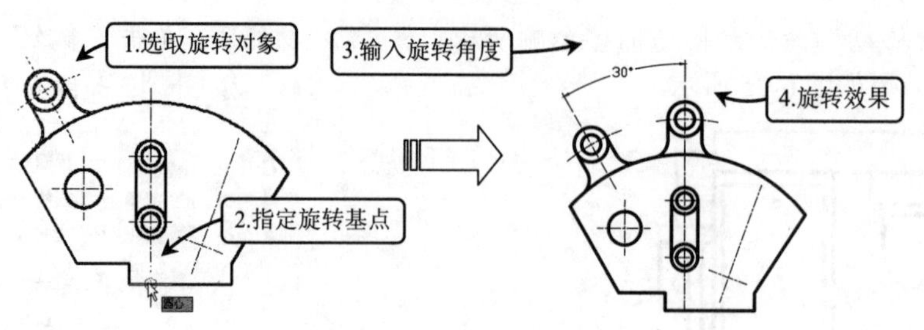

图 6-28 “复制（C）”旋转对象

➢ “参照（R）”：可以将对象从指定的角度旋转到新的绝对角度，特别适合旋转那些角度值为非整数或未知的对象。执行“旋转”命令后，选取旋转对象并指定旋转中心，在命令行中激活“参照（R）”子选项，再指定参照第一点、参照第二点，这两点的连线与 X 轴的夹角即为参照角，接着移动鼠标即可指定新的旋转角度，如图 6-29 所示。

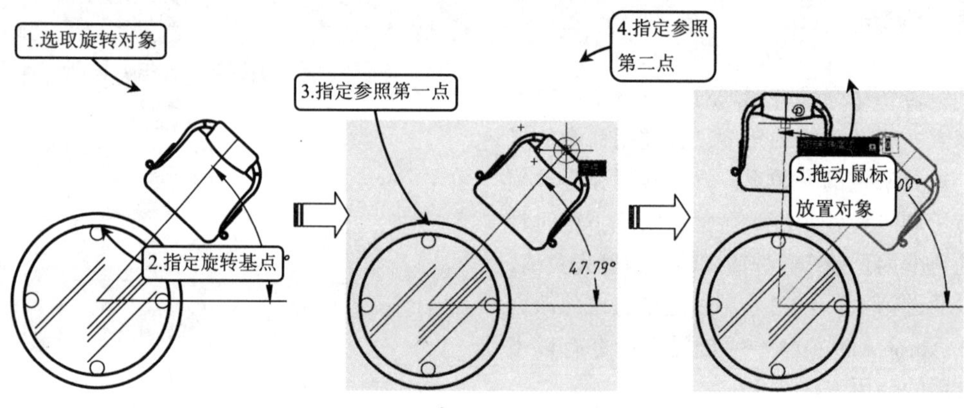

图 6-29 “参照（R）”旋转对象

6.2.4 案例——使用旋转修改门图形

室内设计图中有许多图块是相同且重复的，如门、窗等图形的图块。“移动”命令可以将这些图块放置在所设计的位置，但某些情况下却力不能及，如旋转一定角度，此时即可使用“旋转”命令来辅助绘制。

01 单击“快速访问”工具栏中的“打开”按钮，打开“第 6 章 /6.2.4 使用“旋转”修改门图形 .dwg”素材文件，如图 6-30 所示。

02 在“默认”选项卡中，单击“修改”面板中的“复制”按钮，复制一个门，拖至另一个门口处，如图 6-31 所示。命令行的提示如下。

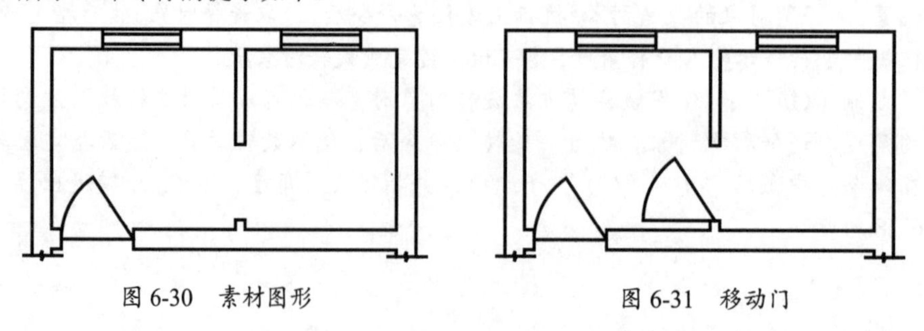

图 6-30 素材图形　　图 6-31 移动门

```
命令: CO↙          COPY                          //调用“复制”命令
选择对象: 指定对角点: 找到 3 个
选择对象:                                        //选择门图形
当前设置:   复制模式 = 多个
指定基点或 [位移(D)/模式(O)] <位移>:              //指定门右侧的基点
指定第二个点或 [阵列(A)] <使用第一个点作为位移>:   //指定墙体中点为目标点
指定第二个点或 [阵列(A)/退出(E)/放弃(U)] <退出>: *取消*   //按ESC键退出
```

03 在“默认”选项卡中，单击“修改”面板中的“旋转”按钮，对第二个门进行旋转，角度为-90，如图6-32所示。

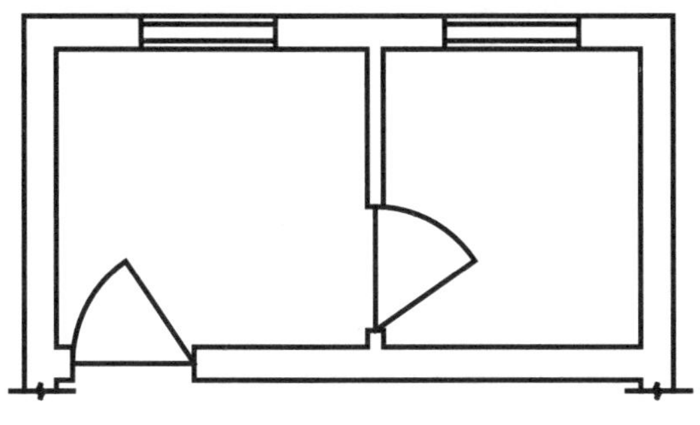

图6-32　旋转门效果

6.2.5　缩放

利用“缩放”工具可以将图形对象以指定的缩放基点为缩放参照，放大或缩小一定比例，创建出与源对象呈一定比例且形状相同的新图形对象。在执行命令的过程中，需要确定的参数有“缩放对象”“基点”和“比例因子”。比例因子也就是缩小或放大的比例值，其大于1时，缩放结果为图形变大，反之则为图形变小。

在AutoCAD 2014中“缩放”命令有以下几种调用方法。

- 功能区：单击“修改”面板中的“缩放”按钮，如图6-33所示。

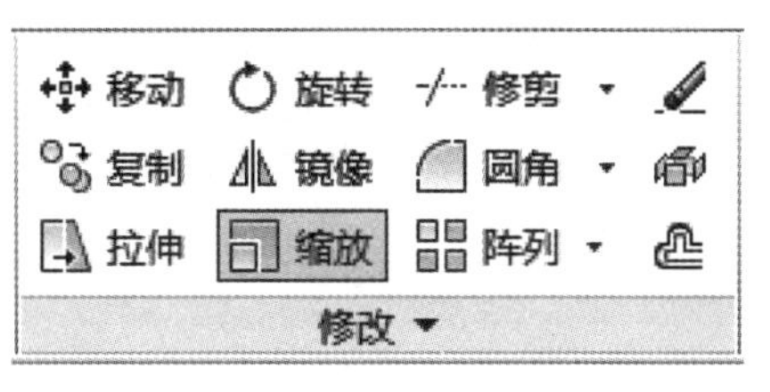

图6-33　“修改”面板中的“缩放”按钮

- 菜单栏：执行“修改”|“缩放”命令，如图6-34所示。
- 命令行：SCALE或SC。

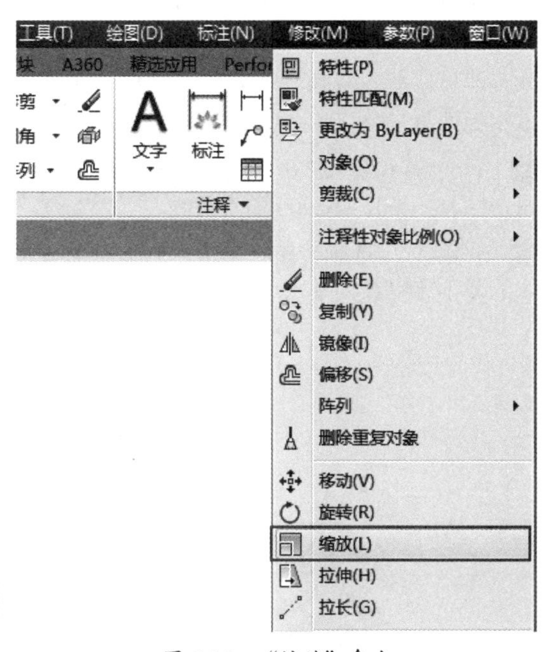

图6-34　“缩放”命令

采用以上任意方式执行“缩放”命令后，命令行操作提示如下。

```
命令: _scale                               //执行“缩放”命令
选择对象: 找到 1 个                         //选择要缩放的对象
指定基点:                                   //选取缩放的基点
指定比例因子或 [复制(C)/参照(R)]: 2          //输入比例因子
```

- 命令子选项说明

“缩放”命令与“旋转”类似，除了默认的操作外，同样有“复制（C）”和“参照（R）”两个子选项，介绍如下。

- 默认缩放：指定基点后直接输入比例因子进行缩放，不保留对象的原始副本。
- “复制（C）”：在命令行输入c，选择该选项进行缩放后可以在缩放时保留原对象。
- “参照（R）”：如果选择该选项，则命令行会提示用户需要输入“参照长度”和“新长度”数值，由系统自动计算出两长度之间的比例数值，从而定义图形的缩放因子，对图形进行缩放操作，如图6-35所示。

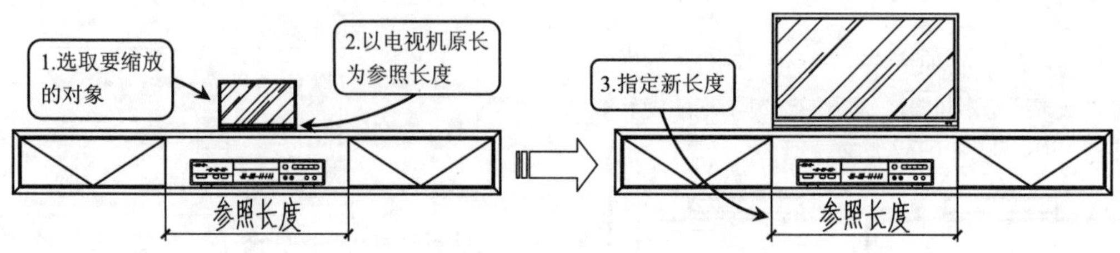

图6-35 “参照（R）”缩放图形

6.2.6 案例——参照缩放树形图

在园林设计中，经常会用到各种植物图形，如松树、竹林等，这些图形可以从网上下载所得，也可以自行绘制。在实际应用过程中，往往会根据具体的设计要求来调整这些图块的大小，此时即可使用“缩放”命令中的“参照（R）”功能来进行实时缩放，从而获得适合大小的图形。本案例便将一个任意高度的松树图形缩放至高度为5000的大小。

01 打开“第6章/6.2.6参照缩放树形图.dwg”素材文件，素材图形如图6-36所示，其中有一个树形图和一条长为5000的垂直线。

02 在“默认”选项卡中，单击“修改”面板中的“缩放”按钮，选择树形图，并指定树形图块的最下方中点为基点，如图6-37所示。

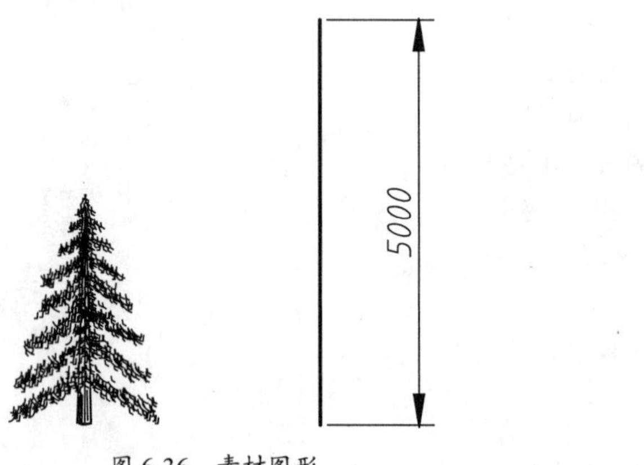

图6-36 素材图形

图6-37 指定基点

03 此时根据命令行提示，选择“参照（R）”选项，然后指定参照长度的测量起点，再指定测量终点，即指定原始的树高，接着输入新的参照长度，即最终的树高5000，操作如图6-38所示，命令行操作如下。

```
指定比例因子或 [复制(C)/参照(R)]: R                //选择“参照”选项
                                                  //以树桩处中点为参照长度的测量起点
指定参照长度 <2839.9865>:  指定第二点：            //以树梢处端点为参照长度的测量终点
指定新的长度或 [点(P)] <1.0000>:  5000             //输入或指定新的参照长度
```

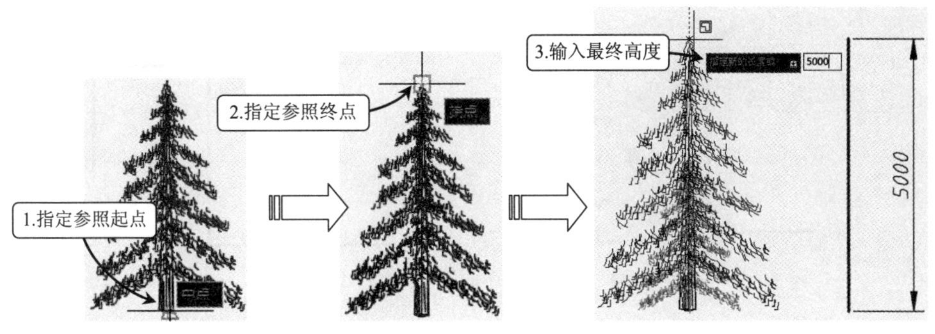

图 6-38　参照缩放

6.2.7　拉伸

“拉伸”命令通过沿拉伸路径平移图形夹点的位置，使图形产生拉伸变形的效果。它可以对选择的对象按规定方向和角度拉伸或缩短，并且使对象的形状发生改变。“拉伸”命令有以下几种常用的调用方法。

- 功能区：单击“修改”面板中的“拉伸”按钮。
- 菜单栏：执行“修改” | “拉伸”命令。
- 命令行：STRETCH 或 S。

拉伸命令需要设置的主要参数有“拉伸对象”“拉伸基点”和“拉伸位移”3 项。“拉伸位移”决定了拉伸的方向和距离，如图 6-39 所示，命令行操作如下。

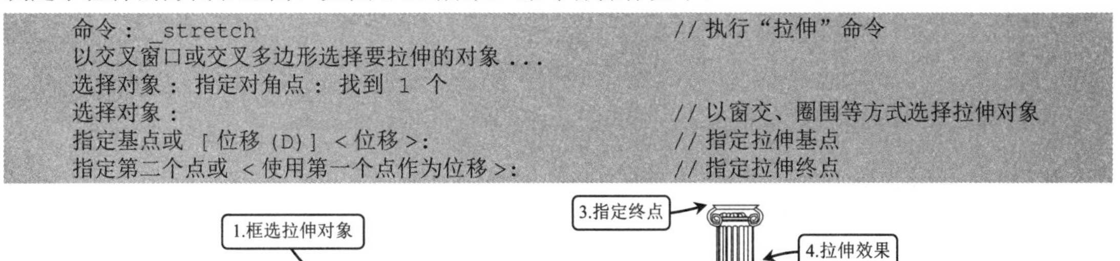

```
命令： _stretch                                    //执行“拉伸”命令
以交叉窗口或交叉多边形选择要拉伸的对象...
选择对象： 指定对角点： 找到 1 个
选择对象：                                          //以窗交、圈围等方式选择拉伸对象
指定基点或 [位移(D)] <位移>:                         //指定拉伸基点
指定第二个点或 <使用第一个点作为位移>:                //指定拉伸终点
```

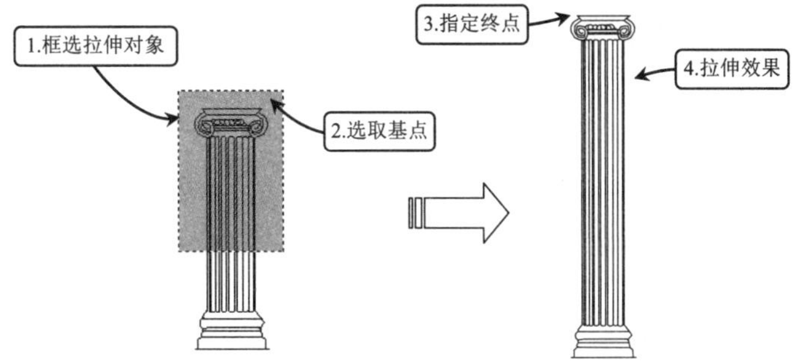

图 6-39　拉伸对象

拉伸操作遵循以下原则。

- 通过单击选择和窗口选择获得的拉伸对象将只被平移，不被拉伸。
- 通过框选选择获得的拉伸对象，如果所有夹点都落入选择框内，图形将发生平移，如图 6-40 所示；如果只有部分夹点落入选择框，图形将沿拉伸位移拉伸，如图 6-41 所示；如果没有夹点落入选择窗口，图形将保持不变，如图 6-42 所示。

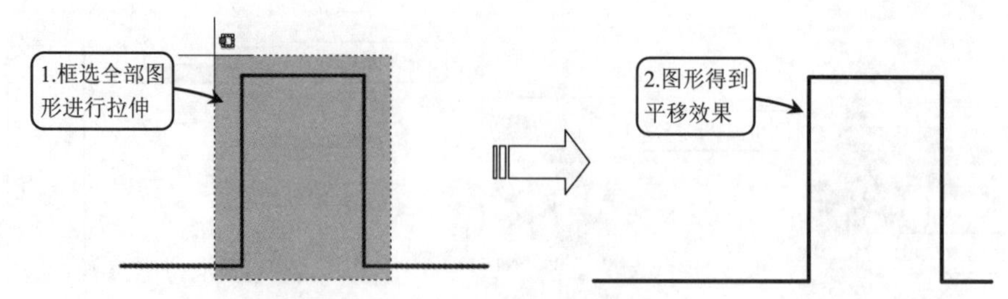

图 6-40　框选全部图形拉伸得到平移效果

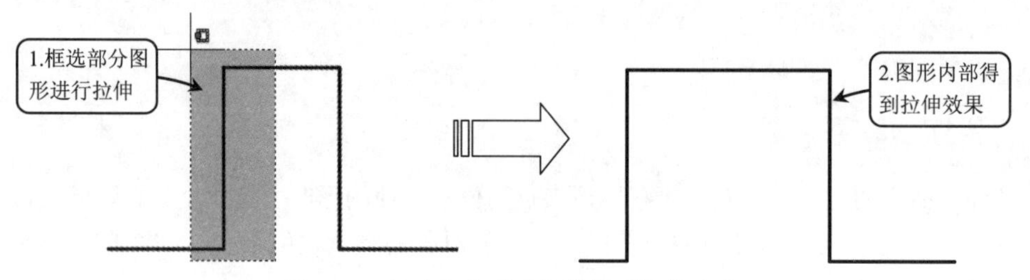

图 6-41　框选部分图形拉伸得到拉伸效果

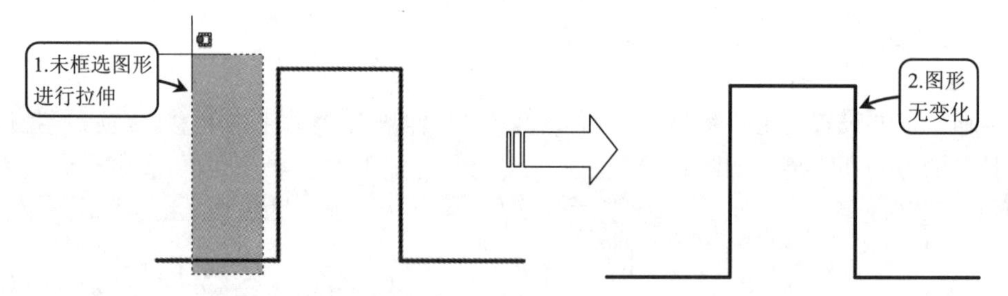

图 6-42　未框选图形拉伸无效果

- 命令子选项说明

“拉伸”命令与“移动”命令相同，命令行中只有一个子选项——“位移（D）”，该选项可以输入坐标以表示矢量。输入的坐标值将指定拉伸相对于基点的距离和方向，如图 6-22 所示为输入坐标（1000,200）的位移结果。

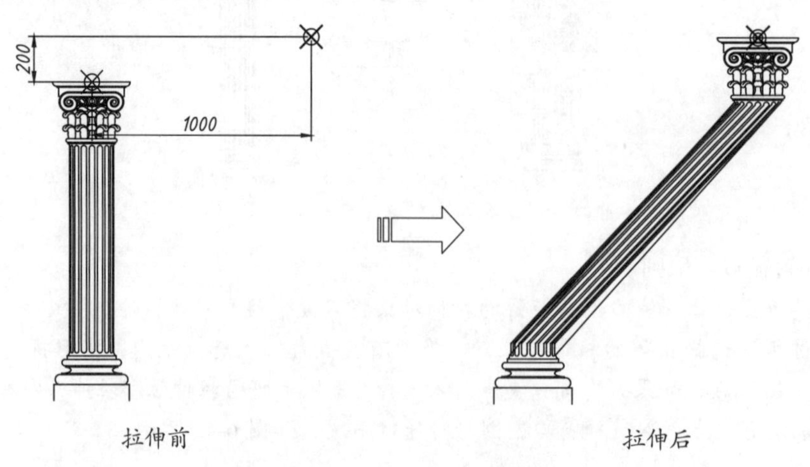

图 6-43　位移拉伸效果图

6.2.8 案例——使用拉伸命令修改门的位置

在室内设计中，有时需要对大门或其他图形的位置进行调整，但又不能破坏原图形的结构。此时即可使用“拉伸”命令来进行修改。

01 打开“第 6 章\6.2.8 使用拉伸修改门的位置 .dwg”素材文件，如图 6-44 所示。

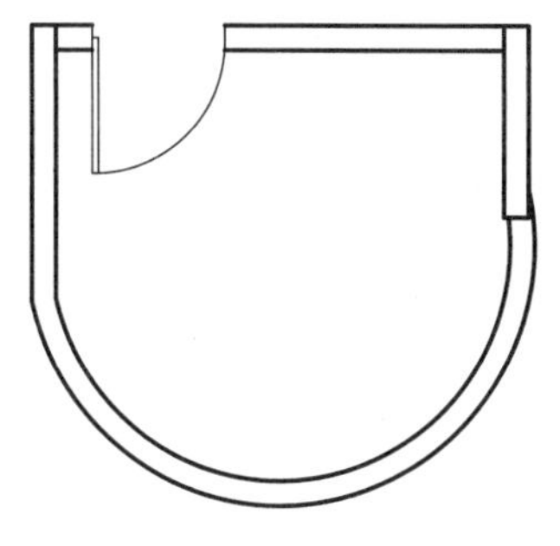

图 6-44 素材图形

02 在“默认”选项卡中，单击“修改”面板上的“拉伸”按钮，将门沿水平方向拉伸 1800，操作如图 6-45 所示，命令行提示如下：

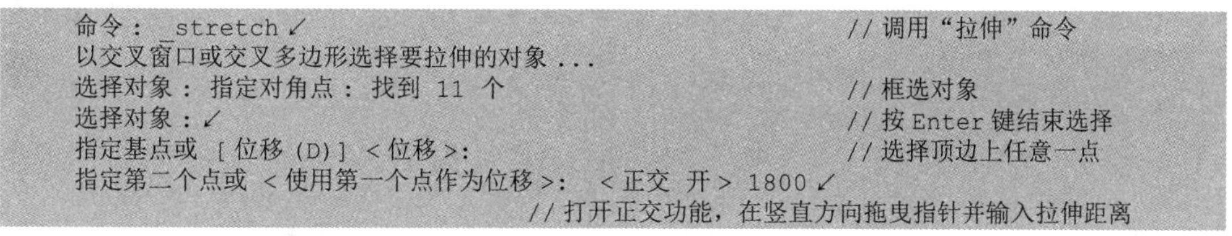

```
命令： _stretch↙                                         // 调用“拉伸”命令
以交叉窗口或交叉多边形选择要拉伸的对象 ...
选择对象 ： 指定对角点 ： 找到 11 个                       // 框选对象
选择对象 ：↙                                             // 按 Enter 键结束选择
指定基点或 [ 位移 (D)] < 位移 >:                           // 选择顶边上任意一点
指定第二个点或 < 使用第一个点作为位移 >:   < 正交 开 > 1800↙
                              // 打开正交功能，在竖直方向拖曳指针并输入拉伸距离
```

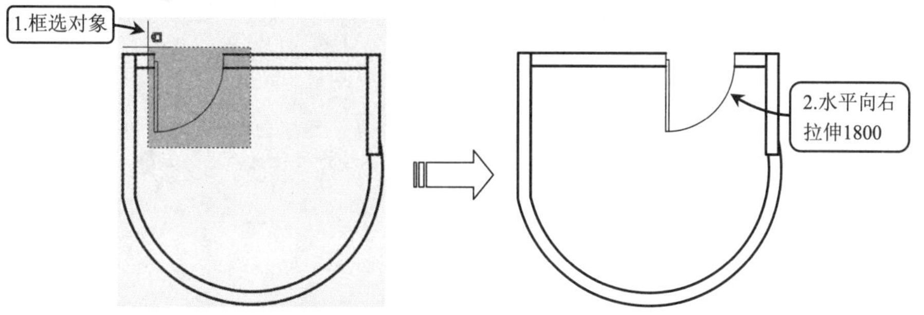

图 6-45 拉伸门图形

6.2.9 拉长

拉长图形就是改变原图形的长度，可以把原图形变长，也可以将其缩短。用户可以通过指定一个长度增量、角度增量(对于圆弧)、总长度或者相对于原长的百分比增量来改变原图形的长度，也可以通过动态拖曳的方式直接改变原图形的长度。

调用“拉长”命令的方法如下。

- 功能区：单击“修改”面板中的“拉长”按钮，如图 6-46 所示。
- 菜单栏：调用“修改” | “拉长”命令，如图 6-47 所示。
- 命令行：LENGTHEN 或 LEN。

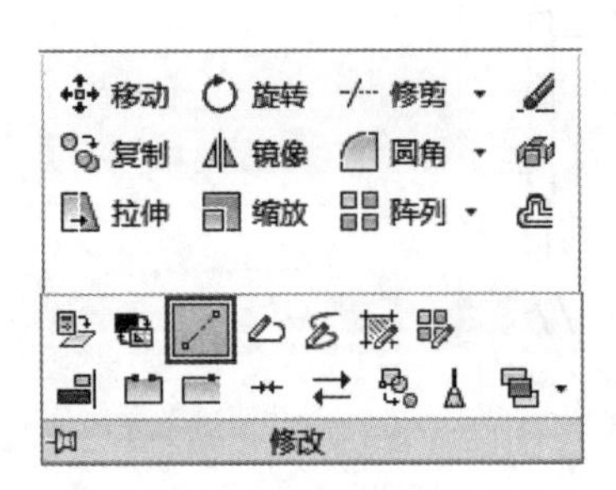

图 6-46 “修改”面板中的“拉长”按钮

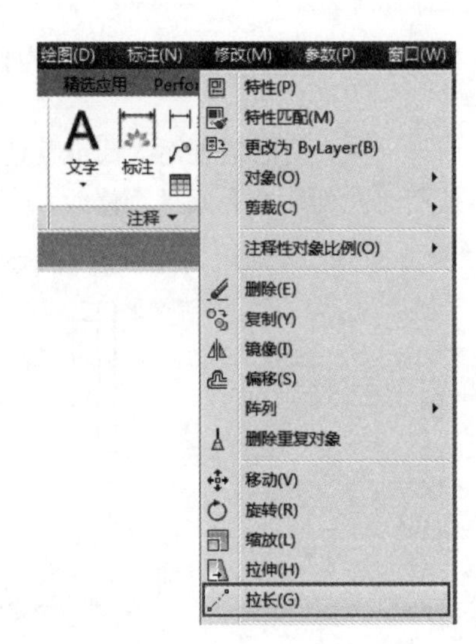

图 6-47 “拉长”命令

调用该命令后，命令行显示如下提示：

```
选择要测量的对象或 [ 增量 (DE) / 百分比 (P) / 总计 (T) / 动态 (DY)] <总计 (T)>:
```

只有选择了各子选项并确定了拉长方式后，才能对图形进行拉长处理，因此各操作需要结合不同的选项，具体说明如下。

- 命令子选项说明
  - “增量（DE）”：表示以增量方式修改对象的长度。可以直接输入长度增量来拉长直线或者圆弧，长度增量为正时拉长对象，如图 6-48 所示，为负时缩短对象，也可以输入 A，通过指定圆弧的长度和角增量来修改圆弧的长度，如图 6-49 所示。

```
命令： _lengthen
选择要测量的对象或 [ 增量 (DE) / 百分比 (P) / 总计 (T) / 动态 (DY)]: DE
                                           // 输入 DE，选择“增量”选项
输入长度增量或 [ 角度 (A)] <0.0000>:10          // 输入增量数值
选择要修改的对象或 [ 放弃 (U)]:                 // 按 Enter 键完成操作
命令： _lengthen
选择要测量的对象或 [ 增量 (DE) / 百分比 (P) / 总计 (T) / 动态 (DY)]: DE
                                           // 输入 DE，选择“增量”选项
输入长度增量或 [ 角度 (A)] <0.0000>: A          // 输入 A 执行角度方式
输入角度增量 <0>:30                            // 输入角度增量
选择要修改的对象或 [ 放弃 (U)]:                 // 按 Enter 键完成操作
```

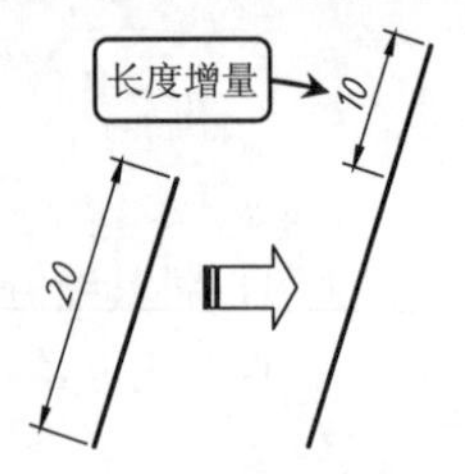

图 6-48 长度增量效果

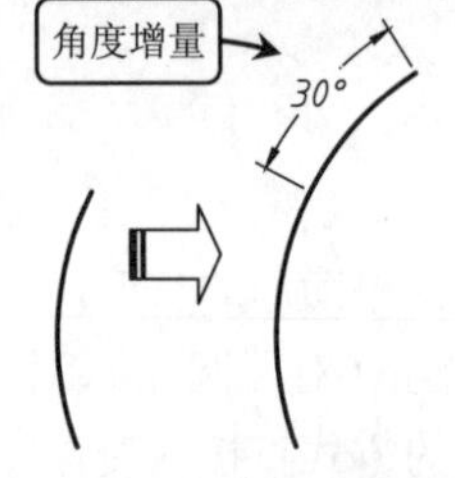

图 6-49 角度增量效果

  - “百分比（P）”：通过输入百分比数值来改变对象的长度或圆心角的大小，百分比的数值以原长度为参照。若输入 50，则表示将图形缩短至原长度的 50%，如图 6-50 所示。

```
命令： _lengthen
```

```
选择要测量的对象或 [增量(DE)/百分比(P)/总计(T)/动态(DY)]: P
                                                    //输入P，选择“百分比”选项
输入长度百分数 <0.0000>:50                            //输入百分比数值
选择要修改的对象或 [放弃(U)]:                          //按Enter键完成操作
```

➢ “全部(T)”：将对象从离选择点最近的端点拉长到指定值，该指定值为拉长后的总长度，因此该方法特别适合对一些尺寸为非整数的线段（或圆弧）进行操作，如图6-51所示。

```
命令：_lengthen
选择要测量的对象或 [增量(DE)/百分比(P)/总计(T)/动态(DY)]: T
                                                    //输入T，选择“总计”选项
指定总长度或 [角度(A)] <0.0000>: 20                  //输入总长数值
选择要修改的对象或 [放弃(U)]:                          //按Enter键完成操作
```

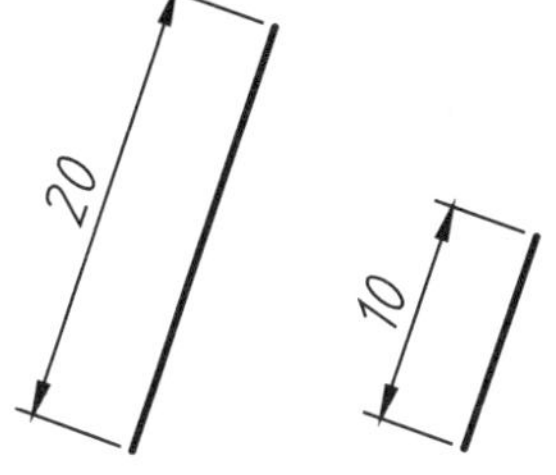

图6-50　“百分数（P）”增量效果

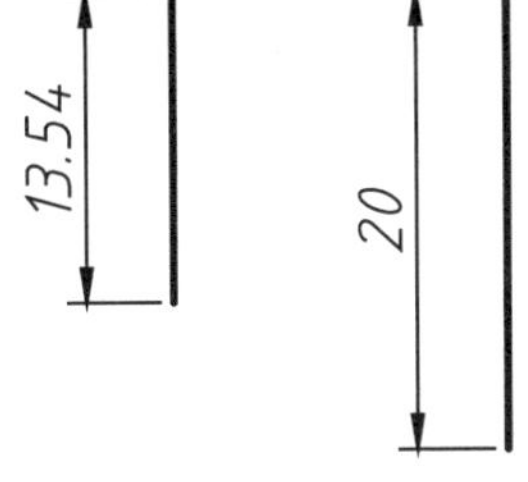

图6-51　“全部（T）”增量效果

➢ “动态（DY）”：用动态模式拖曳对象的一个端点来改变对象的长度或角度，如图6-52所示。

```
命令：_lengthen
选择要测量的对象或 [增量(DE)/百分比(P)/总计(T)/动态(DY)]: DY
                                                    //输入DY，选择“动态”选项
选择要修改的对象或 [放弃(U)]:                          //选择要拉长的对象
指定新端点：                                          //指定新的端点
选择要修改的对象或 [放弃(U)]:                          //按Enter键完成操作
```

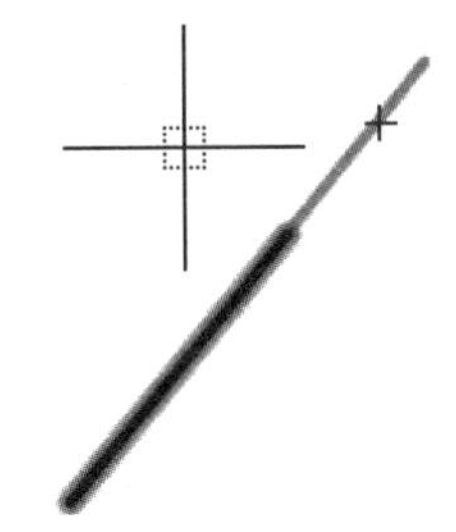
图6-52　“动态（DY）”增量效果

6.2.10　案例——修改中心线

大部分图形（如圆、矩形）均需要绘制中心线，而在绘制中心线的时候，通常需要将中心线延长至图形外，且伸出长度相等。如果逐一拉伸中心线，就会略显麻烦，此时即可使用“拉长”命令快速延伸中心线，使其符合设计规范。

01 打开“第6章\6.2.10使用拉长修改中心线.dwg”素材文件，如图6-53所示。

02 单击“修改”面板中的按钮，激活“拉长”命令，在两条中心线的各个端点处单击，向外拉长3个单位，命令行操作如下：

```
命令： _lengthen
选择对象或 [增量(DE)/百分数(P)/全部(T)/动态(DY)]:DE↙            //选择“增量”选项
输入长度增量或 [角度(A)] <0.5000>: 3↙                          //输入每次拉长的增量
选择要修改的对象或 [放弃(U)]:
选择要修改的对象或 [放弃(U)]:
选择要修改的对象或 [放弃(U)]:
选择要修改的对象或 [放弃(U)]:              //依次在两条中心线的4个端点附近单击，完成拉长
选择要修改的对象或 [放弃(U)]:↙             //按Enter键结束拉长命令，拉长结果如图6-54所示。
```

图 6-53 素材文件　　图 6-54 拉长结果

6.3 图形复制类

如果设计图中含有大量重复或相似的图形，即可使用图形复制类命令进行快速绘制，如“复制”“偏移”“镜像”“阵列”等。

6.3.1 复制

“复制”命令是指在不改变图形大小、方向的前提下，重新生成一个或多个与原对象相同的图形。在执行命令过程中，需要确定的参数有复制对象、基点和第二点，配合坐标、对象捕捉、栅格捕捉等其他工具，可以精确复制图形。

在 AutoCAD 2014 中调用“复制”命令有以下几种调用方法：

- 功能区：单击“修改”面板中的“复制”按钮。
- 菜单栏：执行“修改” | “复制”命令。
- 命令行：COPY 或 CO 或 CP。

执行“复制”命令后，选取需要复制的对象，指定复制基点，然后拖曳鼠标指定新基点即可完成复制操作，继续单击，还可以复制多个图形对象，如图 6-55 所示。命令行操作如下。

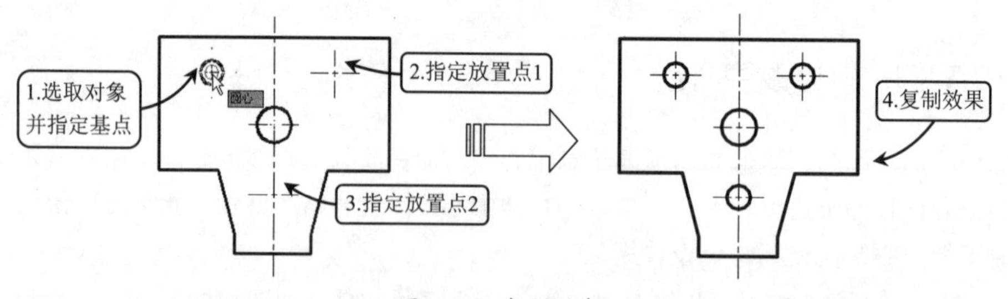

图 6-55 复制对象

```
命令： _copy                                   //执行“复制”命令
选择对象： 找到 1 个                            //选择要复制的图形
当前设置：  复制模式 = 多个                      //当前的复制设置
```

```
指定基点或 [位移(D)/模式(O)] <位移>:                          //指定复制的基点
指定第二个点或 [阵列(A)] <使用第一个点作为位移>:                //指定放置点 1
指定第二个点或 [阵列(A)/退出(E)/放弃(U)] <退出>:                //指定放置点 2
指定第二个点或 [阵列(A)/退出(E)/放弃(U)] <退出>:                //按 Enter 键完成操作
```

- 命令子选项说明
  - ➢ “位移（D）”：使用坐标指定相对距离和方向。指定的两点定义一个矢量，指示复制对象的放置位置离原位置有多远，以及以哪个方向放置。基本与“移动”“拉伸”命令中的“位移（D）”选项一致，在此不再赘述。
  - ➢ “模式(O)”：该选项可控制“复制”命令是否自动重复。选择该选项后会有“单一(S)”“多个（M）”两个子选项，“单一（S）”选项可创建选择对象的单一副本，执行一次复制后便结束命令；而“多个（M）”则可以自动重复。
  - ➢ “阵列(A)”：选择该选项，可以以线性阵列的方式快速大量复制对象，如图6-56所示。命令行操作如下。

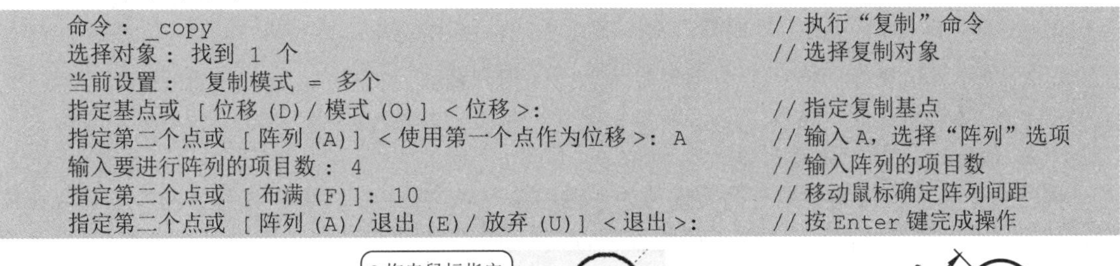

```
命令: _copy                                                  //执行“复制”命令
选择对象: 找到 1 个                                          //选择复制对象
当前设置:  复制模式 = 多个
指定基点或 [位移(D)/模式(O)] <位移>:                          //指定复制基点
指定第二个点或 [阵列(A)] <使用第一个点作为位移>: A              //输入 A，选择“阵列”选项
输入要进行阵列的项目数: 4                                      //输入阵列的项目数
指定第二个点或 [布满(F)]: 10                                   //移动鼠标确定阵列间距
指定第二个点或 [阵列(A)/退出(E)/放弃(U)] <退出>:                //按 Enter 键完成操作
```

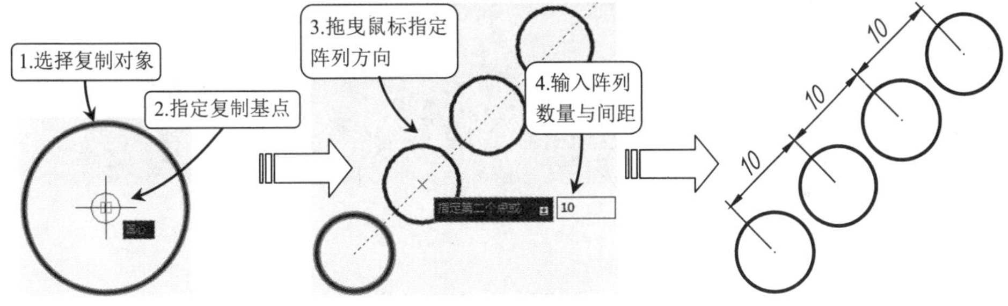

图 6-56　阵列复制

6.3.2　案例——补全螺纹孔

在机械制图中，螺纹孔、沉头孔、通孔等孔系图形十分常见，在绘制这类图形时，可以先单独绘制出一个，然后使用“复制”命令将其复制到其他位置。

01 打开素材文件“第 6 章 /6.3.2 使用复制补全螺纹孔 .dwg”，素材图形如图 6-57 所示。

02 单击“修改”面板中的“复制”按钮，复制螺纹孔到 A、B、C 点，如图 6-58 所示。命令行操作如下。

```
命令: _copy                                                  //执行“复制”命令
选择对象: 指定对角点: 找到 2 个                                //选择螺纹孔内、外圆弧
选择对象:                                                    //按 Enter 键结束选择
当前设置:  复制模式 = 多个
指定基点或 [位移(D)/模式(O)] <位移>:                          //选择螺纹孔的圆心作为基点
指定第二个点或 [阵列(A)] <使用第一个点作为位移>:                //选择 A 点
指定第二个点或 [阵列(A)/退出(E)/放弃(U)] <退出>:                //选择 B 点
指定第二个点或 [阵列(A)/退出(E)/放弃(U)] <退出>:                //选择 C 点
指定第二个点或 [阵列(A)/退出(E)/放弃(U)] <退出>:*取消*          //按 Esc 键退出复制
```

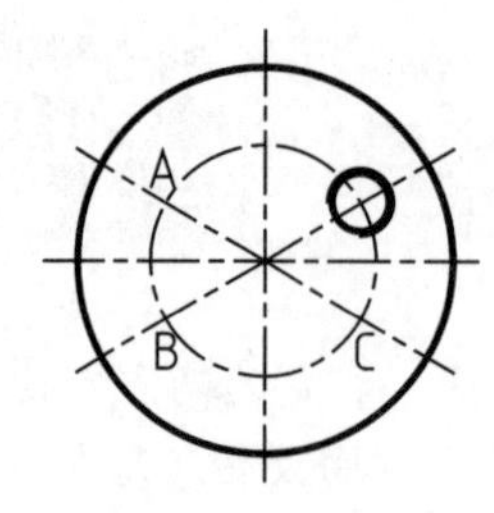

图 6-57 素材图形

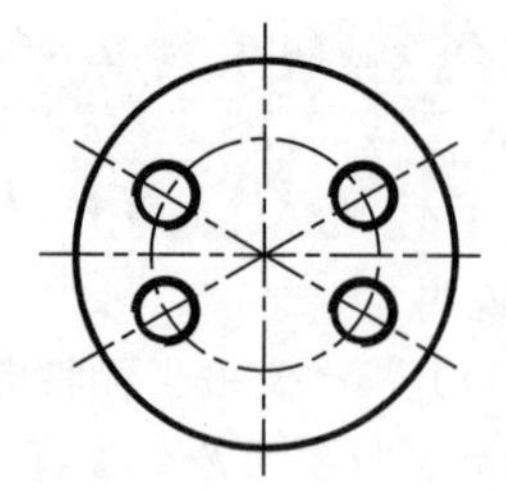

图 6-58 复制的结果

6.3.3 偏移

使用“偏移”工具可以创建与源对象有一定距离、形状相同或相似的新图形对象。可以进行偏移的图形对象包括直线、曲线、多边形、圆、圆弧等。

在 AutoCAD 2014 中调用“偏移”命令有以下几种常用方法：

- 功能区：单击“修改”面板中的“偏移”按钮。
- 菜单栏：执行“修改” | “偏移”命令。
- 命令行：OFFSET 或 O。

偏移命令需要输入的参数有需要偏移的“源对象”“偏移距离”和“偏移方向”。只要在需要偏移的一侧（任意位置）单击即可确定偏移方向，也可以指定偏移对象通过已知的点。执行“偏移”命令后命令行操作如下：

```
命令： _OFFSET↙                                                  // 调用“偏移”命令
指定偏移距离或 [通过 (T) / 删除 (E) / 图层 (L)] <通过>:           // 输入偏移距离
选择要偏移的对象，或 [退出 (E) / 放弃 (U)] <退出>:                 // 选择偏移对象
指定通过点或 [退出 (E) / 多个 (M) / 放弃 (U)] <退出>:              // 输入偏移距离或指定目标点
```

- 命令子选项说明

命令行中各选项的含义如下。

- “通过（T）”：指定一个通过点定义偏移的距离和方向，如图 6-59 所示。
- “删除（E）”：偏移源对象后将其删除。
- “图层（L）”：确定将偏移对象创建在当前图层上还是在源对象所在的图层上。

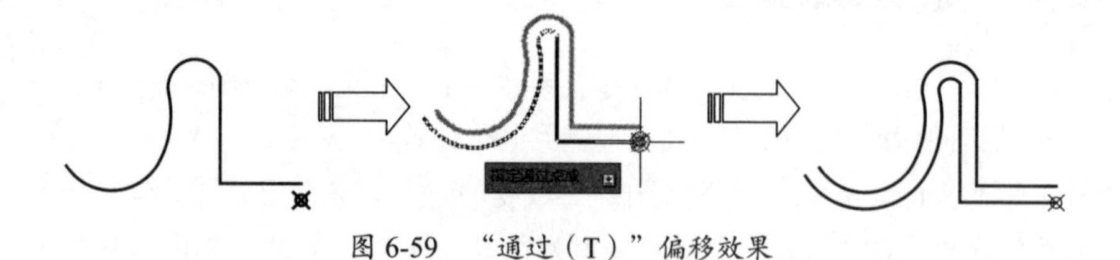

图 6-59 “通过（T）”偏移效果

6.3.4 案例——完善煤气灶图形

01 单击“快速访问”工具栏中的“打开”按钮，打开“第 6 章 /6.3.4 完善煤气灶图形 .dwg”文件，如图 6-60 所示。

02 在命令行中输入 C，调用“圆”命令，在图形中的合适位置绘制半径为 30 的圆形，如图 6-61 所示。

图 6-60　素材图形

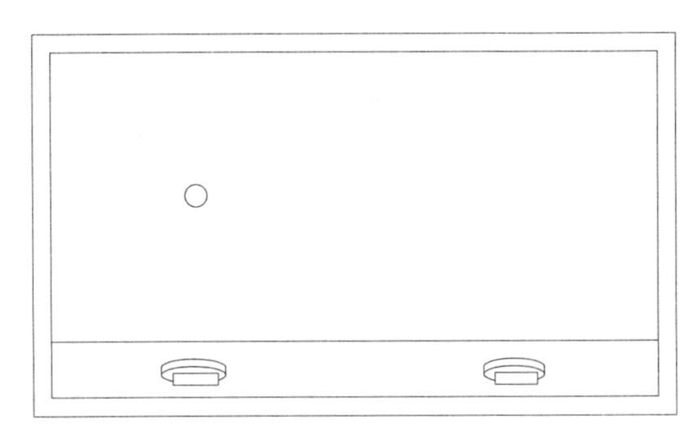

图 6-61　绘制圆

03 在“默认”选项卡中，单击“修改”面板中的“偏移”按钮，分别向外偏移小圆 20、100、150、170，偏移效果如图 6-62 所示。

04 重复调用“圆”命令和“偏移”命令，完成右边相同图形的绘制，最终结果如图 6-63 所示。

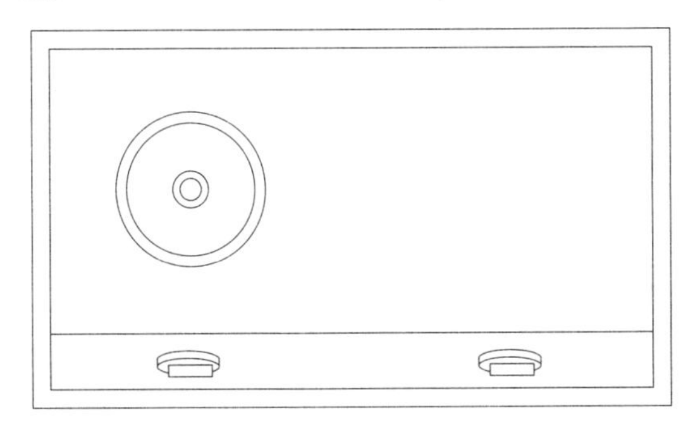

图 6-62　偏移圆

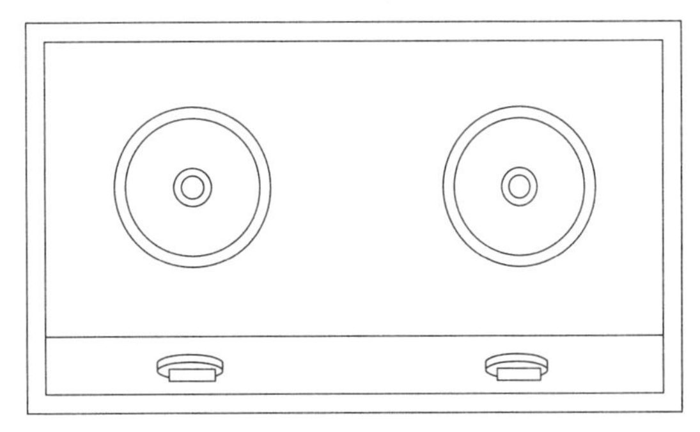

图 6-63　重复绘制

6.3.5　镜像

“镜像”命令是指将图形绕指定轴（镜像线）镜像复制，常用于绘制结构规则且有对称特点的图形。AutoCAD 2014 通过指定临时镜像线镜像对象，镜像时可选择删除或保留原对象。

在 AutoCAD 2014 中“镜像”命令的调用方法如下：

- 功能区：单击“修改”面板中的“镜像”按钮。
- 菜单栏：执行“修改” | “镜像”命令。
- 命令行：MIRROR 或 MI。

在命令执行过程中，需要确定镜像复制的对象和对称轴。对称轴可以是任意方向的，所选对象将根据该轴线进行对称复制，并且可以选择删除或保留源对象。在实际工程设计中，许多对象都为对称形式，如果绘制了这些图例的一半，即可通过“镜像”命令迅速得到另一半，如图 6-64 所示。

调用“镜像”命令，命令行提示如下：

```
    命令： _MIRROR                                    //调用“镜像”命令
    选择对象：指定对角点：找到 14 个                    //选择镜像对象
    指定镜像线的第一点：                               //指定镜像线第一点 A
    指定镜像线的第二点：                               //指定镜像线第二点 B
    要删除源对象吗？[是(Y)/否(N)] <N>：↙              //选择是否删除源对象，或按 Enter 键结
束命令
```

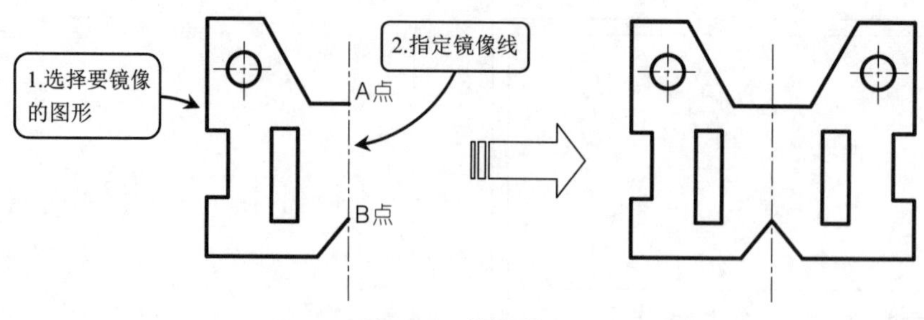

图 6-64　镜像图形

操作技巧：如果是水平或者竖直方向镜像图形，可以使用“正交”功能快速指定镜像轴。

“镜像”操作十分简单，命令行中的子选项不多，只有在结束命令前可选择是否删除源对象。如果选择“是”，则删除选择的镜像图形，效果如图 6-65 所示。

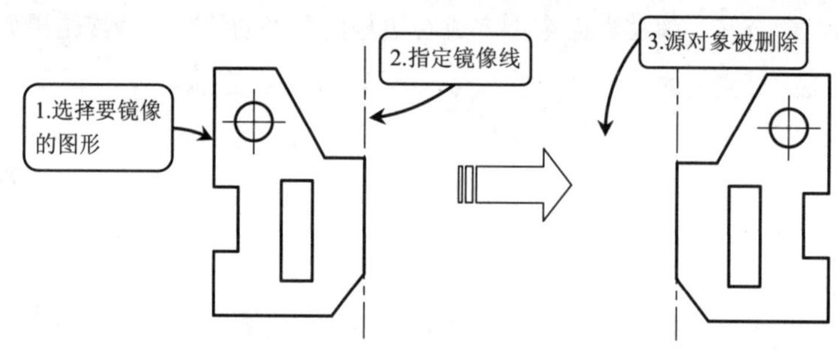

图 6-65　删除源对象的镜像

技术专题：文字对象的镜像效果

在 AutoCAD 中，除了能镜像图形对象外，还可以对文字进行镜像，但文字的镜像效果可能会出现颠倒的现象，此时即可通过控制系统变量 MIRRTEXT 的值来控制文字对象的镜像方向。

在命令行中输入 MIRRTEXT，设置 MIRRTEXT 变量值，不同值的效果如图 6-66 所示。

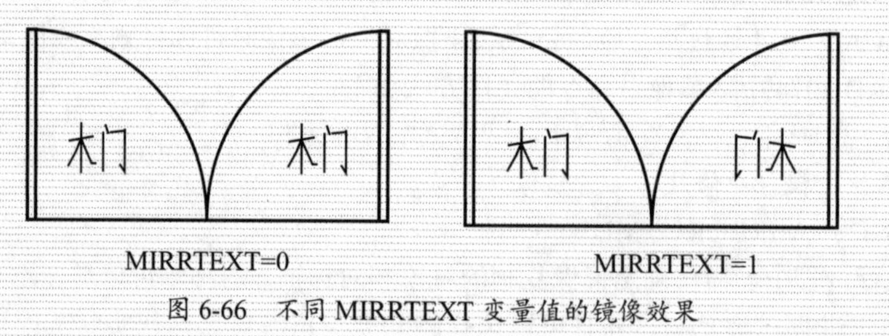

图 6-66　不同 MIRRTEXT 变量值的镜像效果

6.3.6　案例——绘制篮球场图形

01 打开“第 6 章 /6.3.6 镜像绘制篮球场图形 .dwg”素材文件，素材图形如图 6-67 所示。

02 镜像复制图形。在“默认”选项卡中，单击“修改”面板中的“镜像”按钮，以 A、B 两个中点为镜像线，镜像复制篮球场，操作如图 6-68 所示，命令行提示如下。

```
命令： _mirror↙                          // 执行“镜像”命令
选择对象： 指定对角点： 找到 11 个         // 框选左侧图形
选择对象：                                // 按 Enter 键确定
```

```
    指定镜像线的第一点：                                    //捕捉确定对称轴的第一点A
    指定镜像线的第二点：                                    //捕捉确定对称轴的第二点B
    要删除源对象吗？［是(Y)/否(N)］<N>:N↙                   //选择不删除源对象，按Enter
键确定完成镜像
```

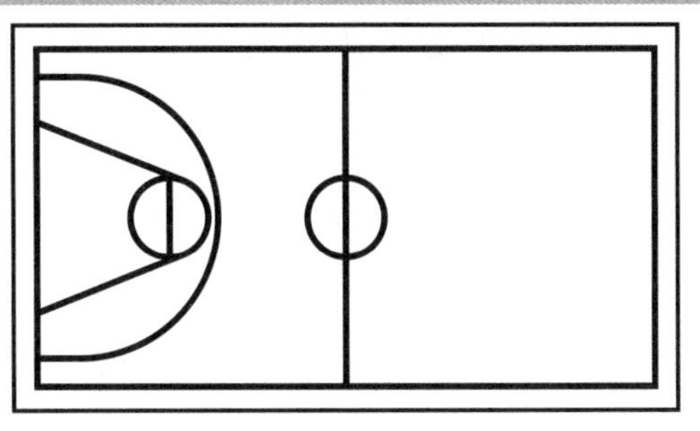

图 6-67　素材图形

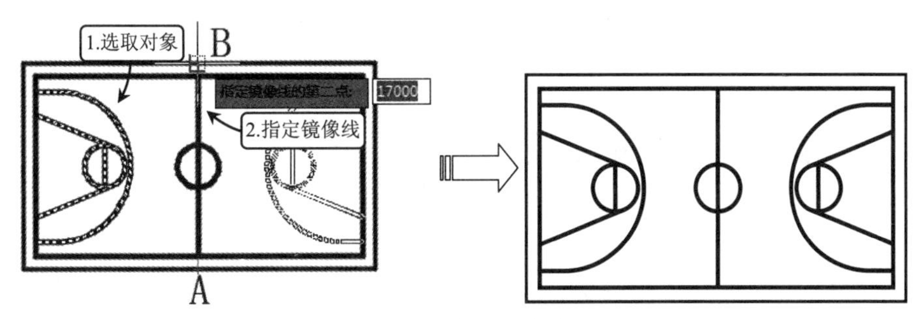

图 6-68　镜像绘制篮球场

6.4 图形阵列类

复制、镜像和偏移等命令一次只能复制得到一个对象副本，如果想要按照一定规律大量复制图形，可以使用 AutoCAD 2014 提供的“阵列”命令。“阵列”是一个功能强大的多重复制命令，它可以一次将选择的对象复制多个，并按指定的规律进行排列。

在 AutoCAD 2014 中，提供了 3 种“阵列”方式：矩形阵列、极轴（即环形）阵列、路径阵列，可以按照矩形、环形（极轴）和路径的方式，以定义的距离、角度和路径复制出源对象的多个副本，如图 6-69 所示。

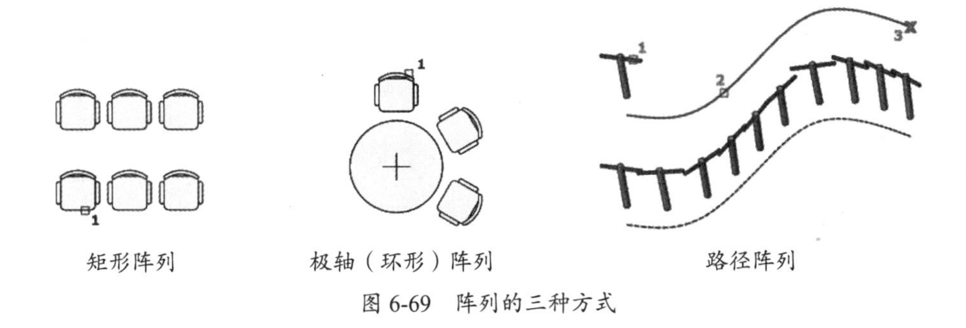

图 6-69　阵列的三种方式

6.4.1 矩形阵列

矩形阵列就是将图形呈行列类进行排列，如园林平面图中的道路绿化、建筑立面图的窗格、规律摆放的桌椅等。调用“阵列”命令的方法如下：

- 功能区：在“默认”选项卡中，单击“修改”面板中的“矩形阵列”按钮，如图6-70所示。
- 菜单栏：执行“修改”|“阵列”|“矩形阵列”命令，如图6-71所示。
- 命令行：ARRAYRECT。

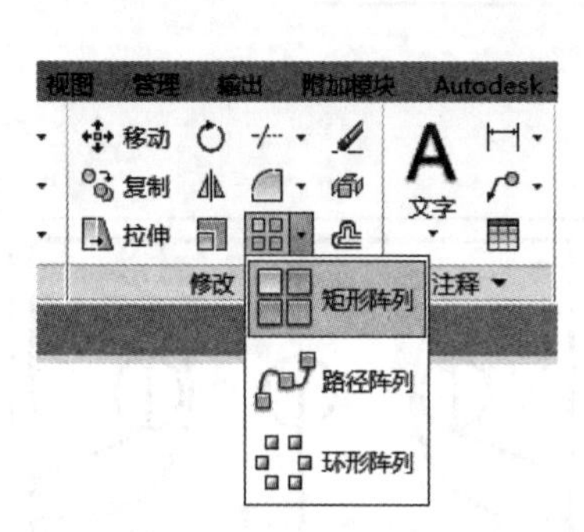

图6-70 “矩形阵列”按钮

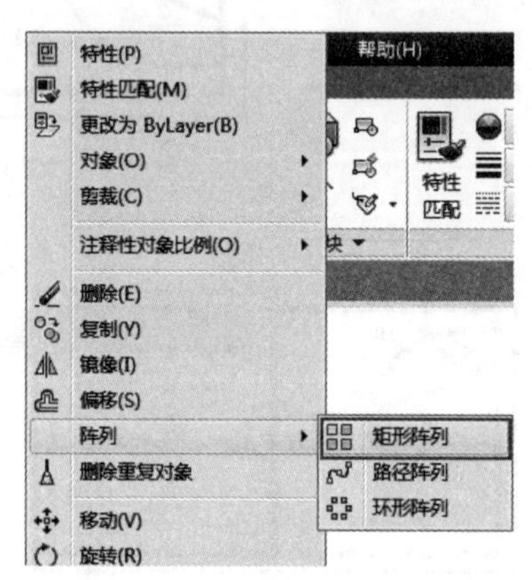

图6-71 “矩形阵列”命令

使用矩形阵列需要设置的参数有阵列的“源对象”、“行”和“列”的数目、“行距”和“列距”。行和列的数目决定了需要复制的图形对象有多少。

调用“阵列”命令，功能区显示矩形方式下的“阵列创建”选项卡，如图6-72所示，命令行提示如下：

```
命令: _arrayrect                                        //调用“矩形阵列”命令
选择对象: 找到 1 个                                      //选择要阵列的对象
类型 = 矩形  关联 = 是                                   //显示当前的阵列设置
选择夹点以编辑阵列或 [关联(AS)/基点(B)/计数(COU)/间距(S)/列数(COL)/行数(R)/层
数(L)/退出(X)]: ↙                                       //设置阵列参数，按Enter键退出
```

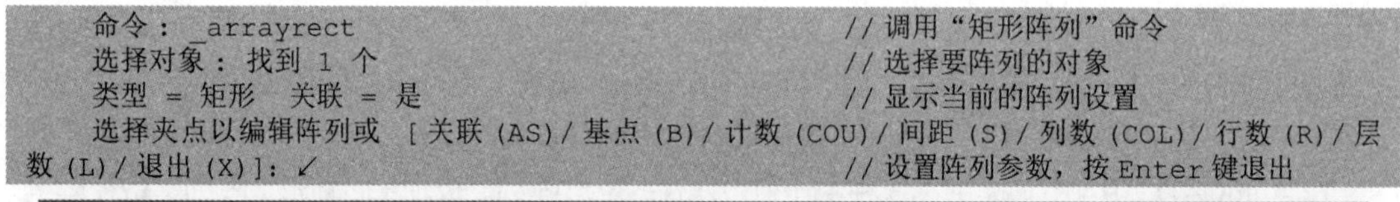

图6-72 “阵列创建”选项卡

- 命令子选项说明

命令行中主要选项介绍如下：

- “关联（AS）”：指定阵列中的对象是关联的还是独立的。选择“是”，则单个阵列对象中的所有阵列项目皆关联，类似于块，更改源对象则所有项目都会更改，如图6-73所示；选择“否”，则创建的阵列项目均为独立对象，更改一个项目不影响其他项目。图6-72“阵列创建”选项卡中的“关联”按钮亮显则为“是”，反之为“否”。

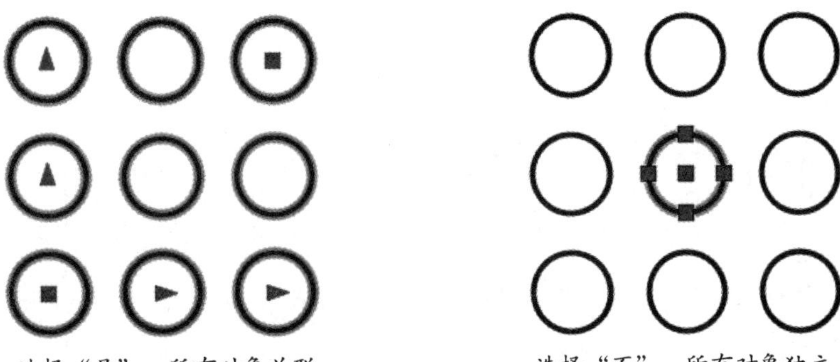

图 6-73　阵列的关联效果

- “基点（B）”：定义阵列基点和基点夹点的位置，默认为质心。该选项只有在启用“关联”时才有效。效果同“阵列创建”选项卡中的“基点”按钮。
- “计数（COU）”：可指定行数和列数，并使用户在移动光标时可以动态观察阵列结果。效果同“阵列创建”选项卡中的“列数”“行数”文本框。
- “间距（S）”：指定行间距和列间距并使用户在移动光标时可以动态观察结果。效果同“阵列创建”选项卡中的两个“介于”文本框。
- “列数（COL）”：依次编辑列数和列间距，效果同“阵列创建”选项卡中的“列”面板。
- “行数（R）”：依次指定阵列中的行数、行间距及行之间的增量标高。“增量标高”即相当于本书第 5 章 5.6.1 矩形章节中的“标高”选项，指三维效果中 Z 方向上的增量，如图 6-74 所示为“增量标高”为 10 的效果。

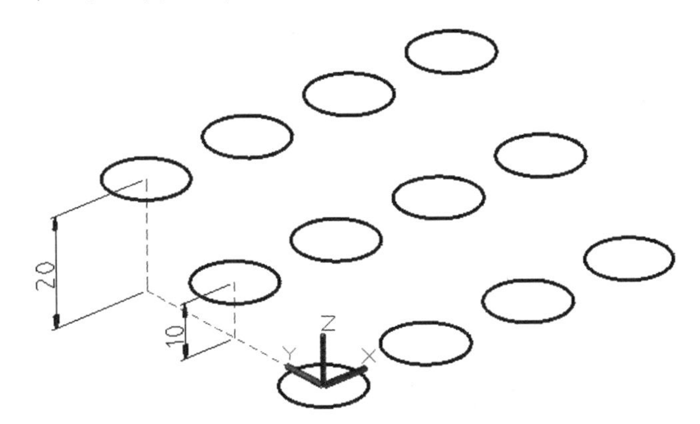

图 6-74　阵列的增量标高效果

- “层数（L）”：指定三维阵列的层数和层间距，效果同“阵列创建”选项卡中的“层级”面板，二维情况下无须设置。

6.4.2　案例——矩形阵列快速绘制行道树

园林设计中需要为园路布置各种植被、绿化图形，此时即可灵活使用“阵列”命令来快速、大量地放置。

01 单击“快速访问”工具栏中的“打开”按钮，打开“第 6 章 /6.4.2 矩形阵列快速绘制行道树 .dwg”文件，如图 6-75 所示。

02 在“默认”选项卡中，单击“修改”面板中的“矩形阵列”按钮，选择树图形作为阵列对象，设置行、列间距为6000，阵列结果如图6-76所示。

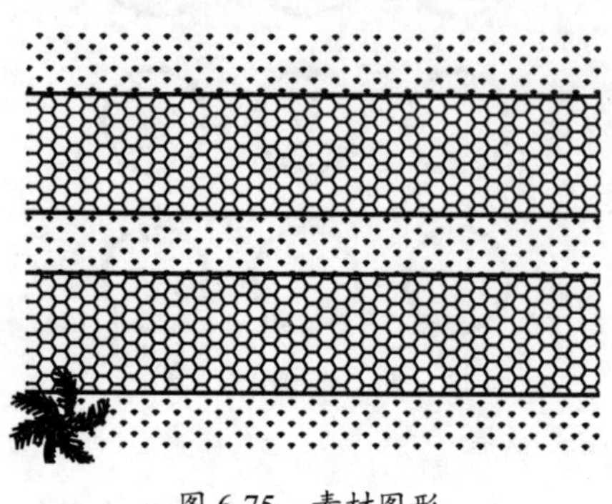

图 6-75 素材图形

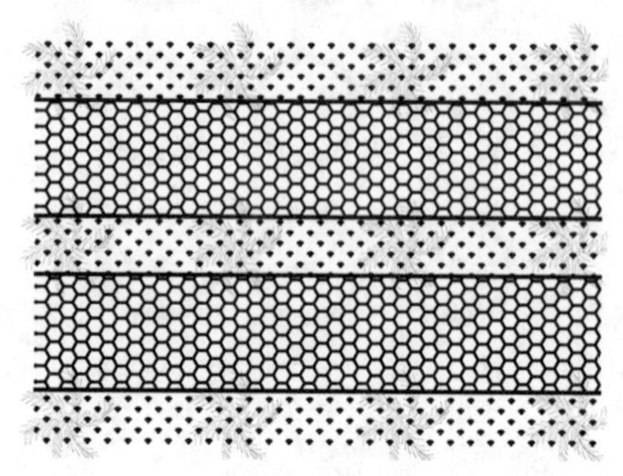

图 6-76 阵列结果

6.4.3 路径阵列

路径阵列可沿曲线（直线、多段线、三维多段线、样条曲线、螺旋、圆弧、圆或椭圆）阵列复制图形，通过设置不同的基点，能得到不同的阵列结果。在园林设计中，使用路径阵列可快速复制园路与街道旁的树木，或者草地中的汀步图形。

调用“路径阵列”命令的方法如下：

- 功能区：在“默认”选项卡中，单击“修改”面板中的“路径阵列”按钮，如图6-77所示。
- 菜单栏：执行“修改”|“阵列”|“路径阵列”命令，如图6-78所示。
- 命令行：ARRAYPATH。

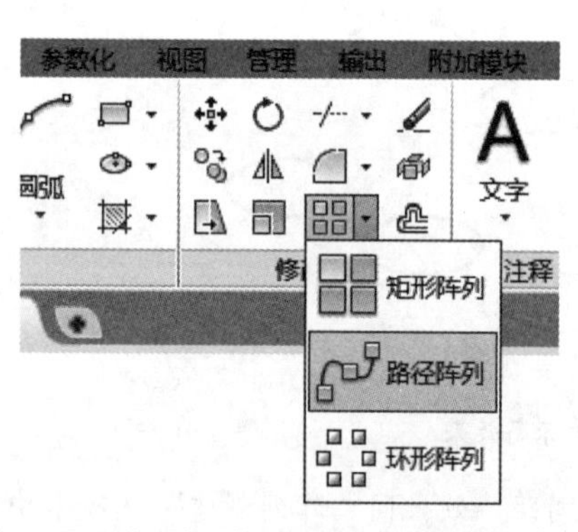

图 6-77 “功能区”调用“路径阵列”命令

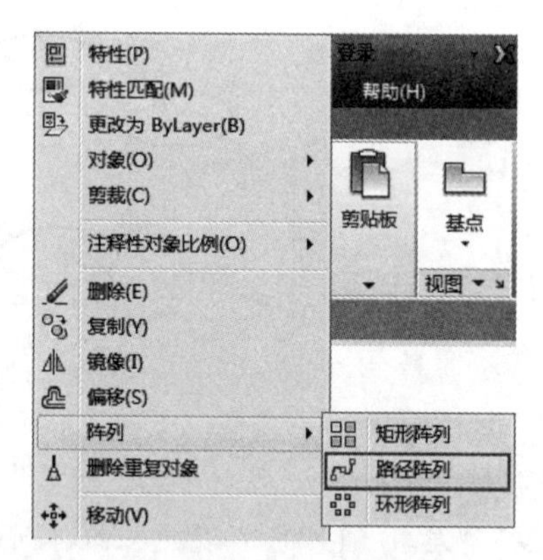

图 6-78 “菜单栏”调用“路径阵列”命令

路径阵列需要设置的参数有“阵列路径”“阵列对象”“阵列数量”和“方向”等。调用“阵列”命令，功能区显示路径方式下的“阵列创建”选项卡，如图6-79所示，命令行提示如下：

```
命令：_arraypath                                    //调用“路径阵列”命令
选择对象：找到 1 个                                  //选择要阵列的对象
选择对象：
类型 = 路径  关联 = 是                               //显示当前的阵列设置
选择路径曲线：                                       //选取阵列路径
选择夹点以编辑阵列或 [关联(AS)/方法(M)/基点(B)/切向(T)/项目(I)/行(R)/层(L)/对
齐项目(A)/Z 方向(Z)/退出(X)] <退出>：↙              //设置阵列参数，按Enter键退出
```

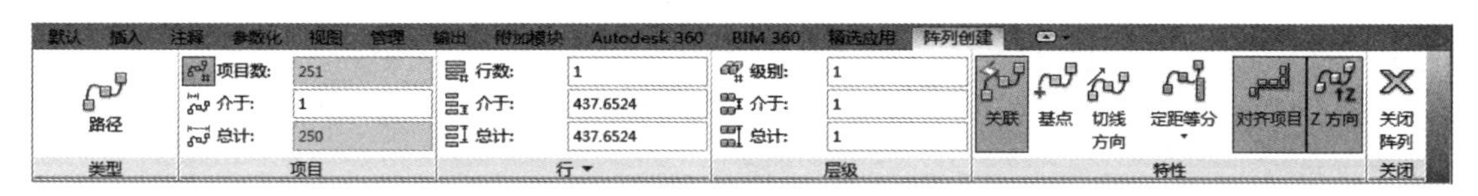

图 6-79　“阵列创建”选项卡

- 命令子选项说明

命令行中的主要选项介绍如下：

➢ “关联（AS）”：与“矩形阵列”中的“关联”选项相同，这里不再赘述。

➢ “方法（M）”：控制如何沿路径分布项目，有“定数等分（D）”和“定距等分（M）”两种方式。效果与本书第 5 章的 5.1.3 定数等分、5.1.4 定距等分中的“块”一致，只是阵列方法比较灵活，对象不限于块，可以是任意图形。

➢ “基点（B）”：定义阵列的基点。路径阵列中的项目相对于基点放置，选择不同的基点，进行路径阵列的效果也不同，如图 6-80 所示。效果同“阵列创建”选项卡中的“基点”按钮。

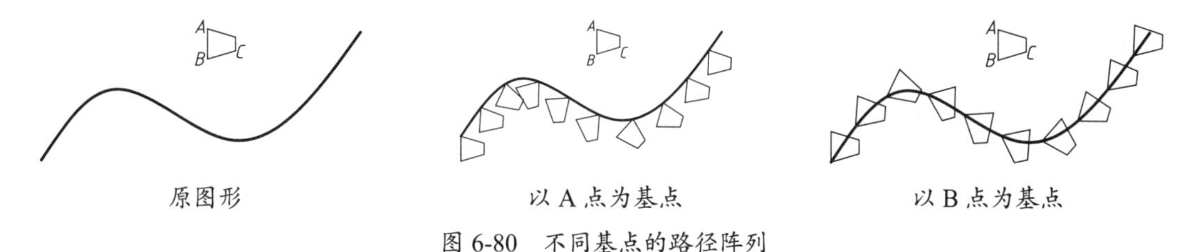

图 6-80　不同基点的路径阵列

➢ “切向（T）”：指定阵列中的项目如何相对于路径的起始方向对齐，不同基点、切向的阵列效果如图 6-81 所示。效果同“阵列创建”选项卡中的“切线方向”按钮。

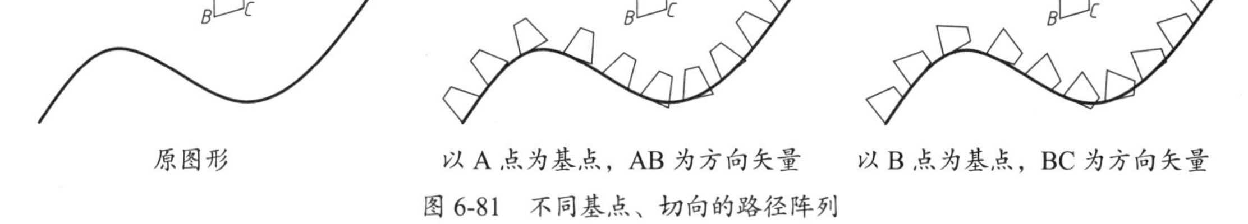

图 6-81　不同基点、切向的路径阵列

➢ “项目（I）”：根据“方法”设置，指定项目数（方法为定数等分）或项目之间的距离（方法为定距等分）。效果同“阵列创建”选项卡中的“项目”面板。

➢ “行（R）”：指定阵列中的行数、它们之间的距离，以及行之间的增量标高，如图 6-82 所示。效果同“阵列创建”选项卡中的“行”面板。

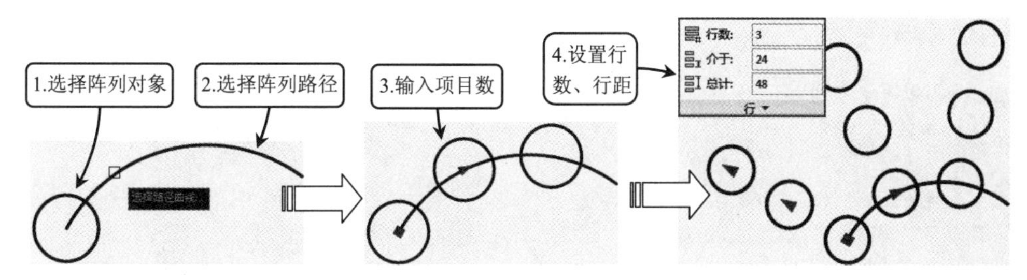

图 6-82　路径阵列的“行”效果

➢ “层（L）”：指定三维阵列的层数和层间距，效果同“阵列创建”选项卡中的“层级”面板，二维情况下无须设置。

➢ “对齐项目（A）”：指定是否对齐每个项目以与路径的方向相切，对齐相对于第一个项目的方向，效果对比如图 6-83 所示。“阵列创建”选项卡中的“对齐项目”按钮亮显则开启，反之关闭。

开启“对齐项目”效果

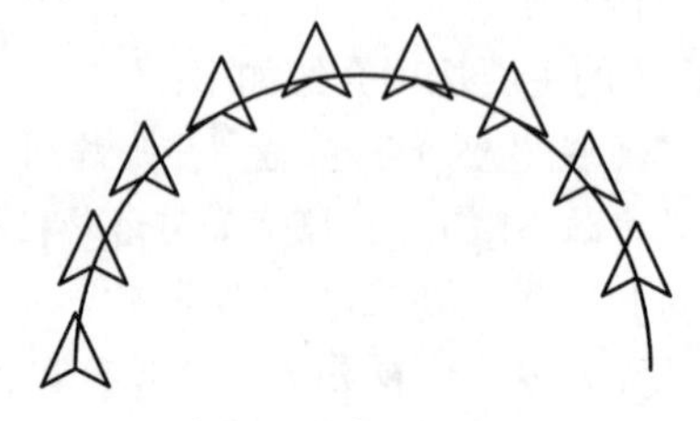

关闭“对齐项目”效果

图 6-83　对齐项目效果

➢ Z 方向：控制是否保持项目的原始 z 方向或沿三维路径自然倾斜项目。

6.4.4　案例——路径阵列绘制园路汀步

01 单击“快速访问”工具栏中的“打开”按钮，打开“6.4.4 路径阵列绘制园路汀步 .dwg”文件，如图 6-84 所示。

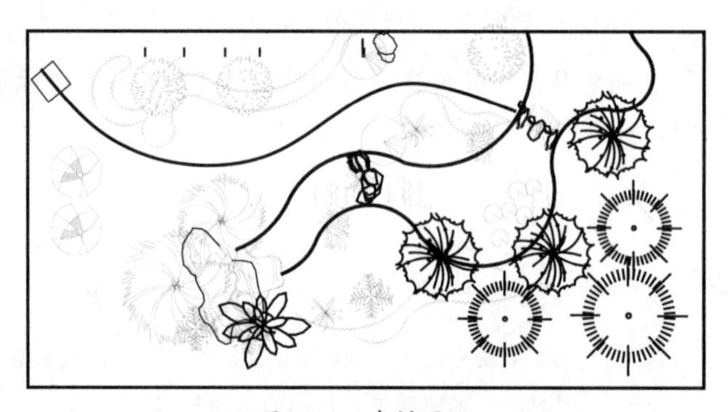

图 6-84　素材图形

02 在“默认”选项卡中，单击“修改”面板中的“路径阵列”按钮，选择阵列对象和阵列曲线进行阵列，命令行操作如下：

```
    命令：_arraypath                                    //执行“路径阵列”命令
    选择对象：找到 1 个                                  //选择矩形汀步图形，按 Enter 键确认
    类型 = 路径  关联 = 是
    选择路径曲线：                                      //选择样条曲线作为阵列路径，按 Enter
键确认
    选择夹点以编辑阵列或 [关联(AS)/方法(M)/基点(B)/切向(T)/项目(I)/行(R)/层(L)/对
齐项目(A)/z 方向(Z)/退出(X)] <退出>: I↙              //选择“项目”选项
    指定沿路径的项目之间的距离或 [表达式(E)] <126>: 700↙      //输入项目距离
    最大项目数 = 16
    指定项目数或 [填写完整路径(F)/表达式(E)] <16>:↙          //按 Enter 键确认阵列数量
    选择夹点以编辑阵列或 [关联(AS)/方法(M)/基点(B)/切向(T)/项目(I)/行(R)/层(L)/对
齐项目(A)/z 方向(Z)/退出(X)] <退出>:↙                      //按 Enter 键完成操作
```

03 路径阵列完成后，删除路径曲线，园路汀步绘制完成，最终效果如图 6-85 所示。

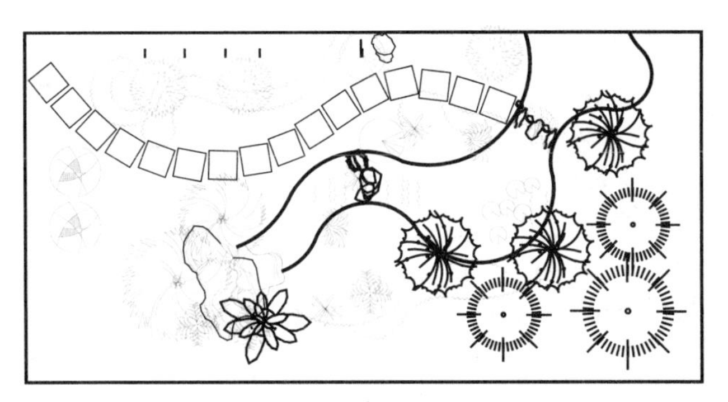

图 6-85　路径阵列结果

6.4.5　环形阵列

“环形阵列”即极轴阵列，是以某一点为中心进行环形复制的，阵列结果是使阵列对象沿中心点的四周均匀排列成环形。

调用“极轴阵列”命令的方法如下：

- 功能区：在“默认”选项卡中，单击“修改”面板中的“环形阵列”按钮，如图 6-86 所示。
- 菜单栏：执行“修改”|“阵列”|“环形阵列”命令，如图 6-87 所示。
- 命令行：ARRAYPOLAR。

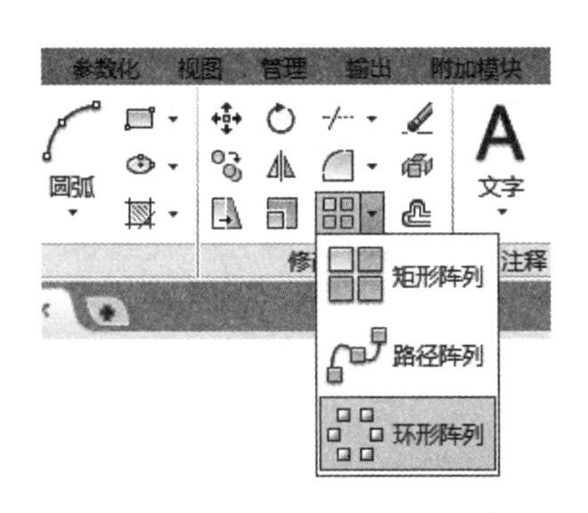

图 6-86　“功能区”调用“环形阵列”命令

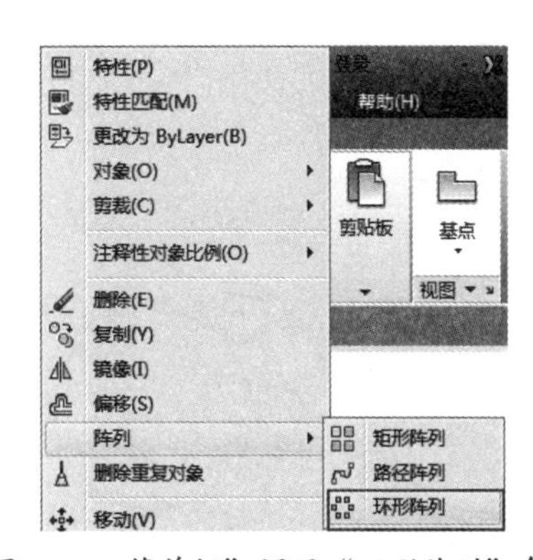

图 6-87　菜单栏”调用“环形阵列”命令

“环形阵列”需要设置的参数有阵列的“源对象”“项目总数”“中心点位置”和“填充角度”。填充角度是指全部项目排成的环形所占有的角度。例如，对于 360° 填充，所有项目将排满一圈，如图 6-88 所示；对于 240° 填充，所有项目只排满 2/3 圈，如图 6-89 所示。

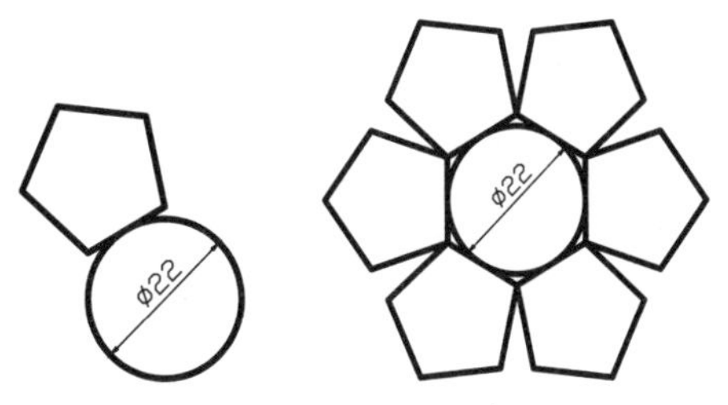

图 6-88　指定项目总数和填充角度阵列

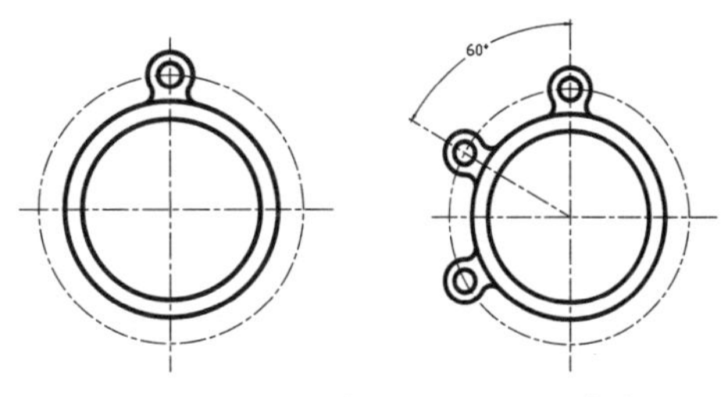

图 6-89　指定项目总数和项目间的角度阵列

调用“阵列”命令，功能区面板显示“阵列创建”选项卡，如图 6-90 所示，命令行提示如下：

```
命令： _arraypolar                                    //调用“环形阵列”命令
选择对象： 找到 1 个                                  //选择阵列对象
选择对象：
类型 = 极轴  关联 = 是                                //显示当前的阵列设置
指定阵列的中心点或 [基点(B)/旋转轴(A)]：              //指定阵列中心点
选择夹点以编辑阵列或 [关联(AS)/基点(B)/项目(I)/项目间角度(A)/填充角度(F)/行(ROW)/
层(L)/旋转项目(ROT)/退出(X)] <退出>：↙                //设置阵列参数并按Enter键退出
```

图 6-90 “阵列创建”选项卡

• 命令子选项说明

命令行主要选项介绍如下。

➢ “关联（AS）”：与“矩形阵列”中的“关联”选项相同，这里不再赘述。

➢ “基点（B）”：指定阵列的基点，默认为质心，效果同“阵列创建”选项卡中的“基点”按钮。

➢ “项目（I）”：使用值或表达式指定阵列中的项目数，默认为 360° 填充下的项目数，如图 6-91 所示。

➢ “项目间角度（A）”：使用值表示项目之间的角度，如图 6-92 所示。同“阵列创建”选项卡中的“项目”面板。

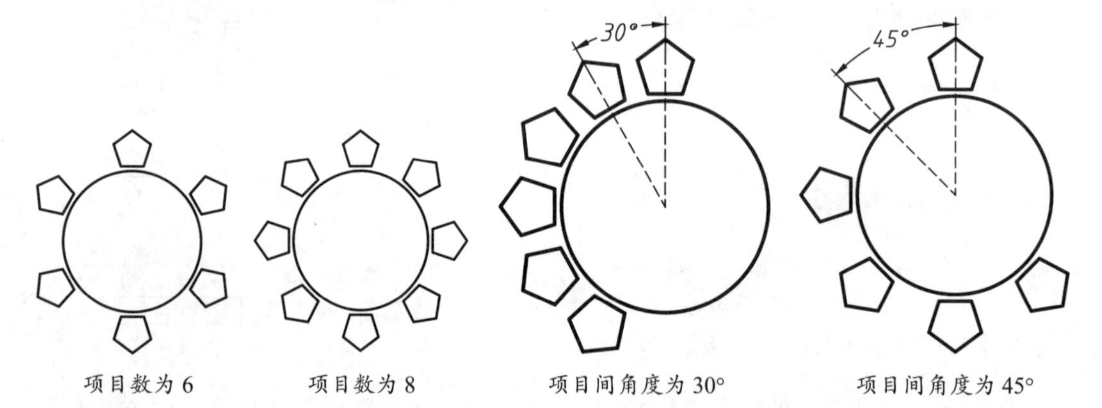

图 6-91 不同的项目数效果　　图 6-92 不同的项目间角度效果

➢ “填充角度（F）”：使用值或表达式指定阵列中第一个和最后一个项目之间的角度，即环形阵列的总角度。

➢ “行（ROW）”：指定阵列中的行数、它们之间的距离，以及行之间的增量标高，效果与“路径阵列”中的“行（R）”选项一致，在此不再赘述。

➢ “层（L）”：指定三维阵列的层数和层间距，效果同“阵列创建”选项卡中的“层级”面板，二维情况下无须设置。

➢ “旋转项目（ROT）”：控制在阵列项时是否旋转项目，效果对比如图 6-93 所示。“阵列创建”选项卡中的“旋转项目”按钮亮显则开启，反之关闭。

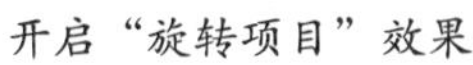
开启“旋转项目”效果

关闭“旋转项目”效果

图 6-93　旋转项目效果

6.4.6　案例——环形阵列绘制树池

01 单击“快速访问”工具栏中的“打开”按钮，打开“第 6 章 /6.4.6 环形阵列绘制树池 .dwg”文件，如图 6-94 所示。

02 在“默认”选项卡中，单击“修改”面板中的“环形阵列”按钮，启动环形阵列。

03 选择图形下侧的矩形作为阵列对象，命令行操作如下：

```
    类型 = 极轴  关联 = 是
    指定阵列的中心点或 [基点(B)/旋转轴(A)]:  //指定树池圆心作为阵列的中心点进行阵列
    选择夹点以编辑阵列或 [关联(AS)/基点(B)/项目(I)/项目间角度(A)/填充角度(F)/行(ROW)/层(L)/旋转项目(ROT)/退出(X)] <退出>:  I↙
    输入阵列中的项目数或 [表达式(E)] <6>:  70↙
    选择夹点以编辑阵列或 [关联(AS)/基点(B)/项目(I)/项目间角度(A)/填充角度(F)/行(ROW)/层(L)/旋转项目(ROT)/退出(X)] <退出>:
```

04 环形阵列结果如图 6-95 所示。

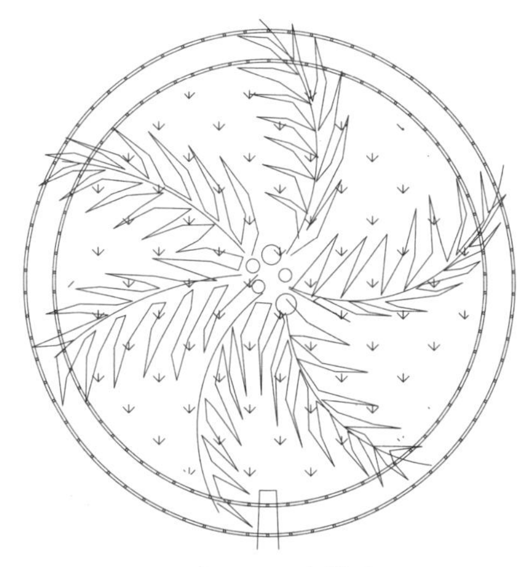
图 6-94　素材图形

图 6-95　环形阵列结果

- 阵列的关联

要对所创建的阵列的进行编辑，可使用如下方法：

➢ 命令行：ARRAYEDIT。

➢ 快捷操作 1：选中阵列图形，拖曳对应夹点。

- 快捷操作 2：选中阵列图形，打开如图 6-96 所示的“阵列”选项卡，利用该选项卡中的功能进行编辑。这里应注意的是，不同的阵列类型，对应的“阵列”选项卡中的按钮虽然不一样，但名称却是一样的。
- 快捷操作 3：按 Ctrl 键拖曳阵列中的项目。

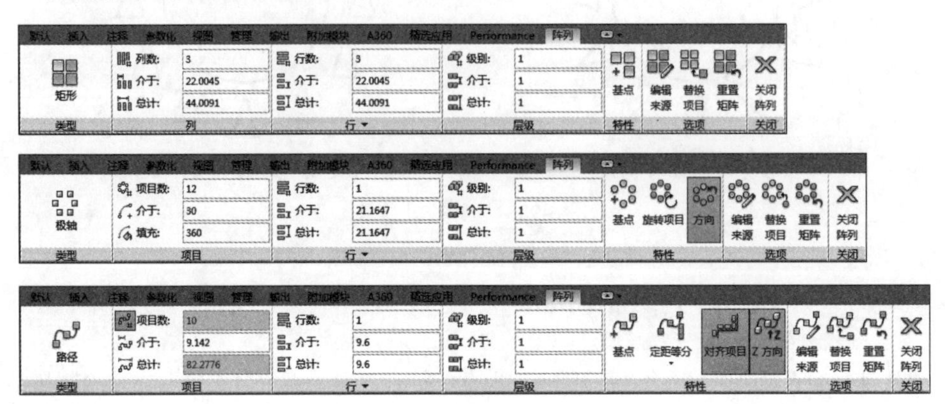

图 6-96　三种“阵列”选项卡

6.4.7　拓展案例——阵列绘制同步带

同步带是以钢丝绳或玻璃纤维为强力层，外覆以聚氨酯或氯丁橡胶的环形带，带的内周制成齿状，使其与齿形带轮啮合，如图 6-97 所示。本案例将使用阵列的方式绘制如图 6-98 所示的同步带。

图 6-97　同步带的应用

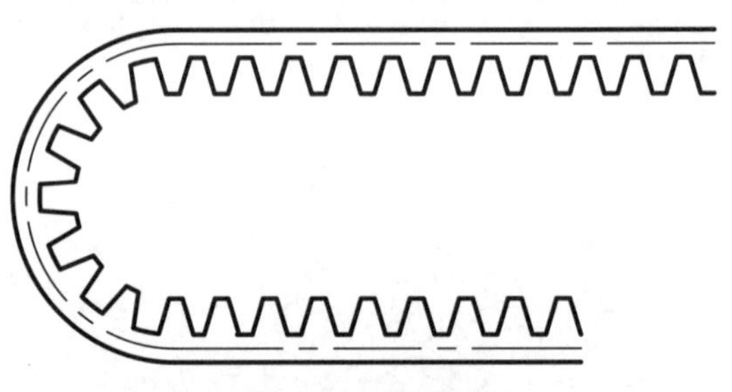

图 6-98　同步带图形

01 打开“第 6 章 /6.4.7 阵列绘制同步带 .dwg”素材文件，素材图形如图 6-99 所示。

02 阵列同步带齿。单击“修改”面板中的“矩形阵列”按钮，选择单个齿轮作为阵列对象，设置列数为 12，行数为 1，距离为 -18，阵列结果如图 6-100 所示。

图 6-99　素材文件

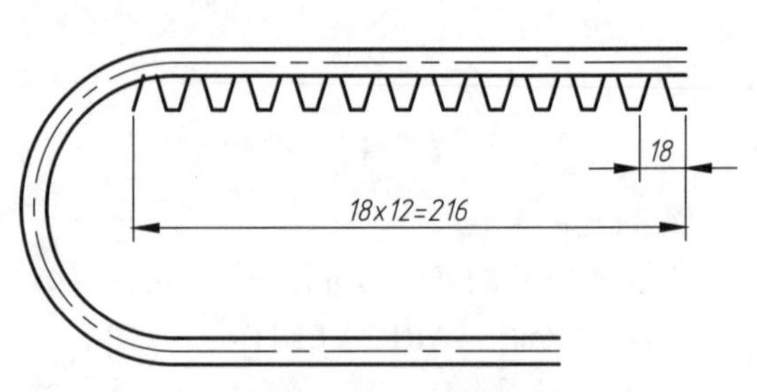

图 6-100　矩形阵列后的结果

03 分解阵列图形。单击“修改”面板中的“分解”按钮，将矩形阵列的齿分解，并删除左端多余的部分。

04 环形阵列。单击“修改”面板中的“环形阵列”按钮，选择最左侧的一个齿作为阵列对象，设置填充角度为180，项目数量为8，结果如图6-101所示。

05 镜像齿条。单击“修改”面板中的“镜像”按钮，选择如图6-102所示的8个齿作为镜像对象，以通过圆心的水平线作为镜像线，镜像结果如图6-103所示。

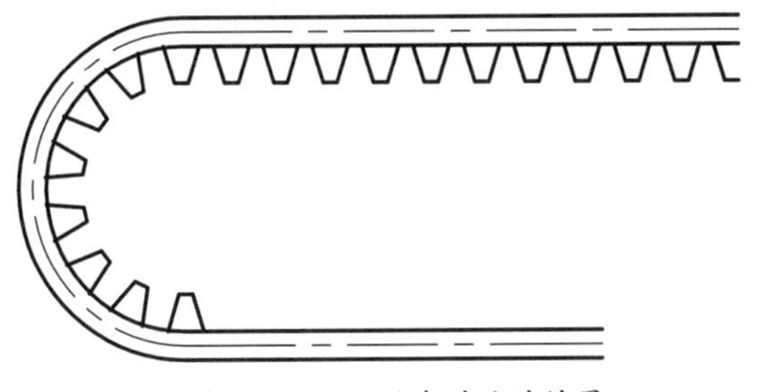

图6-101　环形阵列后的结果

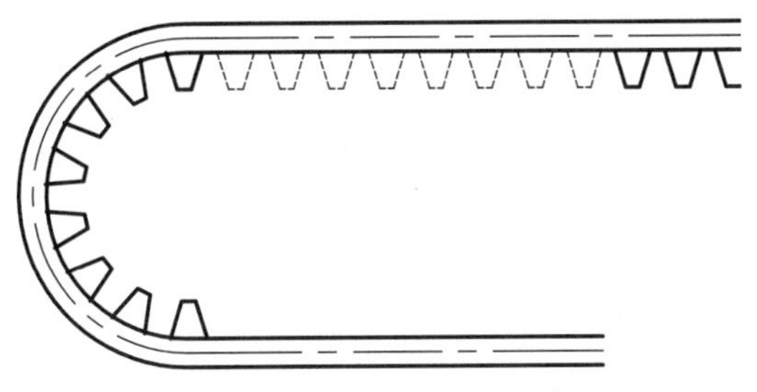

图6-102　选择镜像对象

06 修剪图形。单击“修改”面板中的“修剪”按钮，修剪多余的线条，结果如图6-104所示。

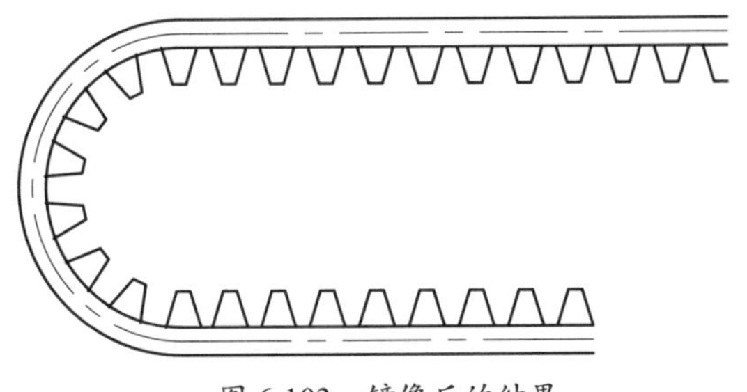

图6-103　镜像后的结果

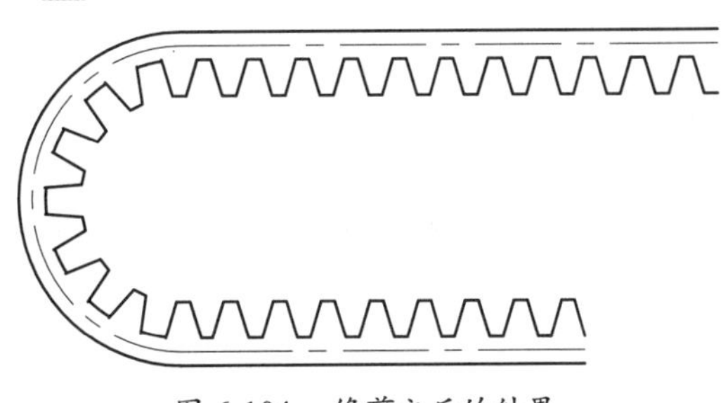

图6-104　修剪之后的结果

6.5 辅助绘图类

图形绘制完成后，有时还需要对细节部分做一定的处理，这些细节处理包括倒角、倒圆、曲线及多段线的调整等。此外部分图形可能还需要分解或打断进行二次编辑，如矩形、多边形等。

6.5.1 圆角

利用“圆角”命令可以将两条相交的直线通过一个圆弧连接起来，通常用来表示在机械加工中把工件的棱角切削成圆弧面，是倒钝、去毛刺的常用手段，因此多见于机械制图中，如图6-105所示。

在AutoCAD 2014中“圆角”命令有以下几种调用方法：

- 功能区：单击“修改”面板中的“圆角”按钮，如图6-106所示。
- 菜单栏：执行“修改”|“圆角”命令。
- 命令行：FILLET或F。

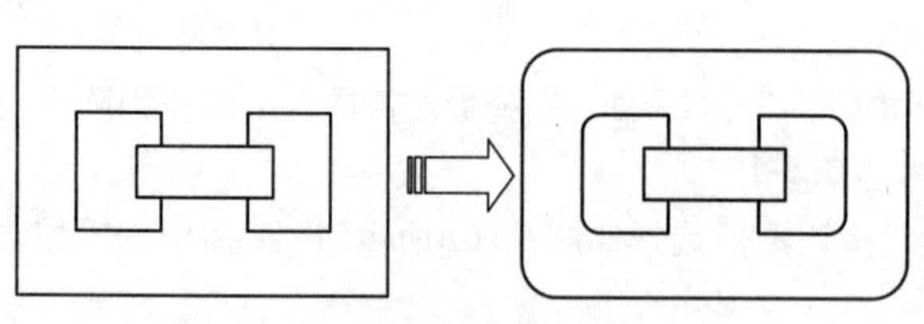

图 6-105　绘制圆角

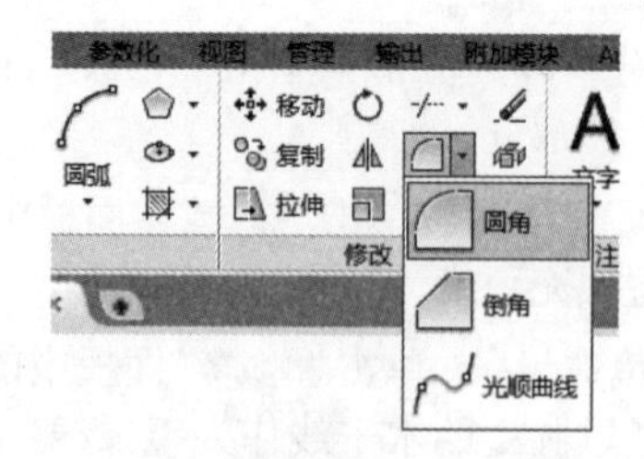

图 6-106　“修改”面板中的“圆角”按钮

执行“圆角”命令后，命令行显示如下。

```
命令： _fillet                                          // 执行“圆角”命令
当前设置： 模式 = 修剪，半径 = 3.0000                     // 当前圆角设置
选择第一个对象或 [ 放弃 (U) / 多段线 (P) / 半径 (R) / 修剪 (T) / 多个 (M) ]:
                                                       // 选择要倒圆的第一个对象
选择第二个对象，或按住 Shift 键选择对象以应用角点或 [ 半径 (R) ]:
                                                       // 选择要倒圆的第二个对象
```

重复“圆角”命令之后，圆角的半径和修剪选项无须重新设置，直接选择圆角对象即可，系统默认以上一次圆角的参数创建之后的圆角。

- 命令子选项说明

命令行中各选项的含义如下。

- “放弃（U）”：放弃上一次的圆角操作。
- “多段线（P）”：选择该项将对多段线中每个顶点处的相交直线进行圆角处理，并且圆角后的圆弧线段将成为多段线的新线段（除非“修剪（T）”选项设置为“不修剪”），如图 6-107 所示。

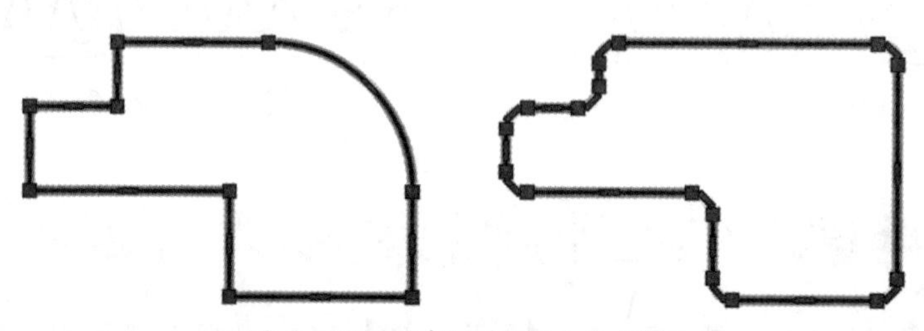

图 6-107　“多段线（P）”倒圆

- “半径（R）”：选择该项，可以设置圆角的半径，更改此值不会影响现有圆角。半径值为 0 可用于创建锐角，还原已倒圆的对象，或为两条直线、射线、构造线、二维多段线创建半径为 0 的圆角，延伸或修剪对象以使其相交，如图 6-108 所示。

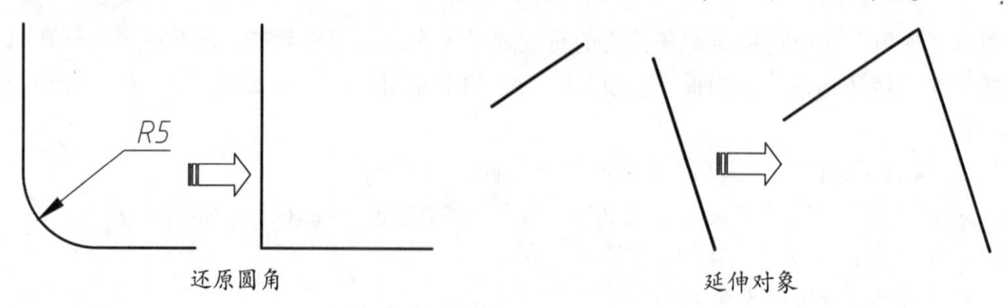

还原圆角　　　　延伸对象

图 6-108　半径值为 0 的倒圆角作用

- “修剪（T）”：选择该项，设置是否修剪对象。修剪与不修剪的效果对比如图 6-109 所示。

图 6-109 倒圆角的修剪效果

➢ “多个（M）”：选择该选项，可以在依次调用命令的情况下对多个对象进行圆角处理。

技术专题：“圆角”命令的操作技巧

创建圆弧的方向和长度由选择对象所拾取的点确定，始终在距离所选位置的最近处创建圆角，如图 6-110 所示。

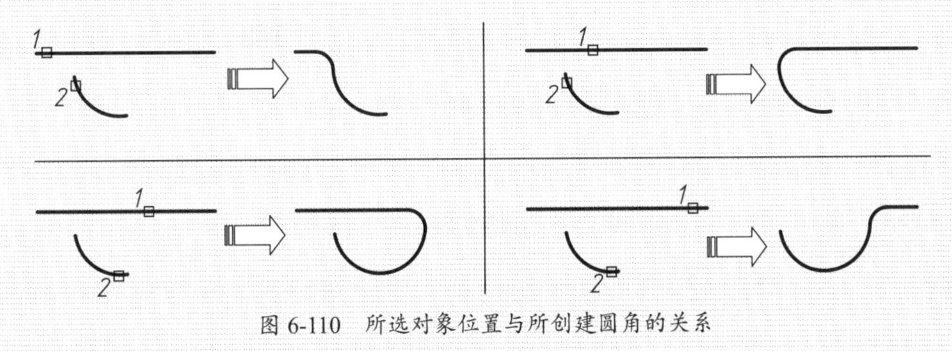

图 6-110 所选对象位置与所创建圆角的关系

6.5.2 案例——图形外轮廓倒圆角

01 调用“文件”|“打开”命令，打开“第 6 章 /6.5.2 图形外轮廓倒圆角 .dwg”文件，如图 4-111 所示。

02 调用“修改”|“圆角”命令，对微波炉外轮廓进行倒圆角，如图 4-112 所示，命令行操作如下：

```
命令： _fillet                                          // 调用“圆角”命令
当前设置： 模式 = 修剪，半径 = 0.0000
选择第一个对象或 [ 放弃 (U) / 多段线 (P) / 半径 (R) / 修剪 (T) / 多个 (M)]： M↙
                                                        // 激活“多个 (M)”选项
选择第一个对象或 [ 放弃 (U) / 多段线 (P) / 半径 (R) / 修剪 (T) / 多个 (M)]： R↙    // 激活“半径 (R)”选项
指定圆角半径 <0.0000>:12↙                               // 输入半径 12
选择第一个对象或 [ 放弃 (U) / 多段线 (P) / 半径 (R) / 修剪 (T) / 多个 (M)]：
                                                        // 单击第一条直线
选择第二个对象，或按住 Shift 键选择对象以应用角点或 [ 半径 (R)]：↙
                                                        // 单击第二条直线
```

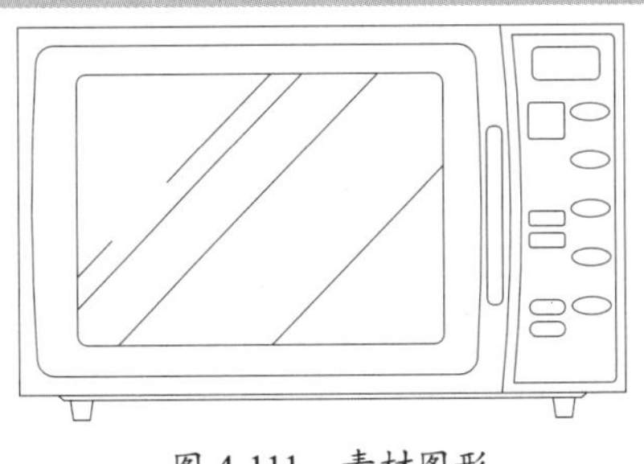

图 4-111 素材图形

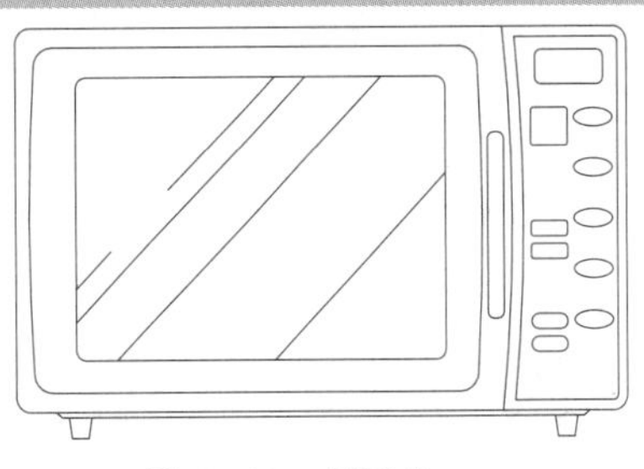

图 4-112 倒圆角

6.5.3 倒角

“倒角”命令用于将两条非平行直线或多段线以一斜线相连，在机械、家具、室内等设计图中均有应用。默认情况下，需要选择进行倒角的两条相邻的直线，然后按当前的倒角大小对这两条直线倒角。如图 6-113 所示，为绘制倒角的图形。

在 AutoCAD 2014 中，“倒角”命令有以下几种调用方法：

- 功能区：单击“修改”面板中的“倒角”按钮，如图 6-114 所示。
- 菜单栏：执行“修改” | “倒角”命令。
- 命令行：CHAMFER 或 CHA。

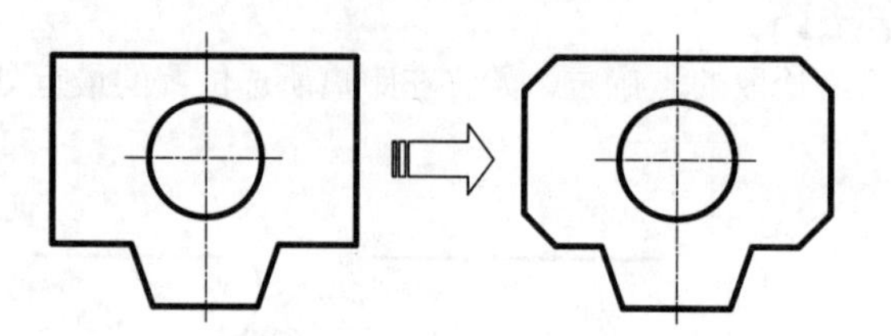

图 6-113 “修改”面板中的“倒角”按钮

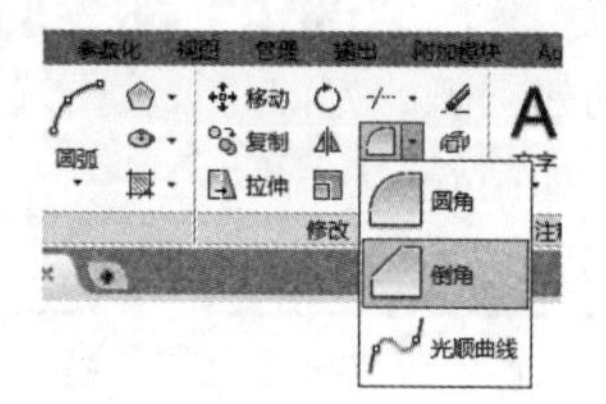

图 6-114 绘制倒角

倒角命令的使用分两个步骤，第一步确定倒角的大小，通过命令行中的“距离”选项实现；第二步是选择需要倒角的两条边。调用“倒角”命令，命令行提示如下：

```
命令：_chamfer                                        // 调用“倒角”命令
(“修剪”模式) 当前倒角距离 1 = 0.0000，距离 2 = 0.0000
选择第一条直线或 [放弃 (U) / 多段线 (P) / 距离 (D) / 角度 (A) / 修剪 (T) / 方式 (E) / 多个 (M)]:
                                                      // 选择倒角的方式，或选择第一条倒角边
选择第二条直线，或按住 Shift 键选择直线以应用角点或 [距离 (D) / 角度 (A) / 方法 (M)]:
                                                      // 选择第二条倒角边
```

- 命令子选项说明
  - “放弃（U）”：放弃上一次的倒角操作。
  - “多段线（P）”：对整个多段线每个顶点处的相交直线进行倒角，并且倒角后的线段将成为多段线的新线段。如果多段线包含的线段过短以至于无法容纳倒角距离，则不对这些线段进行倒角。
  - “距离（D）”：通过设置两个倒角边的倒角距离来进行倒角操作，第二个距离默认与第一个距离相同。如果将两个距离均设定为 0，CHAMFER 将延伸或修剪两条直线，以使它们终止于同一点，同半径为 0 的倒圆角，如图 6-115 所示。

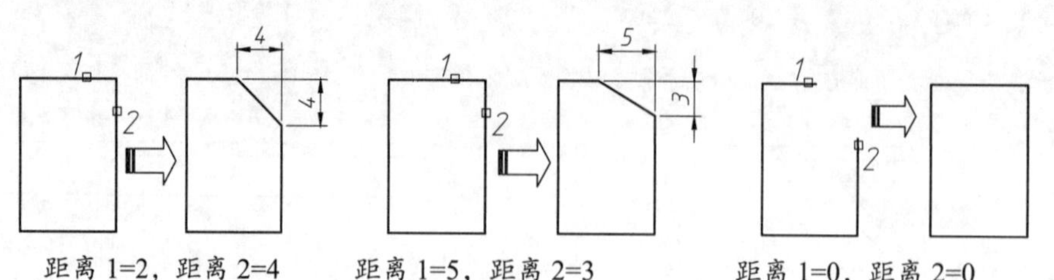

图 6-115 不同“距离（D）”的倒角

  - “角度（A）”：用第一条线的倒角距离和第二条线的角度设定倒角距离。
  - “修剪（T）”：设定是否对倒角进行修剪。
  - “方式（E）”：选择倒角方式，与选择“距离 (D)”或“角度 (A)”的作用相同。

➢ “多个（M）”：选择该项，可以对多组对象进行倒角。

6.5.4　案例——家具倒斜角处理

在家具设计中，随处可见倒斜角，如洗手池、八角桌、方凳等。

01 按快捷键 Ctrl+O，打开“第 6 章 \6.5.4 家具倒斜角处理 .dwg”素材文件，如图 6-116 所示。

02 单击“修改”工具栏中的“倒角”按钮，对图形外侧轮廓进行倒角，命令行提示如下。

```
命令： CHAMFER1
（“修剪”模式） 当前倒角距离 1 = 0.0000，距离 2 = 0.0000
选择第一条直线或 [放弃(U)/多段线(P)/距离(D)/角度(A)/修剪(T)/方式(E)/多个(M)]:D1
                                        //输入D，选择“距离”选项
指定第一个 倒角距离 <0.0000>: 551          //输入第一个倒角距离
指定第二个 倒角距离 <55.0000>:551          //输入第二个倒角距离
选择第一条直线或 [放弃(U)/多段线(P)/距离(D)/角度(A)/修剪(T)/方式(E)/多个(M)]:
选择第二条直线，或按住 Shift 键选择直线以应用角点或 [距离(D)/角度(A)/方法(M)]:
                                        //分别选择待倒角的线段，完成倒角操作，结果如
图 6-117 所示
```

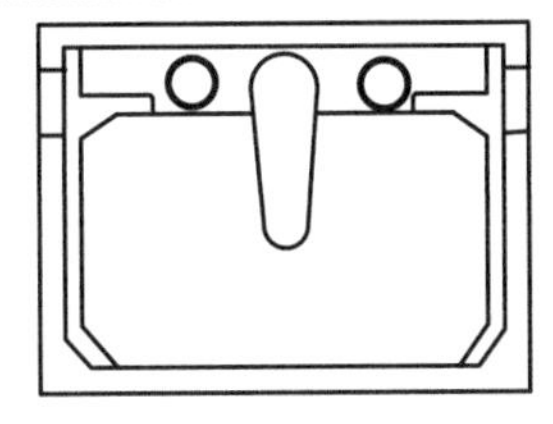

图 6-116　素材图形

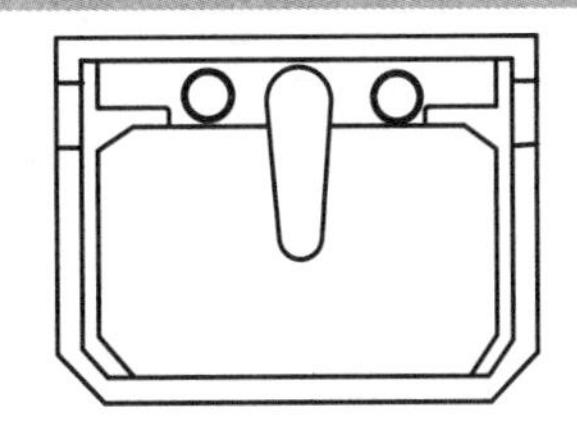

图 6-117　倒角结果

6.5.5　对齐

“对齐”命令可以使当前的对象与其他对象对齐，既适用于二维对象，也适用于三维对象。在对齐二维对象时，可以指定一对或两对对齐点（源点和目标点），在对齐三维对象时则需要指定三对对齐点。

在 AutoCAD 2014 中“对齐”命令有以下几种常用调用方法：

➢ 功能区：单击“修改”面板中的“对齐”按钮，如图 6-118 所示。

➢ 菜单栏：执行“修改” | “三维操作” | “对齐”命令，如图 6-119 所示。

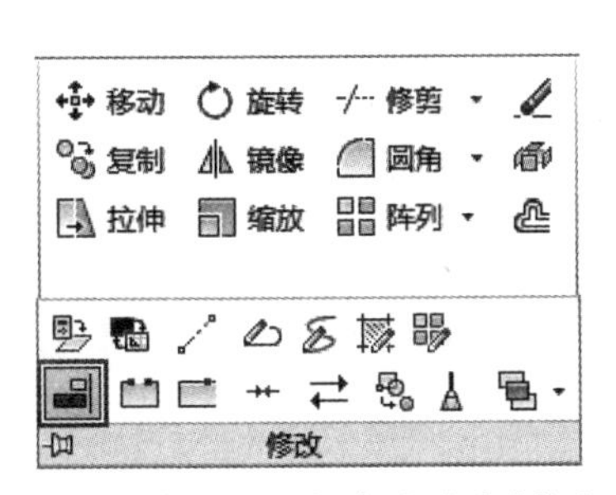

图 6-118　“修改”面板中的“对齐”按钮

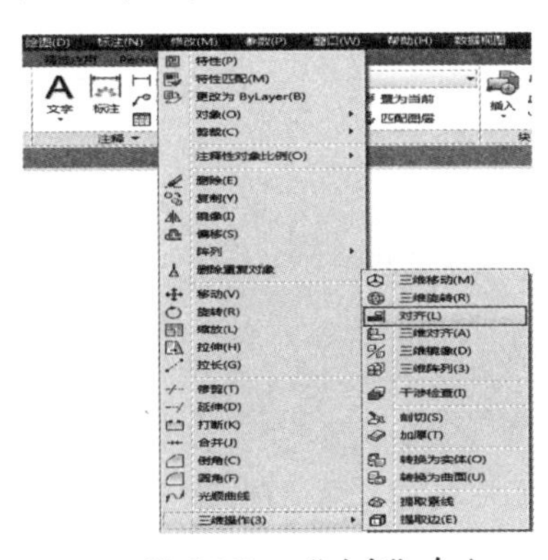

图 6-119　“对齐”命令

➢ 命令行：ALIGN 或 AL。

执行上述任意一个命令后，根据命令行提示，依次选择源点和目标点，按 Enter 键结束操作，如图 6-120 所示。

```
命令：_align                                         //执行“对齐”命令
选择对象：找到 1 个                                   //选择要对齐的对象
指定第一个源点：                                      //指定源对象上的一点
指定第一个目标点：                                    //指定目标对象上的对应点
指定第二个源点：                                      //指定源对象上的一点
指定第二个目标点：                                    //指定目标对象上的对应点
指定第三个源点或 <继续>:↙                             //按 Enter 键完成选择
是否基于对齐点缩放对象？[是(Y)/否(N)] <否>:   ↙       //按 Enter 键结束命令
```

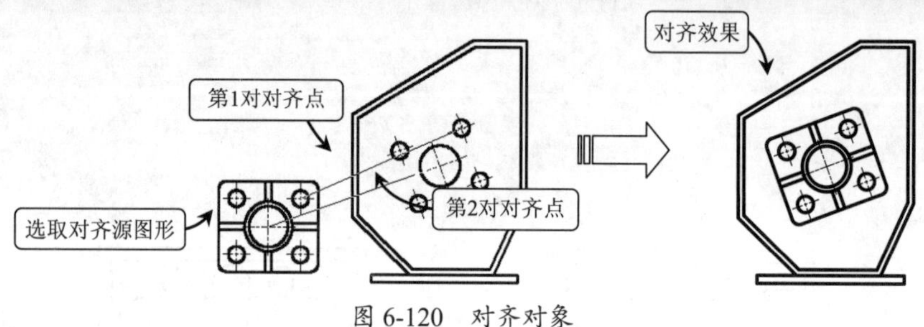

图 6-120　对齐对象

● 命令子选项说明

执行“对齐”命令后，根据命令行提示选择要对齐的对象，并按 Enter 键结束命令。在这个过程中，可以指定一对、两对或三对对齐点（一个源点和一个目标点合称为一对“对齐点”）来对齐选定对象。对齐点的对数不同，操作结果也不同，具体介绍如下。

a. 一对对齐点（一个源点、一个目标点）

当只选择一对源点和目标点时，所选的对象将在二维或三维空间从源点 1 移动到目标点 2，类似于“移动”操作，如图 6-121 所示。

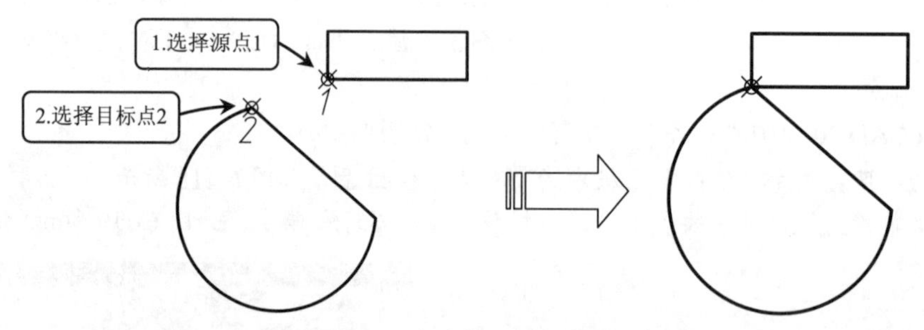

图 6-121　一对对齐点仅能移动对象

该对齐方法的命令行操作如下。

```
命令：ALIGN                          //执行“对齐”命令
选择对象：找到 1 个                  //选择图中的矩形
指定第一个源点：                     //选择点 1
指定第一个目标点：                   //选择点 2
指定第二个源点：↙                    //按 Enter 键结束操作，矩形移动至对象上
```

b. 两对对齐点（两个源点、两个目标点）

当选择两对对齐点时，可以移动、旋转和缩放选定对象，以便与其他对象对齐。第一对源点和目标点定义对齐的基点（点 1、2），第二对对齐点定义旋转的角度（点 3、4），效果如图

6-122 所示。

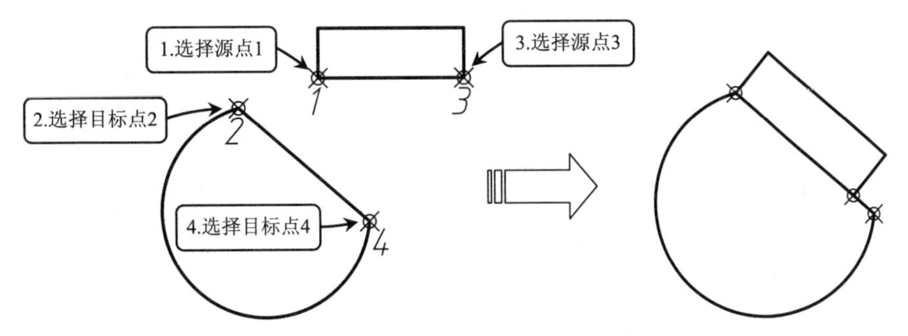

图 6-122　两对对齐点可将对象移动并对齐

该对齐方法的命令行操作如下。

```
命令 : ALIGN                                  // 执行“对齐”命令
选择对象 : 找到 1 个                           // 选择图中的矩形
指定第一个源点 :                               // 选择点 1
指定第一个目标点 :                             // 选择点 2
指定第二个源点 :                               // 选择点 3
指定第二个目标点 :                             // 选择点 4
指定第三个源点或 <继续>: ↙                     // 按 Enter 键完成选择
是否基于对齐点缩放对象？ [ 是 (Y) / 否 (N)] <否>: ↙   // 按 Enter 键结束操作
```

在输入了第二对点后，系统会给出“缩放对象”的提示。如果选择“是（Y）”，则源对象将进行缩放，使得其上的源点 3 与目标点 4 重合；如果选择“否（N）”，则源对象大小保持不变，源点 3 落在目标点 2、4 的连线上，如图 6-123 所示。

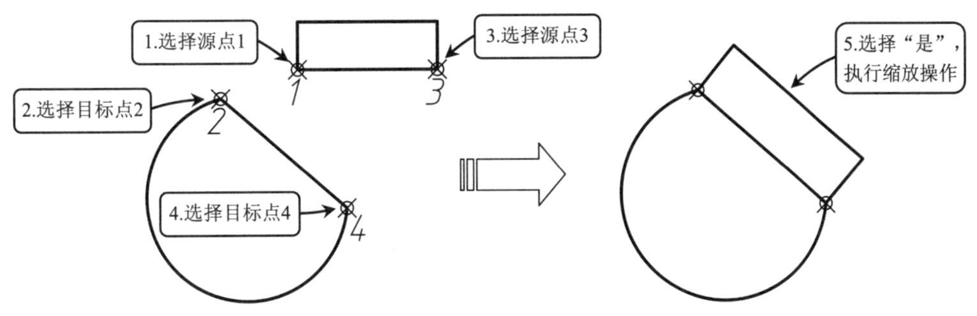

图 6-123　对齐时的缩放效果

操作技巧：只有使用两对点对齐对象时才能使用缩放。

c. 三对对齐点（三个源点、三个目标点）

对于二维图形来说，两对对齐点已可以满足绝大多数的使用需要，只有在三维空间中才会用得上三对对齐点。当选择三对对齐点时，选定的对象可在三维空间中进行移动和旋转，使之与其他对象对齐，如图 6-124 所示。

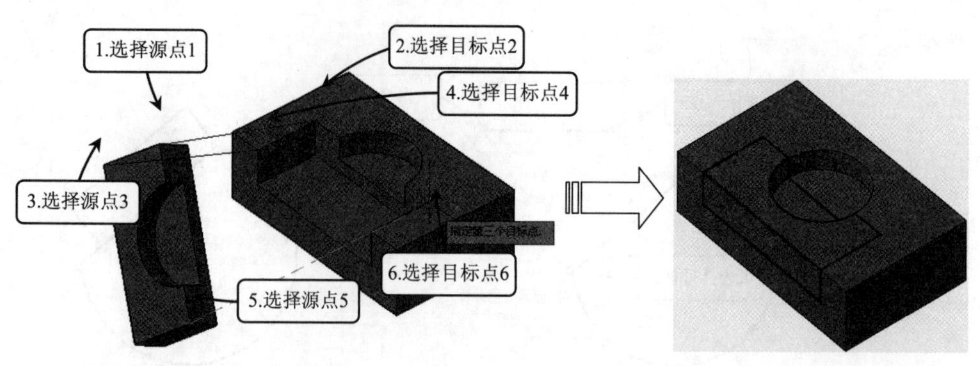

图 6-124　三对对齐点可在三维空间中对齐

6.5.6　案例——装配三通管

01 打开“第 6 章 /6.5.6 使用对齐命令装配三通管 .dwg”素材文件，其中已经绘制好了三通管和装配管，但图形比例不一致，如图 6-125 所示。

02 单击“修改”面板中的“对齐”按钮，执行“对齐”命令，选择整个装配管图形，根据三通管和装配管的对接方式，按如图 6-126 所示选择对应的两对对齐点（1 对应 2、3 对应）。

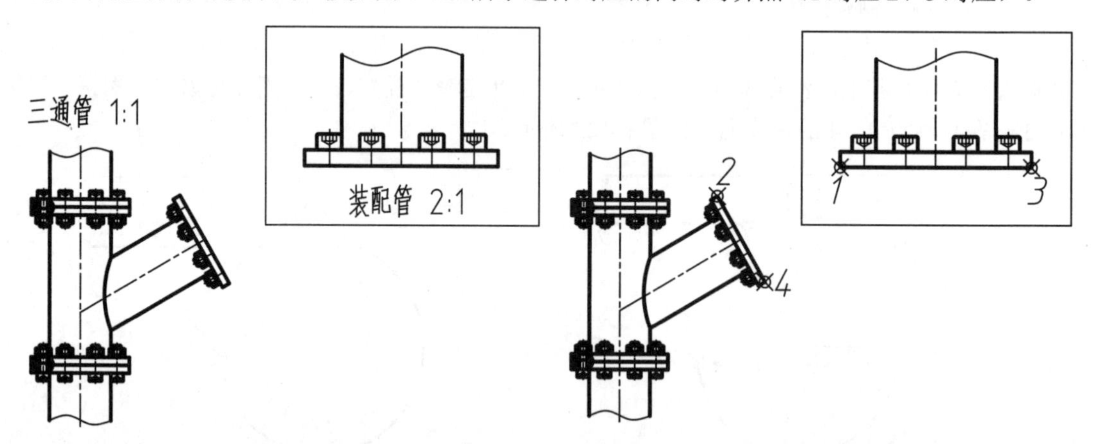

图 6-125　素材图形　　　　图 6-126　选择对齐点

03 两对对齐点指定完毕后按 Enter 键，命令行提示“是否基于对齐点缩放对象”，输入 Y，选择“是”，再按 Enter 键，即可将装配管对齐至三通管中，效果如图 6-127 所示。

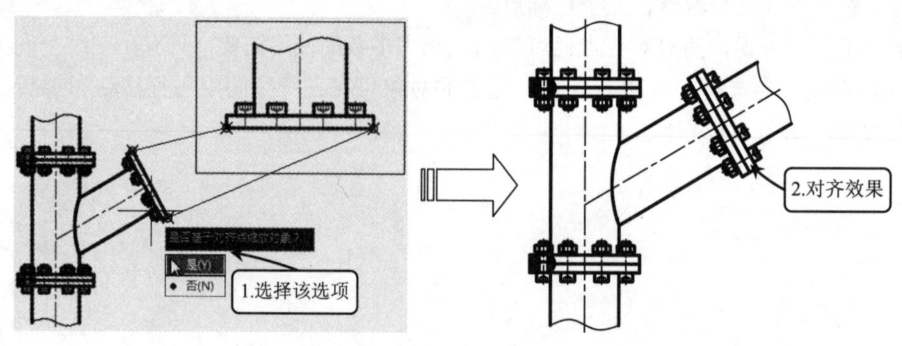

图 6-127　三对对齐点的对齐效果

6.5.7　分解

“分解”命令是将某些特殊的对象分解成多个独立的部分，以便于更具体的编辑。主要用于将复合对象，如矩形、多段线、块、填充等，还原为一般的图形对象。分解后的对象，其颜色、线型和线宽都可能发生改变。

在 AutoCAD 2014 中“分解”命令有以下几种调用方法：

- 功能区：单击“修改”面板中的“分解”按钮。
- 菜单栏：选择“修改”|“分解”命令。
- 命令行：EXPLODE 或 X。

执行上述任意命令后，选择要分解的图形对象，按 Enter 键即可完成分解操作，操作方法与“删除”一致。如图 6-128 所示的微波炉图块被分解后，可以单独选择到其中的任意一条边。

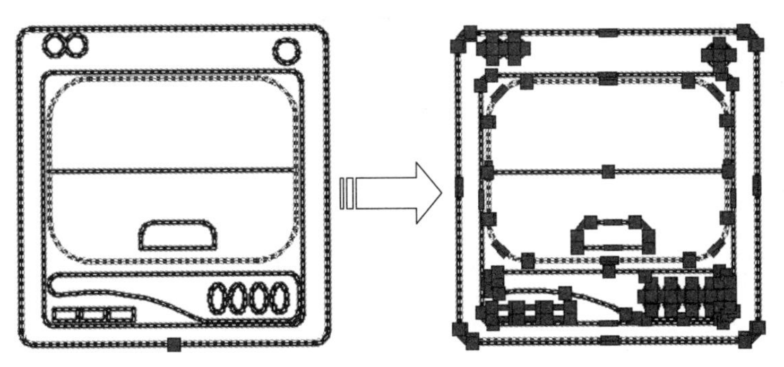

图 6-128　图形分解的前后对比

- 各 AutoCAD 对象的分解效果

根据前面的介绍可知，“分解”命令可用于各复合对象，如矩形、多段线、块等，除此之外该命令还能对三维对象及文字进行分解，这些对象的分解效果总结如下：

- 二维多段线：将放弃所有关联的宽度或切线信息。对于宽多段线将沿多段线中心放置直线和圆弧，如图 6-129 所示。
- 三维多段线：将分解成直线段。分解后的直线段线型、颜色等特性将按原三维多段线处理，如图 6-130 所示。

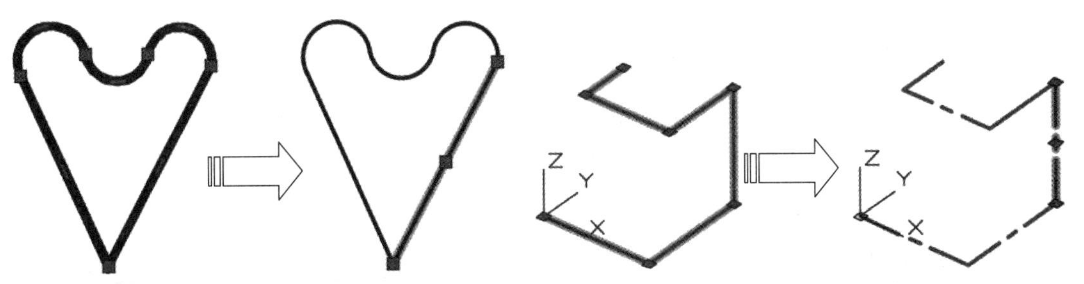

图 6-129　二维多段线分解为单独的线

图 6-130　三维多段线分解为单独的线

- 阵列对象：将阵列图形分解为原始对象的副本，相对于复制出来的图形，如图 6-131 所示。
- 填充图案：将填充图案分解为直线、圆弧、点等基本图形，如图 6-132 所示。SOLID 实体填充图形除外。

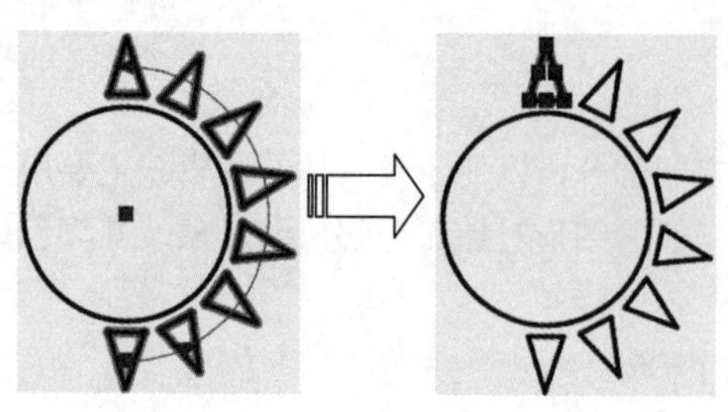

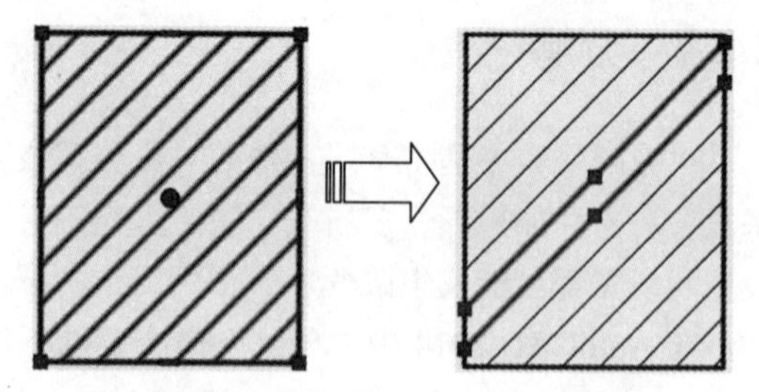

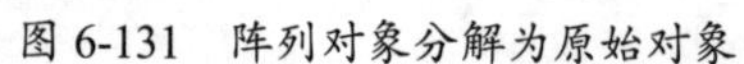

图 6-131　阵列对象分解为原始对象　　图 6-132　填充图案分解为基本图形

➢ 多行文字：将分解成单行文字。如果要将文字彻底分解至直线等图元对象，需使用 TXTEXP“文字分解”命令，效果如图 6-133 所示。

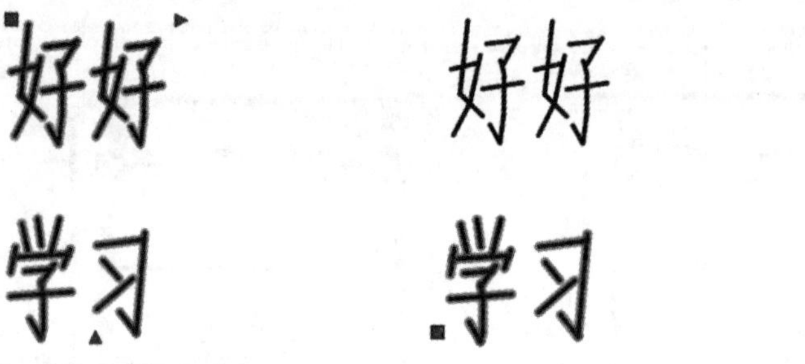

原始图形（多行文字）　“分解”效果（单行文字）　TXTEXP 效果（普通线条）

图 6-133　多行文字的分解效果

➢ 面域：分解成直线、圆弧或样条曲线，即还原为原始图形，消除面域效果，如图 6-134 所示。

➢ 三维实体：将实体上平整的面分解成面域；不平整的面分解为曲面，如图 6-135 所示。

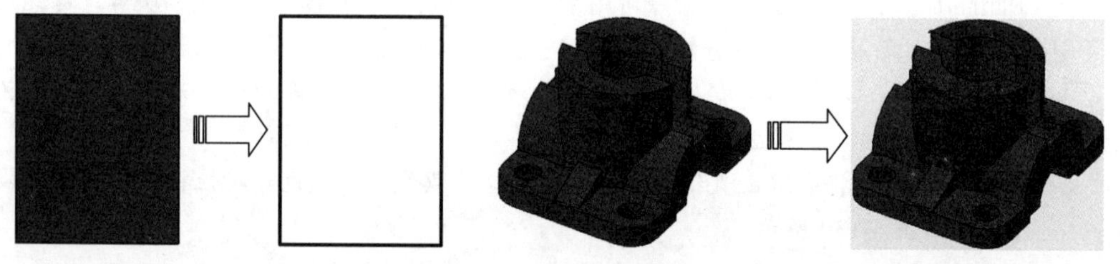

图 6-134　面域对象分解为原始图形　　图 6-135　三维实体分解为面

➢ 三维曲面：分解成直线、圆弧或样条曲线，即还原为基本轮廓，消除曲面效果，如图 6-136 所示。

➢ 三维网格：将每个网格面分解成独立的三维面对象，网格面将保留指定的颜色和材质，如图 6-137 所示。

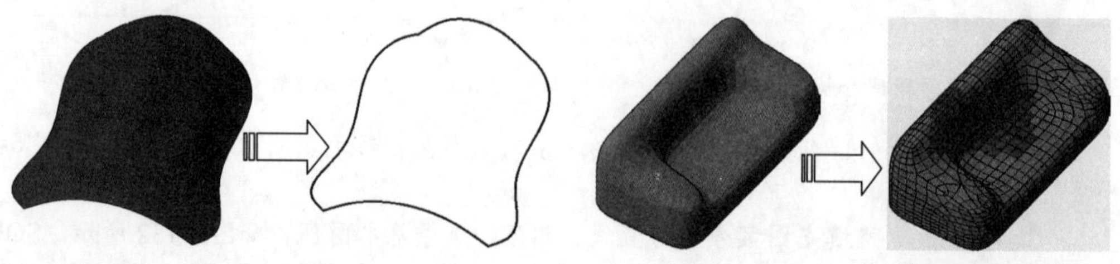

图 6-136　三维曲面分解为基本轮廓　　图 6-137　三维网格分解为多个三维面

- 不能被分解的图块

在 AutoCAD 中，有 3 类图块是无法被“分解”命令分解的，即 MINSERT“阵列插入图块”、外部参照、外部参照的依赖块等 3 类图块。而分解一个包含属性的块将删除属性值并重新显示属性定义。

- MINSERT“阵列插入图块”：用 MINSERT 命令多重引用插入的块，如果行列数目设置不为 1，插入的块将不能被分解，如图 6-138 所示。该命令在插入块的时候，可以通过命令行指定行数、列数及间距，类似于矩形阵列。
- XATTACH“附着外部 DWG 参照”：使用外部 DWG 参照插入的图形会在绘图区中淡化显示，只能用作参考，不能编辑与分解，如图 6-139 所示。
- 外部参照的依赖块：即外部参照图形中所包含的块。

图 6-138　MINSERT 命令插入并阵列的图块无法分解

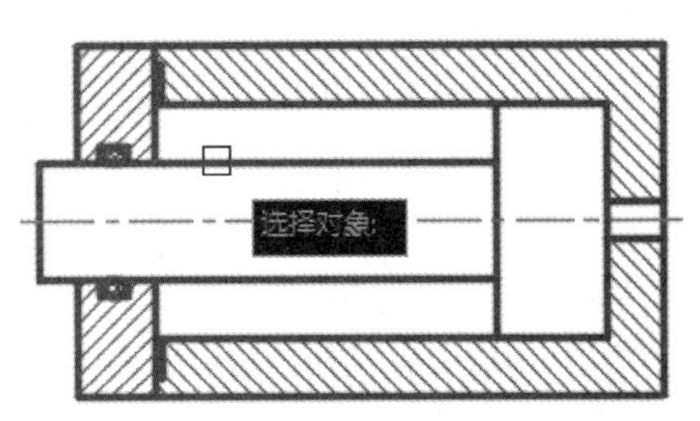

图 6-139　外部参照插入的图形无法分解

6.5.8　打断

在 AutoCAD 2014 中，根据打断点数量的不同，“打断”命令可以分为“打断”和“打断于点”两种，分别介绍如下。

1．打断

执行“打断”命令可以在对象上指定两点，然后两点之间的部分会被删除。被打断的对象不能是组合形体，如图块等，只能是单独的线条，如直线、圆弧、圆、多段线、椭圆、样条曲线、圆环等。

在 AutoCAD 2014 中“打断”命令有以下几种调用方法：

- 功能区：单击“修改”面板上的“打断”按钮。
- 菜单栏：执行“修改”｜“打断”命令。
- 命令行：BREAK 或 BR。

“打断”命令可以在选择的线条上创建两个打断点，从而将线条断开。如果在对象之外指定一点为第二个打断点，系统将以该点到被打断对象的垂直点位置为第二个打断点，除去两点间的线段。如图 6-140 所示为打断对象的过程，可以看到利用“打断”命令能快速完成图形效果的调整。对应的命令行操作如下。

```
命令： _break                                  //执行“打断”命令
选择对象：                                     //选择要打断的图形
指定第二个打断点 或 [第一点(F)]: F↙           //选择“第一点”选项，指定打断的第一点
指定第一个打断点：                             //选择A点
指定第二个打断点：                             //选择B点
```

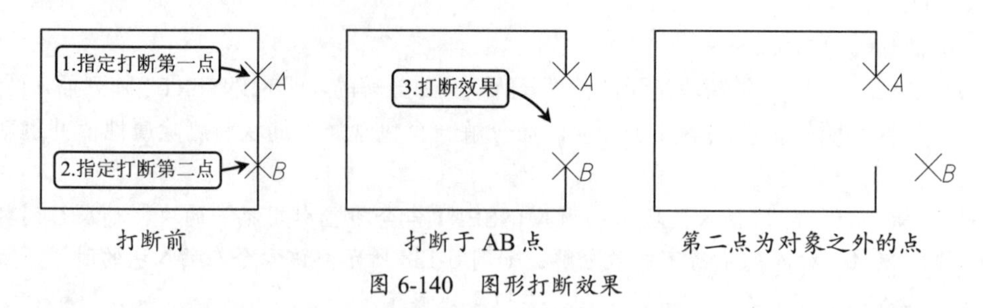

打断前　　打断于 AB 点　　第二点为对象之外的点

图 6-140　图形打断效果

默认情况下，系统会以选择对象时的拾取点作为第一个打断点。若此时直接在对象上选取另一点，即可去除两点之间的图形线段，但这样的打断效果往往不符合要求，因此可在命令行中输入 F，执行“第一点（F）”选项，通过指定第一点来获取准确的打断效果。

2. 打断于点

“打断于点”是从“打断”命令派生出来的，“打断于点”是指通过指定一个打断点，将对象从该点处断开成两个对象。在 AutoCAD 2014 中“打断于点”命令不能通过命令行输入和菜单调用，因此只有以下两种调用方法：

- 功能区：“修改”面板中的“打断于点”按钮，如图 6-141 所示。
- 工具栏：调出“修改”工具栏，单击其中的“打断于点”按钮。

“打断于点”命令在执行过程中，需要输入的参数只有“打断对象”和一个“打断点”。打断之后的对象外观无变化，没有间隙，但选择时可见已在打断点处分成两个对象，如图 6-142 所示。对应命令行操作如下。

```
命令: _break                                    //执行“打断于点”命令
选择对象:                                        //选择要打断的图形
指定第二个打断点 或 [第一点(F)]: _f              //系统自动选择“第一点”选项
指定第一个打断点:                                //指定打断点
指定第二个打断点: @                              //系统自动输入@结束命令
```

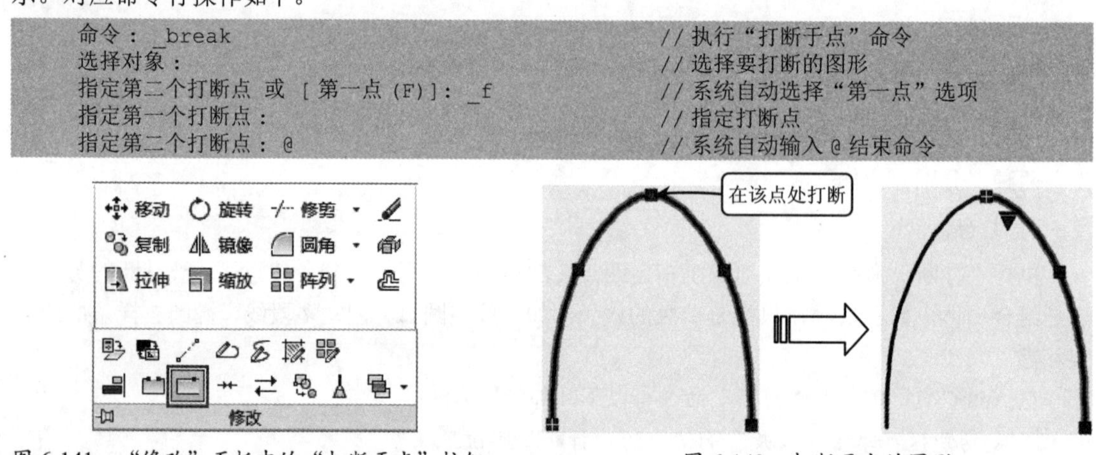

图 6-141　“修改”面板中的“打断于点”按钮　　图 6-142　打断于点的图形

操作技巧： 不能在一点打断闭合对象（例如圆）。

- “打断于点”与“打断”命令的区别

读者可以发现“打断于点”与“打断”的命令行操作相差无几，甚至在命令行中的代码都是“_break”。这是由于“打断于点”可以理解为“打断”命令的一种特殊情况，即第二点与第一点重合。因此，如果在执行“打断”命令时，想让输入的第二个点和第一个点相同，那在指定第二点时在命令行输入 @ 字符即可，此操作即相当于“打断于点”。

6.5.9 案例——使用打断修改电路图

01 打开“第 6 章 /6.5.9 使用打断修改电路图 .dwg”素材文件，其中绘制好了简单电路图和孤悬在外的电器元件（可调电阻），如图 6-143 所示。

02 在“默认”选项卡中，单击“修改”面板中的“打断”按钮，选择可调电阻左侧的线路作为打断对象，可调电阻的上、下两个端点作为打断点，打断效果如图 6-144 所示。

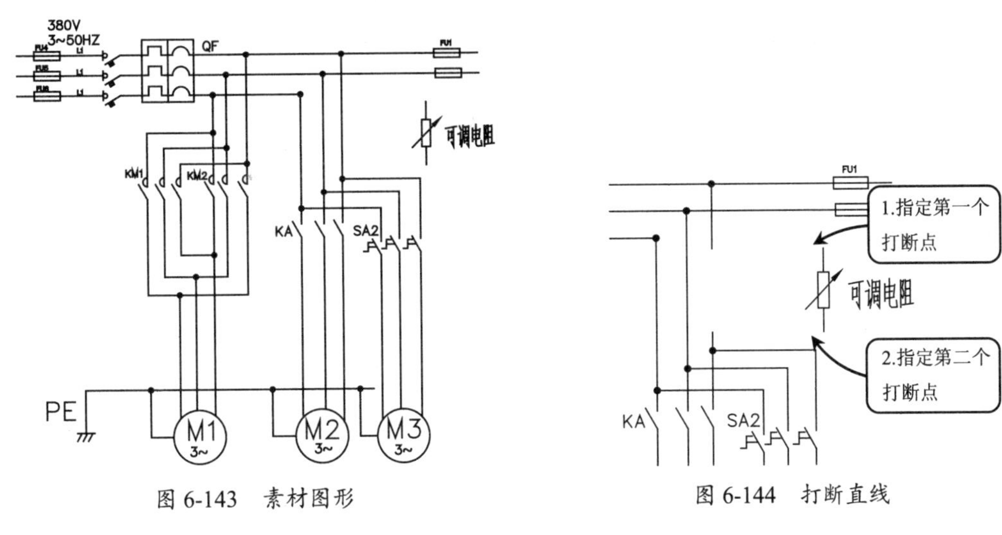

图 6-143 素材图形　　图 6-144 打断直线

03 按相同方法打断剩下的两条线路，效果如图 6-145 所示。

04 单击“修改”面板中的“复制”按钮，将可调电阻复制到打断的 3 条线路上，如图 6-146 所示。

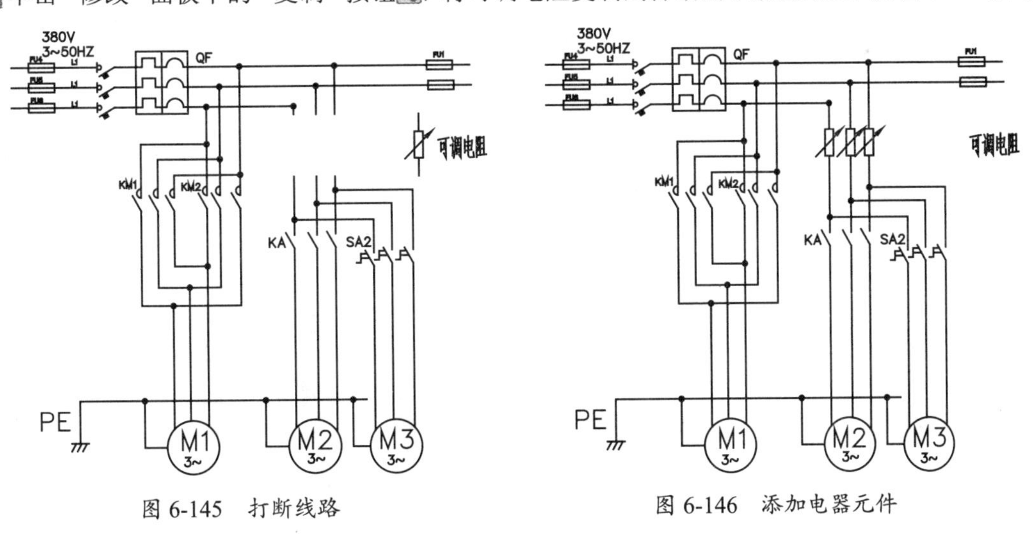

图 6-145 打断线路　　图 6-146 添加电器元件

6.5.10 合并

“合并”命令用于将独立的图形对象合并为一个整体。它可以将多个对象进行合并，对象包括直线、多段线、三维多段线、圆弧、椭圆弧、螺旋线和样条曲线等。在 AutoCAD 2014 中“合并”命令有以下几种调用方法。

➢ 功能区：单击“修改”面板中的“合并”按钮![]。
➢ 菜单栏：执行“修改”|“合并”命令。
➢ 命令行：JOIN 或 J。

执行以上任意命令后，选择要合并的对象按 Enter 键退出，如图 6-147 所示。命令行操作如下。

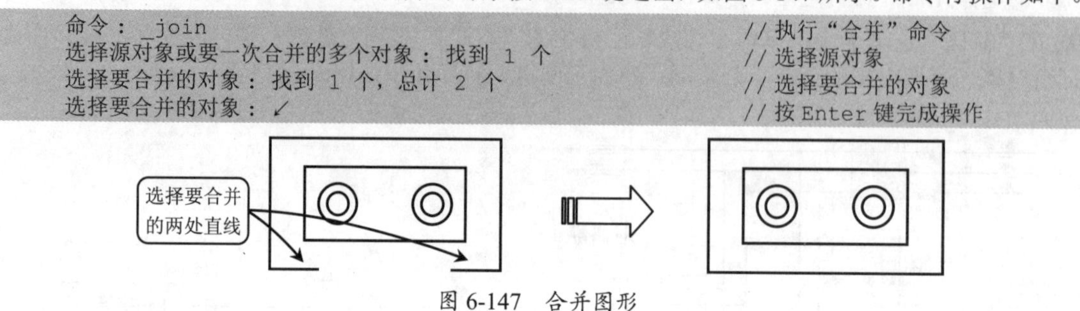

```
命令：_join                                          //执行“合并”命令
选择源对象或要一次合并的多个对象：找到 1 个          //选择源对象
选择要合并的对象：找到 1 个，总计 2 个                //选择要合并的对象
选择要合并的对象：↙                                  //按 Enter 键完成操作
```


图 6-147　合并图形

● 命令子选项说明

“合并”命令产生的对象类型取决于所选定的对象类型、首先选定的对象类型，以及对象是否共线（或共面）。因此“合并”操作的结果与所选对象及选择顺序有关，因此本书将不同对象的合并效果总结如下。

➢ 直线：两个直线对象必须共线才能合并，它们之间可以有间隙，如图 6-148 所示；如果选择源对象为直线，再选择圆弧，合并之后将生成多段线，如图 6-149 所示。

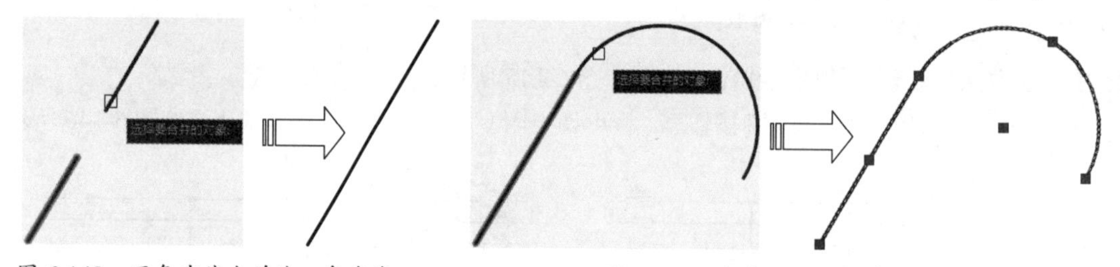

图 6-148　两条直线合并为一条直线　　图 6-149　直线、圆弧合并为多段线

➢ 多段线：直线、多段线和圆弧可以合并到源多段线。所有对象必须连续且共面，生成的对象是单条多段线，如图 6-150 所示。

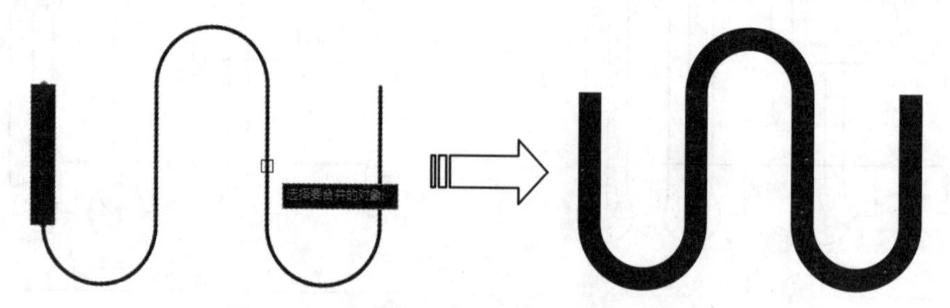

图 6-150　多段线与其他对象合并仍为多段线

➢ 圆弧：只有圆弧可以合并到源圆弧。所有的圆弧对象必须同心、同半径，之间可以有间隙。
➢ 椭圆弧：仅椭圆弧可以合并到源椭圆弧。椭圆弧必须共面且具有相同的主轴和次轴，它们之间可以有间隙。从源椭圆弧按逆时针方向合并椭圆弧。操作基本与圆弧一致，在此不重复介绍。

➢ 螺旋线：所有线性或弯曲对象可以合并到螺旋线。要合并的对象必须是相连的，可以不共面。结果对象是单个样条曲线。

➢ 样条曲线：所有线性或弯曲对象可以合并到源样条曲线。要合并的对象必须是相连的，可以不共面。结果对象是单个样条曲线。

6.5.11　案例——使用合并修改电路图

在案例 6.5.9 中，使用了“打断”命令为电路图添加了元器件，而如果反过来需要删除元器件，则可以通过本节所学的“合并”命令来完成，具体操作方法如下。

01 打开“第 6 章 /6.5.11 使用合并修改电路图 .dwg”素材文件，其中已经绘制好了一幅完整的电路图，如图 6-151 所示。

02 删除元器件。在“默认”选项卡中，单击“修改”面板中的“删除”按钮，删除在案例 6.5.9 中添加的 3 个可调电阻，如图 6-152 所示。

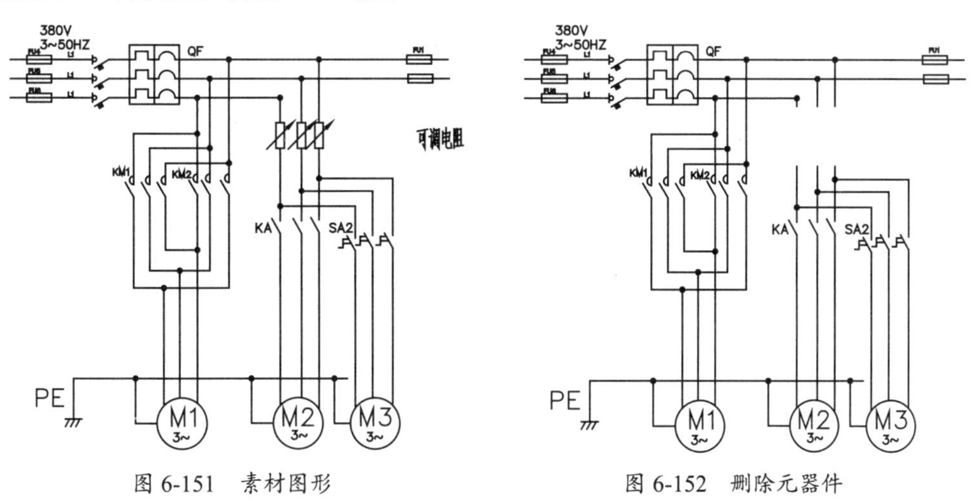

图 6-151　素材图形　　图 6-152　删除元器件

03 单击“修改”面板中的“合并”钮，分别单击打断线路的两端，将直线合并，如图 6-153 所示。

04 按相同方法合并剩下的两条线路，最终效果如图 6-154 所示。

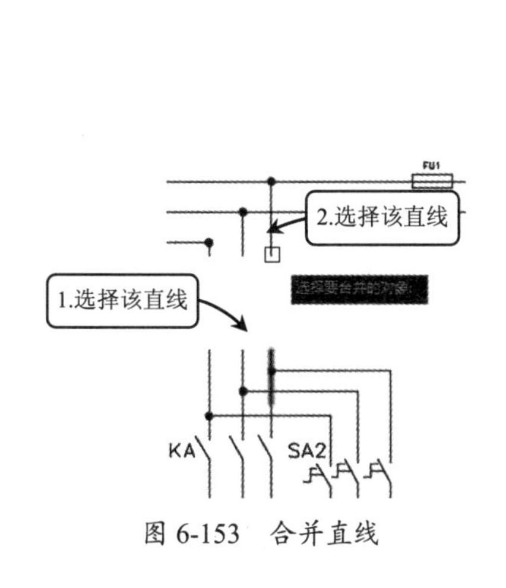

图 6-153　合并直线

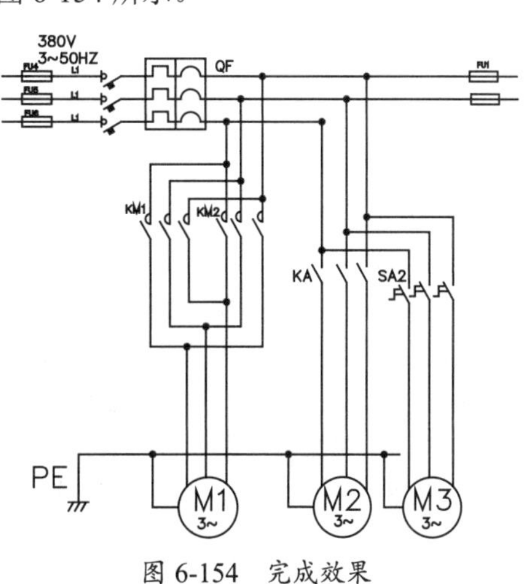

图 6-154　完成效果

6.5.12 绘图次序

如果当前工作文件中的图形元素很多，而且不同的图形叠加在一起，则不利于操作。例如要选择某一个图形，但是这个图形被其他的图形遮住而无法选择，此时即可通过控制图形的显示层次来解决，将挡在前面的图形后置，或让要选择的图形前置，即可让被遮住的图形显示在最前面，如图 6-155 所示。

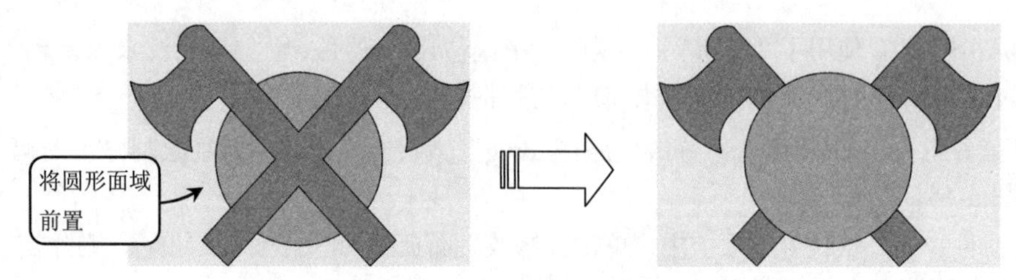

图 6-155 调整绘图次序的效果

在 AutoCAD 2014 中调整图形叠放次序有如下几种方法。

➢ 功能区：在“修改”面板上的“绘图次序”下拉列表中单击所需的命令按钮，如图 6-156 所示。
➢ 菜单栏：在“工具” | “绘图次序”列表中选择相应的命令，如图 6-157 所示。

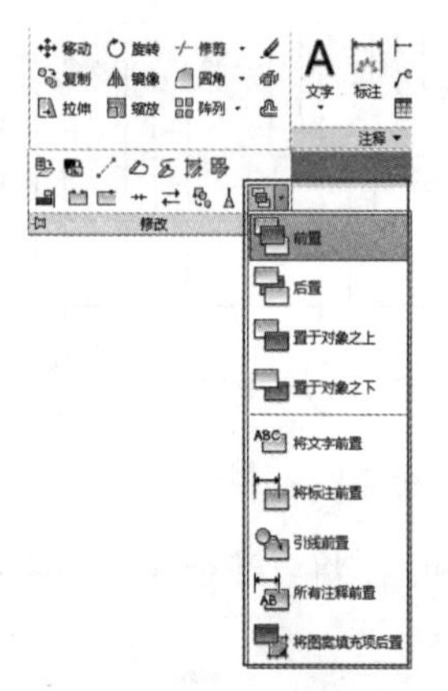

图 6-156 “修改”面板中的“绘图次序”列表

图 6-156 “绘图次序”命令

“绘图次序”列表中的各命令操作方式基本相同，而且十分简单，启用命令后直接选择要前置或后置的对象即可。

● 命令子选项说明

“绘图次序”列表中的各命令含义说明如下。

➢ “前置”：强制使选择的对象显示在所有对象之前。
➢ “后置”：强制使选择的对象显示在所有图形之后。
➢ “置于对象之上”：使选定的对象显示在指定的参考对象之前。
➢ “置于对象之下”：使选定的对象显示在指定的参考对象之后。
➢ “将文字前置”：强制使文字对象显示在所有其他对象之前。
➢ “将标注前置”：强制使标注对象显示在所有其他对象之前。
➢ “引线前置”：强制使引线对象显示在所有其他对象之前。

- ➢ "所有注释前置"：强制使所有注释对象（标注、文字、引线等）显示在所有其他对象之前。
- ➢ "将图案填充项后置"：强制使图案填充项显示在所有其他对象之后。

6.5.13　案例——更改绘图次序修改图形

01 打开"第 6 章 /6.5.13 更改绘图次序修改图形 .dwg"素材文件，其中已经绘制好了一幅市政规划的局部图，图中可见道路、文字等被河流遮挡，如图 6-158 所示。

02 前置道路。选中道路的填充图案以及道路上的各线条，单击"修改"面板中的"前置"按钮，结果如图 6-159 所示。

图 6-158　素材图形

图 6-159　前置道路

03 前置文字。此时道路图形被置于河流之上，符合生活实际，但道路名称被遮盖，因此需将文字对象前置。单击"修改"面板中的"将文字前置"按钮，即可完成操作，结果如图 6-160 所示。

04 前置边框。通过上述步骤操作图形边框被置于各对象之下，因此为了打印效果可将边框置于顶层，结果如图 6-161 所示。

图 6-160　将文字前置

图 6-161　前置边框

6.6　通过夹点编辑图形

所谓"夹点"，是指的是图形对象上的一些特征点，如端点、顶点、中点、中心点等，图形的位置和形状通常是由夹点的位置决定的。在 AutoCAD 中，夹点是一种集成的编辑模式，利用夹点可以编辑图形的大小、位置、方向，以及对图形进行镜像、复制等操作。

6.6.1 夹点模式概述

在夹点模式下，图形对象以虚线显示，图形上的特征点（如端点、圆心、象限点等）将显示为蓝色的小方框，如图 6-162 所示，这样的小方框称为“夹点”。

夹点有未激活和被激活两种状态。蓝色小方框显示的夹点处于未激活状态，单击某个未激活夹点，该夹点以红色小方框显示，处于被激活状态的夹点称为“热夹点”。以热夹点为基点可以对图形对象进行拉伸、平移、复制、缩放和镜像等操作。同时按 Shift 键可以激活多个热夹点。

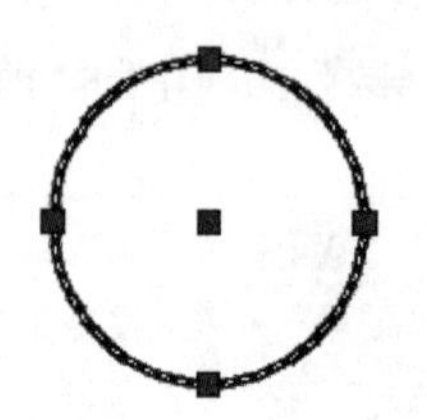

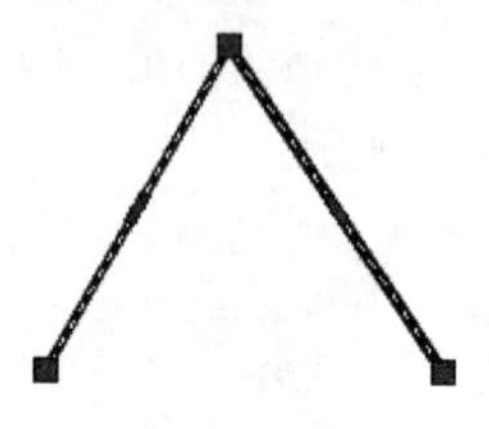

图 6-162　不同对象的夹点

6.6.2 利用夹点拉伸对象

如需利用夹点来拉伸图形，操作方法如下：

➢ 快捷操作：在不执行任何命令的情况下选择对象，然后单击其中的一个夹点，系统自动将其作为拉伸的基点，即进入“拉伸”编辑模式。通过移动夹点即可将图形对象拉伸至新位置。夹点编辑中的“拉伸”与 STRETCH“拉伸”命令一致，效果如图 6-163 所示。

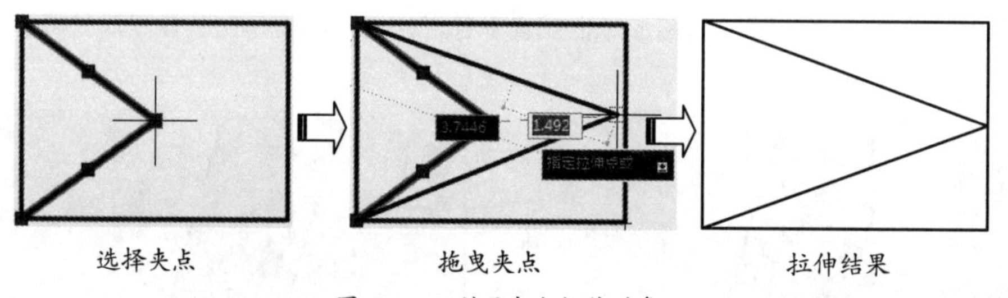

图 6-163　利用夹点拉伸对象

操作技巧：对于某些夹点，拖曳时只能移动而不能拉伸，如文字、块、直线中点、圆心、椭圆中心和点对象上的夹点。

6.6.3 利用夹点移动对象

如需利用夹点来移动图形，操作方法如下：

➢ 快捷操作：选中一个夹点，按 1 次 Enter 键，即进入“移动”模式。
➢ 命令行：在夹点编辑模式下确定基点后，输入 MO 进入“移动”模式，选中的夹点即为基点。

通过夹点进入“移动”模式后，命令行提示如下：

```
** MOVE **
指定移动点或 [基点(B)/复制(C)/放弃(U)/退出(X)]:
```

使用夹点移动对象，可以将对象从当前位置移动到新位置，同MOVE“移动”命令，如图6-164所示。

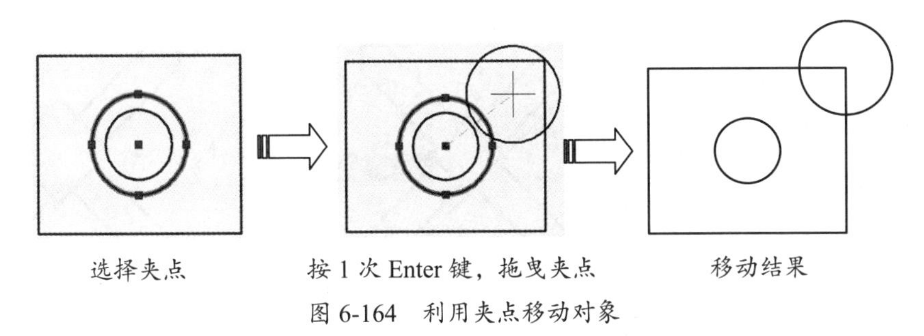

图6-164　利用夹点移动对象

6.6.4　利用夹点旋转对象

如需利用夹点来移动图形，操作方法如下：

- 快捷操作：选中一个夹点，按2次Enter键，即进入“旋转”模式。
- 命令行：在夹点编辑模式下确定基点后，输入RO进入“旋转”模式，选中的夹点即为基点。

通过夹点进入“移动”模式后，命令行提示如下：

```
** 旋转 **
指定旋转角度或 [基点(B)/复制(C)/放弃(U)/参照(R)/退出(X)]:
```

默认情况下，输入旋转角度值或通过拖曳方式确定旋转角度后，即可将对象绕基点旋转指定的角度。也可以选择“参照”选项，以参照方式旋转对象。操作方法同ROTATE“旋转”命令，利用夹点旋转对象如图6-165所示。

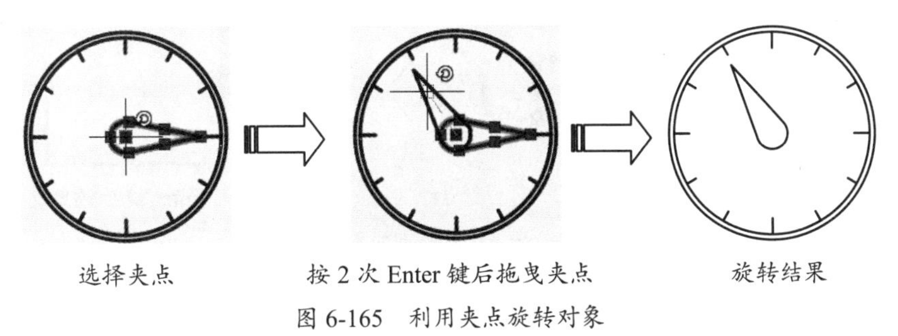

图6-165　利用夹点旋转对象

6.6.5　利用夹点缩放对象

如需利用夹点来移动图形，操作方法如下：

- 快捷操作：选中一个夹点，按3次Enter键，即进入“缩放”模式。
- 命令行：选中的夹点即为缩放基点，输入SC进入“缩放”模式。

通过夹点进入“缩放”模式后，命令行提示如下：

```
** 比例缩放 **
```

```
指定比例因子或 [基点(B)/复制(C)/放弃(U)/参照(R)/退出(X)]:
```

默认情况下，当确定了缩放的比例因子后，AutoCAD 将相对于基点进行缩放对象操作。当比例因子大于 1 时放大对象；当比例因子大于 0 而小于 1 时缩小对象，操作同 SCALE“缩放”命令，如图 6-166 所示。

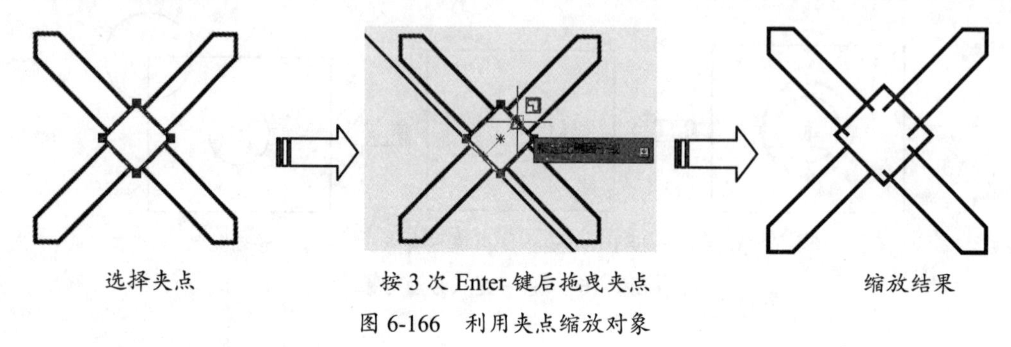

图 6-166 利用夹点缩放对象

6.6.6 利用夹点镜像对象

如需利用夹点来镜像图形，操作方法如下：

- 快捷操作：选中一个夹点，按 4 次 Enter 键，即进入“镜像”模式。
- 命令行：输入 MI 进入“镜像”模式，选中的夹点即为镜像线第一点。

通过夹点进入“镜像”模式后，命令行提示如下：

```
** 镜像 **
指定第二点或 [基点(B)/复制(C)/放弃(U)/退出(X)]:
```

指定镜像线上的第 2 点后，AutoCAD 将以基点作为镜像线上的第 1 点，将对象进行镜像操作并删除源对象。利用夹点镜像对象如图 6-167 所示。

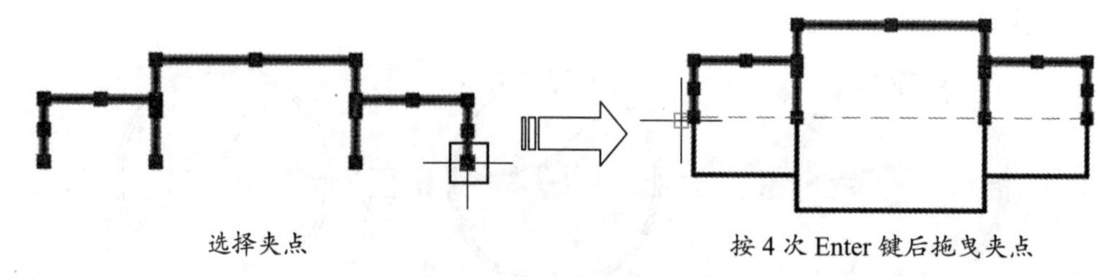

图 6-167 利用夹点镜像对象

6.6.7 利用夹点复制对象

如需利用夹点来复制图形，操作方法如下：

- 命令行：选中夹点后进入“移动”模式，然后在命令行中输入 C，选择“复制（C）”选项即可，命令行操作如下。

```
** MOVE **                                          //进入“移动”模式
指定移动点 或 [基点(B)/复制(C)/放弃(U)/退出(X)]:C↙   //选择“复制”选项
** MOVE (多个) **                                   //进入“复制”模式
指定移动点 或 [基点(B)/复制(C)/放弃(U)/退出(X)]:↙    //指定放置点，并按
Enter键完成操作
```

使用夹点复制功能，选定中心夹点进行拖曳时需按住 Ctrl 键，复制效果如图 6-168 所示。

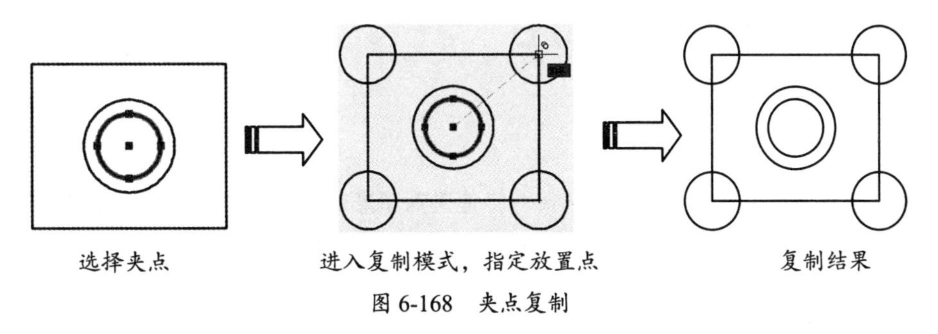

图 6-168　夹点复制

第7章　图形尺寸标注

本章主要介绍尺寸标注的方法。尺寸标注是对图形对象形状和位置的定量化说明，也是工件加工或工程施工的重要依据，因而标注图形尺寸是一般绘图不可缺少的步骤。

7.1　尺寸标注的组成与规定

在图形设计中，尺寸标注是一项重要的内容。它可以准确、清楚地反映对象的大小及对象之间的关系，是提供给施工和加工人员进行施工的精确依据。在对图形进行标注前，应先了解尺寸标注的组成、类型、规则及步骤等。

7.1.1　尺寸标注的组成

一个完整的尺寸标注由标注文字、尺寸线、延伸线及标注符号等组成，如图7-1所示。

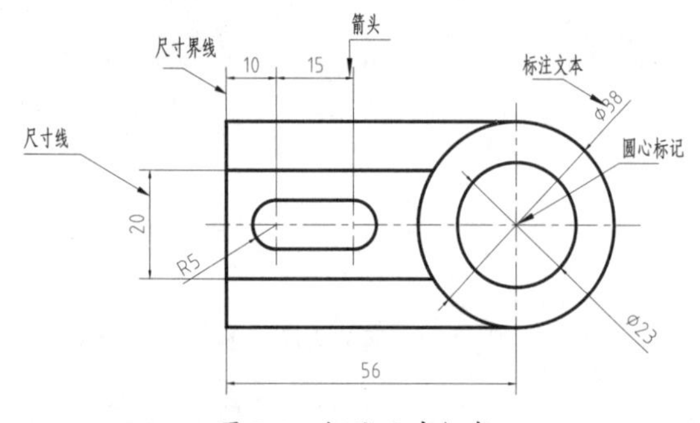

图7-1　标注尺寸组成

各组成部分的作用与含义分别如下：

- 尺寸界线：也称“投影线”，用于标注尺寸的界限，由图样中的轮廓线、轴线或对称中心线引出。标注时尺寸界线从所标注的对象上自动延伸出来，它的端点与所标注的对象接近，但并未连接到对象上。
- 尺寸线：通常与所标注的对象平行，放在两尺寸界线之间用于指示标注的方向和范围。通常尺寸线为直线，但在角度标注时,尺寸线则为一段圆弧。
- 标注文本：通常在尺寸线上方或中断处，用以表示所限标注对象的具体尺寸。在进行尺寸标注时，AutoCAD会自动生成所标注对象的尺寸数值，用户也可以对标注文本进行修改、添加等编辑操作。
- 箭头：在尺寸线两端，用以表明尺寸线的起始位置，用户可为标注箭头指定不同的尺寸和样式。
- 圆心标记：标记圆或圆弧的中心点。

7.2　创建与设置标注样式

在AutoCAD中，使用标注样式可以控制标注的格式和外观。因此，在进行尺寸标注前，应先根据制图及尺寸标注的相关规定设置标注样式。以创建一个新的标注样式并设置相应的参数，或者修改已有标注样式中的相应参数。

在进行标注之前，首先要选择一种尺寸标注样式，被选中的标注样式即为当前尺寸标注样式。如果没有选择标注样式，则使用系统默认标注样式进行尺寸标注。

7.2.1　新建标注样式

在标注尺寸前，第一步要建立标注样式。通过“标注样式管理器”对话框，可以进行新标注样式的创建、标注样式的参数修改等操作，其打开方式有以下几种：

- 命令行：在命令行中输入 DIMSTYLE/D。
- 功能区：在“默认”选项卡中，单击“注释”面板中的“文字样式”按钮。
- 工具栏：单击“标注”工具栏中的“标注样式”按钮。
- 菜单栏：执行“格式”|“标注样式”命令。

执行上述任意一种操作后都将打开如图 7-2 所示的“标注样式管理器”对话框，在该对话框中可以创建新的尺寸标注样式。该对话框内各区域的含义如下：

- “样式”区域：用来显示已创建的尺寸样式列表，其中蓝色背景显示的是当前尺寸样式。
- “列出”下拉列表：用来控制“样式”区域显示的是“所有样式”，还是“正在使用的样式”。
- “预览”区域：用来显示当前样式的预览效果。

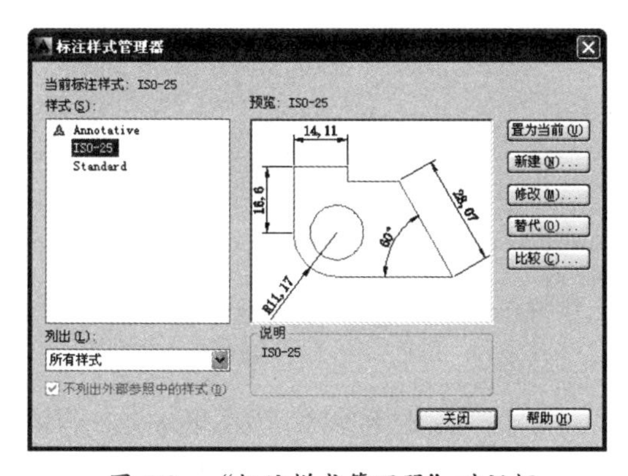

图 7-2　“标注样式管理器”对话框

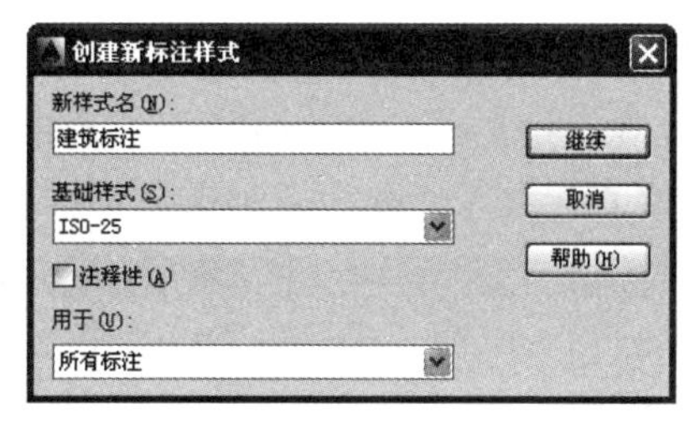

图 7-3　“创建新标注样式”对话框

7.2.2　案例——创建名为“建筑标注”的标注样式

01 调用“格式”|“标注样式”命令，打开“标注样式管理器”对话框，如图 7-4 所示。

02 单击“标注样式管理器”对话框中的“新建”按钮，打开“创建新标注样式”对话框，在其中输入“建筑标注”样式名，如图 7-5 所示。

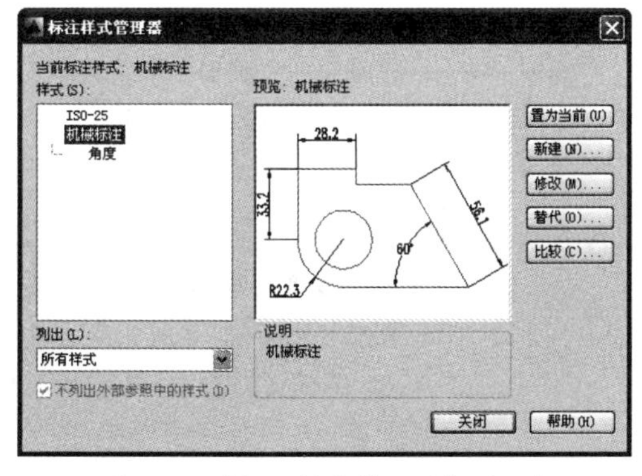

图 7-4　“标注样式管理器”对话框

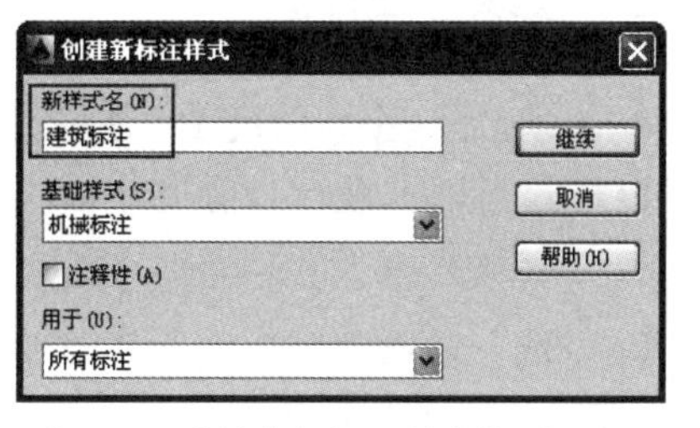

图 7-5　“创建新标注样式”对话框

03 单击“创建新标注样式”对话框中的“继续”按钮，打开“新建标注样式：建筑标注”对话框，选择“线”选项卡，如图7-6所示，设置尺寸线和尺寸界线的相关参数。

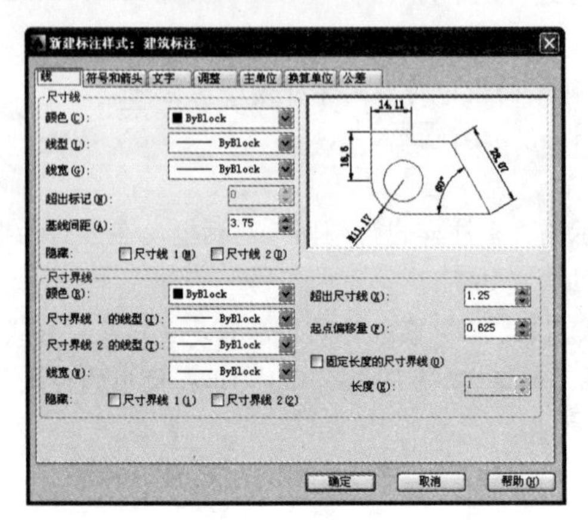

图7-6　设置“线”选项卡中的参数

04 选择“符号和箭头”选项卡，在“箭头”参数栏的“第一个”下拉列表中选择“建筑标记”。在“引线”下拉列表中选择“建筑标记”，最后设置箭头大小为3.5，如图7-7所示。

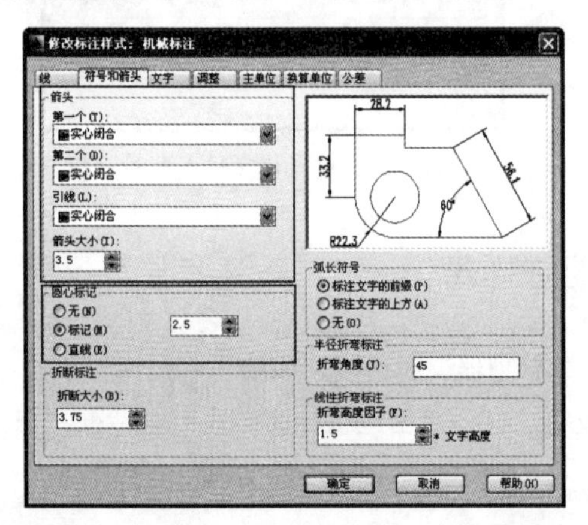

图7-7　设置“符号和箭头”选项卡中的参数

7.2.3　修改标注样式

本节创建了一个新的尺寸标注样式，下面就在该样式基础上进行当前尺寸标注样式的设置。

1．“线”选项卡

单击“新建标注样式”对话框中的“线”选项卡，其中可以设置尺寸线、延伸线的格式和特性。

“尺寸线”选项组用于设置尺寸的颜色、线宽、超出标记及基线间距等属性。各选项具体说明如下：

- “颜色、线型、线宽”下拉列表：分别用来设置尺寸线的颜色、线型和线宽。一般保持默认值Byblock（随块）。
- “超出标记”文本框：用于设置尺寸线超出量。当尺寸箭头符号为45°的粗短斜线、建筑标记、完整标记或无标记时，可以设置尺寸线超过延伸线外的距离，如图7-8所示。

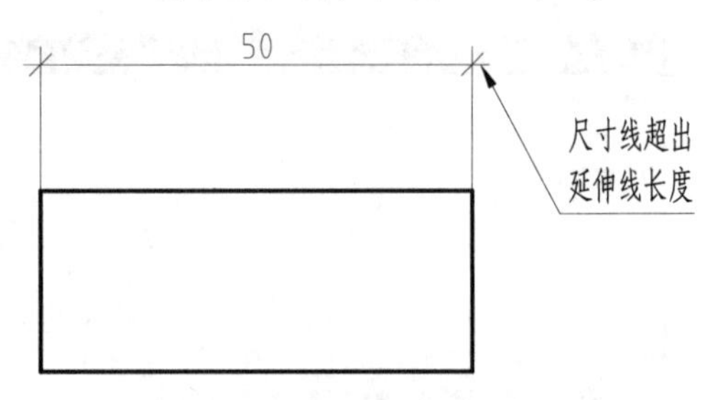

图7-8　超出标记示意图

- “基线间距”文本框：用于设置基线标注中尺寸线之间的间距。
- “隐藏”复选框：用于控制尺寸线的可见性。

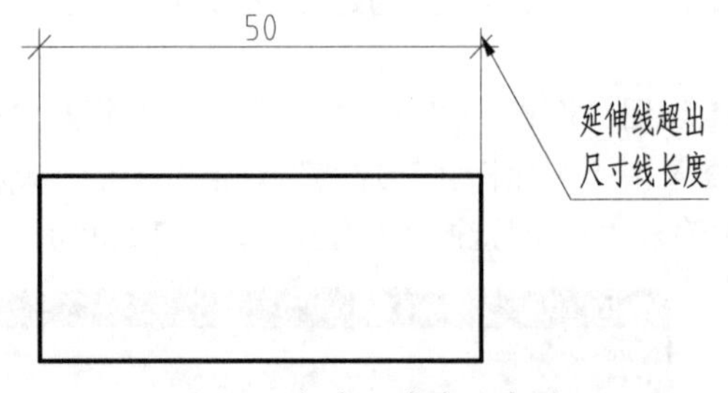

图7-9　超出尺寸线示意图

“延伸线”选项组用于确定延伸线的形式，其区域内各选项的含义说明如下：

- “颜色、线型、线宽”下拉列表：分别表示设置尺寸线的颜色、线型和线宽。一般保持默认值Byblock（随块）。
- “超出标记”文本框：用于设置延伸线超出量，以及延伸线在尺寸线上方超出的距离，如图 7-9 所示。

➢ “起点偏移量”文本框：用于设置延伸线起点到被标注点之间的偏移距离，如图 7-10 所示。延伸线超出量和偏移量是尺寸标注的两个常用设置。

➢ “隐藏”复选框：用于控制延伸线的可见性，可以分别控制两条延伸界限是否隐藏。

1．“符号和箭头”选项卡

在“符号和箭头”选项卡中，可以设置箭头、圆心标记、弧长符号和半径标注折弯的格式与位置。

在“箭头”选项组中可以设置尺寸标注的箭头样式和大小，各选项卡含义如下：

➢ “第一个、第二个”下拉列表：用于设置尺寸标注中第一个标注箭头和第二个标注箭头的外观样式。在建筑绘图中通常设为“建筑标注”或“倾斜”样式。机械制图中通常设为“箭头”样式，如图 7-11 所示。

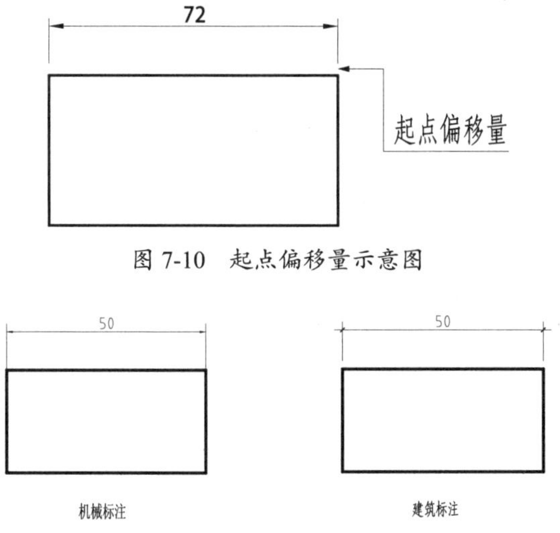

图 7-10　起点偏移量示意图

图 7-11　标注符号类型

➢ “引线”下拉列表：用于设置快速引线标注中箭头的类型。

➢ “箭头大小”数值框：用于设置尺寸标注中箭头的大小。

在“圆心标记”选项组可以设置尺寸标注中圆心标记的格式。各选项含义如下：

➢ “无、标记、直线”单选按钮：用于设置圆心标记的类型，如图 7-12 所示。

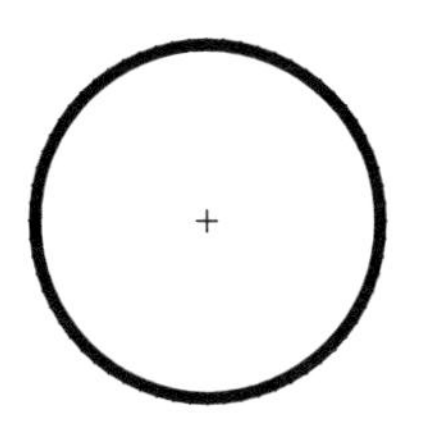

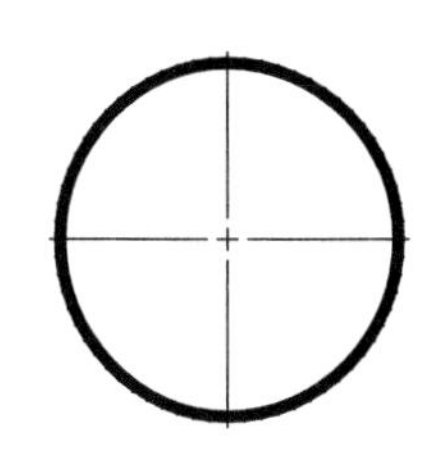

图 7-12　圆心标注的类型

➢ “大小”数值框：用于设置圆心标记的显示大小。

在“弧长符号”选项组可以设置弧长符号的显示位置，包括“标注文字的前缀”“标注文字的上方”和“无”3 种方式，如图 7-13 所示。

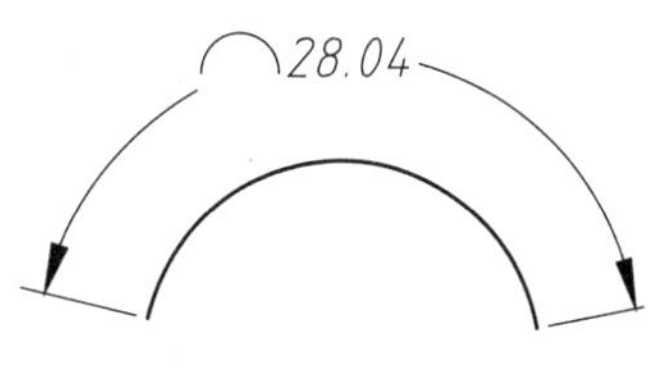

标注文字的前缀

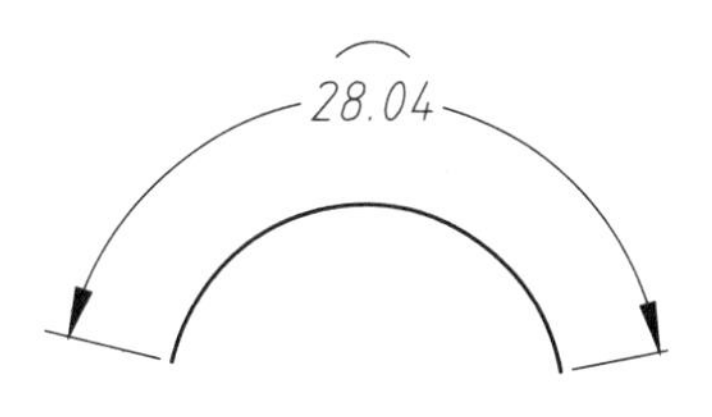

标注文字的上方

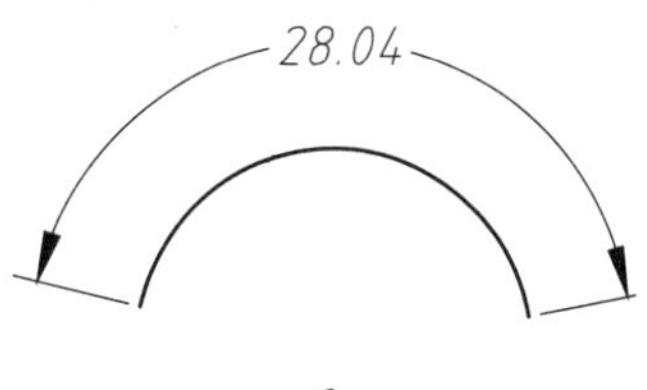

无

图 7-13　弧长标注的类型

1．“文字”选项卡

在“文字”选项卡中，可以对尺寸标注中

标注文字的外观、位置和对齐方式进行设置，如图 7-14 所示。

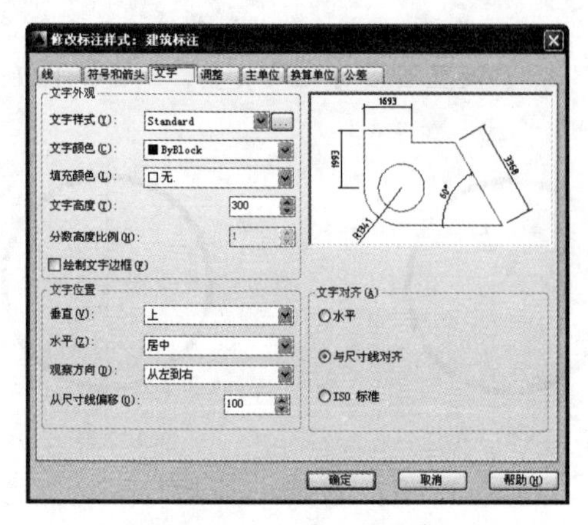

图 7-14 “文字”选项卡

在“文字外观”选项组中可以设置标注文字的样式、颜色、填充颜色、文字高度等参数。各选项含义如下：

- 文字样式：用于选择标注的文字样式，也可以单击其后的□按钮，弹出“文字样式”对话框，选择文字样式或新建文字样式。
- 文字颜色：用于设置文字的颜色，也可以使用变量 DIMCLRT 设置。
- 填充颜色：用于设置标注文字的背景颜色。
- 文字高度：设置文字的高度，也可以使用变量 DIMCTXT 设置。
- 分数高度比例：设置标注文字的分数相对于其他标注文字的比例，AutoCAD 将该比例值与标注文字高度的乘积作为分数的高度。
- 绘制文字边框：设置是否给标注文字加边框。

在“文字位置”选项组中可以设置文字的垂直、水平位置，以及从尺寸线的偏移量，各选项的功能说明如下：

- “垂直”下拉列表：用于设置标注文字相对于尺寸线在垂直方向的位置，如“居中”“上方”“外部”和“JIS”。其中，选择“居中”可以把标注文字放在尺寸线中间；选择“上方”将把标注文字放在尺寸线的上方；选择“外部”可以把标注文字放在远离第一定义点的尺寸线一侧；选择 JIS 按 JIS（日本工业标准）放置标注文字，即总是把文字水平放于尺寸线上方，不考虑文字是否与尺寸线平行。各种效果如图 7-15 所示。

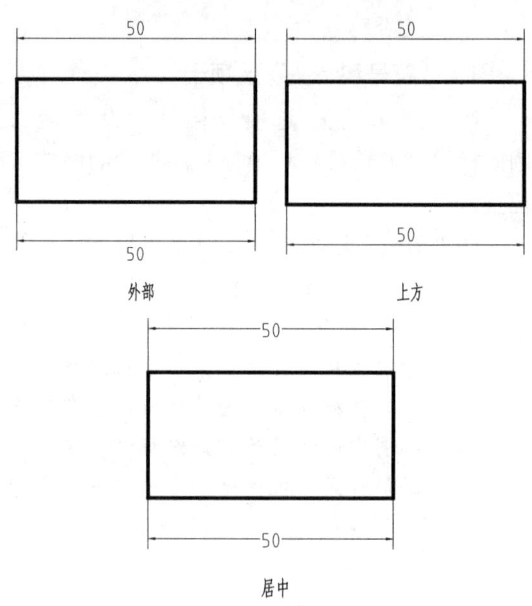

图 7-15 尺寸文字在垂直方向上的相应位置

- “水平”下拉列表：用于设置尺寸文字在水平方向上相对于延伸线的位置。“居中”表示在延伸线之间居中放置文字；“第一条延伸线”表示靠近第一条延伸线放置文字，与延伸线的距离是箭头大小加文字偏移量的两倍；“第二条延伸线”表示靠近第二条尺寸界线放置文字；“第一条延伸线上方”表示将文字沿第一条延伸线放置或放置在上方；“第二条延伸线上方”表示将文字沿第二条延伸线放置或放置在上方。各种效果图如图 7-16 所示。

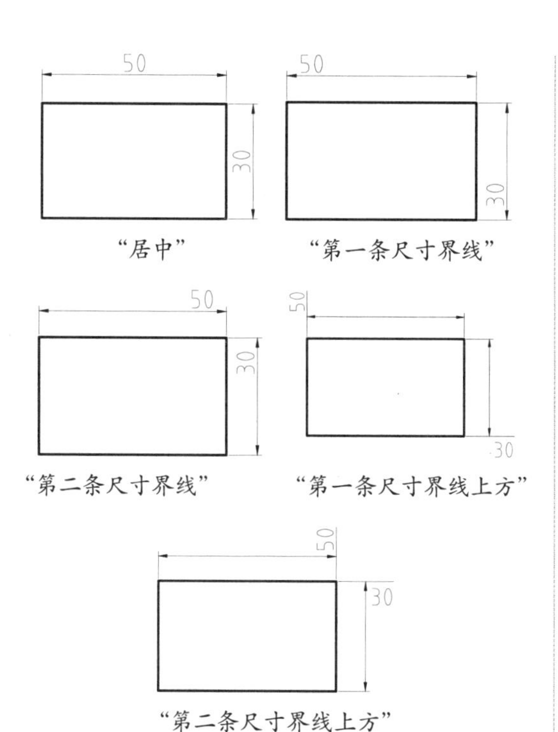

图 7-16　尺寸文字在水平方向上的相对位置

➢ “从尺寸线偏移”文本框：用于设置文字偏移量，以及尺寸文字和尺寸线之间的间距，如图 7-17 所示。

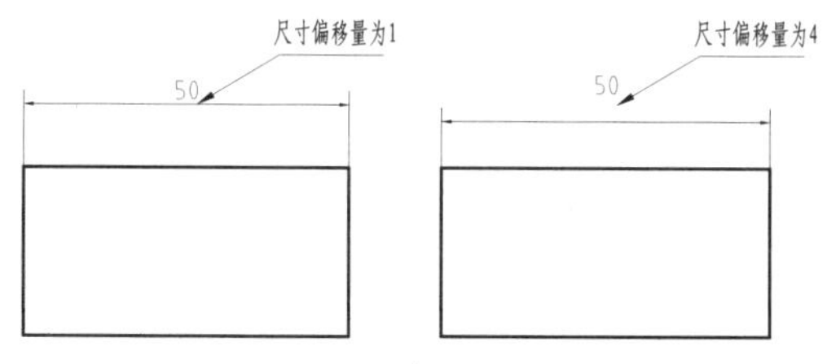

图 7-17　文字偏移量设置

在“文字对齐”选项组，可以设置标注文字的对齐方式，如图 7-18 所示，各选项的含义如下：

➢ “水平”单选按钮：无论尺寸线的方向如何，文字始终水平放置。
➢ “与尺寸线对齐”单选按钮：文字的方向与尺寸线平行。
➢ “ISO 标准”单选按钮：按照 ISO 标准对齐文字。当文字在延伸线内时，文字与尺寸线对齐；当文字在延伸线外时，文字水平排列。

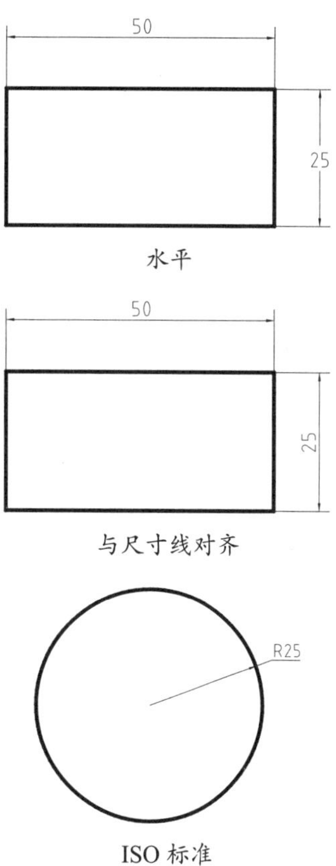

图 7-18　尺寸文字对齐方式

1. “调整”选项卡

在“调整”选项卡中，可以设置标注文字、尺寸线、尺寸箭头的位置，如图 7-19 所示。在“调整选项”选项组中，可以确定当延伸线之间没有足够的空间同时放置标注文字和箭头时，应从延伸线之间移出的对象，如图 7-20 所示，各选项含义如下：

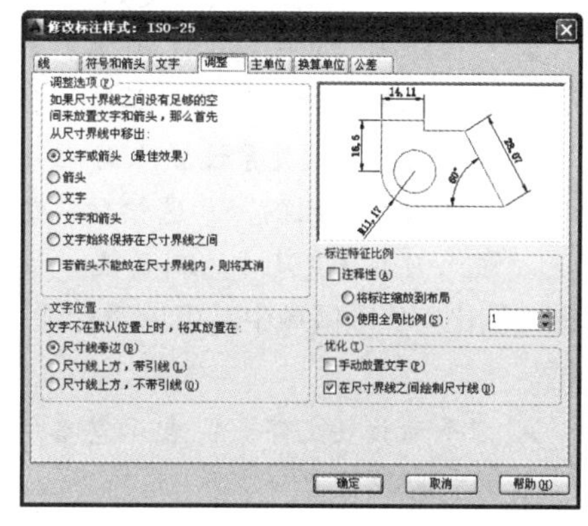

图 7-19　“调整”选项卡

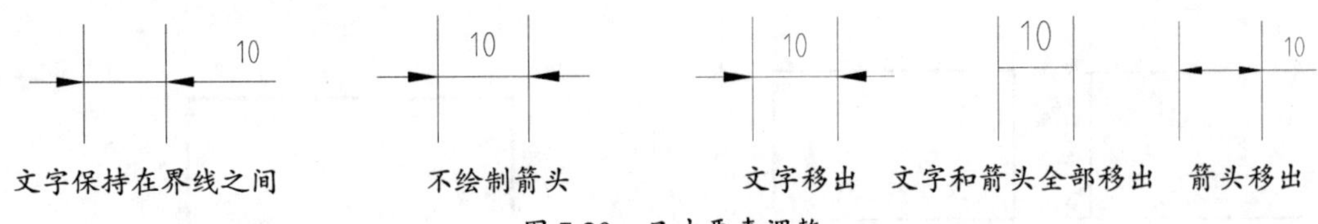

图 7-20 尺寸要素调整

- “文字或箭头（最佳效果）”单选按钮：表示由系统选择一种最佳方式来安排尺寸文字和尺寸箭头的位置。
- “箭头”单选按钮：表示将尺寸箭头放在延伸线外侧。
- “文字”单选按钮：表示将标注文字放在延伸线外侧。
- “文字和箭头”单选按钮：表示将标注文字和尺寸线都放在延伸线外侧。
- “文字始终保持在延伸线之间”单选按钮：表示标注文字始终放在延伸线之间。
- “若箭头不能放在延伸线内，则将其消除”单选按钮：表示当延伸线之间不能放置箭头时，不显示标注箭头。

在“文字位置”选项组中，可以设置当标注文字不在默认位置时应放置的位置，如图 7-21 所示，各选项含义如下：

- “尺寸线旁边”单选按钮：表示当标注文字在延伸线外部时，将文字放置在尺寸线旁边。
- “尺寸线上方，带引线”单选按钮：表示当标注文字在延伸线外部时，将文字放置在尺寸线上方并加一条引线相连。
- “尺寸线上方，不带引线”单选按钮：表示当标注文字在延伸线外部时，将文字放置在尺寸线上方，不加引线。

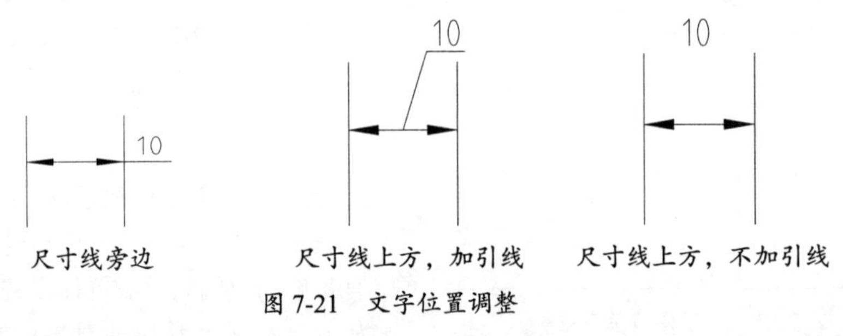

图 7-21 文字位置调整

在“标注特性比例”选项组中，可以设置标注尺寸的特征比例以便通过设置全局比例来增加或减少各标注的大小，各选项含义如下：

- “注释性”复选框：选择该复选框，可以将标注定义成可注释性对象。
- “将比例缩放到布局”单选按钮：选中该单选按钮，可以根据当前模型空间视口与图纸之间的缩放关系设置比例。
- “使用全局比例”单选按钮：选择该单选按钮，可以对全部尺寸标注设置缩放比例，该比例不改变尺寸的测量值。

在“优化”选项区域中，可以对标注文字和尺寸线进行细微调整，该选项区域包括以下两个复选框。

- “手动放置文字”：表示忽略所有水平对正设置并将文字手动放置在“尺寸线位置”的相应位置。
- “在延伸线之间绘制尺寸线”：表示在标注对象时，始终在延伸线间绘制尺寸线。

1. “主单位”选项卡

在“主单位”选项卡中，可以设置标注的单位格式，通常用于机械或辅助设计绘图的尺寸标注，如图 7-22 所示。设置主单位格式时，有线性标注和角度标注两种情况，其主单位分别用来表示长度和角度。

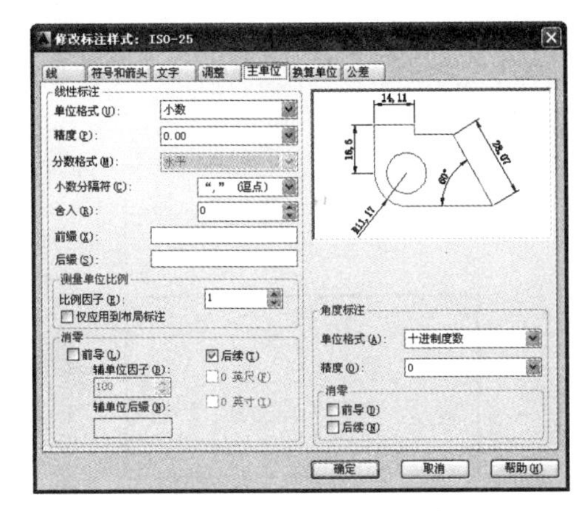

图 7-22 “主单位”选项卡

在“线性标注”选项组中，可以设置线性尺寸的单位。各选项含义如下：

- “单位格式”下拉列表：用于选择线性标注所采用的单位格式，如小数、科学和工程等。
- “精度”下拉列表：用于选择线性标注的小数位数。
- “分数格式”下拉列表：用于设置分数的格式。只有在“单位格式”下拉列表中选择“分数”选项时才可用。
- “小数分隔符”下拉列表：用于选择小数分隔符的类型，如“逗点”和“句点”等。
- “舍入”文本框：用于设置非角度测量值的舍入规则。若设置舍入值为 0.5，则所有长度都将被舍入到最接近 0.5 个单位的数值。
- “前缀”文本框：用于在标注文字的前面添加一个前缀。
- “后缀”文本框：用于在标注文字的后面添加一个后缀。

在“测量单位比例”选项组中，可以设置单位比例和限制使用的范围。各选项的含义如下：

- “比例因子”文本框：用于设置线性测量值的比例因子，AutoCAD 将标注测量值与此处输入值相乘。例如，如果输入 3，AutoCAD 将把 1mm 的测量值显示为 3mm。该数值框中的值不影响角度标注效果。
- “仅应用到布局标注”复选框：表示只对在布局中创建的标注应用线性比例值。

在“消零”选项组中，可以设置小数消零的参数。它用于消除所有小数标注中的前导或后续的零。如选择后续，则 0.3500 变为 0.35。

在“角度标注”选项组中，可以设置角度标注的单位样式。各选项含义如下：

- “单位格式”下拉列表：用于设定角度标注的单位格式。如十进制度数、度/分/秒、百分度、弧度等。
- “精度”下拉列表：用于设定角度标注的小数位数。
- “消零”复选框：其含义与线性标注相同。

1. “换算单位”选项卡

在“换算单位”选项卡中，可以设置不同单位尺寸之间的换算格式及精度。在 AutoCAD 中，通过换算标注单位，可以换算使用不同测量单位制的标注，通常是显示英制标注的等效公制标注，或公制标注的等效英制标注。在标注文字中，换算标注单位显示在主单位旁边的括号 [] 中。默认情况下该选项卡中的所有内容都呈不可用状态，只有选中“显示换算单位”复选框后，该选项卡中的其他内容才可使用，如图 7-23 所示。

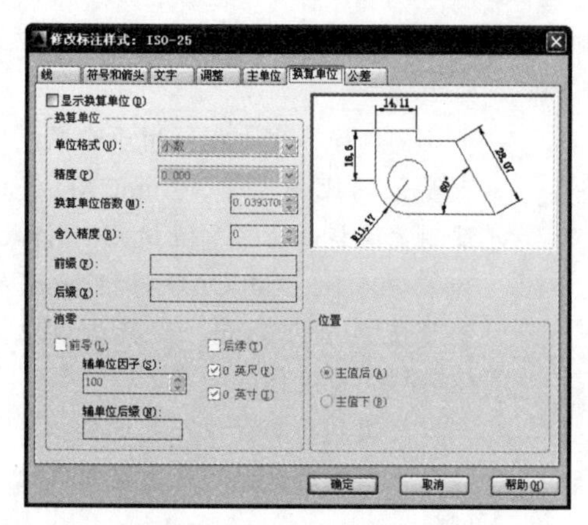

图 7-23 “换算单位”选项卡

在“换算单位”选项组中，可以设置单位换算的单位格式和精度参数。各选项含义如下：

- “单位格式”下拉列表：用于设置换算单位格式。如可以设置为科学、小数、工程等。
- “精度”下拉列表：用于设置换算单位的小数位数。
- “换算单位倍数”文本框：可以指定一个倍数，作为主单位和换算单位之间的换算因子。
- “舍入精度”文本框：为除了角度之外的所有标注类型设置换算单位的舍入规则。
- “前缀”文本框：为换算标注文字指定一个前缀。
- “后缀”文本框：为换算标注文字指定一个后缀。

在“消零”选项组中，可以设置不输出的前导零和后续零，以及值为零的英尺和英寸。

在“位置”选项组中，可设置换算单位的位置，如图 7-24 所示。各选项含义如下：

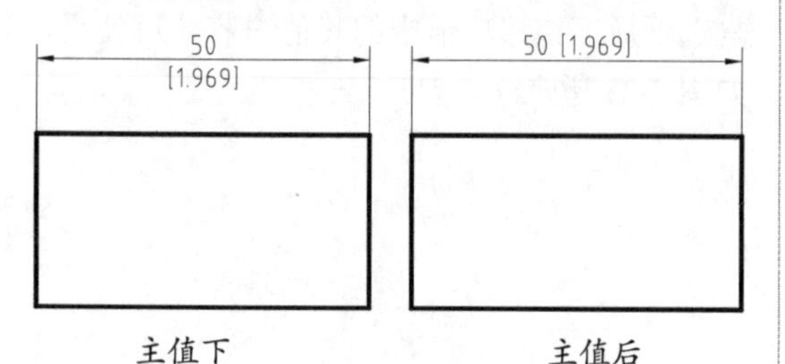

图 7-24 换算尺寸的位置

- “主值后”单选按钮：表示将换算单位放在主单位后面。
- “主值下”单选按钮：表示将换算单位放在主单位下面。

1. “公差”选项卡

“公差”是指允许尺寸的变动量，常用于进行机械标注中对零件加工的误差范围进行限定。一个完整的公差标注由基本尺寸、上偏差、下偏差组成，如图 7-25 所示。

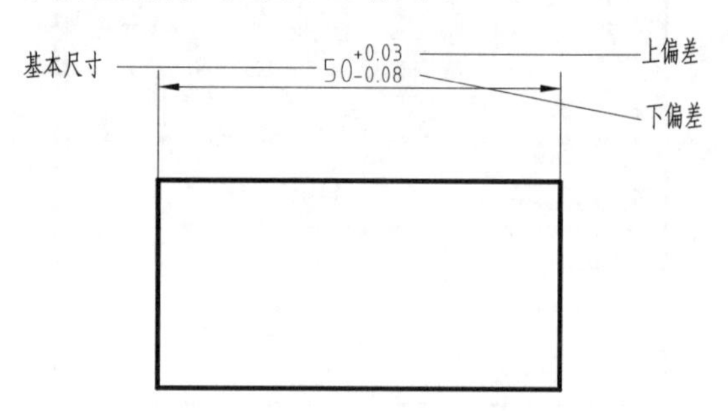

图 7-25 公差标注的组成

在“公差”选项卡中可以设置公差的参数，从而创建公差标注，如图 7-26 所示。

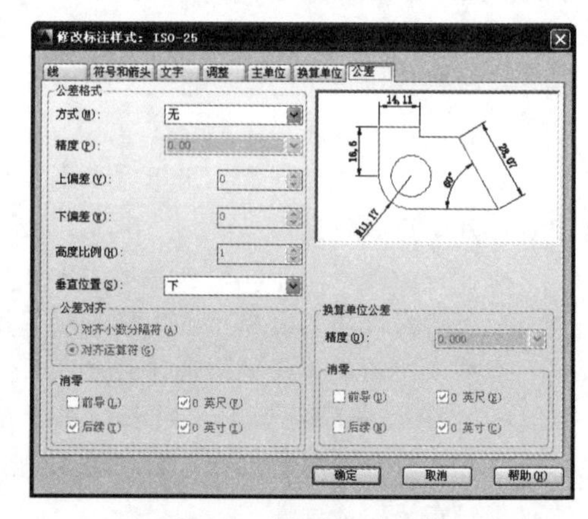

图 7-26 “公差”选项卡

- “方式”下拉列表：用于设置计算公差的方法。“无”表示不标注公差，选择此项，此卡中的其他选项不可用；“对称”表示当上、下偏差的绝对值相等时，在公差值前加注 ± 号，仅需输入上偏差值；“极限偏差”用来设置上、下偏差值，自动加注 + 符号在上偏差前面。加注 - 符号在下偏差前面；“极限尺寸”表示直接标注最大和最小极限数值；“基本尺寸”表示只标注基本尺寸，不标注上、下偏差，并绘制文字边框，各效果图如图 7-27 所示。

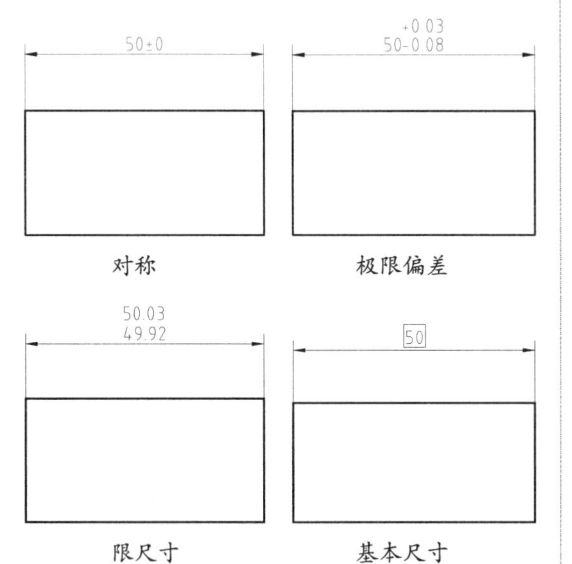

图 7-27　公差尺寸类型

- “精度”下拉列表：用于设置小数的位数。
- “上偏差”文本框：用于设置最大公差或上偏差。当在“方式”下拉列表中选择“对称”选项时，AutoCAD 将该值用作公差值。
- “下偏差”文本框：用于设置最小公差或下偏差。
- “高度比例”文本框：用于设置公差文字的当前高度。
- “垂直位置”下拉列表：用于设置对称公差和极限公差的文字对齐方式。

7.2.4　案例——创建机械标注样式

01 单击“快速访问”工具栏中的“新建”按钮，新建空白文件。

02 在“常用”选项卡中，单击“注释”面板中的“标注样式”按钮。系统弹出“文字样式”对话框，单击“新建”按钮，弹出“新建文字样式”对话框，命样式名为“工程字”，如图 7-28 所示。

图 7-28　“新建文字样式”对话框

03 单击“确定”按钮，更改“字体”为 gbenor.shx，使用大字体为 gbcbig.shx，如图 7-29 所示。

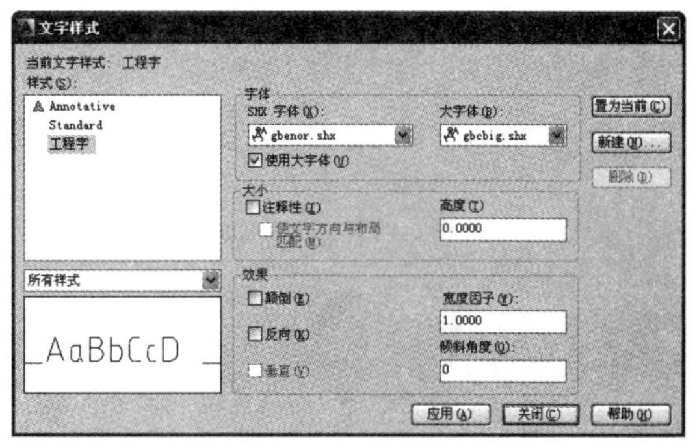

图 7-29　“文字样式”对话框

04 单击“应用”按钮，然后单击“置为当前”按钮，关闭“文字样式”对话框。

05 在“常用”选项卡中，单击“注释”面板中的“标注样式”按钮，系统将弹出的“标注样式管理器”对话框。

06 单击“新建”按钮，系统将弹出“创建新标注样式”对话框，如图 7-30 所示。在“新样式名”文本框中输入“标注”名称。

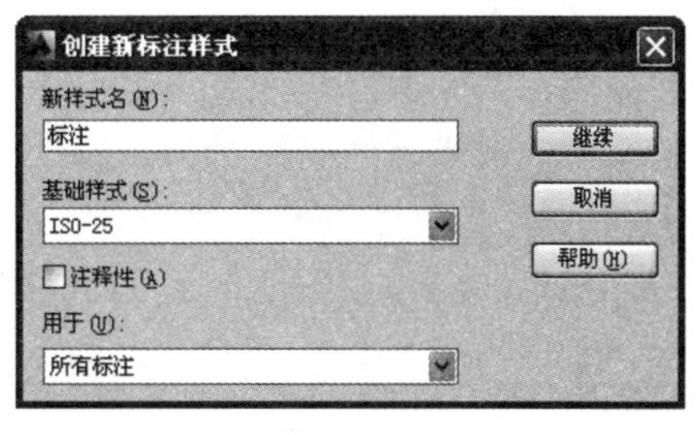

图 7-30　“创建新标注样式”对话框

07 单击“继续”按钮，弹出“新建标注样式：标注”对话框，如图 7-31 所示。

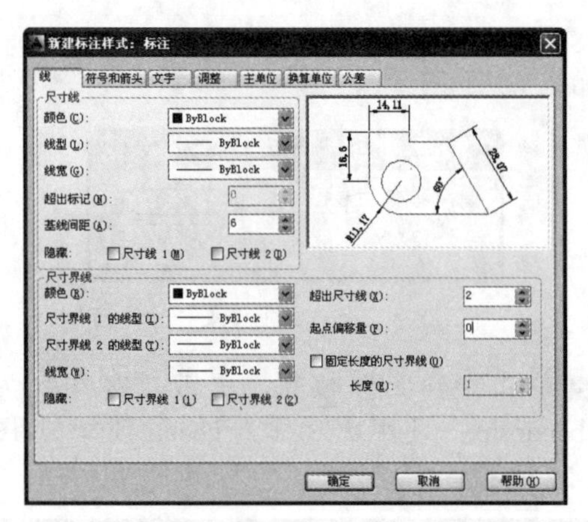

图 7-31 “新建标注样式：标注”对话框

08 打开“线”选项卡，在“基线间距”“超出尺寸线”和“起点偏移量”文本框中输入 6、2 和 0。

09 打开“符号和箭头”选项卡，在“箭头大小”文本框中输入 3.5。

10 打开“文字”选项卡，单击“文字样式”下拉列表，选择“标注”。在“文字高度”“从尺寸线偏移”文本框中输入 3.5、0.625。

11 其他选项保持默认，单击“确定”按钮，关闭此对话框。单击“置为当前”按钮，关闭“标注样式管理器”对话框，完成“新建标注样式”的建立。其标注效果如图 7-32 所示。

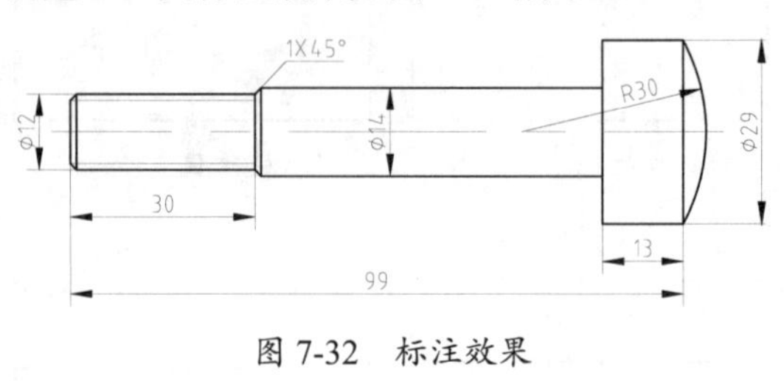

图 7-32 标注效果

7.3 创建基本尺寸标注

在了解了尺寸标注的相关概念及标注样式的创建和设置方法后，即可对图形进行尺寸标注了。在进行尺寸标注前，首先要了解常见尺寸标注的类型及标注方式。常见尺寸标注包括：线性标注、对齐标注、连续标注、基线标注，以及半径和直径标注等，本节将对此进行详细介绍。

7.3.1 线性标注

线性标注包括水平标注和垂直标注两种类型，用于标注任意两点之间的距离。调用该命令的方法如下。

- 菜单栏：调用“标注”|“线性”命令。
- 工具栏：单击“标注”工具栏上的“线性”按钮。
- 命令行：在命令行输入 DIMLINEAR（或 DLI）并按 Enter 键。

在调用命令的过程中，指定完标注点后，命令行操作如下：

```
指定尺寸线位置或
[ 多行文字 (M) / 文字 (T) / 角度 (A) / 水平 (H) / 垂直 (V) / 旋转 (R)]:
```

其各选项含义如下：

- 多行文字：可以通过输入多行文字的方式输入多行标注文字。
- 文字：可以通过输入单行文字的方式输入单行标注文字。
- 角度：可以输入设置标注文字方向与标注端点连线之间的夹角，默认为 0。
- 水平：表示标注两点之间的水平距离。
- 垂直：表示标注两点之间的垂直距离。
- 旋转：用于在标注过程中设置尺寸线的旋转角度。

7.3.2　案例——标注矩形的长与宽

01 打开素材文件“第 7 章 /7.3.2 标注矩形的长与宽”，结果如图 7-33 所示。

02 单击“标注”工具栏上的“线性”按钮，并根据命令行提示进行标注，结果如图 7-34 所示，命令行提示如下：

```
命令：_dimlinear
指定第一条延伸线原点或 <选择对象>:                    //捕捉矩形左上角的顶点
指定第二条延伸线原点：
指定尺寸线位置或
[多行文字(M)/文字(T)/角度(A)/水平(H)/垂直(V)/旋转(R)]:
                                                  //确定尺寸线的位置
标注文字 =27
```

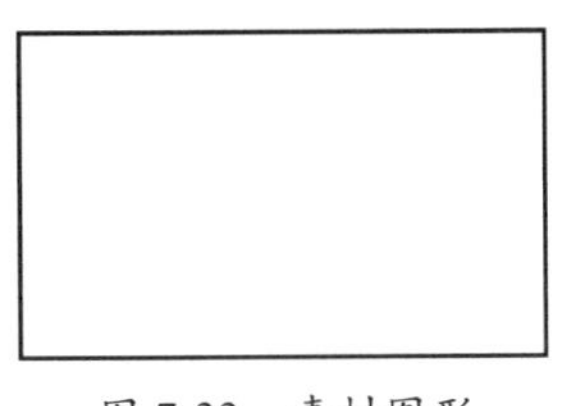

图 7-33　素材图形

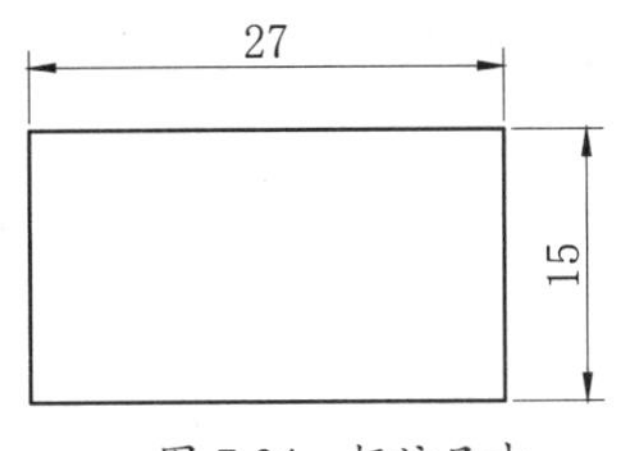

图 7-34　标注尺寸

7.3.3　对齐标注

对齐标注用来标注尺寸线倾斜的尺寸对象，它可以使尺寸线始终与标注对象平行，是线性标注的一种特殊形式。调用该命令的方法如下。

- 菜单栏：调用“标注”|“对齐”命令。
- 工具栏：单击“标注”工具栏上的“对齐”按钮。
- 命令行：在命令行输入 DIMALIGNED（或 DAL）并按 Enter 键。

7.3.4　案例——标注正六边形的边长

01 打开素材文件“第 7 章 /7.3.4 标注正六边形的边长”，结果如图 7-35 所示。

02 单击“标注”工具栏中的“对齐”按钮，并根据命令行提示进行标注，结果如图 7-36 所示，命令行提示如下：

```
命令：_dimaligned
指定第一条延伸线原点或 <选择对象>:                  //捕捉正六边形右上角的顶点
指定第二条延伸线原点：                              //捕捉正六边形右顶点
指定尺寸线位置或[多行文字(M)/文字(T)/角度(A)]:       //确定尺寸线位置
标注文字 = 5537
```

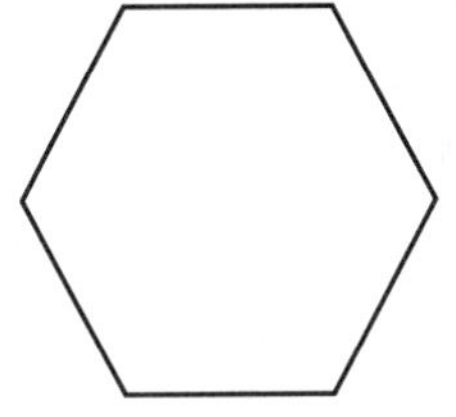

图 7-35　绘制正六边形

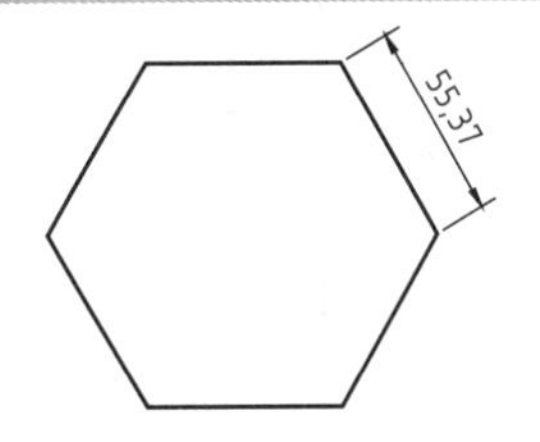

图 7-36　标注水平宽度

7.3.5 连续标注

连续标注是首尾相连的多个标注，又称为“链式标注”或“尺寸链”，是多个线性尺寸的组合。在创建连续标注之前，必须已有线性、对齐或角度标注，只有在它们的基础上才能进行此标注。

调用该命令有以下 3 种方法。

- 菜单栏：调用“标注”|“连续”命令。
- 工具栏：单击“标注”工具栏上的“连续”按钮。
- 命令行：在命令行中输入 DIMCONTINUE（或 DCO）并按 Enter 键。

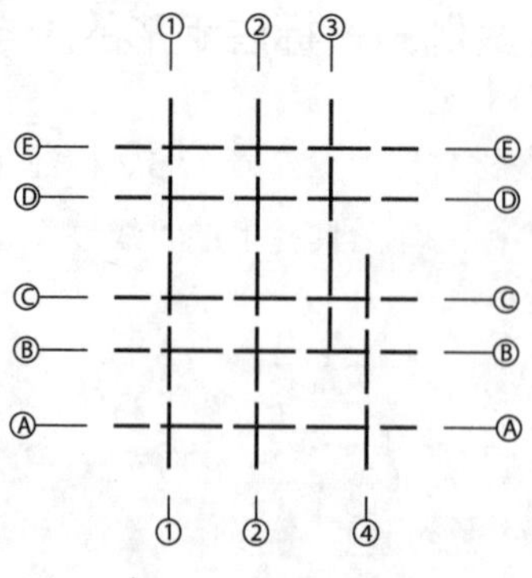

图 7-37 素材图形

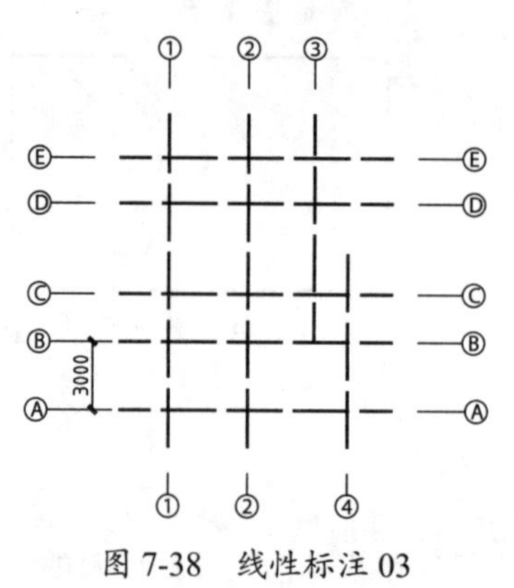

图 7-38 线性标注 03

7.3.6 案例——标注墙体轴线尺寸

01 按快捷键 Ctrl+O，打开“第 7 章 /7.3.6 标注墙体轴线尺寸 .dwg”素材文件，如图 7-37 所示。

02 标注第一个竖直尺寸。在命令行中输入 DLI，执行“线性标注”命令，为轴线添加第一个尺寸标注，如图 7-38 所示。

03 单击“标注”工具栏中的“连续”按钮，并根据命令行提示进行连续标注，执行“连续标注”命令。命令行提示如下。

```
命令：_DIMCONTINUE                                              // 调用“连续标注”命令
选择连续标注：                                                  // 选择标注
指定第二条尺寸界线原点或 [放弃(U)/选择(S)] <选择>:              // 指定第二条尺寸界线的原点
标注文字 = 2100
指定第二条尺寸界线原点或 [放弃(U)/选择(S)] <选择>:
标注文字 = 4000                                                 // 按 Esc 键退出绘制，完成连续
标注的结果如图 7-39 所示。
```

04 采用上述相同的方法继续标注轴线，结果如图 7-40 所示。

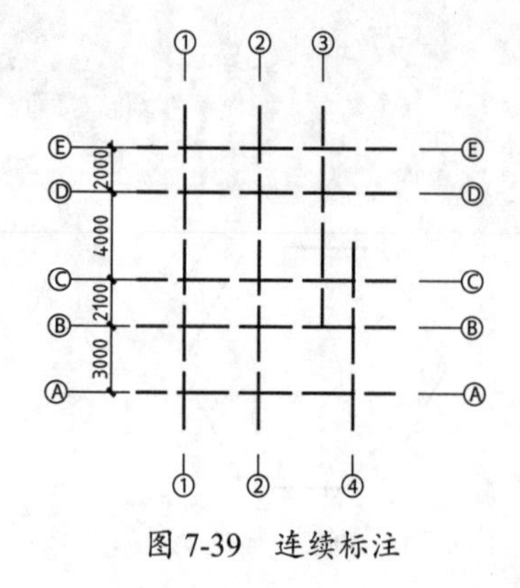

图 7-39 连续标注

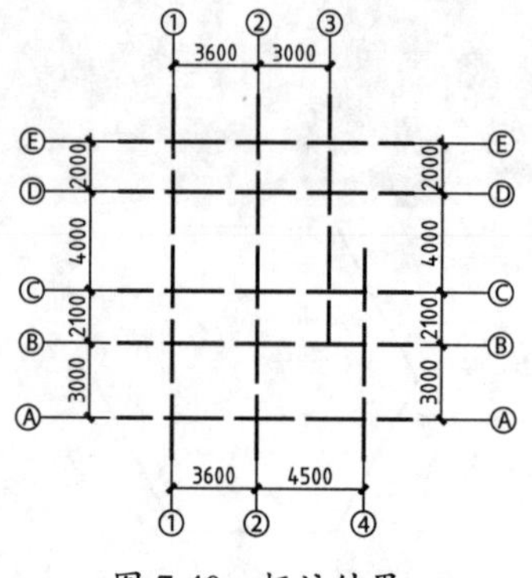

图 7-40 标注结果

7.3.7　基线标注

基线标注是以某一延伸线为基准位置，按一定方向标注一系列尺寸，所有尺寸共用一条延伸线（基线）。调用该命令的方法如下。

- 菜单栏：调用“标注” | “基线”命令。
- 工具栏：单击“标注”工具栏上的“基线标注”按钮。
- 命令行：在命令行中输入 DIMBASELINE（或 DBA）并按 Enter 键。

与连续标注一样，在基线标注前必须存在一个基线或者是上一条线性标注的一条延伸线，或者在已经存在的延伸线中选择。确定基线后，系统自动将基线作为延伸线起点，并提示选择尺寸界线的终点。

7.3.8　案例——标注机械零件图

01 打开素材文件“第 7 章 /7.3.8 基线标注机械零件图 .dwg”文件，如图 7-41 所示。

02 调用“标注” | “基线”命令，并根据命令行提示进行基线标注，结果如图 7-42 所示，命令行提示如下：

```
命令：_dimbaseline                                              //调用“基线”命令
选择基准标注：                                                  //选择基线标注的基线
指定第二条延伸线原点或 [放弃(U)/选择(S)] <选择>:               //捕捉第 1 个端点
标注文字 = 14
……
指定第二条延伸线原点或 [放弃(U)/选择(S)] <选择>:               //捕捉第 4 个端点
标注文字 = 37
指定第二条延伸线原点或 [放弃(U)/选择(S)] <选择>:↙              //按 Enter 键
选择基准标注：*取消*                                            //按 Esc 键结命令
```

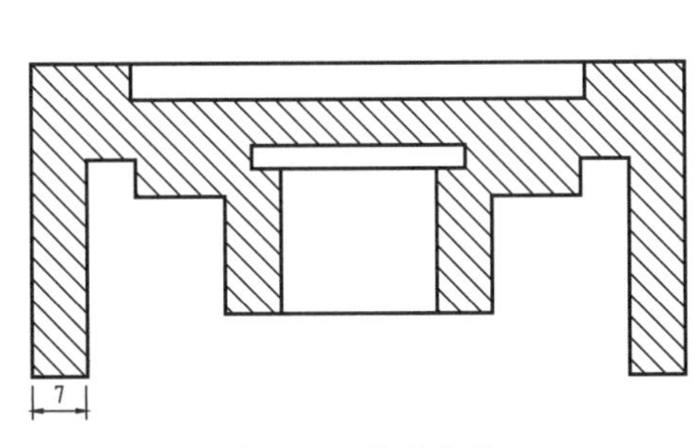

图 7-41　素材文件

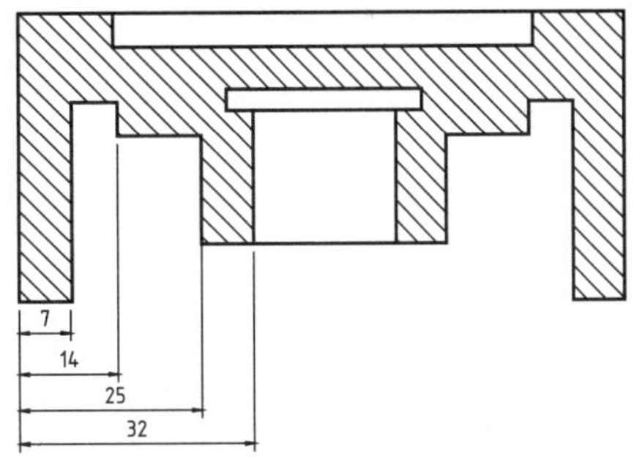

图 7-42　“基线”标注

7.3.9　直径和半径标注

直径和半径标注用于标注圆或弧的直径或半径。标注时要选择需要标注的圆或弧，以及确定尺寸线的位置。拖曳尺寸线，即可以创建直径或半径标注。

调用该命令的方法如下。

- 菜单栏：调用“标注” | “直径”/“半径”命令。
- 工具栏：单击“标注”工具栏上的“直径”/“半径”按钮 / 。
- 命令行：在命令行输入 DIMDIAMETER / DIMRADIUS（或 DDI / DRA）并按 Enter 键。

7.3.10　案例——标注垫片的直径与半径

01 打开随书光盘“第7章/7.3.10 标注垫片的直径与半径.dwg”文件，如图7-43所示。

02 单击“标注”工具栏中的“直径”按钮，按如图7-44所示标注圆的直径。

03 单击“标注”工具栏中的“半径”按钮，按如图7-45所示标注的半径。

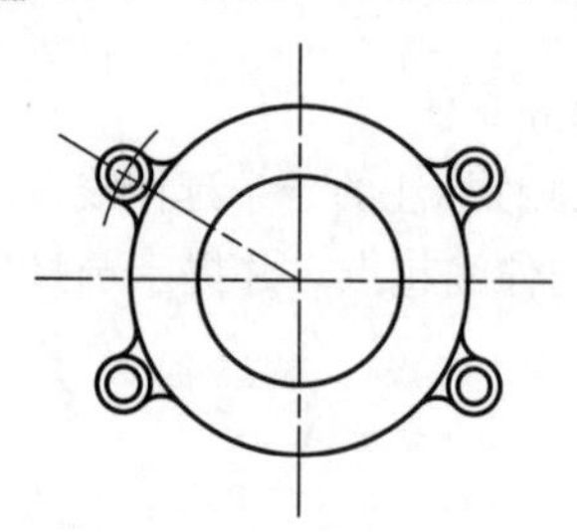

图7-43　原始文件

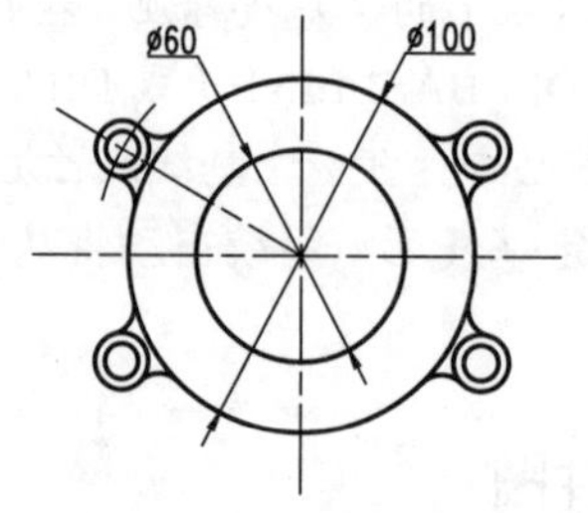

图7-44　“直径”标注

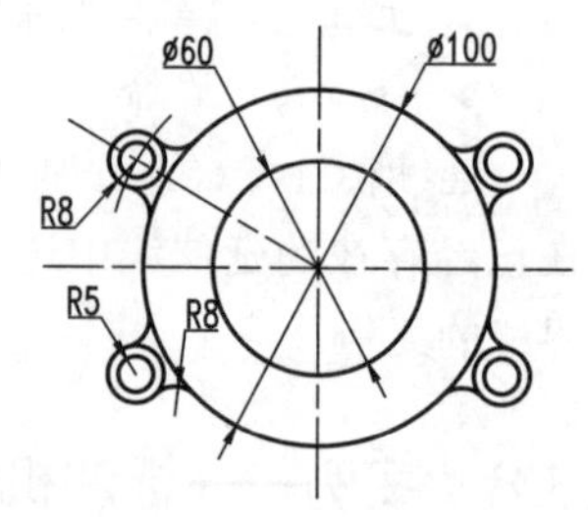

图7-45　“半径”标注

操作技巧： 标注好直径或半径后，可以通过夹点控制功能重新定位直径或半径标注的位置，其他尺寸标注也一样。

7.4　创建其他尺寸标注

其他尺寸标注包括角度标注、弧长标注、快速标注、折弯标注、引线标注与多重引线标注和形位公差标注等。

7.4.1　角度标注

角度标注用于标注圆弧对应的中心角、相交直线形成的夹角或者三点形成的夹角。调用该命令的方法如下。

- 菜单栏：调用“标注”|“角度”命令。
- 工具栏：单击“标注”工具栏中的“角度”按钮。
- 命令行：在命令行输入DIMANGULAR（或DAN）并按Enter键。

调用该命令后，命令行提示如下：

```
选择圆弧、圆、直线或 <指定顶点>:
```

可以在该提示下选择需要标注的对象，其功能及选择方式如下：

- 标注圆弧角度：选择圆弧后，命令行显示提示信息“指定标注弧线位置或[多行文字(M)/文字(T)/角度(A)]：”此时，如果直接确定标注弧线的位置，系统会按实际测量值标注出角度。也可以使用备选项设置尺寸文字及旋转角度。
- 标注圆角度：选择圆后，命令行显示提示信息“指定角的第二个端点：”要求指定另一个点作为角的第二个端点，该点可以在圆上，也可以不在圆上，然后确定标注弧线的位置。此时，标注的角度将以圆心为角度的顶点，以通过所选择的两个点为延伸线。
- 标注直线角度：需要选择这两条直线，然后确定标注弧线的位置。系统将自动标注出这两条直线的夹角。
- 根据3个点标注角度：需要确定角的顶点，并分别指定角的两个端点，以及标注弧线的位置。

7.4.2　案例——标注两条直线之间的角度

01 打开随书光盘“第 7 章 /7.4.2 标注两条直线之间的角度 .dwg”文件，如图 7-46 所示。

02 单击“标注”工具栏中的“角度”按钮，并根据命令行提示标注两条直线之间的角度，结果如图 7-47 所示，命令行提示如下：

```
命令： _dimangular
选择圆弧、圆、直线或 <指定顶点>:                        // 选择直线 a
选择第二条直线：                                        // 选择直线 b
指定标注弧线位置或 [多行文字 (M)/ 文字 (T)/ 角度 (A)/ 象限点 (Q)]:
                                                        // 确定尺寸线的位置
标注文字 = 45
```

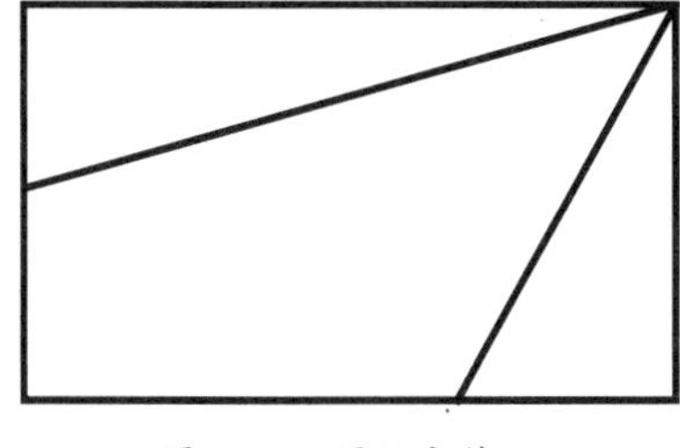

图 7-46　原始文件

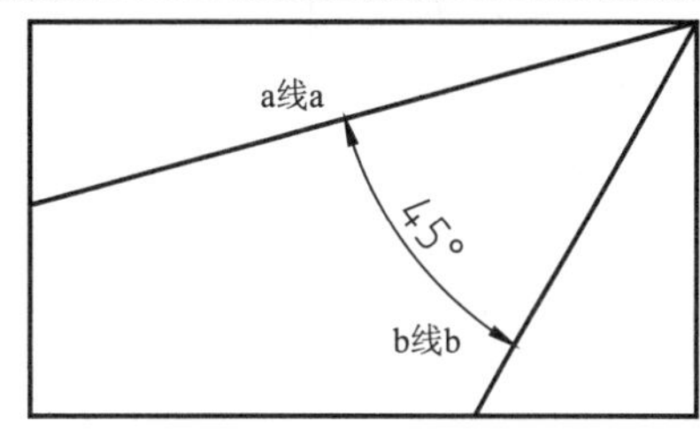

图 7-47　“角度”标注

7.4.3　快速标注

在 AutoCAD 2014 中，将一些常用标注综合成了一个方便、快速的标注命令——“快速标注”。调用该命令时，只需选择需要标注的图形对象，AutoCAD 就针对不同的标注对象自动选择合适的标注类型，并快速标注尺寸。

调用该命令的方法如下。

- 菜单栏：调用“标注” | “快速标注”命令。
- 工具栏：单击“标注”工具栏上“快速标注”按钮。
- 命令行：在命令行输入 QDIM 并按 Enter 键。

7.4.4　案例——快速创建长度型尺寸标注

01 打开随书光盘“第 7 章 /7.4.4 快速创建长度型尺寸标注 .dwg”文件，如图 7-48 所示。

02 单击“标注”工具栏中的“快速标注”按钮，根据命令行提示对原始文件进行快速标注，结果如图 7-49 所示，命令行提示如下：

```
命令： _qdim
关联标注优先级 = 端点
选择要标注的几何图形： 指定对角点： 找到 8 个              // 框选所有图形
选择要标注的几何图形：↙                                 // 按 Enter 键确认选中的图形
指定尺寸线位置或 [连续 (C)/ 并列 (S)/ 基线 (B)/ 坐标 (O)/ 半径 (R)/ 直径 (D)/ 基准点 (P)/
编辑 (E)/ 设置 (T)] <连续>:                               // 确定尺寸线的位置
```

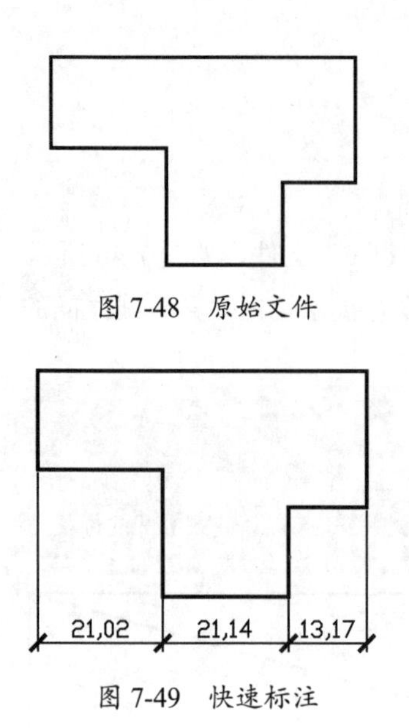

图 7-48 原始文件

图 7-49 快速标注

7.4.5 折弯标注

折弯标注可以标注圆和圆弧的半径，该标注方式与半径标注方式基本相同，但需要指定一个位置代替圆或圆弧的圆心，如图 7-50 所示为圆的半径标注和折弯标注。调用“折弯”标注命令的方法如下。

- 菜单栏：调用“标注”|“折弯”命令。
- 工具栏：单击“标注”工具栏上“折弯”按钮。
- 命令行：在命令行输入 DIMJOGGED 并按 Enter 键。

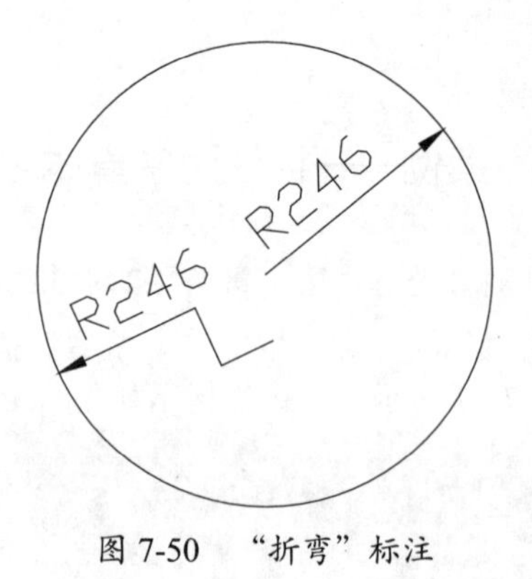

图 7-50 “折弯”标注

7.4.6 多重引线标注

使用“多重引线”工具添加和管理所需的引出线，不仅能够快速标注装配图的证件号和引出公差，而且能够更清楚地标识制图的标准、说明等内容。此外，还可以通过修改“多重引线样式”对引线的格式、类型及内容进行编辑。因此本节便按“创建多重引线标注”和“管理多重引线样式”两部分进行介绍。

1. 创建多重引线标注

在 AutoCAD 2014 中启用“多重引线”标注有如下几种常用方法：

- 功能区：在“默认”选项卡中，单击“注释”面板上的“引线”按钮。
- 菜单栏：执行“标注”|“多重引线”命令。
- 命令行：MLEADER 或 MLD。

执行上述任意命令后，在图形中单击确定引线箭头位置，并在打开的文字出入窗口中输入注释内容即可，如图 7-51 所示，命令行提示如下：

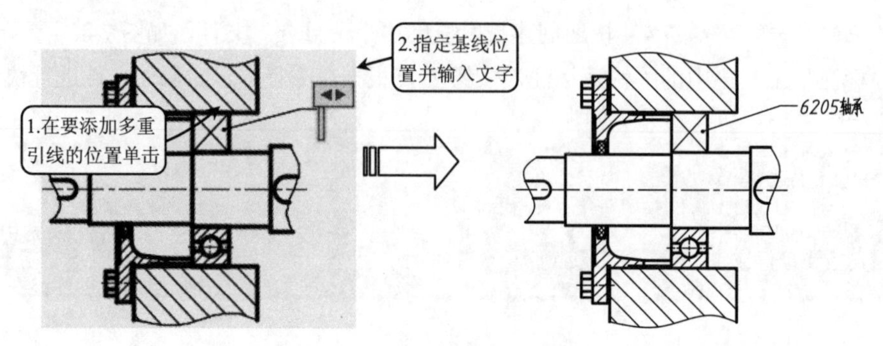

图 7-51 多重引线标注示例

```
命令： _mleader                                          //执行“多重引线”命令
指定引线箭头的位置或 [引线基线优先(L)/内容优先(C)/选项(O)] <选项>:
                                                          //指定引线箭头位置
指定引线基线的位置：                                      //指定基线位置，并输入注释文字，在空
白处单击即可结束命令
```

- 命令子选项说明

命令行中各选项含义说明如下。

➢ “引线基线优先（L）”：选择该选项，可以颠倒多重引线的创建顺序，为先创建基线位置（即文字输入的位置），再指定箭头位置，如图 7-52 所示。

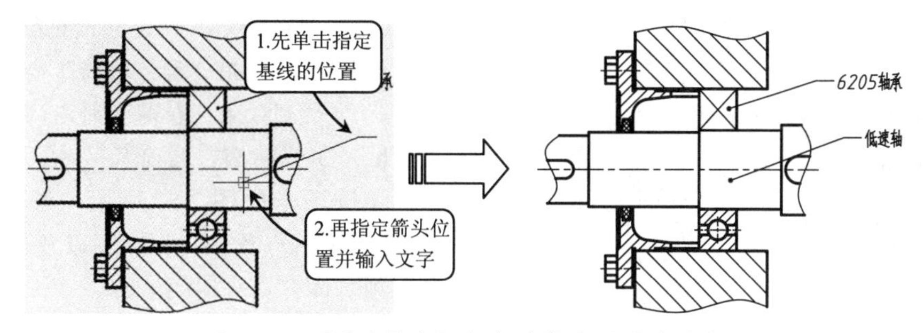

图 7-52　“引线基线优先（L）”标注多重引线

➢ “引线箭头优先（H）”：即默认先指定箭头，再指定基线位置的方式。

➢ “内容优先（L）”：选择该选项，可以先创建标注文字，再指定引线箭头来进行标注，如图 7-53 所示。该方式的基线位置可以自动调整，随鼠标移动方向而定。

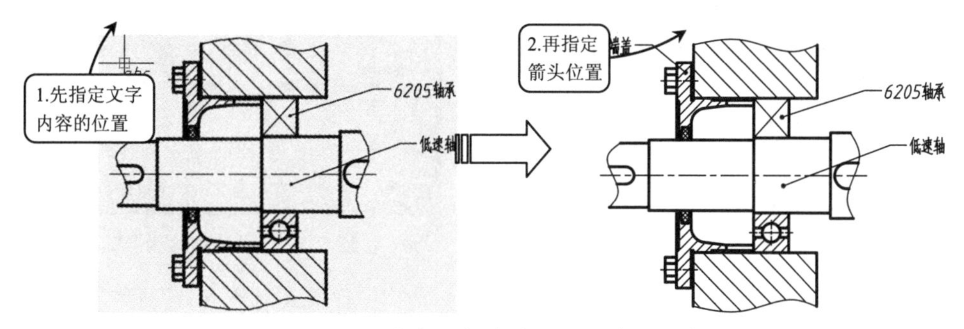

图 7-53　“内容优先（L）”标注多重引线

1. 管理多重引线样式

与标注一样，多重引线也可以设置“多重引线样式”来指定引线的默认效果，如箭头、引线、文字等特征。创建不同样式的多重引线，可以使其适用于不同的使用环境。

在 AutoCAD 2014 中打开“多重引线样式管理器”命令有如下几种常用方法：

➢ 功能区：在“默认”选项卡中单击“注释”面板下拉列表中的“多重引线样式”按钮。

➢ 菜单栏：执行“格式”|“多重引线样式”命令。

➢ 命令行：MLEADERSTYLE 或 MLS。

执行以上任意命令，系统将打开“多重引线样式管理器”对话框，如图 7-54 所示。

该对话框和“标注样式管理器”对话框功能类似，可以设置多重引线的格式和内容。单击“新建”按钮，系统弹出“创建新多重引线样式”对话框，如图 7-55 所示。然后在“新样式名”文本框中输入新的样式名称，单击“继续”按钮，即可打开“修改多重引线样式”对话框进行修改。

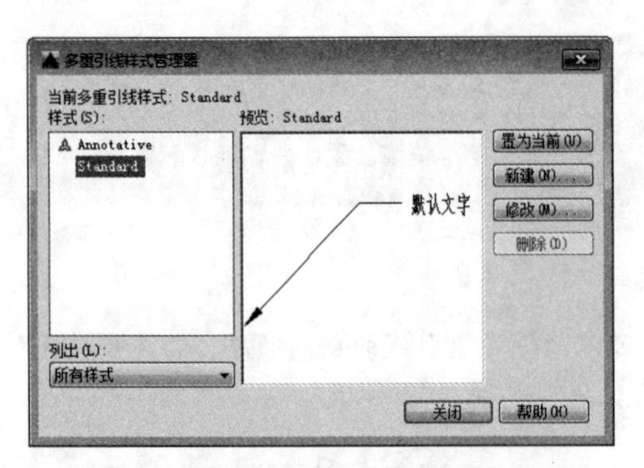

图 7-54 “多重引线样式管理器”对话框

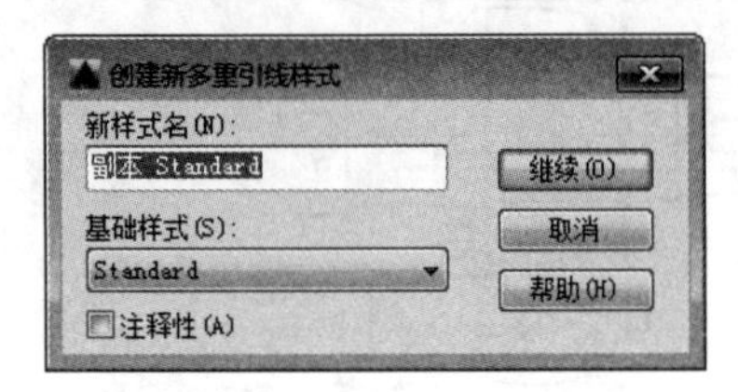

图 7-55 “创建新多重引线样式”对话框

• 命令子选项说明

在“修改多重引线样式”对话框中可以设置多重引线标注的各种特性，该对话框中有“引线格式”“引线结构”和“内容”3 个选项卡，如图 7-56 所示。每个选项卡对应一种特性的设置，分别介绍如下。

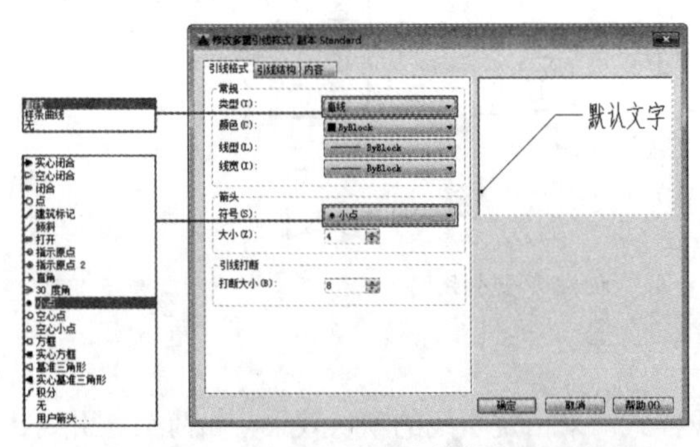

图 7-56 “修改多重引线样式”对话框

a. “引线格式”选项卡

该选项卡如图 7-56 所示，可以设置引线的线型、颜色和类型，具体选项含义介绍如下。

➢ “类型”：用于设置引线的类型，包含“直线”“样条曲线”和“无”3 种。

➢ “颜色”：用于设置引线的颜色，一般保持默认值 Byblock（随块）即可。

➢ “线型”：用于设置引线的线型，一般保持默认值 Byblock（随块）即可。

➢ “线宽”：用于设置引线的线宽，一般保持默认值 Byblock（随块）即可。

➢ “符号”：可以设置多重引线的箭头符号，共 19 种。

➢ “大小”：用于设置箭头的大小。

➢ “打断大小”：设置多重引线在用于 DIMBREAK“标注打断”命令时的打断大小。该值只有在对“多重引线”使用“标注打断”命令时才能观察到效果，值越大打断的距离越大。

b. “引线结构”选项卡

该选项卡如图 7-57 所示，可以设置“多重引线”的折点数、引线角度，以及基线长度等，各选项具体含义介绍如下。

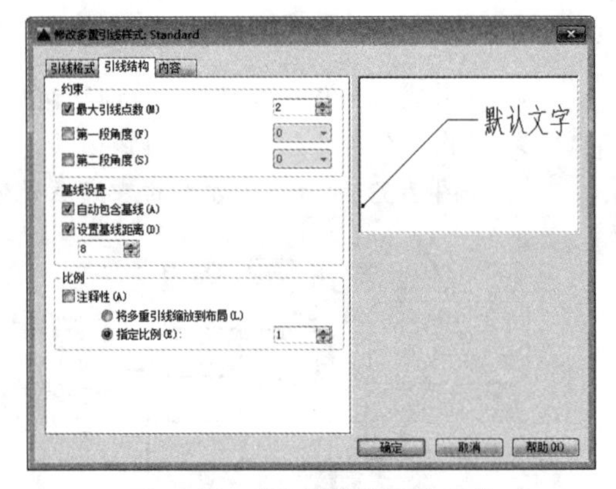

图 7-57 “引线结构”选项卡

➢ “最大引线点数”：可以指定新引线的最大点数或线段数。

➢ “第一段角度”：该选项可以约束新引线中的第一个点的角度，效果同前文介绍的“第一个角度（F）”命令行选项。

➢ “第二段角度”：该选项可以约束新引线中的第二个点的角度，效果同前文介绍的“第二个角度（S）”命令行选项。

➢ “自动包含基线”：确定“多重引线”命令中是否含有水平基线。

➢ “设置基线距离”：确定“多重引线”中基线的固定长度。只有勾选“自动包含基线”复选框后才可用。

a. “内容”选项卡

“内容”选项卡如图 7-58 所示，在该选项卡中，可以对“多重引线”的注释内容进行设置，如文字样式、文字对齐等。

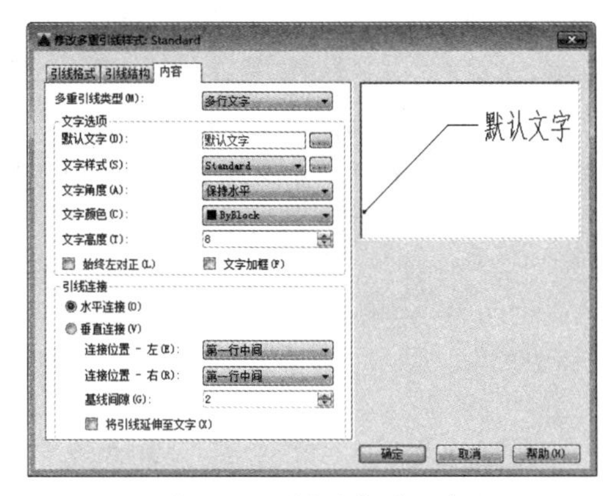

图 7-58　“内容”选项卡

- “多重引线类型”：该下拉列表中可以选择“多重引线”的内容类型，包含“多行文字”“块”和“无”3 个选项。
- “文字样式”：用于选择标注的文字样式。也可以单击其后的…按钮，系统弹出“文字样式”对话框，选择文字样式或新建文字样式。
- “文字角度”：指定标注文字的旋转角度，其中有“保持水平”“按插入”“始终正向读取”3 个选项。“保持水平”为默认选项，无论引线如何变化，文字始终保持水平位置；“按插入”则根据引线方向自动调整文字角度，使文字对齐至引线；“始终正向读取”同样可以让文字对齐至引线，但对齐时会根据引线方向自动调整文字方向，使其一直保持从右往左的正向读取方向。
- “文字颜色”：用于设置文字的颜色，一般保持默认值Byblock(随块)即可。
- “文字高度”：设置文字的高度。
- “始终左对正”：始终指定文字内容左对齐。
- “文字加框”：为文字内容添加边框，如图 7-59 所示。边框始终从基线的末端开始，与文本之间的间距就相当于基线到文本的距离，因此通过修改“基线间隙”文本框中的值，即可控制文字和边框之间的距离。

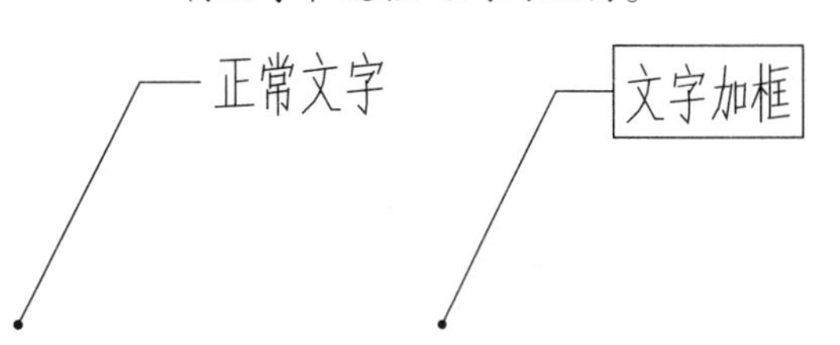

图 7-59　“文字加框”效果对比

- “引线连接 - 水平连接”：将引线插入到文字内容的左侧或右侧，“水平连接”包括文字和引线之间的基线，为默认设置。
- “引线连接 - 垂直连接”：将引线插入到文字内容的顶部或底部，“垂直连接”不包括文字和引线之间的基线。
- “连接位置”：该选项控制基线连接到文字的方式，根据“引线连接”的不同有不同的选项。如果选择的是“水平连接”，则“连接位置”有左、右之分，每个下拉列表都有 9 个位置可选；如果选择的是“垂直连接”，则“连接位置”有上、下之分，每个下拉列表只有两个位置可选。
- “基线间隙”：该文本框中可以指定基线和文本内容之间的距离，如图 7-60 所示。

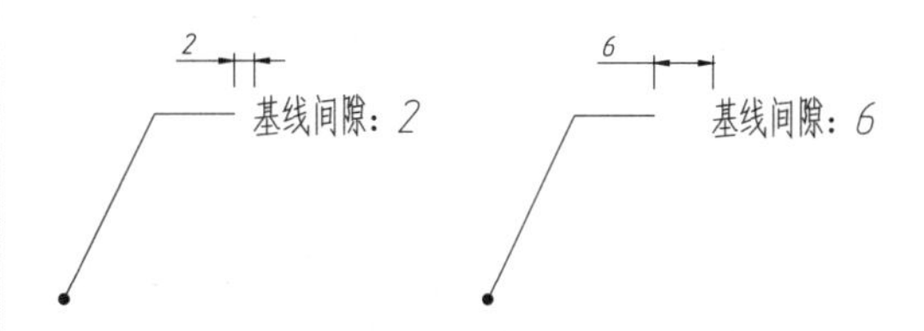

图 7-60　不同的“基线间隙”对比

7.4.7　拓展案例——引线标注标高

在建筑设计中，常使用“标高”来表示建

筑物各部分的高度。“标高”是建筑物某一部位相对于基准面（“标高”的零点）的竖向高度，是建筑物竖向定位的依据。在施工图中经常有一个小直角等腰三角形，三角形的尖端或向上或向下，上面带有数值（即所指部位的高度，单位为米），这便是标高的符号。在 AutoCAD 中，即可灵活设置“多重引线样式”来创建专门用于标注标高的多重引线，大幅度提高施工图的绘制效率。

01 打开“第 7 章 /7.4.7 引线标注标高 .dwg”素材文件，其中已绘制好一个楼层的立面图，和一名称为“标高”的属性图块，如图 7-61 所示。

02 创建引线样式。在“默认”选项卡中单击“注释”面板下拉列表中的“多重引线样式”按钮 ，打开“多重引线样式管理器”对话框，单击“新建”按钮，新建一个名称为“标高引线”的样式，如图 7-62 所示。

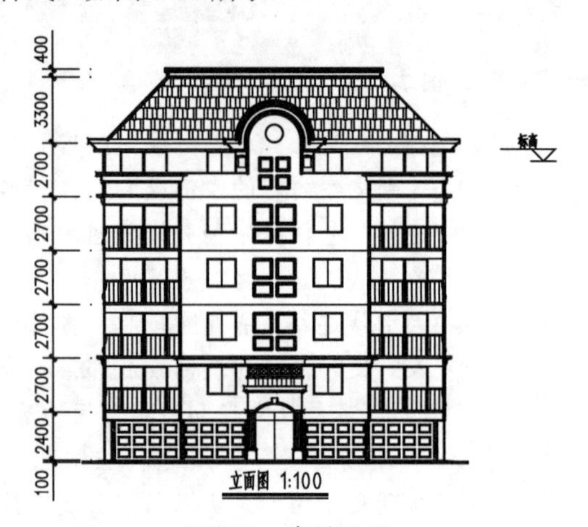

图 7-61　素材图形

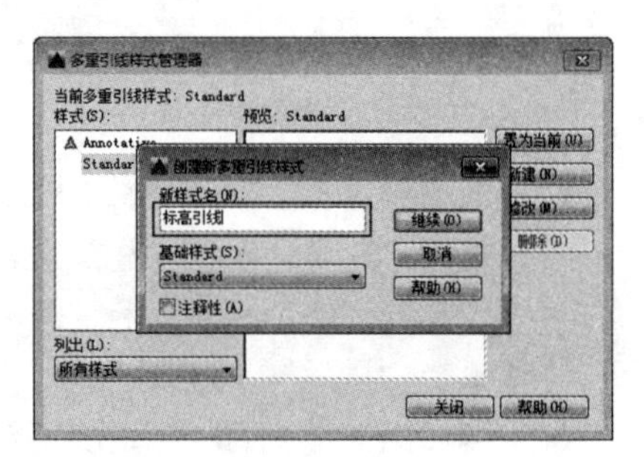

图 7-62　新建“标高引线”样式

03 设置引线参数。单击“继续”按钮，打开“修改多重引线样式: 标高引线”对话框，在“引线格式”选项卡中设置箭头“符号”为“无”，如图 7-63 所示；在“引线结构”选项卡中取消勾选“自动包含基线”复选框，如图 7-64 所示。

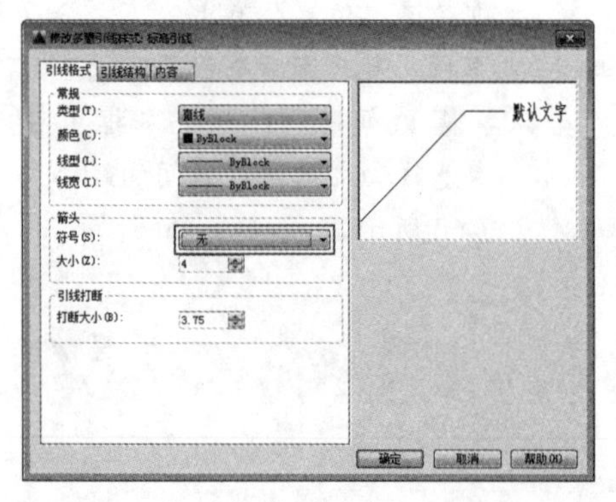

图 7-63　选择箭头“符号”为“无”

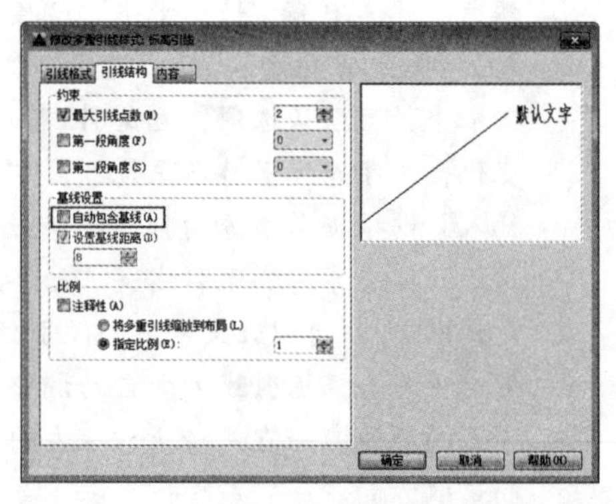

图 7-64　取消勾选“自动包含基线”复选框

04 设置引线内容。切换至“内容”选项卡，在“多重引线类型”下拉列表中选择“块”，然后在“源块”下拉列表中选择“用户块”，即用户创建的图块，如图 7-65 所示。

05 接着系统自动打开“选择自定义内容块”对话框，在下拉列表中提供了图形中所有的图块，在其中选择素材图形中已创建好的“标高”图块即可，如图 7-66 所示。

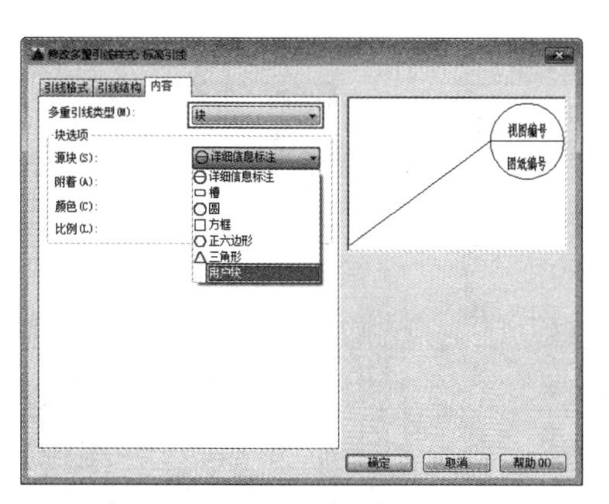

图 7-65　设置多重引线内容

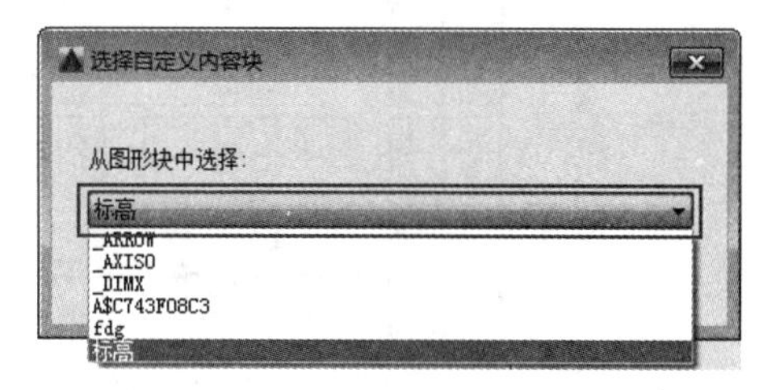

图 7-66　选择“标高”图块

06 选择完毕后自动返回“修改多重引线样式：标高引线”对话框，并在“内容”选项卡的“附着”下拉列表中选择“插入点”选项，则所有引线参数设置完成，如图 7-67 所示。

07 单击“确定”按钮完成引线设置，返回“多重引线样式管理器”对话框，将“标高引线”设置为当前，如图 7-68 所示。

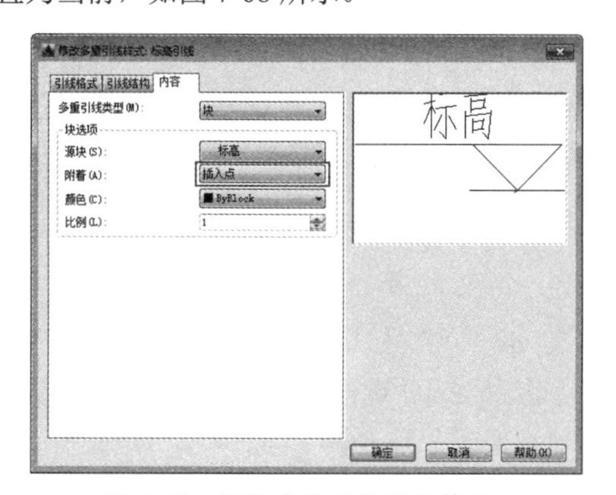

图 7-67　设置多重引线的附着点

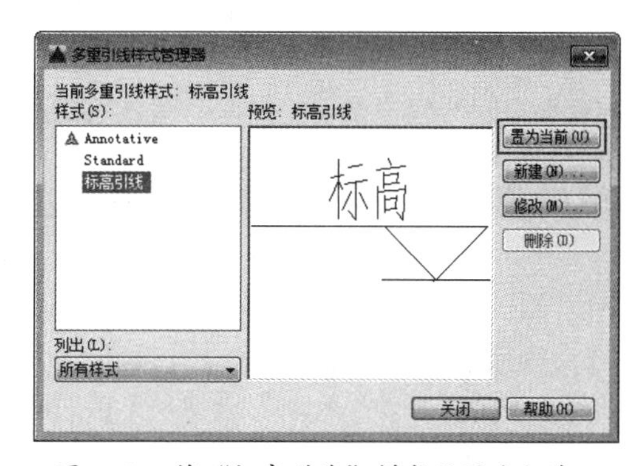

图 7-68　将“标高引线”样式设置为当前

08 标注标高。返回绘图区后，在“默认”选项卡中单击“注释”面板上的“引线”按钮，执行“多重引线”命令，从左侧标注的最下方尺寸界线端点开始，水平向左引出第一条引线，然后单击鼠标左键放置，打开“编辑属性”对话框，输入标高值 0.000，即基准标高，如图 7-69 所示。

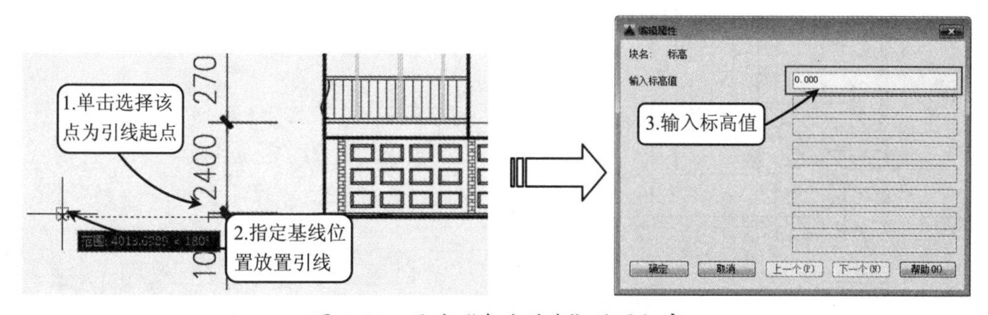

图 7-69　通过“多重引线”放置标高

09 标注效果如图 7-70 所示。接着按照相同方法，对其余位置进行标注，即可快速创建该立面图的所有标高，最终效果如图 7-71 所示。

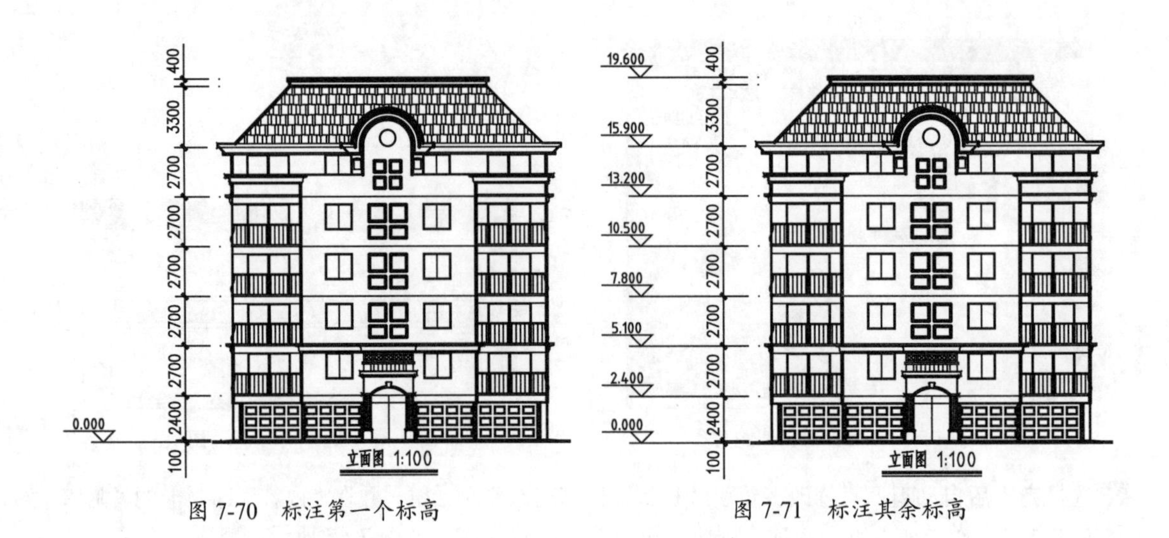

图 7-70　标注第一个标高　　　　图 7-71　标注其余标高

7.4.8　形位公差标注

如果零件在加工时产生了比较大的形状和位置上的误差，那么将会严重影响整台设备的质量。所以，为了提高零件的质量，必须根据实际需要，在图纸上标注出相应表面的形状误差和相应表面之间的位置误差的允许范围，即标出形位公差，以下将通过实例进行讲解。

7.4.9　案例——标注零件图的形位公差

01 打开随书光盘“第 7 章 /7.4.9 标注零件图的形位公差 .dwg”文件，如图 7-72 所示。

02 在命令行输入 QLEADER 命令并按 Enter 键。然后直接按 Enter 键，系统将弹出“引线设置”对话框，勾选其中的“公差”选项，单击“确定”按钮，如图 7-73 所示。

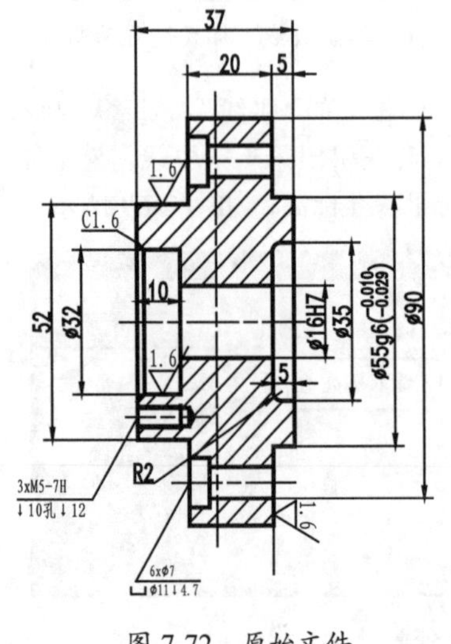

图 7-72　原始文件

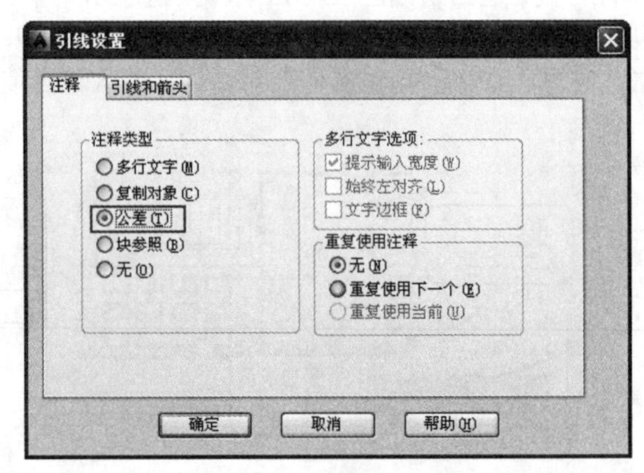

图 7-73　“引线设置”对话框

03 根据命令行提示绘制引线并打开“形位公差”对话框，如图 7-74 所示。

04 单击“形位公差”对话框中“符号”参数栏下的黑框，打开“特征符号”对话框，并在其中选择“垂直度”符号⊥。

05 在“公差 1”参数栏中输入公差值 0.040。

06 在“公差 2”参数栏中输入字母 A，如图 7-75 所示。

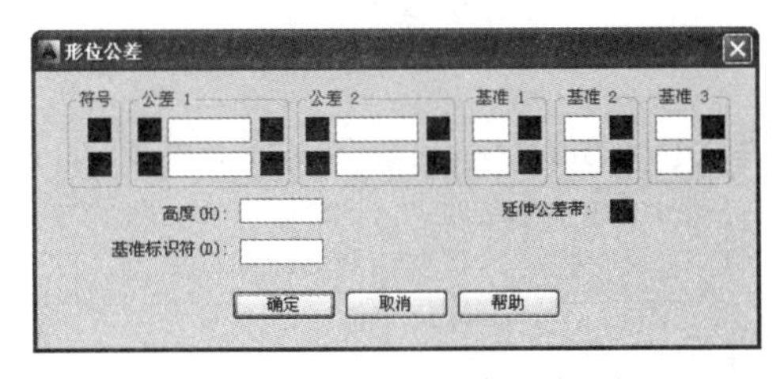

图 7-74　“形位公差”对话框

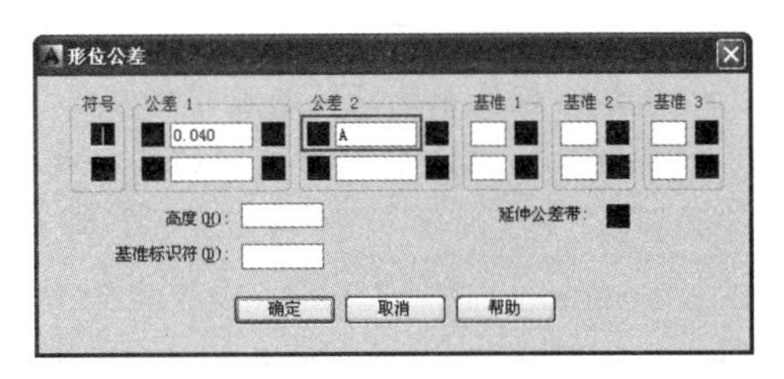

图 7-75　设置公差

07 单击“确定”按钮，系统返回到绘图区域，即可完成形位公差的标注，结果如图 7-76 所示。

08 采用上述方法标注另一处形位公差，即可完成整个端盖零件图形位公差的标注，结果如图 7-77 所示。

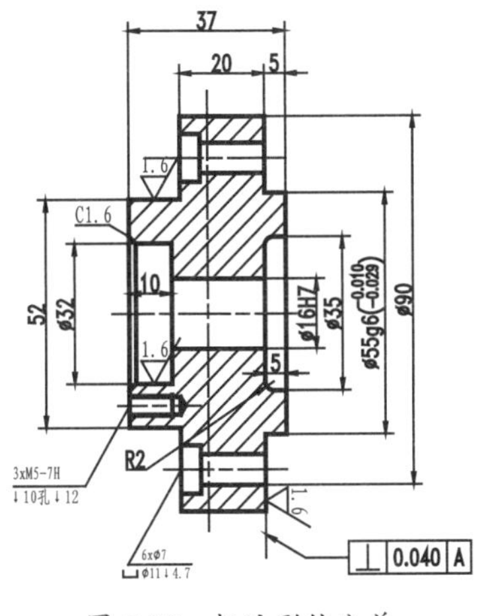

图 7-76　标注形位公差

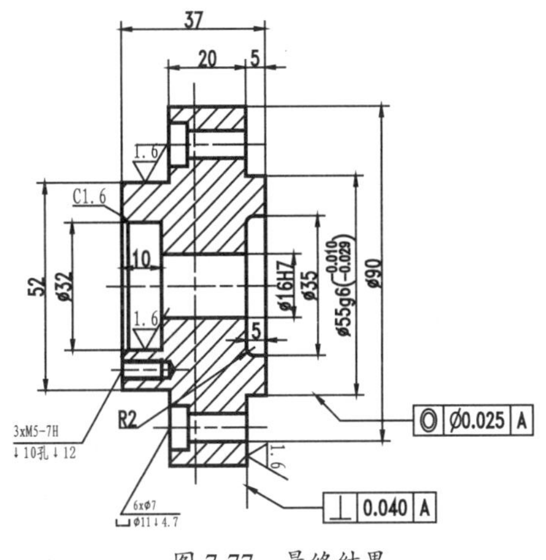

图 7-77　最终结果

7.5　尺寸标注编辑

在 AutoCAD 中，用户可以为各种图形对象沿各个方向添加尺寸标注，也可以编辑已有的尺寸标注。其中包括编辑标注文字、编辑标注尺寸等。

7.5.1　编辑标注文字

调用“编辑标注文字”命令的方法如下。

- 菜单栏：调用“标注”｜“对齐文字”命令。
- 工具栏：单击“标注”工具栏上“编辑标注文字”按钮。
- 命令行：在命令行输入 DIMTEDIT 并按 Enter 键。

通过以上任意一种方法执行该命令，然后选择需要修改的尺寸对象，此时命令行提示如下：

为标注文字指定新位置或 [左对齐（L）/ 右对齐（R）/ 居中（C）/ 默认（H）/ 角度（A）]：

- 命令子选项说明
  - 左对齐：将标注文字放置于尺寸线的左边，如图 7-78（A）所示。
  - 右对齐：将标注文字放置于尺寸线的右边，如图 7-78（B）所示。
  - 居中：将标注文字放置于尺寸线的中心，如图 7-78（C）所示。
  - 默认：恢复系统默认的尺寸标注位置。
  - 角度：用于修改标注文字的旋转角度，与 DIMEDIT 命令的旋转选项效果相同，如图 7-78（D）所示。

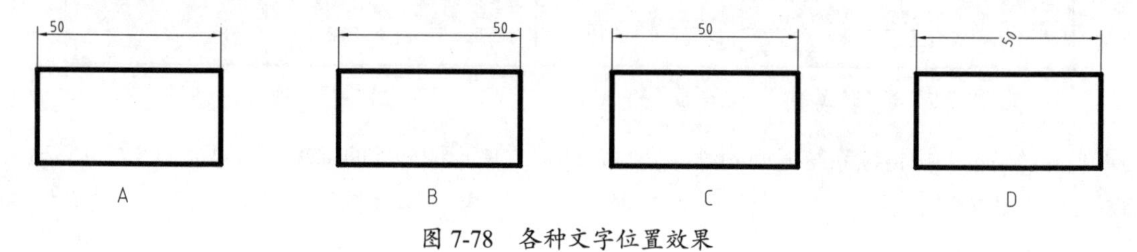

图 7-78　各种文字位置效果

7.5.2　编辑标注

AutoCAD 中启动“编辑标注”命令有如下两种常用方法：

- 命令行：在命令行中输入 DIMEDIT/DED。
- 工具栏：单击“标注”工具栏“编辑标注”按钮。

通过以上任意一种方法执行该命令后，此时命令行提示如下：

输入标注编辑类型 [默认（H）/ 新建（N）/ 旋转（R）/ 倾斜（O）]〈默认〉：

各选项的含义如下：

- 默认：选择该选项并选择尺寸对象，可以按默认位置和方向放置尺寸文字。
- 新建：选择该选项后，系统将打开“文字编辑器”选项卡，选中输入框中的所有内容，然后重新输入需要的内容，单击该对话框上的“确定”按钮。返回绘图区，单击要修改的标注，如图 7-79 所示，按 Enter 键即可完成标注文字的修改，结果如图 7-80 所示。

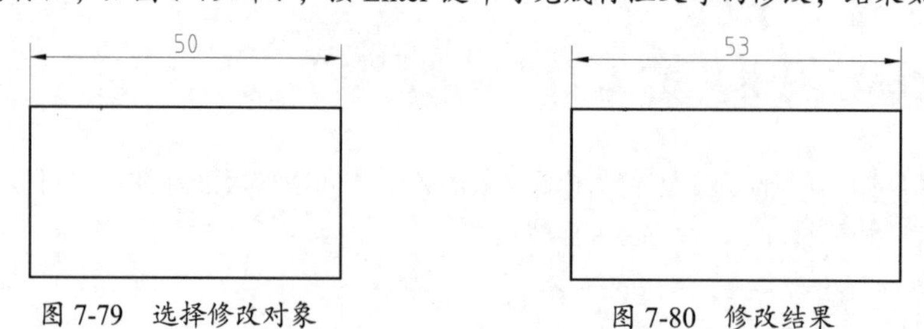

图 7-79　选择修改对象　　图 7-80　修改结果

- 旋转：选择该项后，命令行提示“输入文字旋转角度：”此时，输入文字旋转角度后，单击要修改的文字对象，即可完成文字的旋转。如图 7-81 所示为将文字旋转 30° 后的效果对比。
- 倾斜：用于修改延长线的倾斜度。选择该项后，命令行会提示选择修改对象，并要求输入倾斜角度。如图 7-82 所示为延伸线倾斜 60° 后的效果对比。

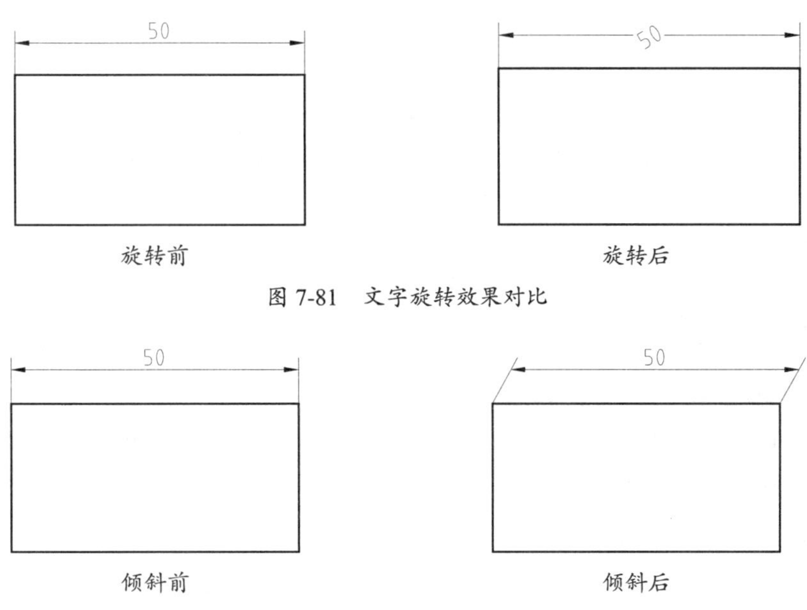

图 7-81　文字旋转效果对比

图 7-82　延伸线倾斜效果对比

操作技巧： 在命令行中输入 DDEDIT/ED 命令，可以很方便地修改文字的内容。

7.5.3　打断尺寸标注

调用“标注打断”命令的方法如下。

- ➢ 菜单栏：调用“标注”|“标注打断”命令。
- ➢ 工具栏：单击“标注”工具栏中的“折断标注”按钮。
- ➢ 命令行：在命令行输入 DIMBREAK 并按 Enter 键。

调用该命令后，命令行操作如下：

```
命令：_DIMBREAK
选择要添加 / 删除折断的标注或 [ 多个 (M)]：    // 选择要折断的尺寸标注
选择要折断标注的对象或 [ 自动 (A) / 手动 (M) / 删除 (R)] < 自动 >：
                                              // 选择与标注相交或选定标注的尺寸界限相交的对
象，输入选项，或按 Enter 键
选择要折断标注的对象：                        // 继续指定打断标注对象或按 Enter 键结束折断标
注。
```

打断尺寸标注可以使标注、尺寸延伸线或引线不显示，可以自动或手动将折断线标注添加到标注或引线对象，如线性标注、角度标注、半径标注、弧长标注、坐标标注、多重引线等。

- 命令子选项说明

其中命令行各选项的含义如下：

- ➢ “自动”选项：用于自动将折断标注放置在与选定标注相交的对象的所有交点处。
- ➢ “恢复”选项：用于从选定的标注中删除所有折断标注。
- ➢ “手动”选项：用于手动放置折断标注。当“手动”选项处于选中状态时，命令行提示选择“打断”“恢复”选项。其中，“打断”选项用于自动将折断标注放置在与选定标注相交对象的所有交点处。

7.5.4 标注间距

在 AutoCAD 中利用“标注间距”功能，可根据指定的间距数值调整尺寸线互相平行的线性尺寸或角度尺寸之间的距离，使其处于平行等距或对齐状态。调用“标注间距”命令的方法有如下。

- 菜单栏：调用“标注”|“标注间距”命令。
- 工具栏：单击“标注”工具栏中的“等距标注”按钮。
- 命令行：在命令行输入 DIMSPACE 并按 Enter 键。

调用该命令后，命令行提示如下：

```
命令： _DIMSPACE
选择基准标注：                                          // 选择基准标准
选择要产生间距的标注：找到 1 个                          // 选择要产生间距的标注
选择要产生间距的标注：找到 1 个，总计 2 个               // 选择要产生间距的标注
选择要产生间距的标注：                                  // 选择要产生间距的标注
输入值或 [ 自动 (A)] <自动>:                             // 输入值或按 Enter 键结束命令
```

标注间距示例如图 7-83 所示。

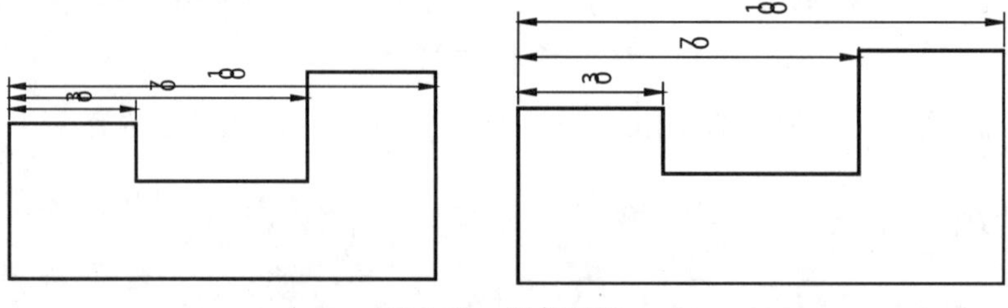

图 7-83 调整间距

7.5.5 翻转箭头

当尺寸界限内的空间狭窄时，可使用翻转箭头将尺寸箭头翻转到尺寸界限之外，使尺寸标注更清晰。选中需要翻转箭头的标注，则标注会以夹点形式显示，指针移到尺寸线夹点上，弹出快捷菜单，选择其中的“翻转箭头”命令即可翻转该侧的箭头。使用同样的操作翻转另一端的箭头，操作示例如图 7-84 所示。

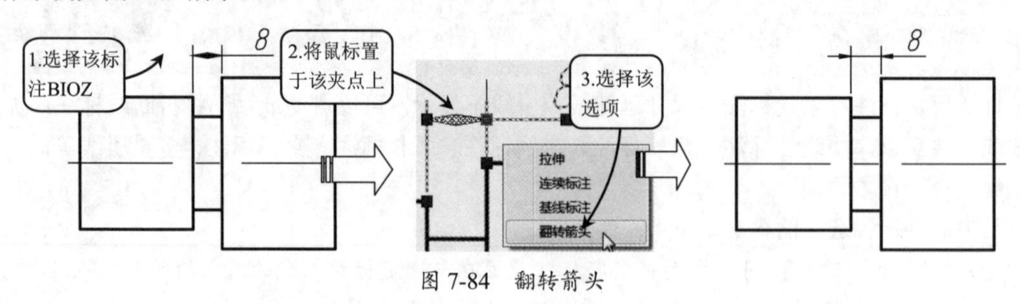

图 7-84 翻转箭头

7.5.6 更新标注

更新标注可以用当前标注样式更新标注对象，也可以将标注系统变量保存或恢复到选定的标注样式。 调用该命令的方法如下。

➢ 菜单栏：调用“标注”|“更新”命令。
➢ 工具栏：单击“标注”工具栏中的“标注更新”按钮。
➢ 命令行：在命令行中输入 -DIMSTYLE 并按 Enter 键。
➢ 调用该命令后，命令行操作如下：

```
命令： -DIMSTYLE
当前标注样式： ISO-25    注释性： 否
输入标注样式选项 [ 注释性 (AN) / 保存 (S) / 恢复 (R) / 状态 (ST) / 变量 (V) / 应用 (A) /?] < 恢复 >:
输入标注样式名、[?] 或 < 选择标注 >:
```

如图 7-85 所示为更新标注前后的效果对比。

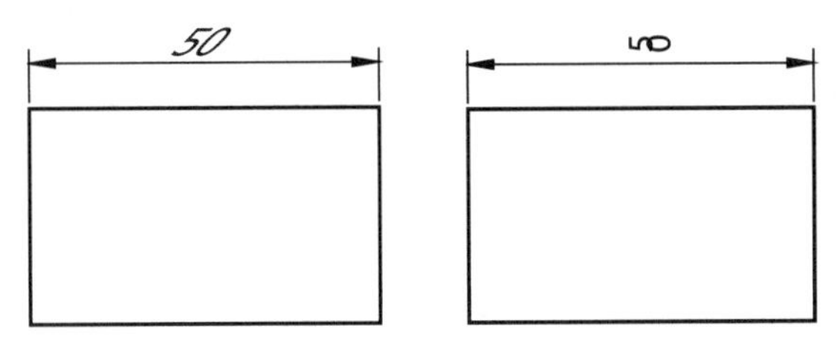

图 7-85　更新标注前后的效果对比

第 8 章　文字和表格

工程图样是生产加工的依据和技术交流的工具，一张完整的工程图除了用图形完善、正确、清晰地表达物体的结构形状外，还必须用尺寸表示物体的大小，另外还应有相应的文字信息，如注释说明、技术要求、标题栏和明细表等。

8.1　创建和编辑文字

文字注释是绘图过程中很重要的内容，进行各种设计时，不仅要绘制出图形，还需要在图形中标注一些注释性的文字，这样可以对不便于表达的图形设计加以说明，使设计表达更加清晰。

8.1.1　创建文字样式

文字样式定义了文字的外观，是对文字特性的一种描述，包括字体、高度、宽度比例、倾斜角度以及排列方式等。创建文字样式首先要打开“文字样式”对话框，该对话框不仅显示了当前图形文件中已经创建的所有文字样式，并显示当前文字样式及其有关设置、外观预览。在该对话框中不但可以新建并设置文字样式，还可以修改或删除已有的文字样式。

调用“文字样式”命令有如下几种常用方法：

- 命令行：在命令行中输入 STYLE/ST。
- 功能区：在“默认”选项卡中，单击“注释”选项卡中“文字”面板右下角的按钮。
- 工具栏：单击“文字”工具栏中的“文字样式”工具按钮。
- 菜单栏：选择“格式”|“文字样式”命令。

通过以上任意一种方法执行该命令后，系统弹出“文字样式”对话框，如图 8-1 所示。

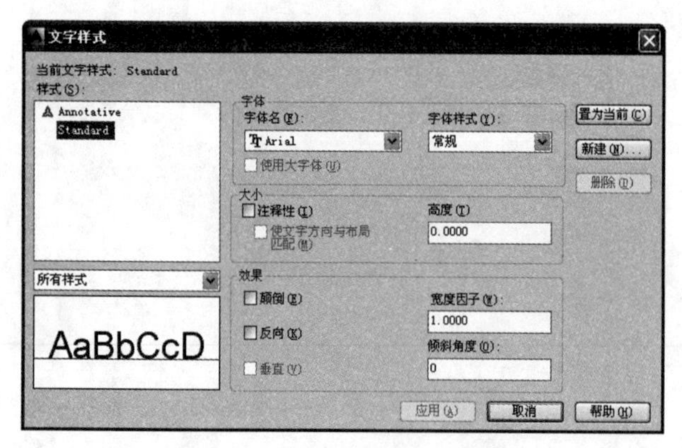

图 8-1　“文字样式”对话框

图 8-2　“新建文字样式”对话框 1

1．设置样式名

“文字样式”对话框中常用选项含义如下：

- “样式”列表：列出了当前可以使用的文字样式，默认文字样式为Standard（标准）。
- “置为当前”按钮：单击该按钮，可以将选择的文字样式设置成当前的文字样式。
- “新建”按钮：单击该按钮，系统弹出“新建文字样式”对话框，如图8-2所示。在样式名文本框中输入新建样式的名称，单击“确定”按钮，新建文字样式将显示在“样式”列表框中。
- “删除”按钮：单击该按钮，可以删除所选的文字样式，但无法删除已经被使用了的文字样式和默认的Standard样式。

操作技巧： 如果要重命名文字样式，可在“样式”列表中右击要重命名的文字样式，在弹出的快捷菜单中选择“重命名”即可，但无法重命名默认的Standard样式。

1. 设置字体和大小

在“字体”选项组下的“字体名”列表框中可指定一种字体类型作为当前文字类型。

在AutoCAD 2014中存在两种类型的字体文件：SHX字体文件和TrueType字体文件。这两类字体文件都支持英文显示，但显示中、日、韩等非ASCII编码的亚洲文字字体时就会出现一些问题。

当选择SHX字体时，“使用大字体”复选框显亮，用户选中该复选框，并在“大字体”下拉列表中选择大字体文件，一般使用gbcbig.shx大字体文件，如图8-3所示。

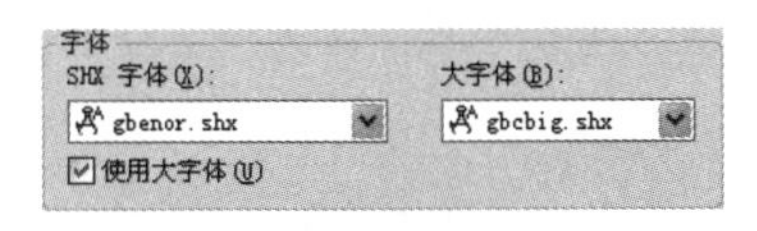

图8-3 使用“大字体”

在“大小”选项组中可进行注释性和高度设置，如图8-4所示。其中，在“高度”文本框中输入数值可改变当前文字的高度，不进行设置，其默认值为0，并且每次使用该样式时命令行都将提示指定文字高度。

图8-4 设置文字高度

2. 设置文字效果

“效果”选项组用于设置文字的显示效果。

- 颠倒：倒置显示字符。
- 反向：反向显示字符。
- 垂直：垂直对齐显示字符。只有在选定字体支持双向显示时“垂直”才可用。TrueType字体的垂直定位不可用。
- 宽度因子：设置字符的宽高比。输入值如果小于1.0，将压缩文字宽度；输入值如果大于1.0，则将使文字宽度扩大。
- 倾斜角度：设置文字的倾斜角度。输入-85～85之间的一个值，使文字倾斜。选中相应的复选框，可以立即在右边的“预览”区域中看到显示效果。在“预览”文本框中输入指定文字，单击“预览”按钮，可以看到指定文字的显示效果。

如图8-5所示显示了文字的各种效果。

AutoCAD文字样式
AutoCAD文字样式 颠倒
AutoCAD文字样式 反向
AutoCAD文字样式 倾斜=15
AutoCAD文字样式 宽度比例=0.8

图8-5 各种文字显示效果

1. 预览和应用文字样式

在“文字样式”对话框的“预览”选项区域中，可以预览所有选择或设置的文字样式效果。设置完文字样式后，单击“应用”按钮即可应用文字样式。然后单击“关闭”按钮，关闭“文字样式”对话框。

2. 修改文字样式

在创建完成文字样式后，若用户对文字样式不满意，可以重新打开“文字样式”对话框，在该对话框中直接修改选定文字样式的参数，单击“应用”按钮，即可完成文字样式参数的修改。

8.1.2 案例——创建文字样式

01 单击“快速访问”工具栏中的“新建”按钮，新建图形文件。

02 在“常用”选项卡中，单击“注释”面板中的“文字样式”按钮，系统弹出“文字样式”对话框，如图 8-6 所示。

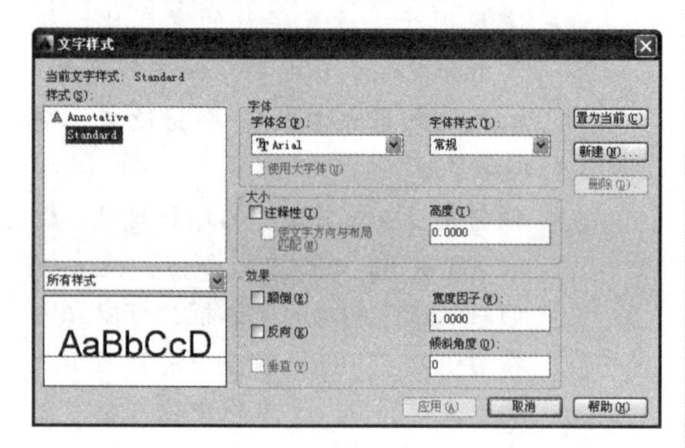

图 8-6 “文件样式”对话框

03 单击“新建”按钮，弹出“新建文字样式”对话框，系统默认新建“样式 1”样式名，在“样式名”文本框中输入“标注”，如图 8-7 所示。

图 8-7 “新建标注样式”对话框

04 单击“确定”按钮，在样式列表框中新增“标注”文字样式，如图 8-8 所示。

05 单击“字体”选项组下“字体名”列表框中的 gbenor.shx 字体，勾选“使用大字体”复选框，在大字体复选框中选择 gbcbig.shx 字体。其他选项保持默认，如图 8-9 所示。

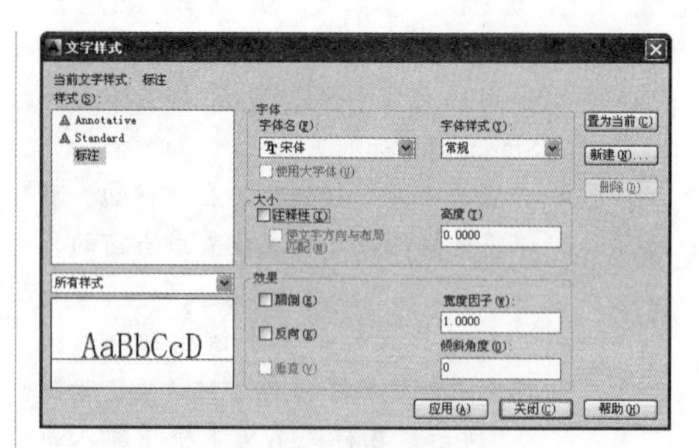

图 8-8 新建标注样式

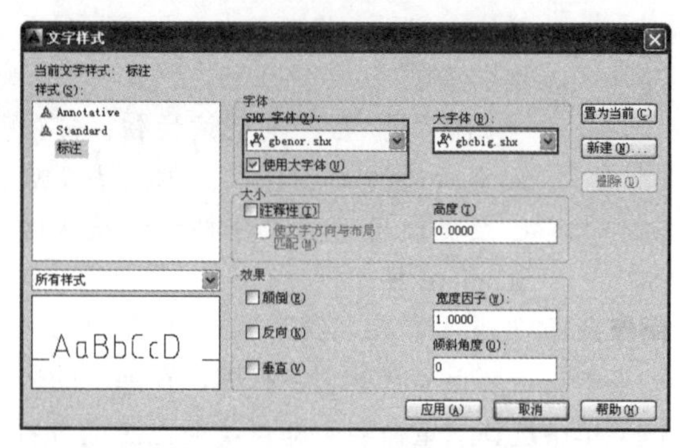

图 8-9 更改设置

06 单击“应用”按钮，然后单击“置为当前”按钮，将“标注”置于当前样式。

07 单击“关闭”按钮，完成“文字样式”的创建。

8.1.3 创建单行文字

可以使用单行文字创建一行或多行文字，其中每行文字都是独立的对象，可对其进行重定位、调整格式或进行其他修改。在 AutoCAD 2014 中启动“单行文字”命令的方法有：

- 命令行：在命令行中输入 DTEXT/DT。
- 功能区：在“常用”选项卡中，单击“注释”面板中的“单行文字”按钮 单行文字。
- 工具栏：单击“文字”工具栏中的“单行文字”工具按钮。
- 菜单栏：执行“绘图”|“文字”|“单行文字”命令。

通过以上任意一种方式执行该命令后，其命令行会有如下提示：

```
命令： text
当前文字样式： "标注"  文字高度： 2.5000  注释性： 否
指定文字的起点或 [对正(J)/样式(S)]:
```

- 命令子选项说明

“单行文字”命令行选项含义如下。

a. 指定文字的起点

默认情况下，所指定的起点位置即是文字行基线的起点位置。在指定起点位置后，继续输入文字的旋转角度即可进行文字的输入。在输入完成后，按两次Enter键或将鼠标移至图纸的其他任意位置并单击，然后按Esc键即可结束单行文字的输入。

b. 对正

在“指定文字的起点或[对正(J)/样式(S)]”提示信息后输入J，可以设置文字的对正方式。

命令行提示中主要选项介绍如下：

- 对齐（A）：可使生成的文字在指定的两点之间均匀分布。
- 布满（F）：可使生成的文字充满在指定的两点之间，并可控制其高度。
- 中心（C）：可使生成的文字以插入点为中心向两边排列。
- 中间（M）：可使生成的文字以插入点为中央向两边排列。
- 右（R）：可使生成的文字以插入点为基点向右对齐。
- 左上（TL）：可使生成的文字以插入点为字符串的左上角。
- 中上（TC）：可使生成的文字以插入点为字符串顶线的中心点。
- 右上（TR）：可使生成的文字以插入点为字符串的右上角。
- 左中（ML）：可使生成的文字以插入点为字符串的左中点。
- 正中（MC）：可使生成的文字以插入点为字符串的正中点。
- 右中（MR）：可使生成的文字以插入点为字符串的右中点。
- 左下（BL）：可使生成的文字以插入点为字符串的左下角。
- 中下（BC）：可使生成的文字以插入点为字符串底线的中点。
- 右下（BR）：可使生成的文字以插入点为字符串的右下角。

如图8-10所示显示了文字的各种对齐效果。

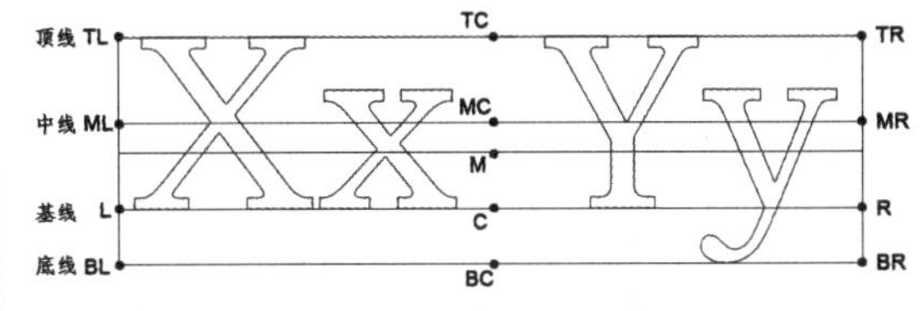

图8-10　对齐方位示意图

在系统默认情况下，文字的对齐方式为左对齐。当选择其他对齐方式时，输入文字仍旧按默认方式对齐，直到按Enter键，文字才按设置的方式对齐。

c. 样式

在“指定文字的起点或[对正(J)/样式(S)]”提示信息后输入S，可以设置当前使用的文字样式。可以在命令行中直接输入文字样式的名称，也可以输入“？”，在“AutoCAD文本窗口”中显示当前图形已有的文字样式。

8.1.4　案例——创建单行文字

01 单击“快速访问”工具栏中的“打开”按钮，打开“第8章/8.1.4创建单行文字.dwg”文件，如图8-11所示。

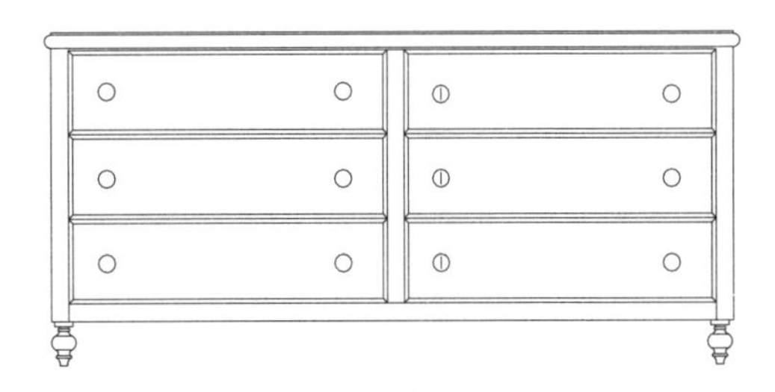

图8-11　素材图样

02 在“常用”选项卡中，单击“注释”面板中“文字”下拉列表的“单行文字”按钮A单行文字，并根据命令行提示输入文字，命令行提示如下：

```
命令：_DTEXT
当前文字样式：  "Standard"   文字高度：  2.5000  注释性：  否
指定文字的起点或 [对正(J)/样式(S)]:          //在绘图区域合适位置拾取一点
指定高度 <2.5000>: 51                        //指定文字高度
指定文字的旋转角度 <0>:1                     //指定文字角度。按Ctrl+Enter键，结束命令
```

03 根据命令行提示设置文字样式后，绘图区域将出现一个带光标的矩形框，在其中输入“桌子前视图”文字即可，如图 8-12 所示。

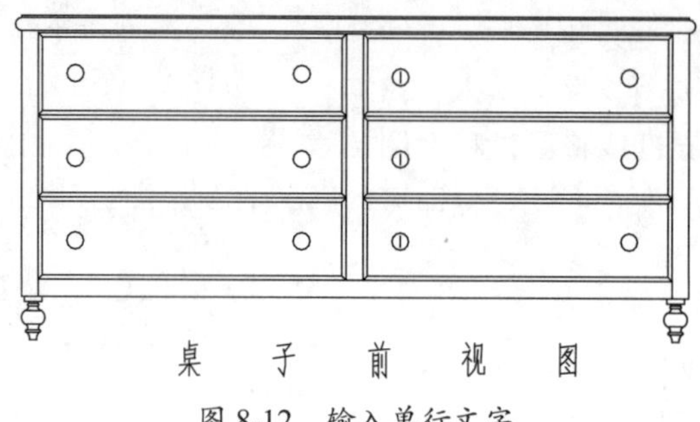

图 8-12　输入单行文字

操作技巧： 单行文字输入完之后，用户可以单击任意空白处重复输入单行文字。

- 添加特殊符号

在实际设计绘图中，往往需要标注一些特殊的字符，这些特殊字符不能从键盘上直接输入，因此 AutoCAD 提供了相应的控制符，以实现标注要求。常用的一些控制符如表 8-1 所示。

表 8-1　特殊符号的代码及含义

控制符	含　义
%%C	∅直径符号
%%P	± 正负公差符号
%%D	（°）度
%%O	上画线
%%U	下画线

操作技巧： 在 AutoCAD 的控制符中，%%O 和 %%U 分别是上画线与下画线的开关。第一次出现此符号时，可打开上画线或下画线；第二次出现此符号时，则会关掉上画线或下画线。

8.1.5　案例——输入特殊符号

01 单击“快速访问”工具栏中的“打开”按钮，打开“第 8 章 /8.1.4 创建单行文字 -OK.dwg”文件，如图 8-13 所示。

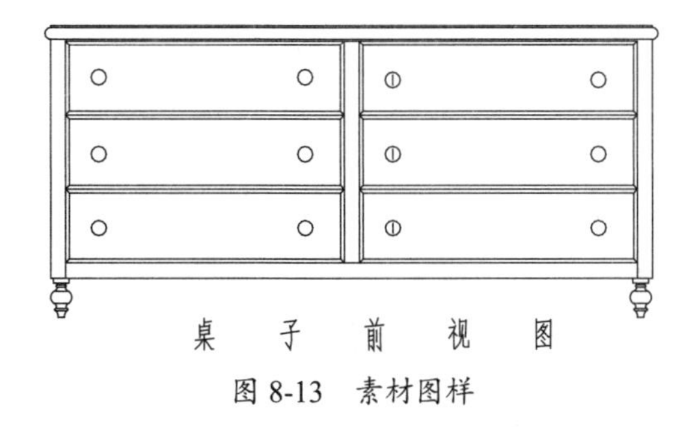

图 8-13　素材图样

02 双击图形中的文字，在文字的前面输入 %%U，如图 8-14 所示。

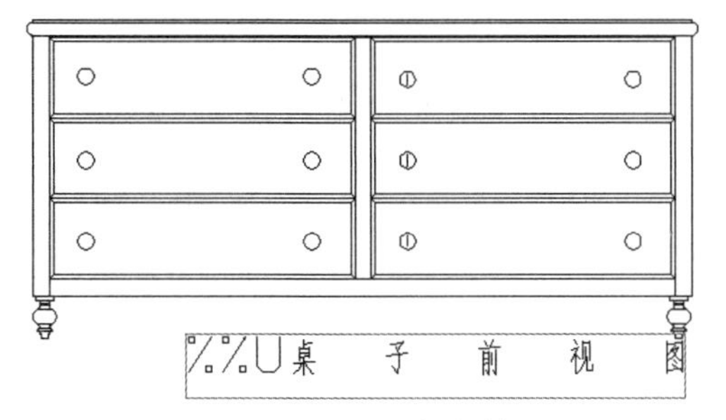

图 8-14　输入控制符

03 创建文字的下画线效果如图 8-15 所示。

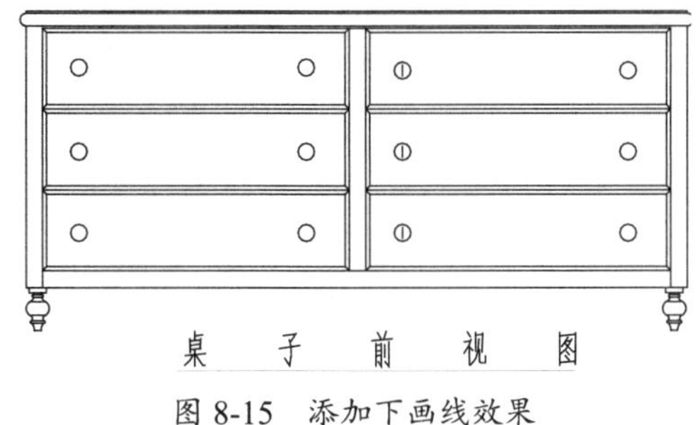

图 8-15　添加下画线效果

8.1.6　编辑单行文字

编辑单行文字包括编辑文字的内容、对正方式及缩放比例。

1. 编辑文字内容

在 AutoCAD 2014 中启动调用“编辑文字”命令的常用方法如下：

- ➢ 命令行：在命令行中输入 DDEDIT/ED。
- ➢ 工具栏：单击“文字”工具栏中的“编辑文字”按钮。
- ➢ 菜单栏：执行“修改”|“对象”|“文字”|“编辑”命令。

进行以上任意一种操作或直接双击文字即可以对单行文字的内容进行编辑。用户可以使用光标在图形中选择需要修改的文字对象，单行文字只能对文字的内容进行修改，若需要修改文字的字体样式、字高等属性，用户可以修改该单行文字所采用的文字样式来进行修改。

1. 文字的查找与替换

在 AutoCAD 2014 中调用文字“查找”命令的方法如下。

- ➢ 命令行：在命令行中输入 FIND。
- ➢ 功能区：在“注释”选项卡中“文字”面板的　文本框输入查找内容并查找替换。
- ➢ 工具栏：单击“文字”工具栏中的“查找”按钮。
- ➢ 菜单栏：执行“编辑”|“查找”命令。

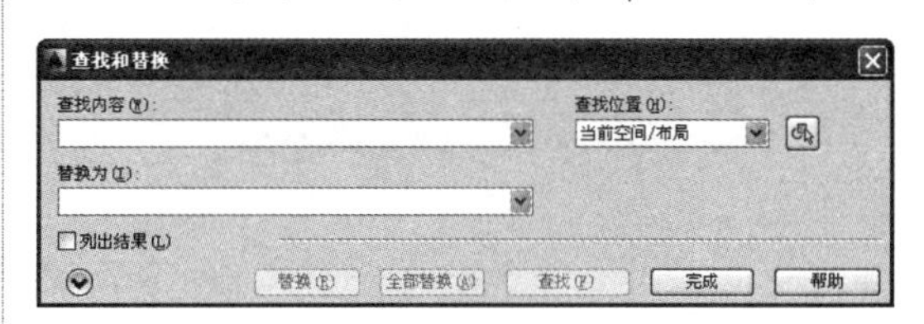

图 8-16　“查找和替换”对话框

- 命令子选项说明

通过以上任意一种方式执行该命令后，系统弹出“查找和替换”对话框，如图 8-16 所示。其中常用选项的含义如下：

- ➢ “查找内容”文本框：用于指定要查找的内容。
- ➢ “替换为”文本框：指定用于替换查找内容的文字。
- ➢ “查找位置”下拉列表：用于指定查找范围是在整个图形中查找，还是仅在当前选择中查找。
- ➢ “搜索选项”选项组：用于指定搜索文字的范围和大小写区分等。
- ➢ “文字类型”选项组：用于指定查找文字的类型。

8.1.7 案例——编辑单行文字

01 使用案例8.1.4的完成文件进行操作，打开“8.1.4 创建单行文字-OK.dwg”文件，如图8-17所示。

02 在命令行输入DDEDIT命令，使用光标在图形中选择需要修改的文字对象，效果如图8-18所示。

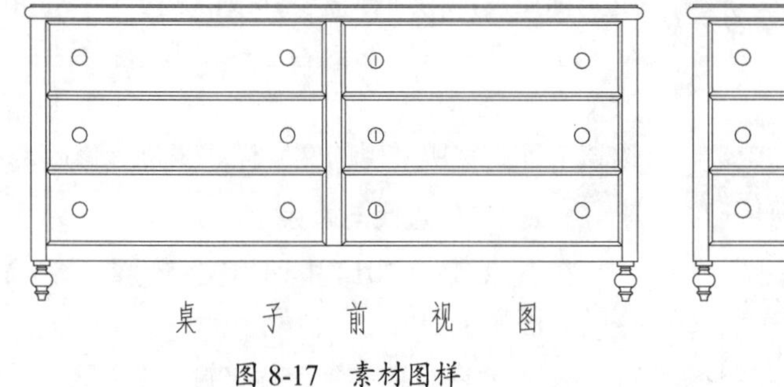

图8-17 素材图样

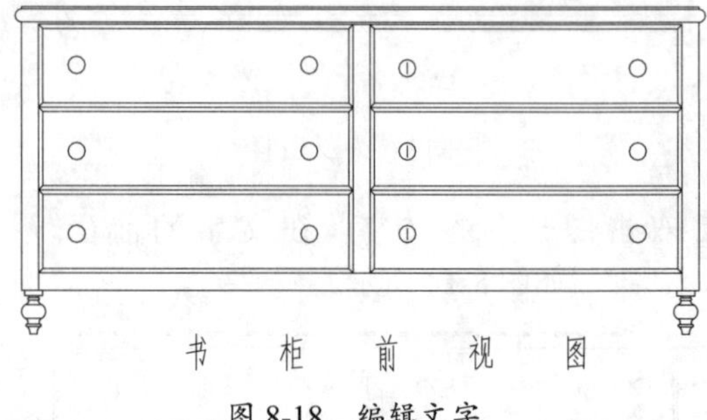

图8-18 编辑文字

03 在命令行中输入FIND命令，系统弹出“查找和替换”对话框，在“查找内容”文本框中输入“书柜”，单击“查找下一个”按钮，显示查找结果如图8-19所示。

04 在“替换为”文本框中输入“书桌”，单击“全部替换”按钮，其效果如图8-20所示。

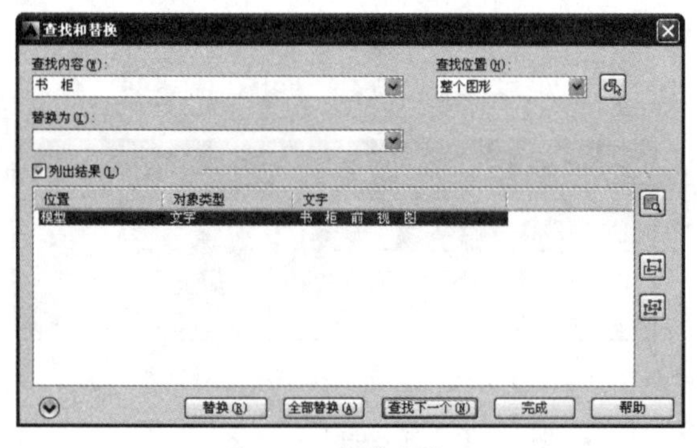

图8-19 查找文字

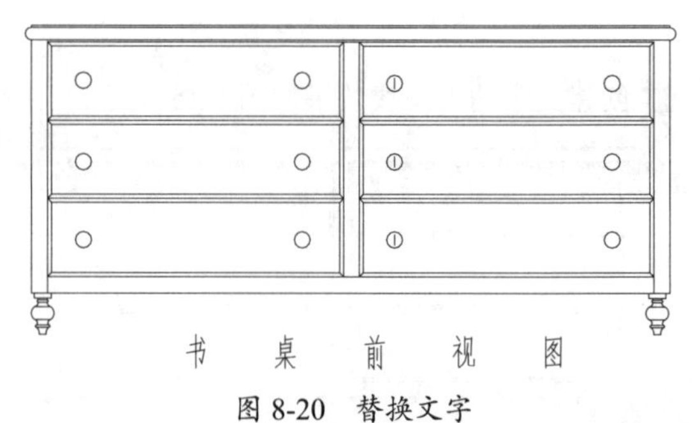

图8-20 替换文字

8.1.8 创建多行文字

多行文字命令MTEXT用于输入含有多种格式的大段文字。与单行文字不同的是，多行文字整体是一个文字对象，每一单行不再是单独的文字对象，也不能单独编辑。在机械制图中，常使用多行文字功能创建较为复杂的文字说明，例如图样的技术要求等。

在AutoCAD 2014中调用“多行文字”命令有以下几种方法：

- 命令行：在命令行中输入MTEXT/MT/T。
- 功能区：在“默认”选项卡中，单击“注释”面板中的“多行文字”按钮A多行文字。
- 工具栏：单击“文字”工具栏中的“多行文字”按钮A。
- 菜单栏：执行“绘图”|“文字”|“多行文字”命令。

通过以上任意一种方法执行该命令后，在指定了输入文字的对角点之后，弹出如图8-21所示的“多行文字编辑器”，也称“在位文字编辑器”，用户可以在编辑框中输入、插入文字。

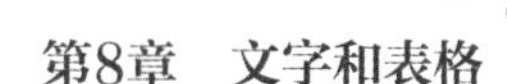

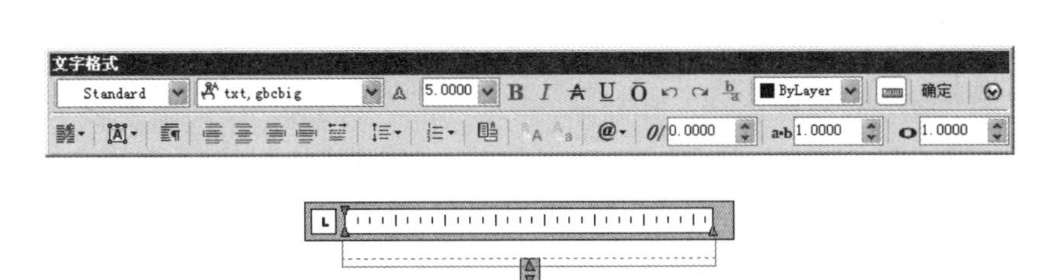

图 8-21　多行文字编辑器

“多行文字编辑器”由“多行文字编辑框”和“文字格式”工具栏组成。“多行文字编辑框”包含了制表位和缩进控件，因此可以十分快捷地对所输入的文字进行调整，各部分功能如图 8-22 所示。

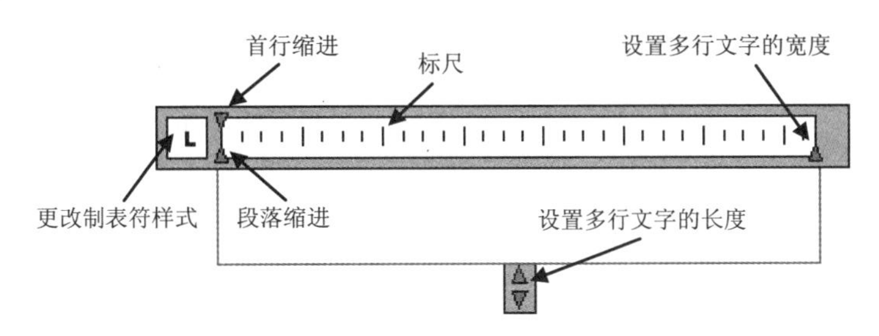

图 8-22　多行文字编辑器标尺功能

除了文字编辑区，在位文字编辑器还包含“文字格式”工具栏、“段落”对话框、“栏”菜单和“显示选项”菜单，如图 8-23 所示。在多行文字编辑框中，可以选择文字在“文字格式”工具栏中修改文字的大小、字体、颜色等格式，可以完成在一般文字编辑中常用的一些操作。

图 8-23　“文字格式”工具栏

操作技巧： 当使用“草图与注释”工作空间时，双击“多行文字”中的文字内容将弹出如图 8-24 所示的“文字编辑器”功能选项卡，通过该选项内的工具按钮也可以完成文字的大小、字体、颜色等格式的修改。

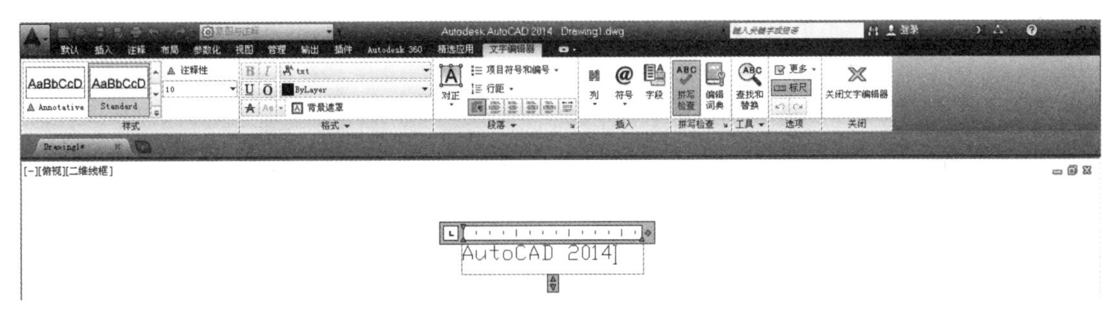

图 8-24　“文字编辑器”选项卡

在机械制图中通常使用多行文字进行一些复杂的标注。在“文字格式”工具栏中可以设置文字样式、文字字体、文字高度、加粗、倾斜或添加下画线。

如果要创建堆叠文字（一种垂直对齐的文字或分数），可先输入要堆叠的文字，然后在其间使用 /、# 或 ^ 分隔。选中要堆叠的字符，单击“文字格式”工具栏中的“堆叠”按钮，则文字按要求自动堆叠，如图 8-25 所示。

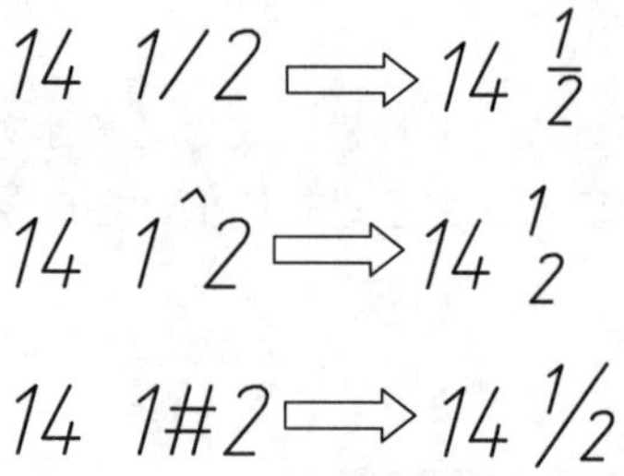

14 1/2 ⟹ 14 1/2

14 1^2 ⟹ 14 1 2

14 1#2 ⟹ 14 1/2

图 8-25　文字堆叠效果

单击“文字格式”工具栏中右上角的“选项”按钮，系统弹出多行文字选项菜单，使用该菜单可以对多行文字进行更多的设置，如图 8-26 所示。

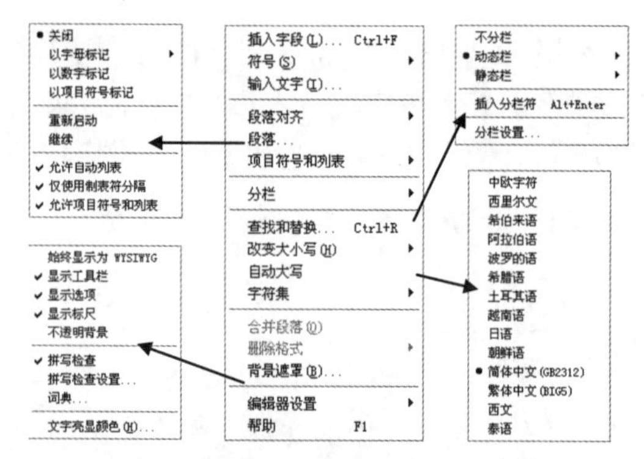

图 8-26　多行文字的“选项”菜单

- 命令子选项说明

多行文字“选项”菜单主要选项的功能说明如下：

➢ 插入字段：在右键菜单或“选项”菜单中选择“插入字段”选项，系统弹出“字段”对话框。在打开的“字段”对话框中完成字段类型、格式设置后，单击“确定”按钮，即可完成字段的插入。

➢ 设置对齐：在输入多行文字窗口中选择需要进行对齐的文本内容，可以选择设置该文本内容的对齐方式。

➢ 添加项目符号：执行“选项”|“项目符号”|“以数字标记”命令，即可在技术要求内容中添加项目符号。

➢ 设置背景色：执行“选项”|“背景遮罩”命令，在弹出的“背景遮罩”对话框中单击“使用背景遮罩”复选框，并设置偏移因子和背景色后，即可完成背景颜色的设置。

8.1.9　编辑多行文字

“多行文字”的编辑和“单行文字”的编辑操作方法相同，在此不再赘述，本节只介绍与“多行文字”有关的其他操作。

1. 多行文字中插入特殊符号

与单行文字相比，在多行文字中插入特殊字符的方式更灵活。除了使用控制符的方法外，还有以下两种途径。

➢ 在“文字编辑器”选项卡中，单击“插入”面板上的“符号”按钮，在弹出的列表中选择所需的符号即可，如图 8-27 所示。

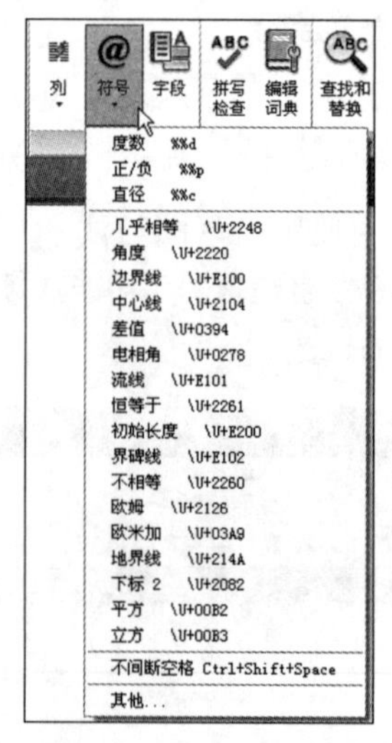

图 8-27　在“符号”下拉列表中选择符号

➢ 在编辑状态下右击，在弹出的快捷菜单中选择“符号”命令，如图 8-28 所示，其子菜单中包括了常用的各种特殊符号。

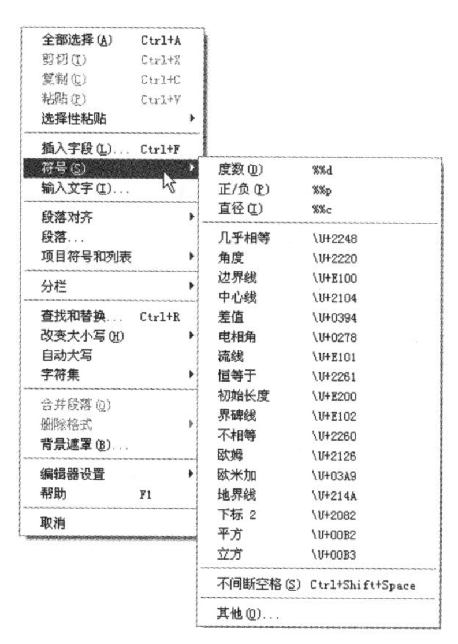

图 8-28 使用快捷菜单输入特殊符号

1. 添加多行文字背景

有时为了使文字更清晰地显示在复杂的图形中，用户可以为文字添加不透明的背景。

双击要添加背景的多行文字，打开“文字编辑器”选项卡，单击“样式”面板上的“遮罩”按钮 A 遮罩，系统弹出“背景遮罩”对话框，如图 8-29 所示。

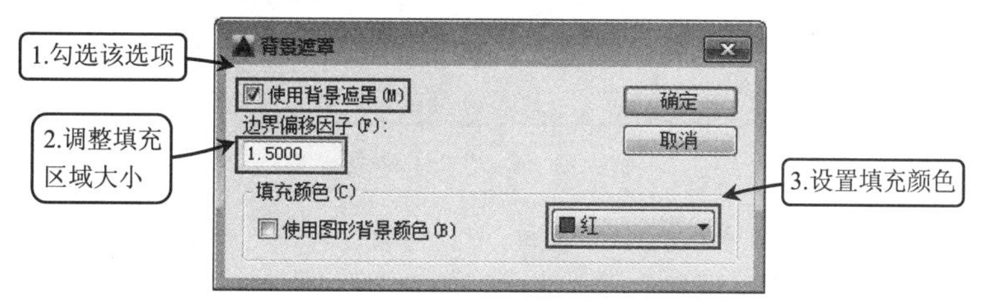

图 8-29 “背景遮罩”对话框

勾选“使用背景遮盖”选项，再设置填充背景的大小和颜色即可，效果如图 8-30 所示。

技术要求
1.未注倒角为C2。
2.未注圆角半径为R3。
3.正火处理160-220HBS。

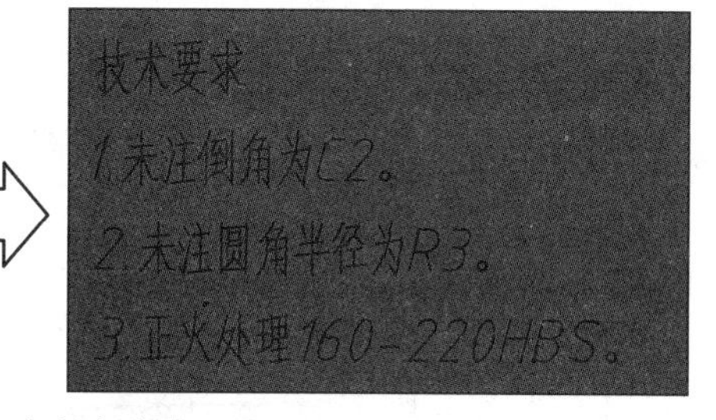

图 8-30 多行文字文字背景效果

8.1.10 案例——编写技术要求

01 单击“快速访问”工具栏中的“打开”按钮，打开“第 8 章 /8.1.10 编写技术要求 .dwg”文件，如图 8-31 所示。

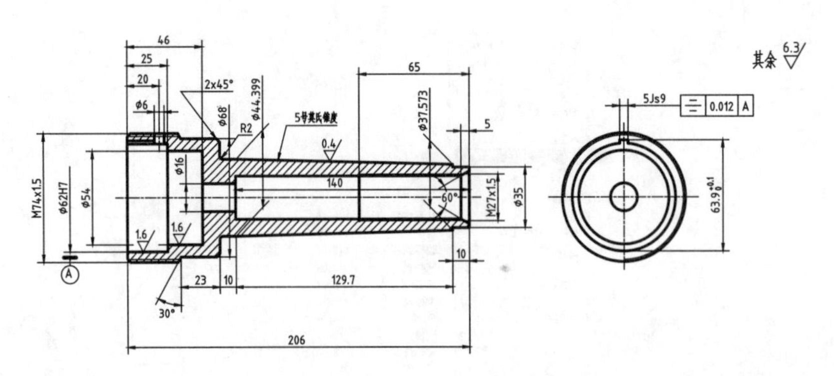

图 8-31　素材图样

02 在“注释”功能区中，单击“文字”面板中的 ↘ 按钮，系统弹出“文字样式”对话框，单击“新建”按钮，设置名称为“文字”。设置字体为“仿宋 GB231”，字体样式为“常规”，高度为 3.5，宽度因子为 0.7，单击“置为当前”按钮，如图 8-32 所示。

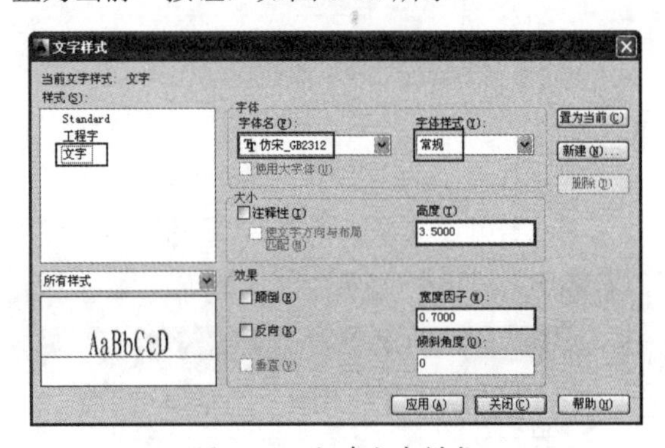

图 8-32　新建文字样式

03 单击“关闭”按钮，关闭“文字样式”对话框。在“注释”选项卡中，单击“文字”面板中的“多行文字”按钮。在图形的合适位置插入多行文字，其命令行提示如下：

```
命令：_MTEXT                                        // 调用“多行文字”命令
当前文字样式："多行文字"  文字高度： 3.5  注释性： 否
指定第一角点：                                      // 在图形右下方单击
指定对角点或 [ 高度 (H) / 对正 (J) / 行距 (L) / 旋转 (R) / 样式 (S) / 宽度 (W) / 栏 (C)]:
                                                    // 指定对角点
                                                    // 输入文字，按 Ctrl+Enter 键结束
```

04 通过以上操作即可完成对图纸中技术要求的编制，效果如图 8-33 所示。

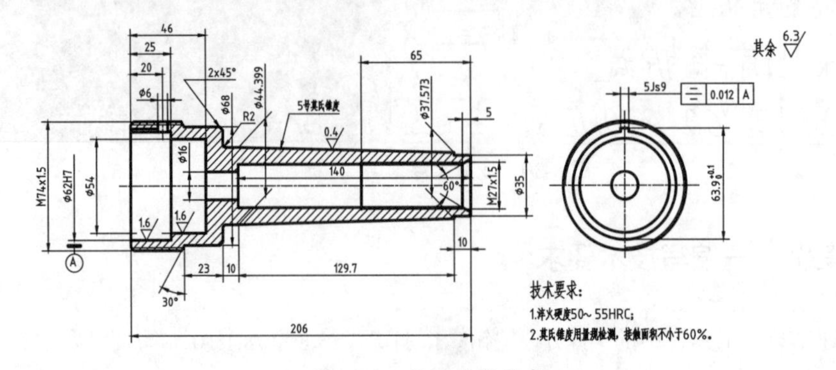

图 8-33　编写技术要求

技术专题：弧形文字的创建

很多时候需要对文字进行一些特殊处理，如输入圆弧对齐文字，即所输入的文字沿指定的圆弧均匀分布。要实现这个功能可以手动输入文字后再以阵列的方式完成操作，但在 AutoCAD 中还有一种更为快捷、有效的方法，下面通过案例进行说明。

8.1.11 拓展案例——创建弧形文字

其他软件中有专门的工具可以将文字对齐至曲线，从而创建样式各异的艺术文字。在 AutoCAD 其实也提供了这样的命令。

01 打开“第 8 章 /8.1.11 创建弧形文字形 .dwg”素材文件，选择创建好的圆弧，然后在命令行中输入 Arctext，按 Enter 键。

02 单击圆弧，弹出 ArcAlignedText Workshop-Create 对话框。在该对话框中设置字体样式，输入文字内容，即可在圆弧上创建弧形文字，如图 8-34 所示。

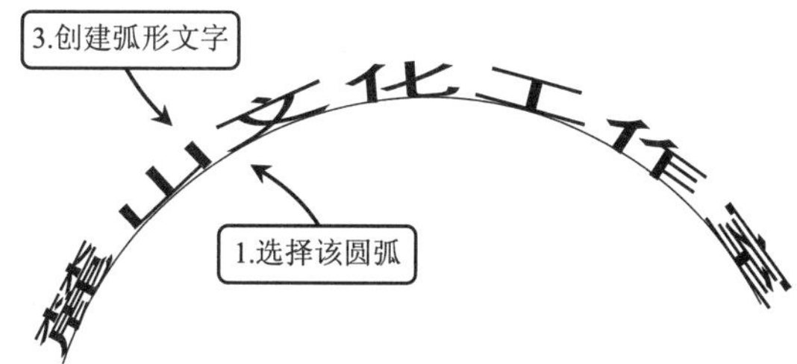

图 8-34 创建弧形文字

8.2 添加和编辑表格

在产品设计过程中，表格主要用来展示与图形相关的标准、数据信息、材料和装配信息等内容。根据不同类型的图形（如机械图形、工程图形、电子的线路图形等），对应的制图标准也不相同，这就需要设置符合产品设计要求的表格样式，并利用表格功能快速、清晰、醒目地反映设计思想及创意。

8.2.1 定义表格样式

在 AutoCAD 2014 中调用“表格样式”命令有以下几种常用方法。

- 命令行：在命令行中输入 TABLESTYLE/TS。
- 功能区：在“注释”选项卡中，单击“表格”面板的 ↘ 按钮。
- 菜单栏：执行“格式”|“表格样式”命令。

通过以上任意一种方法执行该命令后，系统弹出“表格样式”对话框，如图 8-35 所示。通过该对话框可执行将表格样式置为当前、修改、删除或新建的操作。单击“新建”按钮，系统弹出“创建新的表格样式”对话框，如图 8-36 所示。

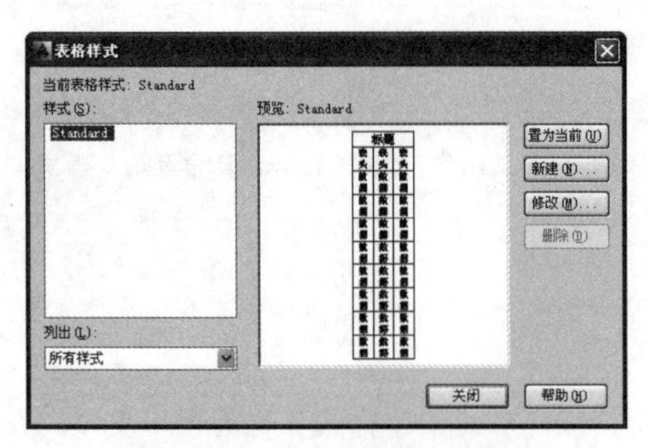

图 8-35 “表格样式”对话框

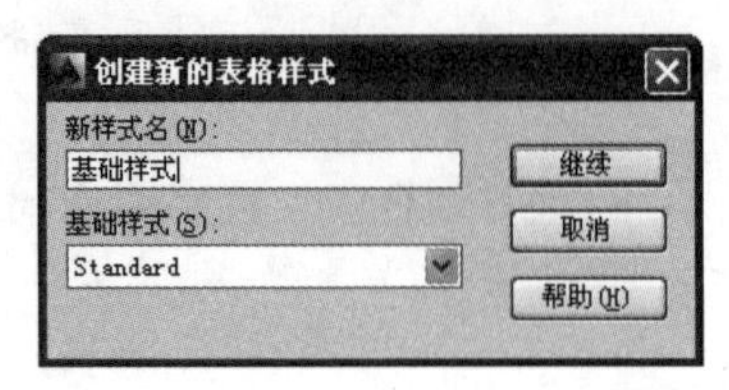

图 8-36 “创建新的表格样式”对话框

在“新样式名”文本框中输入表格名称，在“基础样式”下拉列表中选择一个表格样式为新的表格样式提供默认设置，单击“继续”按钮，系统弹出“新建表格样式”对话框，如图 8-37 所示，可以对样式进行具体设置。

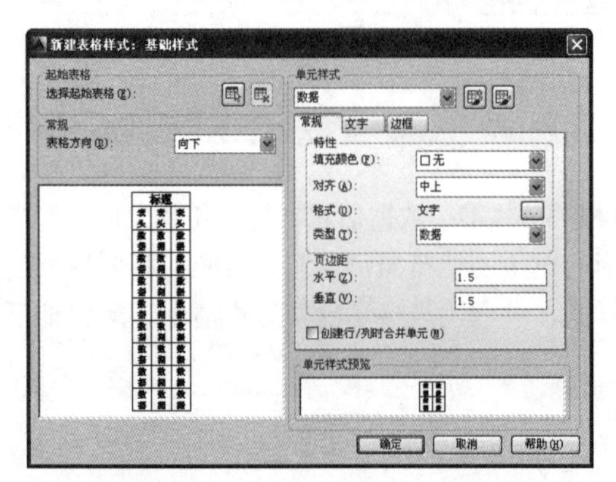

图 8-37 “新建表格样式”对话框

● 命令子选项说明

“新建表格样式”对话框由“起始表格”“常规”“单元样式”和“单元样式预览”4 个选项组组成，其各选项的含义如下。

a. “起始表格”选项组

该选项允许用户在图形中制定一个表格用作样列来设置此表格样式的格式。单击“选择表格”按钮进入绘图区，可以在绘图区选择表格并录入表格。“删除表格”按钮与“选择表格”按钮作用相反。

b. “常规”选项组

该选项用于更改表格方向，通过“表格方向”下拉列表选择“向下”或“向上”来设置表格方向，“向上”创建由下而上读取的表格，标题行和列都在表格的底部；“预览框”显示当前表格样式设置效果的样例。

c. “单元样式”选项组

该选项组用于定义新的单元样式或修改现有单元样式。“单元样式”列表中显示表格中的单元样式，系统默认提供了数据、标题和表头三种单元样式，用户需要创建新的单元样式，可以单击“创建新单元样式”按钮，系统弹出“创建新单元样式”对话框，如图 8-38 所示。在该对话框中输入新的单元样式名，单击“继续”按钮创建新的单元样式。

图 8-38 “创建新单元格式”对话框

当单击“新建表格样式”对话框中的“管理单元样式”按钮时，弹出如图 8-39 所示的“管理单元格式”对话框，在该对话框中可以对单元格式进行添加、删除和重命名操作。

图 8-39 “管理单元格式”对话框

"新建表格样式"对话框中常用选项介绍如下。

a. "常规"选项卡

- "填充颜色"：制定表格单元的背景颜色，默认值为"无"。
- "对齐"：设置表格单元中文字的对齐方式。
- "水平"：设置单元文字与左右单元边界之间的距离。
- "垂直"：设置单元文字与上下单元边界之间的距离。

b. "文字"选项卡

- "文字样式"：选择文字样式，单击[...]按钮，打开"文字样式"对话框，利用它可以创建新的文字样式。
- "文字角度"：设置文字倾斜角度。逆时针为正，顺时针为负。

c. "边框"选项卡

- "线宽"：指定表格单元的边界线宽。
- "颜色"：指定表格单元的边界颜色。
- [田]按钮：将边界特性设置应用于所有单元格。
- [田]按钮：将边界特性设置应用于单元的外部边界。
- [田]按钮：将边界特性设置应用于单元的内部边界。
- [田][田][田][田]按钮：将边界特性设置应用于单元的底、左、上及下边界。
- [田]按钮：隐藏单元格的边界。

8.2.2　案例——创建表格样式

01 单击"快速访问"工具栏中的"新建"按钮[新建]，新建图形文件。

02 在命令行中输入 TS 并按 Enter 键，系统自动弹出"表格样式"对话框，如图 8-40 所示。

03 单击"新建"按钮，系统自动弹出"新建新的表格样式"对话框，更改"新建样式名"为"零件下料尺寸汇总"，如图 8-41 所示。

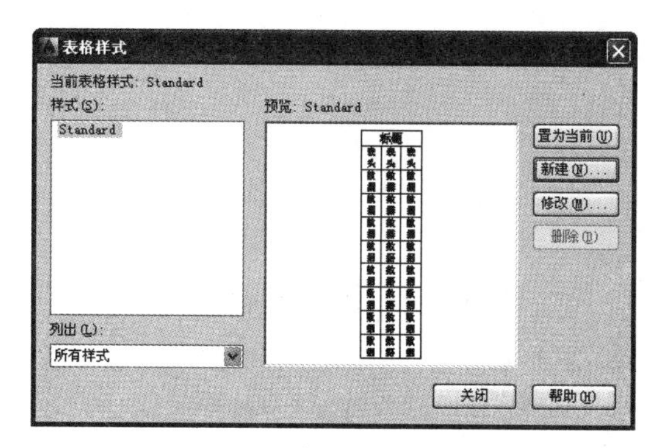

图 8-40　"表格样式"对话框

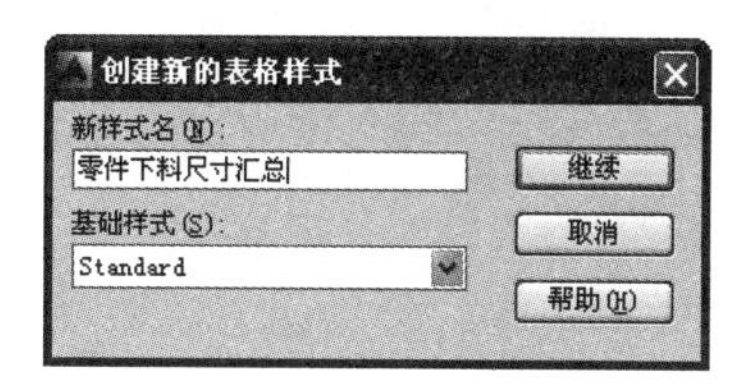

图 8-41　"创建新的表格样式"对话框

04 单击"继续"按钮，系统自动弹出"新建表格样式：零件下料尺寸汇总"对话框，如图 8-42 所示。

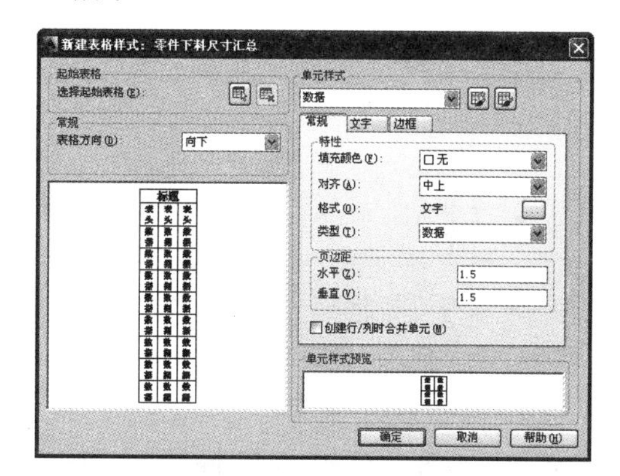

图 8-42　"新建表格样式：零件下料尺寸汇总"对话框

05 在"新建表格样式：零件下料尺寸汇总"对话框中，可以对"常规""文字""边框"选项卡进行编辑，单击"文字"选项卡，修改文字高度为 8，如图 8-43 所示。

06 单击"确定"按钮，返回至"表格样式"对话框，选择"零件下料尺寸汇总"表格样式之后单击"置为当前"按钮，至此"零件下料尺寸汇总"表格样式创建完成。

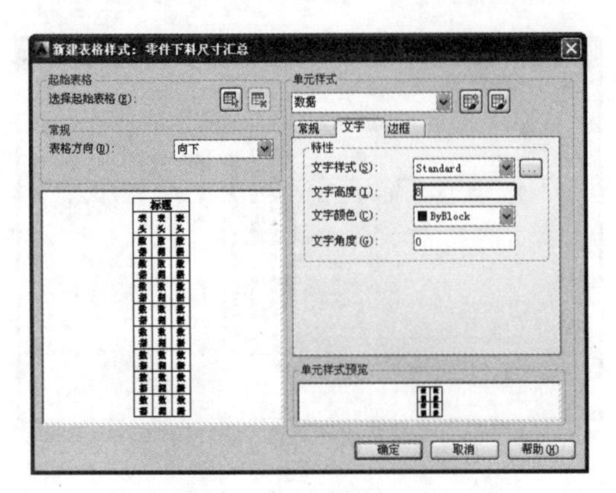

图 8-43　修改文字高度

8.2.3　插入表格

表格是在行和列中包含数据的对象，在设置表格样式后便可以从空格或表格样式创建表格对象，还可以将表格链接至 Microsoft Excel 电子表格中的数据。

在 AutoCAD 2014 中面板插入表格有以下几种常用方法。

- 命令行：在命令行输入 TABLE/TB。
- 功能区：在“默认”选项卡中，单击“注释”面板中的“表格”按钮。
- 工具栏：单击“绘图”工具栏中的“表格”按钮。
- 菜单栏：执行“绘图”|“表格”命令。

通过以上任意一种方法执行该命令后，系统弹出“插入表格”对话框，如图 8-44 所示。

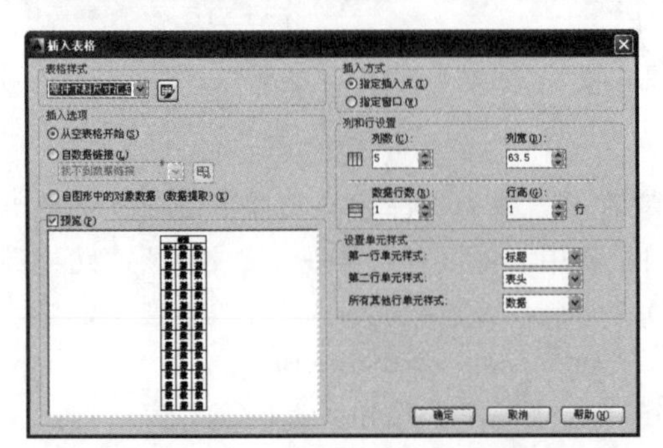

图 8-44　“插入表格”对话框

在“插入表格”面板中包含多个选项组和对应选项，参数对应的设置方法如下：

- 表格样式：在该选项组中不仅可以从“表格样式”下拉列表中选择表格样式，也可以在单击按钮后创建新表格样式。
- 插入选项：在该选项组中包含 3 个单选按钮，其中选中“从空表格开始”单选按钮可以创建一个空的表格；选中“自数据连接”单选按钮可以从外部导入数据来创建表格；选中“自图形中的对象数据（数据提取）”单选按钮可以用于从可输出到表格或外部的图形中提取数据来创建表格。
- 插入方式：该选项组中包含两个单选按钮，选中“指定插入点”单选按钮可以在绘图窗口中的某点插入固定大小的表格；选中“指定窗口”单选按钮可以在绘图窗口中通过指定表格两对角点的方式创建任意大小的表格。
- 列和行设置：在此选项区域中，可以通过改变“列”“列宽”“数据行”和“行高”文本框中的数值来调整表格的外观大小。
- 设置单元样式：在此选项组中可以设置“第一行单元样式”“第二行单元样式”和“所有其他单元样式”选项。默认情况下，系统均以“从空表格开始”方式插入表格。

设置好列数和列宽、行数和行高后，单击“确定”按钮，并在绘图区指定插入点，将会在当前位置按照表格设置插入一个表格，并在此表格中添加上相应的文本信息即可完成表格的创建。

8.2.4　修改表格

使用“插入表格”命令直接创建的表格一般都不能满足实际绘图的要求，那么用户就可以通过修改表格的宽度、高度，还有通过行、列方式删除表格单元格或者合并相邻单元格来满足其要求。

选择表格中的某个单元格后，将弹出“表格单元”选项卡，如图 8-45 所示，可以在其中编辑单元格。

图 8-45 “表格单元”选项卡

操作技巧： 单击单元格时，按住 Shift 键可以选择多个连续的单元格。通过“特性”管理器也可以修改单元格的属性。

8.2.5 添加表格内容

在 AutoCAD 2014 中，表格的主要作用就是能够清晰、完整、系统地表现图纸中的数据。表格中的数据都是通过表格单元进行添加的，表格单元不仅可以包含文本信息，而且还可以包含多个块。此外，还可以将 AutoCAD 中的表格数据与 Microsoft Excel 电子表格中的数据进行同步。

1. 添加数据

当创建表格后，系统会自动亮显第一个表格单元，并打开“文字格式”工具栏，此时可以开始输入文字，在输入文字的过程中，单元的行高会随输入文字的高度或行数的增加而增加。要移动到下一单元，可以按 Tab 键或用箭头键向左、向右、向上和向下移动。通过在选中的单元中按 F2 键可以快速编辑单元格文字。

2. 插入块

当选中表格单元后，在展开的“表格”选项卡中单击“插入点”选项板下的“块”按钮，将弹出“在表格单元中插入块”对话框，进行块的插入操作。在表格单元中插入块时，块可以自动适应单元的大小，也可以调整单元以适应块的大小，并且可以将多个块插入到同一个表格单元中。

操作技巧： 要编辑单元格内容，只需双击要修改的文字即可。而对于“块”的定义与使用方法请参考本书第 7 章的内容。

8.2.6 案例——在表格中添加内容

01 延续案例 8.2.4 进行操作，打开“第 8 章 /8.2.4 创建表格 -OK.dwg”素材文件，如图 8-46 所示。

02 双击表格中的单元格，弹出“表格单元”选项卡，如图 8-47 所示。

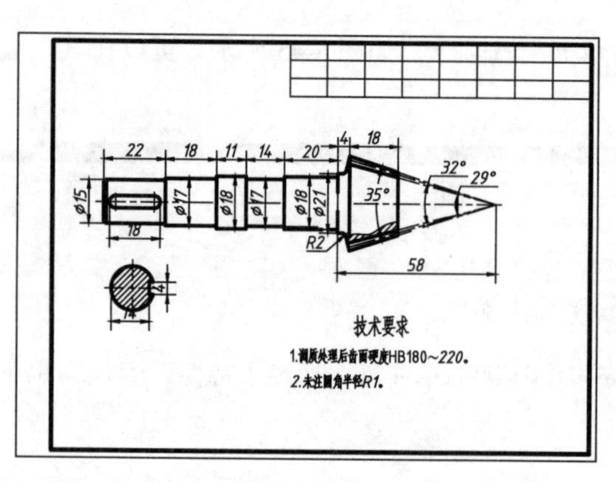

图 8-46　素材图样

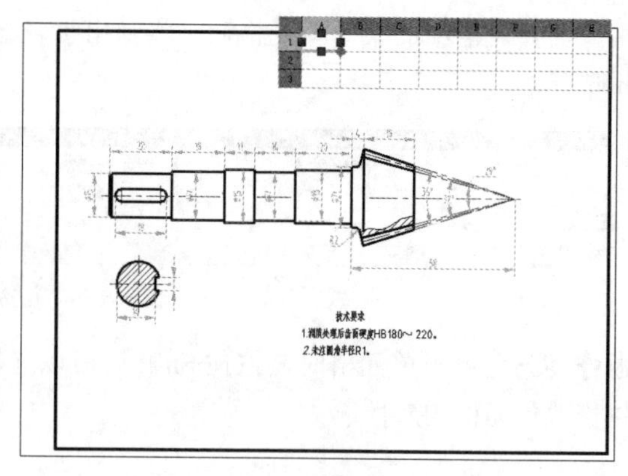

图 8-47　双击单元格

03 单击任意单元格，系统弹出“文字编辑器”选项卡，在字高行中输入新值 2.5，如图 8-48 所示。

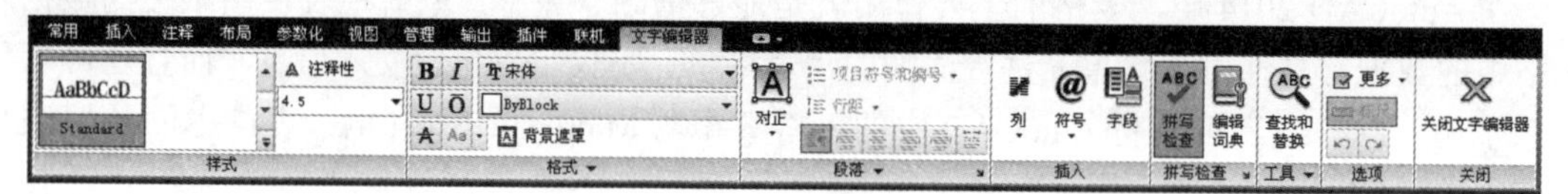

图 8-48　“文字编辑器”选项卡

04 按以上所述方法在表格中输入齿轮的文字与参数，如图 8-49 所示。

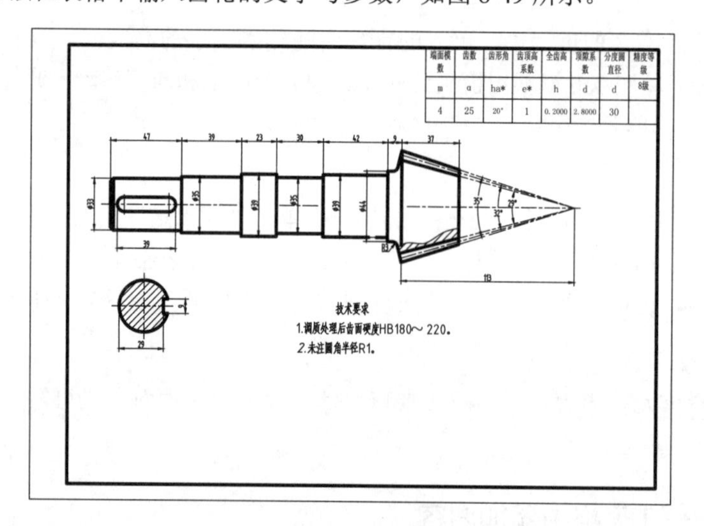

图 8-49　输入文字效果

操作技巧： 在填写文字时，当要移动到相邻的下一个单元格式就按 Tab 键，或使用箭头键向左、右、上、下移动。

技术专题：将Excel输入为AutoCAD中的表格

AutoCAD 具有完善的图形绘制功能、强大的图形编辑功能。尽管还有文字与表格的处理能力，但相对于专业的数据处理、统计分析和辅助决策的 Excel 软件来说功能还是很弱的。但在实际工作中，往往需要绘制各种复杂的表格，输入大量的文字，并调整表格大小和文字样式。这在 AutoCAD 中操作比较烦琐，速度也将慢下来。

因此如果将 Word、Excel 等文档中的表格数据选择性粘贴到 AutoCAD 程序中，且插入后的表格数据也会以表格的形式显示在绘图区中，这样就能极大地方便用户整理。下面通过一个练习来介绍其方法。

8.2.7　案例——创建表格

01 单击“快速访问”工具栏中的“打开”按钮，打开“第 8 章 /8.2.4 创建表格 .dwg”文件，如图 8-50 所示。下面在图框的右上角创建表格。

02 在“常用”选项卡中，单击“注释”面板中的“表格”按钮。系统弹出“插入表格”对话框，更改“插入方式”为“指定窗口”。设置“数据行数”为 8，“列数”为 1，“单元样式”全部为“数据”，如图 8-51 所示。

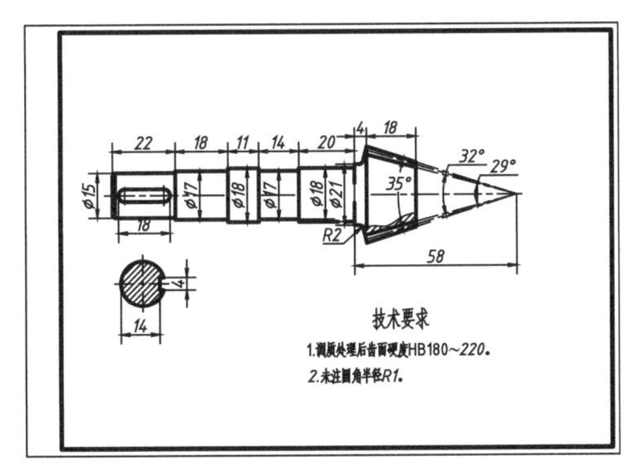

图 8-50　素材图样

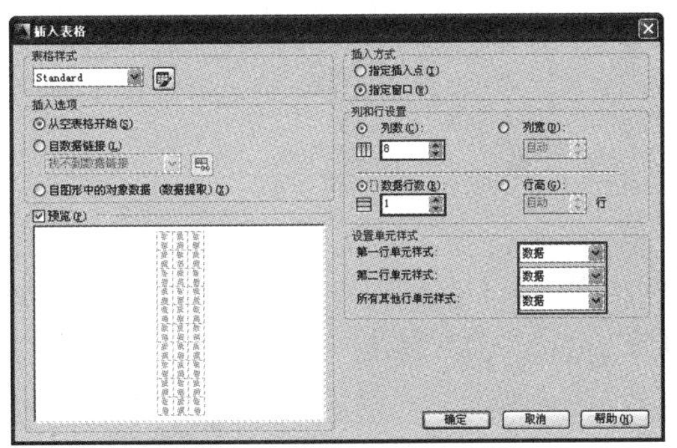

图 8-51 “插入表格”对话框

03 单击“确定”按钮，按照命令行提示指定插入点为矩形左上角的一点，第二点角点为矩形的右下角的一点，表格绘制完成，如图 8-52 所示。

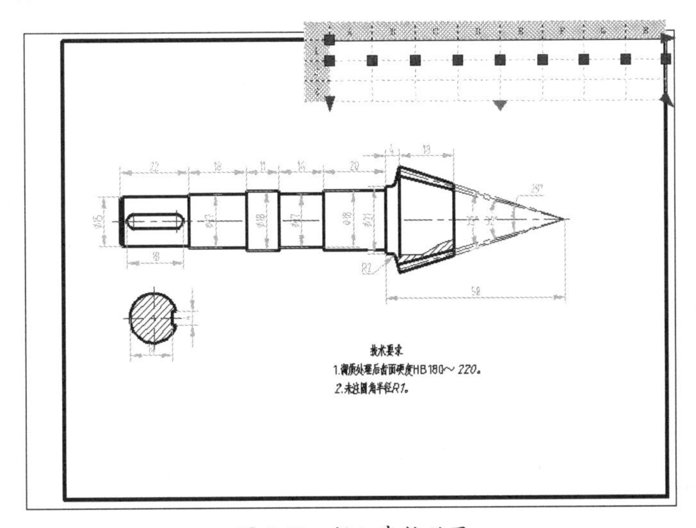

图 8-52　插入表格效果

操作技巧： 在在设置行数的时候，需要看清楚对话框中输入的是“数据行数”，这里的数据行数应该减去标题与表头的数值，即“最终行数 = 输入行数 +2”。

8.2.8 拓展案例——通过 Excel 生成 AutoCAD 表格

如果要统计的数据过多，如电气设施的统计表，那么首选肯定会使用 Excel 进行处理，然后再导入 AutoCAD 中作为表格即可。而且在一般公司中，这类表格数据都由其他部门制作，设计人员无须自行整理。

01 打开素材文件“第 8 章 /8.2.8 电气设施统计表 .xls”，如图 8-53 所示，已用 Excel 创建好了一电气设施的统计表格。

电　气　设　备　设　施　一　览　表

统计：龚程笑　统计日期：2012年3月22日　审核：罗武　审核日期：2012年3月22日　编号：10

序号	名　称	规格型号		重量/原值（吨/万元）	制造/投用（时间）	主体材质	操作条件	安装地点 / 使用部门	生产制造单位	备注
1	吸氨泵、碳化泵、浓氨泵（TH01）	MNS	1		2010、04/2010、08	敷铝锌板	交流控制（AC380V/220V）	碳化配电室/	上海德力西开关有限公司	
2	离心机1#-3#主机、辅机控制（TH02）	MNS	1		2010、04/2010、08	敷铝锌板	交流控制（AC380V/220V）	碳化配电室/	上海德力西开关有限公司	
3	防爆控制箱	XBK-B24D24G	1		2010、07	铸铁	交流控制（AC220V）	碳化值班室内/	新黎明防爆电器有限公司	
4	防爆照明(动力）配电箱	CBP51-7KXXG	1		2010、11	铸铁	交流控制（AC380V）	碳化二楼/	长城电器集团有限公司	
5	防爆动力(电磁）启动箱	BXG	1		2010、07	铸铁	交流控制（AC380V）	碳化值班室内/	新黎明防爆电器有限公司	
6	防爆照明(动力）配电箱	CBP51-7KXXG	1		2010、11	铸铁	交流控制（AC380V）	碳化一楼/	长城电器集团有限公司	
7	碳化循环水控制柜		1		2010、11	普通钢板	交流控制（AC380V）	碳化配电室内/	自配控制柜	
8	碳化深水泵控制柜		1		2011、04	普通钢板	交流控制（AC380V）	碳化配电室内/	自配控制柜	
9	防爆控制箱	XBK-B12D12G	1		2010、07	铸铁	交流控制（AC380V）	碳化二楼/	新黎明防爆电器有限公司	
10	防爆控制箱	XBK-B30D30G	1		2010、07	铸铁	交流控制（AC380V）	碳化二楼/	新黎明防爆电器有限公司	

图 8-53　素材文件

02 将表格主体（即行 3~13、列 A~K）复制到剪贴板。

03 打开 AutoCAD，新建一空白文档，再选择“编辑”菜单中的“选择性粘贴”选项，打开“选择性粘贴”对话框，选择其中的“AutoCAD 图元”选项，如图 8-54 所示。

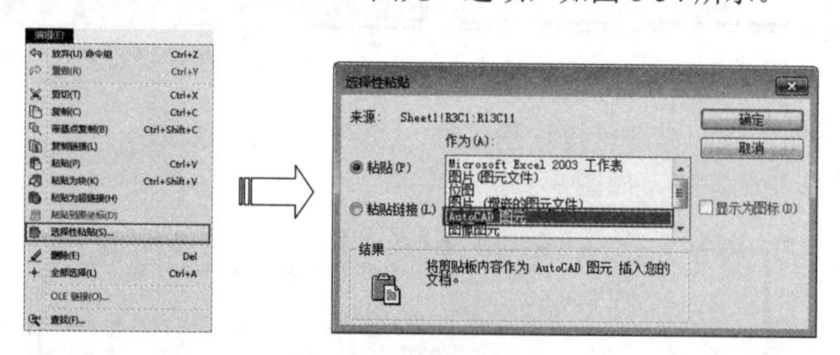

图 8-54　选择性粘贴

04 单击“确定”按钮后，表格即转化成 AutoCAD 中的表格，如图 8-55 所示。即可编辑其中的文字，非常方便。

序号	名　称	规格型号		重量/原值（吨/万元）	制造/投用　（时间）	主体材质	操作条件	安装地点 / 使用部门	生产制造单位	备注
1.0000	吸氨泵、碳化泵、浓氨泵（TH01）	MNS	1.0000		2010、04/2010、08	敷铝锌板	交流控制（AC380V/220V）	碳化配电室/	上海德力西开关有限公司	
2.0000	离心机1#-3#主机、辅机控制（TH02）	MNS	1.0000		2010、04/2010、08	敷铝锌板	交流控制（AC380V/220V）	碳化配电室/	上海德力西开关有限公司	
3.0000	防爆控制箱	XBK-B24D24G	1.0000		2010、07	铸铁	交流控制（AC220V）	碳化值班室内/	新黎明防爆电器有限公司	
4.0000	防爆照明(动力）配电箱	CBP51-7KXXG	1.0000		2010、11	铸铁	交流控制（AC380V）	碳化二楼/	长城电器集团有限公司	
5.0000	防爆动力(电磁）启动箱	BXG	1.0000		2010、07	铸铁	交流控制（AC380V）	碳化值班室内/	新黎明防爆电器有限公司	
6.0000	防爆照明(动力）配电箱	CBP51-7KXXG	1.0000		2010、11	铸铁	交流控制（AC380V）	碳化一楼/	长城电器集团有限公司	
7.0000	碳化循环水控制柜		1.0000		2010、11	普通钢板	交流控制（AC380V）	碳化配电室内/	自配控制柜	
8.0000	碳化深水泵控制柜		1.0000		2011、04	普通钢板	交流控制（AC380V）	碳化配电室内/	自配控制柜	
9.0000	防爆控制箱	XBK-B12D12G	1.0000		2010、07	铸铁	交流控制（AC380V）	碳化二楼/	新黎明防爆电器有限公司	
10.0000	防爆控制箱	XBK-B30D30G	1.0000		2010、07	铸铁	交流控制（AC380V）	碳化二楼/	新黎明防爆电器有限公司	

图 8-55　粘贴为 AutoCAD 中的表格

第 9 章 图层管理

图层是 AutoCAD 提供给用户的组织图形的强有力工具。AutoCAD 的图形对象必须绘制在某个图层上，它可能是默认的图层，也可以是用户自己创建的图层。利用图层的特性，如颜色、线宽、线型等，可以非常方便地区分不同的对象。此外，AutoCAD 还提供了大量的图层管理功能（打开 / 关闭、冻结 / 解冻、加锁 / 解锁等），这些功能使用户在组织图层时非常方便。

9.1 图层概述

本节介绍图层的基本概念和分类原则，使读者对 AutoCAD 图层的含义和作用，以及一些使用的原则有一个清晰的认识。

9.1.1 图层的基本概念

AutoCAD 图层相当于传统图纸中使用的重叠图纸，它就如同一张张透明的图纸，整个 AutoCAD 文档就是由若干透明图纸上下叠加的结果，如图 9-1 所示。用户可以根据不同的特征、类别或用途，将图形对象分类组织到不同的图层中。同一个图层中的图形对象具有许多相同的外观属性，如线宽、颜色、线型等。

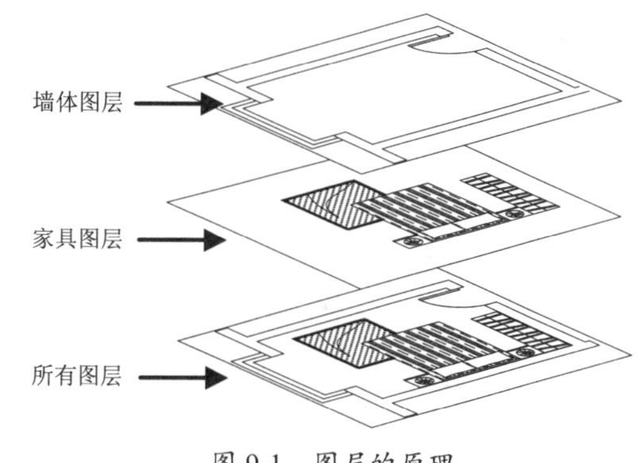

图 9-1 图层的原理

按图层组织数据有很多好处。首先，图层结构有利于设计人员对 AutoCAD 文档的绘制和阅读。不同工种的设计人员，可以将不同类型数据组织到各自的图层中，最后统一叠加。阅读文档时，可以暂时隐藏不必要的图层，减少屏幕上的图形对象数量，提高显示效率，也有利于看图。修改图纸时，可以锁定或冻结其他工种的图层，以防误删、误改他人的图纸。其次，按照图层组织数据，可以减少数据冗余，压缩文件数据量，提高系统处理效率。许多图形对象都有共同的属性。如果逐个记录这些属性，那么这些共同属性将被重复记录。而按图层组织数据以后，具有共同属性的图形对象同属一层。

9.1.2 图层分类原则

按照图层组织数据，将图形对象分类组织到不同的图层中，这是 AutoCAD 设计人员要具备的良好习惯。在新建文档时，首先应该在绘图前大致设计好文档的图层结构。多人协同设计时，更应该设计好一个统一而又规范的图层结构，以便数据交换和共享。切忌将所有的图形对象全部放在同一个图层中。

图层可以按照以下的原则组织。

- 按照图形对象的使用性质分层。例如在建筑设计中，可以将墙体、门窗、家具、绿化分在不同的层。

➢ 按照外观属性分层。具有不同线型或线宽的实体应当分属不同的图层，这是一个很重要的原则。例如机械设计中，粗实线（外轮廓线）、虚线（隐藏线）和点画线（中心线）就应该分属三个不同的层，也方便了打印控制。

➢ 按照模型和非模型分层。AutoCAD 制图的过程实际上是建模的过程。图形对象是模型的一部分；文字标注、尺寸标注、图框、图例符号等并不属于模型本身，是设计人员为了便于设计文件的阅读而人为添加的说明性内容。所以模型和非模型应当分属不同的层。

9.2 图层的管理

图层的新建、设置、删除等操作通常在“图层特性管理器”中进行。此外，用户也可以使用“图层”面板或“图层”工具栏快速管理图层。

9.2.1 图层特性管理器

“图层特性管理器”是管理和组织 AutoCAD 图层的强有力工具。

在 AutoCAD 2014 中打开“图层特性管理器”有以下几种方法。

➢ 命令行：在命令行中输入 LAYER/LA

➢ 功能区：单击“图层”面板中的“图层特性”工具按钮，如图 9-2 所示。

图 9-2　图层特性工具栏

➢ 菜单栏：执行“格式”|“图层”命令，如图 9-3 所示。

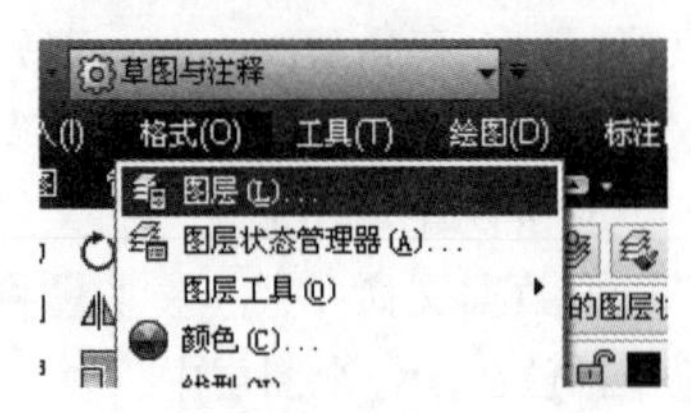

图 9-3　执行菜单命令

执行上述任意命令后，将弹出如图 9-4 所示的“图层特性管理器”，该管理器主要分为“图层树状区”与“图层设置区”两部分。

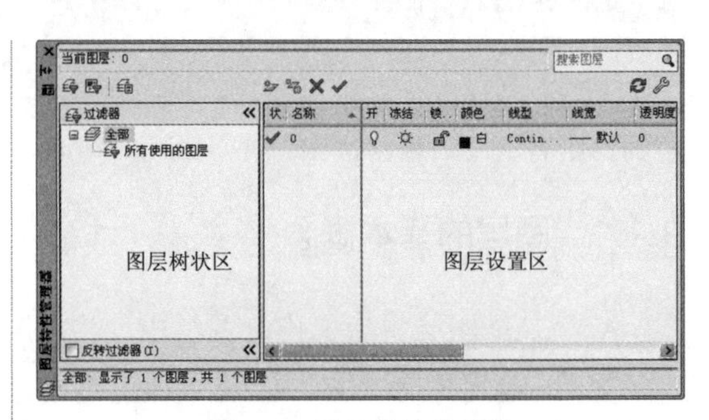

图 9-4　图层特性管理器

1. 图层树状区

“图层树状区”用于显示图形中图层和过滤器的层次结构列表，其中“全部”用于显示图形中所有的图层，而“所有使用的图层”过滤器则为只读过滤器，过滤器按字母顺序进行显示。

“图层树状区”各选项及功能按钮的作用如下：

➢ “新建特性过滤器”按钮：单击该按钮将弹出如图 9-5 所示的“图层过滤器特性”对话框，此时可以根据图层的若干特性（如颜色、线宽）创建“特性过滤器”。

➢ “新建组过滤器”按钮：单击该按钮可创建“组过滤器”，在“组过滤器”内可包含多个“特性过滤器”，如图 9-6 所示。

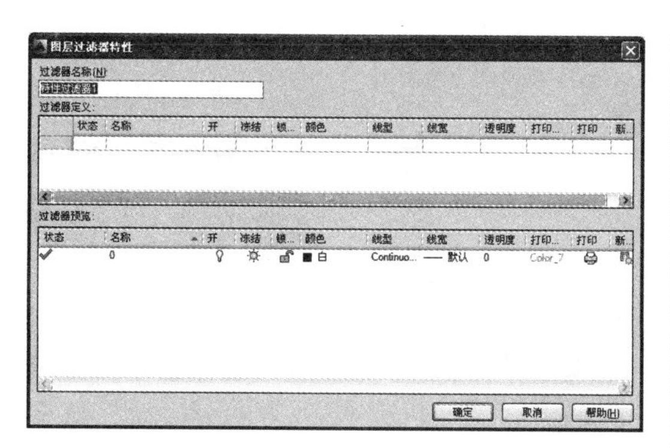

图 9-5　“图层过滤器特性”对话框

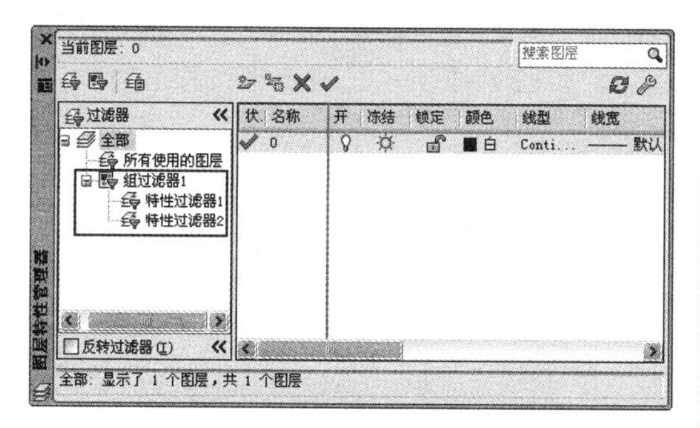

图 9-6　创建组过滤器

> “图层状态管理器”按钮：单击该按钮将弹出如图 9-7 所示的“图层状态管理器”对话框，通过该对话框中的列表可以查看当前保存在图形中的图层状态、存在空间、图层列表是否与图形中的图层列表相同，以及可选说明。

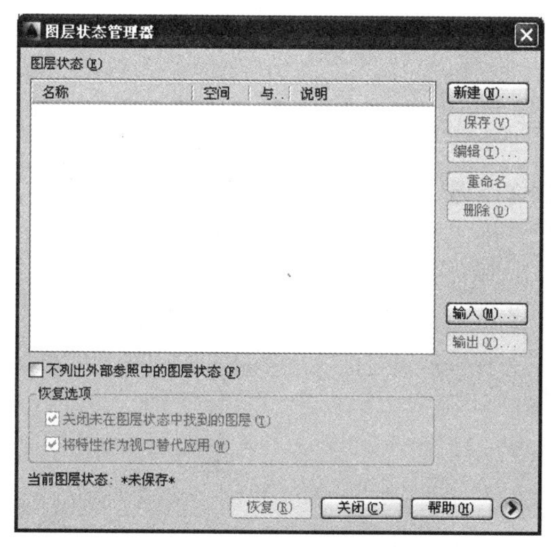

图 9-7　图层状态管理器

> 反转过滤器：勾选该复选框后，将在右侧列表中显示所有与过滤性不符合的图层，当“特性过滤器 1”中选择到所有颜色为绿色的图层时，勾选该复选框将显示所有非绿色的图层，如图 9-8 所示。

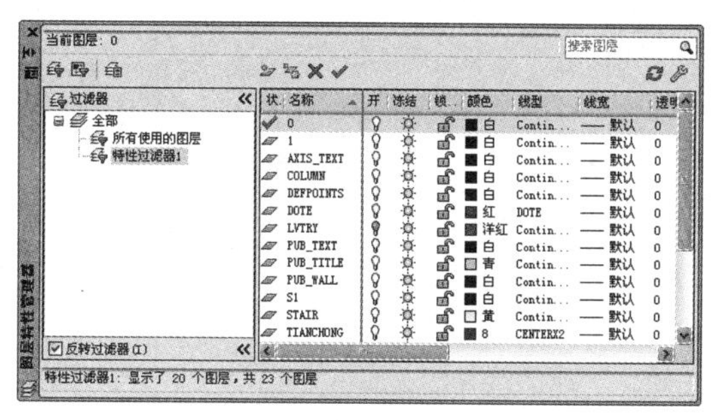

图 9-8　反转过滤器

> 状态栏：在状态栏内罗列出了当前过滤器的名称、列表视图中显示的图层数与图形中的图层数等信息。

1. 图层设置区

“图层设置区”具有搜索、创建、删除图层等功能，并能显示图层具体的特性与说明。“图形树状区”各选项及功能按钮的作用如下：

> “搜索图层”：通过在其左侧的列表内输入搜索关键字符，可以按名称快速搜索相关的图层列表。

> “新建图层”按钮：单击该按钮可以在列表中新建一个图层。

> “在所有视口中都被冻结的新图层视口”按钮：单击该按钮可以创建一个新图层，但在所有现有的布局视口中会将其冻结。

> “删除图层”按钮：单击该按钮将删除当前选中的图层。

> “置为当前”按钮：单击该按钮可以将当前选中的图层置为当前层，用户所绘制的图形将存放在该图层上。

> “刷新”按钮：单击该按钮可以刷新图层列表中的内容。

> “设置”按钮🔧：单击该按钮将显示如图 9-9 所示的“图层设置”对话框，用于调整“新图层通知”“隔离图层设置”及“对话框设置”等内容。

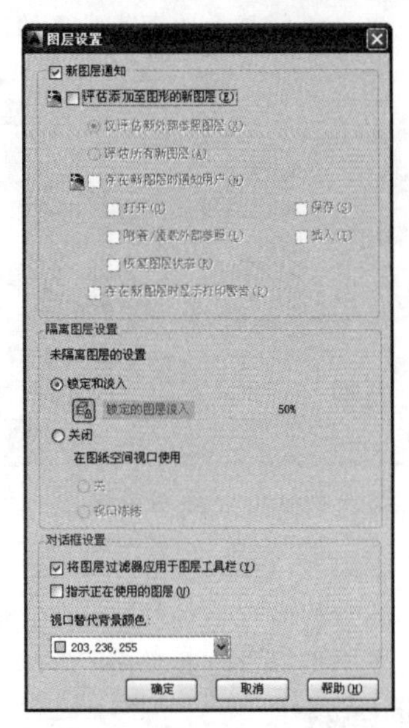

图 9-9 “图层设置”对话框

9.2.2 新建图层

在使用 AutoCAD 进行绘图工作前，用户宜先根据自身行业要求创建好对应的图层。AutoCAD 的图层创建和设置都在“图层特性管理器”选项板中进行。

打开“图层特性管理器”选项板有以下几种方法。

> 菜单栏：选择“格式”|“图层”命令。
> 命令行：LAYER 或 LA。

在命令行中输入 LA，调用“图层特性管理器”命令，系统弹出“图层特性管理器”对话框，如图 9-10 所示，单击对话框上方的“新建”按钮，新建图层。默认情况下，创建的图层会以“图层 1”“图层 2”等按顺序进行命名。而为了更直接地了解到该图层上的图形对象，用户通常会以该图层要绘制的图形对象为其重命名，如轴线、门窗等。

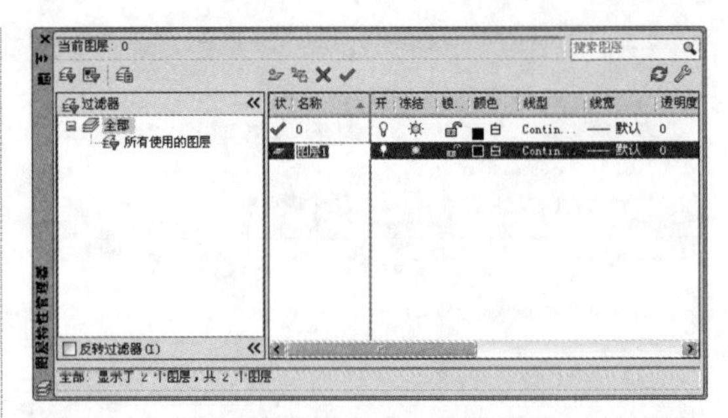

图 9-10 图层特性管理器

图层重命名的方法为右键单击所创建的图层，在弹出的快捷菜单中选择“重命名图层”选项，如图 9-11 所示，或者直接按 F2 键，此时名称文本框呈可编辑状态，输入名称即可，也可以在创建新图层时直接输入新名称。

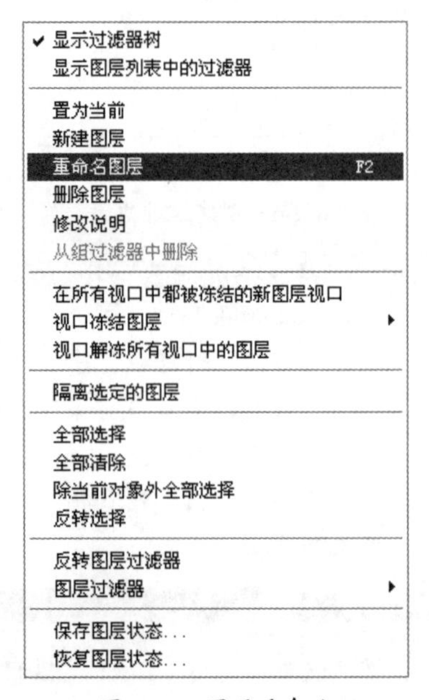

图 9-11 图层重命名

操作技巧：图层名称不能包含通配符（* 和？）和空格，也不能与其他图层重名。

9.2.3 案例——新建并应用图层

01 单击“快速访问”工具栏中的“打开”按钮，打开“9.2.3 新建并应用图层 .dwg”文件，如图 9-12 所示。

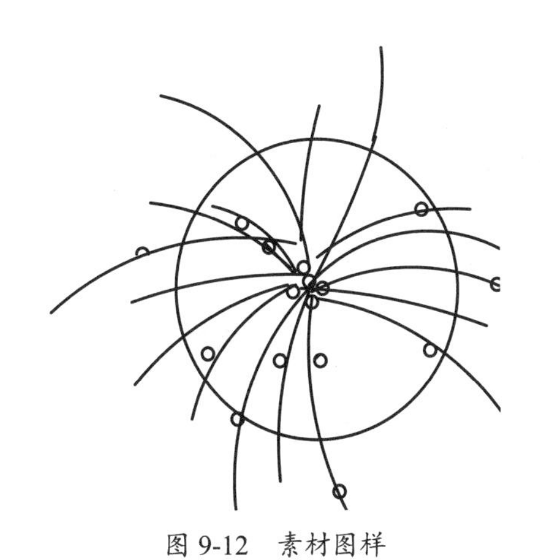

图 9-12　素材图样

02 在“功能区”选项板的“默认”选项卡中，单击“图层”面板中的“图层特性”按钮，弹出“图层特性管理器”对话框，单击“新建图层”按钮，新建一个图层，如图 9-13 所示。

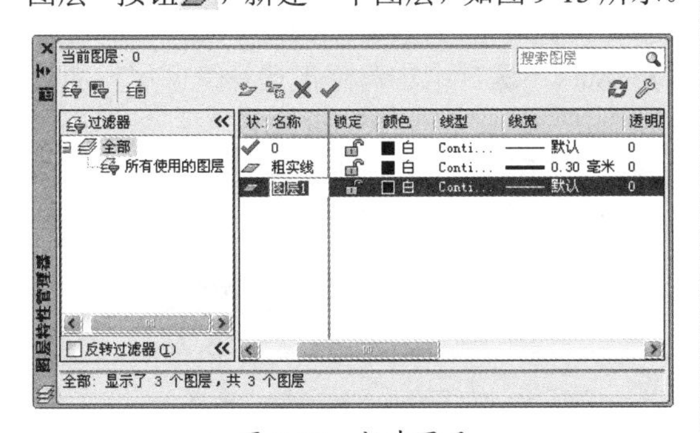

图 9-13　新建图层

03 右键单击所创建“图层 1”，在弹出的快捷菜单中选择“重命名图层”选项，输入新的图层名称“盆景”，如图 9-14 所示。

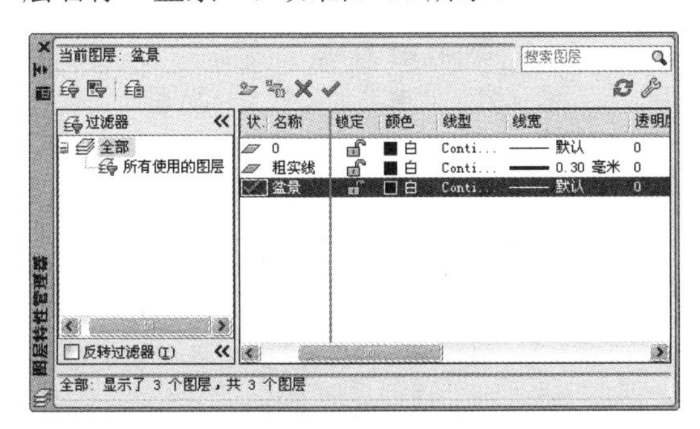

图 9-14　重命名图层

04 按 Enter 键确认，创建了一个新的图层“盆景”。返回绘图区，选中素材图形，单击“图层控制”右侧的三角下列按钮，在下拉列表中选择“盆景”图层，将其置为当前，即将“盆景”图层应用到素材上，如图 9-15 所示。

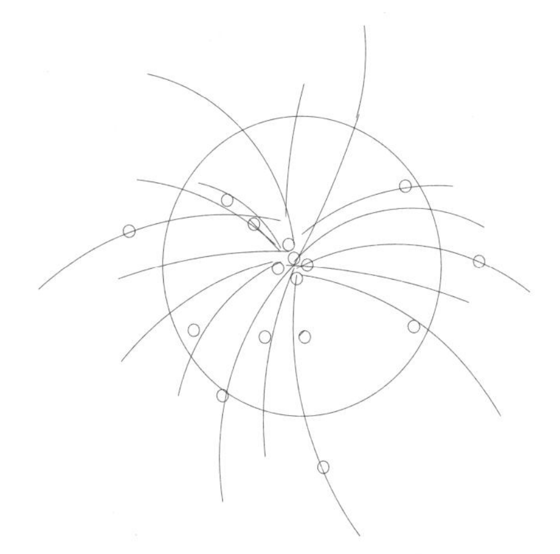

图 9-15　运用图层效果

9.2.4　设置当前图层

当前层是当前工作状态下所处的图层。当设定一个图层为当前层后，接下来所绘制的全部对象都将位于该图层中。如果以后想在其他图层中绘图，就需要更改当前层的设置。

在 AutoCAD 中设置当前层有以下几种常用方法。

➢ 在“图层特性管理器”对话框中选择目标图层，单击“置为当前”按钮，如图 9-16 所示。

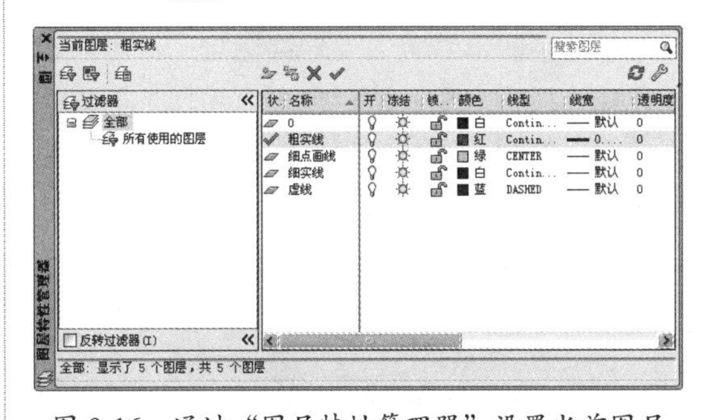

图 9-16　通过“图层特性管理器”设置当前图层

➢ 在“默认”选项卡中，单击“图层”面板中的“图层控制”下拉列表，选择目标图层，即可将图层设置为“当前图层”，如图 9-17 所示。

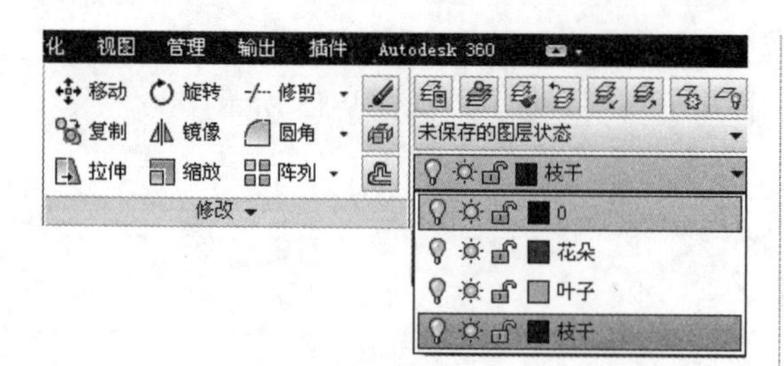

图 9-17　通过功能面板设置当前图层

➢ 在“AutoCAD 经典”工作空间内，通过“图层”工具栏的下拉列表，选择目标图层，同样可以将其设置为“当前图层”，如图 9-18 所示。

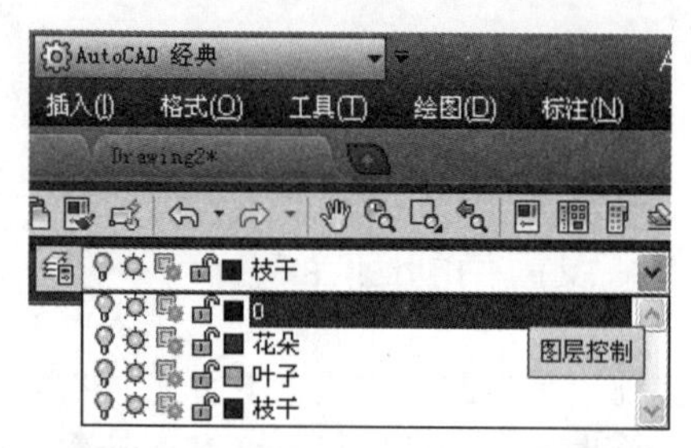

图 9-18　通过图层工具栏设置当前图层

9.2.5　转换图层

在 AutoCAD 2014 中还可以十分灵活地进行图层转换，即将某一图层内的图形转换至另一个图层，同时使其颜色、线型、线宽等特性发生改变。

如果某图形对象需要转换图层，此时可以先选择该图形对象，然后单击“图层”面板中的“图层控制”下拉列表，选择到要转换的目标图层即可，如图 9-19 所示。

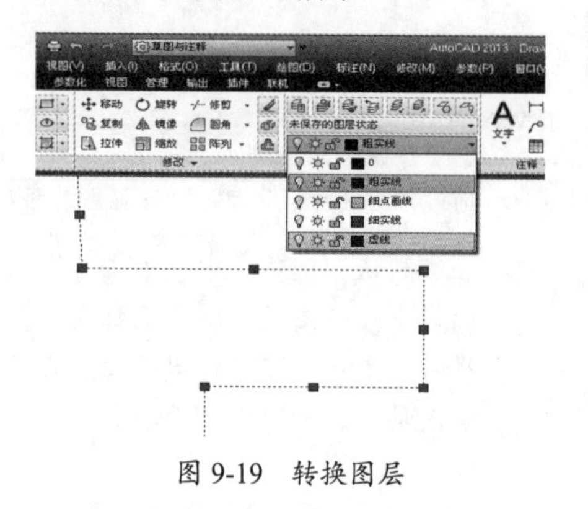

图 9-19　转换图层

9.2.6　案例——转换图层

01 单击“快速访问”工具栏中的“打开”按钮，打开“第 9 章 /9.2.6 转换图层 .dwg”文件，如图 9-20 所示。

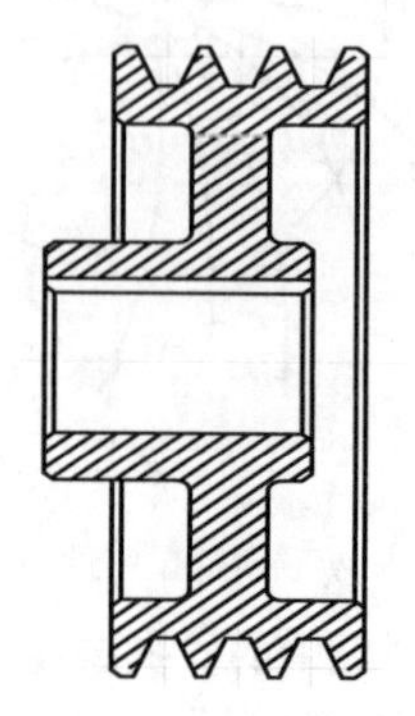

图 9-20　素材图样

02 选中素材中的剖面线图形，在“功能区”的“默认”选项卡中，单击选择“图层”面板中“图层控制”下拉列表的“剖面线”图层，如图 9-21 所示。即可完成图层的转换，效果如图 9-22 所示。

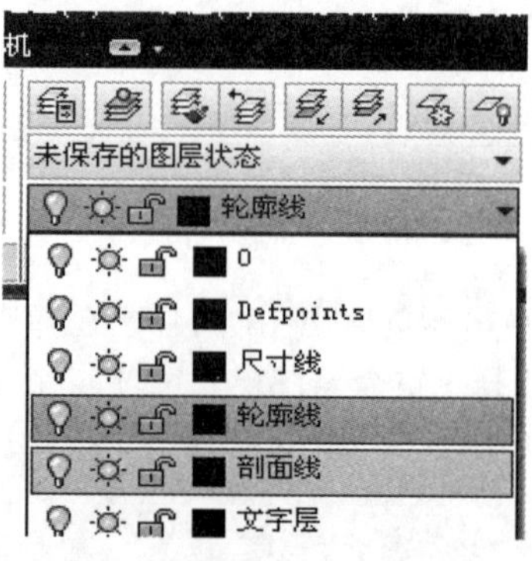

图 9-21　“图层控制”下拉列表

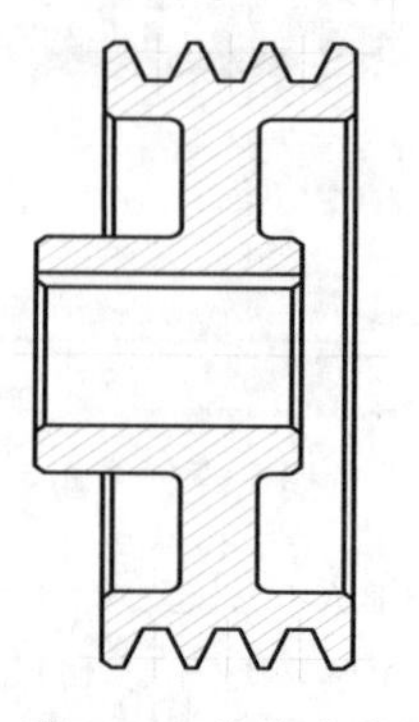

图 9-22　转换效果

9.2.7　删除多余图层

在图层创建过程中，如果新建了多余的图层，此时可以在“图层特性管理器”选项板中单击“删除”按钮将其删除，但 AutoCAD 规定以下 4 类图层不能被删除。

- 图层 0 层和 Defpoints。
- 当前图层。要删除当前层，可以改变当前层到其他层。
- 包含对象的图层。要删除该层，必须先删除该层中所有的图形对象。
- 依赖外部参照的图层。要删除该层，必先删除外部参照。

- 删除顽固图层

如果图形中图层太多、太杂，不易管理，而找到不使用的图层进行删除时，却被系统提示无法删除，如图 9-23 所示。

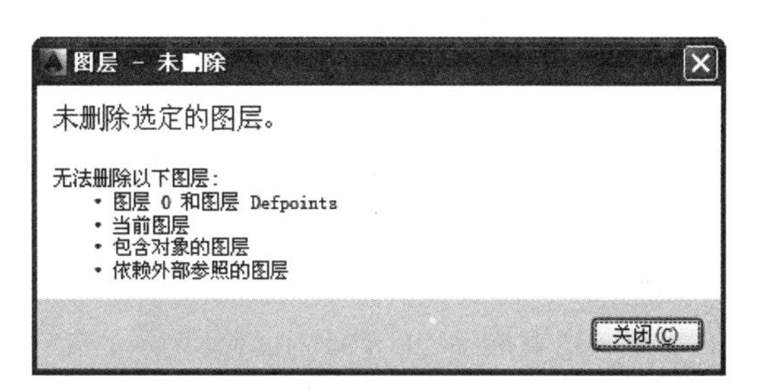

图 9-23 “图层 - 未删除”对话框

不仅如此，局部打开图形中的图层也被视为已参照并且不能删除。对于 0 图层和 Defpoints 图层是系统自己建立的，无法删除这是常识，用户应该把图形绘制在别的图层上；对于当前图层无法删除，可以更改当前图层再实行删除操作；对于包含对象或依赖外部参照的图层实行移动操作比较困难，用户可以采用将“图层转换”或“图层合并”的方式删除。

9.3　图层特性设置

本节主要介绍图层一些基本特性的设置方法。合理的设置和运用图层的特性，能够让看图人员更加清楚地认识和理解图形的内容和含义。

9.3.1　设置图层颜色

在实际绘图中，为了区分不同的对象，通常会设置不同的图形颜色。而通过设置图层的颜色，可以快速为该图层上所有对象设置颜色。

图层颜色的设置十分简单，在“图层特性管理器”对话框中单击图层的“颜色”列表框对应的图标，如图 9-24 所示，系统弹出如图 9-25 所示的“选择颜色”对话框，在其中选择对应的颜色即可。根据需要选择相应的颜色后，单击“确定”按钮，完成图层颜色设置。

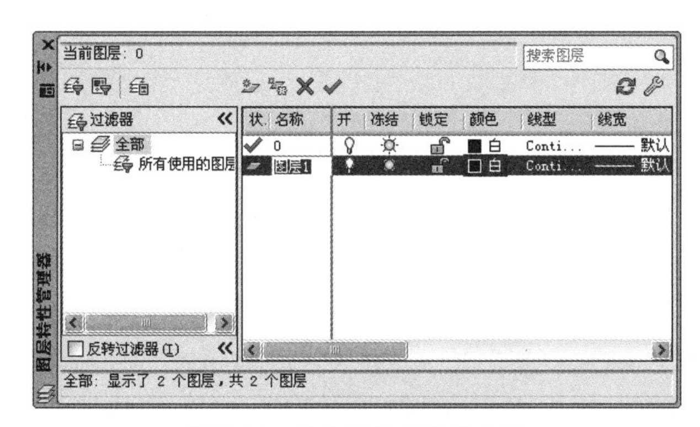

图 9-24　单击图层颜色列表框

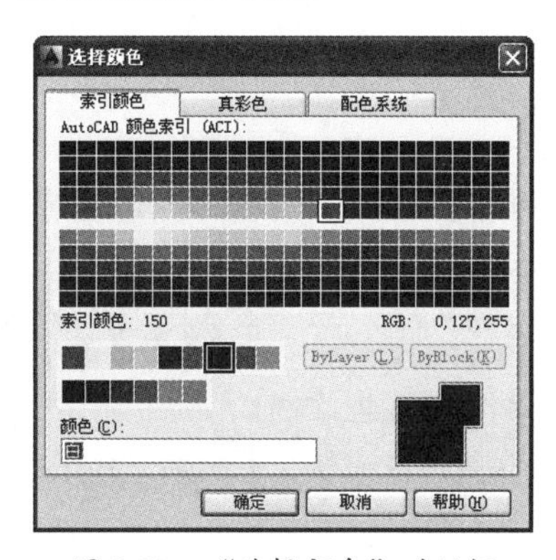

图 9-25　“选择颜色”对话框

9.3.2 设置图层线型

线型是指图形基本元素中线条的组成和显示方式，常用的有中心线和实线。通过线型的区别，可以直观判断图形对象的类别。在AutoCAD中既有简单线型，也有加载一些特殊的符号组成的复杂线型，以满足绘图需求。

1. 加载线型

单击“图层特性管理器”对话框中“线型”列对应的图标，系统弹出如图9-26所示的“选择线型”对话框。在默认状态下，“选择线型”对话框中只有Continuous一种线型。

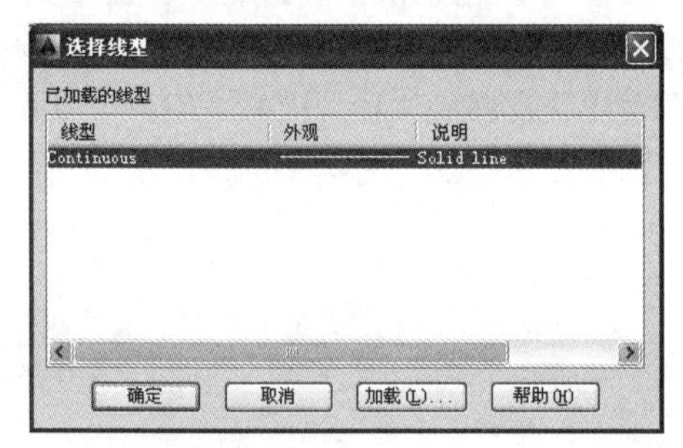

图9-26 “选择线型”对话框

如果要使用其他线型，必须将其添加到“已加载的线型”列表框中。单击“加载”按钮，系统弹出“加载或重载线型”对话框，如图9-27所示，从该对话框中选择相对应的线型，单击“确定”按钮，完成线型加载。

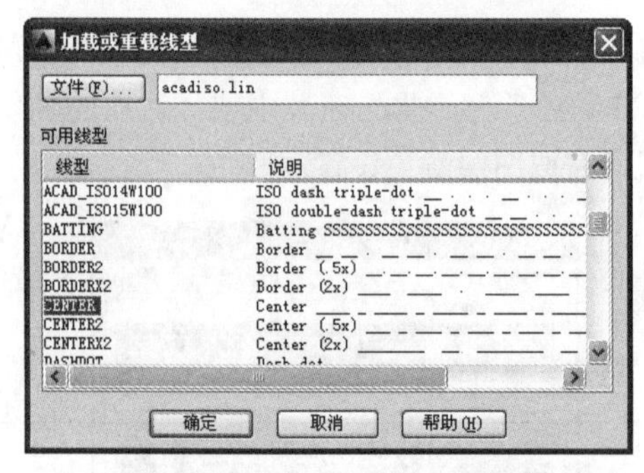

图9-27 “加载或重载线型”对话框

2 设置线型比例

在命令行中输入LINETYPE/LT并按Enter键，系统弹出如图9-28所示的“线型管理器”对话框，通过该对话框可以设置图形中的线型比例，从而改变非连续线型的外观。

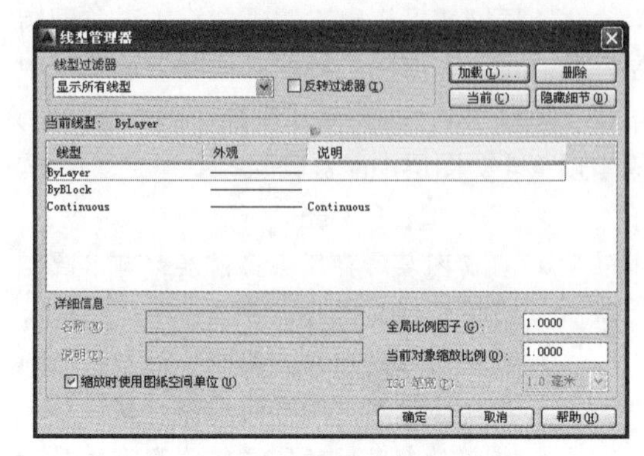

图9-28 “线型管理器”对话框

在线型列表中选择需要修改的线型，单击“显示细节”按钮，在“详细信息”区域中可以设置线型的“全局比例因子”和“当前对象缩放比例”。其中，“全局比例因子”用于设置图形中所有线型的比例，“当前对象缩放比例”用于设置当前选中线型的比例。

操作技巧：有时绘制的非连续线会显示出实心线的效果，通常是由于线型的“全局比例因子”过小，修改数值即可显示出正确的线型效果。

9.3.3 设置图层线宽

线宽即线条显示的宽度。使用不同宽度的线条表现对象的不同部分，可以提高图形的表达能力和可读性，如图9-29所示。

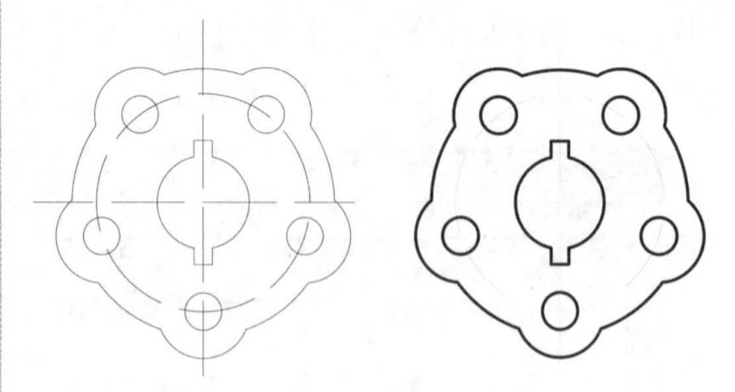

图9-29 线宽变化所体现的图形表达能力

要设置图层的线宽，可单击“图层特性管理器”对话框中“线宽”列的对应图标，系统弹出如图9-30所示的“线宽”对话框，从中选择所需的线宽即可。

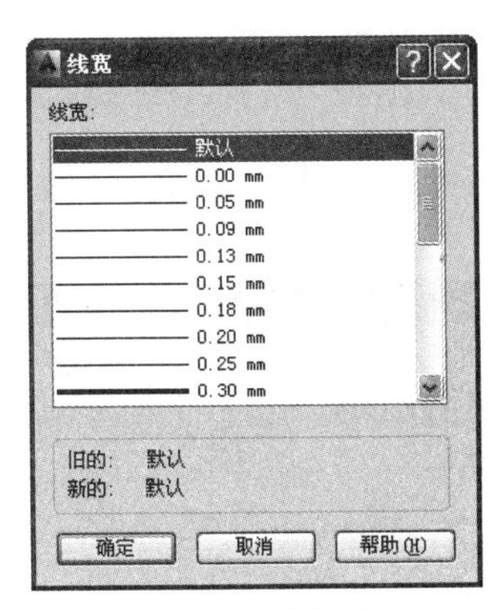

图 9-30　“线宽”对话框

如果需要自定义“线宽”，在命令行中输入 LWEIGHT/LW，打开如图 9-31 所示的“线宽设置”对话框，通过调整线宽比例，可使图形中的线宽显示得更宽或更窄。

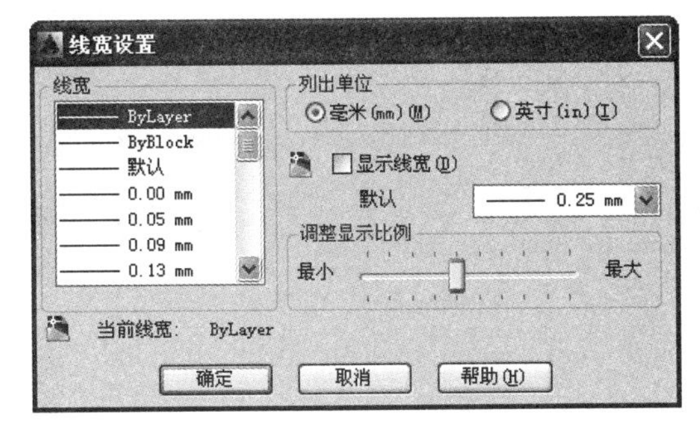

图 9-31　“线宽设置”对话框

9.3.4　案例——创建及设置图层特性

01 单击“快速访问”工具栏中的“新建”按钮，新建空白文件。

02 在“默认”选项卡中，单击“图层”面板中的“图层管理器”按钮。系统弹出“图层特性管理器”，单击“新建”按钮，新建图层。系统以默认“图层 1”名称新建图层，如图 9-32 所示。

03 在“图层 1”名称上单击鼠标右键，在弹出的快捷菜单中选择“重命名图层”，将名称修改为“粗实线”，如图 9-33 所示。

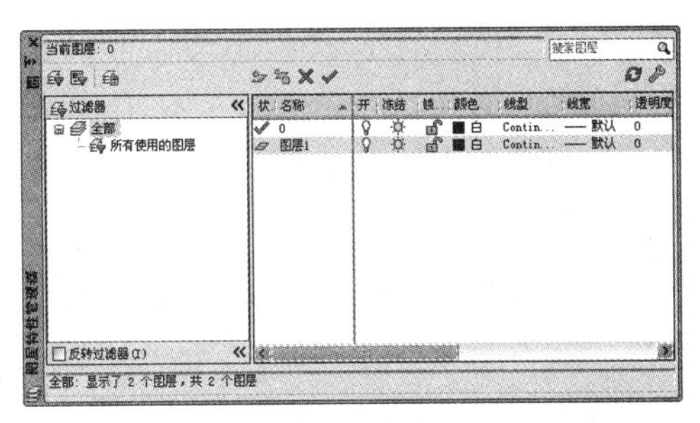

图 9-32　“图层特性管理器”选项卡

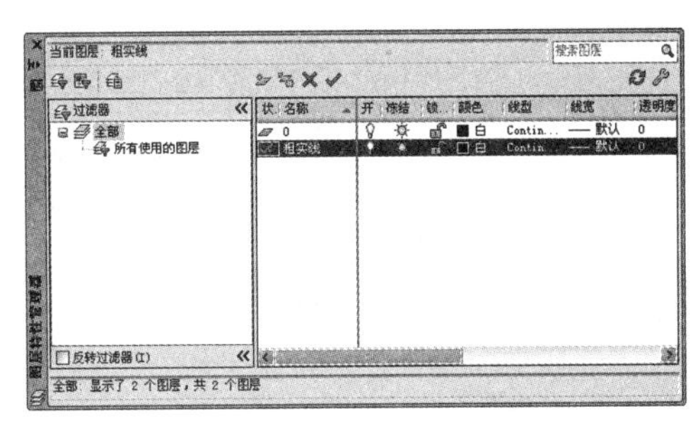

图 9-33　重命名图层

04 单击“颜色”属性项，弹出“选择颜色”对话框，选择“索引颜色：1”，如图 9-34 所示。

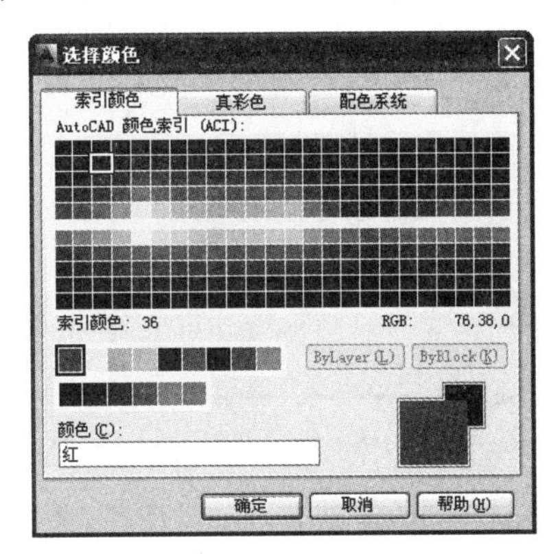

图 9-34　“选择颜色”对话框

05 单击“确定”按钮，返回“图层特性管理器”选项板，如图 9-35 所示。

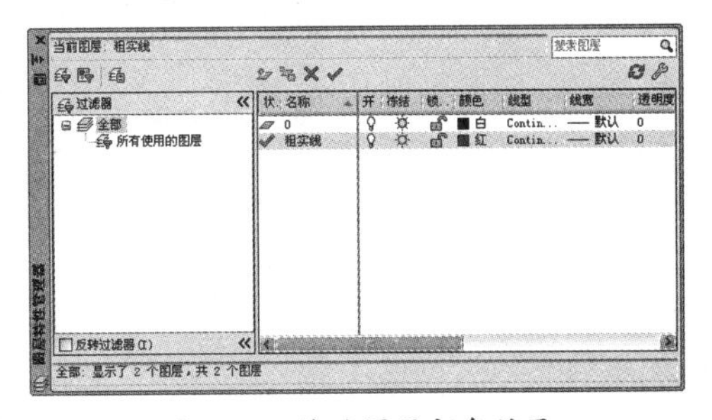

图 9-35　修改图层颜色结果

06“粗实线”图层的线型为系统默认的 Continuous 线型，若是其他图层需要更改线型可单击“线型”属性项，弹出“选择线型”对话框。单击“加载”按钮，在弹出的“加载或重载线型”对话框中选择需要的线型，如图 9-36 所示。单击“确定”按钮，返回“选择线型”对话框。再次选择需要的线型，然后单击“确定”按钮，如图 9-37 所示。

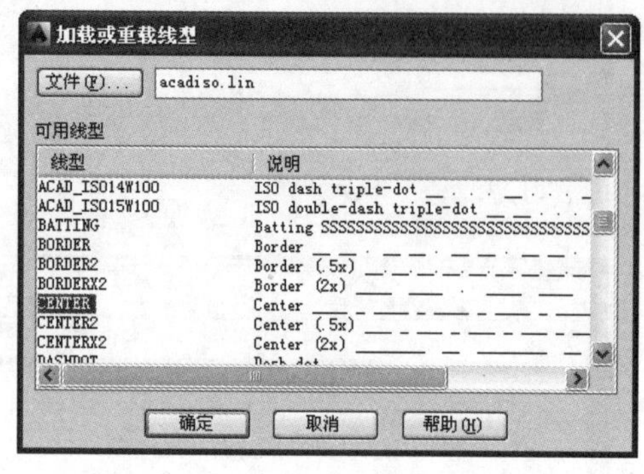

图 9-36 “加载或重载线型”对话框

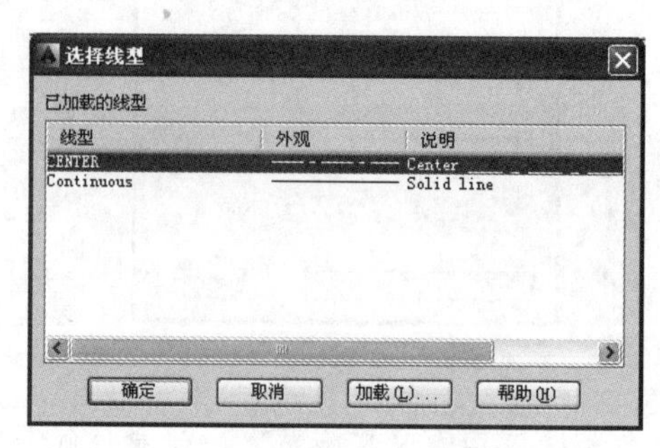

图 9-37 设置线型

07 单击“线宽”属性项，弹出“线宽”对话框。选择 0.3mm 作为粗实线的线宽，如图 9-38 所示。单击“确定”按钮，返回“图层特性管理器”对话框，如图 9-39 所示。

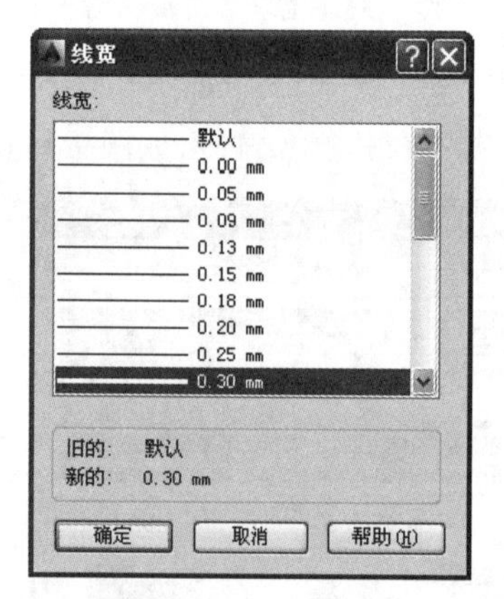

图 9-38 设置线宽

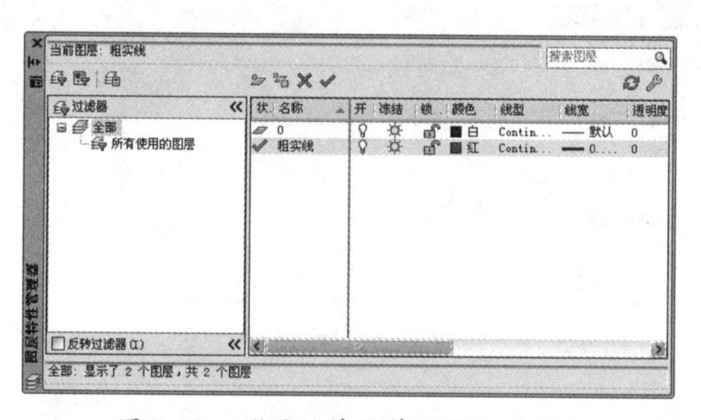

图 9-39 “图层特性管理器”选项板

08 按照同样的方法新建“细点画线”图层，设置“颜色”为“索引颜色：3”，设置“线型”为 CENTER，线宽为默认的 Continuous。新建“虚线”图层，设置“颜色”为“索引颜色：5”，设置“线型”为 DASHED，线宽为默认值。新建“细实线”图层，设置“颜色”为“索引颜色：7”，其他为默认值。最终效果如图 9-40 所示。

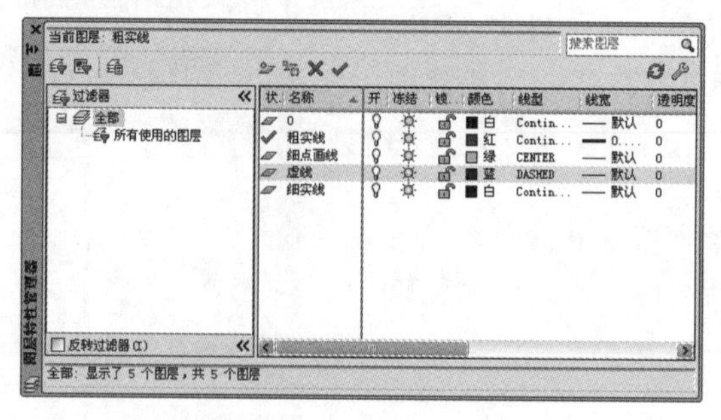

图 9-40 新建并设置其他图层

操作技巧：

1. 若先选择一个图层再新建另一个图层，则新图层与被选择的图层具有相同的颜色、线型、线宽等设置。

2. 如果图层名称前有✔，则该图层为当前图层。

9.4　图形特性设置

一般情况下，图形对象的显示特性都是“随层”（ByLayer），表示图形对象的属性与所在当前层的图层特性相同；若选择“随块”（ByBlock）选项，则选择对象将其所在的块中继承颜色或线型。

在用户确实需要的情况下，可以通过“特性”面板或工具栏为所选择的图形对象单独设置特性，绘制出既属于当前层，又具有不同于当前层特性的图形对象。

操作技巧： 频繁设置对象特性，会使图层的共同特性减少，不利于图层组织。

9.4.1　查看并修改图形特性

1. 利用特性面板修改图形特性

如果要单独查看并修改某个图形对象的特性，可以通过功能区“默认”选项卡的“特性”面板完成，如图 9-41 所示。在该面板内包含了颜色、线宽、线型、打印样式、透明度，以及列表等多个特性。

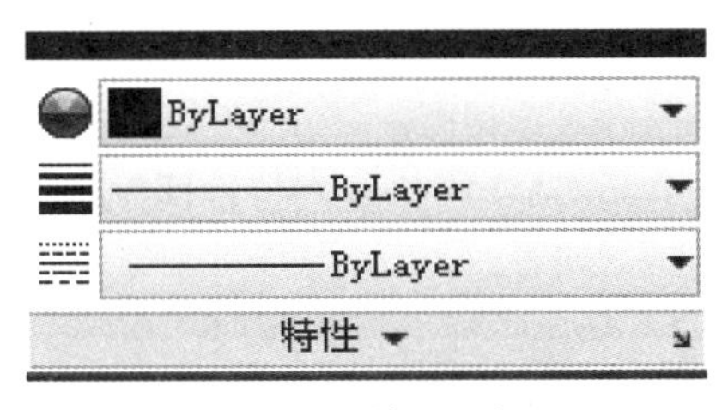

图 9-41　特性面板

默认设置下，对象颜色、线宽、线型三个特性为 ByLayer（随层），即与所在图层一致，通过如图 9-42~ 图 9-44 所示下拉列表，可以对图形进行自定义修改。

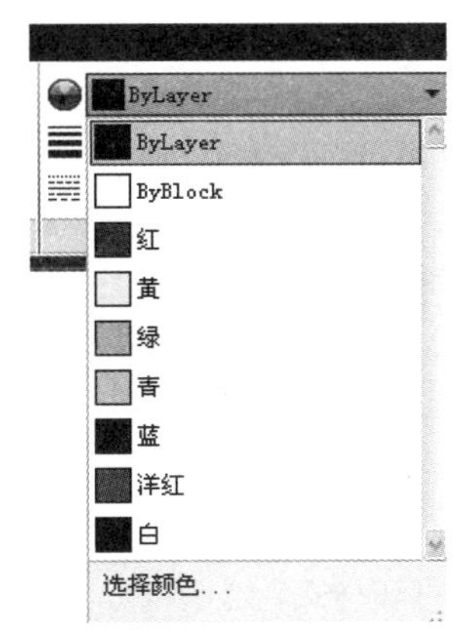

图 9-42　调整颜色

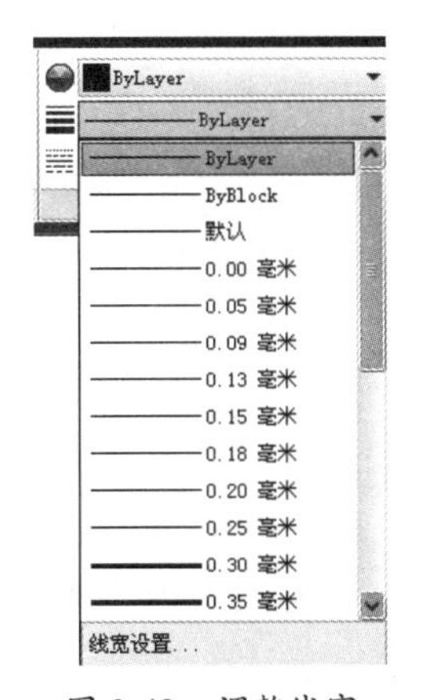

图 9-43　调整线宽

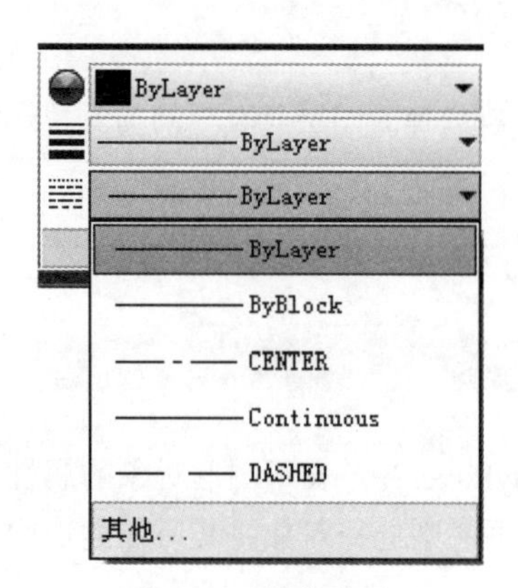

图 9-44　调整线型

2. 用特性选项板修改图形特性

“特性”面板能查看和修改的图形特性比较有限，“特性”选项板则能查看并修改十分全面的图形属性，在AutoCAD中打开图形“特性”选项板有以下几种常用方法。

- 快捷键：Ctrl+1
- 选项板：单击“特性”选项板的 按钮。
- 菜单栏：执行“修改”|“特性”命令。

如果只选择了单个图形，执行以上任意一种操作将打开如图9-45所示的“特性”选项板，从中可以看到，该选项板不但列出了颜色、线宽、线型、打印样式、透明度等图形常规属性，还增添了“三维效果”及“几何图形”两大属性列表，可以对其材质效果及几何属性进行查看与调整。

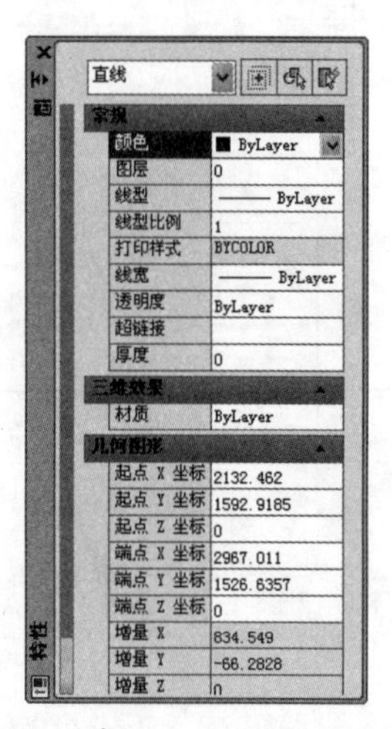

图 9-45　单个图形“特性”选项板

而如果选择了位于不同图层的多个图形，此时的选项板显示了选择对象的共同属性。在如图9-46所示的“特性”选项板中，单击任何属性右侧的下拉按钮，在下拉列表中可以选择修改相应的属性。

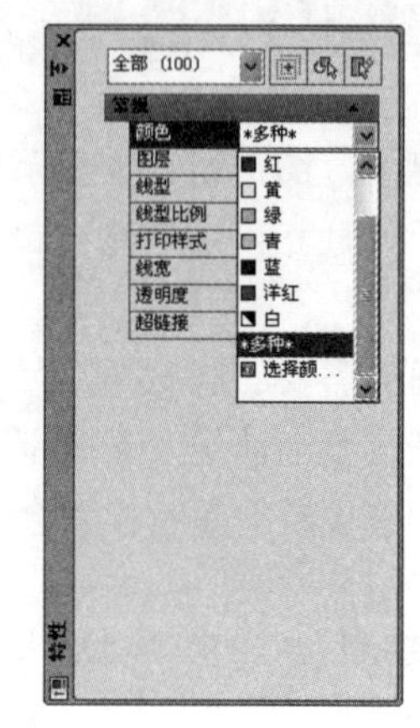

图 9-46　多个图形“特性”选项板

9.4.2　匹配图形属性

特性匹配的功能就如同Office软件中的“格式刷”，可以把一个图形对象（源对象）的特性完全“继承”给另外一个（或一组）图形对象（目标对象），使这些图形对象的部分或全部特性与源对象相同。

在AutoCAD中执行“特性匹配”命令有以下两种常用方法：

- 命令行：在命令行中输入MATCHPROP/MA。
- 菜单栏：执行“修改”|“特性匹配”命令。
- 功能区：单击“默认”选项卡中“剪切板”面板的“特性匹配”按钮，如图9-47所示。

图 9-47　“特性匹配”按钮

在特性匹配命令执行过程中，需要选择两类对象——源对象和目标对象。操作完成后，目标对象的部分或全部特性与源对象相同。命令行输入如下所示。

```
命令： MA↙                                        //调用特性匹配命令
MATCHPROP
选择源对象：                                       //单击选择源对象
当前活动设置：  颜色 图层 线型 线型比例 线宽 透明度 厚度 打印样式 标注 文字 图案填充 多段线 视口 表格材质 阴影显示 多重引线
选择目标对象或 [设置(S)]：                         //光标变成格式刷形状，选择目标对象，可以立即修改其属性
选择目标对象或 [设置(S)]：                         //选择目标对象完毕后按Enter键，结束命令
```

通常，源对象可供匹配的特性很多，选择“设置”选项，将弹出如图9-48所示的“特性设置”对话框。在该对话框中，可以设置哪些特性允许匹配，哪些特性不允许匹配。

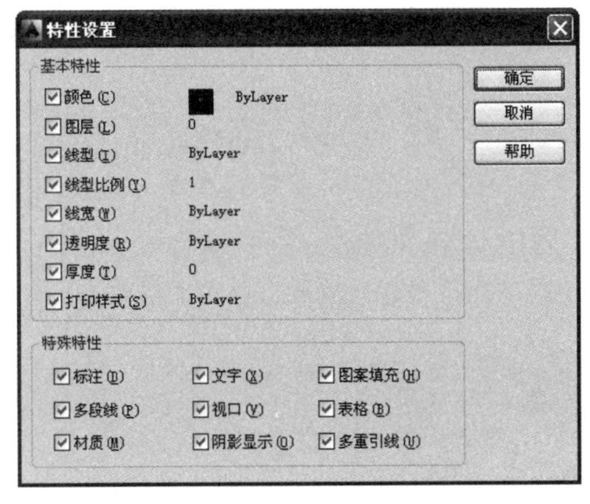

图9-48　“特性设置”对话框

9.4.3 案例——特性匹配图形

为如图9-49所示的素材文件进行特性匹配，其最终效果如图9-50所示。

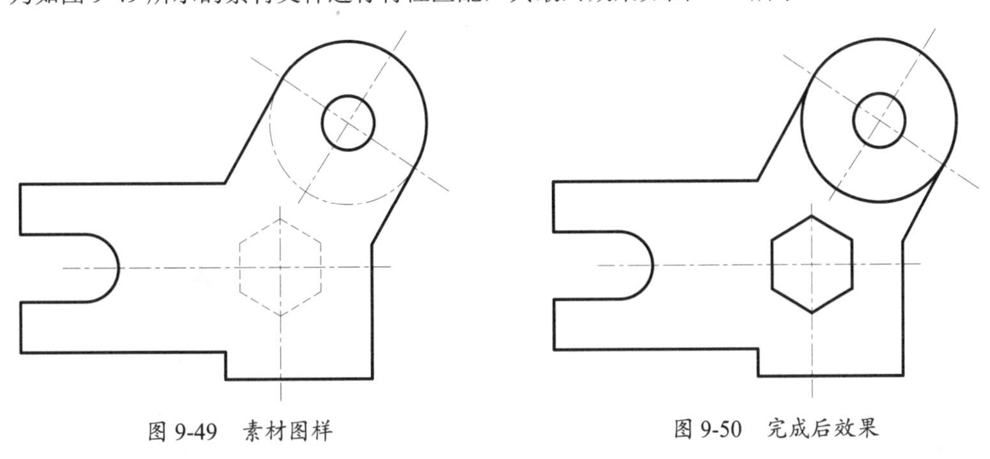

图9-49　素材图样　　　图9-50　完成后效果

01 单击“快速访问栏”中的“打开”按钮，打开“9.4.3 特性匹配图形.dwg”素材文件，如图9-49所示。

02 单击“默认”选项卡的“剪切板”面板中的“特性匹配”按钮，选择如图 9-51 所示的源对象。

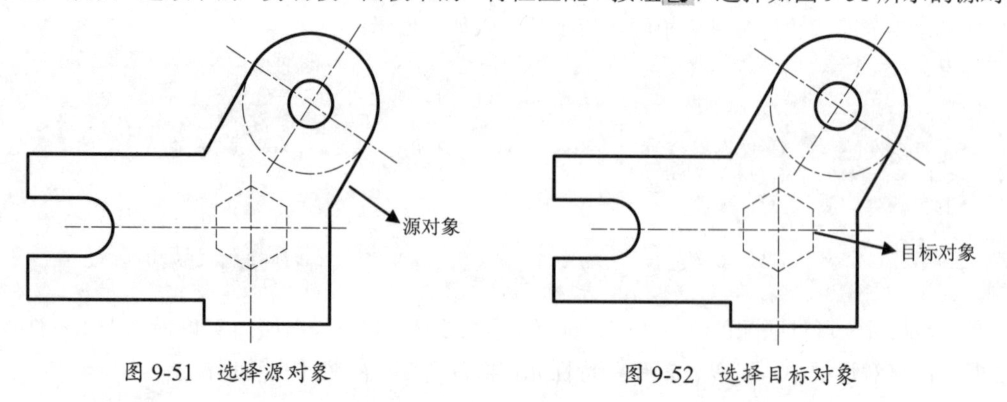

图 9-51　选择源对象　　　　图 9-52　选择目标对象

03 当鼠标由方框变成刷子形状时，表示源对象选择完成。单击素材图样中的六边形，此时图形效果如图 9-52 所示。命令行操作如下：

```
命令：_matchprop
选择源对象：                                  //选择如图 9-51 所示中的直线为源对象
当前活动设置：  颜色 图层 线型 线型比例 线宽 透明度 厚度 打印样式 标注 文字 图案填充 多段线 视口 表格材质 阴影显示 多重引线
选择目标对象或 [设置(S)]:                      //选择如图 9-52 所示中的六边形目标对象
```

04 重复以上操作，继续给素材图样进行特性匹配，最后完成效果如图 9-50 所示。

9.5 图层属性

当使用 AutoCAD 绘制复杂的图形对象时，通过对图层进行隐藏、冻结以及锁定的控制，可以有效地降低误操作的发生，提高绘图效率。

9.5.1 打开与关闭图层

在绘图的过程中可以将暂时不用的图层关闭，被关闭的图层中的图形对象将不可见，并且不能被选择、编辑、修改及打印。在 AutoCAD 中关闭图层的常用方法有以下几种：

- 在“图层特性管理器”对话框中选中要关闭的图层，单击按钮即可关闭选择的图层，图层被关闭后该按钮将显示为，表明该图层已经被关闭，如图 9-53 所示。
- 在“默认”选项卡中，打开“图层”面板中的“图层控制”下拉列表，单击目标图层的按钮即可关闭该图层，如图 9-54 所示。

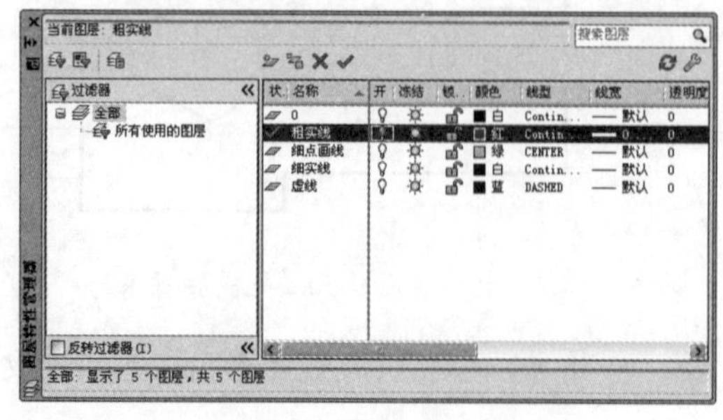

图 9-53　通过图层特性管理器关闭图层

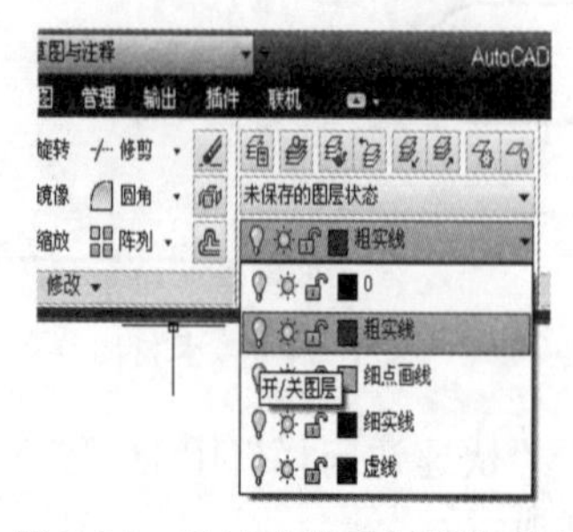

图 9-54　通过功能面板图标关闭图层

➢ 在“AutoCAD 经典”工作空间，打开“图层”工具栏的下拉列表，单击目标图层前的按钮即可关闭该图层，如图 9-55 所示。

图 9-55　通过图层工具栏关闭图层

当关闭的图层为“当前图层”时，将弹出如图 9-56 所示的确认对话框，此时单击“关闭当前图层”按钮即可。

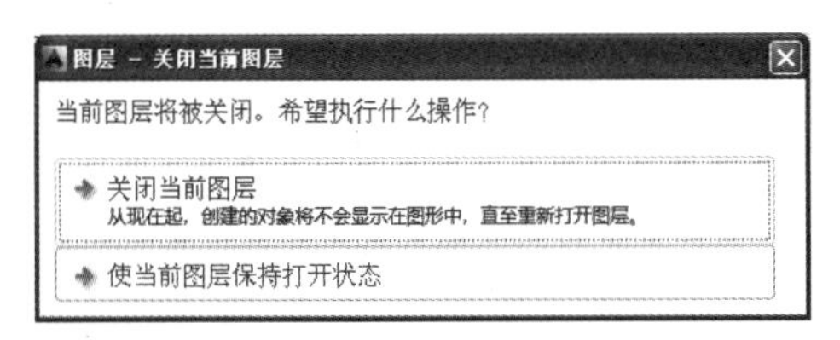

图 9-56　确定关闭当前图层

9.5.2　案例——打开与关闭图层

01 单击“快速访问”工具栏中的“打开”按钮，打开“第 9 章/9.5.2 打开与关闭图层.dwg”素材文件，如图 9-57 所示。

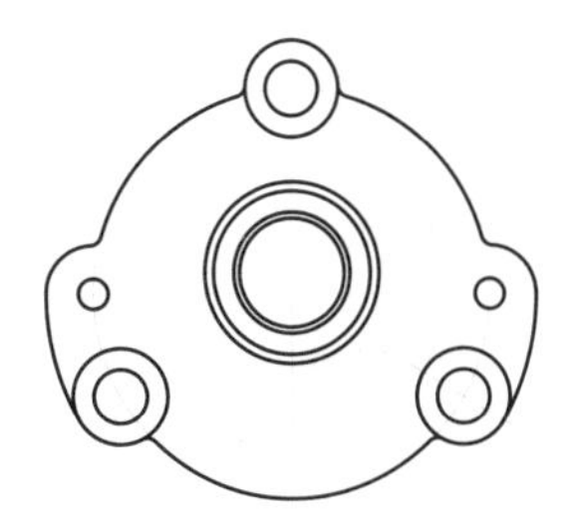

图 9-57　素材图样

02 在“默认”选项卡上，单击“图层”面板中的“图层特性”按钮，弹出“图层特性管理器”对话框。在该对话框内找到“中心线”层，单击“中心线”层中的打开/关闭图层按钮，单击此按钮后按钮图标变成状态，即可关闭“中心线”图层，如图 9-58 所示。

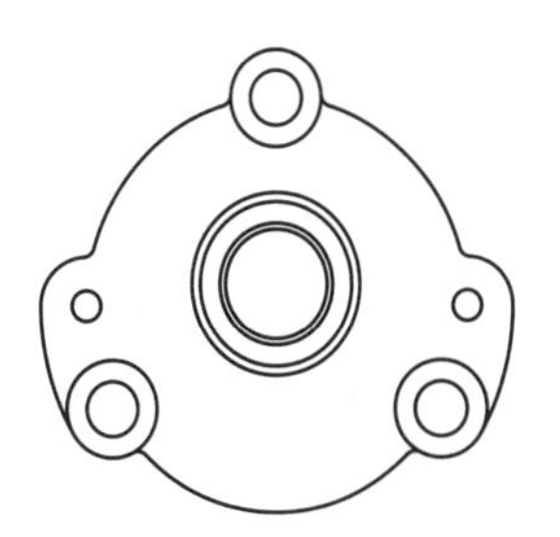

图 9-58　关闭图层效果

9.5.3　冻结与解冻图层

将长期不需要显示的图层冻结，可以提高系统运行速度，减少图形刷新的时间，因为这些图层将不会被加载到内存中。AutoCAD 不会在被冻结的图层上显示、打印或重生成对象。

在 AutoCAD 中关闭图层的常用方法有以下几种：

➢ 在“图层特性管理器”对话框中单击要冻结的图层前的“冻结”图标，即可冻结该图层，图层冻结后的图标将显示为状态，如图 9-59 所示。

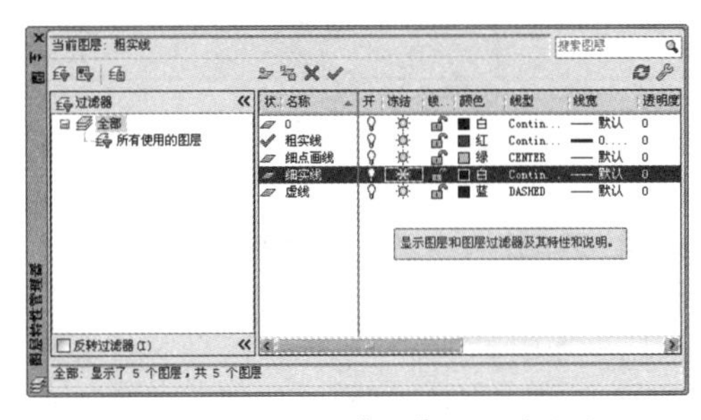

图 9-59　通过图层特性管理器冻结图层

➢ 在“默认”选项卡中，打开“图层”面板中的“图层控制”下拉列表，单击目标图层的图标，如图 9-60 所示。

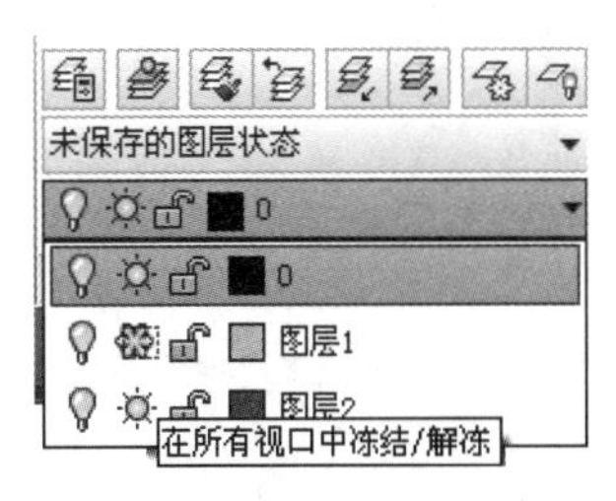

图 9-60　通过功能面板图标冻结图层

➢ 打开“图层”工具栏图层下拉列表，单击目标图层前的☼图标即可冻结该图层，如图 9-61 所示。

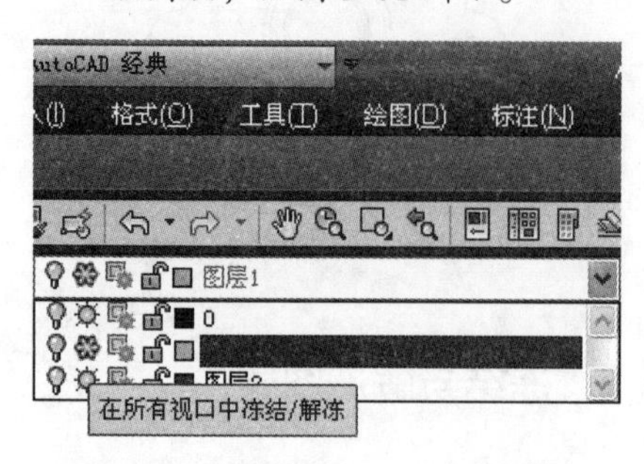

图 9-61　通过图层工具栏冻结图层

如果要冻结的图层为“当前图层”时，将弹出如图9-62所示的对话框，提示无法冻结“当前图层”，此时需要将其他图层设置为“当前图层”才能冻结该图层。如果要恢复冻结的图层，重复以上操作，单击图层前的“解冻”图标❄即可解冻该图层。

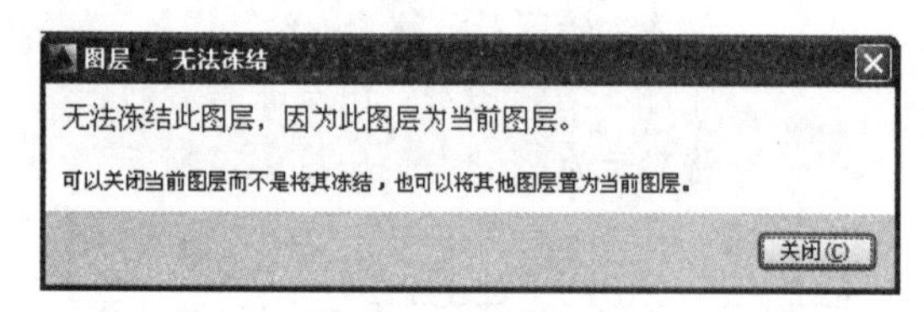

图 9-62　“图层 - 无法冻结”对话框

9.5.4　案例——冻结与解冻图层

01 单击“快速访问”工具栏中的“打开”按钮📂，打开“9.5.4 冻结与解冻图层 .dwg”文件，如图 9-63 所示。

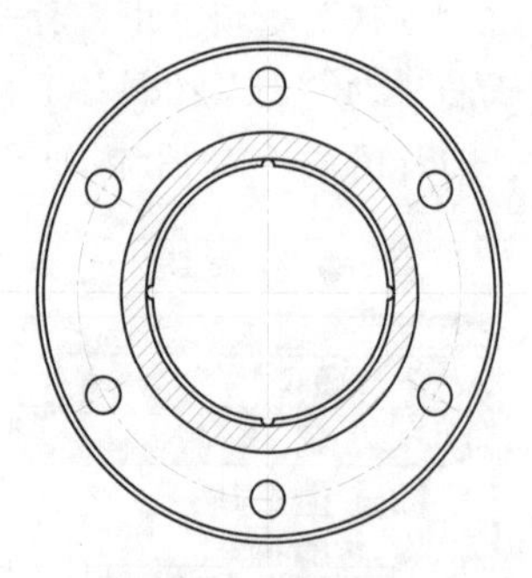
图 9-63　素材图样

02 在“默认”选项卡中，单击“图层”面板中的“图层特性”按钮，弹出“图层特性管理器”对话框。在该对话框中找到“剖面线”层，单击“剖面线”层中的“冻结 / 解冻图层”按钮☼，此时该按钮图标变成❄状态，即可冻结“剖面线”图层，其效果如图 9-64 所示。

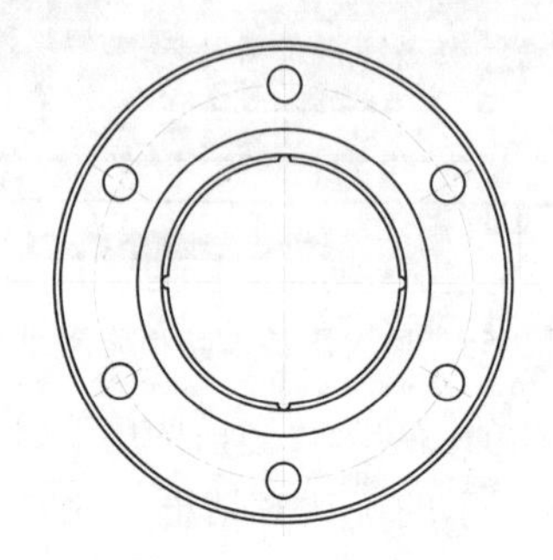
图 9-64　冻结图层效果

9.5.5　锁定与解锁图层

如果某个图层上的对象只需要显示，不需要选择和编辑，那么可以锁定该图层。被锁定图层上的对象不能被编辑、选择和删除，但该层的对象仍然可见，而且可以在该层上添加新的图形对象。

锁定图层的常用方法有以下几种：

➢ 在“图层特性管理器”对话框中单击“锁定”图标🔓，即可锁定该图层，图层锁定后该图标将显示为🔒状态，如图 9-65 所示。

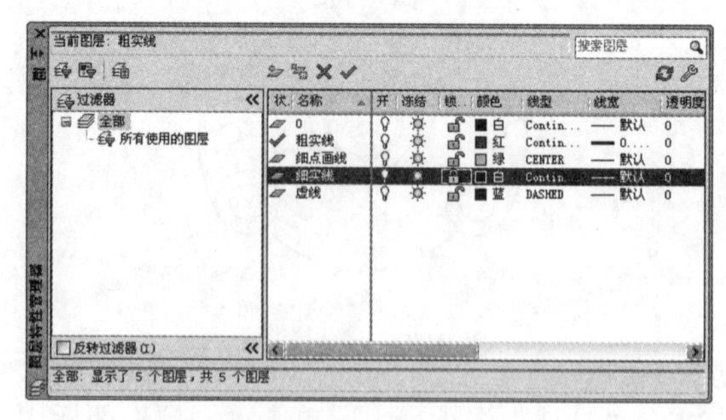

图 9-65　通过图层特性管理器锁定图层

➢ 在“默认”选项卡中，打开“图层”面板中的“图层控制”下拉列表，单击🔓图标即可锁定该图层，如图 9-66 所示。

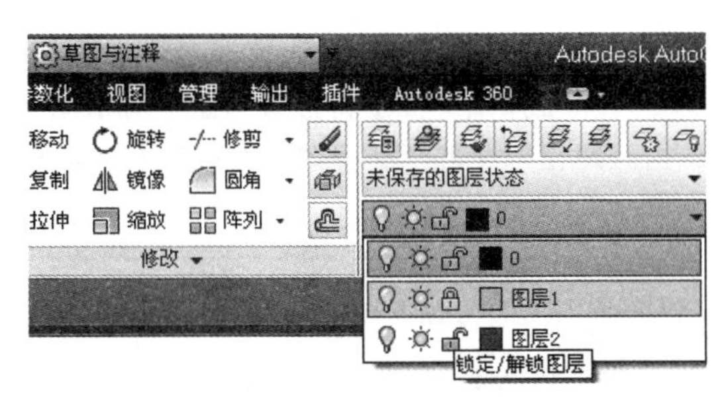

图 9-66　通过功能面板图标锁定图层

➢ 打开"图层控制"下拉列表，单击目标图层前的图标即可锁定该图层，如图 9-67 所示。

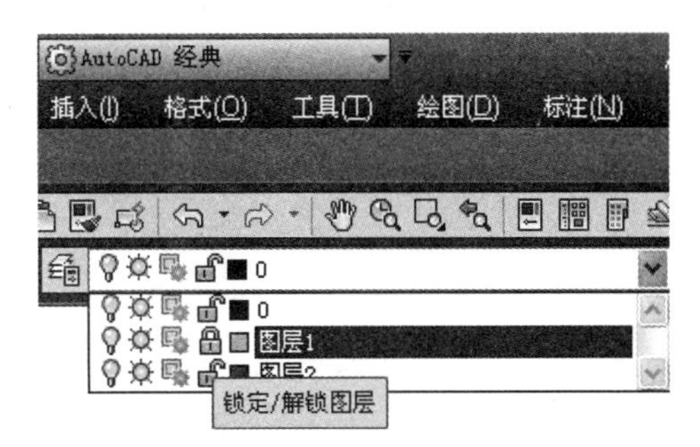

图 9-67　通过图层工具栏锁定层

如果要解除图层锁定，重复以上的操作单击"解锁"按钮，即可解锁已经锁定的图层。

9.6 图层管理的高级功能

除了之前介绍的关于图层的一些基本功能外，AutoCAD 还提供了一系列的图层管理的高级功能，包括图层排序、图层特性过滤器，以及图层组过滤器等。

9.6.1 排序图层

在"图层特性管理器"对话框中可以方便地对图层排序，以便图层的寻找。

在"默认"选项卡中，单击"图层"面板中的"图层特性"按钮。系统弹出"图形特性管理器"对话框，单击列表框顶部的"名称"标题，所有的图层将以字母的顺序排列出来，如果再次单击，排列的顺序将倒过来，如图 9-68 所示。

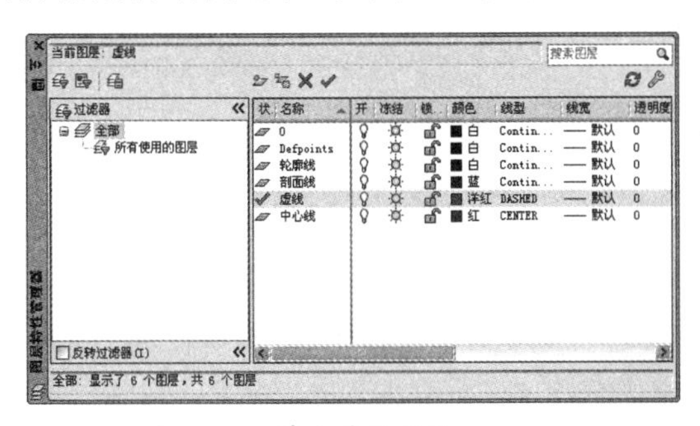

单击前的效果

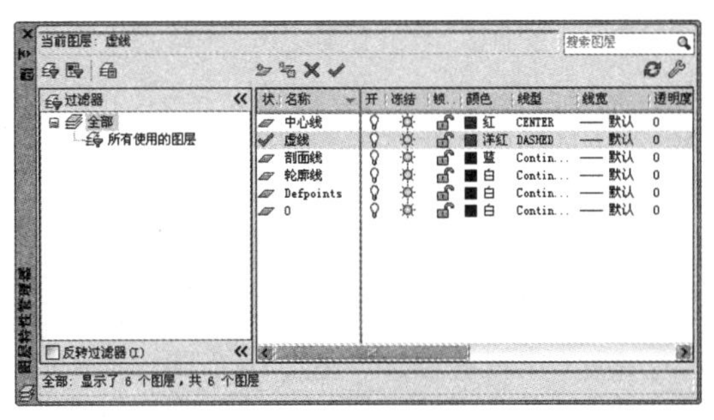

单击后的效果

图 9-68　图层排序

9.6.2 按名称搜索图层

对于复杂且图层多的设计图纸，逐一查取每个图层是很浪费时间的。因此可以输入图层名称快速搜索图层，使工作效率大大提高。

在"默认"选项卡中，单击"图层"面板中的"图层特性"按钮，系统弹出"图形特性管理器"对话框，在右上角的"搜索图层"文本框中输入图层名称，系统则自动搜索该图层，如图 9-69 所示。

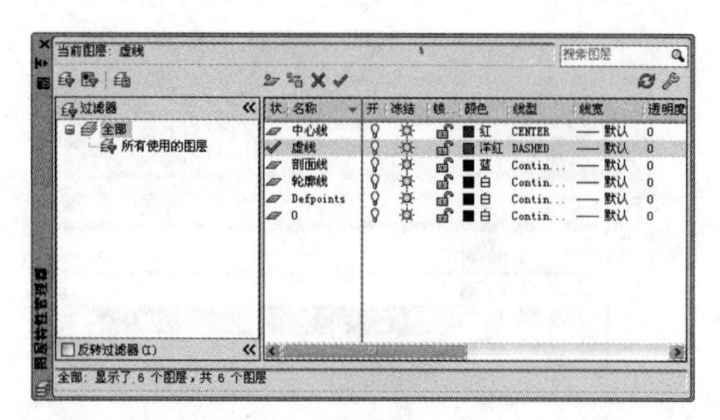

搜索前

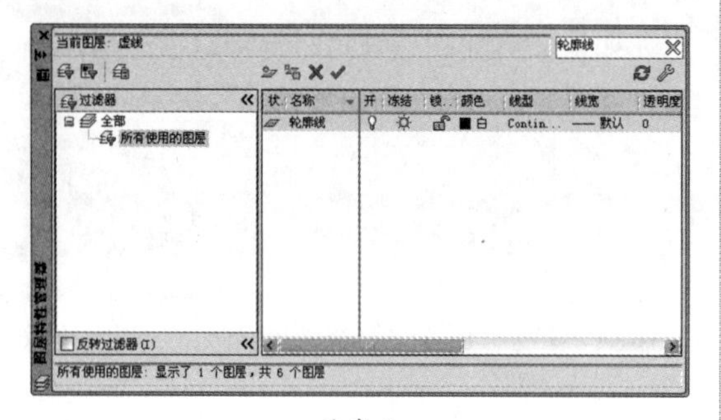

搜索后

图 9-69　按名称搜索图层

9.6.3　保存图层设置

通常在编辑部分对象的过程中，可以锁定其他图层以免误修改这些图层上的对象；也可以在最终打印图形前将某些图层设置为不可打印，但对草图是可以打印的；还可以暂时改变图层的某些特性，例如颜色、线型、线宽和打印样式等，然后再修改回来。

每次调整所有这些图层状态和特性都可能花费很长的时间。实际上，可以保存并恢复图层状态集，也就是保存并恢复某个图形的所有图层特性和状态，保存图层状态集后，可随时恢复其状态。还可以将图层状态设置导出到外部文件中，然后在另一个具有完全相同或类似图层的图形中使用该图层状态设置。

9.6.4　案例——保存和恢复图层设置

01 单击“快速访问”工具栏中的“新建”按钮，新建空白文件。

02 在命令行中输入LA，调用“图层特性管理器”命令，系统弹出“图层特性管理器”对话框，单击该对话框中的“新建图层”按钮，新建如图 9-70 所示的图层。

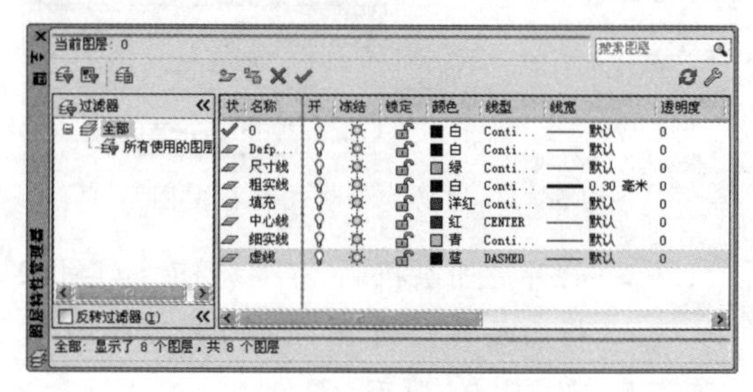

图 9-70　设置图层

03 在“图层特性管理器”对话框右侧空白处单击鼠标右键，系统弹出快捷菜单，如图 9-71 所示。

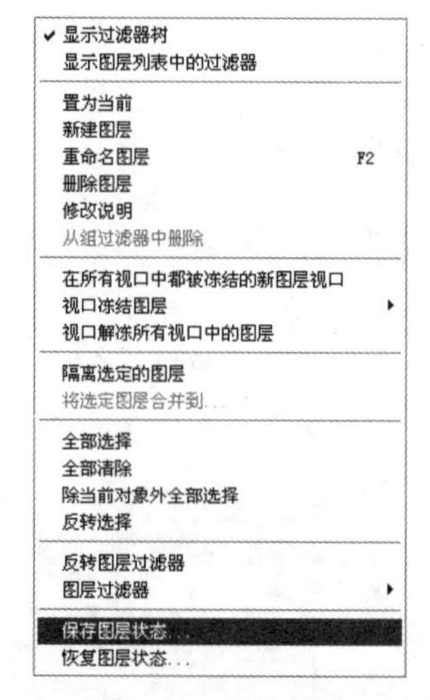

图 9-71　快捷菜单

04 在快捷菜单中选择“保存图层状态”选项，系统弹出“要保存的新图层状态”对话框，在该对话框中设置名称和说明，如图 9-72 所示。

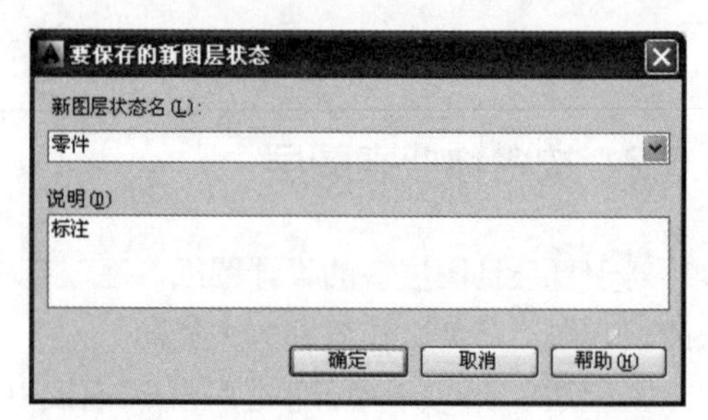

图 9-72　“要保存的新图层状态”对话框

05 单击“确定”按钮，保存图层设置。

06 若要恢复图形设置，就在“图层特性管理器”对话框中的空白处单击鼠标右键，弹出快捷菜单，如图 9-73 所示。

07 在弹出的快捷菜单中选择“恢复图层状态”命令，系统弹出“图层状态管理器”对话框，如图 9-74 所示。

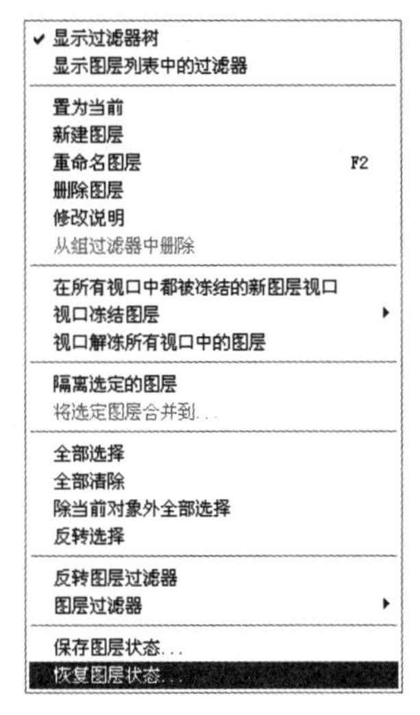

图 9-73　执行命令

图 9-74　“图层状态管理器”对话框

08 再单击该对话框中的“恢复”按钮，恢复图层设置。

操作技巧： 如果在绘图的不同阶段或打印过程中需要恢复所有的图层特定设置，保存图形设置会带来很大方便。需要注意的是不能输出外部参照的图层状态。

第 10 章　图块与外部参照

在实际制图中，常常需要用到同样的图形，例如，机械设计中的粗糙度符号，室内设计中的门、床、家居、电器等。如果每次都重新绘制，不但浪费了大量的时间，同时也降低了工作效率。因此，AutoCAD 提供了图块的功能，用户可以将一些经常使用的图形对象定义为图块，当需要重新利用到这些图形时，只需要按合适的比例插入相应的图块到指定的位置即可。

在设计过程中，我们会反复调用图形文件、样式、图块、标注、线型等内容，为了提高 AutoCAD 系统的工作效率，AutoCAD 提供了设计中心这个资源管理工具，对这些资源进行分门别类地管理。

10.1　图块

图块是由多个对象组成的集合并具有块名。通过建立图块，用户可以将多个对象作为一个整体来操作。在 AutoCAD 中，使用图块可以提高绘图效率、节省存储空间，同时还便于修改和重新定义图块。图块的特点具体解释如下。

- 提高绘图效率：使用 AutoCAD 进行绘图时，经常需要绘制一些重复出现的图形，如建筑工程图中的门和窗等，如果把这些图形做成图块并以文件的形式保存在计算机中，当需要调用时再将其调入到图形文件中，即可避免大量的重复工作，从而提高工作效率。
- 节省存储空间：AutoCAD 要保存图形中的每一个相关信息，如对象的图层、线型和颜色等，都占用大量的空间，可以把这些相同的图形先定义成一个块，然后插入所需的位置，如在绘制建筑工程图时，可将需要修改的对象用图块定义，从而节省大量的存储空间。
- 为图块添加属性：AutoCAD 允许为图块创建具有文字信息的属性并可以在插入图块时指定是否显示这些属性。

10.1.1　内部图块

内部图块是存储在图形文件内部的块，只能在存储文件中使用，而不能在其他图形文件中使用。调用“创建块”命令的方法如下。

- 菜单栏：执行“绘图” | “块” | “创建”命令。
- 命令行：在命令行中输入 BLOCK/B。
- 功能区：在“默认”选项卡中，单击“块”面板中的“创建块”按钮。

执行上述任意命令后，系统弹出“块定义”对话框，如图 10-1 所示。在该对话框中设置好块名称、块对象、块基点这三个要素即可创建图块。

图 10-1　“块定义”对话框

- 命令子选项说明

该对话块中常用选项的功能介绍如下。

- “名称”文本框：用于输入或选择块的名称。
- “拾取点”按钮：单击该按钮，系统切换到绘图窗口中拾取基点。
- “选择对象”按钮：单击该按钮，系统切换到绘图窗口中拾取创建块的对象。
- “保留”单选按钮：创建块后保留源对象不变。
- “转换为块”单选按钮：创建块后将源对象转换为块。
- “删除”单选按钮：创建块后删除源对象。
- “允许分解”复选框：勾选该选项，允许块被分解。

创建图块之前需要有源图形对象，才能使用 AutoCAD 创建为块。可以定义一个或多个图形对象为图块。

10.1.2　案例——创建电视内部图块

本例创建好的电视机图块只存在于“创建电视内部图块 -OK.dwg”这个素材文件之中。

01 单击“快速访问”工具栏中的“新建”按钮，新建空白文件。

02 在“常用”选项卡中，单击“绘图”面板中的“矩形”按钮，绘制长 800，宽 600 的矩形。

03 在命令行中输入 O，将矩形向内偏移 50，如图 10-2 所示。

图 10-2　绘制矩形

04 在“常用”选项卡中，单击“修改”面板中的“拉伸”按钮，窗交选择外矩形的下侧边作为拉伸对象，向下拉伸的距离为 100，如图 10-3 所示。

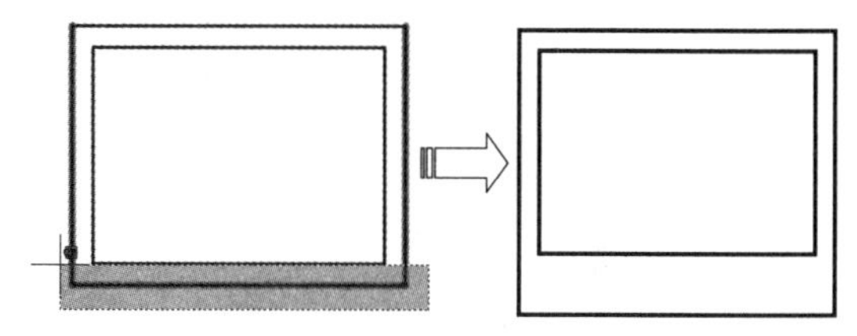

图 10-3　选择拉伸对象

05 在矩形内绘制几个圆作为电视机按钮，拉伸结果如图 10-4 所示。

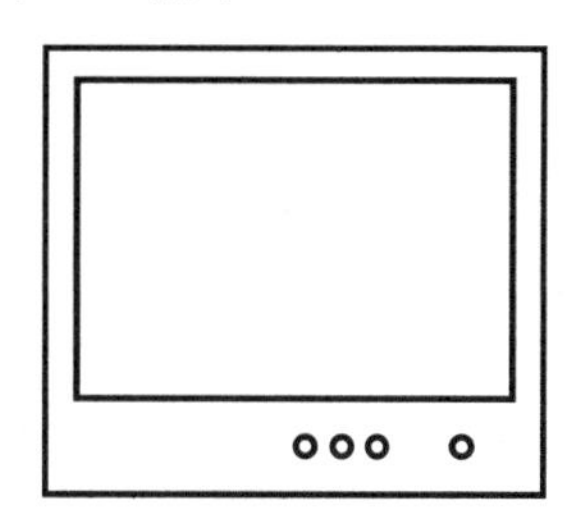

图 10-4　矩形拉伸后效果

06 在“常用”选项卡中，单击“块”面板中的“创建块”按钮，系统弹出“块定义”对话框，在“名称”文本框中输入名称为“电视”，如图 10-5 所示。

图 10-5　“块定义”对话框

07 在“对象”选项区域单击“选择对象”按钮，在绘图区选择整个图形，按空格键返回对话框。

08 在“基点”选项区域单击“拾取点”按钮，返回绘图区指定图形中心点作为块的基点，如图 10-6 所示。

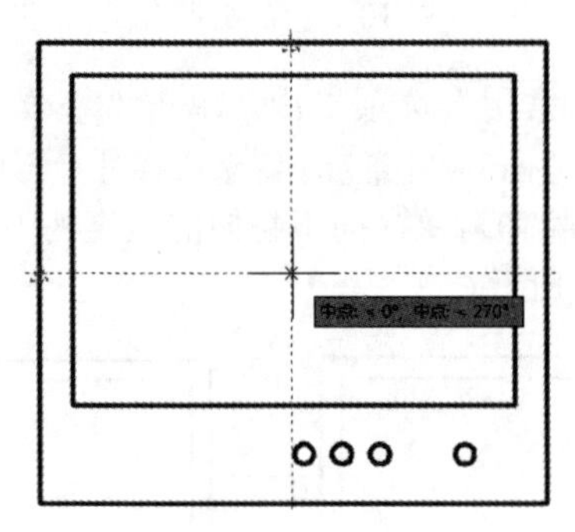

图 10-6　选择基点

09 单击“确定”按钮，完成普通块的创建，此时图形成为一个整体，其夹点显示如图 10-7 所示。

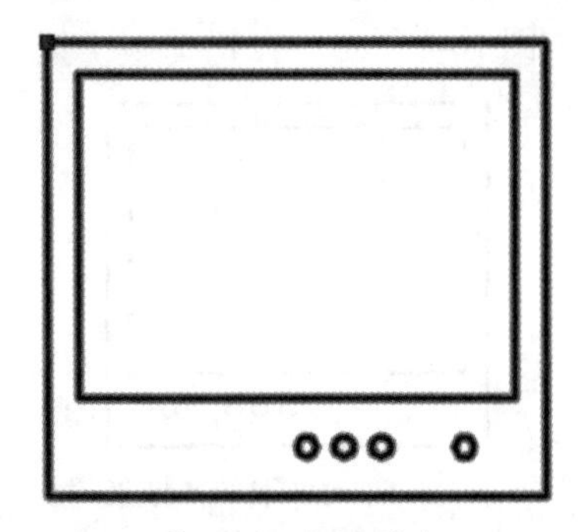

图 10-7　电视图块

- 统计文件中图块的数量

在室内、园林等设计图纸中，都具有大量的图块，若要人工进行统计则工作效率很低，且准确度不高。此时即可使用第 3 章中所学的快速选择命令来进行统计，下面通过一个例子来进行说明。

10.1.3　拓展案例——统计平面图中的计算机数量

创建图块不仅可以减少平面设计图所占用的内存，还能更快地进行布置，且事后可以根据需要进行统计。本例便根据某办公室的设计平面图，来统计所用的普通办公计算机数量。

01 打开“第 10 章 /10.1.3 统计办公室中的计算机数量 .dwg”素材文件，如图 10-8 所示。

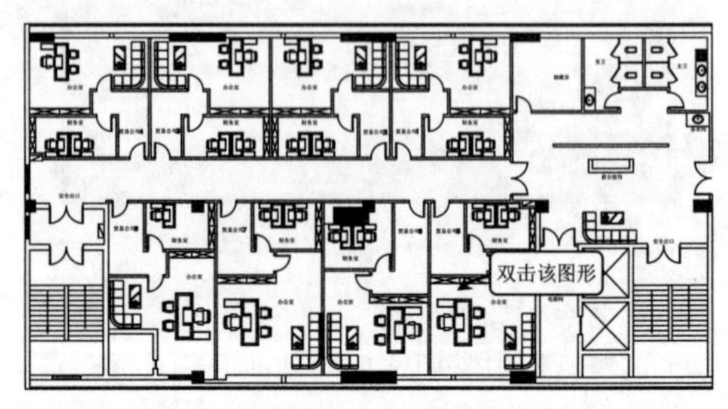

图 10-8　素材文件

02 查找块对象的名称。在需要统计的图块上双击鼠标，系统弹出“编辑块定义”对话框，在块列表中显示有图块名称，如图 10-9 所示，为“普通办公电脑”。

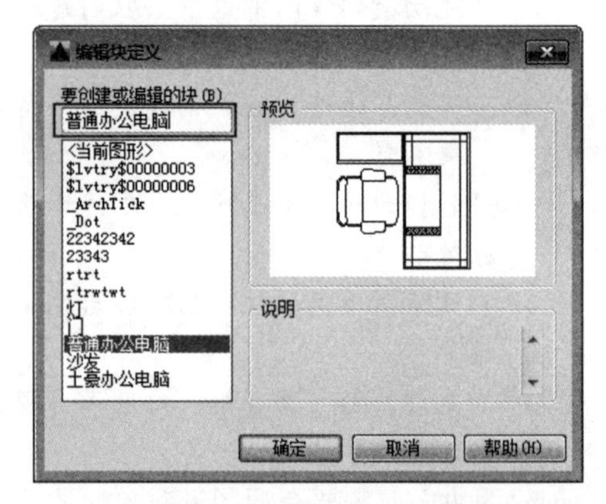

图 10-9　“编辑块定义”对话框

03 在命令行中输入 QSELECT 并按 Enter 键，弹出“快速选择”对话框，选择应用到“整个图形”，在“对象类型”下拉列表中选择“块参照”选项，在“特性”列表中选择“名称”选项，再在“值”下拉列表中选择“普通办公电脑”选项，指定“运算符”选项为“= 等于”，如图 10-10 所示。

04 设置完成后单击该对话框中“确定”按钮，在文本信息栏里就会显示找到对象的数量，如图 10-11 所示，即为 15 台普通办公计算机。

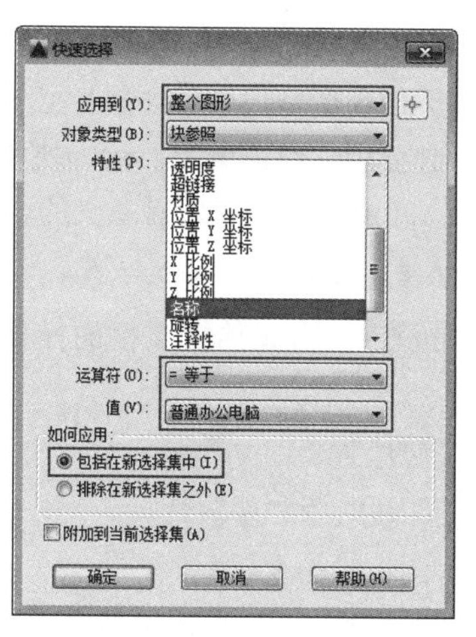

图 10-10　“快速选择”对话框

图 10-11　命令行中显示数量

10.1.4　外部图块

内部块仅限于在创建块的图形文件中使用，当其他文件中也需要使用时，则需要创建外部块，也就是“永久块”。外部图块不依赖于当前图形，可以在任意图形文件中调用并插入。使用“写块”命令可以创建外部块。调用“写块”命令的方法如下。

- 命令行：在命令行中输入 WBLOCK 或 W。

执行该命令后，系统弹出“写块”对话框，如图 10-12 所示。

图 10-12　“写块”对话框

“写块”对话框的常用选项介绍如下：

- “块”：将已定义好的块保存，可在下拉列表中选择已有的内部块，如果当前文件中没有块，该单选按钮不可用。
- “整个图形”：将当前工作区中的全部图形保存为外部块。
- “对象”：选择图形对象定义为外部块。该项为默认选项，一般情况下选择此项即可。
- “拾取点”按钮：单击该按钮，系统切换到绘图窗口中拾取基点。
- “选择对象”按钮：单击该按钮，系统切换到绘图窗口中拾取创建块的对象。
- “保留”单选按钮：创建块后保留源对象不变。
- “从图形中删除”：将选定对象另存为文件后，从当前图形中删除它们。
- “目标”：用于设置块的保存路径和块名。单击该选项组的“文件名和路径”文本框右边的按钮，可以在打开的对话框中选择保存路径。

10.1.5　案例——创建电视外部图块

本例创建好的电视机图块，不仅存在于“10.1.5 创建电视内部图块 -OK.dwg”中，还存在于所指定的路径（桌面）上。

01 单击“快速访问”工具栏中的“打开”按钮，打开“第 10 章 /10-2 创建电视外部图块 .dwg”素材文件，如图 10-13 所示。

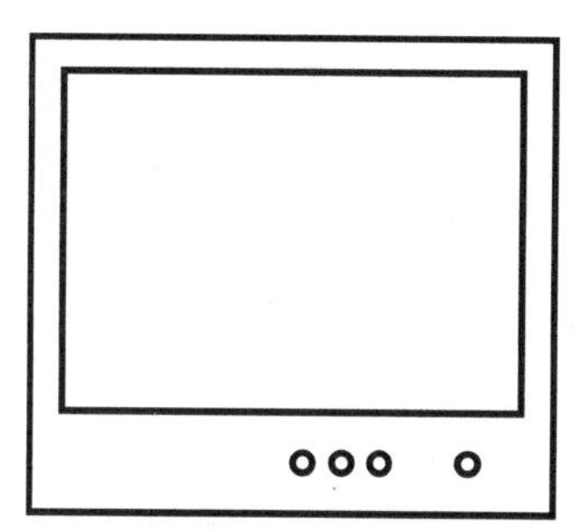

图 10-13　素材图形

02 在命令行中输入 WBLOCK，打开“写块”对话框，在“源”选项区域选择“块”复选框，然后在其右侧的下拉列表中选择“电视”图块，如图 10-14 所示。

图 10-14　选择目标块

03 指定保存路径。在“目标”选项区域，单击“文件和路径”文本框右侧的按钮，在弹出的对话框中选择保存路径，将其保存于桌面上，如图 10-15 所示。

04 单击“确定”按钮，完成外部块的创建。

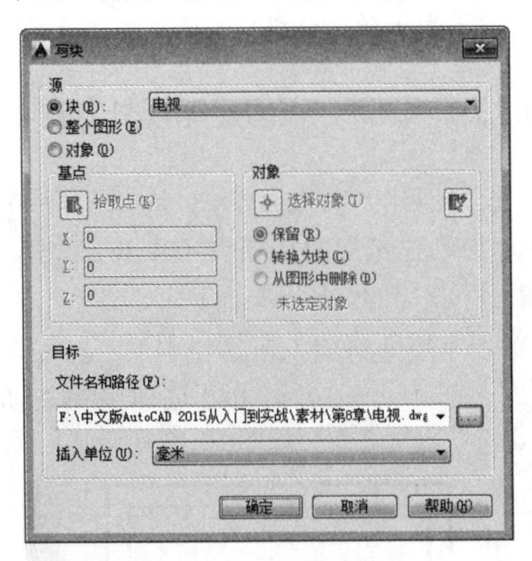

图 10-15　指定保存路径

10.1.6　属性块

图块包含的信息可以分为两类：图形信息和非图形信息。块属性是图块的非图形信息，例如办公室工程中定义办公桌图块，每个办公桌的编号、使用者等属性。块属性必须和图块结合在一起使用，在图纸上显示为块实例的标签或说明，单独的属性是没有意义的。

1. 创建块属性

在 AutoCAD 中添加块属性的操作主要分为三步。

01 定义块属性。

02 在定义图块时附加块属性。

03 在插入图块时输入属性值。

定义块属性必须在定义块之前进行。定义块属性的命令启动方式有：

- ➢ 功能区：单击“插入”选项卡的“属性”面板中的“定义属性”按钮，如图 10-16 所示。

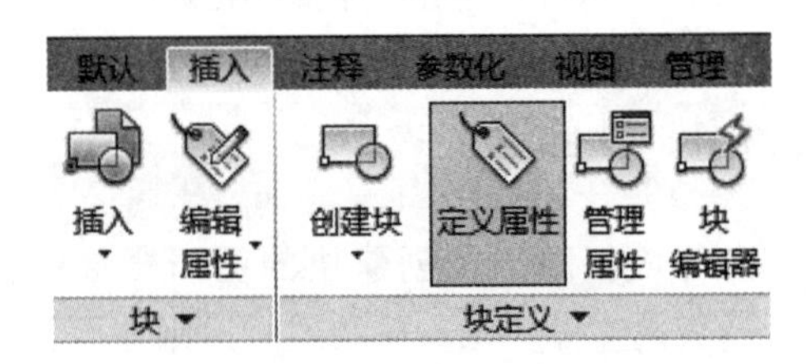

图 10-16　定义块属性面板按钮

- ➢ 菜单栏：单击“绘图”|“块”|“定义属性”命令，如图 10-17 所示。
- ➢ 命令行：ATTDEF 或 ATT。

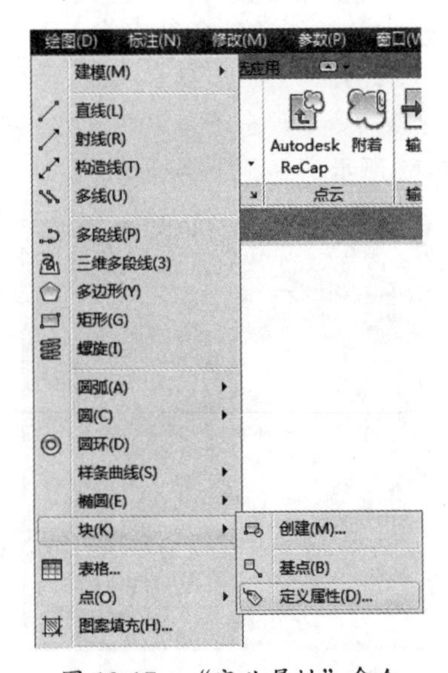

图 10-17　“定义属性”命令

执行上述任意命令后，系统弹出“属性定义”对话框，如图10-18所示。分别填写“标记”“提示”与“默认值”，再设置好文字位置与对齐等属性，单击“确定”按钮，即可创建一块属性。

图10-18　“属性定义”对话框

- 命令子选项说明

“属性定义”对话框中常用选项的含义如下：

➢ “属性”：用于设置属性数据，包括“标记”“提示”“默认”三个文本框。

➢ “插入点”：该选项组用于指定图块属性的位置。

➢ “文字设置”：该选项组用于设置属性文字的对正、样式、高度和旋转。

1. 修改属性定义

直接双击块属性，系统弹出“增强属性编辑器”对话框。在“属性”选项卡的列表中选择要修改的文字属性，然后在下面的“值”文本框中输入块中定义的标记和值属性，如图10-19所示。

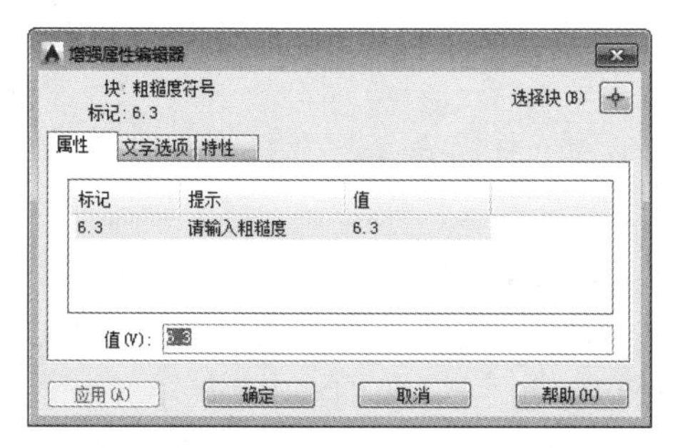

图10-19　“增强属性编辑器”对话框

在“增强属性编辑器”对话框中，各选项卡的含义如下：

➢ 属性：显示了块中每个属性的标识、提示和值。在列表框中选择某一属性后，在“值”文本框中将显示出该属性对应的属性值，可以通过它来修改属性值。

➢ 文字选项：用于修改属性文字的格式，该选项卡如图10-20所示。

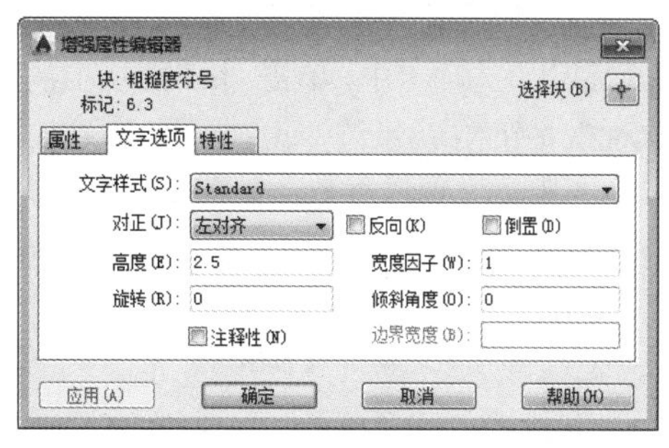

图10-20　“文字选项”选项卡

➢ 特性：用于修改属性文字的图层，及其线宽、线型、颜色及打印样式等，该选项卡如图10-21所示。

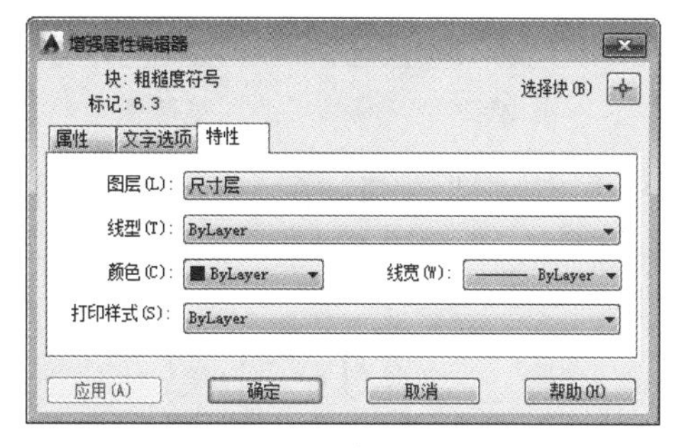

图10-21　“特性”选项卡

下面通过一个典型的例子来说明属性块的作用与含义。

10.1.7　案例——创建标高属性块

标高表示建筑物各部分的高度，是建筑物某一部位相对于基准面（标高的零点）的竖向高度，是竖向定位的依据。在施工图中经常有一个小的直角等腰三角形，三角形的尖端或向上或向下，这是标高的符号，上面的数值则为建筑的竖向高度。标高符号在图形中形状相似，仅数值不同，因此可以创建为属性块，在绘图时直接调用即可，具体方法如下。

01 打开“第 10 章 /10.1.7 创建标高属性块 .dwg”素材文件，如图 10-22 所示。

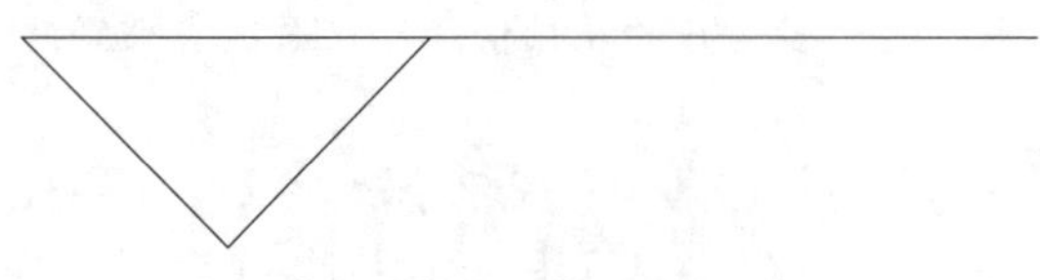

图 10-22　素材图形

02 在“默认”选项卡中，单击“块”面板上的“定义属性”按钮，系统弹出“属性定义”对话框，在其中定义属性参数，如图 10-23 所示。

图 10-23　“属性定义”对话框

03 单击“确定”按钮，在水平线上合适位置放置属性定义，如图 10-24 所示。

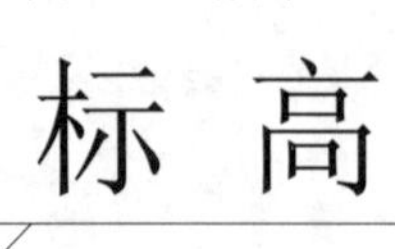

图 10-24　插入属性定义

04 在“默认”选项卡中，单击“块”面板上的“创建”按钮，系统弹出“块定义”对话框。在“名称”下拉列表中输入“标高”。单击“拾取点”按钮，拾取三角形的下角点作为基点。单击“选择对象”按钮，选择符号图形和属性定义，如图 10-25 所示。

图 10-25　“块定义”对话框

05 单击“确定”按钮，系统弹出“编辑属性”对话框，更改属性值为 0.000，如图 10-26 所示。

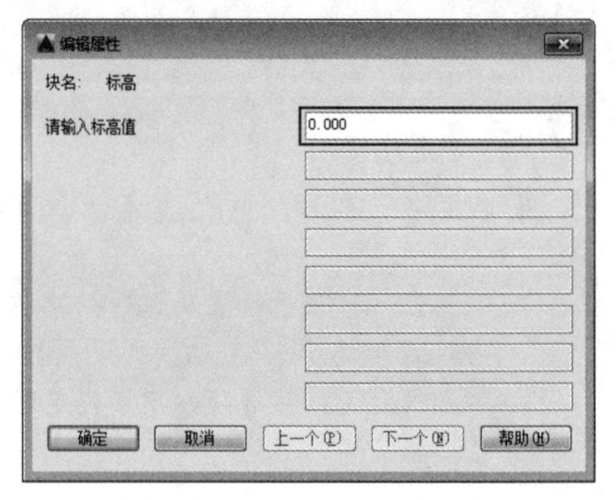

图 10-26　“编辑属性”对话框

06 单击“确定”按钮，标高符创建完成，如图 10-27 所示。

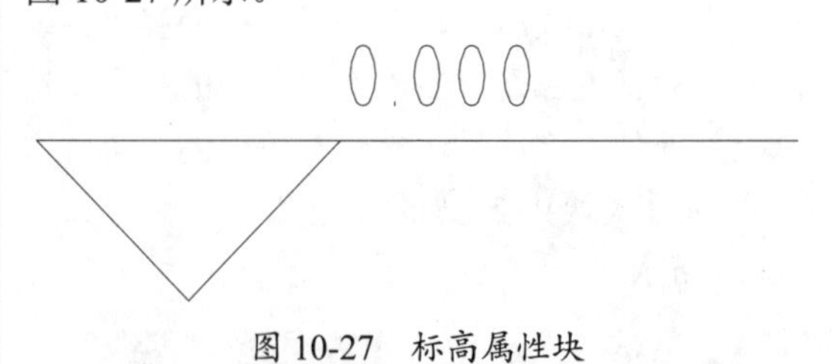

图 10-27　标高属性块

10.1.8　动态图块

在 AutoCAD 中，可以为普通图块添加动作，将其转换为动态图块，动态图块可以直接通过移动动态夹点来调整图块大小、角度，避免频繁地输入参数或调用命令（如缩放、旋转、镜像命令等），使图块的操作变得更加轻松。

创建动态块有两个步骤：一是往图块中添加参数，二是为添加的参数添加动作。动态块的创建需要使用“块编辑器”。块编辑器是一个专门的编写区域，用于添加能够使块成为动态块的元素。

调用“块编辑器”命令的方法如下。

- 菜单栏：执行“工具” | “块编辑器”命令。
- 命令行：在命令行中输入 BEDIT/BE。
- 功能区：在“插入”选项卡中，单击“块”面板中的“块编辑器”按钮。

10.1.9 案例——创建沙发动态图块

01 单击“快速访问”工具栏中的“打开”按钮，打开“第 10 章 /10.1.9 创建动态图块 .dwg”素材文件。

02 在命令行中输入 BEDIT，系统弹出“编辑块定义”对话框，选择该对话框中的“沙发”块，如图 10-28 所示。

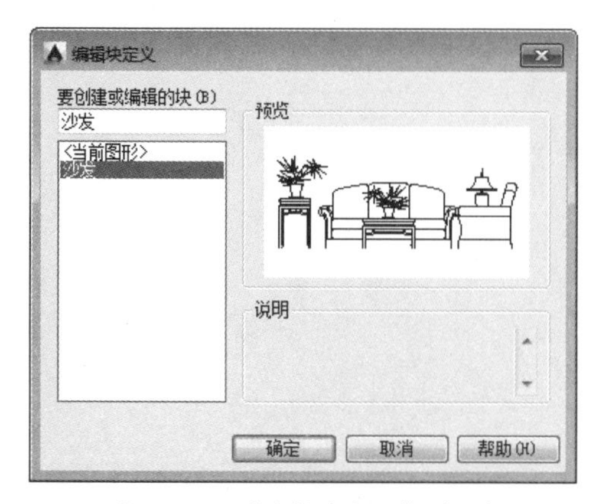

图 10-28 “编辑块定义”对话框

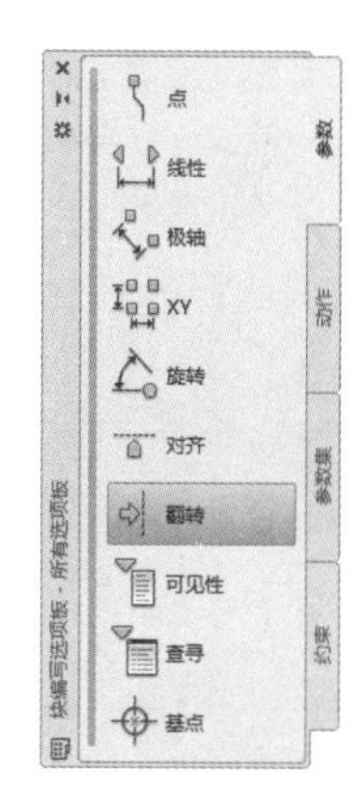

图 10-29 “块编辑器”面板

03 单击“确定”按钮，打开“块编辑器”面板，此时绘图窗口变为浅灰色。

04 为图块添加线性参数。在“块编写选项板”右侧单击“参数”选项卡，再单击“翻转”按钮，如图 10-29 所示，为块添加翻转参数，命令行提示如下。

```
命令：_BParameter 翻转
指定投影线的基点或 [名称(N)/标签(L)/说明(D)/选项板(P)]:
                                        //在如图 10-30 所示的位置指定基点
指定投影线的端点：                      //在如图 10-31 所示的位置指定端点
指定标签位置：                          //在如图 10-32 所示的位置指定标签位置
```

05 添加翻转参数，结果如图 10-33 所示。

图 10-30 指定基点

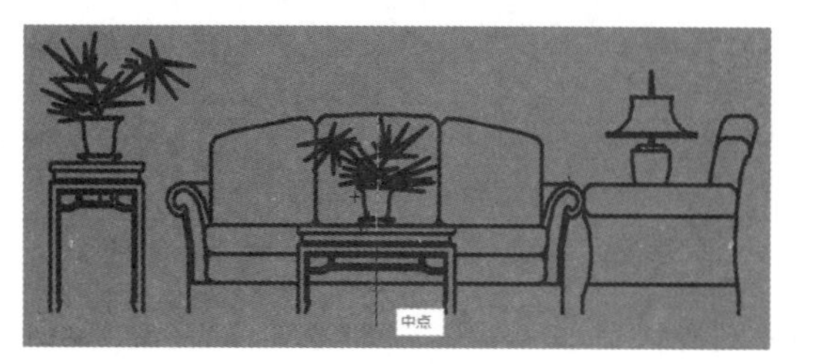

图 10-31 指定投引线端点

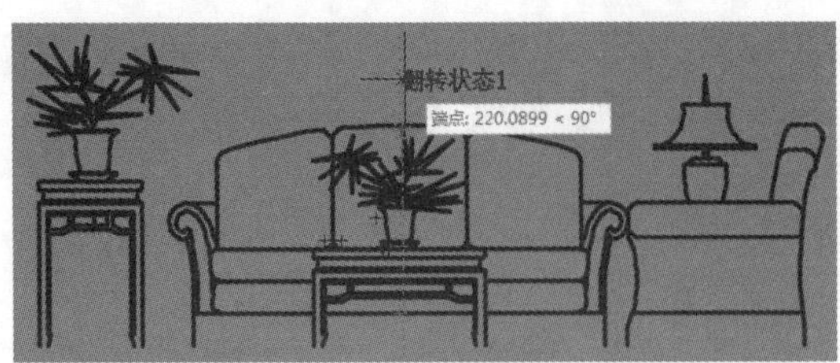

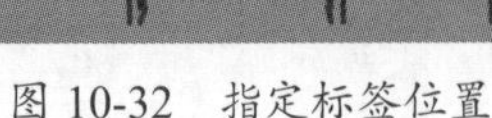

图 10-32 指定标签位置

图 10-33 添加参数的效果

06 为线性参数添加动作。在“编写选项板”右侧单击“动作”选项卡，再单击“翻转”按钮，如图 10-34 所示，根据提示为线性参数添加拉伸动作，命令行提示如下。

```
命令： _BActionTool 翻转
选择参数：                                    // 如图 10-35 所示，选择“翻转状态 1”
指定动作的选择集                              // 如图 10-36 所示，选择全部图形
选择对象 ： 指定对角点 ： 找到 388 个
```

07 在“块编辑器”选项卡中，单击“保存块”按钮，如图 10-37 所示。保存创建的动作块，单击“关闭块编辑器”按钮，关闭块编辑器，完成动态块的创建，并返回绘图窗口。

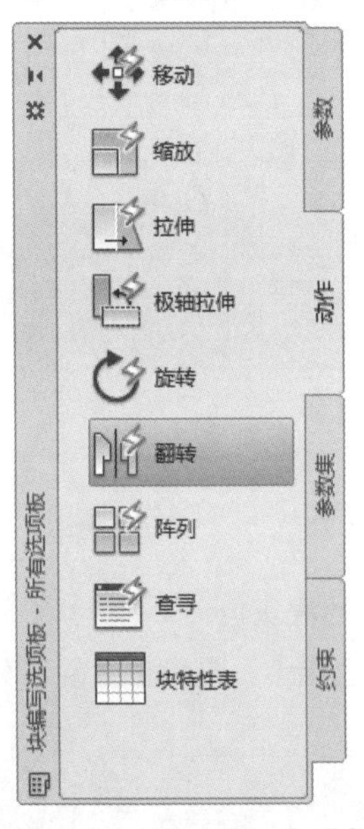

图 10-34 “动作”选项卡

图 10-35 选择动作参数

图 10-36 选择对象

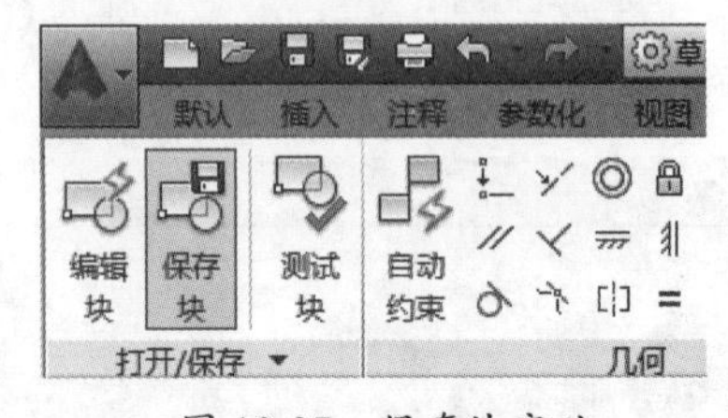

图 10-37 保存块定义

08 为图块添加翻转动作，效果如图 10-38 所示。

图 10-38 沙发动态块

10.1.10 插入块

块定义完成后，即可插入与块定义关联的块实例了。启动“插入块”命令的方式有：

- 功能区：单击“插入”选项卡的“注释”面板中的“插入”按钮，如图 10-39 所示。
- 菜单栏：执行“插入”｜“块”命令，如图 10-40 所示。
- 命令行：INSERT 或 I。

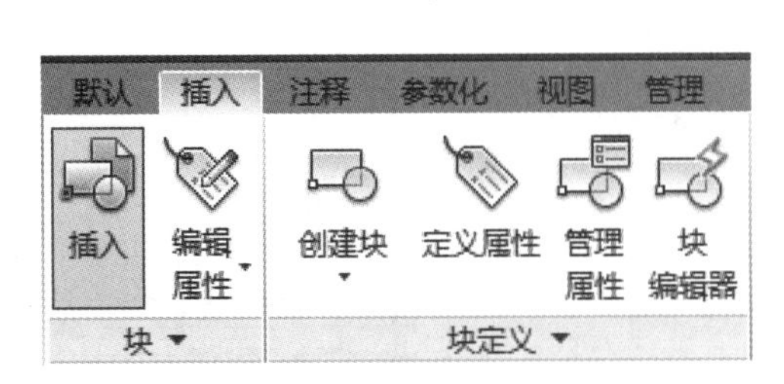

图 10-39 插入块工具按钮

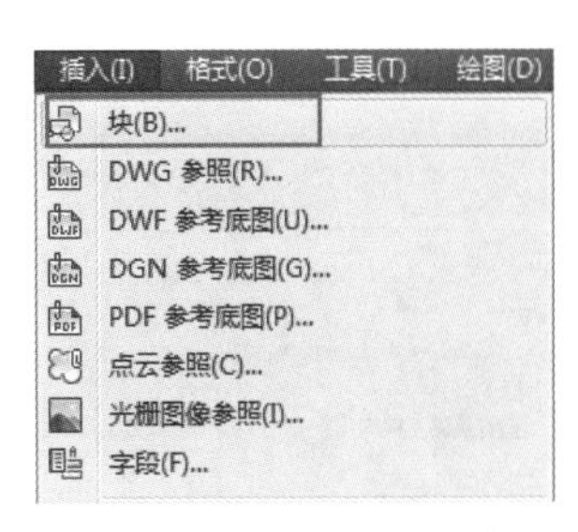

图 10-40 插入块命令

执行上述任意命令后，系统弹出“插入”对话框，如图 10-41 所示。在其中选择要插入的图块再返回绘图区指定基点即可。

- 命令子选项说明

该对话框中常用选项的含义如下：

- “名称”下拉列表：用于选择块或图形名称。可以单击其后的“浏览”按钮，系统弹出“打开图形文件”对话框，选择保存的块和外部图形。
- “插入点”选项区域：设置块的插入点位置。
- “比例”选项区域：用于设置块的插入比例。
- “旋转”选项区域：用于设置块的旋转角度。可直接在“角度”文本框中输入角度值，也可以通过选中“在屏幕上指定”复选框，在屏幕上指定旋转角度。
- “分解”复选框：可以将插入的块分解成块的各基本对象。

10.1.11 案例——插入螺钉图块

在如图 10-42 所示的通孔图形中，插入定义好的“螺钉”块。因为定义的螺钉图块公称直径为 10，该通孔的直径仅为 6，因此门图块应缩小至原来的 0.6 倍。

01 打开素材文件“第 10 章 /10.1.11 插入螺钉图块 .dwg”，其中已经绘制好了一个通孔，如图 10-42 所示。

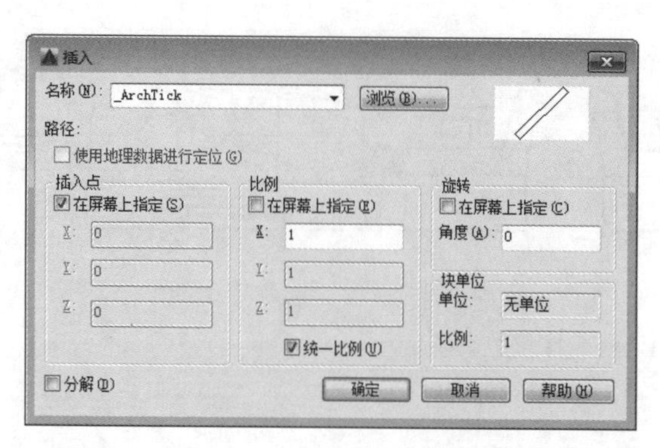

图 10-41　“插入”对话框

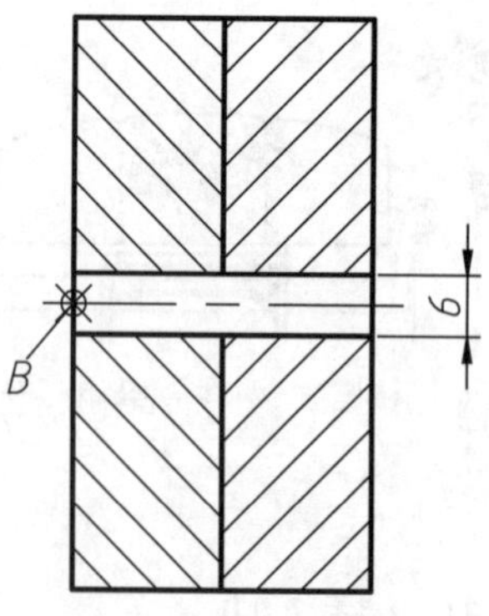

图 10-42　素材图形

02 调用 I“插入”命令，系统弹出“插入”对话框。

03 选择需要插入的内部块。在“名称”下拉列表中选择“螺钉”图块。

04 确定缩放比例。勾选“统一比例”复选框，在 X 框中输入 0.6，如图 10-43 所示。

05 确定插入基点位置。勾选“在屏幕上指定”复选框，单击“确定”按钮退出对话框。插入块实例到 B 点位置，如图 10-44 所示，结束操作。

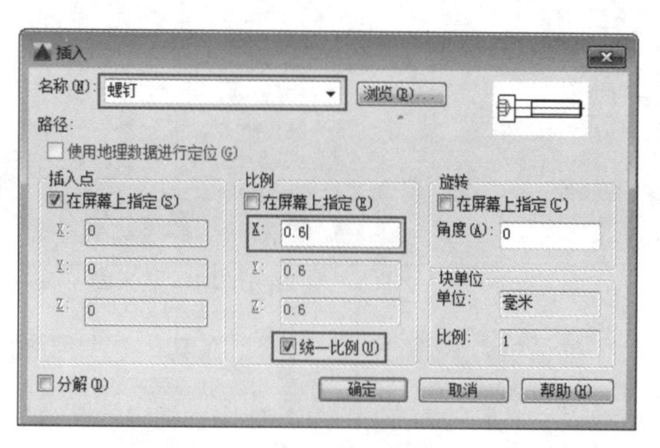

图 10-43　设置插入参数

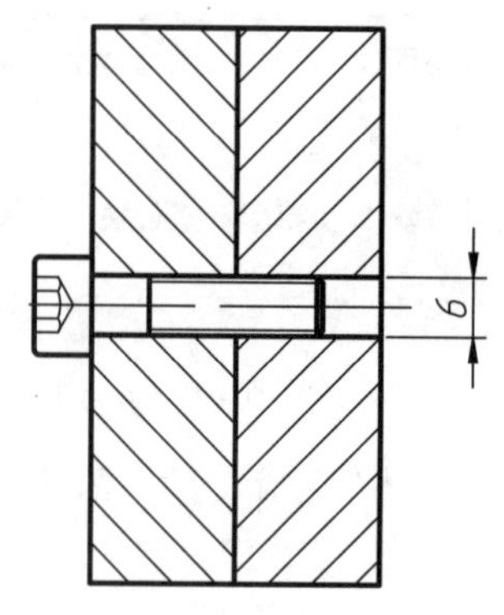

图 10-44　完成图形

10.2 编辑块

图块在创建完成后还可随时对其进行编辑，如重命名图块、分解图块、删除图块和重定义图块等操作。

10.2.1 设置插入基点

在创建图块时，可以为图块设置插入基点，这样在插入时即可直接捕捉基点插入。但是如果创建的块事先没有指定插入基点，插入时系统默认的插入点为该图的坐标原点，这样往往会给绘图带来不便，此时可以使用“基点”命令为图形文件制定新的插入原点。

调用“基点”命令的方法如下。

- 菜单栏：执行“绘图”|“块”|“基点”命令。
- 命令行：在命令行中输入 BASE。

➢ 功能区：在“默认”选项卡中，单击“块”面板中的“设置基点”按钮。

执行该命令后，可以根据命令行提示输入基点坐标或用鼠标直接在绘图窗口中指定。

10.2.2　重命名图块

创建图块后，对其进行重命名的方法有多种。如果是外部图块文件，可以直接在保存目录中对该图块文件进行重命名；如果是内部图块，可使用重命名命令 RENAME/REN 来更改图块的名称。

调用“重命名图块”命令的方法如下。

➢ 命令行：在命令行中输入 RENAME/REN。

➢ 菜单栏：执行“格式”|“重命名”命令。

10.2.3　案例——重命名图块

如果已经定义好了图块，但最后觉得图块的名称不合适，便可以通过该方法重新定义。

01 单击“快速访问”工具栏中的“打开”按钮，打开“第 10 章 /10.2.3 重命名图块 .dwg”文件。

02 在命令行中输入 REN“重命名图块”命令，系统弹出“重命名”对话框，如图 10-45 所示。

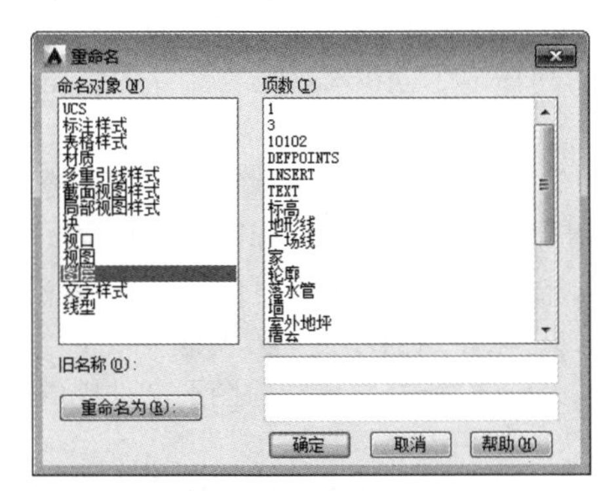

图 10-45　“重命名”对话框

03 在该对话框左侧的“命名对象”列表框中选择“块”选项，在右侧的“项目”列表框中选择“中式吊灯”块。

04 在“旧名称”文本框中显示的是该块的旧名称，在“重命名为”按钮后面的文本框中输入新名称：“吊灯”，如图 10-46 所示。

图 10-46　选择需重命名对象

05 单击“重命名为”按钮确定操作，完成重命名图块，如图 10-47 所示。

图 10-47　重命名完成效果

10.2.4　分解图块

由于插入的图块是一个整体，在需要对图块进行编辑时，必须先将其分解。调用“分解图块”的命令方法如下。

➢ 菜单栏：执行“修改”|“分解”命令。

➢ 工具栏：单击“修改”工具栏中的“分解”按钮。

➢ 命令行：在命令行中输入 EXPLODE/X。

➢ 功能区：在“默认”选项卡中，单击“修改”面板中的“分解”按钮。

分解图块的操作非常简单，执行分解命令

后，选择要分解的图块，再按 Enter 键即可。图块被分解后，它的各个组成元素将变为单独的对象，之后便可以单独对各个组成元素进行编辑。

10.2.5 案例——分解图块

01 单击“快速访问”工具栏中的“打开”按钮，打开“第 10 章 /10.2.5 分解图块 .dwg”文件，如图 10-48 所示。

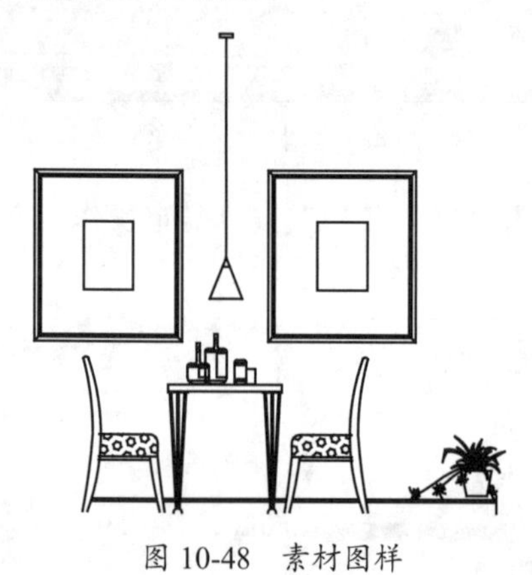

图 10-48 素材图样

02 框选图形，图块的夹点显示和属性板如图 10-49 所示。

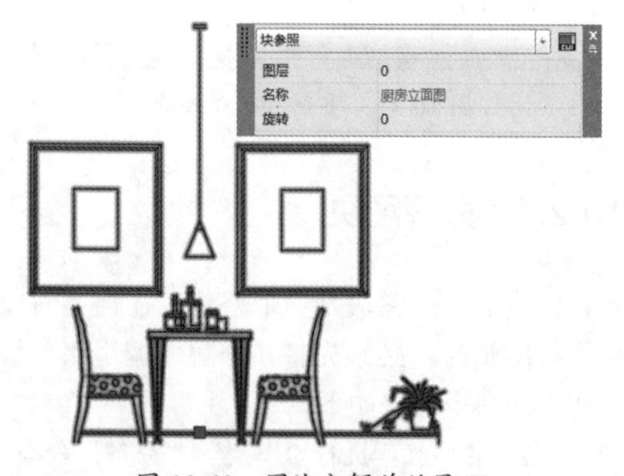

图 10-49 图块分解前效果 03

在命令行中输入 X“分解”命令，按 Enter 键确认分解，分解后框选图形效果如图 10-50 所示。

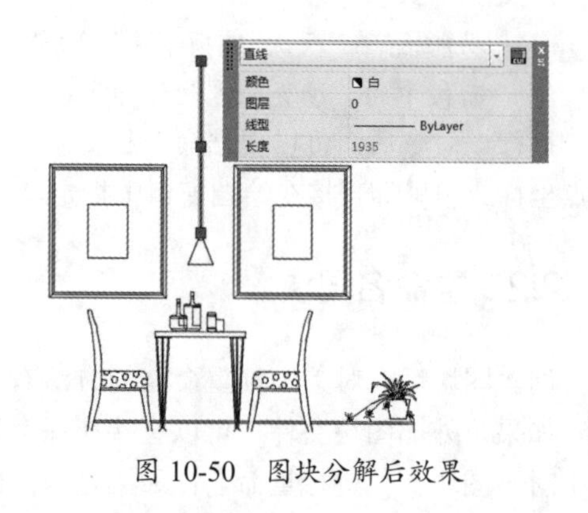

图 10-50 图块分解后效果

10.2.6 删除图块

如果图块是外部图块文件，可直接在计算机中删除；如果图块是内部图块，可使用以下删除方法删除。图形中如果存在无用的图块，最好将其清除，否则过多的图块文件会占用图形的内存，使得绘图时反应速度变慢。

- 应用程序：单击“应用程序”按钮，在菜单中选择“图形实用工具”中的“清理”命令。
- 命令行：在命令行中输入 PURGE/PU。

10.2.7 案例——删除图块

01 单击“快速访问”工具栏中的“打开”按钮，打开“第 10 章 /10.2.7 删除图块 .dwg”文件。

02 在命令行中输入 PU“删除图块”命令，系统弹出“清理”对话框，如图 10-51 所示。

03 选择“查看能清理的项目”单选按钮，在“图形中未使用的项目”列表框中双击“块”选项，展开此项将显示当前图形文件中的所有内部块，如图 10-52 所示。

04 选择要删除的 DP006 图块，然后单击“清理”按钮，清理后的效果如图 10-53 所示。

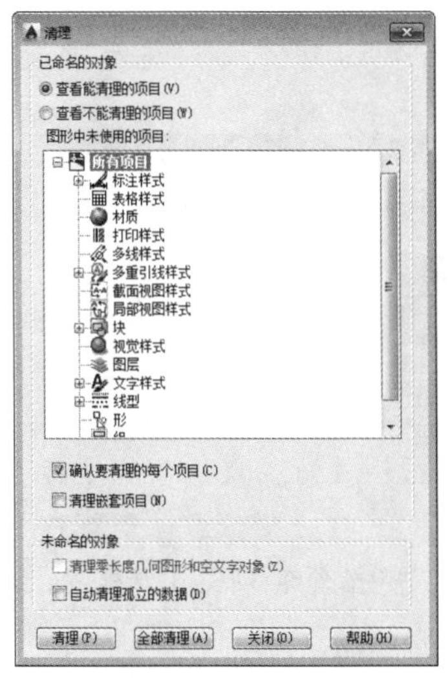

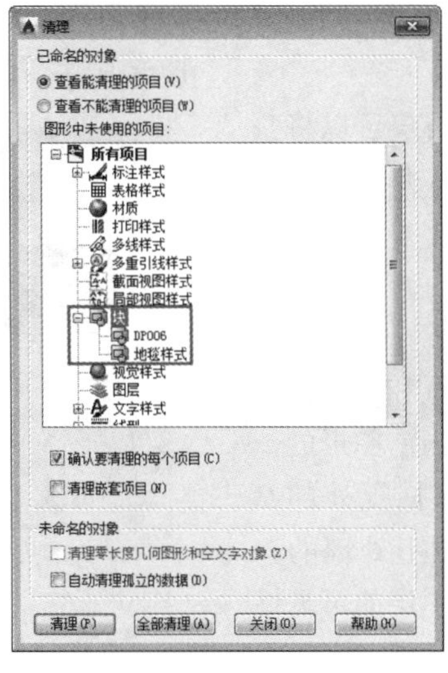

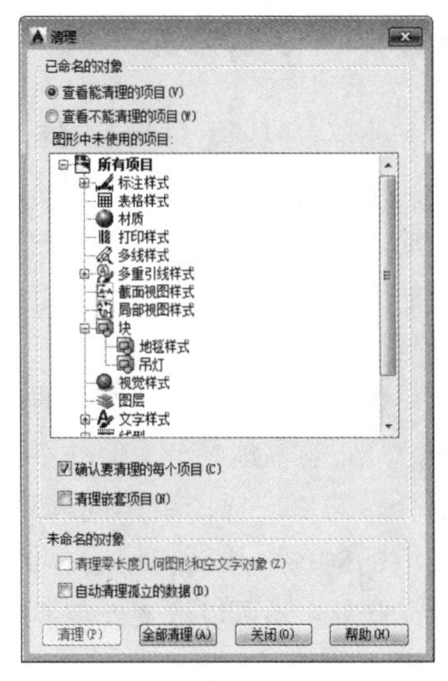

图 10-51　“清理”对话框　　图 10-52　选择“块”选项　　图 10-53　清理后的效果

10.2.8　重新定义图块

通过对图块的重新定义，可以更新所有与之关联的块实例，实现自动修改，其方法与定义块的方法基本相同。具体操作步骤如下：

01 使用分解命令将当前图形中需要重新定义的图块分解为由单个元素组成的对象。

02 对分解后的图块组成元素进行编辑。完成编辑后，再重新执行“块定义”命令，在打开的“块定义”对话框的“名称”下拉列表中选择源图块的名称。

03 选择编辑后的图形并为图块指定插入基点及单位，单击“确定”按钮，在打开的如图 10-54 所示的询问对话框中单击“重定义”按钮，完成图块的重定义。

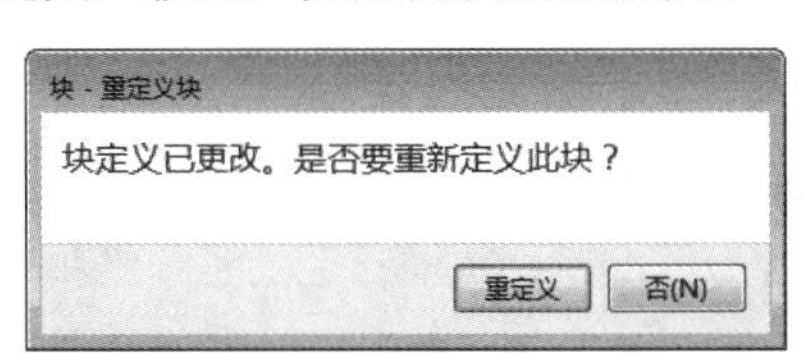

图 10-54　“块 - 重定义块”对话框

10.3　外部参照

AutoCAD 将外部参照作为一种图块类型定义，它也可以提高绘图效率。但外部参照与图块有一些重要的区别，将图形作为图块插入时，它存储在图形中，不随原始图形的改变而更新；将图形作为外部参照时，会将该参照图形链接到当前图形，对参照图形所做的任何修改都会显示在当前图形中。一个图形可以作为外部参照同时附着插入到多个图形中，同样也可以将多个图形作为外部参照附着到单个图形中。

10.3.1 了解外部参照

外部参照通常称为XREF，用户可以将整个图形作为参照图形附着到当前图形中，而不是插入它。这样可以通过在图形中参照其他用户的图形，协调用户之间的工作，查看当前图形是否与其他图形相匹配。

当前图形记录外部参照的位置和名称，以便总能很容易地参考，但并不是当前图形的一部分。与块一样，用户同样可以捕捉外部参照中的对象，从而使用它作为图形处理的参考。此外，还可以改变外部参照图层的可见性设置。

使用外部参照要注意以下几点：

- ➢ 确保显示参照图形的最新版本。打开图形时，将自动重载每个参照图形，从而反映参照图形文件的最新状态。
- ➢ 请勿在图形中使用参照图形中已存在的图层名、标注样式、文字样式和其他命名元素。
- ➢ 当工程完成并准备归档时，将附着的参照图形和当前图形永久合并（绑定）到一起。

10.3.2 附着外部参照

用户可以将其他文件的图形作为参照图形附着到当前图形中，这样可以通过在图形中参照其他用户的图形来协调各用户之间的工作，查看当前图形是否与其他图形相匹配。

下面介绍4种“附着”外部参照的方法。

- ➢ 菜单栏：执行“插入”|“DWG参照”命令。
- ➢ 工具栏：单击“插入”工具栏中的“附着”按钮。
- ➢ 命令行：在命令行中输入XATTACH/XA。
- ➢ 功能区：在“插入”选项卡中，单击“参照”面板中的“附着”按钮。

执行附着命令，选择一个DWG文件打开后，弹出“附着外部参照”对话框，如图10-55所示。

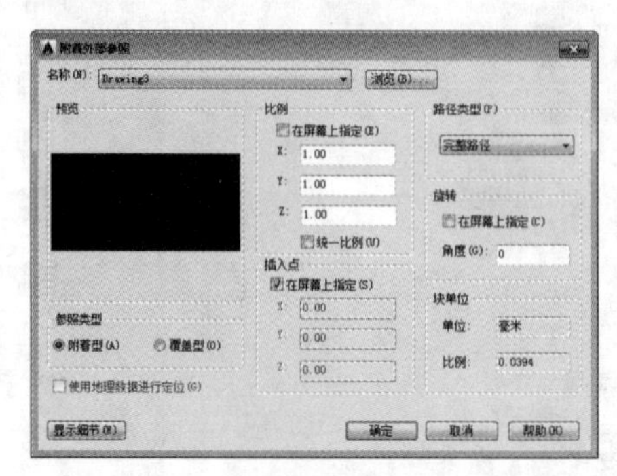

图10-55 “附着外部参照”对话框

- 命令子选项说明

“附着外部参照”对话框的各选项介绍如下。

- ➢ “参照类型”选项组：选择“附着型”单选按钮表示显示出嵌套参照中的嵌套内容；选择“覆盖型”单选按钮表示不显示嵌套参照中的嵌套内容。
- ➢ “路径类型”选项组：“完整路径”，使用此选项附着外部参照时，外部参照的精确位置将保存到主图形中，此选项的精确度最高，但灵活性最小，如果移动工程文件，AutoCAD将无法融入任何使用完整路径附着的外部参照；“相对路径”，使用此选项附着外部参照时，将保存外部参照相对于主图形的位置，此选项的灵活性最大，如果移动工程文件夹，AutoCAD仍可以融入使用相对路径附着的外部参照，只要此外部参照相对主图形的位置未发生变化；“无路径”，在不使用路径附着外部参照时，AutoCAD首先在主图形中的文件夹中查找外部参照，当外部参照文件与主图形位于同一个文件夹中时，此选项非常有用。

- 外部参照在图形设计中的应用

1. 保证各专业设计协作的连续一致性

- ➢ 外部参照可以保证各专业的设计、修改同步进行。例如，建筑专业对建筑条件做了修改，其他专业只要重新打开图或者重载当前图形，即可看到修改的部分，从而马上按照最新建筑条件继续设计工作，从而避免了其他专业因建筑专业的修改而出现图纸对不上的问题。

2. 减小文件容量

➢ 含有外部参照的文件只是记录了一个路径,该文件的存储容量增大不多。采用外部参照功能可以使一批引用文件附着在一个较小的图形文件上而生成一个复杂的图形文件，从而可以大大提高图形的生成速度。在设计中，如果能利用外部参照功能，可以轻松处理由多个专业配合、汇总而形成的庞大图形文件。

3. 提高绘图速度

➢ 由于外部参照有“立竿见影”的功效，各个相关专业的图纸都在随着设计内容的改变随时更新，而不需要不断复制，不断滞后，这样，不但可以提高绘图速度，而且可以大大减少修改图形所耗费的时间和精力。同时，AutoCAD的参照编辑功能可以让设计人员在不打开部分外部参照文件的情况下对外部参照文件进行修改，从而加快了绘图速度。

4. 优化设计文件的数量

➢ 一个外部参照文件可以被多个文件引用，而且一个文件可以重复引用同一个外部参照文件，从而使图形文件的数量减少到最低，提高了项目组文件管理的效率。

10.3.3 案例——“附着”外部参照

外部参照图形非常适合用作参考插入。据统计，如果要参考某幅现成的dwg图纸来进行绘制，那绝大多数设计师都会采取打开该dwg文件，然后按快捷键Ctrl+C、Ctrl+V直接将图形复制到新创建的图纸上。这种方法使用方便、快捷，但缺陷就是新建的图纸与原来的dwg文件没有关联性，如果参考的dwg文件有所更改，则新建的图纸不会有所提升。而如果采用外部参照的方式插入参考用的dwg文件，则可以实时更新。下面通过一个例子来进行介绍。

01 单击“快速访问工具栏”中的“打开”按钮，打开“第10章/10.3.3‘附着’外部参照.dwg”文件，如图10-56所示。

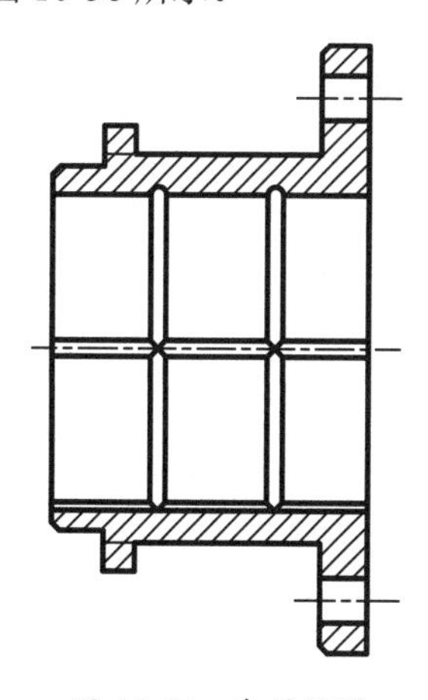

图 10-56 素材图样

02 在“插入”选项卡中，单击“参照”面板中的“附着”按钮，系统弹出“选择参照文件”对话框。在“文件类型”下拉列表中选择“图形（*.dwg）”，并找到同文件内的“参照素材.dwg”文件，如图10-57所示。

图 10-57 “选择参照文件”对话框

03 单击“打开”按钮，系统弹出“附着外部参照”

对话框，所有选项保持默认，如图 10-58 所示。

04 单击“确定”按钮，在绘图区域指定端点，并调整其位置，即可附着外部参照，如图 10-59 所示。

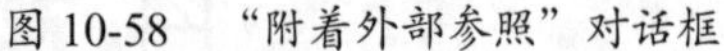

图 10-58 “附着外部参照”对话框

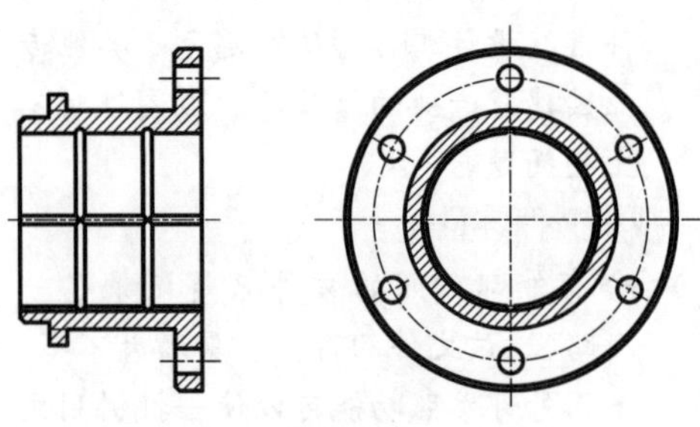

图 10-59 附着参照效果

05 插入的参照图形为该零件的右视图，此时即可结合现有图形与参照图绘制零件的其他视图，或者进行标注。

06 可以先按快捷键 Ctrl+S 进行保存，然后退出该文件；接着打开同文件夹内的“参照素材 .dwg”文件，并删除其中的 4 个小孔，如图 10-60 所示，再按快捷键 Ctrl+S 进行保存，然后退出。

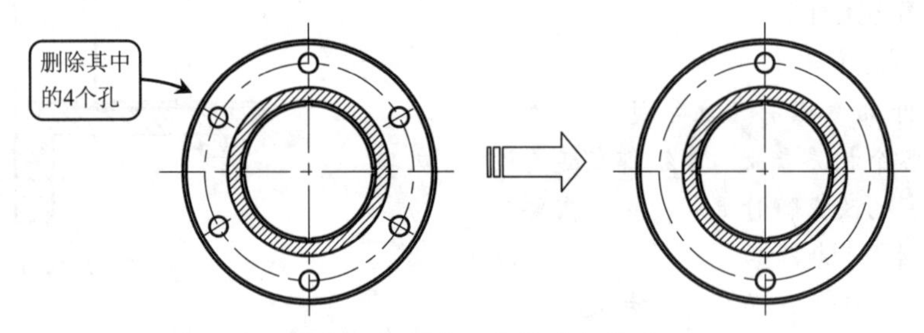

图 10-60 对参照文件进行修改

07 此时再重新打开“10-9‘附着’外部参照 .dwg”文件，则会出现如图 10-61 所示的提示，单击“重载 参照素材”链接，则图形变为如图 10-62 所示。这样参照的图形得到了实时更新，可以保证设计的准确性。

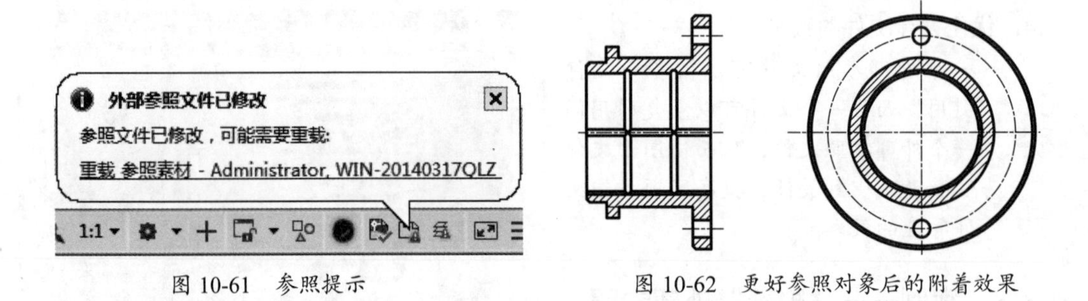

图 10-61 参照提示

图 10-62 更好参照对象后的附着效果

10.3.4 拆离外部参照

要从图形中完全删除外部参照，需要拆离而不是删除。例如，删除外部参照不会删除与其关联的图层定义。使用“拆离”命令，才能删除外部参照和所有关联信息。

拆离外部参照的一般步骤如下：

01 打开“外部参照”选项板。

02 在选项板中选择需要删除的外部参照，并在参照上右击。

03 在弹出的快捷菜单中选择“拆离”选项，即可拆离选定的外部参考，如图 10-63 所示。

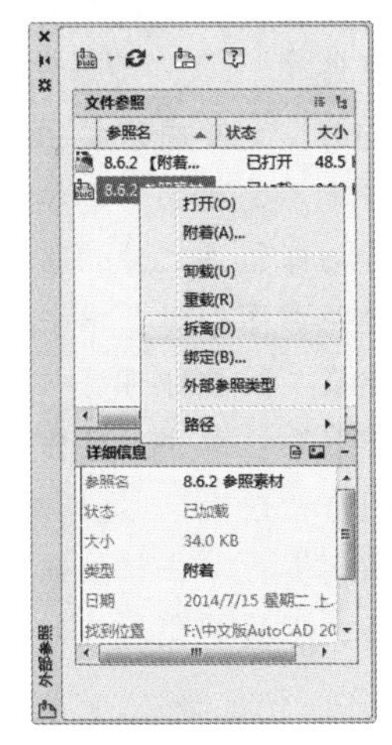

图 10-63 “外部参考”选项板

10.3.5 管理外部参照

在 AutoCAD 中，可以在“外部参照”选项板中对外部参照进行编辑和管理。调用“外部参照”选项板的方法如下：

- 命令行：在命令行中输入 XREF/XR。
- 功能区：在“插入”选项卡中，单击“注释”面板右下角箭头按钮。
- 菜单栏：执行“插入”|“外部参照”命令。

“外部参照”选项板各选项功能如下。

- 按钮区域：此区域有“附着”“刷新”“帮助”3 个按钮，“附着”按钮可以用于添加不同格式的外部参照文件；“刷新”按钮用于刷新当前选项卡显示；“帮助”按钮可以打开系统的帮助页面，从而可以快速了解相关的知识。
- “文件参照”列表框：此列表框中显示了当前图形中各个外部参照文件名称，单击其右上方的“列表图”或“树状图”按钮，可以设置文件列表框的显示形式。“列表图”表示以列表形式显示，如图 10-64 所示；“树状图”表示以树形显示，如图 10-65 所示。

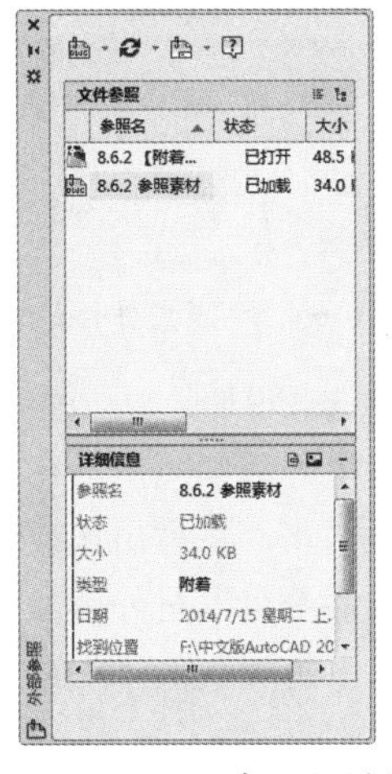

图 10-64 “列表图”样式

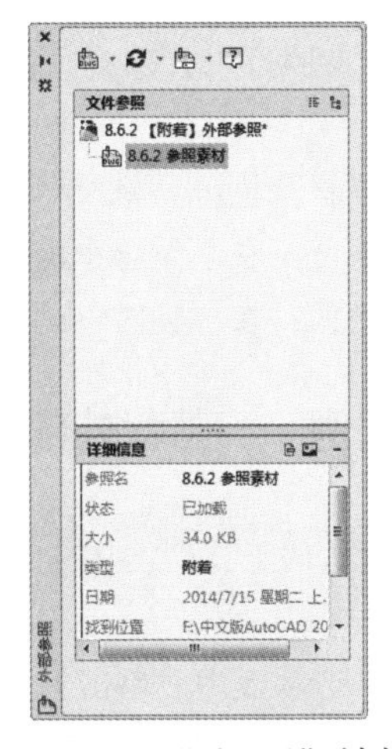

图 10-65 “树状图”样式

- “详细信息”选项区域：用于显示外部参照文件的各种信息。选择任意一个外部参照文件后，将在此处显示该外部参照文件的名称、加载状态、文件大小、参照类型、参照日期，以及参照文件的存储路径等内容，如图 10-66 所示。

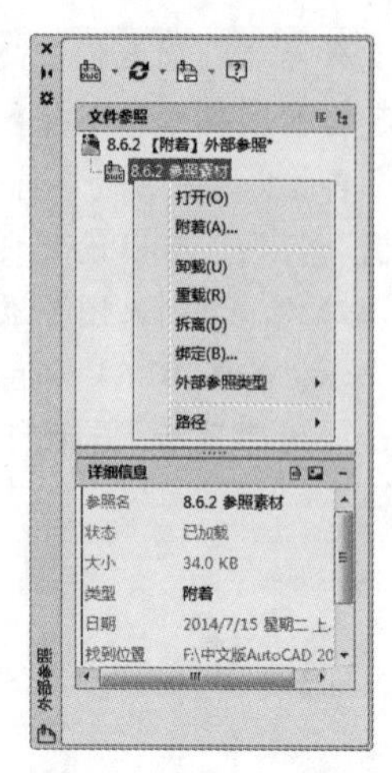

图 10-66　参照文件详细信息

• 命令子选项说明

当附着多个外部参照后，在文件参照列表框中的文件上右击，将弹出快捷菜单，在菜单上选择不同的命令可以对外部参照进行相关操作。快捷菜单中各命令的含义如下。

➢ “打开”：单击该按钮可在新建窗口中打开选定的外部参照进行编辑。在“外部参照管理器”对话框关闭后，显示新建窗口。
➢ “附着”：单击该按钮可打开“选择参照文件”对话框，在该对话框中可以选择需要插入到当前图形中外部参照文件。
➢ “卸载”：单击该按钮可从当前图形中移走不需要的外部参照文件，但移走后仍保留该文件的路径，当希望再次参照该图形时，单击该对话框中的“重载”按钮即可。
➢ “重载”：单击该按钮可在不退出当前图形的情况下，更新外部参照文件。
➢ “拆离”：单击该按钮可从当前图形中移去不再需要的外部参照文件。

10.3.6　剪裁外部参照

剪裁外部参照可以去除多余的参照部分，而无须更改原参照图形。“剪裁”外部参照的启动方法如下。

➢ 菜单栏：执行“修改”|“剪裁”|“外部参照”命令。
➢ 命令行：在命令行中输入 CLIP。
➢ 功能区：在“插入”选项卡中，单击“参照”面板中的“剪裁”按钮。

10.3.7　案例——剪裁外部参照

01 单击“快速访问工具栏”中的“打开”按钮，打开“第 10 章 /10.3.7 剪裁外部参照 .dwg”文件，如图 10-67 所示。

02 在“插入”选项板中，单击“参照”面板中的“剪裁”按钮，根据命令行的提示修剪参照，如图 10-68 所示，命令行操作如下：

```
    命令： _xclip↙                                                  //调用“剪裁”命令
    选择对象： 找到 1 个                                            //选择外部参照
    选择对象：
    输入剪裁选项
    [开 (ON)/关 (OFF)/剪裁深度 (C)/删除 (D)/生成多段线 (P)/新建边界 (N)] <新建边界>:
ON↙                                                                 //激活“开 (ON)”选项
    输入剪裁选项
    [开 (ON)/关 (OFF)/剪裁深度 (C)/删除 (D)/生成多段线 (P)/新建边界 (N)] <新建边界>:
n↙                                                                  //激活“新建边界 (N)”选项
    外部模式 - 边界外的对象将被隐藏。
    指定剪裁边界或选择反向选项：
```

```
    [选择多段线(S)/多边形(P)/矩形(R)/反向剪裁(I)] <矩形>: p↙
                                                  //激活“多边形(P)”选项
    指定第一点：                                  //拾取A、B、C、D点指定剪裁
边界，如图10-67所示
    指定下一点或 [放弃(U)]:
    指定下一点或 [放弃(U)]:
    指定下一点或 [放弃(U)]: ↙                     //按Enter键完成修剪
```

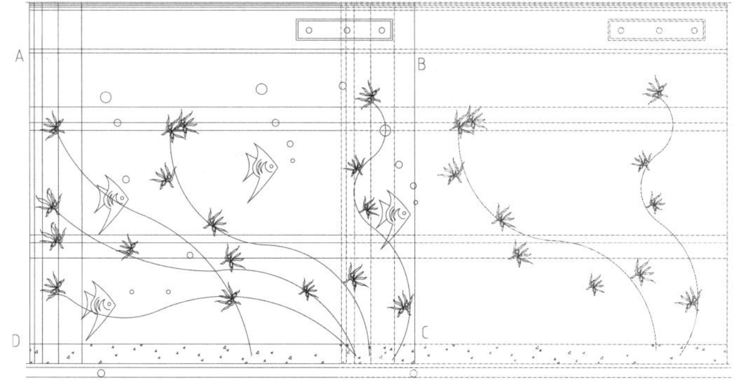

图 10-67　素材图样

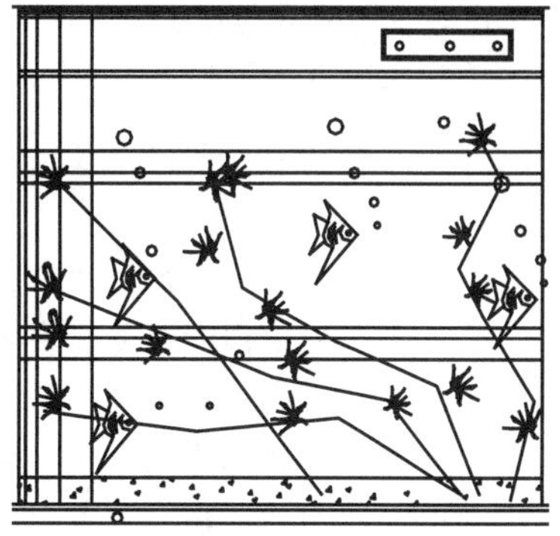

图 10-68　剪裁后效果

10.4　AutoCAD 设计中心

AutoCAD 设计中心类似于 Windows 资源管理器，可执行对图形、块、图案填充和其他图形内容的访问等辅助操作，并在图形之间复制和粘贴其他内容，从而使设计者更好地管理外部参照、块参照和线型等图形内容。这种操作不仅可简化绘图过程，而且可通过网络资源共享来服务当前产品设计。

10.4.1　设计中心窗口

在 AutoCAD 2014 中进入“设计中心”有以下两种常用方法：

➢ 快捷键：Ctrl+2。

➢ 功能区：在“视图”选项卡中，单击“选项板”面板中的“设计中心”工具按钮。

执行上述任意命令后，均可打开“设计中心”选项板，如图 10-69 所示。

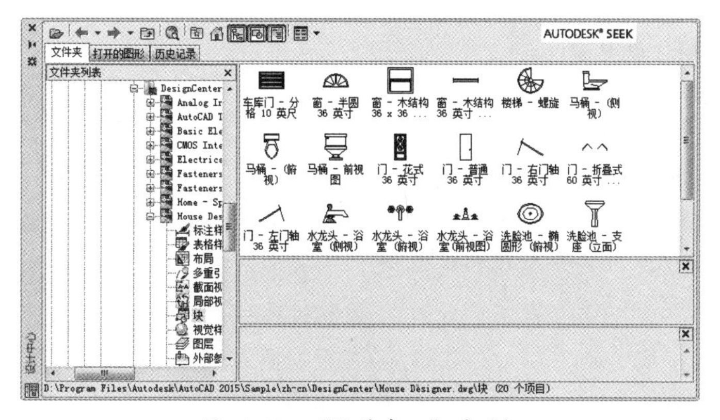

图 10-69　“设计中心”选项板

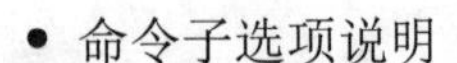

• 命令子选项说明

设计中心窗口的按钮和选项卡的含义及设置方法如下所述。

a. 选项卡操作

在设计中心中，可以在4个选项卡之间进行切换，各选项含义如下：

➢ 文件夹：指定文件夹列表框中的文件路径（包括网络路径），右侧显示图形信息。
➢ 打开的图形：该选项卡显示当前已打开的所有图形，并在右方的列表框中包括图形中的块、图层、线型、文字样式、标注样式和打印样式。
➢ 历史记录：该选项卡中显示最近在设计中心打开的文件列表。

b. 按钮操作

在“设计中心”选项卡中，要设置对应选项卡中树状视图与控制板中显示的内容，可以单击选项卡上方的按钮执行相应的操作，各按钮的含义如下：

➢ 加载按钮：使用该按钮通过桌面、收藏夹等路径加载图形文件。
➢ 搜索按钮：用于快速查找图形对象。
➢ 搜藏夹按钮：通过收藏夹来标记存放在本地硬盘和网页中常用的文件。
➢ 主页按钮：将设计中心返回到默认文件夹。
➢ 树状图切换按钮：使用该工具打开/关闭树状视图窗口。
➢ 预览按钮：使用该工具打开/关闭选项卡右下侧窗格。
➢ 说明按钮：打开或关闭说明窗格，以确定是否显示说明窗格内容。
➢ 视图按钮：用于确定控制板显示内容的显示格式。

10.4.2 设计中心查找功能

使用设计中心的“查找”功能，可在弹出的“搜索”对话框中快速查找图形、块特征、图层特征和尺寸样式等内容，将这些资源插入当前图形，可辅助当前设计。单击“设计中心”选项板中的“搜索”按钮，系统弹出“搜索”对话框，如图10-70所示。

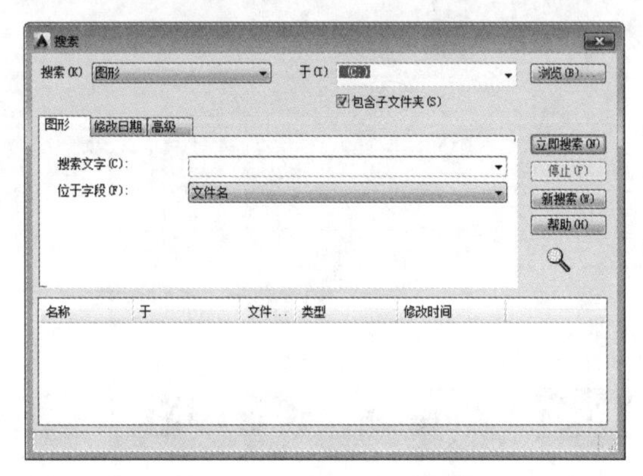

图10-70 “搜索”对话框

在该对话框中指定搜索对象所在的盘符，并在“搜索文字”列表框中输入搜索对象名称，在“位于字段”列表框中输入搜索类型，单击“立即搜索”按钮，即可执行搜索操作。另外，还可以选择其他选项卡设置不同的搜索条件。

将图形选项卡切换到“修改日期”选项卡，可指定图形文件创建或修改的日期范围。默认情况下不指定日期，需要在此之前指定图形修改日期。

切换到“高级”选项卡可指定其他搜索参数。

10.4.3 插入设计中心图形

使用AutoCAD设计中心最终的目的是在当前图形中调入块、引用图像和外部参照，并且在图形之间复制块、图层、线型、文字样式、标注样式，以及用户定义的内容等。也就是说根据插入内容类型的不同，对应插入设计中心图形的方法也不相同。

1. 插入块

通常情况下执行插入块操作可根据设计需要确定插入方式。

- 自动换算比例插入块：选择该方法插入块时，可以从设计中心窗口中选择要插入的块，并拖曳到绘图窗口。移到插入位置时释放鼠标，即可实现块的插入操作。
- 常规插入块：在“设计中心”对话框中选择要插入的块，然后用鼠标右键将该块拖曳到窗口后释放鼠标，此时将弹出一个快捷菜单，选择“插入块”选项，即可弹出“插入块”对话框，可以按照插入块的方法确定插入框，可以按照插入块的方法确定插入点、插入比例和旋转角度，将该块插入到当前图形中。

2. 复制对象

复制对象就在控制板中展开相应的块、图层、标注样式列表，然后选中某个块、图层或标注样式并将其拖入到当前图形，即可获得复制对象效果。如果按住右键将其拖入当前图形，此时系统将弹出一个快捷菜单，通过此菜单可以进行相应的操作。

3. 以动态块形式插入图形文件

要以动态块形式在当前图形中插入外部图形文件，只需要通过快捷菜单，执行“块编辑器”命令即可，此时系统将打开“块编辑器”窗口，用户可以通过该窗口将选中的图形创建为动态图块。

4. 引入外部参照

从“设计中心”对话框选择外部参照，用鼠标右键将其拖曳到绘图窗口后释放，在弹出的快捷菜单中选择“附加为外部参照”选项，弹出“外部参照”对话框，可以在其中确定插入点、插入比例和旋转角度。

10.4.4　案例——插入沙发图块

01 单击快速访问工具栏上的“新建”按钮，新建空白文件。

02 按快捷键 Ctrl+2，打开“设计中心”选项板。

03 展开“文件夹”标签，在树状图目录中定位“第10章”素材文件夹，文件夹中包含的所有图形文件显示在内容区，如图 10-71 所示。

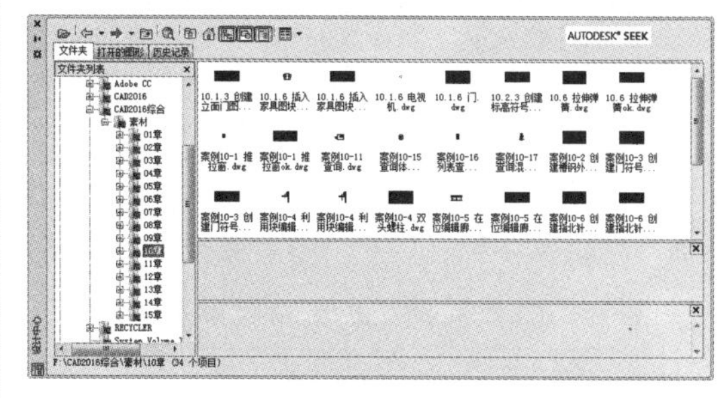

图 10-71　浏览到文件夹

04 在内容区选择“长条沙发”文件并右击，弹出快捷菜单，如图 10-72 所示，选择“插入为块”命令，系统弹出“插入”对话框，如图 10-73 所示。

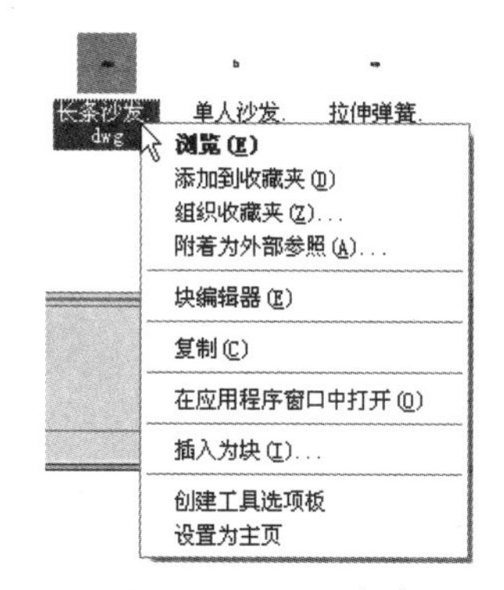

图 10-72　快捷菜单

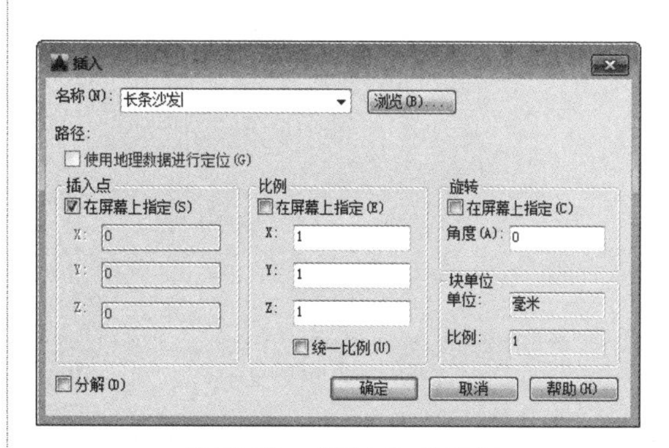

图 10-73　“插入”对话框

05 单击“确定”按钮，将该图形作为一个块插入到当前文件，如图 10-74 所示。

06 在内容区选择同文件夹的“长条沙发”图形文件，将其拖曳到绘图区，根据命令行提示插入单人沙发，如图 10-75 所示。命令行操作如下。

```
命令： _INSERT 输入块名或 [?] <长条沙发>:
单位：毫米    转换：  1
指定插入点或 [基点(B)/比例(S)/X/Y/Z/旋转(R)]:                    //选择块的插入点
输入 X 比例因子，指定对角点，或 [角点(C)/XYZ(XYZ)] <1>:↙         //使用默认 X 比例因子
输入 Y 比例因子或 <使用 X 比例因子>:↙                              //使用默认 Y 比例因子
指定旋转角度 <0>:↙                                                  //使用默认旋转角度
```

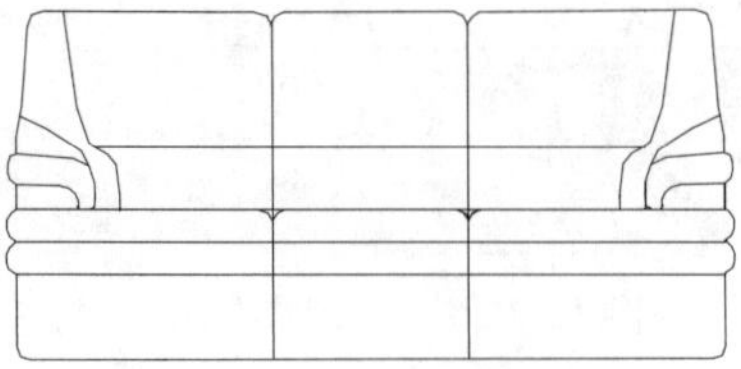

图 10-74 插入的长条沙发

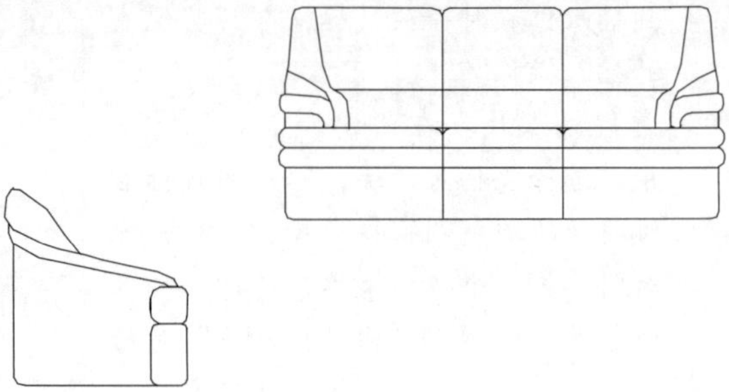

图 10-75 插入单人沙发

07 在命令行输入 M 并按 Enter 键，将刚插入的“单人沙发”图块移动到合适位置，然后使用“镜像”命令镜像一个与之对称的单人沙发，结果如图 10-76 所示。

08 在“设计中心”选项板左侧切换到“打开的图形”窗口，树状图中显示当前打开的图形文件，选择“块”项目，在内容区显示当前文件中的两个图块，如图 10-77 所示。

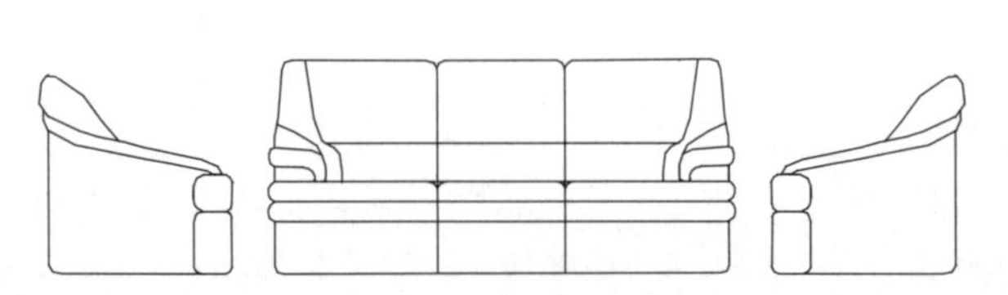

图 10-76 移动和镜像沙发的结果

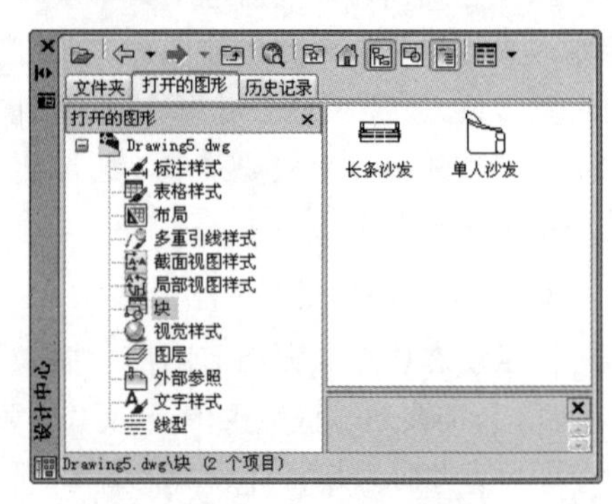

图 10-77 当前图形中的块

第 11 章　图形约束

图形约束是从 AutoCAD 2010 版本开始新增的一大功能，这将大大改变在 AutoCAD 中绘制图形的思路和方式。图形约束能够使设计更加方便，也是今后设计领域的发展趋势。常用的约束有几何约束和标注约束两种，其中几何约束用于控制对象的关系；标注约束用于控制对象的距离、长度、角度和半径值。

11.1　几何约束

几何约束用来定义图形元素和确定图形元素之间的关系。几何约束类型包括重合、共线、平行、垂直、同心、相切、相等、对称、水平和竖直等。

11.1.1　重合约束

"重合"约束用于强制使两个点或一个点和一条直线重合。执行"重合"约束命令有以下 3 种方法。

- 功能区：单击"参数化"选项卡中"几何"面板上的"重合"按钮。
- 菜单栏：执行"参数"|"几何约束"|"重合"命令。
- 工具栏：单击"几何约束"工具栏上的"重合"按钮。

执行该命令后，根据命令行的提示，选择不同的两个对象上的第一个和第二个点，将第二个点与第一个点重合，如图 11-1 所示。

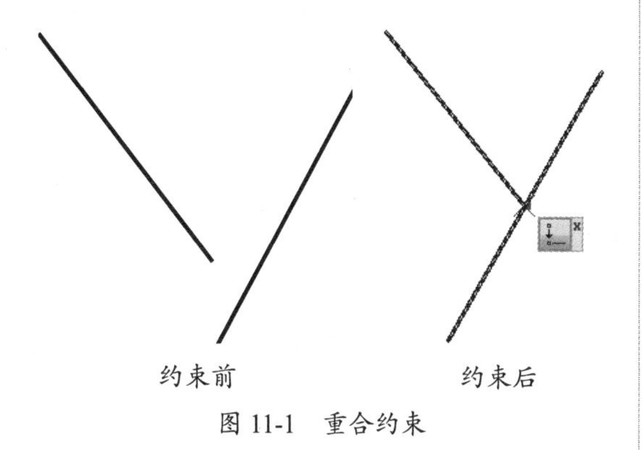

图 11-1　重合约束

11.1.2　共线约束

"共线"约束用于约束两条直线，使其位于同一直线上。执行"共线"约束命令有以下 3 种方法。

- 功能区：单击"参数化"选项卡中"几何"面板上的"共线"按钮。
- 菜单栏：执行"参数"|"几何约束"|"共线"命令。
- 工具栏：单击"几何约束"工具栏上的"共线"按钮。

执行该命令后，根据命令行的提示，选择第一个和第二个对象，将第二个对象与第一个对象共线，如图 11-2 所示。

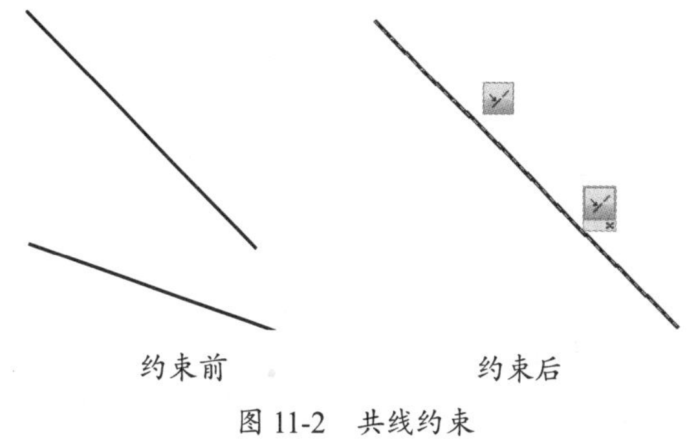

图 11-2　共线约束

11.1.3 同心约束

“同心”约束用于约束选定的圆、圆弧或者椭圆，使其具有相同的圆心点。执行“同心”约束命令有以下3种方法。

- 功能区：单击“参数化”选项卡中“几何”面板上的“同心”按钮。
- 菜单栏：执行“参数”|“几何约束”|“同心”命令。
- 工具栏：单击“几何约束”工具栏上的“同心”按钮。

执行该命令后，根据命令行的提示，分别选择第一个和第二个圆弧或圆对象，第二个圆弧或圆对象将会移动，与第一个对象具有同一个圆心，如图11-3所示。

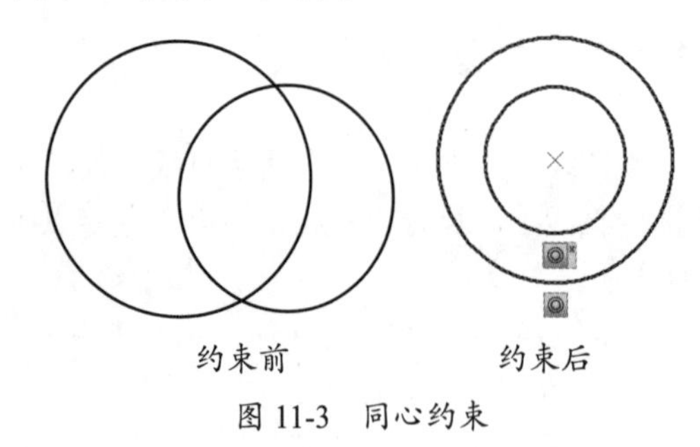

图11-3 同心约束

11.1.4 固定约束

“固定”约束用于约束一个点或一条曲线，使其固定在相对于世界坐标系（WCS）的特定位置和方向上。执行“固定”约束命令有以下3种方法。

- 功能区：单击“参数化”选项卡中“几何”面板上的“固定”按钮。
- 菜单栏：执行“参数”|“几何约束”|“固定”命令。
- 工具栏：单击“几何约束”工具栏上的“固定”按钮。

执行该命令后，根据命令行的提示，选择对象上的点，对对象上的点应用固定约束会将节点锁定，但仍然可以移动该对象，如图11-4所示。

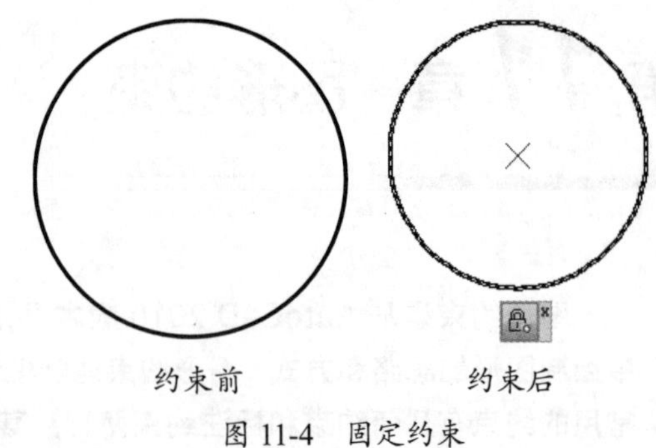

图11-4 固定约束

11.1.5 平行约束

“平行”约束用于约束两条直线，使其保持相互平行。执行“平行”约束命令有以下3种方法。

- 功能区：单击“参数化”选项卡中“几何”面板上的“平行”按钮。
- 菜单栏：执行“参数”|“几何约束”|“平行”命令。
- 工具栏：单击“几何约束”工具栏上的“平行”按钮。

执行该命令后，根据命令行的提示，依次选择要进行平行约束的两个对象，第二个对象将被设为与第一个对象平行，如图11-5所示。

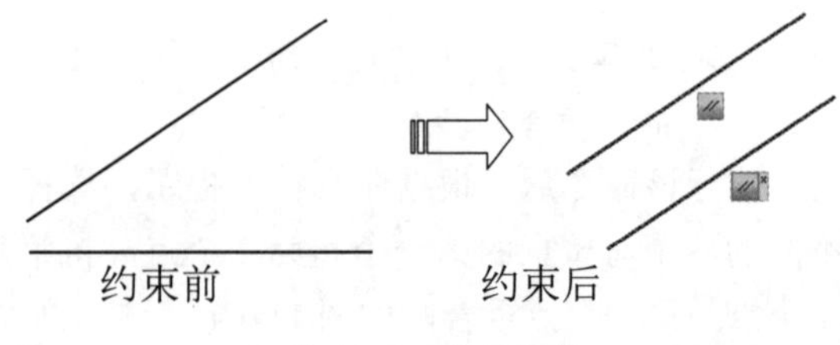

图11-5 平行约束

11.1.6 垂直约束

“垂直”约束用于约束两条直线，使其夹角始终保持在90°。执行“垂直”约束命令有以下3种方法。

- 功能区：单击“参数化”选项卡中“几何”面板上的“垂直”按钮。
- 菜单栏：执行“参数”|“几何约束”|“垂直”命令。

➢ 工具栏：单击“几何约束”工具栏上的“垂直”按钮。

执行该命令后，根据命令行的提示，依次选择要进行垂直约束的两个对象，第二个对象将被设为与第一个对象垂直，如图 11-6 所示。

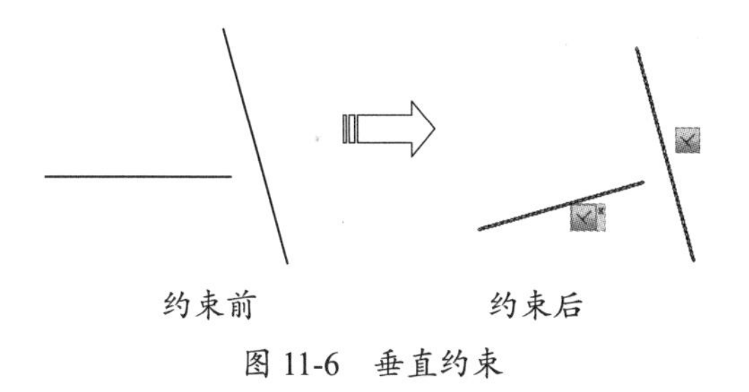

图 11-6　垂直约束

11.1.7　水平约束

“水平”约束用于约束一条直线或一对点，使其与当前 UCS 的 X 轴保持平行。执行“水平”约束命令有以下 3 种方法。

➢ 功能区：单击“参数化”选项卡中“几何”面板上的“水平”按钮。

➢ 菜单栏：执行“参数”|“几何约束”|“水平”命令。

➢ 工具栏：单击“几何约束”工具栏上的“水平”按钮。

执行该命令后，根据命令行的提示，选择要进行水平约束的直线，直线将会自动水平放置，如图 11-7 所示。

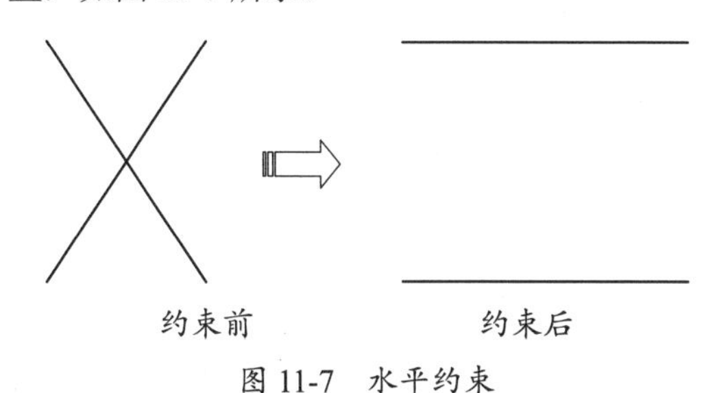

图 11-7　水平约束

11.1.8　竖直约束

“竖直”约束用于约束一条直线或者一对点，使其与当前 UCS 的 Y 轴保持平行。执行“竖直”约束命令有以下 3 种方法。

➢ 功能区：单击“参数化”选项卡中“几何”面板上的“竖直”按钮。

➢ 菜单栏：执行“参数”|“几何约束”|“竖直”命令。

➢ 工具栏：单击“几何约束”工具栏上的“竖直”按钮。

执行该命令后，根据命令行的提示，选择要置为竖直的直线，直线将会自动竖直放置，如图 11-8 所示。

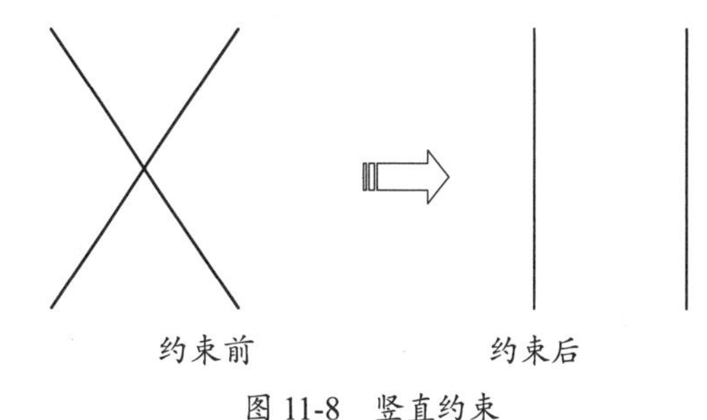

图 11-8　竖直约束

11.1.9　相切约束

“相切”约束用于约束两条曲线，或是一条直线和一段曲线（圆、圆弧等），使其彼此相切或其延长线彼此相切。执行“相切”约束命令有以下 3 种方法。

➢ 功能区：单击“参数化”选项卡中“几何”面板上的“相切”按钮。

➢ 菜单栏：执行“参数”|“几何约束”|“相切”命令。

➢ 工具栏：单击“几何约束”工具栏上的“相切”按钮。

执行该命令后，根据命令行的提示，依次选择要相切的两个对象，使第二个对象与第一个对象相切于一点，如图 11-9 所示。

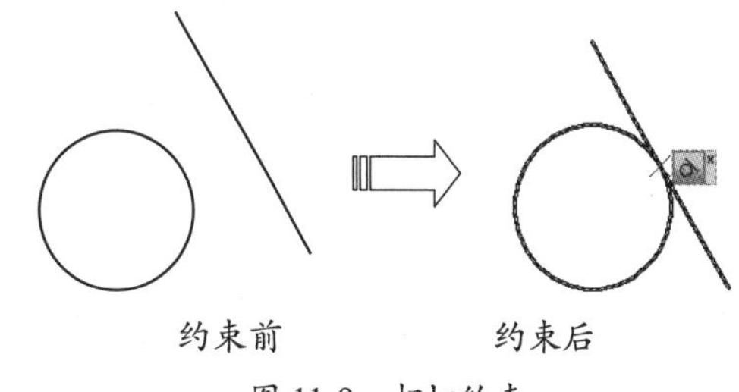

图 11-9　相切约束

11.1.10 平滑约束

“平滑”约束用于约束一条样条曲线，使其与其他样条曲线、直线、圆弧或多段线彼此相连并保持平滑连续。执行“平滑”约束命令有以下3种方法。

- 功能区：单击“参数化”选项卡中的“几何”面板上的“平滑”按钮。
- 菜单栏：执行“参数”|“几何约束”|“平滑”命令。
- 工具栏：单击“几何约束”工具栏上的“平滑”按钮。

执行该命令后，根据命令行的提示，首先选择第一个曲线对象，然后选择第二个曲线对象，两个对象将转换为相互连续的曲线，如图11-10所示。

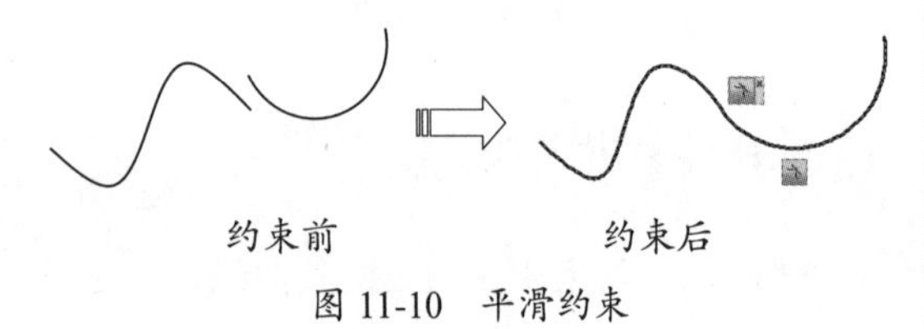

约束前　　约束后

图 11-10　平滑约束

11.1.11 对称约束

“对称”约束用于约束两条曲线或者两个点，使其以选定直线使对称轴彼此对称。执行“对称”约束命令有以下3种方法。

- 功能区：单击“参数化”选项卡中“几何”面板上的“对称”按钮。
- 菜单栏：执行“参数”|“几何约束”|“对称”命令。
- 工具栏：单击“几何约束”工具栏上的“对称”按钮。

执行该命令后，根据命令行的提示，依次选择第一个和第二个图形对象，然后选择对称直线，即可将选定对象关于选定直线对称约束，如图11-11所示。

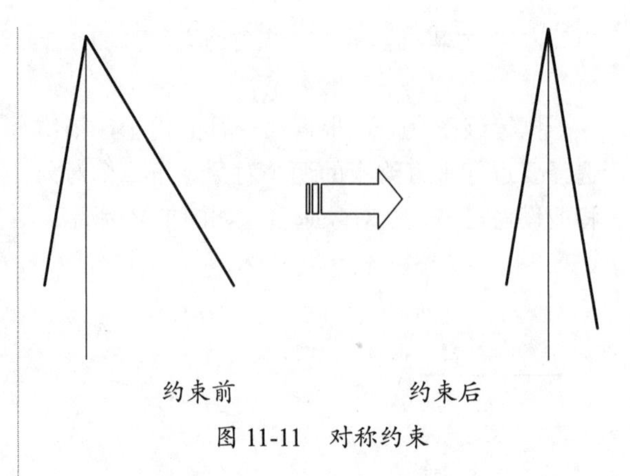

约束前　　约束后

图 11-11　对称约束

11.1.12 相等约束

“相等”约束用于约束两条直线或多段线，使其具有相同的长度，或约束圆弧和圆使其具有相同的半径值。执行“相等”约束命令有以下3种方法。

- 菜单栏：执行“参数”|“几何约束”|“相等”命令。
- 工具栏：单击“几何约束”工具栏上的“相等”按钮。
- 功能区：单击“参数化”选项卡中“几何”面板上的“相等”按钮。

执行该命令后，根据命令行的提示，依次选择第一个和第二个图形对象，第二个对象即可与第一个对象相等，如图11-12所示。

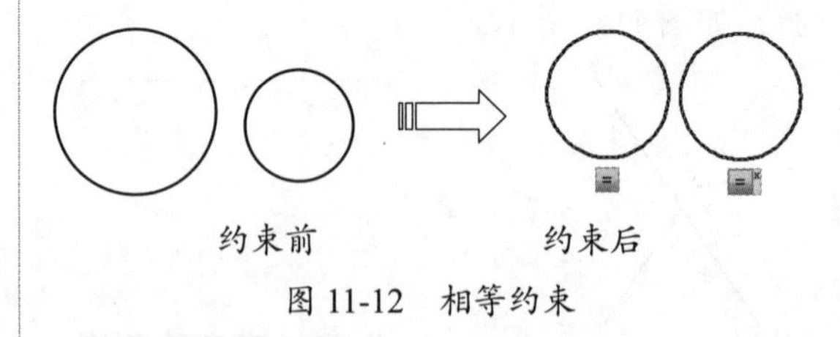

约束前　　约束后

图 11-12　相等约束

- 约束的选择顺序对结果的影响

在某些情况下，应用约束时两个对象选择的顺序非常重要。通常所选的第二个对象会根据第一个对象调整。例如，应用水平约束时，选择第二个对象将调整为平行于第一个对象。

11.1.13　案例——通过约束修改几何图形

01 打开素材文件“第 11 章 /11.1.13 通过约束修改几何图形 .dwg”，如图 11-13 所示。

02 在“参数化”选项卡中，单击“几何”面板中的“自动约束”按钮，对图形添加重合约束，如图 11-14 所示。

03 在“参数化”选项卡中，单击“几何”面板中的“固定”按钮，选择直线上任意一点，为三角形的一边创建固定约束，如图 11-15 所示。

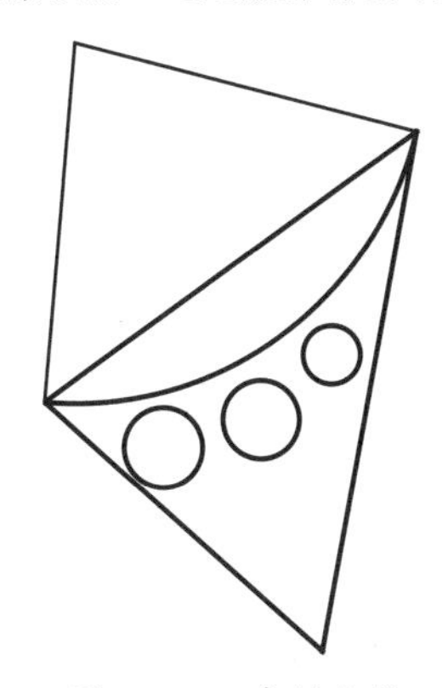

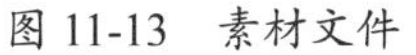

图 11-13　素材文件

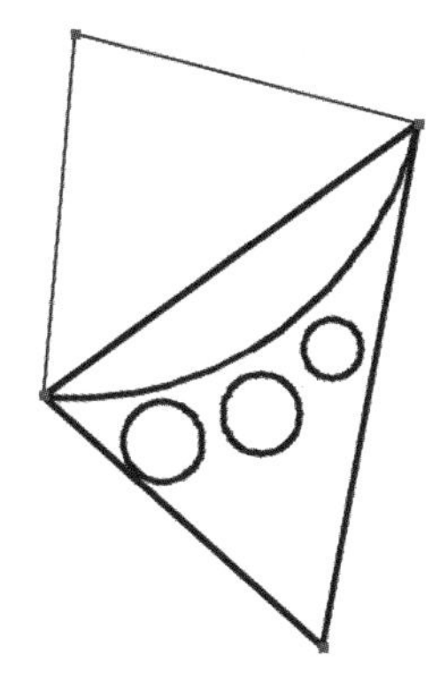

图 11-14　创建“自动约束”

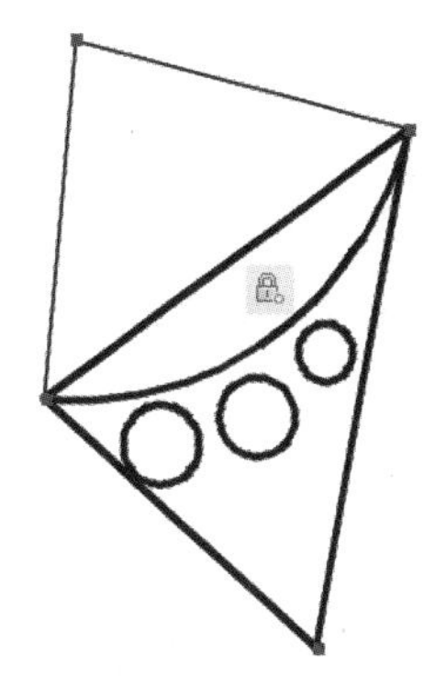

图 11-15　“固定”约束

04 在“参数化”选项卡中，单击“几何”面板中的“相等”按钮，为 3 个圆创建相等约束，如图 11-16 所示。

```
命令： _GcEqual↙                              // 调用“相等”约束命令
选择第一个对象或 [多个(M)]： M                  // 激活“多个”对象选项
选择第一个对象：                                // 选择左侧圆为第一个对象
选择对象以使其与第一个对象相等：                  // 选择第二个圆
选择对象以使其与第一个对象相等：                  // 选择第三个圆，并按 Enter 键结束操作
```

05 按空格键重复命令操作，对三角形的边创建相等约束，如图 11-17 所示。

06 在“参数化”选项卡中，单击“几何”面板中的“相切”按钮，选择相切关系的圆、直线边和圆弧，将其创建相切约束，如图 11-18 所示。

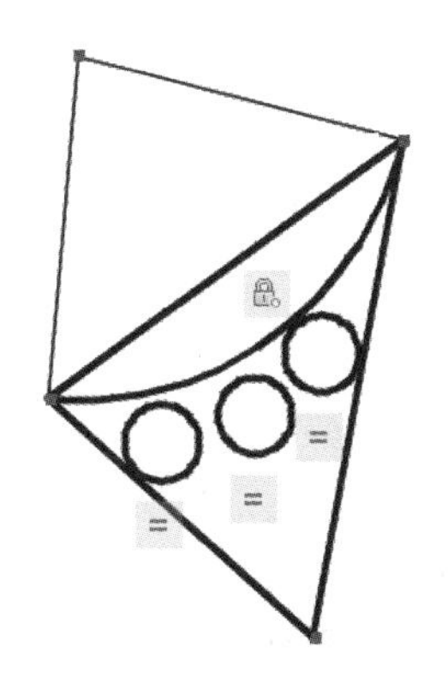

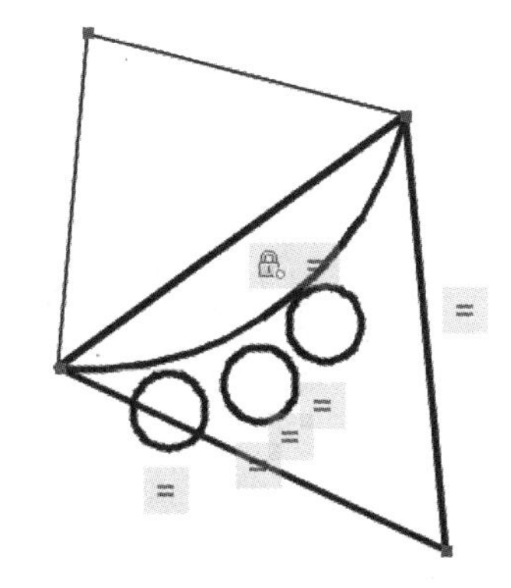

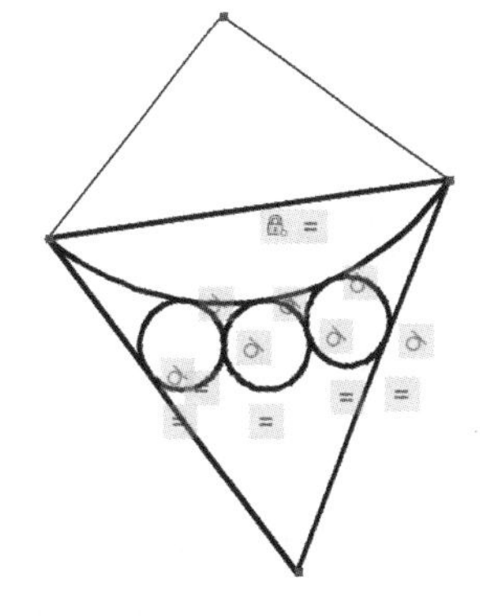

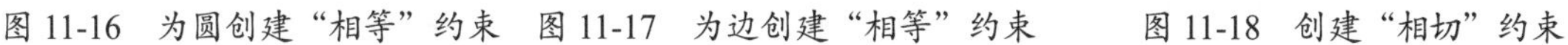

图 11-16　为圆创建“相等”约束　图 11-17　为边创建“相等”约束　图 11-18　创建“相切”约束

07 在“参数化”选项卡中，单击“标注”面板中的“对齐”按钮和“角度”按钮，对三角形边创建对齐约束、圆弧圆心辅助线的角度约束，结果如图 11-19 所示。

08 在“参数化”选项卡中，单击“管理”面板中的“参数管理器”按钮fx，在弹出“参数管理器”选项板中修改标注约束参数，结果如图 11-20 所示。

09 关闭“参数管理器”选项板，此时可以看到绘图区中的图形也发生了相应的变化，完善几何图形，结果如图 11-21 所示。

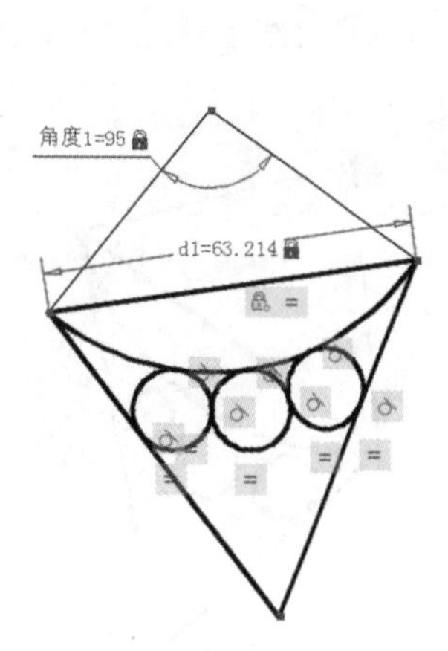

图 11-19 创建标注约束

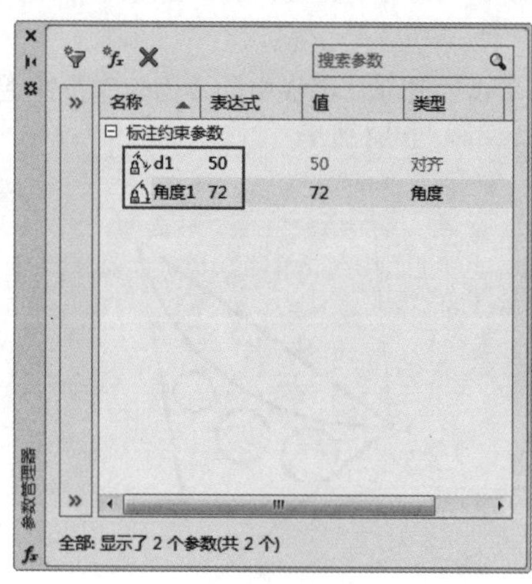

图 11-20 “参数管理器”选项板

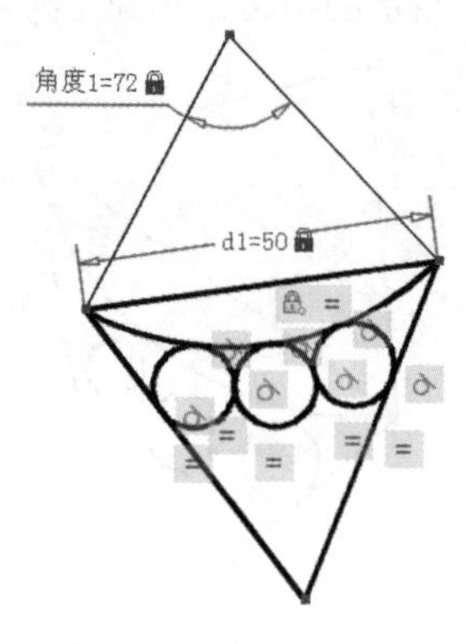

图 11-21 完成效果

11.2 尺寸约束

尺寸约束用于控制二维对象的大小、角度，以及两点之间的距离，改变尺寸约束将驱动对象发生相应变化。尺寸约束类型包括对齐约束、水平约束、竖直约束、半径约束、直径约束，以及角度约束等。

11.2.1 水平约束

“水平”约束用于约束两点之间的水平距离。执行该命令有以下 3 种方法。

- 功能区：单击“参数化”选项卡中“标注”面板上的“水平”按钮。
- 菜单栏：执行“参数”|“标注约束”|“水平”命令。
- 工具栏：单击“标注约束”工具栏上的“水平”按钮。

执行该命令后，根据命令行的提示，分别指定第一个约束点和第二个约束点，然后修改尺寸值，即可完成水平尺寸约束，如图 11-22 所示。

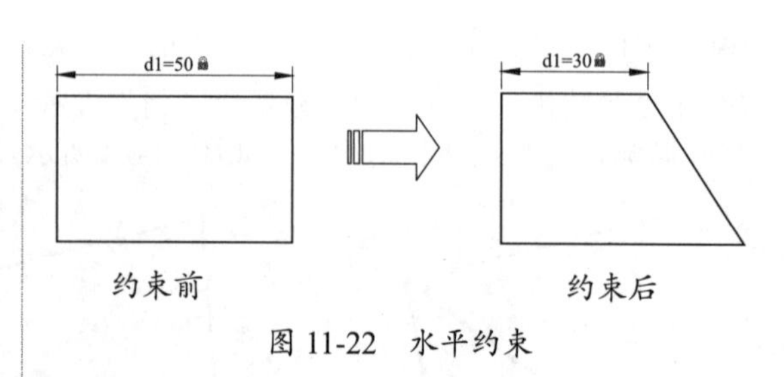

图 11-22 水平约束

11.2.2 竖直约束

“竖直”约束用于约束两点之间的竖直距离。执行该命令有以下 3 种方法。

- 功能区：单击“参数化”选项卡中“标注”面板上的“竖直”按钮。
- 菜单栏：执行“参数”|“标注约束”|“竖直”命令。

➢ 工具栏：单击“标注约束”工具栏中的“竖直”按钮。

执行该命令后，根据命令行的提示，分别指定第一个约束点和第二个约束点，然后修改尺寸值，即可完成竖直尺寸约束，如图11-23所示。

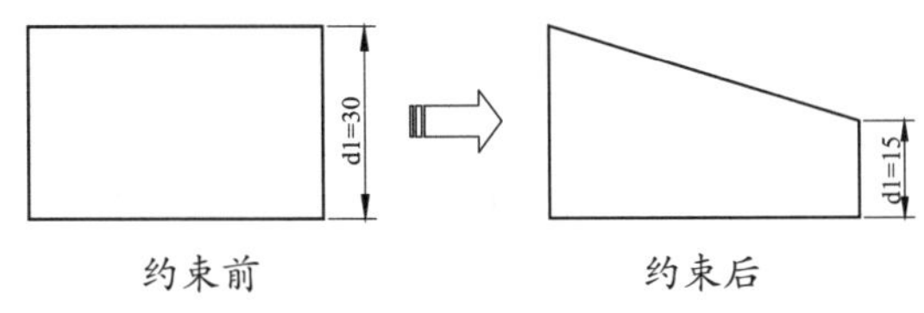

图 11-23　竖直约束

11.2.3　对齐约束

“对齐”约束用于约束两点之间的距离。执行该命令有以下3种方法。

➢ 功能区：单击“参数化”选项卡中“标注”面板上的“对齐”按钮。
➢ 菜单栏：执行“参数”|“标注约束”|“对齐”命令。
➢ 工具栏：单击“标注约束”工具栏上的“对齐”按钮。

执行该命令后，根据命令行的提示，分别指定第一个约束点和第二个约束点，然后修改尺寸值，即可完成对齐尺寸约束，如图11-24所示。

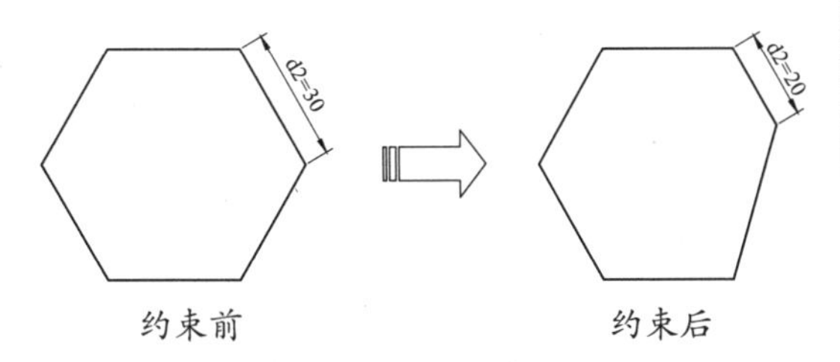

图 11-24　对齐约束

11.2.4　半径约束

“半径”约束用于约束圆或圆弧的半径。执行该命令有以下3种方法。

➢ 功能区：单击“参数化”选项卡中“标注”面板上的“半径”按钮。
➢ 菜单栏：执行“参数”|“标注约束”|“半径”命令。
➢ 工具栏：单击“标注约束”工具栏上的“半径”按钮。

执行该命令后，根据命令行的提示，首先选择圆或圆弧，再确定尺寸线的位置，然后修改半径值，即可完成半径尺寸约束，如图11-25所示。

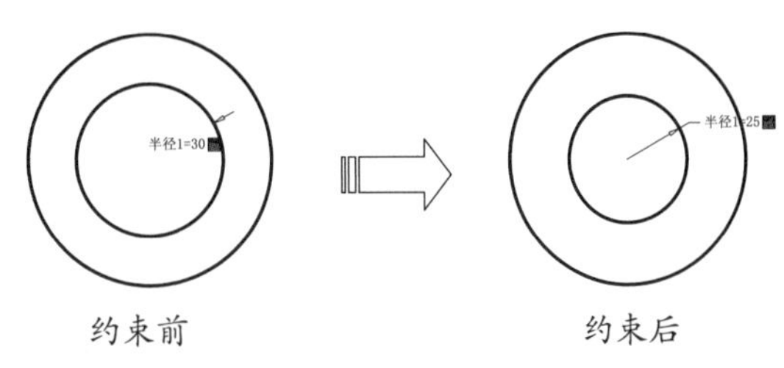

图 11-25　半径约束

11.2.5　直径约束

“直径”约束用于约束圆或圆弧的直径。执行该命令有以下3种方法。

➢ 功能区：单击“参数化”选项卡中“标注”面板上的“直径”按钮。
➢ 菜单栏：执行“参数”|“标注约束”|“直径”命令。
➢ 工具栏：单击“标注约束”工具栏上的“直径”按钮。

执行该命令后，根据命令行的提示，首先选择圆或圆弧，接着指定尺寸线的位置，然后修改直径值，即可完成直径尺寸约束，如图11-26所示。

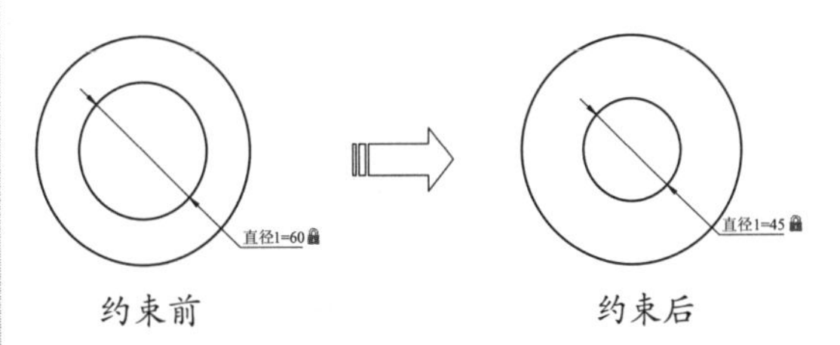

图 11-26　直径约束

11.2.6 角度约束

“角度”约束用于约束直线之间的角度或圆弧的包含角。执行该命令有以下 3 种方法。

➢ 功能区：单击“参数化”选项卡中“标注”面板上的“角度”按钮。

➢ 菜单栏：执行“参数”|“标注约束”|“角度”命令。

➢ 工具栏：单击“标注约束”工具栏上的“角度”按钮。

执行该命令后，根据命令行的提示，首先指定第一条直线和第二条直线，然后指定尺寸线的位置，然后修改角度值，即可完成角度尺寸约束，如图 11-27 所示。

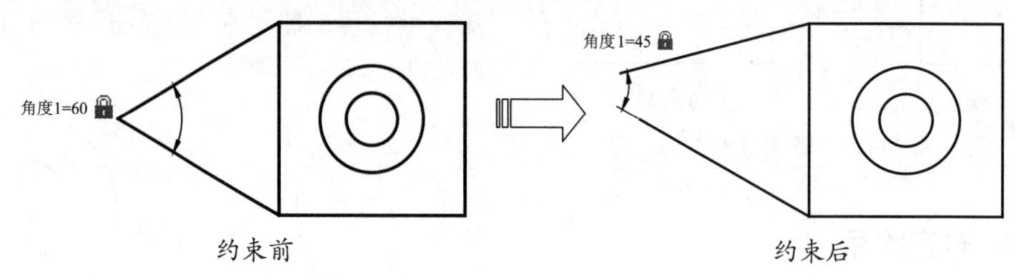

图 11-27　角度约束

11.2.7 案例——通过尺寸约束修改机械图形

01 打开素材文件“第 11 章 /11.2.7 通过尺寸约束修改机械图形 .dwg”，如图 11-28 所示。

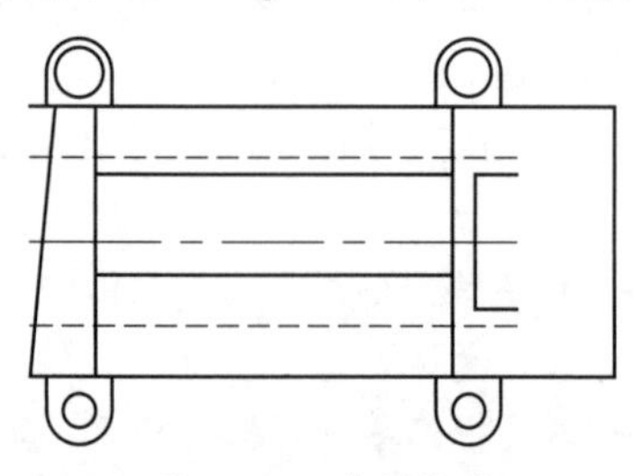

图 11-28　素材文件

02 在“参数化”选项卡中，单击“标注”面板中的“水平”按钮，水平约束图形，结果如图 11-29 所示。

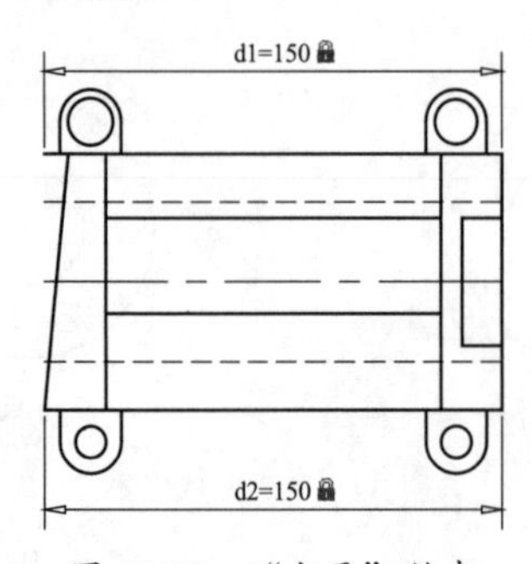

图 11-29　“水平”约束

03 在“参数化”选项卡中，单击“标注”面板中的“竖直”按钮，竖直约束图形，结果如图 11-30 所示。

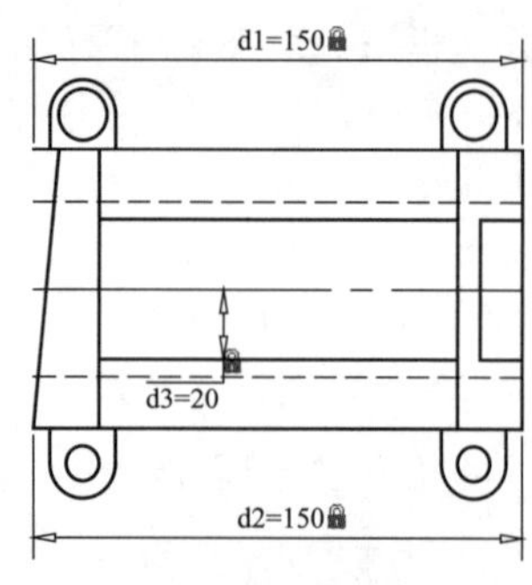

图 11-30　“竖直”约束

04 在“参数化”选项卡中，单击“标注”面板中的“半径”按钮，半径约束圆孔并修改相应参数，如图 11-31 所示。

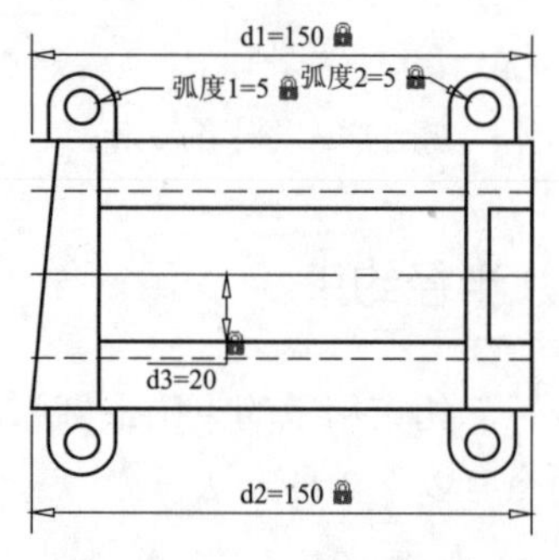

图 11-31　“半径”约束

05 在“参数化”选项卡中，单击“标注”面板中的“角度”按钮，为图形添加角度约束，结果如图 11-32 所示。

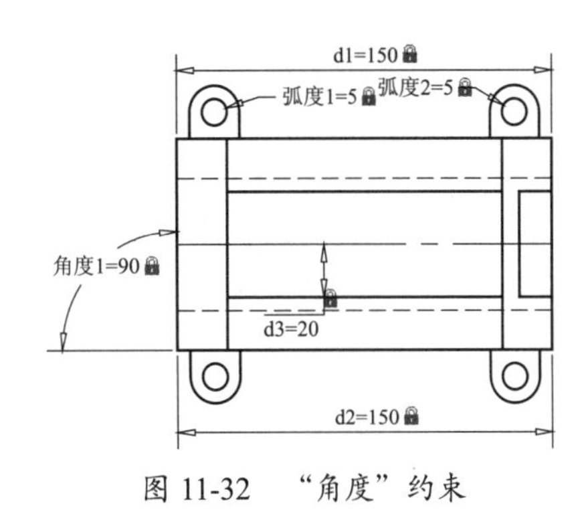

图 11-32　“角度”约束

11.3　编辑约束

参数化绘图中的几何约束和尺寸约束可以进行编辑，以下将对其进行讲解。

11.3.1　编辑几何约束

在参数化绘图中添加几何约束后，对象旁会出现约束图标。将光标移动到图形对象或图标上，此时相关的对象及图标将亮显。然后可以对添加到图形中的几何约束进行显示、隐藏，以及删除等操作。

1．全部显示几何约束

单击“参数”化选项卡中“几何”面板的“全部显示”按钮，即可将图形中所有的几何约束显示出来，如图 11-33 所示。

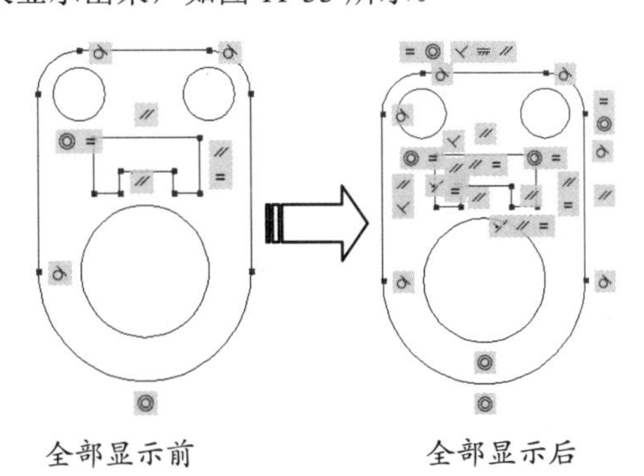

全部显示前　　全部显示后

图 11-33　全部显示几何约束

2．全部隐藏几何约束

单击“参数化”选项卡中“几何”面板上的“全部隐藏”按钮，即可将图形中所有的几何约束隐藏，如图 11-34 所示。

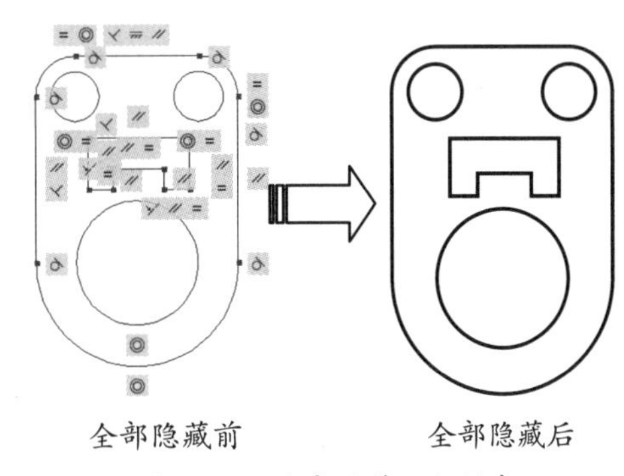

全部隐藏前　　全部隐藏后

图 11-34　全部隐藏几何约束

3．隐藏几何约束

将光标放置在需要隐藏的几何约束上，该约束将亮显，单击鼠标右键，系统弹出快捷菜单，如图 11-35 所示。选择快捷菜单中的“隐藏”命令，即可将该几何约束隐藏，如图 11-36 所示。

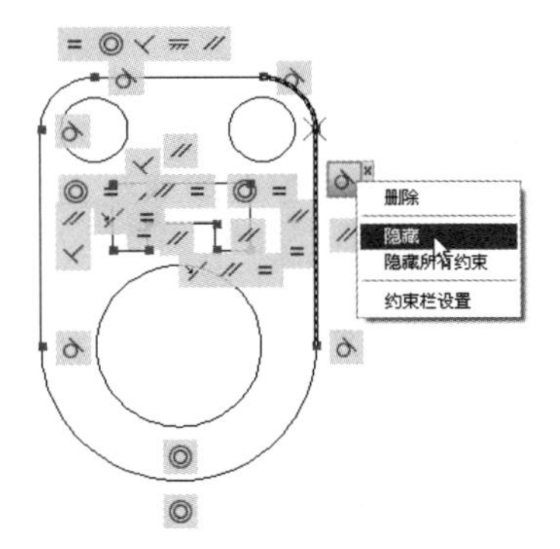

图 11-35　选择需隐藏的几何约束

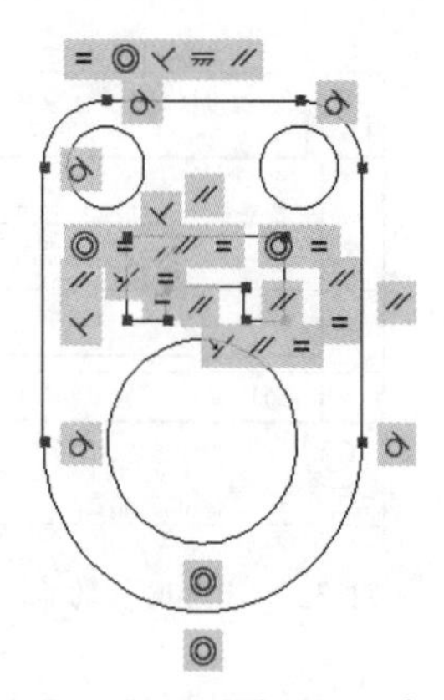

图 11-36 隐藏几何约束

4. 删除几何约束

将光标放置在需要删除的几何约束上，该约束将亮显，单击鼠标右键，系统弹出快捷菜单，如图 11-37 所示。选择快捷菜单中的“删除”命令，即可将该几何约束删除，如图 11-38 所示。

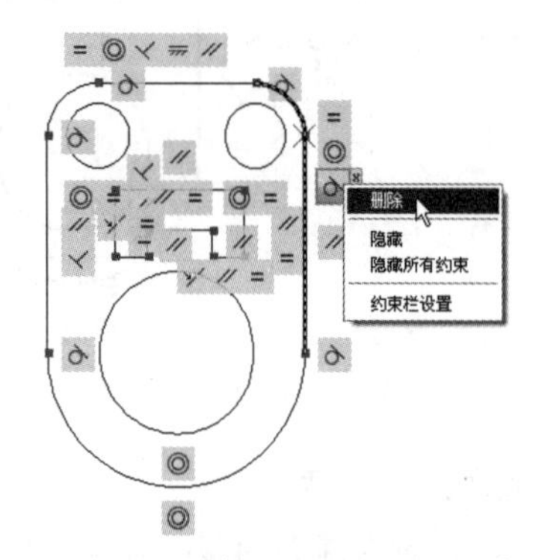

图 11-37 选择需删除的几何约束

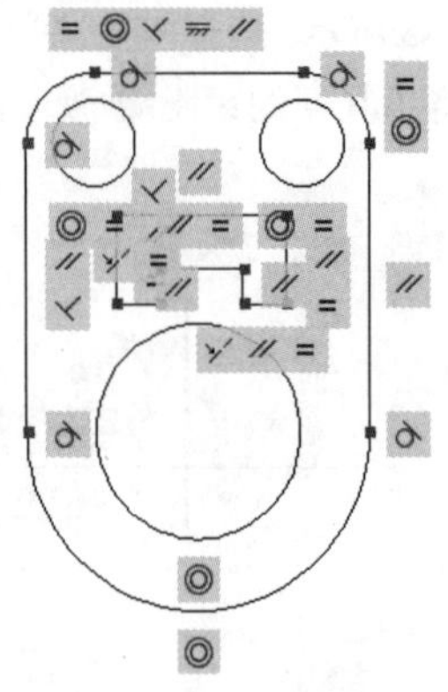

图 11-38 删除几何约束

5. 约束设置

单击“参数化”选项卡中的“几何”面板或“标注”面板右下角的小箭头，如图 11-39 所示，系统将弹出如图 11-40 所示的“约束设置”对话框。通过该对话框可以设置约束栏图标的显示类型，以及约束栏图标的透明度。

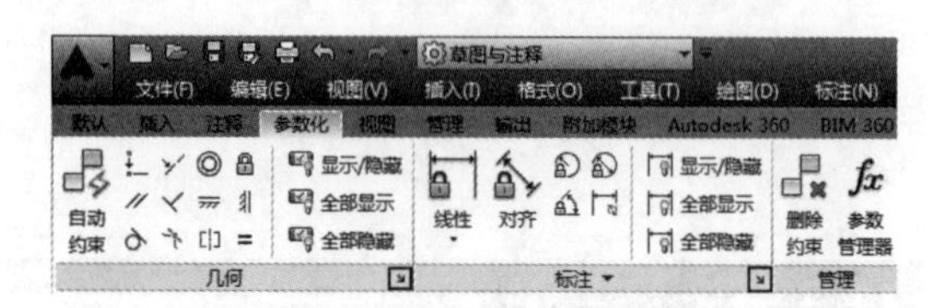

图 11-39 快捷菜单

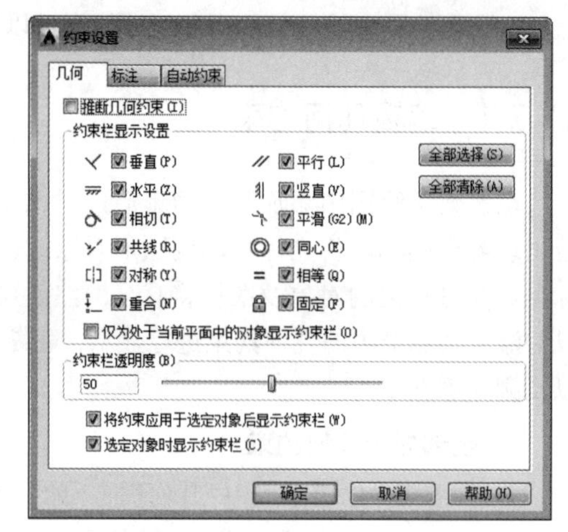

图 11-40 “约束设置”对话框

11.3.2 编辑尺寸约束

编辑尺寸标注的方法有以下 3 种。

➢ 双击尺寸约束或利用 DDEDIT 命令编辑约束的值、变量名称或表达式。
➢ 选中约束，单击鼠标右键，利用快捷菜单中的选项编辑约束。
➢ 选中尺寸约束，拖曳与其关联的三角形关键点改变约束的值，同时改变图形对象。

执行“参数”|“参数管理器”命令，系统弹出如图 11-41 所示的“参数管理器”选项板。在该选项板中列出了所有的尺寸约束，修改表达式的参数即可改变图形的大小。

执行“参数”|“约束设置”命令，系统弹出如图 11-42 所示的“约束设置”对话框，在其中可以设置标注名称的格式、是否为注释性约束显示锁定图标，以及是否为对象显示隐藏的动态约束。如图 11-43 所示为取消为注释性约束显示锁定图标的前后效果对比。

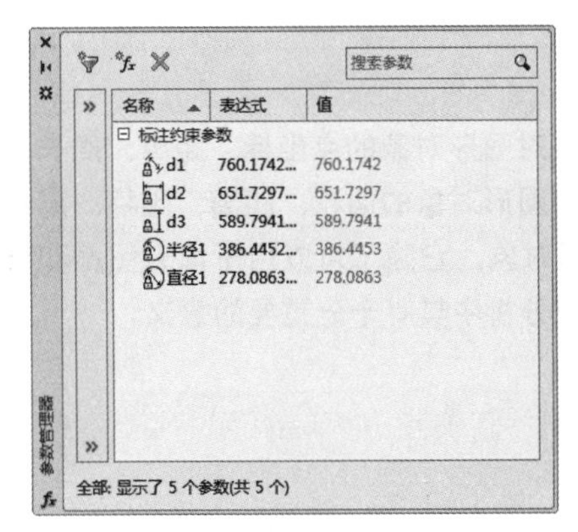

图 11-41　“参数管理器”选项板

图 11-42　“约束设置”对话框

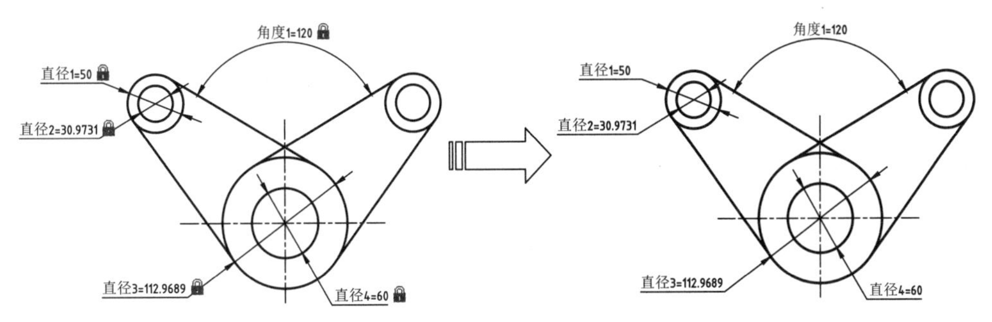

图 11-43　取消为注释性约束显示锁定图标的前后效果对比

第12章 面域与图形信息查询

计算机辅助设计不可缺少的一个功能就是提供对图形对象的点坐标、距离、周长、面积等属性的几何查询。AutoCAD 2014 提供了查询图形对象的面积、距离、坐标、周长、体积等工具。面域则是 AutoCAD 一类特殊的图形对象，它除了可以用于填充图案和着色以外，还可以分析其几何属性和物理属性，在模型分析中具有十分重要的意义。

12.1 面域

“面域”是具有一定边界的二维闭合区域，它是一个面对象，内部可以包含孔特征。在三维建模状态下，面域也可以用作构建实体模型的特征截面。

12.1.1 创建面域

通过选择自封闭的对象或者端点相连构成封闭的对象，可以快速创建面域。如果对象自身内部相交(如相交的圆弧或自相交的曲线)，就不能生成面域。创建“面域”的方法有多种，其中最常用的有“面域”工具和“边界”工具两种。

1. 使用“面域”工具创建面域

在 AutoCAD 2014 中利用“面域”工具创建“面域”有以下几种常用方法。

- 功能区：单击“创建”面板中的“面域”工具，如图 12-1 所示。

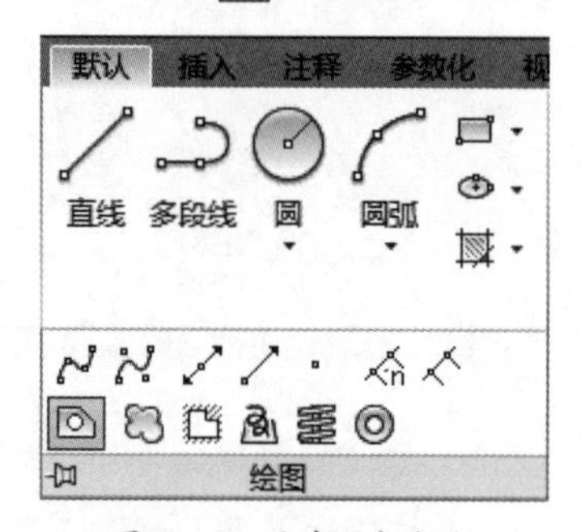

图 12-1　面域面板按钮

- 菜单栏：执行“绘图”|“面域”命令。
- 命令行：REGION 或 REG。

执行以上任意命令后，选择一个或多个用于转换为面域的封闭图形，如图 12-2 所示，AutoCAD 将根据选择的边界自动创建面域，并报告已经创建的面域数目。

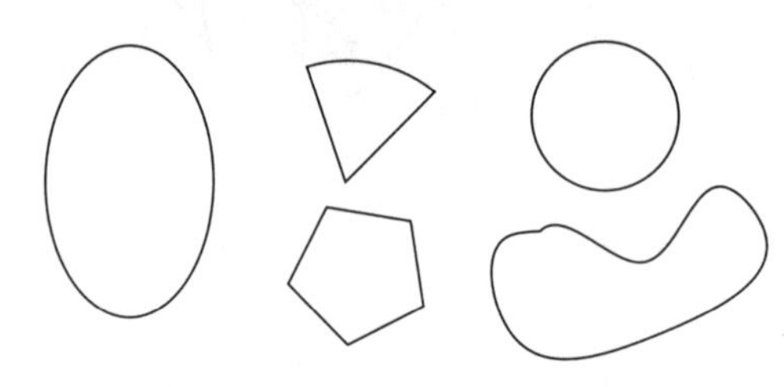

图 12-2　可创建面域的对象

2. 使用“边界”工具创建面域

“边界”命令的启动方式有：

- 功能区：单击“创建”面板中的“边界”工具，如图 12-3 所示。

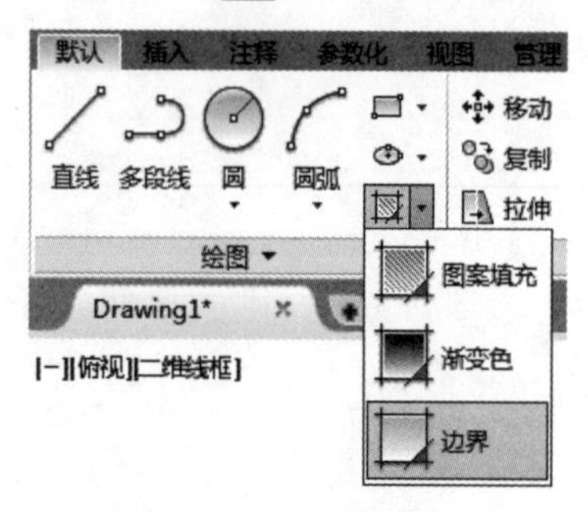

图 12-3　边界工具

➢ 菜单栏：执行“绘图”|“边界”命令。
➢ 命令行：BOUNDARY 或 BO。

执行上述任意命令后，弹出如图 12-4 所示的“边界创建”对话框。

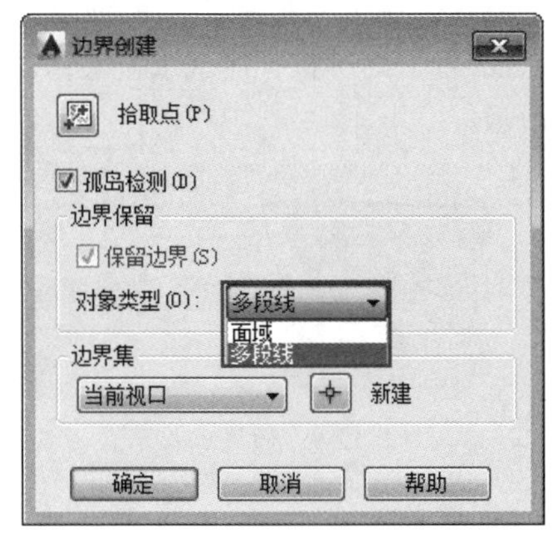

图 12-4　“边界创建”对话框

在“对象类型”下拉列表中选择“面域”选项，再单击“拾取点”按钮，系统自动进入绘图环境。如图 12-5 所示，在矩形和圆重叠区域内单击，然后按 Enter 键确定，即可在原来矩形和圆的重叠部分处，新建一个面域对象。如果选择的是“多段线”选项，则可以在重叠部分创建一个封闭的多段线。

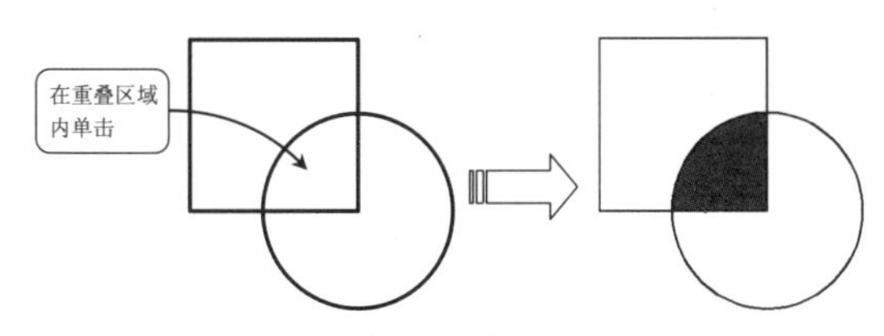

图 12-5　在重叠部分创建面域

• 无法创建面域时的解决方法

根据面域的概念可知，只有选择自封闭的对象或者端点相连构成的封闭对象才能创建面域。而在绘图过程中，经常会碰到明明是封闭的图形，而且可以填充，但却无法正常创建面域的情况。出现这种情况的原因有很多种，如线段过多、线段端点不相连、轮廓未封闭等。解决的方法有两种，介绍如下。

➢ 使用“边界”工具：该方法是最有效的方法。在命令行中输入 BO，执行“边界”命令，然后按图 12-5 在要创建面域的区域内单击，再执行面域命令，即可创建。
➢ 用多段线重新绘制轮廓：如果使用“边界”工具仍无法创建面域，可考虑用多段线在原有基础上重新绘制一层轮廓，然后再创建面域。

12.1.2　面域布尔运算

布尔运算是数学中的一种逻辑运算，它可以对实体和共面的面域进行剪切、添加，以及获取交叉部分等操作，对于普通的线框和未形成面域或多段线的线框，无法执行布尔运算。

布尔运算主要有“并集”“差集”与“交集”三种运算方式。

1. 面域求和

利用“并集”工具可以合并两个面域，即创建两个面域的和集。在 AutoCAD 2014 中“并集”命令有以下几种启动方法。

➢ 功能区：“三维基础”工作空间中单击“编辑”面板上的“并集”按钮；“三维建模”工作空间中单击“实体编辑”面板上的“并集”按钮，如图 12-6 所示。

图 12-6　并集面板按钮

➢ 菜单栏：“修改”|“实体编辑”|“并集”命令，如图 12-7 所示。
➢ 命令行：UNION 或 UNI。

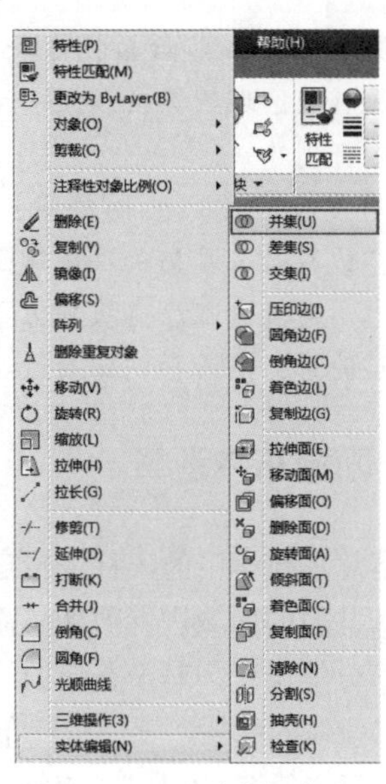

图 12-7 “并集”命令

执行上述任意命令后，按住 Ctrl 键依次选取要进行合并的面域对象，右击或按 Enter 键即可将多个面域对象合并为一个面域，如图 12-8 所示。

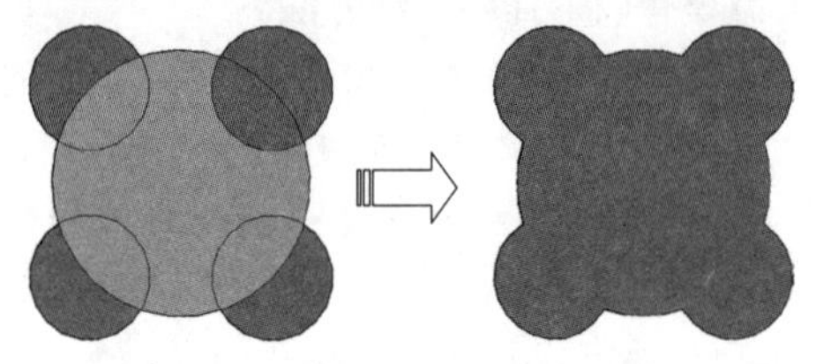

图 12-8 面域求和

2. 面域求差

利用“差集”工具可以将一个面域从另一面域中去除，即两个面域的求差。在 AutoCAD 2014 中“差集”命令有以下几种调用方法。

- 功能区：单击“三维基础”或“三维建模”工作空间中的“差集”按钮。
- 菜单栏：执行“修改”|“实体编辑”|“差集”命令。
- 命令行：SUBTRACT 或 SU。

执行上述任意命令后，首先选取被去除的面域，然后右击并选取要去除的面域，右击或按 Enter 键，即可执行面域求差操作，如图 12-9 所示。

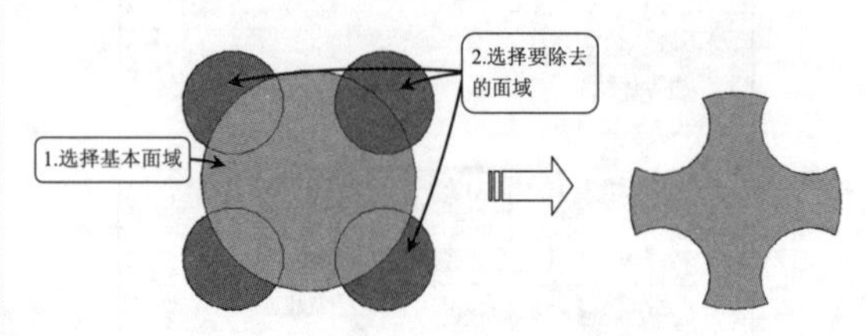

图 12-9 面域求差

3. 面域求交

利用此工具可以获取两个面域之间的公共部分面域，即交叉部分面域。在 AutoCAD 2014 中，“交集”命令有以下几种启动方法。

- 功能区：“三维基础”或“三维建模”空间“交集”工具按钮。
- 工具栏：“实体编辑”工具栏中的“交集”按钮。
- 菜单栏：执行“修改”|“实体编辑”|“交集”命令。
- 命令行：INTERSECT 或 IN。

执行上述任意命令后，依次选取两个相交面域并右击即可，如图 12-10 所示。

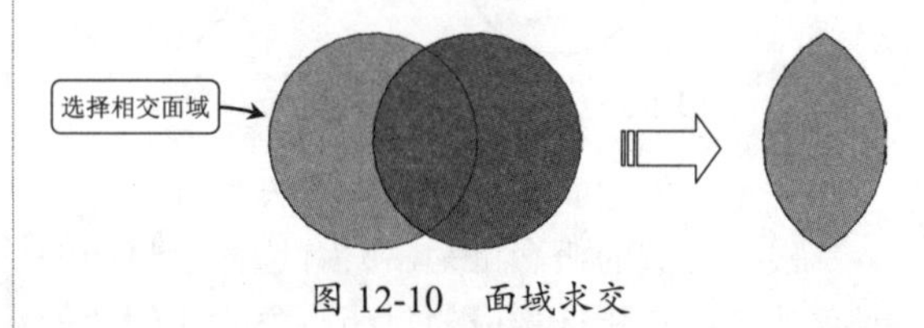

图 12-10 面域求交

12.2 图形类信息查询

图形类信息包括图形的状态、创建时间，以及图形的系统变量三种，分别介绍如下。

12.2.1　查询图形的状态

在 AutoCAD 2014 中，使用 STATUS“状态”命令可以查询当前图形中对象的数目和当前空间中各种对象的类型等信息，包括图形对象（例如圆弧和多段线）、非图形对象（例如图层和线型）和块定义。除全局图形统计信息和设置外，还将列出系统中安装的可用内存量、可用磁盘空间量，以及交换文件中的可用空间量。

执行“状态”查询命令有以下两种方法。

- 菜单栏：执行“工具”|“查询”|“状态”命令。
- 命令行：STATUS。

执行该命令后，系统将弹出如图 12-11 所示的命令行窗口，该窗口中显示了捕捉分辨率、当前空间类型、布局、图层、颜色、线型、材质、图形界限、图形中对象的个数，以及对象捕捉模式等 24 类信息。

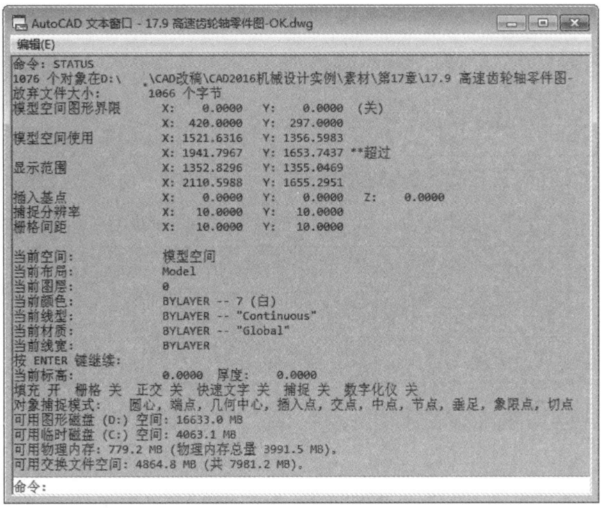

```
AutoCAD 文本窗口 - 17.9 高速齿轮轴零件图-OK.dwg
编辑(E)
命令: STATUS
1076 个对象在D:\    .\CAD改稿\CAD2016机械设计实例\素材\第17章\17.9 高速齿轮轴零件图-
放弃文件大小:         1066 个字节
模型空间图形界限       X:     0.0000   Y:     0.0000  (关)
                     X:   420.0000   Y:   297.0000
模型空间使用           X:  1521.6316   Y:  1356.5983
                     X:  1941.7967   Y:  1653.7437 **超过
显示范围              X:  1352.8296   Y:  1355.0469
                     X:  2110.5988   Y:  1655.2951
插入基点              X:     0.0000   Y:     0.0000   Z:     0.0000
捕捉分辨率             X:    10.0000   Y:    10.0000
栅格间距              X:    10.0000   Y:    10.0000

当前空间:             模型空间
当前布局:             Model
当前图层:             0
当前颜色:             BYLAYER -- 7 (白)
当前线型:             BYLAYER -- "Continuous"
当前材质:             BYLAYER -- "Global"
当前线宽:             BYLAYER
按 ENTER 键继续:
当前标高:             0.0000  厚度:    0.0000
填充 开  栅格 关  正交 关  快速文字 关  捕捉 关  数字化仪 关
对象捕捉模式:    圆心, 端点, 几何中心, 插入点, 交点, 中点, 节点, 垂足, 象限点, 切点
可用图形磁盘 (D:) 空间: 16633.0 MB
可用临时磁盘 (C:) 空间: 4063.1 MB
可用物理内存: 779.2 MB (物理内存总量 3991.5 MB).
可用交换文件空间: 4864.8 MB (共 7981.2 MB).
命令:
```

图 12-11　查询状态

- 命令子选项说明

各查询内容的含义如表 12-1 所示。

表 12-1　STATUS“状态”命令的查询内容

列表项	说　明
当前图形中的对象数	包括各种图形对象、非图形对象（如图层）和块定义
模型空间图形界限	显示由 Limits“图形界限”命令定义的栅格界限。第一行显示界限左下角的 xy 坐标，它存储在系统变量 LIMMIN 中；第二行显示界限右上角的 xy 坐标，它存储在 LIMMAX 系统变量中。y 坐标值右边的注释“关”表示界限检查设置为 0
模型空间使用	显示图形范围（包括数据库中的所有对象），可以超出栅格界限。第一行显示该范围左下角的 xy 坐标；第二行显示右上角的 xy 坐标。如果 y 坐标值的右边有“超过”注释，则表明该图形的范围超出了栅格界限
显示范围	列出了当前视口中可见的图形范围部分。第一行显示左下角的 xy 坐标；第二行显示右上角的 xy 坐标
插入基点	列出图形的插入点

续表

列表项	说　明
捕捉分辨率	设置当前视口的捕捉间距
栅格间距	指定当前视口的栅格间距（包括 x 和 y 方向）
当前空间	显示当前激活的是模型空间，还是图纸空间
当前布局	显示“模型”或当前布局的名称
当前图层	显示当前图层
当前颜色	设置新对象的颜色
当前线型	设置新对象的线型
当前线宽	设置新对象的线宽
当前材质	设置新对象的材质
当前标高	存储新对象相对于当前 UCS 的标高
厚度	设置当前的三维厚度
填充、栅格、正交、快速文字、捕捉和数字化仪	显示这些模式是开或关
对象捕捉模式	显示正在运行的对象捕捉模式
可用图形磁盘	列出驱动器上为该程序的临时文件指定的可用磁盘空间的量
可用临时磁盘空间	列出驱动器上为临时文件指定的可用磁盘空间的量
可用物理内存	列出系统中可用安装内存
可用交换文件空间	列出交换文件中的可用空间

显然，在表 12-1 中列出的很多信息即使不用 STATUS“状态”命令也可以得到，如当前图层、颜色、线型和线宽等，这些信息可以直接在“图层”面板或特性选项板中看到。不过，一些其他的信息，如可用磁盘空间与可用内存的统计等，这些信息则很难直接观察到。

- STATUS“状态”命令的用途

STATUS“状态”命令最常见的用途是解决不同设计师之间的交互问题。例如，在工作中，可以将该列表信息发送给另一个办公室中需要处理同一图形的同事，以便于同事采取相应措施展开协同工作。

12.2.2 查询系统变量

所谓“系统变量”就是控制某些命令工作方式的设置。命令通常用于启动活动或打开对话框，而系统变量则用于控制命令的行为、操作的默认值或用户界面的外观。

系统变量有打开或关闭模式，如“捕捉”“栅格”或“正交”；设定填充图案的默认比例；存储有关当前图形或程序配置的信息。可以使用系统变量来更改设置或显示当前状态。也可以在该对话框中或在功能区中修改许多系统变量设置。对于一些操作高手来说，还可以通过二次开发程序来控制。

查询系统变量有以下两种方法。

➢ 菜单栏：执行“工具”|“查询”|“设置变量”命令。
➢ 命令行：SETVAR。

执行该命令后，命令行如下所示。

```
命令：SETVAR                                    //调用“设置变量”命令
输入变量名或 [?]:                                //输入要查询的变量名称
```

根据命令行的提示，输入要查询的变量名称，如ZOOMFACTOR等，再输入新的值，即可进行更改；也可以输入问号“？”，再输入“*”来列出所有可设置的变量。

- 命令子选项说明

罗列出来的变量通常会非常多，而且不同的图形文件会显示出不一样的变量，因此本书便对其中常见的几种进行总结，如表12-2所示。

表12-2　SETVAR“设置变量”显示的变量内容与含义

列表项	说　明
3DCONVERSIONMODE	用于将材质和光源定义转换为当前产品版本 0。打开图形时不会发生材质或光源转换 1：材质和光源转换将自动发生 2：提示用户转换任意材质或光源
3DDWFPREC	控制三维DWF或三维DWFx发布的精度。可输入1~6的正整数值，值越大，精度越高
3DSELECTIONMODE	控制使用三维视觉样式时，视觉上和实际上重叠的对象的选择优先级 0：使用传统三维选择优先级 1：使用视线三维选择优先级，选择三维实体和曲面
ACADLSPASDOC	控制是将acad.lsp文件加载到每个图形中，还是仅加载到任务中打开的第一个图形中 0：仅将acad.lsp加载到任务中打开的第一个图形中 1：将acad.lsp加载到每一个打开的图形中
ANGBASE	将相对于当前UCS的基准角设定为指定值，初始值为0
ANGDIR	设置正角度的方向。0为逆时针计算；1为顺时针计算
APBOX	打开或关闭自动捕捉靶框的显示。0为关闭；1为开启
APERTURE	控制对象捕捉靶框大小

- 系统变量的用处

在使用AutoCAD绘图的时候，用户都有自己独特的操作习惯，如鼠标缩放的快慢、命令行的显示大小、软件界面的布置、操作按钮的排列等。但在某些特殊情况下，如使用陌生环境的计算机、重装软件、误操作等都可能会变更已经习惯的软件设置，让用户的操作水平大打折扣。此时即可使用“设置变量”命令来进行对比调整，具体步骤如下。

01 新建一个图形文件（新建文件的系统变量是默认值），或使用没有问题的图形文件。分别在两个文件中运行SETVAR，按Enter键，单击命令行中的问号再按Enter键，系统弹出“AutoCAD文本窗口”，如图12-12所示。

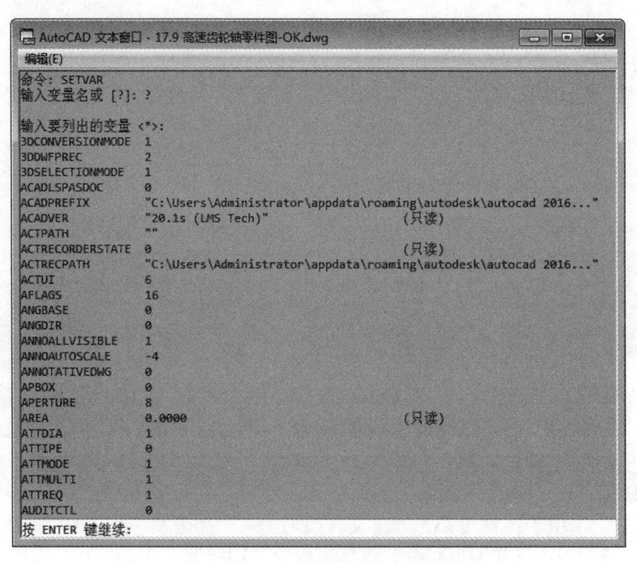

图 12-12　AutoCAD 文本窗口

02 框选文本窗口中的变量数据，复制到 Excel 文档中。一个位于 A 列，一个位于 B 列，比较变量中哪些不同之处，这样可以大大减少查询变量的时间。

03 在 C 列输入“= IF(A1=B1,0,1)”公式，下拉单元格算出所有行的值，这样不同的单元格就会以数字 1 表示，相同的单元格会以 0 表示，如图 12-13 所示，再分析变量查出哪些变量有问题即可。

	A	B	C
1	命令: SETVAR	命令: SETVAR	=IF(A1=B1,0,1)
2	输入变量名或 [?]: ?	输入变量名或 [?]: ?	0
3			0
4	输入要列出的变量 <*>:	输入要列出的变量 <*>:	0
5	3DCONVERSIONMODE 1	3DCONVERSIONMODE 1	0
6	3DDWFPREC 2	3DDWFPREC 2	0
7	3DSELECTIONMODE 1	3DSELECTIONMODE 1	0
8	ACADLSPASDOC 0	ACADLSPASDOC 0	0
9	ACADPREFIX "C:\Users\Administrator\appdata\roaming\autodesk\autocad 2016..." (只读)	ACADPREFIX "C:\Users\Administrator\appdata\roaming\autodesk\autocad 2016..." (只读)	0
10	ACADVER "20.1s (LMS Tech)" (只读)	ACADVER "20.1s (LMS Tech)" (只读)	0
11	ACTPATH ""	ACTPATH ""	0
12	ACTRECORDERSTATE 0 (只读)	ACTRECORDERSTATE 0 (只读)	1
13	ACTRECPATH "C:\Users\Administrator\appdata\roaming\autodesk\autocad 2016..."	ACTRECPATH "C:\Users\Administrator\appdata\roaming\autodesk\autocad 2016..."	1
14	ACTUI 6	ACTUI 6	0
15	AFLAGS 16	AFLAGS 16	0
16	ANGBASE 0	ANGBASE 0	0
17	ANGDIR 0	ANGDIR 0	0
18	ANNOALLVISIBLE 1	ANNOALLVISIBLE 1	0
19	ANNOAUTOSCALE -4	ANNOAUTOSCALE -4	0
20	ANNOTATIVEDWG 0	ANNOTATIVEDWG 0	0
21	APBOX 0	APBOX 0	0
22	APERTURE 8	APERTURE 8	0
23	AREA 0.0000 (只读)	AREA 0.0000 (只读)	0
24	ATTDIA 1	ATTDIA 1	0
25	ATTIPE 0	ATTIPE 0	0
26	ATTMODE 1	ATTMODE 1	0

图 12-13　Excel 变量数据列表

12.2.3　时间查询

“时间查询”命令用于查询图形文件的日期和时间的统计信息，如当前时间、图形的创建时间等。调用“时间查询”命令有以下几种方法。

➢ 菜单栏：选择“工具”｜“查询”｜“时间”命令。

➢ 命令行：TIME。

执行以上操作之后，系统弹出 AutoCAD 文本窗口，显示出时间查询结果，如图 12-14 所示。

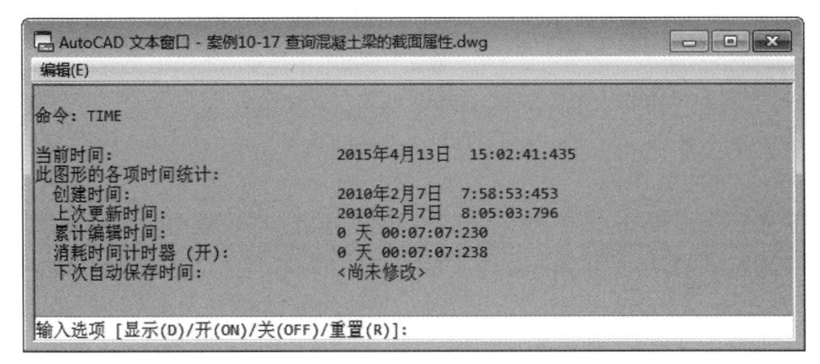

图 12-14　时间查询结果

● 命令子选项说明

时间查询中各显示内容的含义，如表 12-3 所示。

表 12-3　TIME“时间”命令的查询内容

列表项	说　明
当前时间	当前日期和时间。显示的时间精确到毫秒
创建时间	显示该图形的创建日期和时间
上次更新时间	最近一次保存该图形的日期和时间
累计编辑时间	花费在绘图上的累积时间，不包括打印时间和修改图形但没有保存修改就退出的时间
消耗时间计时器	累积花费在绘图上的时间，但可以打开、关闭或重置它
下次自动保存时间	显示何时将自动保存该图形。在“选项”对话框的“打开和保存”选项卡中可以设置自动保存图形的时间，详见本书第 2 章的 2.5 节。

在表 12-3 列出的信息中，可以把“累积编辑时间”选项看作汽车的里程表，把“消耗时间计时器”看作一个跑表，好比汽车允许用户记录一段路的里程。

在图 12-14 文本框的末尾，可以看到“输入选项 [显示 (D)/ 开 (ON)/ 关 (OFF)/ 重置 (R)]”的提示，该提示中各子选项的含义说明如下。

➢ “显示（D）”：可以使用更新的时间重新显示列表。

➢ “开（ON）/ 关（OFF）”：打开或关闭“消耗时间计时器”。

➢ “重置（R）”：将“消耗时间计时器”重置为 0。

12.3　对象类信息查询

对象信息包括所绘制图形的各种信息，如距离、半径、点坐标，以及在工程设计中需经常查询的面积、周长、体积等。

12.3.1 查询距离

查询“距离”命令主要用来查询指定两点间的长度值与角度值。在 AutoCAD 2014 中调用该命令的常用方法如下。

- 功能区：单击“实用工具”面板上的“距离”工具。
- 菜单栏：执行“工具”|“查询”|“距离”命令。
- 命令行：DIST 或 DI。

执行上述任意命令后，单击鼠标逐步指定查询的两个点，即可在命令行中显示当前查询距离、倾斜角度等信息，如图 12-15 所示。

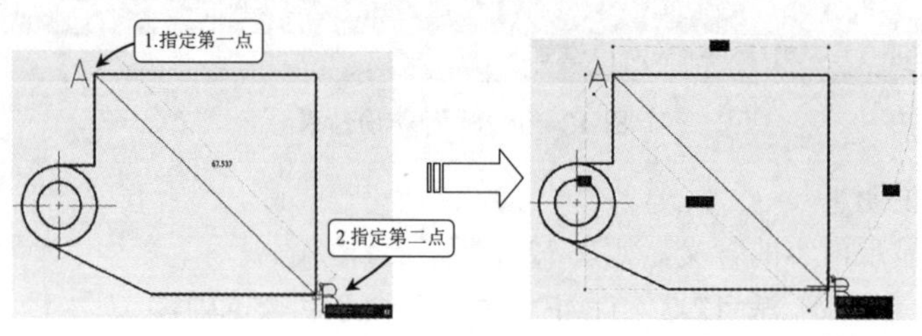

图 12-15 查询距离

12.3.2 查询半径

查询半径命令主要用来查询指定圆及圆弧的半径值。在 AutoCAD 2014 中调用该命令的常用方法如下。

- 功能区：单击“实用工具”面板上的“半径”工具。
- 菜单栏：执行“工具”|“查询”|“半径”命令。
- 命令行：MEASUREGEOM。

执行上述任意命令后，选择图形中的圆或圆弧，即可在命令行中显示其半径数值，如图 12-16 所示。

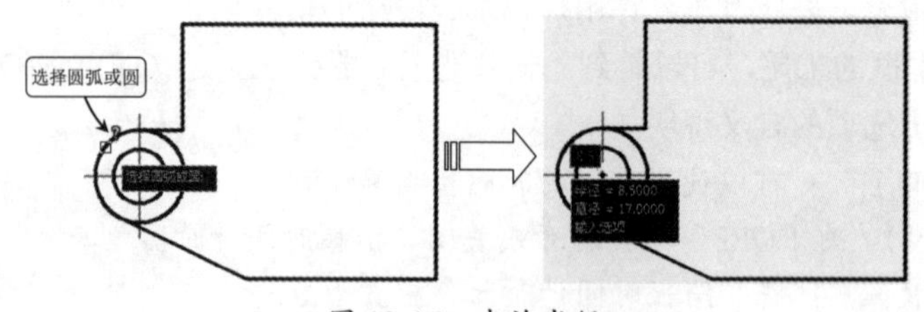

图 12-16 查询半径

12.3.3 查询角度

查询“角度”命令用于查询指定线段之间的角度。在 AutoCAD 2014 中调用该命令的常用方法如下。

- 功能区：单击“实用工具”面板上的“角度”工具。
- 菜单栏：执行“工具”|“查询”|“角度”命令。

➢ 命令行：MEASUREGEOM。

执行上述任意命令后，逐步单击选择构成角度的两条线段或角度顶点，即可在命令行中显示其角度数值，如图 12-17 所示。

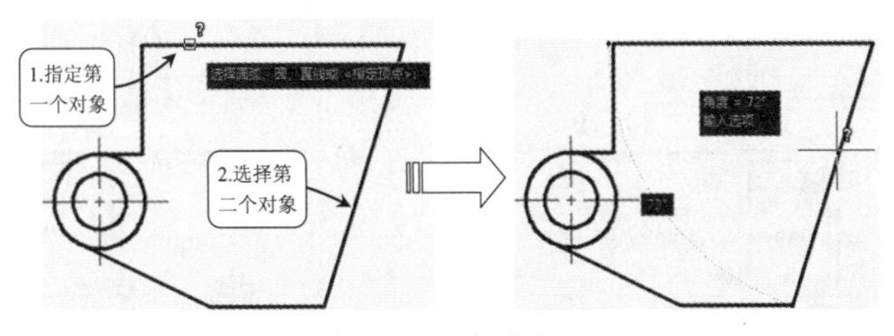

图 12-17　查询半径

12.3.4　查询面积及周长

查询“面积”命令用于查询对象面积和周长值，同时还可以对面积及周长进行加减运算。在 AutoCAD 2014 中调用该命令的常用方法如下。

➢ 功能区：单击“实用工具”面板上的“面积”工具按钮。
➢ 菜单栏：执行“工具”｜“查询”｜“面积”命令。
➢ 命令行：AREA 或 AA。

执行上述任意命令后，命令行提示如下。

```
指定第一个角点或 [对象(O)/增加面积(A)/减少面积(S)/退出(X)] <对象(O)>:
```

在“绘图区”中选择查询的图形对象，或用鼠标画定需要查询的区域后，按 Enter 键或者空格键，绘图区显示快捷菜单及查询结果，如图 12-18 所示。

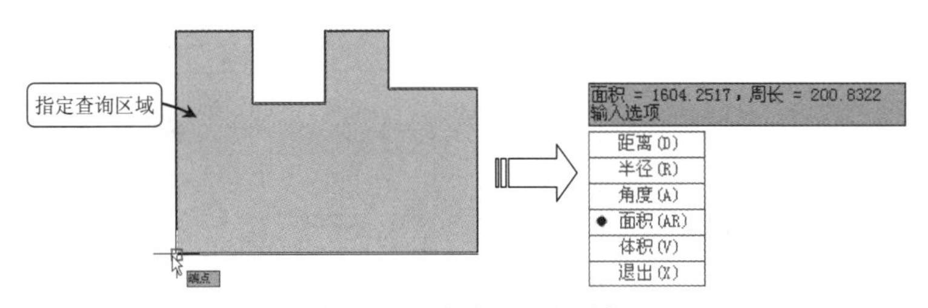

图 12-18　查询面积和周长

12.3.5　案例——查询住宅室内面积

使用 AutoCAD 绘制好室内平面图后，自然即可通过查询方法来获取室内面积。对于时下的购房者来说，室内面积无疑是一个很重要的考虑因素，计算住宅使用面积，可以比较直观地反应住宅的使用状况，但在住宅买卖中一般不采用使用面积来计算价格。即室内面积减去墙体面积，也就是屋中的净使用面积。

01 单击“快速访问”工具栏中的“打开”按钮，打开配套光盘中提供的“第 12 章 /12.3.5 查询室内面积 .dwg”素材文件，如图 12-19 所示。

02 在“默认”选项卡中，单击“实用工具”面板中的“面积”工具，当系统提示“指定第一个角点或 [对象 (O)/ 增加面积 (A)/ 减少面积 (S)/ 退出 (X)] < 对象 (O)>：”时，指定建筑区域的第一个角点，如图 12-20 所示。

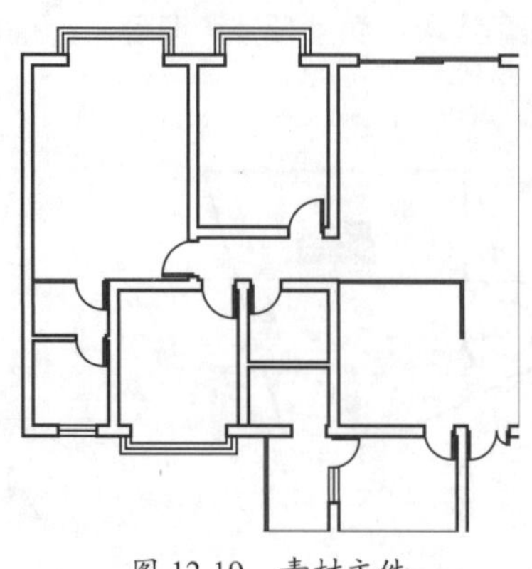

图 12-19　素材文件

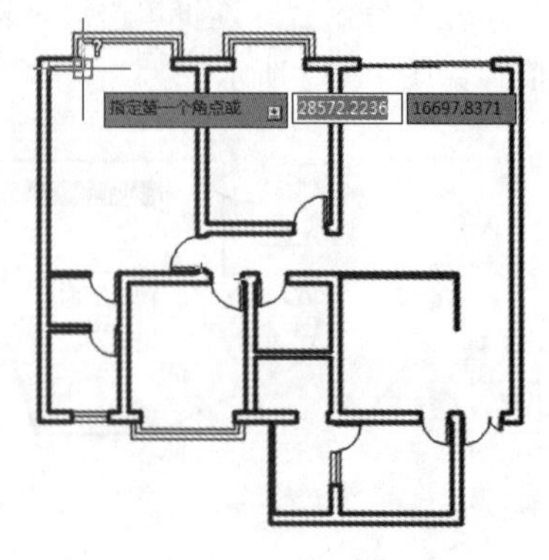

图 12-20　指定第一点

03 当系统提示“指定下一个点或 [圆弧 (A)/ 长度 (L)/ 放弃 (U)]：”时，指定建筑区域的下一个角点，如图 12-21 所示。其命令行提示如下。

```
命令： _MEASUREGEOM                                    // 调用“查询面积”命令
输入选项 [ 距离 (D) / 半径 (R) / 角度 (A) / 面积 (AR) / 体积 (V)] < 距离 >: _area
指定第一个角点或 [ 对象 (O) / 增加面积 (A) / 减少面积 (S) / 退出 (X)] < 对象 (O)>:
                                                       // 指定第一个角点
指定下一个点或 [ 圆弧 (A) / 长度 (L) / 放弃 (U)]:        // 指定另一个角点
……
指定下一个点或 [ 圆弧 (A) / 长度 (L) / 放弃 (U) / 总计 (T)] < 总计 >:
区域 = 107624600.0000，周长 = 48780.8332              // 查询结果
```

04 根据系统的提示，继续指定建筑区域的其他角点，然后按空格键进行确认，系统将显示测量出的结果，在弹出的菜单栏中选择“退出”命令，退出操作，如图 12-22 所示。

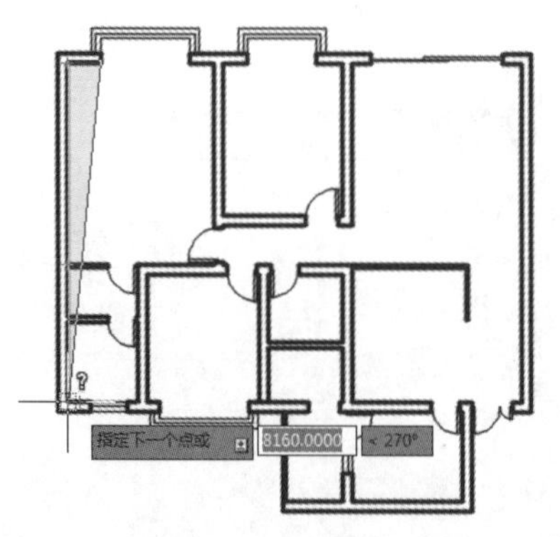

图 12-21　指定下一点

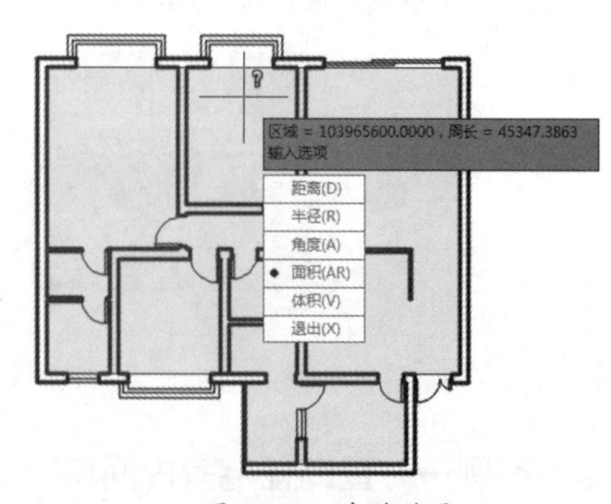

图 12-22　查询结果

操作技巧: 在建筑实例中，平面图的单位为“毫米”。因此，这里查询得到的结果，周长的单位为“毫米”；面积的单位为“平方毫米”。而 1mm2 = 0.000001m2。

05 命令行中的“区域”即为所查得的面积，而 AutoCAD 默认的面积单位为 mm^2，因此需转换为常用的 m^2，即：107624600 mm^2=107.62 m^2，该住宅粗算面积为 $107m^2$。

06 再使用相同方法加入阳台面积，减去墙体面积，便得到真实的净使用面积，过程略。

12.3.6　查询体积

查询“体积”命令用于查询对象体积数值，同时还可以对体积进行加减运算。在 AutoCAD 2014 中调用该命令的常用方法如下。

- 功能区：单击“实用工具”面板上的“体积”工具。
- 菜单栏：执行“工具”|“查询”|“体积”命令。
- 命令行：MEASUREGEOM。

执行上述任意命令后，命令行提示如下。

```
指定第一个角点或 [ 对象 (O) / 增加体积 (A) / 减去体积 (S) / 退出 (X) ] < 对象 (O)>:
```

在“绘图区”中选择查询的三维对象，按Enter键或者空格键，绘图区显示快捷菜单及查询结果，如图 12-23 所示。

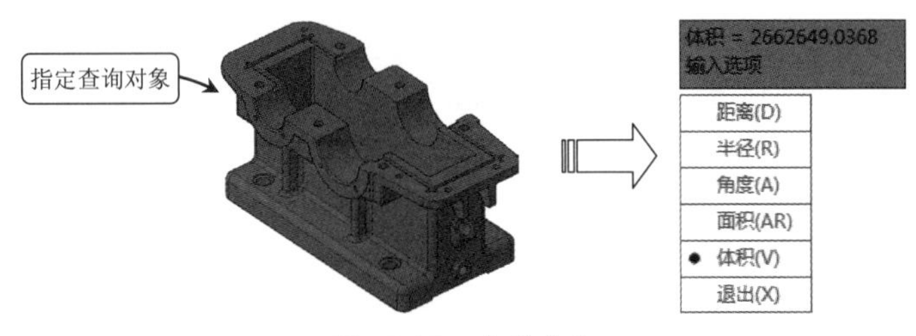

图 12-23　查询体积

12.3.7　案例——查询零件质量

在实际的机械加工行业中，有时需要对客户所需的产品进行报价，虽然每个公司都有自己的专业方法，但通常都是基于成品质量与加工过程之上的。因此快速、准确地得出零件的成品质量，无疑在报价上就能先得头筹。

01 单击“快速访问”工具栏中的“打开”按钮，打开配套光盘提供的“第 12 章 /12.3.7 查询零件质量 .dwg”素材文件，如图 12-24 所示，其中已创建好一个零件模型。

02 在“默认”选项卡中，单击“实用工具”面板中的“面积”工具，当系统提示“指定第一个角点或 [对象 (O)/ 增加面积 (A)/ 减少面积 (S)/ 退出 (X)] < 对象 (O)>：”时，选择“对象（O）”选项，如图 12-25 所示。

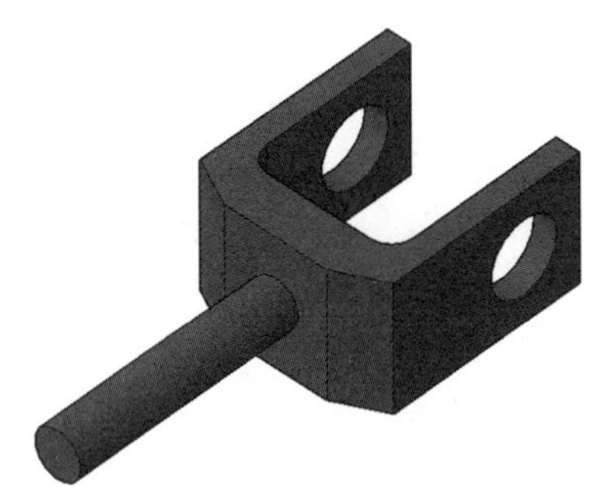

图 12-24　素材文件

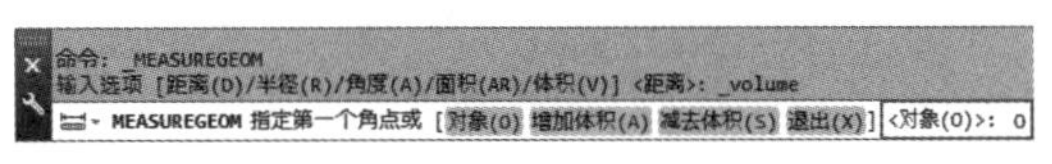

图 12-25　指定第一点

03 选择零件模型，即可得到如图 12-26 所示的体积数据。

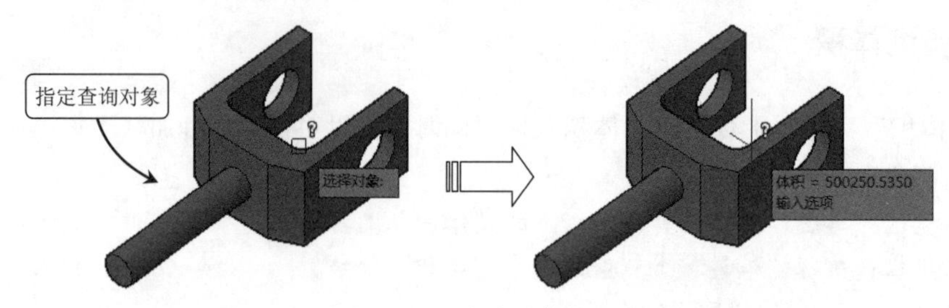

图 12-26　查询对象体积

操作技巧: 在机械实例中，零件的单位为“毫米”。因此，这里查询得到的结果，体积的单位为“立方毫米”。1mm3=0.001cm3=10-9m3。

04 将该体积乘以零件的材料密度，即可得到最终的质量。如果本例的模型为铁，查得铁密度 = 7.85g/cm^3，该零件体积为 500250.53 mm^3=500.25 cm^3，则零件质量 =7.85×500.25 = 3926.96g=3.9kg。

12.3.8　面域 \ 质量特性查询

面域 \ 质量特性也可称为“截面特性”，包括面积、质心位置、惯性矩等，这些特性关系到物体的力学性能，在建筑或机械设计中，经常需要查询这些特性。

调用“面域 \ 质量特性”命令有以下几种方法。

- 菜单栏：选择“工具” | “查询” | “面域 \ 质量特征”命令。
- 工具栏：单击“查询”工具栏上的“面域 \ 质量特征”工具。
- 命令行：MASSPROP。

在“绘图区”中选择要查询的面域对象或实体对象，按 Enter 键或者空格键，绘图区显示快捷菜单及查询结果。根据所选对象的不同，最终显示结果和数据类型也不同。查询面域时的显示结果，如图 12-27 所示。

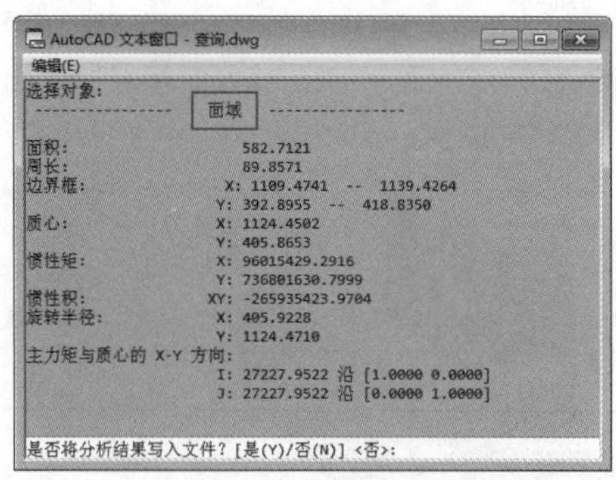

图 12-27　查询面域的质量特性

- 命令子选项说明

查询面域时文本框中各显示的质量特性含义，如表 12-4 所示。

表 12-4 查询面域的质量特性说明

质量特性	说 明
面积	三维实体的表面积或面域的封闭面积
周长	面域内环和外环的总长度，未计算三维实体的周长
边界框	用于定义边界框的两个坐标。对于与当前用户坐标系的 xy 平面共面的面域，边界框由包含该面域的矩形的对角点定义。对于与当前用户坐标系的 xy 平面不共面的面域，边界框由包含该面域的三维框的对角点定义
质心	代表面域或圆心的二维或三维坐标。对于当前用户坐标系的 xy 平面共面的面域，质心是一个二维点。对于与当前用户坐标系的 xy 平面不共面的面域，质心是一个三维点
惯性矩	在计算分布载荷时（如计算一块板上的流体压力）或计算曲梁内部应力时将要用到该值。计算面积惯性矩的公式为： area_moments_of_inertia = area_of_interest * radius 2 面积惯性矩的单位是距离的四次方
惯性积	用来确定导致对象运动的力的特性。计算时通常考虑两个正交平面。计算 yz 平面和 xz 平面惯性积的公式为： product_of_inertia YZ,XZ=mass * centroid_to_YZ * dist centroid_to_XZ 这个 xy 值表示为质量单位乘以距离的平方
旋转半径	表示三维实体惯性矩的另一种方法。计算旋转半径的公式是： gyration_radii=(moments_of_inertia/body_mass)1/2 旋转半径以距离单位表示
质心的主力矩与 x、y、z 方向	根据惯性积计算得出，它们具有相同的单位值。穿过对象质心的某个轴的惯性矩值最大。穿过第 2 个轴（第 1 个轴的法线，也穿过质心）的惯性矩值最小。由此导出第 3 个惯性矩值，介于最大值与最小值之间

如果选择的是三维实体，则会显示如图 12-28 所示的质量特性。

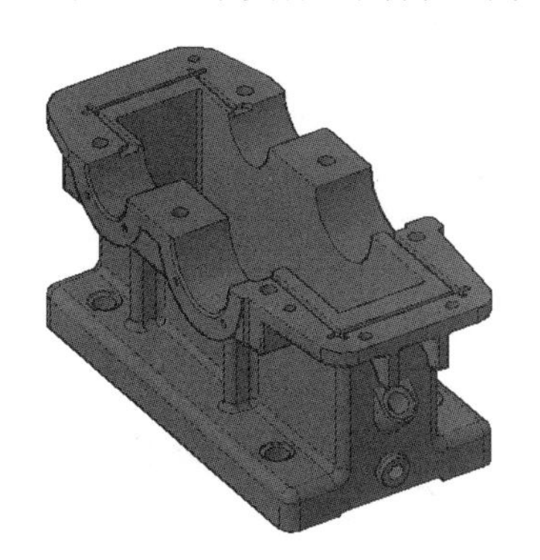

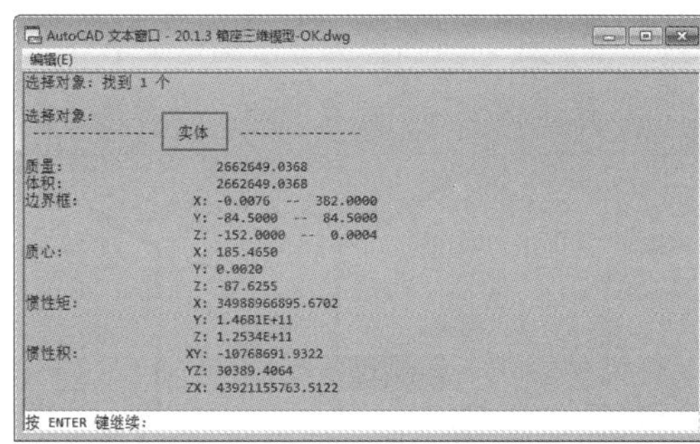

图 12-28 查询实体的质量特性

查询实体时文本框中各显示的质量特性含义，如表 12-5 所示。

表 12-5 查询实体的质量特性说明

质量特性	说 明
质量	用于测量物体的惯性。由于默认使用的密度为 1，因此质量与体积具有相同的值
体积	实体包容的三维空间总量
边界框	包含实体的三维框的对角点
质心	代表实体质量中心的一个三维点，假定实体具有统一的密度

续表

质量特性	说　明
惯性矩	质量惯性矩，用来计算绕给定的轴旋转对象（例如车轮绕车轴旋转）时所需的力。质量惯性矩的计算公式为： mass_moments_of_inertia = object_mass * radius axis 2 质量惯性矩的单位是质量乘以距离的平方
惯性积	用来确定导致对象运动的力的特性。计算时通常考虑两个正交平面。计算 yz 平面和 xz 平面惯性积的公式为： product_of_inertia YZ,XZ=mass * dist centroid_to_YZ * dist centroid_to_XZ 这个 xy 值表示为质量单位乘以距离的平方
旋转半径	表示三维实体惯性矩的另一种方法。计算旋转半径的公式为： gyration_radii=(moments_of_inertia/body_mass)1/2 旋转半径以距离单位表示
质心的主力矩与 x、y、z 方向	根据惯性积计算得出，它们具有相同的单位值。穿过对象质心的某个轴的惯性矩值最大。穿过第 2 个轴（第 1 个轴的法线，也穿过质心）的惯性矩值最小。由此导出第 3 个惯性矩值，介于最大值与最小值之间

12.3.9　查询点坐标

使用点坐标查询命令 ID，可以查询某点在绝对坐标系中的坐标值。在 AutoCAD 2014 中调用该命令的方法如下。

- 功能区：单击“实用工具”面板中的“点坐标”工具点坐标。
- 工具栏：单击“查询”工具栏中的“点坐标”按钮。
- 菜单栏：执行“工具”|“查询”|“点坐标”命令。
- 命令行：ID。

执行命令时，只需用对象捕捉的方法确定某个点的位置，即可自动计算该点的X、Y和Z坐标，如图 12-29 所示。在二维绘图中，Z 坐标一般为 0。

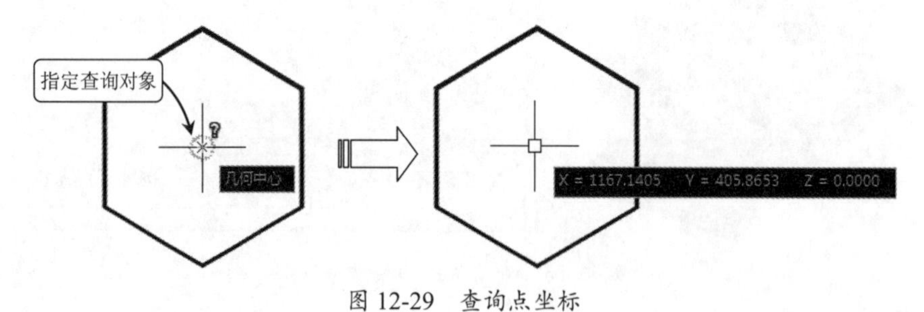

图 12-29　查询点坐标

12.3.10　列表查询

列表查询可以将所选对象的图层、长度、边界坐标等信息在 AutoCAD 文本窗口中列出。调用“列表”查询命令有以下几种方法。

- 菜单栏：选择“工具”|“查询”|“列表”命令。
- 工具栏：单击“查询”工具栏上的“列表”按钮。
- 命令行：在命令行输入 LIST 并按 Enter 键。

在“绘图区”中选择要查询的图形对象，按 Enter 键或者空格键，绘图区便会显示快捷菜单及查询结果，如图 12-30 所示。

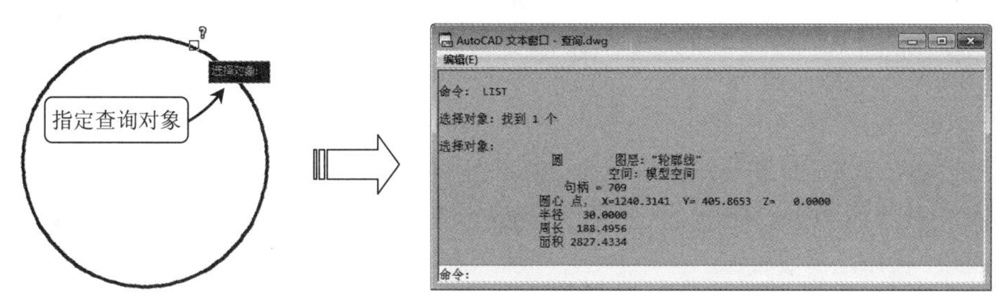

图 12-30　列表查询图形对象

第13章 图形打印和输出

当完成所有的设计和制图工作之后，就需要将图形文件通过绘图仪或打印机输出为图样。本章主要讲述AutoCAD出图过程中涉及的一些问题，包括模型空间与图样空间的转换、打印样式、打印比例设置等。

13.1 模型空间与布局空间

模型空间和布局空间是AutoCAD的两个功能不同的工作空间，单击绘图区下面的标签页，可以在模型空间和布局空间之间切换，一个打开的文件中只有一个模型空间和两个默认的布局空间，用户也可创建更多的布局空间。

13.1.1 模型空间

当打开或新建一个图形文件时，系统将默认进入模型空间，如图13-1所示。模型空间是一个无限大的绘图区域，可以在其中创建二维或三维图形，以及进行必要的尺寸标注和文字说明。

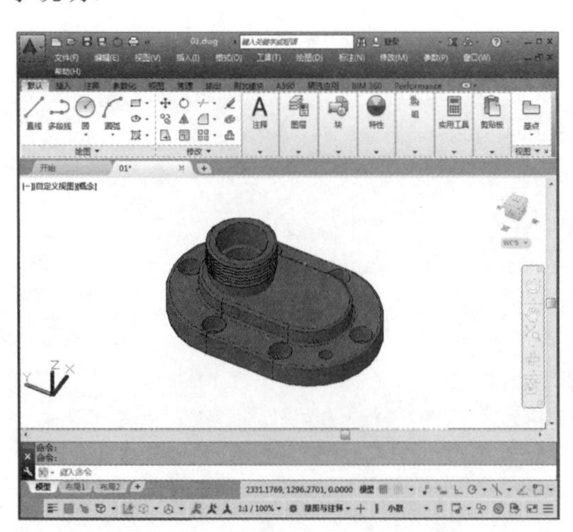

图13-1 模型空间

模型空间对应的窗口称为“模型窗口”，在模型窗口中，十字光标在整个绘图区域都处于激活状态，并且可以创建多个不重复的平铺视口，以展示图形的不同视口，如在绘制机械三维图形时，可以创建多个视口，以从不同的角度观测图形。在一个视口中对图形做出修改后，其他视口也会随之更新，如图13-2所示。

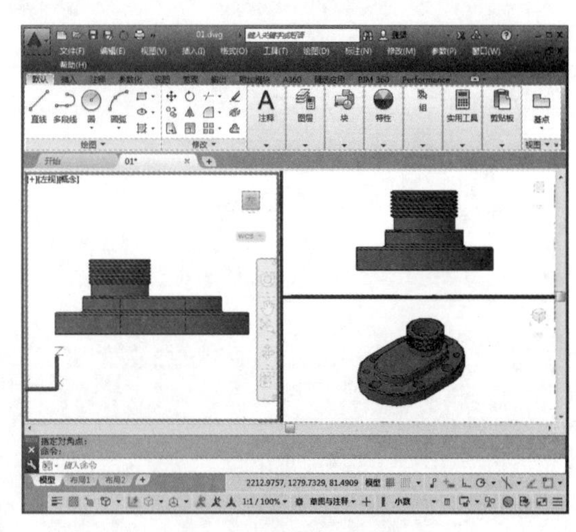

图13-2 模型空间的视口

13.1.2 布局空间

布局空间又称为“图纸空间”，主要用于出图。模型建立后，需要将模型打印到纸面上形成图样。使用布局空间可以方便地设置打印设备、纸张、比例尺、图样布局，并预览实际出图的效果，如图13-3所示。

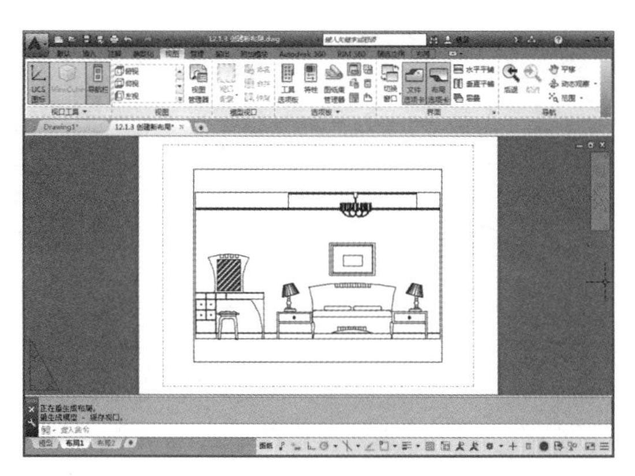

图 13-3　布局空间

布局空间对应的窗口称为“布局窗口”，可以在同一个 AutoCAD 文档中创建多个不同的布局图，单击工作区左下角的各个布局按钮，可以从模型窗口切换到各个布局窗口，当需要将多个视图放在同一张图样上输出时，布局即可很方便地控制图形的位置，输出比例等参数。

13.1.3　空间管理

右击绘图窗口下的“模型”或“布局”选项卡，在弹出的快捷菜单中选择相应的命令，可以对布局进行删除、新建、重命名、移动、复制、页面设置等操作，如图 13-4 所示。

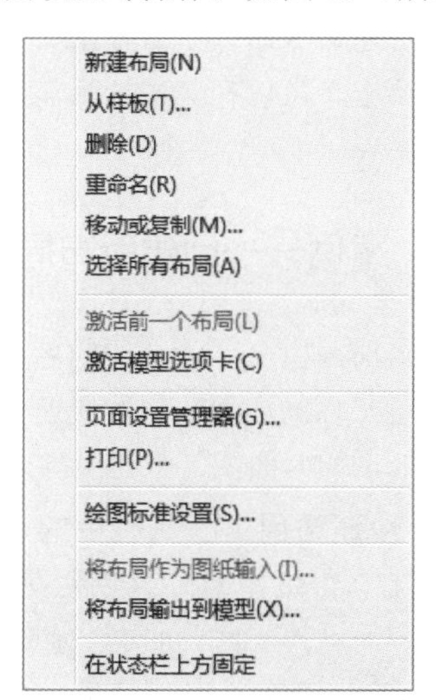

图 13-4　布局快捷菜单

1．空间的切换

在模型中绘制完图样后，若需要进行布局打印，可单击绘图区左下角的布局空间选项卡，即“布局 1”和“布局 2”进入布局空间，对图样打印输出的布局效果进行设置。设置完毕后，单击“模型”选项卡即可返回模型空间，如图 13-5 所示。

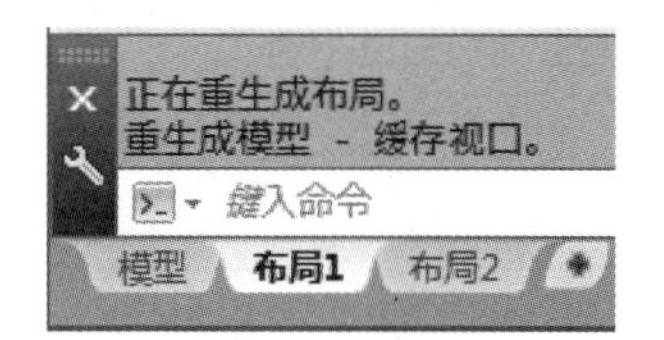

图 13-5　空间切换

2．布局的组成

布局图中通常存在 3 个边界，如图 13-6 所示，最外层的是纸张边界，是在“纸张设置”中的纸张类型和打印方向确定的。靠里面的是一个虚线线框打印边界，其作用就好像 Word 文档中的页边距，只有位于打印边界内部的图形才会被打印出来。位于图形四周的实线线框为视口边界，边界内部的图形就是模型空间中的模型，视口边界的大小和位置是可调的。

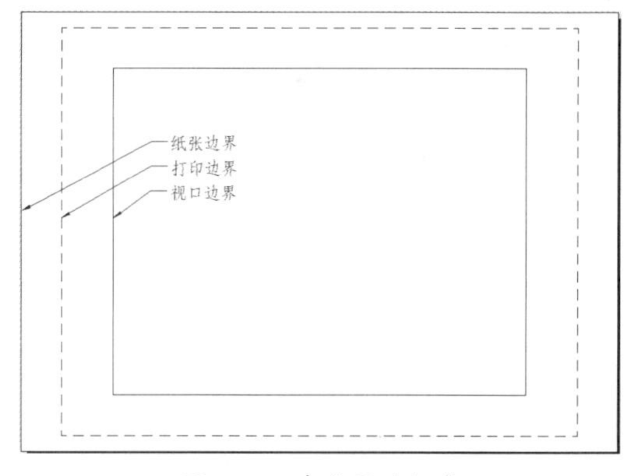

图 13-6　布局图的组成

3．创建新布局

布局是一种图纸空间环境，它模拟显示图纸页面，提供直观的打印设置，主要用来控制图形的输出，布局中所显示的图形与图纸页面上打印出来的图形完全一致。

调用“创建布局”的方法如下。

- 菜单栏：执行“工具”|“向导”|“创建布局”命令，如图 13-7 所示。

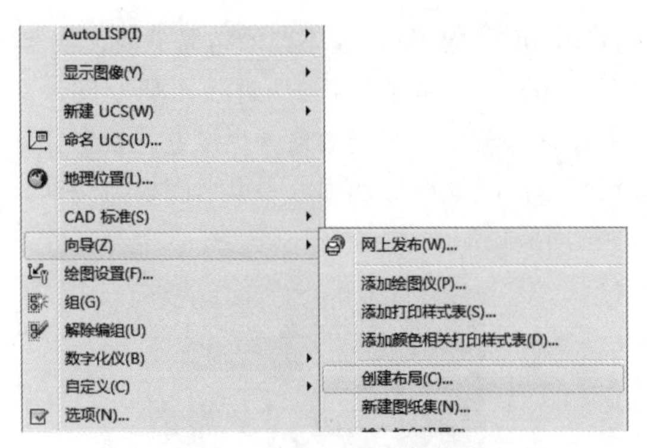

图 13-7 “创建布局”命令

- ➢ 命令行：在命令行中输入 LAYOUT。
- ➢ 功能区：在“布局”选项卡中，单击“布局”面板中的“新建”按钮，如图 13-8 所示。
- ➢ 快捷方式：右击绘图窗口下的“模型”或“布局”选项卡，在弹出的快捷菜单中，选择“新建布局”命令。

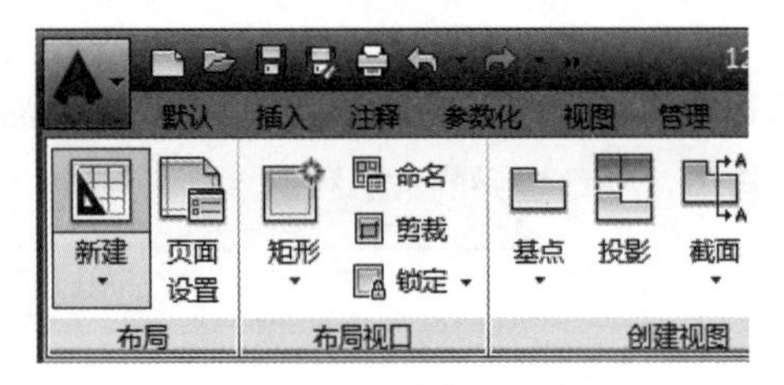

图 13-8 “新建布局”命令

“创建布局”的操作过程与新建文件相差无几，同样可以通过功能区中的选项卡完成。

1. 插入样板布局

在 AutoCAD 中，提供了多种样板布局供用户使用。其创建方法如下。

- ➢ 菜单栏：执行“插入”|“布局”|“来自样式”命令，如图 13-9 所示。
- ➢ 功能区：在“布局”选项卡中，单击“布局”面板中的“从样板”按钮，如图 13-10 所示。
- ➢ 快捷方式：右击绘图窗口左下方的布局选项卡，在弹出的快捷菜单中选择“来自样板”命令。

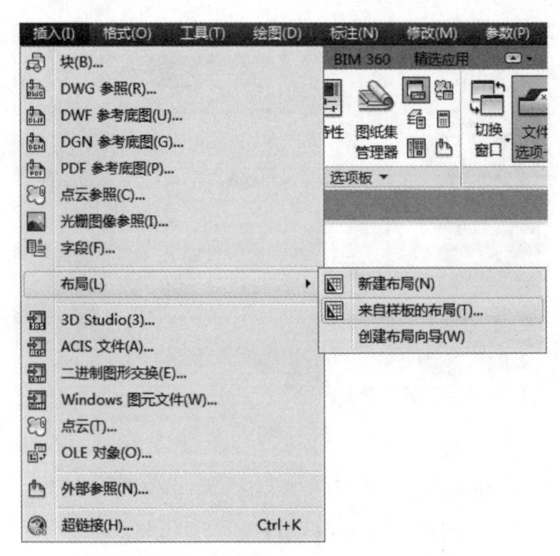

图 13-9 “来自样板的布局”命令

图 13-10 “从样板新建布局”按钮

执行上述命令后，系将弹出“从文件选择样板”对话框，可以在其中选择需要的样板创建布局。

13.1.4 案例——创建新布局

创建布局并重命名为合适的名称，可以起到快速浏览文件的作用，也能快速定位至需要打印的图纸，如立面图、平面图等。

01 单击“快速访问”工具栏中的“打开”按钮，打开“第 13 章 /13.1.4 创建新布局 .dwg”文件，如图 13-11 所示是“布局 1”窗口显示界面。

02 在“布局”选项卡中，单击“布局”面板中的“新建”按钮，新建名为“立面图布局”的布局，命令行提示如下。

```
    命令： _layout
    输入布局选项 [复制(C)/删除(D)/新建(N)/样板(T)/重命名(R)/另存为(SA)/设置(S)/?]
<设置>: _new
    输入新布局名 <布局3>: 立面图布局
```

03 完成布局的创建，单击“立面图布局”选项卡，切换至“立面图布局”空间，效果如图13-12所示。

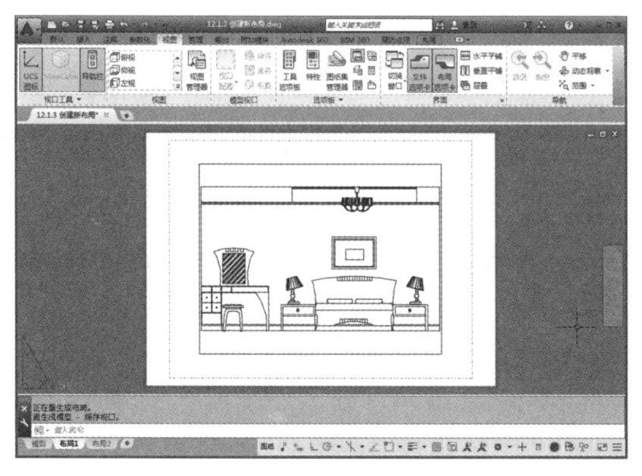

图13-11　素材文件

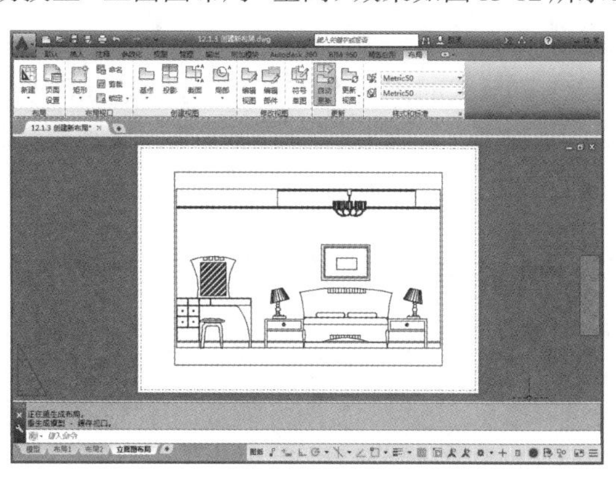

图13-12　创建布局空间

13.1.5　案例——插入样板布局

01 单击“快速访问”工具栏中的“新建”按钮，新建空白文件。

02 在“布局”选项卡中，单击“布局”面板中的“从样板”按钮，弹出“从文件选择样板”对话框，如图12-13所示。

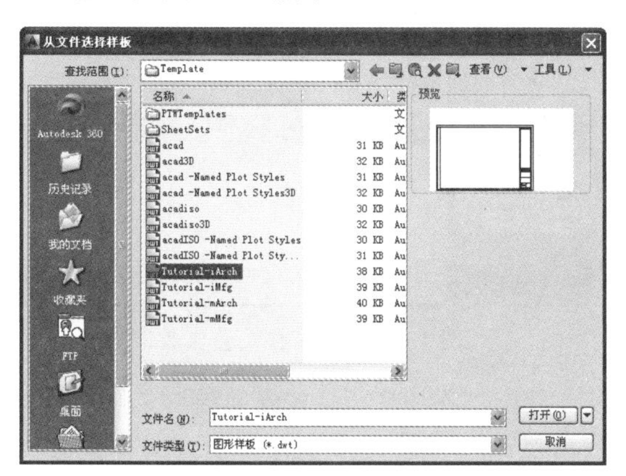

图12-13　“从文件选择样板”对话框

03 选择Tutorial-iArch样板，单击“打开”按钮，系统弹出“插入布局”对话框，如图12-14所示，选择布局名称后单击“确定”按钮。

图12-14　“插入布局”对话框

04 完成样板布局的插入，切换至新创建的D-Size Layout布局空间，效果如图12-15所示。

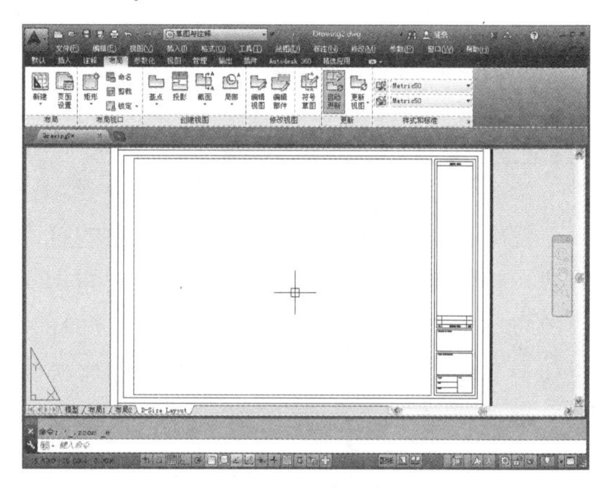

图12-15　样板空间

13.2 打印样式

在图形绘制过程中，AutoCAD 可以为单个图形对象设置颜色、线型、线宽等属性，这些样式可以在屏幕上直接显示出来。在出图时，有时用户希望打印出来的图样和绘图时图形所显示的属性有所不同，例如在绘图时一般会使用各种颜色的线型，但打印时仅以黑白打印。

打印样式的作用就是在打印时修改图形外观。每种打印样式都有其样式特性，包括端点、连接、填充图案，以及抖动、灰度等打印效果。打印样式特性的定义都以打印样式表文件的形式保存在 AutoCAD 的支持文件搜索路径下。

13.2.1 打印样式的类型

AutoCAD 中有两种类型的打印样式："颜色相关样式（CTB）"和"命名样式（STB）"

- 颜色相关打印样式以对象的颜色为基础，共有 255 种颜色的相关打印样式。在颜色相关打印样式模式下，通过调整与对象颜色对应的打印样式可以控制所有具有同种颜色的对象的打印方式。颜色相关打印样式表文件的后缀名为 .ctb。
- 命名打印样式可以独立于对象的颜色使用，可以给对象指定任意一种打印样式，无论对象的颜色是什么。命名打印样式表文件的后缀名为 .stb。

简而言之，.ctb 的打印样式是根据颜色来确定线宽的，同一种颜色只能对应一种线宽；而 .stb 则是根据对象的特性或名称来指定线宽的，同一种颜色打印出来可以有两种不同的线宽，因为它们的对象可能不一样。

13.2.2 打印样式的设置

使用打印样式可以多方面控制对象的打印方式，打印样式属于对象的一种特性，它用于修改打印图形的外观。用户可以设置打印样式来代替其他对象原有的颜色、线型和线宽等特性。在同一个 AutoCAD 图形文件中，不允许同时使用两种不同的打印样式类型，但允许使用同一类型的多个打印样式。例如，若当前文档使用命名打印样式时，图层特性管理器中的"打印样式"属性项是不可用的，因为该属性只能用于设置颜色打印样式。

设置"打印样式"的方法如下。

- 菜单栏：执行"文件"|"打印样式管理器"命令。
- 命令行：在命令行中输入 STYLESMANAGER。

执行上述任意命令后，系统自动弹出如图 13-16 所示的对话框。所有 CTB 和 STB 打印样式表文件都保存在该对话框中。

图 13-16　打印样式管理器

双击"添加打印样式表向导"文件，可以根据对话框提示逐步创建新的打印样式表文件。将打印样式附加到相应的布局图，即可按照打印样式的定义进行打印了。

- 命令子选项说明

在系统盘的 AutoCAD 存储目录下，可以打开 Plot Styles 文件夹，其中存放着 AutoCAD 自带的 10 种打印样式（.ctp），各打印样式含义说明如下。

- ➢ acad.ctp：默认的打印样式表，所有打印设置均为初始值。
- ➢ fillPatterns.ctb：设置前 9 种颜色使用前 9 个填充图案，所有其他颜色使用对象的填充图案。
- ➢ grayscale.ctb：打印时将所有颜色转换为灰度。
- ➢ monochrome.ctb：将所有颜色打印为黑色。
- ➢ screening 100%.ctb：对所有颜色使用 100% 的墨水。
- ➢ screening 75%.ctb：对所有颜色使用 75% 的墨水。
- ➢ screening 50%.ctb：对所有颜色使用 50% 的墨水。
- ➢ screening 25%.ctb：对所有颜色使用 25% 的墨水。

13.2.3　案例——添加颜色打印样式

使用颜色打印样式可以通过图形的颜色设置不同的打印宽度、颜色、线型等打印外观。

01 单击“快速访问”工具栏中的“新建”按钮，新建空白文件。

02 在命令行中输入 STYLESMANAGER，系统自动对话框，双击“添加打印样式表向导”图标，系统弹出“添加打印样式表”对话框，如图 12-17 所示，单击“下一步”按钮，系统转换成“添加打印样式表 — 开始”对话框，如图 12-18 所示。

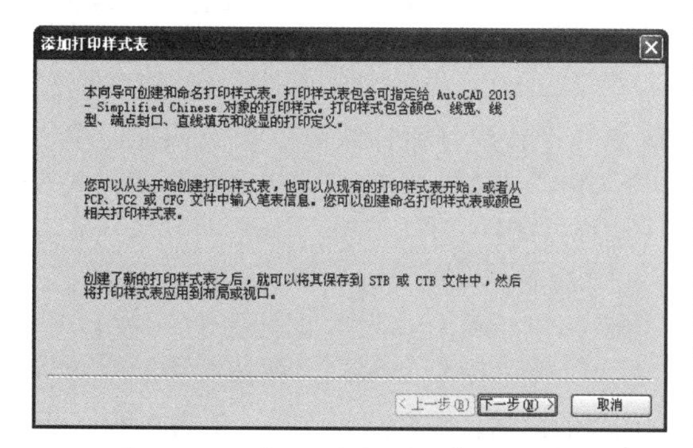

图 12-17　“添加打印样式表”对话框

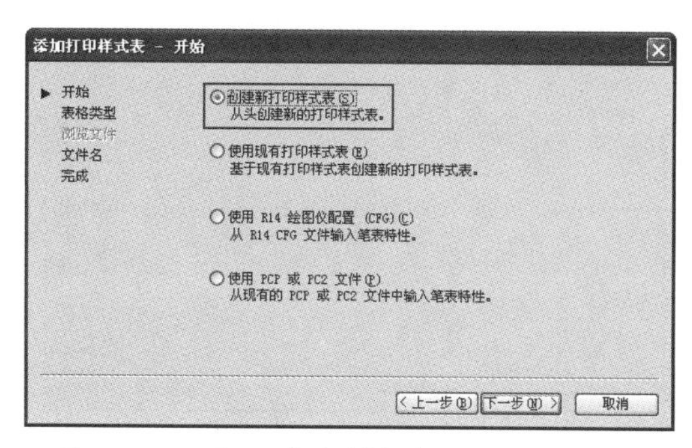

图 12-18　“添加打印样式表—开始”对话框

03 选择“新建打印样式表”单选按钮，单击“下一步”按钮，系统打开“添加打印样式表 — 选择打印样式”对话框，如图 12-19 所示。选择“颜色相关打印样式表”单选按钮，单击“下一步”按钮，系统转换成“添加打印样式表 — 文件名”对话框，如图 12-20 所示，新建一个名为“以线宽打印”的颜色打印样式表文件，单击“下一步”按钮。

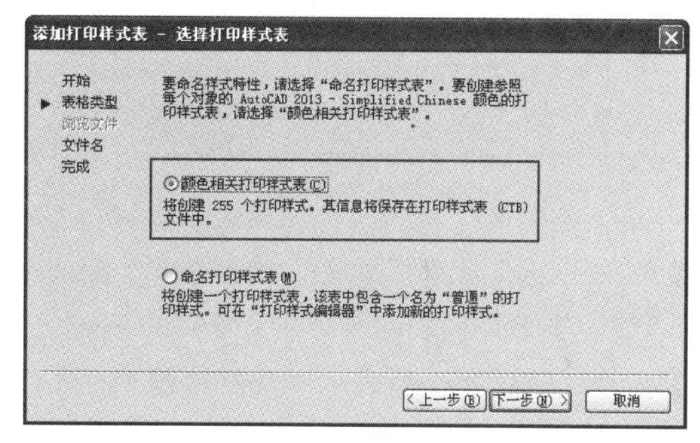

图 12-19　“添加打印样式表—选择打印样式”对话框

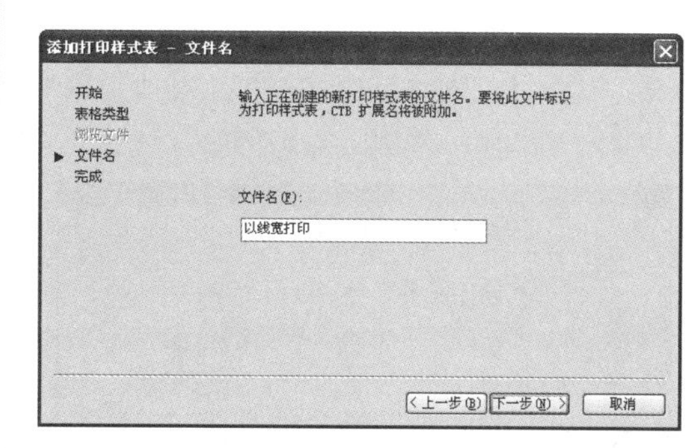

图 12-20　“添加打印样式表—文件名”对话框

04 在“添加打印样式表 — 完成”对话框中单击“打印样式表编辑器”按钮，如图 12-21 所示，打开如图 12-22 所示的“打印样式表编辑器”对话框。

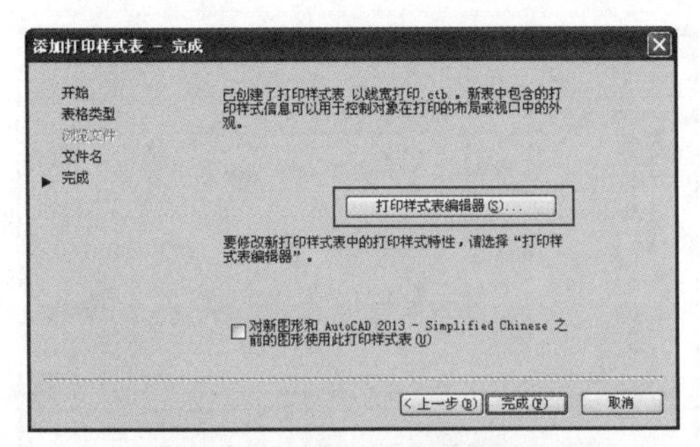

图 12-21 “添加打印样式表—完成”对话框

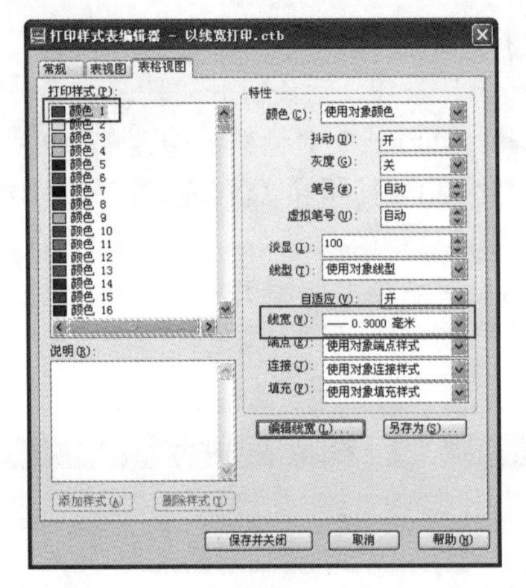

图 12-22 “打印样式表编辑器”对话框

05 单击“表格视图”选项卡中“特性”选项组的“线宽”下拉列表中选择线宽 0.3000 毫米。

06 在“打印样式”列表框中选择“颜色 1”，单击“保存并关闭”按钮，这样所有用“颜色 1”的图形打印时都将以线宽 0.3000 来打印，设置完成后，再选择“文件”|“打印样式管理器”命令，在打开的对话框中“以线宽打印”就出现在该对话框中，如图 12-23 所示。

图 12-23 添加打印样式结果

13.2.4 案例——添加命名打印样式

采用 .stb 打印样式类型，为不同的图层设置不同的命名打印样式。

01 单击“快速访问”工具栏中的“新建”按钮，新建空白文件。

02 在命令行中输入 STYLESMANAGER，系统自动弹出对话框，双击“添加打印样式表向导”图标，系统弹出“添加打印样式表”对话框，如图 12-24 所示，单击“下一步”按钮，打开“添加打印样式表 — 开始”对话框，如图 12-25 所示。

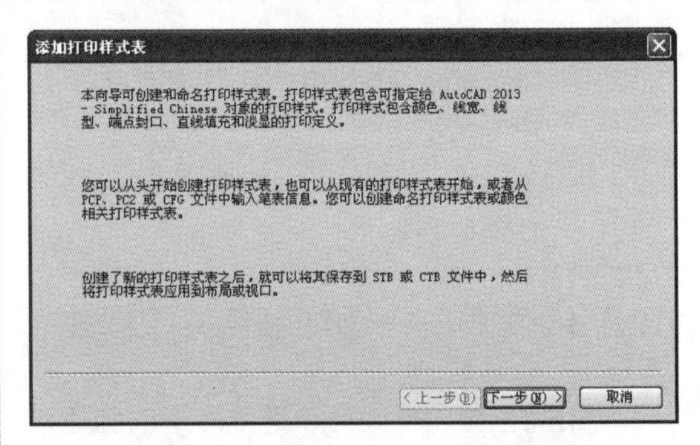

图 12-24 “添加打印样式表”对话框

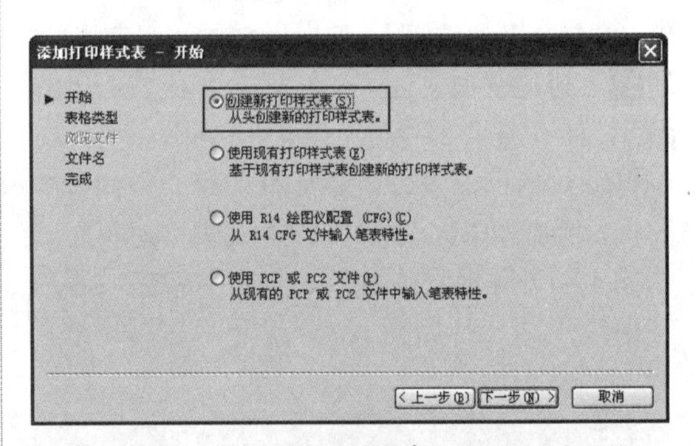

图 12-25 “添加打印样式表—开始”对话框

03 选择“新建打印样式表”单选按钮，单击“下一步”按钮，系统打开“添加打印样式表 — 选择打印样式”对话框，如图 12-26 所示，单击“命名打印样式表”单选按钮，单击“下一步”按钮，弹出“添加打印样式表 — 文件名”对话框，如图 12-27 所示，新建一个名为“立面图”的命名打印样式表文件，单击“下一步”按钮。

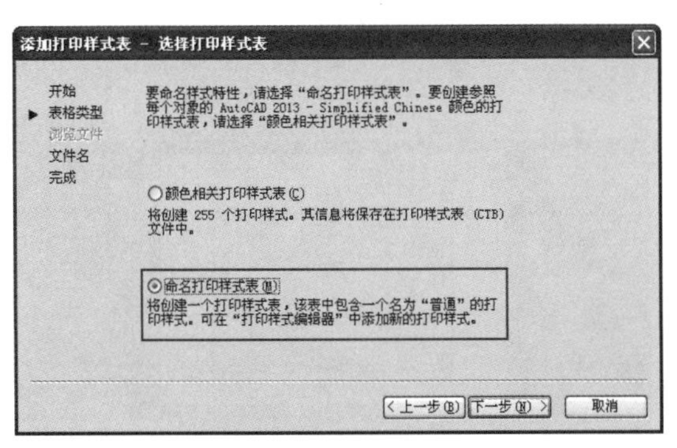

图 12-26　“添加打印样式表—选择打印样式”对话框

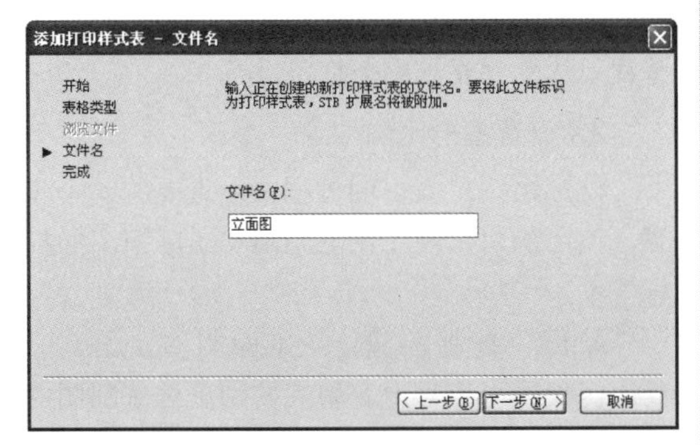

图 12-27　“添加打印样式表—文件名”对话框

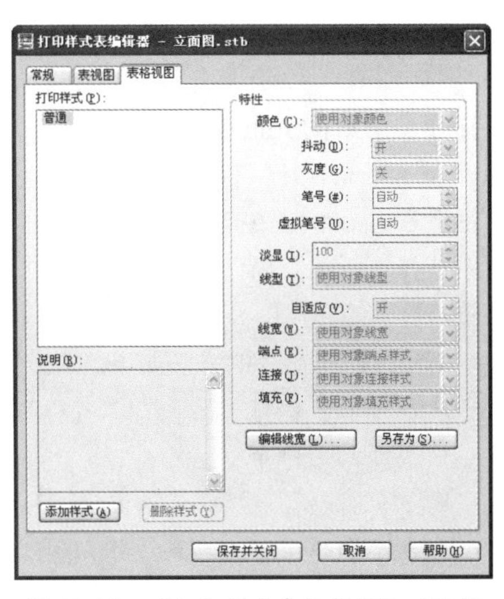

图 12-28　“打印样式表编辑器”对话框

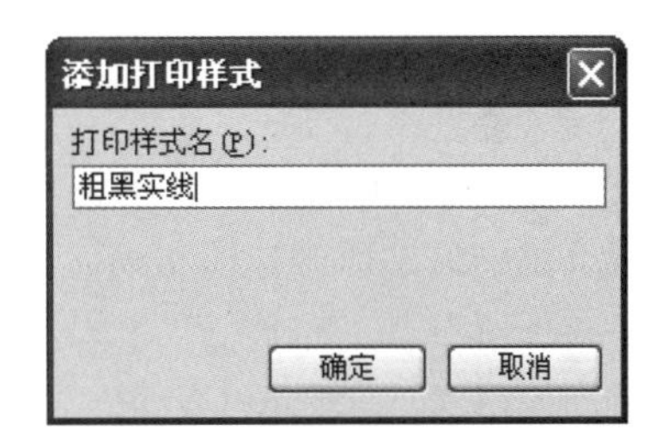

图 12-29　“添加打印样式”对话框

04 在“添加打印样式表 — 完成”对话框中单击“打印样式表编辑器”按钮，打开“打印样式表编辑器 — 立面图.stb”对话框，如图 12-28 所示。

05 在“格式视图”选项卡中，单击“添加样式”按钮，系统弹出“添加打印样式”对话框，如图 12-29 所示，添加一个名为“粗黑实线”的打印样式，设置颜色为“黑色”，线宽为 0.3000mm，单击“保存并关闭”按钮。

06 设置完成后，再执行“文件”|“打印样式管理器”命令，在打开的对话框中，“立面图”就出现在该对话框中了，如图 12-30 所示。

图 12-30　添加打印样式结果

13.3 布局图样

在正式打印之前，需要在布局窗口中创建好布局图，并对绘图设备、打印样式、纸张、比例尺和视口等进行设置。布局图显示的效果就是图样打印的实际效果。

13.3.1 创建布局

打开一个新的AutoCAD图形文件时，就已经存在了“布局1”和“布局2”。在布局图标签上右击，弹出快捷菜单。在弹出的快捷菜单中选择“新建布局”命令，通过该方法，可以新建更多的布局图。

“创建布局”命令的方法如下。

- 菜单栏：执行“插入”|“布局”|“新建布局”命令。
- 功能区：在“布局”选项卡中，单击“布局”面板中的“新建”按钮。
- 命令行：在命令行中输入LAYOUT。
- 快捷方式：在“布局”选项卡上右击，在弹出的快捷菜单中选择“新建布局”命令。

按上述任意方法即可创建新布局。

上述介绍的方法所创建的布局，都与图形自带的“布局1”与“布局2”相同，如果要创建新的布局格式，只能通过布局向导来创建。

13.3.2 调整布局

创建好一个新的布局图后，接下来的工作就是对布局图中的图形位置和大小进行调整和布置。

1. 调整视口

视口的大小和位置是可以调整的，视口边界实际上是在图样空间中自动创建的一个矩形对象，单击视口边界，4个角点上出现夹点，可以利用夹点拉伸的方法调整视口，如图13-31所示。

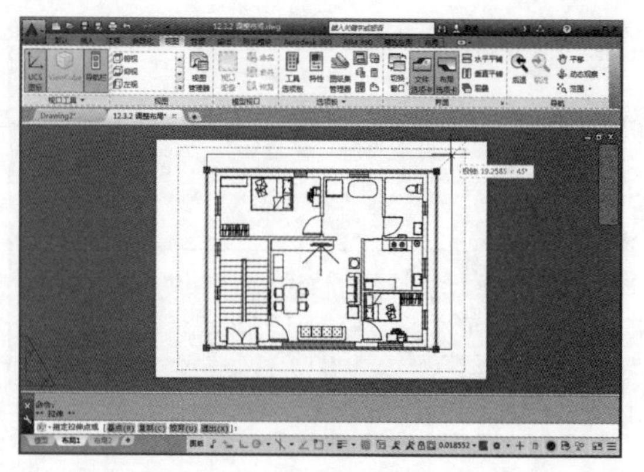

图13-31　利用夹点调整视口

如果出图时只需要一个视口，通常可以调整视口边界到充满整个打印边界。

2. 设置图形比例

设置比例尺是出图过程中最重要的一个步骤，该比例尺反映了图上距离和实际距离的换算关系。

AutoCAD制图和传统纸面制图在比例设置比例尺这一步骤上有很大差别。传统制图的比例尺一开始就已经确定，并且绘制的是经过比例换算后的图形。而在AutoCAD建模过程中，在模型空间中始终按照1：1的实际尺寸绘图。只有在出图时，才按照比例尺将模型缩小到布局图上进行出图。

如果需要观看当前布局图的比例尺，首先应在视口内部双击，使当前视口内的图形处于激活状态，然后单击工作区间右下角“图样”/“模型”切换开关，将视口切换到模式空间状态。打开“视口”工具栏，在该工具栏右边的文本框中显示的数值，就是图样空间相对于模型空间的比例尺，同时也是出图时的最终比例。

3. 在图样空间中增加图形对象

有时候需要在出图时添加一些不属于模型本身的内容，例如制图说明、图例符号、图框、标题栏、会签栏等，此时可以在布局空间状态下添加这些对象，这些对象只会添加到布局图中，而不会添加到模型空间中。

13.3.3　案例——调整布局

有时绘制好了图形，但切换至布局空间时，显示的效果并不理想，此时就需要对布局进行调整，使视图符合打印的要求。

01 单击“快速访问”工具栏中的“打开”按钮，打开“第 13 章 /13.3.3 调整布局 .dwg”，如图 12-32 所示。

02 在“布局”选项卡中，单击“布局”面板中的“新建”按钮，新建名为“标准层平面图”布局，命令行提示如下。

```
    输入布局选项 [复制(C)/删除(D)/新建(N)/样板(T)/重命名(R)/另存为(SA)/设置(S)/?]
<设置>: _new↙
    输入新布局名 <布局 3>: 标准层平面图↙
```

03 创建完毕后，切换至“标准层平面图”布局空间，效果如图 12-33 所示。

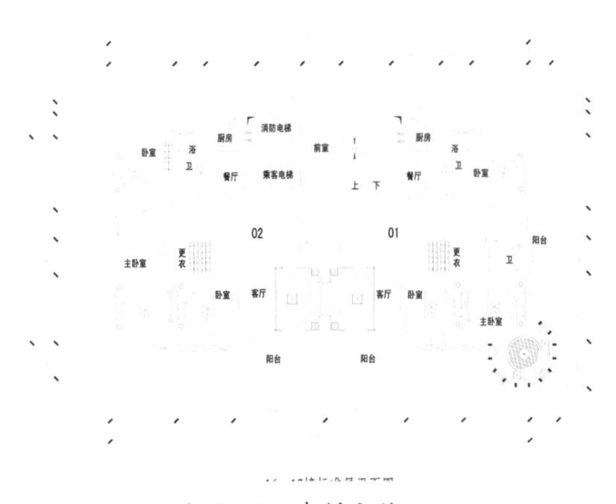

图 12-32　素材文件

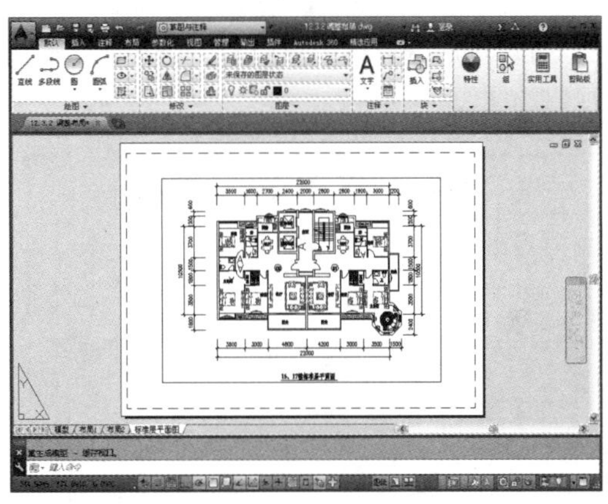
图 12-33　切换空间

04 单击图样空间中的视口边界，4 个角点上出现夹点，调整视口边界到充满整个打印边界，如图 12-34 所示。

05 单击工作区右下角的“图纸 / 模型”切换开关，将视口切换到模型空间状态。

06 在命令行输入 ZOOM，调用“缩放”命令，使所有的图形对象充满整个视口，并调整图形到合适位置，如图 12-35 所示。

07 完成布局的调整，此时工作区右边显示的就是当前图形的比例尺。

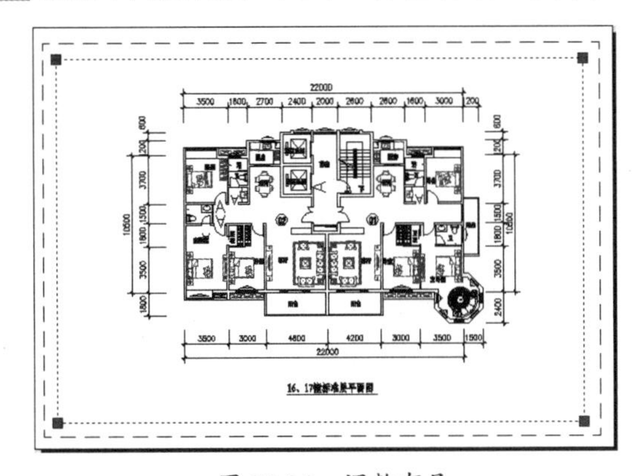
图 12-34　调整布局

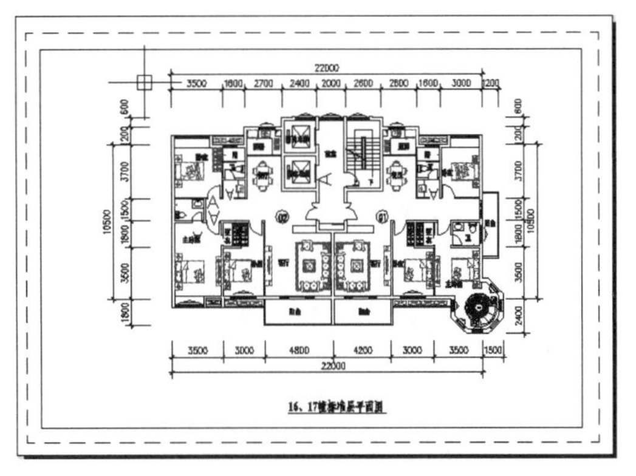
图 12-35　缩放图形

13.4 视口

视口是在布局空间中构造布局图时涉及到的一个概念，布局空间相当于一张白纸，要在其上布置图形时，先要在纸上开一扇窗，让存在于里面的图形能够显示出来，视口的作用就相当于这扇窗。可以将视口视为布局空间的图形对象，并对其进行移动和调整，这样即可在一个布局内进行不同视图的放置、绘制、编辑和打印。视口可以相互重叠或分离。

13.4.1 删除视口

打开布局空间时，系统就已经自动创建了一个视口，所以能够看到分布在其中的图形。

在布局中，选择视口的边界，如图 13-36 所示，按 Delete 键可删除视口，删除后显示于该视口的图像将不可见，如图 13-37 所示。

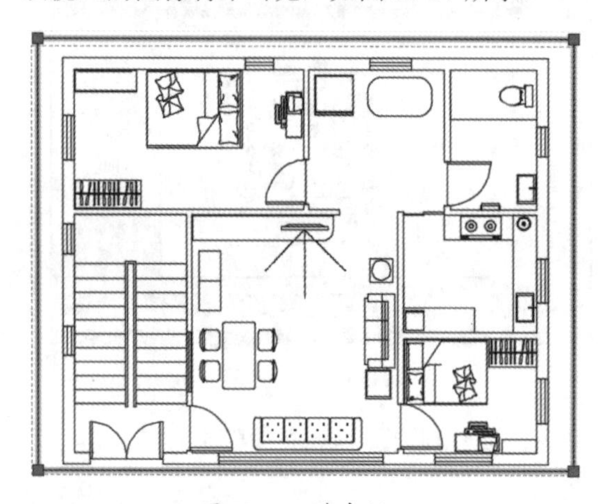

图 13-36 选中视口

图 13-37 删除视口

13.4.2 新建视口

系统默认的视口往往不能满足布局的要求，尤其是在进行多视口布局时，此时需要手动创建新视口，并对其进行调整和编辑。

“新建视口”的方法如下。

- 功能区：在“输出”选项卡中，单击“布局视口”面板中的各按钮，可创建相应的视口。
- 菜单栏：执行“视图”|“视口”命令。
- 命令行：VPORTS。

1. 创建标准视口

执行上述命令下的“新建视口”子命令后，将打开“视口”对话框，如图 13-38 所示，在“新建视口”选项卡的“标准视口”列表中可以选择要创建的视口类型，在右边的预览窗口中可以进行预览，可以创建单个视口，也可以创建多个视口，如图 13-39 所示，还可以选择多个视口的摆放位置。

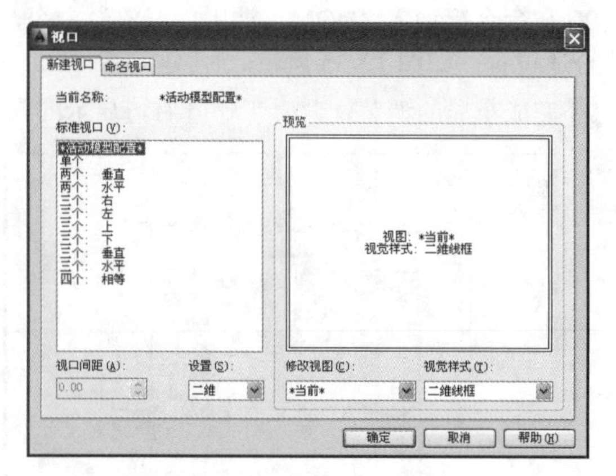

图 13-38 “视口”对话框

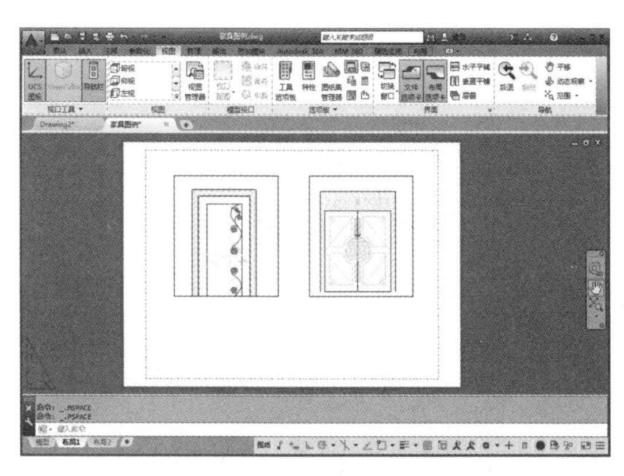

图 13-39　创建多个视口

调用多个视口的方法如下。

➢ 功能区：在“布局”选项卡中，单击“布局视口”中的各按钮，如图 13-40 所示。

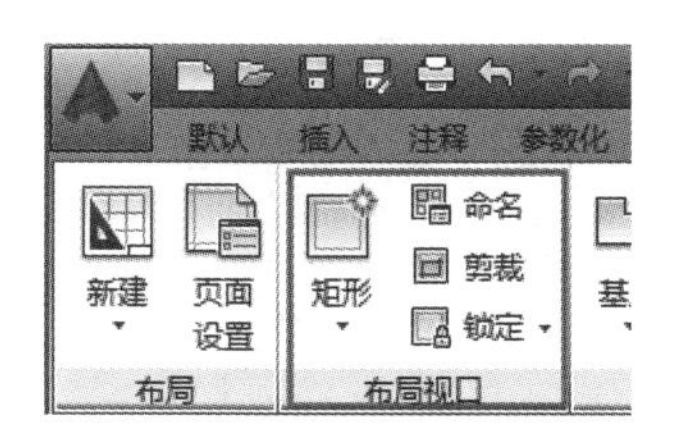

图 13-40　“功能区”调用“视口”命令

➢ 菜单栏：执行“视图”|“视口”命令，如图 13-41 所示。

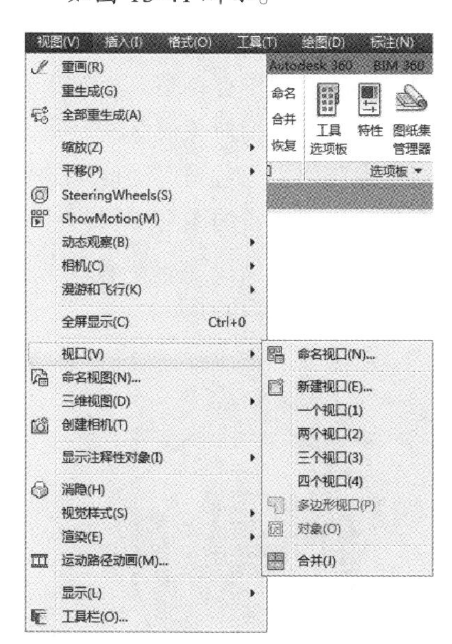

图 13-41　“菜单栏”调用“视口”命令

➢ 命令行：VPORTS。

2. 创建特殊形状的视口

执行上述命令中的“多边形视口”命令，可以创建多边形的视口，如图 13-42 所示。甚至还可以在布局图样中手动绘制特殊的封闭对象边界，如多边形、圆、样条曲线或椭圆等，使用“对象”命令，将其转换为视口，如图 13-43 所示。

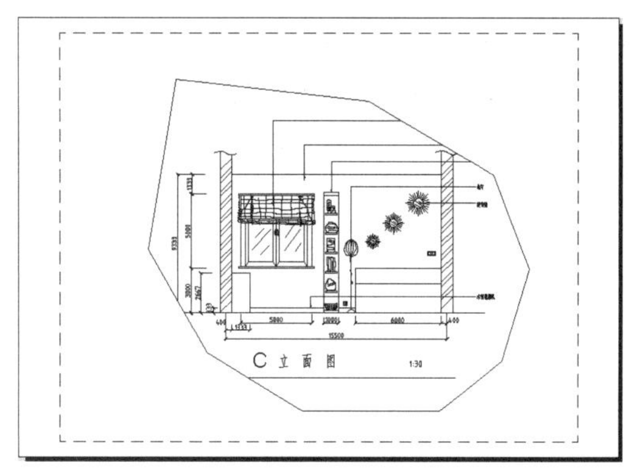

图 13-42　多边形视口

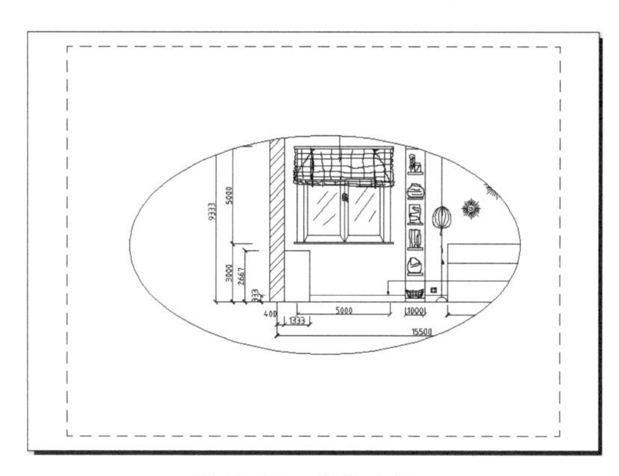

图 13-43　转换为视口

13.4.3　案例——创建正五边形视口

有时为了让布局空间显示更多的内容，可以通过“视口”命令来创建多个显示窗口，也可以手工绘制矩形或多边形，并将其转换为视口。

01 单击“快速访问”工具栏中的“打开”按钮，打开“第 13 章 /13.4.3 创建正五边形视口 .dwg”文件，如图 13-44 所示。

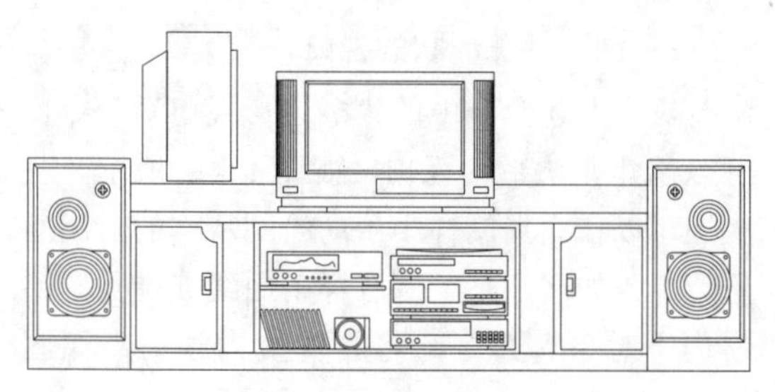

图 13-44 素材文件

02 切换至“布局 1”空间，选取默认的矩形浮动视口，按 Delete 键删除，此时图像将不可见，如图 13-45 所示。

图 13-45 删除视口

03 在“默认”选项卡中，单击“绘图”面板中的“正多边形”按钮，绘制内接于圆半径为 90 的正五边形，如图 13-46 所示。

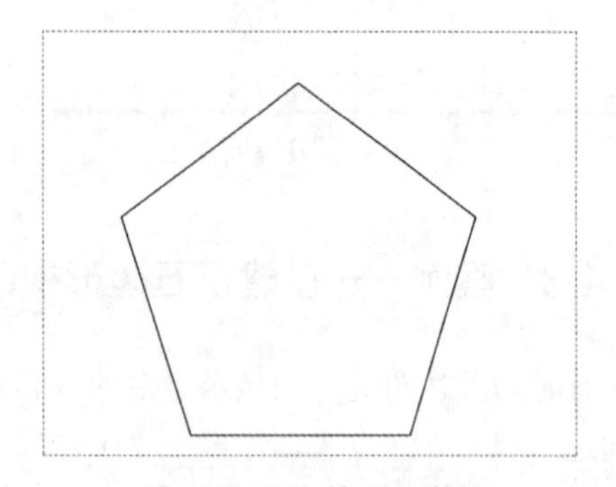

图 13-46 绘制正五边形

04 在“布局”选项卡中，单击“布局视口”面板中的“对象”按钮，选择正五边形，将正五边形转换为视口，效果如图 13-47 所示。

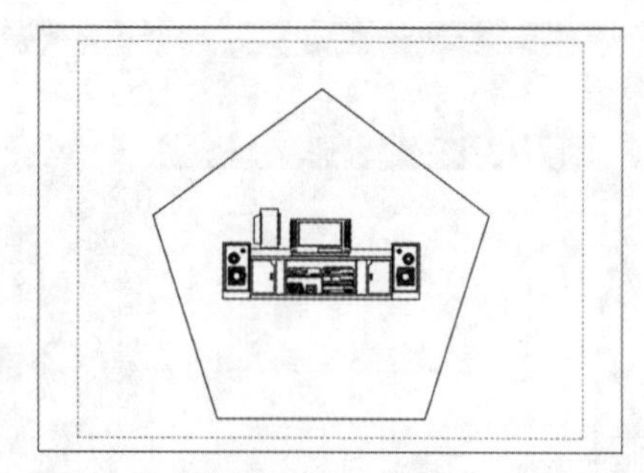

图 13-47 转换视口

05 单击工作区右下角的“模型 / 图纸空间”按钮图纸，切换为模型空间，对图形进行缩放，最终结果如图 13-48 所示。

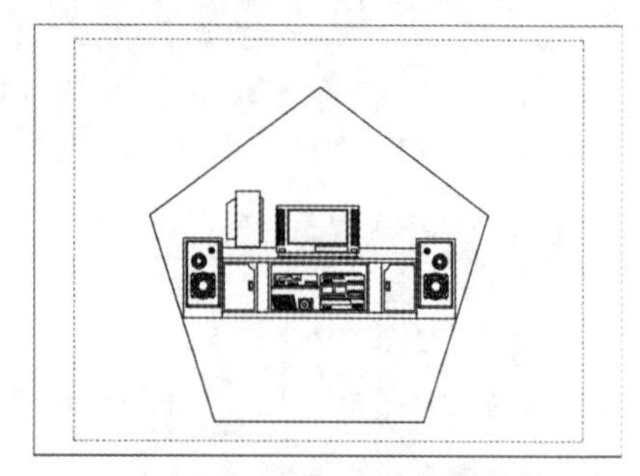

图 13-48 最终效果图

13.4.4 调整视口

视口创建后，为了使其满足需要，还需要对视口的大小和位置进行调整，相对于布局空间，视口和一般的图形对象没区别，每个视口均被绘制在当前层上，且采用当前层的颜色和线型。因此可使用通常的图形编辑方法来编辑视口。例如，可以通过拉伸和移动夹点来调整视口的边界，如图 13-49 所示。

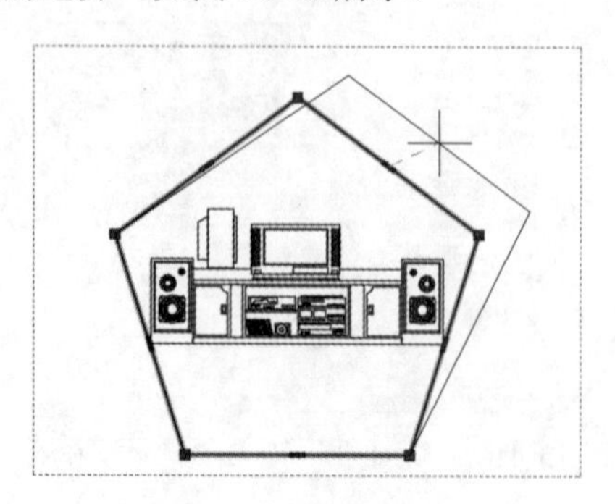

图 13-49 利用夹点调整视口

13.5 页面设置

页面设置是出图准备过程中的最后一个步骤，打印的图形在进行布局之前，先要对布局的页面进行设置，以确定出图的纸张大小等参数。页面设置包括打印设备、纸张、打印区域、打印方向等参数的设置。页面设置可以命名保存，可以将同一个命名页面设置应用到多个布局图中，也可以从其他图形中输入命名页设置并将应用到当前图形的布局中，这样就避免了在每次打印前都反复进行打印设置的麻烦。

页面设置在“页面设置管理器”对话框中进行，调用“新建页面设置”的方法如下。

- 菜单栏：执行“文件”|“页面设置管理器”命令，如图 13-50 所示。

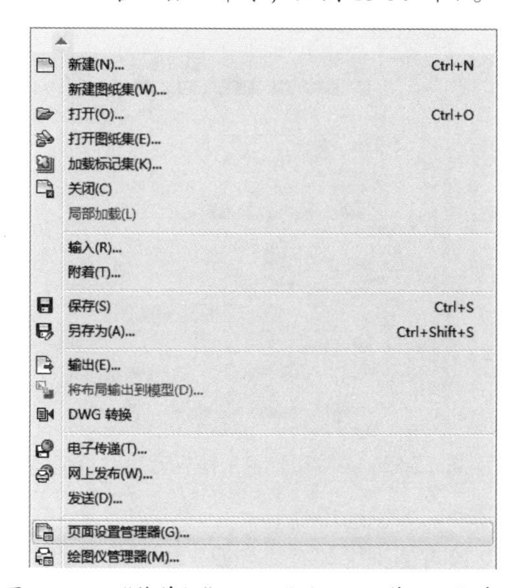

图 13-50　“菜单栏”调用“页面设置管理器”命令

- 命令行：在命令行中输入 PAGESETUP。
- 功能区：在“输出”选项卡中，单击“布局”面板或“打印”面板中的“页面设置管理器”按钮，如图 13-51 所示。

图 13-51　“页面设置管理器”按钮

- 快捷方式：右击绘图窗口下的“模型”或“布局”选项卡，在弹出的快捷菜单中，选择“页面设置管理器”命令。

执行该命令后，将打开“页面设置管理器”对话框，如图 13-52 所示，该对话框中显示了已存在的所有页面设置的列表。通过右击页面设置，或单击右边的工具按钮，可以对页面设置进行新建、修改、删除、重命名和当前页面设置等操作。

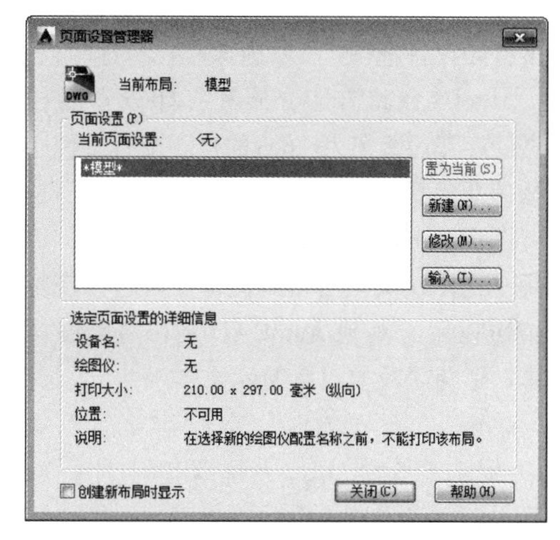

图 13-52　“页面设置管理器”对话框

单击该对话框中的“新建”按钮，新建一个页面，或选中某页面设置后单击“修改”按钮，都将打开如图 13-53 所示的“页面设置”对话框。在该对话框中，可以进行打印设备、图样、打印区域、比例等属性的设置。

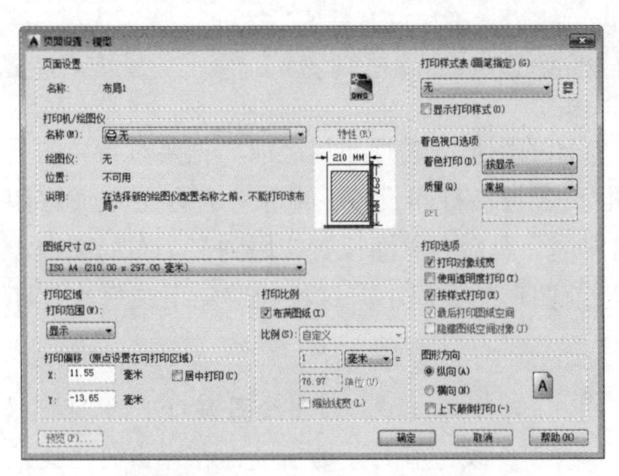

图 13-53 “页面设置”对话框

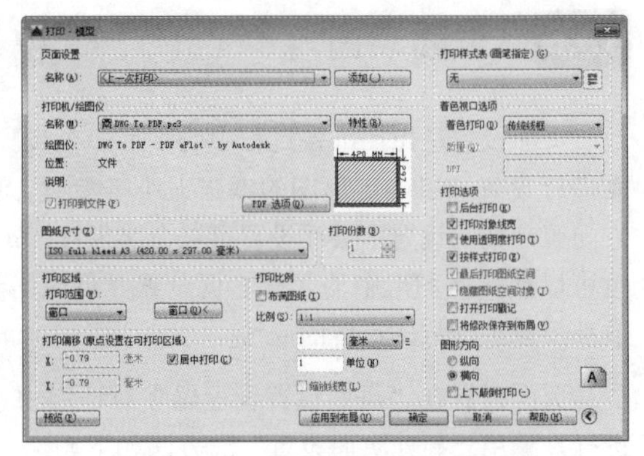

图 13-54 “打印 - 模型”对话框

13.5.1 指定打印设备

“打印机 / 绘图仪”选项组用于设置出图的绘图仪或打印机。如果打印设备已经与计算机或网络系统正确连接，并且驱动程序也已经正常安装，那么在“名称”下拉列表中就会显示该打印设备选项，可以选择需要的打印设备。

AutoCAD 将打印介质和打印设备的相关信息储存在后缀名为*.pc3的打印配置文件中，这些信息包括绘图仪配置设置指定端口信息、光栅图形和矢量图形的质量、图样尺寸，以及取决于绘图仪类型的自定义特性。这样使打印配置可以用于其他 AutoCAD 文档，能够实现共享，避免了反复设置的麻烦。

单击功能区“输出”选项卡“打印”组面板中的“打印”按钮，系统弹出“打印 - 模型”对话框，如图 13-54 所示。在该对话框“打印机 / 绘图仪”功能框的“名称”下拉列表中选择要设置的名称选项，单击右边的“特性”按钮 特性(R)... ，系统弹出“绘图仪配置编辑器”对话框，如图 13-55 所示。

切换到“设备和文档设置”选项卡，选择各个节点，然后进行更改即可，各节点修改的方法见本节的“选项说明”部分。在这里，如果更改了设置，所做更改将出现在设置名旁边的尖括号 (< >) 中。修改过其值的节点图标上还会显示一个复选标记。

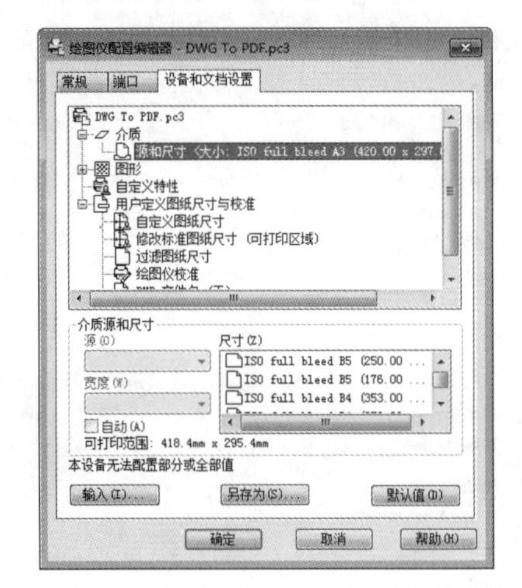

图 13-55 “绘图仪配置编辑器”对话框

● 命令子选项说明

该对话框中共有“介质”“图形”“自定义特性”和“用户定义图纸尺寸与校准”这 4 个主节点，除“自定义特性”节点外，其余节点皆有子菜单。下面对各个节点进行介绍。

a. “介质”节点

该节点可指定纸张来源、大小、类型和目标，在点选此选项后，在“尺寸”选项列表中指定。有效的设置取决于配置的绘图仪支持的功能。对于 Windows 系统打印机，必须使用“自定义特性”节点配置介质设置。

b. “图形”节点

为打印矢量图形、光栅图形和 TrueType 文字指定设置。根据绘图仪的性能，可修改颜色深度、分辨率和抖动。可为矢量图形选择彩色输出或单色输出。在内存有限的绘图仪上打印光栅图像时，可以通过修改打印输出质量来提高性能。如果使用支持不同内存安装总量的非系统绘图仪，则可以提供此信息以提高性能。

c. “自定义特性”节点

点选“自定义特性”选项，单击“自定义特性”按钮，系统弹出“PDF 选项”对话框，如图 13-56 所示。在该对话框中可以修改绘图仪配置的特定设备特性。每一种绘图仪的设置各不相同，如果绘图仪制造商没有为设备驱动程序提供“自定义特性”对话框，则“自定义特性”选项不可用。对于某些驱动程序，例如 ePLOT，这是显示的唯一树状图选项。对于 Windows 系统打印机，多数设备特有的设置在此对话框中完成。

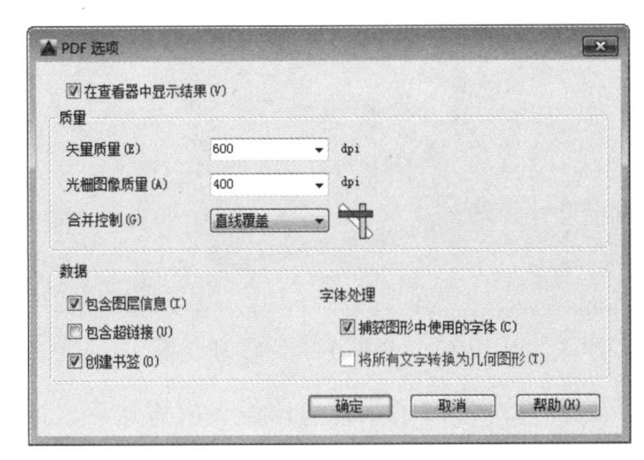

图 13-56　“PDF 特性”对话框

d. “用户定义图纸尺寸与校准”主节点

用户定义图纸尺寸与校准节点。将 PMP 文件附着到 PC3 文件，校准打印机并添加、删除、修订或过滤自定义图纸尺寸，具体步骤介绍如下。

01 在“绘图仪配置编辑器”对话框中点选“自定义图纸尺寸”选项，单击“添加”按钮，系统弹出“自定义图纸尺寸 - 开始”对话框，如图 13-57 所示。

02 在该对话框中选择“创建新图纸”选项，或者选择现有的图纸进行自定义，单击“下一步”按钮，系统跳转到“自定义图纸尺寸 - 介质边界”对话框，如图 13-58 所示。在文本框中输入介质边界的宽度和高度值，这里可以设置非标准 A0、A1、A2 等规格的图框，有些图形需要加长打印便可在此设置，并确定单位名称为毫米。

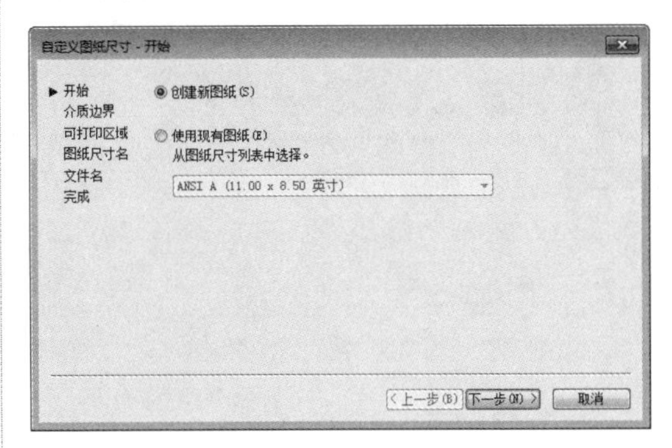

图 13-57　“自定义图纸尺寸 - 开始”对话框

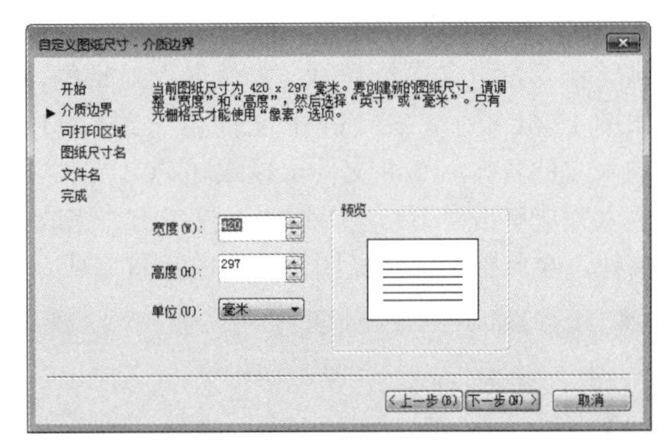

图 13-58　“自定义图纸尺寸 - 介质边界”对话框

03 单击“下一步”按钮，系统跳转到“自定义图纸尺寸 - 可打印区域”对话框，如图 13-59 所示。在该对话框中可以设置图纸边界与打印边界线的距离，即设置非打印区域。大多数驱动程序与图纸边界的指定距离来计算可打印区域。

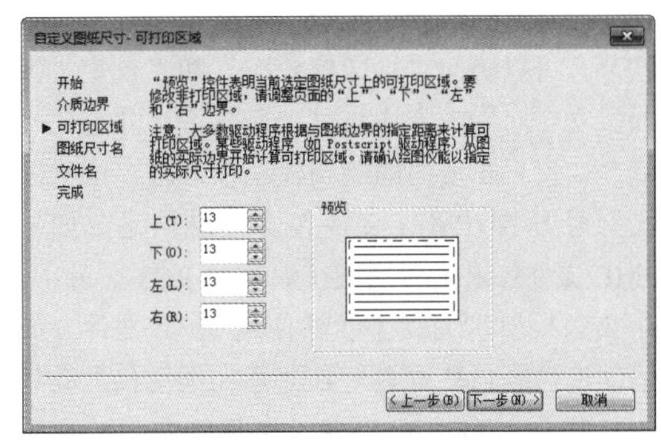

图 13-59　“自定义图纸尺寸 - 可打印区域”对话框

04 单击“下一步”按钮，系统跳转到“自定义图纸尺寸 - 图纸尺寸名”对话框，如图 13-60

所示。在“名称”文本框中输入图纸尺寸名称。

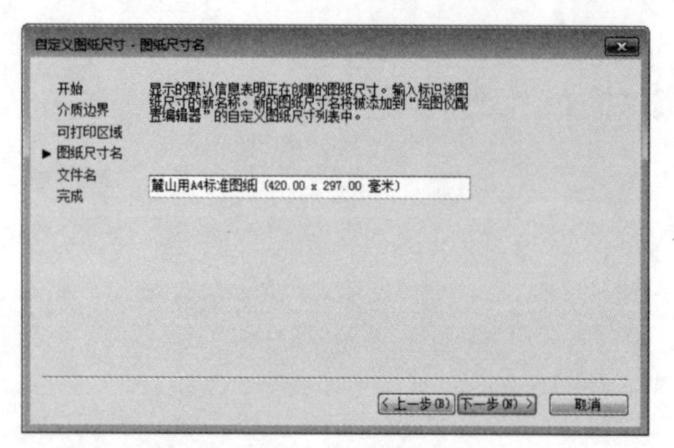

图 13-60　“自定义图纸尺寸 - 图纸尺寸名”对话框

05 单击该对话框中的“下一步”按钮，系统跳转到“自定义图纸尺寸 - 文件名”对话框，如图 13-61 所示。在“PMP 文件名”文本框中输入文件名称。PMP 文件可以跟随 PC3 文件。输入完成单击“下一步”按钮，再单击“完成”按钮。至此整个自定义图纸尺寸的设置完成。

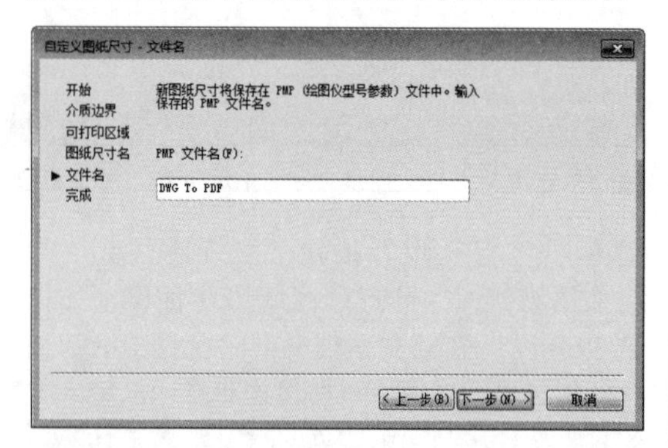

图 13-61　“自定义图纸尺寸 - 文件名”对话框

在配置编辑器中可修改标准图纸尺寸。通过节点可以访问“绘图仪校准”和“自定义图纸尺寸”向导，方法与自定义图纸尺寸方法类似。如果正在使用的绘图仪已校准过，则绘图仪型号参数 (PMP) 文件包含校准信息。如果 PMP 文件还未附着到正在编辑的 PC3 文件中，那么必须创建关联才能够使用 PMP 文件。如果创建当前 PC3 文件时在“添加绘图仪”向导中校准了绘图仪，则 PMP 文件已附着。使用“用户定义的图纸尺寸和校准”下面的“PMP 文件名”选项，将 PMP 文件附着到或拆离正在编辑的 PC3 文件。

- 输出高分辨率的 JPG 图片

在第 2 章的 2.3 节中已经介绍了几种常见文件的输出，除此之外，DWG 图纸还可以通过命令将选定对象输出为不同格式的图像，例如使用 JPGOUT 命令导出 JPEG 图像文件、使用 BMPOUT 命令导出 BMP 位图图像文件、使用 TIFOUT 命令导出 TIF 图像文件、使用 WMFOUT 命令导出 Windows 图元文件……但是导出的这些格式的图像分辨率很低，如果图形比较大，将无法满足印刷的要求，如图 13-62 所示。

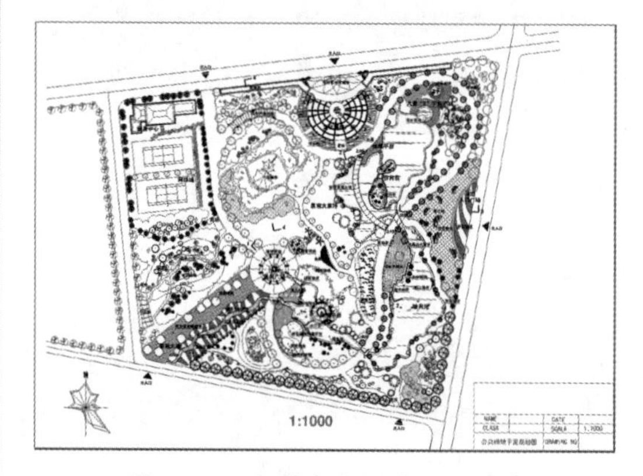

图 13-62　分辨率很低的 JPG 图片

不过，学习了指定打印设备的方法后，即可通过修改图纸尺寸的方式，来输出高分辨率的 JPG 图片。下面通过一个例子来介绍具体的操作方法。

13.5.2　拓展案例——输出高分辨率的 JPG 图片

01 打开“第 13 章 /13.5.2 输出高分辨率 JPG 图片 .dwg”，其中绘制好了某公共绿地的平面图，如图 13-63 所示。

02 按快捷键 Ctrl+P，弹出“打印 - 模型”对话框。然后在“名称”下拉列表中选择所需的打印机，本例要输出 JPG 图片，便选择 PublishToWeb JPG.pc3 打印机为例，如图 13-64 所示。

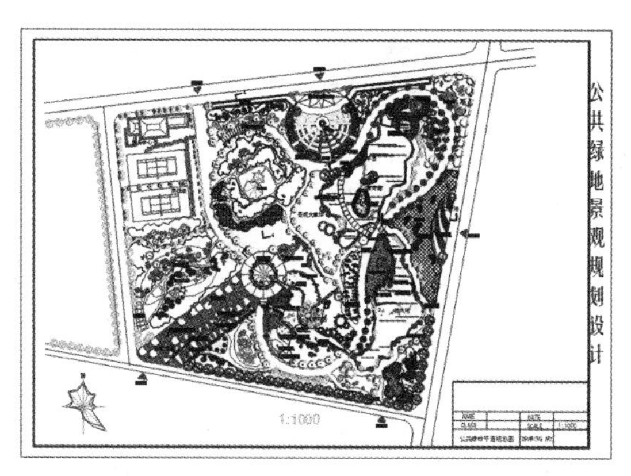

图 13-63 素材文件

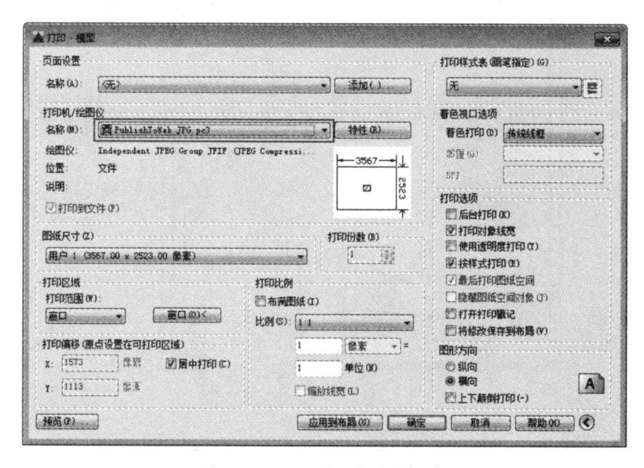

图 13-64 指定打印机

03 单击 PublishToWeb JPG.pc3 右侧的“特性”按钮 特性(R)...，系统弹出“绘图仪配置编辑器”对话框，选择“用户定义图纸尺寸与校准”节点下的“自定义图纸尺寸”选项，单击右下方的“添加”按钮，如图 13-65 所示。

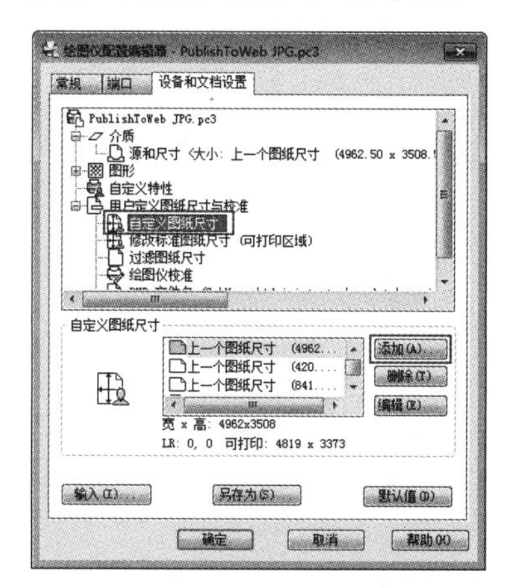

图 13-65 “绘图仪配置编辑器”对话框

04 系统弹出“自定义图纸尺寸 - 开始”对话框，选择“创建新图纸”选项，然后单击“下一步”按钮，如图 13-66 所示。

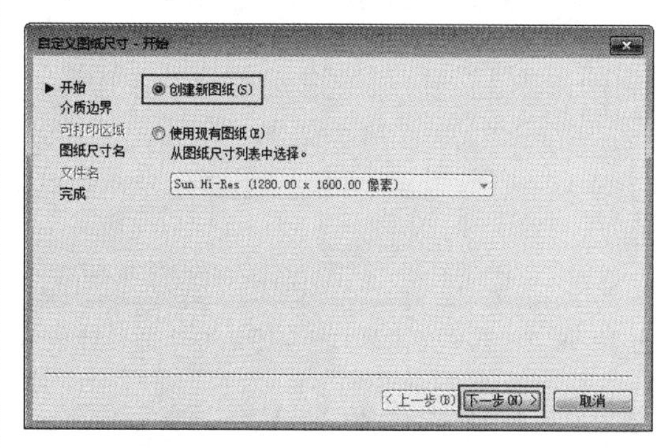

图 13-66 “自定义图纸尺寸 - 开始”对话框

05 调整分辨率。系统跳转到“自定义图纸尺寸 - 介质边界”对话框，这里会提示当前图形的分辨率，可以酌情进行调整，本例修改的分辨率，如图 13-67 所示。

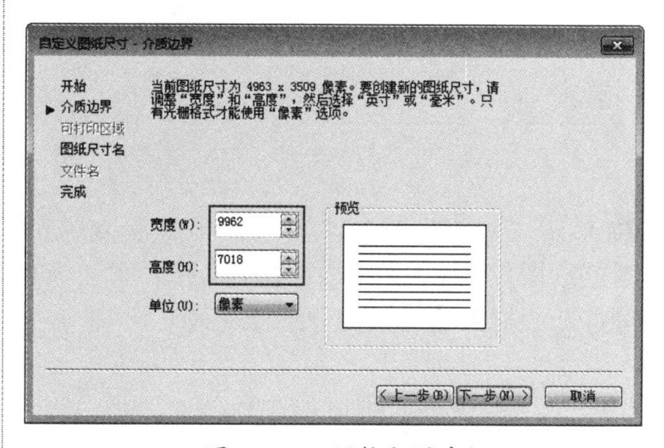

图 13-67 调整分辨率

操作技巧：设置分辨率时，要注意图形的长宽比与原图一致。如果所输入的分辨率与原图长、宽不成比例，则会失真。

06 单击“下一步”按钮，系统跳转到“自定义图纸尺寸 - 图纸尺寸名”对话框，在“名称”文本框中输入图纸尺寸的名称，如图 13-68 所示。

07 单击“下一步”按钮，再单击“完成”按钮，完成高清分辨率的设置。返回“绘图仪配置编辑器”对话框后单击“确定”按钮，再返回“打印 - 模型”对话框，在“图纸尺寸”下拉列表中选择刚才创建好的“高清分辨率”选项，如图 13-69 所示。

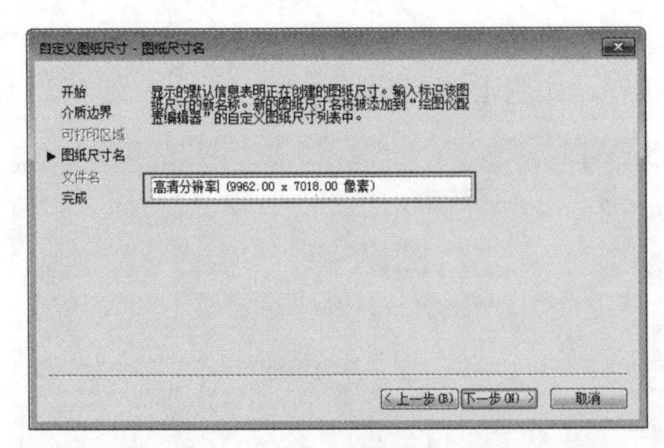

图 13-68　“自定义图纸尺寸 - 图纸尺寸名”对话框

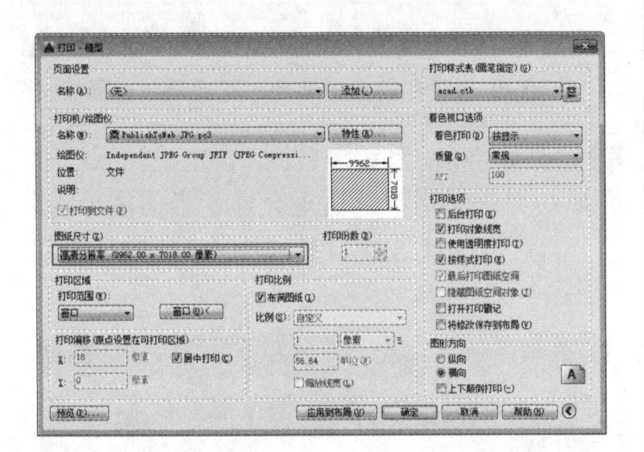

图 13-69　选择图纸尺寸（即分辨率）

08 单击“确定”按钮，即可输出高清分辨率的JPG图片，局部截图效果如图13-70所示（亦可打开素材中的效果文件进行观察）。

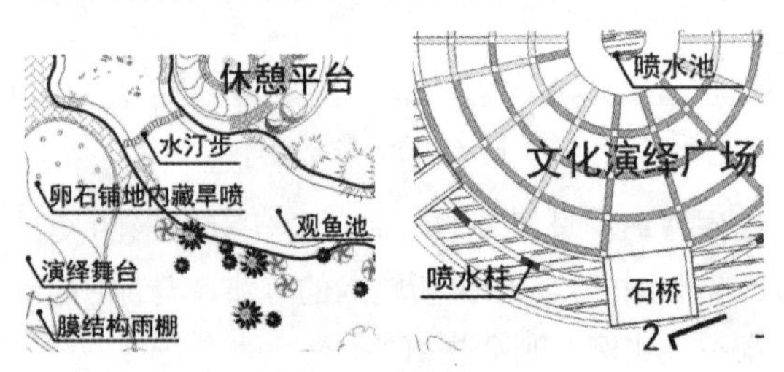

图 13-70　局部效果

- 将 AutoCAD 图形导入 Photoshop

对于新时期的设计工作来说，已不是仅靠一个软件来进行操作的，无论是客户要求，还是自身发展，都在逐渐向多软件互通的方向发展。因此使用 AutoCAD 进行设计时，就必须掌握 DWG 文件与其他主流软件（如 Word、Photoshop、CorelDRAW）的交互。

下面通过一个例子来介绍具体的操作方法。

13.5.3　拓展案例 —— 输出供 Photoshop 用的 EPS 文件

通过添加打印设备即可让 AutoCAD 输出 EPS 文件，然后再通过 Photoshop、CorelDRAW 软件进行二次设计，即可得到极具表现效果的设计图（彩平图），如图 13-71 和图 13-72 所示，这在室内设计中极为常见。

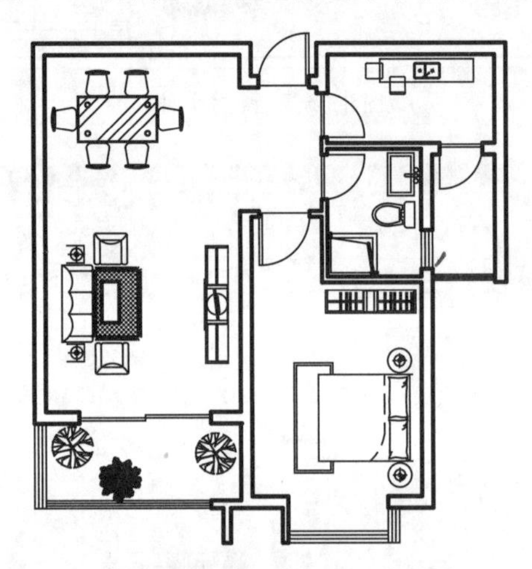

图 13-71　原始的 DWG 平面图

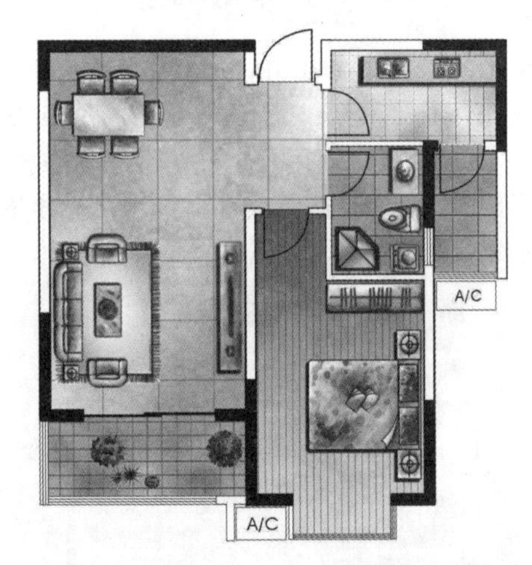

图 13-72　经过 Photoshop 修缮后的彩平图

01 打开“第 13 章 /13.5.3 输出供 PS 用的 EPS 文件 .dwg”文件，其中绘制好了一幅简单的室内平面图。

02 单击功能区“输出”选项卡的“打印”组面板中的“绘图仪管理器”按钮，系统打开 Plotters 文件夹窗口，如图 13-73 所示。

图 13-73　Plotters 文件夹窗口

03 双击文件夹窗口中“添加绘图仪向导”快捷方式，打开“添加绘图仪 - 简介”对话框，如图 13-74 所示。介绍称本向导可配置现有的 Windows 绘图仪或新的非 Windows 系统绘图仪。配置信息将保存在 PC3 文件中。在 Plotters 文件夹窗口中以 .pc3 为后缀名的文件都是绘图仪文件。

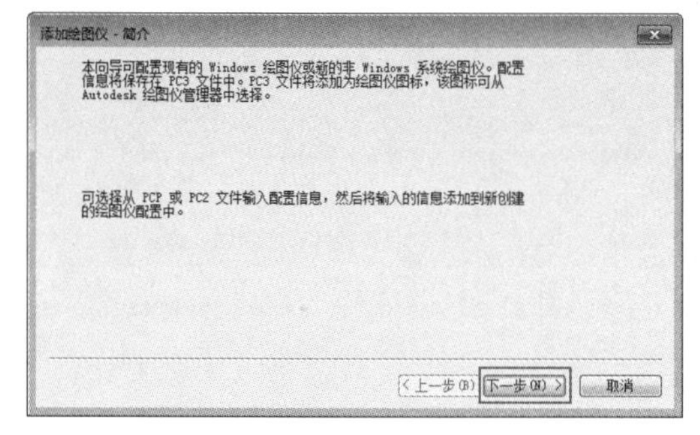

图 13-74　“添加绘图仪 - 简介”对话框

04 单击“添加绘图仪 - 简介”对话框中的“下一步”按钮，系统跳转到“添加绘图仪 - 开始”对话框，如图 13-75 所示。

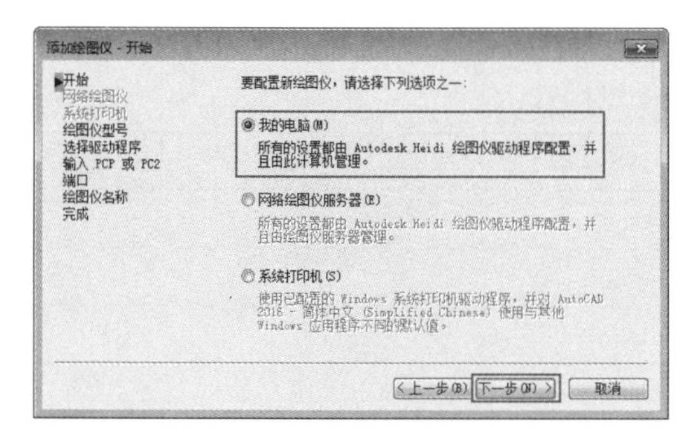

图 13-75　“添加绘图仪 - 开始”对话框

05 选择默认的选项“我的电脑”，单击“下一步”按钮，系统跳转到“添加绘图仪 - 绘图仪型号”对话框，如图 13-76 所示。选择默认的生产商及型号，单击该对话框中的“下一步”按钮，系统跳转到“添加绘图仪 - 输入 PCP 或 PC2”对话框，如图 13-77 所示。

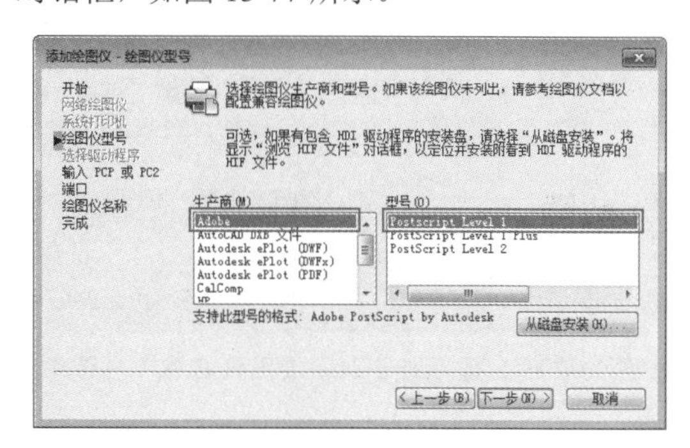

图 13-76　“添加绘图仪 - 绘图仪型号”对话框图

图 13-77　“添加绘图仪 - 输入 PCP 或 PC2”对话框

06 单击该对话框中的“下一步”按钮，系统跳转到“添加绘图仪 - 端口”对话框，选择“打印到文件”选项，如图 13-78 所示。因为是用虚拟打印机输出，打印时弹出保存文件的对话框，所以选择打印到文件。

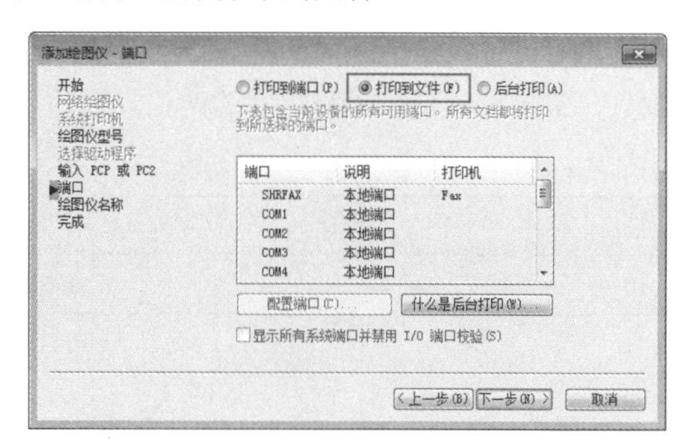

图 13-78　“添加绘图仪 - 端口”对话框

07 单击“添加绘图仪-端口”对话框中的“下一步”按钮，系统跳转到“添加绘图仪-绘图仪名称”对话框，如图13-79所示。在“绘图仪名称”文本框中输入名称EPS。

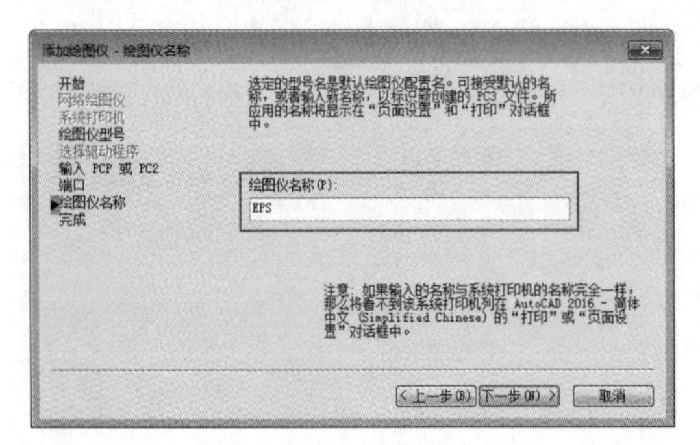

图13-79 “添加绘图仪-绘图仪名称”对话框

08 单击“添加绘图仪-绘图仪名称”对话框中的“下一步”按钮，系统跳转到“添加绘图仪-完成”对话框，单击“完成”按钮，完成EPS绘图仪的添加，如图13-80所示。

09 单击功能区“输出”选项卡的“打印”组面板中的“打印”按钮，系统弹出“打印-模型”对话框，在该对话框的“打印机/绘图仪”下拉列表中可以选择EPS.pc3选项，即上述创建的绘图仪。单击“确定”按钮，即可创建EPS文件，如图13-81所示。

10 以后通过此绘图仪输出的文件便是EPS类型的文件，用户可以使用AI（Adobe Illustrator）、CDR（CorelDraw）、PS（Photoshop）等图像处理软件打开，置入的EPS文件是智能矢量图像，可自由缩放。能打印出高品质的图形图像，最高能表示32位图形图像。

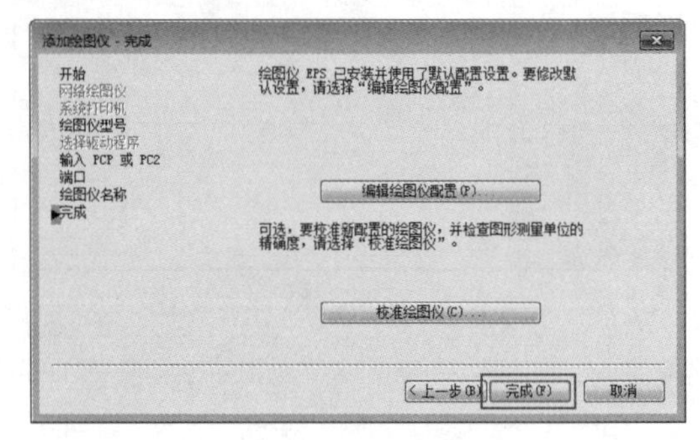

图13-80 “添加绘图仪-完成”对话框

图13-81 “打印-模型”对话框

13.5.4 设定图纸尺寸

在“图纸尺寸”下拉列表中选择打印出图时的纸张类型，控制出图比例。

工程制图的图纸有一定的规范尺寸，一般采用英制A系列图纸尺寸，包括A0、A1、A2等标准型号，以及A0+、A1+等加长图纸型号。图纸加长的规定是：可以将边延长1/4或1/4的整数倍，最多可以延长至原尺寸的两倍，短边不可延长。各型号图纸的尺寸，如表13-1所示。

表13-1 标准图纸尺寸

图纸型号	长宽尺寸
A0	1189mm×841mm
A1	841mm×594mm
A2	594mm×420mm
A3	420mm×297mm
A4	297mm×210mm

新建图纸尺寸的步骤为首先在打印机配置文件中新建一个或若干个自定义尺寸，然后保存为新的打印机配置 pc3 文件。这样，以后需要使用自定义尺寸时，只需要在“打印机 / 绘图仪”对话框中选择该配置文件即可。

13.5.5　设置打印区域

在使用模型空间打印时，一般在“打印”对话框中设置打印范围，如图 13-82 所示。

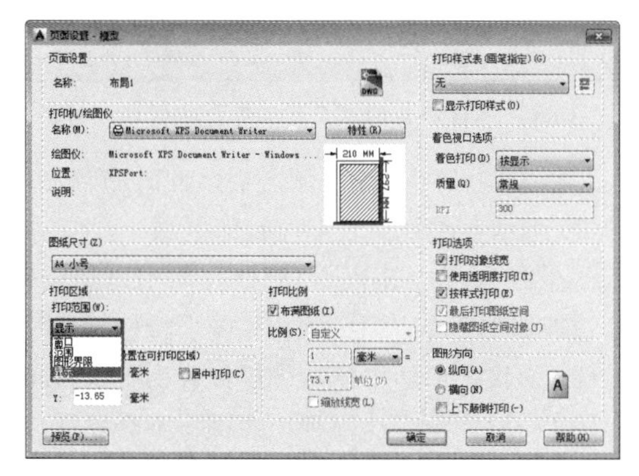

图 13-82　设置打印范围

“打印范围”下拉列表用于确定设置图形中需要打印的区域，其各选项含义如下。

- “布局”：打印当前布局图中的所有内容。该选项是默认选项，选择该项可以精确地确定打印范围、打印尺寸和比例。
- “窗口”：用窗选的方法确定打印区域。单击该按钮后，“页面设置”对话框暂时消失，系统返回绘图区，可以用鼠标在模型窗口中的工作区间拉出一个矩形窗口，该窗口内的区域就是打印范围。使用该选项确定打印范围简单、方便，但是不能得到精确的比例尺和出图尺寸。
- “范围”：打印模型空间中包含所有图形对象的范围。
- “显示”：打印模型窗口当前视图状态下显示的所有图形对象，可以通过 ZOOM 命令调整视图状态，从而调整打印范围。

在使用布局空间打印图形时，单击“打印”面板中的“预览”按钮，预览当前的打印效果。图签有时会出现部分不能完全打印的状况，如图 13-83 所示，这是因为图签大小超越了图纸可打印区域的缘故。可以通过“绘图配置编辑器”对话框中的“修改标准图纸所示（可打印区域）”选择重新设置图纸的可打印区域来解决，如图 13-84 所示的虚线表示了图纸的可打印区域。

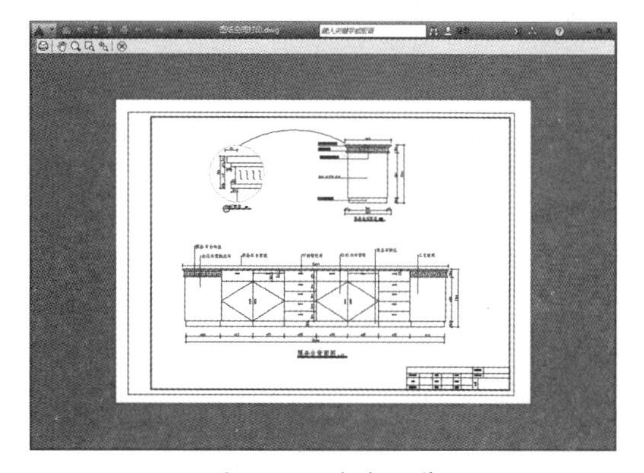

图 13-83　打印预览

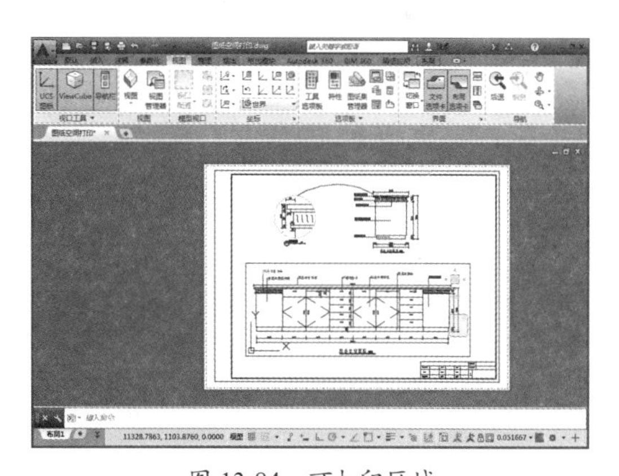

图 13-84　可打印区域

单击“打印”面板中的“绘图仪管理器”按钮，系统弹出 Plotters 对话框，如图 13-85 所示，双击所设置的打印设备。系统弹出“绘图配置编辑器”对话框，在该对话框中选择“修改标准图纸所示（可打印区域）”选项，重新设置图纸的可打印区域，如图 13-86 所示。也可以在“打印”对话框中选择打印设备后，再单击右边的“特性”按钮，可以打开“绘图仪配置编辑器”对话框。

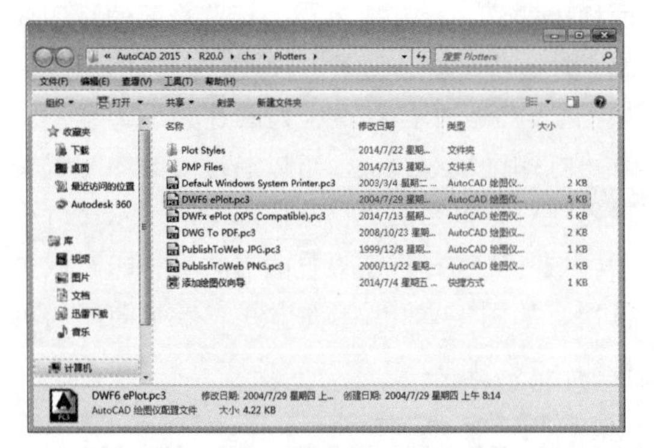

图 13-85　Plotters 文件窗口

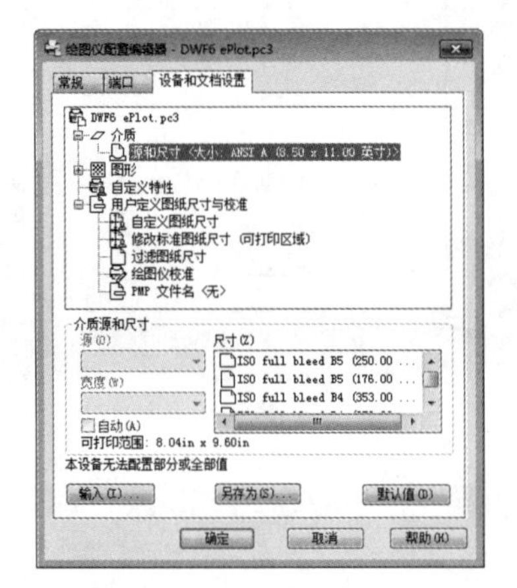

图 13-86　绘图仪配置编辑器

在“修改标准图纸尺寸”栏中选择当前使用的图纸类型（即在“页面设置”对话框中的“图纸尺寸”列表中选择的图纸类型），如图 13-87 所示为光标所在的位置（不同打印机有不同的显示）。

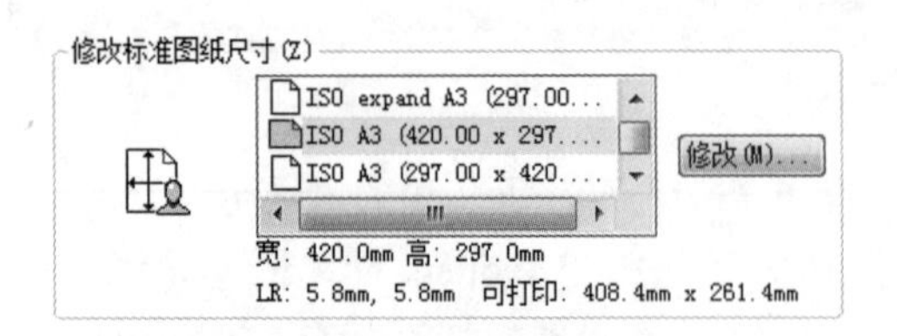

图 13-87　选择图纸类型

单击“修改”按钮弹出“自定义图纸尺寸”对话框，如图 13-88 所示，分别设置上、下、左、右页边距（可以使打印范围略大于图框即可），单击两次“下一步”按钮，再单击“完成”按钮，返回“绘图仪配置编辑器”对话框，单击“确定”按钮关闭对话框。

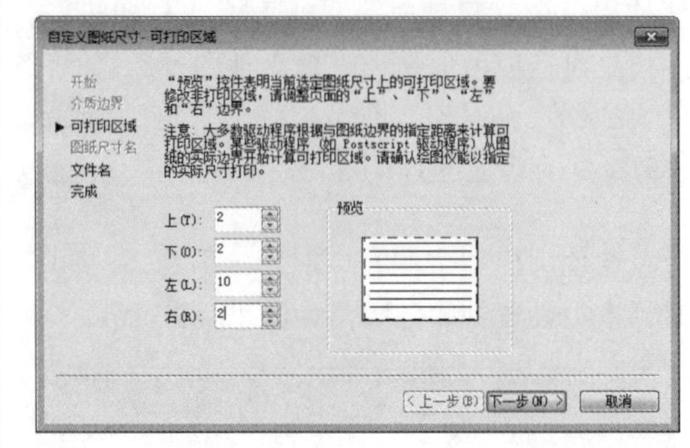

图 13-88　“自定义图纸尺寸 - 可打印区域”对话框

修改图纸可打印区域之后，此时布局如图 13-89 所示（虚线内表示可打印区域）。

在命令行中输入 LAYER，调用“图层特性管理器”命令，系统弹出“图层特性管理器”对话框，将视口边框所在图层设置为不可打印，如图 13-90 所示，这样视口边框将不会被打印。

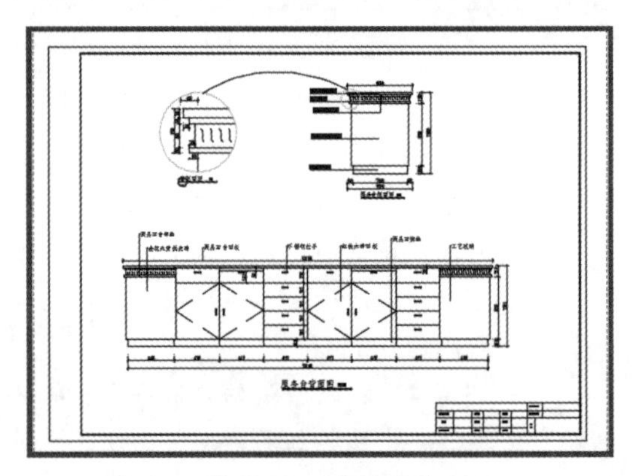

图 13-89　布局效果

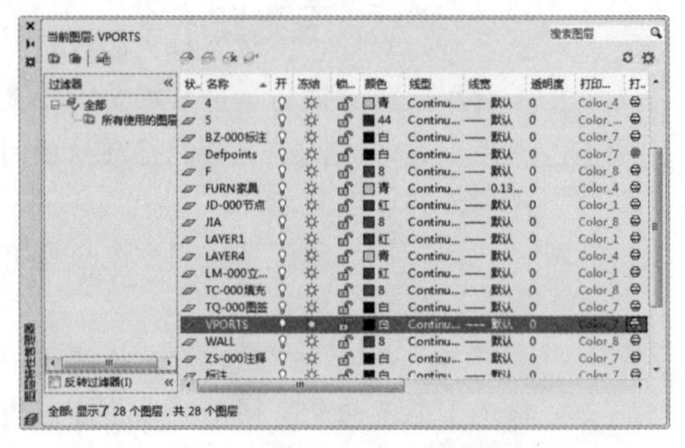

图 13-90　设置视口边框图层属性

再次预览打印效果如图 13-91 所示，图形可以正确打印。

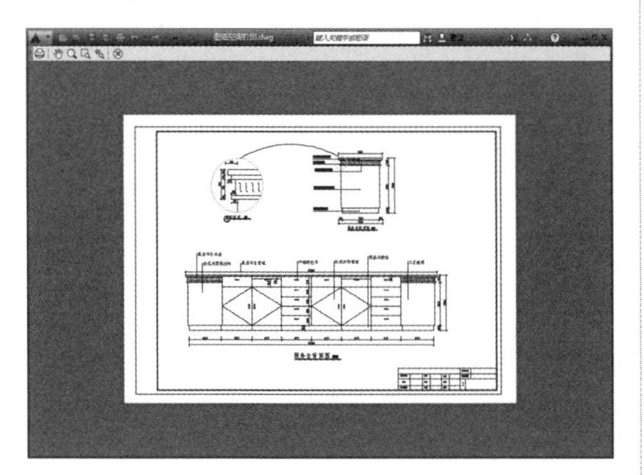

图 13-91　修改页边距后的打印效果

13.5.6　设置打印偏移

“打印偏移”选项组用于指定打印区域偏离图样左下角的 X 方向和 Y 方向偏移值，一般情况下，都要求出图充满整个图样，所以设置 X 和 Y 偏移值均为 0，如图 13-92 所示。

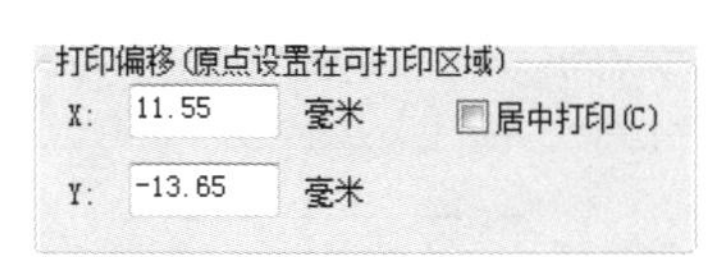

图 13-92　“打印偏移”设置选项

通常情况下打印的图形和纸张的大小一致，不需要修改设置。选中“居中打印”复选框，则图形居中打印。这个“居中”是指在所选纸张大小 A1、A2 等尺寸的基础上居中，也就是 4 个方向上各留空白，而不只是卷筒纸的横向居中。

13.5.7　设置打印比例

1. 打印比例

“打印比例”选项组用于设置出图比例尺。在“比例”下拉列表中可以精确设置需要出图的比例尺。如果选择“自定义”选项，则可以在下方的文本框中设置与图形单位等价的英寸数值来创建自定义比例尺。

如果对出图比例尺和打印尺寸没有要求，可以直接选中“布满图样”复选框，这样 AutoCAD 会将打印区域自动缩放到充满整个图样的状态。

“缩放线框”复选框用于设置线宽值是否按打印比例缩放。通常要求直接按照线宽值打印，而不按打印比例缩放。

在 AutoCAD 中，有两种方法控制打印出图比例。

- 在打印设置或页面设置的“打印比例”区域设置比例，如图 13-93 所示。
- 在图纸空间中使用视口控制比例，然后按照 1 ： 1 打印。

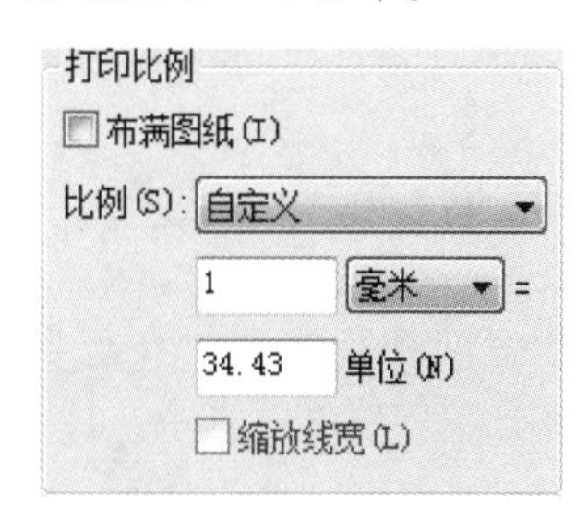

图 13-93　“打印比例”设置选项

1. 图形方向

工程制图多需要使用大幅的卷筒纸打印，在使用卷筒纸打印时，打印方向包括两个方面的问题：第一，图纸阅读时所说的图纸方向，是横宽还是竖长；第二，图形与卷筒纸的方向关系，是顺着出纸方向，还是垂直于出纸方向。

在 AutoCAD 中分别使用图纸尺寸和图形方向来控制最后出图的方向。在“图形方向”区域可以看到示意图，其中白纸表示设置图纸尺寸时选择的图纸尺寸是横宽还是竖长的，字母 A 表示图形在纸张上的方向。

13.5.8　指定打印样式表

“打印样式表”下拉列表用于选择已存在的打印样式，从而非常方便地用设置好的打印样式替代图形对象原有属性，并体现到出图格式中。

13.5.9 设置打印方向

在“图形方向”选项组中选择纵向或横向打印，选中“反向打印”复选框，可以允许在图样中上下颠倒地打印图形。

13.6 打印

在完成上述的所有设置工作后，即可开始打印出图了。

调用“打印”命令的方法如下。

- 功能区：在“输出”选项卡中，单击“打印”面板中的“打印”按钮。
- 菜单栏：执行“文件”|“打印”命令。
- 命令行：PLOT。
- 快捷操作：按快捷键 Ctrl+P。

在 AutoCAD 中打印分为两种形式：模型打印和布局打印。

13.6.1 模型打印

在模型空间中，执行“打印”命令后，系统弹出“页面设置”对话框，如图 13-94 所示，在该对话框中可以进行出图前的最后一次设置。

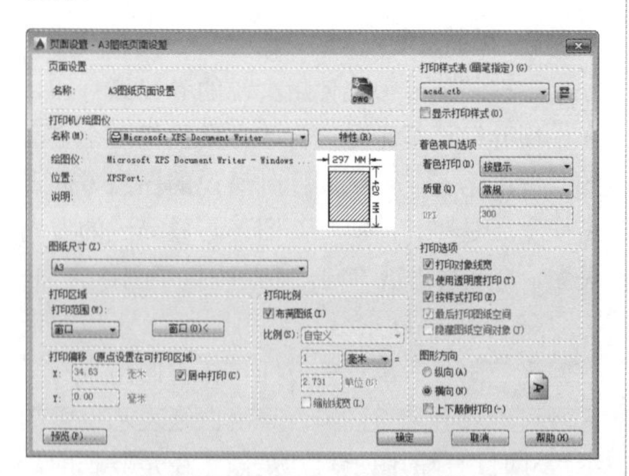

图 13-94 模型空间的“页面设置”对话框

下面通过具体的案例讲解模型空间打印的具体操作步骤。

13.6.2 案例——打印地面平面图

本例介绍直接从模型空间进行打印的方法。本例先设置打印参数，然后再进行打印，是基于统一规范的考虑。读者可以用此方法调整自己常用的打印设置，也可以直接从步骤 07 开始进行快速打印。

01 单击“快速访问”工具栏中的“打开”按钮，打开“13.6.2 打印地面平面图”素材文件，如图 13-95 所示。

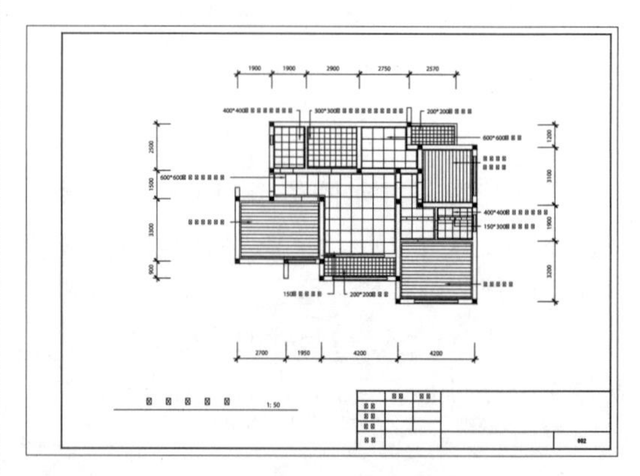

图 13-95 素材文件

02 单击“菜单浏览器”按钮，在弹出的菜单中选择“打印”|“管理绘图仪”命令，系统弹出 Plotter 文件窗口，如图 13-96 所示。

03 双击对话框中的 DWF6 ePlot 文件图标，系统弹出“绘图仪配置编辑器–DWF6 ePlot.pc3”对话框。在该对话框中单击“设备和文档设置”选项卡。单击选择该对话框中的“修改标准图纸尺寸（可打印区域）”选项，如图13-97所示。

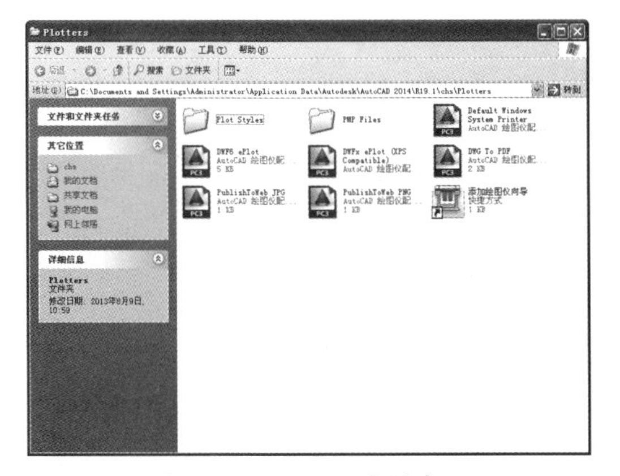

图13-96　Plottery 文件窗口

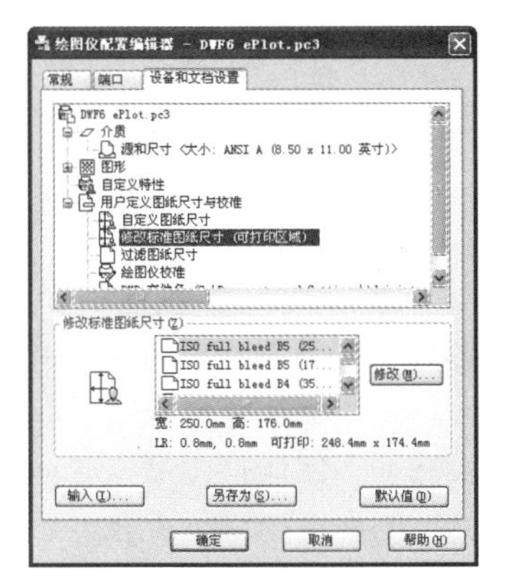

图13-97　“修改标准图纸尺寸（可打印区域）”选项

04 在“修改标准图纸尺寸”选择框中选择尺寸为ISOA2（594.00×420.00），如图13-98所示。

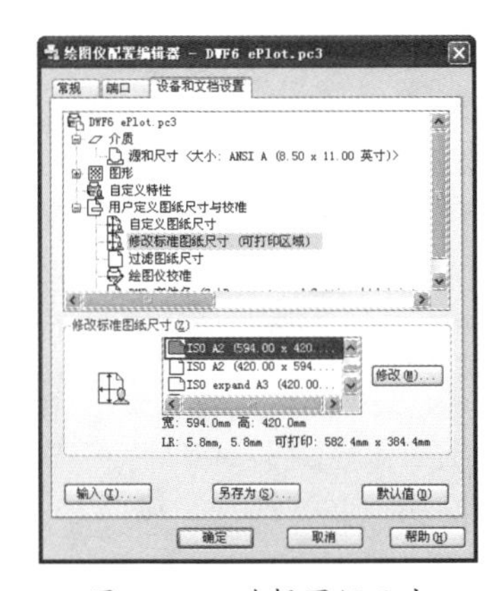

图13-98　选择图纸尺寸

05 单击“修改”按钮 修改(M)... ，系统弹出“自定义图纸尺寸－可打印区域”对话框，设置参数，如图13-99所示。

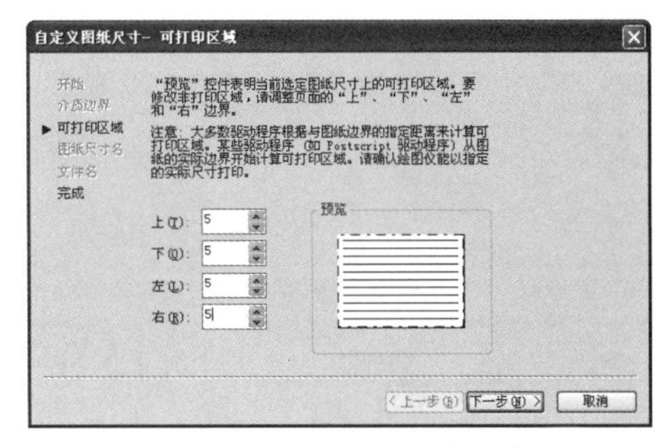

图13-99　设置图纸打印区域

06 单击“下一步”按钮，系统弹出“自定义尺寸－完成”对话框，如图13-100所示，在该对话框中单击“完成”按钮，返回“绘图仪配置编辑器－DWF6 ePlot.pc3”对话框，单击“确定”按钮，完成参数设置。

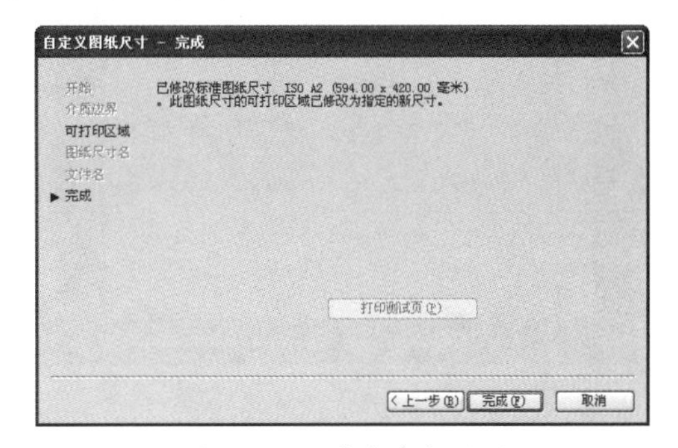

图13-100　完成参数设置

07 单击“菜单浏览器”按钮，在其菜单中选择“打印”|“页面设置”命令，系统弹出“页面设置管理器”对话框，如图13-101所示。

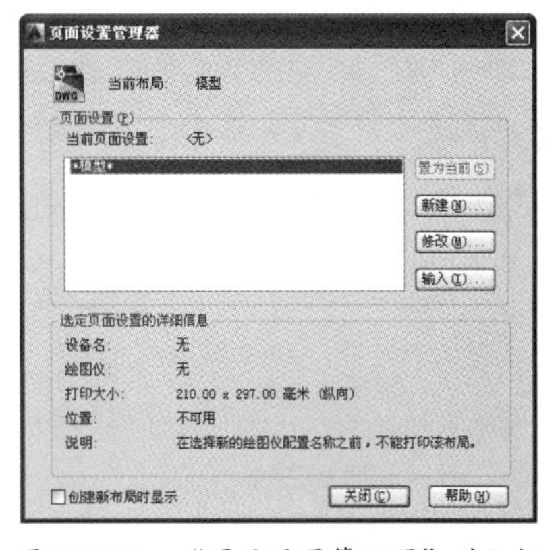

图13-101　“页面设置管理器”对话框

08 当前布局为“模型”，单击“修改”按钮，系统弹出“打印－模型”对话框，设置参数，如图 13-102 所示。

图 13-102　选择图纸尺寸

09 单击“预览”按钮，效果如图 13-103 所示。

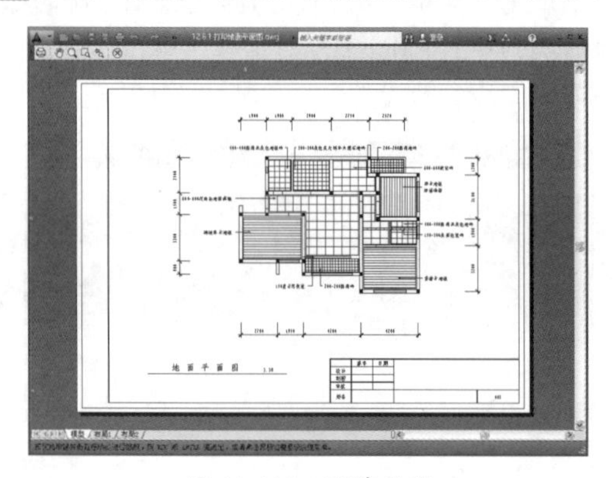

图 13-103　预览效果

10 如果对效果满意，单击鼠标右键，在弹出的快捷菜单中选择“打印”选项，系统弹出“浏览打印文件”对话框，如图 13-104 所示，设置保存路径，单击“保存”按钮保存文件，完成模型打印的操作。

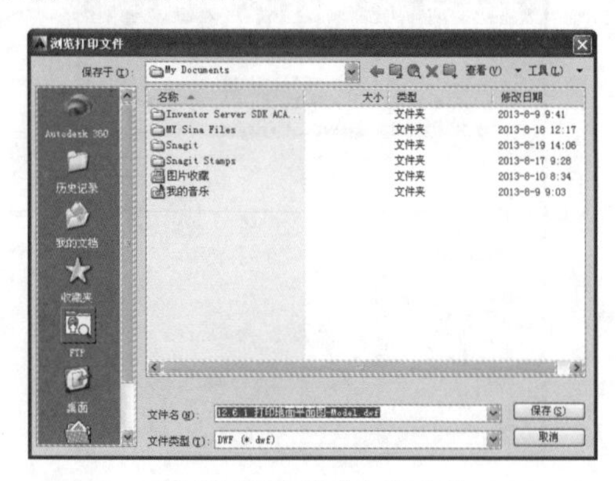

图 13-104　保存打印文件

13.6.3　布局打印

在布局空间中，执行“打印”命令后，系统弹出“打印”对话框，如图 13-105 所示。可以在“页面设置”选项组中的“名称”下拉列表中选择已经定义好的页面设置，这样就不必再反复设置对话框中的其他设置选项了。

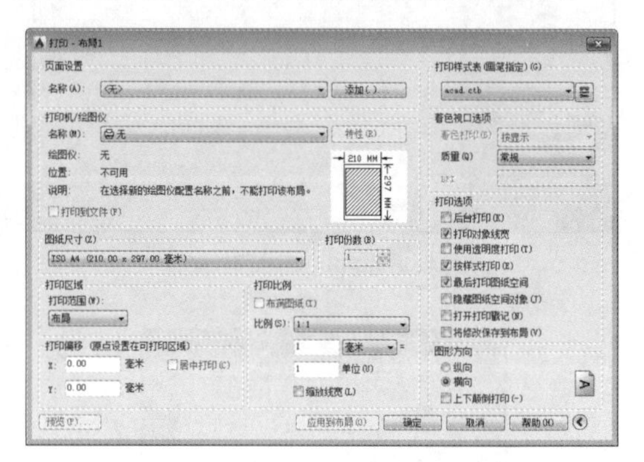

图 13-105　布局空间“打印”对话框

布局打印又分为单比例打印和多比例打印。单比例打印就是当一张图纸上多个图形的比例相同时，即可直接在模型空间内插入图框出图了。而布局多比例打印可以对不同的图形指定不同的比例来进行打印输出。

通过下面的两个实例，讲解单比例和多比例打印的过程，单比例打印过程同多比例打印只是打印的比例相同，并且单比例打印视口可多可少。

13.6.4　案例——单比例打印

单比例打印通常用于打印简单的图形，机械图纸多为此种打印方法。通过本实战的操作，熟悉布局空间的创建、多视口的创建、视口的调整、打印比例的设置、图形的打印等。

01 单击“快速访问”工具栏中的“打开”按钮，打开配套光盘提供的“第 13 章 /13.6.4 单比例打印 .dwg”素材文件，如图 13-106 所示。

02 按快捷键 Ctrl+P，弹出“打印”对话框。在“名称”下拉列表中选择所需的打印机，本例以 DWG To PDF.pc3 打印机为例。该打印机可以打印出 PDF 格式的图形。

03 设置图纸尺寸。在“图纸尺寸”下拉列表中选择“ISO full bleed A3（420.00 x 297.00 毫米）”选项，如图 13-107 所示。

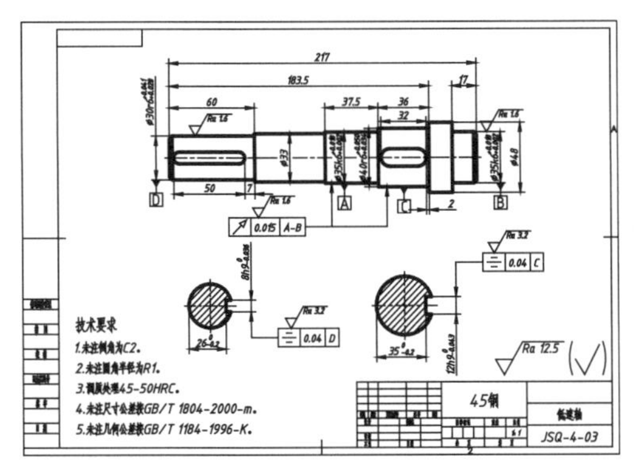

图 13-106 素材文件

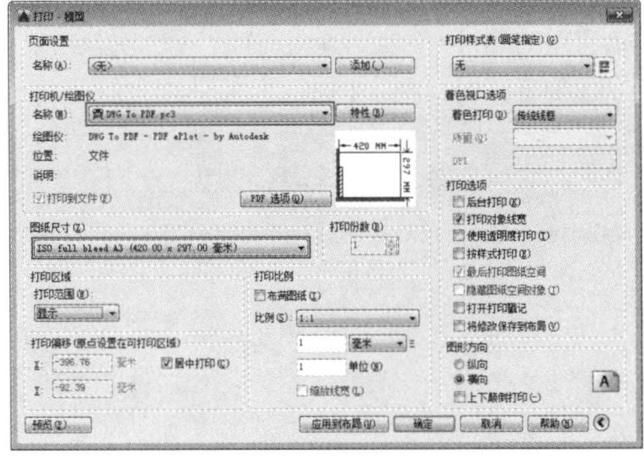

图 13-107 指定打印机

04 设置打印区域。在“打印范围”下拉列表中选择“窗口”选项，系统自动返回绘图区，并在其中框选出要打印的区域即可，如图 13-108 所示。

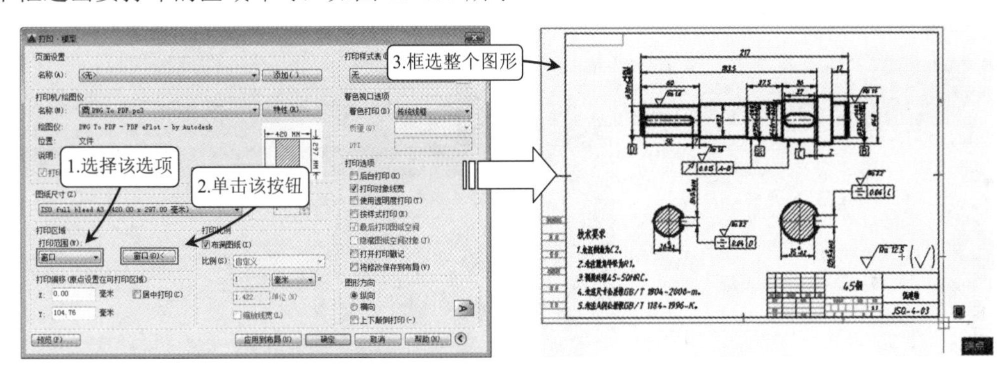

图 13-108 设置打印区域

05 设置打印偏移。返回“打印”对话框之后，勾选“打印偏移”选项区域中的“居中打印”选项，如图 13-109 所示。

06 设置打印比例。取消选中“打印比例”选项区域中的“布满图纸”选项，并在“比例”下拉列表中选择 1:1 选项，如图 13-110 所示。

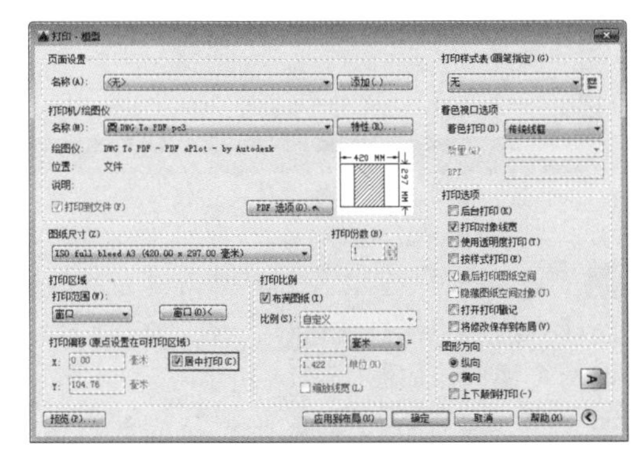

图 13-109 设置打印偏移

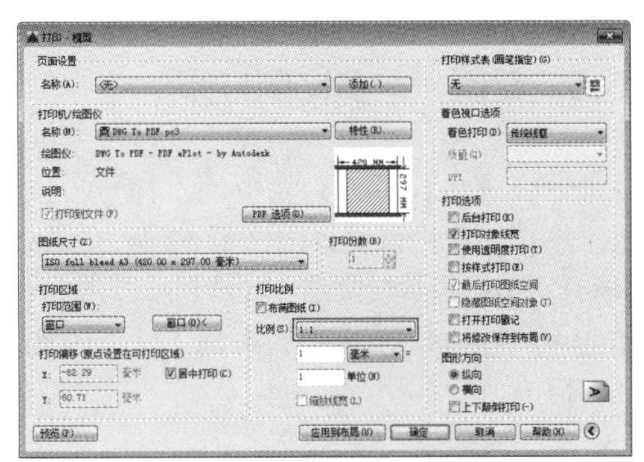

图 13-110 设置打印比例

07 设置图形方向。本例图框为横向放置，因此在“图形方向”选项区域中选择打印方向为“横向”，如图 13-111 所示。

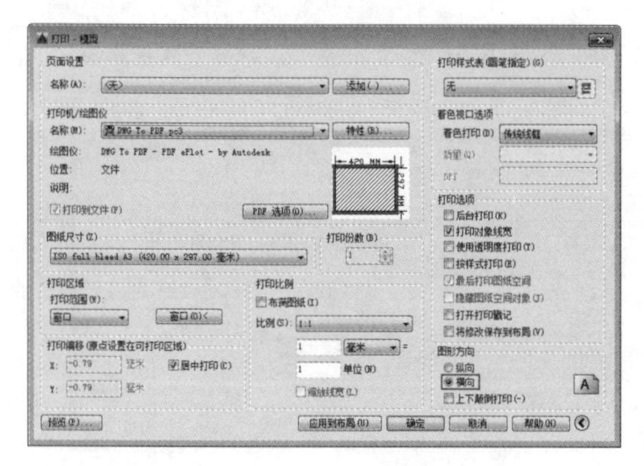

图 13-111　设置图形方向

08 打印预览。所有参数设置完成后，单击“打印”对话框左下角的“预览”按钮进行打印预览，效果如图 13-112 所示。

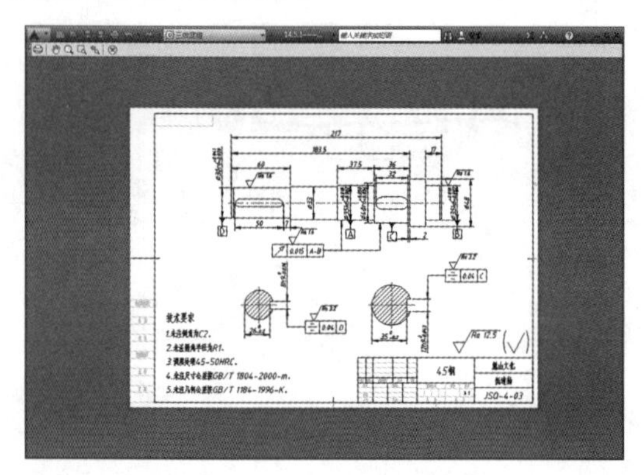

图 13-112　打印预览

09 打印图形。图形显示无误后，便可以在预览窗口中右击，在弹出的快捷菜单中选择“打印”选项，即可输出打印。

13.6.5　案例——多比例打印

01 单击“快速访问”工具栏中的“打开”按钮，打开配套光盘提供的“第 13 章 /13.6.5 多比例打印 .dwg”素材文件，如图 13-113 所示。

02 切换模型空间空间至“布局 1”，如图 13-114 所示。

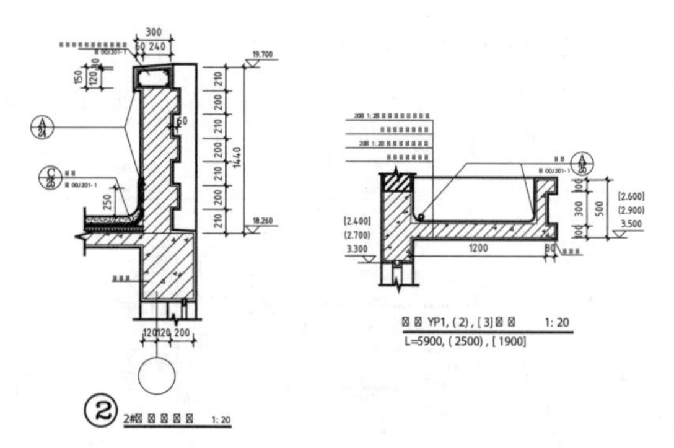

图 13-113　素材文件

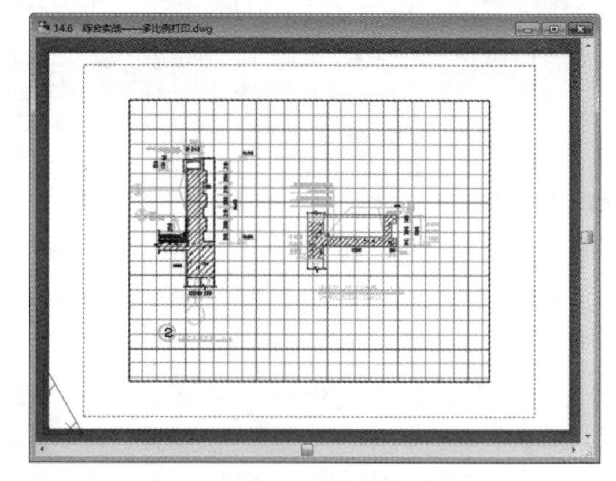

图 13-114　切换布局

03 选中“布局 1”中的视口，按 Delete 键删除，如图 13-115 所示。

图 13-115　删除视口

04 在“布局”选项卡中，单击“布局视口”面板中的“矩形”按钮，在“布局 1”中创建两个视口，如图 13-116 所示。

05 双击进入视口，对图形进行缩放，调整至合适效果，如图 13-117 所示。

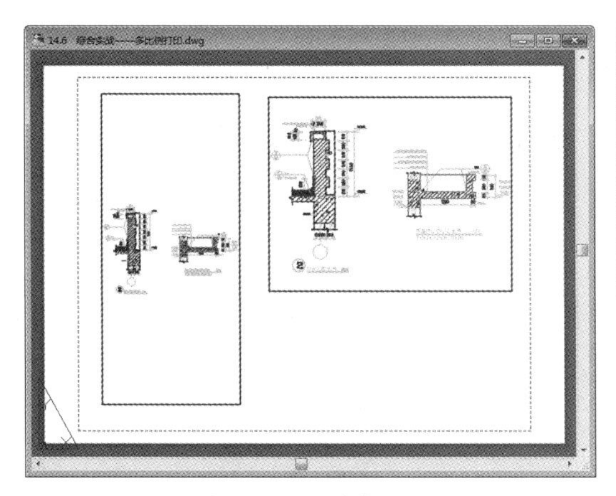

图 13-116　创建视口

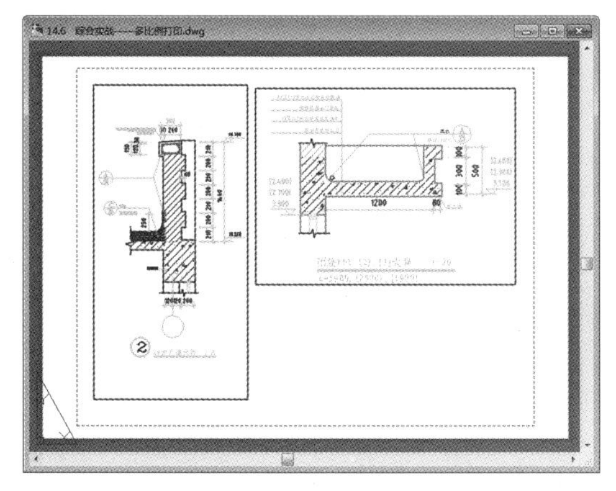

图 13-117　缩放图形

06 调用 I“插入”命令，插入 A3 图框，并调整图框和视口大小和位置，结果如图 13-118 与图 13-119 所示。

07 单击“应用程序”按钮，在弹出的菜单中选择“打印”｜“管理绘图仪”命令，系统弹出 Plotter 文件夹窗口，如图 13-120 所示。

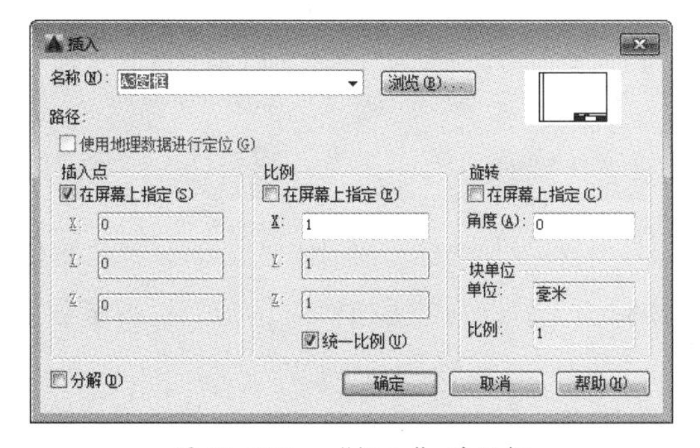

图 13-118　“插入”对话框

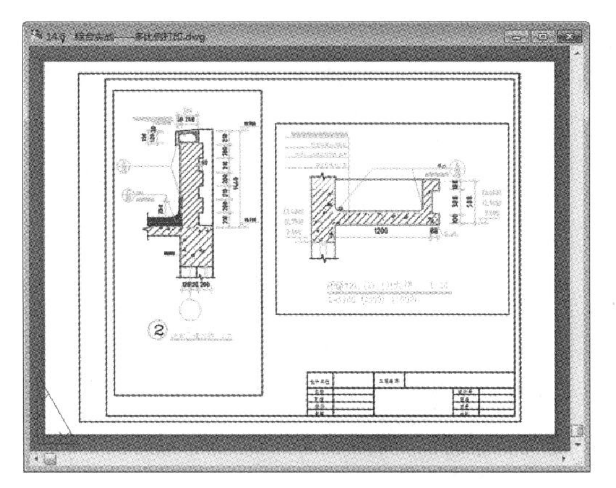

图 13-119　插入 A3 图框

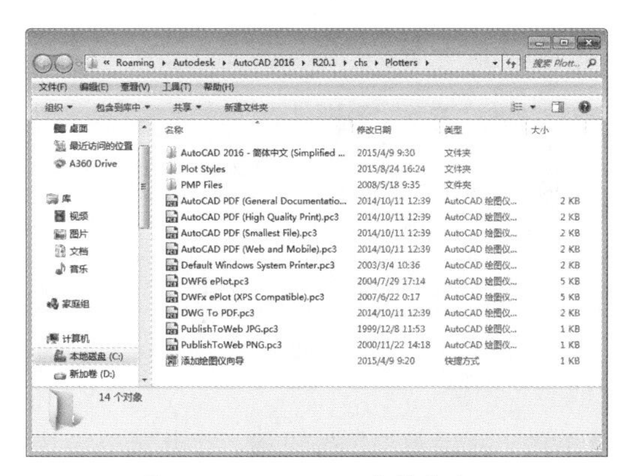

图 13-120　Plottery 文件夹窗口

08 双击文件窗口中的 DWF6 ePlot 图标，系统弹出“绘图仪配置编辑器 –DWF6 ePlot.pc3”对话框。在该对话框中单击“设备和文档设置”选项卡，选择该对话框中的“修改标准图纸尺寸（可打印区域）”选项，如图 13-121 所示。

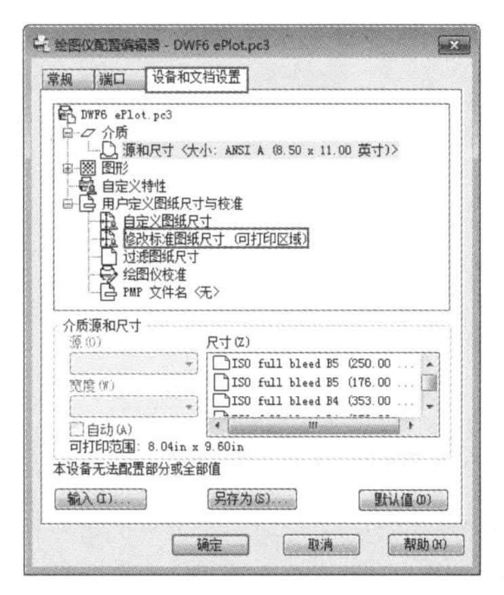

图 13-121　“绘图仪配置编辑器 –DWF6　ePlot.pc3”对话框

09 在“修改标准图纸尺寸”选择区域中选择尺寸为ISOA3（420.00×297.00），如图13-122所示。

10 单击“修改”按钮修改(M)...，系统弹出“自定义图纸尺寸–可打印区域”对话框，设置参数，如图13-123所示。

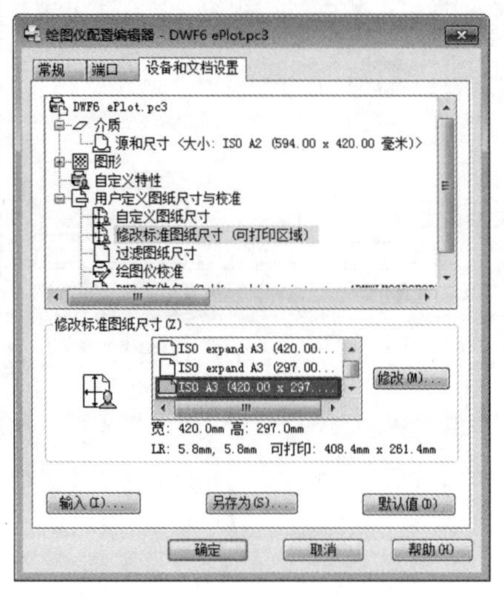

图 13-122　选择图纸尺寸

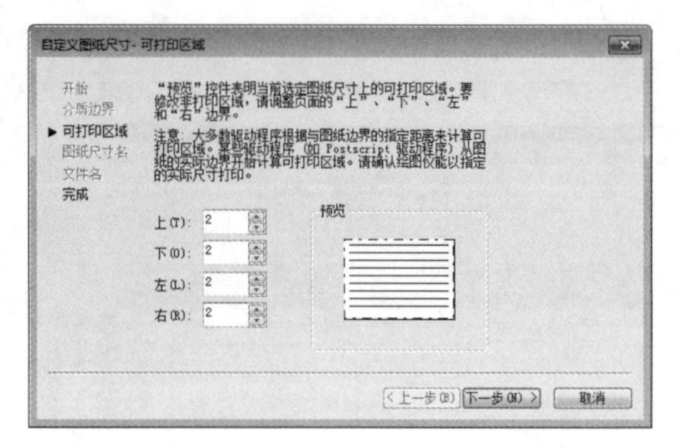

图 13-123　设置图纸打印区域

11 单击“下一步”按钮，系统弹出“自定义尺寸–完成”对话框，如图13-124所示，在该对话框中单击“完成”按钮，返回“绘图仪配置编辑器–DWF6 ePlot.pc3”对话框，单击“确定”按钮，完成参数设置。

12 单击“应用程序”按钮，在其菜单中选择“打印”｜“页面设置”命令，系统弹出“页面设置管理器”对话框，如图13-125所示。

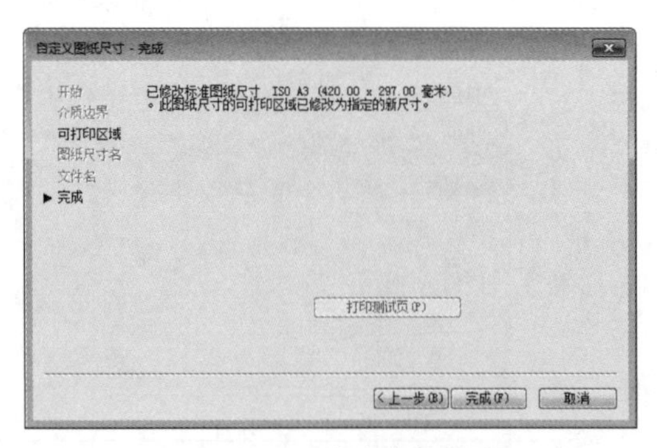

图 13-124　完成参数设置

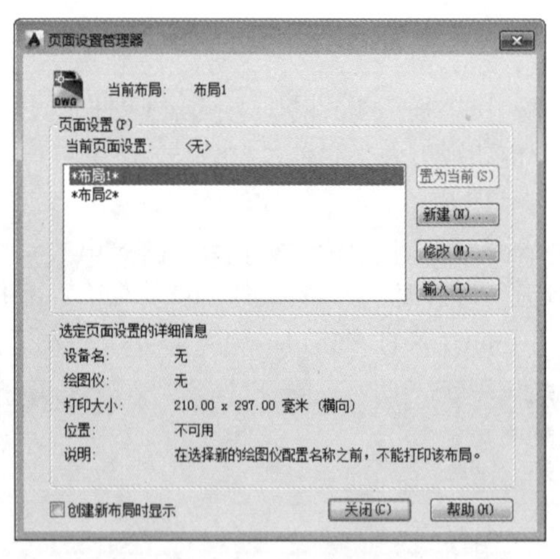

图 13-125　“页面设置管理器”对话框

13 当前布局为“布局1”，单击“修改”按钮，系统弹出“打印—布局1”对话框，设置参数，如图13-126所示。

14 在命令行中输入LA“图层特性管理器”命令，新建“视口”图层，并设置为不打印，如图13-127所示，再将视口边框转变成该图层。

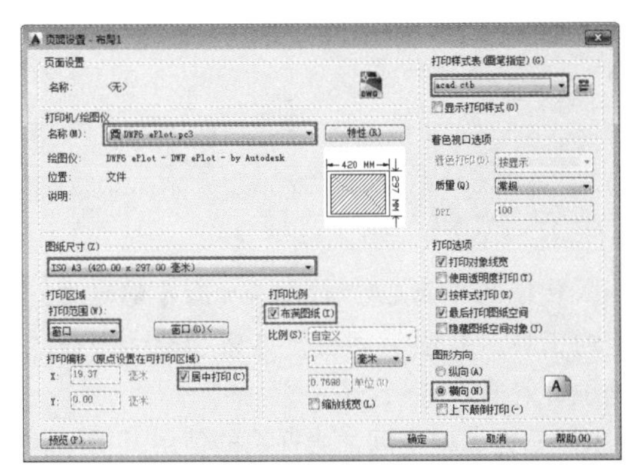

图 13-126　设置页面设置

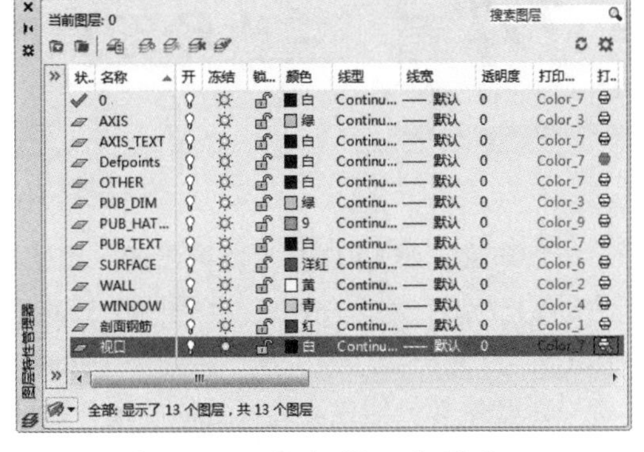

图 13-127　新建“视口”图层

15 单击“快速访问”工具栏中的“打印”按钮，弹出“打印 - 布局 1”对话框，单击“预览”按钮，效果如图 13-128 所示。

16 如果对效果满意，单击鼠标右键，在弹出的快捷菜单中选择“打印”选项，系统弹出“浏览打印文件”对话框，如图 13-129 所示，设置保存路径，单击“保存”按钮，打印图形，完成多视口打印的操作。

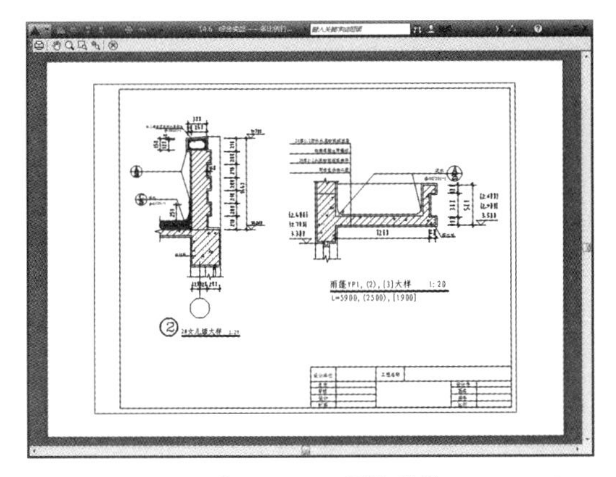

图 13-128　预览效果

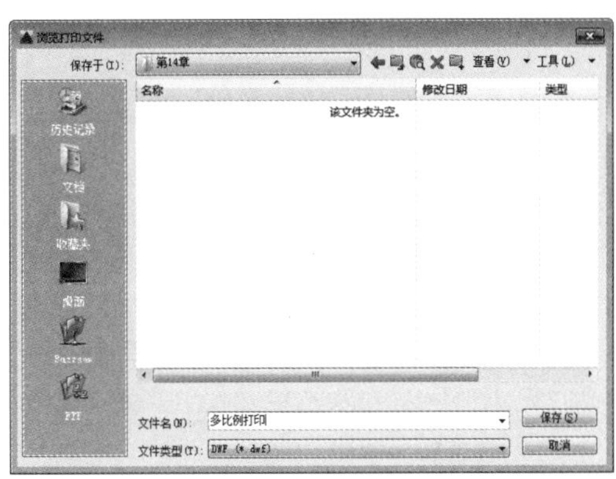

图 13-129　保存打印文件

第14章 三维绘图基础

近年来三维CAD技术发展迅速，相比之下，传统的平面CAD绘图难免有不够直观、生动的缺点，为此AutoCAD提供了三维建模的工具，并逐步完善了许多功能。现在，AutoCAD的三维绘图工具已经能够满足基本的设计需要。

本章主要介绍三维建模之前的预备知识，包括三维建模空间、坐标系的使用、视图和视觉样式的调整等，最后介绍在三维空间绘制点和线的方法，为后续章节创建复杂模型奠定基础。

14.1 三维建模工作空间

AutoCAD三维建模空间是一个三维空间，与草图与注释空间相比，此空间中多出一个Z轴方向的维度。三维建模功能区的选项卡有："常用""实体""曲面""网格""渲染""参数化""插入""注释""布局""视图""管理"、和"输出"，每个选项卡下都有与之对应的功能面板。由于此空间侧重的是实体建模，所以功能区中还提供了"三维建模""视觉样式""光源""材质""渲染"和"导航"等面板，这些都为创建、观察三维图形，以及附着材质、创建动画、设置光源等操作。

进入三维模型空间的执行方法如下。

- 快速访问工具栏：启动AutoCAD 2014，单击快速访问工具栏上的"切换工作空间"列表框，如图14-1所示，在下拉列表中选择"三维建模"工作空间。
- 状态栏：在状态栏右侧，单击"切换工作空间"按钮，展开菜单如图14-2所示，选择"三维建模"工作空间。

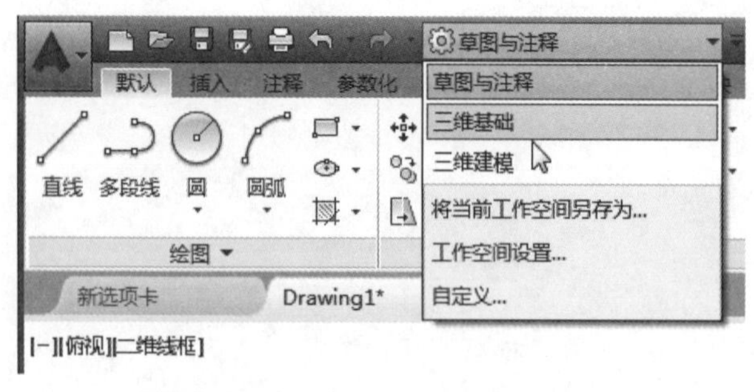

图14-1 快速访问工具栏切换工作空间

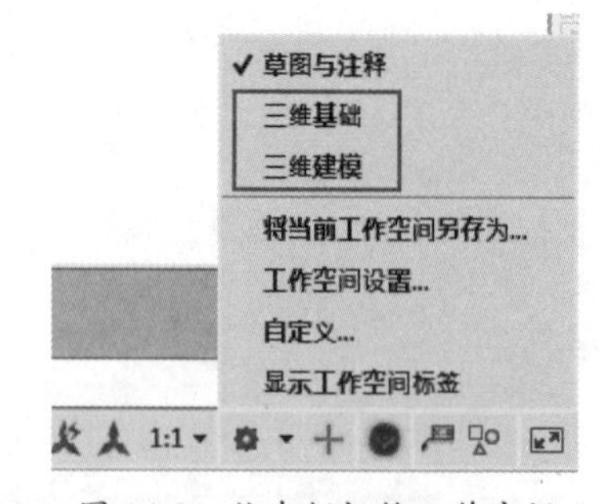

图14-2 状态栏切换工作空间

14.2 三维模型分类

AutoCAD支持三种类型的三维模型——线框模型、表面模型和实体模型。每种模型都有各自的创建和编辑方法，以及不同的显示效果。

14.2.1　线框模型

线框模型是一种轮廓模型，它是三维对象的轮廓描述，主要由描述对象的三维直线和曲线轮廓，没有面和体的特征。在 AutoCAD 中，可以通过在三维空间绘制点、线、曲线的方式得到线框模型。如图 14-3 所示即为线框模型效果。

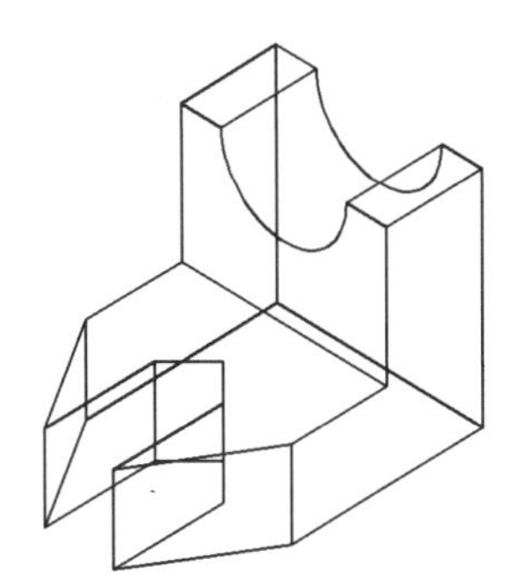

图 14-3　线框模型

操作技巧： 线框模型虽然具有三维的显示效果，但实际上由线构成，没有面和体的特征，既不能对其进行面积、体积、重心、转动质量、惯性矩形等计算，也不能进行着色、渲染等操作。

14.2.2　表面模型

表面模型是由零厚度的表面拼接组合成三维的模型效果，只有表面而没有内部填充。AutoCAD 中表面模型分为曲面模型和网格模型，曲面模型是连续曲率的单一表面，而网格模型是用许多多边形网格来拟合曲面的。表面模型适合构造不规则的曲面模型，如模具、发动机叶片、汽车等复杂零件的表面，而在体育馆、博物馆等大型建筑的三维效果图中，屋顶、墙面、格间等即可简化为曲面模型。对于网格模型，多边形网格越密，曲面的光滑程度越高。此外，由于表面模型具有面的特征，因此可以对其进行计算面积、隐藏、着色、渲染、求两表面交线等操作。

如图 14-4 所示为创建的表面模型。

图 14-4　表面模型

14.2.3　实体模型

实体模型具有边线、表面和厚度属性，是最接近真实物体的三维模型。在 AutoCAD 中，实体模型不仅具有线和面的特征，而且还具有体的特征，各实体对象间可以进行各种布尔运算操作，从而创建复杂的三维实体模型。在 AutoCAD 中还可以直接了解它的特性，如体积、重心、转动惯量、惯性矩等，可以对其进行隐藏、剖切、装配干涉检查等操作，还可以对具有基本形状的实体进行并、交、差等布尔运算，以构造复杂的模型。

如图 14-5 所示为创建的实体模型。

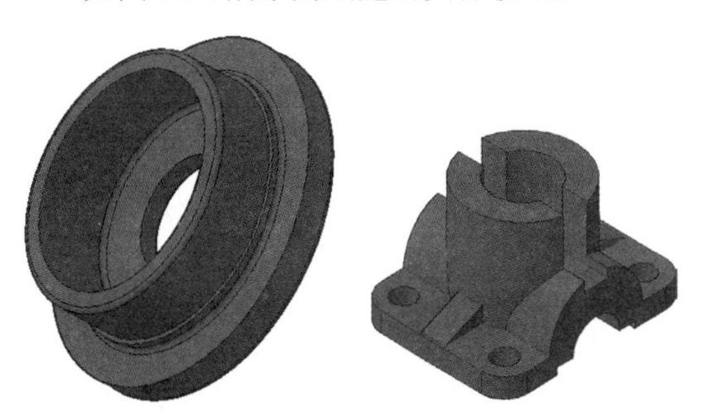

图 14-5　实体模型

- “图块”“面域”和“实体”的区别

“图块”是由多个对象组成的集合，对象间可以不封闭、无规则，并通过块功能可为图块赋予参数和动作等属性。其有“内部块（Block）”和“外部块（WBlock）”之分，内部块随图形文件一起，外部块能够以 DWG 文件格式储存，供其他文件调用。

通过建立块，用户可以将多个对象作为整

体来操作。可以随时将块作为单个对象插入到当前图形中的指定位置上，插入时可以指定不同的收缩系数和旋转角度，如果是定义属性的块，插入后可以更改属性参数。

"面域"（REGION）是使用形成闭合环的对象创建的二维闭合区域，环可以是直线、多段线、圆、圆弧、椭圆、椭圆弧和样条曲线等对象的组合，组成环的对象必须闭合或通过与其他对象共享端点而形成闭合的区域。面域是具有物理特性（例如，质心）的二维封闭区域，可以将现有面域合并到单个复杂面域。

"面域"可用于应用填充和着色；使用 MASSPROP 分析特性（例如面积）；提取设计信息，例如形心。也可以通过多个环或者端点相连形成环的开曲线来创建面域。不能通过非闭合对象内部相交构成的闭合区域构造面域，例如相交的圆弧或自交的曲线。也可以使用 BOUNDARY 创建面域。可以通过结合、减去或查找面域的交点创建组合面域，形成这些更复杂的面域后，可以应用填充或者分析它们的面积。

"实体"通常以某种基本形状或图元作为起点，之后用户可以对其进行修改和重新合并。其基本的三维对象包括长方体、圆锥体、圆柱体、球体、楔体和圆环体，然后利用布尔运算对这些实体进行合并、求交和求差，这样反复操作会生成更加复杂的实体，也可以将二维对象沿路径拉伸或绕轴旋转来创建实体，通过对实体点、线、面的编辑，可以制作出许多特殊效果。

14.3 三维坐标系

AutoCAD 的三维坐标系由 3 个通过同一点且彼此垂直的坐标轴构成，这三个坐标轴分别称为 X 轴、Y 轴、Z 轴，交点为坐标系的原点，也就是各个坐标轴的坐标零点。从原点出发，沿坐标轴正方向上的点用坐标值度量；而沿坐标轴负方向上的点用负的坐标值度量。因此在三维空间中，任意一点的位置可以由该点的三维坐标（x,y,z）唯一确定。

在 AutoCAD 2014 中，"世界坐标系"（WCS）和"用户坐标系"（UCS）是常用的两大坐标系。"世界坐标系"是系统默认的二维图形坐标系，它的原点及各个坐标轴方向固定不变。对于二维图形绘制，世界坐标系足以满足要求，但在三维建模过程中，需要频繁地定位对象，使用固定不变的坐标系十分不便。三维建模一般需要使用"用户坐标系"，"用户坐标系"是用户自定义的坐标系，可在建模过程中可以灵活创建。

14.3.1 定义 UCS

UCS 坐标系表示了当前坐标系的坐标轴方向和坐标原点位置，也表示了相对于当前 UCS 的 X Y 平面的视图方向，尤其在三维建模环境中，它可以根据不同的指定方位来创建模型特征。

在 AutoCAD 2014 中管理 UCS 坐标系主要有如下几种常用方法。

- 功能区：单击"坐标"面板的工具按钮，如图 14-6 所示。
- 菜单栏：选择"工具" | "新建 UCS"命令，如图 14-7 所示。
- 命令行：UCS。

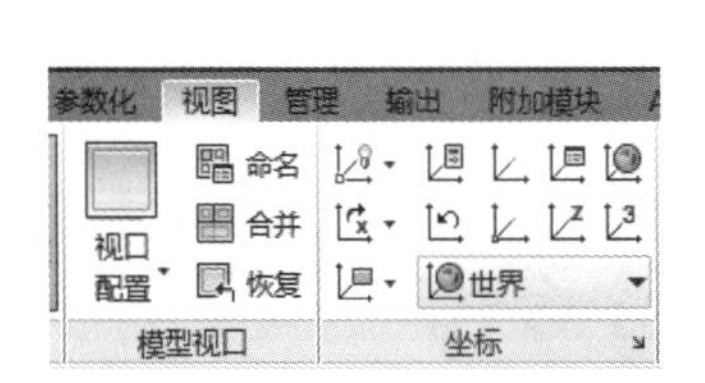

图 14-6　“坐标”面板中的 UCS 按钮

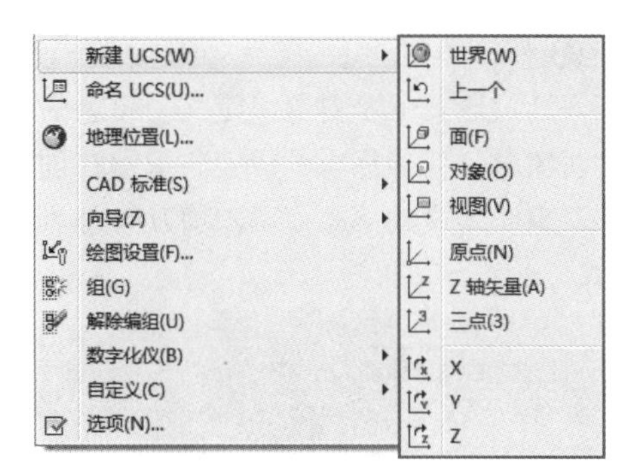

图 14-7　菜单栏中的 UCS 命令

接下来以“坐标”面板中的 UCS 命令为例，介绍常用 UCS 坐标的调整方法。

- UCS

单击该按钮，命令行出现如下提示。

```
指定 UCS 的原点或 [面(F)/命名(NA)/对象(OB)/上一个(P)/视图(V)/世界(W)/X/Y/Z/Z轴(ZA)] <世界>:
```

该命令行中各选项与功能区中的按钮相对应。

- 世界

该工具用来切换回模型或视图的世界坐标系，即 WCS 坐标系。世界坐标系也称为“通用”或“绝对坐标系”，它的原点位置和方向始终是保持不变的，如图 14-8 所示。

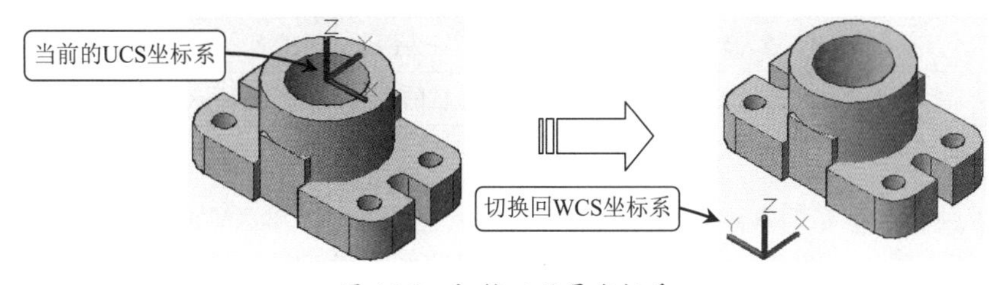

图 14-8　切换回世界坐标系

- 上一个 UCS

上一个 UCS 是通过使用上一个 UCS 确定坐标系，它相当于绘图中的撤销操作，可返回上一个绘图状态，但区别在于该操作仅返回上一个 UCS 状态，其他图形保持更改后的效果。

- 面 UCS

该工具主要用于将新用户坐标系的 XY 平面与所选实体的一个面重合。在模型中选取实体面或选取面的一个边界，此面被加亮显示，按 Enter 键即可将该面与新建 UCS 的 XY 平面重合，效果如图 14-9 所示。

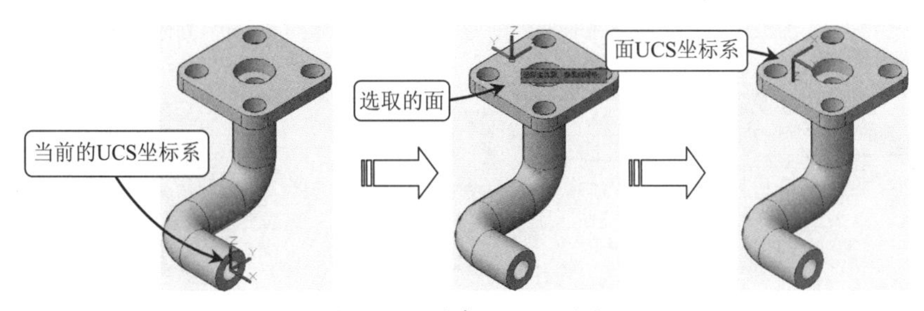

图 14-9　创建面 UCS 坐标

- 对象

该工具通过选择一个对象，定义一个新的坐标系，坐标轴的方向取决于所选对象的类型。当选择一个对象时，新坐标系的原点将放置在创建该对象时定义的第一点，X 轴的方向为从原点指向创建该对象时定义的第二点，Z 轴方向自动保持与 XY 平面垂直，如图 14-10 所示。

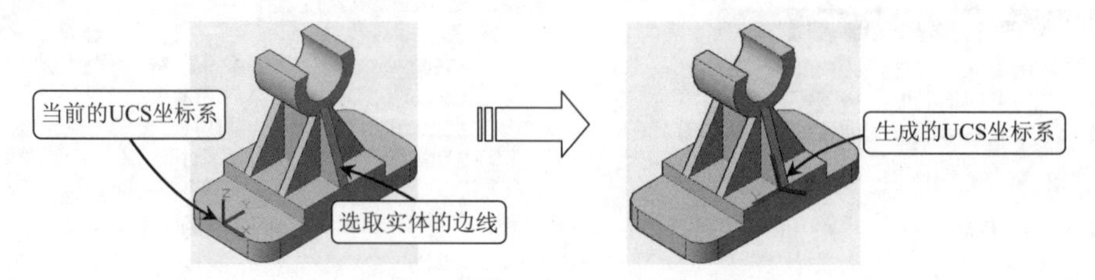

图 14-10　由选取对象生成 UCS 坐标

如果选择不同类型的对象，坐标系的原点位置与 X 轴的方向会有所不同，如表 14-1 所示。

表 14-1　选取对象与坐标的关系

对象类型	新建 UCS 坐标方式
直线	距离选取点最近的一个端点成为新 UCS 的原点，X 轴沿直线方向
圆	圆的圆心成为新 UCS 的原点，XY 平面与圆面重合
圆弧	圆弧的圆心成为新的 UCS 的原点，X 轴通过距离选取点最近的圆弧端点
二维多段线	多段线的起点成为新的 UCS 的原点，X 轴沿从下一个顶点的线段延伸方向
实心体	实体的第一点成为新的 UCS 的原点，新 X 轴为两起始点之间的直线
尺寸标注	标注文字的中点为新的 UCS 的原点，新 X 轴的方向平行于绘制标注时有效 UCS 的 X 轴

- 视图

该工具可使新坐标系的 XY 平面与当前视图方向垂直，Z 轴与 XY 面垂直，而原点保持不变。通常情况下，该方式主要用于标注文字，当文字需要与当前屏幕平行而不需要与对象平行时，用此方式比较简单。

- 原点

“原点”工具是系统默认的UCS坐标创建方法，它主要用于修改当前用户坐标系的原点位置，坐标轴方向与上一个坐标相同，由它定义的坐标系将以新坐标存在。

在 UCS 工具栏中单击 UCS 按钮，然后利用状态栏中的对象捕捉功能，捕捉模型上的一点，按 Enter 键结束操作。

- Z 轴矢量

该工具是通过指定一点作为坐标原点，指定一个方向作为 Z 轴的正方向，从而定义新的用户坐标系。此时，系统将根据 Z 轴方向自动设置 X 轴、Y 轴的方向，如图 14-11 所示。

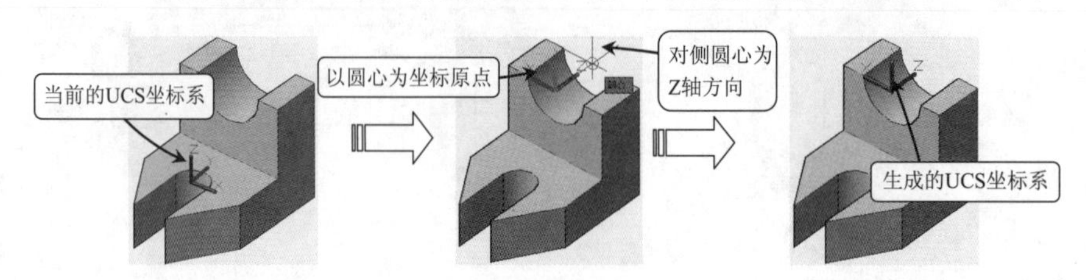

图 14-11　由 Z 轴矢量生成 UCS 坐标系

- 三点

该方式是最简单，也是最常用的一种方法，只需选取 3 个点即可确定新坐标系的原点、X 轴与 Y 轴的正方向。

- X/Y/Z 轴

该方式是将当前 UCS 坐标绕 X 轴、Y 轴或 Z 轴旋转一定的角度，从而生成新的用户坐标系。它可以通过指定两个点或输入一个角度值来确定所需要的角度。

14.3.2　动态 UCS

动态 UCS 功能可以在创建对象时使 UCS 的 XY 平面自动与实体模型上的平面临时对齐。执行动态 UCS 命令的方法如下。

➢ 快捷键：F6。

➢ 状态栏：单击状态栏中的“动态 UCS”按钮。

使用绘图命令时，可以通过在面的一条边上移动光标对齐 UCS，而无须使用 UCS 命令。结束该命令后，UCS 将恢复到其上一个位置和方向。使用动态 UCS 绘图，如图 14-12 所示。

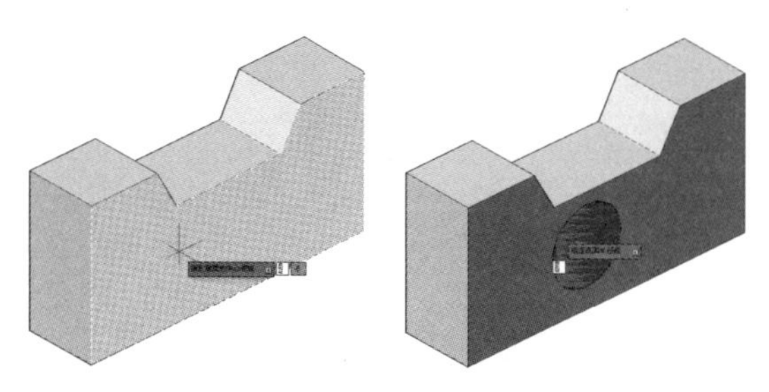

指定面　　　绘制图形

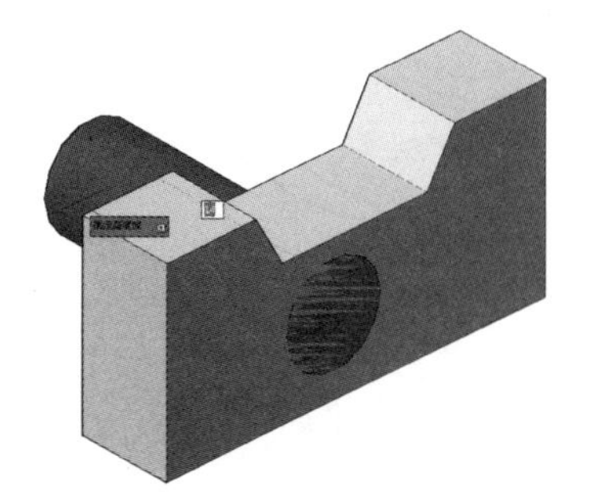

拉伸图形

图 14-12　使用动态 UCS

14.3.3　管理 UCS

与图块、参照图形等参考对象一样，UCS 也可以进行管理。

➢ 命令行：UCSMAN。

执行 UCSMAN 命令后，将弹出如图 14-13 所示的“UCS”对话框。该对话框集中了 UCS 命名、UCS 正交、显示方式设置，以及应用范围设置等多项功能。

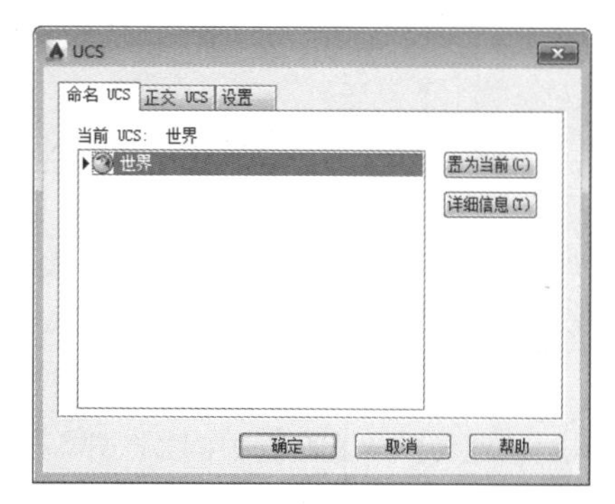

图 14-13　“UCS”对话框

切换至“命名 UCS”选项卡，如果单击“置为当前”按钮，可将坐标系置为当前工作坐标系，单击“详细信息”对话框中显示当前使用和已命名的 UCS 信息，如图 14-14 所示。

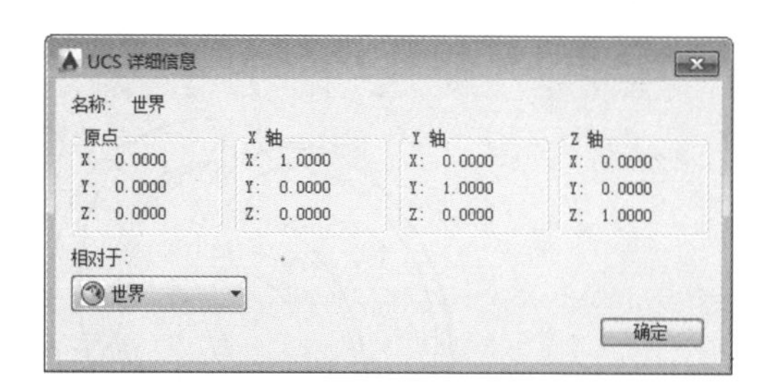

图 14-14　显示当前 UCS 信息

- 命令子选项说明

“正交 UCS”选项卡用于将 UCS 设置成一个正交模式。用户可以在“相对于”下拉列表中确定用于定义正交模式 UCS 的基本坐标系，也可以在“当前 UCS：UCS”列表框中选择某一个正交模式，并将其置为当前使用，如图 14-15 所示。

单击“设置”选项卡，则可通过“UCS 图标设置”和“UCS 设置”选项组设置 UCS 图标的显示形式、应用范围等特性，如图 14-16 所示。

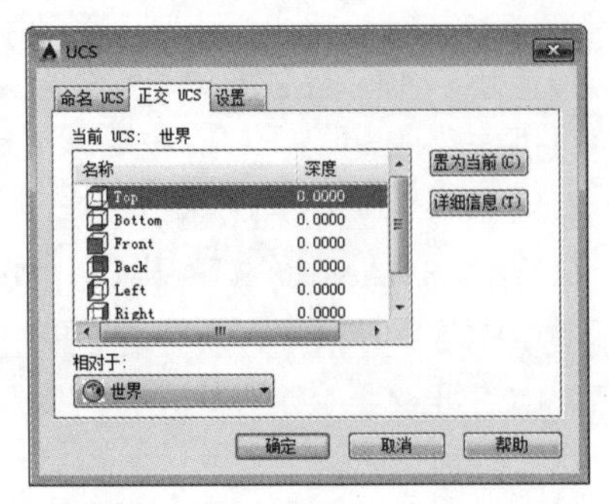

图 14-15 “正交 UCS”选项卡

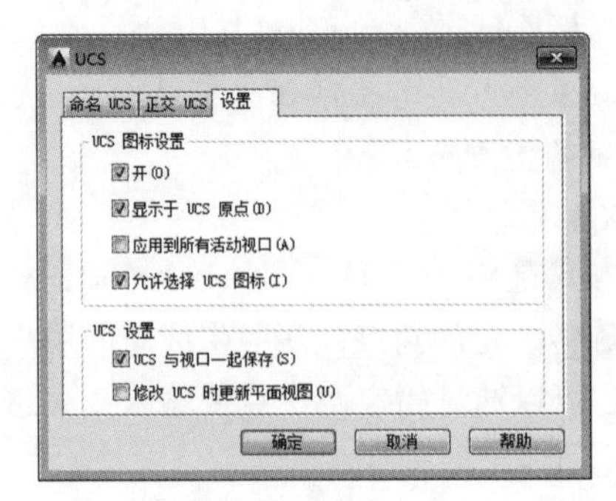

图 14-16 “设置”选项卡

14.3.4 案例——创建新的用户坐标系

与其他的建模软件（UG、Solidworks、Rhino）不同，AutoCAD 中没有“基准面”“基准轴”的命令，取而代之的是灵活的 UCS。在 AutoCAD 中通过新建 UCS，同样可以达到其他软件中“基准面”“基准轴”的效果。

01 单击“快速访问”工具栏中的“打开”按钮，打开“第 14 章 14.3.4 创建新的用户坐标系 .dwg”文件，如图 14-17 所示。

02 在“视图”选项卡中，单击“坐标”面板中的“原点”工具。当系统命令行提示指定 UCS 原点时，捕捉到圆心并单击，即可创建一个以圆心为原点的新用户坐标系，如图 14-18 所示。其命令行提示如下。

```
    命令： _ucs                                             //调用“新建坐标系”命令
    当前 UCS 名称：*没有名称*
    指定 UCS 的原点或 [面(F)/命名(NA)/对象(OB)/上一个(P)/视图(V)/世界(W)/X/Y/Z/Z
轴(ZA)] <世界>: _o
    指定新原点 <0,0,0>:                                     //单击选中的圆心
```

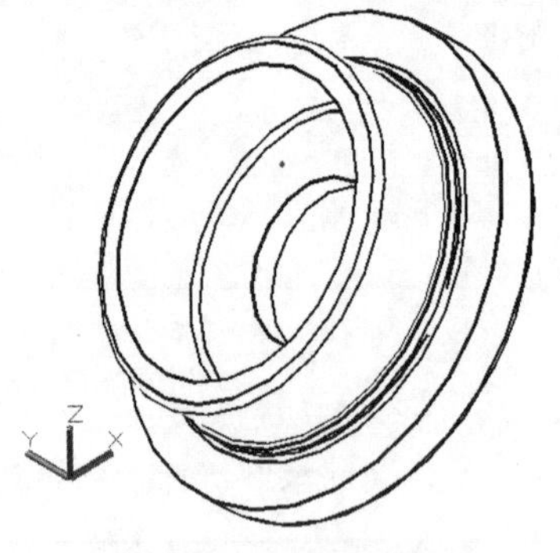

图 14-17 素材图样

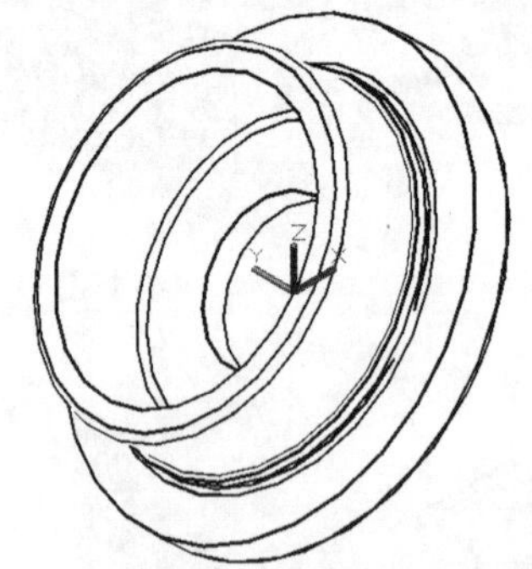

图 14-18 新建用户坐标系

14.4 三维模型的观察

为了从不同角度观察、验证三维效果模型，AutoCAD 提供了视图变换工具。所谓“视图变换”，是指在模型所在的空间坐标系保持不变的情况下，从不同的视点来观察模型得不到的视图。

因为视图是二维的，所以能够显示在工作区间中。这里，视点如同是一架照相机的镜头，观察对象则是相机对准拍摄的目标点，视点和目标点的连线形成了视线，而拍摄出的照片就是视图。从不同角度拍摄的照片有所不同，所以从不同视点观察得到的视图也不同。

14.4.1　视图控制器

AutoCAD 提供了俯视、仰视、右视、左视、主视和后视 6 个基本视点，如图 14-19 所示。选择“视图”|“三维视图”命令，或者单击“视图”工具栏中的相应图标，工作区间即显示从上述视点观察三维模型的 6 个基本视图。

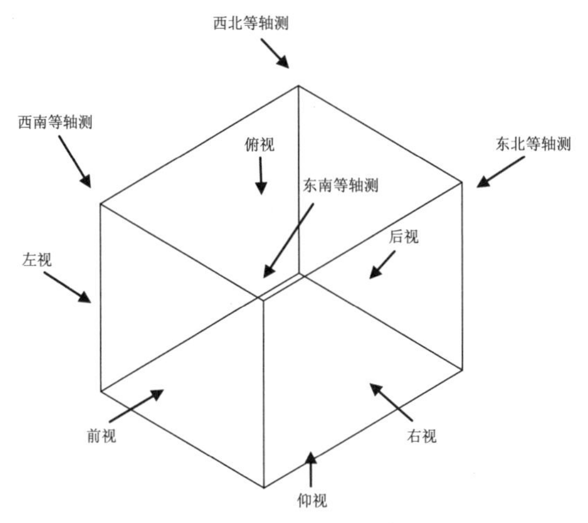

图 14-19　三维视图观察方向

从这 6 个基本视点来观察图形非常方便。因为这 6 个基本视点的视线方向都与 X、Y、Z 三个坐标轴之一平行，而与 XY、XZ、YZ 三个坐标轴平面之一正交。所以，相对应的 6 个基本视图实际上是三维模型投影在 XY、XZ、YZ 平面上的二维图形。这样，即可将三维模型转化为了二维模型。在这 6 个基本视图上对模型进行编辑，就如同绘制二维图形一样。

另外，AutoCAD 还提供了西南等轴测、东南等轴测、东北等轴测和西北等轴测 4 个特殊视点。从这 4 个特殊视点观察，可以得到具有立体感的 4 个特殊视图。在各个视图间进行切换的方法主要有以下几种。

- 菜单栏：进入“视图”|“三维视图”子菜单，如图 14-20 所示，选择所需的三维视图。

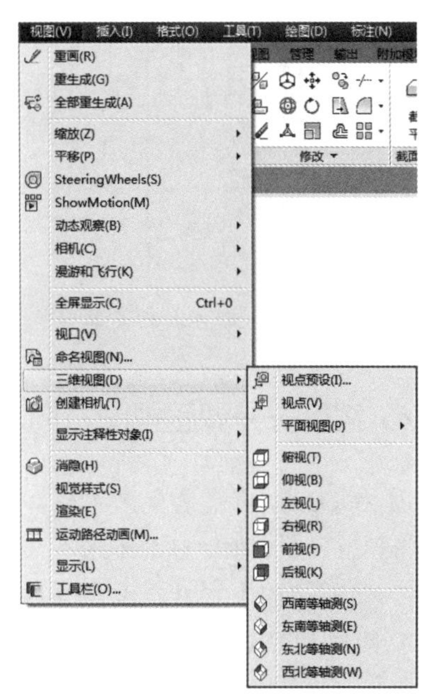

图 14-20　三维视图菜单

- 功能区：在“常用”选项卡中，展开“视图”面板中的“视图”下拉列表，如图 14-21 所示，选择所需的模型视图。

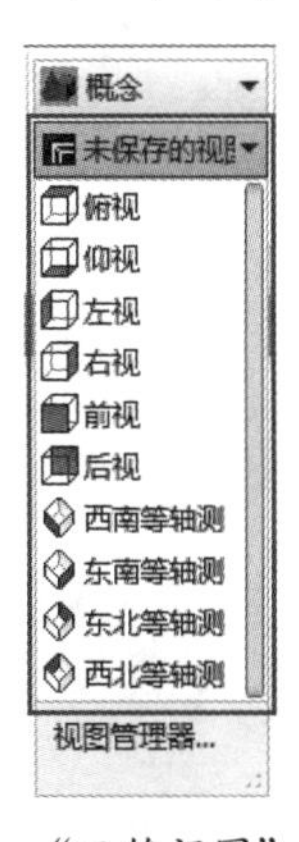

图 14-21　“三维视图”下拉列表

- 视觉样式控件：单击绘图区左上角的视图控件，在弹出的菜单中选择所需的模型视图，如图 14-22 所示。

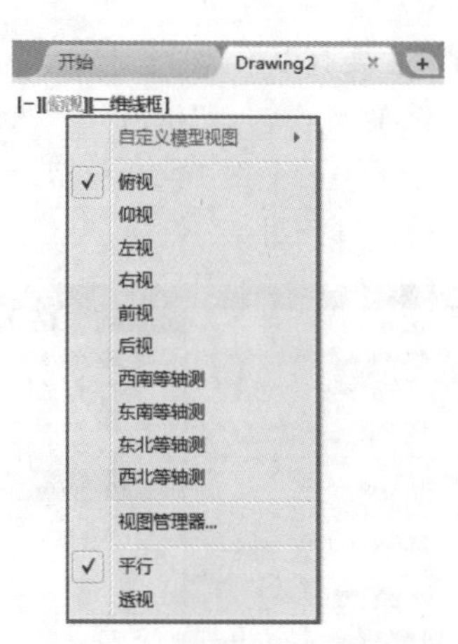

图 14-22 视图控件菜单

14.4.2 案例——调整视图方向

通过 AutoCAD 自带的视图工具，可以很方便地将模型视图调整至标准方向。

01 单击“快速访问”工具栏中的“打开”按钮，打开“第 14 章/14.4.2 调整视图方向.dwg”文件，如图 14-23 所示。

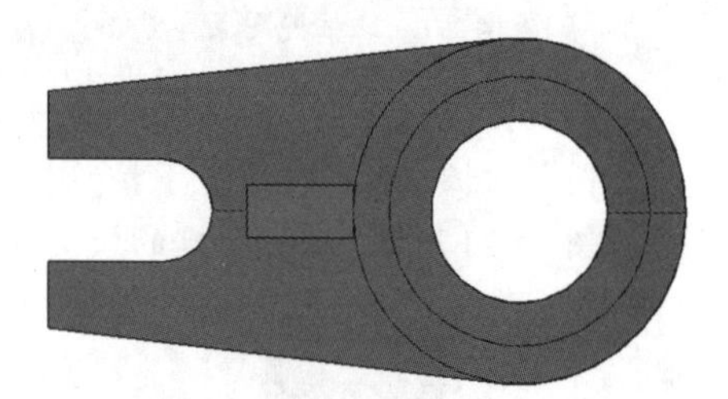

图 14-23 素材图样

02 单击视图面板中的“西南等轴测”按钮，选择俯视面区域，转换至西南等轴测，结果如图 14-24 所示。

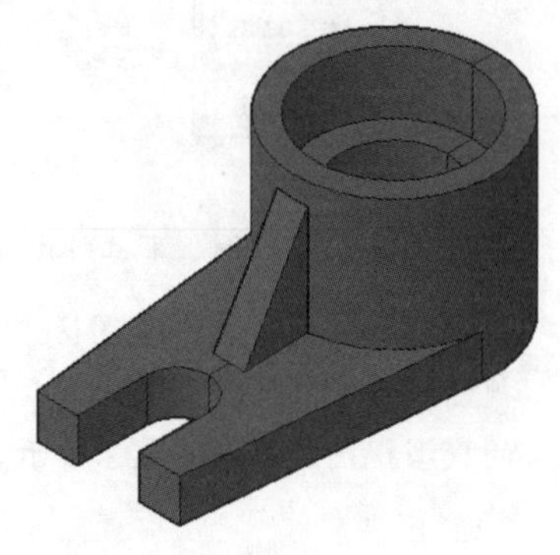

图 14-24 西南等轴测视图

14.4.3 视觉样式

视觉样式用于控制视口中的三维模型边缘和着色的显示。一旦对三维模型应用了视觉样式或更改了其他设置，即可在视口中查看视觉效果。

在各个视觉样式之间进行切换的方法主要有以下几种。

➢ 菜单栏：进入“视图”|“视觉样式”子菜单，如图 14-25 所示，选择所需的视觉样式。

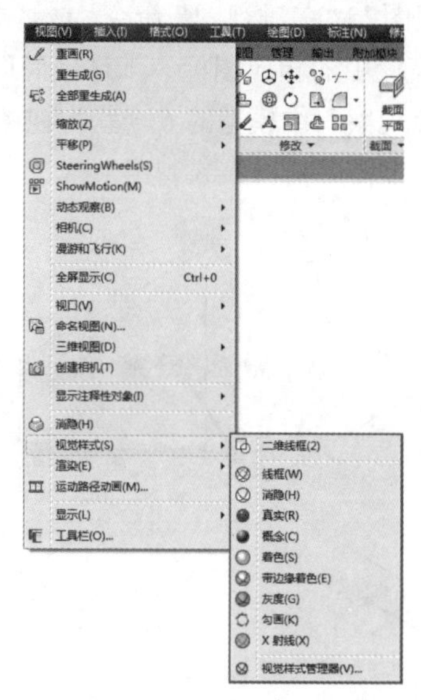

图 14-25 视觉样式菜单

➢ 功能区：在“常用”选项卡中，展开“视图”面板中的“视觉样式”下拉列表，如图 14-26 所示，选择所需的视觉样式。

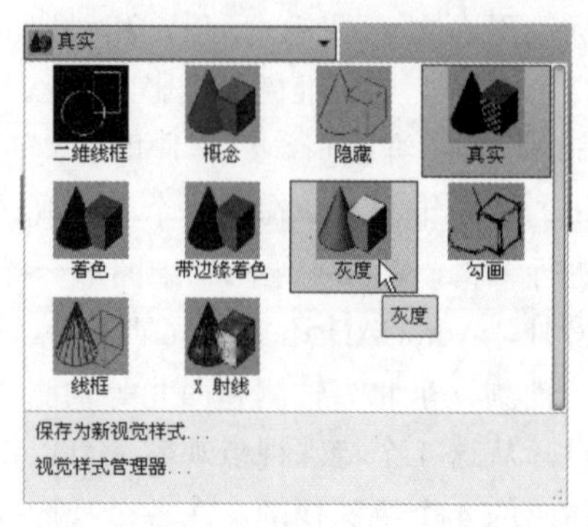

图 14-26 “视觉样式”下拉列表

➢ 视觉样式控件：单击绘图区左上角的视觉样式控件，在弹出的菜单中选择所需的视觉样式，如图 14-27 所示。

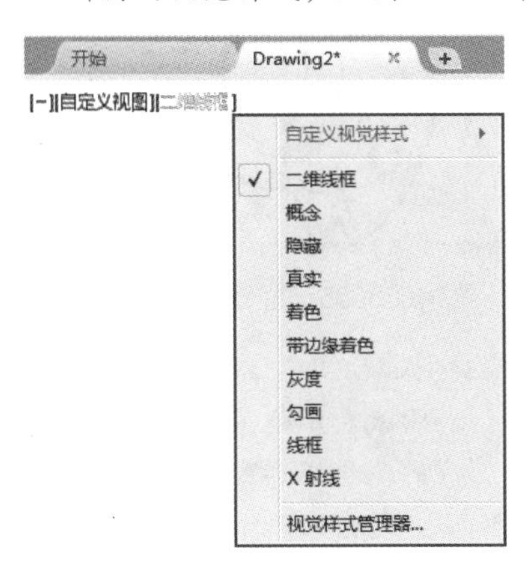

图 14-27　视觉样式控件菜单

选择任意视觉样式，即可将视图切换对应的效果。

- 命令子选项说明

AutoCAD 2014 中有以下几种视觉样式。

➢ 二维线框：是在三维空间中的任何位置放置二维（平面）对象来创建的线框模型，图形显示用直线和曲线表示边界的对象。光栅和 OLE 对象、线型和线宽均可见，而且默认显示模型的所有轮廓线，如图 14-28 所示。

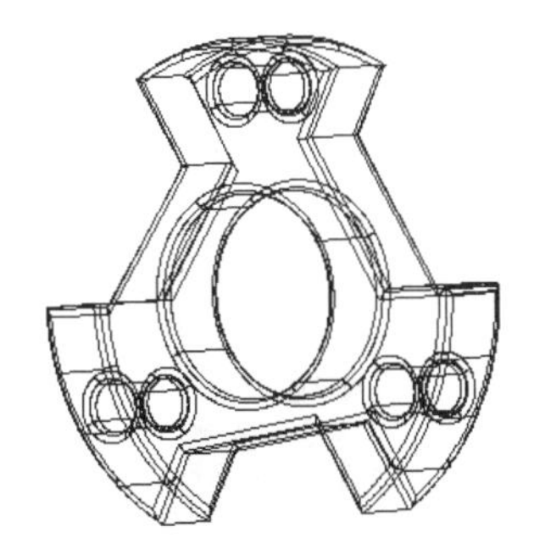

图 14-28　二维线框视觉样式

➢ 概念：使用平滑着色和古氏面样式显示对象，同时对三维模型消隐。古氏面样式在冷暖颜色，而不是明暗效果之间转换。效果缺乏真实感，但可以更方便地查看模型的细节，如图 14-29 所示。

图 14-29　概念视觉样式

➢ 隐藏：即三维隐藏，用三维线框表示法显示对象，并隐藏背面的线。此种显示方式可以较为容易、清晰地观察模型，此时显示效果如图 14-30 所示。

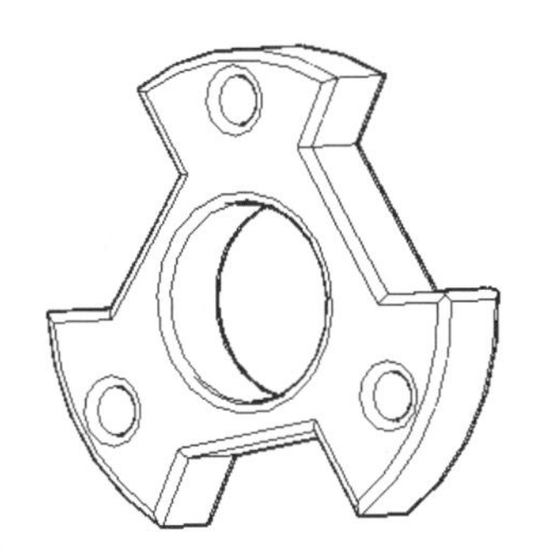

图 14-30　隐藏视觉样式

➢ 真实：使用平滑着色来显示对象，并显示已附着到对象的材质，此种显示方法可得到三维模型的真实感表达，如图 14-31 所示。

图 14-31　真实视觉样式

➢ 着色：该样式与真实样式类似，不显示对象轮廓线，使用平滑着色显示对象，效果如图 14-32 所示。

图 14-32　着色视觉样式

➢ 带边缘着色：该样式与着色样式类似，对其表面轮廓线以暗色线条显示，如图 14-33 所示。

图 14-33　带边缘着色视觉样式

➢ 灰度：使用平滑着色和单色灰度显示对象并显示可见边，效果如图 14-34 所示。

图 14-34　灰度视觉样式

➢ 勾画：使用线延伸和抖动边修改显示手绘效果的对象，仅显示可见边，如图 14-35 所示。

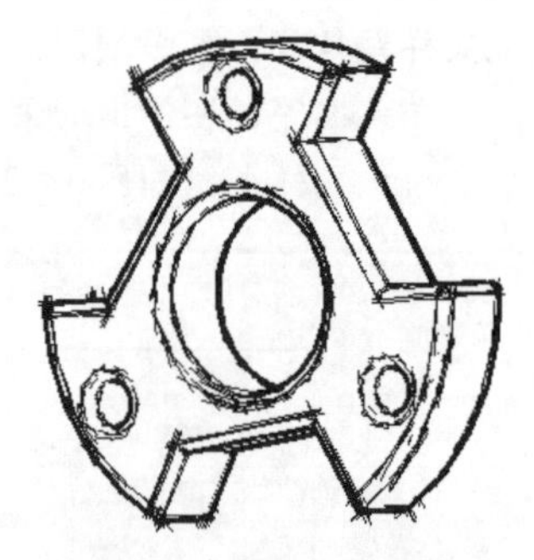

图 14-35　勾画视觉样式

➢ 线框：即三维线框，通过使用直线和曲线表示边界的方式显示对象，所有的边和线都可见。在此种显示方式下，复杂的三维模型难以分清结构。此时，坐标系变为一个着色的三维 UCS 图标。如果系统变量 COMPASS 为 1，将出现三维指南针，如图 14-36 所示。

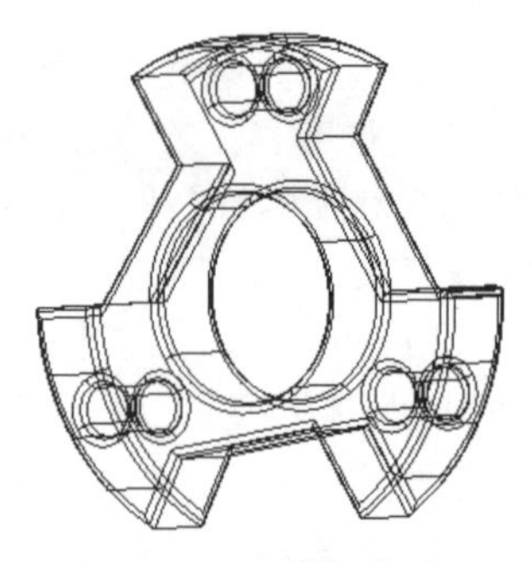

图 14-36　线框视觉样式

➢ X 射线：以局部透视方式显示对象，因而不可见边也会褪色显示，如图 14-37 所示。

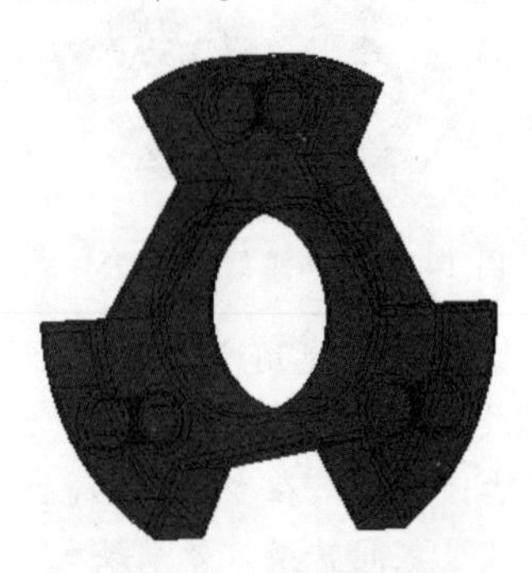

图 14-37　X 射线视觉样式

14.4.4　案例——切换视觉样式并切换视点

与视图一样，AutoCAD 也提供了多种视觉样式，选择对应的选项，即可快速切换至所需的样式。

01 单击“快速访问”工具栏中的“打开”按钮，打开“第 14 章 /14.4.4 切换视觉样式与视点 .dwg”文件，如图 14-38 所示。

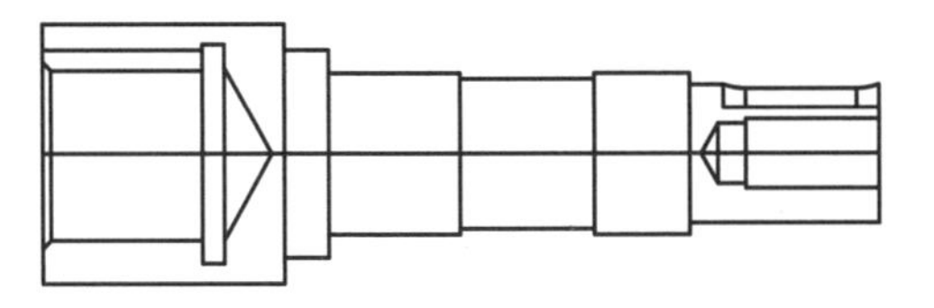

图 14-38　素材图样

02 单击“视图”面板中的“西南等轴测”按钮，将视图转换至西南等轴测，结果如图 14-39 所示。

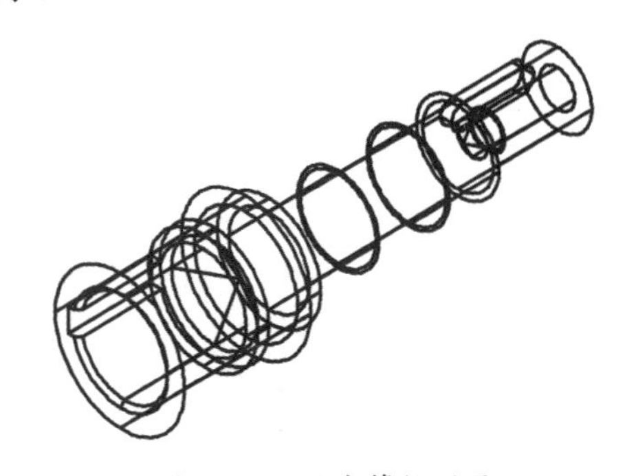

图 14-39　西南等轴测图

03 在“视图”选项卡中，在“视觉样式”面板中展开“视觉样式”下拉列表，如图 14-40 所示，选择“勾画”视觉样式。

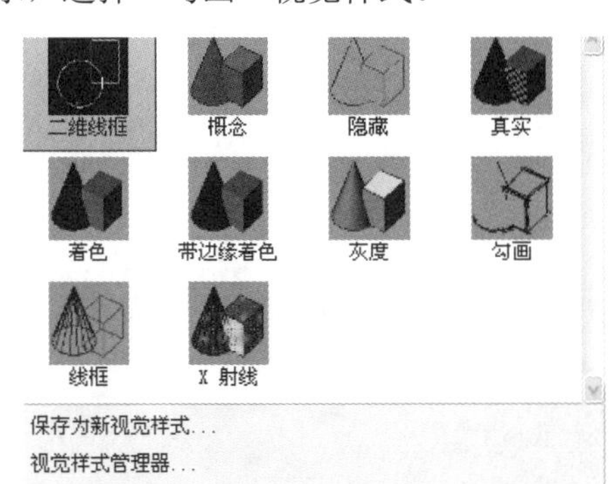

图 14-40　选择视觉样式

04 至此“视觉样式”设置完成，结果如图 14-41 所示。

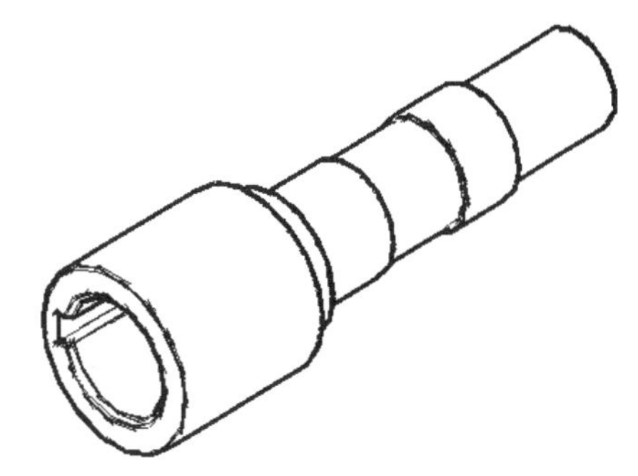

图 14-41　最终结果

14.4.5　管理视觉样式

在实际建模过程中，除了应用 10 种默认的视觉样式外，还可以通过“视觉样式管理器”选项面板来控制边线显示、面显示、背景显示、材质和纹理，以及模型显示精度等特性。

通过“视觉样式管理器”可以对各种视觉样式进行调整，打开该管理器有如下几种方法。

- 功能区：单击“视图”选项卡中“视觉样式”面板右下角的按钮。
- 菜单栏：选择“视图”|“视觉样式”|“视觉样式管理器”命令。
- 命令行：VISUALSTYLES。

通过以上任意一种方法打开“视觉样式管理器”选项板，如图 14-42 所示。

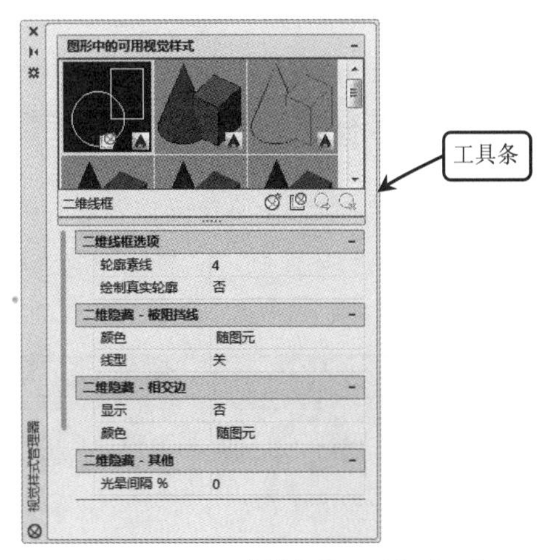

图 14-42　“视觉样式管理器”选项板

在“图形中可用视觉样式”列表中显示了图形中的可用视觉样式的样例图像。当选定某个视觉样式，该视觉样式显示黄色边框，选定的视觉样式的名称显示在选项板的顶部。在“视觉样式管理器”选项板的下部，集中了该视觉样式的面设置、环境设置和边设置等参数。

在“视觉样式管理器”选项板中，使用工具条中的工具，可以创建新的视觉样式、将选定的视觉样式应用于当前视口、将选定的视觉样式输出到工具选项板，以及删除选定的视觉样式。

用户可以在“图形中的可用视觉样式”列表中选择一种视觉样式作为基础，然后在参数栏设置所需的参数，即可创建自定义的视觉样式。

14.4.6 案例——调整视觉样式

即便是相同的视觉样式，如果参数设置不同，其显示效果也不一样。本例便通过调整模型的光源质量进行演示。

01 单击“快速访问”工具栏中的“打开”按钮，打开“第 14 章 /14.4.6 调整视觉样式”文件，如图 14-43 所示。

02 在“视图”选项卡中，单击“视觉样式”面板右下角的按钮，系统弹出“视觉样式管理器”对话框，进入“面设置”选项组下的“光源质量”下拉列表，选择“镶嵌面的”选项，效果如图 14-44 所示。

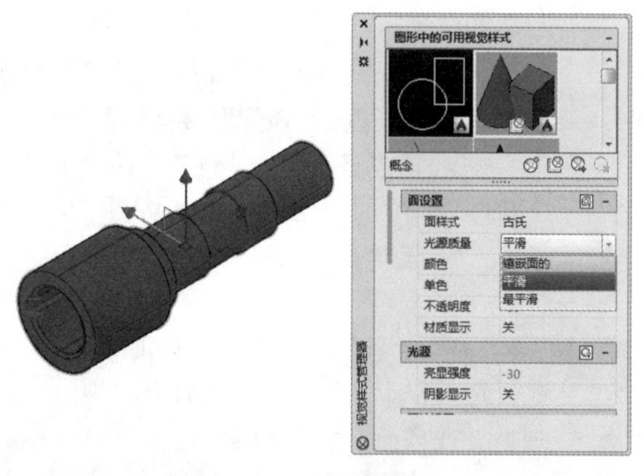

图 14-43　素材图样

图 14-44　调整效果

14.4.7 三维视图的平移、旋转与缩放

利用“三维平移”工具可以将图形所在的图纸随鼠标的移动而移动。利用“三维缩放”工具可以改变图纸的整体比例，从而达到放大图形观察细节或缩小图形观察整体的目的。通过如图 14-45 所示的“三维建模”工作空间“视图”选项卡中的“导航”面板可以快速执行这两项操作。

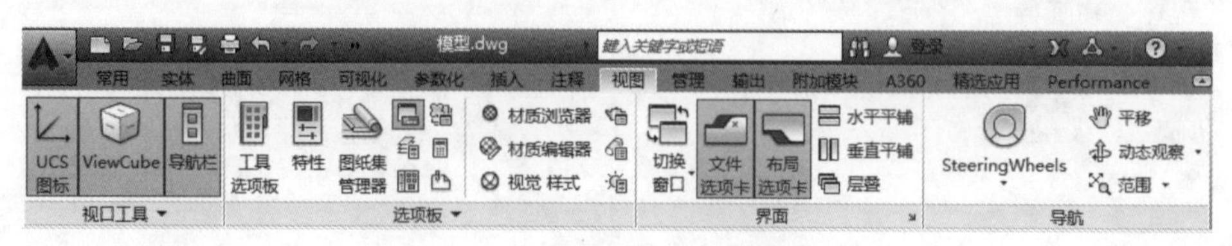

图 14-45　三维建模空间视图选项卡

1. 三维平移对象

三维平移有以下几种操作方法。

- 功能区：单击“导航”面板中的“平移”功能按钮，此时绘图区中的指针呈形状，单击并沿任意方向拖曳，窗口内的图形将随光标在同一方向上移动。
- 鼠标操作：按住鼠标中键进行拖曳。

2. 三维旋转对象

三维旋转有以下几种操作方法。

- 功能区：在“视图”选项卡中激活“导航”面板，然后执行“导航”面板中的“动态观察”或“自由动态观察”命令，即可进行旋转，具体操作详见下一节。
- 鼠标操作：按住 Shift 键＋鼠标中键进行拖曳。

3. 三维缩放对象

三维缩放有以下几种操作方法。

- 功能区：单击“导航”面板中的“缩放”功能按钮，此根据实际需要，选择其中一种方式进行缩放即可。
- 鼠标操作：滚动鼠标滚轮。

单击“导航”面板中的“缩放”功能按钮后，其命令行提示如下。

```
[全部(A)/中心(C)/动态(D)/范围(E)/上一个(P)/比例(S)/窗口(W)/对象(O)] <实时>:
```

此时也可以直接单击“缩放”功能按钮后的下拉按钮，选择对应的工具按钮进行缩放。

14.4.8 三维动态观察

AutoCAD 提供了一个交互的三维动态观察器，该命令可以在当前视口中创建一个三维视图，用户可以使用鼠标来实时控制和改变这个视图，以得到不同的观察效果。使用三维动态观察器，既可以查看整个图形，也可以查看模型中的任意对象。

通过如图 14-46 所示的“视图”选项卡中的“导航”面板工具，可以快速进行三维动态观察。

1. 受约束的动态观察

利用此工具可以对视图中的图形进行一定约束的动态观察，即水平、垂直或对角拖曳对象进行动态观察。在观察视图时，视图的目标位置保持不动，并且相机位置（或观察点）围绕该目标移动。默认情况下，观察点会约束沿着世界坐标系的 XY 平面或 Z 轴移动。

单击“导航”面板中的“动态观察”按钮，此时“绘图区”光标呈形状。单击拖曳鼠标可以对视图进行受约束三维动态观察，如图 14-47 所示。

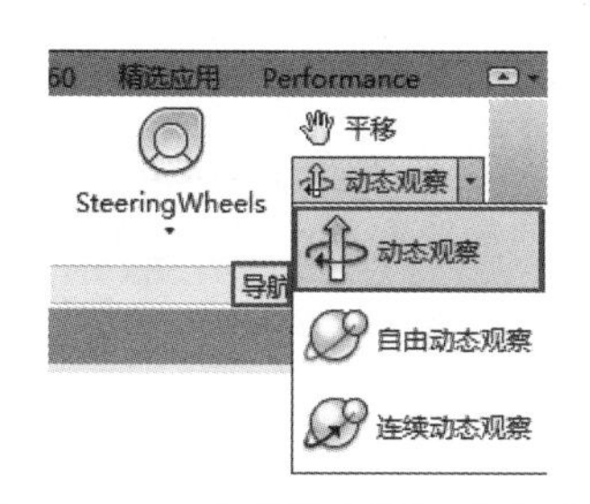

图 14-46 三维建模空间视图选项卡

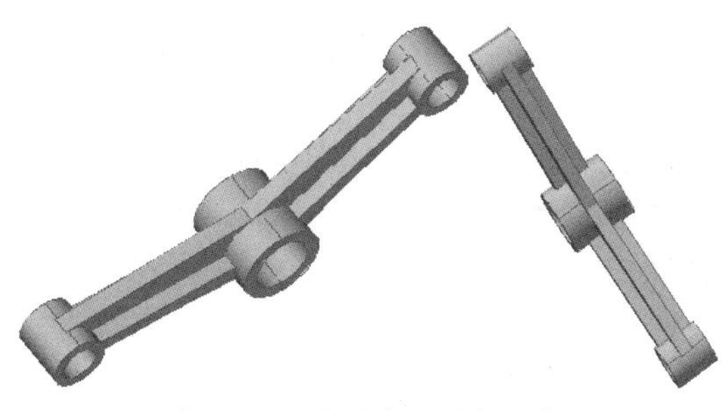

图 14-47 受约束的动态观察

2．自由动态观察

利用此工具可以对视图中的图形进行任意角度的动态观察，此时选择并在转盘的外部拖曳光标，这将使视图围绕延长线通过转盘的中心并垂直于屏幕的轴旋转。

单击“导航”面板中的“自由动态观察”按钮，此时在“绘图区”显示出一个导航球，如图 14-48 所示，分别介绍如下。

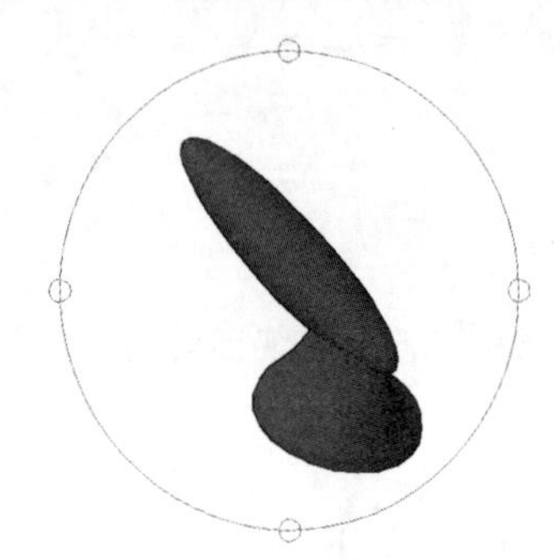

图 14-48　导航球

- 光标在弧线球内拖曳

当在弧线球内拖曳光标进行图形的动态观察时，光标将变成形状，此时观察点可以在水平、垂直及对角线等任意方向移动任意角度，即可以对观察对象做全方位的动态观察，如图 14-49 所示。

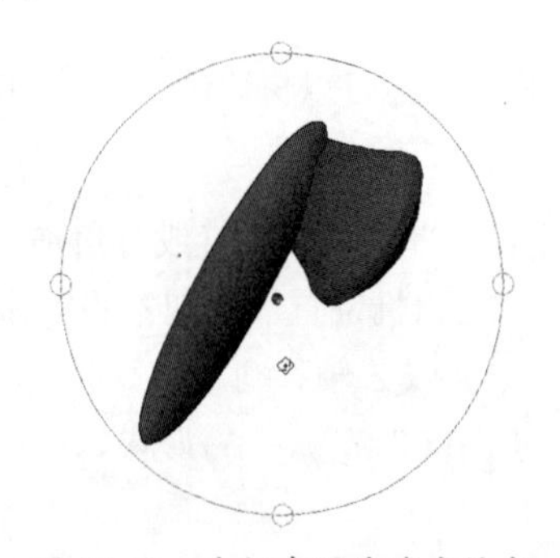

图 14-49　光标在弧线球内拖曳

- 光标在弧线球外拖曳

当光标在弧线外部拖曳时，光标呈形状，此时拖曳光标，图形将围绕着一条穿过弧线球球心且与屏幕正交的轴（即弧线球中间的绿色圆心）进行旋转，如图 14-50 所示。

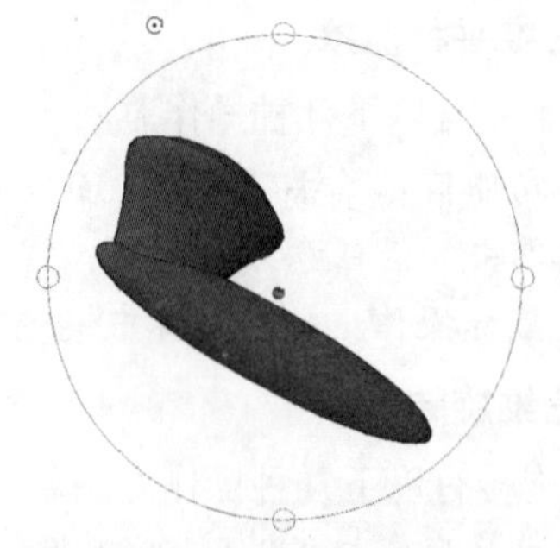

图 14-50　光标在弧线球内拖曳

- 光标在左右侧小圆内拖曳

当光标置于导航球顶部或者底部的小圆上时，光标呈形状，单击并垂直拖曳鼠标将使视图围绕着通过导航球中心的水平轴进行旋转。当光标置于导航球左侧或者右侧的小圆时，光标呈形状，单击并水平拖曳鼠标将使视图围绕着通过导航球中心的垂直轴进行旋转，如图 14-51 所示。

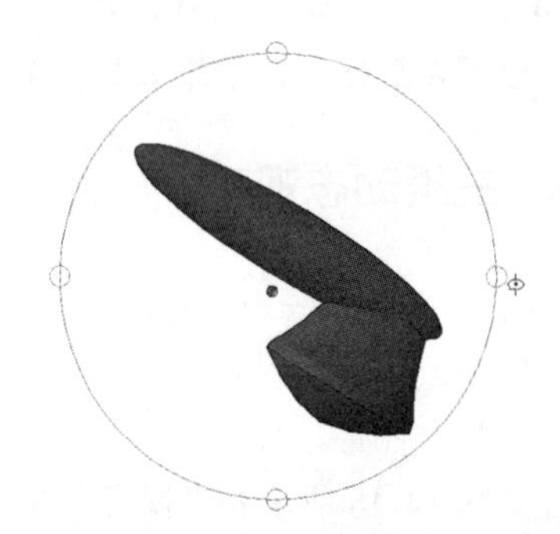

图 14-51　光标在左、右侧小圆内拖曳

3．连续动态观察

利用此工具可以使观察对象绕指定的旋转轴和旋转速度连续做旋转运动，从而对其进行连续动态的观察。

单击“导航”面板中的“连续动态观察”按钮，此时在“绘图区”的光标呈形状，在单击并拖曳鼠标，使对象沿拖曳方向开始移动。释放鼠标后，对象将在指定的方向上继续运动。光标移动的速度决定了对象的旋转速度。

14.4.9　设置视点

视点是指观察图形的方向，在三维工作空间中，通过在不同的位置设置视点，可在不同方位观察模型的投影效果，从而全方位了解模型的外形特征。

在三维环境中，系统默认的视点为（0,0,1），即从（0,0,1）点向（0,0,0）点观察模型，亦即视图中的俯视方向。要重新设置视点，在 AutoCAD 2014 中有以下几种方法。

➢ 菜单栏：“视图”|“三维视图”|“视点”选项。

➢ 命令行：VPOINT 命令。

此时命令行内列出 3 种视点设置方式。

1．指定视点

指定视点是指通过确定一点作为视点方向，然后将该点与坐标原点的连线方向作为观察方向，则在绘图区显示该方向投影的效果，如图 14-52 所示。

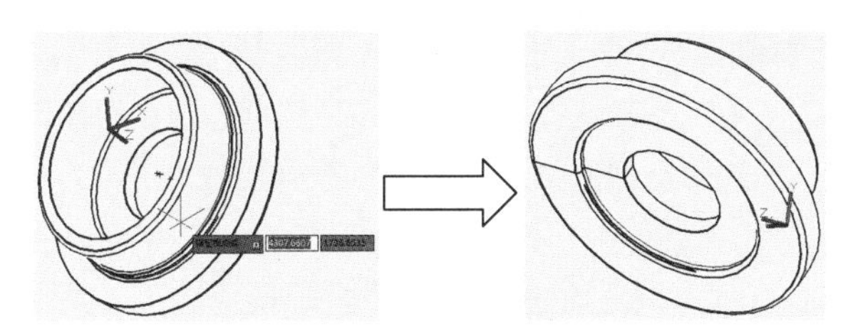

图 14-52　通过指定视点改变投影效果

此外，对于不同的标准投影视图，其对应的视点、角度及夹角各不相同，并且是唯一的，如表 14-2 所示。

表 14-2　标准投影方向对应的视点、角度及夹角

标准投影方向	视点	在 XY 平面上的角度	和 XY 平面的夹角
俯视	0,0,1	270	90
仰视	0,0,-1	270	-90
左视	-1,0,0	180	0
右视	1,0,0	0	0
主视	0,-1,0	270	0
后视	0,1,0	90	0
西南等轴测	-1,-1,1	225	45
东南等轴测	1,-1,1	315	45
东北等轴测	1,1,1	45	45
西北等轴测	-1,1,1	135	45

操作技巧：设置视点输入的视点坐标均相对于世界坐标系，例如创建一个法兰，世界坐标系如图 14-53 所示，当前 UCS 如图 14-54 所示，如果输入视点坐标为（0,0,1），视图的方向如图 14-55 所示，可以看出此视点方向以世界坐标系为参照，与当前 UCS 无关。

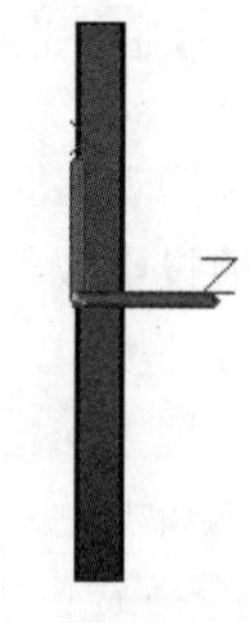

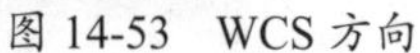

图 14-53　WCS 方向　　　　图 14-54　UCS 方向　　图 14-55　设置视点之后的方向

2. 旋转

使用两个角度指定新的方向，第一个角是在 XY 平面中与 X 轴的夹角，第二个角是与 XY 平面的夹角，位于 XY 平面的上方或下方。

3. 显示坐标球和三轴架

默认状态下，选择“视图”|“三维视图”|“视点”选项，则在绘图区显示坐标球和三轴架。通过移动光标，可调整三轴架的不同方位，同时将直接改变视点方向，如图 14-56 所示为光标在 A 点时的图形投影。

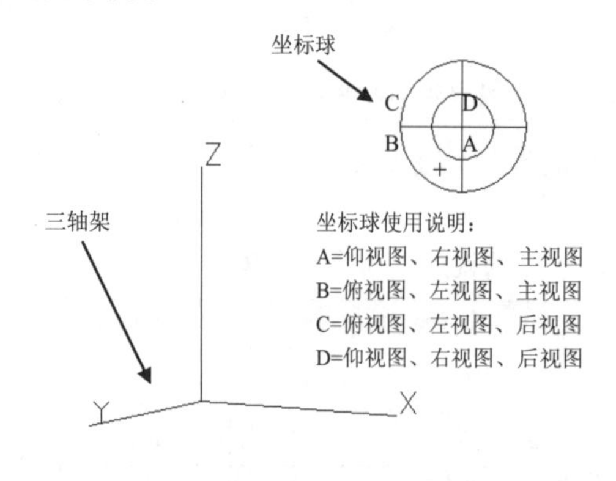

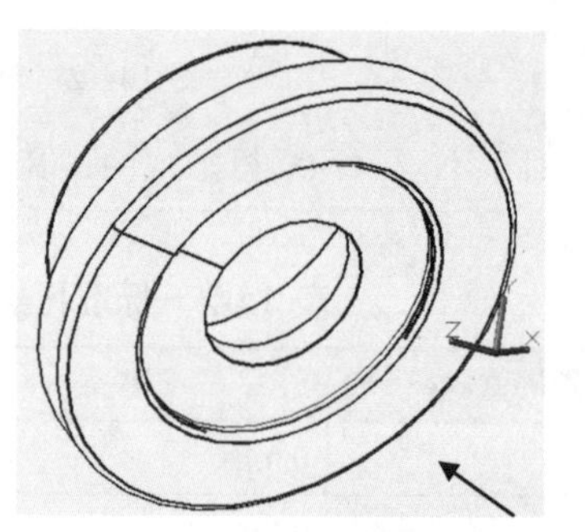

视点在A点时的投影

图 14-56　坐标球和三轴架

三轴架的三个轴分别代表 X、Y、和 Z 轴的正方向。当光标在坐标球范围内移动时，三维坐标系通过绕 Z 轴旋转可调整 X、Y 轴的方向。坐标球中心及两个同心圆可定义视点和目标点连线与 X、Y、Z 平面的角度。

操作技巧：坐标球的维度表示如下：中心点为北极（0,0,1），相当于视点位于 Z 轴正方向；内环为赤道（n,n,0）；整个外环为南极（0,0,-1）。当光标位于内环时，相当于视点在球体的上半球体；光标位于内环与外环之间时，表示视点在球体的下半球体。随着光标的移动，三轴架也随着变化，极视点位置在不断变化。

14.4.10　案例——旋转视点

旋转视点也是一种常用的三维模型观察方法，尤其是图形具有较复杂的内腔或内部特征时。

01 单击“快速访问”工具栏中的“打开”按钮，打开“第 14 章 /14.4.10 旋转视点 .dwg”文件。

如图 14-57 所示。

02 在命令行中输入 VPOINT，根据命令行的提示进行旋转视点的操作，其命令行操作如下。

```
命令：VPOINT                                              //调用“设置视点”命令
*** 切换至 WCS ***
当前视图方向： VIEWDIR=0.0000,0.0000,5024.4350
指定视点或 [旋转(R)] <显示指南针和三轴架>: r     l        //选择“旋转”选项
输入 XY 平面中与 X 轴的夹角 <270>: 301                   //输入第一个角度
输入与 XY 平面的夹角 <90>: 601                           //输入第二个角度
*** 返回 UCS ***                                         //完成操作
```

03 完成旋转视点操作，其旋转效果如图 14-58 所示。

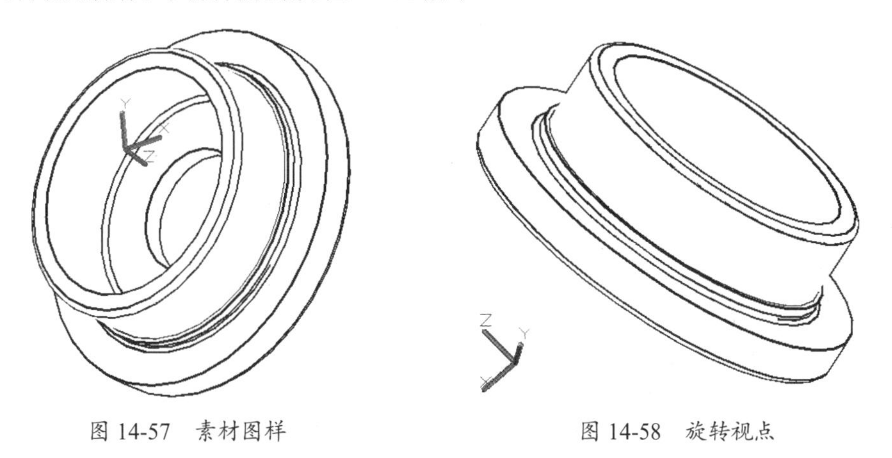

图 14-57　素材图样　　　　图 14-58　旋转视点

14.4.11　使用视点切换平面视图

单击“设置为平面视图（V）”按钮，则可以将坐标系设置为平面视图（XY 平面）。具体操作如图 14-59 所示。

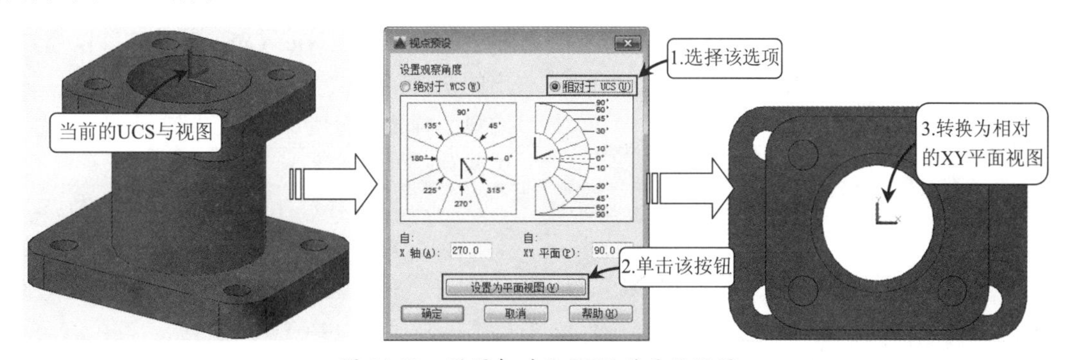

图 14-59　设置相对于 UCS 的平面视图

而如果选择的是“绝对于 WCS”选项，则会将视图调整至世界坐标系中的 XY 平面，与用户指定的 UCS 无关，如图 14-60 所示。

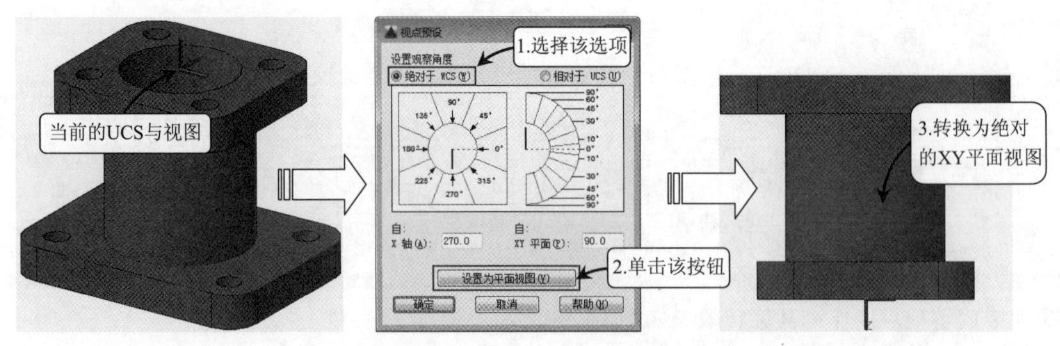

图 14-60　设置绝对于 WCS 的平面视图

14.4.12　ViewCube（视角立方）

在“三维建模”工作空间中，使用 ViewCube 工具可切换至各种正交或轴测视图模式，即可切换 6 种正交视图、8 种正等轴测视图和 8 种斜等轴测视图，以及其他视图方向，可以根据需要快速调整模型的视点。

ViewCube 工具中显示了非常直观的 3D 导航立方体，单击该工具图标的各个位置将显示不同的视图效果，如图 14-61 所示。

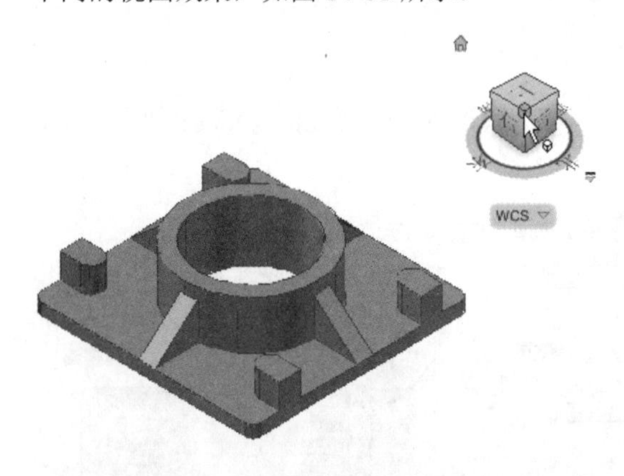

图 14-61　利用导航工具切换视图方向

该工具图标的显示方式可根据设计进行必要的修改，右击立方体并执行“ViewCube 设置”选项，系统弹出“ViewCube 设置”对话框，如图 14-62 所示。

在该对话框设置参数值可控制立方体的显示和行为，并且可在该对话框中设置默认的位置、尺寸和立方体的透明度。

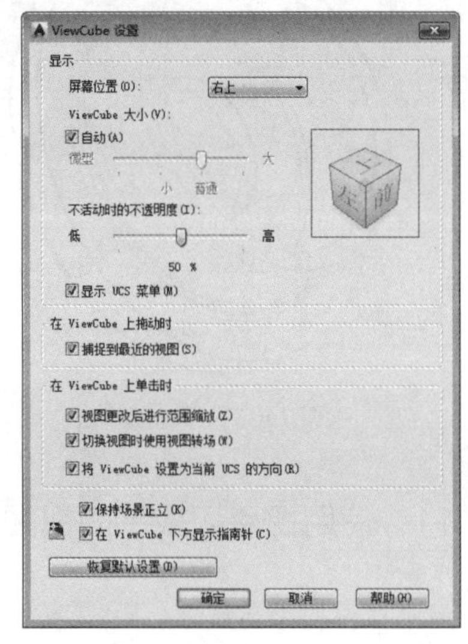

图 14-62　“ViewCube 设置”对话框

此外，右击 ViewCube 工具，可以通过弹出的快捷菜单定义三维图形的投影样式，模型的投影样式可分为“平行”投影和“透视”投影两种。

- “平行”投影模式：是平行的光源照射到物体上所得到的投影，可以准确地反映模型的实际形状和结构，效果如图 14-63 所示。
- “透视”投影模式：可以直观地表达模型的真实投影状况，具有较强的立体感。透视投影视图取决于理论相机和目标点之间的距离。当距离较小时产生的投影效果较为明显；反之，当距离较大时产生的投影效果较为轻微，效果如图 14-64 所示。

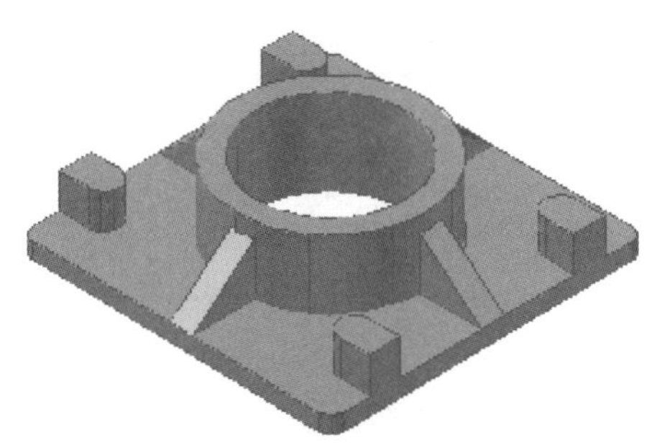

图 14-63　“平行”投影模式

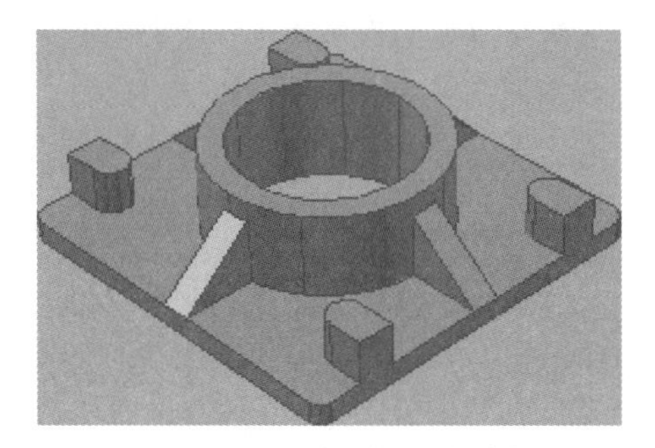

图 14-64　“透视”投影模式

14.4.13　设置视距和回旋角度

利用三维导航中的“调整视距”及回旋工具，使图形以绘图区的中心点为缩放点进行操作，或以观察对象为目标点，使观察点绕其做回旋运动。

1. 调整观察视距

在命令行中输入3DDISTANCE“调整视距”命令并按Enter键，此时单击并在垂直方向上向屏幕顶部拖曳时，光标变为Q+状态，可使相机推近对象，从而使对象显示得更大；单击并在垂直方向上向屏幕底部拖曳时，光标变为Q-状态，可使相机远离对象，从而使对象显示得更小，如图14-65所示。

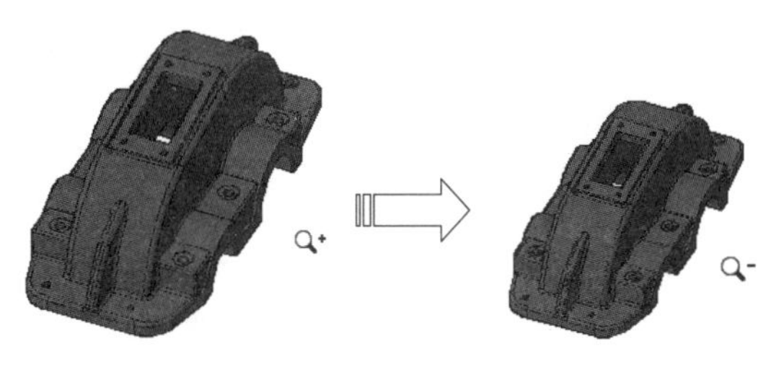

图 14-65　调整视距效果

2. 调整回旋角度

在命令行中输入3DSWIVEL“回旋”命令并按Enter键，此时图中的光标指针呈形状，单击并任意拖曳，此时观察对象将随鼠标的移动做反向的回旋运动。

14.4.14　漫游和飞行

在命令行中输入3DWALK“漫游”或3DFLY“飞行”命令并按Enter键，即可使用“漫游”或者“飞行”工具。此时打开“定位器”选项板，设置位置指示器和目标指示器的具体位置，用以调整观察窗口中视图的观察方位，如图14-66所示。

图 14-66　“定位器”选项板

将鼠标移动至“定位器”选项板中的位置指示器上，此时光标呈形状，单击拖曳鼠标即可调整绘图区中视图的方位；在“常规”选项组中设置指示器和目标指示器的颜色、大小，以及位置等参数进行详细设置。

在命令行中输入WALKFLYSETTINGS“漫游和飞行”命令并按Enter键，系统弹出“漫游和飞行设置”对话框，如图14-67所示。在该对话框中对漫游或飞行的步长，以及每秒步数等参数进行设置。

图 14-67　“漫游和飞行设置”对话框

设置好漫游和飞行操作的所有参数后，可以使用键盘和鼠标交互在图形中漫游和飞行。使用键盘上的4个方向键或W、A、S和D键进行向上、向下、向左和向右移动；使用F键可以方便地在漫游模式和飞行模式之间切换；如果要指定查看方向，只需沿查看的方向拖曳鼠标即可。

14.4.15　控制盘辅助操作

控制盘又称为SteeringWheels，是用于追踪悬停在绘图窗口上的光标的菜单，通过这些菜单可以从单一界面中访问二维和三维导航工具，选择“视图”|SteeringWheels命令，打开导航控制盘，如图14-68所示。

图 14-68　全导航控制盘

控制盘分为若干个按钮，每个按钮包含一个导航工具。可以通过单击按钮或单击并拖曳悬停在按钮上的光标来启动导航工具。用鼠标右键单击“导航控制盘”，弹出如图14-69所示的快捷菜单。整个控制盘分为3个不同的控制盘从而达到用户的使用要求，其中各个控制盘均拥有其独有的导航方式，分别介绍如下。

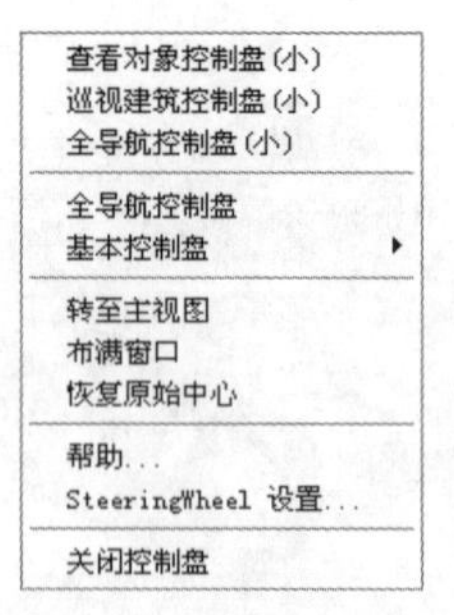

图 14-69　快捷菜单

- 查看对象控制盘：如图14-70所示，将模型置于中心位置，并定义中心点，使用“动态观察”工具栏中的工具可以缩放和动态观察模型。

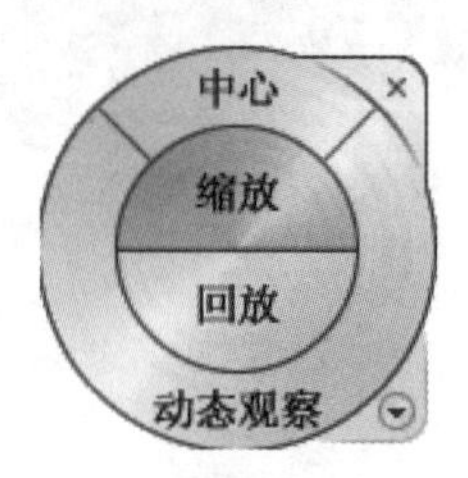

图 14-70　查看对象控制盘

- 巡视建筑控制盘：如图14-71所示，通过将模型视图移近、移远或环视，以及更改模型视图的标高来导航模型。

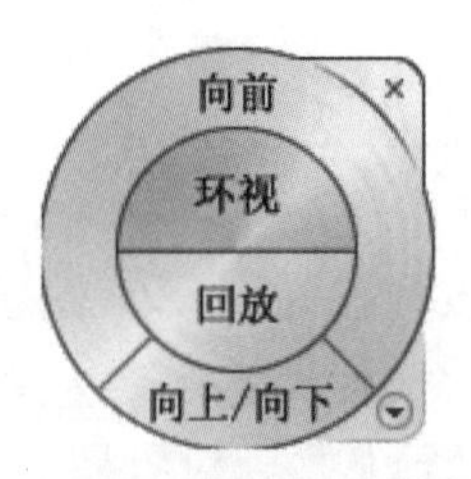

图 14-71　巡视建筑控制盘

- 全导航控制盘：如图14-69所示，将模型置于中心位置并定义轴心点，便可执行漫游和环视、更改视图标高、动态观察、平移和缩放模型等操作。

单击该控制盘中的任意按钮都将执行相应的导航操作。在执行多次导航操作后，单击“回放”按钮或单击“回放”按钮并在上面拖曳，可以显示回放历史、恢复先前的视图，如图14-72所示。

此外，还可以根据设计需要对滚轮各参数进行设置，即自定义导航滚轮的外观和行为。用鼠标右击导航控制盘，选择“SteeringWheels 设置”命令，弹出“SteeringWheels 设置”对话框，如图 14-73 所示，可以设置导航控制盘中的各个参数。

图 14-72　回放视图

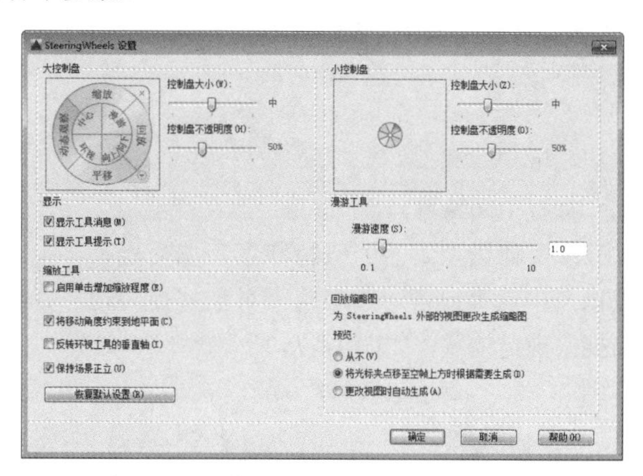

图 14-73　“SteeringWheels 设置”对话框

14.5　绘制三维点和线

三维空间中的点和线是构成三维实体模型的最小几何单元，创建方法与二维对象的点和直线类似，但相比之下，多出一个定位坐标。在三维空间中，三维点和直线不仅可以用来绘制特征截面继而创建模型，还可以构造辅助直线或辅助平面来辅助实体创建。一般情况下，三维线段包括直线、射线、构造线、多段线、螺旋线，以及样条曲线等类型；而点则可以根据其确定方式分为特殊点和坐标点两种类型。

14.5.1　绘制点和直线

三维空间中的点和直线是构成线框模型的基本元素，也是创建三维实体或曲面模型的基础。在 AutoCAD 中，三维点和直线与创建二维对象类似，但二维绘图对象始终在固定平面上，而绘制三维点和直线时需时刻注意对象所在的平面。

1. 绘制三维空间点

利用三维空间的点可以绘制直线、圆弧、圆、多段线及样条曲线等基本图形，也可以标注实体模型的尺寸参数，还可以作为辅助点间接创建实体模型。要确定空间中的点，可通过输入坐标和捕捉特殊点两种方式完成。

- 通过坐标绘点

在 AutoCAD 中，可以通过绝对或相对坐标的方式确定点的位置，可使用绝对或相对的直角坐标、极坐标、柱面坐标和球面坐标等类型。需要注意的是，输入的点坐标是相对于当前坐标系的坐标，因此在三维绘图的过程中，一般将坐标系显示出来，便于定位。

要绘制三维空间点，展开“绘图”面板的下拉面板，单击“多点”按钮，并在命令行内输入三维坐标即可确定三维点，在 AutoCAD 中绘制点，如果省略输入 Z 方向的坐标，系统默认 Z 坐标为 0，即该点在 XY 平面内。三维空间绘制点的效果，如图 14-74 所示。

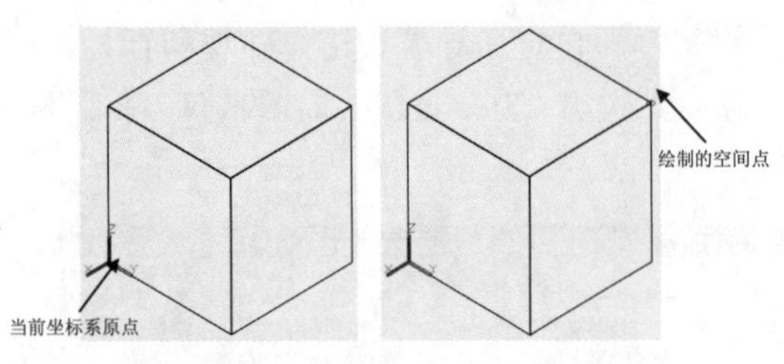

图 14-74　利用坐标绘制空间点

- 捕捉空间特殊点

三维实体模型上的一些特殊点，如交点、端点以及中点等，可通过启用“对象捕捉”功能捕捉来确定位置，如图 14-75 所示。

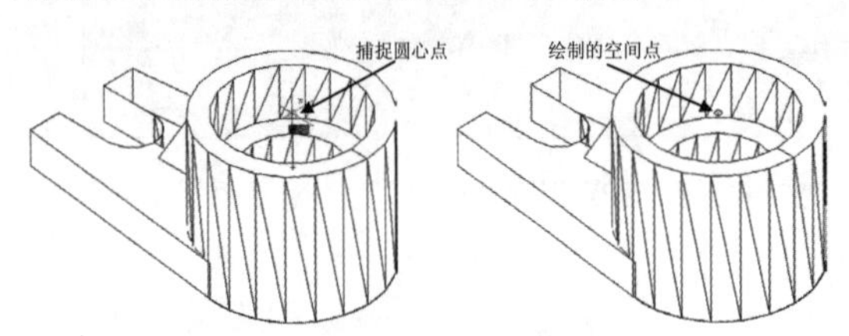

图 14-75　利用捕捉功能绘制点

2. 绘制空间直线

空间直线的绘制方法与平面直线相似，即由两个端点即可确定一条直线，不同的是空间直线的两端点需要三维坐标确定。单击“绘图”面板上的“直线”按钮，即可激活直线命令，用户可以依次输入起点和端点的坐标，也可以捕捉模型上的特殊点来定位直线。

另外，在三维建模过程中，也会用到射线和构造线定位，射线和构造线与直线有相同的性质，定位两点即可绘制该对象。

14.5.2　案例——连接板的创建

本例便通过本章所学的视图操作，以及三维空间中点和直线的绘制方法，来创建一简单的三维模型——连接板。

01 单击“快速访问”工具栏中的“打开”按钮，打开“第 14 章/14.5.2 连接板的绘制.dwg”文件，如图 14-76 所示。

02 单击“绘图”面板中的“直线”按钮。绘制两外圆的公切线，如图 14-77 所示。

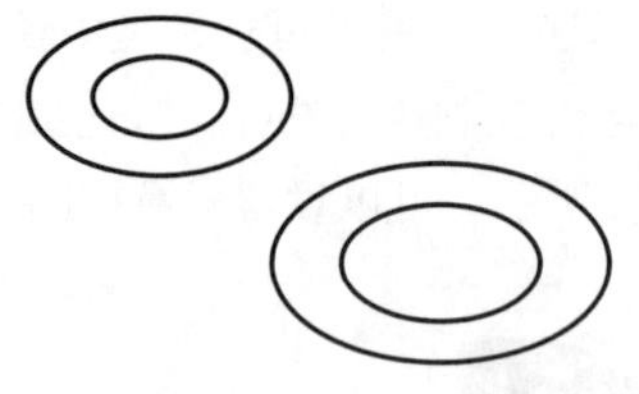

图 14-76　素材图样

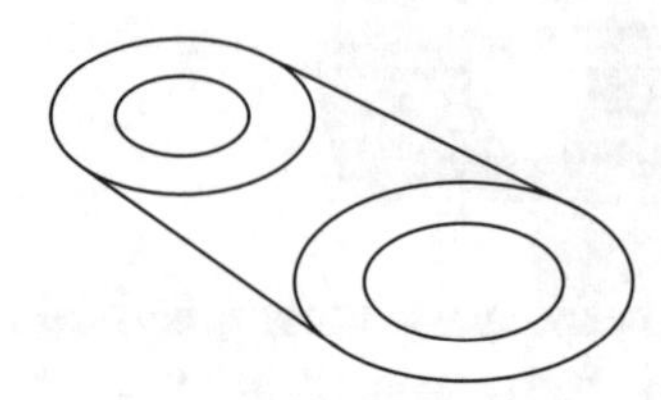

图 14-77　绘制空间直线

03 单击“修改”面板中的“修剪”按钮修剪绘制的空间图形，其效果如图 14-78 所示。

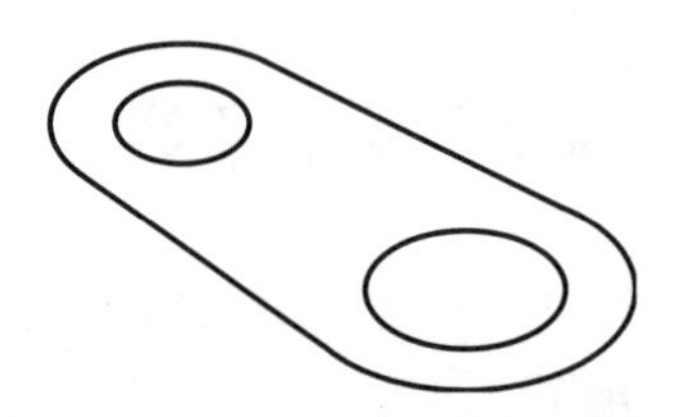

图 14-78　修剪图形

04 单击“建模”面板中的“按住并拖曳”按钮，在外轮廓与内圆之间的区域单击，然后输入合适的拉伸高度，拉伸图形，效果如图 14-79 所示。

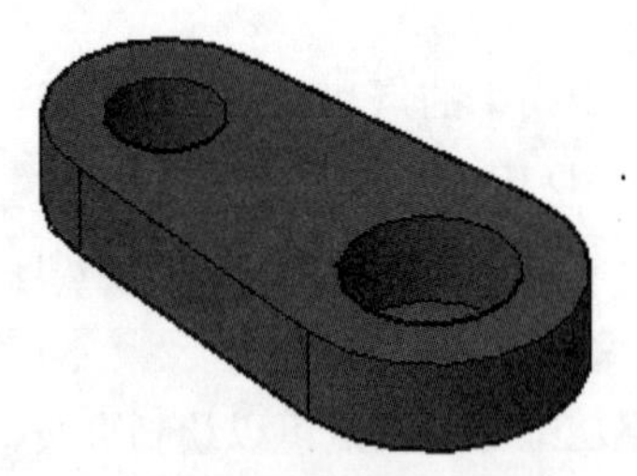

图 14-79　连接板三维效果

14.5.3　绘制样条曲线

样条曲线是一条通过一系列控制点的光滑曲线，它在控制点的形状取决于曲线在控制点的矢量方向和曲率半径。与平面样条曲线不同，空间样条曲线可以向任意方向延伸，因此经常用来创建曲面边界。要绘制样条曲线，单击“绘图”面板中的“样条曲线”按钮，依据命令行提示依次选取样条曲线控制点即可。

14.5.4 案例——绘制空间样条曲线

与二维环境下的“样条曲线”命令一样，三维空间中的“样条曲线”同样需要任意指定点来进行绘制，但要注意的是三维空间中光标的移动可能会引起样条曲线上的点坐标值紊乱。看似距离很接近的两个点，也许相隔了非常大的距离。

01 单击“快速访问”工具栏中的“新建”按钮，新建一个空白文档。

02 单击“绘图”面板中“样条曲线”按钮，绘制如图 14-80 所示的图形。

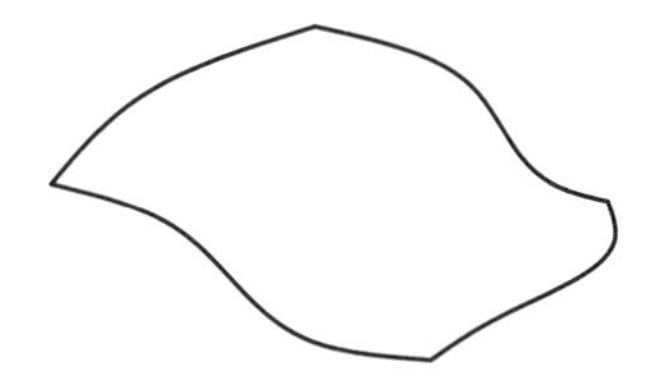

图 14-80 绘制空间样条曲线

03 展开“绘图”面板的下拉面板，单击“创建面域”按钮，用样条曲线创建一个面域，然后在“视图”面板中展开“视觉样式”下拉列表，选择“概念”选项，其效果如图 14-81 所示。

图 14-81 由样条曲线构成的曲面

14.5.5 绘制三维螺旋线

“螺旋线”是指一个固定点向外，沿底面所在平面的法线方向，以指定的半径、高度或圈数旋转而形成的规律曲线，一般常用作螺纹特征的扫描路径。在 AutoCAD 2014 中启用“螺旋线”命令有如下几种常用方法。

- 命令行：HELIX。
- 功能区：在“默认”选项卡中，单击“绘图”面板的“螺旋”按钮。
- 工具栏：单击“建模”工具栏上的“螺旋”按钮。
- 菜单栏：选择“绘图”|“螺旋”命令。

通过以上任意一种方法执行该命令，然后指定螺旋线的底面、顶面半径，以及螺旋高度等参数后，即可完成螺旋线的创建，如图 14-82 所示。

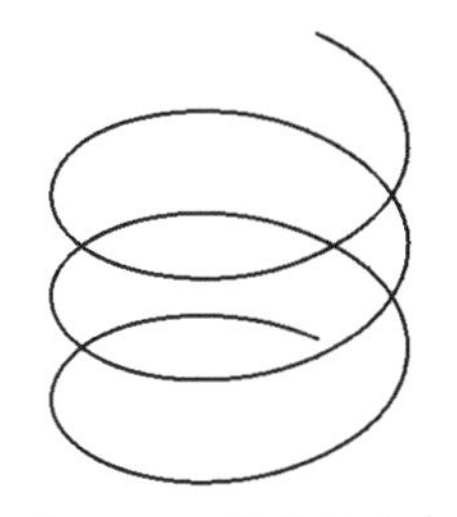

图 14-82 绘制螺旋线

默认情况下，螺旋线的圈数为上次创建螺旋线的圈数，因此螺旋线圈数不是必须设置的选项，当指定螺旋线底面和顶面半径之后，命令行提示如下。

```
指定螺旋高度或 [轴端点(A)/圈数(T)/圈高(H)/扭曲(W)]:
```

其中选择“圈高”选项，可以指定螺旋线各圈之间的间距，此距离乘以螺旋圈数即螺旋的高度；选择“扭矩”选项，可以指定螺旋线的旋转方式是顺时针，还是逆时针。

创建的螺旋线，可通过“特性”选项板编辑螺旋线的参数。例如，更改其圈数、圈高、螺旋线高度等，如图 14-83 所示。

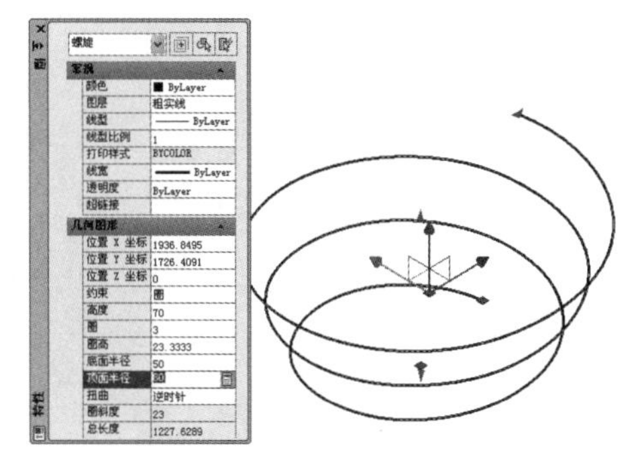

图 14-83 “特性”选项板

14.5.6 案例——绘制三维螺旋线

01 单击“快速访问”工具栏中的“新建”按钮，创建一个空白文件。

02 将工作空间切换到“三维建模”工作空间，单击“绘图”面板中的“螺旋”按钮，根据命令行提示，绘制螺旋线，命令行操作如下。

```
命令： _Helix                                        // 调用螺旋线命令
圈数 = 3.0000       扭曲 =CCW
指定底面的中心点：                                    // 指定螺旋线中心点，如图 14-84 所示
指定底面半径或 [ 直径 (D)] <1.0000>: 50↙             // 指定螺旋线底面半径，如图 14-84 所示
指定顶面半径或 [ 直径 (D)] <50.0000>: 50↙            // 指定螺旋线顶面半径，如图 14-85 所示
指定螺旋高度或 [ 轴端点 (A)/ 圈数 (T)/ 圈高 (H)/ 扭曲 (W)] <20.0000>: 100↙
                                                     // 指定螺旋线高度，如图 14-86 所示
```

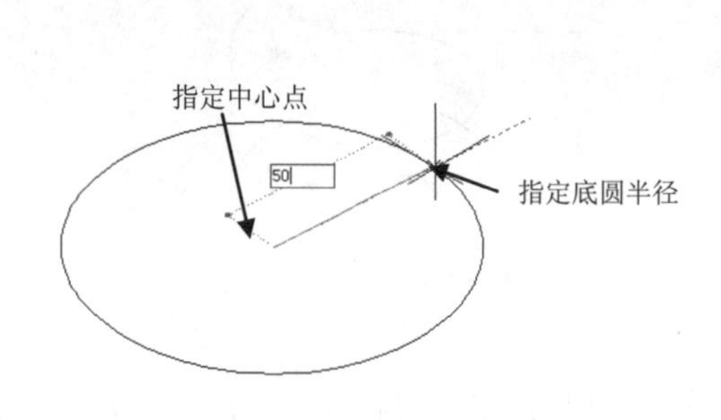

图 14-84 指定中心点

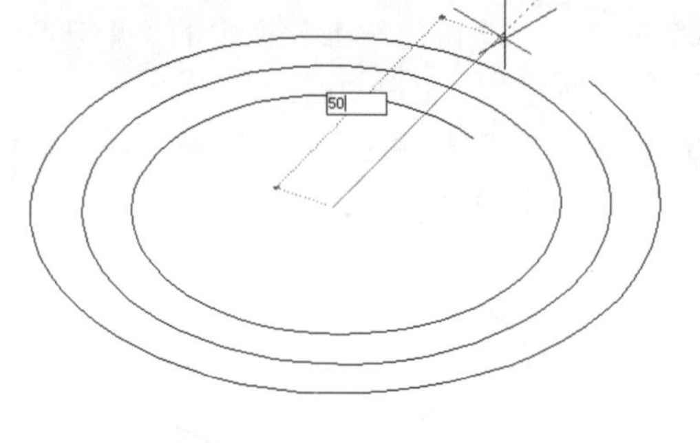

图 14-85 指定顶面半径

03 通过以上操作即可完成螺旋线的绘制，效果如图 14-87 所示。

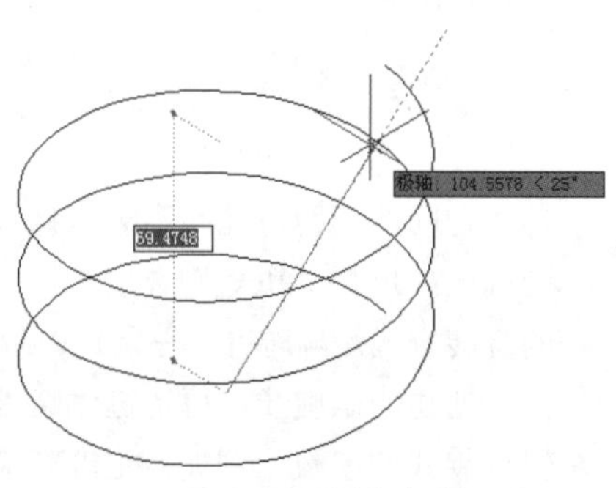

图 14-86 指定高度

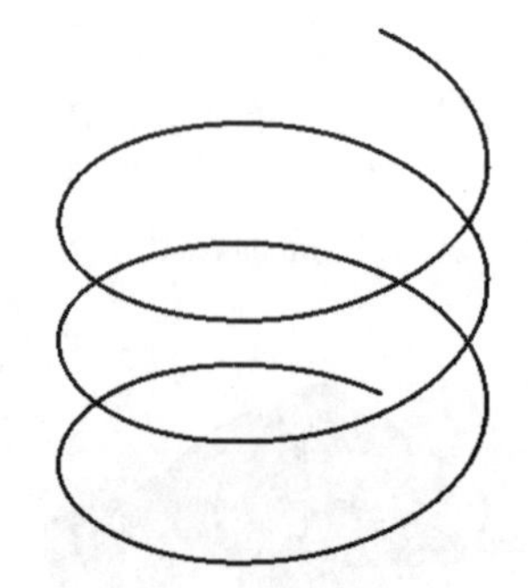

图 14-87 绘制完成效果

第 15 章　创建三维实体和曲面

在 AutoCAD 中，曲面、网格和实体都能用来表现模型的外观。本章先介绍实体建模方法，再介绍由二维图形创建实体的各种方法，最后介绍创建和编辑网格的方法。

15.1 创建基本实体

基本实体是构成三维实体模型的最基本元素，如长方体、楔体、球体等，在 AutoCAD 中可以通过多种方法来创建基本实体。

15.1.1 创建长方体

长方体具有长、宽、高三个尺寸参数，可以创建各种方形基体，例如创建零件的底座、支撑板、建筑墙体及家具等。在 AutoCAD 2014 中调用绘制“长方体”命令有如下几种方法。

- 功能区：在“常用”选项卡中，单击“建模”面板中的“长方体”按钮。
- 工具栏：单击“建模”工具栏中的“长方体”按钮。
- 菜单栏：执行“绘图”|“建模”|“长方体”命令。
- 命令行：BOX。

通过以上任意一种方法执行该命令，命令行出现如下提示。

```
指定第一个角点 [ 中心（C）]:
```

- 命令子选项说明

此时可以根据提示利用两种方法进行“长方体”的绘制。

a. 指定角点

该方法是创建长方体的默认方法，即是通过依次指定长方体底面的两对角点或指定一角点和长、宽、高的方式进行长方体的创建，如图 15-1 所示。

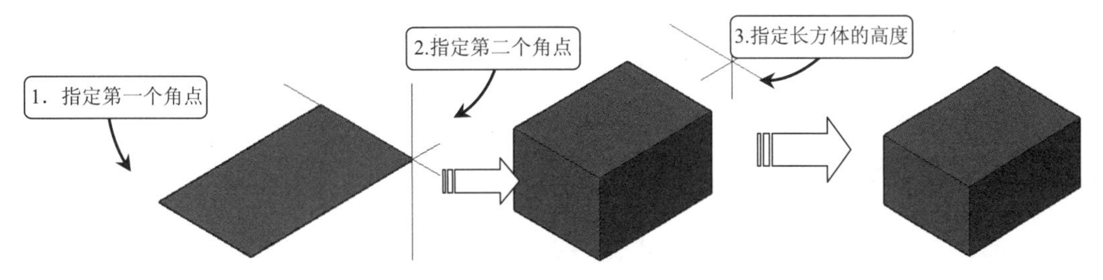

图 15-1　利用指定角点的方法绘制长方体

b. 指定中心

利用该方法可以先指定长方体中心，再指定长方体中截面的一个角点或长度等参数，最后指定高度来创建长方体，如图 15-2 所示。

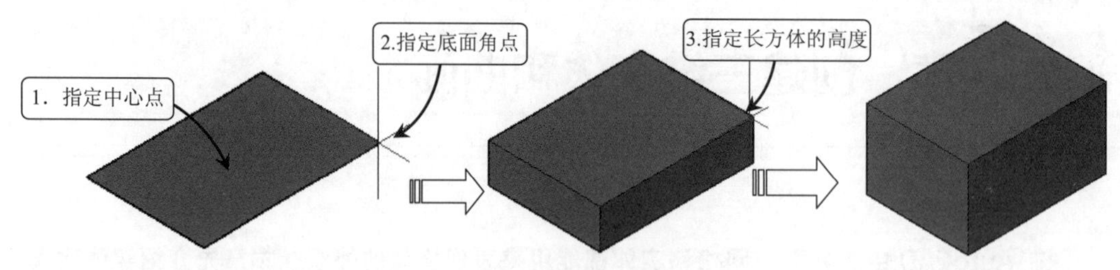

图 15-2　利用指定中心的方法绘制长方体

15.1.2　案例——创建长方体

01 启动 AutoCAD 2014，单击“快速访问”工具栏中的“新建”按钮，建立一个新的空白文档。

02 在“常用”选项卡中，单击“建模”面板上“长方体”按钮，绘制一个长方体，其命令行提示如下。

```
命令： _box                                   //调用“长方体”命令
指定第一个角点或 [中心(C)]:C1                  //选择定义长方体中心
指定中心： 0,0,01                              //输入坐标，指定长方体中心
指定其他角点或 [立方体(C)/长度(L)]: L1          //由长度定义长方体
指定长度： 401                                 //捕捉到X轴正向，然后输入长度为40
指定宽度： 201                                 //输入长方体宽度为20
指定高度或 [两点(2P)]: 201                     //输入长方体高度为20
指定高度或 [两点(2P)] <175>:                   //指定高度
```

03 通过操作即可完成如图 15-3 所示的长方体。

04 单击“功能区”中“实体编辑”面板上的“抽壳”工具，选择顶面为删除的面，抽壳距离为 2，即可创建一个长方体箱体，其效果如图 15-4 所示。

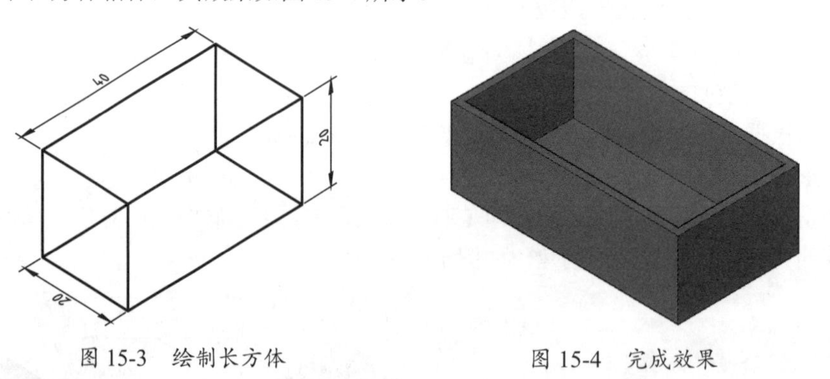

图 15-3　绘制长方体　　　图 15-4　完成效果

15.1.3　创建圆柱体

在 AutoCAD 中创建的“圆柱体”是以面或圆为截面形状，沿该截面法线方向拉伸所形成的实体，常用于绘制各类轴类零件、建筑图形中的各类立柱等特征。

在 AutoCAD 2014 中调用绘制“圆柱体”命令有如下几种常用方法。

- 菜单栏：执行“绘图” | “建模” | “圆柱体”命令，如图 15-5 所示。
- 功能区：在“常用”选项卡中，单击“建模”面板中的“圆柱体”工具，如图 15-6 所示。
- 工具栏：单击“建模”工具栏中的“圆柱体”按钮。

➢ 命令行：CYLINDER。

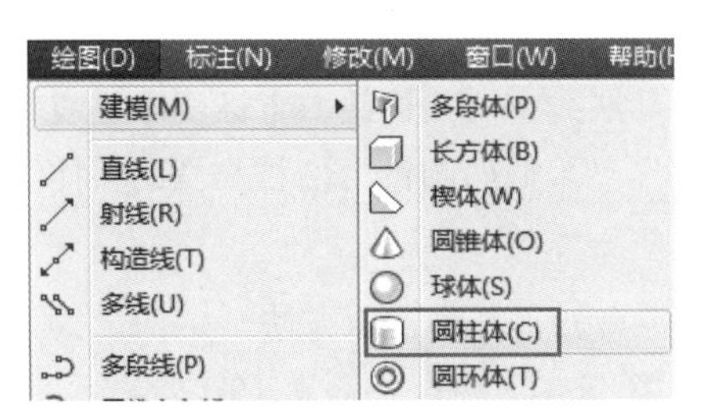

图 15-5　创建圆柱体命令

图 15-6　圆柱体按钮

执行上述任意命令后，命令行提示如下。

```
指定底面的中心点或 [三点(3P)/两点(2P)/切点、切点、半径(T)/椭圆(E)]:
```

根据命令行提示选择一种创建方法即可绘制“圆柱体”图形，如图 15-7 所示。

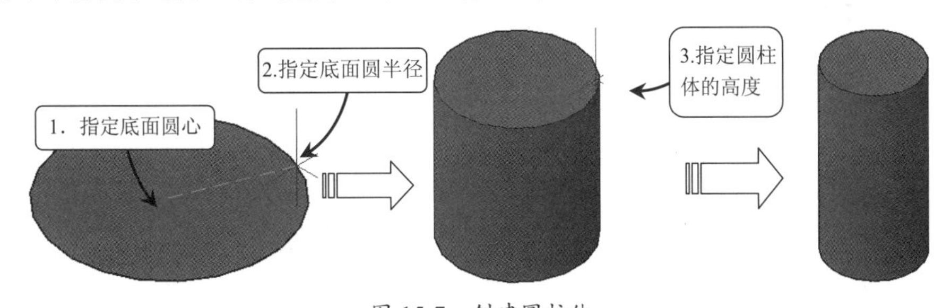

图 15-7　创建圆柱体

15.1.4　案例——创建圆柱体

01 单击“快速访问”工具栏中的“打开”按钮，打开“第 15 章 /15.1.4 绘制圆柱体.dwg”文件，如图 15-8 所示。

02 在“常用”选项卡中，单击“建模”面板中的“圆柱体”工具，在底板上面绘制两个圆柱体，命令行提示如下。

```
命令: _cylinder                                              //调用“圆柱体”命令
指定底面的中心点或 [三点(3P)/两点(2P)/切点、切点、半径(T)/椭圆(E)]:
                                                             //捕捉到圆心为中心点
指定底面半径或 [直径(D)] <50.0000>: 71                        //输入圆柱体底面半径
指定高度或 [两点(2P)/轴端点(A)] <10.0000>: 301                //输入圆柱体高度
```

03 通过以上操作，即可绘制一个圆柱体，如图 15-9 所示。

04 重复以上操作，绘制另一边的圆柱体，即可完成连接板的绘制，其效果如图 15-10 所示。

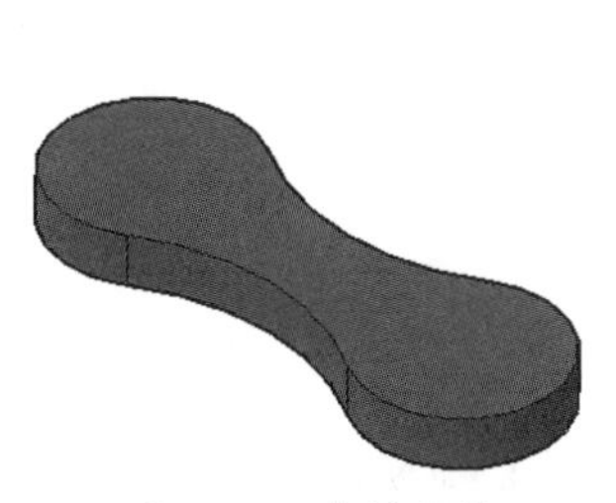

图 15-8　素材图样

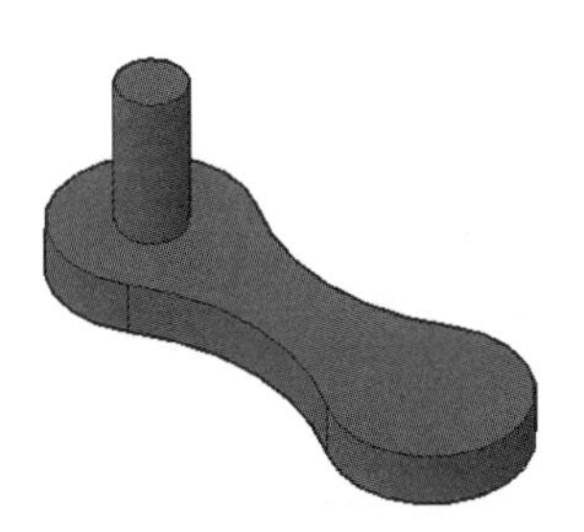

图 15-9　绘制圆柱体

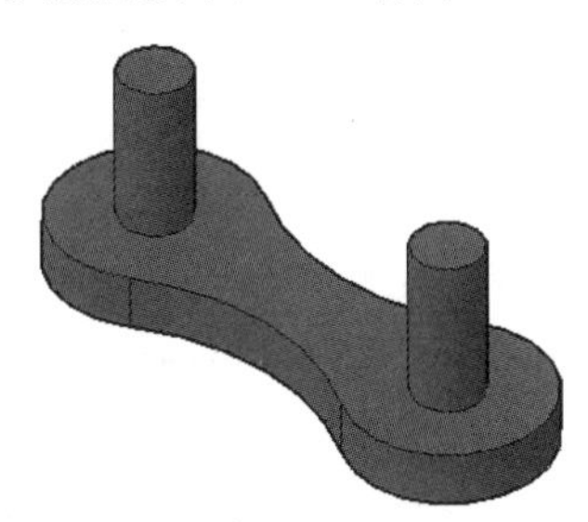

图 15-10　连接板

15.1.5 绘制圆锥体

“圆锥体”是指以圆或椭圆为底面形状，沿其法线方向并按照一定锥度向上或向下拉伸而形成的实体。使用“圆锥体”命令可以创建“圆锥”“平截面圆锥”两种类型的实体。

1. 创建常规圆锥体

在 AutoCAD 2014 中调用绘制“圆柱体”命令有如下几种常用方法。

- 菜单栏：执行“绘图”|“建模”|“圆锥体”命令，如图 15-12 所示。
- 功能区：在“常用”选项卡中，单击“建模”面板中的“圆锥体”工具，如图 15-11 所示。
- 工具栏：单击“建模”工具栏中的“圆锥体”按钮。
- 命令行：CONE。

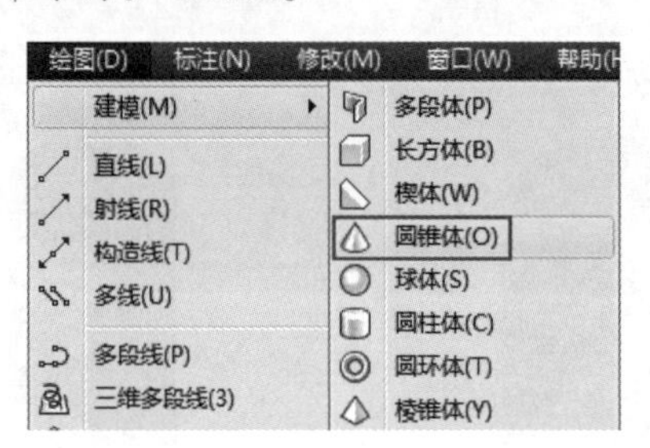

图 15-11 创建圆锥体命令

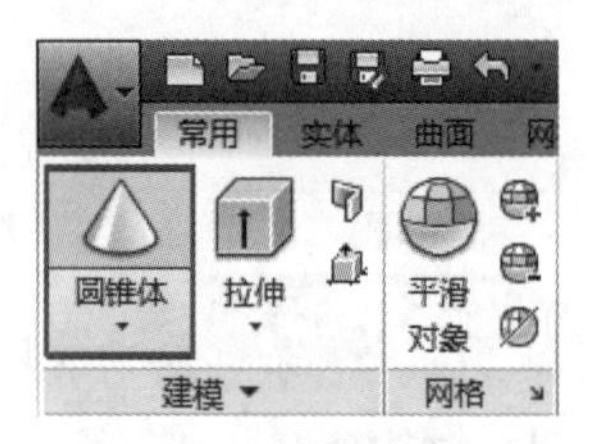

图 15-12 圆锥体按钮

执行上述任意命令后，在“绘图区”指定一点为底面圆心，并分别指定底面半径值或直径值，最后指定圆锥高度值，即可获得“圆锥体”效果，如图 15-13 所示。

2. 创建平截面圆锥体

平截面圆锥体即圆台体，可看作是由平行于圆锥底面，且与底面的距离小于锥体高度的平面为截面，截取该圆锥而得到的实体。

当启用“圆锥体”命令后，指定底面圆心及半径，命令提示行信息为“指定高度或 [两点 (2P)/ 轴端点 (A)/ 顶面半径 (T)] <9.1340>:”，选择“顶面半径”选项，输入顶面半径值，最后指定平截面圆锥体的高度，即可获得“平截面圆锥”效果，如图 15-14 所示。

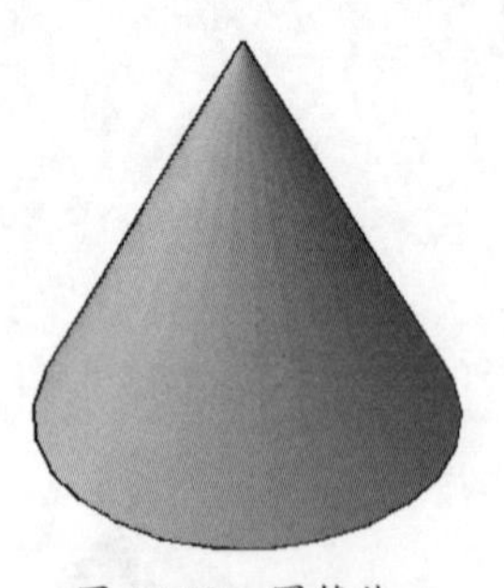

图 15-13 圆锥体

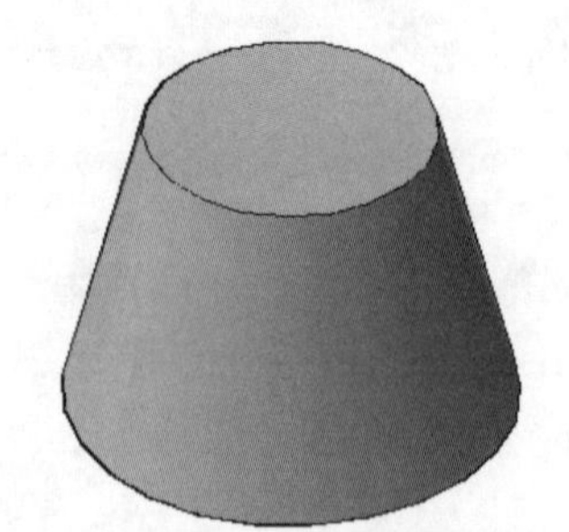

图 15-14 平截面圆锥体

15.1.6 案例——创建圆锥体

01 单击“快速访问”工具栏中的“打开”按钮，打开“第 15 章 /15.1.6 绘制圆锥体 .dwg”文件，如图 15-15 所示。

02 在“默认”选项卡中，单击“建模”面板上的“圆锥体”按钮，绘制一个圆锥体，命令行提示如下。

```
命令：_cone                                                          //调用“圆锥体”命令
指定底面的中心点或 [三点(3P)/两点(2P)/切点、切点、半径(T)/椭圆(E)]:
                                                                     //指定圆锥体底面中心
指定底面半径或 [直径(D)] : 61                                        //输入圆锥体底面半径值
指定高度或 [两点(2P)/轴端点(A)/顶面半径(T)]: 71                      //输入圆锥体高度
```

03 通过以上操作，即可绘制一个圆锥体，如图 15-16 所示。

04 调用 ALIGN“对齐”命令，将圆锥体移动到圆柱顶面，其效果如图 15-17 所示。

图 15-15　素材图样

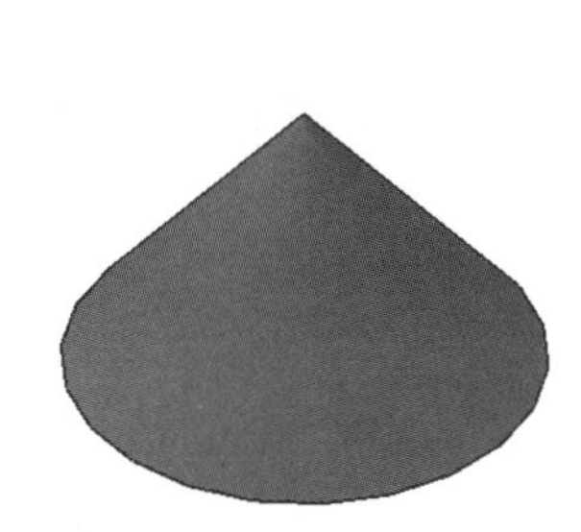

图 15-16　圆锥体

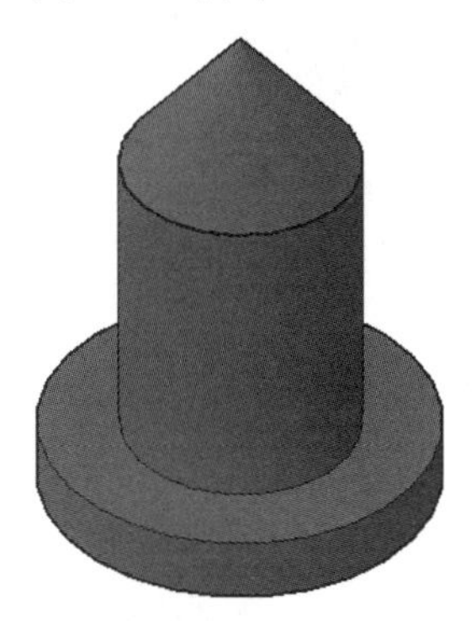

图 15-17　销钉

15.1.7　创建球体

“球体”是在三维空间中，到一个点（即球心）距离相等的所有点的集合形成的实体，它广泛应用于机械、建筑等制图中，如创建挡位控制杆、建筑物的球形屋顶等。

在 AutoCAD 2014 中调用绘制“球体”命令有如下几种常用方法。

- 菜单栏：执行“绘图”｜“建模”｜“球体”命令，如图 15-18 所示。
- 功能区：在“常用”选项卡中，单击“建模”面板中的“球体”工具，如图 15-19 所示。
- 工具栏：单击“建模”工具栏中的“球体”按钮。
- 命令行：SPHERE。

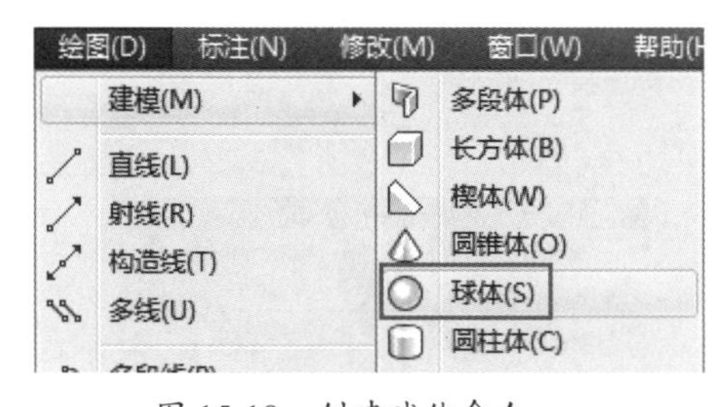

图 15-18　创建球体命令

图 15-19　球体按钮

执行上述任意命令后，命令行提示如下。

```
指定中心点或 [三点(3P)/两点(2P)/切点、切点、半径(T)]:
```

此时直接捕捉一点为球心，然后指定球体的半径值或直径值，即可获得球体效果。另外，可以按照命令行提示使用以下 3 种方法创建球体，从“三点”“两点”和“相切、相切、半径”，其具体的创建方法与二维图形中“圆”的相关创建方法类似。

15.1.8 案例——创建球体

01 单击“快速访问”工具栏中的“打开”按钮，打开“第15章/15.1.8 绘制球体.dwg”文件，如图15-20所示。

02 在“常用”选项卡中，单击“建模”面板上的“球体”按钮，在底板上绘制一个球体，命令行提示如下。

```
命令：_sphere                                                        //调用“球体”命令
指定中心点或 [三点(3P)/两点(2P)/切点、切点、半径(T)]: 2pl          //指定绘制球体方法
指定直径的第一个端点：                                             //捕捉到长方体上表面的中心
指定直径的第二个端点：1201                                         //输入球体直径，绘制完成
```

03 通过以上操作即可完成球体的绘制，其效果如图15-21所示。

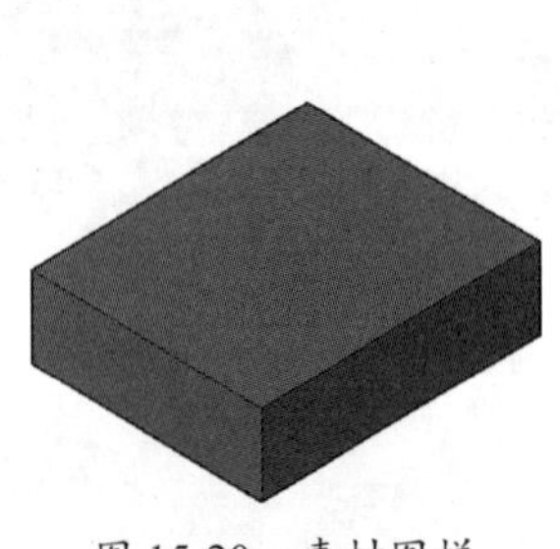

图 15-20 素材图样

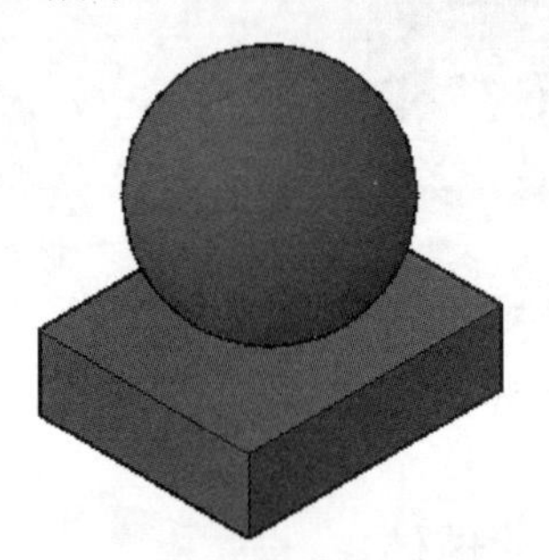

图 15-21 绘制球体

15.1.9 创建楔体

楔体可以看作是以矩形为底面，其一边沿法线方向拉伸所形成的具有楔状特征的实体。该实体通常用于填充物体的间隙，如安装设备时用于调整设备高度及水平度的楔体和楔木。

在AutoCAD 2014中调用绘制“楔体”命令有如下几种常用方法。

- 功能区：在“常用”选项卡中，单击“建模”面板中的“楔体”工具，如图15-22所示。
- 菜单栏：执行“绘图”|“建模”|“楔体”命令，如图15-23所示。
- 工具栏：单击“建模”工具栏中的“楔体”按钮。
- 命令行：WEDGE或WE。

图 15-22 楔体按钮

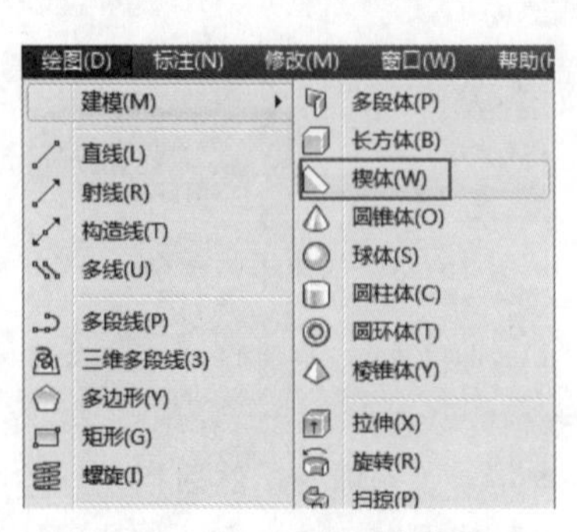

图 15-23 创建楔体命令

执行以上任意一种方法均可创建楔体，创建楔体的方法同长方体的方法类似。操作如图15-24所示，命令行提示如下。

```
命令： _wedge↙                                   //调用“楔体”命令
指定第一个角点或 [中心(C)]:                       //指定楔体底面第一个角点
指定其他角点或 [立方体(C)/长度(L)]:               //指定楔体底面另一个角点
指定高度或 [两点(2P)]:                            //指定楔体高度并完成绘制
```

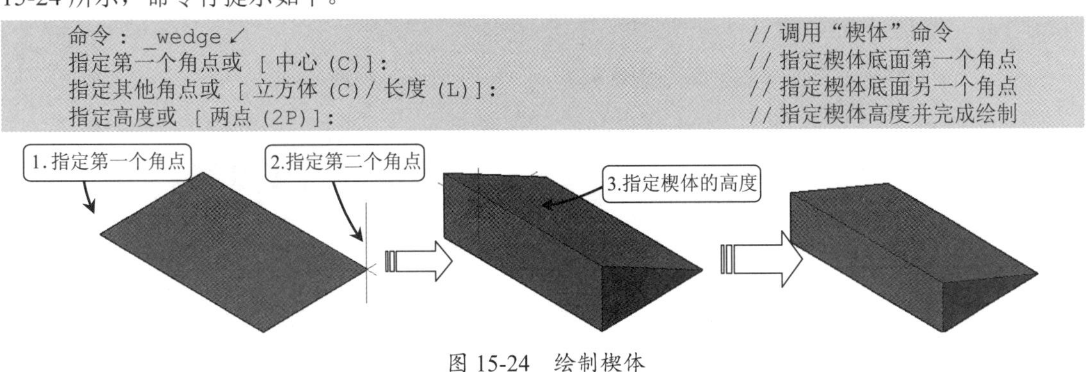

图 15-24　绘制楔体

15.1.10　案例——创建楔体

01 单击“快速访问”工具栏中的“打开”按钮，打开“第15章/15.1.10 绘制楔体.dwg”文件，如图15-25所示。

02 在“常用”选项卡中，单击“建模”面板上的“楔体”按钮，在长方体底面创建两个支撑，命令行提示如下。

```
命令： _wedge                                    //调用“楔体”命令
指定第一个角点或 [中心(C)]:                       //指定底面矩形的第一个角点
指定其他角点或 [立方体(C)/长度(L)]:L1             //指定第二个角点的输入方式为长度输入
指定长度 : 51                                     //输入底面矩形的长度
指定宽度： 501                                    //输入底面矩形的宽度
指定高度或 [两点(2P)] : 101                       //输入楔体高度
```

03 通过以上操作，即可绘制一个楔体，如图15-26所示。

04 重复以上操作绘制另一个楔体，调用ALIGN“对齐”命令将两个楔体移动到合适位置，其效果如图15-27所示。

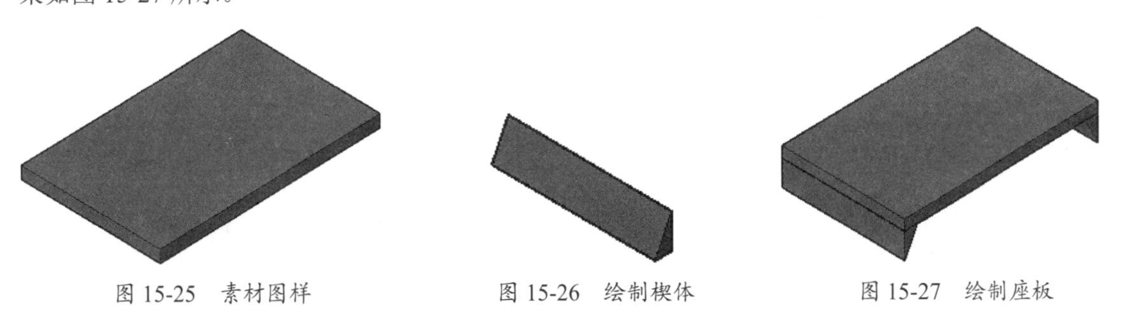

图 15-25　素材图样　　图 15-26　绘制楔体　　图 15-27　绘制座板

15.1.11　创建圆环体

“圆环体”可以看作是在三维空间内，圆轮廓线绕与其共面的直线旋转所形成的实体特征，该直线即是圆环的中心线；直线和圆心的距离即是圆环的半径；圆轮廓线的直径即是圆环的直径。

在AutoCAD 2014中调用绘制“圆环体”命令有如下几种常用方法。

➢ 菜单栏：执行“绘图”|“建模”|“圆环体”命令，如图15-28所示。

- 功能区：在“常用”选项卡中，单击“建模”面板中的“圆环体”工具，如图 15-29 所示。
- 工具栏：单击“建模”工具栏中的“圆环体”按钮。
- 命令行：TORUS。

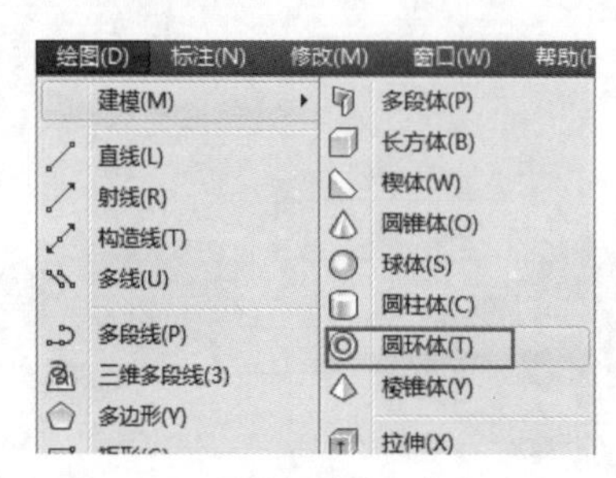

图 15-28　创建圆环体命令

图 15-29　圆环体按钮

通过以上任意一种方法执行该命令后，首先确定圆环的位置和半径，然后确定圆环圆管的半径即可完成创建，如图 15-30 所示，命令行操作如下。

```
命令：_torus↙                                                  //调用“圆环”命令
指定中心点或 [三点(3P)/两点(2P)/切点、切点、半径(T)]:               //在绘图区域合适位置拾取一点
指定半径或 [直径(D)] <50.0000>: 15↙                              //输入圆环半径
指定圆管半径或 [两点(2P)/直径(D)]: 3↙                              //输入圆环截面半径
```

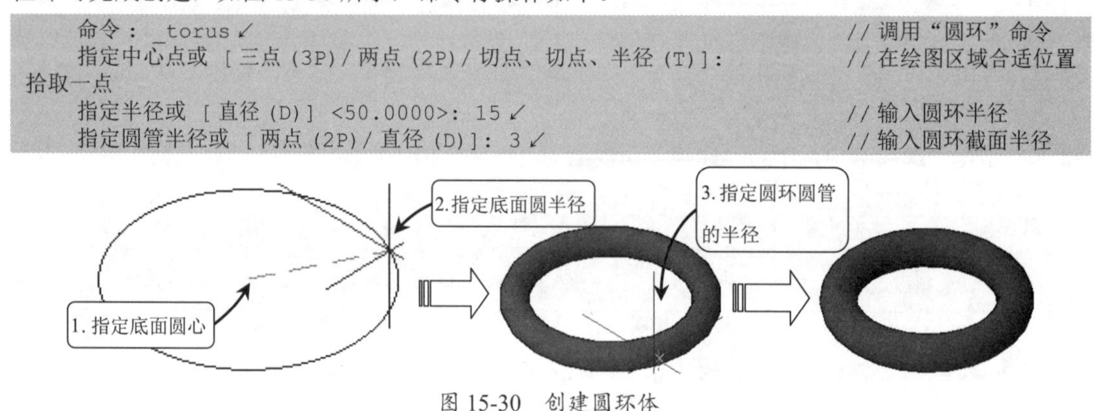

图 15-30　创建圆环体

15.1.12　案例——绘制圆环

01 单击“快速访问”工具栏中的“打开”按钮，打开“第 15 章 /15.1.12 绘制圆环 .dwg”文件，如图 15-31 所示。

02 在“常用”选项卡中，单击“建模”面板上的“圆环体”工具，绘制一个圆环体，命令行提示如下。

```
命令：_torus                                                   //调用“圆环”命令
指定中心点或 [三点(3P)/两点(2P)/切点、切点、半径(T)]:               //捕捉到圆心
指定半径或 [直径(D)] <20.0000>: 451                              //输入圆环半径值
指定圆管半径或 [两点(2P)/直径(D)] : 2.51                           //输入圆管半径值
```

03 通过以上操作，即可绘制一个圆环体，其效果如图 15-32 所示。

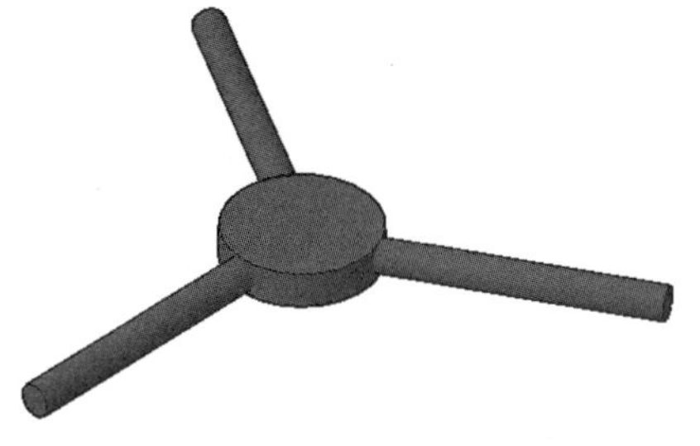

图 15-31　素材图样

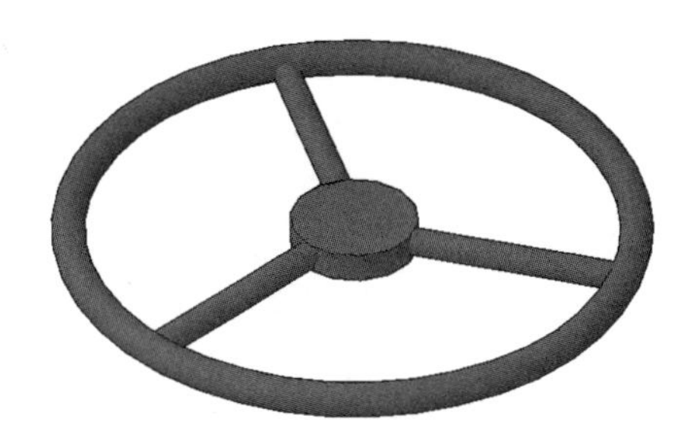

图 15-32　绘制手轮

15.1.13　创建棱锥体

棱锥体可以看作是以一个多边形面为底面，其余各面是由有一个公共顶点的具有三角形特征的面所构成的实体。在 AutoCAD 2014 中调用绘制“棱锥体”命令有如下几种常用方法。

- 菜单栏：执行“绘图”｜“建模”｜“棱锥体”命令，如图 15-33 所示。
- 功能区：在“常用”选项卡中，单击“建模”面板中的“棱锥体”工具，如图 15-34 所示。
- 工具栏：单击“建模”工具栏中的“棱锥体”按钮。
- 命令行：PYRAMID。

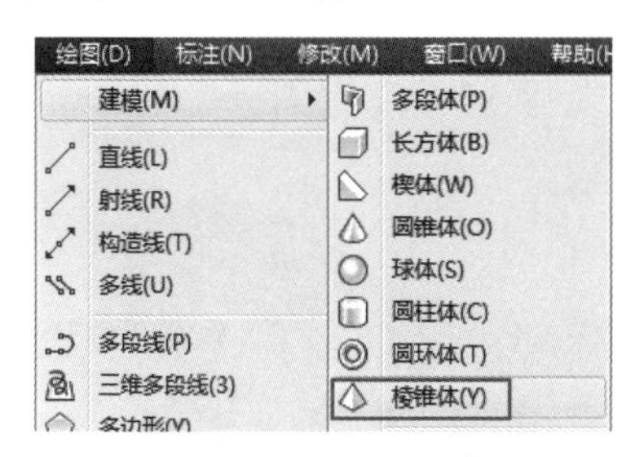

图 15-33　创建棱锥体命令

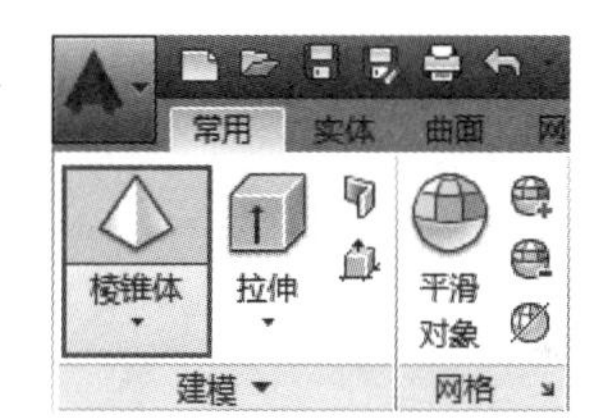

图 15-34　棱锥体按钮

在 AutoCAD 中使用以上任意一种方法可以通过参数的调整创建多种类型的“棱锥体”和“平截面棱锥体”。其绘制方法与绘制“圆锥体”的方法类似，绘制完成的结果如图 15-6 和图 15-7 所示。

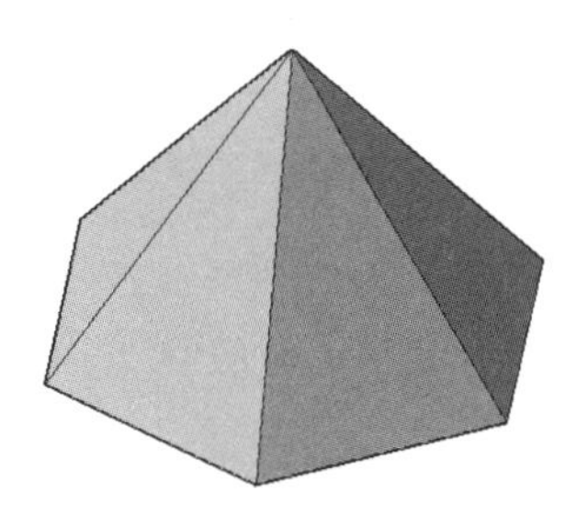

图 15-35　棱锥体

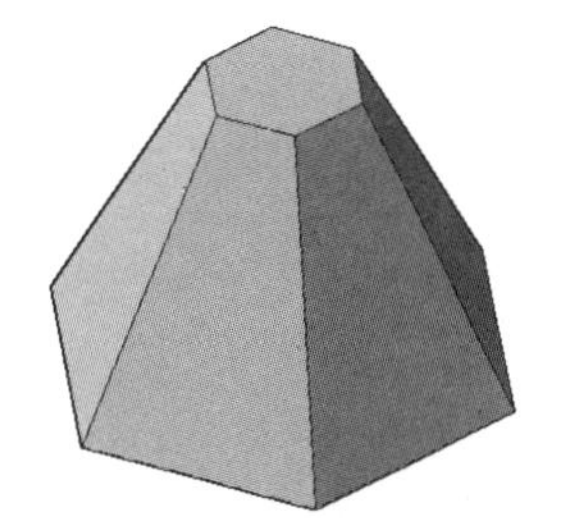

图 15-36　平截面棱锥体

操作技巧：在利用“棱锥体”工具进行棱锥体创建时，所指定的边数必须是 3 ～ 32 的整数。

15.2　由二维对象生成三维实体

在 AutoCAD 中，几何形状简单的模型可由各种基本实体组合而成，对于截面形状和空间形状复杂的模形，用基本实体将很难或无法创建，因此 AutoCAD 提供另外一种实体创建途径，即由二维轮廓进行拉伸、旋转、放样、扫掠等方式创建实体。

15.2.1 拉伸

“拉伸”工具可以将二维图形沿其所在平面的法线方向扫描，而形成三维实体。该二维图形可以是多段线、多边形、矩形、圆、椭圆、闭合的样条曲线、圆环和面域等。拉伸命令常用于创建某一方向上截面固定不变的实体，例如机械中的齿轮、轴套、垫圈等，建筑制图中的楼梯栏杆、管道、异性装饰等物体。

在 AutoCAD 2014 中调用“拉伸”命令有如下几种常用方法。

- 功能区：在“常用”选项卡中，单击“建模”面板中的“拉伸”按钮。
- 工具栏：单击“建模”工具栏中的“拉伸”按钮。
- 菜单栏：执行“绘图”|“建模”|“拉伸”命令。
- 命令行：EXTRUDE/EXT。

通过以上任意一种方法执行该命令后，可以使用两种拉伸二维轮廓的方法：一种是指定拉升的倾斜角度和高度，生成直线方向的常规拉伸体；另一种是指定拉伸路径，可以选择多段线或圆弧，路径可以闭合，也可以不闭合。如图 15-37 所示，即为使用拉伸命令创建的实体模型。

调用“拉伸”命令后，选中要拉伸的二维图形，命令行提示如下。

```
指定拉伸的高度或 [方向(D)/路径(P)/倾斜角(T)/表达式(E)] <2.0000>: 2
```

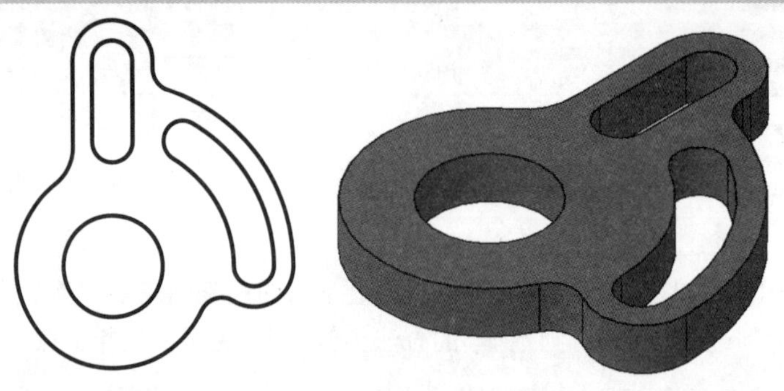

图 15-37 创建拉伸实体

操作技巧：当指定拉伸角度时，其取值范围为 -90 ～ 90。正值表示从基准对象逐渐变细；负值表示从基准对象逐渐变粗。默认情况下，角度为 0，表示在与二维对象所在的平面垂直的方向上进行拉伸。

- 命令子选项说明

命令行中各选项的含义如下：

- “方向(D)”：默认情况下，对象可以沿 Z 轴方向拉伸，拉伸的高度可以为正值或负值，此选项通过指定一个起点到端点的方向，来定义拉伸方向。
- “路径(P)”：通过指定拉伸路径将对象拉伸为三维实体，拉伸的路径可以是开放的，也可以是封闭的。
- “倾斜角(T)”：通过指定的角度拉伸对象，拉伸的角度也可以为正值或负值，其绝对值不大于90°。若倾斜角为正，将产生内锥度，创建的侧面向里靠；若倾斜角度为负，将产生外锥度，创建的侧面则向外。

15.2.2　案例——绘制门把手

01 启动 AutoCAD 2014，单击“快速访问”工具栏中的“新建”按钮，建立一个新的空白文档。

02 将工作空间切换到“三维建模”工作空间中，单击“绘图”面板中的“矩形”按钮，绘制一个长为 10 宽为 5 的矩形。单击“修改”面板中的“圆角”按钮，在矩形边角创建 R1 的圆角。然后绘制两个半径为 0.5 的圆，其圆心到最近边的距离为 1.2，截面轮廓效果如图 15-38 所示。

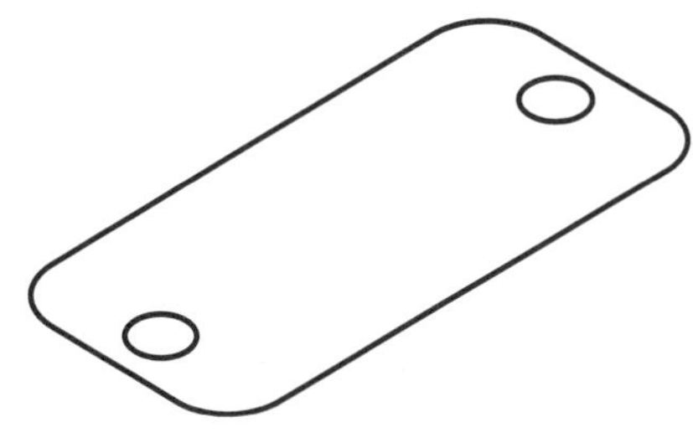

图 15-38　绘制底面

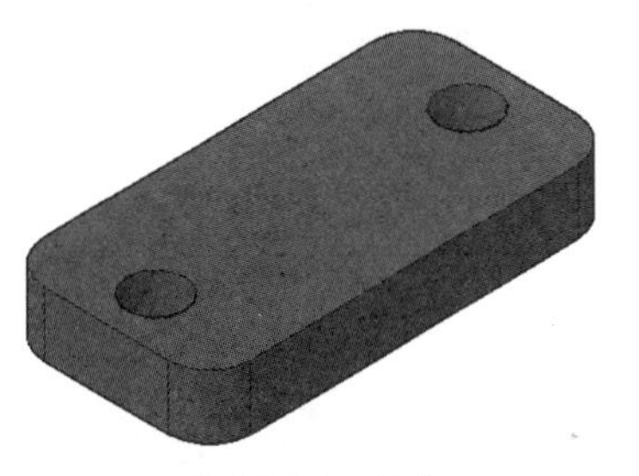

图 15-39　拉伸

03 将视图切换到“东南等轴测”，将图形转换为面域，并利用“差集”命令由矩形面域减去两个圆的面域，然后单击“建模”面板上的“拉伸”按钮，拉伸高度为 1.5，效果如图 15-39 所示。命令行提示如下。

```
    命令： _extrude                                                  // 调用拉伸命令
    当前线框密度： ISOLINES=4，闭合轮廓创建模式 = 实体
    选择要拉伸的对象或 [ 模式 (MO)]： _MO 闭合轮廓创建模式 [ 实体 (SO)/ 曲面 (SU)] < 实体 >: _
SO
    选择要拉伸的对象或 [ 模式 (MO)]： 找到 1 个                         // 选择面域
    指定拉伸的高度或 [ 方向 (D)/ 路径 (P)/ 倾斜角 (T)/ 表达式 (E)]： 1.5   // 输入拉伸高度
```

04 单击“绘图”面板中的“圆”按钮，绘制两个半径为 0.7 的圆，位置如图 15-40 所示。

05 单击“建模”面板上的“拉伸”按钮，选择上一步绘制的两个圆，向下拉伸高度为 0.2。单击实体编辑中的“差集”按钮，在底座中减去两圆柱实体，效果如图 15-41 所示。

图 15-40　绘制圆

图 15-41　沉孔效果

06 单击“绘图”面板中的“矩形”按钮，绘制一个边长为 2 的正方形，在边角处创建半径为 0.5 的圆角，效果如图 15-42 所示。

07 单击“建模”面板上的“拉伸”按钮，拉伸上一步绘制的正方形，拉伸高度为 1，效果如图 15-43 所示。

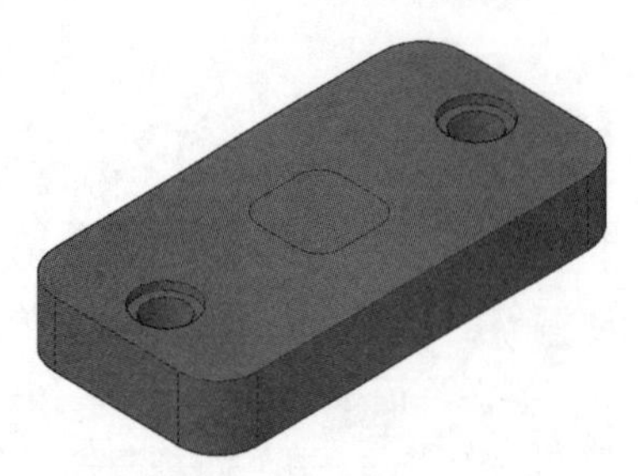

图 15-42 绘制正方形

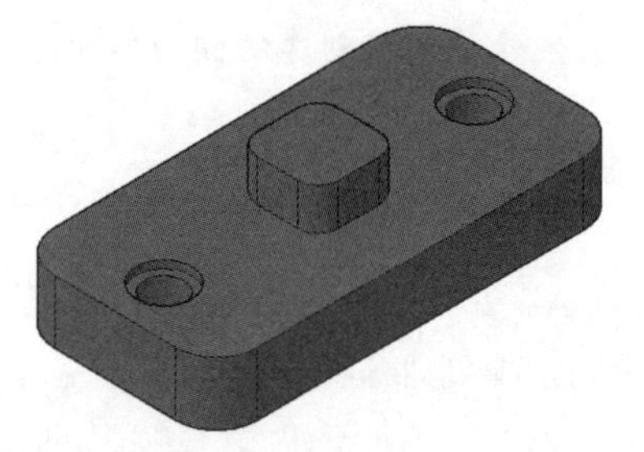

图 15-43 拉伸正方体

08 单击“绘图”面板中的“椭圆”按钮，绘制如图 15-44 所示的长轴为 2，短轴为 1 的椭圆。

09 在椭圆和正方体的交点绘制一个高为 3，长为 10，圆角为 R1 的路径，效果如图 15-45 所示。

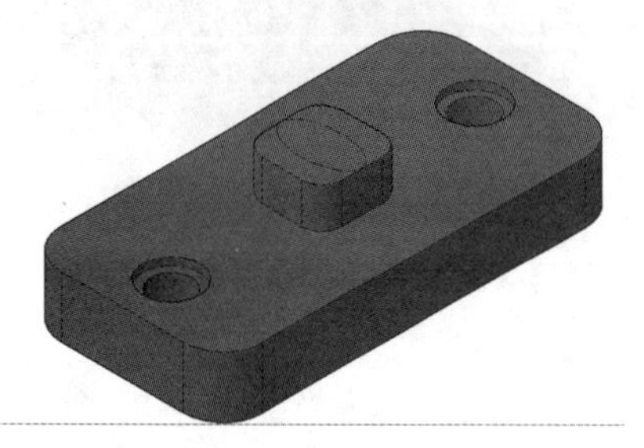

图 15-44 绘制椭圆

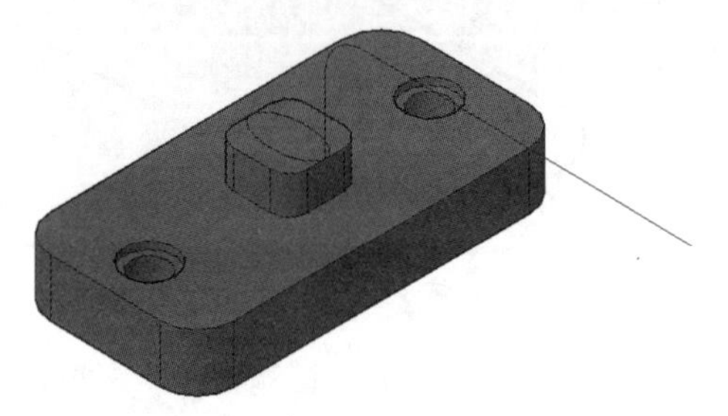

图 15-45 绘制拉伸路径

10 单击“建模”面板上的“拉伸”按钮，拉伸椭圆，拉伸路径选择上一步绘制的拉伸路径，命令行提示如下。

```
    命令： _extrude                                              // 调用“拉伸”命令
    当前线框密度： ISOLINES=4，闭合轮廓创建模式 = 实体
    选择要拉伸的对象或 [ 模式 (MO)]: _MO 闭合轮廓创建模式 [ 实体 (SO)/ 曲面 (SU)] < 实体 >: _
SO
    选择要拉伸的对象或 [ 模式 (MO)]: 找到 1 个                      // 选择椭圆
    指定拉伸的高度或 [ 方向 (D)/ 路径 (P)/ 倾斜角 (T)/ 表达式 (E)] <1.0000>: pl
                                                                 // 选择路径方式
    选择拉伸路径或 [ 倾斜角 (T) ]:                                 // 选择绘制的路径
```

11 通过以上操作步骤即可完成门把手的绘制，效果如图 15-46 所示。

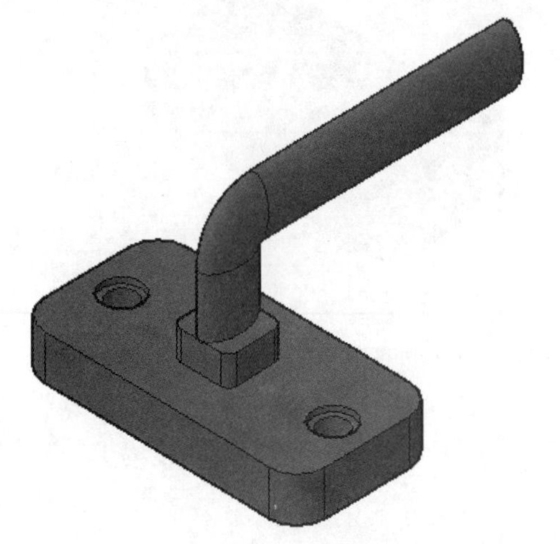

图 15-46 门把手

技术专题：创建三维文字

在一些专业的三维建模软件（如 UG、Solidworks）中，经常可以看到三维文字的创建，并利用创建好的三维文字与其他的模型实体进行编辑，得到镂空或雕刻状的铭文。AutoCAD 中的三维功能虽然有所不足，但同样可以获得这种效果，下面通过一个例子来介绍具体的方法。

15.2.3　拓展案例——创建三维文字

三维文字对于建模来说非常重要，只有创建出了三维文字，才可以在模型中表现出独特的商标或品牌名称。通过 AutoCAD 的三维建模功能，同样也可以创建这样的三维文字。

01 执行“多行文字”命令，创建任意文字。值得注意的是，字体必须为隶书、宋体、新魏等中文字体，如图 15-47 所示。

图 15-47　输入多行文字

02 在命令行中输入 Txtexp（文字分解）命令，选中要分解的文字，即可得到文字分解后的线框图，如图 15-48 所示。

图 15-48　使用 Txtexp 命令分解文字

03 单击“绘图”面板中的“面域”按钮，选中所有的文字线框，创建文字面域，如图 15-49 所示。

图 15-49　创建的文字面域

04 使用“并集”命令，分别框选各个文字上的小片面域，即可合并为单独的文字面域，效果如图 15-50 所示。

图 15-50　合并小块的文字面域

05 如果再与其他对象执行“并集”或“差集”等操作，即可获得三维浮雕文字或者三维镂空文字，效果如图 15-51 所示。

图 15-51　创建的三维文字效果

15.2.4　旋转

旋转是将二维对象绕指定的旋转线旋转一定的角度而形成的模型实体，例如带轮、法兰盘和轴类等具有回旋特征的零件。用于旋转的二维对象可以是封闭多段线、多边形、圆、椭圆、封闭样条曲线、圆环及封闭区域。三维对象、包含在块中的对象、有交叉或干涉的多段线不能被旋转，而且每次只能旋转一个对象。

在 AutoCAD 2014 中调用该命令有以下几种常用方法。

- 功能区：在“常用”选项卡中，单击“建模”面板中的“旋转”工具，如图 15-52 所示。

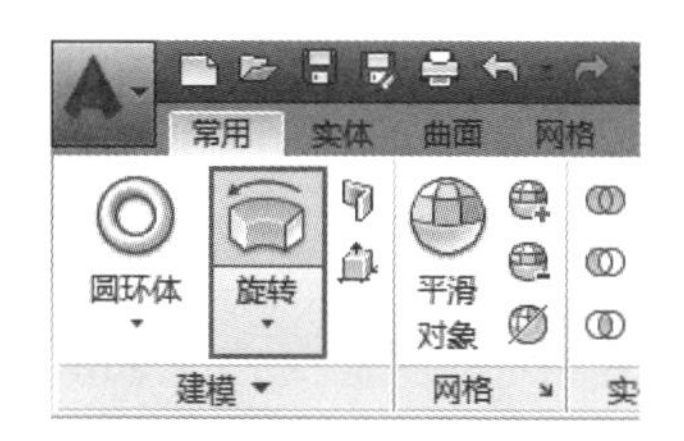

图 15-52　“旋转”按钮

- 菜单栏：执行“绘图”|“建模”|“旋转”命令，如图 15-53 所示。
- 工具栏：单击“建模”工具栏中的“旋转”按钮。
- 命令行：REVOLVE 或 REV。

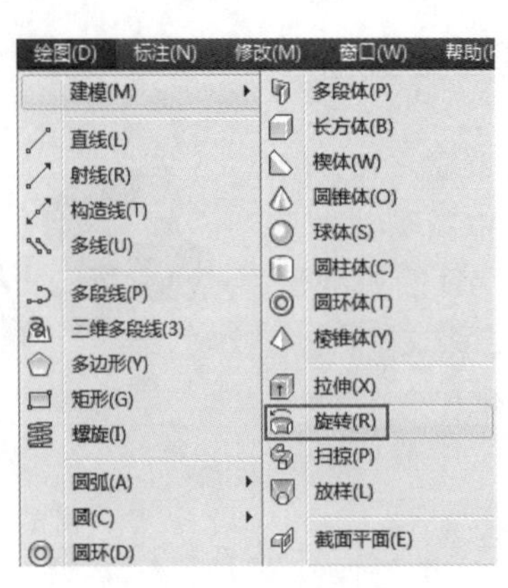

图 15-53 “旋转”命令

通过以上任意一种方法可调用旋转命令，选取旋转对象，将其旋转 360°，结果如图 15-54 所示，命令行提示如下。

```
命令：REVOLVE↙
选择要旋转的对象：找到 1 个                                    //选取素材面域为旋转对象
选择要旋转的对象：↙                                            //按 Enter 键
指定轴起点或根据以下选项之一定义轴 [对象(O)/X/Y/Z] <对象>:     //选择直线上端点为轴起点
指定轴端点：                                                  //选择直线下端点为轴端点
指定旋转角度或 [起点角度(ST)] <360>:↙                          //按 Enter 键
```

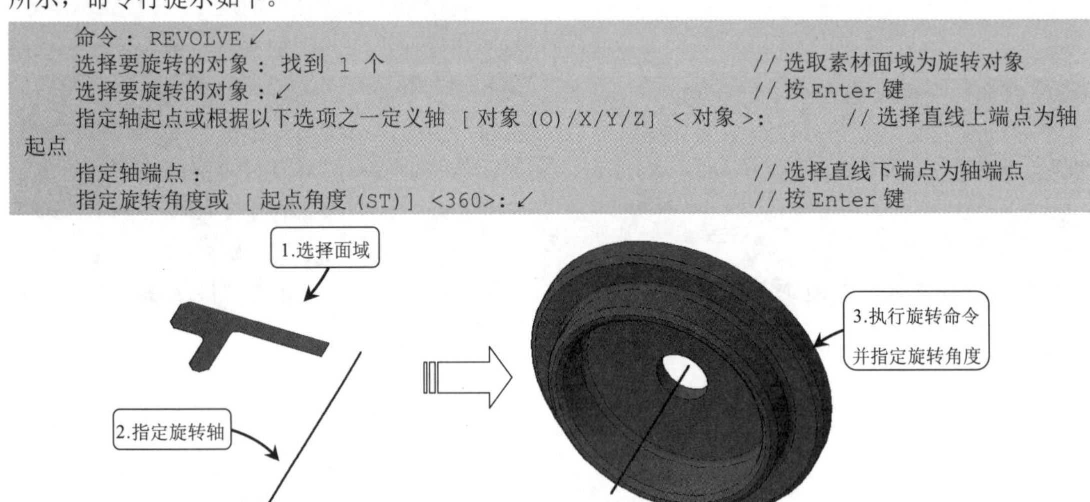

图 15-54 创建旋转体

15.2.5 案例——创建花盆

01 单击“快速访问”工具栏中的“打开”按钮，打开“第 15 章 /15.2.5 绘制花盆 .dwg”文件，如图 15-55 所示。

02 单击“建模”面板中的“旋转”按钮。选中花盆的轮廓线，通过旋转命令绘制实体花盆，其命令行提示如下。

```
命令：_revolve                                                 //调用“旋转”命令
当前线框密度： ISOLINES=4，闭合轮廓创建模式 = 实体
选择要旋转的对象或 [模式(MO)]: _MO 闭合轮廓创建模式 [实体(SO)/曲面(SU)] <实体>: _SO
选择要旋转的对象或 [模式(MO)]: 指定对角点：找到 40 个          //选中花盆的所有轮廓线
指定轴起点或根据以下选项之一定义轴 [对象(O)/X/Y/Z] <对象>:     //定义旋转轴的起点
指定轴端点：                                                  //定义旋转轴的端点
```

```
    指定旋转角度或 [起点角度(ST)/反转(R)/表达式(EX)] <360>:          //系统默认为旋转一
周，按Enter键，旋转对象
```

03 通过以上操作即可完成花盆的绘制，其效果如图 15-56 所示。

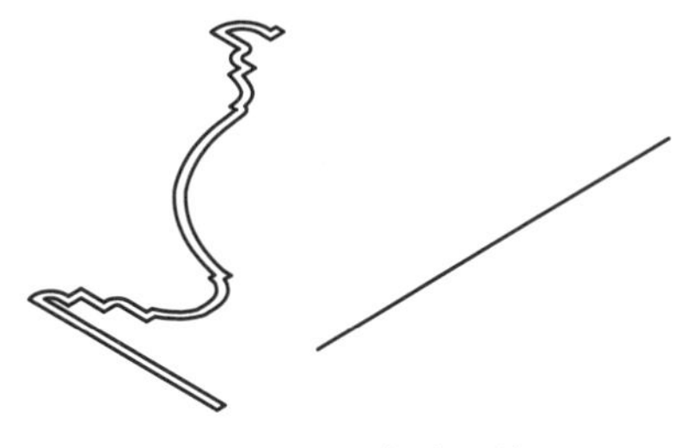

图 15-55　素材图样

图 15-56　旋转效果

15.2.6　放样

“放样”实体即将横截面沿指定的路径或导向运动扫描所得到的三维实体。横截面指的是具有放样实体截面特征的二维对象，并且使用该命令时必须指定两个或两个以上的横截面来创建放样实体。

在 AutoCAD 2014 中调用“放样”命令有如下几种常用方法。

- 功能区：在“常用”选项卡中，单击“建模”面板中的“放样”工具，如图 15-57 所示。
- 菜单栏：执行“绘图”|“建模”|“放样”命令，如图 15-58 所示。
- 命令行：LOFT。

图 15-57　“建模”面板中的“放样”按钮

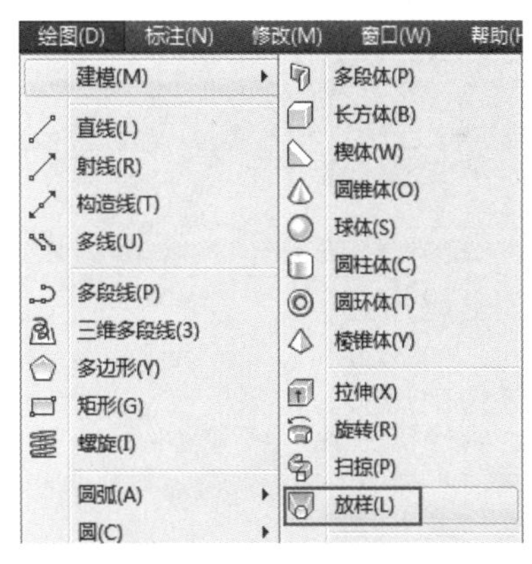

图 15-58　“放样”命令

执行“放样”命令后，根据命令行的提示，依次选择截面图形，然后定义放样选项，即可创建放样图形。操作如图 15-59 所示，命令行操作如下。

```
    命令: _loft                                               //调用“放样”命令
    当前线框密度: ISOLINES=4，闭合轮廓创建模式 = 实体
    按放样次序选择横截面或 [点(PO)/合并多条边(J)/模式(MO)]: _MO 闭合轮廓创建模式 [实体
(SO)/曲面(SU)] <实体>: _SO
    按放样次序选择横截面或 [点(PO)/合并多条边(J)/模式(MO)]: 找到 1 个
                                                              //选取横截面 1
    按放样次序选择横截面或 [点(PO)/合并多条边(J)/模式(MO)]: 找到 1 个，总计 2 个
    //选取横截面 2
```

```
按放样次序选择横截面或 [点(PO)/合并多条边(J)/模式(MO)]: 找到 1 个，总计 3 个
                                                   //选取横截面3
按放样次序选择横截面或 [点(PO)/合并多条边(J)/模式(MO)]: 找到 1 个，总计 4 个
                                                   //选取横截面4
选中了 4 个横截面
输入选项 [导向(G)/路径(P)/仅横截面(C)/设置(S)/连续性(CO)/凸度幅值(B)]: pl
                                                   //选择路径方式
选择路径轮廓:                                       //选择路径5
```

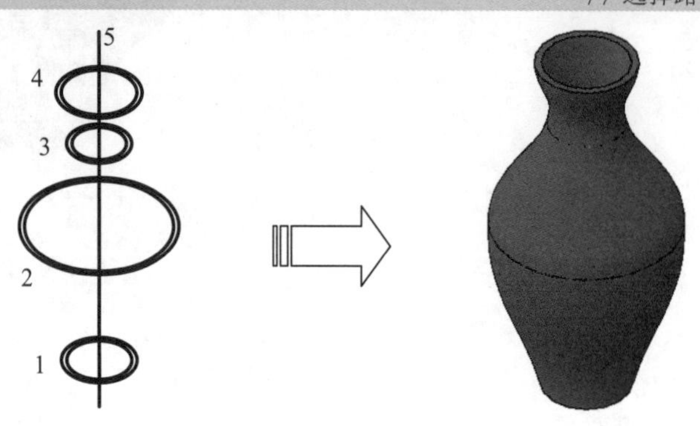

图 15-59 创建放样体

15.2.7 案例——创建花瓶

01 单击“快速访问”工具栏中的“打开”按钮，打开“第15章/15.2.7绘制花瓶.dwg”素材文件。

02 单击“常用”选项卡中“建模”面板中的“放样”工具，依次选择素材中的4个截面，操作如图15-60所示，命令行操作如下.

```
命令: _loft                                      //调用“放样”命令
当前线框密度: ISOLINES=4，闭合轮廓创建模式 = 实体
按放样次序选择横截面或 [点(PO)/合并多条边(J)/模式(MO)]: _mo 闭合轮廓创建模式 [实体
(SO)/曲面(SU)] <实体>: _su
按放样次序选择横截面或 [点(PO)/合并多条边(J)/模式(MO)]: 找到 1 个
按放样次序选择横截面或 [点(PO)/合并多条边(J)/模式(MO)]: 找到 1 个，总计 2 个
按放样次序选择横截面或 [点(PO)/合并多条边(J)/模式(MO)]: 找到 1 个，总计 3 个
按放样次序选择横截面或 [点(PO)/合并多条边(J)/模式(MO)]: 找到 1 个，总计 4 个
按放样次序选择横截面或 [点(PO)/合并多条边(J)/模式(MO)]:
 选中了 4 个横截面
输入选项 [导向(G)/路径(P)/仅横截面(C)/设置(S)] <仅横截面>: Cl
                                              //选择截面连接方式
```

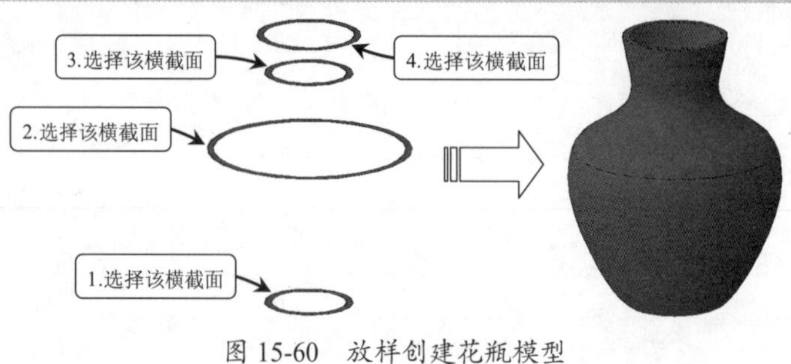

图 15-60 放样创建花瓶模型

15.2.8　扫掠

使用“扫掠”工具可以将扫掠对象沿着开放或闭合的二维或三维路径运动扫描，来创建实体或曲面。在 AutoCAD 2014 中调用“扫掠”命令有如下几种常用方法。

- 菜单栏：执行“绘图”｜“建模”｜“扫掠”命令，如图 15-61 所示。
- 功能区：在“常用”选项卡中，单击“建模”面板中的“扫掠”工具，如图 15-62 所示。
- 工具栏：单击“建模”工具栏中的“扫掠”按钮。
- 命令行：SWEEP。

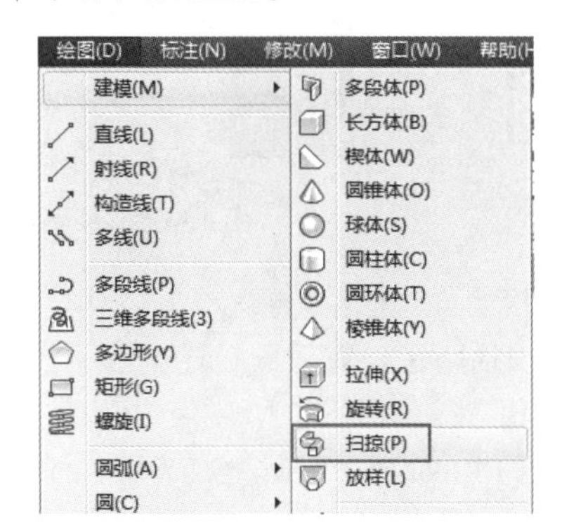

图 15-61　扫掠命令

图 15-62　扫掠按钮

执行“扫掠”命令后，按命令行提示选择扫掠截面与扫掠路径即可，如图 15-63 所示。

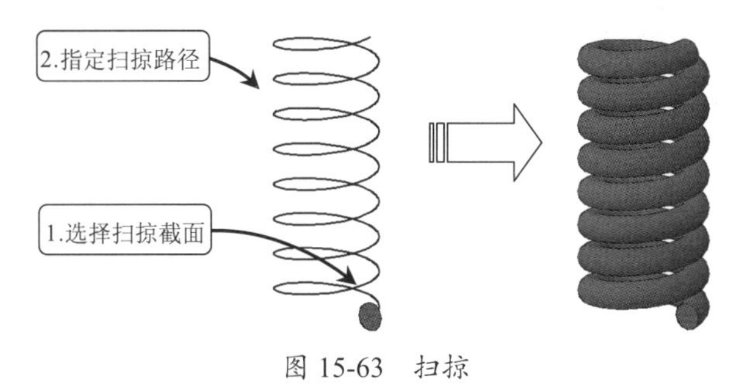

图 15-63　扫掠

15.2.9　案例——创建连接管

01 单击“快速访问”工具栏中的“打开”按钮，打开“第 15 章 /15.2.9 绘制连接管 .dwg”文件，如图 15-64 所示。

02 单击“建模”面板中的“扫掠”按钮，选取图中管道的截面图形，选择中间的扫掠路径，完成管道的绘制，其命令行提示如下。

```
命令： _sweep                                        // 调用“扫掠”命令
当前线框密度： ISOLINES=4，闭合轮廓创建模式 = 实体
选择要扫掠的对象或 [ 模式 (MO)]: _MO 闭合轮廓创建模式 [ 实体 (SO)/ 曲面 (SU)] < 实体 >: _SO
选择要扫掠的对象或 [ 模式 (MO)]: 找到 1 个             // 选择扫掠的对象管道横截面图形，如图 15-64 所示
选择扫掠路径或 [ 对齐 (A)/ 基点 (B)/ 比例 (S)/ 扭曲 (T)]:    // 选择扫描路径 2，如图 15-64 和图 15-65 所示
```

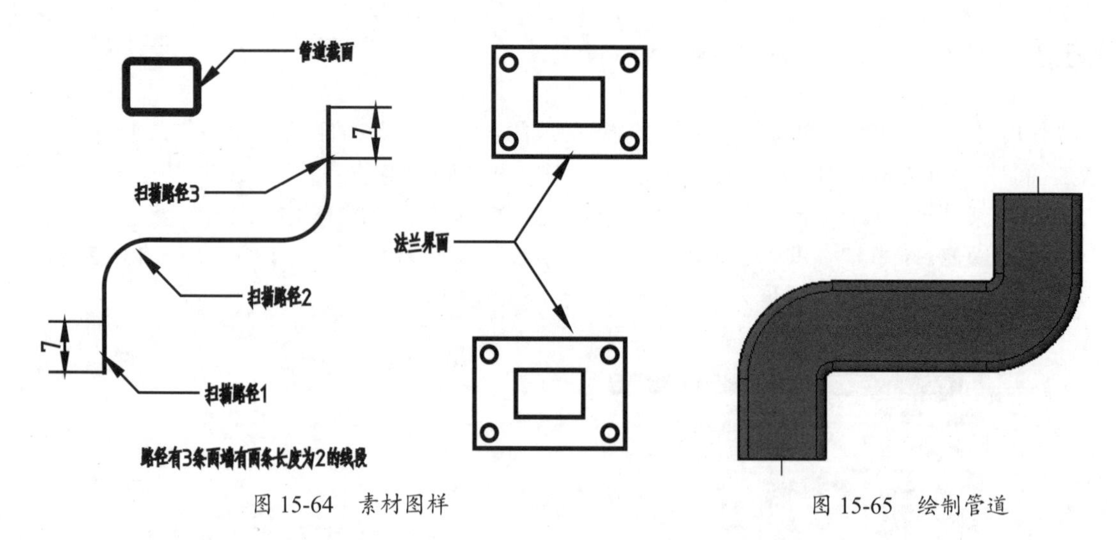

图 15-64　素材图样　　　　图 15-65　绘制管道

03 通过以上的操作完成管道的绘制，如图15-65所示。接着创建法兰，再次单击"建模"面板中的"扫掠"按钮，选择法兰截面图形，选择路径 1 作为扫描路径，完成一端连接法兰的绘制，效果如图 15-66 所示。

04 重复以上操作，绘制另一端的连接法兰，效果如图 15-67 所示。

图 15-66　绘制连接板　　　　图 15-67　连接管实体

操作技巧： 在创建比较复杂的放样实体时，可以指定导向曲线来控制点如何匹配相应的横截面，以防止创建的实体或曲面中出现皱褶等缺陷。

15.3 创建和编辑网格对象

网格对象是用户通过定义网格的边界来创建的平直或弯曲网格，其尺寸和形状由定义它的边界点所采用的公式决定，根据生成方式可分为三维面、三维网格、旋转网格、平移网格、直纹网格，以及边界网格等类型。网格对象虽然不够生动、直观，但优势在于可以灵活对其顶点、边线和面进行编辑。

15.3.1 三维面

三维空间的表面称为"三维面"，三维面是一种可以进行消隐和着色的填充曲面，它没有厚度和质量属性，三维面的各顶点可以有不同的 Z 坐标。一般情况下，一个三维面可以由 3 个或 4 个点来定义一个曲面，但顶点最多不能超过 4 个。如果构成面的 4 个顶点共面，系统则认为该面是不透明的，可以将其消隐，反之，消隐命令对其无效。在 AutoCAD 中，可以利用"三维面"

命令为每一个顶点指定不同的 Z 坐标以创建空间的三维面，此外，还可以围绕一个对象从一个角到另一个角来生成三维面。

在 AutoCAD 2014 中调用“三维面”命令有如下几种常用方法。

- 命令行：3DFACE。
- 菜单栏：执行“绘图”|“建模”|“网格”|“三维面”命令。

15.3.2　案例——绘制楔形块

01 执行“文件”|“新建”命令，创建空白文件。

02 单击“视图”工具栏中的按钮，将视图切换为“西南等轴测”视图，并在 UCS Ⅱ工具栏中将视图切换为“俯视”，如图 15-68 所示。

03 选择菜单“绘图”|“多段线”命令，绘制模型底面轮廓线（其余尺寸自行设置），结果如图 15-69 所示。

04 选择菜单“修改”|“复制”命令，将绘制的闭合轮廓沿 Z 方向复制 80 个绘图单位，结果如图 15-70 所示。

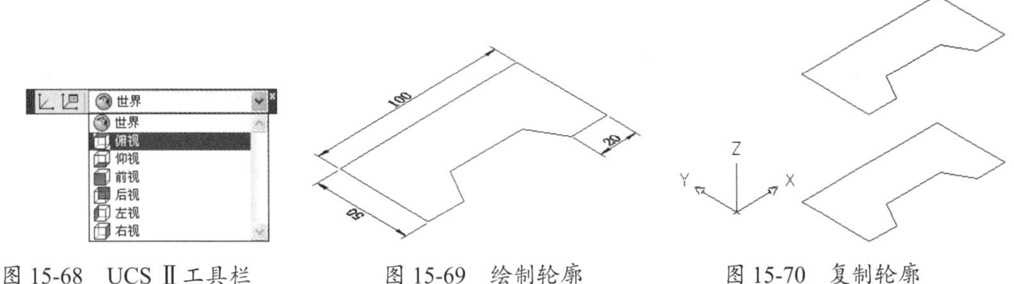

图 15-68　UCS Ⅱ 工具栏　　图 15-69　绘制轮廓　　图 15-70　复制轮廓

05 使用“直线”命令，配合“捕捉端点”功能，绘制图形的棱边，结果如图 15-71 所示。

06 选择“绘图”菜单栏中的“建模”|“网格”|“三维面”命令，创建三维模型。命令行操作过程如下。

```
命令：_3dface
指定第一点或 [不可见(I)]:                        //捕捉图 15-71 中的端点 1
指定第二点或 [不可见(I)]:                        //捕捉图 15-71 中的端点 2
指定第三点或 [不可见(I)] <退出>:                 //捕捉图 15-71 中的端点 3
指定第四点或 [不可见(I)] <创建三侧面>:           //捕捉图 15-71 中的端点 4
指定第三点或 [不可见(I)] <退出>:l                //按 Enter 键，结束命令
```

07 在命令行中输入 SHADE，为面模型着色，结果如图 15-72 所示。

08 再次激活“三维面”命令，继续创建其他侧面模型，结果如图 15-73 所示。

09 按 Enter 键，重复执行“三维面”命令，配合“捕捉端点”功能，捕捉如图 15-73 所示的端点 1、2、3、4、5、6、7 和 8，绘制顶面模型，结果如图 15-74 所示。

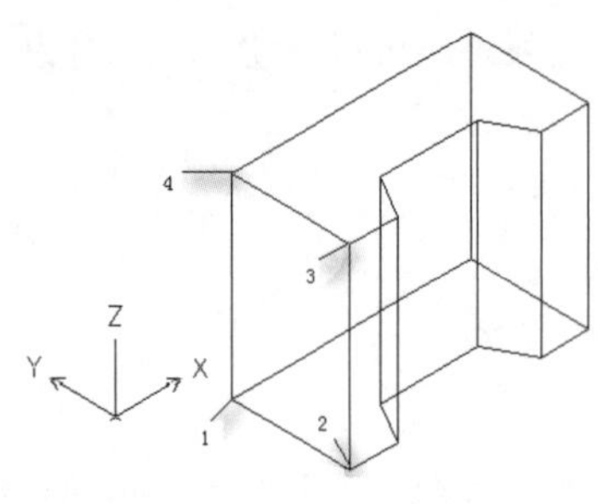

图 15-71　绘制棱边

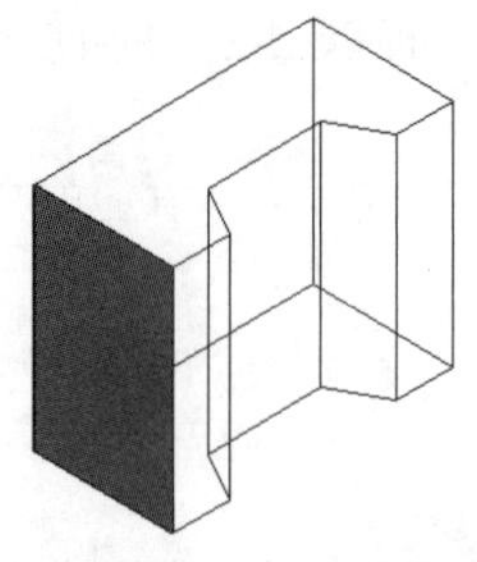

图 15-72　平面着色

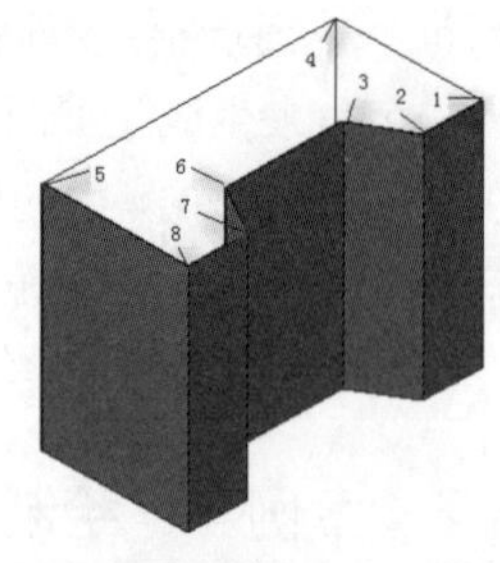

图 15-73　创建其他侧面

10 选择“视图”|“三维视图”|“东北等轴测”命令，将当前视图切换为东北等轴测视图，结果如图 15-75 所示。

11 使用“三维面”命令，继续创建其他侧面模型，结果如图 15-76 所示。

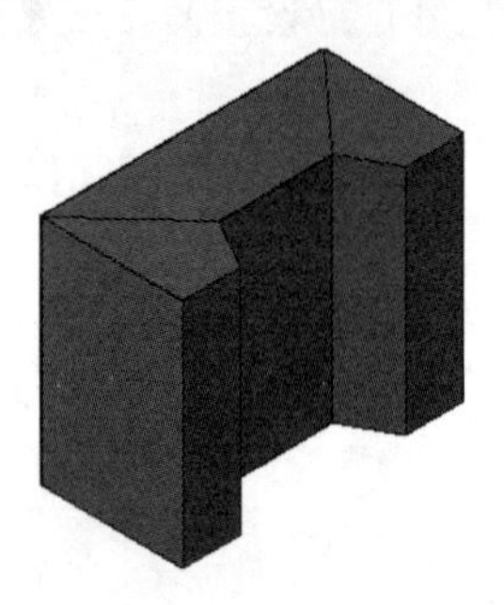

图 15-74　创建顶面

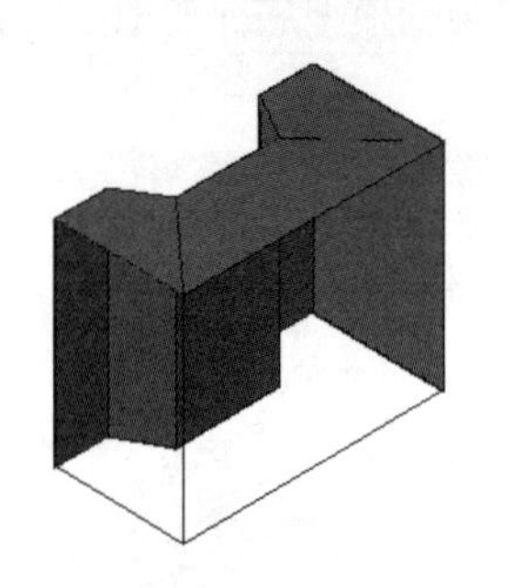

图 15-75　切换视图

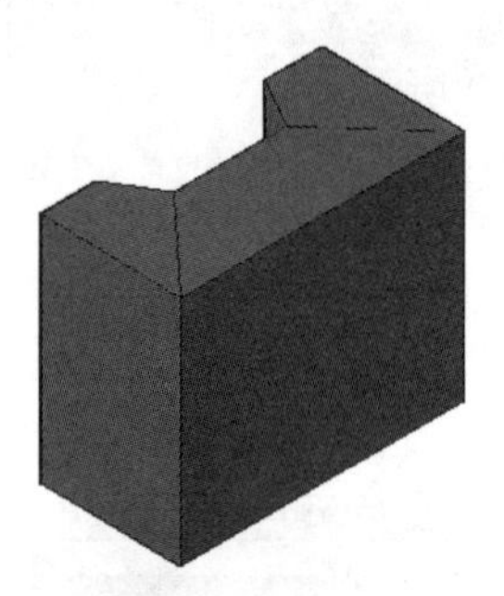

图 15-76　绘制结果

操作技巧：使用“三维面”命令只能生成 3 条或 4 条边的三维面，若要生成多边曲面，则可以使用 PFACE 命令，在该命令提示下可以输入多个点。

15.3.3　创建网格图元

对于标准的网格模型，可以使用 AutoCAD 提供的基本网格图元来创建，有网格长方体、网格圆锥体、网格圆柱体、网格棱锥体、网格球体、网格楔体和网格圆环体共 8 种。各种网格图元的定义方式与实体模型的定义方式相同，因此不再一一介绍。

调用各种网格图元命令的方法如下。

- 菜单栏：执行“绘图”|“建模”|“网格”|“图元”命令，在子菜单中选择图元类型。
- 功能区：在“网格”选项卡中，“图元”面板上列出了基本网格图元的展开按钮，在展开菜单选择图元类型。
- 命令行：在命令行中输入 MESH，在输入选项中选择图元类型。

15.3.4　案例——创建哑铃网格模型

01 新建 AutoCAD 文件，在“网格”选项卡中，单击“图元”面板上的“网格圆柱体”按钮，创建的网格圆柱体如图 15-77 所示，命令行操作如下。

```
命令： _MESH
当前平滑度设置为： 0
输入选项 [长方体(B)/圆锥体(C)/圆柱体(CY)/棱锥体(P)/球体(S)/楔体(W)/圆环体(T)/]
```

```
    <圆柱体>: _CYLINDER                                          //创建网格圆柱体
    指定底面的中心点或 [三点(3P)/两点(2P)/切点、切点、半径(T)/椭圆(E)]: 0,0↙
                                                                  //指定底面中心为原点
    指定底面半径或 [直径(D)] <20.0000>: 20↙                       //输入底面半径
    指定高度或 [两点(2P)/轴端点(A)] <60.0000>: 100↙                //输入圆柱体高度，完成网格圆
柱体
```

02 在命令行输入 MESH 命令，创建的网格球体如图 15-78 所示，命令行操作如下。

```
    命令: MESH                                                    //再次调用"网格"命令
    当前平滑度设置为: 0
    输入选项 [长方体(B)/圆锥体(C)/圆柱体(CY)/棱锥体(P)/球体(S)/楔体(W)/圆环体(T)/
设置(SE)] <圆柱体>:S ↙                                            //选择创建球体
    指定中心点或 [三点(3P)/两点(2P)/切点、切点、半径(T)]:0,0,110↙
                                                                  //输入球体的中心点坐标
    指定半径或 [直径(D)] <20.0000>:35↙                             //输入球体的半径值，完成球体
```

03 重复步骤 02 的操作，在坐标原点创建同样的网格球体，如图 15-79 所示。

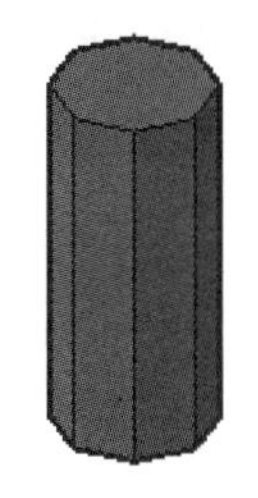

图 15-77 网格圆柱体

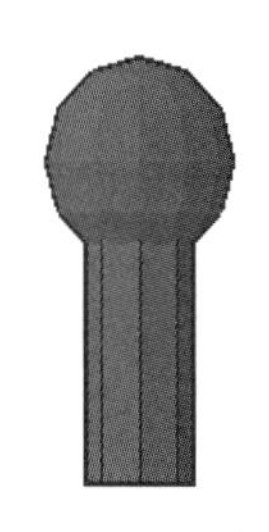

图 15-78 网格球体

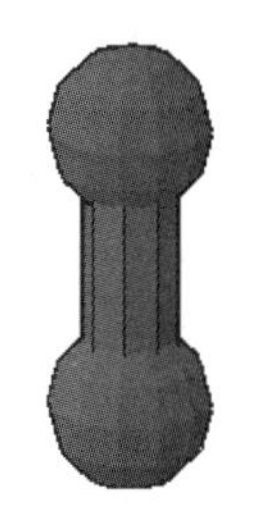

图 15-79 完成的模型

15.3.5 旋转网格

旋转网格是绕指定的轴旋转对象创建的网格，旋转的对象可以是直线、圆弧、圆、二维多段线或三维多段线等曲线类型。在 AutoCAD 2014 中调用"旋转网格"命令有如下几种常用方法。

- 命令行：在命令行中输入 REVSURF。
- 菜单栏：执行"绘图"|"建模"|"网格"|"旋转网格"命令。
- 功能区：在"网格"选项卡中，单击"网格"面板上的"旋转网格"按钮。

通过以上任意一种方法执行该命令后，在"绘图区"中选取旋转对象，并指定旋转轴线。设置旋转角度并指定顺时针或逆时针方向，即可获得旋转网格效果。

15.3.6 案例——绘制碗

01 单击"快速访问"工具栏中的"打开"按钮，打开"15.3.6 绘制碗.dwg"文件，如图 15-80 所示。

02 在命令行中输入 REVSURF，调用"旋转网格"命令绘制碗，命令行提示如下。

```
    命令: REVSURF                                      //调用旋转网格命令
    当前线框密度: SURFTAB1=6  SURFTAB2=6
    选择要旋转的对象:                                  //选择要旋转的对象，如图 15-81 所示
    选择定义旋转轴的对象:                              //选择旋转轴，如图 15-82 所示
    指定起点角度 <0>:                                  //定义旋转角度，保持默认
    指定包含角 (+=逆时针，-=顺时针) <360>:             //旋转一周即绘制完成一个闭合的图形，
如图 15-83 所示
```

03 通过以上操作即可完成碗的绘制，该网格的概念样式显示效果，如图 15-84 所示。

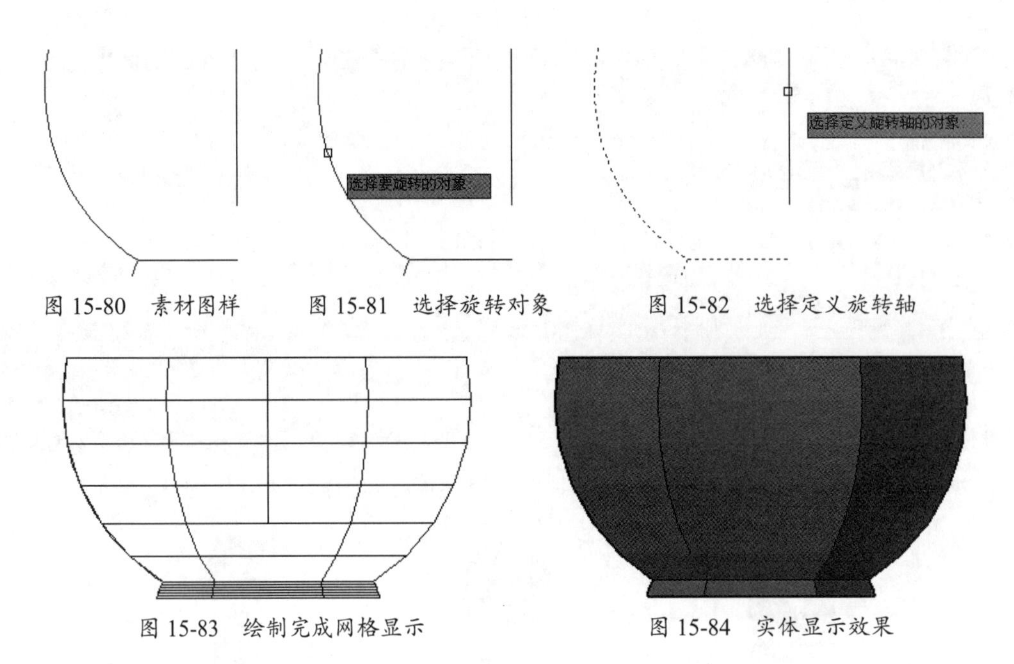

图 15-80　素材图样　　图 15-81　选择旋转对象　　图 15-82　选择定义旋转轴

图 15-83　绘制完成网格显示　　图 15-84　实体显示效果

操作技巧：创建旋转网格与创建旋转实体的操作基本相同，但有一点不同，旋转实体的旋转轴是通过指定两点来确定的，输入两点坐标即可定义旋转轴，因此绘制旋转轴不是必需的；而旋转网格必须选择一个线条对象作为旋转轴。

15.3.7　平移网格

平移网格是沿指定的方向矢量拉伸对象而创建的网格，其中平移对象可以是直线、圆弧、圆、椭圆、椭圆弧、二维线段和三维多段线等单个对象；方向矢量确定拉伸方向及距离，可以是直线或开放的二维或三维多段线等曲线类型。在 AutoCAD 2014 中调用“平移网格”命令有如下几种常用方法。

- 命令行：TABSURF。
- 菜单栏：执行“绘图”|“建模”|“网格”|“平移网格”命令。
- 功能区：在“网格”选项卡中，单击“网格”面板上的“平移网格”按钮。

通过以上任意一种方法执行该命令后，按照命令行提示依次选取轮廓曲线和方向矢量，即可获得平移网格效果。

15.3.8　案例——绘制网格管道

01 单击“快速访问”工具栏中的“打开”按钮，打开“15.3.8 绘制网格管道 .dwg”文件，如图 15-85 所示。

02 在命令行中输入 TABSURF，启动绘制平移网格网格命令，绘制管道，其命令行提示如下。

```
命令： _tabsurf                                  //调用平移网格命令
当前线框密度： SURFTAB1=6
选择用作轮廓曲线的对象：                           //选择平移的对象，如图 15-86 所示
选择用作方向矢量的对象：                           //选择平移的路径，如图 15-87 所示
```

03 通过以上操作，即可完成管道的绘制，如图 15-88 所示。

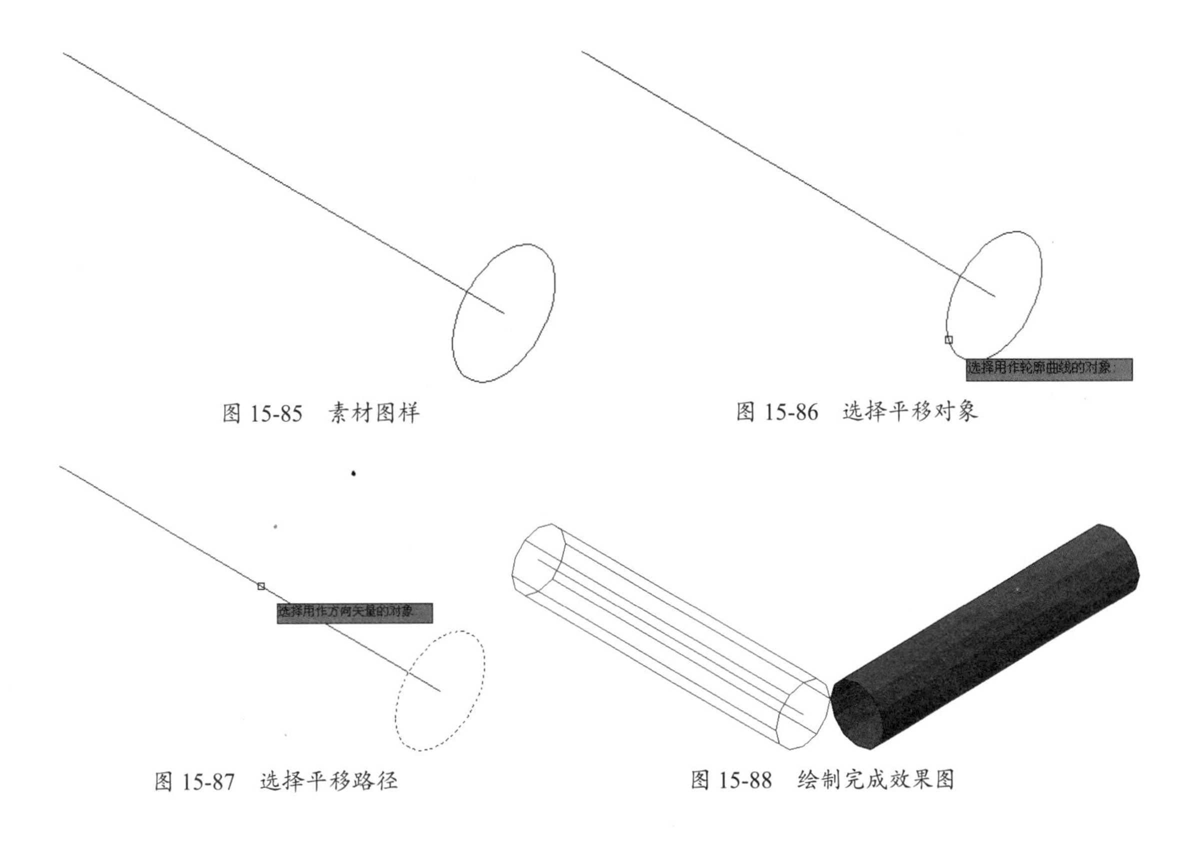

图 15-85　素材图样

图 15-86　选择平移对象

图 15-87　选择平移路径

图 15-88　绘制完成效果图

15.3.9　直纹网格

直纹网格是在两个曲线对象之间连接创建网格，创建直纹网格的两个对象可以是直线、点、圆弧、圆、二维线段和三维多段线或样条曲线。两个对象必须同时开放或闭合；如果一个对象是点，则另一个对象可以是开放或闭合的，但两个对象中只能有一个是点。

在 AutoCAD 2014 中调用“直纹网格”命令有如下几种常用方法：

- 命令行：RULESURE。
- 菜单栏：执行“绘图”|“建模”|“网格”|“直纹网格”命令。
- 功能区：在“网格”选项卡中，单击“网格”面板上的“直纹网格”按钮。

通过以上任意一种方法执行该命令后，按照命令行提示依次选取两条开放边线，即可获得直纹网格效果，如图 15-89 所示。

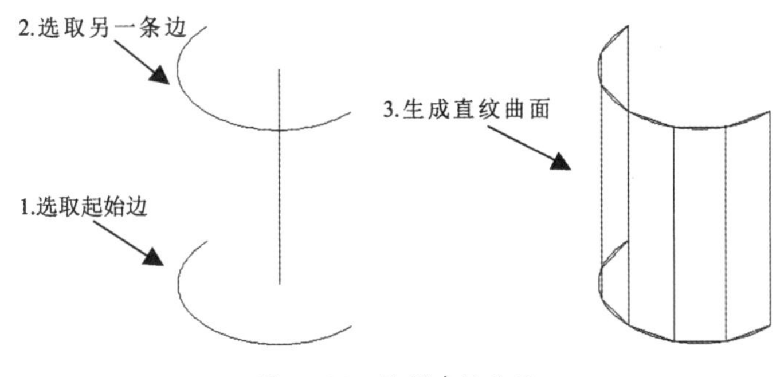

图 15-89　绘制直纹曲面

如果两条轮廓曲线是非闭合的，拾取点位置不同，生成的直纹曲面也不同，如图 15-90 所示是单击对象同侧生成的网格，如图 15-91 所示是单击对象不同侧生成的网格。

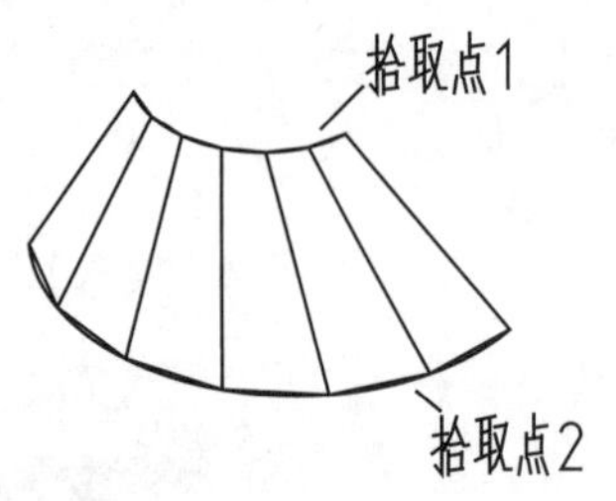

图 15-90　同侧单击创建的网格

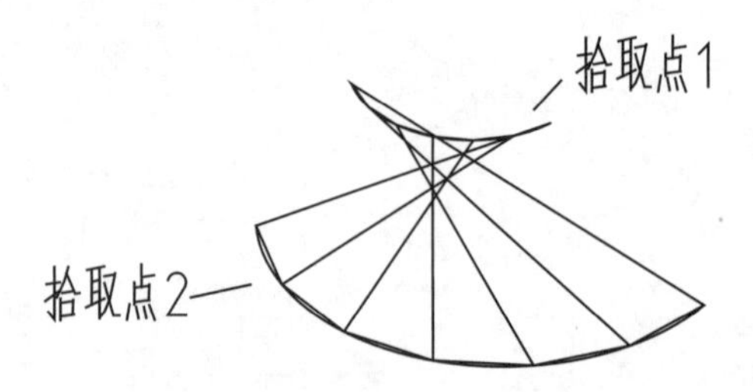

图 15-91　异侧单击创建的网格

15.3.10　边界网格

边界网格是一个三维多边网格，该网格由 4 条相邻边围成的区域构成，其中边界可以是圆弧、直线、多段线、样条曲线和椭圆弧等曲线类型。每条边为独立对象，而且要首尾相连形成封闭的环，但不要求一定共面。

在 AutoCAD 2014 中调用“边界网格”命令有如下几种常用方法。

- 命令行：EDGESURF。
- 菜单栏：执行“绘图”|“建模”|“网格”|“边界网格”命令。
- 功能区：在“网格”选项卡中，单击“网格”面板上的“边界网格”按钮。

通过以上任意一种方法执行该命令后，按住 Shift 键依次选取相连的 4 条边线即可获得边界网格效果。

15.3.11　案例——绘制边界网格

01 启动 AutoCAD 2014，单击“快速访问”工具栏中的“新建”按钮，创建一个空白文档。

02 单击“绘图”面板上的“样条曲线”按钮，绘制如图 15-92 所示的图形。

03 在命令行中输入 EDGESURF 命令，绘制边界网格，其命令行提示如下。

```
命令： _edgesurf                                  // 调用边界网格命令
当前线框密度： SURFTAB1=6  SURFTAB2=6
选择用作曲面边界的对象 1:
选择用作曲面边界的对象 2:
选择用作曲面边界的对象 3:
选择用作曲面边界的对象 4:                          // 选择如图 15-92 所示的 4 条边
```

04 通过以上操作，即可绘制如图 15-93 所示的边界网格。

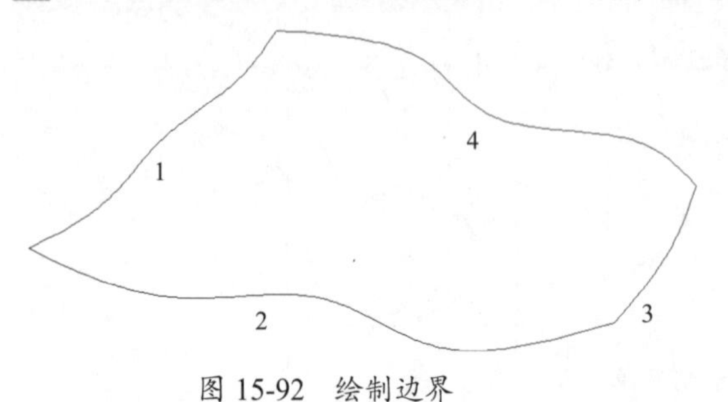

图 15-92　绘制边界

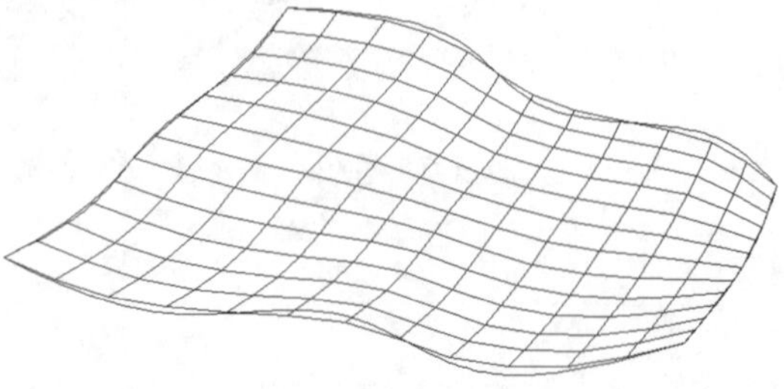

图 15-93　边界网格效果

15.3.12 编辑网格

网格模型的优势就在于它具有特殊的编辑方式，可以拖曳网格的面、边和顶点来修改模型，还可以通过更改平滑度、锐化、优化等方式，由同一个网格模型得到不同的显示效果。网格的编辑工具集中在“网格”选项卡中的“网格”面板上，如图 15-94 所示。

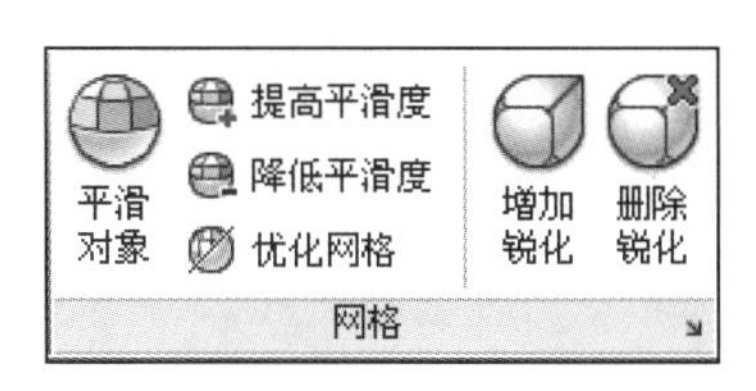

图 15-94 “网格”面板

1. 平滑对象

平滑对象是将三维实体模型或曲面模型，转化为网格对象，通过多个多边形网格来模拟实体外观。平滑对象功能应用于基本三维实体（如圆柱体、圆锥体、球体等）有较好的效果，但如果应用于复杂或形状不规则的实体，可能会产生错误的平滑结果。

调用“平滑对象”命令的方法如下。

- 功能区：在“网格”选项卡中，单击“网格”面板上的“平滑对象”按钮。
- 命令行：MESHMOOTH。

2. 提高和降低平滑度

提高平滑度是通过增加镶嵌面的数量，使网格对象更加圆滑，降平滑度则正好相反。值得注意的是，镶嵌面是不可编辑的面，镶嵌面与网格的含义对比，如图 15-95 所示。

图 15-95 镶嵌面与网格的区别

3. 优化网格

优化网格与提高平滑度的区别在于，优化网格增加的是网格的数量，即增加了可编辑的面，因此优化网格之后，可以对模型进行更精细的控制。

4. 增加锐化和删除锐化

锐化使相邻的网格间产生尖角过渡，锐化是相对于平滑而言的，网格体只有在平滑处理之后，进行锐化才可以看到效果，如图 15-96 ～图 15-98 所示。删除锐化是删除已经添加的锐化效果。

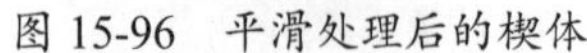

图 15-96 平滑处理后的楔体　　图 15-97 选择要增加锐化的面　　图 15-98 增加锐化后的效果

15.3.13 转换网格

AutoCAD 2014 中除了能够将实体或曲面模型转换为网格，也可以将网格转换为实体或曲面模型。转换网格的命令集中在“网格”选项卡中的“转换网格”面板上，如图 15-99 所示。

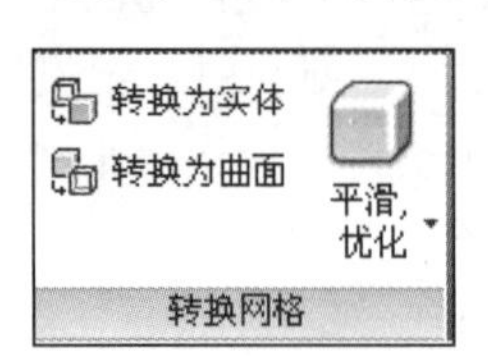

图 15-99 “转换网格”面板

该面板右侧的选项列表，列出了转换控制选项，如图 15-100 所示。先在该列表中选择一种控制类型，然后单击“转换为实体”或“转换为曲面”按钮，最后选择要转换的网格对象，该网格即被转换。

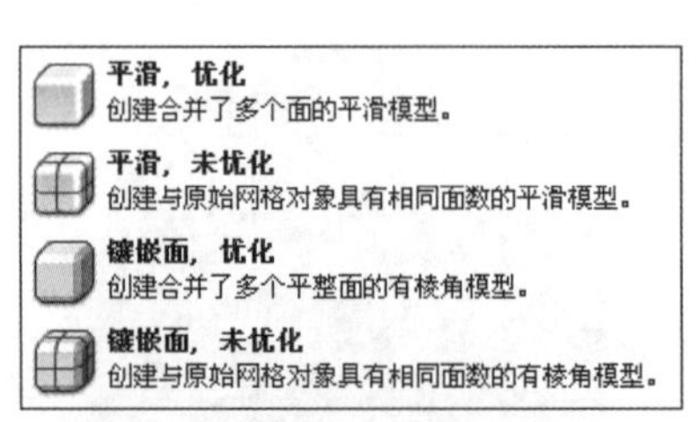

图 15-100 转换控制选项

如图 15-101 所示的网格模型，选择不同的控制类型，转换效果如图 15-102 和图 15-103 所示。

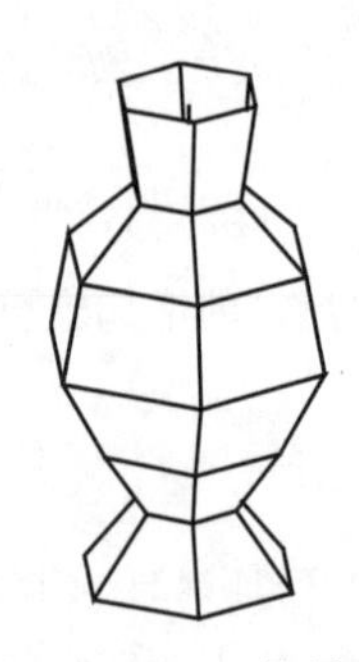
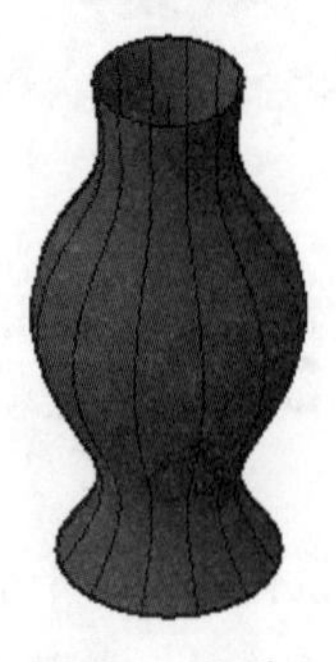
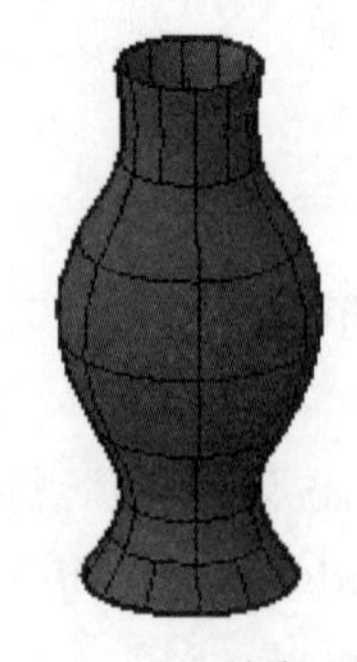

图 15-101 网格模型　　图 15-102 平滑优化　　图 15-103 平滑未优化

第 16 章 三维模型的编辑

在 AutoCAD 中，由基本的三维建模工具只能创建基本的模型外观，模型的细节部分，如壳、孔、圆角等特征，需要由相应的编辑工具来创建。另外模型的尺寸、位置、局部形状的修改，也需要用到一些编辑工具。

16.1 布尔运算

AutoCAD 的“布尔运算”功能贯穿建模的整个过程，尤其是在建立一些机械零件的三维模型时使用更为频繁，该运算用来确定多个体（曲面或实体）之间的组合关系，也就是说通过该运算可将多个形体组合为一个形体，从而实现一些特殊的造型，如孔、槽、凸台和齿轮特征都是执行布尔运算组合而成的新特征。

与二维面域中的“布尔运算”一致，三维建模中“布尔运算”同样包括“并集”“差集”以及“交集”三种运算方式。

16.1.1 并集运算

“并集”运算是将两个或两个以上的实体（或面域）对象组合成为一个新的组合对象。执行并集操作后，原来各实体相互重合的部分变为一体，使其成为无重合的实体。

在 AutoCAD 2014 中启动“并集”运算有如下几种常用方法。

- 功能区：在“常用”选项卡中，单击“实体编辑”面板中的“并集”工具，如图 16-1 所示。

图 16-1 “实体编辑”面板中的“并集”按钮

- 菜单栏：执行“修改”|“实体编辑”|“并集”命令，如图 16-2 所示。
- 命令行：UNION 或 UNI。

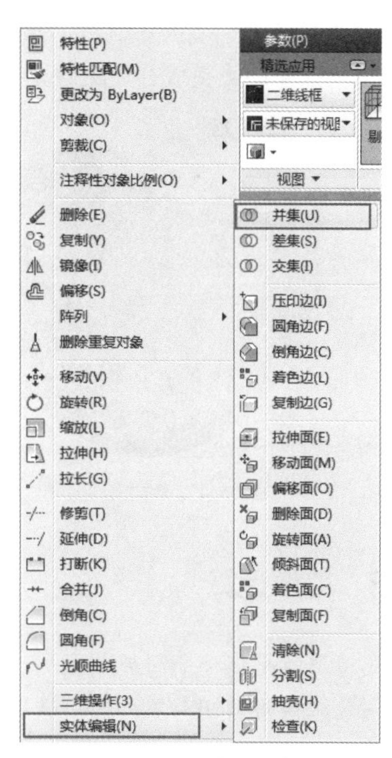

图 16-2 “并集”命令

执行上述任意命令后，在“绘图区”中选取所要合并的对象，按 Enter 键或者单击鼠标右键，即可执行合并操作，效果如图 16-3 所示。

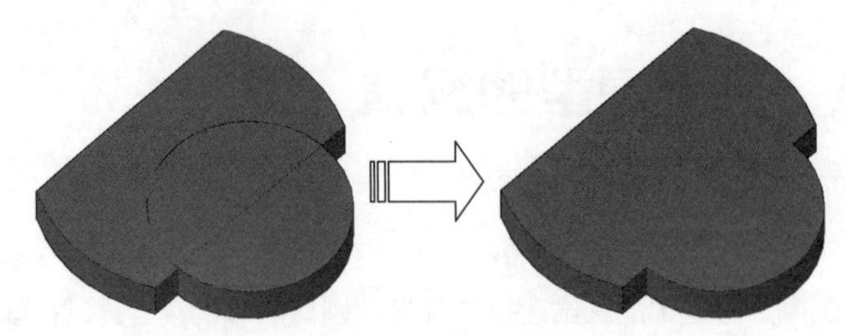

图 16-3 并集运算

16.1.2 案例——创建红桃心

有时仅靠体素命令无法创建满意的模型，还需要借助结合多个体素的办法来进行创建，如本例中的红桃心。

01 单击“快速访问”工具栏中的“打开”按钮，打开“第 16 章 /16.1.2 创建红桃心 .dwg”文件，如图 16-4 所示。

02 单击“实体编辑”面板中的“并集”按钮，依次选择长方体和两个圆柱体，然后单击右键完成并集运算，命令行提示如下。

```
命令 : _union                          // 调用“并集运算”命令
选择对象 : 找到 1 个                    // 选中右边红色的椭圆体
选择对象 : 找到 1 个，总计 2 个          // 选中左边绿色的椭圆体
选择对象 :                              // 单击右键完成命令
```

03 通过以上操作即可完成并集运算，效果如图 16-5 所示。

图 16-4 素材图样

图 16-5 并集运算

16.1.3 差集运算

差集运算就是将一个对象减去另一个对象从而形成新的组合对象。与并集操作不同的是首先选取的对象则为被剪切对象，之后选取的对象则为剪切对象。

在 AutoCAD 2014 中进行“差集”运算有如下几种常用方法。

- 功能区：在“常用”选项卡中，单击“实体编辑”面板中的“差集”工具，如图 16-6 所示。
- 菜单栏：执行“修改” | “实体编辑” | “差集”命令，如图 16-7 所示。
- 命令行：SUBTRACT 或 SU。

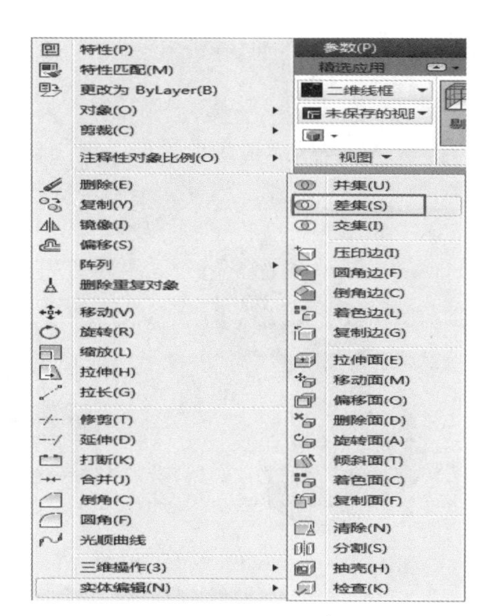

图 16-6　“实体编辑”面板中的“差集”按钮

图 16-7　“差集”命令

执行上述任意命令后，在“绘图区”中选取被剪切的对象，按 Enter 键或单击鼠标右键，然后选取要剪切的对象，按 Enter 键或单击鼠标右键即可执行差集操作，差集运算效果如图 16-8 所示。

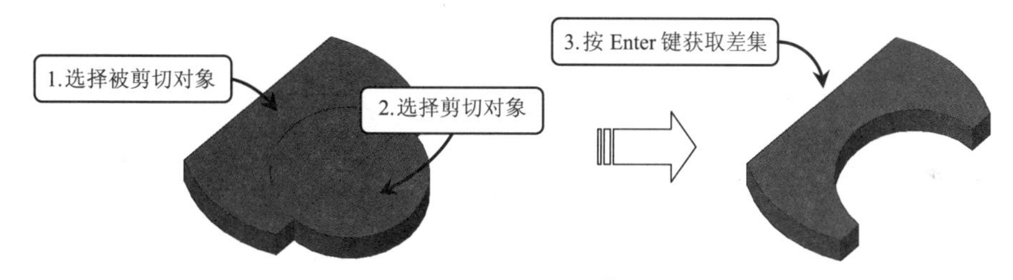

图 16-8　差集运算

操作技巧：在执行差集运算时，如果第二个对象包含在第一个对象之内，则差集操作的结果是第一个对象减去第二个对象；如果第二个对象只有一部分包含在第一个对象之内，则差集操作的结果是第一个对象减去两个对象的公共部分。

16.1.4　案例——通过差集创建通孔

在机械零件中常有孔、洞等特征，如果要创建这样的三维模型，那在 AutoCAD 中就可以通过“差集”命令来进行。

01 单击“快速访问”工具栏中的“打开”按钮，打开“第 16 章 /16.1.4 通过差集创建通孔 .dwg”文件，如图 16-9 所示。

02 单击“实体编辑”面板中的“差集”按钮，选取大圆柱体为被减的对象，按 Enter 键或单击右键完成选择，然后选取与大圆柱相交的小圆柱体为要减去的对象，按 Enter 键或单击鼠标右键即可执行差集操作，其命令行提示如下。

```
命令： _subtract 选择要从中减去的实体、曲面和面域 ...        // 调用“差集”命令
选择对象： 找到 1 个                                      // 选择被剪切对象
```

```
选择要减去的实体、曲面和面域 ...
选择对象： 找到 1 个                                  // 选择要剪切对象
选择对象：                                            // 单击右键完成差集运算操作
```

03 通过以上操作即可完成“差集”运算，其效果如图 16-10 所示。

04 重复以上操作，继续进行“差集”运算，完成图形绘制。其效果如图 16-11 所示。

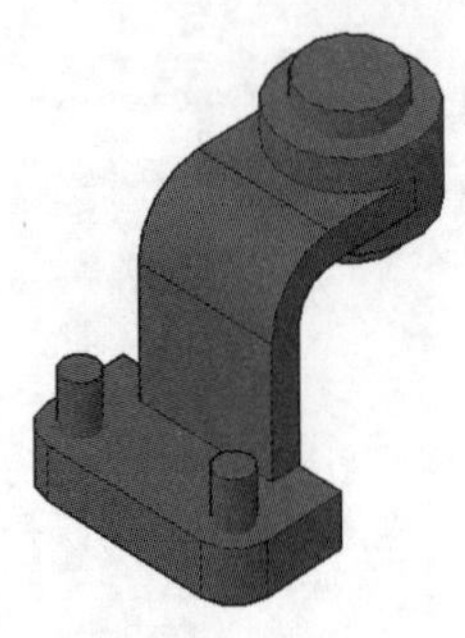

图 16-9　素材图样

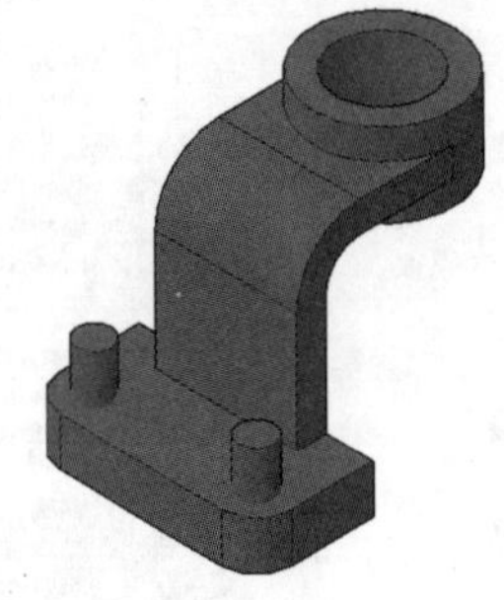

图 16-10　初步差集运算结果

图 16-11　绘制结果图

16.1.5　交集运算

在三维建模过程中执行交集运算可获取两个相交实体的公共部分，从而获得新的实体，该运算是差集运算的逆运算。在 AutoCAD 2014 中进行“交集”运算有如下几种常用方法。

- 功能区：在“常用”选项卡中，单击“实体编辑”面板中的“交集”工具，如图 16-12 所示。
- 菜单栏：执行“修改”｜“实体编辑”｜“交集”命令，如图 16-13 所示。
- 命令行：INTERSECT 或 IN。

图 16-12　“实体编辑”面板中的“交集”按钮

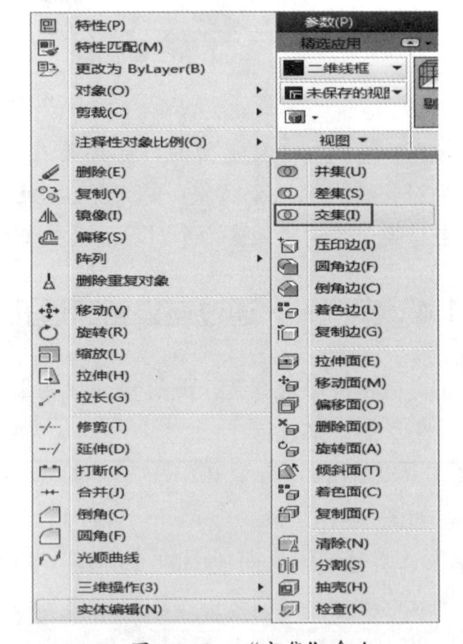

图 16-13　“交集”命令

通过以上任意一种方法执行该命令，然后在“绘图区”选取具有公共部分的两个对象，按

Enter 键或单击鼠标右键即可执行相交操作，其运算效果如图 16-14 所示。

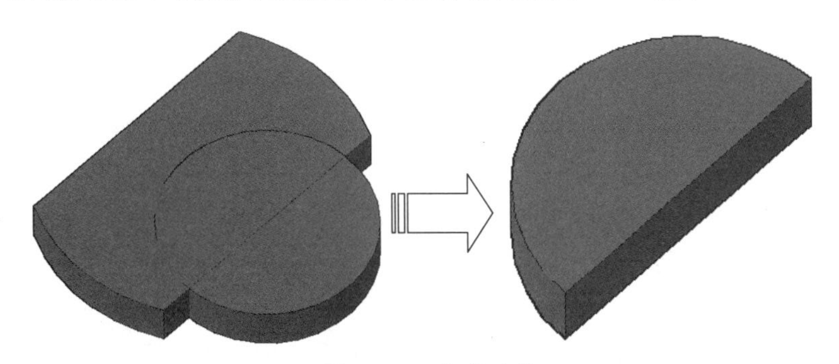

图 16-14　交集运算

16.1.6　案例——通过交集创建飞盘

与其他有技术含量的工作一样，建模也讲究技巧与方法，而不是单纯地掌握软件所提供的命令。本例的飞盘模型就是一个很典型的例子，如果不通过创建球体再取交集的方法，而是通过常规的建模手段来完成，则往往会事倍功半，劳而无获。

01 单击“快速访问”工具栏中的“打开”按钮，打开“第 16 章 /16.1.6 通过交集创建飞盘 .dwg”文件，如图 16-15 所示。

02 单击“实体编辑”面板上的“交集”按钮，依次选取具有公共部分的两个球体，按 Enter 键或单击鼠标右键，执行相交操作。其命令行提示如下。

```
命令： _intersect ✓                                    // 调用“交集”命令
选择对象： 找到 1 个                                    // 选择一个球体
选择对象： 找到 1 个，总计 2 个                          // 选择第二个球体
选择对象：                                              // 单击鼠标右键完成交集命令
```

03 通过以上操作即可完成交集运算的操作，其效果如图 16-16 所示。

04 单击“修改”面板上的“圆角”按钮，在边线处创建圆角，其效果如图 16-17 所示。

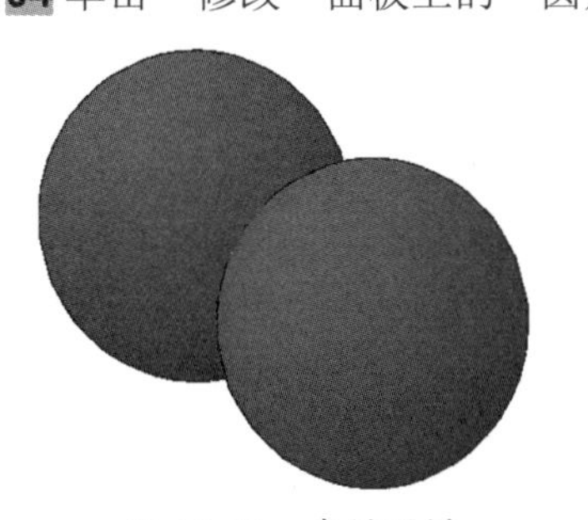

图 16-15　素材图样

图 16-16　交集结果

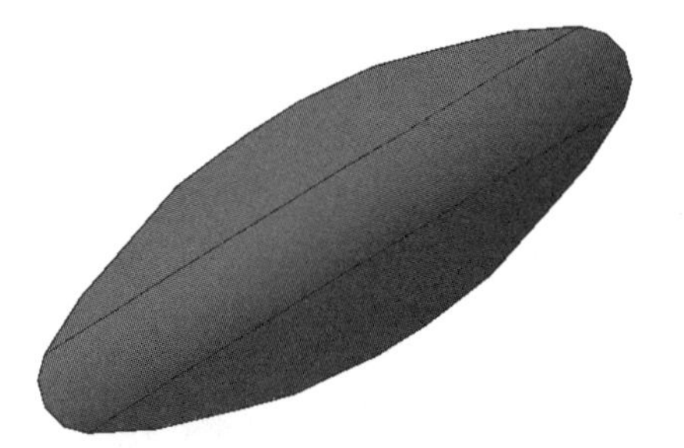

图 16-17　创建的飞盘模型

16.2　三维实体的编辑

在对三维实体进行编辑时，不仅可以对实体上单个表面和边线执行编辑操作，同时还可以对整个实体执行编辑操作。

16.2.1 创建倒角和圆角

“倒角”和“圆角”工具不仅在二维环境中能够实现，使用这两种工具能够创建三维对象的倒角和圆角的效果。

1. 三维倒角

在三维建模过程中创建倒角特征主要用于孔特征零件或轴类零件，为方便安装轴上其他零件，防止擦伤或者划伤其他零件和安装人员。在 AutoCAD 2014 中调用“倒角”命令有如下几种常用方法。

- 功能区：在“实体”选项卡中，单击“实体编辑”面板中的“倒角边”工具，如图 16-18 所示。
- 菜单栏：执行“修改”|“实体编辑”|“倒角边”命令，如图 16-19 所示。

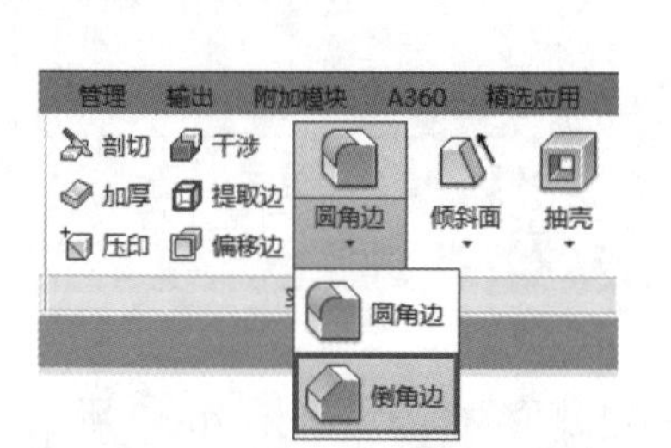

图 16-18 “实体编辑”面板中的“倒角边”按钮

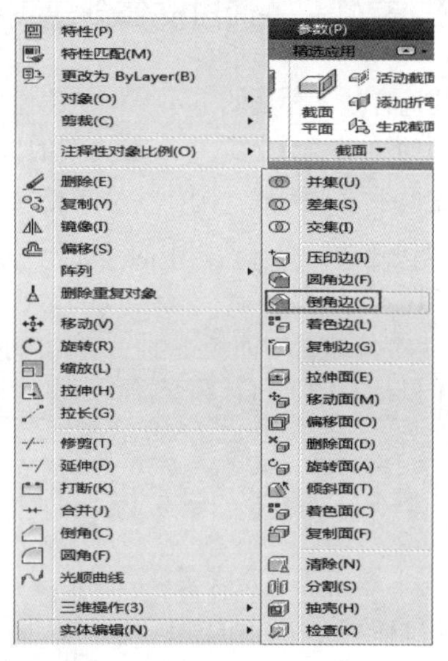

图 16-19 “倒角边”命令

- 命令行：CHAMFEREDGE。

执行上述任意命令后，根据命令行的提示，在“绘图区”选取绘制倒角所在的基面，按 Enter 键分别指定倒角距离，指定需要倒角的边线，按 Enter 键即可创建三维倒角，效果如图 16-20 所示。

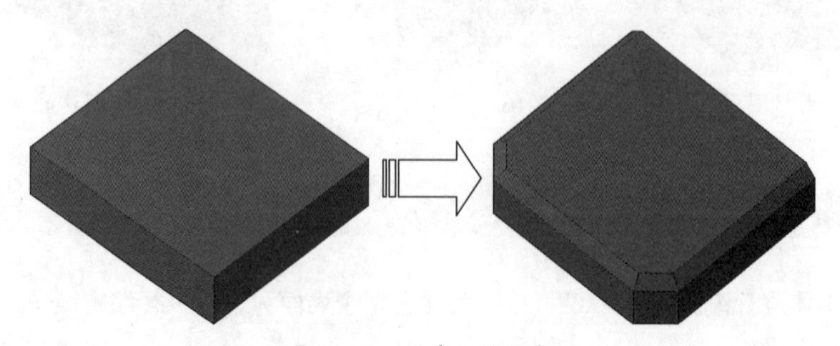

图 16-20 创建三维倒角

2. 三维圆角

在三维建模过程中创建圆角特征主要用在回转零件的轴肩处，以防止轴肩应力集中，在长时间的运转中断裂。在 AutoCAD 2014 中调用“圆角”命令有如下几种常用方法。

- 功能区：在“实体”选项卡中，单击“实体编辑”面板中的“圆角边”工具，如图16-21 所示。
- 菜单栏：执行“修改”｜“实体编辑”｜“圆角边”命令，如图 16-22 所示。
- 命令行：FILLETEDGE。

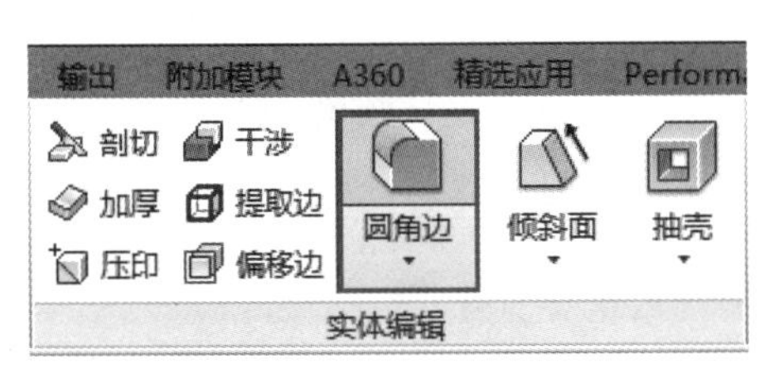

图 16-21　圆角边按钮

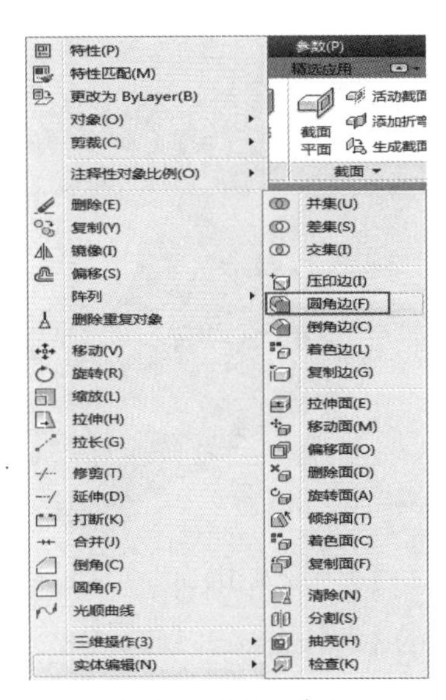

图 16-22　圆角边命令

执行上述任意命令后，在“绘图区”选取需要绘制圆角的边线，输入圆角半径，按 Enter 键，其命令行出现“选择边或 [链 (C)/ 环 (L)/ 半径 (R)]:”提示。选择“链”选项，则可以选择多个边线进行倒圆角；选择“半径”选项，则可以创建不同半径值的圆角，按 Enter 键即可创建三维倒圆角，如图 16-23 所示。

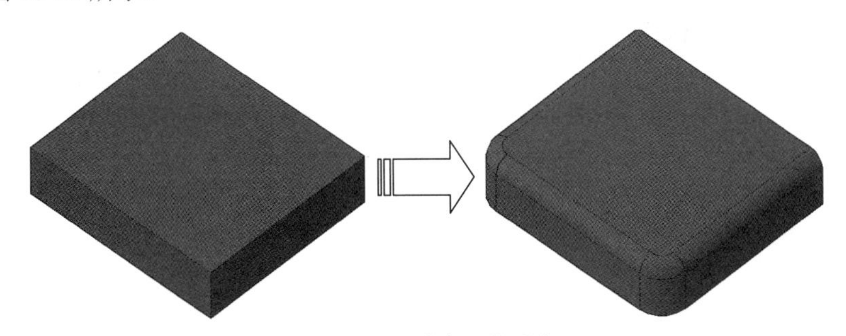

图 16-23　创建三维圆角

16.2.2　案例——对模型倒斜角

三维模型的倒斜角操作相比二维图形来说，要更为烦琐一些，在进行倒角边的选择时，可能选中目标显示得不明显，这是操作“倒角边”要注意的地方。

01 单击“快速访问”工具栏中的“打开”按钮，打开“第 16 章 /16.2.2 对模型倒斜角 .dwg”素材文件，如图 16-24 所示。

02 在“实体”选项卡中，单击“实体编辑”面板上的“倒角边”按钮，选择如图 16-25 所示的边线为倒角边，命令行提示如下。

```
    命令: _CHAMFEREDGE                                        //调用“倒角边”命令
    选择一条边或 [环(L)/距离(D)]:                            //选择同一面上需要倒角的边
    选择同一个面上的其他边或 [环(L)/距离(D)]:
    选择同一个面上的其他边或 [环(L)/距离(D)]:
    选择同一个面上的其他边或 [环(L)/距离(D)]:
    按 Enter 键接受倒角或 [距离(D)]:d                         //单击右键结束选择倒角边，然
后输入d设置倒角参数
    指定基面倒角距离或 [表达式(E)] <1.0000>: 2
    指定其他曲面倒角距离或 [表达式(E)] <1.0000>: 2            //输入倒角参数
    按 Enter 键接受倒角或 [距离(D)]:                          //按Enter键结束倒角边命令
```

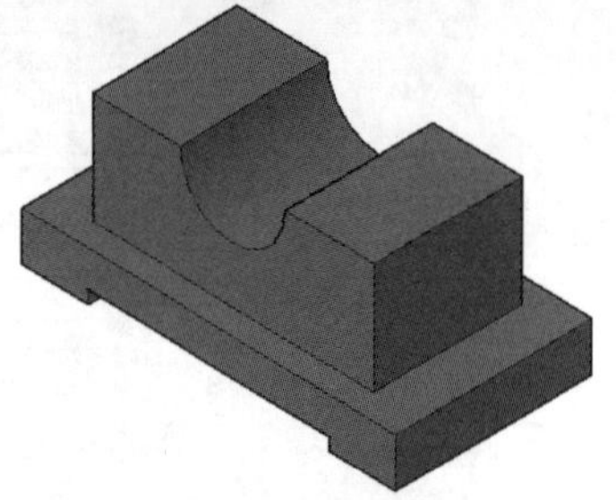
图 16-24　素材图样

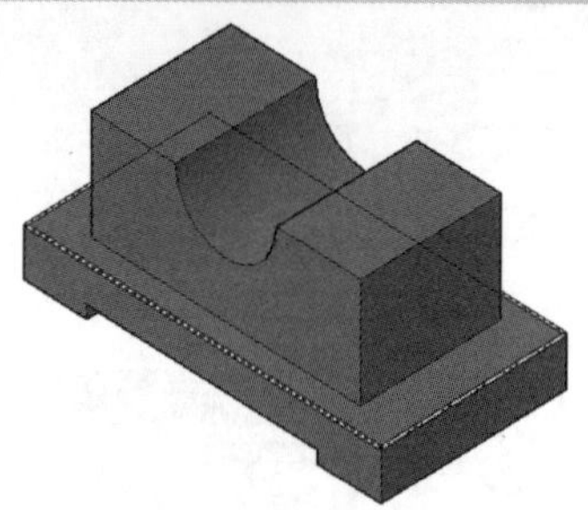
图 16-25　选择倒角边

03 通过以上操作即可完成倒角边的操作，其效果如图 16-26 所示。

04 重复以上操作，继续完成其他边的倒角操作，如图 16-27 所示。

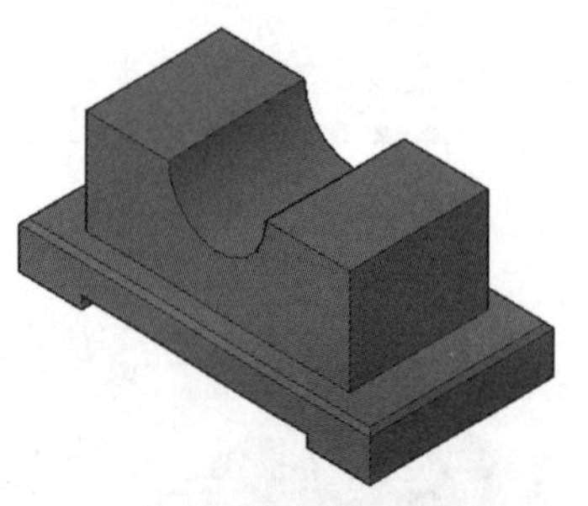
图 16-26　倒角效果

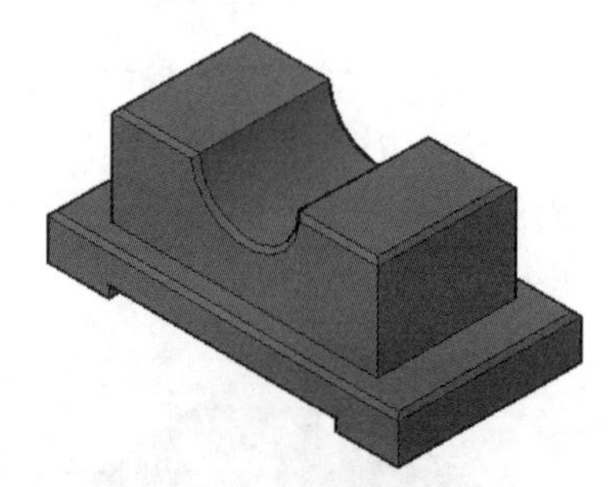
图 16-27　完成所有边的倒角

16.2.3　案例——对模型倒圆角

01 单击“快速访问”工具栏中的“打开”按钮，打开“第 16 章 /16.2.3 对模型倒圆角 .dwg”文件，如图 16-28 所示。

02 单击“实体编辑”面板上的“圆角边”按钮，选择如图 16-29 所示的边为要进行圆角处理的边，其命令行提示如下。

```
    命令: _FILLETEDGE                                         //调用“圆角边”命令
    半径 = 1.0000
    选择边或 [链(C)/环(L)/半径(R)]:                           //选择要圆角的边
    选择边或 [链(C)/环(L)/半径(R)]:                           //单击右键结束边选择
```

```
已选定 1 个边用于圆角。
按 Enter 键接受圆角或 [半径(R)]:r↙                         //选择半径参数
指定半径或 [表达式(E)] <1.0000>: 5↙                        //输入半径值
按 Enter 键接受圆角或 [半径(R)]: ↙                         //按Enter键结束操作
```

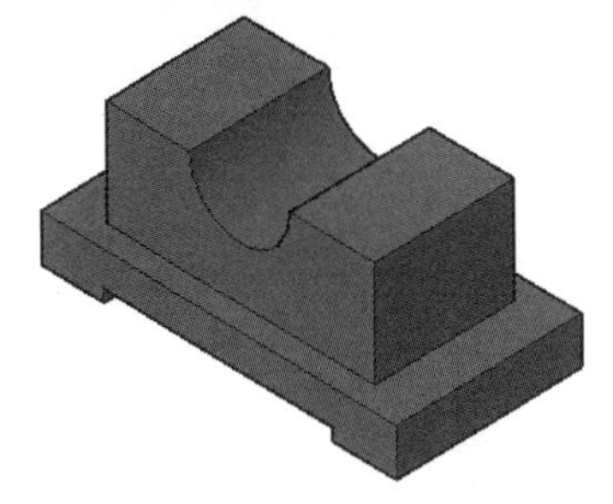

图 16-28　素材图样

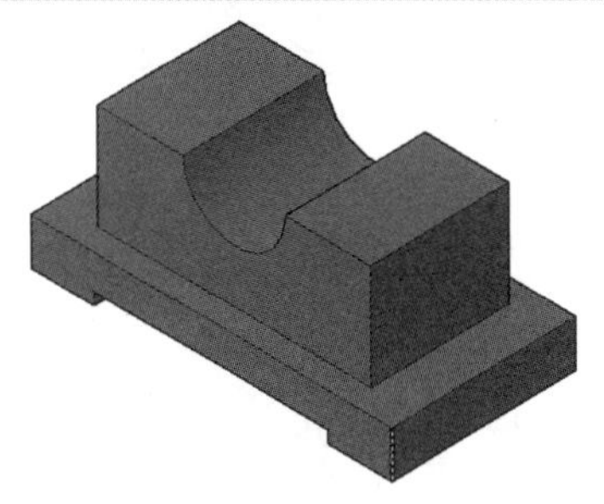

图 16-29　选择倒圆角边

03 通过以上操作即可完成三维圆角的创建，其效果如图 16-30 所示。

04 继续重复以上操作创建其他位置的圆角，效果如图 16-31 所示。

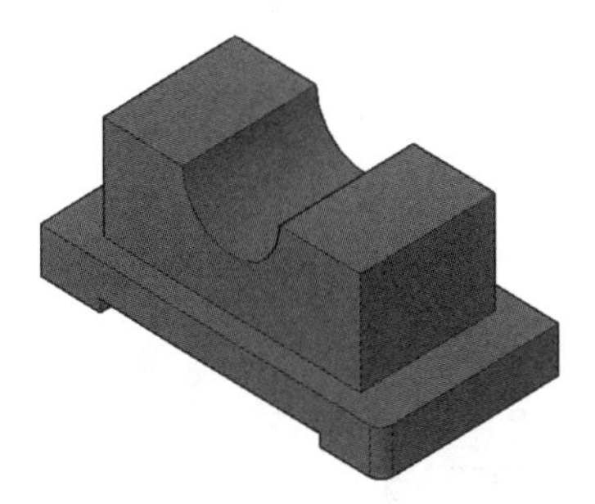

图 16-30　倒圆角效果

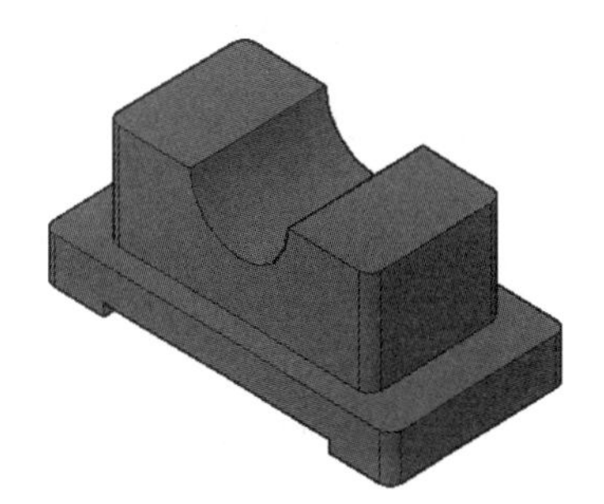

图 16-31　完成所有边倒圆角

16.2.4　抽壳

通过执行“抽壳”操作可将实体以指定的厚度形成一个空的薄层，同时还允许将某些指定面排除在壳外。指定正值从圆周外开始抽壳，指定负值从圆周内开始抽壳。

在 AutoCAD 2014 中调用“抽壳”命令有如下几种常用方法。

- 功能区：在“实体”选项卡中，单击“实体编辑”面板中的“抽壳”工具，如图 16-32 所示。

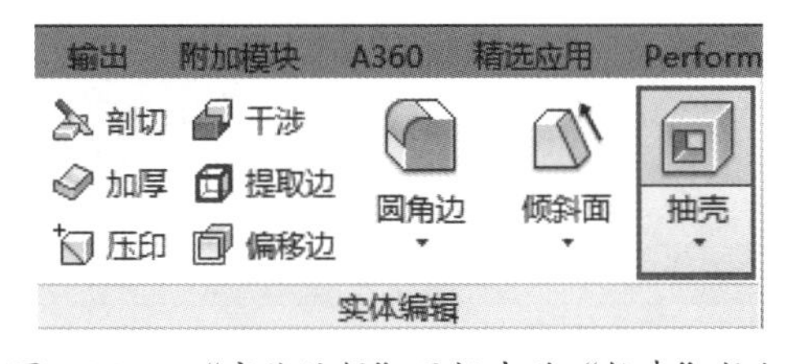

图 16-32　“实体编辑”面板中的“抽壳”按钮

- 菜单栏：执行“修改”|“实体编辑”|“抽壳”命令，如图 16-33 所示。
- 命令行：SOLIDEDIT。

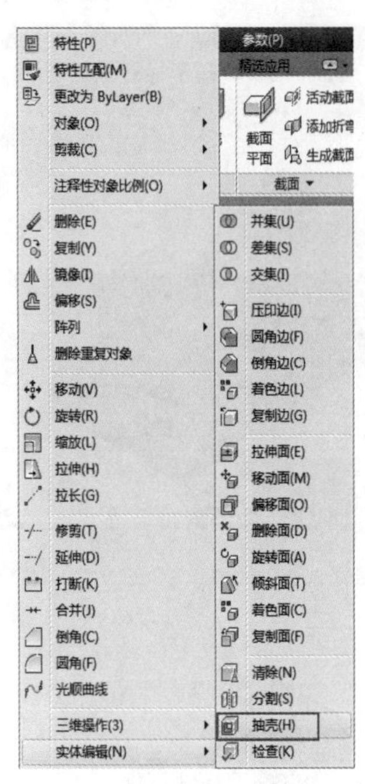

图 16-33　“抽壳”命令

执行上述任意命令后，可根据设计需要保留所有面执行抽壳操作（即中空实体）或删除单个面执行抽壳操作，分别介绍如下。

a. 删除抽壳面

该抽壳方式通过移除面形成内孔实体。执行“抽壳”命令，在绘图区选取待抽壳的实体，继续选取要删除的单个或多个表面并单击右键，输入抽壳偏移距离，按 Enter 键，即可完成抽壳操作，其效果如图 16-34 所示。

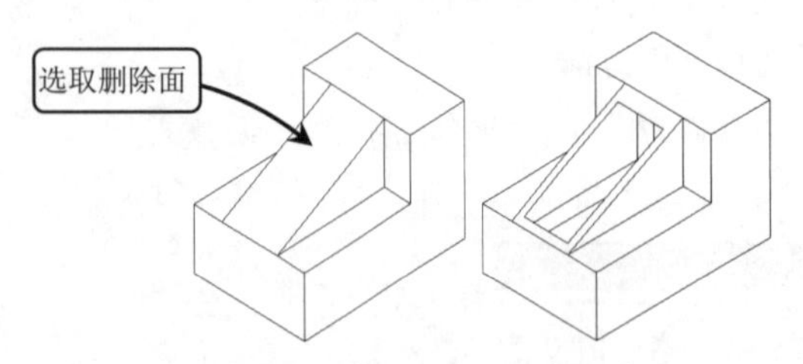

图 16-34　删除面执行抽壳操作

b. 保留抽壳面

该抽壳方法与删除面抽壳操作不同之处在于，该抽壳方法是在选取抽壳对象后，直接按 Enter 键或单击右键，并不选取删除面，而是输入抽壳距离，从而形成中空的抽壳效果，如图 16-35 所示。

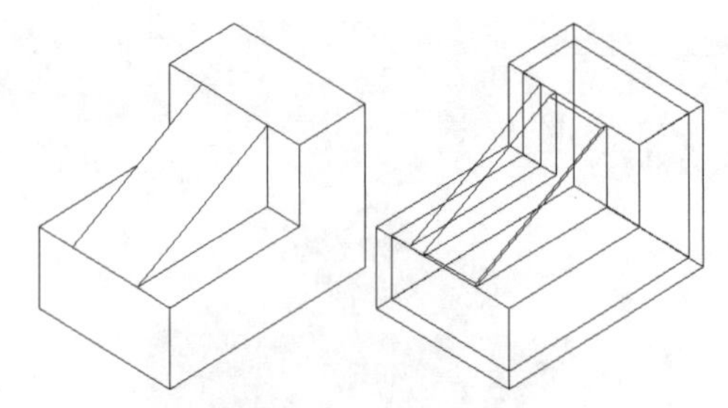

图 16-35　保留抽壳面

16.2.5　案例——绘制方槽壳体

灵活使用“抽壳”命令，再配合其他简单的建模操作，同样可以创建出很多看似复杂、实则简单的模型。

01 单击“快速访问”工具栏中的“打开”按钮，打开“第 16 章/16.2.5 绘制方槽壳体.dwg”文件，如图 16-36 所示。

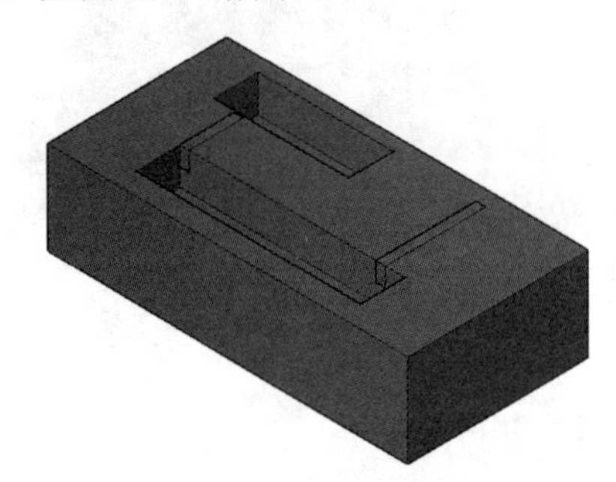

图 16-36　素材图样

02 单击“修改”面板上的“三维旋转”按钮，将图形旋转 180°，效果如图 16-37 所示。

图 16-37　旋转实体

03 单击“实体编辑”面板上的“抽壳”按钮，选择如图 16-38 所示的实体为抽壳对象，其命令行提示如下。

```
命令: _solidedit↙                                      //调用“抽壳”命令
实体编辑自动检查: SOLIDCHECK=1
输入实体编辑选项 [面(F)/边(E)/体(B)/放弃(U)/退出(X)] <退出>: _body
输入体编辑选项
[压印(I)/分割实体(P)/抽壳(S)/清除(L)/检查(C)/放弃(U)/退出(X)] <退出>: _
shell
选择三维实体:                                          //选择要抽壳的对象
删除面或 [放弃(U)/添加(A)/全部(ALL)]: 找到一个面，已删除 1 个。
                                                       //选择要删除的面如图16-39所示
删除面或 [放弃(U)/添加(A)/全部(ALL)]:                  //单击右键结束选择
输入抽壳偏移距离: 2                                    //输入距离，按Enter键，执行操作
已开始实体校验。
已完成实体校验。
输入体编辑选项
[压印(I)/分割实体(P)/抽壳(S)/清除(L)/检查(C)/放弃(U)/退出(X)] <退出>: ↙
                                                       //按Enter键，结束操作
```

04 通过以上操作即可完成抽壳操作，其效果如图16-40所示。

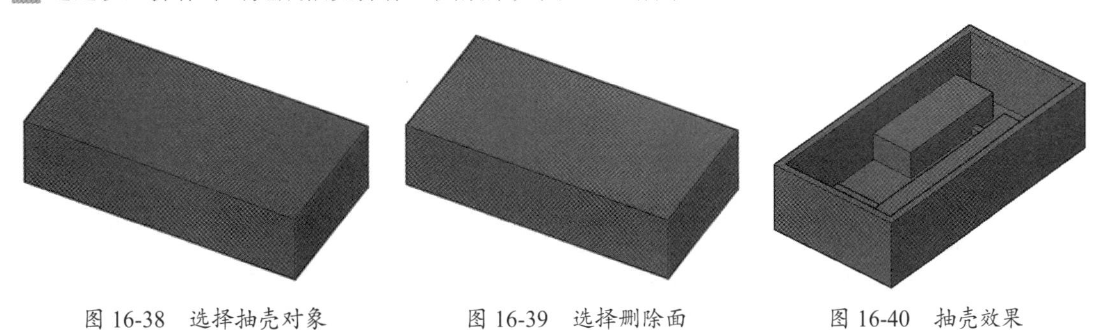

图16-38　选择抽壳对象　　图16-39　选择删除面　　图16-40　抽壳效果

16.2.6　剖切

在绘图过程中，为了表达实体内部的结构特征，可使用剖切工具假想一个与指定对象相交的平面或曲面将该实体剖切，从而创建新的对象。可通过指定点、选择曲面或平面对象来定义剖切平面。

在AutoCAD 2014中调用“剖切”命令有如下几种常用方法。

- 功能区：在“常用”选项卡中，单击“实体编辑”面板上的“剖切”按钮，如图16-41所示。

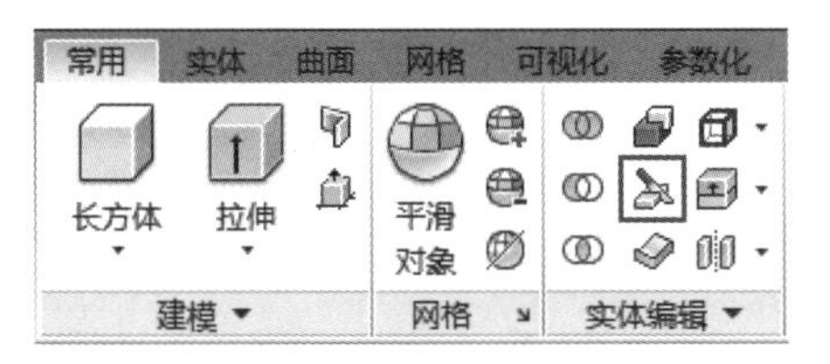

图16-41　“实体编辑”面板中的“剖切”按钮

- 菜单栏：执行“修改”|“三维操作”|“剖切”命令，如图16-42所示。
- 命令行：SLICE或SL。

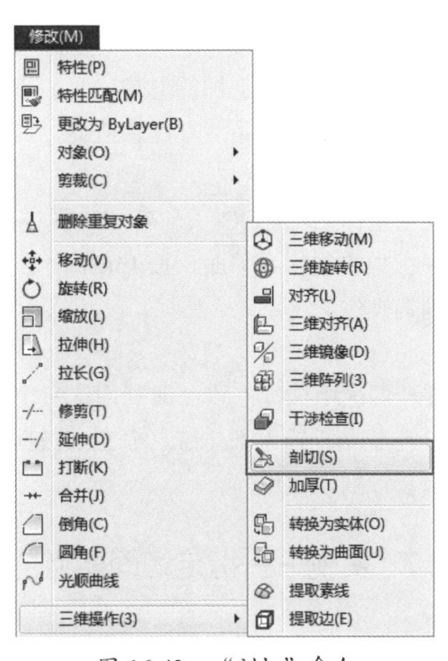

图16-42　“剖切”命令

通过以上任意一种方法执行该命令，然后选择要剖切的对象，接着按命令行提示定义剖切面，可以选择某个平面对象，例如曲面、圆、椭圆、圆弧或椭圆弧、二维样条曲面和二维多段线，也可选择坐标系定义的平面，如 XY、YZ、ZX 平面。最后，可选择保留剖切实体的一侧或两侧都保留，即完成实体的剖切。

- 命令子选项说明

在剖切过程中，指定剖切面的方式包括：指定切面的起点或平面对象、曲面、Z 轴、视图、XY、YZ、ZX 或三点，分别介绍如下。

a. 指定切面起点

这是默认剖切方式，即通过指定剖切实体的两点来执行剖切操作，剖切平面将通过这两点并与 XY 平面垂直。操作方法是：单击“剖切”按钮，然后在绘图区选取待剖切的对象，接着分别指定剖切平面的起点和终点。

指定剖切点后，命令行提示：“在所需的侧面上指定点或 [保留两个侧面 (B)]：”，选择是否保留指定侧的实体或两侧都保留，按 Enter 键即可执行剖切操作。

b. 平面对象

该剖切方式利用曲线、圆、椭圆、圆弧或椭圆弧、二维样条曲线、二维多段线定义剖切平面，剖切平面与二维对象平面重合。

c. 曲面

选择该剖切方式可利用曲面作为剖切平面，方法是：选取待剖切的对象之后，在命令行中输入字母 S，按 Enter 键后选取曲面，并在零件上方任意捕捉一点，即可执行剖切操作。

d. Z 轴

选择该剖切方式可指定 Z 轴方向的两点作为剖切平面，方法是：选取待剖切的对象之后，在命令行中输入字母 Z，按 Enter 键后直接在实体上指定两点，并在零件上方任意捕捉一点，即可完成剖切操作。

e. 视图

该剖切方式使剖切平面与当前视图平面平行，输入平面的通过点坐标，即完全定义剖切面。操作方法是：选取待剖切的对象之后，在命令行输入字母 V，按 Enter 键后指定三维坐标点或输入坐标数字，并在零件上方任意捕捉一点，即可执行剖切操作。

f. XY、YZ、ZX

利用坐标系平面 XY、YZ、ZX 同样能够作为剖切平面。方法是：选取待剖切的对象之后，在命令行指定坐标系平面，按 Enter 键后指定该平面上一点，并在零件上方任意捕捉一点，即可执行剖切操作。

g. 三点

在绘图区中捕捉三点，即利用这三个点组成的平面作为剖切平面。方法是：选取待剖切对象之后，在命令行输入数字 3，按 Enter 键后直接在零件上捕捉三点，系统将自动根据这三点组成的平面执行剖切操作。

16.2.7 案例——指定切面两点剖切实体

指定切面的两点进行剖切，是默认的剖切方法，同时也是使用最为便捷的方法。

01 单击“快速访问”工具栏中的“打开”按钮，打开“第 16 章 /16.2.7 剖切素材 .dwg”文件，如图 16-43 所示。

02 单击“实体编辑”面板上的“剖切”按钮，选择如图 16-44 所示的实体为剖切对象，其命令行提示如下。

```
    命令： _slice↙                                              // 调用“剖切”命令
    选择要剖切的对象： 找到 1 个                                  // 选择剖切对象
    选择要剖切的对象：                                            // 右击结束选择
    指定 切面 的起点或 [ 平面对象 (O)/ 曲面 (S)/Z 轴 (Z)/ 视图 (V)/XY(XY)/YZ(YZ)/ZX(ZX)/
三点 (3)] <三点>:
    指定平面上的第二个点：                                        // 依次选择顶面和侧面的圆心，
如图 16-45 所示
    在所需的侧面上指定点或 [ 保留两个侧面 (B)] <保留两个侧面>:    // 选择需要保留的一边
```

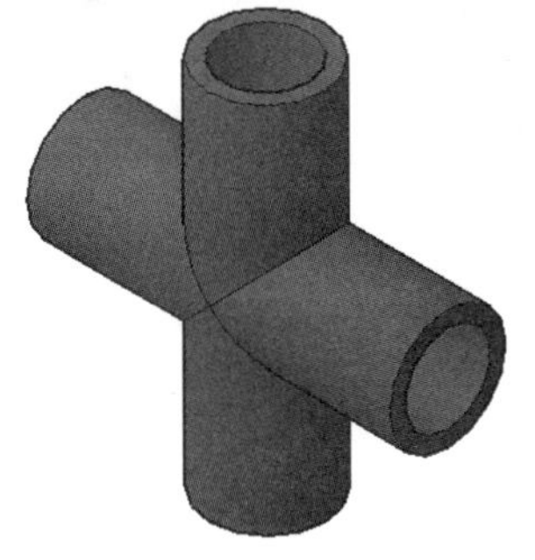

图 16-43　素材图样

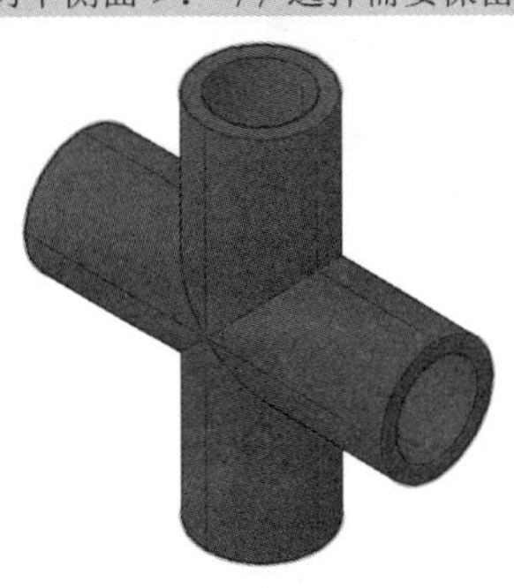

图 16-44　剖切对象

03 通过以上方法即可完成剖切实体操作，效果如图 16-46 所示。

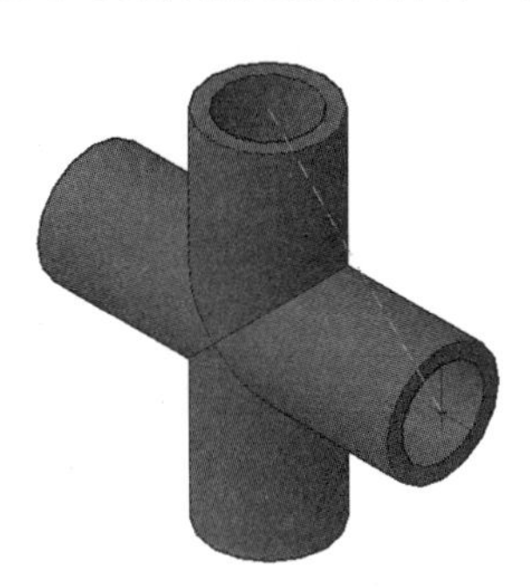

图 16-45　指定平面上两点

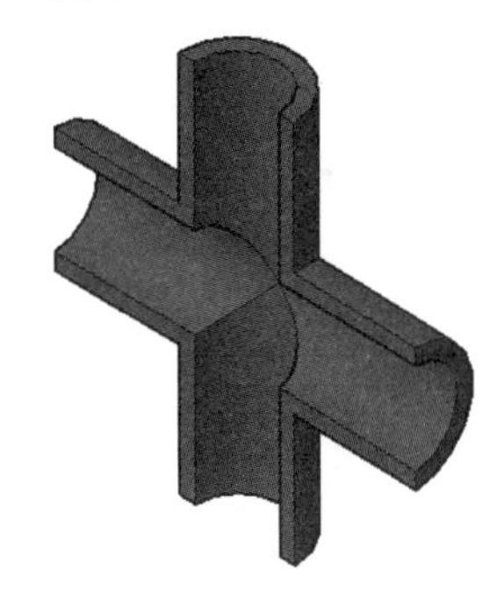

图 16-46　剖切效果

16.2.8　案例——平面对象剖切实体

通过绘制辅助平面的方法来进行剖切，是最为复杂的一种，但是功能也最为强大。对象除了是平面，还可以是曲面，因此能创建出任何所需的剖切图形。

01 单击“快速访问”工具栏中的“打开”按钮，打开“第 16 章 /16.2.7 剖切素材 .dwg”文件，如图 16-47 所示。

02 绘制如图 16-48 所示的平面，为剖切的平面。

03 单击“实体编辑”面板上的“剖切”按钮，选择四通管实体为剖切对象，其命令行提示如下。

```
    命令： _slice                                               // 调用“剖切”命令
    选择要剖切的对象： 找到 1 个                                  // 选择剖切对象
```

```
    选择要剖切的对象：                                          //右击结束选择
    指定 切面 的起点或 [平面对象(O)/曲面(S)/Z 轴(Z)/视图(V)/XY(XY)/YZ(YZ)/ZX(ZX)/
三点(3)] <三点>:O                                              //选择剖切方式
    选择用于定义剖切平面的圆、椭圆、圆弧、二维样条线或二维多段线：        //单击选择平面
    在所需的侧面上指定点或 [保留两个侧面(B)] <保留两个侧面>:              //选择需要保留的一侧
```

04 通过以上操作即可完成实体的剖切，其效果如图16-49所示。

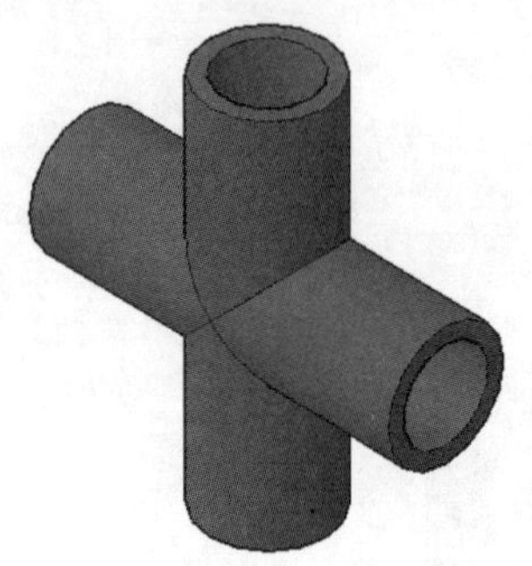

图16-47 素材图样

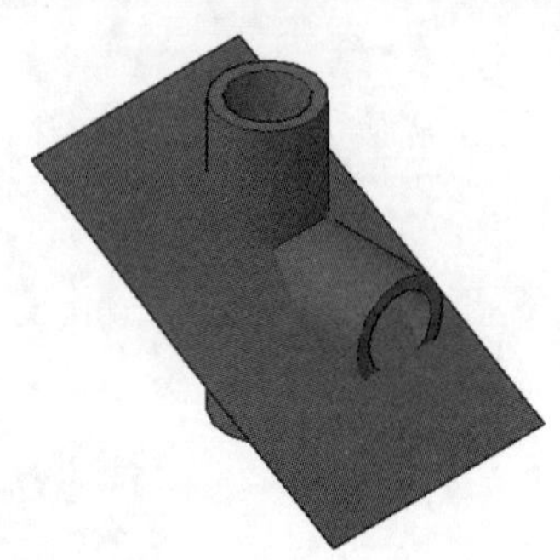

图16-48 绘制剖切平面

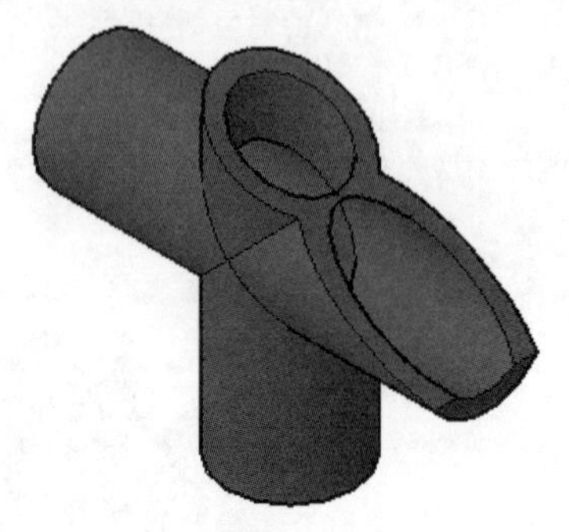

图16-49 剖切结果

16.2.9 案例——Z轴方式剖切实体

“Z轴”和“指定切面起点”进行剖切的操作过程完全相同，同样都是指定两点，但结果却不同。指定“Z轴”指定的两点是剖切平面的Z轴，而“指定切面起点”所指定的两点直接就是剖切平面。初学的时候要注意两者的区别。

01 单击“快速访问”工具栏中的“打开”按钮，打开“第16章/16.2.7剖切素材.dwg”文件，如图16-50所示。

02 单击“实体编辑”面板中的“剖切”按钮，选择四通管实体为剖切对象，其命令行提示如下。

```
    命令：_slice                                               //调用“剖切”命令
    选择要剖切的对象： <正交 开> 找到 1 个                         //选择剖切对象
    选择要剖切的对象：                                          //右击结束选择
    指定 切面 的起点或 [平面对象(O)/曲面(S)/Z 轴(Z)/视图(V)/XY(XY)/YZ(YZ)/ZX(ZX)/
三点(3)] <三点>:Z                                              //选择Z轴方式剖切实体
    指定剖面上的点：
    指定平面 Z 轴 (法向) 上的点：                                 //选择剖切面上的点，如图
16-51所示
    在所需的侧面上指定点或 [保留两个侧面(B)] <保留两个侧面>:  //选择要保留的一侧
```

03 通过以上操作即可完成剖切实体，效果如图16-52所示。

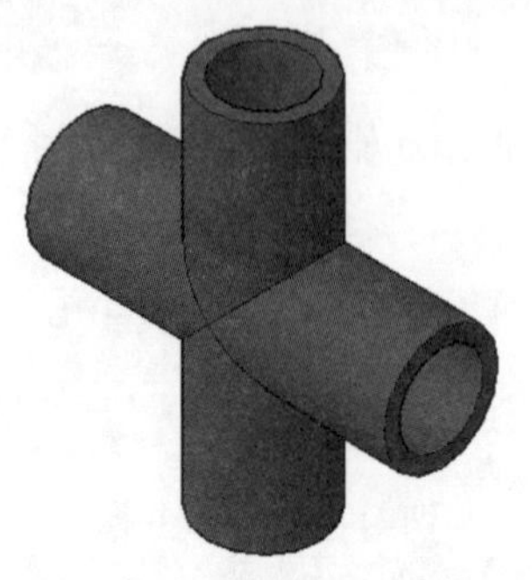

图16-50 素材图样

图16-51 选择剖切面上点

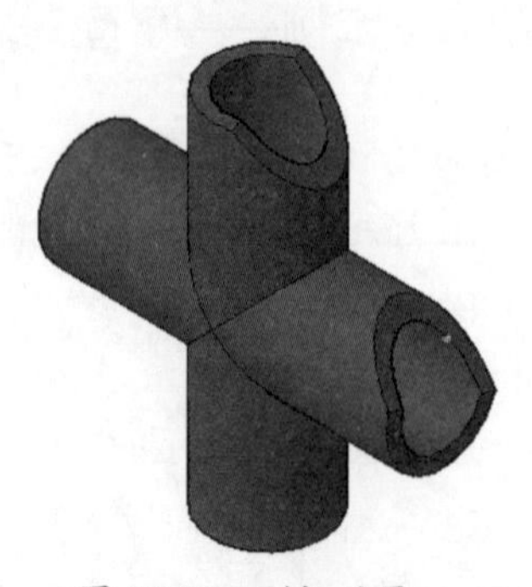

图16-52 剖切效果

16.2.10　案例——视图方式剖切实体

通过“视图”方法进行剖切同样是使用比较多的一种，该方法操作简便、使用快捷，只需指定一点即可根据计算机屏幕所在的平面对模型进行剖切。其精确度不够，只适合用作演示、观察。

01 单击“快速访问”工具栏中的“打开”按钮，打开“第 16 章 /16.2.7 剖切素材 .dwg”文件，如图 16-53 所示。

02 单击“实体编辑”面板中的“剖切”按钮，选择四通管实体为剖切对象，其命令行提示如下。

```
    命令： _slice                                              // 调用“剖切”命令
    选择要剖切的对象 : 找到 1 个                                  // 选择剖切对象
    选择要剖切的对象 :                                            // 右击结束选择
    指定 切面 的起点或 [ 平面对象 (O)/ 曲面 (S)/Z 轴 (Z)/ 视图 (V)/XY(XY)/YZ(YZ)/ZX(ZX)/
三点 (3)] < 三点 >: V                                             // 选择剖切方式
    指定当前视图平面上的点 <0,0,0>:                                 // 指定三维坐标，如图 16-54 所示
    在所需的侧面上指定点或 [ 保留两个侧面 (B)] < 保留两个侧面 >:          // 选择要保留的一侧
```

03 通过以上操作即可完成实体的剖切操作，其效果如图 16-55 所示。

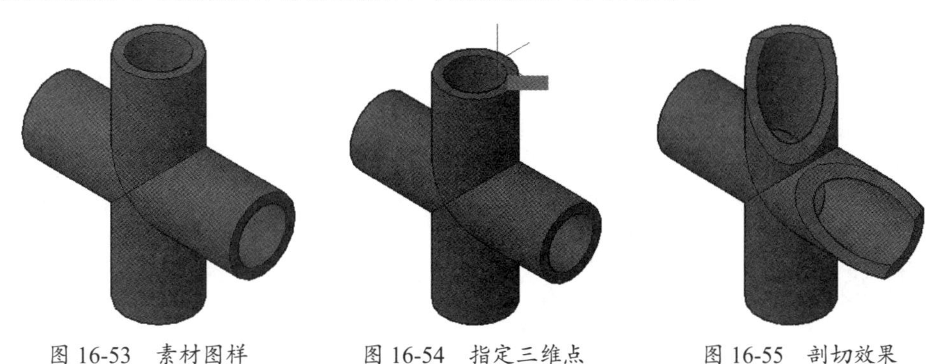

图 16-53　素材图样　　图 16-54　指定三维点　　图 16-55　剖切效果

16.2.11　加厚

在三维建模环境中，可以将网格曲面、平面曲面或截面曲面等多种曲面类型的曲面通过加厚处理形成具有一定厚度的三维实体。在 AutoCAD 2014 中调用“加厚”命令有如下几种常用方法。

- 功能区：在“实体”选项卡中，单击“实体编辑”面板中的“加厚”工具，如图 16-57 所示。

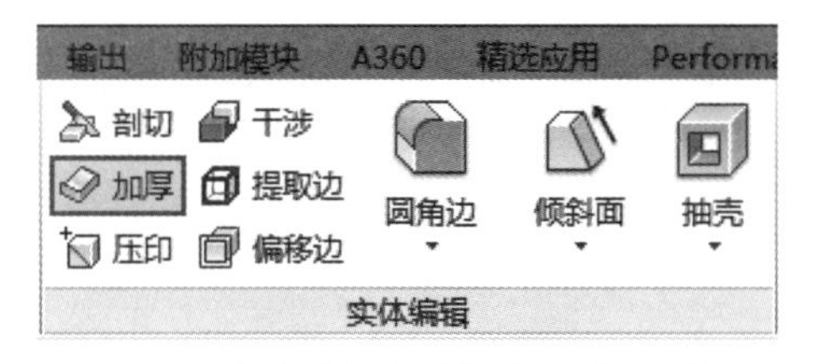

图 16-56　“实体编辑”面板中的“加厚”按钮

- 菜单栏：执行“修改”|“三维操作”|“加厚”命令，如图 16-56 所示。
- 命令行：THICKEN。

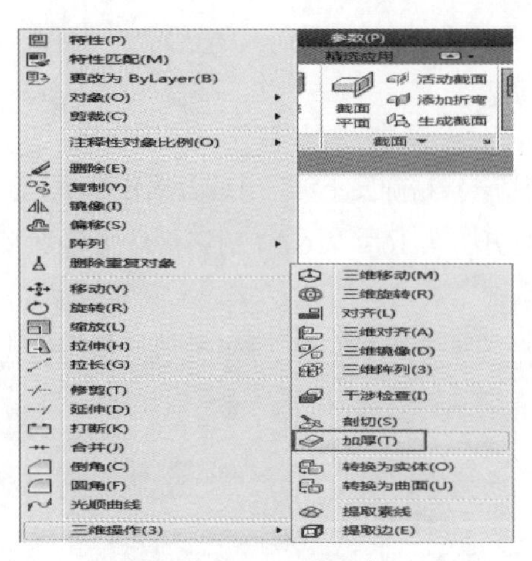

图 16-57　“加厚”命令

执行上述任意命令后即可进入“加厚”模式，直接在“绘图区”选择要加厚的曲面，然后单击右键或按 Enter 键后，在命令行中输入厚度值并按 Enter 键确认，即可完成加厚操作，如图 16-58 所示。

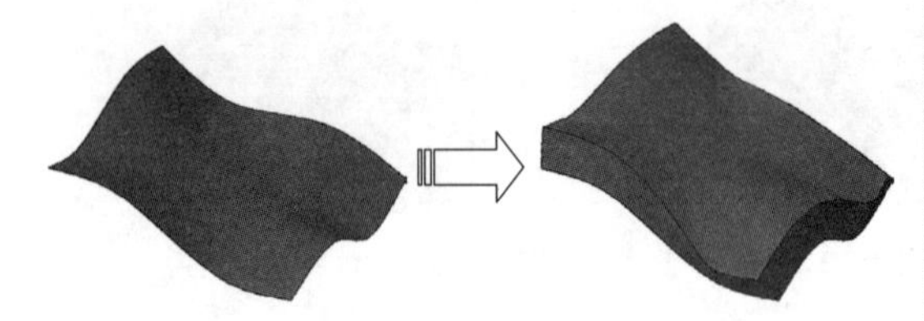

图 16-58　曲面加厚

16.2.12　案例——加厚命令创建花瓶

01 单击“快速访问”工具栏中的“打开”按钮，打开配套光盘提供的“第 16 章 /16.2.12 加厚命令创建花瓶 .dwg”素材文件。

02 单击“实体”选项卡中“实体编辑”面板中的“加厚”按钮，选择素材文件中的花瓶曲面，然后输入厚度值为 1 即可，操作如图 16-59 所示。

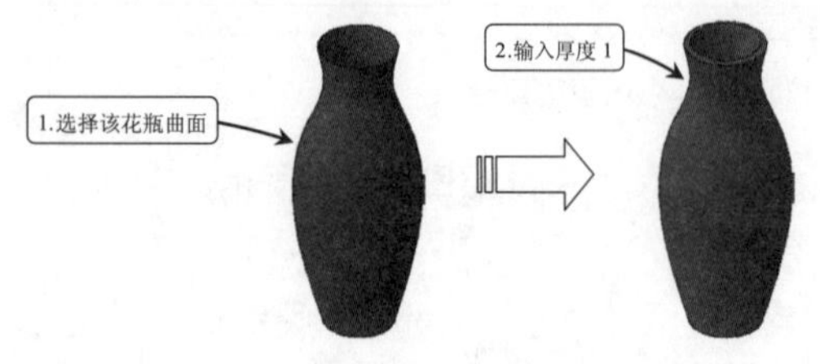

图 16-59　加厚花瓶曲面

16.2.13　干涉检查

在装配过程中，往往会出现模型与模型之间的干涉现象，因而在执行两个或多个模型装配时，需要通过干涉检查操作，以便及时调整模型的尺寸和相对位置，达到准确装配的效果。

在 AutoCAD 2014 中调用“干涉检查”命令有如下几种常用方法。

- 功能区：在“常用”选项卡中，单击“实体编辑”面板上的“干涉”工具，如图 16-60 所示。

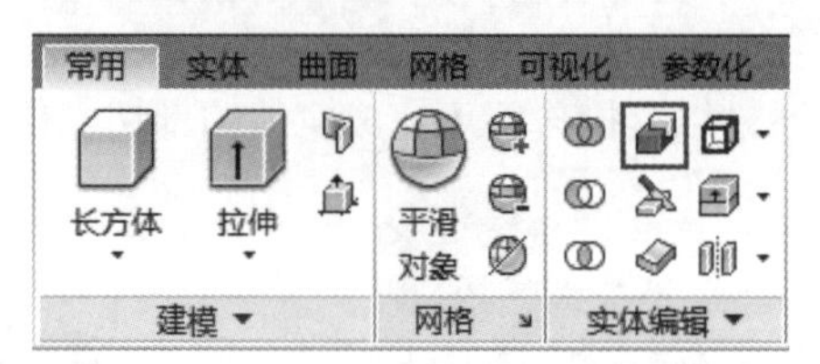

图 16-60　“实体编辑”面板中的“干涉检查”按钮

- 菜单栏：执行“修改”|“三维操作”|“干涉检查”命令，如图 16-61 所示。
- 命令行：INTERFERE。

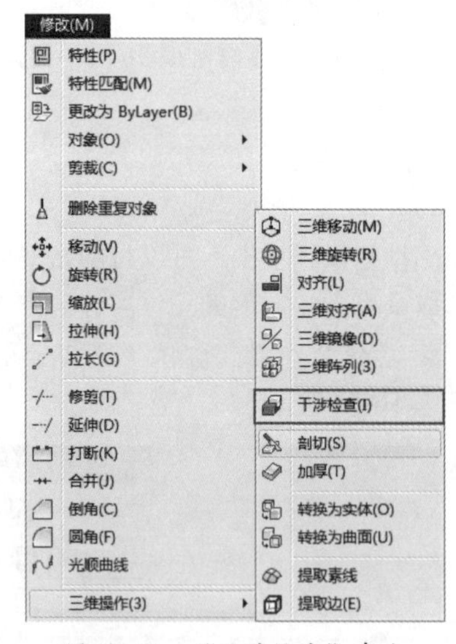

图 16-61　“干涉检查”命令

通过以上任意一种方法执行该命令后，在绘图区选取执行干涉检查的实体模型，按 Enter 键完成选择，接着选取执行干涉的另一个模型，按 Enter 键即可查看干涉检查效果，如图 16-62 所示。

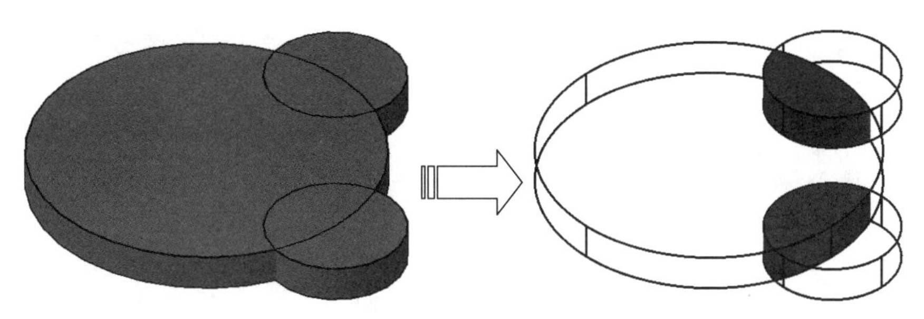

图 16-62　干涉检查

- 命令子选项说明

在显示检查效果的同时，系统将弹出“干涉检查”对话框，如图 16-63 所示。在该对话框中可设置模型间的亮显方式，选中“关闭时删除已创建的干涉对象”复选框，单击“关闭”按钮即可删除干涉对象。

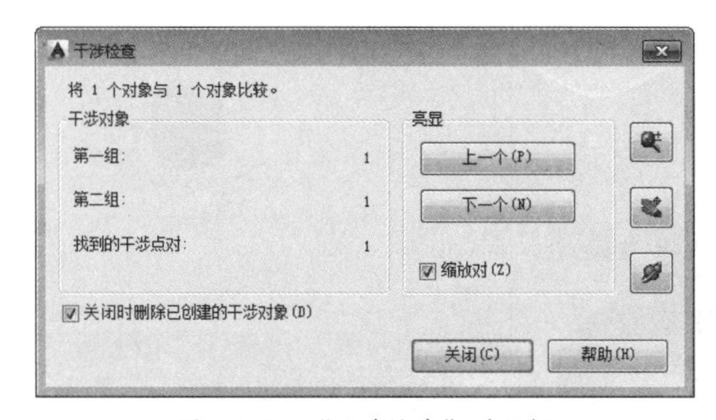

图 16-63　“干涉检查”对话框

16.2.14　案例——干涉检查装配体

在现实生活中，如果要对若干零部件进行组装，受实体外形所限，自然就会出现装得进、装不进的问题。而对于 AutoCAD 所创建的三维模型来说，就不会有这种情况，即便模型之间的关系已经违背常理，明显无法进行装配。这也是目前三维建模技术的一个局限性，要想得到更为真实的效果，只能借助其他软件所带的仿真功能。但在 AutoCAD 中，也可以通过“干涉检查”命令来判断两个零件之间的配合关系。

01 单击“快速访问”工具栏中的“打开”按钮，打开“第 16 章 /16.2.14 干涉检查 .dwg”文件，如图 16-64 所示。其中已经创建好了一个销轴和一个连接杆。

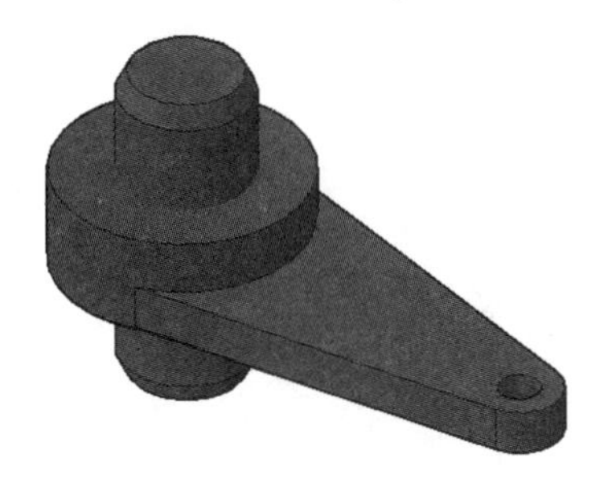

图 16-64　素材图样

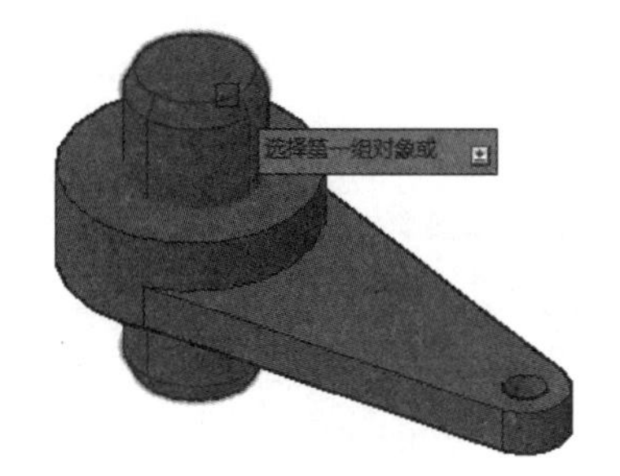

图 16-65　选择第一组对象

02 单击“实体编辑”面板上的“干涉”按钮，选择如图16-65所示的图形为第一组对象。其命令行提示如下。

```
命令：_interfere                                          //调用“干涉检查”命令
选择第一组对象或 [嵌套选择(N)/设置(S)]：找到 1 个          //选择销轴为第一组对象
选择第一组对象或 [嵌套选择(N)/设置(S)]：                    //按Enter键结束选择
选择第二组对象或 [嵌套选择(N)/检查第一组(K)] <检查>：找到 1 个
                              //选择如图16-66所示的连接杆为第二组对象
选择第二组对象或 [嵌套选择(N)/检查第一组(K)] <检查>：
                              //按Enter键弹出干涉检查效果
```

03 通过以上操作，系统弹出“干涉检查”对话框，如图16-67所示，红色亮显的地方即为超差部分。单击“关闭”按钮即可完成干涉检查。

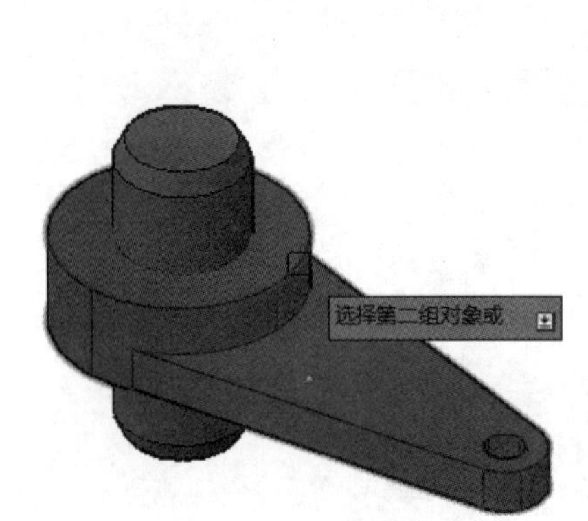

图16-66 选择第二组对象

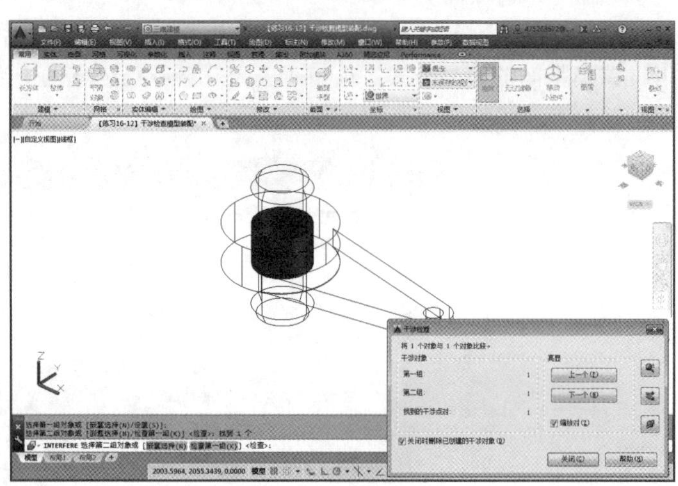

图16-67 干涉检查结果

16.2.15 编辑实体历史记录

利用布尔操作创建组合实体之后，原实体就消失了，且新生成的特征位置完全固定，如果想再次修改就会变得十分困难，例如利用差集在实体上创建孔，孔的大小和位置就只能用偏移面和移动面来修改。而将两个实体进行并集之后，其相对位置就不能再修改了。AutoCAD提供的实体历史记录功能，可以解决这个难题。

对实体历史记录编辑之前，必须保存该记录，方法是选中该实体，然后单击右键，在快捷菜单中查看实体特性，在“实体历史记录”选项组选择记录历史记录即可，如图16-68所示。

上述保存历史记录的方法需要逐个选择实体，然后设置特征，比较麻烦，适用于记录个别实体的历史记录。如果要在全局范围记录实体历史，在“实体”选项卡中，单击“图元”面板上的“实体历史记录”按钮，命令行出现如下提示。

```
命令：_solidhist
输入 SOLIDHIST 的新值 <0>：1
```

SOLIDHIST的新值为1即记录实体历史记录，在此设置之后创建的所有实体均记录历史。

记录实体历史记录之后，对实体进行布尔操作，系统会保存实体的初始几何形状信息，如果在如图16-68所示的面板中设置了显示历史记录，实体的历史记录将以线框的样式显示，如图16-69所示。

三维实体
线宽
ByLayer
透明度
ByLayer
超链接
三维效果
材质
ByLayer
阴影显示
投射和接收阴影
几何图形
实体类型
拉伸
高度
45
倾斜角
0
方向 X
0
方向 Y
0
方向 Z
45
实体历史记录
历史记录
记录
显示历史记...
是
特性

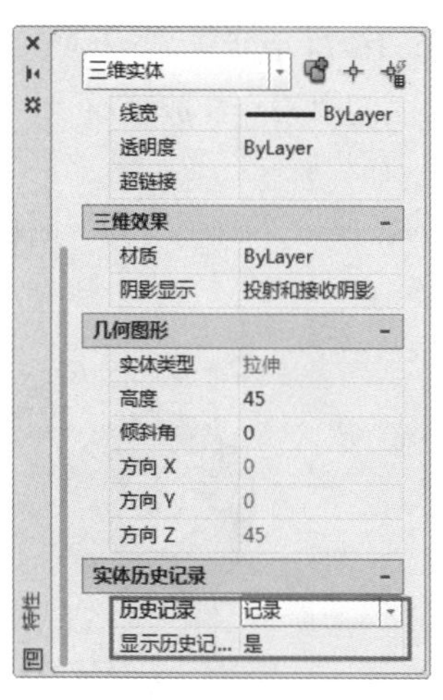

图 16-68　设置实体历史记录

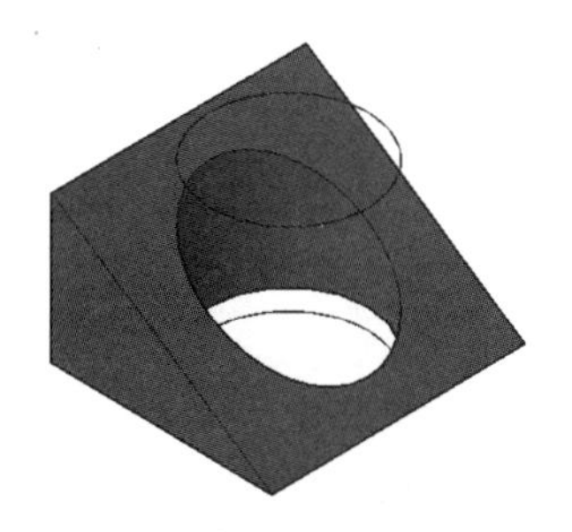

图 16-69　实体历史记录的显示

对实体的历史记录进行编辑，即可修改布尔运算的结果。在编辑之前需要选择某个历史记录对象，方法是按住 Ctrl 键选择要修改的实体记录，如图 16-70 所示是选中楔体的效果；如图 16-71 所示是选中圆柱体的效果。可以看到，被选中的历史记录呈蓝色高亮显示，且出现夹点显示，编辑这些夹点，修改布尔运算的结果如图 16-72 所示。除了编辑夹点，实体的历史记录还可以被移动和旋转，得到多种多样的编辑效果。

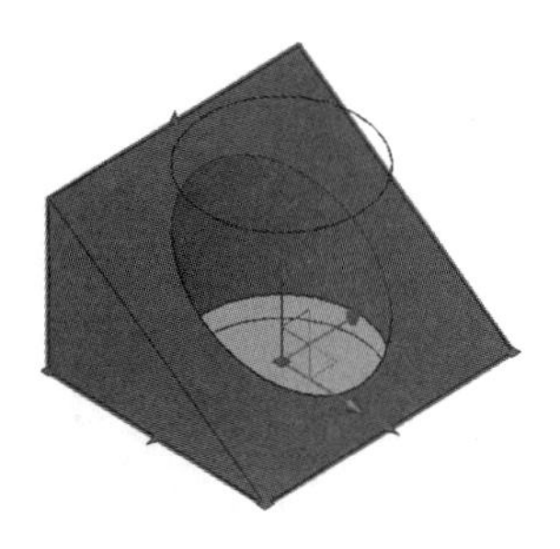

图 16-70　选择楔体的历史记录

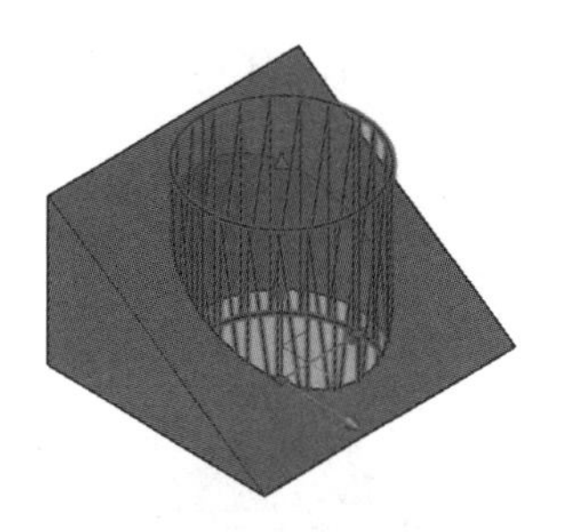

图 16-71　选择圆柱体的历史记录

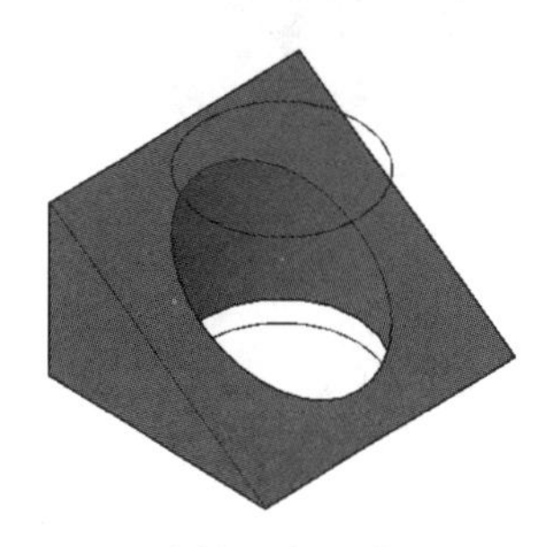

图 16-72　编辑历史记录之后的效果

16.2.16　拓展案例——修改联轴器

在其他的建模软件中，如 UG、Solidworks 等，在工作界面中都会有“特征树”之类的组成部分，如图 16-73 所示。“特征树”中记录了模型创建过程中所用到的各种命令及参数，因此如果要对模型进行修改，就十分方便了。而在 AutoCAD 中虽然没有这样的“特征树”，但同样可以通过本节所学习的编辑实体历史记录来达到回溯修改的目的。

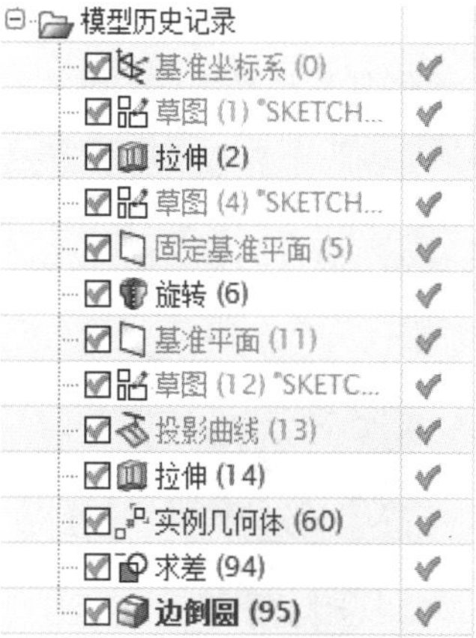

模型历史记录
基准坐标系 (0)
草图 (1) "SKETCH...
拉伸 (2)
草图 (4) "SKETCH...
固定基准平面 (5)
旋转 (6)
基准平面 (11)
草图 (12) "SKETC...
投影曲线 (13)
拉伸 (14)
实例几何体 (60)
求差 (94)
边倒圆 (95)

图 16-73　其他软件中的“特征树”

01 打开“第 16 章 /16.2.16 修改联轴器 .dwg”素材文件，如图 16-74 所示。

02 单击“坐标”面板上的“原点”按钮，然后捕捉到圆柱顶面的中心点，放置原点，如图 16-75 所示。

03 单击绘图区左上角的视图快捷控件，将视图调整到俯视的方向，然后在 XY 平面内绘制一个矩形多段线轮廓，如图 16-76 所示。

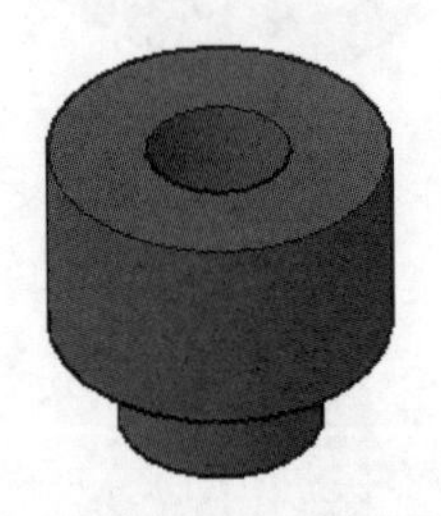

图 16-74　素材图形

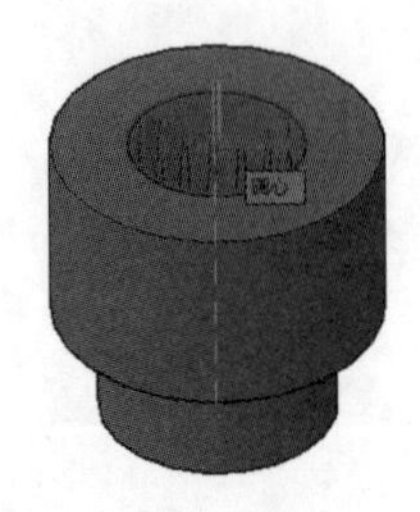

图 16-75　捕捉圆心

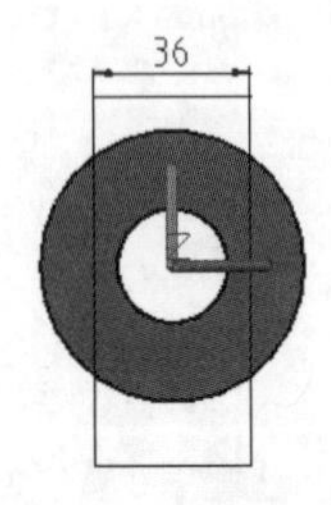

图 16-76　长方形轮廓

04 单击“建模”面板上的“拉伸”按钮，选择矩形多段线为拉伸的对象，拉伸方向向圆柱体内部，输入拉伸高度为 14，创建的拉伸体如图 16-77 所示。

05 单击选中拉伸创建的长方体，单击右键，在快捷菜单中选择“特性”命令，弹出该实体的特性选项板，在该选项板中，将历史记录修改为“记录”，并显示历史记录，如图 16-78 所示。

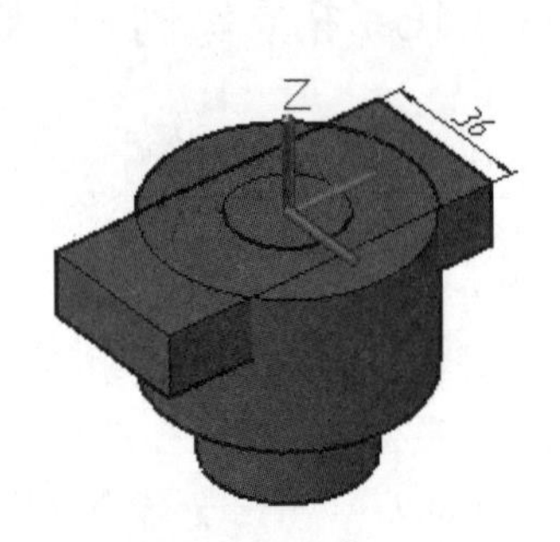

图 16-77　创建的长方体

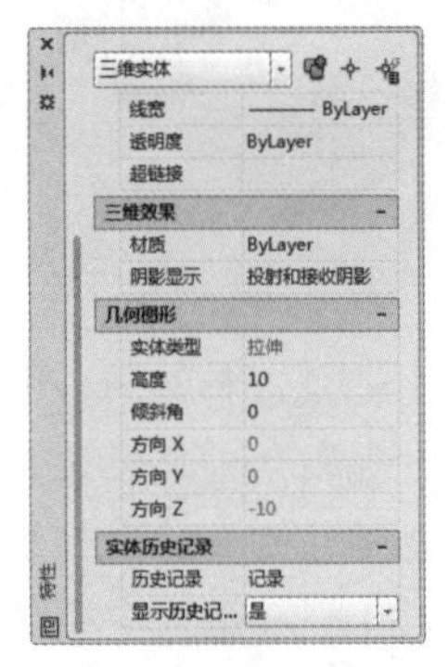

图 16-78　设置实体历史记录

06 单击“实体编辑”面板中的“差集”按钮，从圆柱体中减去长方体，结果如图 16-79 所示，以线框显示的即为长方体的历史记录。

07 按住 Ctrl 键然后选择线框长方体，该历史记录呈夹点显示状态，将长方体两个顶点夹点合并，修改为三棱柱的形状，拖曳夹点适当调整三角形形状，结果如图 16-80 所示。

08 选择圆柱体，用步骤 05 的方法打开实体的特性选项板，将“显示历史记录”选项修改为“否”，隐藏历史记录，最终结果如图 16-81 所示。

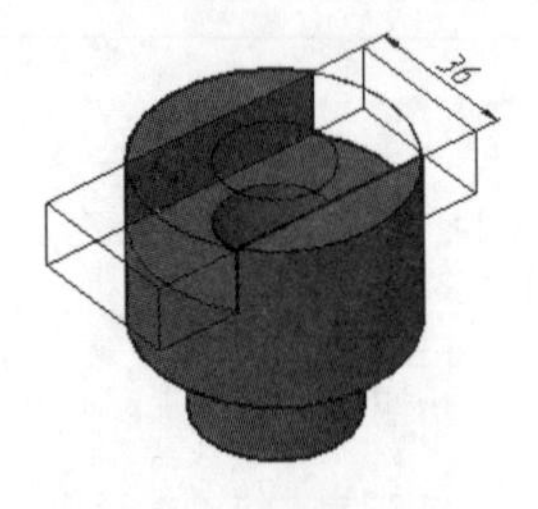

图 16-79 求差集的结果

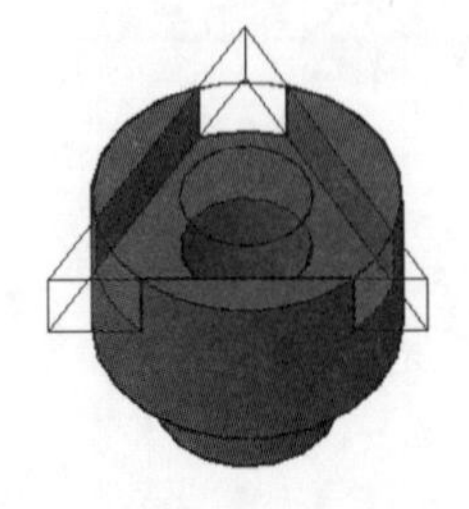

图 16-80 编辑历史记录的结果

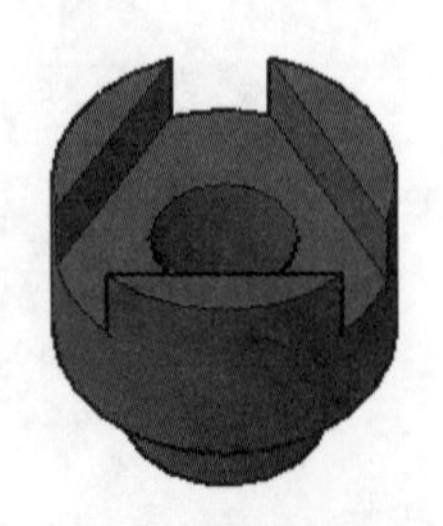

图 16-81 最终结果

16.3 操作三维对象

AutoCAD 中的三维操作是指对实体进行移动、旋转、对齐等改变实体位置的命令，以及镜像、阵列等快速创建相同实体的命令。这些三维操作在装配实体时使用频繁，例如将螺栓装配到螺孔中，可能需要先将螺栓旋转到轴线与螺孔平行，然后通过移动将其定位到螺孔中，接着使用阵列操作，快速创建多个位置的螺栓。

16.3.1 三维移动

“三维移动”可以将实体按指定距离在空间中进行移动，以改变对象的位置。使用“三维移动”工具能将实体沿 X、Y、Z 轴或其他任意方向，以及直线、面或任意两点间移动，从而将其定位到空间的准确位置。

在 AutoCAD 2014 中调用“三维移动”命令有如下几种常用方法。

- 功能区：在“常用”选项卡中，单击“修改”面板上的“三维移动”工具，如图 16-82 所示。
- 菜单栏：“修改”|“三维操作”|“三维移动”命令，如图 16-83 所示。
- 命令行：3DMOVE。

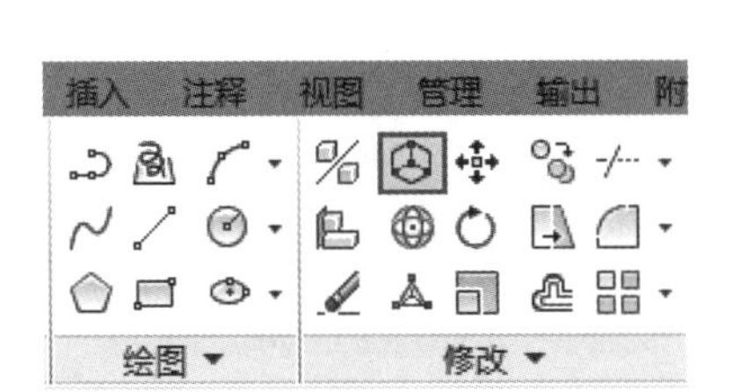

图 16-82　“修改”面板中的“三维移动”按钮

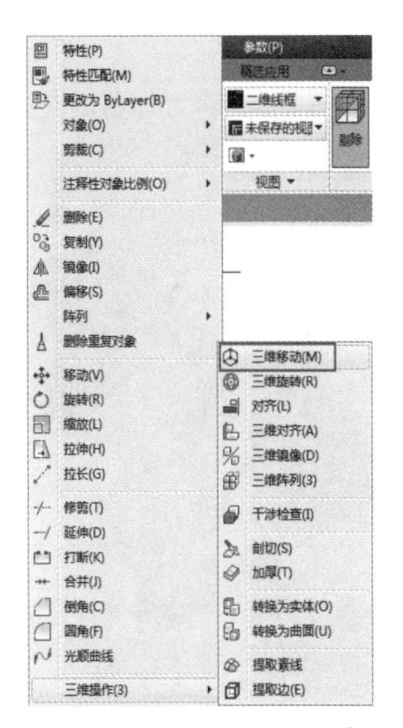

图 16-83　“三维移动”命令

执行上述任意命令后，在“绘图区”选取要移动的对象，绘图区将显示坐标系图标，如图 16-84 所示。

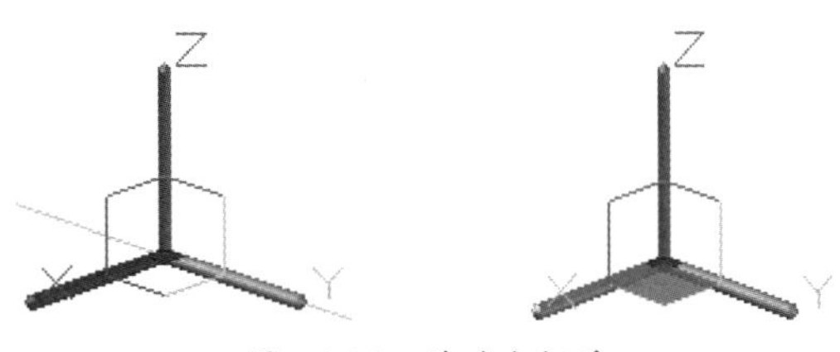

图 16-84　移动坐标系

单击选择坐标轴的某一轴，拖曳鼠标所选定的实体对象将沿所约束的轴移动；若是将光标停留在两条轴柄之间的直线汇合处的平面上（用以确定一定平面），直至其变为黄色，然后选择该平面，拖曳鼠标将移动约束到该平面上。

16.3.2 案例——三维移动

除了“三维移动”命令，也可以通过二维环境下的“移动”MOVE 命令来完成该操作。

01 单击“快速访问”工具栏中的“打开”按钮，打开“第 16 章 /16.3.2 三维移动 .dwg”文件，如图 16-85 所示。

02 单击“修改”面板中的“三维移动”按钮，选择要移动的底座实体，单击右键完成选择，然后在移动小控件上选择 Z 轴为约束方向，命令行提示如下。

```
命令： _3dmove                                              // 调用“三维移动”命令
选择对象： 找到 1 个                                        // 选中底座为要移动的对象
选择对象：                                                  // 单击右键完成选择
指定基点或 [ 位移 (D)] < 位移 >:
正在检查 666 个交点 ...
** MOVE **
指定移动点 或 [ 基点 (B) / 复制 (C) / 放弃 (U) / 退出 (X)]:    // 将底座移动到合适位置，然后
单击，结束操作。
```

03 通过以上操作即可完成三维移动的操作，其图形移动的效果如图 16-86 所示。

图 16-85　素材图样

图 16-86　三维移动结果图

16.3.3 三维旋转

利用“三维旋转”工具可将选取的三维对象和子对象，沿指定旋转轴（X 轴、Y 轴、Z 轴）进行自由旋转。在 AutoCAD 2014 中调用“三维旋转”命令有如下几种常用方法。

- 功能区：在“常用”选项卡中，单击“修改”面板上的“三维旋转”工具，如图 16-87 所示。
- 菜单栏：执行“修改”｜“三维操作”｜“三维旋转”命令，如图 16-88 所示。
- 命令行：3DROTATE。

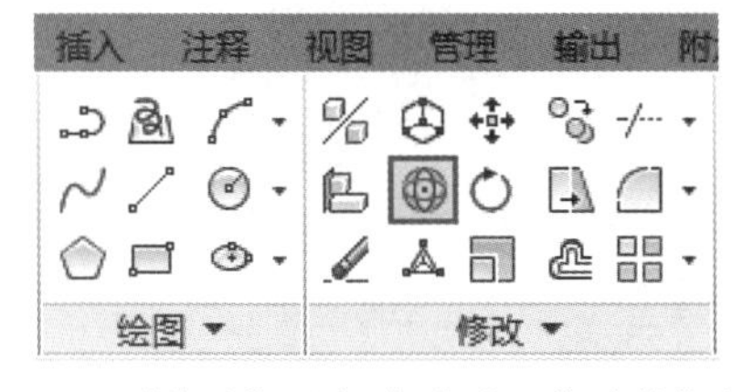

图 16-87　“修改”面板中的“三维旋转”按钮

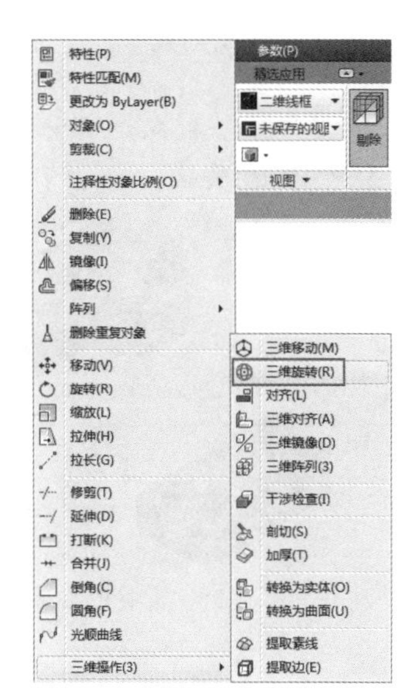

图 16-88　“三维旋转”命令

执行上述任意命令后，即可进入“三维旋转”模式，在“绘图区”选取需要旋转的对象，此时绘图区出现 3 个圆环（红色代表 X 轴、绿色代表 Y 轴、蓝色代表 Z 轴），然后在绘图区指定一点为旋转基点，如图 16-89 所示。指定完旋转基点后，选择夹点工具上的圆环用以确定旋转轴，接着直接输入角度进行实体的旋转，或选择屏幕上的任意位置用以确定旋转基点，输入角度值即可获得实体三维旋转效果。

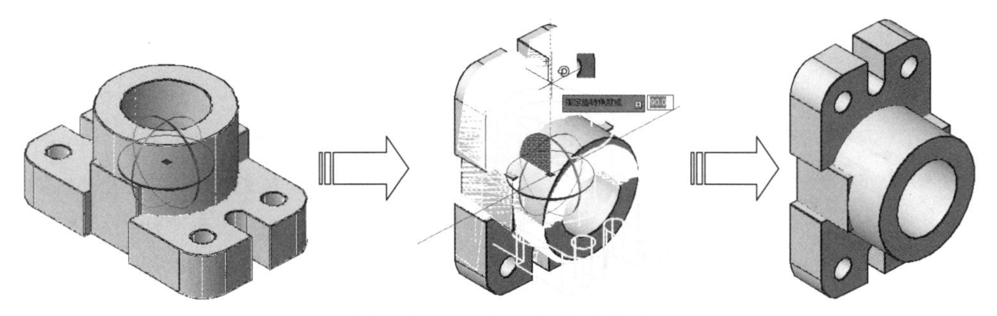

图 16-89　执行三维旋转操作

16.3.4　案例——三维旋转

与“三维移动”一样，“三维旋转”同样可以使用二维环境中的“旋转”ROTATE 命令来完成。

01 单击“快速访问”工具栏中的“打开”按钮，打开“第 16 章 /16.3.4 三维旋转 .dwg”文件，如图 16-90 所示。

02 单击“修改”面板上的“三维旋转”按钮，选取连接板和圆柱体为旋转的对象，单击右键完成对象选择。选取圆柱中心为基点，选择 Z 轴为旋转轴。输入旋转角度为 180，命令行提示如下。

```
命令： _3drotate                                  // 调用“三维旋转”命令
UCS 当前的正角方向： ANGDIR= 逆时针  ANGBASE=0
选择对象： 找到 1 个                              // 选择连接板和圆柱为旋转对象
选择对象：                                        // 单击右键结束选择
```

```
指定基点：                                    //指定圆柱中心点为基点
拾取旋转轴：                                  //拾取Z轴为旋转轴
指定角的起点或键入角度：180↙                   //输入角度
```

03 通过以上操作即可完成三维旋转的操作，其效果如图16-91所示。

图16-90　素材图样

图16-91　三维旋转效果

16.3.5　三维缩放

通过“三维缩放”小控件，可以沿轴或平面调整选定对象和子对象的大小，也可以统一调整对象的大小。在AutoCAD 2014中调用“三维缩放”命令有如下几种常用方法。

- 功能区：在“常用”选项卡中，单击“修改”面板上的“三维缩放”工具，如图16-92所示。

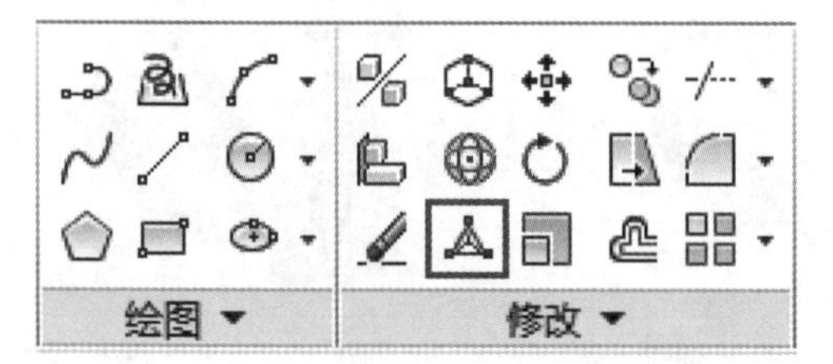

图16-92　三维旋转面板按钮

- 工具栏：单击“建模”工具栏中的“三维旋转”按钮。
- 命令行：3DSCALE。

执行上述任意命令后，即可进入“三维缩放”模式，在“绘图区”选取需要缩放的对象，此时绘图区出现如图16-93所示的缩放小控件。然后在绘图区中指定一点为缩放基点，拖曳鼠标即可进行缩放。

图16-93　缩放小控件

- 命令子选项说明

在缩放小控件中单击选择不同的区域，可以获得不同的缩放效果，具体介绍如下。

- 单击最靠近三维缩放小控件顶点的区域：将亮显小控件的所有轴的内部区域，如图16-94所示，模型整体按统一比例缩放。

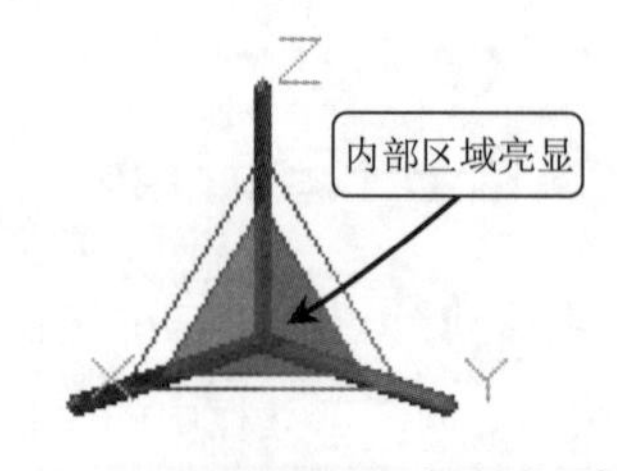

图16-94　统一比例缩放时的小控件

- 单击定义平面的轴之间的平行线：将亮显小控件上轴与轴之间的部分，如图16-95所示，会将模型缩放约束至平面。此选项仅适用于网格，不适用于实体或曲面。

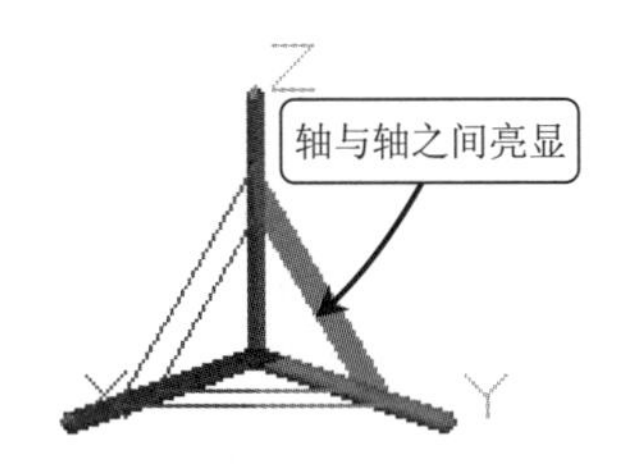

图 16-95　约束至平面缩放时的小控件

- 单击轴：仅亮显小控件上的轴，如图 16-96 所示，会将模型缩放约束至轴上。此选项仅适用于网格，不适用于实体或曲面。

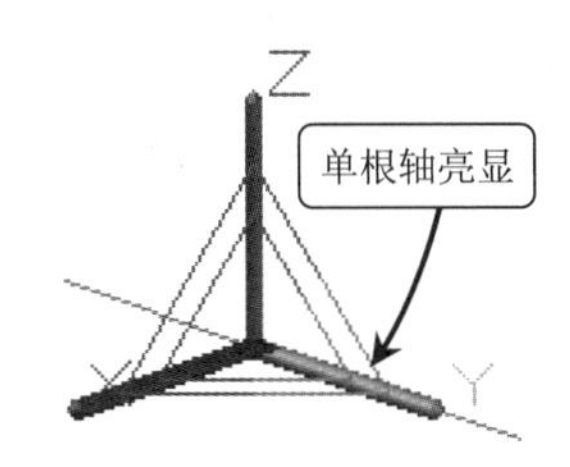

图 16-96　约束至轴上缩放时的小控件

16.3.6　三维镜像

使用“三维镜像”工具能够将三维对象通过镜像平面获取与之完全相同的对象，其中镜像平面可以是与 UCS 坐标系平面平行的平面或三点确定的平面。

在 AutoCAD 2014 中调用“三维镜像”命令有如下几种常用方法。

- 功能区：在“常用”选项卡中，单击“修改”面板中的“三维镜像”工具，如图 16-97 所示。

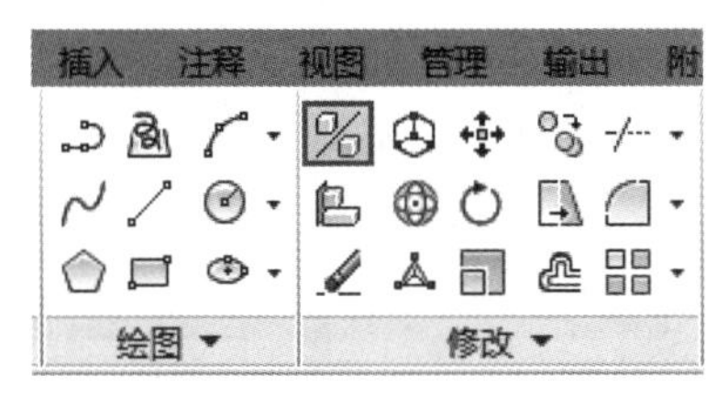

图 16-97　“修改”面板中的“三维镜像”按钮

- 菜单栏：执行“修改”|“三维操作”|“三维镜像”命令，如图 16-98 所示。
- 命令行：MIRROR3D。

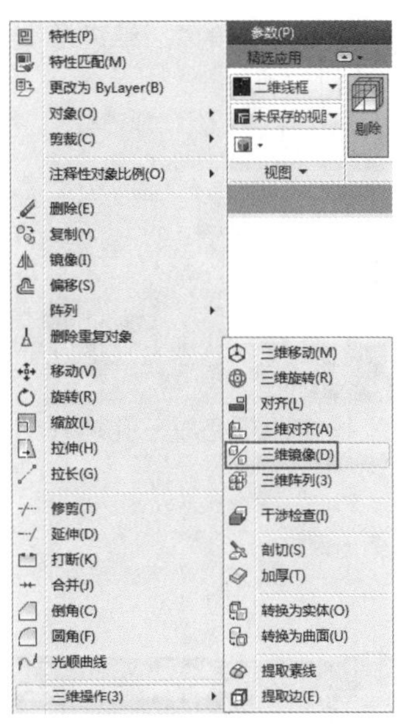

图 16-98　“三维镜像”命令

执行上述任意命令后，即可进入“三维镜像”模式，在绘图区选取要镜像的实体后，按 Enter 键或右击，按照命令行提示选取镜像平面，用户可根据设计需要指定 3 个点作为镜像平面，然后根据需要确定是否删除源对象，右击或按 Enter 键即可获得三维镜像效果。

16.3.7　案例——三维镜像

如果要镜像的对象只限于 X-Y 平面，“三维镜像”命令同样可以用“镜像”MIRROR 命令替代。

01 单击“快速访问”工具栏中的“打开”按钮，打开“第 16 章 /16.3.7 三维镜像 .dwg”文件，如图 16-99 所示。

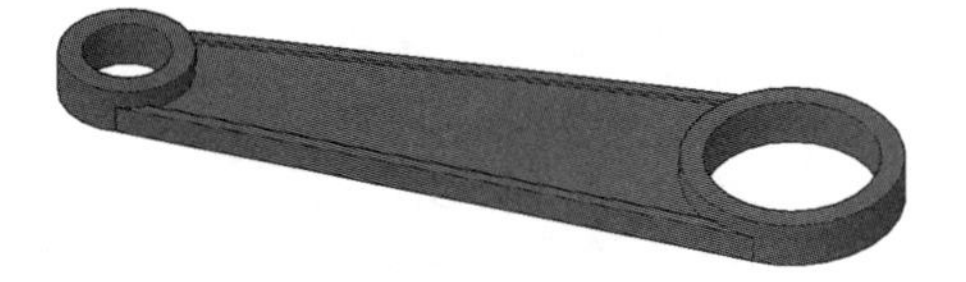

图 16-99　素材图样

02 单击“坐标”面板上的“Z 轴矢量”按钮，先捕捉到大圆圆心位置，定义坐标原点，然后捕捉到 270° 极轴方向，定义 Z 轴方向，创建的坐标系如图 16-100 所示。

03 单击“修改”面板中的“三维镜像”按钮，选择连杆臂作为镜像对象，镜像生成另一侧的连杆，命令行操作如下。

```
    命令： _mirror3d                                          // 调用“三维镜像”命令
    选择对象： 指定对角点： 找到 12 个                          // 选择要镜像的对象
    选择对象：                                                // 单击右键结束选择
    指定镜像平面 （三点） 的第一个点或 [ 对象 (O) / 最近的 (L) /Z 轴 (Z) / 视图 (V) /XY 平面 (XY) /
YZ 平面 (YZ) /ZX 平面 (ZX) / 三点 (3)] <三点>: YZ↙          // 由 YZ 平面定义镜像平面
    指定 YZ 平面上的点 <0,0,0>:↙                               // 输入镜像平面通过点的坐标
（此处使用默认值，即以 YZ 平面作为镜像平面）
    是否删除源对象? [是 (Y) / 否 (N)] <否>:                     // 按 Enter 键或空格键，系统
默认为不删除源对象
```

04 通过以上操作即可完成三孔连杆的绘制，如图 16-101 所示。

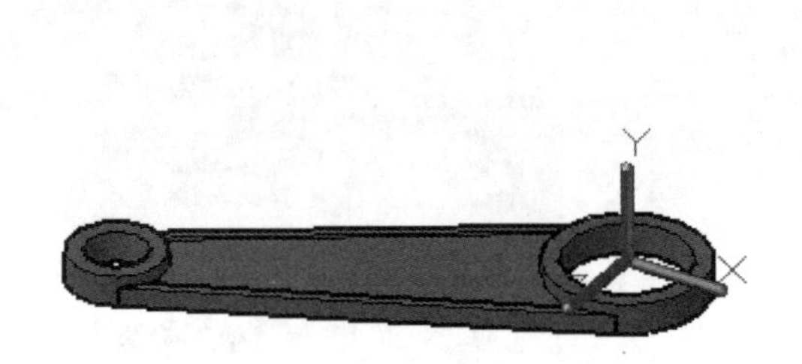

图 16-100　创建坐标系

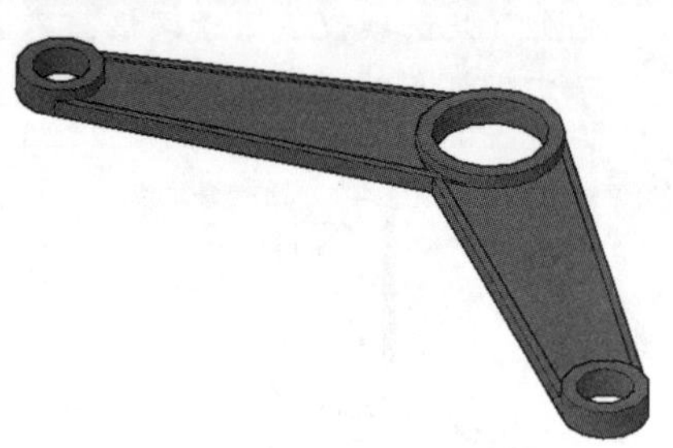

图 16-101　三孔连杆

16.3.8　对齐和三维对齐

在三维建模环境中，使用“对齐”和“三维对齐”工具可对齐三维对象，从而获得准确的定位效果。这两种对齐工具都可实现两模型的对齐操作，但选取顺序却不同，分别介绍如下。

1．对齐

使用“对齐”工具可指定一对、两对或三对原点和定义点，从而使对象通过移动、旋转、倾斜或缩放对齐选定对象。在 AutoCAD 2014 中调用“对齐”命令有如下几种常用方法。

- 功能区：在“常用”选项卡中，单击“修改”面板中的“对齐”工具，如图 16-102 所示。

图 16-102　“修改”面板中的“对齐”按钮

- 菜单栏：执行“修改”|“三维操作”|“对齐”命令，如图 16-103 所示。
- 命令行：ALIGN 或 AL。

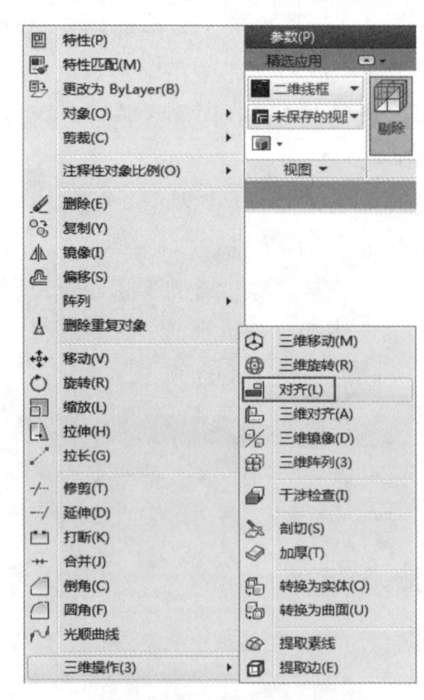

图 16-103　“对齐”命令

执行上述任意命令后，接下来对其使用方法进行具体了解。

a. 一对点对齐对象

该对齐方式是指定一对源点和目标点进行实体对齐的。当只选择一对源点和目标点时，所选取的实体对象将在二维或三维空间中从源点 a 沿直线路径移动到目标点 b，如图 16-104 所示。

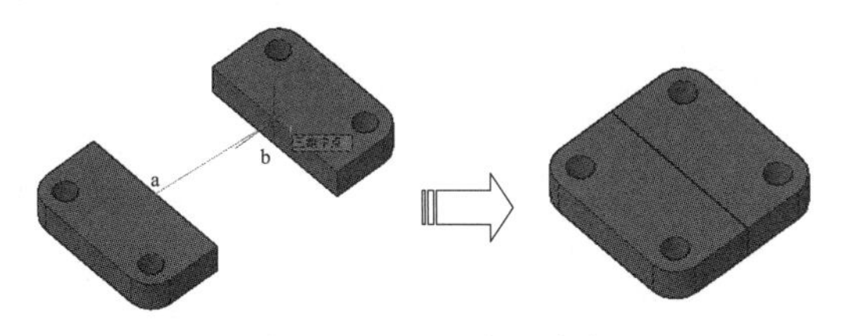

图 16-104　一对点对齐

b. 两对点对齐对象

该对齐方式是指定两对源点和目标点进行实体对齐。当选择两对点时，可以在二维或三维空间移动、旋转和缩放选定对象，以便与其他对象对齐，如图 16-105 所示。

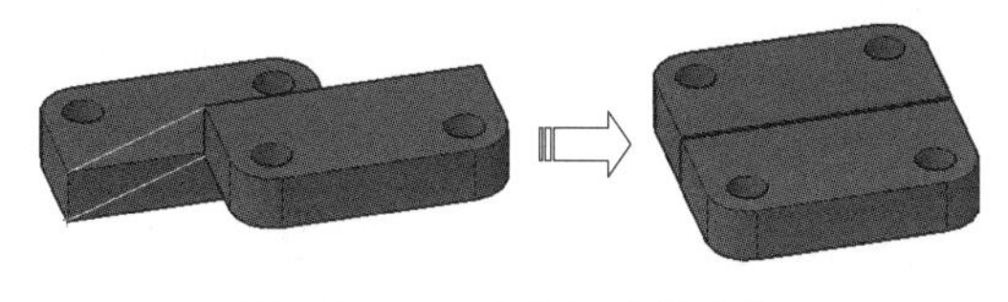

图 16-105　两对点对齐对象

c. 三对点对齐对象

该对齐方式是指定三对源点和目标点进行实体对齐。当选择三对源点和目标点时，可直接在绘图区连续捕捉三对对应点，即可获得对齐对象操作，其效果如图 16-106 所示。

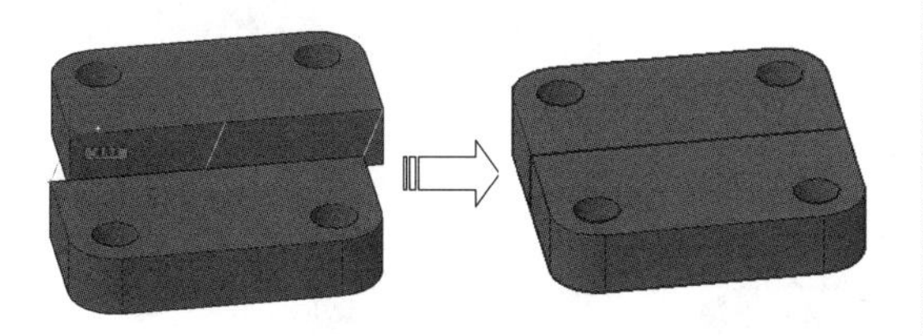

图 16-106　三对点对齐对象

2. 三维对齐

在 AutoCAD 2014 中，三维对齐操作是指最多 3 个点用以定义源平面，然后指定最多 3 个点用以定义目标平面，从而获得三维对齐效果。在 AutoCAD 2014 中调用“三维对齐”命令有如下几种常用方法。

➢ 功能区：在“常用”选项卡中，单击“修改”面板上的“三维对齐”工具，如图 16-107 所示。

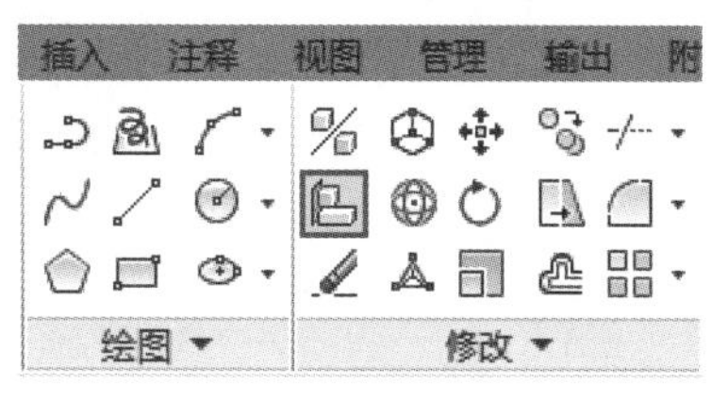

图 16-107　“修改”面板中的“三维对齐”按钮

➢ 菜单栏：执行“修改”｜“三维操作”｜“三维对齐”命令，如图 16-108 所示。

➢ 命令行：3DALIGN。

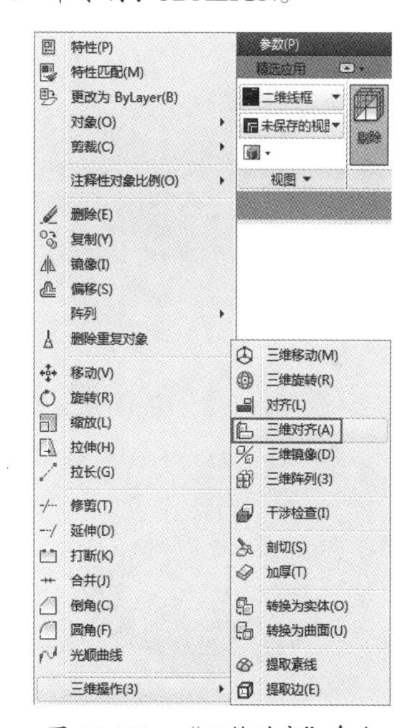

图 16-108　“三维对齐”命令

执行上述任意命令后，即可进入“三维对齐”模式，“三维对齐”操作与“对齐”操作的不同之处在于：执行三维对齐操作时，可首先为源对象指定 1 个、2 个或 3 个点用以确定圆平面，然后为目标对象指定 1 个、2 个或 3 个点用以确定目标平面，从而实现模型与模型之间的对齐。如图 16-109 所示为三维对齐效果。

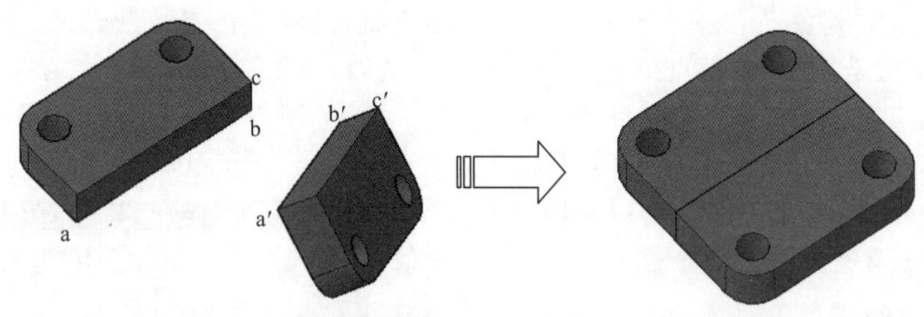

图 16-109　三维对齐操作

16.3.9　案例——三维对齐装配螺钉

通过“三维对齐”命令，可以实现零部件的三维装配，这也是在 AutoCAD 中创建三维装配体的主要命令之一。

01 单击“快速访问”工具栏中的“打开”按钮，打开“第 16 章 /16.3.9 三维对齐装配螺钉 .dwg”素材文件，如图 16-110 所示。

02 单击“修改”面板中“三维对齐”按钮，选择螺栓为要对齐的对象，此时命令行提示如下：

```
命令： _3dalign ↙                                    // 调用“三维对齐”命令
选择对象： 找到 1 个                                 // 选中螺栓为要对齐对象
选择对象：                                           // 右键单击结束对象选择
指定源平面和方向 ...
指定基点或 [ 复制 (C)]:                              // 指定第二个点或 [ 继续 (C)] <C>:
指定第三个点或 [ 继续 (C)] <C>:
// 在螺栓上指定 3 点确定源平面，如图 16-111 所示的 A、B、C 三点，指定目标平面和方向
指定第一个目标点：
指定第二个目标点或 [ 退出 (X)] <X>:
指定第三个目标点或 [ 退出 (X)] <X>:
// 在底座上指定 3 个点确定目标平面，如图 16-112 所示的 A、B、C 三点，完成三维对齐操作
```

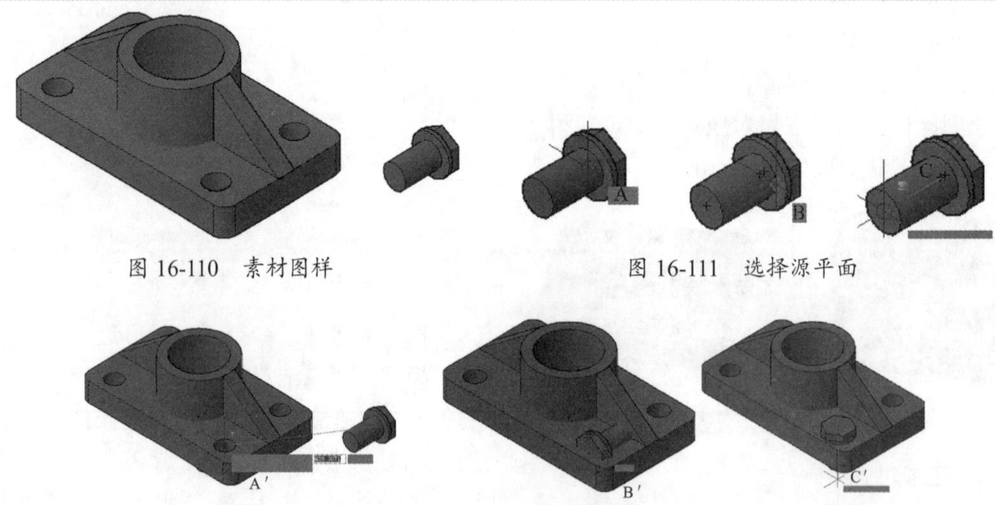

图 16-110　素材图样

图 16-111　选择源平面

图 16-112　选择目标平面

03 通过以上操作即可完成对螺栓的三维移动，效果如图 16-113 所示。

04 复制螺栓实体图形，重复以上操作完成所有位置螺栓的装配，如图 16-114 所示。

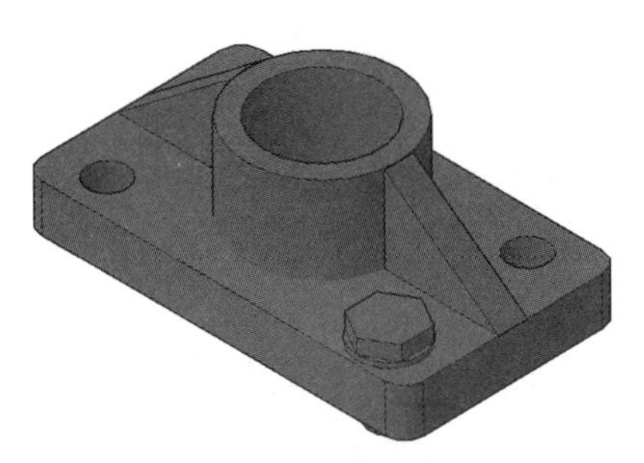

图 16-113　三维对齐效果

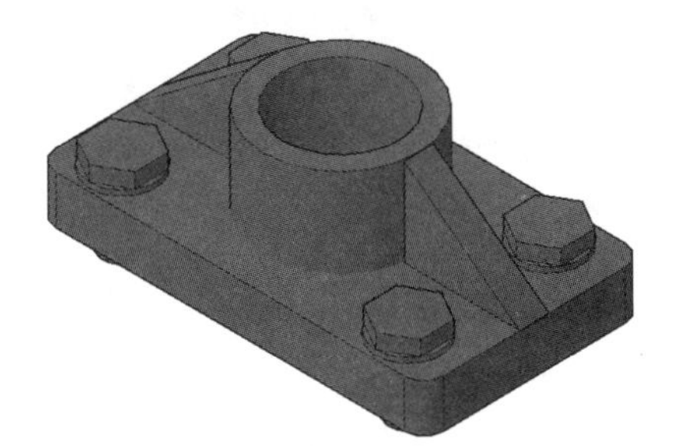

图 16-114　装配效果

16.3.10　三维阵列

使用“三维阵列”工具可以在三维空间中按矩形阵列或环形阵列的方式，创建指定对象的多个副本。在 AutoCAD 2014 中调用“三维阵列”命令有如下几种常用方法。

➢ 功能区：在“常用”选项卡中，单击“修改”面板中的“三维阵列”工具 三维阵列，如图 16-115 所示。

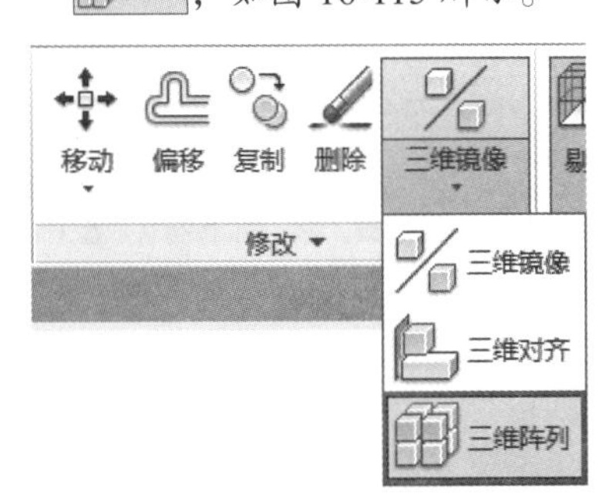

图 16-115　“修改”面板中的“三维阵列”按钮

➢ 菜单栏：执行“修改”｜“三维操作”｜“三维阵列”命令，如图 16-116 所示。

➢ 命令行：3DARRAY 或 3A。

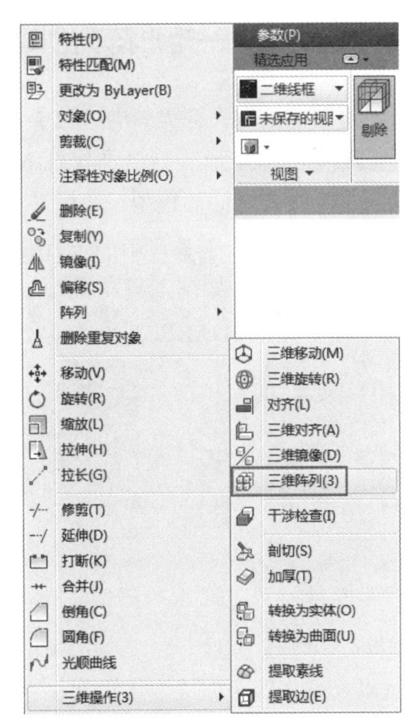

图 16-116　“三维阵列”命令

执行上述任意命令后，按照提示选择阵列对齐，命令行提示如下。

```
输入阵列类型 [矩形(R)/极轴(P)] <矩形>:
```

● 命令子选项说明

“三维阵列”有“矩形阵列”和“环形阵列”两种方式，下面分别进行介绍。

a. 矩形阵列

在执行“矩形阵列”阵列时，需要指定行数、列数、层数、行间距和层间距，其中一个矩形阵列可设置多行、多列和多层。

在指定间距值时，可以分别输入间距值或在绘图区域选取两个点，AutoCAD 2014 将自动测量两点之间的距离值，并以此作为间距值。如果间距值为正，将沿 X 轴、Y 轴、Z 轴的正方向生成阵列；间距值为负，将沿 X 轴、Y 轴、Z 轴的负方向生成阵列。

b. 环形阵列

在执形“环形阵列”阵列时，需要指定阵列的数目、阵列填充的角度、旋转轴的起点和终点及对象在阵列后是否绕着阵列中心旋转。

16.3.11 案例——矩形阵列创建电话按键

在创建像电话机、键盘、魔方这类具有大量线性重复对象的模型时，即可用到“矩形阵列”命令。三维中的“矩形阵列”不仅在 X、Y 轴方向上有变量，还增加了 Z 轴方向上的变量，因此可以创建像魔方这样的模型。

01 单击“快速访问”工具栏中的“打开”按钮，打开“第 16 章 /16.3.11 矩形阵列创建电话按键 .dwg”素材文件，如图 16-117 所示。

02 在命令行中输入 3DARRAY 命令，选择电话机上的按钮为阵列对象，命令行提示如下。

```
    命令： _3darray                                  // 调用“三维阵列”命令
    选择对象： 找到 1 个                             // 选择要阵列的对象
    选择对象：                                       // 单击右键结束选择
    输入阵列类型 [ 矩形 (R) / 环形 (P)] < 矩形 >:R    // 按 Enter 键或空格键，系统默认为矩形
阵列模式
    输入行数 (---) <1>: 3↙
    输入列数 (|||) <1>: 4↙
    输入层数 (...) <1>:↙                             // 输入层数为 1，即进行平面阵列
    指定行间距 (---): 8↙
    指定列间距 (|||): 7↙                             // 分别指定矩形阵列参数，按 Enter 键，
完成矩形阵列操作
```

03 通过以上操作即可完成电话机面板上按钮的阵列操作，其效果如图 16-118 所示。

图 16-117 素材图样

图 16-118 阵列效果

16.3.12 案例——环形阵列创建手柄

本例通过“环形阵列”“差集”命令来创建一个常见螺丝刀的手柄。

01 单击“快速访问”工具栏中的“打开”按钮，打开“16 章 /16.3.12 环形阵列创建手柄 .dwg”素材文件，如图 16-119 所示。

02 在命令行中输入 3DARRAY 命令，选择小圆柱体为阵列对象，其命令行提示如下。

```
    命令： 3DARRAY                                          // 调用“三维阵列”命令
    正在初始化 ...  已加载 3DARRAY。
    选择对象： 找到 1 个                                    // 选择要阵列的对象
    选择对象：                                              // 单击右键完成选择
    输入阵列类型 [ 矩形 (R) / 环形 (P)] < 矩形 >:p↙          // 选择环形阵列模式
    输入阵列中的项目数目 : 9↙
    指定要填充的角度 (+= 逆时针 , -= 顺时针 ) <360>:↙       // 输入环形阵列的参数
    旋转阵列对象？ [ 是 (Y) / 否 (N)] <Y>:                  // 按 Enter 键或空格键，系统
默认为旋转阵列对象
    指定阵列的中心点：
    指定旋转轴上的第二点： < 正交 开 > _UCS                 // 选择大圆柱的中轴线为旋转轴
```

03 通过以上操作即可完成旋转阵列，效果如图 16-120 所示。

04 单击“实体编辑”面板中的“差集”按钮，单击选择中心圆柱体为被减实体，选择阵列创建的圆柱体为要减去的实体，单击右键结束操作。求差集的效果，如图 16-121 所示。

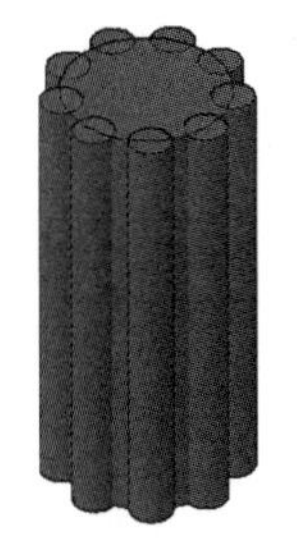

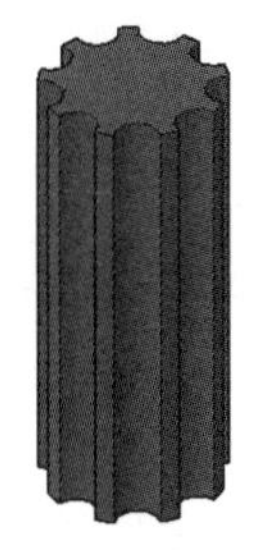

图 16-119　素材图样　　图 16-120　环形阵列效果　　图 16-121　螺丝刀手柄

16.4 编辑实体边

“实体”都是由最基本的面和边所组成的，AutoCAD 2014 不仅提供多种编辑实体工具，同时可根据设计需要提取多个边特征，对其执行偏移、着色、压印或复制边等操作，便于查看或创建更为复杂的模型。

16.4.1　复制边

执行“复制边”操作可将现有的实体模型上单个或多个边偏移到其他位置，从而利用这些边线创建出新的图形对象。在 AutoCAD 2014 中调用“复制边”命令有如下几种常用方法。

- 功能区：在“常用”选项卡中，单击“实体编辑”面板上的“复制边”工具，如图 16-122 所示。
- 菜单栏：执行“修改”|“实体编辑”|“复制边”命令，如图 16-123 所示。
- 命令行：SOLIDEDIT。

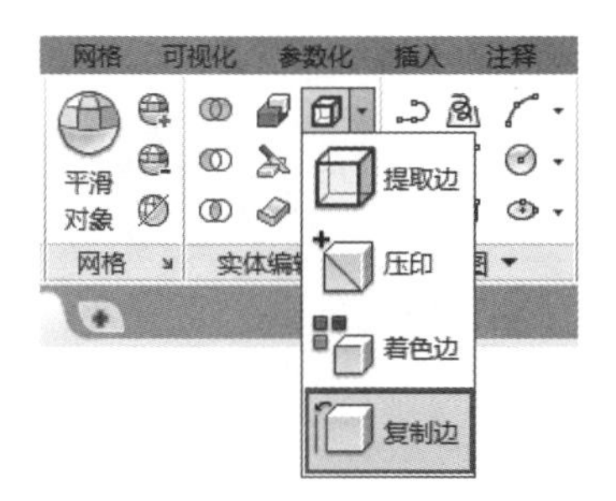

图 16-122　“修改”面板中的“复制边”按钮

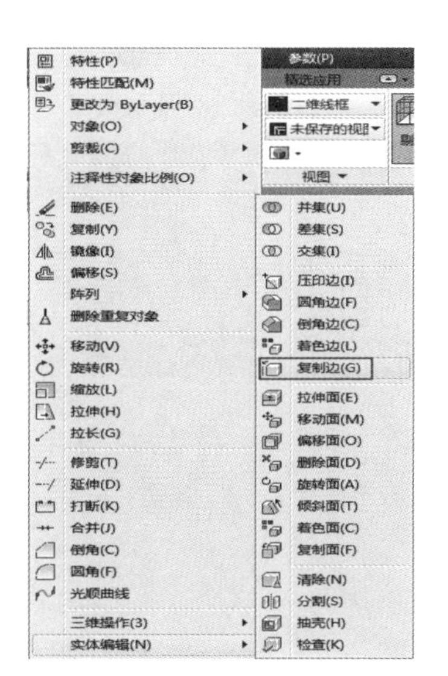

图 16-123　“复制边”命令

执行上述任意命令后，在“绘图区”选择需要复制的边线，单击鼠标右键，系统弹出快捷菜单，如图 16-124 所示。单击“确认”按钮，并指定复制边的基点或位移，移动鼠标到合适的位置单击放置复制边，完成复制边的操作。其效果如图 16-125 所示。

图 16-124　快捷菜单

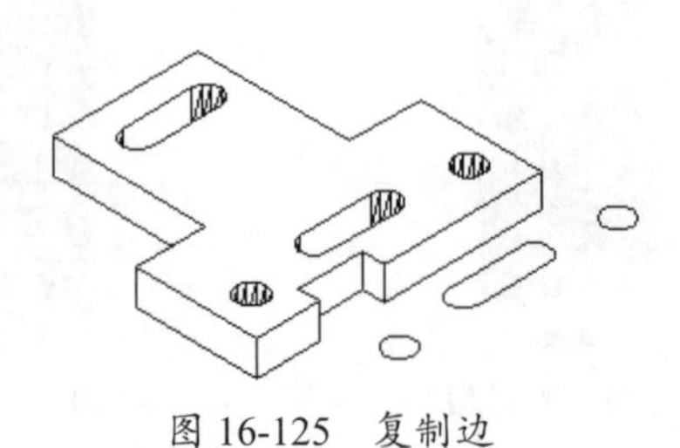

图 16-125　复制边

16.4.2　案例——复制边创建导轨

在使用 AutoCAD 进行三维建模时，可以随时使用二维工具如圆、直线来绘制草图，然后再进行拉伸等建模操作。相较于其他建模软件要绘制草图时还需要进入草图环境，AutoCAD 显得更为灵活。尤其再结合“复制边”“压印边”等操作，熟练掌握后可直接从现有模型中分离出对象轮廓进行下一步建模，极为方便。

01 单击“快速访问”工具栏中的“打开”按钮，打开“第 16 章 /16.4.2 复制边创建导轨 .dwg”素材文件，如图 16-126 所示。

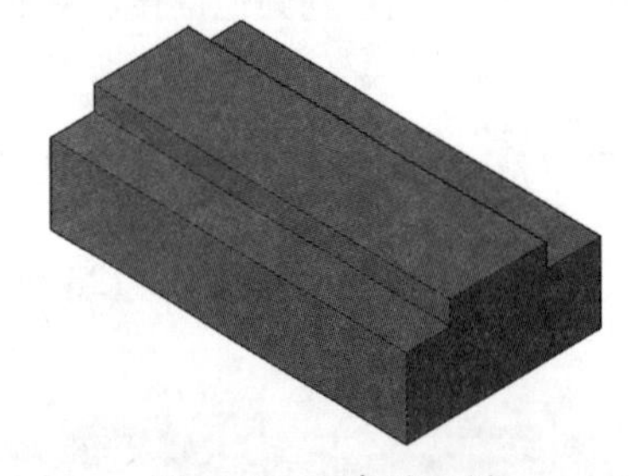

图 16-126　素材图样

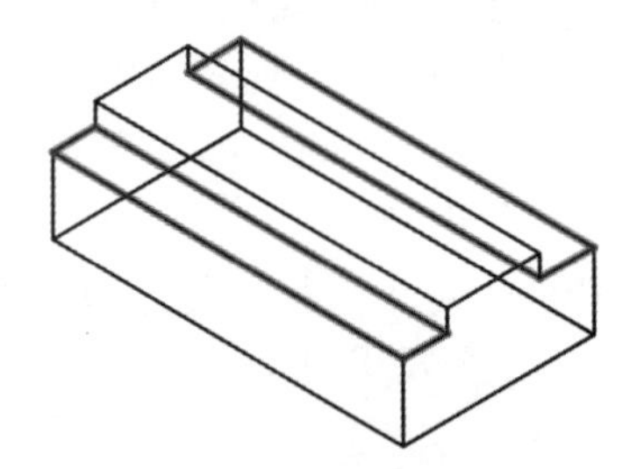

图 16-127　选择要复制的边

02 单击“实体编辑”面板上的“复制边”按钮，选择如图 16-127 所示的边为复制对象，其命令行提示如下。

```
命令： _solidedit
实体编辑自动检查： SOLIDCHECK=1
输入实体编辑选项 [ 面 (F) / 边 (E) / 体 (B) / 放弃 (U) / 退出 (X)] < 退出 >: _edge
输入边编辑选项 [ 复制 (C) / 着色 (L) / 放弃 (U) / 退出 (X)] < 退出 >: _copy
                                                    // 调用“复制边”命令
选择边或 [ 放弃 (U) / 删除 (R)]:                      // 选择要复制的边
……
选择边或 [ 放弃 (U) / 删除 (R)]:                      // 选择完毕，单击右键结束选择边
指定基点或位移：                                     // 指定基点
指定位移的第二点：                                   // 指定平移到的位置
输入边编辑选项 [ 复制 (C) / 着色 (L) / 放弃 (U) / 退出 (X)] < 退出 >:
                                                    // 按 Esc 退出复制边命令
```

03 通过以上操作即可完成复制边的操作，其效果如图 16-128 所示。

04 单击“建模”面板中的“拉伸”按钮，选择复制的边，拉伸高度为40，其效果如图16-129所示。

05 单击“修改”面板中的“三维对齐”按钮，选择拉伸出的长方体为要对齐的对象，将其对齐到底座上。效果如图16-130所示。

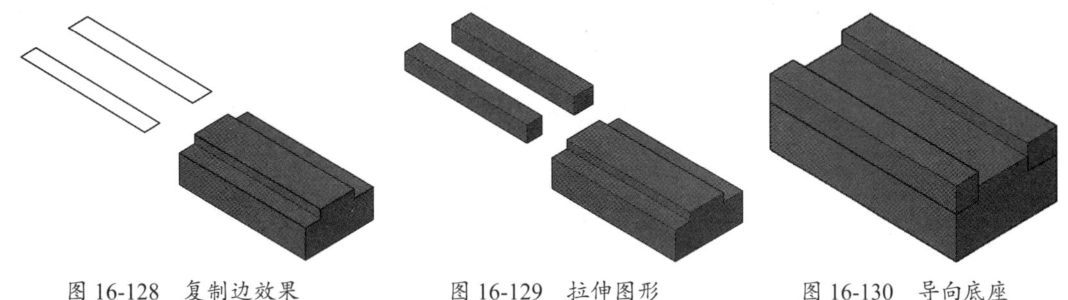

图16-128　复制边效果　　图16-129　拉伸图形　　图16-130　导向底座

16.4.3　着色边

在三维建模环境中，不仅能够着色实体表面，同样可使用“着色边”工具将实体的边线执行着色操作，从而获得实体内、外表面边线不同的着色效果。

在AutoCAD 2014中调用“着色边”命令有如下几种常用方法。

- 功能区：在“常用”选项卡中，单击“实体编辑”面板上的“着色边”工具，如图16-131所示。
- 菜单栏：执行“修改”|“实体编辑”|“着色边”命令，如图16-132所示。
- 命令行：SOLIDEDIT。

执行上述任意命令后，在绘图区选取待着色的边线，按Enter键或单击右键，系统弹出“选择颜色”对话框，如图16-133所示。在该对话框中指定填充颜色，单击“确定”按钮，即可执行边着色操作。

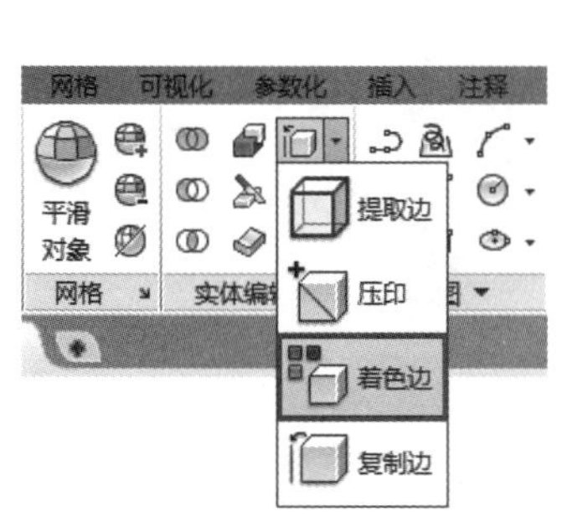

图16-131　“着色边”按钮

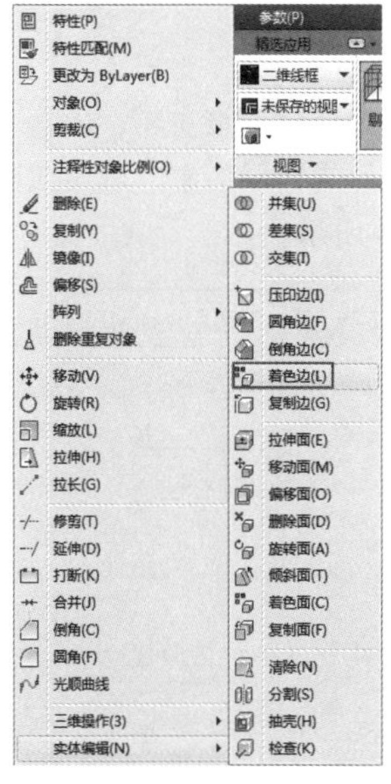

图16-132　“着色边”命令

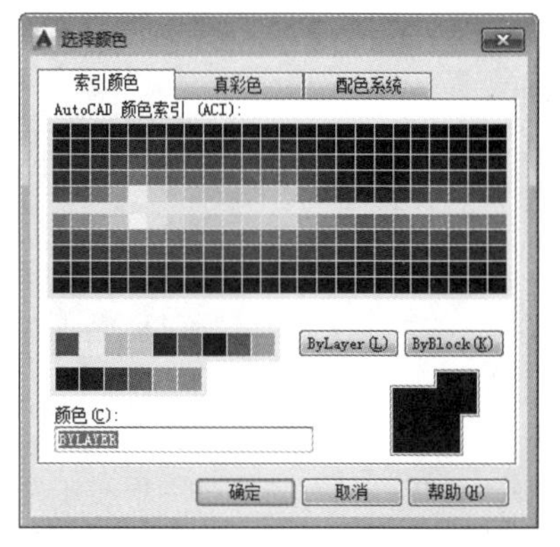

图16-133　“选择颜色”对话框

16.4.4 压印边

在创建三维模型后，往往在模型的表面加入公司标记或产品标记等图形对象，AutoCAD 2014 专为该操作提供“压印边”工具，即通过与模型表面单个或多个表面相交图形对象压印到该表面。

在 AutoCAD 2014 中调用“压印边”命令有如下几种常用方法。

- 功能区：在“常用”选项卡中，单击“实体编辑”面板上的“压印”工具，如图 16-134 所示。
- 菜单栏：执行“修改”|“实体编辑”|“压印边”命令，如图 16-135 所示。
- 命令行：IMPRINT。

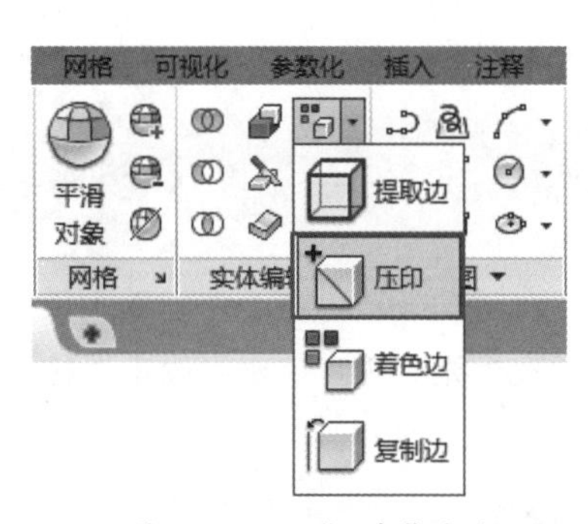

图 16-134 “压印”按钮

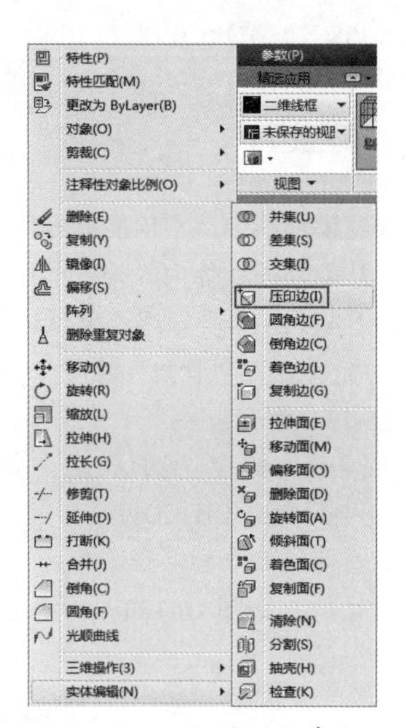

图 16-135 “压印边”命令

执行上述任意命令后，在“绘图区”选取三维实体，接着选取压印对象，命令行将显示“是否删除源对象 [是（Y）/（否）]<N>：”的提示信息，可根据设计需要确定是否保留压印对象，即可执行压印操作，其效果如图 16-136 所示。

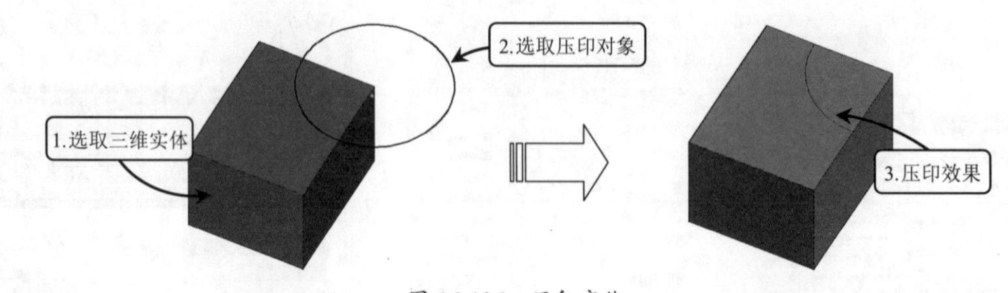

图 16-136 压印实体

操作技巧：只有当二维图形绘制在三维实体面上时，才可以创建出压印边。

16.4.5　案例——压印商标 LOGO

“压印边”是使用 AutoCAD 建模时最常用的命令之一，使用“压印边”可以在模型之上创建各种自定义的标记，也可以用作模型面的分割。

01 单击“快速访问”工具栏中的“打开”按钮，打开“第 16 章 /16.4.5 压印商标 LOGO.dwg”文件，如图 16-137 所示。

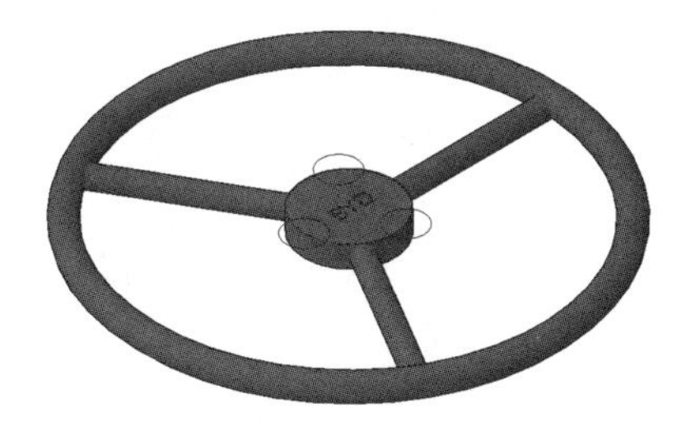

图 16-137　素材图样

图 16-138　选择三维实体

02 单击“实体编辑”工具栏上的“压印边”按钮，选取方向盘为三维实体，命令行提示如下。

```
命令：_imprint                                  // 调用“压印边”命令
选择三维实体或曲面：                              // 选择三维实体，如图 16-138 所示
选择要压印的对象：                                // 选择选择如图 16-139 所示的图标
是否删除源对象 [是(Y)/否(N)] <N>: y              // 选择是否保留源对象
```

03 重复以上操作完成图标的压印，其效果如图 16-140 所示。

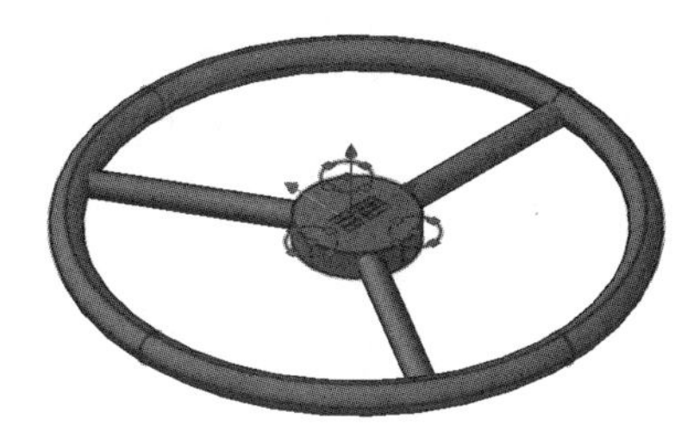

图 16-139　选择要压印的对象

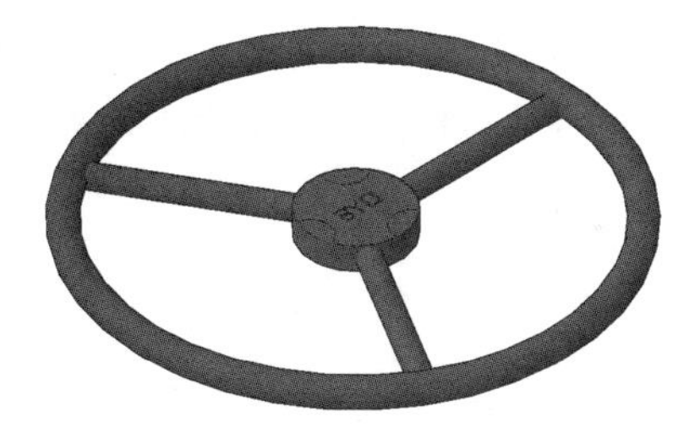

图 16-140　压印效果

操作技巧：执行压印操作的对象仅限于，圆弧、圆、直线、二维和三维多段线、椭圆、样条曲线、面域、体和三维实体。实例中使用的文字为直线和圆弧绘制的图形。

16.5　编辑实体面

在对三维实体进行编辑时，不仅可以对实体上单个或多个边线执行编辑操作，同时还可以对整个实体任意表面执行编辑操作，即通过改变实体表面，从而达到改变实体的目的。

16.5.1　拉伸实体面

在编辑三维实体面时，可使用“拉伸面”工具直接选取实体表面执行面拉伸操作，从而获取新的实体。在 AutoCAD 2014 中调用“拉伸面”命令有如下几种常用方法。

➢ 功能区：在“常用”选项卡中，单击“实体编辑”面板上的“拉伸面”工具，如图

16-141 所示。

➢ 菜单栏：执行“修改”｜“实体编辑”｜“拉伸面”命令，如图 16-142 所示。

➢ 命令行：SOLIDEDIT。

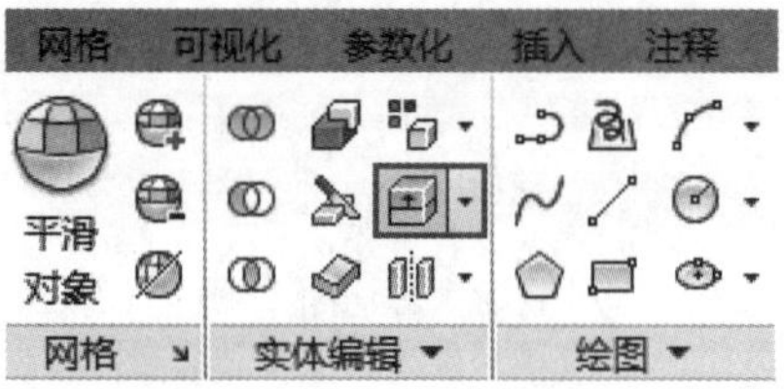

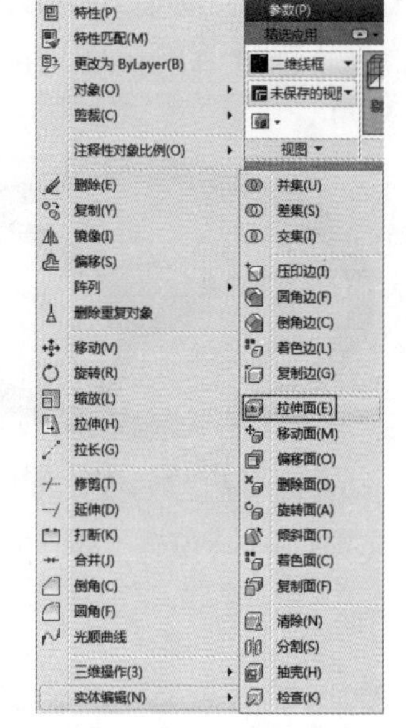

图 16-141 “拉伸面”按钮

图 16-142 “拉伸面”命令

执行“拉伸面”命令之后，选择一个要拉伸的面，接下来用两种方式拉伸面。

➢ 指定拉伸高度：输入拉伸的距离，默认按平面法线方向拉伸，输入正值向平面外法线方向拉伸，负值则相反。可选择由法线方向倾斜一定角度拉伸，生成拔模的斜面，如图 16-143 所示。

➢ 按路径拉伸（P）：需要指定一条路径线，可以为直线、圆弧、样条曲线或它们的组合，截面以扫掠的形式沿路径拉伸，如图 16-144 所示。

图 16-143 倾斜角度拉伸面

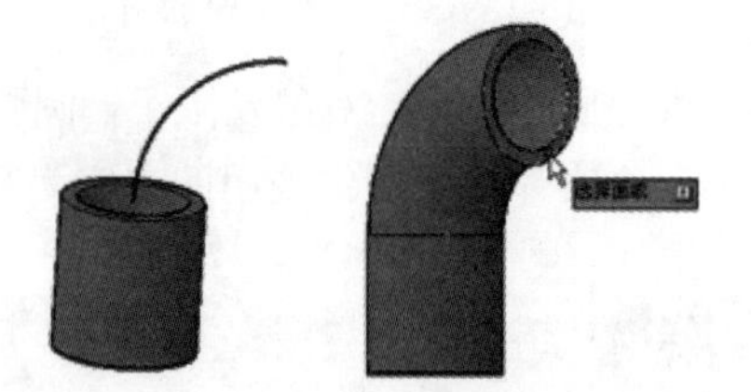

图 16-144 按路径拉伸面

16.5.2 案例——拉伸实体面

除了对模型现有的轮廓边进行复制、压印等操作之外，还可以通过“拉伸面”等面编辑方法来直接修改模型。

01 单击“快速访问”工具栏中的“打开”按钮，打开“第 16 章 /16.5.2 拉伸实体面 .dwg”文件，如图 16-145 所示。

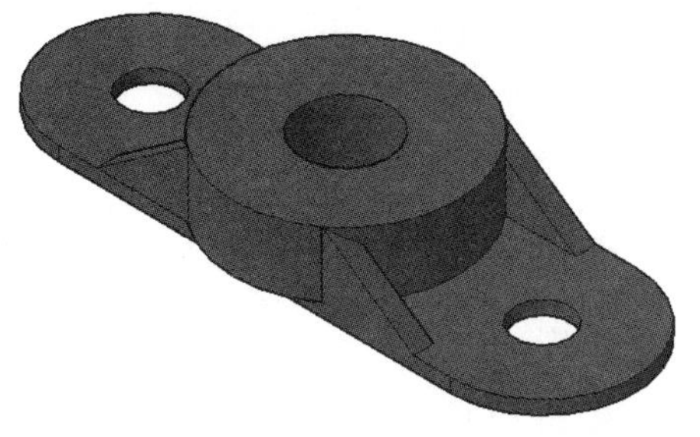

图 16-145 素材图样

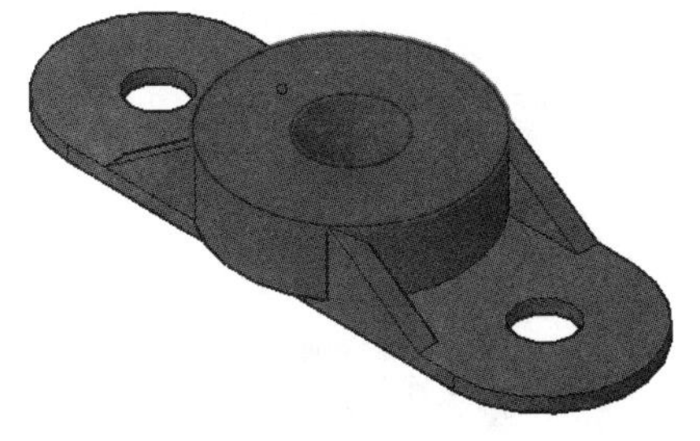

图 16-146 选择拉伸面

02 单击“实体编辑”工具栏上的“拉伸面”按钮，选择如图 16-146 所示的面为拉伸面，其命令行提示如下。

```
    命令： _solidedit
    实体编辑自动检查： SOLIDCHECK=1
    输入实体编辑选项 [面(F)/边(E)/体(B)/放弃(U)/退出(X)] <退出>: _face
    输入面编辑选项
    [拉伸(E)/移动(M)/旋转(R)/偏移(O)/倾斜(T)/删除(D)/复制(C)/颜色(L)/材质(A)/
放弃(U)/退出(X)] <退出>: _extrude                //调用“拉伸面”命令
    选择面或 [放弃(U)/删除(R)]: 找到一个面          //选择要拉伸的面
    选择面或 [放弃(U)/删除(R)/全部(ALL)]:           //单击右键结束选择
    指定拉伸高度或 [路径(P)]: 50↙                   //输入拉伸高度
    指定拉伸的倾斜角度 <10>: 10↙                    //输入拉伸的倾斜角度
    已开始实体校验。
    已完成实体校验。
    输入面编辑选项
    [拉伸(E)/移动(M)/旋转(R)/偏移(O)/倾斜(T)/删除(D)/复制(C)/颜色(L)/材质(A)/
放弃(U)/退出(X)] <退出>: *取消*                  //按Enter或Esc键结束操作
```

03 通过以上操作即可完成拉伸面的操作，其效果如图 16-147 所示。

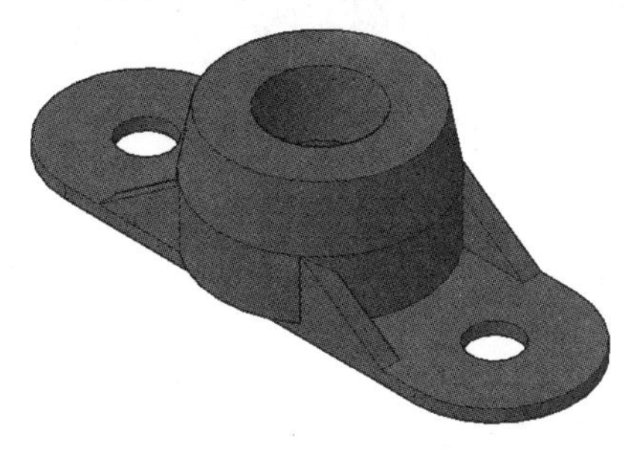

图 16-147 拉伸面完成效果

16.5.3 倾斜实体面

在编辑三维实体面时，可利用“倾斜实体面”工具将孔、槽等特征可沿矢量方向，并指定特定的角度进行倾斜操作，从而获取新的实体。

在 AutoCAD 2014 中调用“倾斜面”命令有如下几种常用方法。

- 功能区：在“常用”选项卡中，单击“实体编辑”面板上的“倾斜面”工具，如图 16-148 所示。
- 菜单栏：执行“修改” | “实体编辑” | “倾斜面”命令，如图 16-149 所示。
- 命令行：SOLIDEDIT。

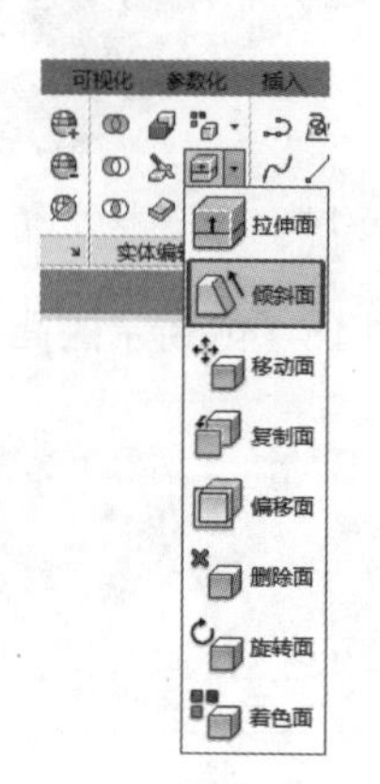

图 16-148 “倾斜面”按钮

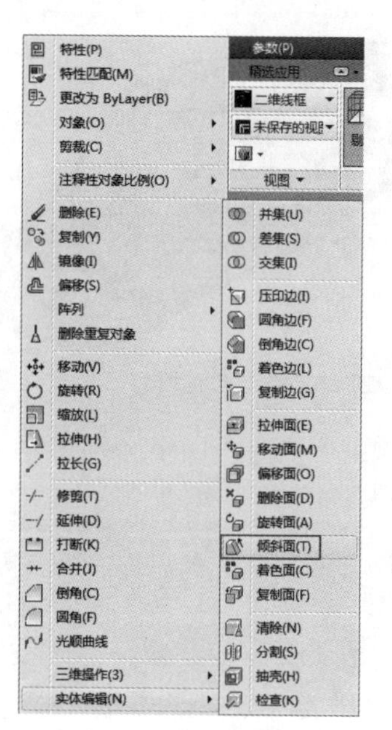

图 16-149 “倾斜面”命令

执行上述任意命令后，在“绘图区”选取需要倾斜的曲面，并指定倾斜曲面参照轴线基点和另一个端点，输入倾斜角度，按 Enter 键或单击鼠标右键即可完成倾斜实体面操作，其效果如图 16-150 所示。

图 16-150 倾斜实体面

16.5.4 案例——倾斜实体面

对于一些常见的水暖器件，如管接头、法兰口等，在接口处都会带有一定的斜度，以得到更好的密封效果。

01 单击“快速访问”工具栏中的“打开”按钮，打开“第 16 章 /16.5.4 倾斜实体面 .dwg”文件，如图 16-151 所示。

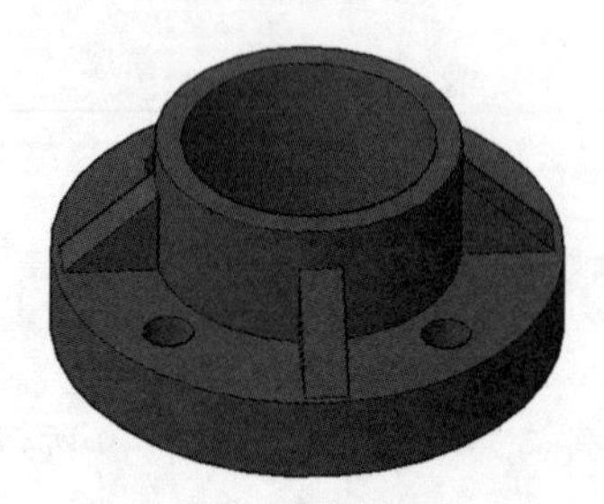

图 16-151 素材图样

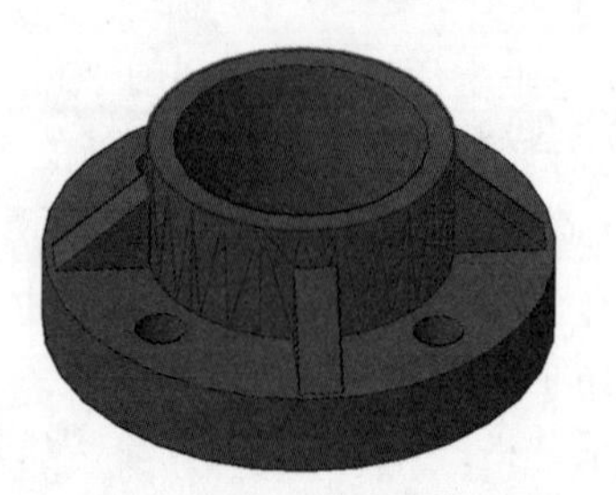

图 16-152 选择倾斜面

02 单击“实体编辑”面板上的“倾斜面”按钮，选择如图 16-152 所示的面为要倾斜的面，其命令行提示如下。

```
    命令： _solidedit
    实体编辑自动检查： SOLIDCHECK=1
    输入实体编辑选项 [面 (F)/边 (E)/体 (B)/放弃 (U)/退出 (X)] <退出>: _face
    输入面编辑选项
    [拉伸 (E)/移动 (M)/旋转 (R)/偏移 (O)/倾斜 (T)/删除 (D)/复制 (C)/颜色 (L)/材质 (A)/
放弃 (U)/退出 (X)] <退出>: _taper                    //调用“倾斜面”命令
    选择面或 [放弃 (U)/删除 (R)]: 找到一个面            //选择要倾斜的面
    选择面或 [放弃 (U)/删除 (R)/全部 (ALL)]:            //单击右键结束选择
    指定基点：
    指定沿倾斜轴的另一个点：                            //依次选择上下两圆的圆心，如图
16-153 所示
    指定倾斜角度： -10                                  //输入倾斜角度
    已开始实体校验。
    已完成实体校验。
    输入面编辑选项
    [拉伸 (E)/移动 (M)/旋转 (R)/偏移 (O)/倾斜 (T)/删除 (D)/复制 (C)/颜色 (L)/材质 (A)/
放弃 (U)/退出 (X)] <退出>:                            //按 Enter 或 Esc 键结束操作
```

03 通过以上操作即可完成倾斜面的操作，其效果如图 16-154 所示。

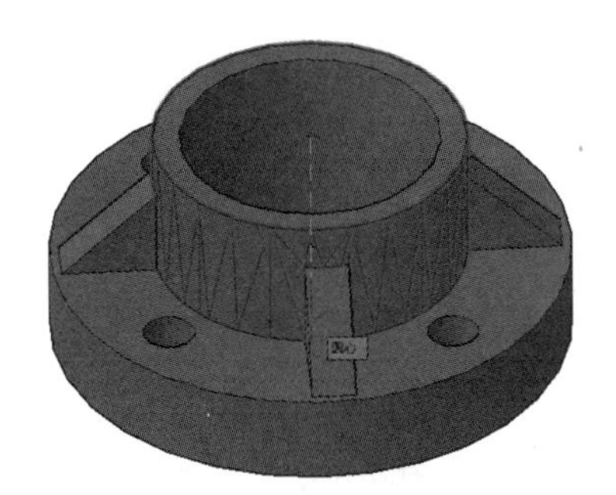

图 16-153　选择倾斜轴

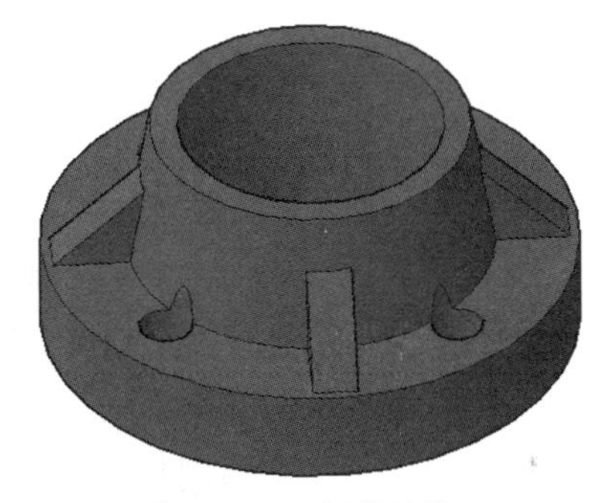

图 16-154　倾斜效果

操作技巧：在执行倾斜面时，倾斜的方向由选择的基点和第二点的顺序决定，并且输入正角度则向内倾斜，负角度则向外倾斜，不能使用过大角度值。如果角度值过大，面在达到指定的角度之前可能倾斜成一点，在 AutoCAD 2014 中不能支持这种倾斜。

16.5.5　移动实体面

执行移动实体面操作是沿指定的高度或距离移动选定的三维实体对象的一个或多个面。移动时，只移动选定的实体面而不改变方向，可用于三维模型的小范围调整。在 AutoCAD 2014 中调用“移动面”命令有如下几种常用方法。

- 功能区：在“常用”选项卡中，单击“实体编辑”面板上的“移动面”工具，如图 16-155 所示。
- 菜单栏：执行“修改”|“实体编辑”|“移动面”命令，如图 16-156 所示。
- 命令行：SOLIDEDIT。

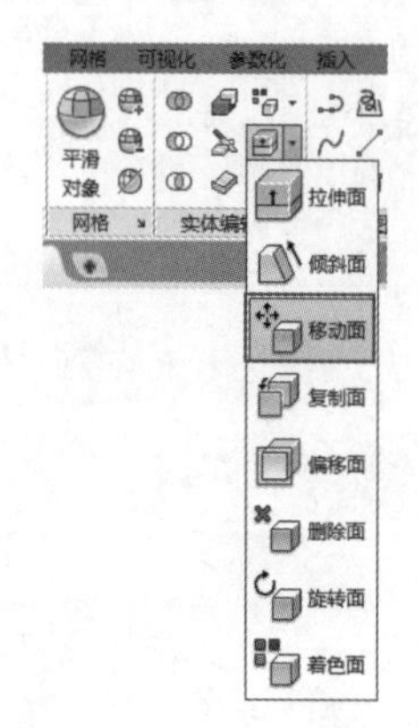

图 16-155　“移动面”按钮

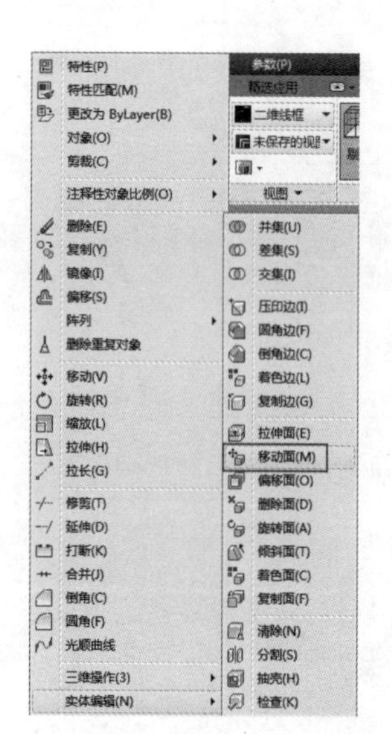

图 16-156　“移动面”命令

执行上述任意命令后，在“绘图区”选取实体表面，按Enter键并右击捕捉移动实体面的基点，然后指定移动路径或距离值，单击右键即可执行移动实体面操作，其效果如图16-157所示。

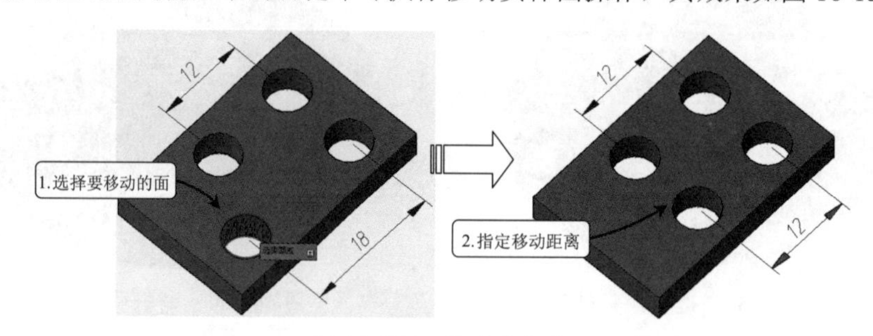

图 16-157　移动实体面

16.5.6　案例——移动实体面

“移动面”命令常用于对现有模型的修改，如果某个模型拉伸得过多，在AutoCAD中并不能回溯到“拉伸”命令进行编辑，因此只能通过“移动面”这类面编辑命令进行修改。

01 单击“快速访问”工具栏中的“打开”按钮，打开“第16章/16.5.6移动实体面.dwg”文件，如图16-158所示。

图 16-158　素材图样

图 16-159　选择移动实体面

02 单击“实体编辑”面板上的“移动面”按钮，选择如图 16-159 所示的面为要移动的面，其命令行提示如下。

```
    命令：_solidedit
    实体编辑自动检查：　SOLIDCHECK=1
    输入实体编辑选项 [面(F)/边(E)/体(B)/放弃(U)/退出(X)] <退出>: _face
    输入面编辑选项
    [拉伸(E)/移动(M)/旋转(R)/偏移(O)/倾斜(T)/删除(D)/复制(C)/颜色(L)/材质(A)/
放弃(U)/退出(X)] <退出>: _move
    选择面或 [放弃(U)/删除(R)]: 找到一个面              //选择要移动的面
    选择面或 [放弃(U)/删除(R)/全部(ALL)]:               //单击右键完成选择
    指定基点或位移：                                    //指定基点，如图16-160所示
    正在检查 780 个交点...
    指定位移的第二点：20↙                               //输入移动的距离
    已开始实体校验。
    已完成实体校验。
    输入面编辑选项
    [拉伸(E)/移动(M)/旋转(R)/偏移(O)/倾斜(T)/删除(D)/复制(C)/颜色(L)/材质(A)/
放弃(U)/退出(X)] <退出>:                               //按Enter键或Esc键退出移动面操作
```

03 通过以上操作即可完成移动面的操作，其效果如图 16-161 所示。

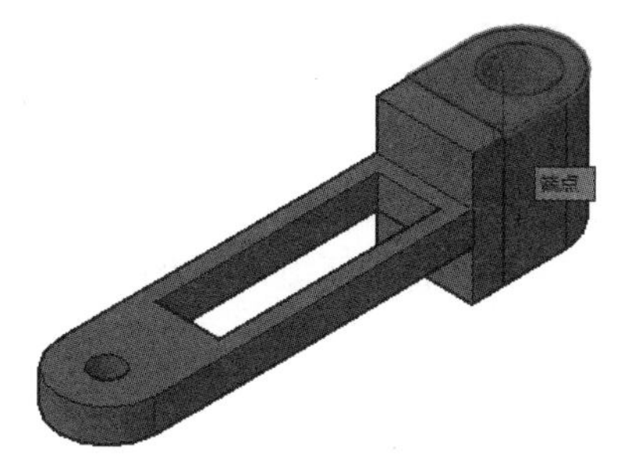

图 16-160　选取基点

图 16-161　移动面效果

04 旋转图形，重复以上的操作，移动另一面，其效果如图 16-162 所示。

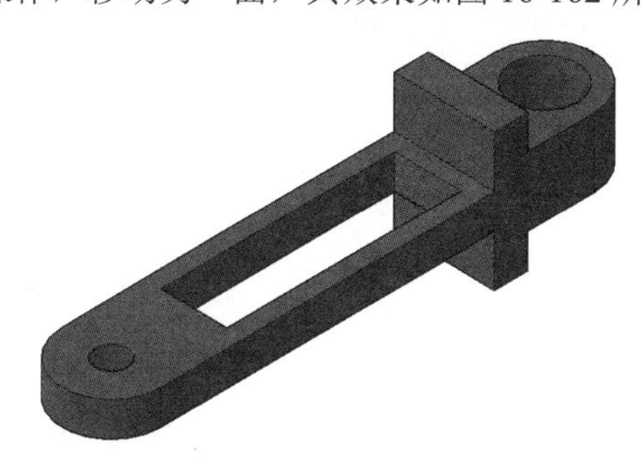

图 16-162　大摇臂

16.5.7　复制实体面

在三维建模环境中，利用“复制实体面”工具能够将三维实体表面复制到其他位置，使用这些表面可创建新的实体。在 AutoCAD 2014 中调用“复制面”命令有如下几种常用方法。

➢ 功能区：在“常用”选项卡中，单击“实体编辑”面板上的“复制面”工具，如图 16-163 所示。

➢ 菜单栏：执行“修改”｜“实体编辑”｜“复制面”命令，如图 16-164 所示。
➢ 命令行：SOLIDEDIT。

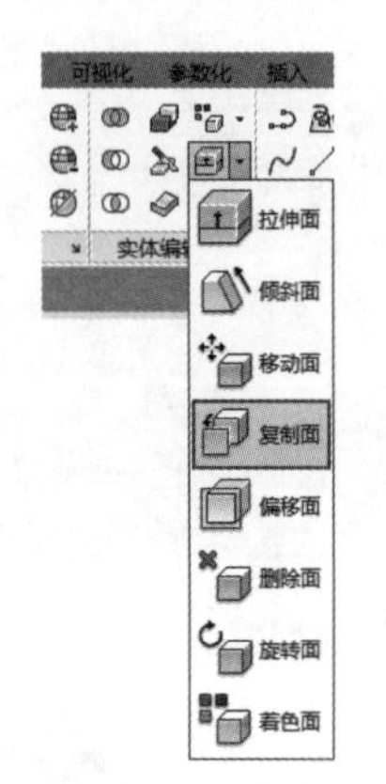

图 16-163 “复制面”按钮

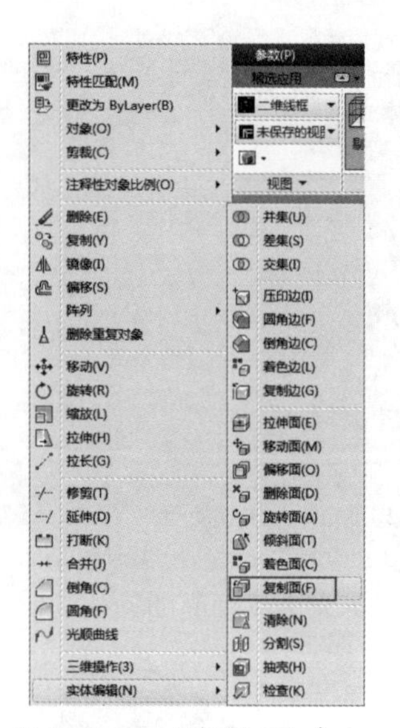

图 16-164 “复制面”命令

执行“复制面”命令后，选择要复制的实体表面，可以一次选择多个面，然后指定复制的基点，接着将曲面拖曳到其他位置即可，如图 16-165 所示。系统默认将平面类型的表面复制为面域，将曲面类型的表面复制为曲面。

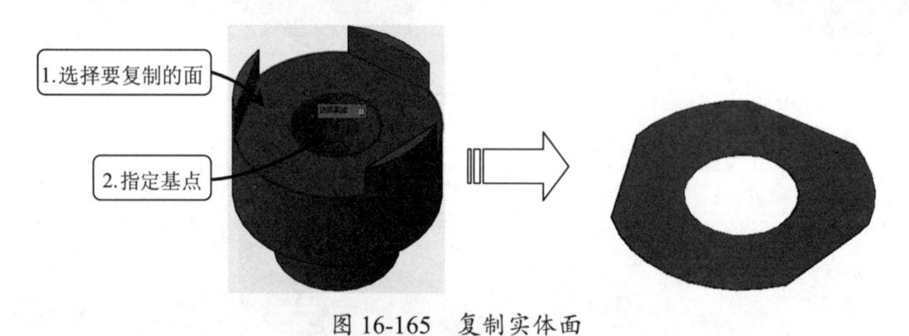

图 16-165 复制实体面

16.5.8 偏移实体面

执行偏移实体面操作是在一个三维实体上按指定的距离均匀地偏移实体面，可根据设计需要将现有的面从原始位置向内或向外偏移指定的距离，从而获取新的实体面。在 AutoCAD 2014 中调用“偏移面”命令有如下几种常用方法。

➢ 功能区：在“常用”选项卡中，单击“实体编辑”面板上的“偏移面”工具，如图 16-166 所示。
➢ 菜单栏：执行“修改”｜“实体编辑”｜“偏移面”命令，如图 16-167 所示。
➢ 命令行：SOLIDEDIT。

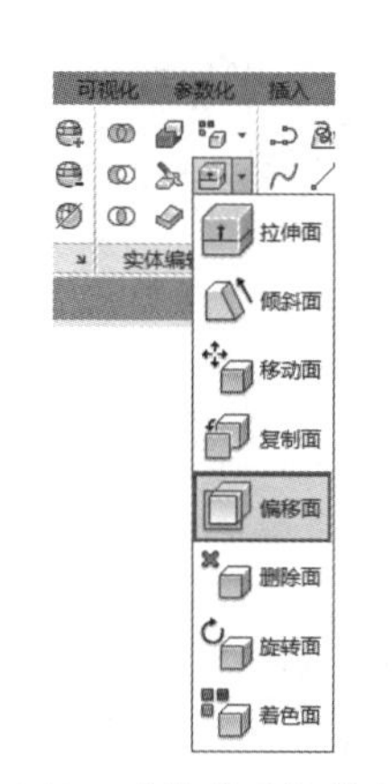

图 16-166　“偏移面”按钮

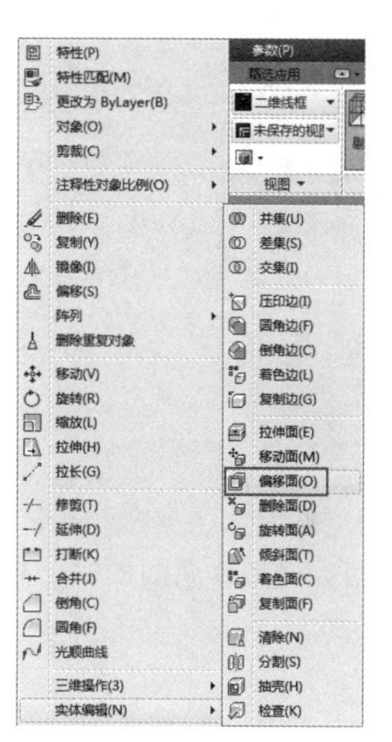

图 16-167　“偏移面”命令

执行上述任意命令后，在“绘图区”选取要偏移的面，并输入偏移距离，按 Enter 键，即可获得如图 16-168 所示的偏移面特征。

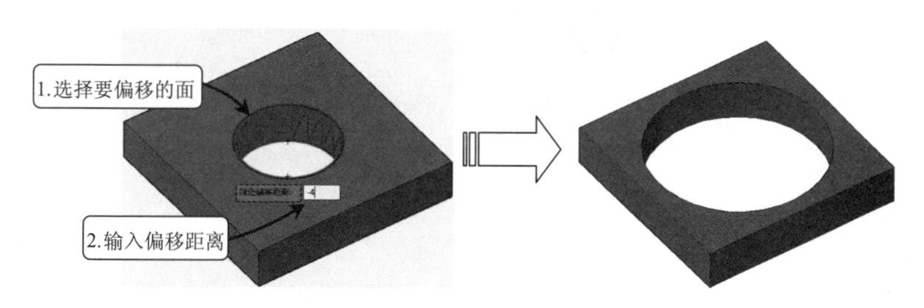

图 16-168　偏移实体面

16.5.9　案例——偏移实体面进行扩孔

接着“练习 16-24”的结果模型进行操作，通过“偏移面”命令将其中的孔进行扩大。

01 单击“快速访问”工具栏中的“打开”按钮，打开“第 16 章 /16.5.9 移动实体面 -OK.dwg”文件，如图 16-169 所示。

图 16-169　素材图样

图 16-170　选取偏移面

02 单击“实体编辑”面板上的“偏移面”按钮，选择如图 16-170 所示的面为要偏移的面，其命令行提示如下。

```
命令： _solidedit
实体编辑自动检查： SOLIDCHECK=1
输入实体编辑选项 [面(F)/边(E)/体(B)/放弃(U)/退出(X)] <退出>: _face
输入面编辑选项
[拉伸(E)/移动(M)/旋转(R)/偏移(O)/倾斜(T)/删除(D)/复制(C)/颜色(L)/材质(A)/
放弃(U)/退出(X)] <退出>: _offset                    //调用偏移面命令
选择面或 [放弃(U)/删除(R)]: 找到一个面              //选择要偏移的面
选择面或 [放弃(U)/删除(R)/全部(ALL)]:               //单击右键结束选择
指定偏移距离： -10                                  //输入偏移距离，负号表示方向向外
已开始实体校验。
已完成实体校验。
输入面编辑选项
[拉伸(E)/移动(M)/旋转(R)/偏移(O)/倾斜(T)/删除(D)/复制(C)/颜色(L)/材质(A)/
放弃(U)/退出(X)] <退出>: *取消*                     //按Enter键或Esc键结束操作
```

03 通过以上操作即可完成偏移面的操作，其效果如图16-171所示。

图16-171 偏移面效果

16.5.10 删除实体面

在三维建模环境中，执行删除实体面操作是从三维实体对象上删除实体表面、圆角等实体特征。在AutoCAD 2014中调用“删除面”命令有如下几种常用方法。

- 功能区：在“常用”选项卡中，单击“实体编辑”面板上的“删除面”工具，如图16-172所示。

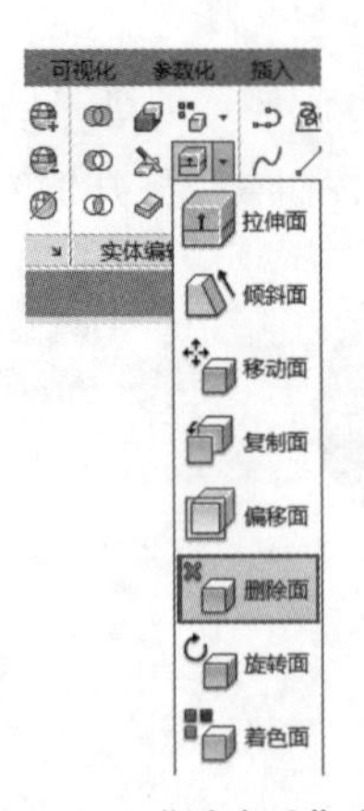

图16-172 “删除面”按钮

- 菜单栏：执行“修改”|“实体编辑”|“删除面”命令，如图16-173所示。
- 命令行：SOLIDEDIT。

执行上述任意命令后，在“绘图区”选择要删除的面，按 Enter 键或单击右键即可执行实体面删除操作，如图 16-174 所示。

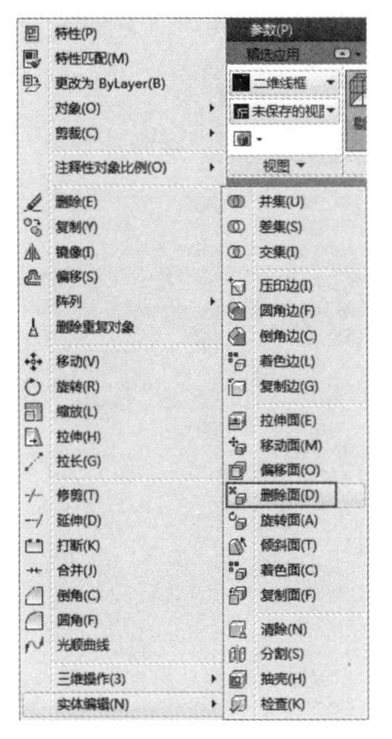

图 16-173　“删除面”命令

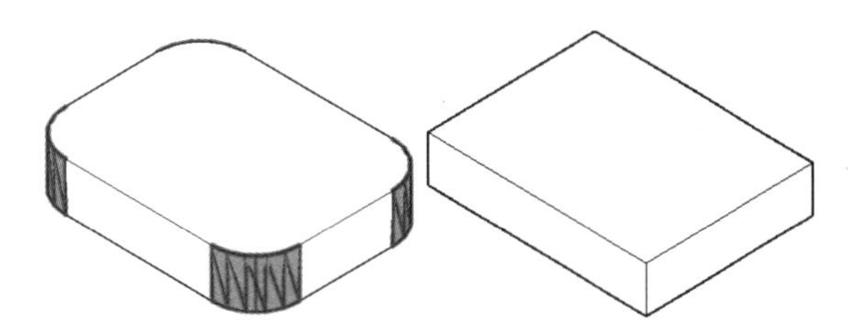

图 16-174　删除实体面

16.5.11　案例——删除实体面

接着“练习 16-25”的结果模型进行操作，删除模型左侧的面。

01 单击“快速访问”工具栏中的“打开”按钮，打开“第 16 章 /16.5.11 偏移实体面进行扩孔 -OK.dwg”素材文件，如图 16-175 所示。

02 单击“实体编辑”面板上的“删除面”按钮，选择要删除的面，按 Enter 键删除，如图 16-176 所示。

图 16-175　素材图样

图 16-176　删除实体面

16.5.12　旋转实体面

执行旋转实体面操作，能够将单个或多个实体表面绕指定的轴线进行旋转，或者旋转实体的某些部分形成新的实体。在 AutoCAD 2014 中调用“旋转面”命令有如下几种常用方法。

➢ 功能区：单在“常用”选项卡中，单击“实体编辑”面板上的“旋转面”工具，如图 16-177 所示。

➤ 菜单栏：执行“修改”|“实体编辑”|“旋转面”命令，如图 16-178 所示。
➤ 命令行：SOLIDEDIT。

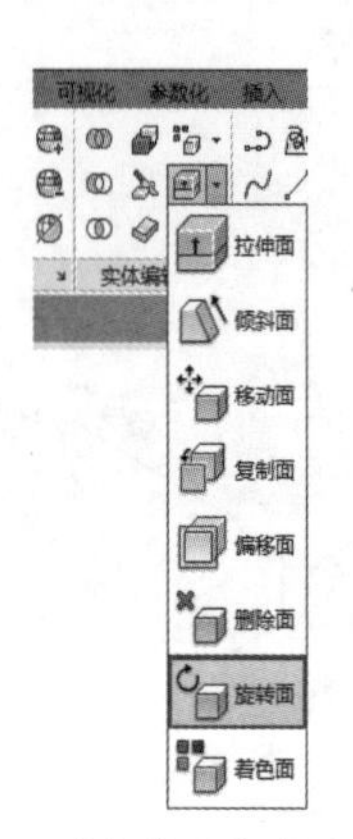
图 16-177　“旋转面”按钮

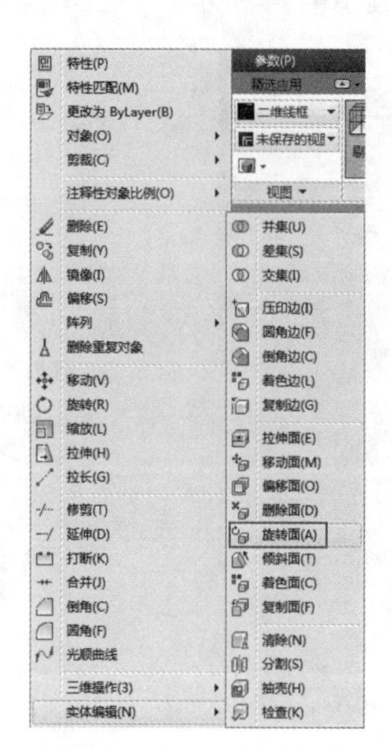
图 16-178　“旋转面”命令

执行上述任意命令后，在“绘图区”选取需要旋转的实体面，捕捉两点为旋转轴，并指定旋转角度，按 Enter 键即可完成旋转操作。当一个实体面旋转后，与其相交的面会自动调整，以适应改变后的实体，效果如图 16-179 所示。

图 16-179　旋转实体面

16.5.13　着色实体面

执行实体面着色操作可修改单个或多个实体面的颜色，以取代该实体对象所在图层的颜色，可更方便地查看这些表面。在 AutoCAD 2014 中调用“着色面”命令有如下几种常用方法。

➤ 功能区：单在“常用”选项卡中，单击“实体编辑”面板上的“着色面”工具，如图 16-180 所示。
➤ 菜单栏：执行“修改”|“实体编辑”|“着色面”命令，如图 16-181 所示。
➤ 命令行：SOLIDEDIT。

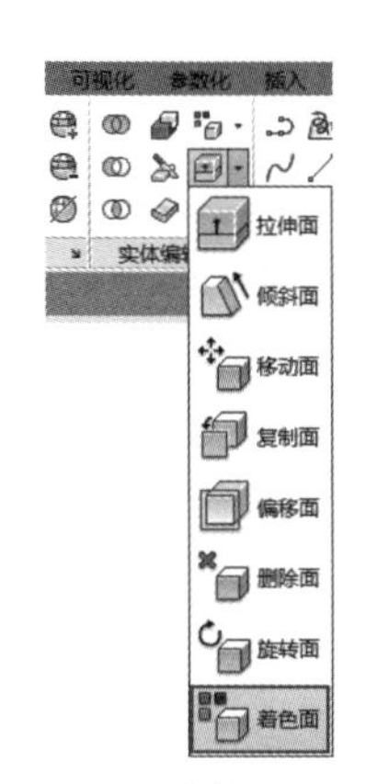

图 16-180　“着色面”按钮

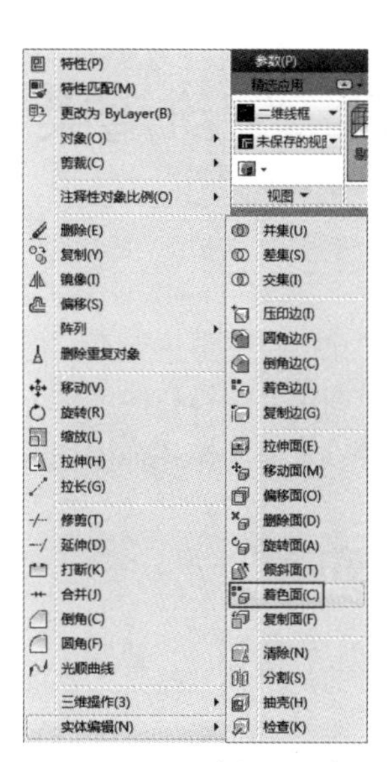

图 16-181　“着色面”命令

执行上述任意命令后，在“绘图区”指定需要着色的实体表面，按Enter键系统弹出“选择颜色”对话框。在该对话框中指定填充颜色，单击“确定”按钮，即可完成面着色操作。

第 17 章 三维渲染

尽管三维模型比二维图形更逼真，但是看起来仍不真实，缺乏现实世界中的色彩、阴影和光泽。而在计算机绘图中，将模型按严格定义的语言或者数据结构来对三维物体进行描述，包括几何、视点、纹理，以及照明等各种信息，从而获得真实感极高的图片，该过程就称为“渲染”。

17.1 了解渲染

渲染的最终目的是得到极具真实感的模型，如图 17-1 所示。因此渲染所要考虑的事物也很多，包括灯光、视点、阴影、布局等，因此有必要对渲染的流程进行了解。

图 17-1　渲染生成的效果图

17.1.1 渲染步骤

渲染是多步骤的过程。通常需要通过大量的反复试验才能得到所需的结果。渲染图形的步骤如下。

01 使用默认设置开始尝试渲染。根据结果的表现可以看出需要修改的参数与设置。

02 创建光源。AutoCAD 提供了 4 种类型的光源：默认光源、平行光（包括太阳光）、点光源和聚光灯。

03 创建材质。材质为材料的表面特性，包括颜色、纹理、反射光（亮度）、透明度、折射率等。也可以从现成的材质库中调用真实的材质，如钢铁、塑料、木材等。

04 将材质附着在模型对象上，可以根据对象或图层附着材质。

05 添加背景或雾化效果。

06 如果需要，调整渲染参数。例如，可以用不同的输出品质来渲染。

07 渲染图形。

上述步骤仅供参考，并不一定要严格按照该顺序进行操作。例如，可以在创建材质之后再设置光源。另外，在渲染结果出来后，可能会发现某些地方需要改进，此时可以返回到前面的步骤中进行修改。

17.1.2　默认渲染

进行默认渲染可以帮助确定创建最终的渲染需要什么样的材质和光源，同时也可以发现模型本身的缺陷。渲染时需要打开“可视化”选项卡，它包含了渲染所需的大部分工具按钮，如图 17-2 所示。

图 17-2　“可视化”选项卡

为了使用默认的设置渲染图形，可以在“可视化”选项卡中直接单击“渲染到尺寸”按钮，即可渲染出默认效果下的渲染图片。如图 17-3 所示即是一个室内场景在默认设置下的渲染效果，其中显示效果太暗，只能看出桌子的大概轮廓，椅子及周边的材质需要另行设置。

图 17-3　默认设置下的渲染效果

17.2　使用材质

在 AutoCAD 中，材质是对象上实际材质的表示形式，如玻璃、金属、纺织品、木材等。使用材质是渲染过程中的重要部分，对结果会产生很大的影响。材质与光源相互作用，例如，由于有光泽的材质会产生高光区，因而其反光效果与表面黯淡的材质有明显区别。

17.2.1　使用材质浏览器

“材质浏览器”选项板集中了 AutoCAD 的所有材质，是用来控制材质操作的设置选项板，可执行多个模型的材质指定操作，并包含相关材质操作的所有工具。

打开“材质浏览器”选项板有以下几种方法。

- 功能区：在“可视化”选项卡中，单击“材质”面板上的“材质浏览器”按钮，如图 17-4 所示。
- 菜单栏：选择“视图”|“渲染”|“材质浏览器”命令。

执行以上任意种操作，弹出“材质浏览器”选项板，如图 17-5 所示。在“Autodesk 库”中分门别类地存储了若干种材质，并且所有材质都附带一张交错参考底图。

图 17-4　“材质浏览器”按钮

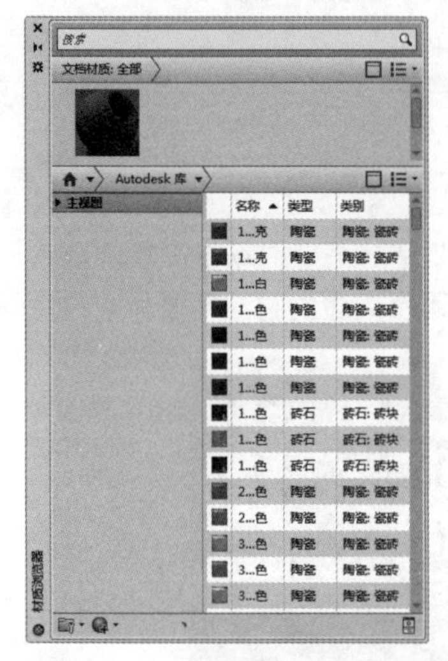

图 17-5　“材质浏览器”选项板

将材质赋予模型的方法比较简单，直接从选项板上拖曳材质至模型上即可，如图 17-6 所示。

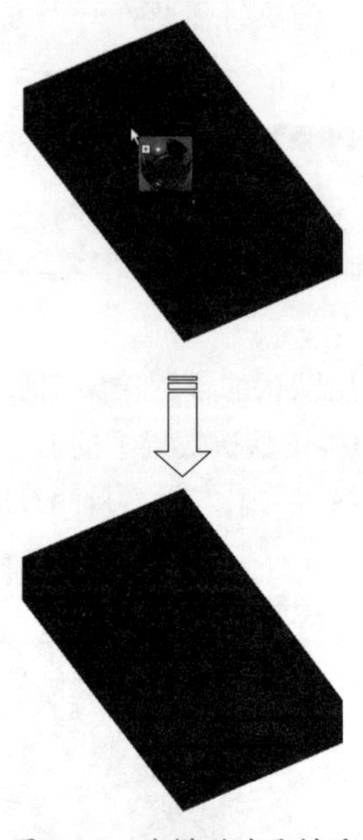

图 17-6　为模型赋予材质

17.2.2　案例——为模型添加材质

在 AutoCAD 中为模型添加材质，可以获得接近真实的外观效果。但值得注意的是，在“概念”视觉样式下，仍然有很多材质未能得到逼真的表现，效果也差强人意，若想得到更为真实的图形，只能通过渲染获得图片。

01 单击“快速访问”工具栏中的“打开”按钮，打开“第 17 章 /17.2.2 为模型添加材质 .dwg”文件，如图 17-7 所示。

02 在“可视化”选项卡中，单击“材质”面板上的“材质浏览器”按钮，其命令行操作如下：

```
命令： _RMAT ↙                                  // 调用“材质浏览器”命令
选择材质，重生模型。                             // 选择“铁锈”材质
```

03 通过以上操作即可完成，材质的设置，其效果如图 17-8 所示。

图 17-7　素材图样

图 17-8　赋予铁锈材质效果

17.2.3 使用材质编辑器

“材质编辑器”同样可以为模型赋予材质。打开“材质编辑器”选项板有以下几种方法。

> 功能区：在“视图”选项卡中，单击“选项板”面板上的“材质编辑器”按钮 材质编辑器 。

> 菜单栏：选择“视图”|“渲染”|“材质编辑器”命令。

执行以上任意操作将打开“材质编辑器”选项板，如图 17-9 所示。单击“材质编辑器”选项板右下角的按钮，可以打开“材质浏览器”选项板，选择其中的任意一个材质，可以发现“材质编辑器”选项板会同步更新为该材质的效果与可调参数，如图 17-10 所示。

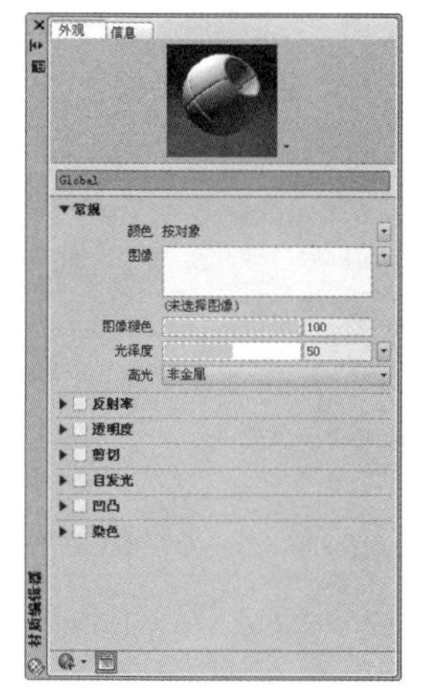

图 17-9 “材质编辑器”选项板

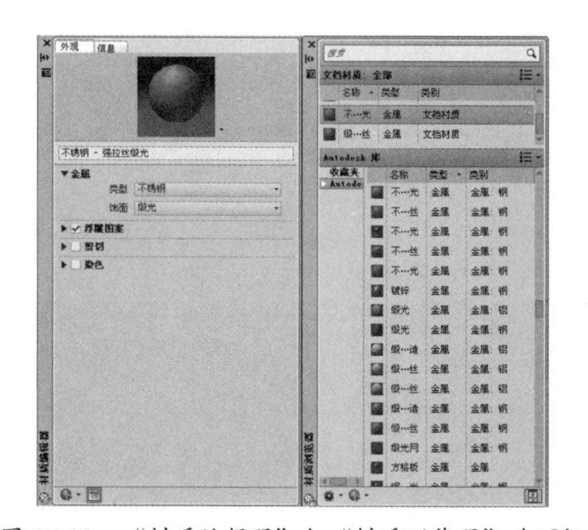

图 17-10 “材质编辑器”与“材质浏览器”选项板

● 命令子选项说明

通过“材质编辑器”选项板最上方的预览窗口，可以直接查看材质当前的效果，单击其右下角的下拉按钮，可以对材质样例形状与渲染质量进行调整，如图 17-11 所示。

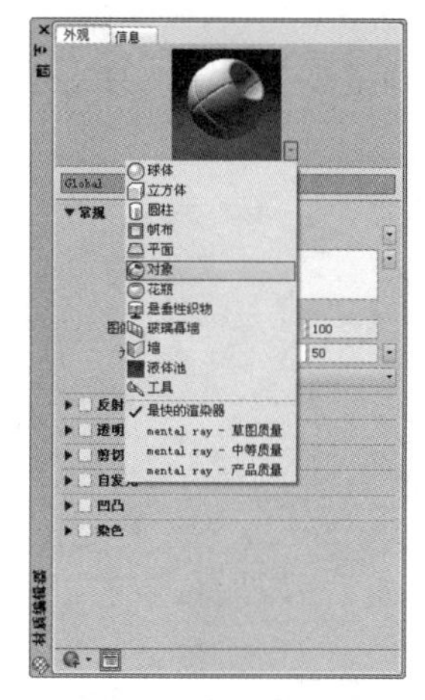

图 17-11 调整材质样例形态与渲染质量

此外单击材质名称右下角的“创建或复制材质”按钮，可以快速选择对应的材质类型进行直接应用，或在其基础上进行编辑，如图 17-12 所示。

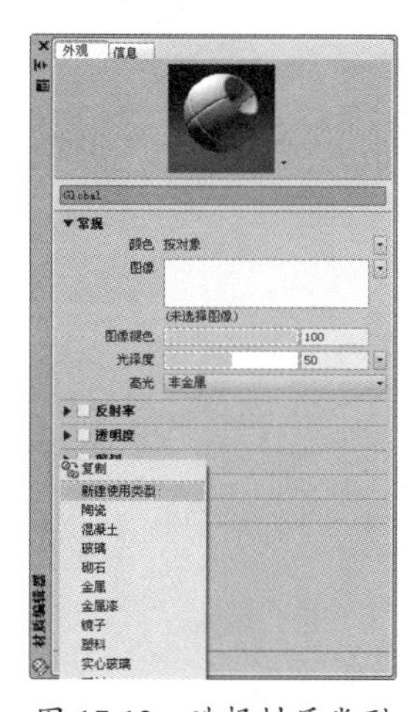

图 17-12 选择材质类型

在“材质浏览器”或“材质编辑器”选项板中可以创建新材质。在“材质浏览器”选项板中只能创建已有材质的副本，而在“材质编辑器”选项板可以对材质做进一步的修改或编辑。

17.2.4 使用贴图

有时模型的外观比较复杂，如碗碟上的青花瓷、金属上的锈迹等，这些外观很难通过AutoCAD自带的材质库来赋予，此时即可用到贴图。贴图是将图片信息投影到模型表面，可以使模型添加上图片的外观效果，如图17-13所示。

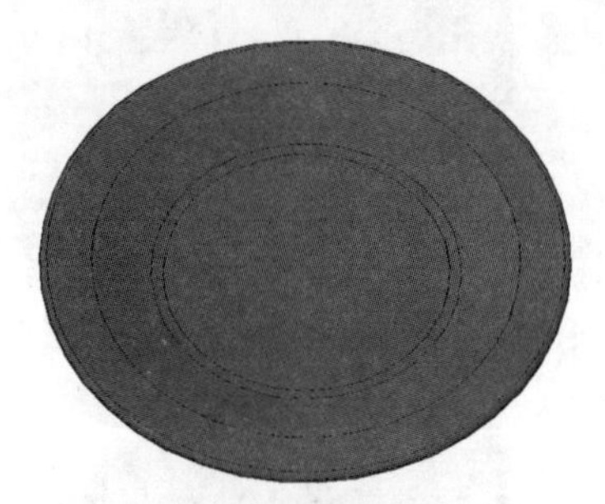

图 17-13　贴图效果

调用“贴图”命令有以下几种方法。

- ➢ 功能区：在“可视化”选项卡中，单击“材质”面板上的“材质贴图”按钮 材质贴图 ，如图17-14所示。

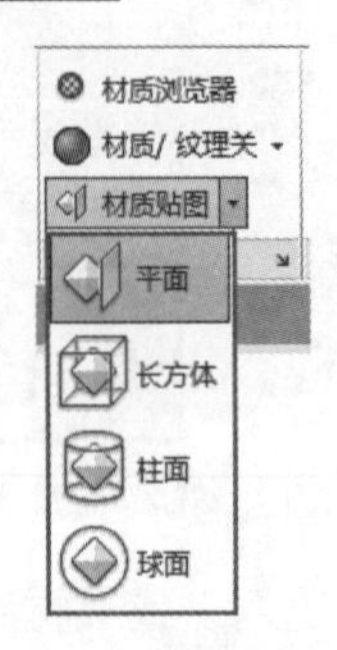

图 17-14　“材质贴图”列表

- ➢ 菜单栏：选择“视图”|“渲染”|“贴图”命令，如图17-15所示。
- ➢ 命令行：MATERIALMAP。

图 17-15　“贴图”子菜单

贴图可分为长方体、平面、球面、柱面贴图。如果需要对贴图进行调整，可以使用显示在对象上的贴图工具移动或旋转对象上的贴图，如图17-16所示。

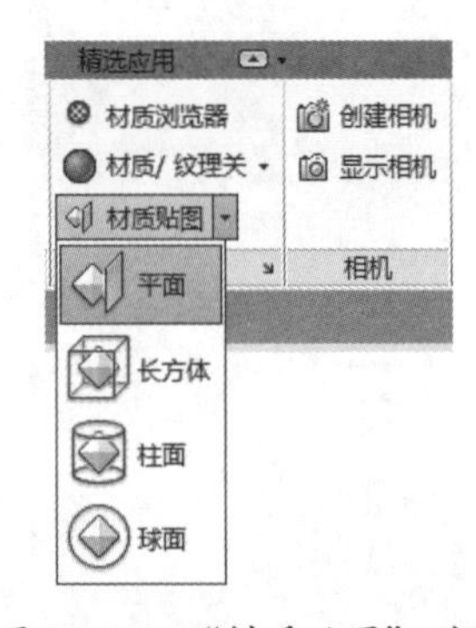

图 17-16　“材质贴图”列表

- 命令子选项说明

除了上述的贴图位置外，材质球中还有4种贴图：漫射贴图、反射贴图、不透明贴图、凹凸贴图，分别介绍如下。

- ➢ 漫射贴图：可以理解为将一张图片的外观覆盖在模型上，以得到真实的效果。
- ➢ 反射贴图：一般用于金属材质，配合特定的颜色，可以得到较逼真的金属光泽。
- ➢ 凹凸贴图：根据所贴图形，在模型上面渲染出凹凸的效果。该效果只有渲染可见，在“概念”“真实”等视觉模式下无效果。

> 不透明贴图：如果所贴图形中有透明的部分，那该部分覆盖在模型之后也会得到透明的效果。

17.2.5 案例——为模型添加贴图

为模型添加贴图可以将任意图片赋予至模型表面，从而创建真实的产品商标或其他标识等。贴图的操作极需耐心，在进行调整时，所有参数都不具参考性，只能靠经验一点点地更改参数，反复调试。

01 单击“快速访问”工具栏中的“打开”按钮，打开“第 17 章 /17.2.5 为模型添加贴图 .dwg”文件，如图 17-17 所示。

图 17-17 素材图样

02 展开“渲染”选项卡，并在“材质”面板中单击选择“材质 / 纹理开”按钮，如图 17-18 所示。

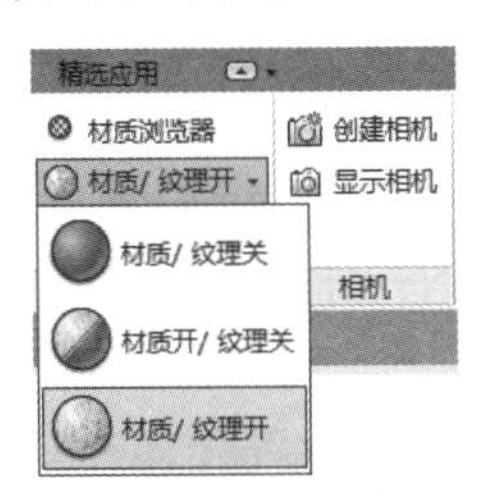

图 17-18 “材质 / 纹理开”按钮

03 打开材质浏览器，在“材质浏览器”的左下角单击“在文档中创建新材质”按钮，在展开的列表里选择“新建常规材质”选项，如图 17-19 所示。

04 此时弹出“材质编辑器”对话框，在此编辑器中，单击图像右边的空白区域（图中红框所示），如图 17-20 所示。

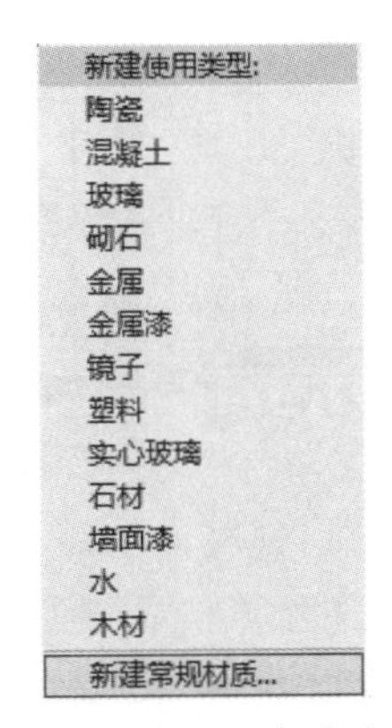

图 17-19 创建材质

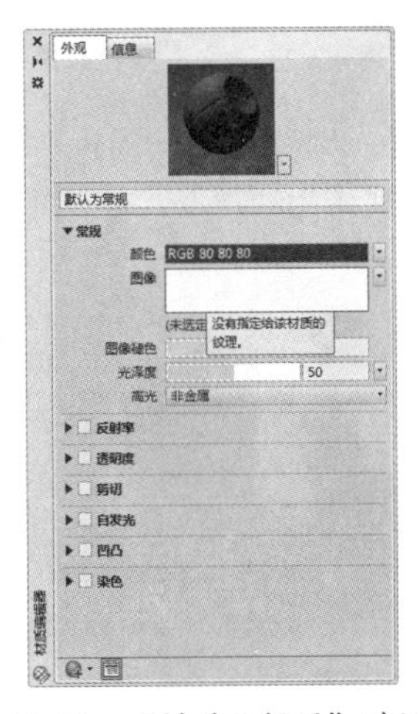

图 17-20 “材质编辑器”对话框

05 在弹出的对话框中，选择路径，打开素材“第 17 章\麓山文化图标 .jpg”，如图 17-21 所示。

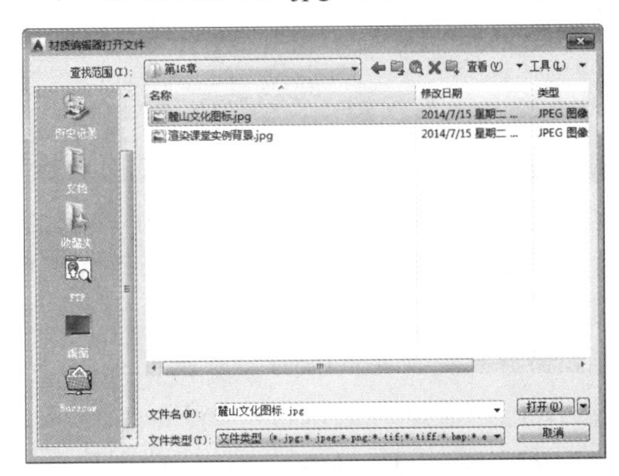

图 17-21 选择要附着的图片

06 系统弹出“纹理编辑器”，如图 17-22 所示，将其关闭。

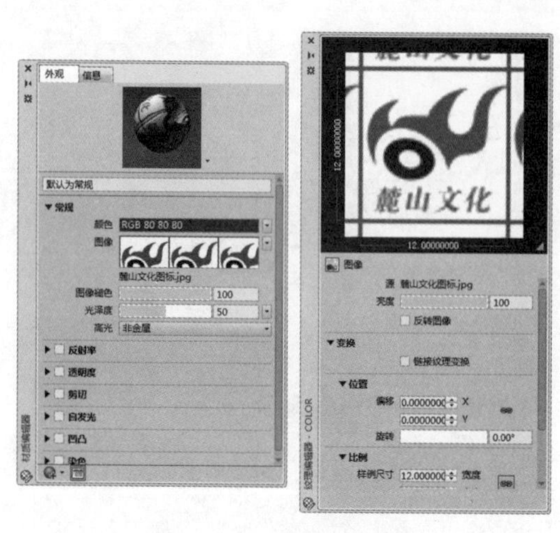

图 17-22　图片预览效果

07 在“材质编辑器”中已经创建了一种新材质，其名称为“默认为通用”，将其重命名为“麓山文化”，如图 17-23 所示。

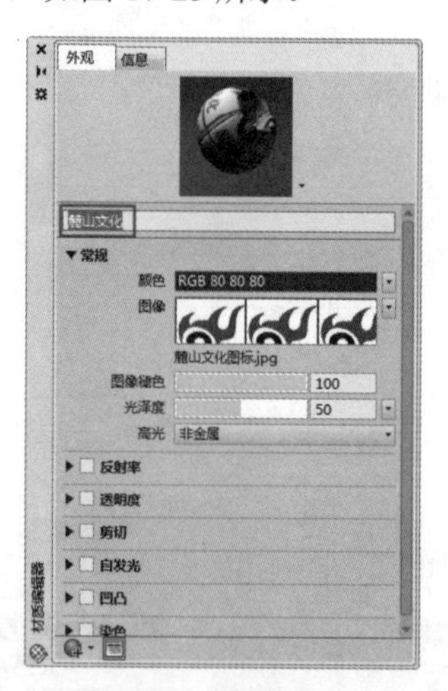

图 17-23　重命名材质

操作技巧：如果删除引用的图片，那么材质浏览器里的相应材质也将变得不可用，用此材质的渲染，也都会变成无效的。所以要将材质所用的源图片统一、妥善地保存好非常重要。最好是放到 AutoCAD 默认的路径里，一般为：C:\Program Files\Common Files\Autodesk Shared\Materials\Textures，可以在此创建自己的文件夹，放置自己的材质源图片。

08 将“麓山文化”材质拖曳到绘图区实体上，效果如图 17-24 所示。

图 17-24　添加材质效果

09 接下来修改纹理的密度。在“麓山文化”材质上右击，选择“编辑”选项，打开材质编辑器。在材质编辑器中，单击预览图像，弹出“纹理编辑器”，通过调整该编辑器下的“样例尺寸”，如图 17-25 所示，可以更改图像的密度（值越大，图片越稀疏，值越小，图片越密集）。

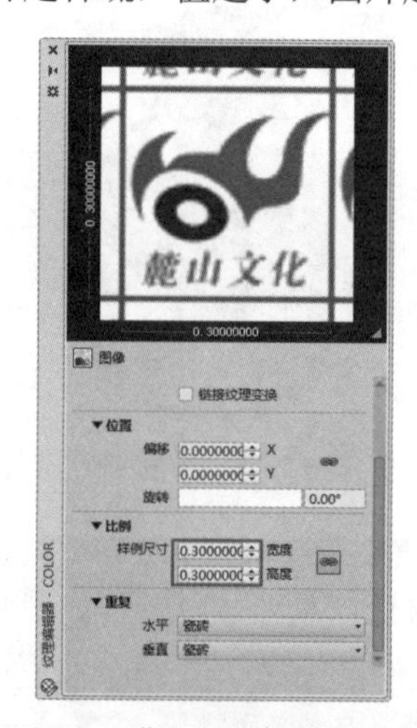

图 17-25　“纹理编辑器”对话框

10 修改图像大小后，贴图的效果如图 17-26 所示。

图 17-26　修改密度效果

操作技巧：如果某个材质经常使用，可以将其放到“我的材质”里。方法是：在常用的材质上右击，选择添加到“我的材质”，这样下次再用此材质时，可以直接在“材质浏览器”中，单击“我的材质”即可轻松找到。

17.3 设置光源

为一个三维模型添加适当的光照效果，能够产生反射、阴影等效果，从而使显示效果更加生动。在命令行输入 LIGHT 并按 Enter 键，可以选择创建各种光源。命令行操作如下。

```
命令：LIGHT↙
输入光源类型 [点光源(P)/聚光灯(S)/光域网(W)/目标点光源(T)/自由聚光灯(F)/自由光域(B)/平行光(D)] <自由聚光灯>:
```

在输入命令后，系统将弹出如图 17-27 所示的“光源 - 视口光源模式”对话框。一般需要关闭默认光源才可以查看创建的光源效果。命令行中可选的光源类型有点光源、聚光灯、光域网、目标点光源、自由聚光灯、自由光域和平行光 7 种。

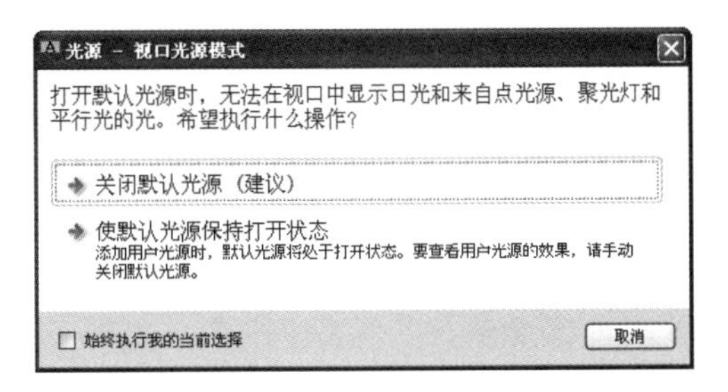

图 17-27　“光源 - 视口光源模式”对话框

17.3.1　点光源

点光源是某一点向四周发射的光源，类似环境中典型的电灯泡或者蜡烛等。点光源通常来自特定的位置，向四面八方辐射。点光源会衰减，也就是其亮度会随着距点光源的距离的增加而衰减。

调用“点光源”命令有以下几种方法。

- 功能区：在“可视化”选项卡中单击“光源”面板上的“创建光源”按钮，在展开选项中单击“点”按钮，如图 17-28 所示。

图 17-28　“点”按钮

- 菜单栏：选择“视图”|“渲染”|“光源”|“新建点光源”命令，如图 17-29 所示。
- 命令行：POINTLIGHT。

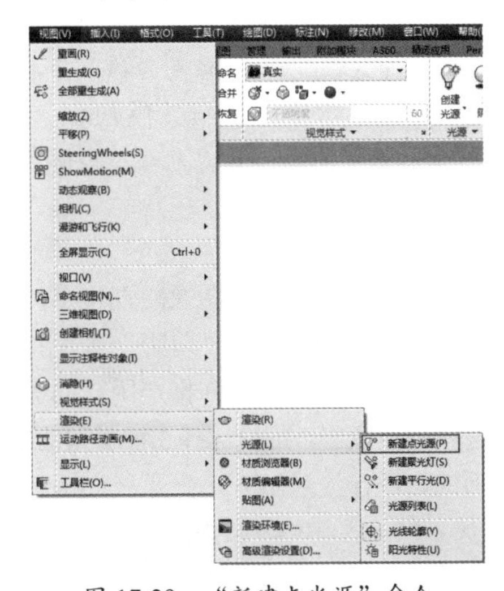

图 17-29　“新建点光源”命令

执行该命令后，命令行提示如下。

```
命令：_pointlight
指定源位置 <0,0,0>:
输入要更改的选项 [名称(N)/强度因子(I)/状态(S)/光度(P)/阴影(W)/衰减(A)/过滤颜色(C)/退出(X)] <退出>: *取消*
```

- 命令子选项说明

可以对点光源的名称、强度因子、状态、阴影、衰减及颜色进行设置，各子选项的含义说明如下。

a. 名称（N）

创建光源时，AutoCAD会自动创建一个默认的光源名称。例如，点光源1。而使用“名称”子选项后便可以修改该名称。

b. 强度因子（I）

使用该选项可以设置光源的强度或亮度。

c. 状态（S）

用于开、关光源。

d. 光度（P）

如果启用光度，使用该选项可以指定光照的强度和颜色，有“强度”和“颜色”两个子选项。

- ➢ 强度：可以输入以“烛光”（缩写为cd）为单位的光照强度，或者指定一定的光通量——感觉到的光强或照度（某个面域的总光通量）。可以以“勒克斯”（缩写为lx）或“尺烛光”（缩写为fc）为单位来指定照度。
- ➢ 颜色：可以输入颜色名称或开尔文温度值。使用该选项并按Enter键来查看名称列表，如荧光灯、冷白光、卤素灯等。

a. 阴影（W）

阴影会明显增加渲染图像的真实感，也会极大地增加渲染的时间。“阴影”选项打开或者关闭该光源的阴影效果并指定阴影的类型。如果选择创建阴影，可以选择3种类型的阴影，该选项的命令行提示如下。

```
输入 [关(O)/锐化(S)/已映射柔和(F)/已采样柔和(A)] <锐化>:
```

各子选项含义说明如下。

- ➢ 锐化（S）：也称为“光线跟踪阴影”。使用这些阴影以减少渲染时间。
- ➢ 已映射柔和（F）：输入一个64~4096的贴图尺寸，尺寸越大的贴图尺寸越精确，但渲染的时间也就越长。在“输入柔和度（1-10）<1>:”提示下，输入一个1~10的数值。阴影柔和度决定与图像其他部分混合的阴影边缘的像素数，从而创建柔和的效果。
- ➢ 已采样柔和（A）：可以创建半影（部分阴影）的效果。

a. 衰减（A）

该选项设置衰减，即随着与光源距离的增加，光线强度逐渐减弱的方式。可以设置一个界限，超出该界限之后将没有光。这样做是为了减少渲染时间。在某一个距离之后，只有一点点光与没有光几乎没有区别，因而限定在某一个误差范围内可以减少计算时间。

b. 过滤颜色（C）

可以赋予光源任意颜色。光源颜色不同于我们所熟悉的染料颜色。3种主要的光源颜色是红、绿、黄（RGB），它们的混合可以创造出不同的颜色。例如，红色和绿色混合即可形成黄色，白色是光源的全部颜色之和，而黑色则没有任何光源颜色。

17.3.2 案例——添加点光源

延续“17.2.2节”的模型文件进行操作，为其添加点光源。

01 单击“快速访问”工具栏中的“打开”按钮，打开“第17章/17.2.2为模型添加材质-OK.dwg”文件，如图17-30所示。

02 在命令行输入POINTLIGHT命令，在模型附近添加点光源，其命令行操作如下。

```
    命令: _pointlight                                                    //输入“点光源”命令
    指定源位置 <0,0,0>:                                                  //指定源位置
    输入要更改的选项 [名称(N)/强度因子(I)/状态(S)/光度(P)/阴影(W)/衰减(A)/过滤颜色(C)/
退出(X)] <退出>:I↙                                                       //编辑光照强度
    输入强度 (0.00 - 最大浮点数) <1>: 0.05↙                              //输入强度因子
    输入要更改的选项 [名称(N)/强度因子(I)/状态(S)/光度(P)/阴影(W)/衰减(A)/过滤颜色(C)/
退出(X)] <退出>: N                                                       //修改光源名称
    输入光源名称 <点光源1>: Point1↙                                       //输入光源名称为point1,按
Enter键结束
```

03 通过以上操作即可完成设置点光源，其效果如图 17-31 所示。

图 17-30　素材图样

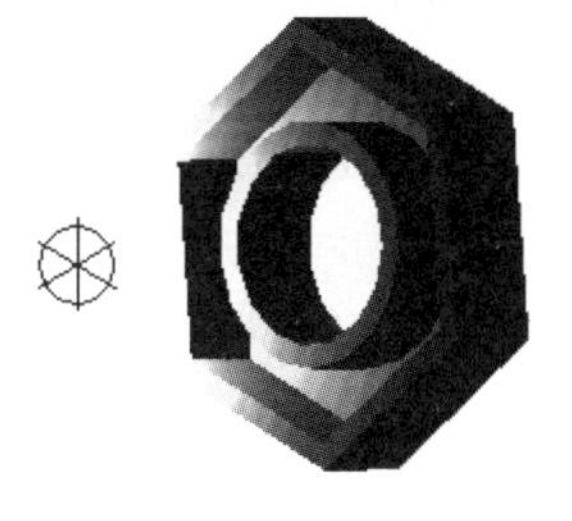

图 17-31　设置光源效果

17.3.3　聚光灯

聚光灯发射的是定向锥形光，投射的是一个聚焦的光束，可以通过调整光锥方向和大小来调整聚光灯的照射范围。聚光灯与点光源的区别在于聚光灯只有一个方向。因此，不仅要为聚光灯指定位置，还要指定其目标（要指定两个坐标而不是一个）。

调用“聚光灯”命令有以下几种方法。

- 功能区：单击“光源”面板上的“创建光源”按钮，在展开选项中单击“聚光灯”按钮，如图 17-32 所示。
- 菜单栏：选择“视图”｜“渲染”｜“光源”｜“新建聚光灯”命令，如图 17-33 所示。
- 命令行：SPOTLIGHT。

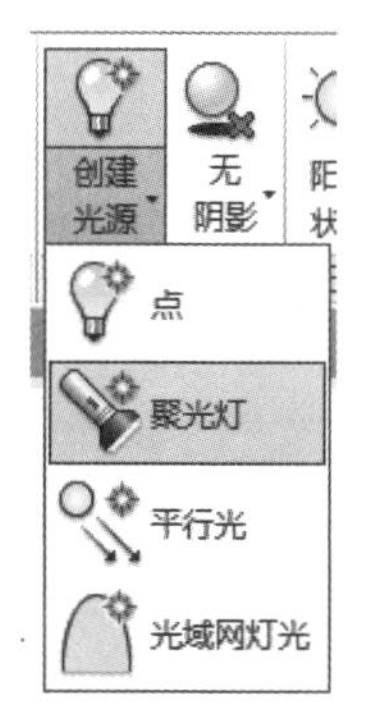

图 17-32　“聚光灯”按钮

图 17-33　“新建聚光灯”命令

执行“聚光灯”命令后，先定义光源位置，然后定义照射方向，照射方向由光源位置发出的一条直线确定，如图 17-34 所示。创建聚光灯的命令行编辑选项如下。

```
输入要更改的选项 [名称 (N) / 强度因子 (I) / 状态 (S) / 光度 (P) / 聚光角 (H) / 照射角 (F) / 阴影 (W) / 衰减 (A) / 过滤颜色 (C) / 退出 (X)] <退出>:
```

- 命令子选项说明

以下仅介绍“聚光角(H)”和“照射角(F)”两个选项，其他选项与点光源中的设置相同。

> “聚光角（H）”：照射最强的光锥范围，此区域内光照最强，衰减较少。将指针移动到聚光灯上，出现光锥显示如图 17-35 所示，内部虚线圆锥显示的范围即聚光角范围。

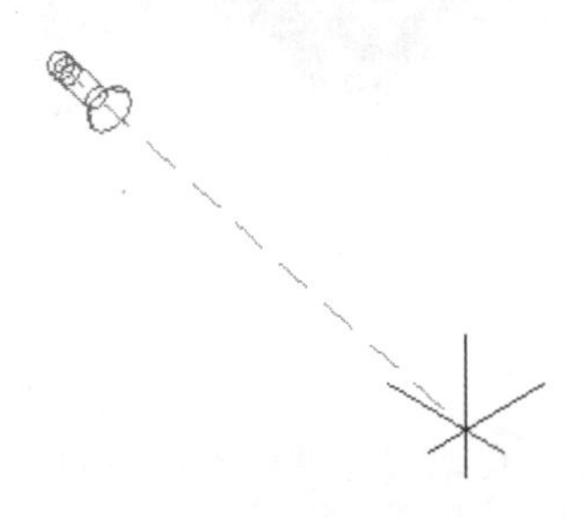

图 17-34　聚光灯的符号

> “照射角（F）”：聚光灯照射的外围区域，此范围内有光照，但强度呈逐渐衰减的趋势，如图 17-35 所示的外部虚线圆锥所示的范围即照射角范围。输入的照射角必须大于聚光角，其取值范围在 0° ~ 160° 。

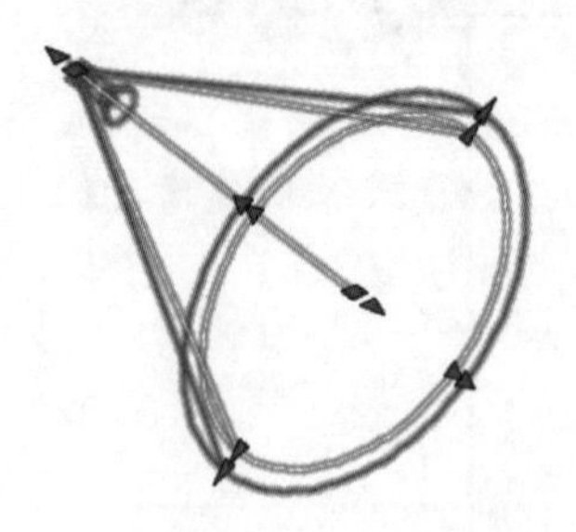

图 17-35　光锥

17.3.4　平行光

平行光仅向一个方向发射统一的平行光线。通过在绘图区指定光源的方向矢量的两个坐标，即可定义平行光的方向。调用“平行光”命令有以下几种方法。

> 功能区：单击“光源”面板上的“创建光源”按钮，在展开选项中单击“平行光”按钮，如图 17-36 所示。

图 17-36　“平行光”按钮

> 菜单栏：选择“视图”|“渲染”|“光源”|“新建平行光”命令，如图 17-37 所示。

> 命令行：DISTANTLIGHT。

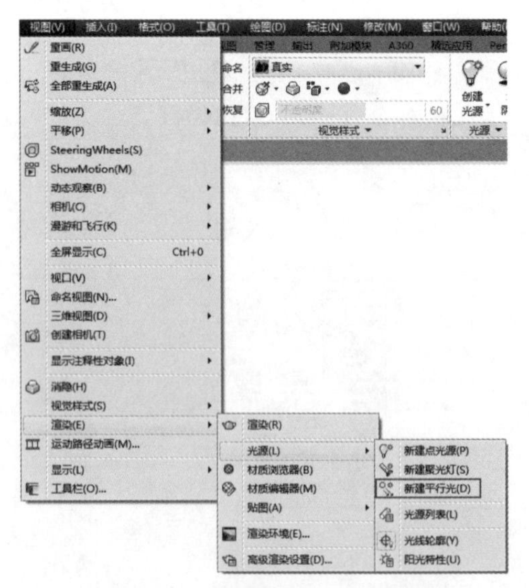

图 17-37　“新建平行光”命令

执行“新建平行光”命令之后，系统弹出如图 17-38 所示的对话框。该对话框的含义是，目前设置的光源单位是光度控制单位（美制光源单位或国际光源单位），使用平行光可能会产生过度曝光。

在如图 17-38 所示的对话框中，只有选择“允许平行光”选项，才可以继续创建平行光。或者在“光源”面板下的展开面板中，将光源单位设置为“常规光源单位”，如图 17-39 所示。

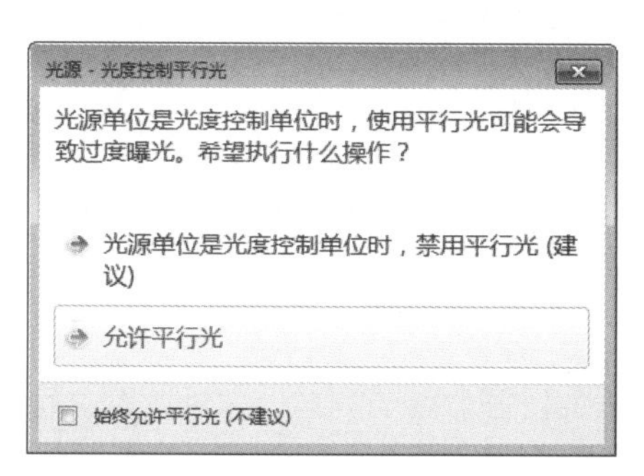

图 17-38　“光源 - 光度控制平行光”对话框

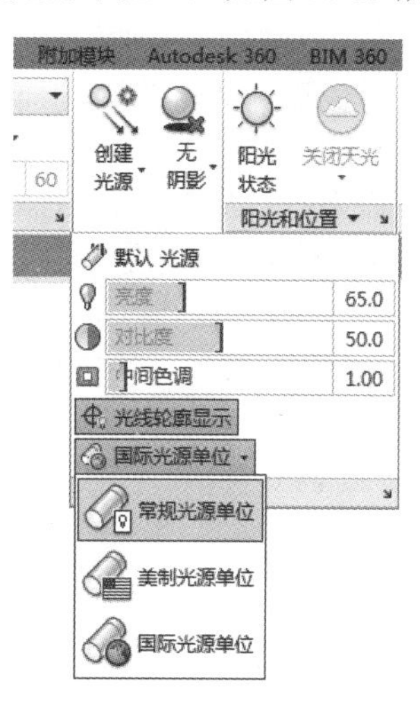

图 17-39　选择光源单位

17.3.5　案例——添加室内平行光照

平行光照可以用来为室内添加采光，能最大限度地还原真实的室内光影效果。

01 打开素材“第 17 章 /17.3.5 添加室内平行光照 .dwg”，如图 17-40 所示。

02 在“渲染”选项卡中，展开“光源”面板上的“创建光源”列表，选择“平行光”选项，在模型上添加平行光照射，命令行操作如下。

```
命令： _distantlight                                          // 调用“平行光”命令
指定光源来向 <0,0,0> 或 [ 矢量 (V)]: -120,-120,120 ↙         // 指定方向矢量的起点
指定光源去向 <1,1,1>:50, -30, 0 ↙                             // 指定方向矢量的终点坐标
输入要更改的选项 [ 名称 (N) / 强度 (I) / 状态 (S) / 阴影 (W) / 颜色 (C) / 退出 (X)]: I ↙
                                                              // 选择“强度”选项
输入强度 (0.00 - 最大浮点数) <1>:2 ↙                           // 输入光照的强度为 2
输入要更改的选项 [ 名称 (N) / 强度 (I) / 状态 (S) / 阴影 (W) / 颜色 (C) / 退出 (X)]: ↙
                                                  // 按 Enter 键结束编辑，完成光源创建
```

03 通过以上操作，完成平行光的创建，光照的效果如图 17-41 所示。

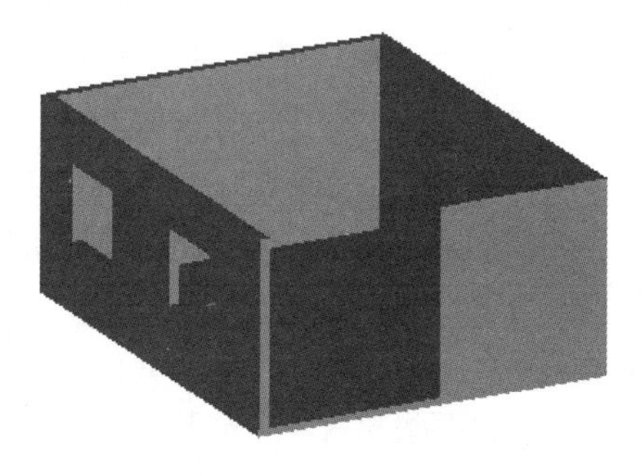

图 17-40　室内模型

图 17-41　平行光照的效果

17.3.6 光域网灯光

光域网是光源中强度分布的三维表示，光域网灯光可以用于表示各向异性光源分布，此分布来源于现实中的光源制造商提供的数据。

调用“光域网灯光”命令有以下几种方法。

- 功能区：单击“光源”面板中的“创建光源”按钮，在展开选项中单击“光域网灯光”按钮。
- 命令行：WEBLIGHT。

光域网的设置同点光源，但多出一个“光域网”设置选项，用来指定灯光光域网文件。

17.4 渲染

材质、光照等调整完毕后，即可进行渲染来生成所需的图像。下面介绍一些高级渲染设置，即最终渲染前的设置。

17.4.1 设置渲染环境

渲染环境主要是用于控制对象的雾化效果或者图像背景，用以增强渲染效果。执行“渲染环境”命令有以下几种方法。

- 功能区：在“可视化”选项卡中，在“渲染”面板的下拉列表中单击“渲染环境和曝光”按钮。
- 菜单栏：选择“视图”|“渲染”|“渲染环境”命令。
- 命令行：RENDERENVIRONMENT。

执行该命令后，弹出“渲染环境和曝光”选项板，如图17-42所示，在该选项版中可进行渲染前的设置。

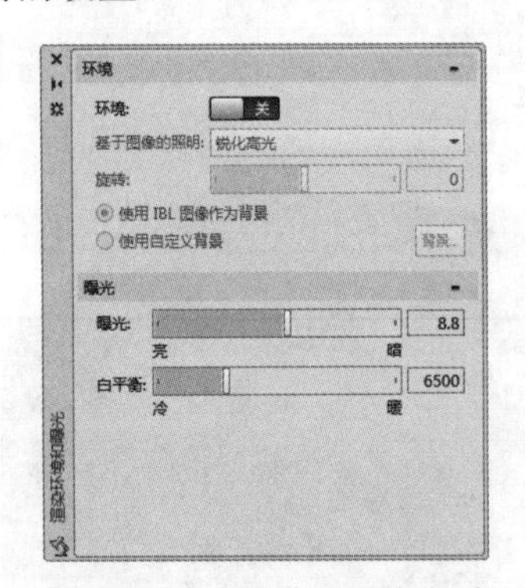

图 17-42 “渲染环境和曝光”选项板

在该选项板中，可以开启或禁用雾化效果，也可以设置雾的颜色，还可以定义对象与当前观察方向之间的距离。

17.4.2 执行渲染

在模型中添加材质、灯光之后即可执行渲染，并可在渲染窗口中查看效果。调用“渲染”命令有以下几种方法。

- 菜单栏：选择“视图”|“渲染”|“渲染”命令。
- 功能区：在“可视化”选项卡中，单击“渲染”面板上的“渲染”按钮。
- 命令行：RENDER。

对模型添加材质和光源之后，在绘图区显示的效果并不十分真实，因此接下来需要使用AutoCAD的渲染工具，在渲染窗口中显示该模型。

在真实环境中，影响物体外观的因素是很复杂的，在AutoCAD中为了模拟真实环境，通常需要经过反复试验才能够得到所需的结果。渲染图形的步骤如下。

01 使用默认设置开始尝试渲染。从渲染效果拟定要设置哪些因素，如光源类型、光照角度、材质类型等。

02 创建光源。AutoCAD 提供了 4 种类型的光源：默认光源、平行光（包括太阳光）、点光源和聚光灯。

03 创建材质。材质为材料的表面特性，包括颜色、纹理、反射光（亮度）、透明度、折射率，以及凹凸贴图等。

04 将材质附着到图形中的对象上，可以根据对象或图层附着材质。

05 添加背景或雾化效果。

06 如果需要，调整渲染参数。

07 渲染图形。

上述步骤的顺序并不严格，例如，可以在创建并附着材质后再添加光源。另外，在渲染后，可能发现某些地方需要改进，此时可以返回到前面的步骤进行修改。

全部设置完成并执行该命令后，系统打开渲染窗口，并自动进行渲染处理，如图 17-43 所示。

图 17-43　渲染窗口

17.4.3　案例——渲染水杯

通过渲染即可得到极为逼真的图形，如果参数设置得当，甚至可以获得真实相片级别的图像。

01 单击“快速访问”工具栏中的“打开”按钮，打开“第 17 章 /17.4.3 渲染水杯 .dwg”文件，如图 17-44 所示。

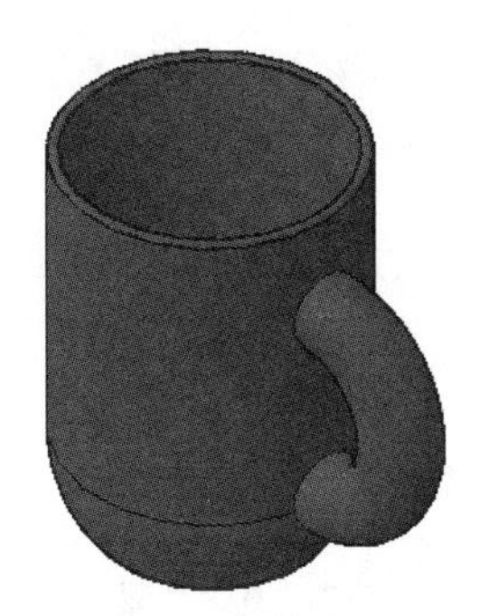

图 17-44　素材图样

02 在“渲染”选项卡中，单击“材质”面板中的“材质浏览器”按钮。在弹出的“材质浏览器”面板中选择“陶瓷 - 海边蓝色”选项，如图 17-45 所示。

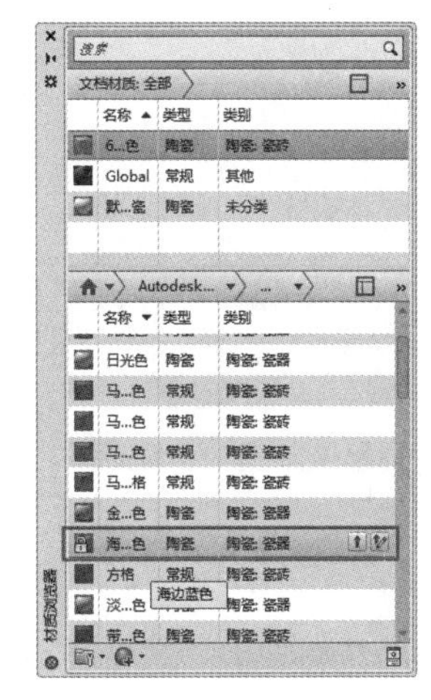

图 17-45　选择材质颜色

03 选择此材质，将其拖曳到绘图区图形上，给素材图形添加材质效果，调整参数，效果如图 17-46 所示。

图 17-46　添加材质效果

04 在“视图”选项卡中，单击“视图”面板上的“视图管理器”按钮，系统弹出“视图管理器”对话框，如图 17-47 所示。

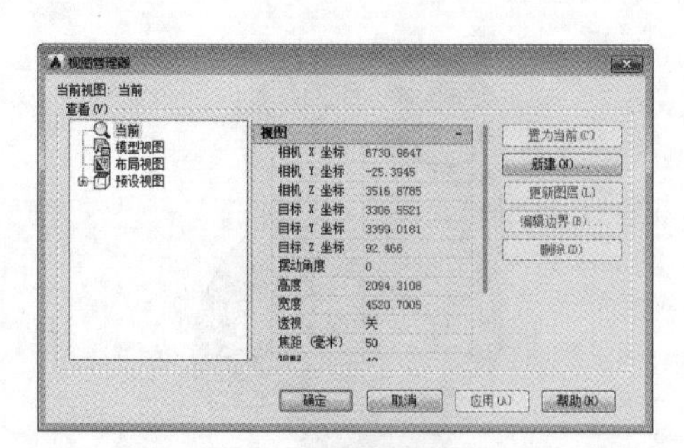

图 17-47 “视图管理器”对话框

05 单击“新建”按钮，系统弹出“新建视图/快照特性”对话框，在视图名称中输入“水杯背景”，展开“背景”列表，选择“图像”选项，如图 17-48 所示。此时系统将弹出如图 17-49 所示的“背景”对话框。

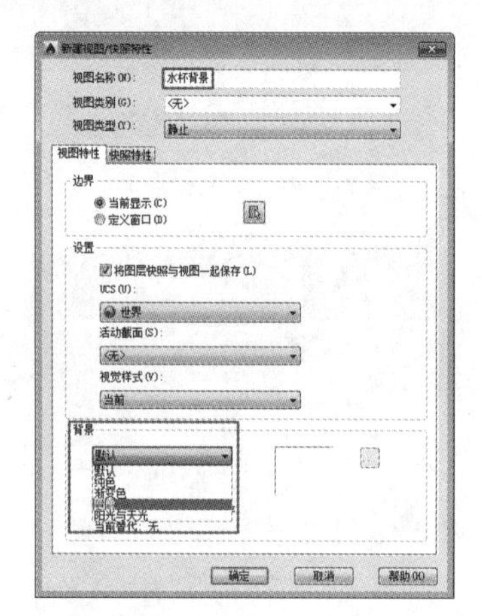

图 17-48 “新建视图/快照特性”对话框

图 17-49 “背景”对话框

06 单击“浏览”按钮，浏览到素材“第 17 章\17-5 水杯背景 .JPEG”文件，如图 17-50 所示，打开此文件。

图 17-50 选择背景文件

07 选中背景后单击“调整图像”按钮，系统弹出“调整背景图像”对话框，如图 17-51 所示，设置“图像位置”为平铺。

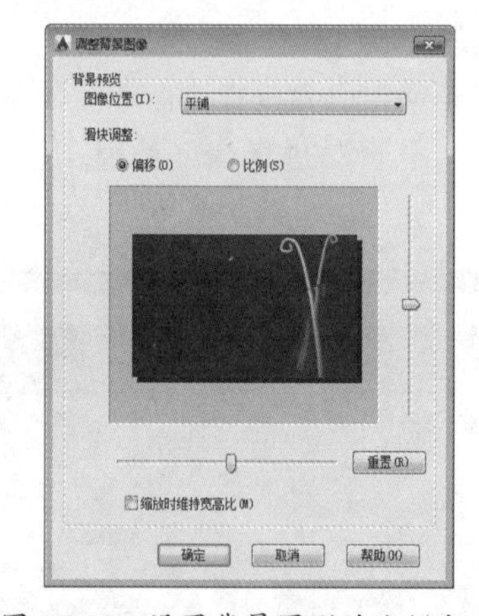

图 17-51 设置背景图形的比例大小

08 单击“确定”按钮，关闭一系列对话框，回到“视图管理器”对话框，单击“设置为当前”按钮，将视图应用到图形中，调整实体位置，效果如图 17-52 所示。

图 17-52 插入背景

09 单击“光源”面板中的“阴影”复选框，选择“地面阴影”；单击“阳光和位置”面板中的“阳光状态”按钮，打开阳光，单击“实际位置”根据实际效果，选择时区来调整底面阴影的显示位置。其效果如图 17-53 所示。

10 在“渲染”选项卡中，单击“渲染”面板中的“渲染”按钮，即可完成渲染操作，效果如图 17-54 所示。

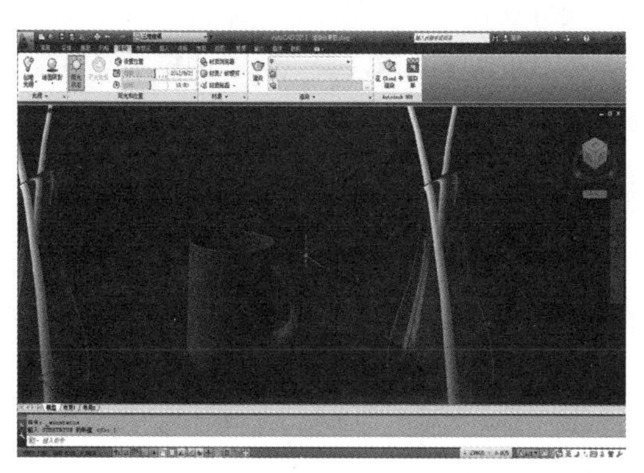

图 17-53　设置阴影

图 17-54　渲染效果

第 18 章　机械设计与绘图

机械制图是用图样确切表示机械的结构形状、尺寸大小、工作原理和技术要求的学科。图样由图形、符号、文字和数字组成，是表达设计意图和制造要求及交流经验的技术文件，常被称为工程界的语言。本章讲解 AutoCAD 在机械制图中的应用方法与技巧。

18.1　机械设计概述

所谓“机械设计”（Machine design），便是根据使用要求对机械的工作原理、结构、运动方式、力和能量的传递方式、各个零件的材料和形状尺寸、润滑方法等进行构思、分析和计算，并将其转化为具体的描述以作为制造依据的工作过程。而这个“具体的描述”便是本章所讲的机械制图。

18.1.1　机械制图的标准

图样被称为工程界的语言，作为一种语言必须对其进行统一、规范。对于机械图样的图形画法、尺寸标注等，国家做了明确的标准规定。在绘制机械图样的过程中，应了解和遵循这些绘图标准和规范。

- 《技术制图比例》GB/T 14690-1993
- 《技术制图字体》GB/T 14691-1993
- 《机械工程 CAD 制图规则》GB/T 14665-2012
- 《机械制图图样画法 视图》GB/T 4458.1-2002
- 《技术制图简化表示法 第 1 部分：图样画法》GB/T 16675.1-2002

1．图形比例标准

比例是指机械制图中图形与实物相应要素的尺寸之比。例如，比例为 1 ∶ 1 表示实物与图样相应的尺寸相等，比例大于 1 则实物的大小比图样的大小要小，称为“放大比例”；比例小于 1 则实物的大小比图样的大小要大，称为“缩小比例”。

如表 18-1 所示为国家标准 GB/T 14690-1993《技术制图比例》规定的制图比例种类和系列。

表 18-1　比例的种类与系列

比例种类	比　例	
	优先选取的比例	允许选取的比例
原比例	1:1	1:1
放大比例	5:1　2:1 5×10n:1　2×10n:1　1×10n:1	4:1　2.5:1 4×10n:1　2.5×10n:1
缩小比例	1:2　1:5　1:10 1:2×10n　1:5×10n　1:1×10n	1:1.5　1:2.5　1:3 1:4　1:1.5×10n　1:2.5×10n 1:3×10n　1:4×10n

机械制图中常用的3种比例为2 ∶ 1、1 ∶ 1和1 ∶ 2。比例的标注符号应以“∶”表示，标注方法如1 ∶ 1、1 ∶ 100等。比例一般应标注在标题栏的比例栏内，局部视图或者剖视图也需要在视图名称的下方或者右侧标注比例，如图18-1所示。

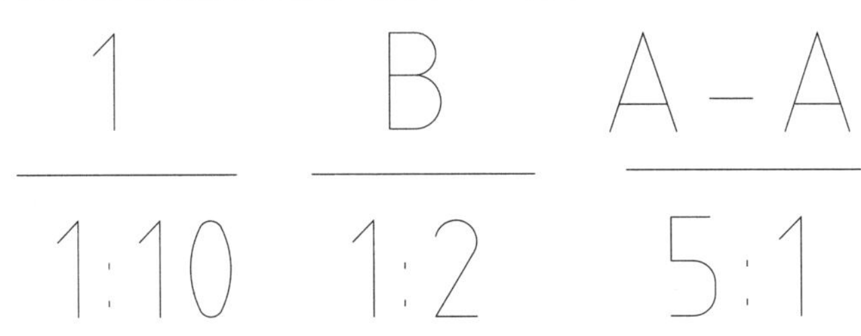

图18-1　比例的另行标注

2．字体标准

文字是机械制图中必不可少的要素，因此国家标准对字体也做了相应的规定，详见GB/T 14691-1993《技术制图字体》。对机械图样中书写的汉字、字母、数字的字体及号（字高）规定如下。

- 图样中书写的字体必须做到：字体端正、笔画清楚、排列整齐、间隔均匀。汉字应写成长仿宋体，并应采用国家正式公布推行的简化字。
- 字体的高度（单位为“毫米”），分为20、14、10、7、5、3.5、2.5这7种，字体的宽度约等于字体高度的2/3。
- 斜体字字头向右倾斜，与水平线约成75° 角。
- 用作指数、分数、极限偏差、注脚等的数字及字母，一般采用小一号字体。

3．图线标准

在GB/T 14665-2012《机械工程CAD制图规则》中，对机械图形中使用的各种图层的名称、线型、线宽及在图形中的格式都做了相关规定，整理如表18-2所示。

表18-2　图线的形式和作用

图线名称	图线	线宽	用于绘制的图形
粗实线（轮廓线）	▬▬▬▬	b	可见轮廓线
细实线	————	约b/3	剖面线、尺寸线、尺寸界线、引出线、弯折线、牙底线、齿根线、辅助线、过渡线等
细点划线	—·——·—	约b/3	中心线、轴线、齿轮节线等
虚线	—— —— ——	约b/3	不可见轮廓线、不可见过渡线
波浪线	∽∽	约b/3	断裂处的边界线、剖视和视图的分界线
粗点划线	▬·▬·▬·▬	b	有特殊要求的线或者表面的表示线
双点画线	—··——··—	约b/3	相邻辅助零件的轮廓线、极限位置的轮廓线、假象投影轮廓线

技术专题：绘图时的线宽

线宽栏中的b代表基本线宽，可以自行设定。推荐值b=2.0、1.4、1.0、0.7、0.5或0.35mm。同一幅图纸中，应采用相同的b值。

4. 尺寸标注标准

在 GB/T 4458.4-2003《机械制图尺寸注法》中，对尺寸标注的基本规则、尺寸线、尺寸界线、标注尺寸的符号、简化标注，以及尺寸的公差与配合标注等，都有详细的规定。这些规定大致总结如下。

- 尺寸线和尺寸界限
  - ➢ 尺寸线和尺寸界线均以细实线画出。
  - ➢ 线性尺寸的尺寸线应平行于表示其长度或距离的线段。
  - ➢ 图形的轮廓线，中心线或它们的延长线，可以用作尺寸界线，但是不能用作尺寸线，如图 18-2 所示。

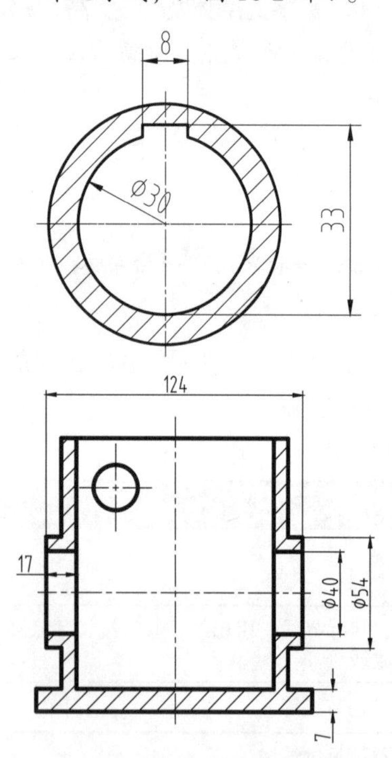

图 18-2 尺寸线和尺寸界线

  - ➢ 尺寸界线一般应与尺寸线垂直。当尺寸界线过于贴近轮廓线时，允许将其倾斜画出，在光滑过渡处，需用细实线将其轮廓线延长，从其交点引出尺寸界线。

- 尺寸线终端的规定

尺寸线终端有箭头或者细斜线、点等多种形式。机械制图中使用的是箭头，如图 18-3 所示。箭头适用于各类图形的标注，箭头尖端与尺寸界线接触，不得超出或者离开。

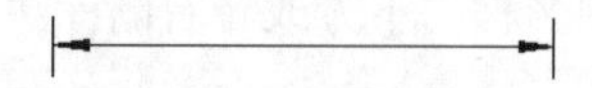

图 18-3 机械标注的尺寸线终端形式

- 尺寸数字的规定

线型尺寸的数字一般标注在尺寸线的上方或者尺寸线中断处。同一图样内尺寸数字的字号大小应致，位置不够可引出标注。当尺寸线呈竖直方向时，尺寸数字在尺寸的左侧，字头朝左，其余方向时，字头需朝上，如图 18-4 所示。尺寸数字不可被任何线穿过。当尺寸数字不可避免被图线通过时，必须把图线断开，如图 18-5 所示的中心线，为了避免干扰 4-Ø7 尺寸，便在左侧断开。

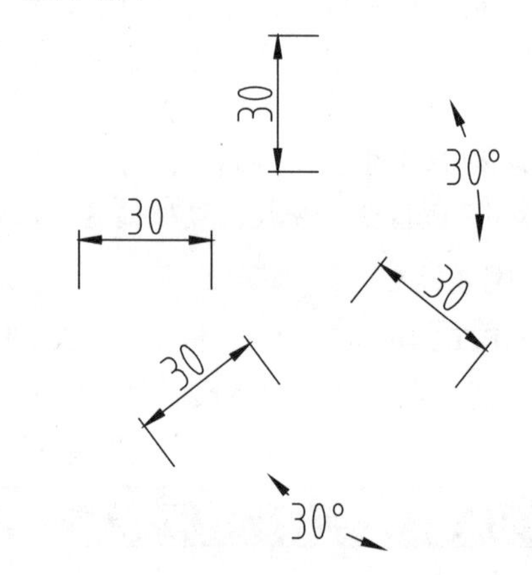

图 18-4 尺寸标注

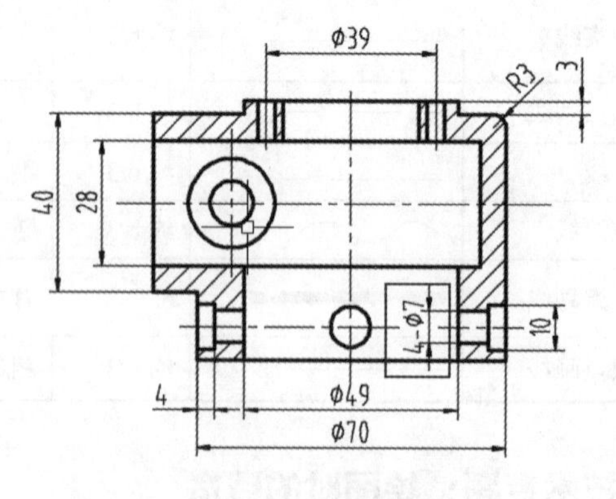

图 18-5 尺寸数字

尺寸数字前的符号用来区分不同类型的尺寸，如表 18-3所示。

表 18-3　尺寸标注常见前缀符号的含义

Ø	R	S	t	□	±	×	<	-
直径	半径	球面	零件厚度	正方形	正负偏差	参数分隔符	斜度	连字符

- 直径及半径尺寸的标注

直径尺寸的数字前应加前缀 φ，半径尺寸的数字前加前缀 R，其尺寸线应通过圆弧的圆心。当圆弧的半径过大时，可以使用如图 18-6 所示两种圆弧标注方法。

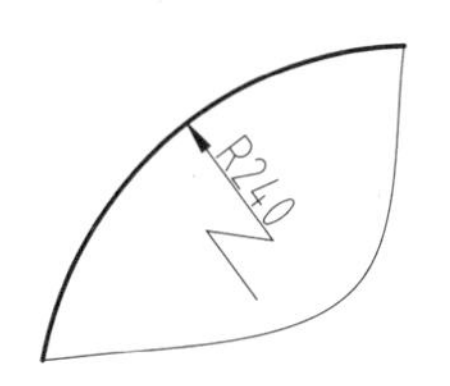

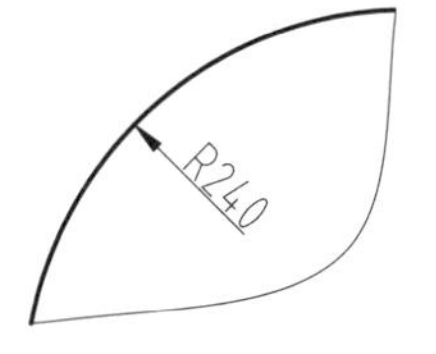

图 18-6　圆弧半径过大的标注方法

- 弦长及弧长尺寸的标注
  - 弦长和弧长的尺寸界限应平行于该弦或者弧的垂直平分线，当弧度较大时，可沿径向引出尺寸界限。
  - 弦长的尺寸线为直线，弧长的尺寸线为圆弧，在弧长的尺寸线上方需用细实线画出“︵”弧度符号，如图 18-7 所示。

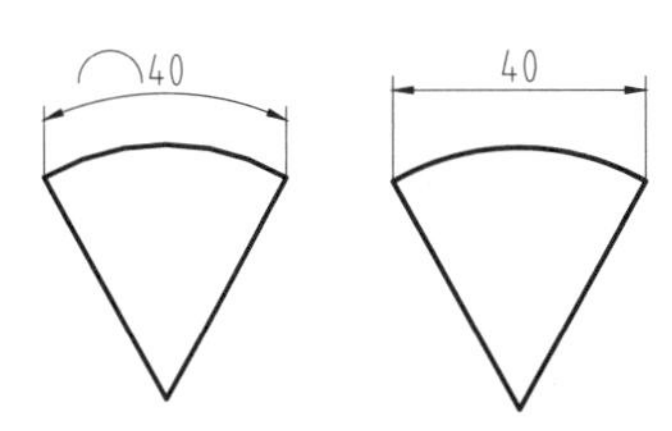

图 18-7　弧长和弦长的标注

- 球面尺寸的标注

标注球面的直径和半径时，应在符号 φ 和 R 前再加前缀 S，如图 18-8 所示。

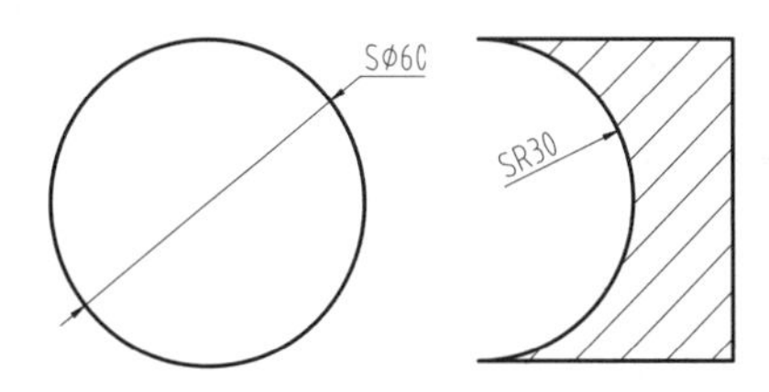

图 18-8　球面标注方法

- 正方形结构尺寸的标注

对于正截面为正方形的结构，可在正方形边长尺寸之前加前缀□或以“边长 × 边长”的形式进行标注，如图 18-9 所示。

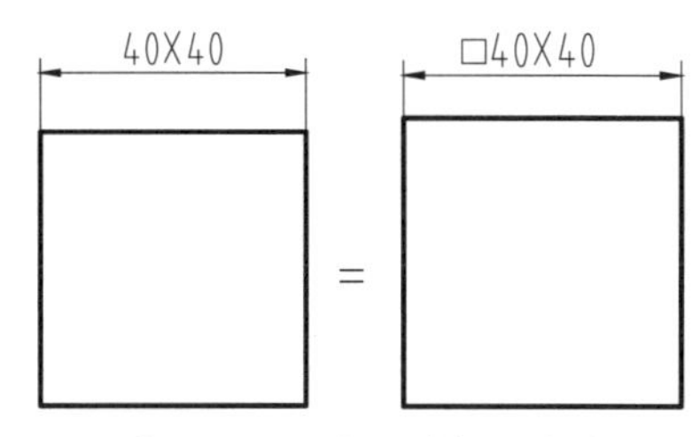

图 18-9　正方形的标注方法

- 角度尺寸标注
  - 角度尺寸的尺寸界限应沿径向引出，尺寸线为圆弧，圆心是该角的顶点，尺寸线的终端为箭头。
  - 角度尺寸值一律写成水平方向，一般注写在尺寸线的中断处，角度尺寸标注如图 18-10 所示。

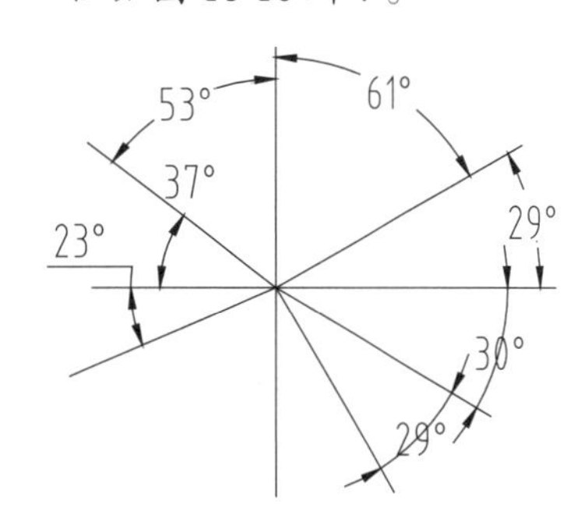

图 18-10　角度尺寸的标注

其他结构的标注请参考国家相关标准。

18.1.2　机械制图的表达方法

机械制图的目的是表达零件的尺寸结构，因此通常通过三视图外加剖视图、断面图、放大图等辅助视图的方法进行表达。本节便介绍这类视图的表达方法。

1．视图及投影方法

机械工程图样是用一组视图，并采用适当的投影方法表示机械零件的内外结构形状。视图是按正投影法即机件向投影面投影得到的图形，视图的绘制必须符合投影规律。

机件向投影面投影时，观察者、机件与投影面三者之间有两种相对位置：机件位于投影面和观察者之间时称为“第一角投影法”；投影面位于机件与观察者之间时称为“第三角投影法”。我国国家标准规定采用第一角投影法。

- 基本视图

三视图是机械图样中最基本的图形，它是将物体放在三投影面体系中，分别向3个投影面做投射所得到的图形，即主视图、俯视图、左视图，如图18-11所示。

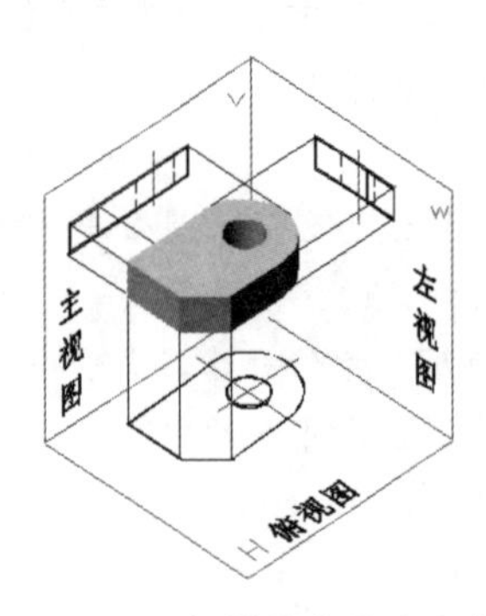

图18-11　三视图形成原理示意图

将三投影面体系展开在一个平面内，三视图之间满足三等关系，即主俯视图长对正、主左视图高平齐、俯左视图宽相等，如图18-12所示，三等关系这个重要的特性是绘图和读图的依据。

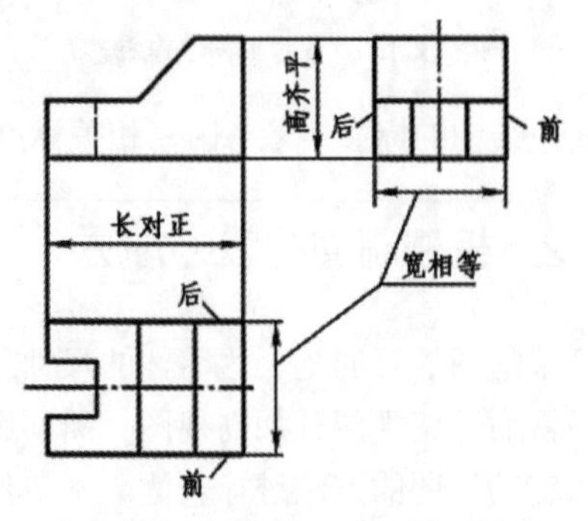

图18-12　三视图之间的投影规律

当机件的结构十分复杂时，使用三视图来表达机件就十分困难。国标规定，在原有的3个投影面上增加3个投影面，使得整个6个投影面形成一个正六面体，它们分别是：右视图、主视图、左视图、后视图、仰视图、俯视图，如图18-13所示。

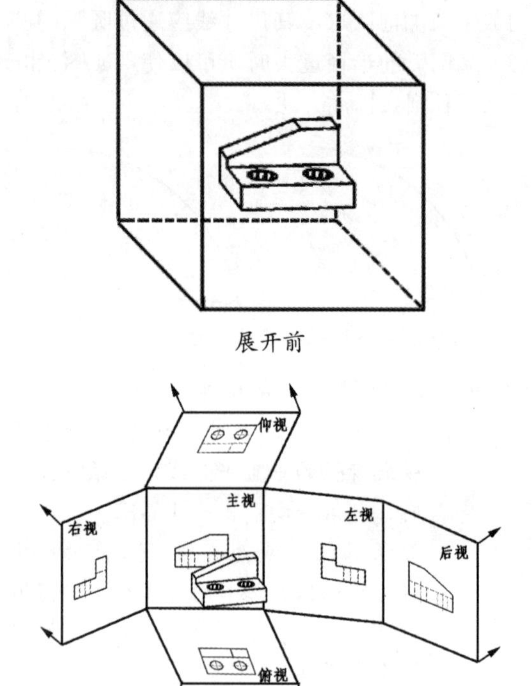

图18-13　6个投影面及展开示意图

- 主视图：由前向后投影的是主视图。
- 俯视图：由上向下投影的是俯视图。
- 左视图：由左向右投影的是左视图。
- 右视图：由右向左投影的是右视图。
- 仰视图：由下向上投影的是仰视图。
- 后视图：由后向前投影的是后视图。

各视图展开后都要遵循“长对正、高平齐、宽相等”的投影原则。

- 向视图

有时为了便于合理地布置基本视图，可以采用向视图。

向视图是可自由配置的视图，它的标注方法为：在向视图的上方注写X（X为大写的英文字母，如A、B、C等），并在相应视图的附近用箭头指明投影方向，并注写相同的字母，如图18-14所示。

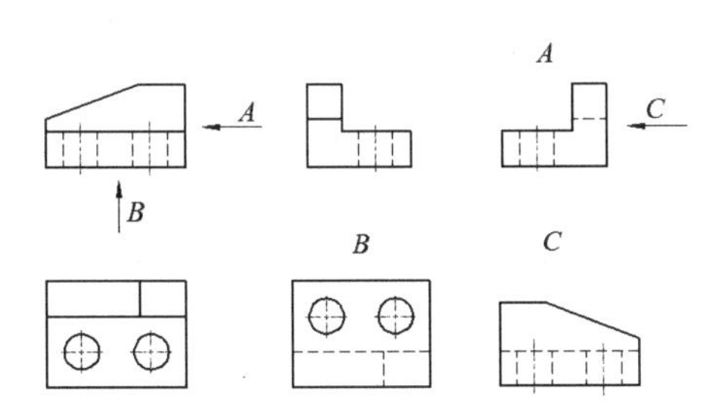

图18-14 向视图示意图

- 局部视图

当采用一定数量的基本视图后，机件上仍有部分结构形状尚未表达清楚，而又没有必要再画出完整的其他基本视图时，可采用局部视图来表达。

局部视图是将机件的某一部分向基本投影面投影得到的视图。局部视图是不完整的基本视图，利用局部视图可以减少基本视图的数量，使表达简洁，重点突出。

局部视图一般用于下面两种情况。

➢ 用于表达机件的局部形状。如图18-15所示，画局部视图时，一般可按向视图（指定某个方向对机件进行投影）的配置形式配置。当局部视图按基本视图的配置形式配置时，可省略标注。

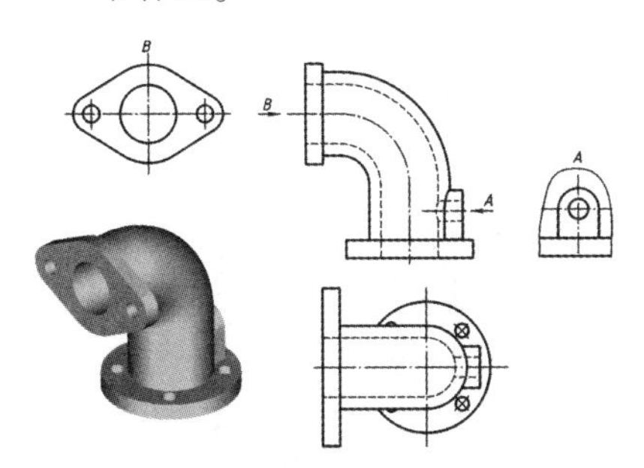

图18-15 向视图配置的局部视图

➢ 用于节省绘图时间和图幅，对称的零件视图可只画1/2或1/4，并在对称中心线画出两条与其垂直的平行细直线，如图18-16所示。

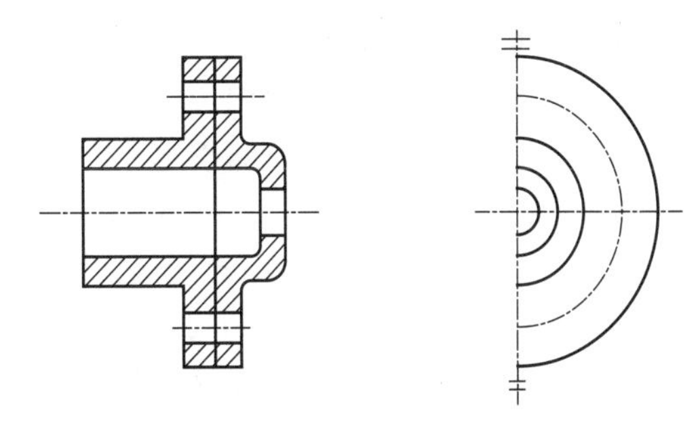

图18-16 对称零件的局部视图

画局部视图时应注意以下几点。

➢ 在相应的视图上用带字母的箭头指明所表示的投影部位和投影方向，并在局部视图上方用相同的字母标明X。

➢ 局部视图尽量画在有关视图的附近，并直接保持投影联系，也可以画在图纸内的其他地方。当表示投影方向的箭头标在不同的视图上时，同一部位的局部视图的图形方向可能不同。

➢ 局部视图的范围用波浪线表示。所表示的图形结构完整，且外轮廓线又封闭时，则波浪线可省略。

- 斜视图

将机件向不平行于任何基本投影面的投影面进行投影，所得到的视图称为“斜视图”。斜视图适合于表达机件上的斜表面的实形。如图18-17所示是一个弯板形机件，它的倾斜部分在俯视图和左视图上的投影都不是实形。此时即可另外加一个平行于该倾斜部分的投影面，在该投影面上则可以画出倾斜部分的实形投影。

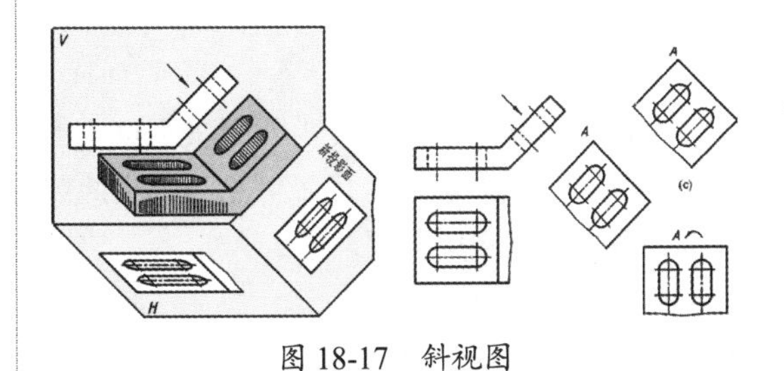

图18-17 斜视图

斜视图的标注方法与局部视图相似，并且应尽可能配置在与基本视图直接保持投影联系的位置，也可以平移到图纸内的适当地方。为了画图方便，也可以旋转。此时应在该斜视图上方画出旋转符号，表示该斜视图名称的大写拉丁字面靠近旋转符号的箭头端，如图 18-17 所示，也允许将旋转角度标注在字母之后。旋转符号为带有箭头的半圆，半圆的线宽等于字体笔画的宽度，半圆的半径等于字体高度，箭头表示旋转方向。

画斜视图时增设的投影面只垂直于一个基本投影面，因此，机件上原来平行于基本投影面的一些结构，在斜视图中最好以波浪线为界而省略不画，以避免出现失真的投影。

2. 剖视图

在机械绘图中，三视图可基本表达机件外形，对于简单的内部结构可用虚线表示。但当零件的内部结构较复杂时，视图的虚线也将增多，要清晰地表达机件内部形状和结构，必须采用剖视图的画法。

- 剖视图的概念

用剖切平面剖开机件，将处在观察者和剖切平面之间的部分移去，而将其与部分向投影面投射所得的图形称为“剖视图”，简称“剖视”，如图 18-18 所示。

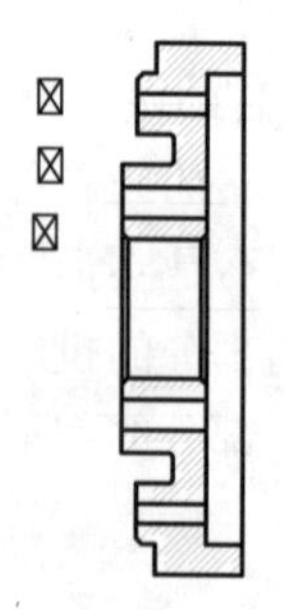
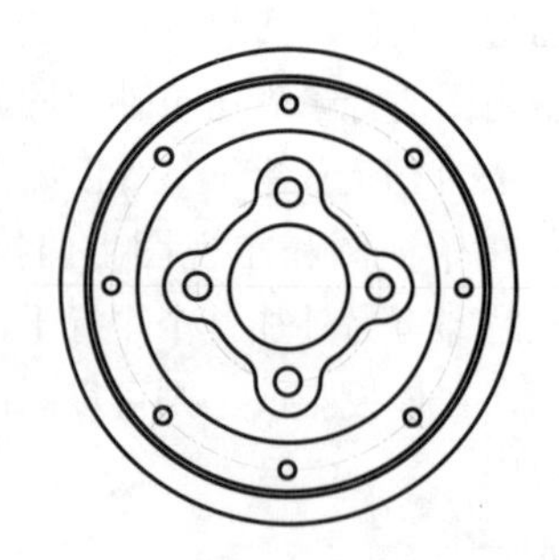

图 18-18　剖视图

剖视图将机件剖开，使内部原来不可见的孔、槽变为可见，虚线变成了可见线。由此解决了内部虚线过多的问题。

- 剖视图的画法

剖视图的画法应遵循以下原则。

- 画剖视图时，要选择适当的剖切位置，使剖切图平面尽量通过较多的内部结构（孔、槽等）的轴线或对称平面，并平行于选定的投影面。
- 内外轮廓要完整。机件剖开后，处在剖切平面之后的所有可见轮廓线都应完整画出，不得遗漏。
- 要画剖面符号。在剖视图中，凡是被剖切的部分应画上剖面符号。金属材料的剖面符号应画成与水平方向成 45° 的互相平行、间隔均匀的细实线，同一个机件各个视图的剖面符号应相同。但是如果图形主要轮廓与水平方向成 45° 角或接近 45° 角时，该图剖面线应画成与水平方向 30° 或 60° 角，其倾斜方向仍应与其他视图的剖面线一致。

- 剖视图的分类

为了用较少的图形完整清晰地表达机械结构，就必须使每个图形能较多地表达机件的形状。在同一个视图中将普通视图与剖视图结合使用，能够最大限度地表达更多结构。按剖切范围的大小，剖视图可分为全剖视图、半剖视图、局部剖视图。按剖切面的种类和数量，剖视图可分为阶梯剖视图、旋转剖视图、斜剖视图和复合剖视图。

a. 全剖视图的绘制

用剖切平面将机件全部剖开后进行投影所得到的剖视图称为“全剖视图”，如图 18-19 所示。全剖视图一般用于表达外部形状比较简单，而内部结构比较复杂的机件。

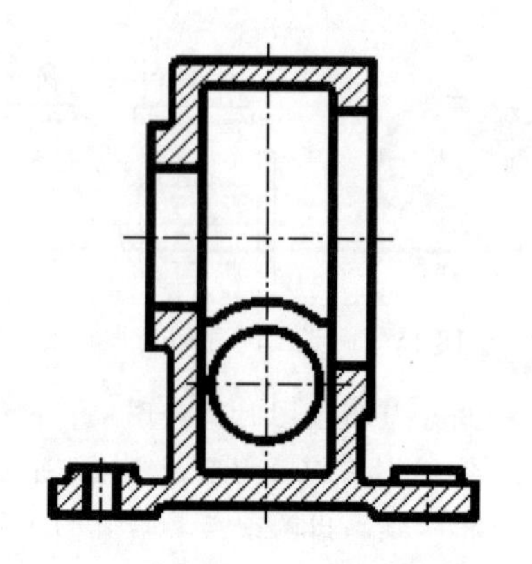

图 18-19　全剖视图

当剖切平面通过机件对称平面，且全剖视图按投影关系配置，中间又无其他视图隔开时，可以省略剖切符号标注，否则必须按规定方法标注。

b. 半剖视图的绘制

当物体具有对称平面时，向垂直对称平面的投影面上所得的图形，可以以对称中心线为界，一半画成剖视图，另一半画成普通视图，这种剖视图称为“半剖视图”，如图18-20所示。

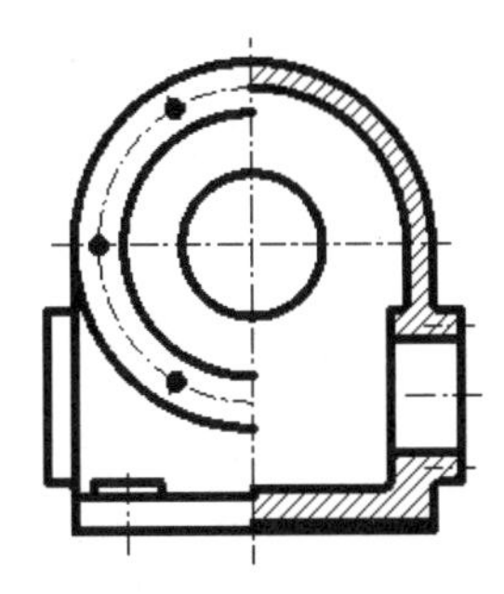

图 18-20　半剖视图

半剖视图既充分地表达了机件的内部结构，又保留了机件的外部形状，具有内外兼顾的特点。但半剖视图只适宜表达对称的或基本对称的机件。当机件的俯视图前后对称时，也可以使用半剖视图表示。

c. 局部剖视图的绘制

用剖切平面局部的剖开机件所得的剖视图称为“局部剖视图”，如图18-21所示。局部剖视图一般使用波浪线或双折线分界来表示剖切的范围。

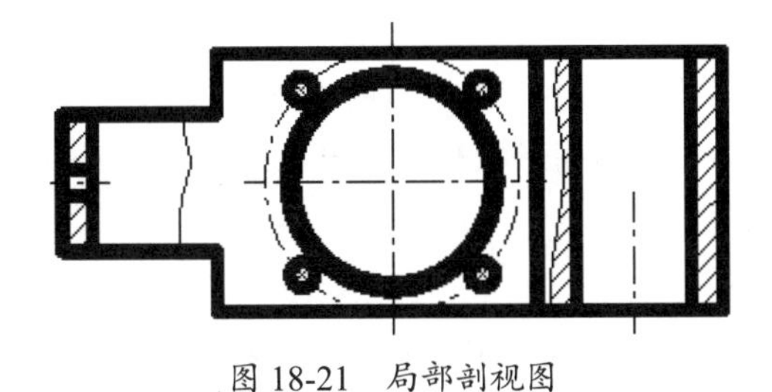

图 18-21　局部剖视图

局部剖视是一种比较灵活的表达方法，剖切范围根据实际需要决定。但使用时要考虑到看图方便，剖切不要过于零碎。它常用于下列两种情况。

- 机件只有局部内部结构要表达，而又不便或不宜采用全部剖视图时。
- 不对称机件需要同时表达其内、外形状时，宜采用局部剖视图。

3．断面图

假想用剖切平面将机件在某处切断，只画出切断面形状的投影并画上规定的剖面符号的图形称为“断面图”。断面一般用于表达机件的某部分的断面形状，如轴、孔、槽等结构。

注意区分断面图与剖视图，断面图仅画出机件断面的图形，而剖视图则要画出剖切平面以后所有部分的投影。

为了得到断面结构的实体图形，剖切平面一般应垂直于机件的轴线或该处的轮廓线。断面图分为移出断面图和重合断面图。

- 移出断面图

移出断面图的轮廓线用粗实线绘制，画在视图的外面，尽量放置在剖切位置的延长线上，一般情况下只需画出断面的形状，但是，当剖切平面通过回转曲面形成的孔或凹槽时，此孔或凹槽按剖视图画，或当断面为不闭合图形时，要将图形画成闭合的图形。

完整的剖面标记由3部分组成。粗短线表示剖切位置，箭头表示投影方向，拉丁字母表示断面图名称。当移出断面图放置在剖切位置的延长线上时，可省略字母；当图形对称(向左或向右投影得到的图形完全相同)时，可省略箭头；当移出断面图配置在剖切位置的延长线上，且图形对称时，可不加任何标记，如图18-22所示。

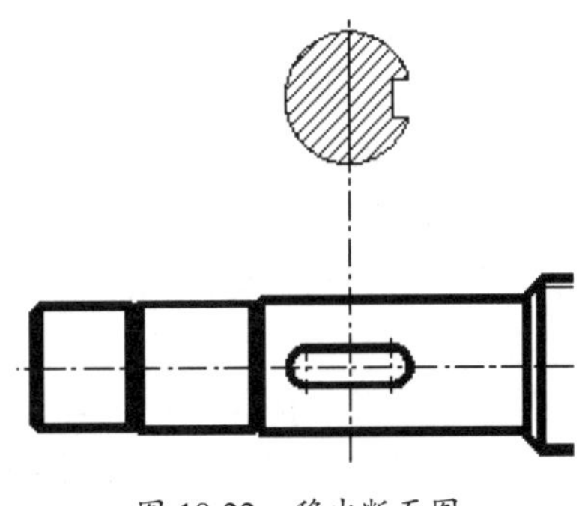

图 18-22　移出断面图

操作技巧：移出断面图也可以画在视图的中断处，此时若剖面图形对称，可不加任何标记；若剖面图形不对称，要标注剖切位置和投影方向。

- 重合断面图

剖切后将断面图形重叠在视图上，这样得到的剖面图称为“重合断面图”。

重合断面图的轮廓线要用细实线绘制，而且当断面图的轮廓线和视图的轮廓线重合时，视图的轮廓线应连续画出，不应间断。当重合断面图形不对称时，要标注投影方向和断面位置标记，如图18-23所示。

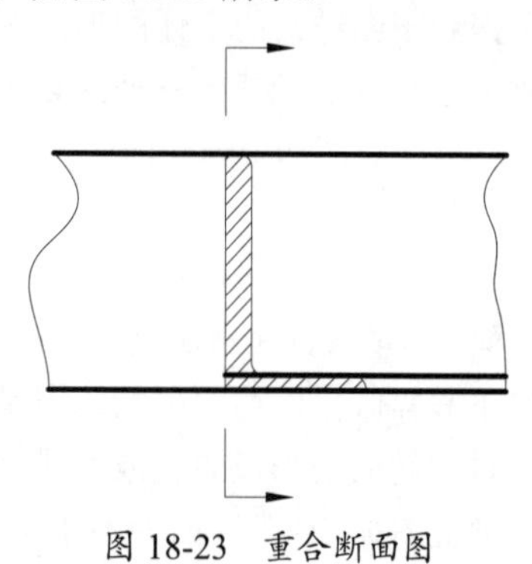

图 18-23　重合断面图

4. 放大图

当物体某些细小结构在视图上表示不清楚或不便标注尺寸时，可以用大于原图形的绘图比例在图纸上其他位置绘制该部分图形，这种图形称为“局部放大图”，如图18-24所示。

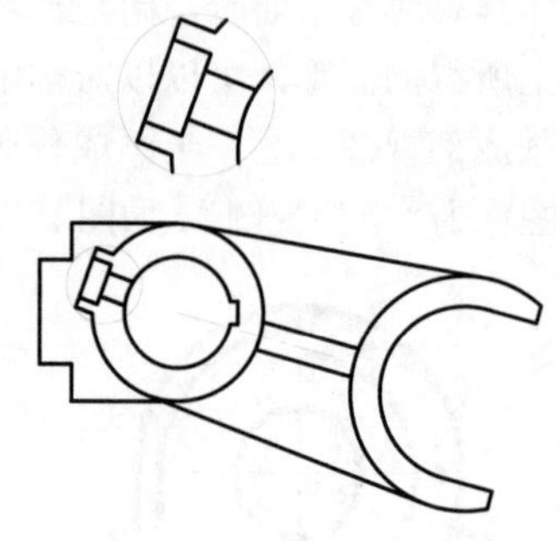

图 18-24　局部放大图

局部放大图可以画成视图、剖视或断面图，它与被放大部分的表达形式无关。画图时，在原图上用细实线圆圈出被放大部分，尽量将局部放大图配置在被放大图样部分附近，在放大图上方注明放大图的比例。若图中有多处要做局部放大时，还要用罗马数字作为放大图的编号。

18.2 机械设计图的内容

前文说过，机械设计是一项复杂的工作，设计的内容和形式也有很多种，但无论是其中的哪一种，机械设计体现在图纸上的结果都只有两个，即零件图和装配图。

18.2.1 零件图

零件图是制造和检验零件的主要依据，是设计部门提交给生产部门的重要技术文件，也是进行技术交流的重要资料。零件图不仅仅是把零件的内、外结构形状和大小表达清楚，还需要对零件的材料、加工、检验、测量提出必要的技术要求。

1. 零件图的类型

零件是部件中的组成部分。一个零件的机构与其在部件中的作用密不可分。零件按其在部件中所起的作用，以及结构是否标准化，大致可以分为以下3类。

- 标准件

常用的有螺纹连接件，如螺栓、螺钉、螺母，还有滚动轴承等。这一类零件的结构已经标准化，国家制图标准已指定了标准件的规定画法和标注方法。

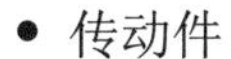

- 传动件

常用的有齿轮、蜗轮、蜗杆、胶带轮、丝杆等，这类零件的主要结构已经标准化，并且有规定画法。

- 一般零件

除了上述两类零件以外的零件都可以归纳到一般零件中，例如轴、盘盖、支架、壳体、箱体等。它们的结构形状、尺寸大小和技术要求由相关部件的设计要求和制造工艺要求而定。

2. 零件图绘制过程

零件图的绘制过程包括草绘和绘制工作图。草绘指设计师手工绘制的图纸，多用于测绘现有机械或零部件；工作图一般用AutoCAD等设计软件绘制，用于实际的生产。下面介绍在机械制图中，绘制零件图的基本步骤，本章中的零件图实例也是按此步骤进行绘制的。

a. 建立绘图环境

在绘制AutoCAD零件图形时，首先要建立绘图环境，建立绘图环境又包括以下三个方面。

- 设定工作区域大小一般是根据主视图的大小来进行设置。
- 在机械制图中，根据图形需要，不同含义的图形元素应放在不同的图层中，所以在绘制图形之前就必须设定图层。
- 使用绘图辅助工具，这里是指打开极轴追踪、对象捕捉等多个绘图辅助工具按钮。

操作技巧：为了提高绘图效率，可以根据图纸幅面大小的不同，分别建立若干个样板图，以作为绘图的模板。

a. 布局主视图

建立好绘图环境之后，就需要对主视图进行布局，布局主视图的一般方法是：先画出主视图的布局线，形成图样的大致轮廓，然后再以布局线为基准图元绘制图样的细节。布局轮廓时一般要画出的线条如下。

- 图形元素的定位线，如重要孔的轴线、图形对称线、一些端面线等。
- 零件的上、下轮廓线及左、右轮廓线。

a. 绘制主视图局部细节

在建立了几何轮廓后，即可考虑利用已有的线条来绘制图样的细节。绘图时，先把整个图形划分为几个部分，然后逐一绘制完成。在绘图过程中一般使用OFFSET（偏移）和TRIM（剪切）命令来完成图样细节。

b. 布局其他视图

主视图绘制完成后，接下来要画左视图及俯视图，绘制过程与主视图类似，首先形成这两个视图的主要布局线，然后画出图形细节。

c. 修饰图样

图形绘制完成后，常常要对一些图元的外观及属性进行调整，这方面主要包括：

- 修改线条长度。
- 修改对象所在图层。
- 修改线型。

d. 标注零件尺寸

图形已经绘制完成，那么就需要对零件进行标注。标注零件的过程一般是先切换到标注层，然后对零件进行标注。若有技术要求等文字说明，应当写在规定处。

b. 校核和审核

一幅合格的能直接用于加工生产的图纸不论是尺寸还是加工工艺各方面都是要经过反复修正审核的，换言之，一般只有经过审核批准的图纸才能用于加工生产。

18.2.2　装配图

在机械制图中，装配图是用来表达部件或机器的工作原理、零件之间的安装关系与相互位置的图样，包含装配、检验、安装时所需要的尺寸数据和技术要求，是指定装配工艺流程、进行装配、检验、安装，以及维修的技术依据，是生产中重要技术文件。在产品或部件的设计过程中，一般是先设计画出装配图，然后再根据装配图进行零件设计，画出零件图。

在装配过程中要根据装配图把零件装配成部件或者机器，设计者往往通过装配图了解部件的性能、工作原理和使用方法。装配图是设计者的设计细想的反映，指导装配、维修、使用机器，以及进行技术交流的重要技术资料，也经常用装配图来了解产品或部件的工作原理及构造。

1. 装配图表达的方法

零件的各种表达方法同样适用于装配图，在装配图中也可以使用各种视图、剖视图、断面图等表达方法来表示，但是零件图和装配图表达的侧重点不同，零件图需把各部分形状完全表达清楚，而装配图主要表达部件的装配关系、工作原理、零件间的装配关系及主要零件的结构形状等。因此，根据装配的特点和表达要求，国家标准对装配图提出了一些规定画法和特殊的表达方法。

- 装配图规定的画法
  - ➢ 两相邻零件的接触面和配合面只画一条轮廓线，不接触面和非配合表面应画两条轮廓线，如图 18-25 所示，此外如果距离太近，可以不按比例放大并画出。

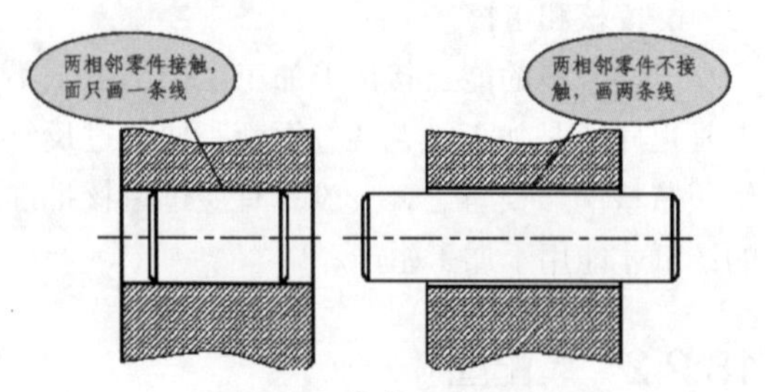

图 18-25　相邻两线的画法

  - ➢ 两相邻；零件剖面线方向相反，或方向相同，间隔不等，同一零件在各视图上剖面线方向和间隔必须保持一致，以示区别，如图 18-26 所示。
  - ➢ 在图样中，如果剖面的厚度小于2mm，断面可以涂黑，对于玻璃等不宜涂黑的材料可不画剖面符号。
  - ➢ 当剖切位置通过螺钉、螺母、垫圈等连接件，以及轴、手柄、连杆、球、键等实心零件的轴线时，绘图时均按不剖处理，如果需要表明零件的键槽、销孔等结构，可用局部剖视表示，如图 18-27 所示。

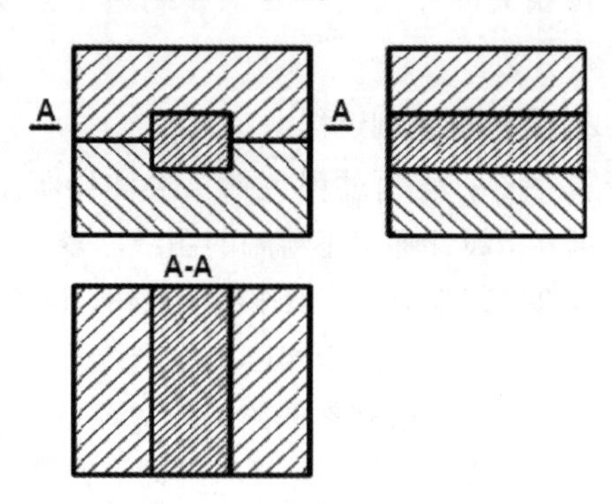

图 18-26　剖面线的画法

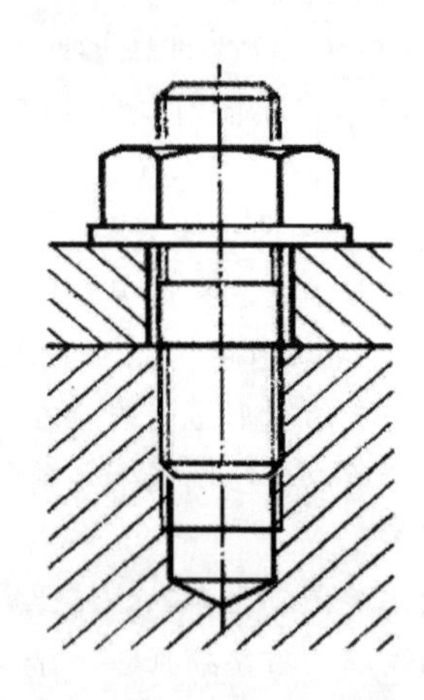

图 18-27　螺钉、螺母的剖视表示法

- 装配图的特殊画法
  - ➢ 沿结合面剖切和拆卸画法：在装配图的某一个视图中，为表达一些重要零件的内、外部形状，可假想拆去一个或者几个零件后绘制该视图，有时为了更清楚地表达重要的内部结构，可采用沿零件结合面剖切绘制视图，如图 18-28 所示。

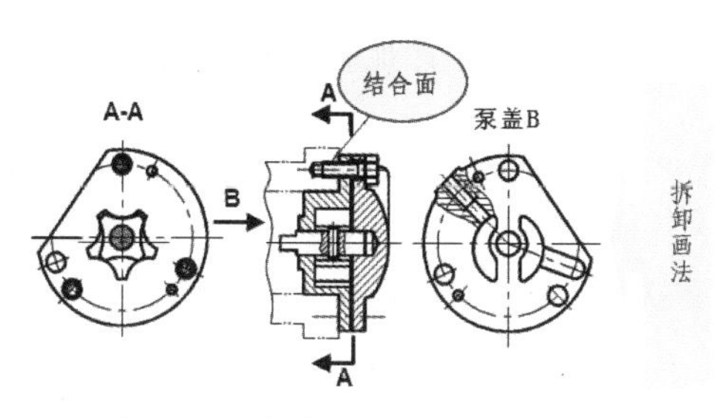

图 18-28　拆卸及沿结合面剖切画法

➢ 假想画法：1. 当需要表达与本零件有装配关系，但又不属于本部件的其他相邻零部件时，可用假想画法，将其他相邻零部件使用双点画线画出；2. 在装配图中，需要表达某零部件的运动范围和极限位置，可用假想画法，用双点画线画出该零件的极限位置轮廓，如图 18-29 所示。

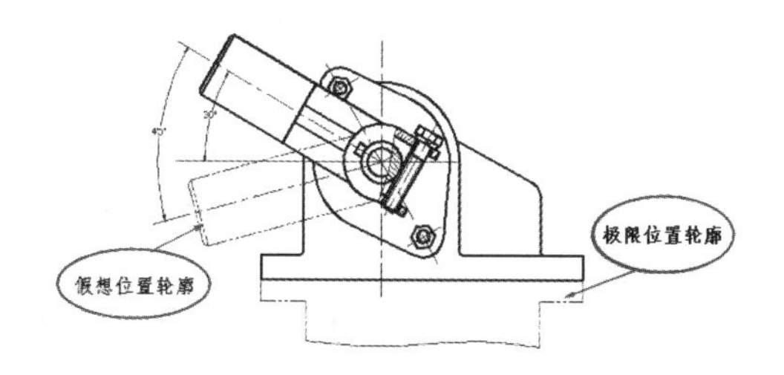

图 18-29　假想画法

➢ 夸大画法：在绘图过程中，遇到薄片零件、细丝零件、微小间隙等的绘制，对于这些零件或间隙，无法按照实际的尺寸绘制，或者绘制出，但是不能明显地表达零件或间隙的结构，可采用夸大画法。

➢ 单件画法：在绘制装配图过程中，当某个重要的零件形状没有表达清楚会对装配的理解产生重要影响时，可以采用单件画法，单独绘制该零件的某一视图。

➢ 简化画法：在绘图过程中，下列情况可采用简单画法：1. 装配图中，零件的工艺结构，如倒角、倒圆、退刀槽等允许省略不画；2. 装配图中螺母的螺栓头允许采用简单画法，如遇到螺纹紧固件等相同的零件组时，在不影响理解的前提下，允许只画出一处，其余可用细点画线表示其中心位置；3. 在绘制装配剖视图时，表示滚动轴承时，一般一半采用规定画法，一半采用简单画法；4. 在装配图中，当剖切平面通过的组件为标准化产品（如油杯、油标、管接头等），可按不剖绘制，如图 18-30 所示。

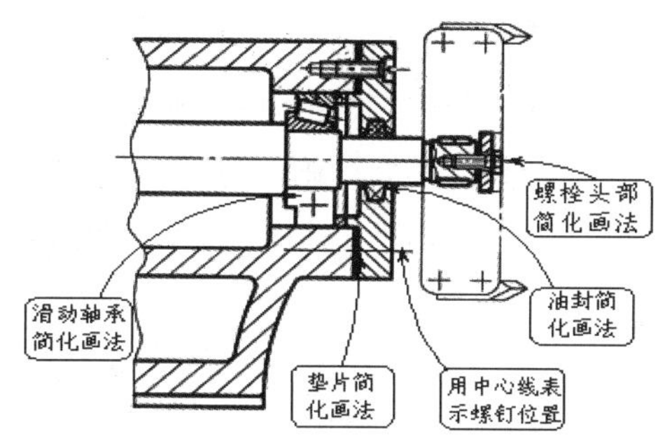

图 18-30　简化画法

➢ 展开画法：主要用来表达某些重叠的装配关系或零件动力的传动顺序，如在多级传动减速机中，为了表达齿轮的传动顺序和装配关系，假想将空间轴系按其传动顺序展开在一个平面上，然后绘制出剖视图。

2. 装配结构的合理性

为了保证机器或部件的装配质量，满足性能要求，并给加工制造和装拆带来方便，在设计过程中必须考虑装配结构的合理性。下面介绍几种常见的装配结构的合理性。

➢ 两零件接触时，在同一方向上只有一对接触面，如图 18-31 所示。

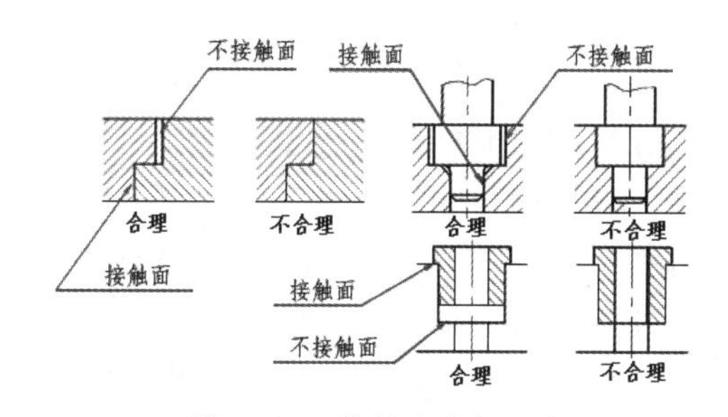

图 18-31　接触面的合理性

➢ 圆锥面接触应有足够的长度，且椎体顶部与底部须留有间隙，如图 18-32 所示。

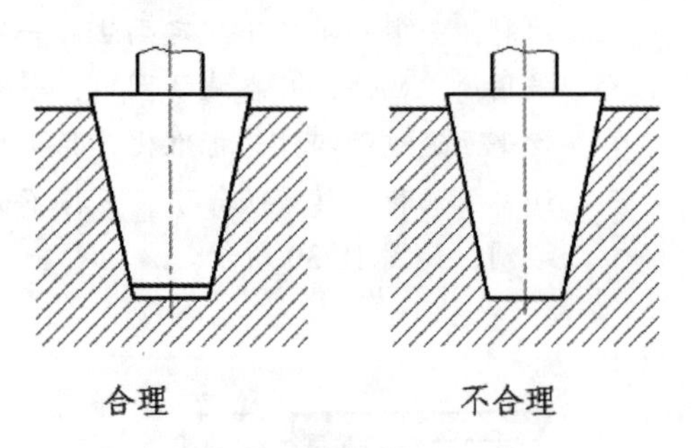

图 18-32　圆锥面接触的合理性

➢ 当孔与轴配合时，若轴肩与孔端面需要接触，则加工成倒角或在轴肩处切槽，如图 18-33 所示。

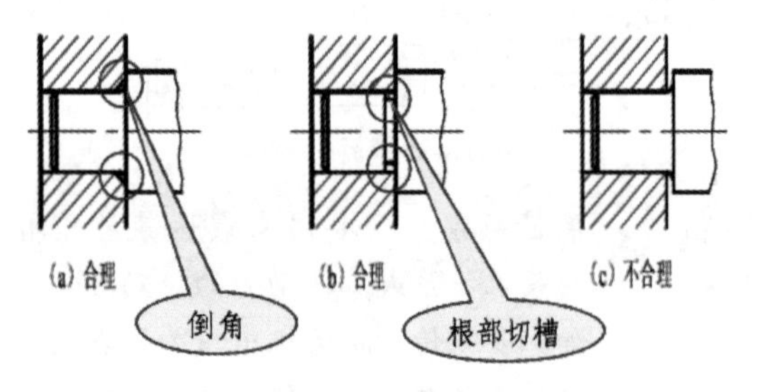

图 18-33　轴孔配合的合理性

➢ 必须考虑到装拆的方便和可能的合理性，如图 18-34 所示。

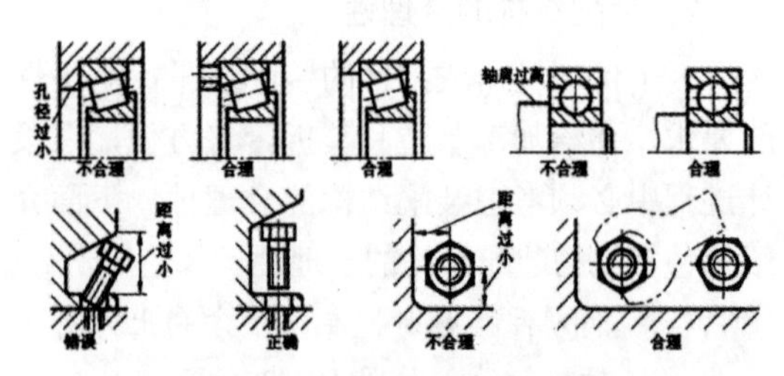

图 18-34　装拆结构的合理性

3. 装配图的尺寸标注和技术要求

由于装配图主要是用来表达零、部件的装配关系的，所以在装配图中不需要注出每个零件的全部尺寸，而只需注出一些必要的尺寸。这些尺寸按其作用不同，可分为以下 5 类。

➢ 规格（性能）尺寸：说明机器或部件规格和性能的尺寸。设计时已经确定，是设计机器、了解和设置机械的依据。
➢ 外形尺寸：表达机器或部件的外形轮廓，即总长、总宽、总高，为安装、运输、包装时所占空间提供参考。
➢ 装配尺寸：表示机器内部零件装配关系，装配尺寸分为三种：1. 配合尺寸：用来表示两个零件之间的配合性质的尺寸；2. 零件键的连接尺寸，如连接用的螺栓、螺钉、销等的定位尺寸；3. 零件间重要的相对位置尺寸：用来表示装配和拆画零件时，需要保证的零件间相对位置的尺寸。
➢ 安装尺寸：表达机器或部件安装在地基上或与其他机器或部件相连接时所需要的尺寸。
➢ 其他重要尺寸：指在设计中经过计算确定或选定的尺寸，不包含在上述 4 种尺寸之中，在拆画零件时，不能改变。

在装配图中，不能用图形来表达的信息时，可以采用文字在技术要求中进行必要的说明。装配图中的技术要求，一般可以从以下几个方面来考虑。

➢ 装配要求：指装配后必须保证的精度，以及装配时的要求等。
➢ 检验要求：指装配过程中及装配后必须保证其精度的各种检验方法。
➢ 使用要求：指对装配体的基本性能、维护、保养、使用时的要求。

技术要求一般编写在明细表的上方或图纸下部的空白处，如果内容很多，也可以另外编写成技术文件作为图纸的附件。

4. 装配图的零、部件序号和明细表

在绘制好装配图后，为了方便阅读图样，做好生产准备工作和图样管理，对装配图中每种零部件都必须编注序号，并填写明细栏。

● 零、部件序号

在机械制图中，零、部件序号有一定的规则，序号的标注形式有多种，序号的排列也需

要遵循一定的原则。

- 装配图中所有零件、部件都必须编写序号，且相同零部件只有一个序号，同一装配图中，尺寸规格完全相同的零部件，应编写相同的序号。
- 零、部件的序号应与明细栏中的序号一致，且在同一个装配图中编注序号的形式一致。
- 指引线不能相交，通过剖面区域时不能与剖面线平行，必要时允许曲折一次。
- 对于一组紧固件或装配关系清楚的组件，可用公共指引线，序号注在视图外，且按水平或垂直方向排列整齐，并按顺时针或逆时针顺序排列，如图18-35所示。

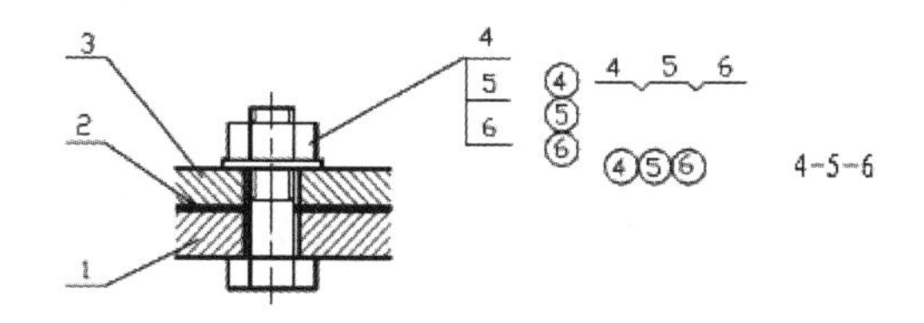

图 18-35　指引线的标注

- 序号的标注形式主要有3种，如图18-36所示。1.编号时，指引线从所指零件可见轮廓内引出，在末端画一个小圆或画一短横线，在短线上或小圆内编写零件的序号，字体高度比尺寸数字大一号或两号；2.直接在指引线附近编写序号，序号字体高度比尺寸字体大两号；3.当指引线从很薄的零件或涂黑的断面引出时，可画箭头指向该零件的可见轮廓。

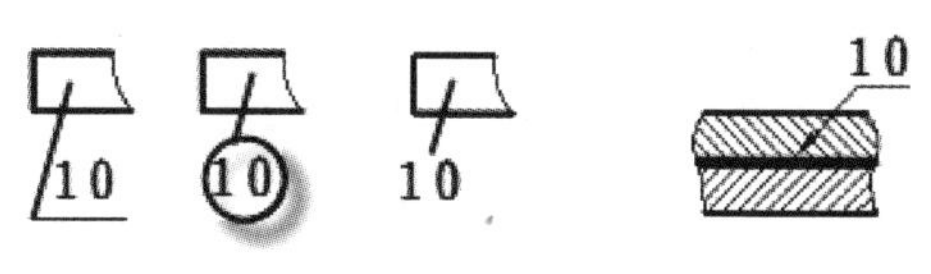

图 18-36　指引线的形式

- 明细表

明细表是机器或部件中全部零件的详细目录，内容包括零件的序号、代号、名称、材料、数量，以及备注等项目。内容和格式国标没有统一规定，但是在填写时应遵循以下原则。

- 明细表画在标题栏的上方，零件序号由下往上填写，地方不够时，可沿标题栏左面继续排。
- 对于标准件，要填写相应的国标代号。
- 对于常用件的重要参数应填在备注栏内，如齿轮的齿数、模数等。
- 备注栏内还可以填写热处理和表面处理等内容。

18.3 绘制扇形摆轮零件图

本节通过绘制如图18-47所示摆轮零件图，使读者了解基本机械零件的绘制过程和技巧。

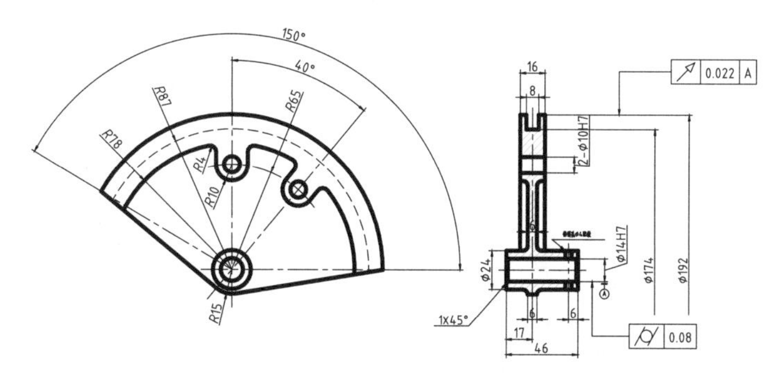

图 18-47　摆轮零件图

1. 绘制主视图

01 单击“快速访问”工具栏中的“新建”按钮，新建空白文件。

02 调用LA“图层特性”命令，新建图层，并将“点划线”图层置为当前，如图 18-48 所示。

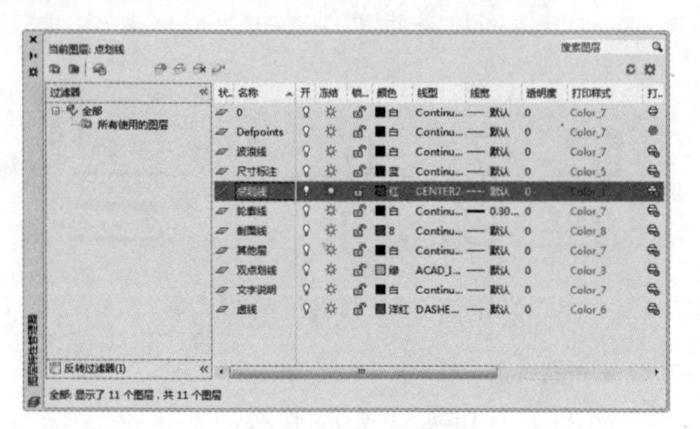

图 18-48　新建图层

03 调用 L“直线”命令，绘制长度在 300 左右的互相垂直的中心辅助线，如图 18-49 所示。

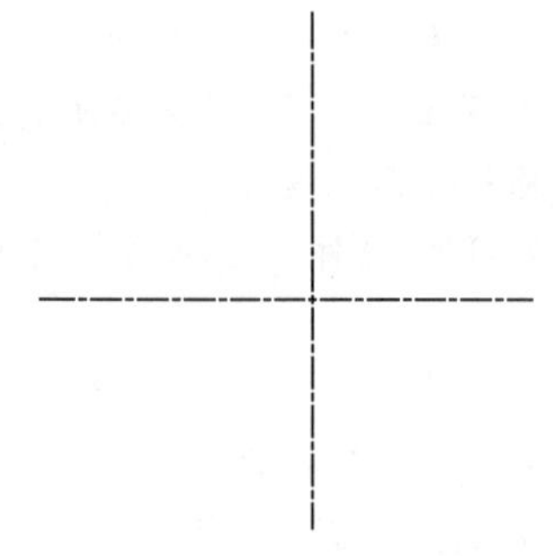

图 18-49　绘制中心辅助线

04 切换“轮廓线”为当前图层。调用 C“圆”命令，以中心线的交点为圆心，绘制半径分别为 7、12、78、96 的圆，如图 18-50 所示。

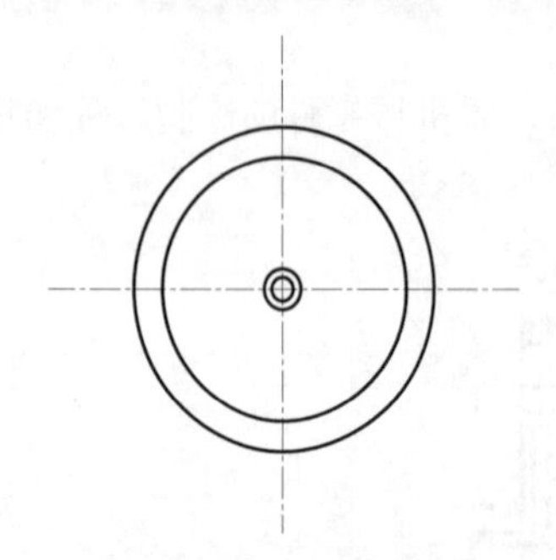

图 18-50　绘制圆

05 将“点划线”图层置为当前，在状态栏中打开“极轴追踪”功能，并设置极轴追踪角为 150°，开启“对象捕捉追踪”功能。

06 调用 L“直线”命令，结合“对象捕捉”功能，捕捉中心线的交点绘制长度为 150，角度为 150° 的直线，如图 18-51 所示。

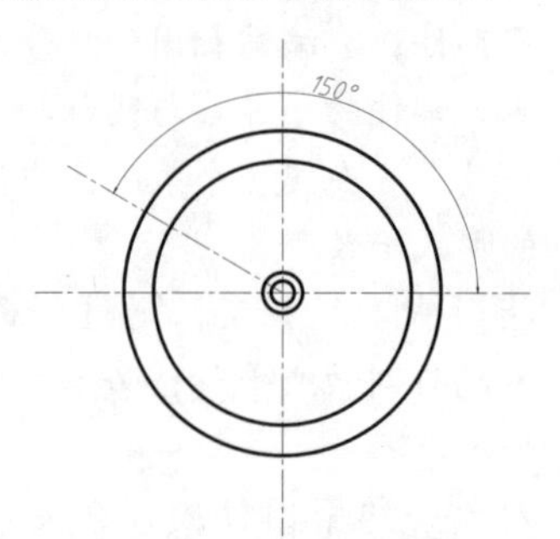

图 18-51　绘制辅助线

07 调用 TR“修剪”命令，修剪图形，如图 18-52 所示。

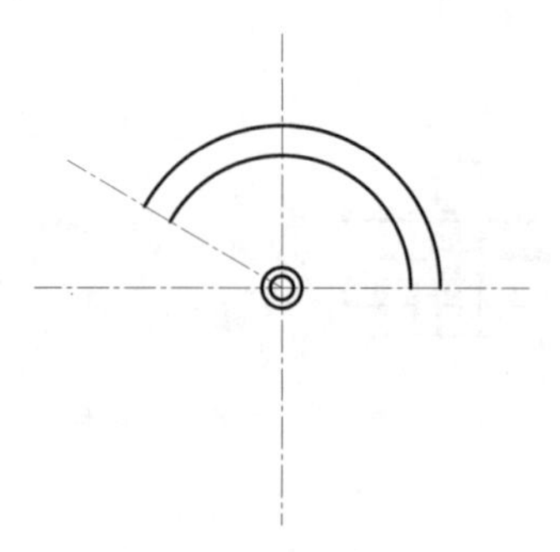

图 18-52　修剪图形

08 将“轮廓线”图层置为当前，调用 C“圆”命令，以中心线交点为圆心，绘制半径为 15 的圆，如图 18-53 所示。

图 18-53　绘制圆

09 调用 L“直线”命令，配合“对象捕捉”功能，过圆弧端点，绘制 R15 圆的切线，如图 18-54 所示。

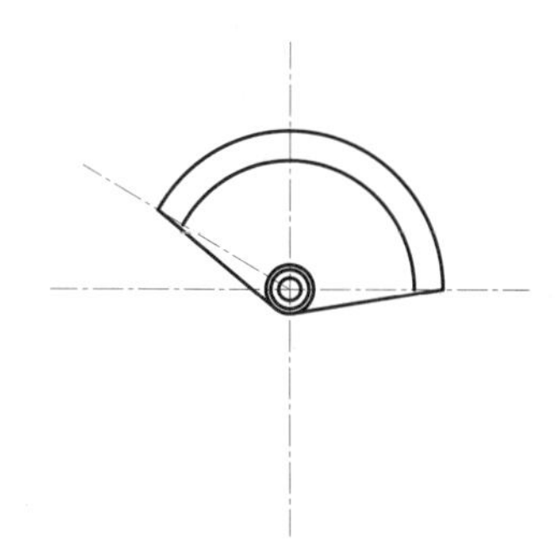

图 18-54　绘制切线

10 调用 TR“修剪”命令，修剪延伸图形，并调整中心线的长度，如图 18-55 所示。

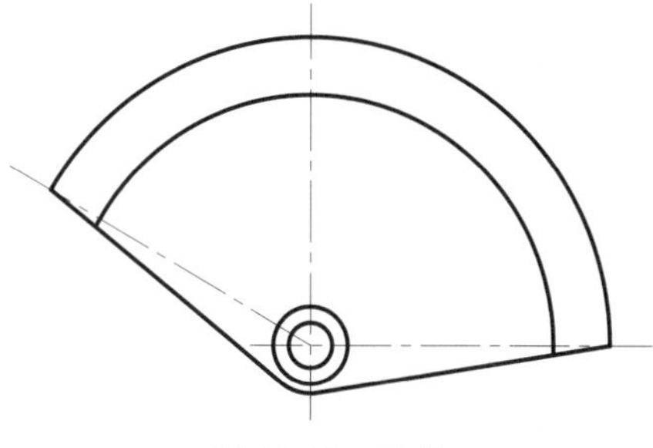

图 18-55　修剪

11 调用 RO“旋转”命令，捕捉中心线交点为旋转基点，将竖直中心线顺时针旋转 45°，如图 18-56 所示。

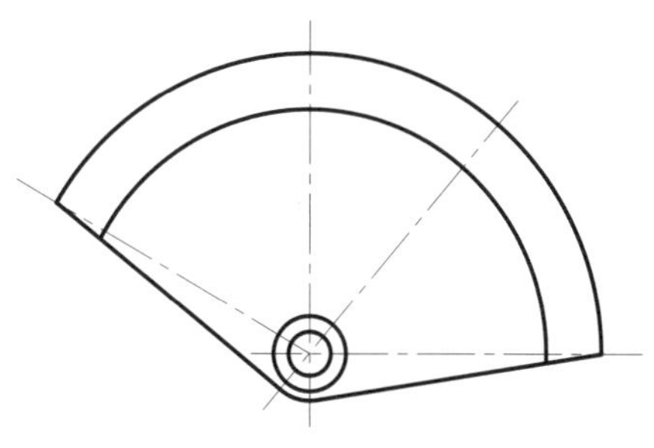

图 18-56　旋转中心线

12 将“点划线”图层置为当前。调用 C“圆”命令，以中心线交点为圆心，绘制半径为 65 的辅助圆，如图 18-57 所示。

13 将“轮廓线”图层置为当前。调用 C“圆”命令，以辅助圆与中心线交点为圆心，绘制半径分别为 5、10 的圆，如图 18-58 所示。

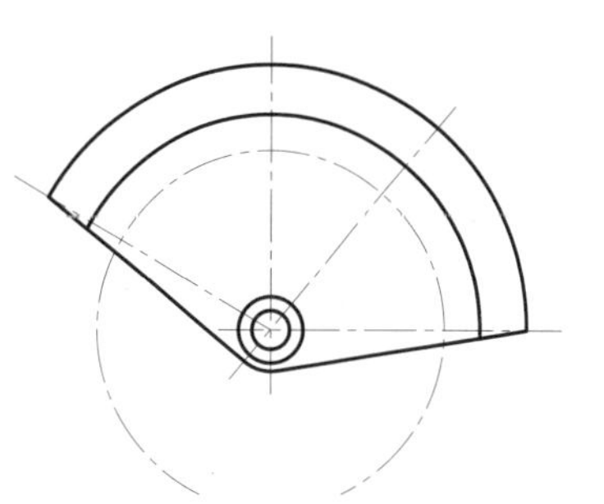

图 18-57　绘制辅助圆

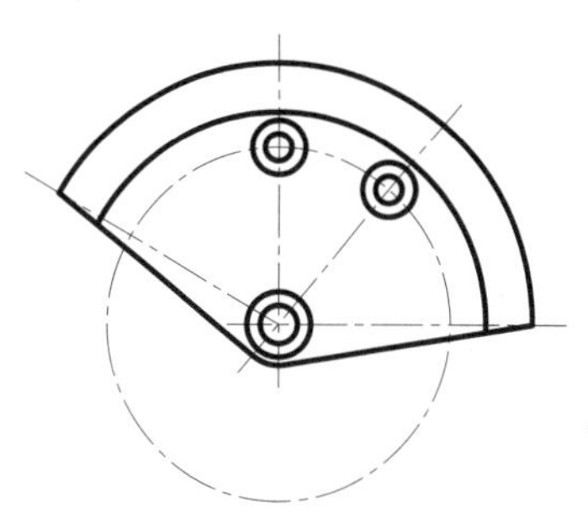

图 18-58　绘制圆

14 调用 L“直线”命令，结合“极轴追踪”功能，绘制 R10 圆与辅助圆的交点绘制直线并与 R78 的圆相交，如图 18-59 所示。

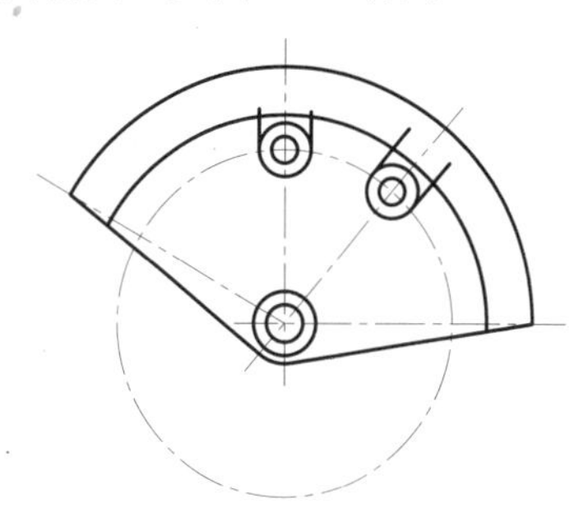

图 18-59　绘制直线

15 调用 TR“修剪”命令，修剪多余图元，如图 18-60 所示。

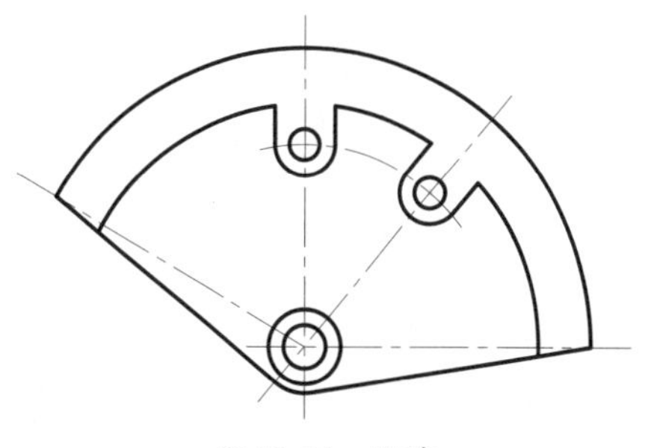

图 18-60　修剪

16 调用 F“圆角”命令，设置圆角半径为 4，对图形进行圆角操作，如图 18-61 所示。

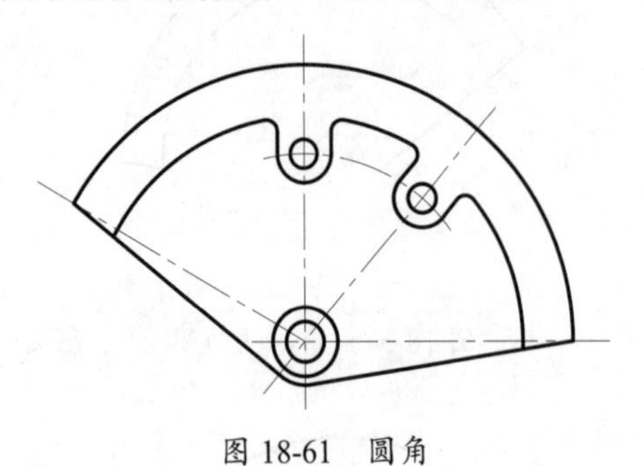

图 18-61　圆角

17 调用 C“圆”命令，以中心线交点为圆心，绘制半径为87的圆，并将其置于“虚线”图层中，如图 18-62 所示。

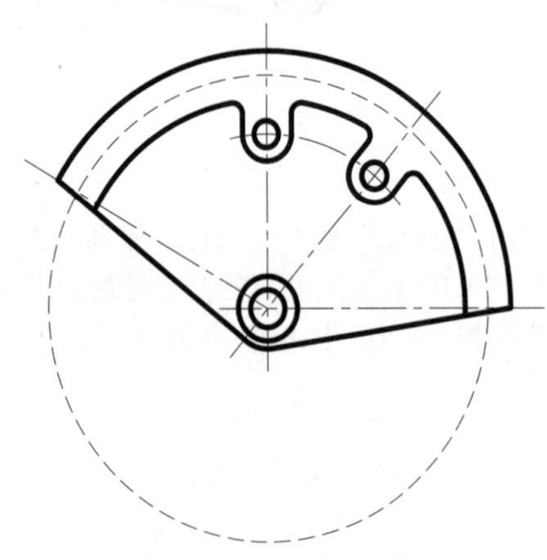

图 18-62　绘制圆

18 调用 TR“修剪”命令，对绘制的图形进行修剪，如图 18-63 所示。

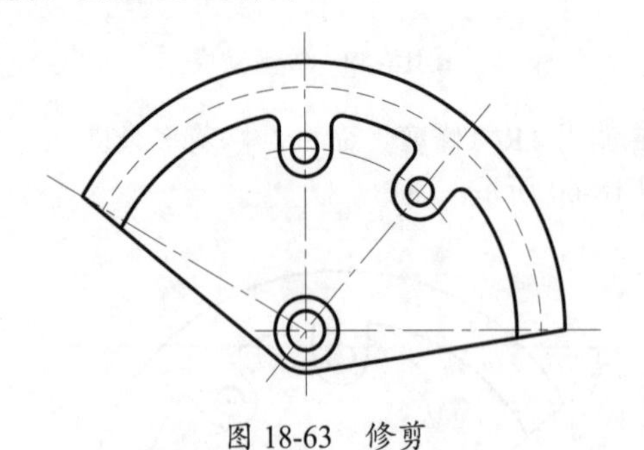

图 18-63　修剪

2．绘制剖视图

01 调用 RAY“射线”命令，绘制水平辅助线，如图 18-64 所示。

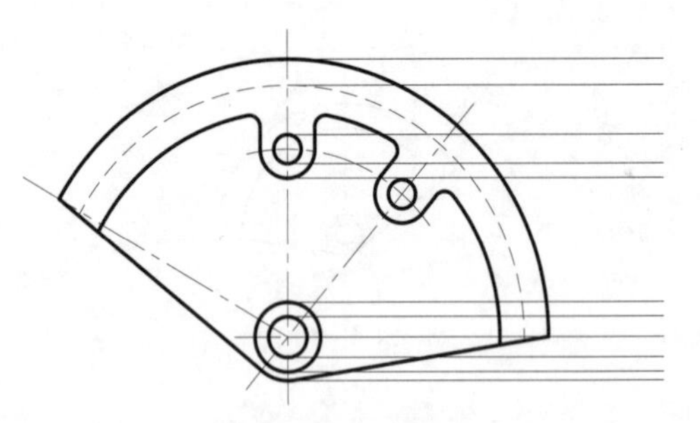

图 18-64　绘制射线

02 调用 L“直线”命令，绘制垂直辅助线，如图 18-65 所示。

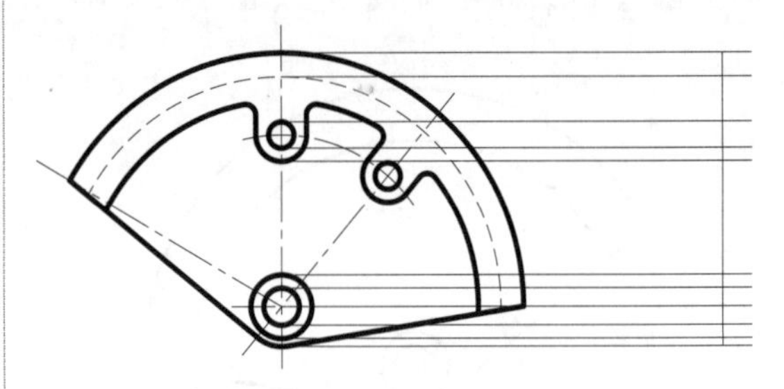

图 18-65　绘制垂直直线

03 调用 O“偏移”命令，将垂直辅助线分别向右偏移 9、13、14、17、20、21、25、46，如图 18-66 所示。

04 调用 TR“修剪”命令，整理主剖视图轮廓，如图 18-67 所示。

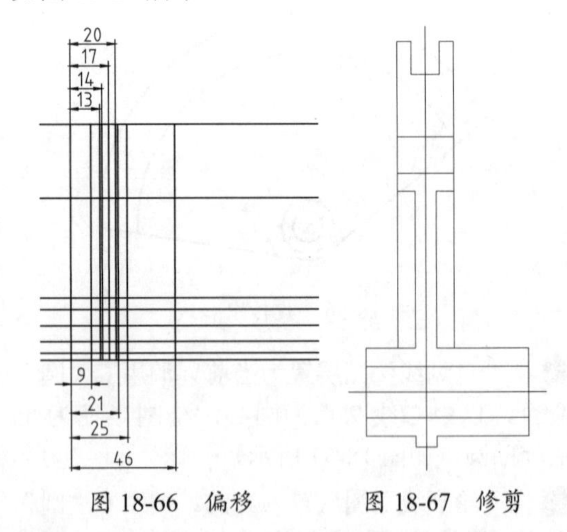

图 18-66　偏移　　图 18-67　修剪

05 转换图层，调整中心线，如图 18-68 所示。

06 调用 F“圆角”命令，设置圆角半径为 3，对肋板进行圆角处理，如图 18-69 所示。

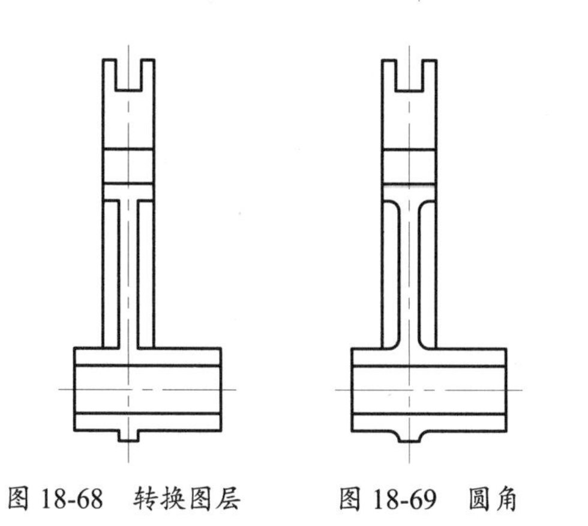

图 18-68　转换图层　　　　图 18-69　圆角

07 调用 O“偏移”命令，将右侧圆孔处轮廓线分别向左偏移 4、8，如图 18-70 所示。

08 调用 TR“修剪”命令，修剪多余的线段，如图 18-71 所示。

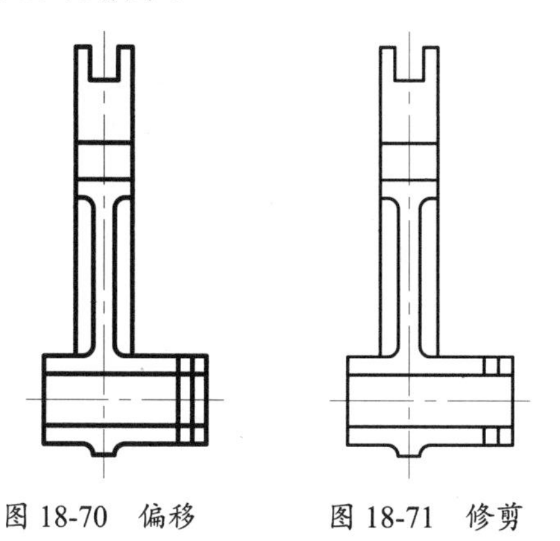

图 18-70　偏移　　　　图 18-71　修剪

09 调用 CHA“倒角”命令，对孔内径与孔外径进行倒角，设置倒角长度为 1，角度为 45°，并补足缺少的轮廓线，如图 18-72 所示。

10 调用 H“图案填充”命令，填充剖视图，如图 18-73 所示。

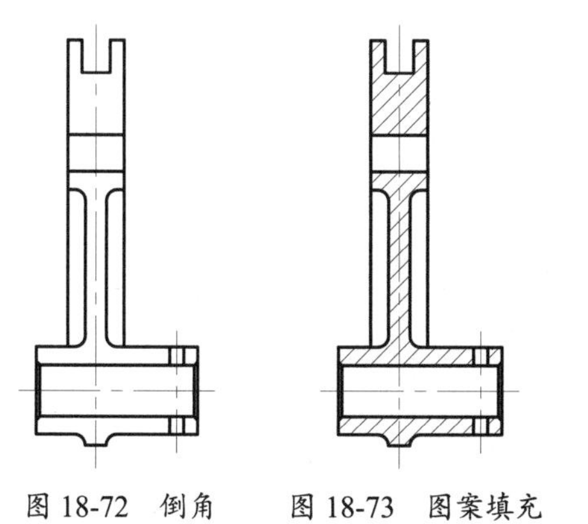

图 18-72　倒角　　　　图 18-73　图案填充

11 至此主视图与剖视图绘制完成，如图 18-74 所示。

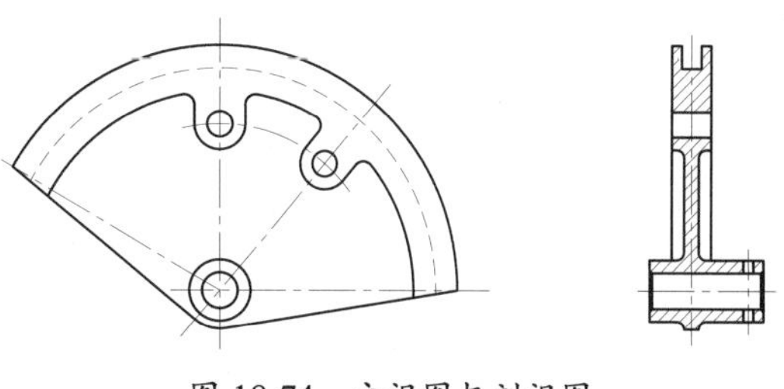

图 18-74　主视图与剖视图

3. 标注尺寸、公差和文本

01 调用 ST“文字样式”命令，系统弹出“文字样式”对话框。

02 单击“新建”按钮，弹出“新建文字样式”对话框，在“样式名”文本框中输入“字母与数字”，如图 18-75 所示，单击“确定”按钮，返回“文字样式”对话框。

图 18-75　“新建文字样式”对话框

03 设置“字母与数字”文字样式参数，如图 18-76 所示。

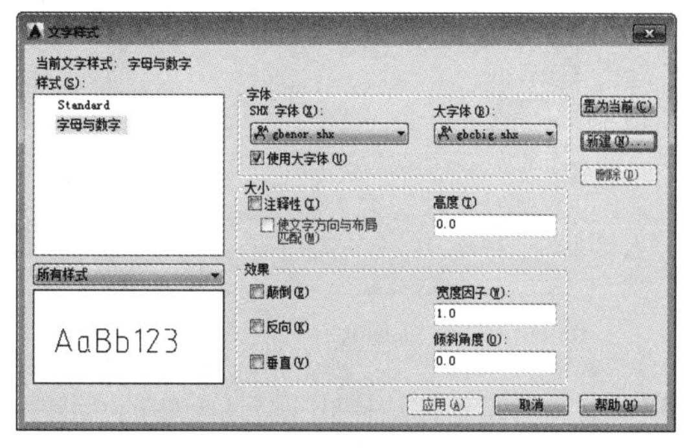

图 18-76　设置“字母与数字”文字样式

04 单击“新建”按钮，新建“汉字”文字样式，设置参数，如图 18-77 所示。

05 在“注释”选项卡，单击“标注”面板右下角的↘按钮，系统弹出“标注样式管理器”对话框，如图 18-78 所示。

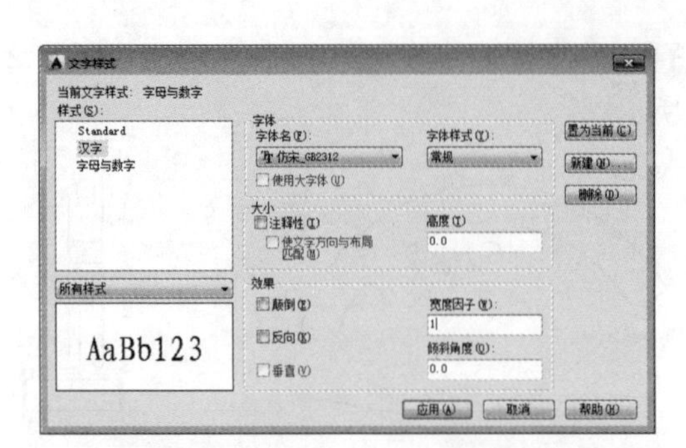

图 18-77　新建“汉字”文字样式

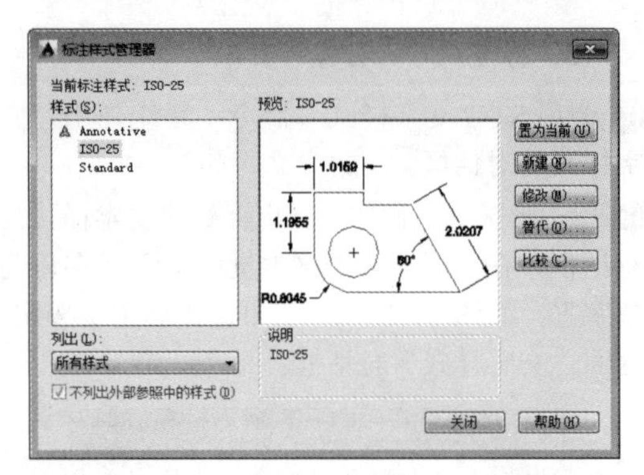

图 18-78　“标注样式管理器”对话框

06 单击“新建”按钮，弹出如图18-79所示的“创建新标注样式”对话框，在“新样式名”文本框中输入“机械标注”，设置“基础样式”为ISO-25，在“用于”下拉列表中选择“所有标注”选项。

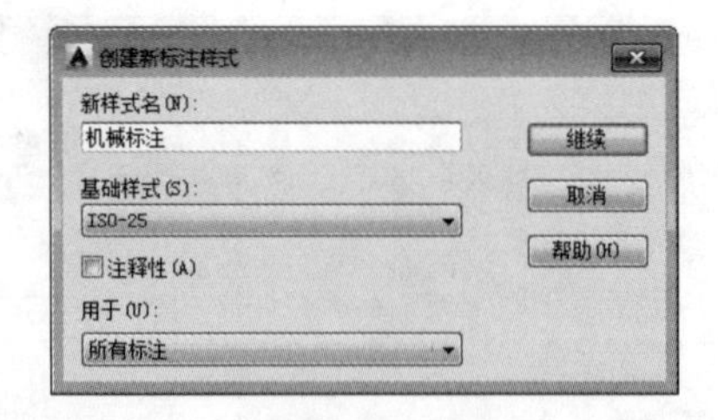

图 18-79　“创建新标注样式”对话框

07 单击“创建新标注样式”对话框中的“继续”按钮，弹出“新建标注样式”对话框。“线”选项卡参数设置如图18-80所示，其中“基线间距”设置为8，“超出尺寸线”设置为2，“起点偏移量”设置为0，其他保持默认。

08 在“符号和箭头”选项卡中设置“箭头大小”为3.5，“折弯高度因子”为5，“弧长符号”选择“标注文字的前缀”单选按钮，其他保持默认，如图18-81所示。

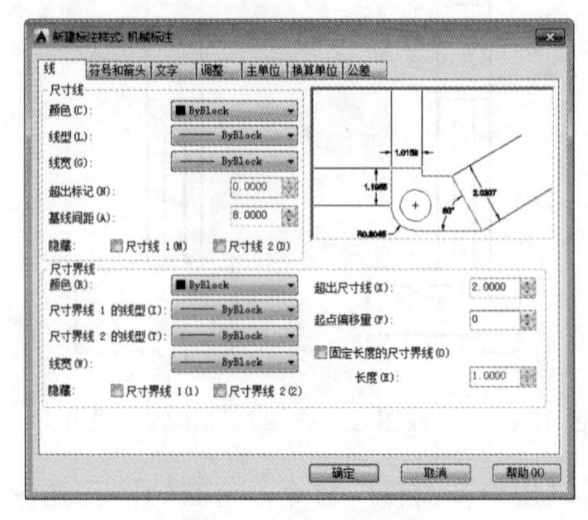

图 18-80　“线”选项卡设置

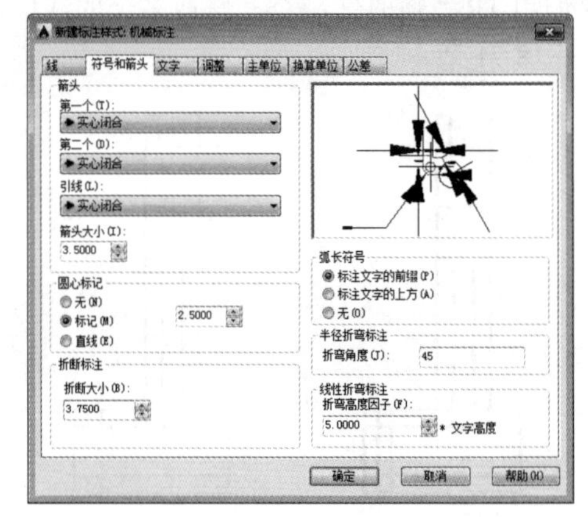

图 18-81　“符号与箭头”选项卡设置

09 单击“文字”选项卡，设置“文字样式”为字母与数字，“文字高度”设置为7，“从尺寸线偏移”设置为1，“文字对齐”设置为“与尺寸线对齐”，如图18-82所示。

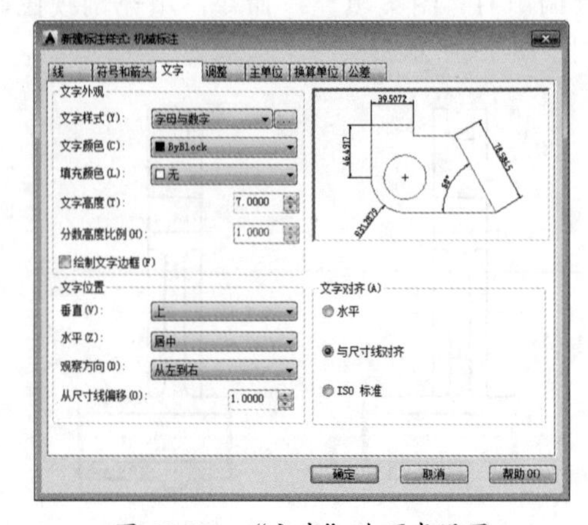

图 18-82　“文字”选项卡设置

10 单击“调整”选项卡，“文字位置”设置为“尺寸线上方，带引线”，其他保持默认不变，如图 18-83 所示。

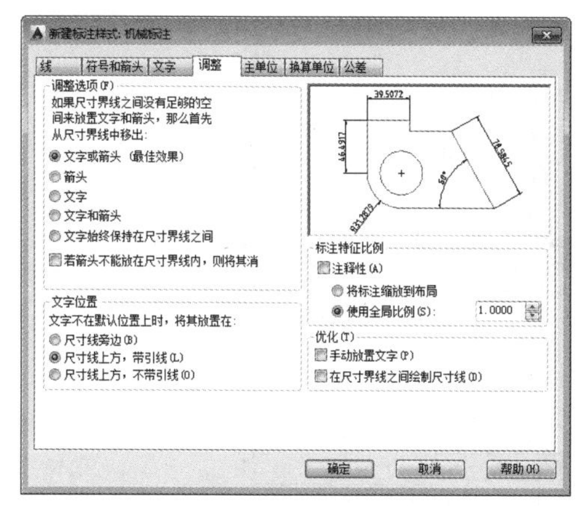

图 18-83　“调整”选项卡设置

11 单击“主单位”选项卡，“精度”设置为0.00，“小数分隔符”设置为“句点”，如图 18-84 所示。

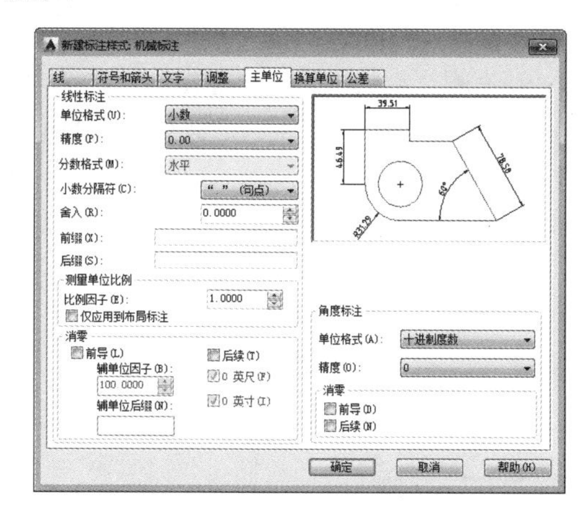

图 18-84　“主单位”选项卡设置

12 单击“公差”选项卡，在“方式”下拉列表中选择“无”，其他选项保持默认，如图 18-85 所示。

13 设置完毕，单击“确定”按钮返回到“样式管理器”对话框，单击“置为当前”按钮，然后单击“关闭”按钮，完成标注样式的创建。

14 将“尺寸标注”图层置为当前。分别调用“线性标注”“对齐标注”“半径标注”和“角度标注”等命令依次标注出各圆弧半径、圆心距离和零件外形尺寸，如图 18-86 所示。

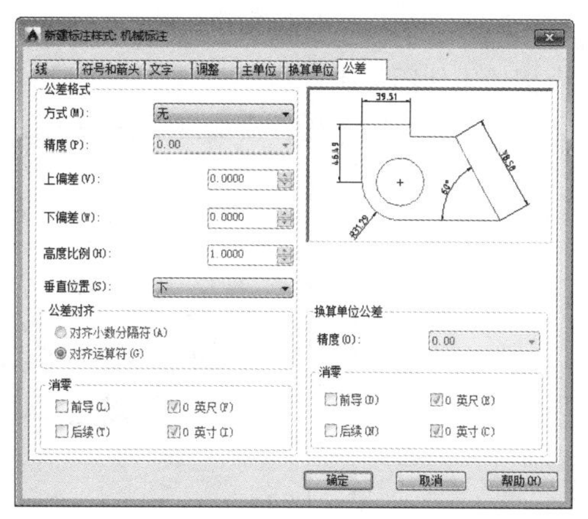

图 18-85　“公差”选项卡设置

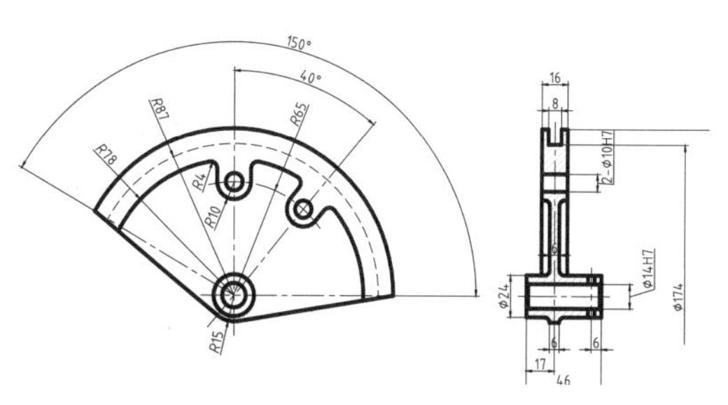

图 18-86　标注尺寸

15 调用 LE“快速引线”命令，标注形位公差，如图 18-87 所示。

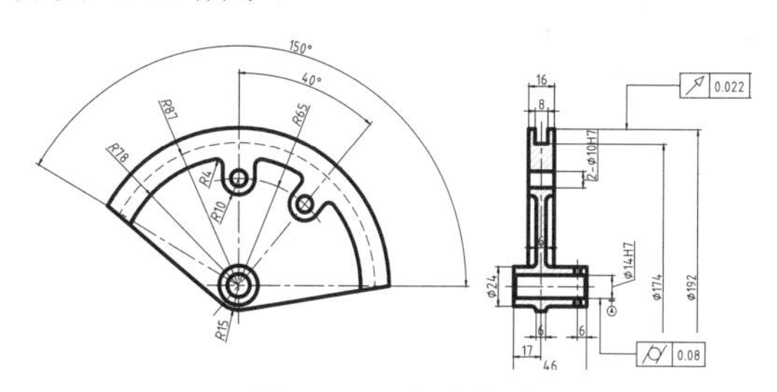

图 18-87　标注公差

16 调用 LE“快速引线”命令，标注倒角，如图 18-88 所示。

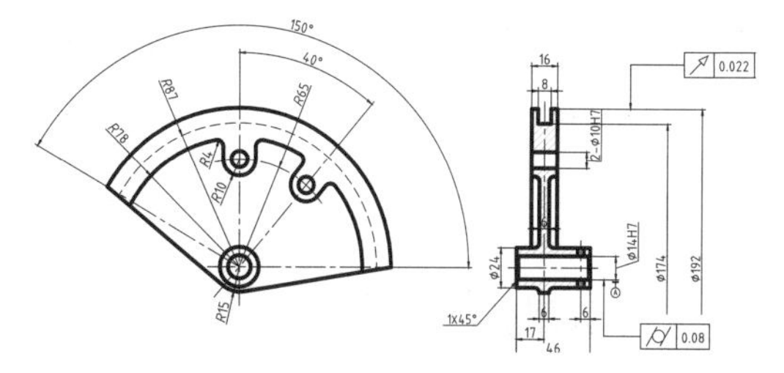

图 18-88　添加倒角标注

17 调用 T“多行文字”命令，输入技术要求、名字、材料，并插入图框，如图 18-89 所示。至此，整个摆轮零件图绘制完成。

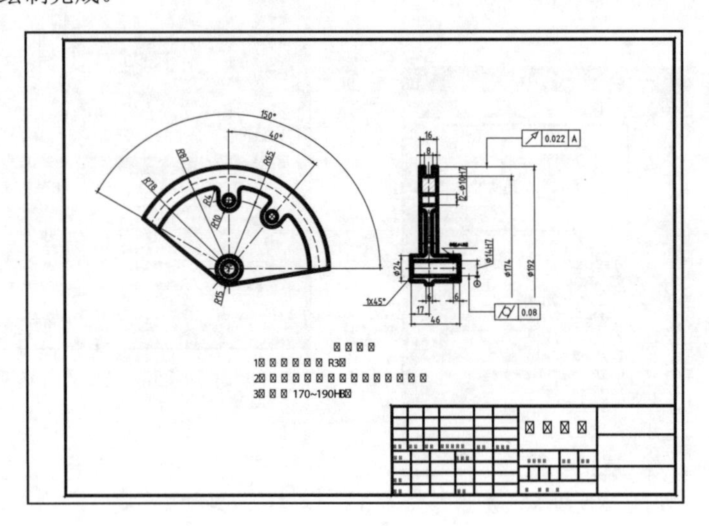

图 18-89　添加文字

18.4　绘制送料器装配图

钻模的结构特点是除了工件的定位、夹紧装置外，还有根据被加工孔的位置分布而设置的钻套和钻模板，用以确定刀具的位置，并防止刀具在加工过程中倾斜，从而保证被加工孔的位置精度。本节绘制如图 18-90 所示的钻模装配图。

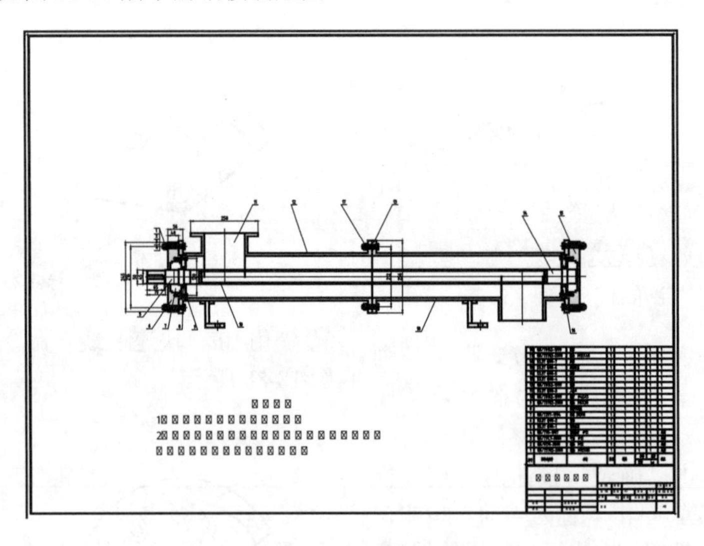

图 18-90　钻模装配图

1. 设置图层

01 单击“快速访问”工具栏中的“新建”按钮，新建空白文件。

02 调用 LA“图层特性”命令，新建图层，如图 18-91 所示。

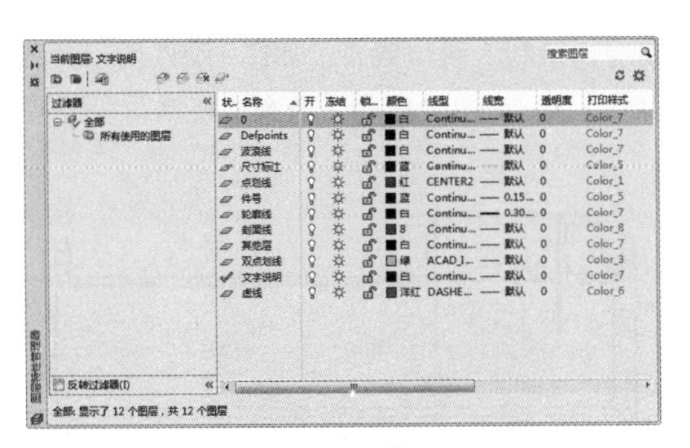

图 18-91 新建图层

2. 绘制筒体

01 将“点划线”图层置为当前。绘制长为 750 的水平中心线与长为 300 的竖直中心线，如图 18-92 所示。

图 18-92 中心线

02 调用 O“偏移”命令，偏移水平中心线，并将偏移得到的线段转换至“轮廓线”图层，如图 18-93 所示。

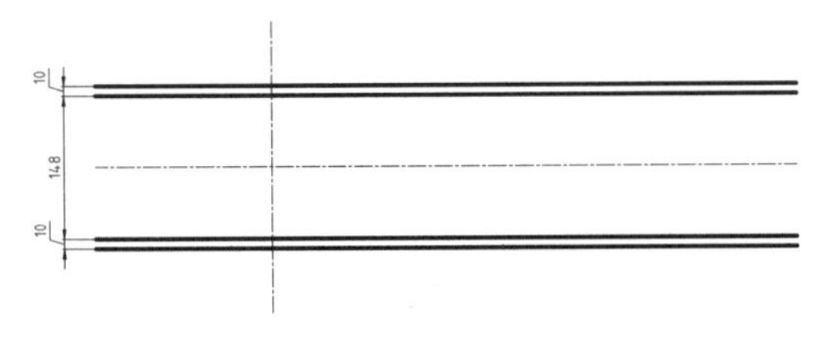

图 18-93 偏移水平中心线

03 使用相同的方法偏移垂直中心线，如图 18-94 所示。

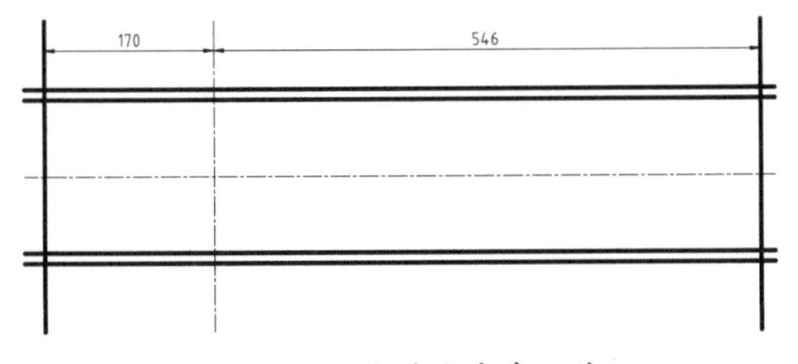

图 18-94 偏移垂直中心线

04 调用 TR“修剪”命令，修剪多余线段，如图 18-95 所示。

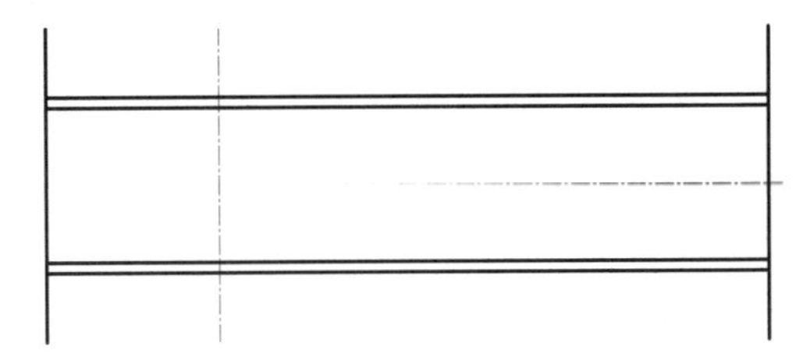

图 18-95 修剪

05 调用 O“偏移”命令，偏移轮廓线，如图 18-96 所示。

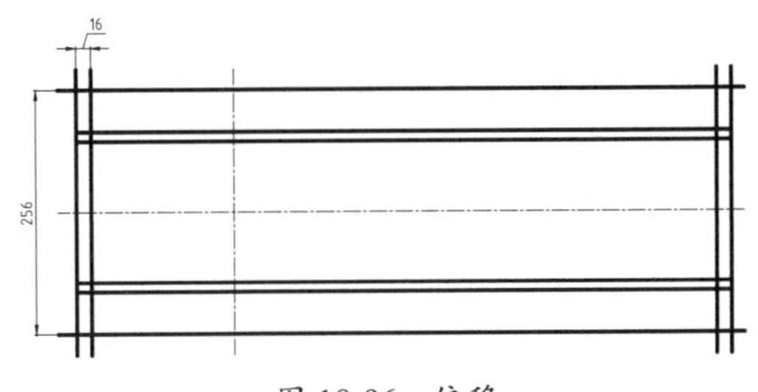

图 18-96 偏移

06 调用 TR“修剪”命令，修剪多余线段。调用 O“偏移”命令，将左上角的水平轮廓线向下依次偏移 13、14，绘制孔的投影轮廓，重复操作绘制其他投影轮廓，得到法兰效果，如图 18-97 所示。

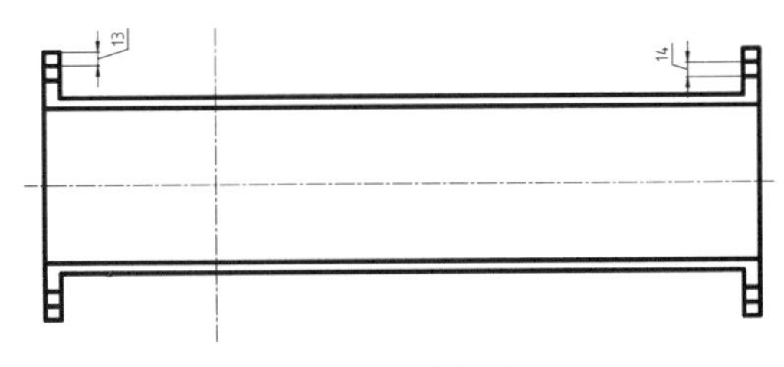

图 18-97 绘制法兰

07 调用 L“直线”命令，绘制一条距离最左侧轮廓线为 170 的竖直中心辅助线。再调用 O“偏移”命令，偏移辅助线，如图 18-98 所示。

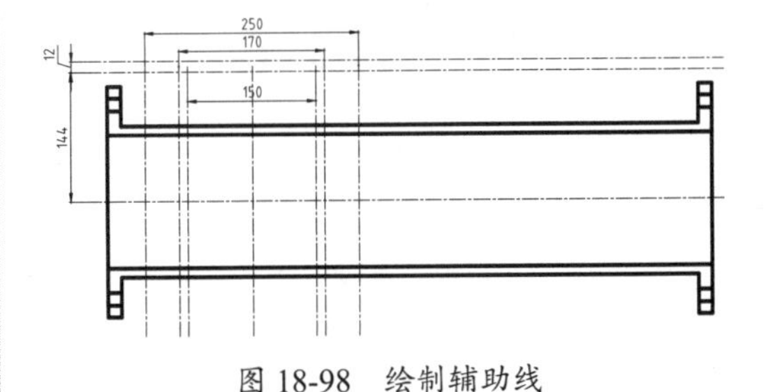

图 18-98 绘制辅助线

08 调用 TR“修剪”命令，修剪多余线段，并转换图层，绘制入料口效果，如图 18-99 所示。

09 将“轮廓线”图层置为当前层。调用 L“直线”命令，结合 TR“修剪”命令，绘制左端细节，如图 18-100 所示。

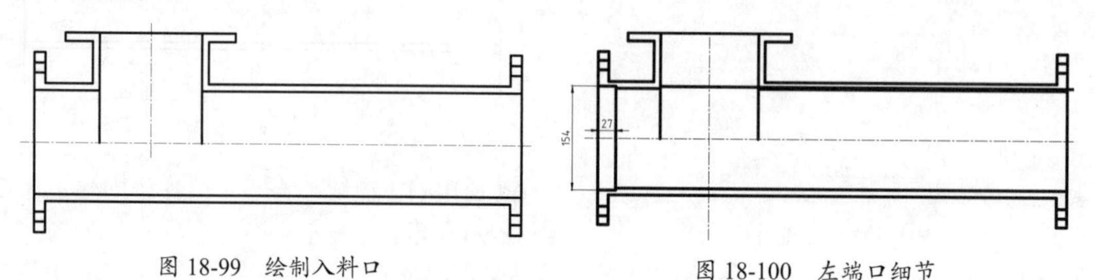

图 18-99　绘制入料口　　　图 18-100　左端口细节

10 调用 RO“旋转”命令，将筒体复制一份并旋转 180°，如图 18-101 所示，命令行操作如下。

```
    命令：_rotate                                              //调用“旋转”命令
    UCS 当前的正角方向：  ANGDIR=逆时针   ANGBASE=0
    选择对象：指定对角点：找到 27 个
    选择对象：                                                  //框选绘制的所有图元
    指定基点：                                                  //指定最右侧轮廓线和中心线的
交点为旋转基点
    指定旋转角度，或 [复制(C)/参照(R)] <0>:c↙                   //激活“复制”选项
    指定旋转角度，或 [复制(C)/参照(R)] <0>:  180↙               //输入旋转角度为180°，旋转
一组选定对象到另一侧。
```

11 调用 TR“修剪”命令、EX“延伸”命令、E“删除”命令，修整出料口，如图 18-102 所示。

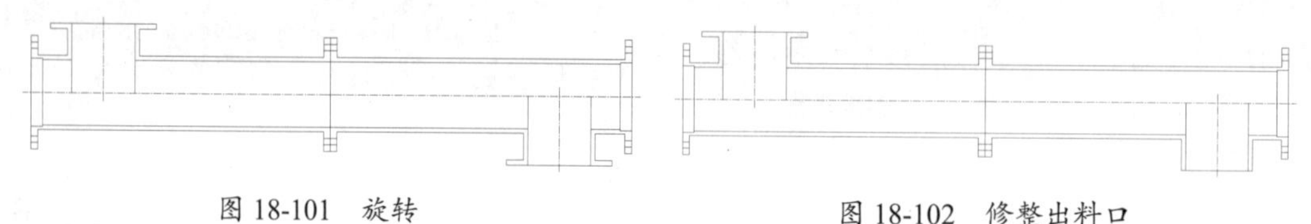

图 18-101　旋转　　　图 18-102　修整出料口

12 调用 L“直线”命令，在合适位置绘制支撑座，如图 18-103 所示。

13 调用 CO“复制”命令，结合“对象捕捉追踪”功能，复制组合支撑座，如图 18-104 所示。

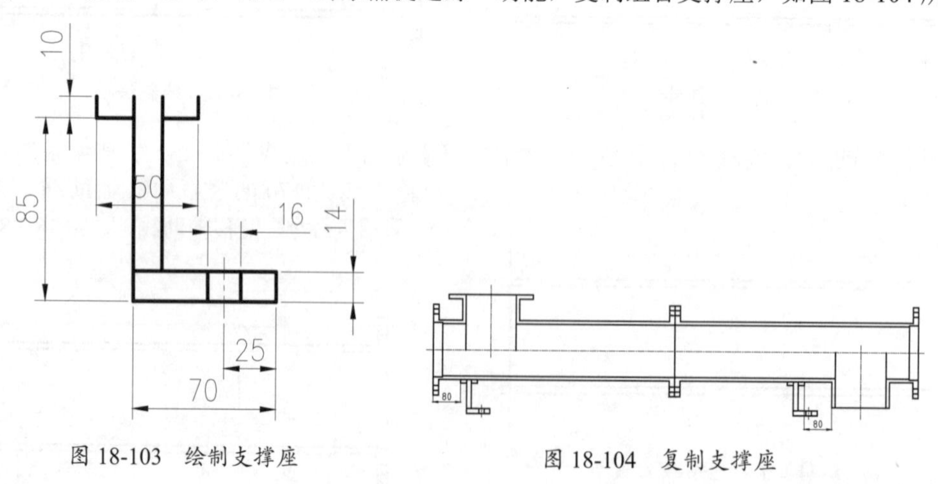

图 18-103　绘制支撑座　　　图 18-104　复制支撑座

14 将“剖面线”图层置为当前层。调用 H“图案填充”命令，对绘制的图形进行图案填充，如图 18-105 所示。

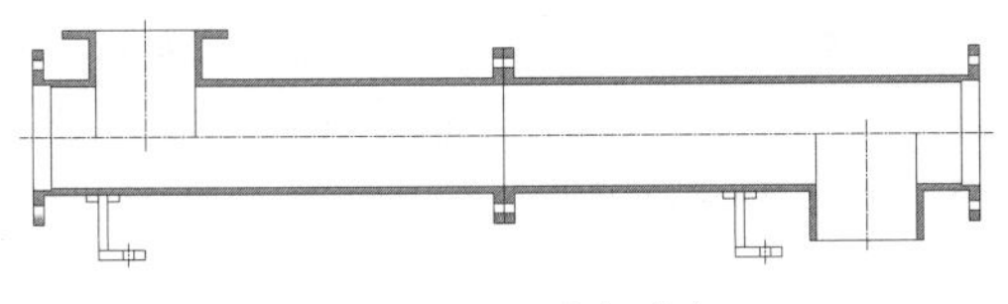

图 18-105　图案填充

3．绘制前轴承座

01 将“点划线”图层置为当前，调用 L“直线”命令，绘制长度大约为 300 的中心线，如图 18-106 所示。

图 18-106　绘制中心线

02 调用 C“圆”命令，分别绘制半径为 25.5、50、55、65、77、108、122.5 的同心圆，如图 18-107 所示。

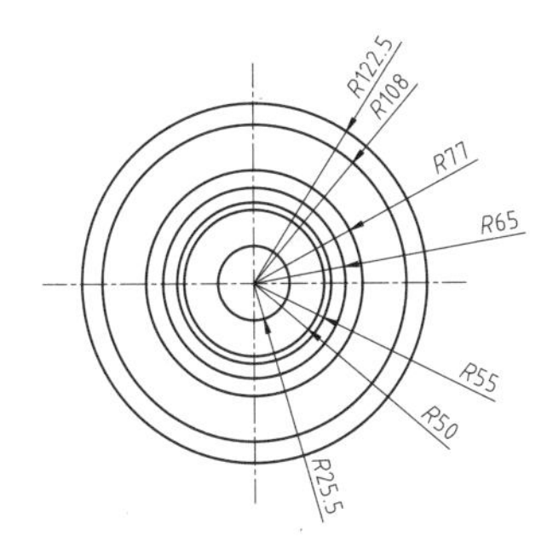

图 18-107　绘制圆

03 重复调用命令，分别绘制 R3、R7 的圆，并对其进行环形阵列，如图 18-108 所示。

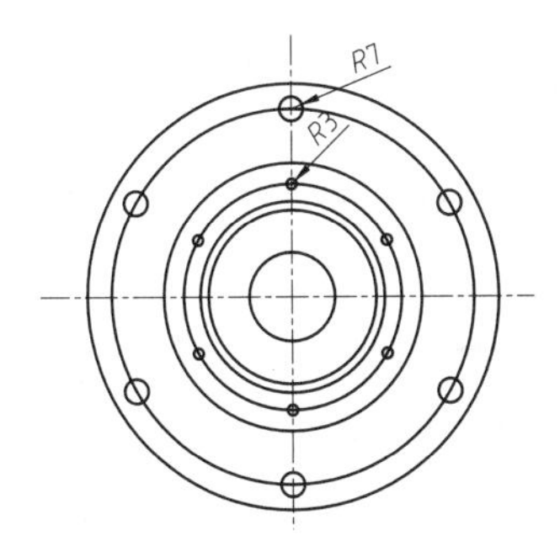

图 18-108　绘制圆

04 将“0”图层置为当前层，调用 RAY“射线”命令，结合“对象捕捉”功能，绘制水平辅助线，如图 18-109 所示。

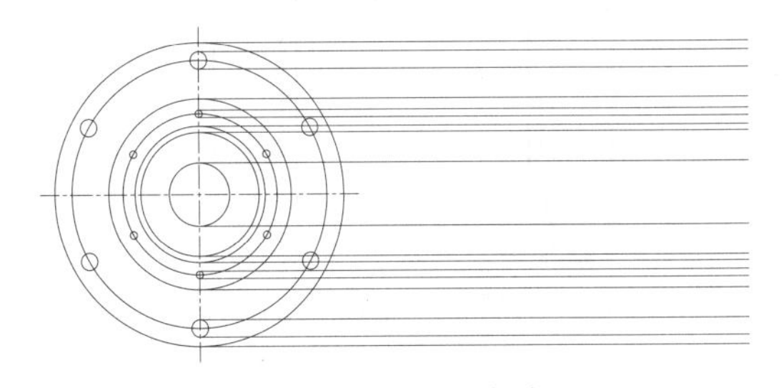

图 18-109　绘制射线

05 调用 L“直线”命令，绘制垂直辅助线，如图 18-110 所示。

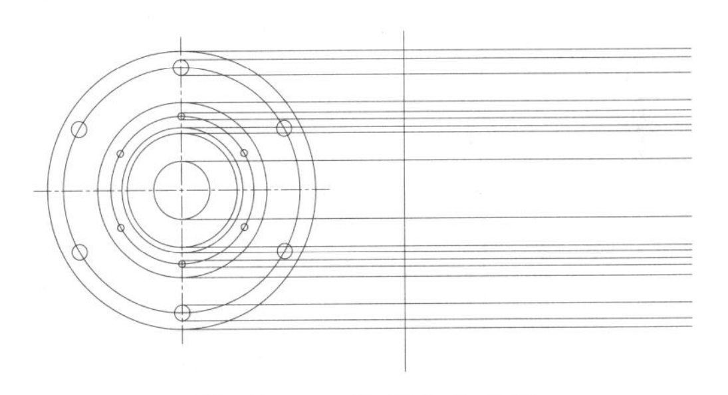

图 18-110　绘制垂直直线

06 在令行中输入 O“偏移”命令偏移垂直辅助线，偏移距离分别为 9、15、25、40、50，如图 18-111 所示。

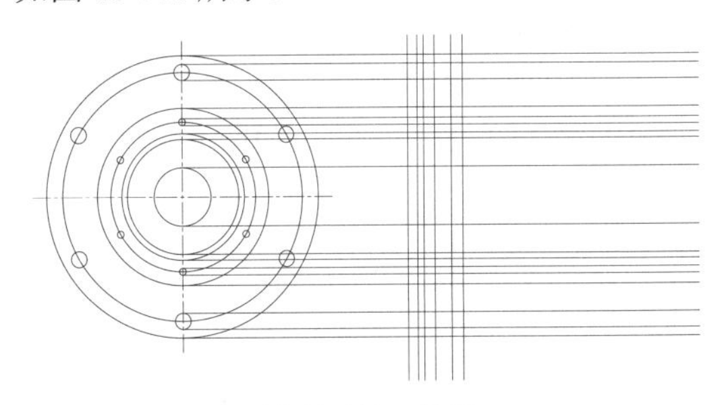

图 18-111　偏移

07 调用 TR“修剪”命令，修剪并转换图层，如图 18-112 所示。

08 将“剖面线”图层置为当前，调用 H“图案填充”命令，选择“ANSI31”图案对剖视图进行填充，如图 18-113 所示。

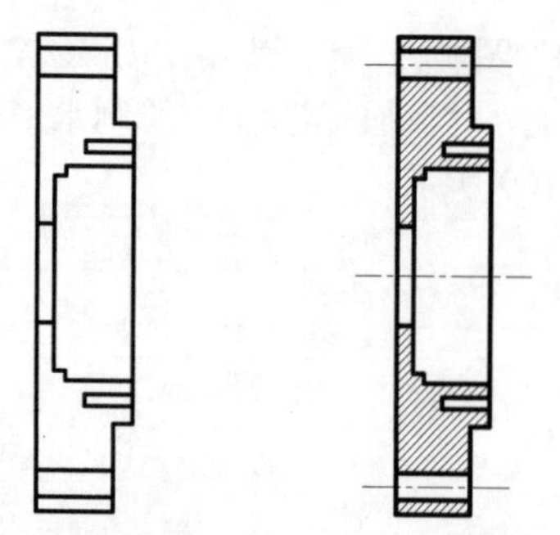

图 18-112 修剪　　图 18-113 填充图案

4．绘制尾轴承座

01 调用 CO“复制”命令，旋转并复制一份前轴承座，如图 18-114 所示。

02 对图形作整理，得到尾轴承座，如图 18-115 所示。

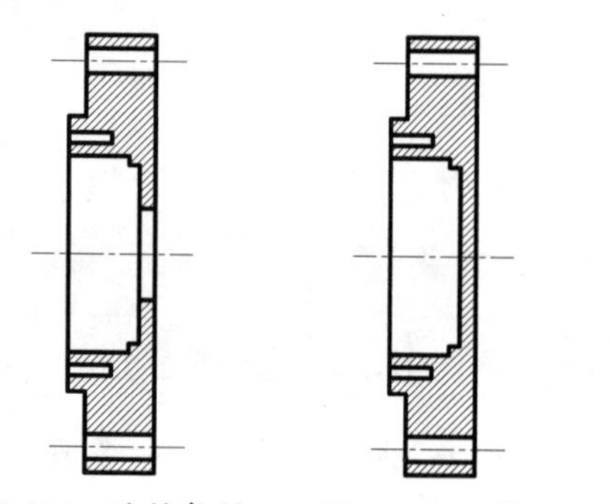

图 18-114 旋转复制　　图 18-115 整理

5．绘制前轴

01 将“点划线”图层置为当前，调用 L“直线”命令，绘制中心线，如图 18-116 所示。

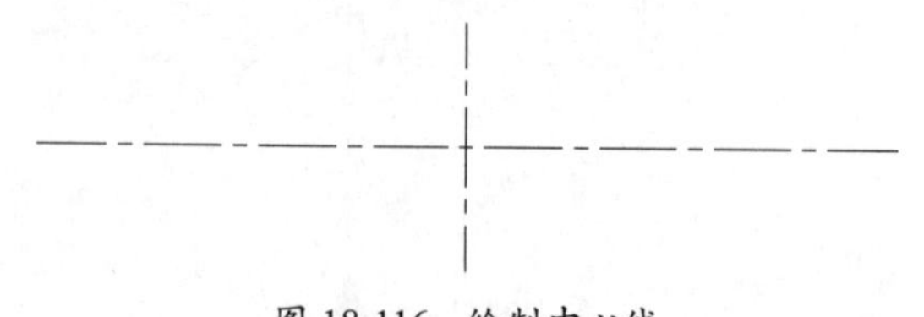

图 18-116 绘制中心线

02 调用 O“偏移”命令，分别向两边偏移垂直中心线，偏移距离为 102.5，如图 18-117 所示。

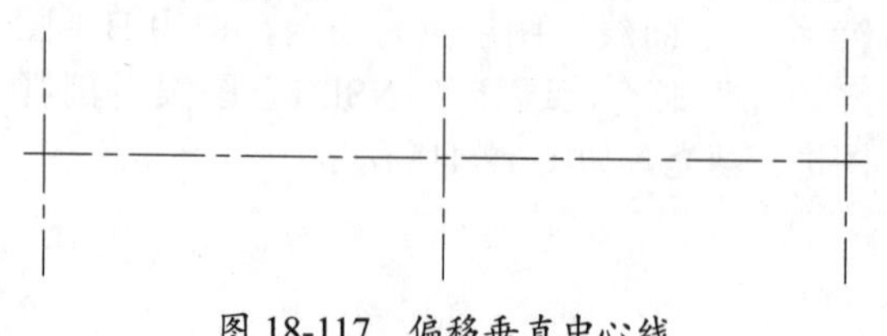

图 18-117 偏移垂直中心线

03 重复调用 CO“偏移”命令，分别向上、下偏移水平中心线，偏移距离为 22、22.5、25、27.5，如图 18-118 所示。

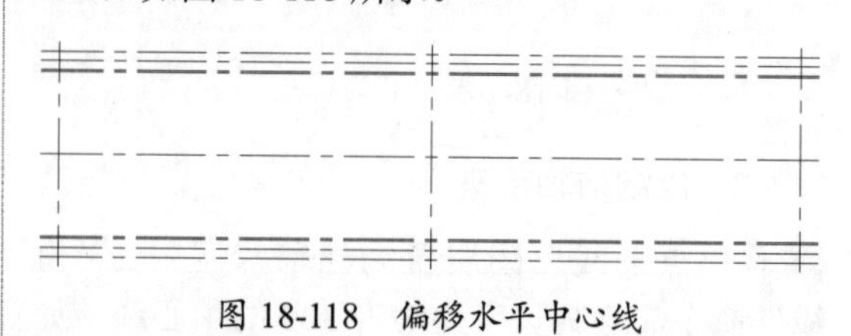

图 18-118 偏移水平中心线

04 调用 O“偏移”命令，选择左端的垂直辅助线，将其向右偏移，如图 18-119 所示。

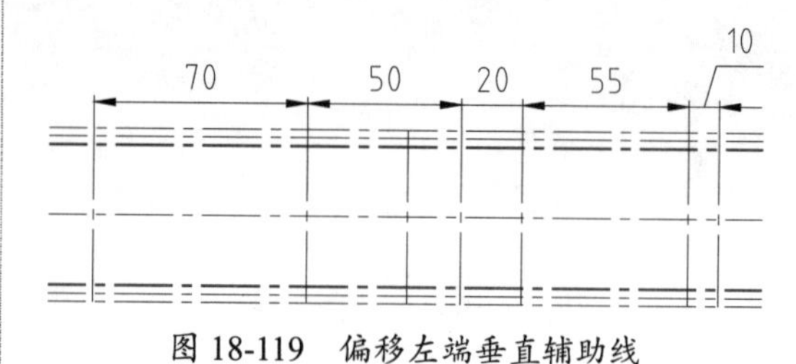

图 18-119 偏移左端垂直辅助线

05 调用 TR“修剪”命令，修剪辅助线，如图 18-120 所示。

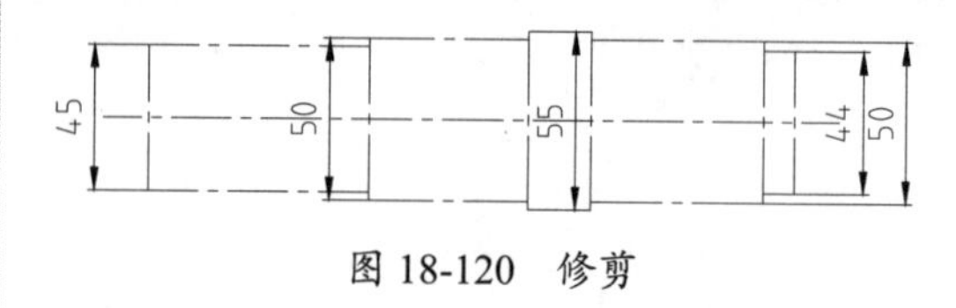

图 18-120 修剪

06 整理图形，转换图层，如图 18-121 所示。

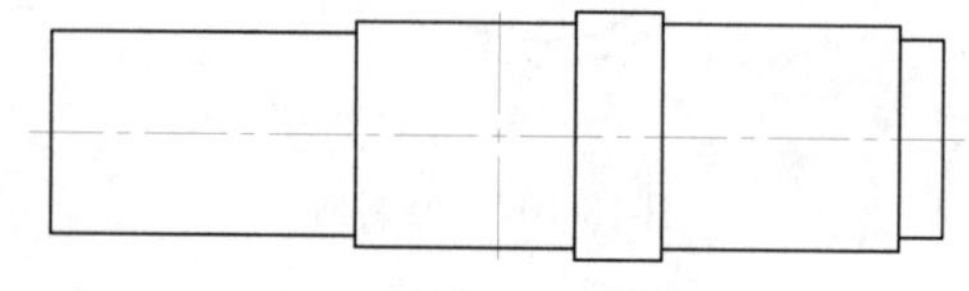

图 18-121 转换图层

07 调用 O“偏移”命令，偏移水平中心线和轮廓线，如图 18-122 所示。

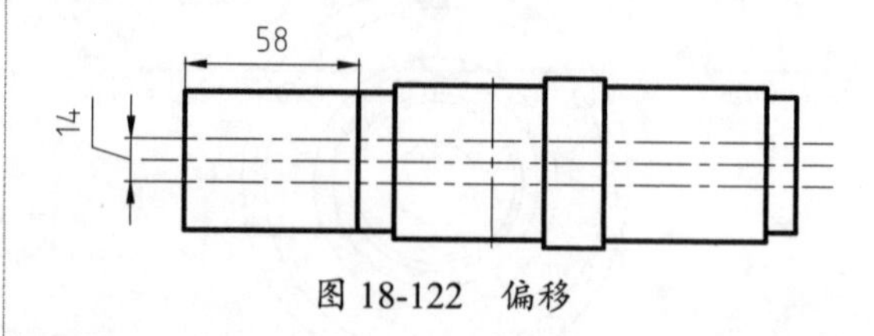

图 18-122 偏移

08 结合 C“圆”、TR“修剪”等命令，绘制键槽，如图 18-123 所示。

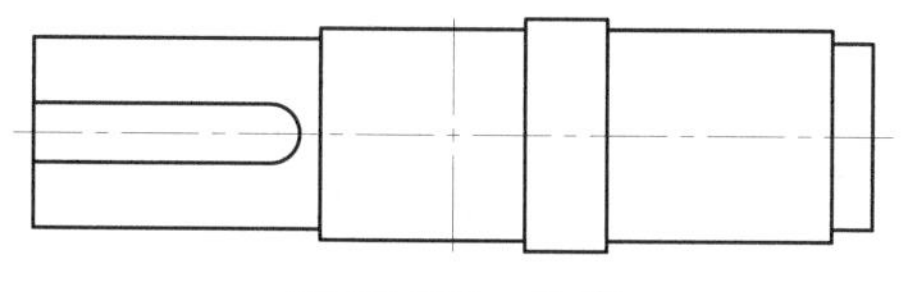

图 18-123　修剪

09 调用 CHA“倒角”与 L“直线”命令，设置倒角距离为 2，倒角处理，如图 18-124 所示。

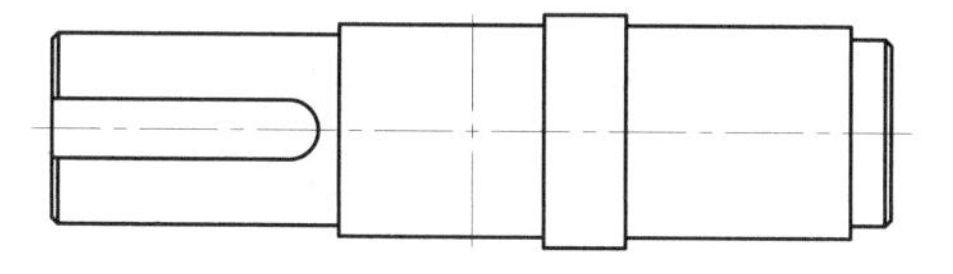

图 18-124　倒角

6. 绘制尾轴

01 将“点划线”图层置为当前。调用 L“直线”命令，绘制中心线，如图 18-125 所示。

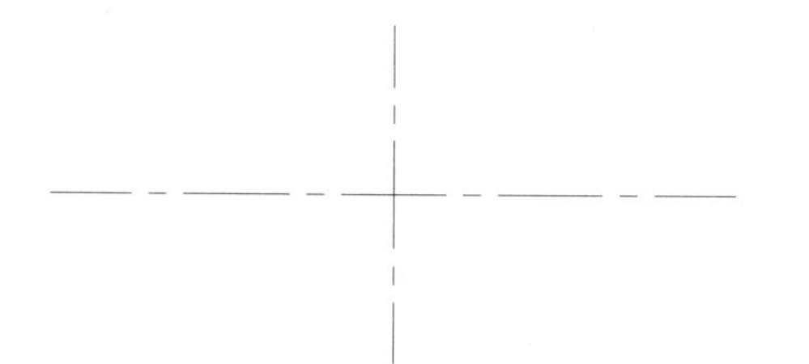

图 18-125　绘制中心线

02 调用 O“偏移”命令，分别向两边偏移垂直中心线，偏移距离为 59.5，如图 18-126 所示。

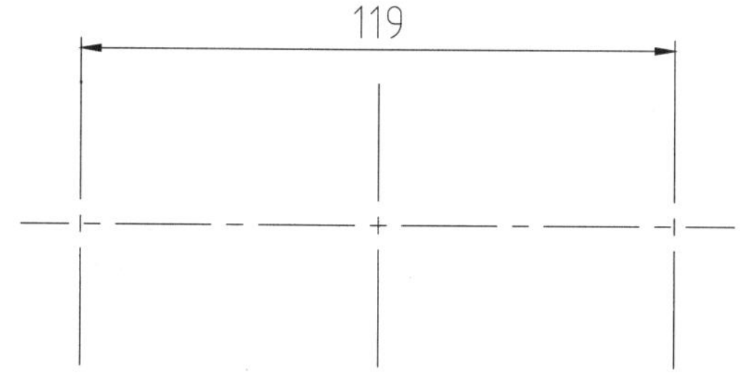

图 18-126　偏移

03 重复调用 O“偏移”命令，分别向上、下偏移水平中心线，如图 18-127 所示。

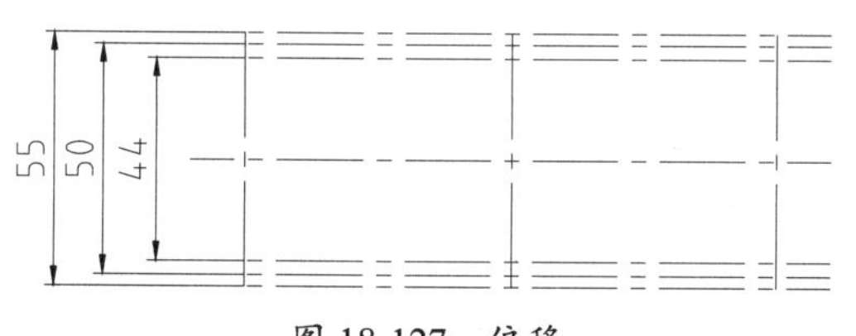

图 18-127　偏移

04 调用 O“偏移”命令，选择左端的垂直辅助线，将其向右偏移，如图 18-128 所示。

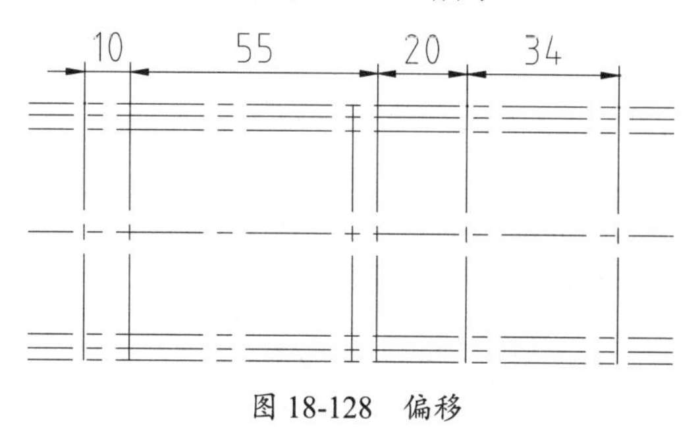

图 18-128　偏移

05 调用 TR“修剪”命令，修剪辅助线，并整理图形，转换图层，如图 18-129 所示。

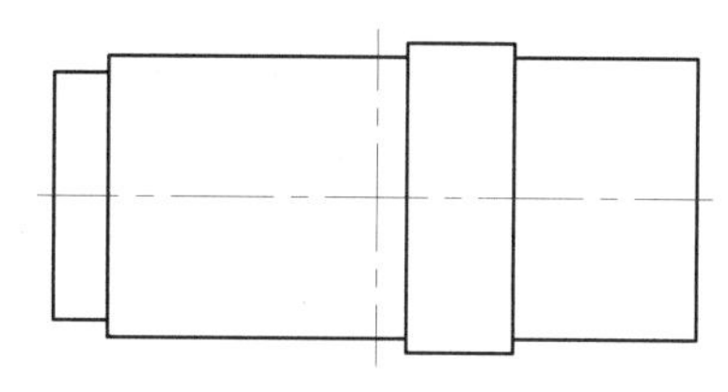

图 18-129　修剪

06 调用 CHA“倒角”与 L“直线”命令，设置倒角距离为 2，绘制倒角，如图 18-130 所示。

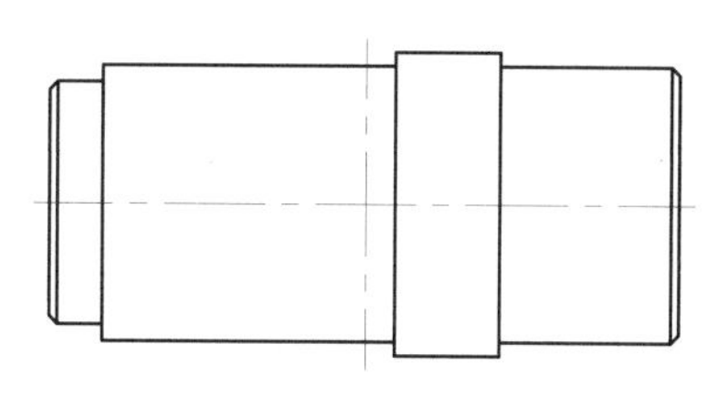

图 18-130　倒角

7. 绘制轴座压盖

01 调用 L“直线”命令，绘制长度约为 160 的中心线，如图 18-131 所示。

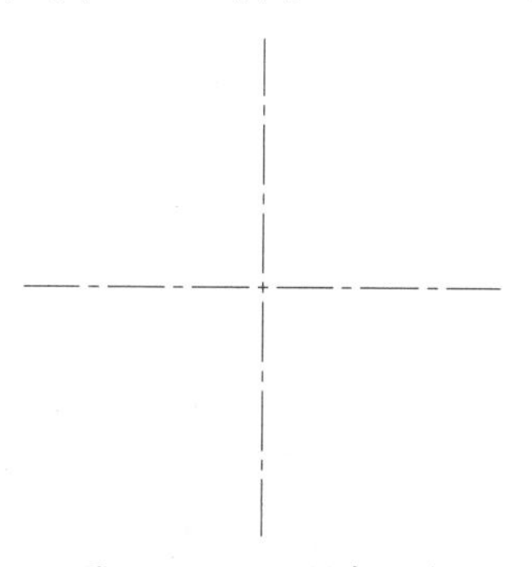

图 18-131　绘制中心线

02 调用 C“圆”命令，绘制如图 18-132 所示的一系列圆。

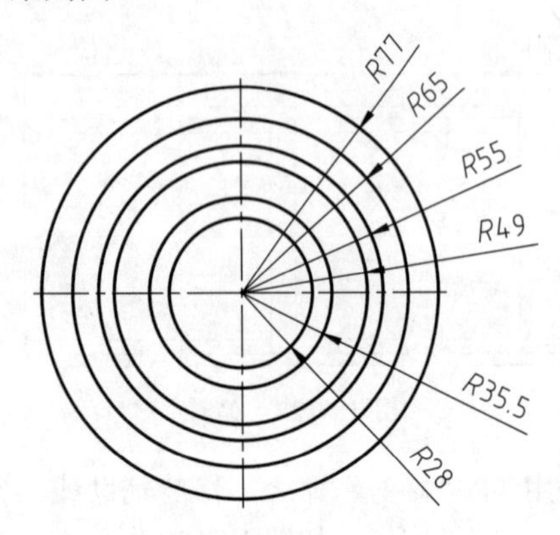

图 18-132　绘制圆

03 重复调用 C“圆”命令，绘制半径为 3.5 的圆，并将其环形阵列，如图 18-133 所示。

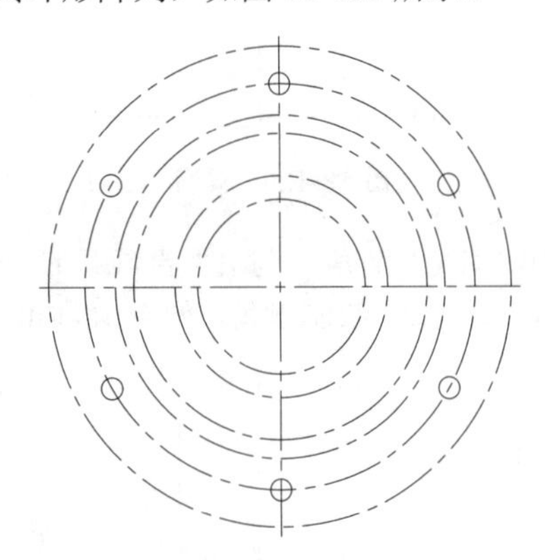

图 18-133　绘制小圆

04 调用 XL“构造线”命令，绘制辅助线，如图 18-134 所示。

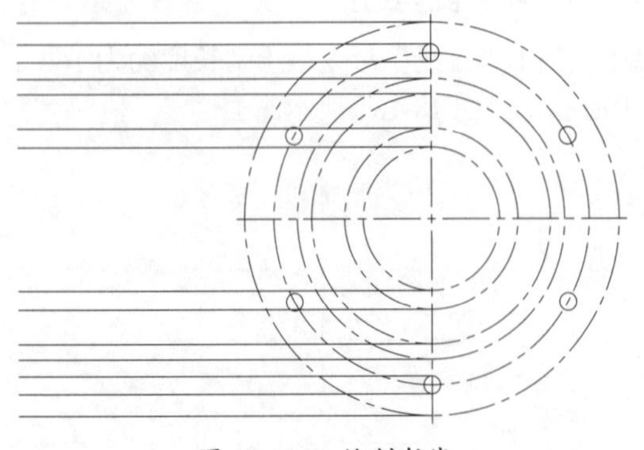

图 18-134　绘制射线

05 调用 L“直线”命令，绘制垂直辅助线，如图 18-135 所示。

06 调用 O“偏移”命令，将垂直辅助线向右偏移 2.5、3.5、11.5、12.5、15、20，根据辅助线绘制图形，如图 18-136 所示。

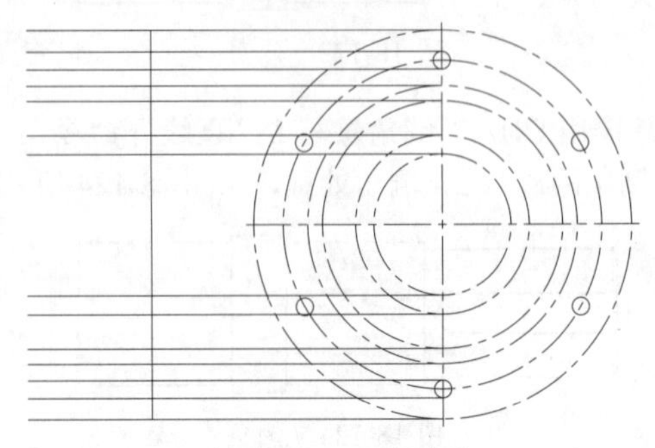

图 18-135　绘制直线

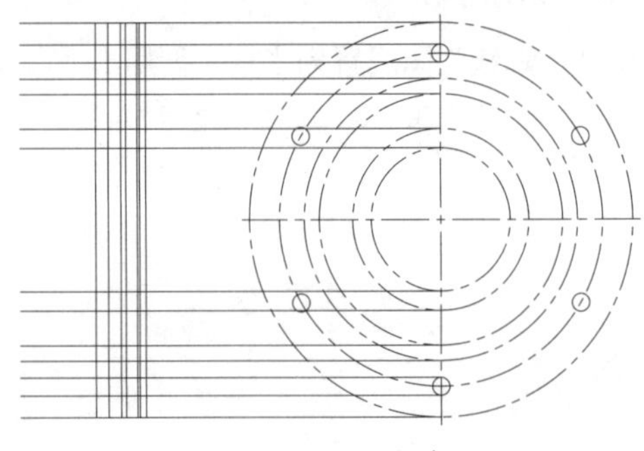

图 18-136　偏移

07 调用 TR“修剪”命令，修剪整理图形，转换图层，如图 18-137 所示。

08 调用 L“直线”命令，绘制内槽，如图 18-138 所示。

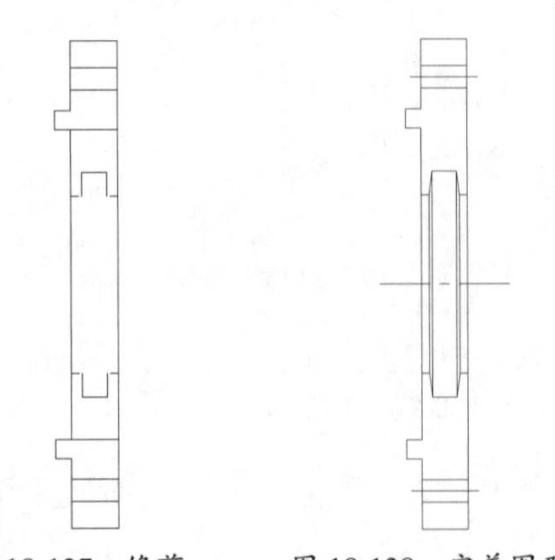

图 18-137　修剪　　　图 18-138　完善图形

09 调用 CHA“倒角”命令，设置倒角距离为 1，绘制倒角，如图 18-139 所示。

10 将“剖面线”图层置为当前层，调用 H“图案填充”命令，填充剖面，如图 18-140 所示。

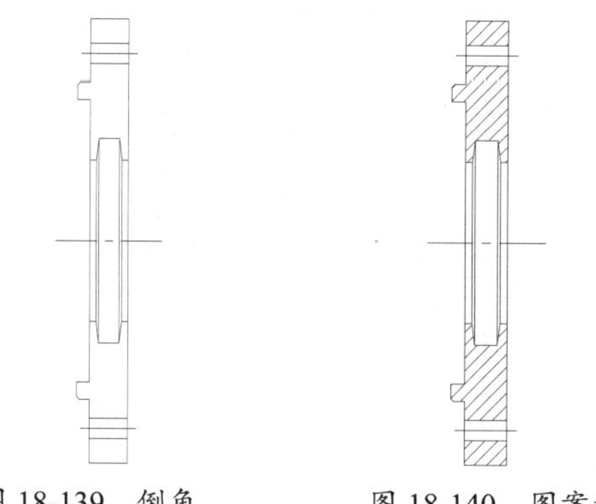

图 18-139　倒角　　　　图 18-140　图案填充

8．绘制钢管

01 调用 REC“矩形”命令，绘制 1282×50 的矩形，并调用 X“分解”命令将其分解，如图 18-141 所示。

02 调用 O“偏移”命令，将矩形上边与下边分别向内偏移 5，如图 18-142 所示。

图 18-141　绘制矩形 　　　　图 18-142　偏移

9．装配零件

01 调用 M“移动”命令，移动组合各个零件，结合 TR“修剪”、E“删除”命令，修剪整理图形如图 18-143 所示。

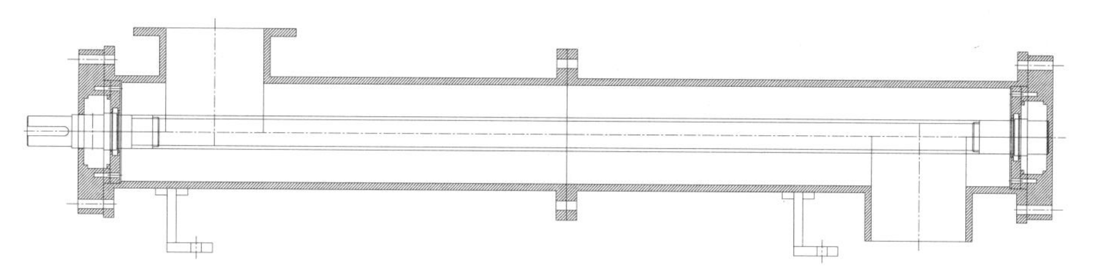

图 18-143　装配组合

02 调用 I“插入”命令，插入螺栓图块，如图 18-144 所示。

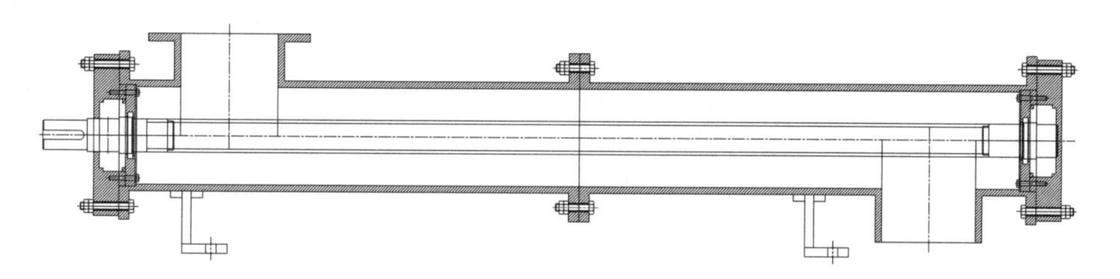

图 18-144　插入螺栓

03 将 0 图层置为当前，调用 REC“矩形”命令，绘制 540×420 的矩形，结合 O“偏移”命令，绘制明细表，如图 18-145 所示。

04 调用 LE“快速引线”命令，添加零件序号，如图 18-146 所示。

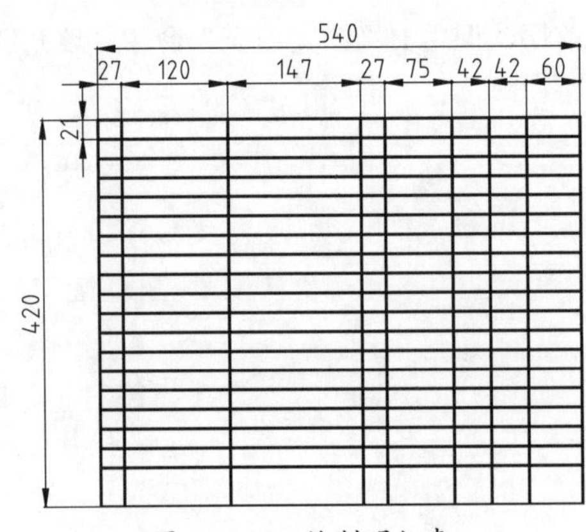

图 18-145　绘制明细表

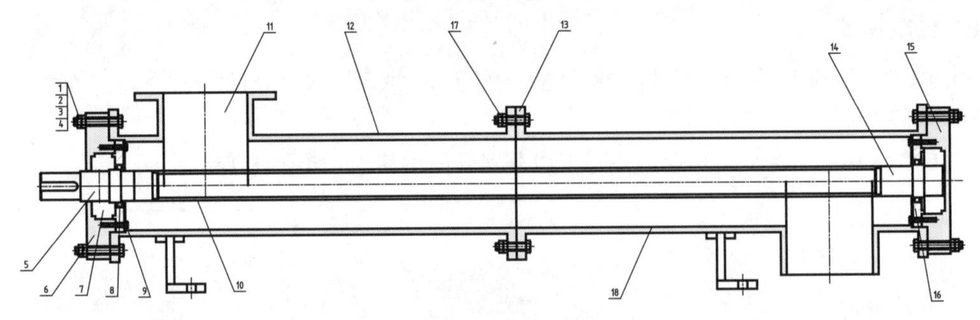

图 18-146　绘制零件序号

05 调用 I“插入”命令，插入图框，并填写明细表及标题栏，结果如图 18-147 所示。

06 调用 T“多行文字”命令添加相应的技术要求，结果如图 18-148 所示。至此，该送料器装配图绘制完成。

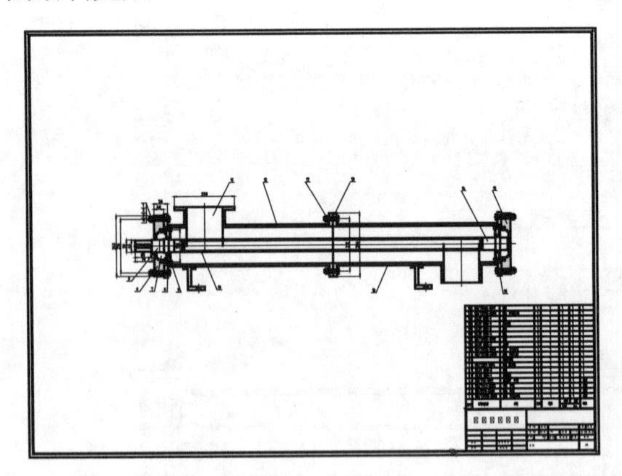

图 18-147　整理图形

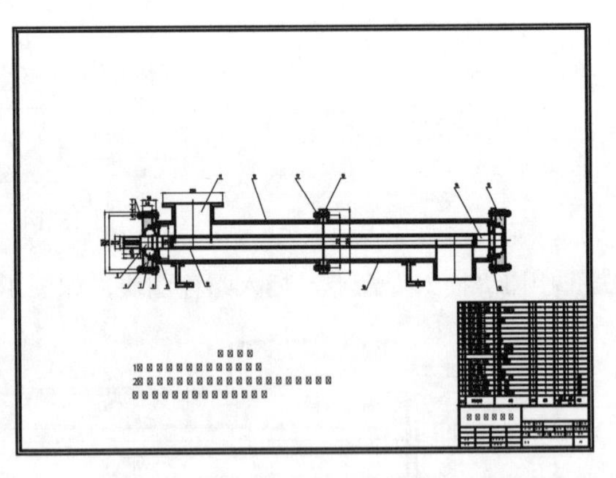

图 18-148　最终结果

第 19 章 建筑设计与绘图

本章主要讲解建筑设计的概念及建筑制图的内容和流程，并通过具体的实例来对各种建筑图形进行实战演练。通过本章的学习，我们能够了解建筑设计的相关理论知识，并掌握建筑制图的流程和实际操作。根据建筑设计的进程，通常可以分为 4 个阶段，即准备阶段、方案阶段、施工图阶段和实施阶段。

本章将综合运用之前所学到的知识来绘制建筑施工图，主要介绍绘制建筑平面图、立面图，以及剖面图的过程和方法。

19.1 建筑设计概述

所谓“建筑设计”（Architectural Design），是指建筑物在建造之前，设计者按照建设任务，把施工过程和使用过程中所存在的或可能发生的问题，事先做好通盘的设想，拟定好解决这些问题的办法、方案，用图纸和文件表达出来，如图 19-1 所示。作为备料、施工组织工作和各工种在制作、建造工作中互相配合协作的共同依据。便于整个工程得以在预定的投资限额范围内，按照周密考虑的预定方案，统一步调，顺利进行。并使建成的建筑物充分满足使用者和社会所期望的各种要求。

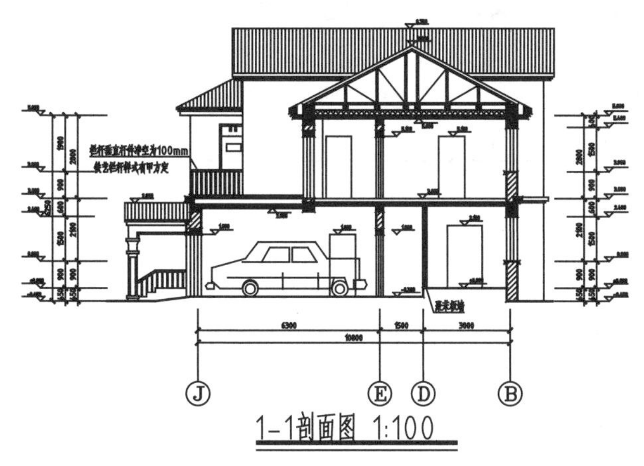

图 19-1 建筑设计图与现实结果

19.1.1 建筑制图的有关标准

建筑制图标准的目的是统一房屋建筑制图规则，保证制图质量、提高制图效率、做到图面清晰、简单明了，符合设置、施工、存档的要求，适用工程建设的需要。因此建筑制图规范除了是房屋建筑制图的基本规定外，还适用于总图、建筑、结构、给排水、暖通空调、电气等各制图专业。与建筑制图有关的国家标准如下。

- 《房屋建筑制图统一标准》GB/T 50001-2010
- 《总图制图标准》GB/T 50103-2010
- 《建筑制图标准》GB/T 50104-2010
- 《建筑结构制图标注》GB/T 50105-2010
- 《给水排水制图标注》GB/T 50106-2010
- 《采暖通风与空气调节制图标准》GB/T 50114-2010

本节为读者抽取一些制图标准中常用到的知识来讲解。

1. 图形比例标准

- 建筑图样的比例，应为图形与实物相对应的线性尺寸之比，比例的大小是指其比值的大小，如1：50大于1：100。
- 建筑制图的比例宜写在图名的右侧，如图19-2所示。比例的字高宜比图名小一号，但字的基准线应取平。

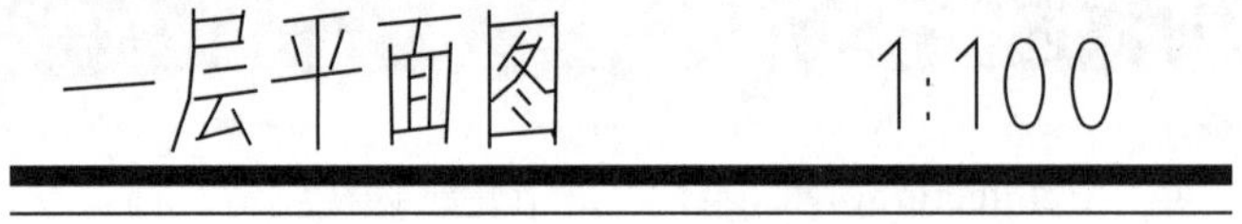

一层平面图　　1:100

图19-2　建筑制图的比例标注

- 建筑制图所用的比例，应根据图形的种类和被描述对象的复杂程度而定，具体可参考表19-1。

表19-1　建筑制图的比例的种类与系列

图纸类型	常用比例	可用比例
平、立、剖图	1：100、1：200、1：300	1：3、1：4、1：6、1：15、1：25、1：30、1：40、1：60、1：80、1：250、1：400、1：600
总平面图	1：500、1：1000、1：2000	
大样图	1：1、1：5、1：10、1：20、1：50	

2. 字体标准

图纸上所需书写的文字、数字或符号等，均应笔画清晰、字体端正、排列整齐；标点符号应清楚正确。

- 文字的字高应从如下系列中选用：3.5、5、7、10、14、20（单位：mm）。如需书写更大的字，其高度应按$\sqrt{2}$的比值递增。
- 图样及说明中的汉字，宜采用长仿宋体，宽度与高度的关系应符合表19-2的规定。大标题、图册封面、地形图等的汉字，也可书写成其他字体，但应易于辨认。

表19-2　建筑制图的字宽与字高（单位：mm）

字高	3.5	5	7	10	14	20
字宽	2.5	3.5	5	7	10	14

- 分数、百分数和比例数的注写，应采用阿拉伯数字和数学符号，例如：四分之三、百分之二十五和一比二十应分别写成3/4、25%和1：20。
- 当注写的数字小于1时，必须写出个位的0，小数点应采用圆点，齐基准线书写，例如0.01。

3. 图线标准

建筑制图应根据图形的复杂程度与比例大小，先选定基本线宽 b，再按 4 ∶ 2 ∶ 1 的比例确定其余线宽，最后根据表 19-3 确定合适的图线。

表 19-3　图线的形式和作用

图线名称	图线	线宽	用于绘制的图形
粗实线	━━━━━━	b	主要可见轮廓线
细实线	————————	0.5b	剖面线、尺寸线、可见轮廓线
虚线	—— —— ——	0.5b	不可见轮廓线、图例线
单点画线	— · —— · —	0.25b	中心线、轴线
波浪线	〜〜	0.25b	断开界线
双点画线	— · · —— · · —	0.25b	假象轮廓线

4. 尺寸标注

在图样上除了画出建筑物及其各部分的形状之外，还必须准确、详细及清晰地标注尺寸，以确定大小，作为施工的依据。

国标规定，工程图样上的标注尺寸，除了标高和总平面图以米 (m) 为单位外，其余的尺寸一般以毫米 (mm) 为单位，图上的尺寸数字都不再注写单位。假如使用其他的单位，必须有相应的注明。图样上的尺寸，应以所标注的尺寸数字为准，不得从图上直接量取。如图 19-3 所示为对图形进行尺寸标注的结果。

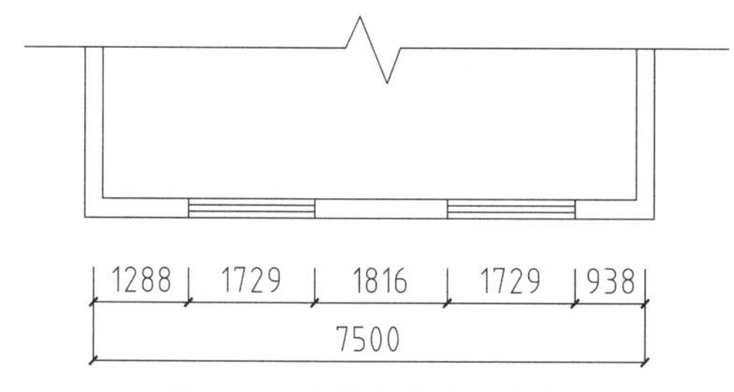

图 19-3　建筑制图的尺寸标注

19.1.2　建筑制图的符号

在进行各种建筑和室内装饰设计时，为了更清楚、明确地表明图中的相关信息，将以不同的符号来表示。

1. 定位轴线

定位轴线是用来确定建筑物主要结构及构件位置的尺寸基准线。在施工时凡承重墙、柱、大梁或屋架等主要承重构件都应画出轴线以确定其位置。对于非承重的隔断墙及其他次要承重构件等，一般不画轴线，只需注明它们与附近轴线的相关尺寸以确定其位置。

- 定位轴线应用细点画线绘制。定位轴线一般应编号，编号应注写在轴线端部的圆内。圆应用细实线绘制，直径为 8 ~ 10mm。定位轴线圆的圆心，应在定位轴线的延长线上或延长线的折线上。
- 平面图上定位轴线的编号，宜标注在图样的下方与左侧。横向编号应用阿拉伯数字，从左至右顺序编写，竖向编号应用大写拉丁字母，从下至上顺序编写，如图 19-4 所示。

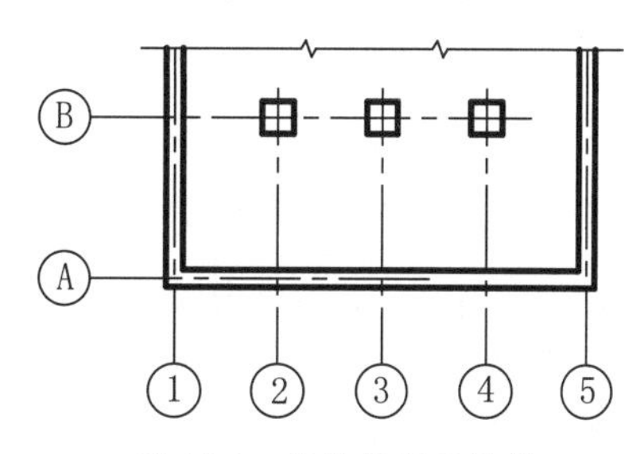

图 19-4　定位轴线及编号

➢ 拉丁字母的I、O、Z不得用作轴线编号。如字母数量不够使用，可增用双字母或单字母加数字注脚，如AA、BA…YA或A1、B1…Y1。

➢ 组合较复杂的平面图中定位轴线也可采用分区编号，如图19-5所示，编号的注写形式应为“分区号——该分区编号”，分区号采用阿拉伯数字或大写拉丁字母表示。

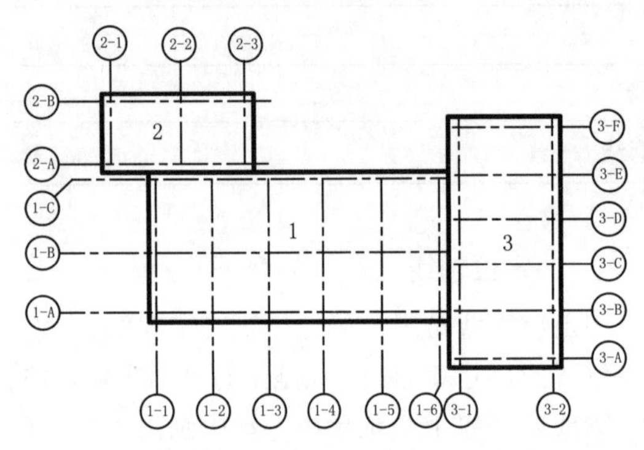

图19-5　分区定位轴线及编号

➢ 附加定位轴线的编号，应以分数形式表示。两根轴线间的附加轴线，应以分母表示前一轴线的编号，分子表示附加轴线的编号，编号宜用阿拉伯数字顺序编写，如图19-6所示。1号轴线或A号轴线之前的附加轴线的分母应以01或0A表示，如图19-7所示。

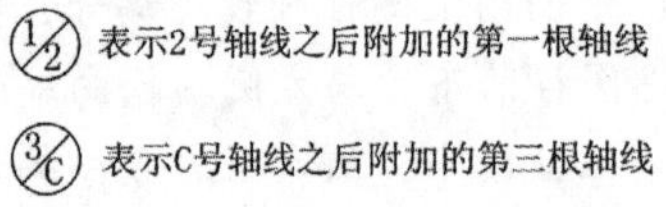

1/2　表示2号轴线之后附加的第一根轴线

3/C　表示C号轴线之后附加的第三根轴线

图19-6　在轴线之后附加的轴线

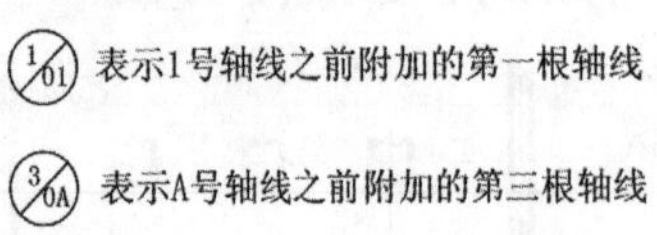

1/01　表示1号轴线之前附加的第一根轴线

3/0A　表示A号轴线之前附加的第三根轴线

图19-7　在1或A号轴线之前附加的轴线

➢ 通用详图中的定位轴线，应只画圆，不注写轴线编号。

➢ 圆形平面图中定位轴线的编号，其径向轴线宜用阿拉伯数字表示，从左下角开始，按逆时针顺序编写；其圆周轴线宜用大写拉丁字母表示，从外向内顺序编写，如图19-8所示。折线形平面图中的定位轴线，如图19-9所示。

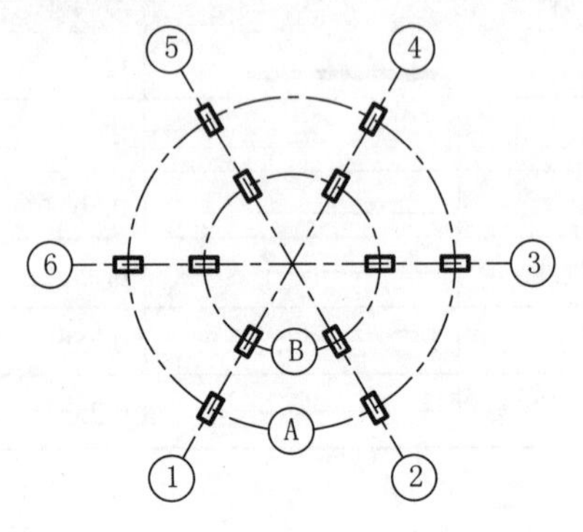

图19-8　圆形平面图定位轴线及编号

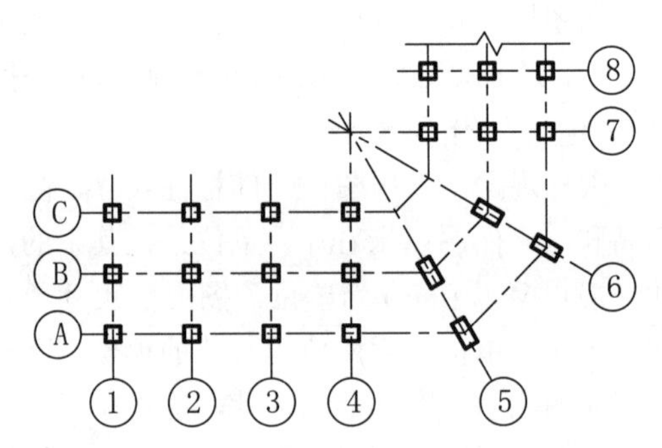

图19-9　折线形平面图定位轴线及编号

2．剖面剖切符号

在对剖面图进行识读的时候，为了方便，需要用剖切符号把所画剖面图的剖切位置和剖视方向在投影图即平面图上表示出来。同时，还要为每一个剖面图标注编号，以免产生混乱。

在绘制剖面剖切符号的时候需要注意以下几点。

➢ 剖切位置线即剖切平面的积聚投影，用来表示剖切平面的剖切位置。但是规定要用两段长为6～8mm的粗实线来表示，且不宜与图面上的图线互相接触，如图19-10中的建施-1所示。

➢ 剖切后的剖视方向用垂直于剖切位置线的短粗实线(长度为4～6mm)表示，比如画在剖切位置线的左面即表示向左边的投影，如图 19-10 所示。

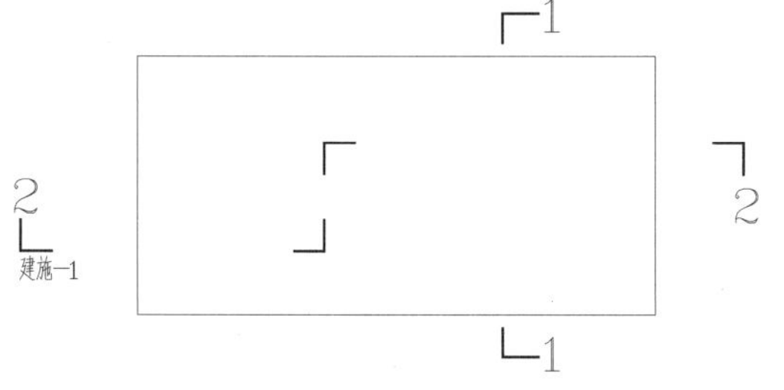

图 19-10 剖面剖切符号

➢ 剖切符号的编号要用阿拉伯数字来表示，按顺序由左至右、由下至上连续编排，并标注在剖视方向线的端部。如果剖切位置线必须转折，比如阶梯剖面，而在转折处又易与其他图线混淆，则应在转角的外侧加注与该符号相同的编号，如图 19-10 中的结施 -2 所示。

3. 断面剖切符号

断面的剖切符号仅用剖切位置线来表示，应以粗实线绘制，长度宜为 6 ～ 10mm。

断面剖切符号的编号宜采用阿拉伯数字，按照顺序连续编排，并注写在剖切位置线的一侧；编号所在的一侧应为该断面的剖视方向，如图 19-11 所示。

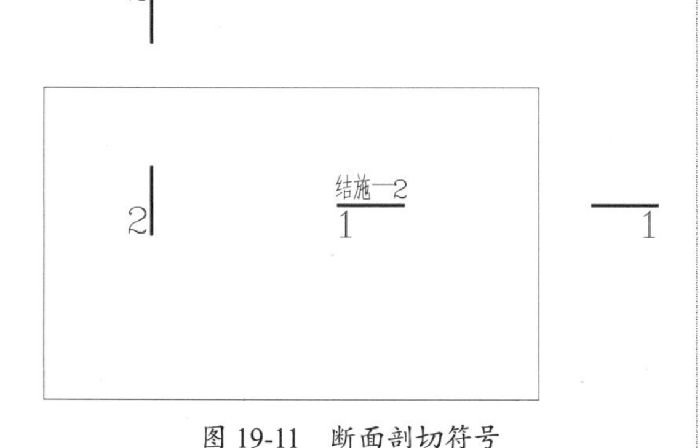

图 19-11 断面剖切符号

操作技巧：剖面图或断面图，如与被剖切图样不在同一张图内，可在剖切位置线的另一侧注明其所在图纸的编号，也可以在图上集中说明。

4. 引出线

为了使文字说明、材料标注、索引符号标注等不影响图样的清晰，应采用引出线的形式来绘制。

- 引出线

引出线应以细实线绘制，宜采用水平方向的直线，或与水平方向成 30°、45°、60°、90°的直线，或经上述角度再折为水平线。文字说明宜注写在水平线的上方，如图 19-12（a）所示，也可注写在水平线的端部，如图 19-12（b）所示。索引详图的引出线，应与水平直径相接，如图 19-12（c）所示。

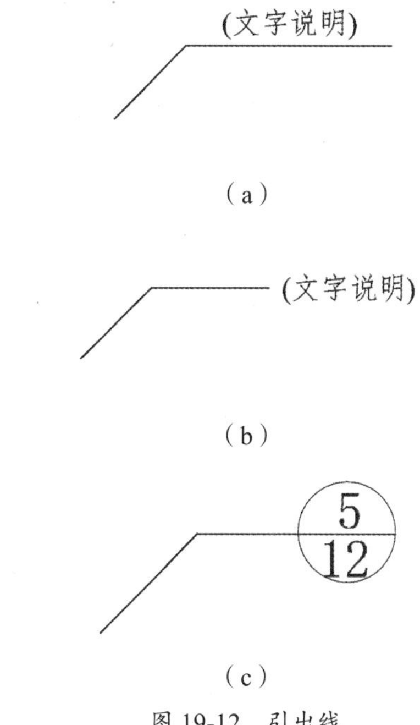

图 19-12 引出线

- 共同引出线

同时引出的几个相同部分的引出线，宜相互平行，也可画成集中于一点的放射线，如图 19-13 所示。

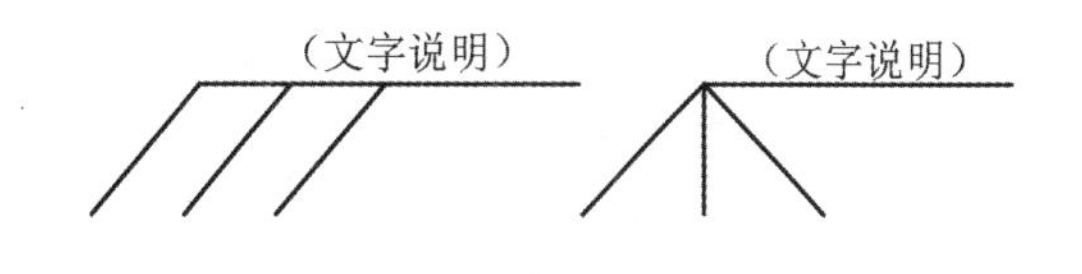

图 19-13 共同引出线

● 多层引出线

多层构造或多个部位共用引出线，应通过被引出的各层或各部位，并用圆点示意对应位置。文字说明宜注写在水平线上方，或注写在水平线的端部，说明的顺序应由上至下，并与被说明的层次对应一致；若层次为横向排序，则由上至下的说明顺序应与由左至右的层次对应一致，如图 19-14 所示。

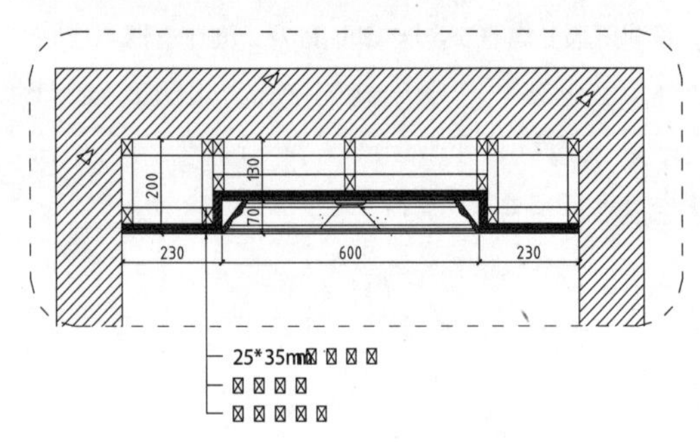

图 19-14　多层引出线

5．索引符号与详图符号

索引符号根据用途的不同可以分为立面索引符号、剖切索引符号、详图索引符号等。以下是国标中对索引符号的使用规定。

- ➢ 由于房屋建筑室内装饰装修制图在使用索引符号时，有的圆内注字较多，故本条规定索引符号中圆的直径为 8 ~ 10mm。
- ➢ 由于在立面图索引符号中需表示出具体的方向，故索引符号需要附三角形箭头表示。
- ➢ 当立面、剖面图的图纸量较少时，对应的索引符号可以仅标注图样编号，不注明索引图所在页次。
- ➢ 立面索引符号采用三角形箭头转动，数字、字母保持垂直方向不变的形式，是遵循了《建筑制图标准》GB/T 50104 中内视索引符号的规定。
- ➢ 剖切符号采用三角形箭头与数字、字母同方向转动的形式，是遵循了《房屋建筑制图统一标准》GB/T 50001 中剖视的剖切符号的规定。
- ➢ 表示建筑立面在平面上的位置及立面图所在的图纸编号，应在平面图上使用立面索引符号，如图 19-15 所示。

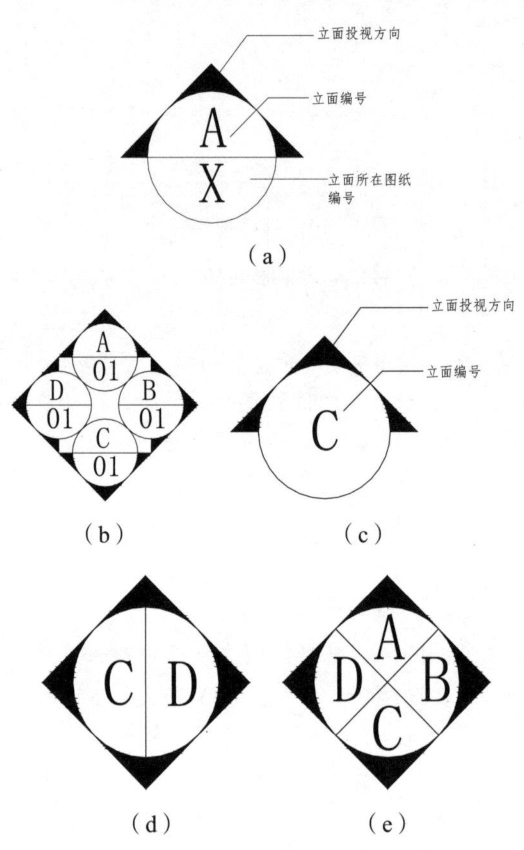

图 19-15　立面索引符号

- ➢ 表示剖切面在界面上的位置或图样所在图纸编号，应在被索引的界面或图样上使用剖切索引符号，如图 19-16 所示。

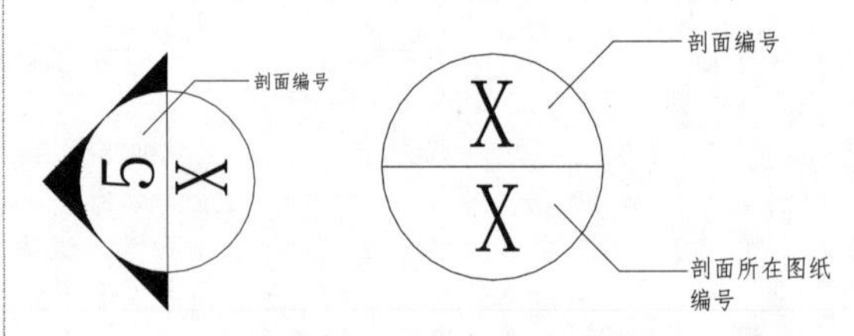

图 19-16　剖切索引符号

- ➢ 表示局部放大图样在原图上的位置及本图样所在的页码，应在被索引图样上使用详图索引符号，如图 19-17 所示。

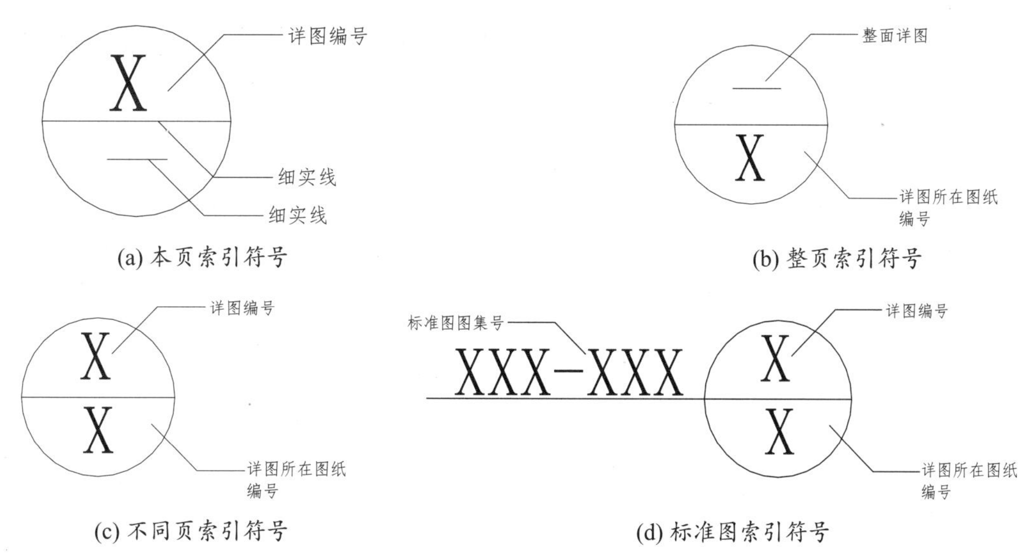

图 19-17　详图索引符号

在 AutoCAD 的索引符号中，其圆的直径为 Ø12mm（在 A0、A1、A2、图纸）或 ø10mm（在 A3、A4 图纸），其字高 5mm（在 A0、A1、A2、图纸）或字高 4mm（在 A3、A4 图纸），如图 19-18 所示。

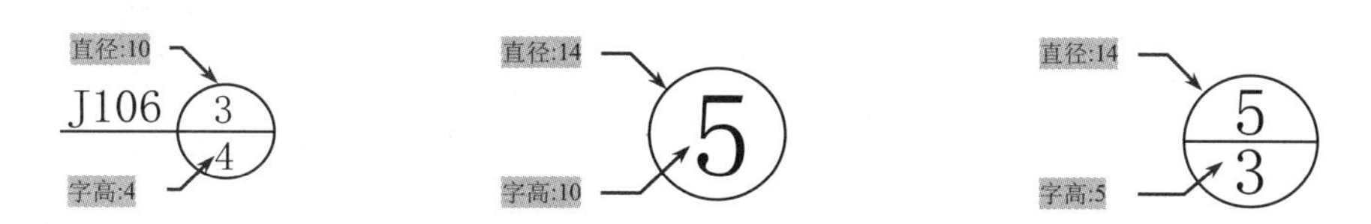

图 19-18　索引符号圆的直径与字高

6．标高符号

标高用来表示建筑物各部位高度的一种尺寸形式。标高符号用细实线画出，短横线是需注高度的界线，长横线之上或之下注出标高数字（如图 19-19（a）所示）。总平面图上的标高符号，宜用涂黑的三角形表示（如图 19-19（d）所示），标高数字可注明在黑三角形的右上方，也可注写在黑三角形的上方或右面。不论那种形式的标高符号，均为等腰直角三角形，高 3mm。如图 19-19（b）、（c）所示用以标注其他部位的标高，短横线为需要标注高度的界限，标高数字注写在长横线的上方或下方。

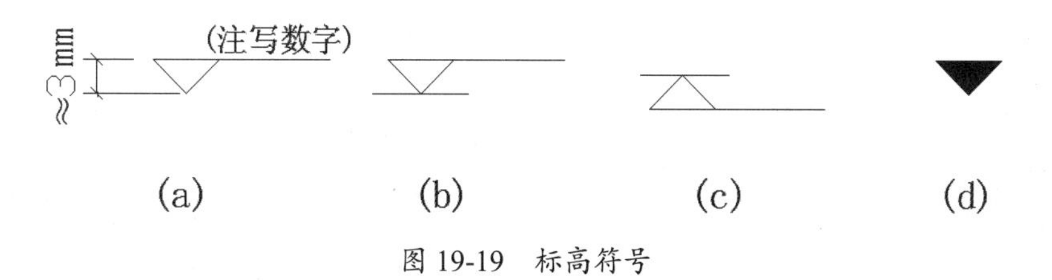

图 19-19　标高符号

标高数字以“米”为单位，注写到小数点以后第 3 位（在总平面图中可注写到小数点后第 2 位）。零点标高应注写成 ±0.000，正数标高不注“+”，负数标高应注“-”，例如 3.000、-0.600。如图 19-20 所示为标高注写的几种格式。

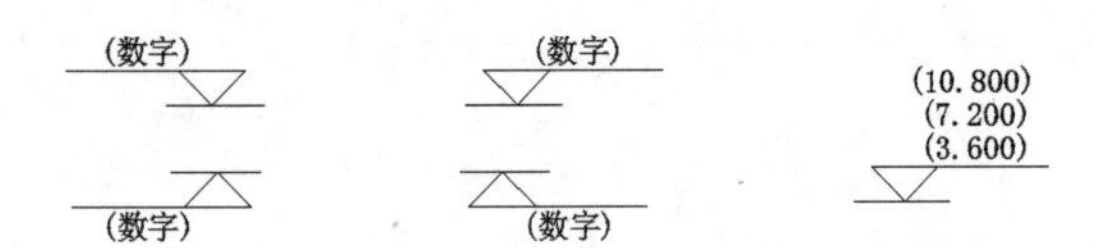

图 19-20　标高数字注写格式

在 AutoCAD 建筑图纸设计标高中，其标高的数字字高为 6.5mm（在 A0、A1、A2 图纸）或字高 2mm（在 A3、A4 图纸）。

标高有“绝对标高”和“相对标高”两种。

- 绝对标高：国内是指把青岛附近黄海的平均海平面定为绝对标高的零点，其他各地标高都以它作为基准。如在总平面图中的室外整平标高即为绝对标高。
- 相对标高：是指在建筑物的施工图上要注明许多标高，用相对标高来标注，容易直接得出各部分的高差。因此除总平面图外，一般都采用相对标高，即把底层室内主要的地坪标高定为相对标高的零点，标注为 ±0.000，而在建筑工程图的总说明中说明相对标高和绝对标高的关系，再根据当地附近的水准点（绝对标高）测定拟建工程的底层地面标高。

19.1.3　建筑制图的图例

建筑物或构筑物需要按比例绘制在图纸上，对于一些建筑物的细部节点，无法按照真实形状表示，只能用示意性的符号画出。国家标准规定的正规示意性符号都称为“图例”。凡是国家批准的图例，均应统一遵守，按照标准画法表示在图形中，如果有个别新型材料还未纳入国家标准，设计人员要在图纸的空白处画出并写明符号代表的意义，方便对照阅读。

1. 一般规定

本标准只规定常用建筑材料的图例画法，对其尺度比例不作具体规定。使用时，应根据图样大小而定，并应注意下列事项。

- 图例线应间隔均匀，疏密适度，做到图例正确，表示清楚。
- 不同品种的同类材料使用同一图例时（如某些特定部位的石膏板必须注明是防水石膏板时），应在图上附加必要的说明。
- 两个相邻的涂黑图例（如混凝土构件、金属件）间，应留有空隙，其宽度不得小于 0.7mm，如图 19-21 所示。

图 19-21　相邻涂黑图例的画法

下列情况可不加图例，但应加文字说明。

- 一张图纸内的图样只用一种图例时。
- 图形较小无法画出建筑材料图例时。

当选用本标准中未包括的建筑材料时，可自编图例。但不得与本标准所列的图例重复。绘制时，应在适当位置画出该材料图例，并加以说明。

2. 常用建筑材料图例

常用建筑材料应按如表 19-4 所示图例画法绘制。

表 19-4　常用建筑材料图例

名　称	图 例	备　注
自然土壤		包括各种自然土壤
夯实土壤		
砂、灰土		靠近轮廓线绘较密的点

续表

名 称	图 例	备 注
砂砾石、碎砖三合土	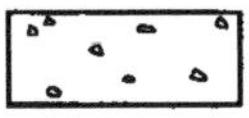	
石材	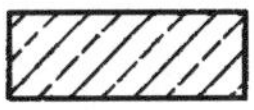	
毛石		
普通砖	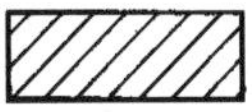	包括实心砖、多孔砖、砌块等砌体。断面较窄不易绘出图例线时，可涂红
耐火砖	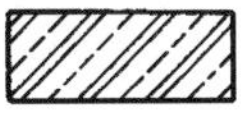	包括耐酸砖等砌体
空心砖		指非承重砖砌体
饰面砖		包括铺地砖、马赛克、陶瓷锦砖、人造大理石等
焦渣、矿渣	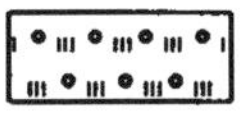	包括与水泥、石灰等混合而成的材料
混凝土	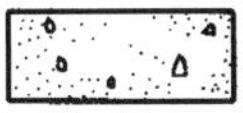	1. 本图例指能承重的混凝土及钢筋混凝土 2. 包括各种强度等级、骨料、添加剂的混凝土 3. 在剖面图上画出钢筋时，不画图例线 4. 断面图形小，不易画出图例线时，可涂黑
钢筋混凝土	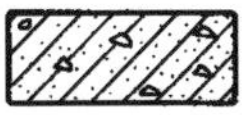	
多孔材料	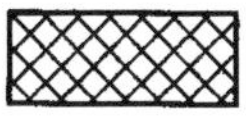	包括水泥珍珠岩、沥青珍珠岩、泡沫混凝土、非承重加气混凝土、软木、蛭石制品等
纤维材料		包括矿棉、岩棉、玻璃棉、麻丝、木丝板、纤维板等
泡沫塑料材料	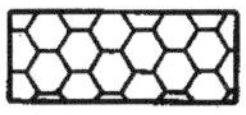	包括聚苯乙烯、聚乙烯、聚氨酯等多孔聚合物类材料
木材	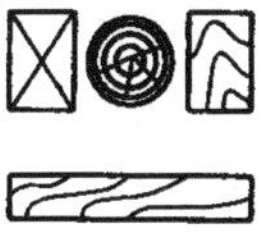	1. 上图为横断面，上左图为垫木、木砖或木龙骨； 2. 下图为纵断面
胶合板		应注明为 × 层胶合板
石膏板	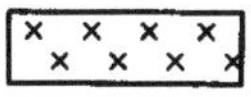	包括圆孔、方孔石膏板，防水石膏板等
金属	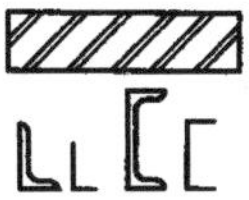	1. 包括各种金属 2. 图形小时，可涂黑
网状材料		1. 包括金属、塑料网状材料； 2. 应注明具体材料名称
液体		应注明具体液体名称
玻璃		包括平板玻璃、磨砂玻璃、夹丝玻璃、钢化玻璃、中空玻璃、加层玻璃、镀膜玻璃等

续表

名　称	图 例	备　注
橡胶		
塑料		包括各种软、硬塑料及有机玻璃等
防水材料		构造层次多或比例大时，采用上面图例
粉刷		本图例采用较稀的点

19.2 建筑设计图的内容

建筑设计图通常称为“建筑施工图”（简称“建施图”），主要用来表示建筑物的规划位置、外部造型、内部各房间的布置、内外装修、构造及施工要求等。

建筑施工图包括建施图首页（施工图首页）、总平面图、各层平面图、立面图、剖面图及详图 6 大类图纸。

19.2.1 建施图首页

建施图首页内含工程名称、实际说明、图样目录、经济技术指标、门窗统计表，以及本套建筑施工图所选用标准图集名称列表等。

图样目录一般包括整套图样的目录，应有建筑施工图目录、结构施工图目录、给水排水施工图目录、采暖通风施工图目录和建筑电气施工图目录。

建筑图纸应按专业顺序编排，一般应为图纸目录、总图、建筑图、结构图、给水排水图、暖通空调图、电气图等。

19.2.2 建筑总平面图

将新建工程周围一定范围内的新建、拟建、原有和拆除的建筑物、构筑物连同其周围的地形、地物状况，用水平投影的方法和相应的图例所画出的图样，即为总平面图，如图 19-22 所示。

建筑总平面图主要表示新建房屋的位置、朝向、与原有建筑物的关系，以及周围道路、绿化和给水、排水、供电条件等方面的情况，作为新建房屋施工定位、土方施工、设备管网平面布置，安排在施工时进入现场的材料和构件、配件堆放场地、构件预制的场地，以及运输道路的依据。

如图 19-23 所示为某住宅小区总平面图效果。

图 19-22　建筑总平面图的真实效果

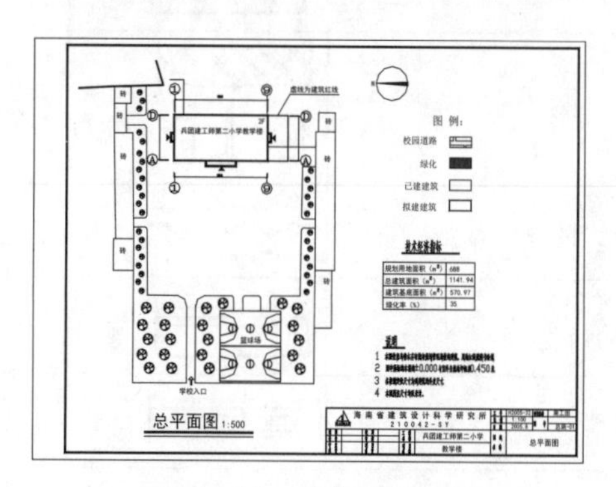

图 19-23　建筑总平面图

19.2.3　建筑平面图

建筑平面图，简称“平面图”，是假想用一个水平的剖切面沿门窗洞位置将房屋剖切后，对剖切面以下部分所做的水平投影图，如图 19-24 所示。它反映出房屋的平面形状、大小和布置；墙、柱的位置、尺寸和材料；门窗的类型和位置等。

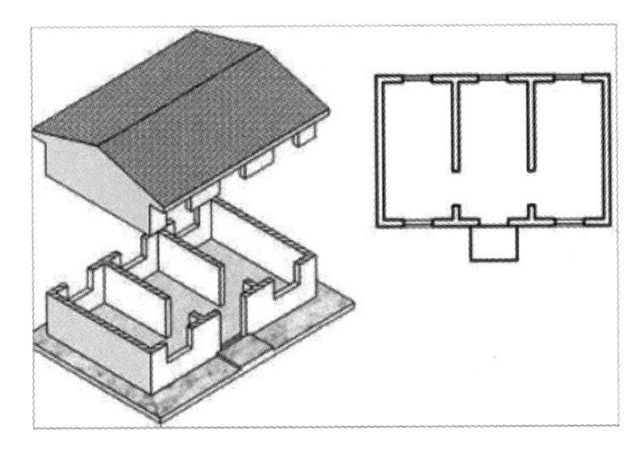

图 19-24　建筑平面图示意

如图 19-25 所示为某建筑标准层平面图效果。

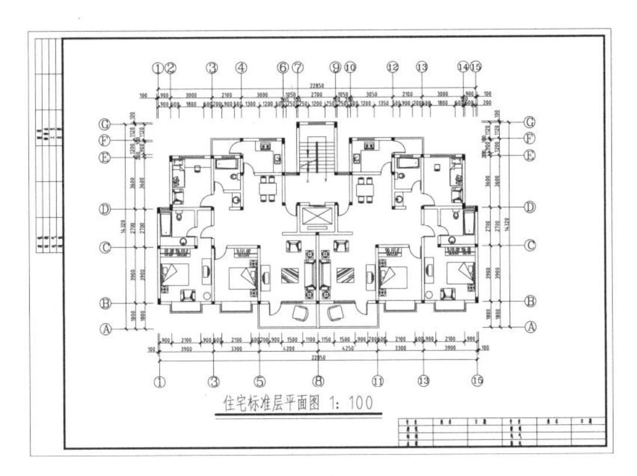

图 19-25　建筑平面图

依据剖切位置的不同，建筑平面图又可分为如下几类。

1．底层平面图

底层平面图，又称“首层平面图”或“一层平面图”。底层平面图的形成是将剖切平面的剖切位置放在建筑物的一层地面与从一楼通向二楼的休息平台（即一楼到二楼的第一个梯段）之间，尽量通过该层所有的门窗洞，剖切之后进行投影而得到的，如图 19-26 所示。

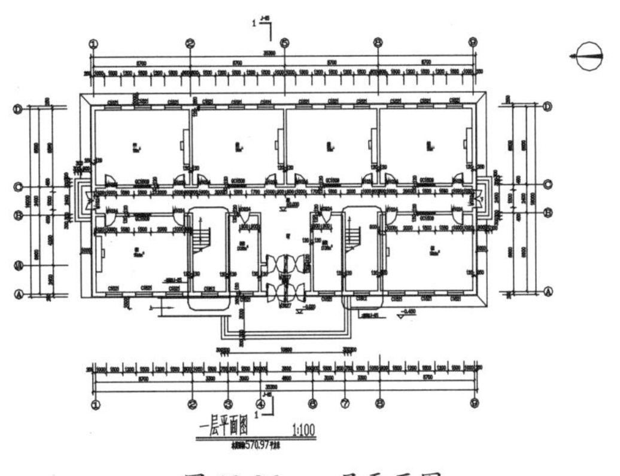

图 19-26　一层平面图

2．标准层平面图

对于多层建筑，如果建筑内部平面布置每层都有差异，则应该每一层都绘制一个平面图，以本身的楼层数命名。但在实际的建筑设计过程中，多层建筑往往存在相同或相近平面布置形式的楼层，因此在绘制建筑平面图时，可将相同或相近的楼层共用一幅平面图表示，我们将其称为“标准层平面图”。

3．顶层平面图

顶层平面图是位于建筑物最上面一层的平面图，具有与其他层相同的功用，它也可以用相应的楼层数来命名。

4．屋顶平面图

屋顶平面图是指从屋顶上方向下所做的俯视图，主要用来描述屋顶的平面布置，如图 19-27 所示。

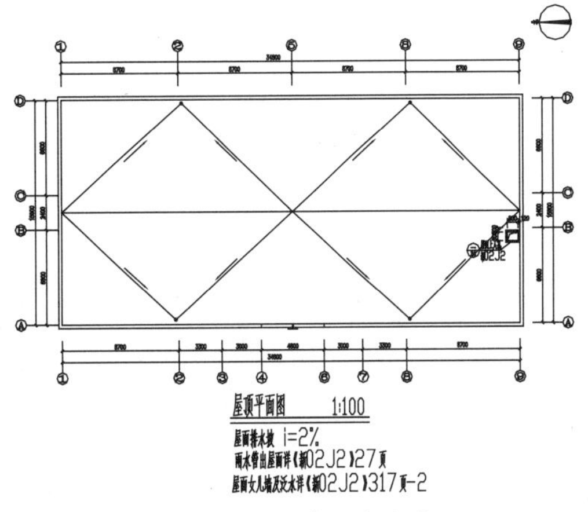

图 19-27　屋顶平面图

5. 地下室平面图

地下室平面图是指对于有地下室的建筑物，在地下室的平面布置情况。

建筑平面图绘制的具体内容基本相同，主要包括如下几个方面。

- 建筑物平面的形状及总长、总宽等尺寸。
- 建筑平面房间组合和各房间的开间、进深等尺寸。
- 墙、柱、门窗的尺寸、位置、材料及开启方向。
- 走廊、楼梯、电梯等交通联系部分的位置、尺寸和方向。
- 阳台、雨篷、台阶、散水和雨水管等附属设施的位置、尺寸和材料等。
- 未剖切到的门窗洞口等（一般用虚线表示）。
- 楼层、楼梯的标高、定位轴线的尺寸和细部尺寸等。
- 屋面的形状、坡面形式、屋面做法、排水坡度、雨水口位置、电梯间、水箱间等的构造和尺寸等。
- 建筑说明、具体做法、详图索引、图名、绘图比例等详细信息。

绘制建筑平面图的一般步骤如下。

01 设置绘图环境。根据所绘建筑长宽尺寸，相应调整绘图区域、精度、角度单位和建立相应的图层。根据建筑平面图表示内容的不同，一般需要建立如下图层：轴线、墙体、柱子、门窗、楼梯、阳台、标注和其他8个图层。

02 绘制定位轴线。在“轴线”图层上用点画线将轴线绘制出来，形成轴网。

03 绘制各种建筑构配件。包括墙体、柱子、门窗、阳台、楼梯等。

04 绘制建筑细部内容和布置室内家具。

05 绘制室外周边环境（底层平面图）。

06 标注尺寸、标高符号、索引符号和相关文字注释。

07 添加图框、图名和比例等内容，调整图幅比例和各部分位置。

08 打印输出。

19.2.4 建筑立面图

在与建筑立面平行的铅直投影面上所做的正投影图称为“建筑立面图”，简称“立面图”。建筑立面图主要用来表达建筑物的外部造型、门窗位置及形式、墙面装饰、阳台、雨篷等部分的材料和做法。

如图19-28所示为某住宅楼正立面图。

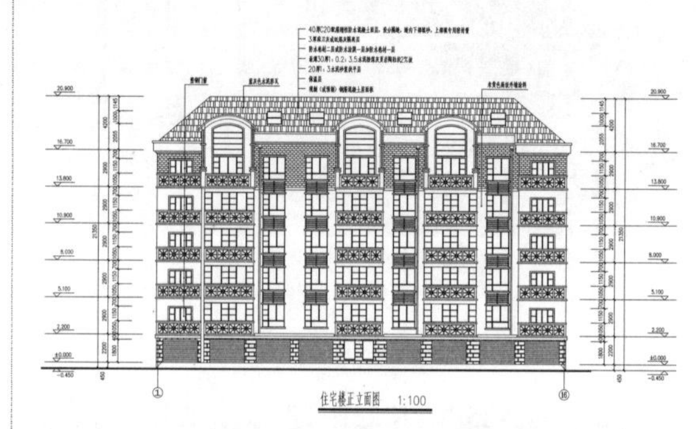

图19-28 建筑立面图

建筑立面图的主要内容通常包括以下几个部分。

- 建筑物某侧立面的立面形式、外貌及大小。
- 外墙面上装修做法、材料、装饰图线、色调等。
- 门窗及各种墙面线脚、台阶、雨蓬、阳台等构配件的位置、立面形状及大小。
- 标高及必须标注的局部尺寸。
- 详图索引符号，立面图两端定位轴线及编号。
- 图名和比例。

根据国家标准制图规范，对建筑立面图的绘制有如下几方面的要求。

- 在定位轴线方面，建筑立面图中，一般只绘制两端的轴线及编号，以便和平面图对照，确定立面图的投影方向。
- 尺寸标注方面，建筑立面图中高度方向的尺寸主要使用标高的形式标注，主要包括建筑物室内外地坪、各楼层地面、窗台、门窗顶部、檐口、屋脊、阳台底部、女儿墙、雨蓬、台阶等处的标高尺寸。在所标注处画一条水平引出线，标高符号一般画在图形外，符号大小一致整齐排列在同一铅垂线上。必要时为使尺寸标注更清晰，可标注在图内,如楼梯间的窗台面标高。应注意，不同的地方采用不同的标高符号。

- 详图索引符号方面，一般在屋顶平面图附近有檐口、女儿墙和雨水口等构造详图，凡是需要绘制详图的地方都要标注详图符号。
- 建筑材料和颜色标注方面，在建筑立面图上，外墙表面分格线应表示清楚。应用文字说明各部分所用面材料及色彩。外墙的色彩和材质决定建筑立面的效果，因此一定要进行标注。
- 图线方面，在建筑立面图中，为了加强立面图的表达效果，使建筑物的轮廓突出，通常采用不同的线型来表达不同的对象。屋脊线和外墙最外轮廓线一般采用粗实线（b），室外地坪采用加粗实线（1.4b），所有凹凸部位如建筑物的转折、立面上的阳台、雨蓬、门窗洞、室外台阶、窗台等用中实线（0.5b），其他部分的图形（如门窗、雨水管等）、定位轴线、尺寸线、图例线、标高和索引符号、详图材料做法引出线等采用细实线（0.25b）绘制。
- 图例方面，建筑立面图上的门、窗等内容都是采用图例来绘制的。在建筑物立面图上，相同的门窗、阳台、外檐装修、构造做法等可在局部重点表示，绘出其完整图形，其余部分只画轮廓线。
- 比例方面，国家标准《建筑制图标准》（GB/T50104 – 2001）规定：立面图宜采用1 ：50、1 ：100、1 ：150、1 ：200和1 ：300等比例绘制。在绘制建筑物立面图时，应根据建筑物的大小采用不同的比例。通常采用1 ：100的比例绘制。

19.2.5 建筑剖面图

建筑剖面图是假想用一个或一个以上垂直于外墙轴线的铅垂剖切平面剖切建筑，得到的图形称为“建筑剖面图”，简称“剖面图”。它反映了建筑内部的空间高度、室内立面布置、结构和构造等情况。

如图19-29所示为某建筑剖面图。

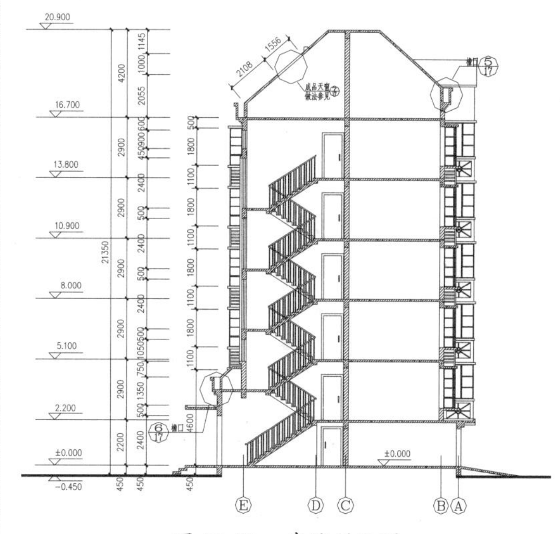

图19-29 建筑剖面图

建筑剖面图主要表达的内容如下。

- 表示被剖切到的建筑物各部位，包括各楼层地面、内外墙、屋顶、楼梯、阳台等构造的做法。
- 表示建筑物主要承重构件的位置及相互关系，包括各层的梁、板、柱及墙体的连接关系等。
- 一些没有被剖切到的但在剖切图中可以看到的建筑物构配件，包括室内的窗户、楼梯、栏杆及扶手等。
- 表示屋顶的形式和排水坡度。
- 建筑物的内外部尺寸和标高。

- 详细的索引符号和必要的文字注释。
- 剖面图的比例与平面图、立面图相一致，为了图示清楚，也可用较大的比例进行绘制。
- 标注图名、轴线及轴线编号，从图名和轴线编号可知剖面图的剖切位置和剖视方向。

绘制建筑剖面图，有如下几个方面的要求。

- 在比例方面，国家标准《建筑制图标准》（GB/T50104—2001）规定，剖面图宜采用1∶50、1∶100、1∶150、1∶200和1∶300等比例进行绘制。在绘制建筑物剖面图时，应根据建筑物的大小采用不同的比例。一般采用1∶100的比例，这样绘制起来比较方便。
- 在定位轴线方面，建筑剖面图中，除了需要绘制两端轴线及其编号外，还要与平面图的轴线对照，在被剖切到的墙体处绘制轴线及编号。
- 在图线方面，建筑剖面图中，凡是被剖切到的建筑构件的轮廓线一般采用粗实线（b）或中实线（0.5b）来表示，没有被剖切到的可见构配件采用细实线（0.25b）来表示。绘制较简单的图样时，可采用两种线宽的线宽组，其线宽比宜为b∶0.25b。被剖切到的构件一般应表示出该构件的材质。
- 在尺寸标注方面，应标注建筑物外部、内部的尺寸和标注。外部尺寸一般应标注出室外地坪、窗台等处的标高和尺寸，应与立面图相一致，若建筑物两侧对称，可只在一边标注。内部尺寸应标注出底层地面、各层楼面与楼梯平台面的标高，室内其作部分如门窗和其他设备等标注出其位置和大小的尺寸，楼梯一般另有详图。
- 在图例方面，门窗都是采用图例来绘制的，具体的门窗等尺寸可查看有关建筑标准。
- 在详图索引符号方面，一般在屋顶平面图附近有檐口、女儿墙和雨水口等构造详图，凡是需要绘制详图的地方都要标注详图符号。
- 在材料说明方面，建筑物的楼地面、屋面等用多层材料构成，一般应在剖面图中加以说明。

19.2.6 建筑详图

建筑详图主要包括屋顶详图、楼梯详图、卫生间详图及一切非标准设计或构件的详略图。主要用来表达建筑物的细部构造、节点连接形式，以及构建、配件的形状大小、材料、做法等。详图要用较大比例绘制（如1∶20等），尺寸标注要准确齐全，文字说明要详细。

如图19-30所示为某建筑楼梯踏步和栏杆详图。

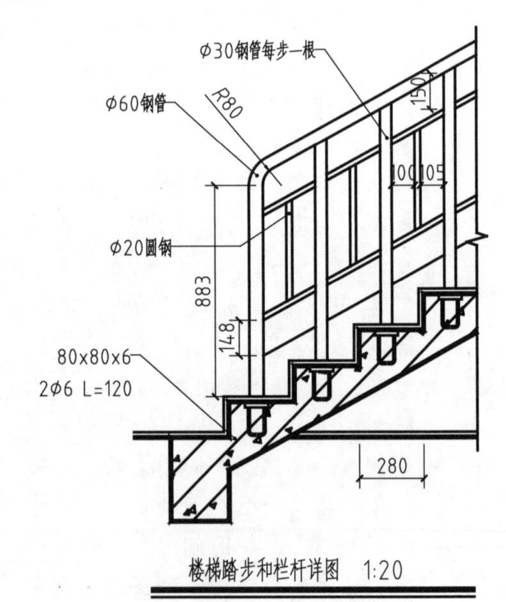

图19-30 楼梯踏步和栏杆详图

19.3　绘制常用建筑设施图

建筑设施图在 AutoCAD 的建筑绘图中非常常见，如门窗、马桶、浴缸、楼梯、地板砖和栏杆等图形。本节我们主要介绍常见建筑设施图的绘制方法、技巧及相关的理论知识。

19.3.1　绘制玻璃双开门立面

双开门通常用代号 M 表示，在平面图中，门的开启方向线宜以 45°、60° 或 90° 绘出。在绘制门立面时，应根据实际情况绘制出门的形式，亦可表明门的开启方向线。

本节来学习绘制如图 19-31 所示的玻璃双开门立面图。

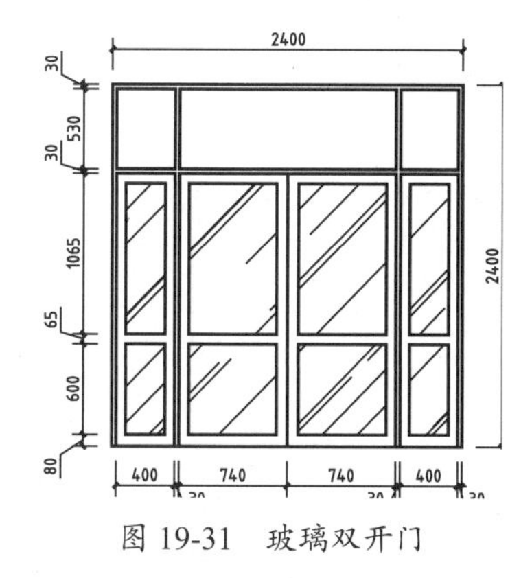

图 19-31　玻璃双开门

01 单击“快速访问”工具栏中的“新建”按钮，新建图形文件。

02 调用 REC“矩形”命令，绘制 2400×2400 的矩形，如图 19-32 所示。

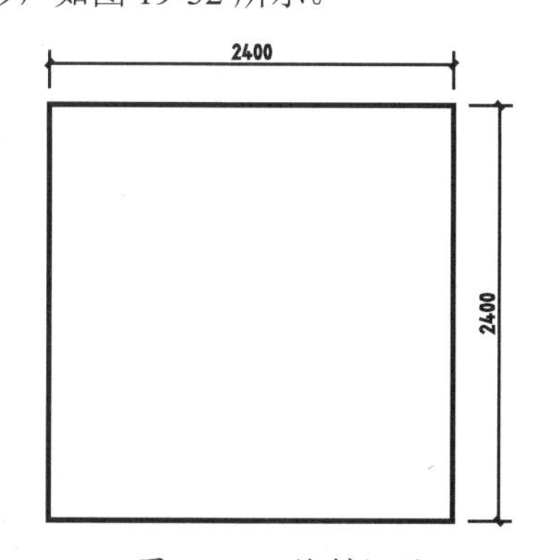

图 19-32　绘制矩形

03 调用 X“分解”命令，分解矩形，调用 O“偏移”命令，偏移线段，如图 19-33 所示。

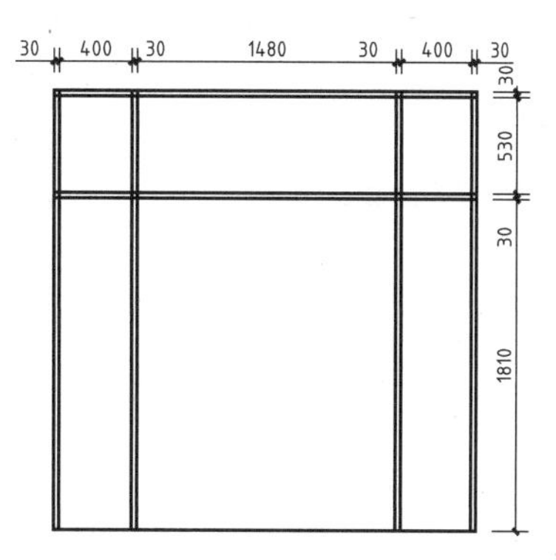

图 19-33　偏移直线

04 调用 TR“修剪”命令，修剪直线，如图 19-34 所示。

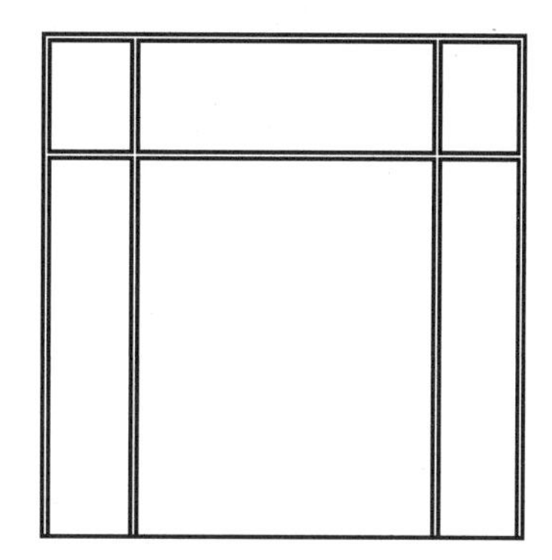

图 19-34　修剪图形

05 调用 REC“矩形”命令，按照如图 19-35 所示的数据绘制出 4 个不同的矩形。

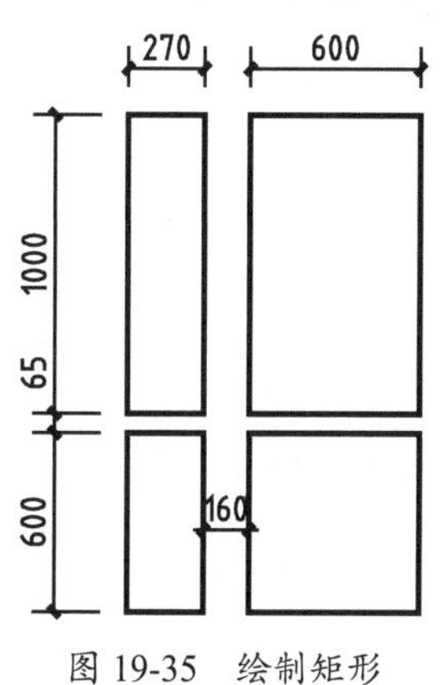

图 19-35　绘制矩形

06 调用 M“移动”命令，将 4 个矩形放置到相应位置，如图 19-36 所示。

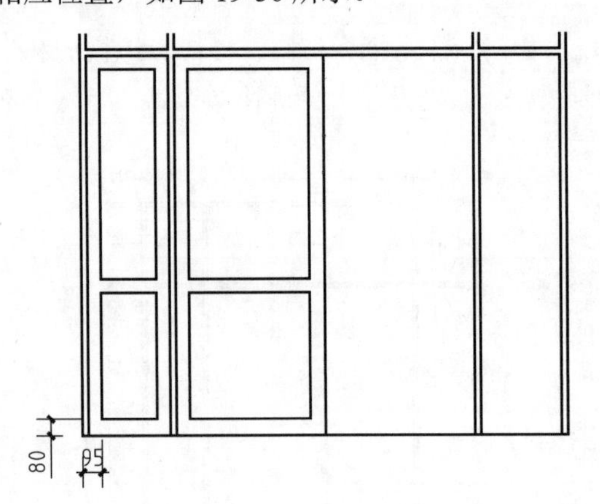

图 19-36 移动矩形

07 调用 MI“镜像”命令，将 4 个小矩形镜像至另一侧，调用 L“直线”命令，绘制中心线，如图 19-37 所示。

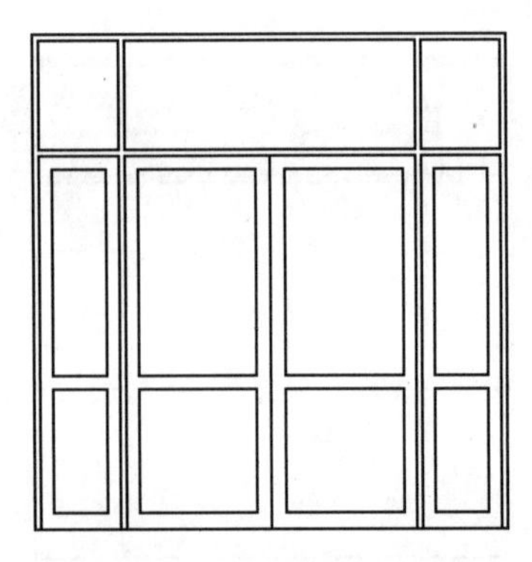

图 19-37 镜像图形

08 调用 H“填充”命令，选择“预定义”类型，选择 AR-RROOF 填充图案，角度设为 45°，比例设为 500，效果如图 19-38 所示。

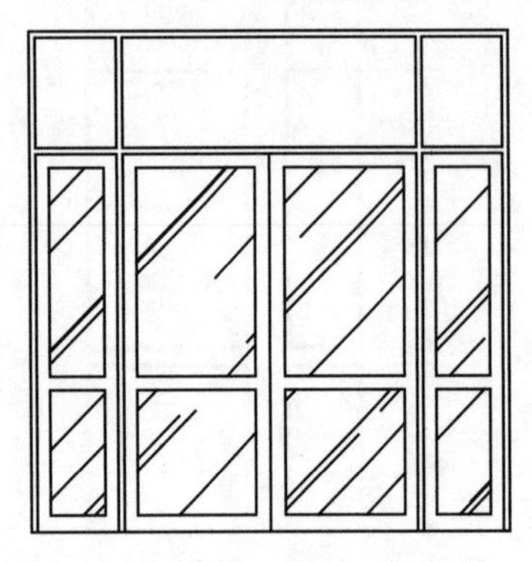

图 19-38 绘制矩形

技术专题：门的设计要点

门是建筑物中不可缺少的部分。主要用于交通和疏散，同时也起采光和通风作用。门的尺寸、位置、开启方式和立面形式，应考虑人流疏散、安全防火、家具设备的搬运安装，以及建筑艺术等方面的要求综合确定。

19.3.2 绘制欧式窗立面

窗立面是建筑立面图中不可或缺的部分，一般以代号 C 表示，其立面形式按实际情况绘制。

接下来我们来学习绘制如图 19-39 所示的欧式窗立面图的方法。

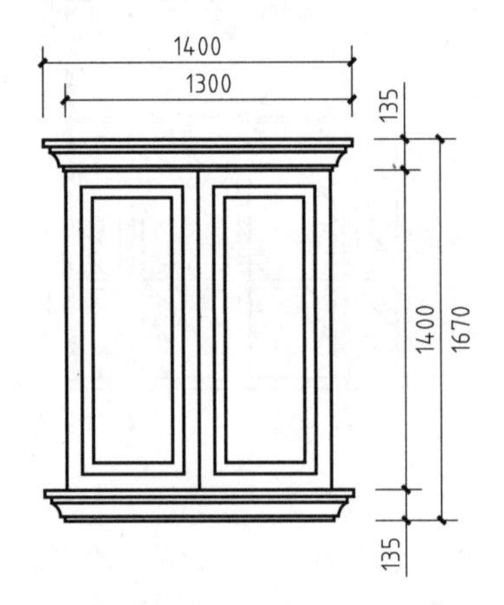

图 19-39 窗立面

01 单击“快速访问”工具栏中的“新建”按钮，新建图形文件。

02 调用 REC“矩形”命令，绘制 600×1400 的矩形，如图 19-40 所示。

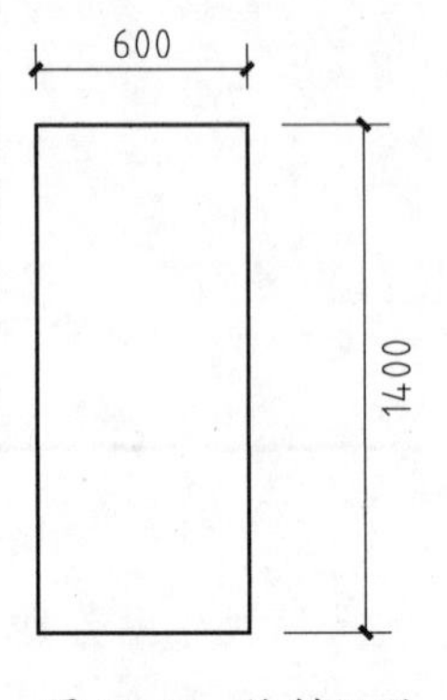

图 19-40 绘制矩形

03 调用 O“偏移”命令，将矩形向内分别偏移70和50，如图19-41所示。

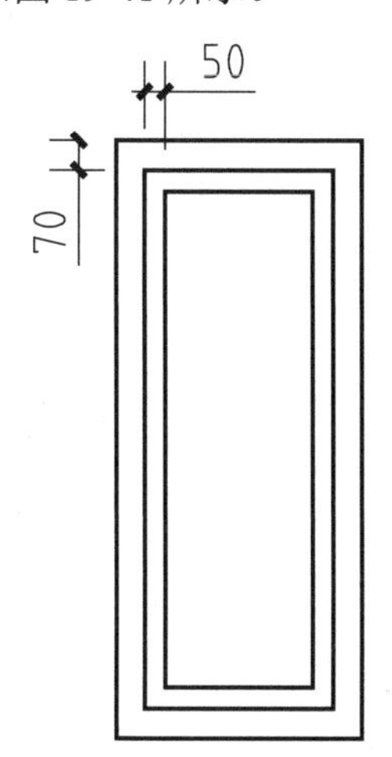

图 19-41　偏移矩形

04 调用 CO“复制”命令，复制图形，并放置在相应位置，如图19-42所示。

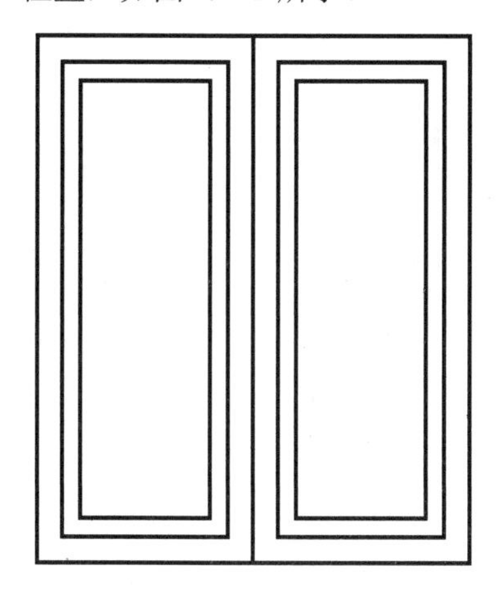

图 19-42　复制矩形

05 调用 REC“矩形”命令，绘制出1400×135的矩形，如图19-43所示。

图 19-43　绘制矩形

06 调用 X“分解”命令，分解矩形，调用O“偏移”命令，偏移直线，如图19-44所示。

07 调用 TR“修剪”命令，修剪图形，如图19-45所示。

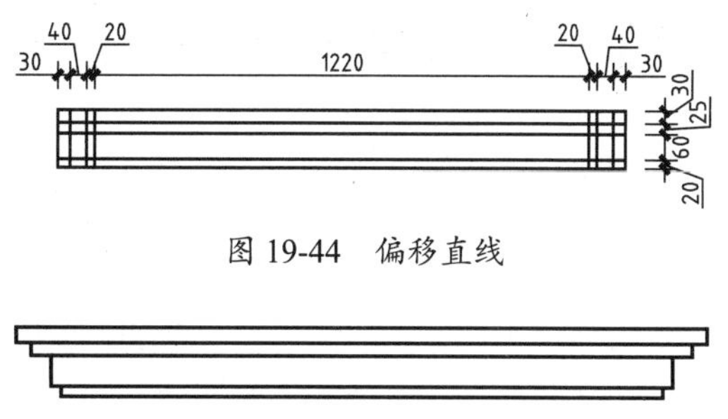

图 19-44　偏移直线

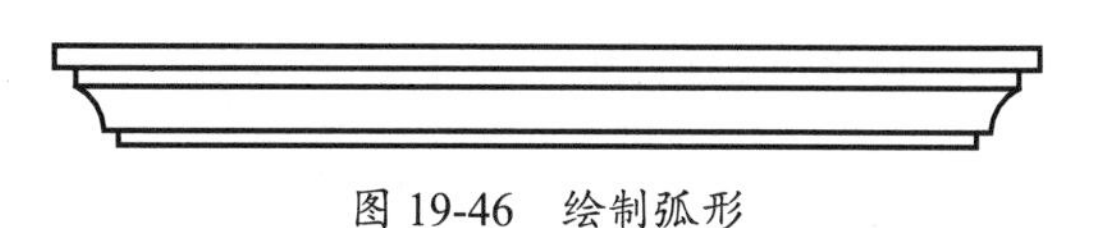

图 19-45　修剪图形

08 调用 ARC“圆弧”命令，绘制半径为70的弧形，并删除多余线段，如图19-46所示。

图 19-46　绘制弧形

09 调用 CO“复制”命令，将刚绘制完成的图形移动复制到窗图形上下两侧，如图19-47所示。

图 19-47　完成效果

技术专题：窗的设计要点

现代窗户由窗框、玻璃和活动构件（铰链、执手、滑轮等）三部分组成。窗框负责支撑窗体的主结构，可以是木材、金属、陶瓷或塑料材料，透明部分依附在窗框上，可以是纸、布、丝绸或玻璃材料。活动构件主要以金属材料为主，在人手触及的地方也可能包裹以塑料等绝热材料。

19.4 绘制住宅楼设计图

供家庭居住使用的建筑称为住宅。住宅的设计，不仅要注重套型内部平面空间关系的组合和硬件设施的改善，还要全面考虑住宅的光环境、声环境、热环境和空气质量环境的综合条件及其设备的配置，这样才能获得一个高舒适度的居住环境。住宅楼按楼层高度分为：低层住宅（1～3层）、多层住宅（4～6层）、中高层住宅（7～9）和高层住宅（10层以上）。

本实例为长沙某小区的一栋小户型多层建筑，总层数为6层，每层有4户，其标准层平面图如图19-48所示。从总体上看，该建筑是一个结构高度对称的图形，因此可采用镜像复制的方法绘制对称的对象，包括门窗、立柱、楼梯等设施。这样，其余的图形对象绘制起来也就方便多了，同时还能提高绘图效率。

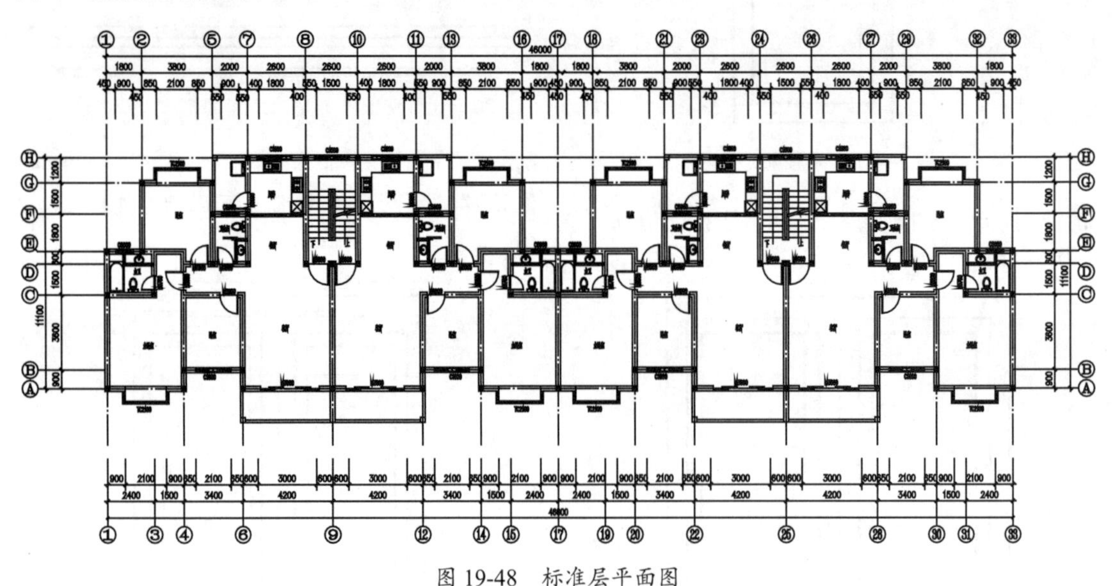

图19-48 标准层平面图

19.4.1 绘制标准层平面图

建筑平面图用来表明建筑物的平面形状，各种房间的布置及相互关系，门、窗、入口、走道、楼梯的位置，建筑物的尺寸、标高，房间的功能或编号，是该建筑施工放线、砌砖、混凝土浇注、门窗定位和室内装修的依据。

本例绘制的标准层平面图如图19-48所示。该平面图是一个高度对称的平面图，在绘制时，可以先绘制出其中的一个户型，然后使用“复制”和“镜像”命令完成其他的户型。其绘制步骤为：先绘制轴线，再绘制墙体和立柱，接着绘制门窗阳台，然后插入设施图例，最后进行文字和尺寸等的标注。

1. 绘制轴线

01 新建“轴线”图层，设置图层颜色为红色，线型为CENTER2，将其置为当前图层。

02 使用“直线”和“偏移”等工具，绘制如图19-49所示的8条水平轴线和9条垂直轴线。

03 编辑轴线。综合使用“修剪”命令和夹点编辑功能，编辑绘制的轴线，如图19-50所示。

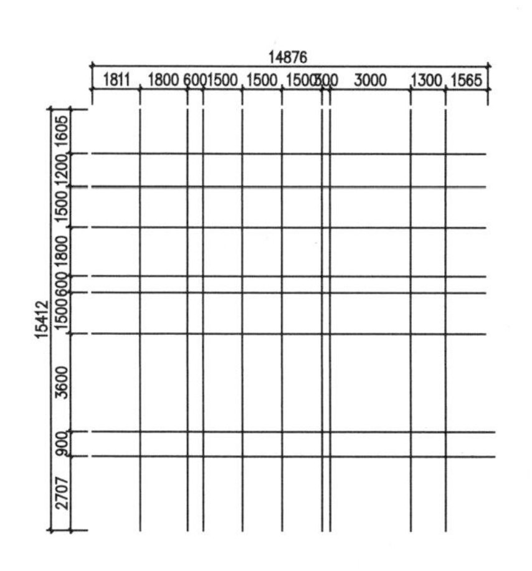

图 19-49　绘制垂直轴线

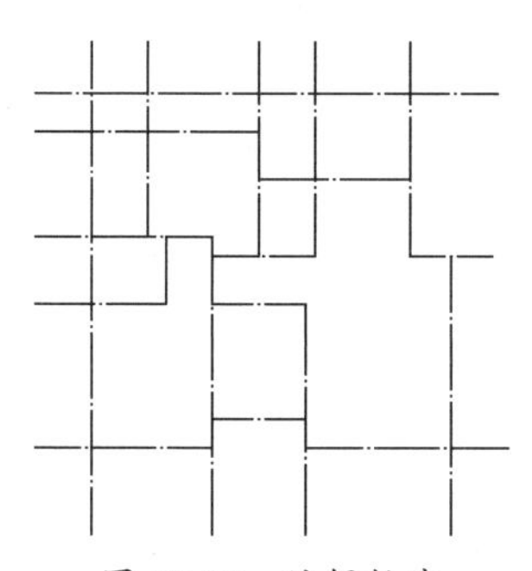

图 19-50　编辑轴线

2. 绘制墙体和立柱

01 新建“墙体”图层，设置颜色为白色，并将其置为当前图层。

02 设置多线样式。调用“格式”|“多线样式”命令，新建“墙线”样式，并置为当前，其设置如图 19-51 所示。

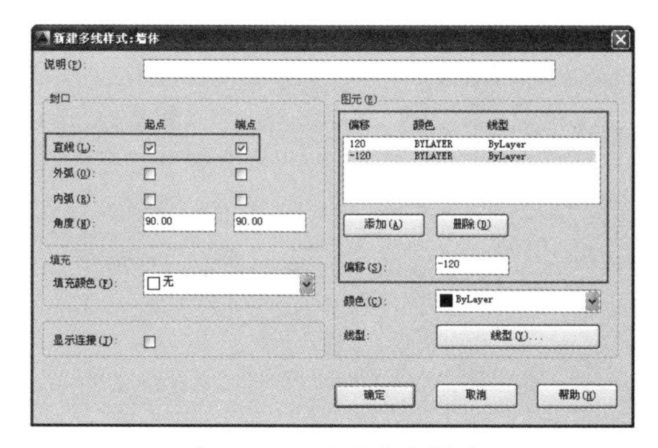

图 19-51　设置墙线样式

03 绘制墙体。调用“绘图”|“多线”命令，设置“对正 = 无，比例 = 1.00，样式 = 墙线”，绘制墙体，结果如图 19-52 所示。

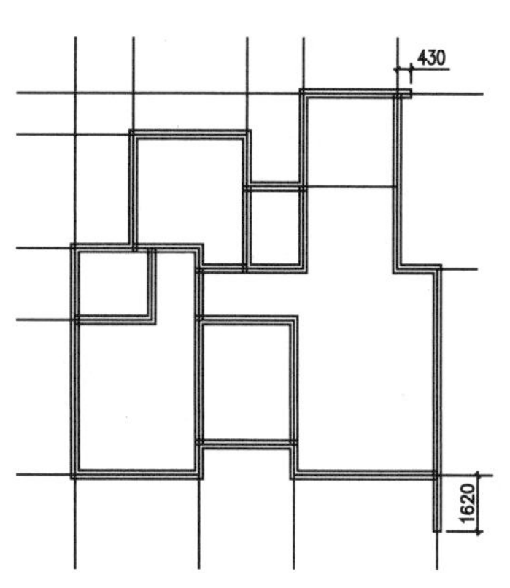

图 19-52　绘制墙体

04 新建“立柱”图层，设置图层颜色为黄色，并将其置为当前图层。

05 绘制立柱。使用“矩形”工具，绘制一个尺寸为 240×240 的矩形，对其填充 SOLID 图案样式，并以其中心为基点，相应轴线交点为第二点，将其复制到墙体的相应部位，结果如图 19-53 所示。

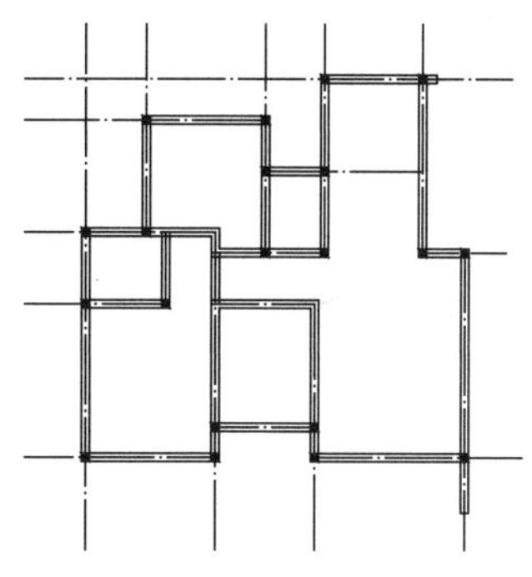

图 19-53　绘制立柱

06 编辑墙线。综合使用“分解”和“修剪”等工具，编辑没有立柱的墙体转角处线条，结果如图 19-54 所示。

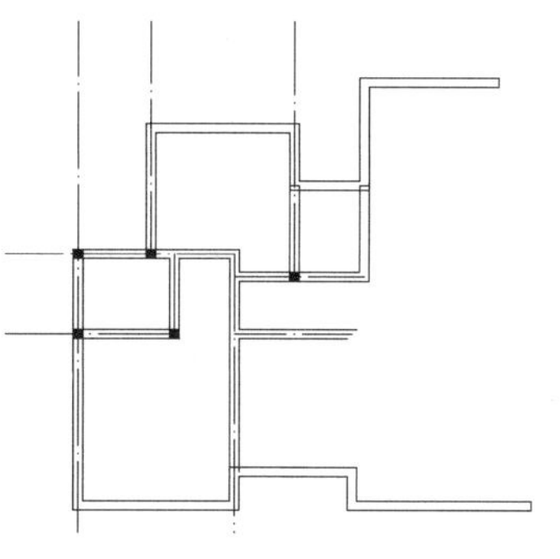

图 19-54　编辑墙线 1

3．绘制阳台

01 新建“阳台”图层，设置图层颜色为洋红色，并将其置为当前图层。

02 调用 INSERT / I 命令，打开随书光盘中的“栏杆平面 .dwg”文件（图库 / 第 19 章 / 原始文件），将其插入图形左下方如图 19-55 所示的位置。

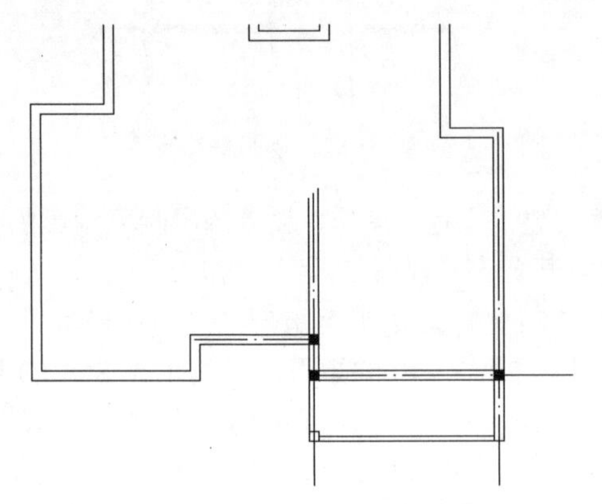

图 19-55　插入阳台栏杆

03 综合使用“矩形”和“直线”工具，绘制图形上方中间位置的另一处阳台栏杆，如图 19-56 所示。

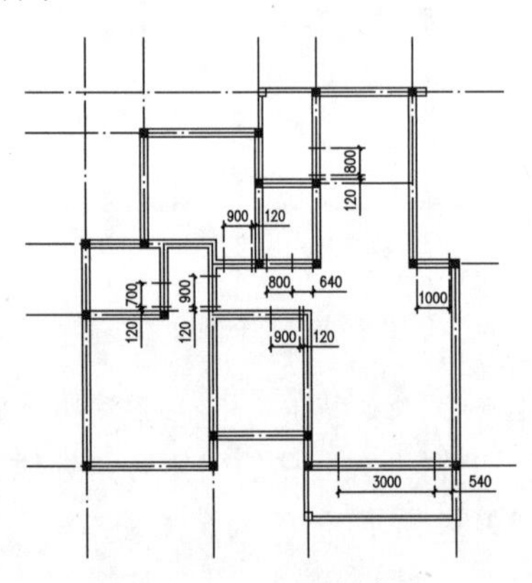

图 19-56　绘制栏杆 1

4．绘制门

01 开门洞。将“墙体”层置为当前图层，综合使用“直线”和“偏移”工具，绘制如图 19-57 所示的短线，确定门洞的位置。

02 修剪门洞轮廓。调用“修改”|“修剪”命令，修剪出门洞轮廓，结果如图 19-58 所示。

03 新建“门”图层，设置图层颜色为黄色，并将其置为当前图层。

04 插入门图块。单击“绘图”工具栏中的“插入块”按钮，插入随书光盘中的“普通门”和“推拉门”图块及厨房位置的“隔断门”图块（图库 / 第 19 章 / 原始文件）。并调整其方向和大小，最终结果如图 19-59 所示。

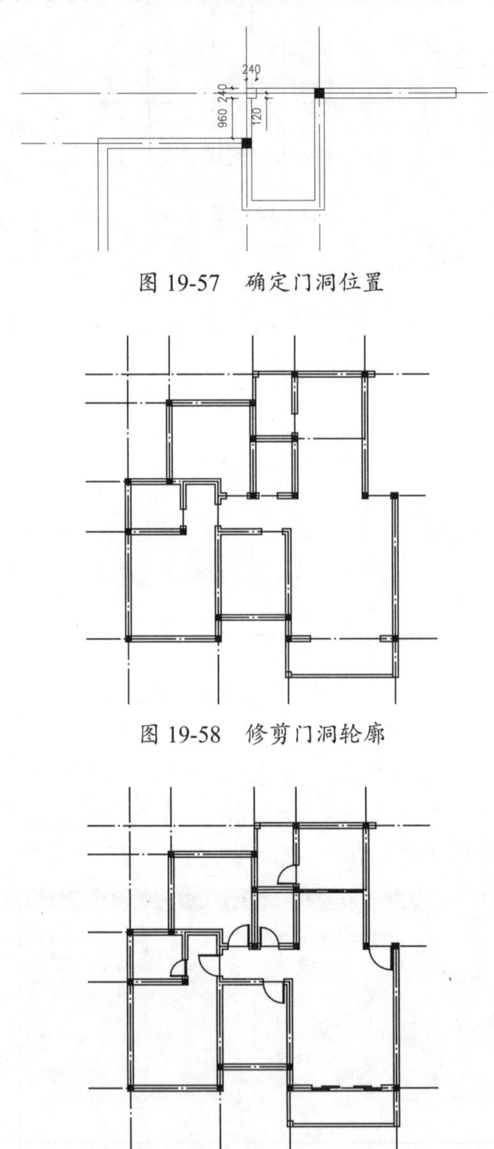

图 19-57　确定门洞位置

图 19-58　修剪门洞轮廓

图 19-59　插入“门”图块

5．绘制窗体

01 开窗洞。将“墙体”图层置为当前图层，综合使用“直线”和“偏移”工具，绘制如图 19-60 所示的短线，确定窗洞的位置。

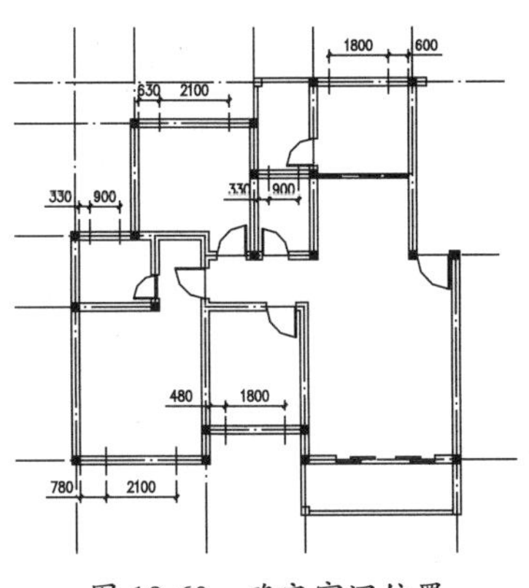

图 19-60 确定窗洞位置

02 修剪窗体轮廓。调用“修改”|“修剪”命令，修剪出门洞轮廓，结果如图 19-61 所示。

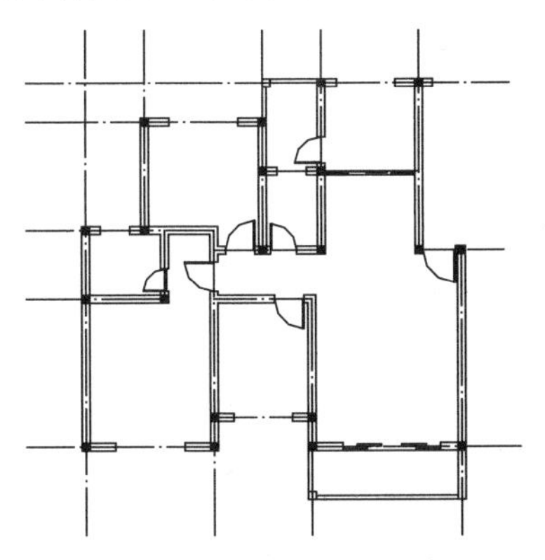

图 19-61 修剪窗体轮廓

03 新建“窗体”图层，设置图层颜色为黄色，并将其置为当前图层。

04 插入“窗体”图块。单击“绘图”工具栏中的“插入块”按钮，插入随书光盘中的“飘窗”图块（图库 / 第 19 章 / 原始文件），并调整其方向和大小，最终结果如图 19-62 所示。

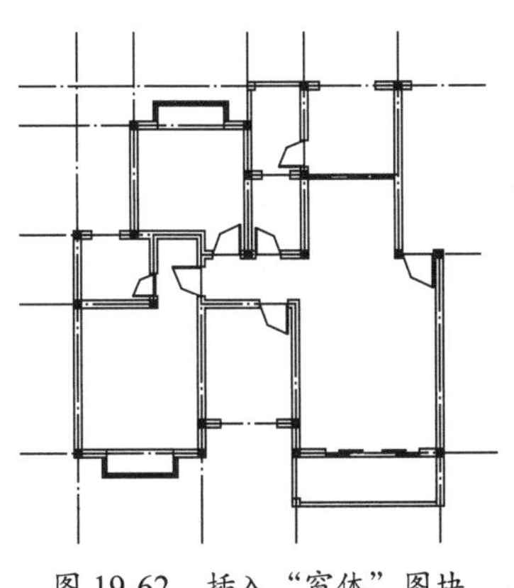

图 19-62 插入“窗体”图块

05 设置多线样式。调用“格式”|“多线样式”命令，新建“窗线”样式，并置为当前，其设置如图 19-63 所示。

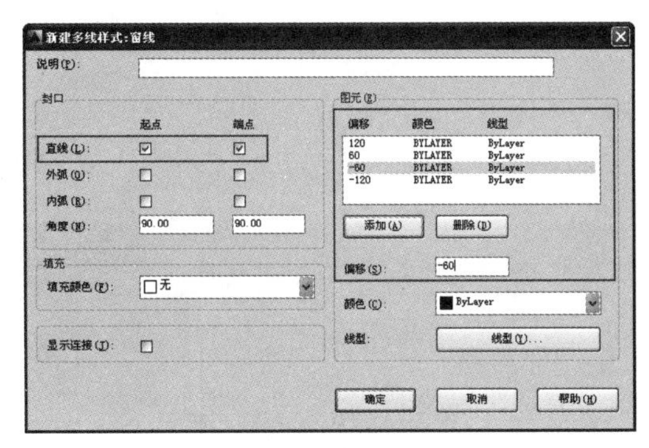

图 19-63 设置窗线样式

06 绘制窗体。调用“绘图”|“多线”命令，设置“对正 = 无，比例 =1.00，样式 = 窗线”，绘制其余窗体，结果如图 19-64 所示。

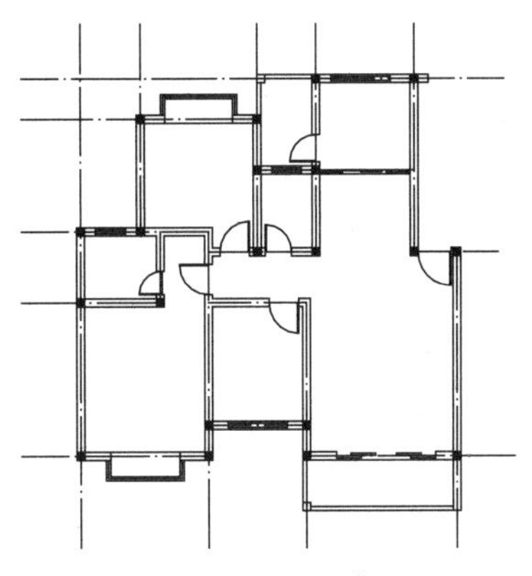

图 19-64 绘制窗体

6．绘制厨卫设施

01 新建“设施”图层，设置图层颜色为黄色，并将其置为当前图层。

02 绘制料理台。调用“绘图”|“多段线”命令，在图形上方的中间位置的厨房空间绘制如图 19-65 所示的料理台。

03 插入“厨房”图块。调用“绘图”|“插入块”命令，插入随书光盘中的“厨房图块”（图库 / 第 19 章 / 原始文件）如图 19-66 所示。

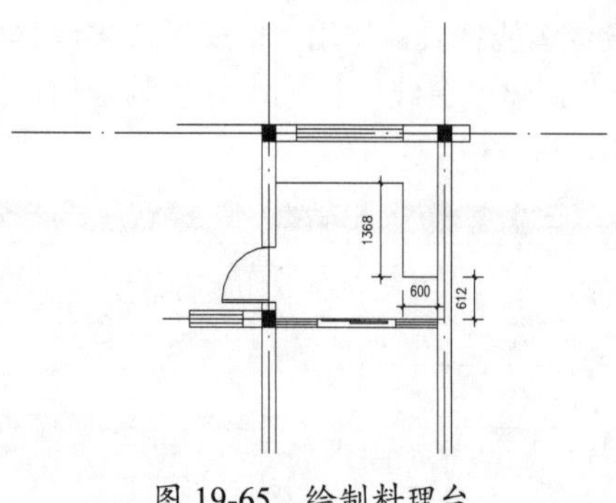

图 19-65 绘制料理台

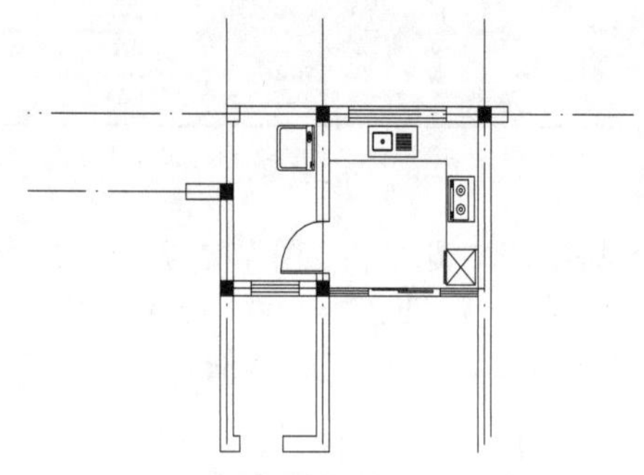

图 19-66 插入图块

04 采用同样的方法绘制客卫和主卫的洗手台并插入相关图块（图库 / 第 14 章 / 原始文件），结果如图 19-67 和图 19-68 所示。

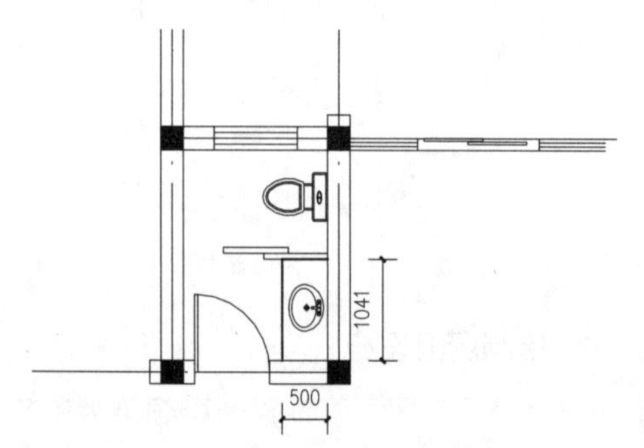

图 19-67 插入“客卫”图块

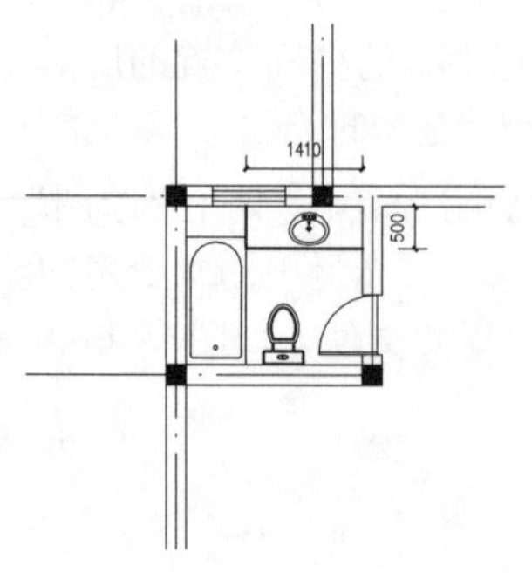

图 19-68 插入“主卫”图块

7. 文字标注

01 设置文字样式。调用“格式” | “文字样式”命令，新建“文字标注”样式，其参数设置如图 19-69 所示，并将其置为当前样式。

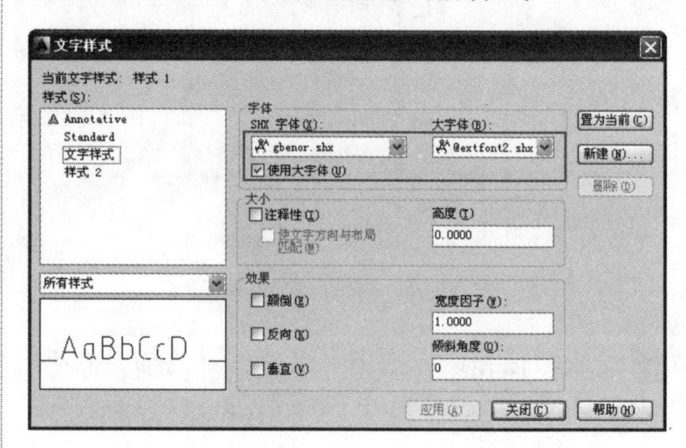

图 19-69 设置文字标注样式

02 新建“标注”图层，设置图层颜色为绿色，并将其置为当前图层。

03 调用 TEXT / DT 命令，输入单行文字，表示室内空间布局和门窗规格与型号，结果如图 19-70 所示。

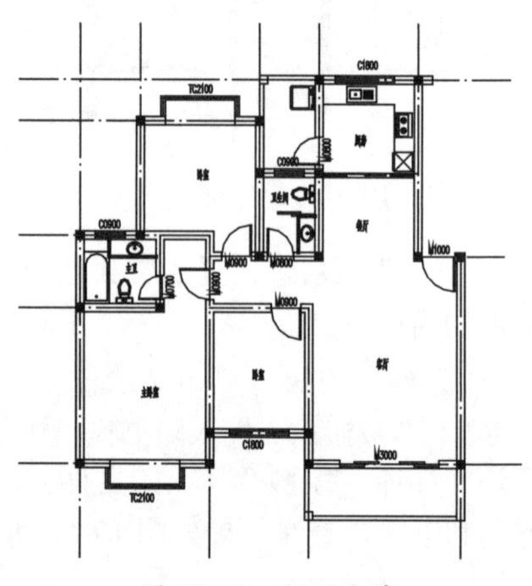

图 19-70 标注文字

8. 完善图形

01 镜像图形。单击“修改”工具栏中的“镜像”按钮，以图形右侧垂直轴线为对称轴进行镜像复制，结果如图 19-71 所示。

02 新建“楼梯”图层，设置图层颜色为黄色，并将其置为当前图层。

03 插入楼梯。单击“绘图”工具栏中的“插入块”按钮，插入随书光盘“楼梯平面图 .dwg”

图块（图库 / 第 14 章 / 原始文件），结果如图 19-72 所示。

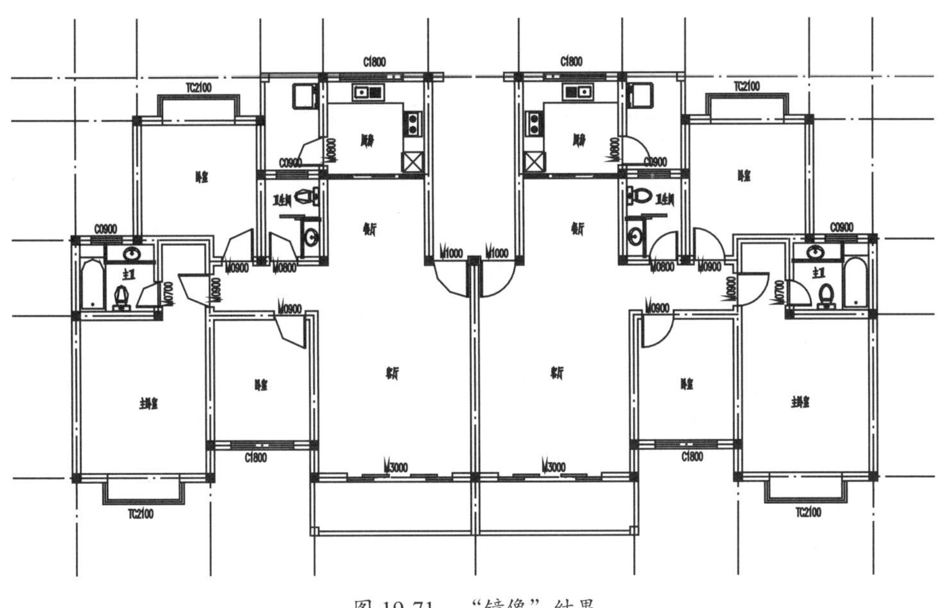

图 19-71　“镜像”结果

04 绘制窗体。将“窗体”层置为当前图层，综合使用“多线”和“单行文字”工具，绘制楼梯处的窗体，并进行文字标注，结果如图 19-73 所示。

图 19-72　插入楼梯　　　　图 19-73　绘制窗体并标注文字

05 复制图形。单击“修改”工具栏中的“复制”按钮，将图形以左下角轴线交点为基点，右下角轴线交点为第二点进行复制，结果如图 19-74 所示。

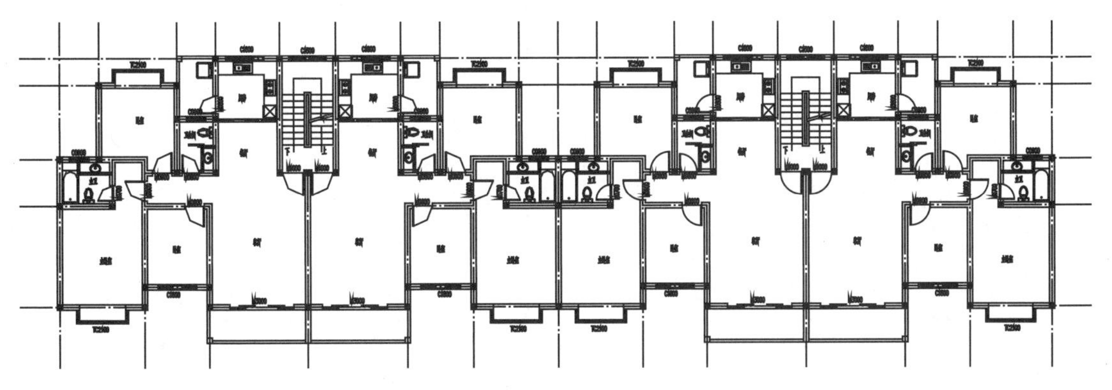

图 19-74　“复制”结果

9. 尺寸标注

01 设置尺寸标注的文字样式。调用“格式”|“文字样式”命令，新建“样式 2”，其参数设置如图 19-75 所示，并将其置为当前样式。

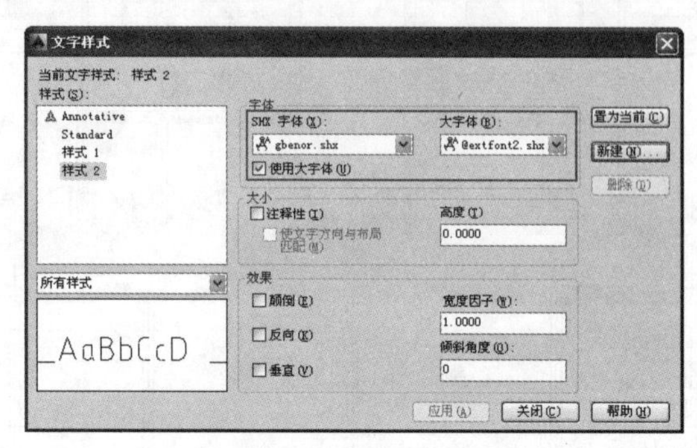

图 19-75 设置文字标注样式

02 设置标注样式。调用“格式”|“标注样式”命令，新建“样式 1”，其参数设置如图 19-76 所示，并将其置为当前样式。

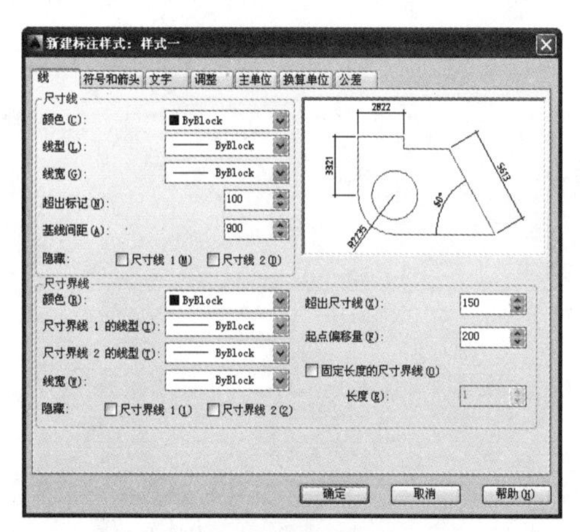

“线”选项卡设置

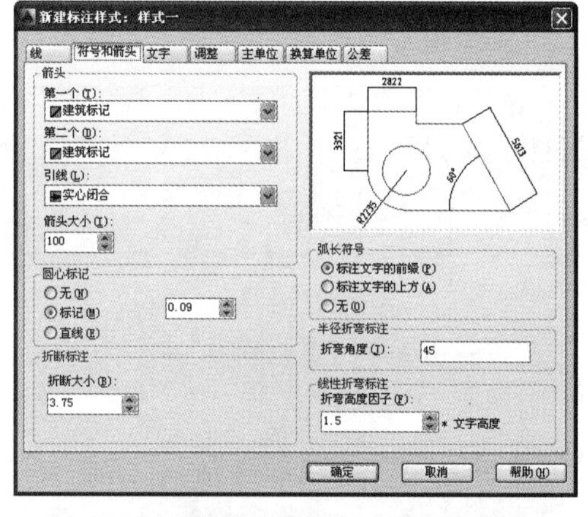

“符号和箭头”选项卡设置

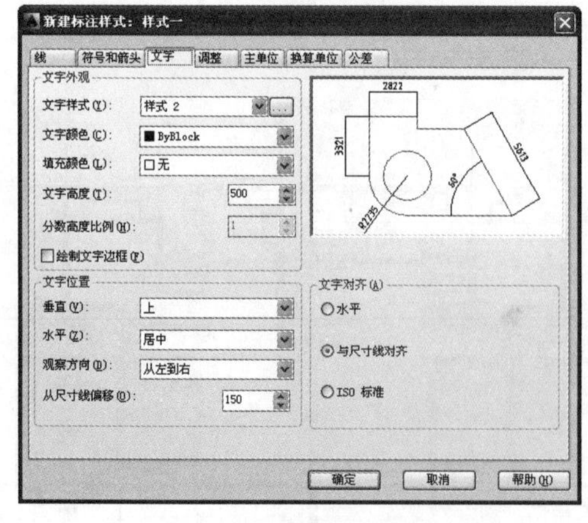

“文字”选项卡设置

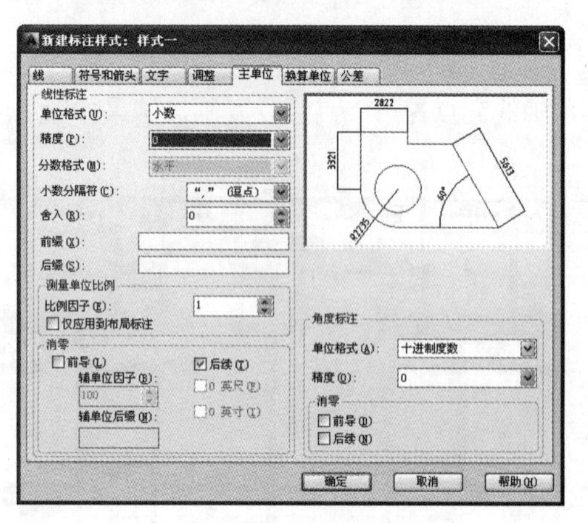

“主单位”选项卡设置

图 19-76 设置尺寸标注参数

03 尺寸标注。将“标注”图层置为当前图层，综合使用“线性”“连续”和“基线”标注命令，对图形进行尺寸标注，结果如图 19-77 所示。

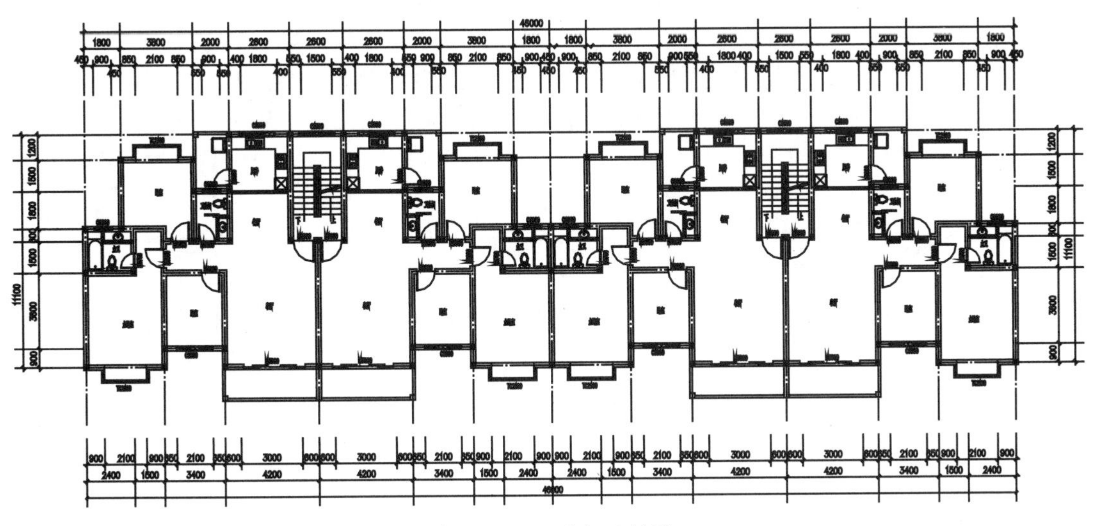

图 19-77　尺寸标注结果

10．标注轴号

平面图上定位轴线的编号，横向编号应用阿拉伯数字，从左至右顺序编写；竖向编号应用大写英文字母，从下至上顺序编写。英文字母的 I、Z、O 不得用作编号，以免与数字 1、2、0 混淆。编号应写在定位轴线端部的圆内，该圆的直径为 800 ～ 1000mm，横向、竖向的圆心各自对齐在一条线上。

01 设置属性块。调用“绘图”|“圆”命令，绘制一个直径为 800 的圆，并将其定义为属性块，属性参数设置如图 19-78 所示。

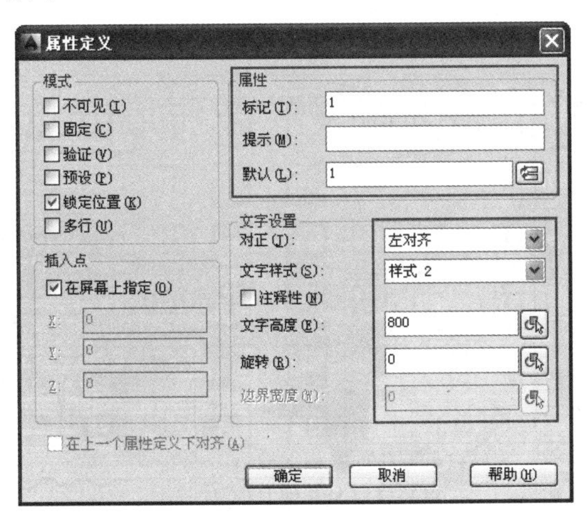

图 19-78　设置属性参数

02 调用“绘图”|“插入块”命令，插入属性块，完成轴号的标注，结果如图 19-79 所示。至此，平面图绘制完成。

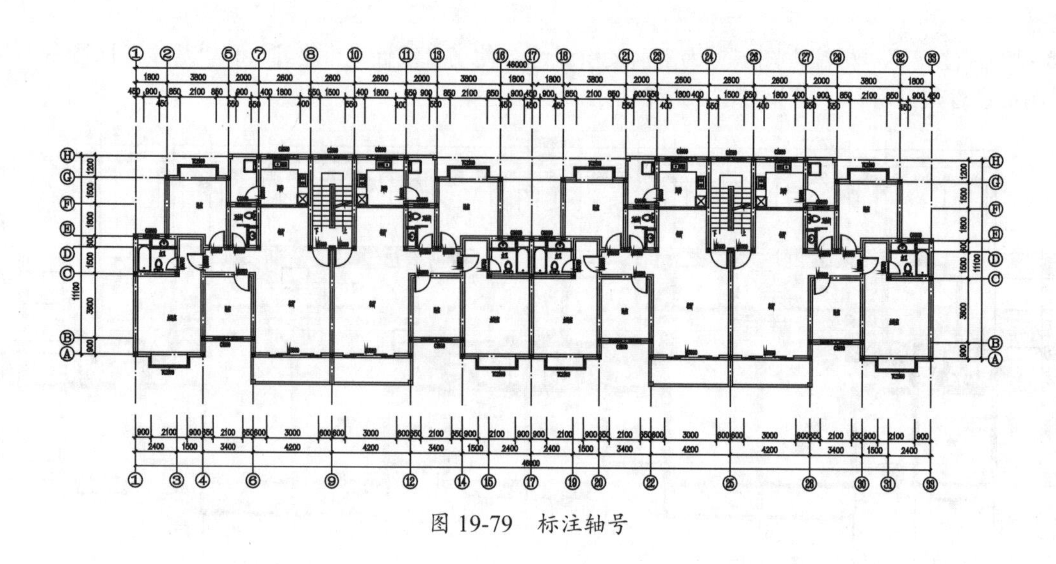

图 19-79　标注轴号

19.4.2　绘制正立面图

建筑立面是建筑物各个方向的外墙，以及可见的构配件的正投影图，简称为“立面图”。建筑立面图主要用来表示建筑物的体型和外貌、外墙装修、门窗的位置与形式，以及遮阳板、窗台、窗套、屋顶水箱、檐口、雨蓬、雨水管、水斗、勒脚、平台、台阶等构配件各部位的标高和必要尺寸。

本例绘制的正立面图，如图 19-80 所示。在绘制时，可以参考平面图的结构，先绘制出其中一个户型的立面图，然后使用“复制”和“镜像”命令完成其他的户型。其一般绘制步骤是：先根据平面图绘制立面轮廓，再绘制细部构造，接着使用“复制”和“镜像”命令完善图形，最后进行文字和尺寸等的标注。

图 19-80　正立面图

1．绘制外部轮廓

01 复制平面图，并对其进行删除和修剪等操作，整理出一个户型图，结果如图 19-81 所示。

02 绘制轮廓线。将“墙体”层置为当前图层。单击“绘图”工具栏中的“构造线”按钮，过墙体及门窗边缘绘制如图 19-82 所示的 11 条构造线，定位墙体和窗体。

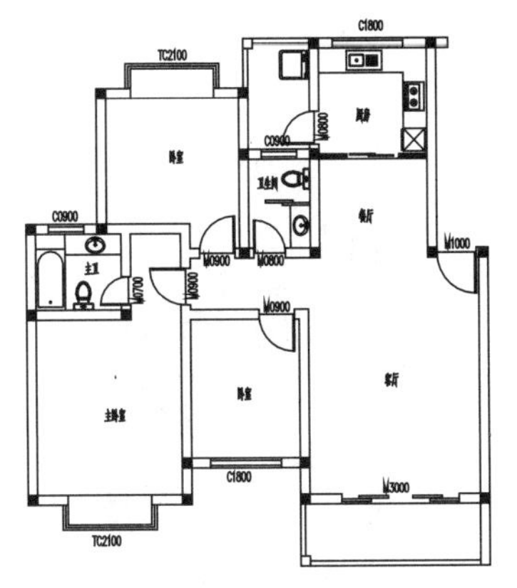

图 19-81　整理结果

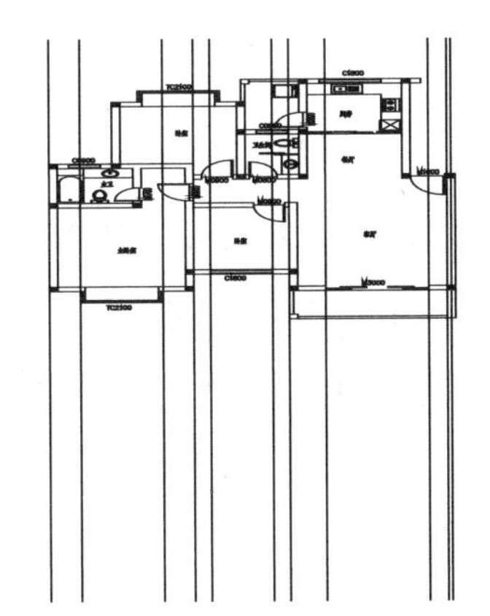

图 19-82　绘制构造线

03 绘制地面线。调用“绘图”|“直线”命令，绘制一条垂直于构造线的水平直线，并将其向上偏移 3200，修剪多余的线条，完成轮廓线的绘制，结果如图 19-83 所示。

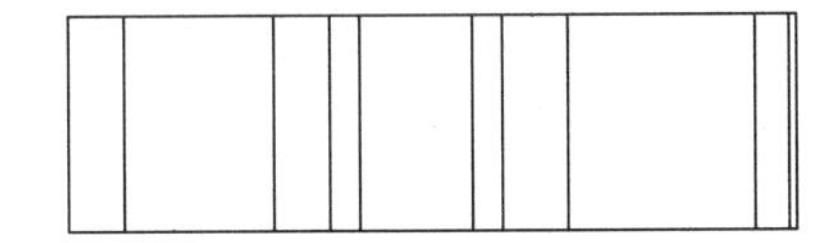

图 19-83　绘制轮廓线

提示：最右侧的构造线位于该处墙体的中线位置。

2. 绘制线脚

01 调用“修改”|“偏移”命令，将地面线连续向上偏移 2 次，偏移量分别为 300 和 200，并修剪多余的线条，结果如图 19-84 所示。

02 单击“绘图”工具栏中的“矩形”按钮，绘制一个尺寸为 4820×100 的矩形，并以其右下角点为基点，偏移量为 300 的直线右端点为第二点进行移动，修剪多余的线条，结果如图 19-85 所示。

图 19-84　偏移并修剪线条

图 19-85　绘制并移动矩形

3. 绘制栏杆

01 将“阳台”层置为当前图层。

02 调用“绘图”|“插入块”命令，打开随书光盘中的“栏杆剖面”图块（图库 / 第 13 章 / 原始文件），并修剪多余的线条，结果如图 19-86 所示。

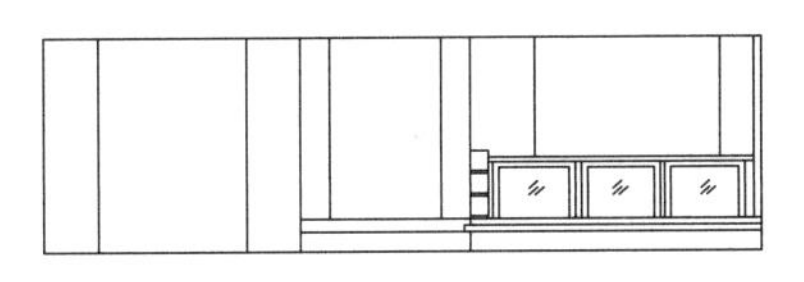

图 19-86　插入立面栏杆

4. 绘制窗体

01 窗体定位。将“窗体”层置为当前图层，单击“修改”工具栏中的“偏移”按钮，将上方水平直线向下连续偏移 2 次，偏移量分别为 300 和 1500，并修剪多余的线条，结果如图 19-87 所示。

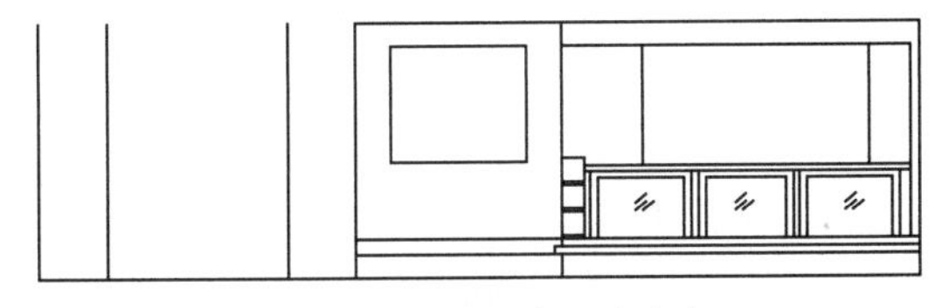

图 19-87　偏移并修剪线条

02 调用“绘图”|“插入块”命令，插入随书光盘中的“立面窗”图块及“立面窗 2”图块（图库 / 第 14 章 / 原始文件），并删除多余的线条，

结果如图 19-88 所示。

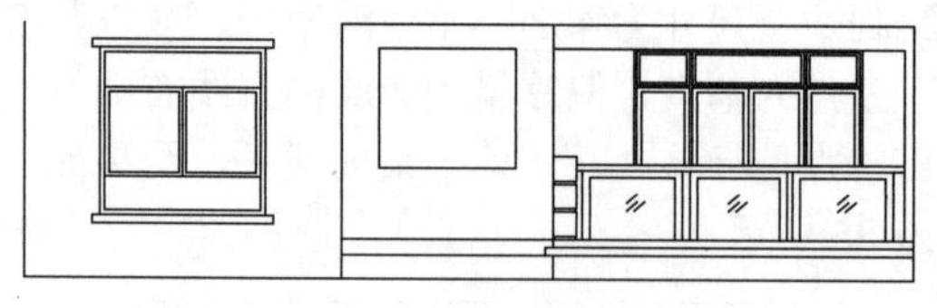

图 19-88 插入窗体

03 绘制中间窗户。调用“修改”|“偏移”命令，将中间窗户外轮廓所在矩形向内连续偏移 2 次，偏移量分别为 60 和 40，修剪多余的线条，结果如图 19-89 所示。

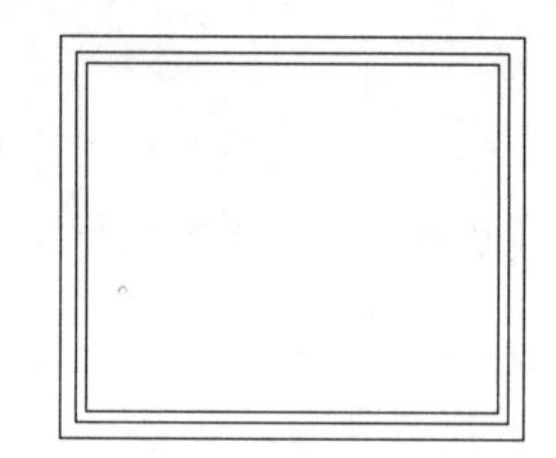

图 19-89 偏移并修剪线条

04 使用“偏移”工具，将最左侧的线条向右连续偏移 2 次，偏移量均为 600，并将其分别向两侧偏移 40，并修剪多余的线条，结果如图 19-90 所示。整体效果如图 19-91 所示。

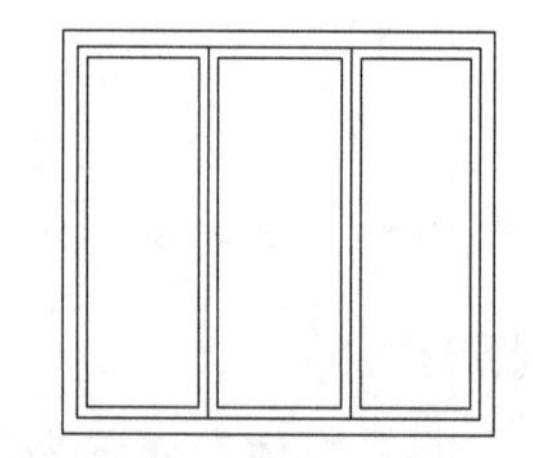

图 19-90 偏移并修剪线条

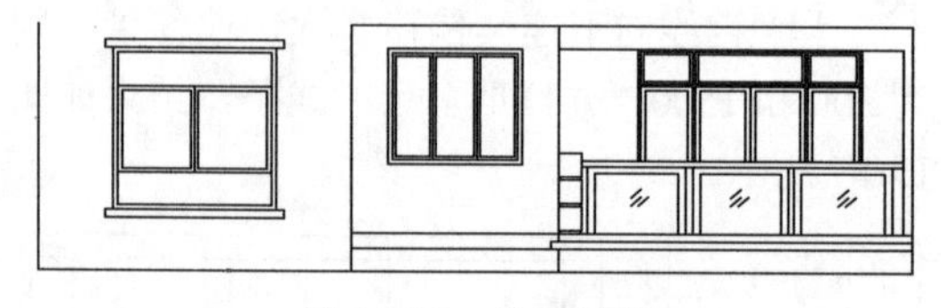

图 19-91 整体效果

5．完善图形

01 阵列图形。执行“修改”|“阵列”|“矩形阵列”命令，选择除了地面线以外的所有图形，对其进行 6 行 1 列的矩形阵列，设置行偏移量为 3200，阵列结果如图 19-92 所示。

02 镜像图形。单击“修改”工具栏中的“镜像”按钮，以图形右侧垂直线条为对称轴镜像复制图形，并删除多余的线条，结果如图 19-93 所示。

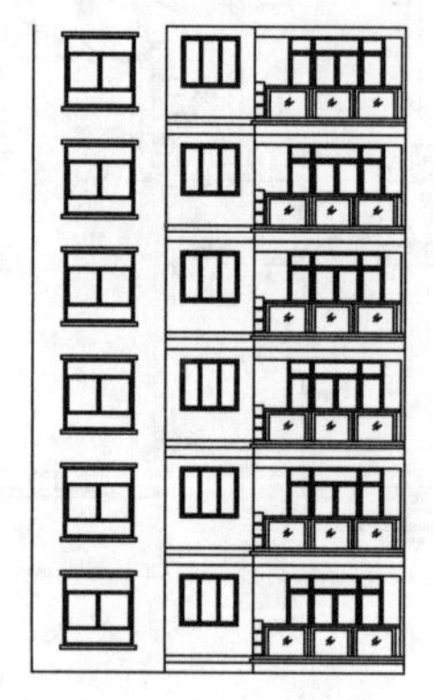

图 19-92 “阵列”结果

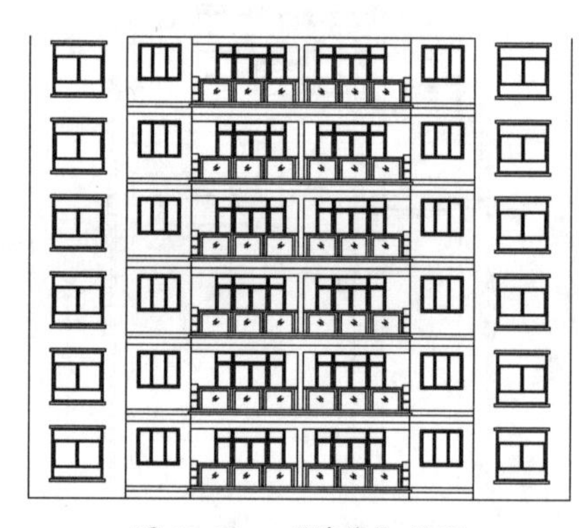

图 19-93 “镜像”结果

03 新建“屋顶”图层，设置图层颜色为青色，并将其置为当前图层。

04 绘制屋顶。调用“绘图”|“矩形”命令，捕捉图形左上角点，绘制一个尺寸为 23240×1200 的矩形，结果如图 19-94 所示。

图 19-94 绘制矩形

05 重复调用“矩形”命令，绘制一个尺寸为3000×1200的矩形，并以其左下角点为基点，捕捉图19-94左上角点，沿x轴正方向输入10139，结果如图19-95所示。

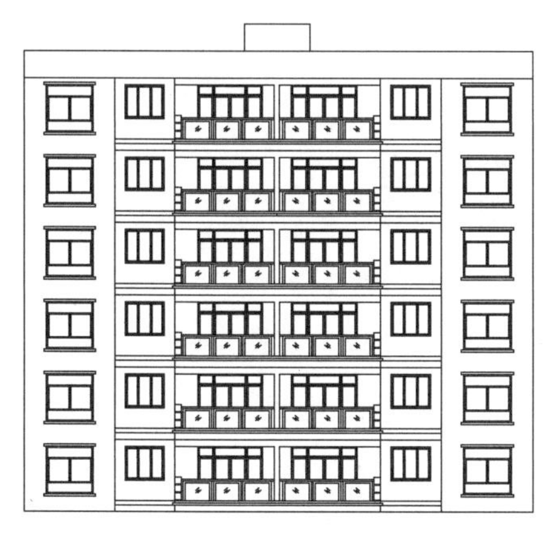

图 19-95　绘制并移动矩形

06 复制图形。调用“修改”|“复制”命令，选择绘制的所有图形，以其左下角点为基点，右下角点为第二点进行复制，并修剪多余的线条，结果如图19-96所示。

图 19-96　“复制”结果

07 修改地面线。使用夹点编辑功能，将地面线向两边拉伸。调用PEDIT / PE命令，将其合并，并加宽至200，结果如图19-97所示。

图 19-97　修改地面线结果

6．标注

01 将“标注”层置为当前图层。用标注平面图的方法对立面图进行文字、尺寸、轴号的标注，结果如图19-98所示。

图 19-98　“标注”结果

02 标高标注。单击“绘图”工具栏中的“插入块”按钮，插入随书光盘中的“标高符号.dwg”文件（图库 / 第14章 / 原始文件），进行标高标注，结果如图19-99所示。至此，立面图绘制完成。

图 19-99　“标注”结果

19.4.3　绘制剖面图

假想用一个铅垂切平面，选择能反映全貌、构造特征及有代表性的部位剖切，按正投影法绘制的图形称为“剖面图”。建筑剖面图用于表示建筑内部的结构构造、垂直方向的分层情况、各层楼地面、屋顶的构造及相关尺寸、标高等。

剖面图的剖切位置和数量应根据建筑物自身的复杂情况而定，一般剖切位置选择在建筑物的主要部位或是构造较为典型的部位，如楼梯间等处。习惯上，剖面图不画基础，断开面上材料图例与图线的表示均与平面图相同，即被剖到的墙、梁、板等用粗实线表示，没有剖到的但是可见的部分用中粗实线表示，被剖切断开的钢筋混凝土梁、板涂黑表示。

本例绘制的为剖切位置位于楼梯处的剖面

图，如图 19-100 所示。在绘制时，可以先绘制出一层和二层的剖面结构，再复制出 3 ～ 6 层的剖面结构，最后绘制屋顶结构。其一般绘制步骤是：先根据平面图和立面图，绘制出一个户型的剖面轮廓，再绘制细部构造，使用“复制”和“镜像”命令完善图形，然后绘制屋顶剖面结构，最后进行文字和尺寸等的标注。

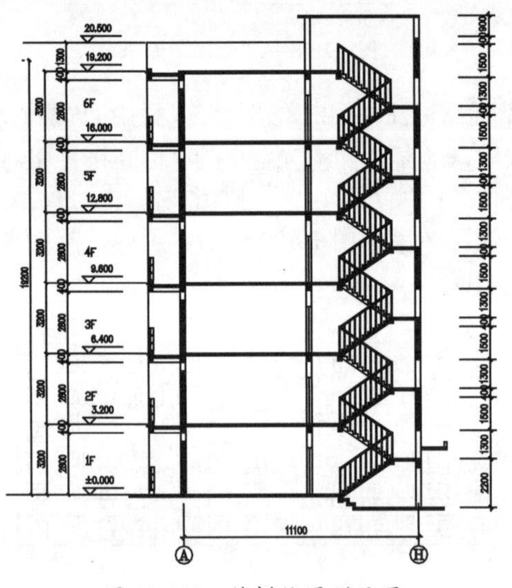

图 19-100　楼梯位置剖面图

1. 绘制外部轮廓

01 复制平面图和立面图于绘图区空白处，并清理图形，保留主体轮廓，将平面图旋转 -90°，使其呈如图 19-101 所示分布。

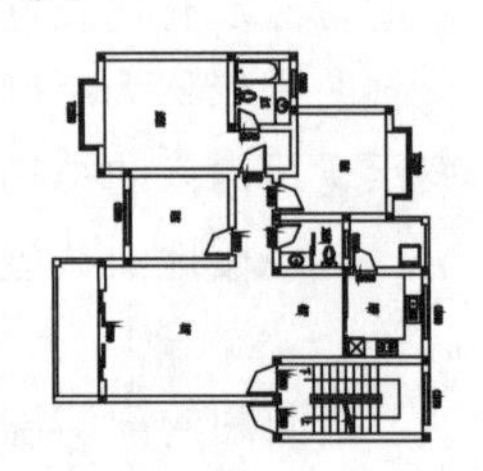

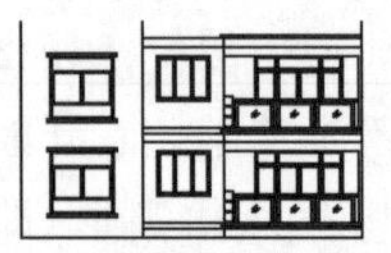

图 19-101　清理结果

02 绘制轮廓线。将“墙体”图层置为当前图层，调用“绘图” | “构造线”命令，过墙体、楼梯及楼层分界线，绘制如图 19-102 所示 7 条水平构造线和 5 条垂直构造线，进行墙体和窗体的定位。

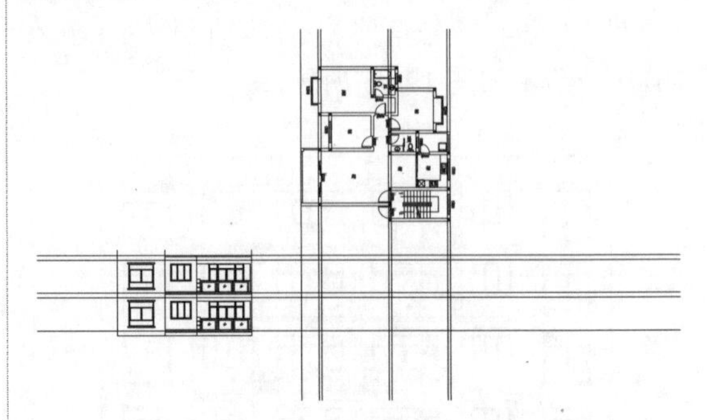

图 19-102　绘制垂直构造线

03 调用“修改” | “修剪”命令，修剪轮廓线，结果如图 19-103 所示。

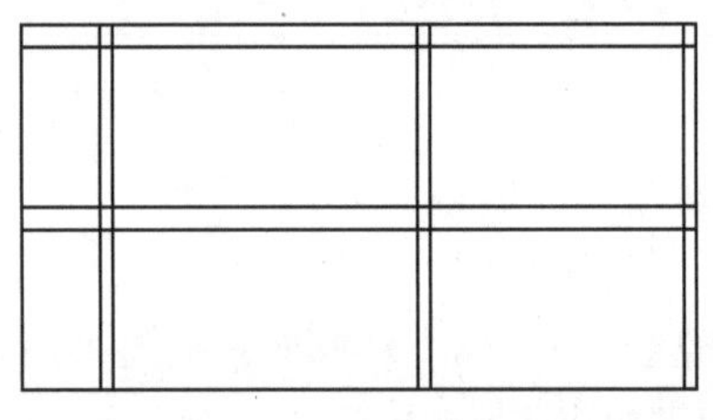

图 19-103　“修剪”结果

2. 绘制楼板结构

- 绘制客厅区域楼板

01 新建“楼板”图层，图层颜色设为青色，并将其置为当前图层。

02 绘制一层阳台和客厅区域楼板结构。调用“绘图” | “多段线”命令，在轮廓线左下方，绘制一条多段线，并将其向下偏移 100，如图 19-104 所示。

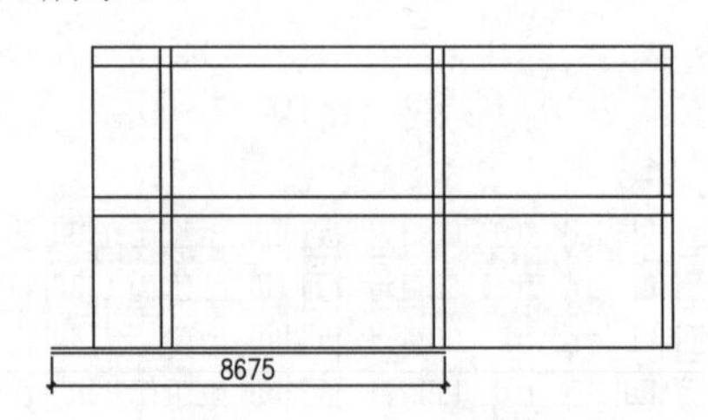

图 19-104　绘制并偏移多段线

03 新建“填充”图层，设置图层颜色为 8 号灰色，并将其置为当前图层。

04 填充楼板。使用“直线”工具，封闭上面绘制的一层楼板的线段。调用“绘图” | “图案填充”命令，选择 SOLID 图案填充楼板，结

果如图 19-105 所示。

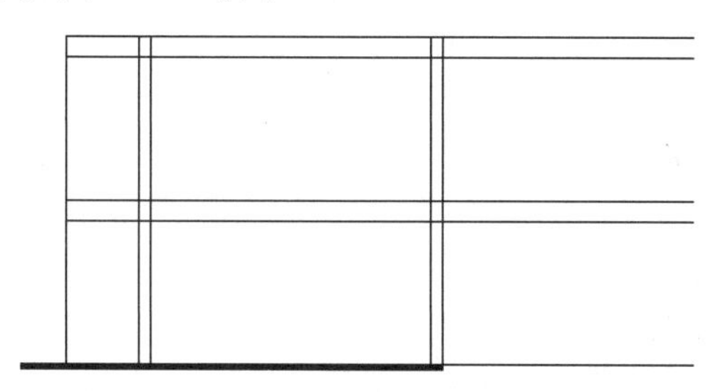

图 19-105　填充楼板

绘制二层阳台和客厅区域楼板结构。将“楼板”图层置为当前图层。调用“绘图” | “多段线”命令，在二层楼板相应位置绘制一条多段线，并将其向下偏移 100，如图 19-106 所示。

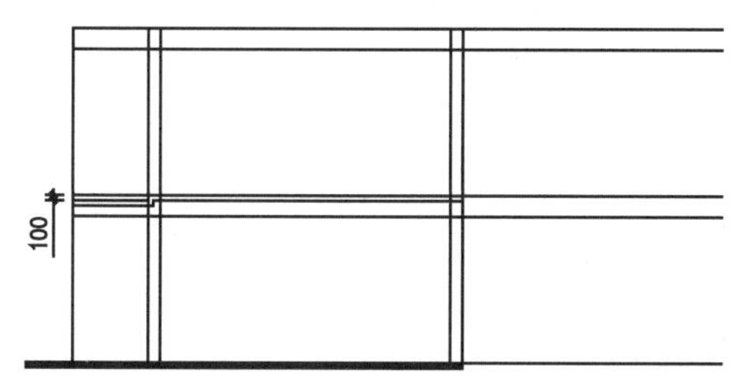

图 19-106　绘制并偏移直线

05 填充楼板。将“填充”图层置为当前图层。调用“绘图” | “直线”命令，封闭线段。使用“图案填充”工具，选择 SOLID 图案填充楼板，并删除多余的线条，结果如图 19-107 所示。

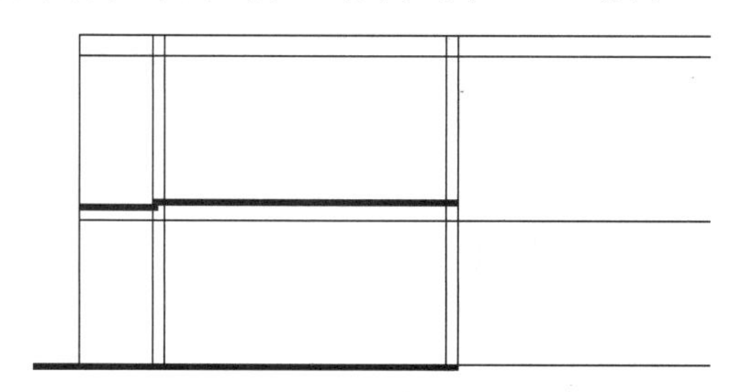

图 19-107　填充楼板

06 绘制单元入口处楼板结构。将“楼板”图层置为当前图层。使用“多段线”工具，在单元入口位置绘制一条多段线，并将其向下偏移 100，结果如图 19-108 所示。

07 填充楼板。将“填充”图层置为当前图层。使用“直线”工具封闭线段。调用“绘图” | “图案填充”命令，选择 SOLID 图案填充楼板，并删除多余的线条，结果如图 19-109 所示。

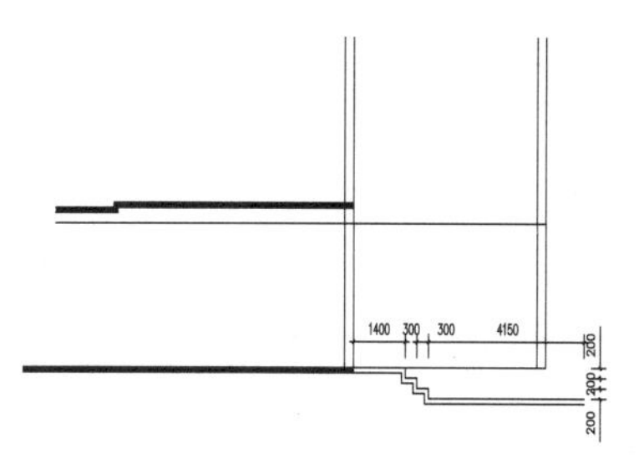

图 19-108　绘制并偏移直线

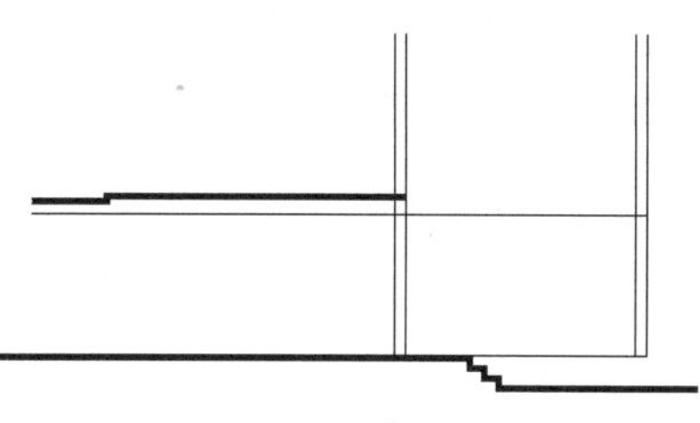

图 19-109　填充结果

- 绘制楼梯区域楼板

01 绘制楼梯第一跑及平台。将“楼板”图层置为当前图层。调用“绘图” | “多段线”命令，绘制 10 级台阶及平台，台阶踢步高 160，踏步宽 250，结果如图 19-110 所示。

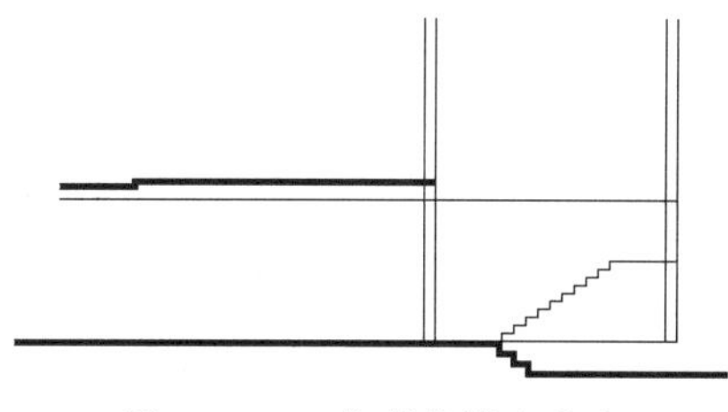

图 19-110　绘制楼梯及平台

02 完善楼梯。重复调用“绘图” | “多段线”命令，绘制一段如图 19-111 所示的多段线。

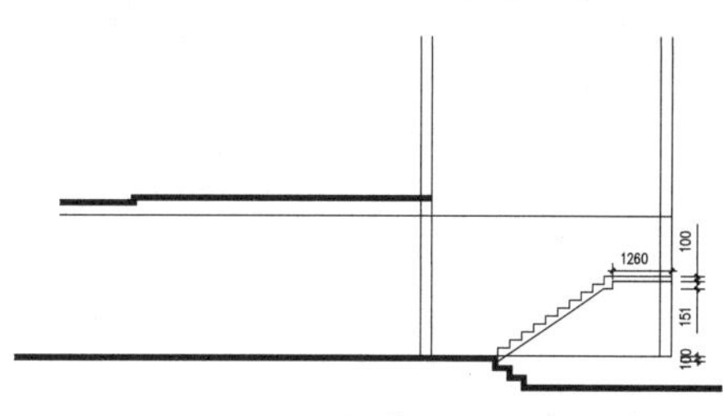

图 19-111　绘制多段线

03 填充楼板。将“填充”图层置为当前图层。调用“绘图” | “图案填充”命令，选择 SOLID 图案填充楼板，并删除多余的线条，结果如图 19-112 所示。

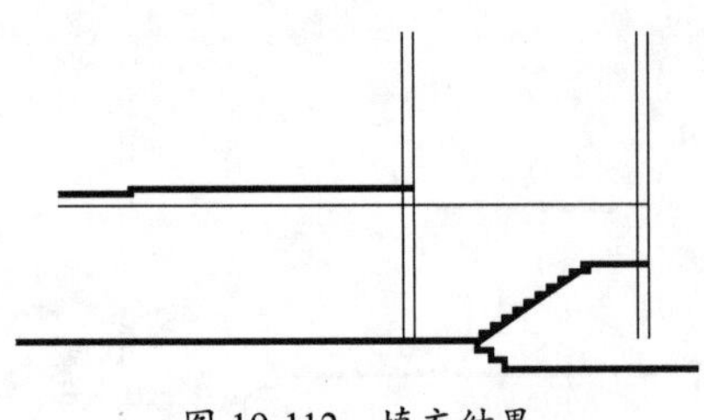

图 19-112　填充结果

04 绘制楼梯第二跑及平台。将“楼板”图层置为当前图层。调用“绘图”|“多段线”命令，采用同样的方法绘制10级相同尺寸的台阶及平台，结果如图19-113所示。

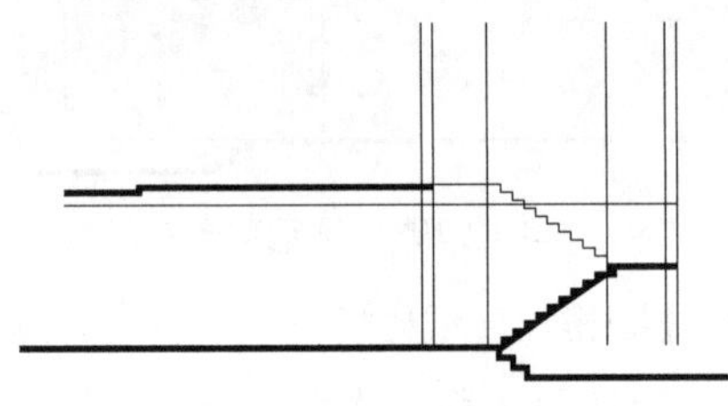

图 19-113　绘制楼梯及平台

05 完善楼梯。重复调用“绘图”|“多段线”命令，绘制一段如图19-114所示的多段线。

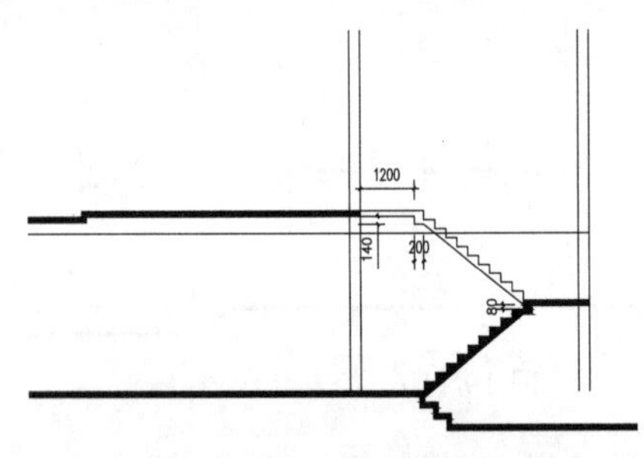

图 19-114　绘制多段线

06 填充楼板。将“填充”图层置为当前图层。调用“绘图”|“直线”命令，封闭线段。单击“绘图”工具栏中的“图案填充”按钮，选择SOLID图案填充楼板，结果如图19-115所示。

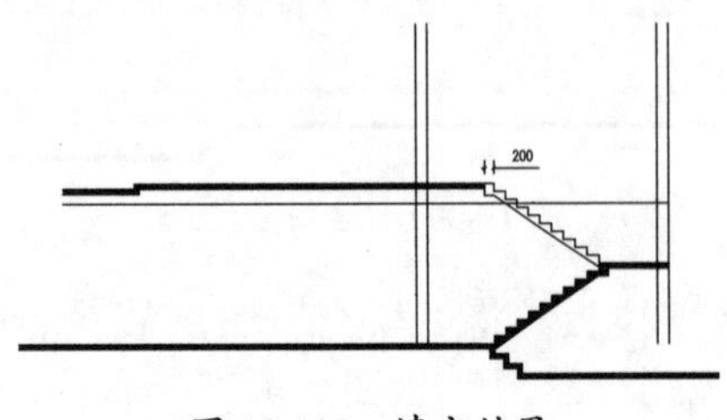

图 19-115　填充结果

● 绘制挡雨板

01 将“楼板”图层置为当前图层。调用“绘图”|“矩形”命令，绘制两个尺寸分别为1200×104和120×240的矩形，并以大矩形右上角端点为基点，小矩形右下角端点为第二点，进行移动对齐。

02 使用“移动”工具，移动至如图19-116所示的位置，并对大矩形填充SOLID图案。

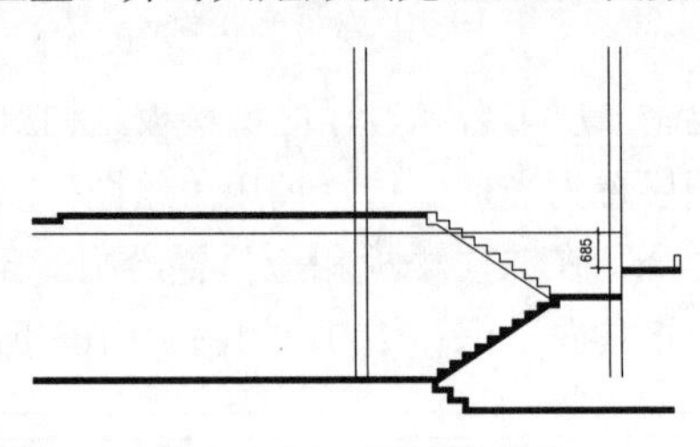

图 19-116　绘制挡雨板

3. 绘制楼梯栏杆

01 绘制栏杆装饰。将“楼梯”层置为当前图层，单击“绘图”工具栏中的“矩形”按钮，绘制一个尺寸为30×1200的矩形，移动复制至如图19-117所示的两个位置。

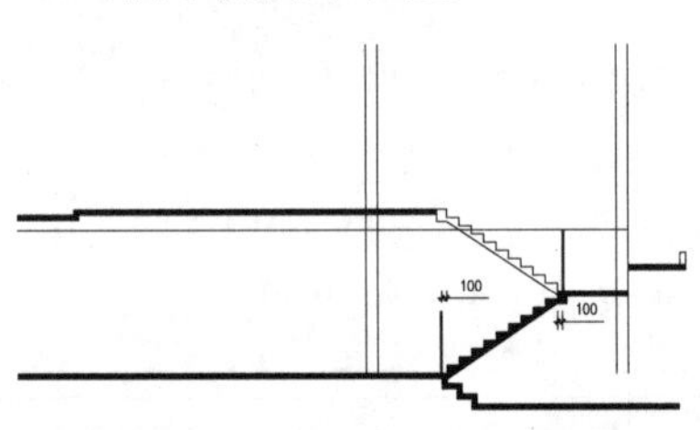

图 19-117　绘制并移动矩形

02 绘制扶手。单击“绘图”工具栏中的“直线”按钮，以左侧矩形右上角点为第一点，右侧矩形左上角点为第二点，绘制直线；并将其向下偏移60，修剪完善图形，结果如图19-118所示。

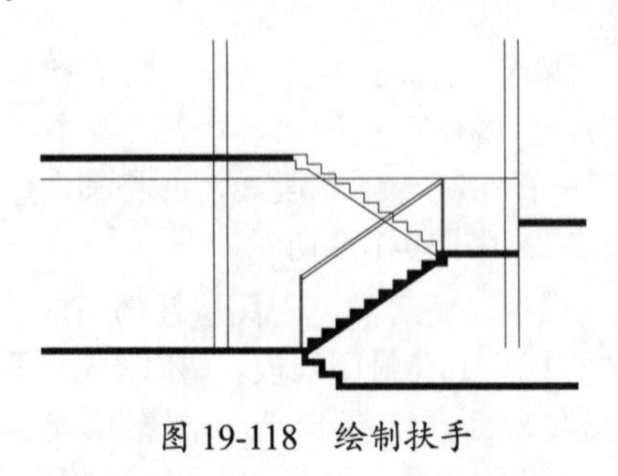

图 19-118　绘制扶手

03 复制栏杆装饰。调用“修改”|“复制”命令，以装饰所在矩形的底边中点为基点，各踏步面中点为第二点进行复制，并修剪多余的线条，结果如图 19-119 所示。

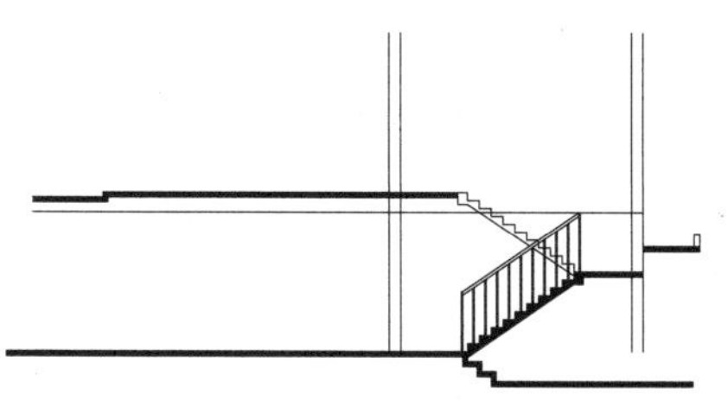

图 19-119　完善楼梯装饰

04 采用同样的方法绘制第二跑楼梯栏杆，结果如图 19-120 所示。

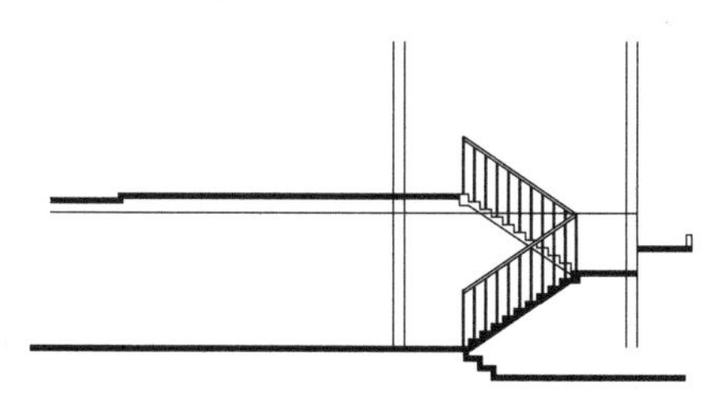

图 19-120　绘制楼梯栏杆

4．绘制细部

01 绘制门。将“门”图层置为当前图层，单击“绘图”工具栏中的“插入块”按钮，插入随书光盘中的“推拉门剖面”和“普通门剖面”图块（图块 / 第 1 章 / 原始文件）于一楼墙体位置，并复制一份至二楼相应位置，结果如图 19-121 所示。

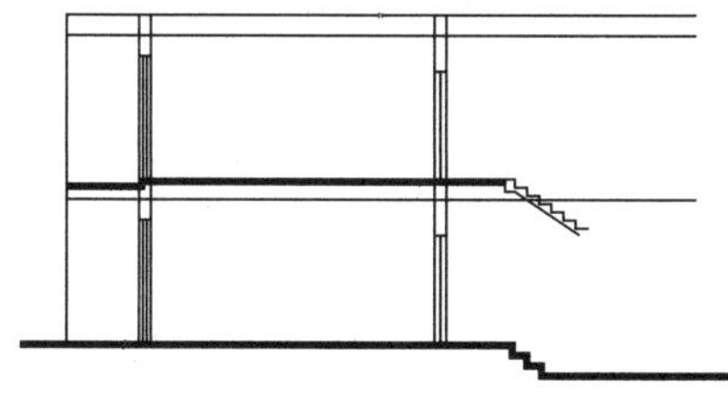

图 19-121　插入门

02 绘制阳台栏杆。将“阳台”图层置为当前图层，重复调用“绘图”|“插入块”命令，插入随书光盘中的“栏杆剖面”图块（图块 / 第 14 章 / 原始文件）于一楼阳台处，并复制一份至二楼相应位置，结果如图 19-122 所示。

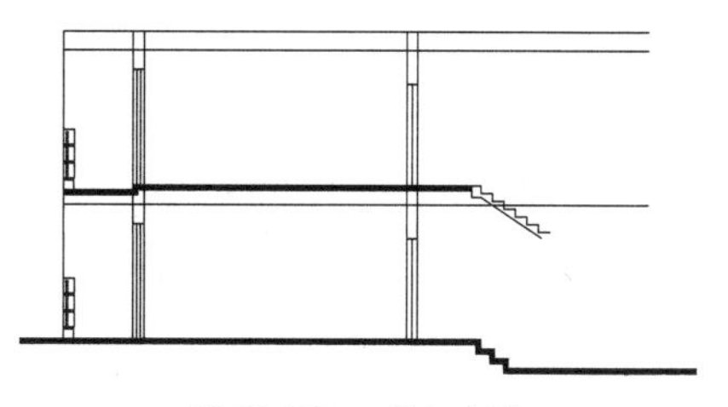

图 19-122　插入栏杆

03 绘制阳台处装饰。将“楼板”层置为当前图层，调用“绘图”|“矩形”命令，绘制两个尺寸分别为 200×500 和 100×100 的矩形，对其填充 SOLID 图案，并移动至二楼如图 19-123 所示的位置。

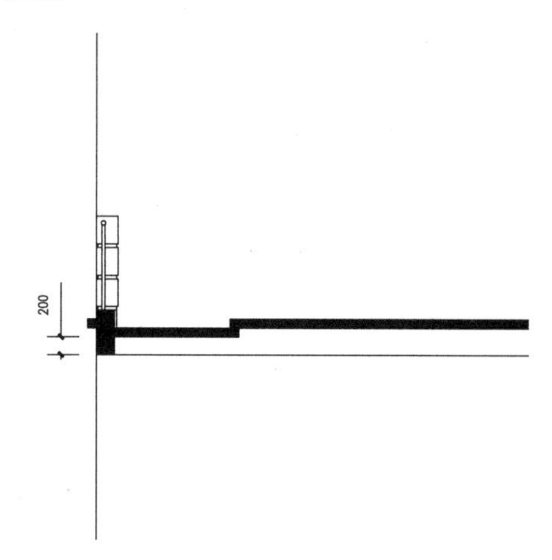

图 19-123　绘制阳台处装饰

04 绘制墙体结构。调用“绘图”|“矩形”命令，绘制一个尺寸为 240×300 的矩形，对其填充 SOLID 图案，并移动复制至两扇门所在墙体和单元入口处墙体的上部，修剪完善图形，结果如图 19-124 所示。

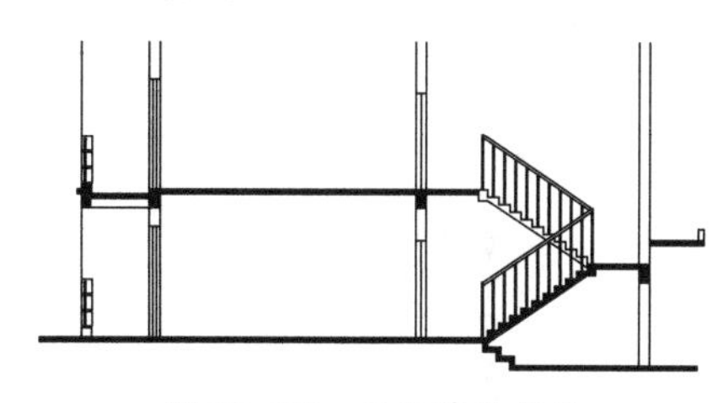

图 19-124　绘制墙体结构

05 绘制楼梯结构。调用“绘图”|“矩形”命令，绘制一个尺寸为 240×300 的矩形，对其填充 SOLID 图案，移动复制至楼梯所在位置，结果如图 19-125 所示。

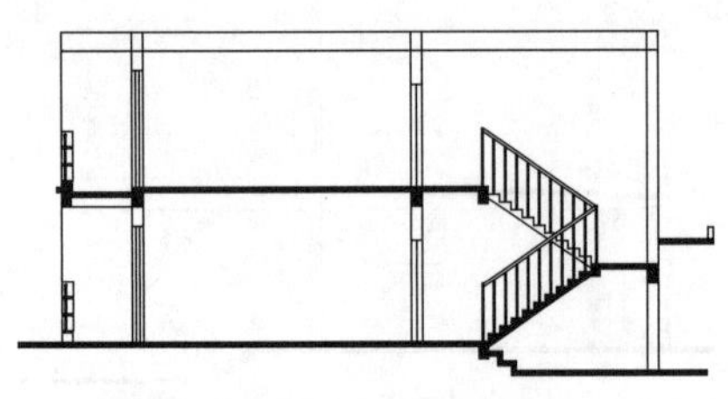

图 19-125　绘制楼梯结构

5．完善图形

01 复制图形。调用“修改”|“复制”命令，选择二层楼板、墙体、门、阳台栏杆及整个楼梯及其中间平台，将其以一层推拉门左上角点为基点，上一层推拉门左上角点为第二点，向上复制 5 次，并修剪多余的线条，结果如图 19-126 所示。

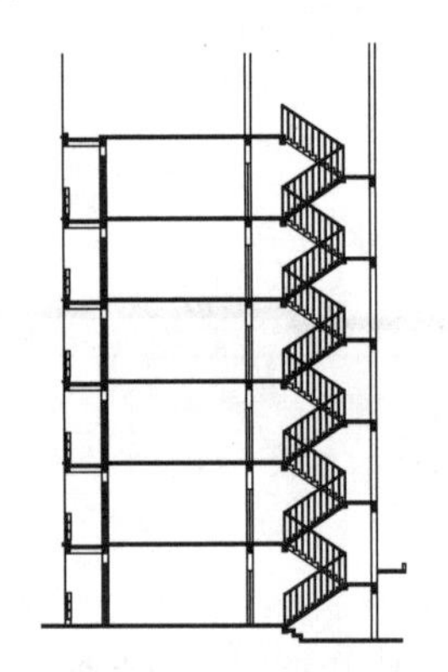

图 19-126　“复制”结果

02 插入楼梯中间平台处窗户。调用“绘图”|“插入块”命令，插入随书光盘中的“剖面窗”图块（图库 / 第 14 章 / 原始文件）于二楼的相应位置，并复制到其他楼梯平台处，结果如图 19-127 所示。

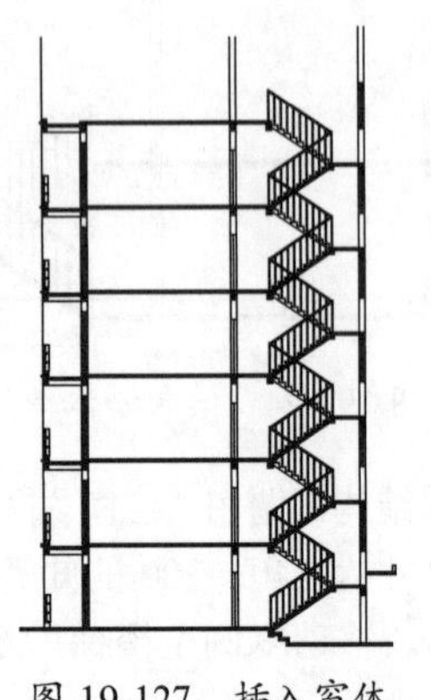

图 19-127　插入窗体

03 绘制屋顶。将“楼板”层置为当前图层，调用“绘图”|“多段线”命令，绘制如图 19-128 所示的多段线，并修剪多余的线条。

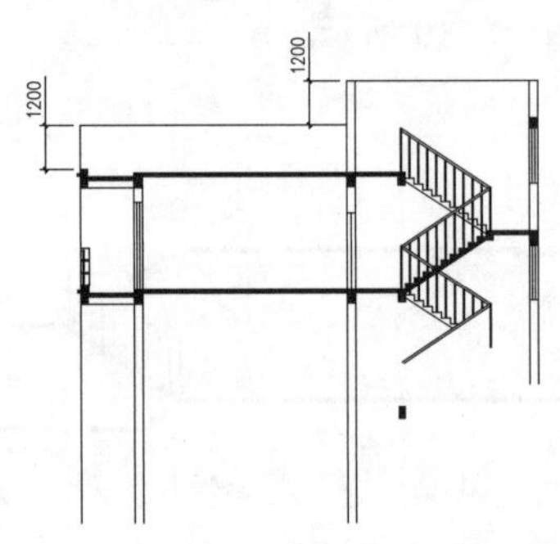

图 19-128　绘制多段线并修剪多余线条

04 调用“绘图”|“矩形”命令，绘制一个尺寸为 5640×80 的矩形，填充 SOLID 图案，并以其右上角点为基点，以屋顶右上角点为第二点进行移动，结果如图 19-129 所示。

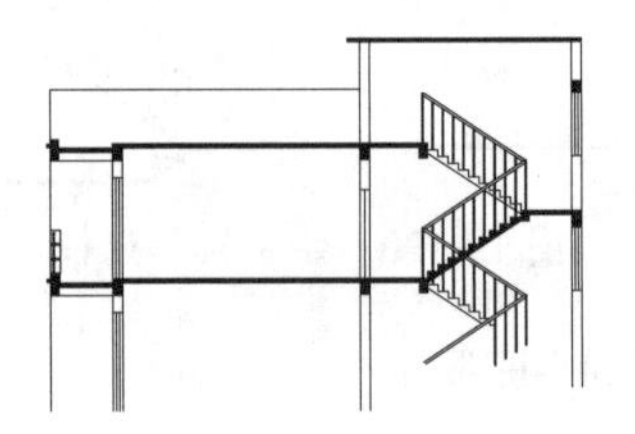

图 19-129　绘制并移动矩形

6．标注

01 将“标注”层置为当前图层。

02 用标注立面图的方法对剖面图进行文字、尺寸、轴号等的标注，结果如图 19-130 所示。剖面图绘制完成。

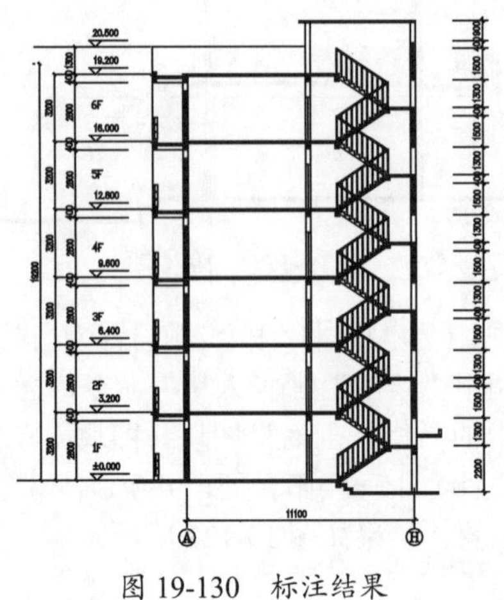

图 19-130　标注结果

第20章 室内设计与绘图

室内装潢设计是建筑物内部环境的设计，是以一定建筑空间为基础，运用技术和艺术因素制造的一种人工环境，它是一种以追求室内环境多种功能的完美结合，充分满足人们的生活，工作中的物质需求和精神需求为目标的设计活动。

本章主要讲解室内设计的概念、规范及室内设计制图的内容和流程，并通过具体的实例来进行实战演练。通过本章的学习，我们能够了解室内设计的相关理论知识，并掌握使用 AutoCAD 进行室内设计制图的方法。

20.1 室内设计概述

室内设计（Interior Designe）是根据建筑物的使用性质、所处环境和相应标准，运用物质技术手段和建筑设计原理，创造功能合理、舒适优美、满足人们物质和精神生活需要的室内环境，如图 20-1 所示。这一个空间环境既具有使用价值，满足相应的功能要求，同时也反映了历史文脉、建筑风格、环境气 氛等精神因素。明确地把“创造满足人们物质和精神生活需要的室内环境”作为室内设计的目的。

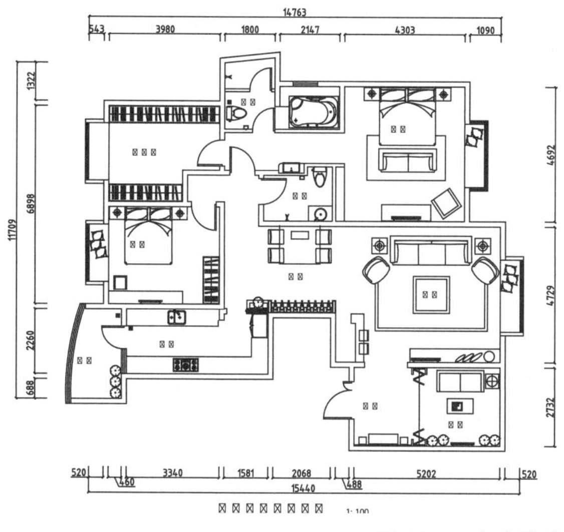

图 20-1 室内设计图与现实结果

20.1.1 室内设计的有关标准

室内设计制图是表达室内设计工程设计的重要技术资料，是施工的依据。为了统一制图技术、方便技术交流，并满足设计、施工管理等方面的要求，国家发布并实施了建筑工程与室内设计等专业的制图标准。

- 《房屋建筑制图统一标准》GB/T 50001-2010
- 《总图制图标准》GB/T 50103-2010
- 《建筑制图标准》GB/T 50104-2010
- 《房屋建筑室内装饰装修制图标准》JGJ/T 244-2011（JGJ 指建筑工程行业标准）

室内设计制图标准涉及图纸幅面与图纸编排顺序，以及图线、字体等绘图所包含的各方面的使用标准。本节为读者抽取一些制图标准中常用到的知识来讲解。

1．图形比例标准

- 比例可以表示图样尺寸和物体尺寸的比值。在建筑室内装饰制图中，所注写的比例能够在图纸上反映物体的实际尺寸。
- 图样的比例，应是图形与实物相对应的线性尺寸之比。比例的大小，是指其比值的大小，比如1：30大于1：100。
- 比例的符号应书写为“：”，比例数字则应以阿拉伯数字来表示，比如1：2、1：3、1：100等。
- 比例应注写在图名的右侧，字的基准线应取平；比例的字高应比图名的字高小一号或者小二号，如图20-2所示。

图20-2　室内制图比例的注写

- 图样比例的选取是要根据图样的用途，以及所绘对象的复杂程度来定的。在绘制房屋建筑装饰装修图纸的时候，经常使用的比例为1：1、1：2、1：5、1：10、1：15、1：20、1：25、1：30、1：40、1：50、1：75、1：100、1：150、1：200。
- 在特殊的绘图情况下，可以自选绘图比例。在这种情况下，除了要标注绘图比例之外，还需要在适当位置绘制出相应的比例尺。
- 绘图所使用的比例，要根据房屋建筑室内装饰装修设计的不同部位、不同阶段图纸的内容和要求，从表20-1中选用。

表20-1　绘图所用的比例

比例	部位	图纸类型
1:200 — 1:100	总平面、总顶面	总平面布置图、总顶棚平面布置图
1:100 — 1:50	局部平面、局部顶棚平面	局部平面布置图、局部顶棚平面布置图
1:100 — 1:50	不复杂立面	立面图、剖面图
1:50 — 1:30	较复杂立面	立面图、剖面图
1:30 — 1:10	复杂立面	立面放大图、剖面图
1:10 — 1:1	平面及立面中需要详细表示的部位	详图
1:10 — 1:1	重点部位的构造	节点图

2．字体标准

在绘制施工图的时候，需要正确地注写文字、数字和符号，以清晰地表达图纸内容。

- 手工绘制的图纸，字体的选择及注写方法应符合《房屋建筑制图统一标准》的规定。对于计算机绘图，均可采用自行确定的常用字体等，《房屋建筑制图统一标准》未做强制规定。
- 文字的字高，应从表 20-2 中选用。字高大于 10mm 的文字宜采用 TrueType 字体，如需书写更大的字，其高度应按$\sqrt{2}$倍数递增。

表 20-2　文字的字高（mm）

字体种类	中文矢量字体	TrueType 字体及非中文矢量字体
字高	3.5、5、7、10、14、20	3、4、6、8、10、14、20

- 拉丁字母、阿拉伯数字与罗马数字，假如为斜体字，则其斜度应是从字的底线逆时针向上倾斜 75°。斜体字的高度和宽度应是与相应的直体字相等。
- 拉丁字母、阿拉伯数字与罗马数字的字高应不小于 2.5mm。
- 拉丁字母、阿拉伯数字与罗马数字与汉字并列书写时，其字高可比汉字小 1~2 号，如图 20-3 所示。

图 20-3　字高的表示

- 分数、百分数和比例数的注写，要采用阿拉伯数字和数学符号，比如：四分之一、百分之三十五和三比二十则应分别书写成 1/4、35%、3:20。
- 在注写的数字小于 1 时，需要写出各位的 0，小数点应采用圆点，并齐基准线注写，比如 0.03。
- 长仿宋汉字、拉丁字母、阿拉伯数字与罗马数字的示例应符合现行国家标准 GB/T 14691《技术制图字体》的规定。
- 汉字的字高，不应小于 3.5mm，手写汉字的字高则一般不小于 5mm。

3．图线标准

室内制图的图线线宽 b，宜从 1.4、1.0、0.7、0.5、0.35、0.25、0.18、0.13mm 线宽系列中选取。图线宽度不应小于 0.1mm。每个图样应根据复杂程度与比例大小，先选定基本线宽 b，再选用中相应的线宽组，如表 20-3 所示。

表 20-3　线宽组（单位：mm）

线宽比	线宽组			
b	1.4	1.0	0.7	0.5
0.7b	1.0	1.7	0.5	0.35
0.5b	0.7	0.5	0.35	0.25
0.25b	0.35	0.25	0.18	0.13

注：1. 需要缩微的图纸，不宜采用 0.18 及更细的线宽。
2. 同一张图纸内，各不同线宽中的细线，可统一采用较细的线宽组的细线。

室内制图可参考表 20-4 选用合适的图线。

表 20-4 图线

名称		线型	线宽	一般用途
实线	粗		b	主要可见轮廓线
	中		0.5b	可见轮廓线
	细		0.25b	可见轮廓线、图例线
虚线	粗		b	见有关专业制图标准
	中		0.5b	不可见轮廓线
	细		0.25b	不可见轮廓线、图例线
单点划线	粗		b	见有关专业制图标准
	中		0.5b	见有关专业制图标准
	细		0.25b	中心线、对称线等
双点划线	粗		b	见有关专业制图标准
	中		0.5b	见有关专业制图标准
	细		0.25b	假想轮廓线、成型前原始轮廓线
折断线			0.25b	断开界线
波浪线			0.25b	断开界线

除了线型与线宽，室内制图对图线还有如下要求。

- 同一张图纸内，相同比例的各图样，应选用相同的线宽组。
- 相互平行的图例线，其净间隙或线中间隙不宜小于 0.2mm。
- 虚线、单点长画线或双点长画线的线段长度和间隔，宜各自相等。
- 单点长画线或双点长画线，当在较小图形中绘制有困难时，可用实线代替。
- 单点长画线或双点长画线的两端，不应是点。点画线与点画线交接点或点画线与其他图线交接时，应是线段交接。
- 虚线与虚线交接或虚线与其他图线交接时，应是线段交接。虚线为实线的延长线时，不得与实线相接。
- 图线不得与文字、数字或符号重叠、混淆，不可避免时，应首先保证文字的清晰。

4. 尺寸标注

绘制完成的图形仅能表达物体的形状，必须标注完整的尺寸数据并配以相关的文字说明。才能作为施工等工作的依据。

本节为读者介绍尺寸标注的知识，包括尺寸界线、尺寸线和尺寸起止符号的绘制，以及尺寸数字的标注规则和尺寸的排列与布置的要点。

- 尺寸界线、尺寸线及尺寸起止符号

标注在图样上的尺寸，包括尺寸界线、尺寸线、尺寸起止符号和尺寸数字，标注的结果如图 20-4 所示。

- 尺寸界线应用细实线绘制，一般应与被注长度垂直，其一端应离开图样轮廓线不小于2mm，另一端宜超出尺寸线2~3mm。图样轮廓线可用作尺寸线，如图20-5所示。

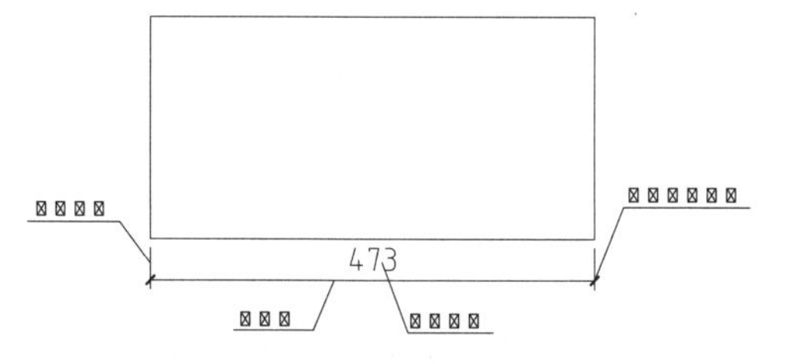

图20-4　尺寸标注的组成

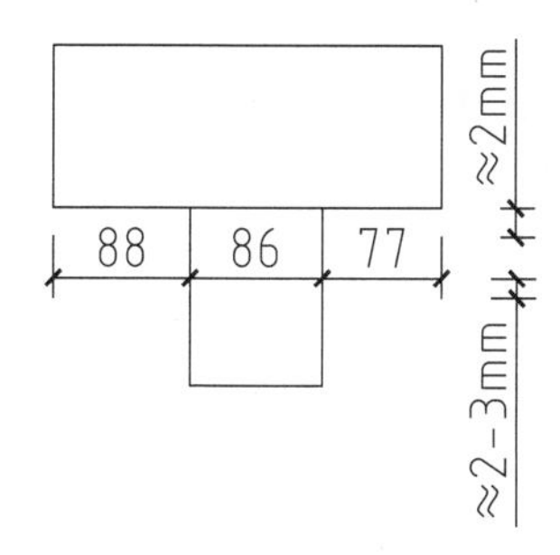

图20-5　尺寸界线

➢ 尺寸线应用细实线绘制，应与被注长度平行。图样本身的任何图线均不得用作尺寸线。
➢ 尺寸起止符号可用中粗短斜线来绘制，其倾斜方向应与尺寸界线成顺时针45°角，长度宜为2~3mm；可用黑色圆点绘制，其直径为1mm。半径、直径、角度与弧长的尺寸起止符号，宜用箭头表示，如图20-6所示。
➢ 尺寸起止符号一般情况下可用短斜线也可用小圆点，圆弧的直径、半径等用箭头，轴测图中用小圆点。

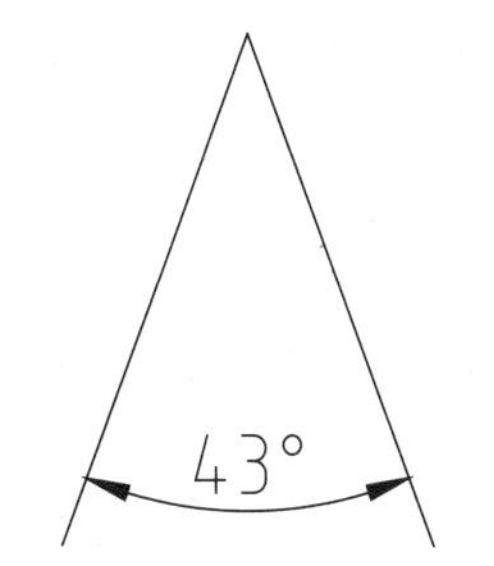

图20-6　箭头尺寸起止符号

● 尺寸数字
  ➢ 图样上的尺寸，应以尺寸数字为准，不得从图上直接截取。
  ➢ 图样上的尺寸单位，除标高及总平面图以“米”为单位之外，其他必须以“毫米”为单位。
  ➢ 尺寸数字的方向，应按如图20-7（a）所示的规定注写。假如尺寸数字在填充斜线内，宜按照如图20-7（b）所示的形式来注写。
  ➢ 如图20-7所示，尺寸数字的注写方向和阅读方向规定为：当尺寸线为竖直时，尺寸数字注写在尺寸线的左侧，字头朝左；其他任何方向，尺寸数字字头应保持向上，且注写在尺寸线的上方，如果在填充斜线内注写时，容易引起误解，所以建议采用如图20-7（b）所示的两种水平注写方式。

图20-7（a）中斜线区内尺寸数字注写方式为软件默认方式，图20-7（b）所示注写方式比较适合手绘操作，因此，制图标准中将图20-7（a）的注写方式定位首选方案。

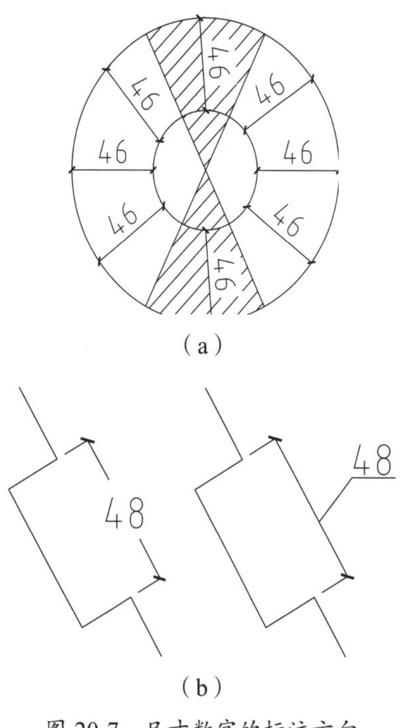

图20-7　尺寸数字的标注方向

➢ 尺寸数字一般应依据其方向注写在靠近尺寸线的上方中部。如注写位置相对密集，没有足够的注写位置，最外边的尺寸数字可注写在尺寸界线的外侧，中间相邻的尺寸数字可上下错开注写在离该尺寸线较近处，如图20-8所示。

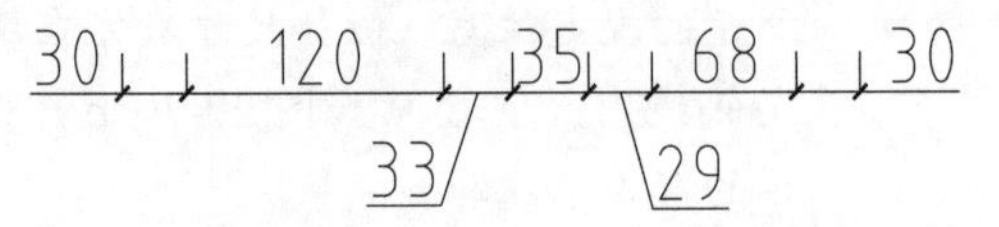

图20-8 尺寸数字的注写位置

• 尺寸的排列与布置

➢ 尺寸分为总尺寸、定位尺寸、细部尺寸3种。绘图时，应根据设计深度和图纸用途确定所需注写的尺寸。

➢ 尺寸标注应该清晰，不应该与图线、文字及符号等相交或重叠，如图20-9（a）所示。

➢ 图样轮廓线以外的尺寸界线，距图样最外轮廓之间的距离，不宜小于10mm。平行排列的尺寸线的间距，宜为7~10mm，并应保持一致，如图20-9（a）所示。

➢ 假如尺寸标注在图样轮廓内，且图样内已绘制了填充图案后，尺寸数字处的填充图案应断开，另外图样轮廓线也可用作尺寸界线，如图20-9（b）所示。

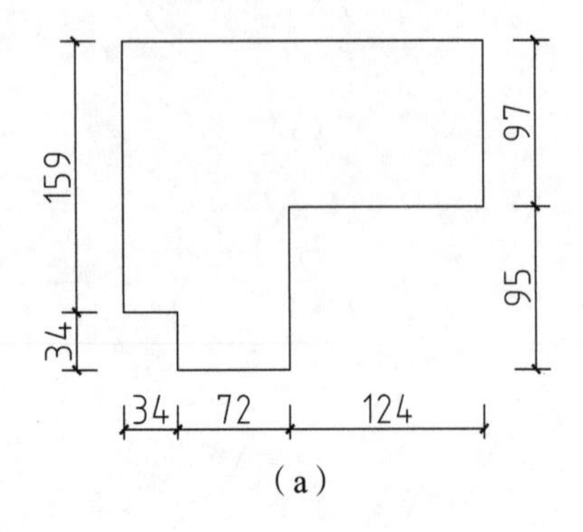

（a）

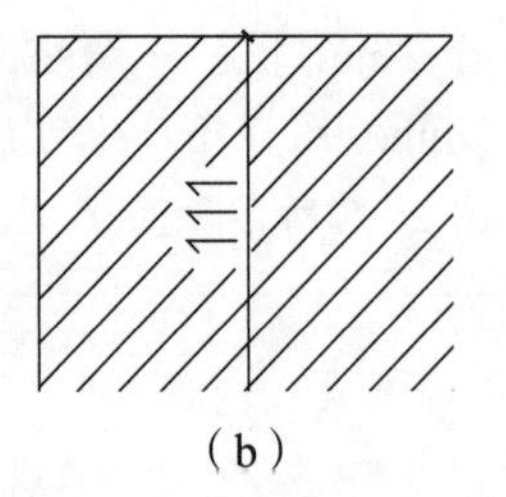

（b）

图20-9 尺寸数字的注写

➢ 尺寸宜标注在图样轮廓线以外，当需要标注在图样内时，不应与图线文字及符号等相交或重叠。

➢ 互相平行的尺寸线，应从被注写的图样轮廓线由近向远整齐排列，较小的尺寸应离轮廓线较近，较大尺寸应离轮廓线较远，如图20-10所示。

➢ 总尺寸的尺寸界线应靠近所指部位，中间的分尺寸的尺寸界线可稍短，但是其长度应相等，如图20-10所示。

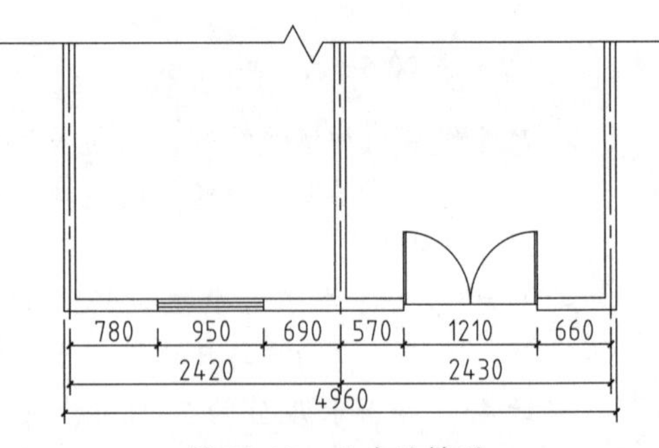

图20-10 尺寸的排列

20.1.2 室内设计的常见图例

室内装饰装修材料的画法应该符合现行国家标准GB/T 50001-2010《房屋建筑制图统一标准》中的规定，具体的规定如下。

在GB/T 50001-2010《房屋建筑制图统一标准》中，只规定了常用的建筑材料的图例画法，但是对图例的尺度和比例并不做具体的规定。在调用图例的时候，要根据图样的大小而定，且应符合下列的规定。

➢ 图线应间隔均匀，疏密适度，做到图例正确，并且表示清楚。

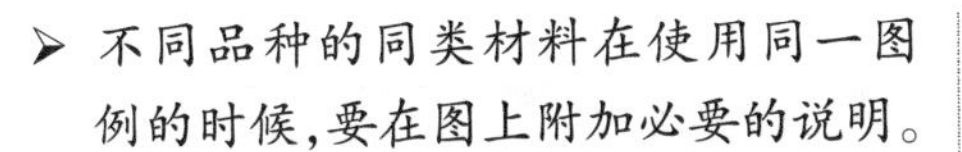

- 不同品种的同类材料在使用同一图例的时候,要在图上附加必要的说明。
- 相同的两个图例相接时，图例线要错开或者使其填充方向相反，如图 20-11 所示。

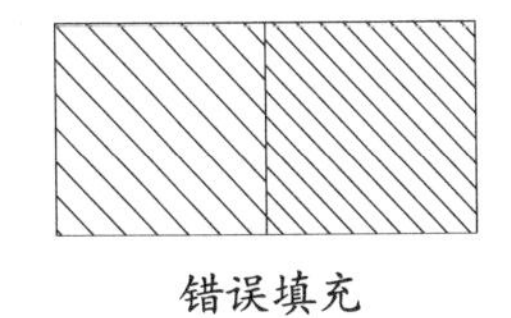

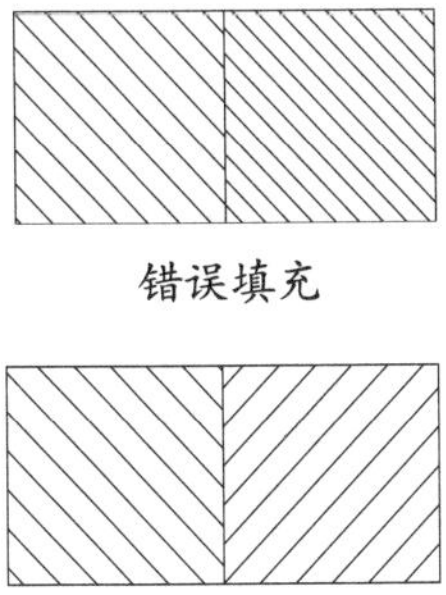

错误填充

正确填充

图 20-11 填充示意

出现以下情况时，可以不加图例，但是应该加文字说明。

- 当一张图纸内的图样只用一种图例时。
- 图形较小并无法画出建筑材料图例时。

当需要绘制的建筑材料图例面积过大的时候，在断面轮廓线内沿轮廓线作局部表示也可以，如图 20-12 所示。

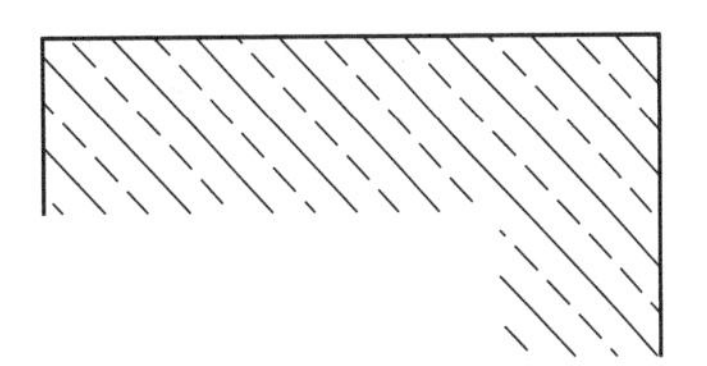

图 20-12 局部表示图例

常用房屋建筑材料、装饰装修材料的图例应按如表 20-5 所示的图例画法绘制。

表 20-5 常用建筑装饰装修材料图例表

序号	名称	图例	序号	名称	图例
1	夯实土壤	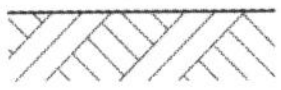	17	多层板	
2	砂砾石、碎砖三合土		18	木工板	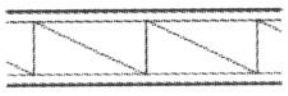
3	石材	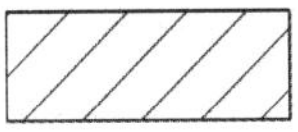	19	石膏板	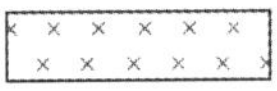
4	毛 石	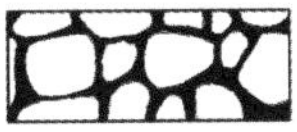	20	金 属	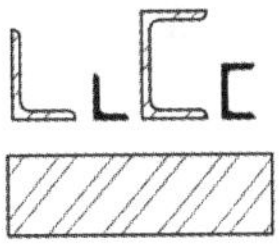
5	普通砖	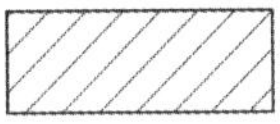	21	液 体	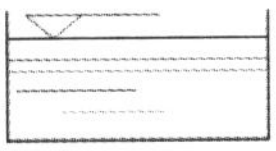
6	轻质砌块砖	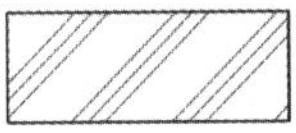	22	玻璃砖	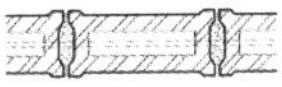
7	轻钢龙骨板材隔墙	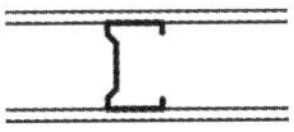	23	普通玻璃	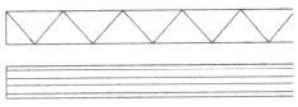
8	饰面砖		24	橡 胶	
9	混凝土	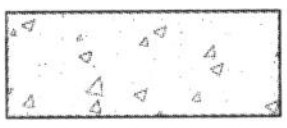	25	塑 料	

续表

序号	名称	图例	序号	名称	图例
10	钢筋混凝土		26	地 毯	
11	多孔材料		27	防水材料	
12	纤维材料		28	粉 刷	
13	泡沫塑料材料		29	窗 帘	
14	密 度 板		30	砂、灰土	
15	实 木	垫木、木砖或木龙骨 横断面 纵断面	31	胶黏剂	
16	胶 合 板				

20.2 室内设计图的内容

室内设计工程图是按照装饰设计方案确定的空间尺度、构造做法、材料选用、施工工艺等，并且遵照建筑及装饰设计规范所规定的要求编制的用于指导装饰施工生产的技术性文件。同时也是进行造价管理、工程监理等工作的重要技术性文件。

一套完整的室内设计工程图包括施工图和效果图。效果图是通过 Photoshop 等图像编辑软件对现有图纸进行美化后的结果，对设计、施工意义不大；而 AutoCAD 则主要用来绘制施工图，施工图又可以分为平面布置图、地面布置图（地材图）、顶面布置图（顶棚图）、立面图、剖面图、详图等。本节便介绍各类室内设计图纸的组成和绘制方法。

20.2.1 平面布置图

平面布置图是室内设计工程图的主要图样，是根据装饰设计原理、人体工程学，以及业主的需求画出的用于反映建筑平面布局、装饰空间及功能区域的划分、家具设备的布置、绿化及陈设的布局等内容的图样，是确定装饰空间平面尺度及装饰形体定位的主要依据。

平面布置图是假想用一个水平剖切平面，沿着每层的门窗洞口位置进行水平剖切，移去剖切平面以上的部分，对以下部分所做的水平正投影图。平面布置图其实是一种水平剖面图，绘制平面布置图时就首先要确定平面图的基本内容。

- 绘制定位轴线，以确定墙柱的具体位置；各功能分区与名称、门窗的位置和编号、门的开启方向等。
- 确定室内地面的标高。
- 确定室内固定家具、活动家具、家用电器的位置。
- 确定装饰陈设、绿化美化等位置及绘制图例符号。
- 绘制室内立面图的内视投影符号，按顺时针从上至下在圆圈中编号。
- 确定室内现场制作家具的定形、定位尺寸。
- 绘制索引符号、图名及必要的文字说明等。

如图 20-13 所示为绘制完成的三居室平面布置图。

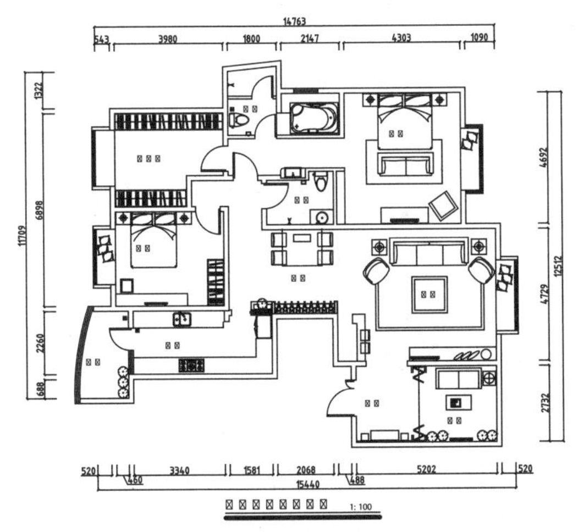

图 20-13　平面布置图

20.2.2　地面布置图

地面布置图又称为“地材图”。同平面布置图的形成一样，有区别的是地面布置图不需要绘制家具及绿化等布置，只需画出地面的装饰分格，标注地面材质、尺寸和颜色、地面标高等。地面布置图绘制的基本顺序是：

01 地面布置图中，应包含平面布置图的基本内容。

02 根据室内地面材料的选用、颜色与分格尺寸，绘制地面铺装的填充图案，并确定地面标高等。

03 绘制地面的拼花造型。

04 绘制索引符号、图名及必要的文字说明等。

如图 20-14 所示为绘制完成的三居室地面布置图。

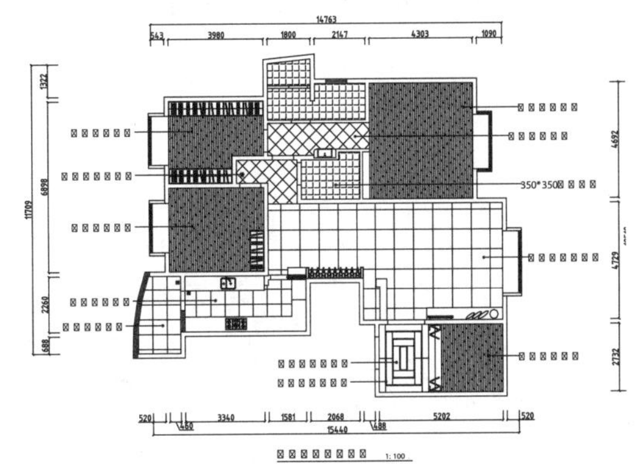

图 20-14　地面布置图

20.2.3　顶棚平面图

顶棚平面图简称为“顶棚图”。是以镜像投影法画出反映顶棚平面形状、灯具位置、材料选用、尺寸标高及构造做法等内容的水平镜像投影图，是装饰施工图的主要图样之一。是假想以一个水平剖切平面沿顶棚下方门窗洞口的位置进行剖切，移去下面部分后对上面的墙体、顶棚所做的镜像投影图。在顶棚平面图中剖切到的墙柱用粗实线，未剖切到但能看到的顶棚、灯具、风口等用细实线来表示。

顶棚图绘制的基本步骤为：

01 在平面图的门洞绘制门洞边线，不需绘制门扇及开启线。

02 绘制顶棚的造型、尺寸、做法和说明，有时可以画出顶棚的重合断面图并标注标高。

03 绘制顶棚灯具符号及具体位置，而灯具的规格、型号、安装方法则在电气施工图中反映。

04 绘制各顶棚的完成面标高，按每一层楼地面为 ±0.000 标注顶棚装饰面标高，这是实际施工中常用的方法。

05 绘制与顶棚相接的家具、设备的位置和尺寸。

06 绘制窗帘及窗帘盒、窗帘帷幕板等。

07 确定空调送风口位置、消防自动报警系统，以及与吊顶有关的音频设备的平面位置及安装位置。

08 绘制索引符号、图名及必要的文字说明等。

如图 20-15 所示为绘制完成的三居室顶面布置图。

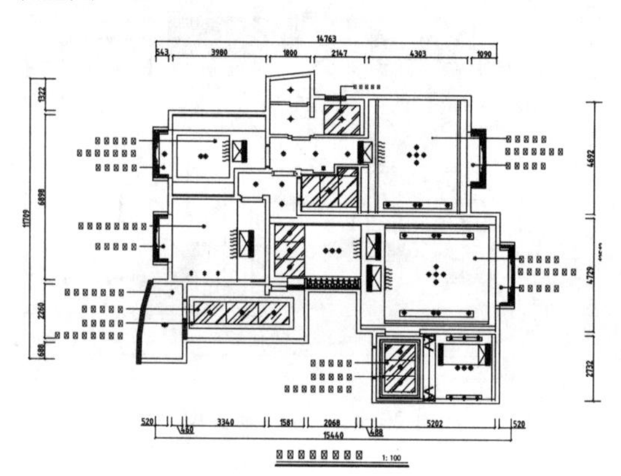

图 20-15　顶面布置图

20.2.4　立面图

立面图是将房屋的室内墙面按内视投影符号的指向，向直立投影面所做的正投影图。用于反映室内空间垂直方向的装饰设计形式、尺寸与做法、材料与色彩的选用等内容，是装饰施工图中的主要图样之一，是确定墙面做法的依据。房屋室内立面图的名称，应根据平面布置图中内视投影符号的编号或字母确定，比如②立面图、B 立面图。

立面图应包括投影方向可见的室内轮廓线和装饰构造、门窗、构配件、墙面做法、固定家具、灯具等内容及必要的尺寸和标高，并需表达非固定家具、装饰构件等情况。绘制立面图的主要步骤是：

01 绘制立面轮廓线，顶棚有吊顶时要绘制吊顶、叠级、灯槽等剖切轮廓线，使用粗实线表示，墙面与吊顶的收口形式，可见灯具投影图等也需要绘制。

02 绘制墙面装饰造型及陈设，比如壁挂、工艺品等；门窗造型及分格、墙面灯具、暖气罩等装饰内容。

03 绘制装饰选材、立面的尺寸标高及做法说明。

04 绘制附墙的固定家具及造型。

05 绘制索引符号、图名及必要的文字说明等。

如图 20-16 所示为绘制完成的三居室电视背景墙立面布置图。

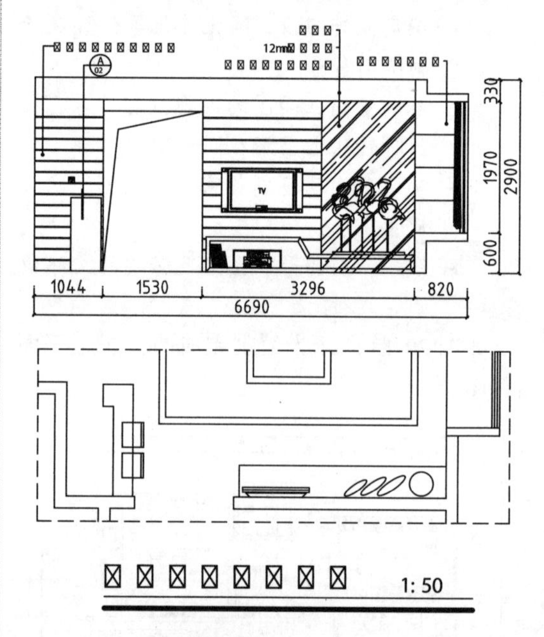

图 20-16　立面图

20.2.5　剖面图

剖面图是指假想将建筑物剖开，使其内部构造显露出来；让看不见的形体部分变成了看得见的部分，然后用实线画出这些内部构造的投影图。

绘制剖面图的操作如下。

01 选定比例、图幅。

02 绘制地面、顶面、墙面的轮廓线。

03 绘制被剖切物体的构造层次。

04 标注尺寸。

05 绘制索引符号、图名及必要的文字说明等。

如图 20-17 所示为绘制完成的顶棚剖面图。

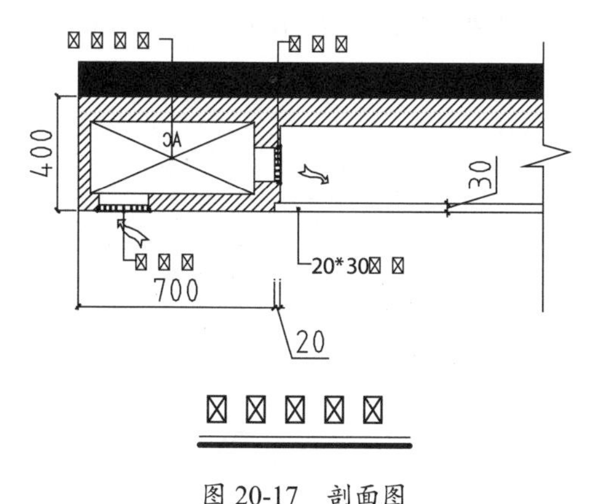

图 20-17　剖面图

20.2.6　详图

详图又称为“大样图”，它的图示内容主要包括：装饰形体的建筑做法、造型样式、材料选用、尺寸标高；所依附的建筑结构材料、连接做法，比如钢筋混凝土与木龙骨、轻钢及型钢龙骨等内部龙骨架的连接图示（剖面或者断面图），选用标准图时应加索引；装饰体基层板材的图示（剖面或者断面图），如石膏板、木工板、多层夹板、密度板、水泥压力板等用于找平的构造层次；装饰面层、胶缝及线角的图示（剖面或者断面图），复杂线角及造型等还应绘制大样图；色彩及做法说明、工艺要求等；索引符号、图名、比例等。

绘制装饰详图的一般步骤为：

01 选定比例、图幅。

02 画墙（柱）的结构轮廓。

03 画出门套、门扇等装饰形体轮廓。

04 详细绘制各部位的构造层次及材料图例。

05 标注尺寸。

06 绘制索引符号、图名及必要的文字说明等。

如图 20-18 所示为绘制完成的酒柜节点大样图。

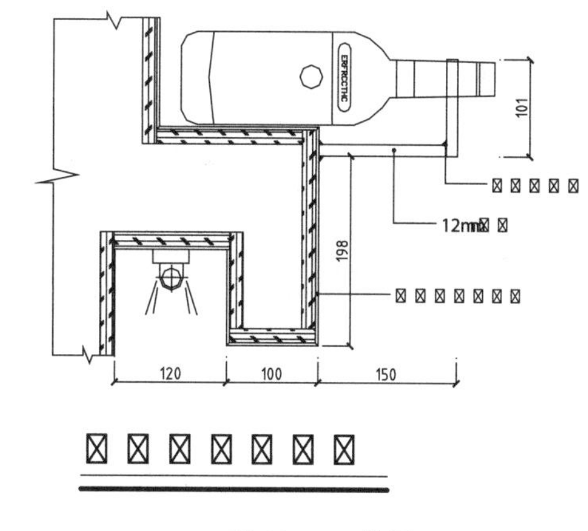

图 20-18　详图

20.3　创建室内设计制图样板

为了避免绘制每一张施工图都重复地设置图层、线型、文字样式和标注样式等内容，我们可以预先将这些相同部分一次性设置好，然后将其保存为样板文件。创建了样板文件后，在绘制施工图时，即可在该样板文件基础上创建图形文件，从而加快了绘图速度，提高了工作效率。本章所有实例皆基于该模板。

1．设置绘图环境

01 单击“快速访问工具栏”中的“新建”按钮，新建图形文件。

02 在命令行中输入 UN，打开“图形单位”对话框。“长度”选项组用于设置线性尺寸类型和精度，这里设置“类型”为“小数”，“精度”为 0。

03“角度”选项组用于设置角度的类型和精度。这里取消勾选“顺时针”复选框，设置角度“类型”为“十进制度数”，精度为 0。

04 在“插入时的缩放单位”选项组中选择“用于缩放插入内容的单位”为“毫米”，这样当调用非毫米单位的图形时，图形能够自动根据单位比例进行缩放。最后单击“确定”按钮关闭对话框，完成单位设置，如图 20-19 所示。

05 单击“图层”面板中的“图层特性管理器”按钮，设置图层，如图 20-20 所示。

图 20-19　设置单位

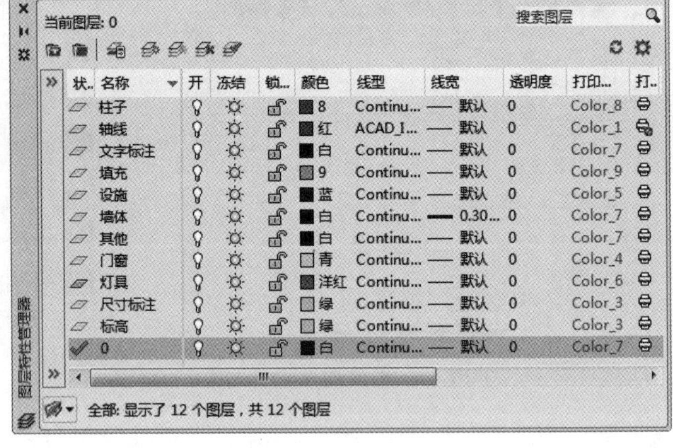

图 20-20　设置图层

06 调用 LIMITS“图形界限”命令，设置图形界限。命令行提示如下。

```
命令 : LIMIts                                          // 调用“图形界限”命令
重新设置模型空间界限 :
指定左下角点或 [ 开 (ON) / 关 (OFF)] <0.0,0.0>: ↙          // 按 Enter 键确定
指定右上角点 <420.0,297.0>: 42000,29700 ↙                  // 指定界限按 Enter 键确定
```

2. 设置文字样式

01 选择“格式”|“文字样式”命令，打开“文字样式”对话框，单击“新建”按钮打开“新建文字样式”对话框，样式名定义为“图内文字”，如图 20-21 所示。

02 在“字体”下拉列表中选择 gbenor.shx 字体，勾选“使用大字体”选项，并在“大字体”下拉列表中选择 gbcbig.shx 字体，在“高度”文本框中输入 350，“宽度因子”文本框中输入 0.7，单击“应用”按钮，完成该样式的设置，如图 20-22 所示。

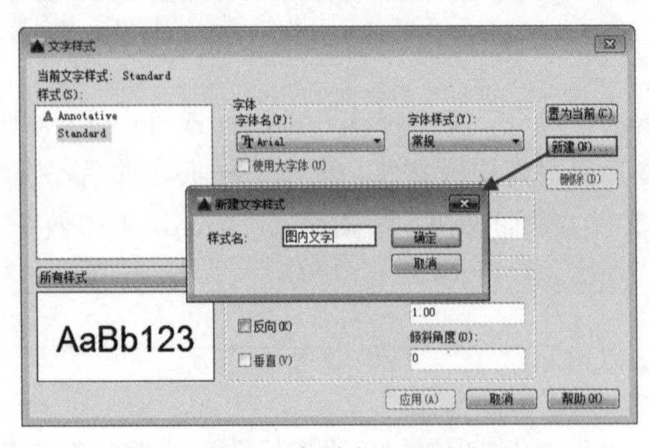

图 20-21　文字样式名称的定义

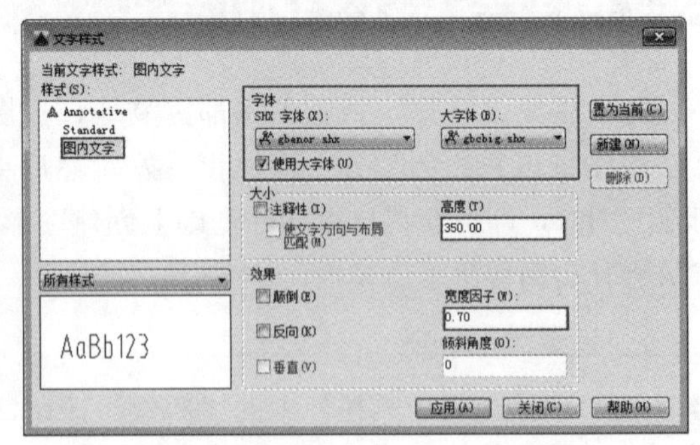

图 20-22　设置“图内文字”文字样式

03 重复前面的步骤，建立如表 20-6 所示中其他各种文字样式。

表 20-6　文字样式

文字样式名	打印到图纸上的文字高度	图形文字高度（文字样式高度）	宽度因子	字体丨大字体
图内文字	3.5	350	1	gbenor.shx；gbcbig.shx
图名	5	500		gbenor.shx；gbcbig.shx
尺寸文字	3.5	0		gbenor.shx

3．设置标注样式

01 选择“格式”丨“标注样式”命令，打开“标注样式管理器”对话框，单击“新建”按钮，打开“创建新标注样式”对话框，新建样式名定义为“室内设计标注”，如图 20-23 所示。

02 单击“继续”按钮后，则进入到“新建标注样式”对话框，然后分别在各选项卡中设置相应的参数，其设置后的效果如表 20-7 所示。

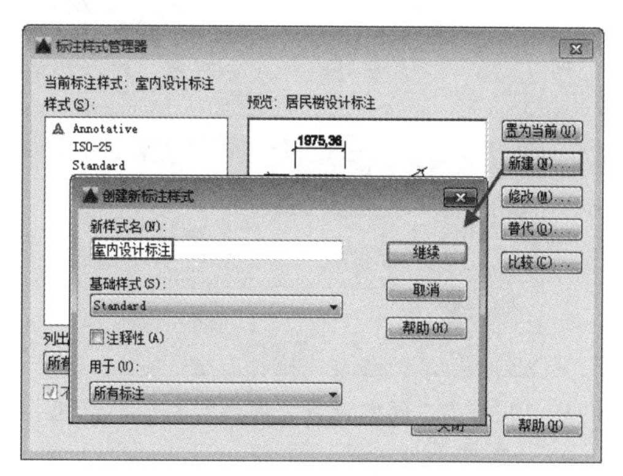

图 20-23　定义标注样式的名称

表 20-7　标注样式的参数设置

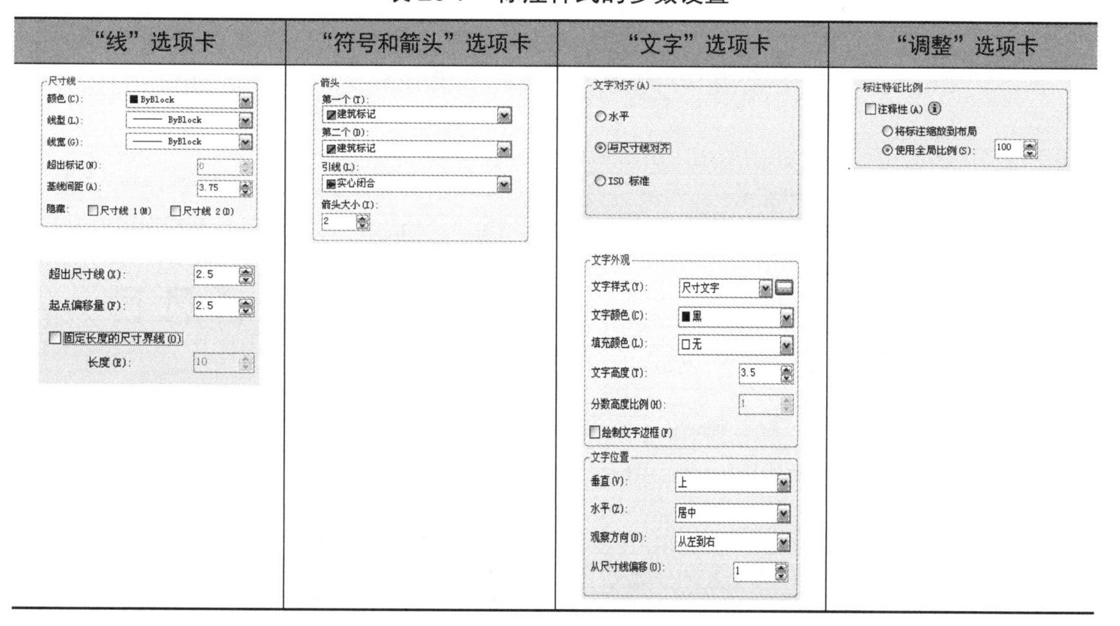

4．设置引线样式

01 执行“格式”|“多重引线样式”命令，打开“多重引线样式管理器”对话框，结果如图 20-24 所示。

02 在该对话框中单击“新建”按钮，弹出“创建新多重引线”对话框，设置新样式名为“室内标注样式”，如图 20-25 所示。

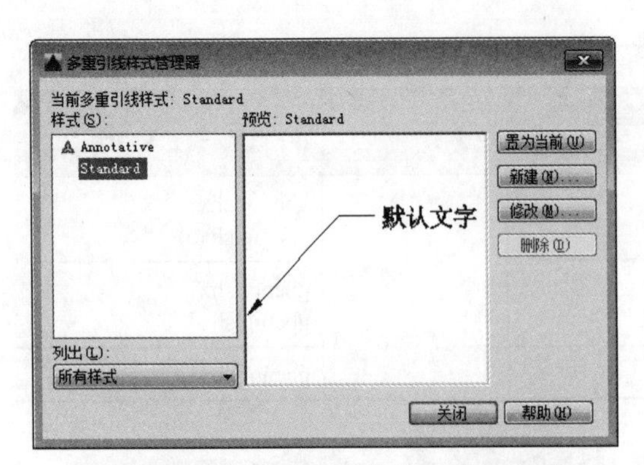

图 20-24　“多重引线样式管理器”对话框

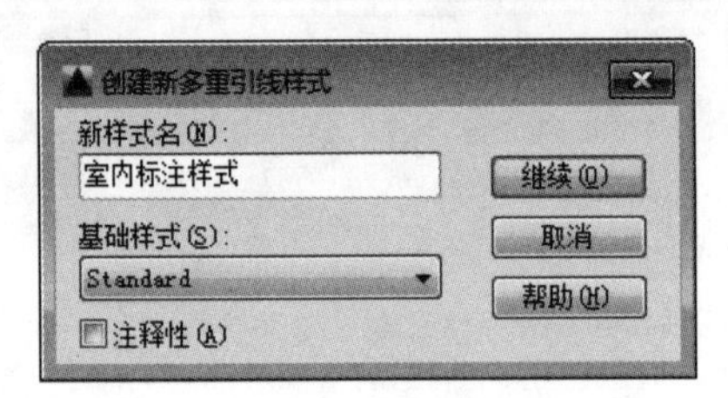

图 20-25　“创建新多重引线样式”对话框

03 在该对话框中单击“继续”按钮，弹出“修改多重引线样式：室内标注样式”对话框；选择“引线格式”选项卡，设置参数如图 20-26 所示。

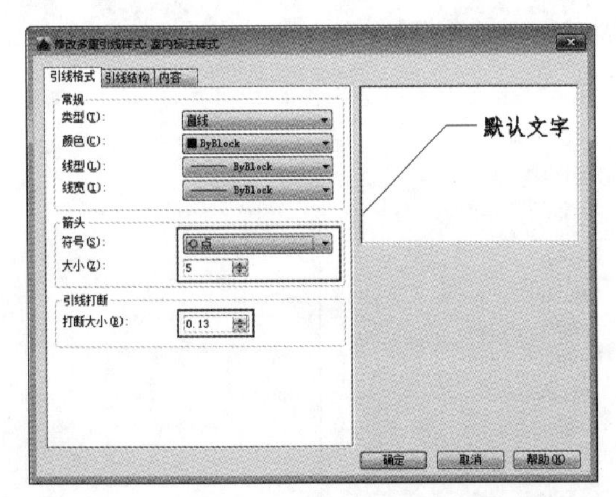

图 20-26　“修改多重引线样式：室内标注样式”对话框

04 选中“引线结构”选项卡，设置参数如图 20-27 所示。

05 选择“内容”选项卡，设置参数如图 20-28 所示。

06 单击“确定”按钮，关闭“修改多重引线样式：室内标注样式”对话框；返回“多重引线样式管理器”对话框，将“室内标注样式”置为当前，单击“关闭”按钮，关闭“多重引线样式管理器”对话框。

07 多重引线的创建结果，如图 20-29 所示。

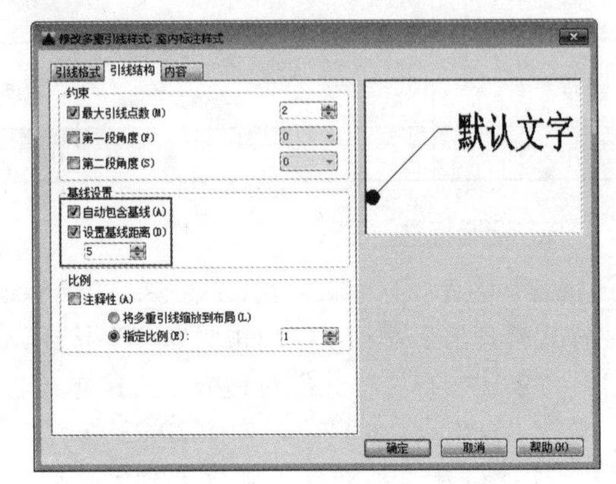

图 20-27　“引线结构”选项卡

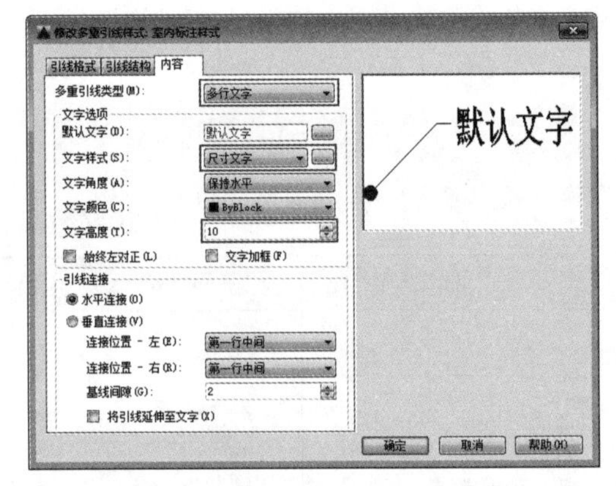

图 20-28　“内容”选项卡

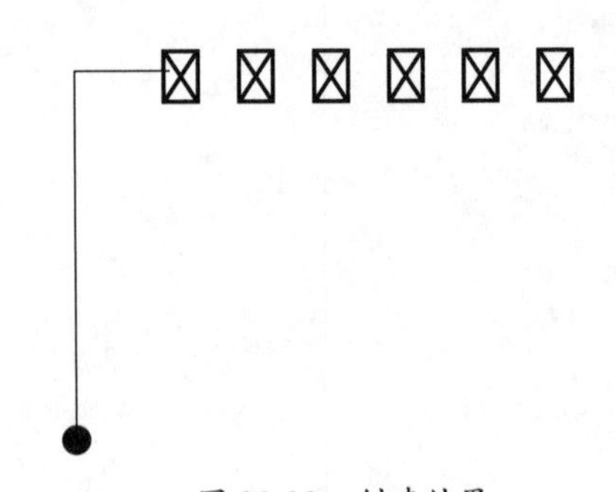

图 20-29　创建结果

5. 保存为样板文件

选择“文件”|“另存为”命令，打开“图形另存为”对话框，保存为“第 20 章\室内制图样板 .dwt”文件。

20.4 绘制室内装潢常用图例

室内制图的常用图例有钢琴、煤气灶、座椅、欧式门、矮柜，其尺寸应根据空间的尺度来把握与安排。下面我们就分别对其绘制方法进行讲解。

20.4.1 绘制钢琴

本实例介绍钢琴的绘制方法，其中主要调用了“矩形”“偏移”“填充”等命令。

01 调用 REC“矩形”命令，分别绘制尺寸为1575×356、1524×305的矩形，如图20-30所示。

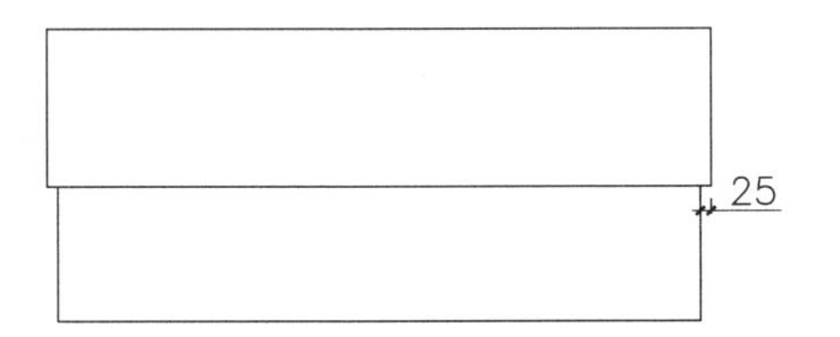

图 20-30　绘制矩形

02 调用 L“直线”命令，绘制直线。调用 REC“矩形”命令，分别绘制尺寸为914×50的矩形，如图20-31所示。

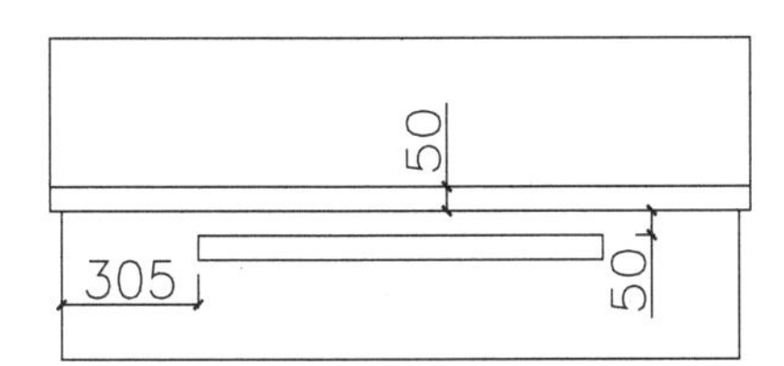

图 20-31　绘制结果

03 调用 REC“矩形”命令，分别绘制尺寸为1408×127的矩形。调用 X“分解”命令，分解矩形。

04 执行“绘图”|“点”|“定距等分”命令，选取矩形的上边为等分对象，指定等分距离为44。调用 L“直线”命令，根据等分点绘制直线，结果如图20-32所示。

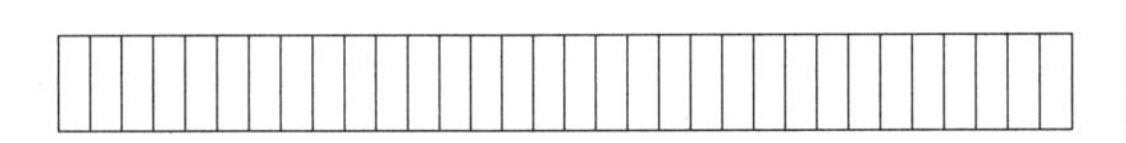

图 20-32　绘制直线

05 调用 REC“矩形”命令，绘制尺寸为38×76的矩形。

06 调用 H“填充”命令，在弹出的“图案填充和渐变色”对话框中设置参数，如图20-33所示。单击“添加：拾取点”按钮，拾取尺寸为38×76的矩形为填充区域，结果如图20-34所示。并选择 M“移动”命令将琴键放置到合适的位置。

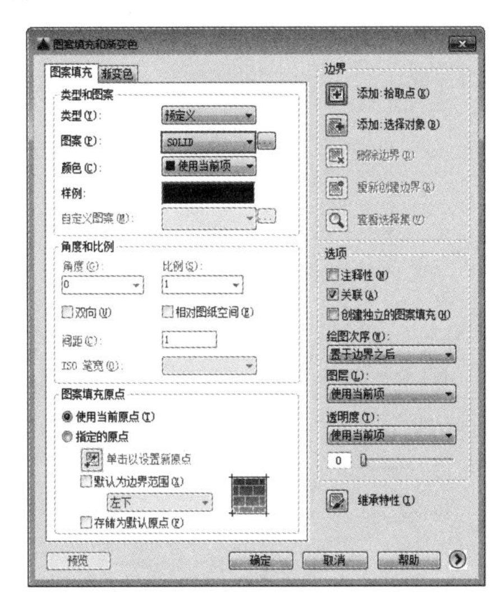

图 20-33　设置参数

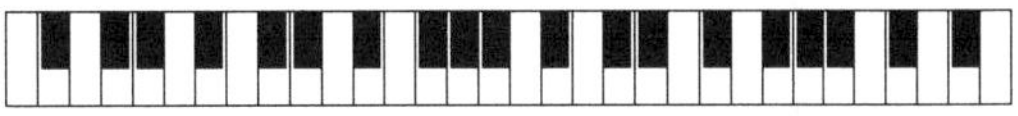

图 20-34　填充结果

07 调用 REC“矩形”命令，绘制尺寸为914×390的矩形。调用 SPL“样条曲线”命令，绘制曲线，完成座椅的绘制。钢琴的绘制结果如图20-35所示。

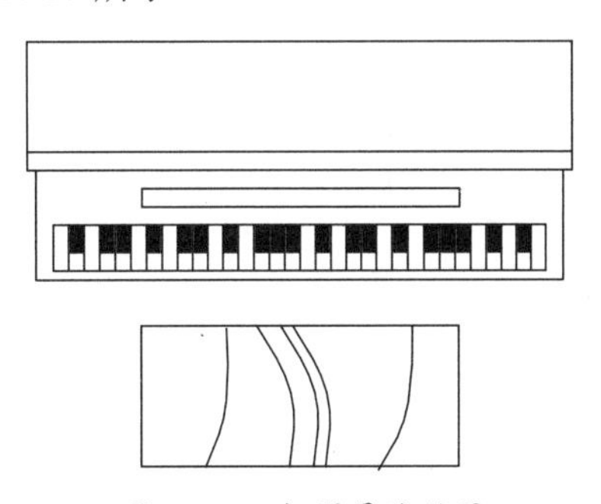

图 20-35　钢琴最终效果

20.4.2 绘制洗衣机图块

洗衣机可以减少人们的劳动量，一般放置在阳台或者卫生间内。洗衣机图形主要调用矩形命令、圆角命令、圆形命令来绘制。

01 绘制洗衣机外轮廓。调用 REC“矩形”命令，绘制矩形，结果如图 20-36 所示。

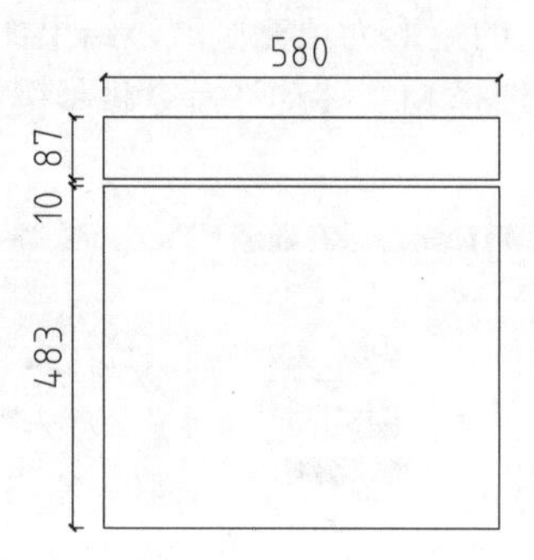

图 20-36 绘制矩形

02 调用 F“圆角”命令，设置圆角半径为 19，对绘制完成的图形进行圆角处理，结果如图 20-37 所示。

图 20-37 圆角处理

03 调用 L“直线”命令，绘制直线，结果如图 20-38 所示。

图 20-38 绘制直线

04 调用 REC“矩形”命令，绘制尺寸为 444×386 矩形，结果如图 20-39 所示。

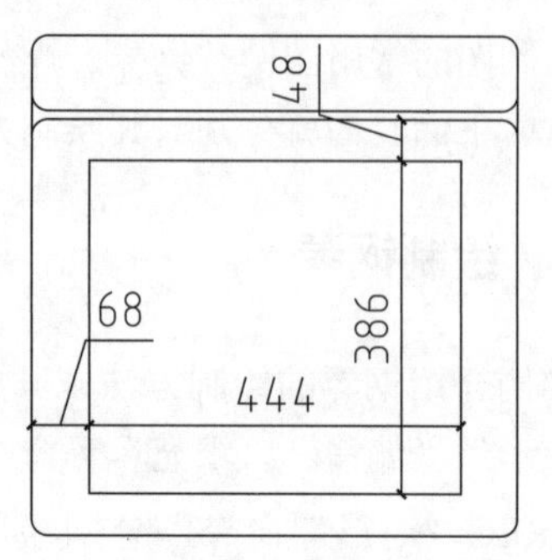

图 20-39 绘制矩形

05 调用 F“圆角”命令，设置圆角半径为 19，对绘制完成的图形进行圆角处理，结果如图 20-40 所示。

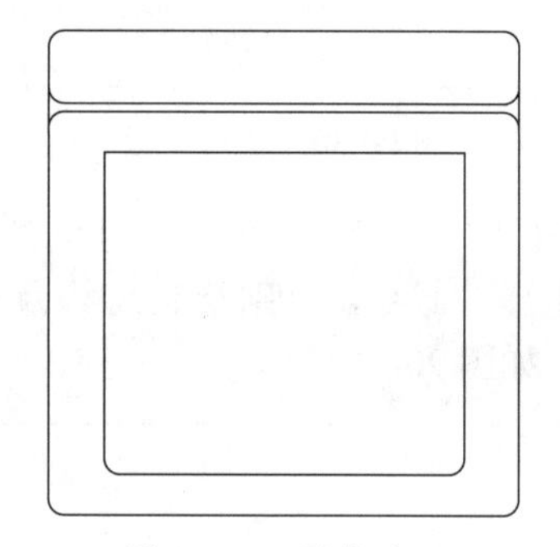

图 20-40 圆角处理

06 绘制液晶显示屏。调用 REC“矩形”命令，绘制矩形，结果如图 20-41 所示。

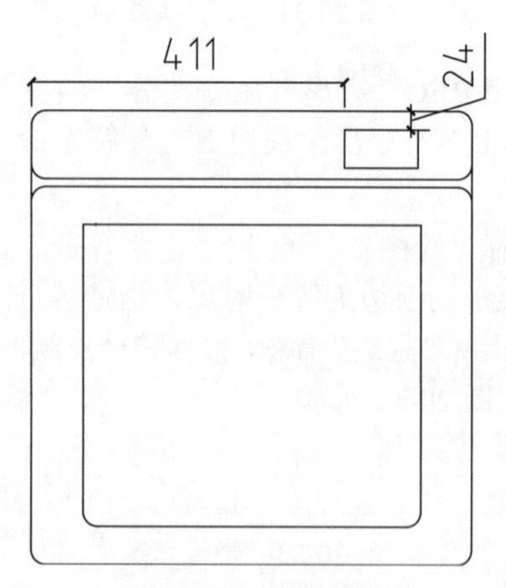

图 20-41 绘制矩形

07 绘制按钮。调用 C“圆”命令，绘制半径为 12 的圆形，结果如图 20-42 所示。

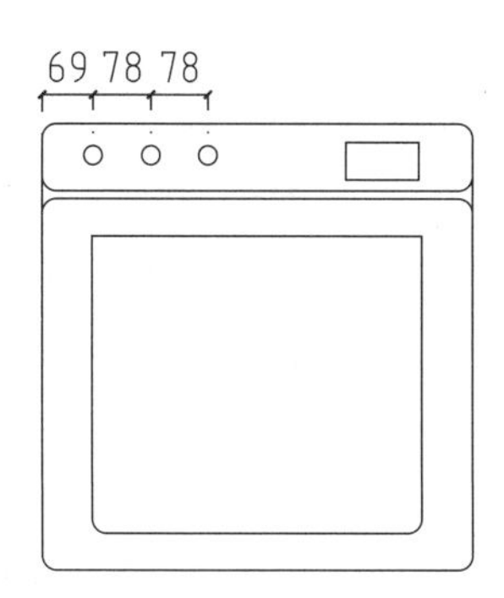

图 20-42　绘制圆形

08 调用 L“直线”命令，绘制直线，结果如图 20-43 所示。

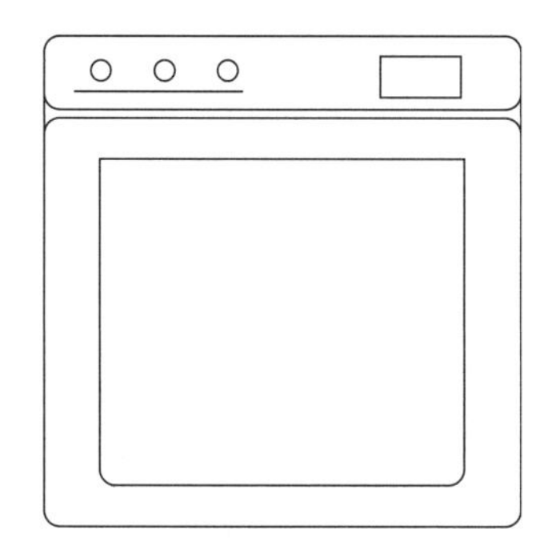

图 20-43　绘制直线

09 创建成块。调用 B“块”命令，打开“块定义”对话框；框选绘制完成的洗菜盆图形，设置图形名称，单击“确定”按钮，即可将图形创建成块，方便以后调用。

20.4.3　绘制座椅

座椅是一种有靠背，有的还有扶手的坐具，下面讲解绘制方法。

01 绘制靠背。调用 L“直线”命令，绘制长度为 550 的线段，如图 20-44 所示。

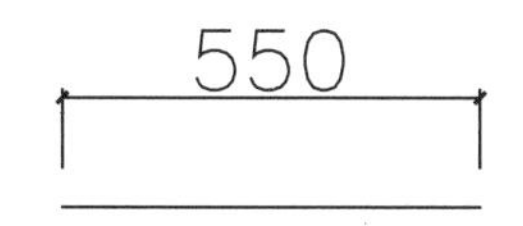

图 20-44　绘制线段

02 调用 A“圆弧”命令，绘制圆弧，如图 20-45 所示。

03 调用 MI“镜像”命令，将圆弧镜像到另一侧，如图 20-46 所示。

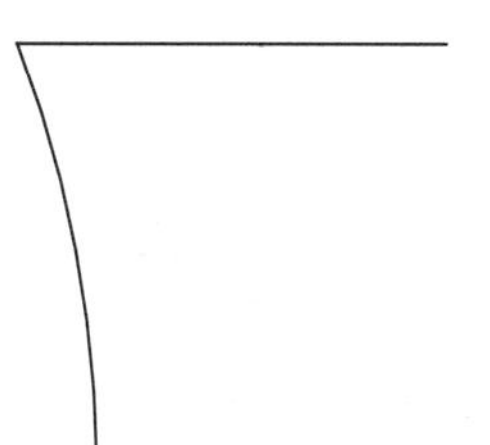

图 20-45　绘制圆弧

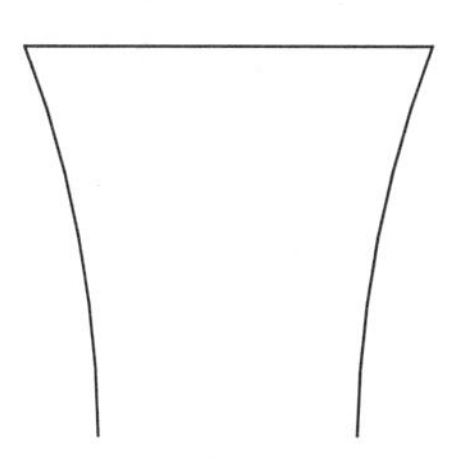

图 20-46　镜像圆弧

04 调用 O“偏移”命令，将线段和圆弧向内偏移 50，并对线段进行调整，如图 20-47 所示。

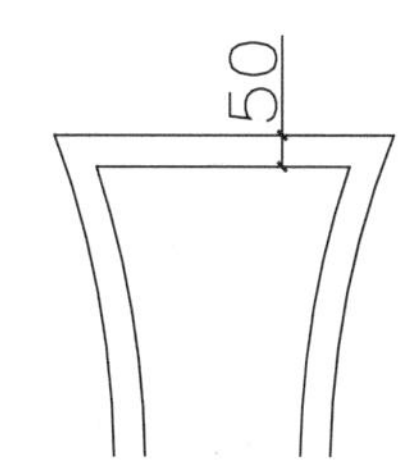

图 20-47　偏移线段和圆弧

05 调用 L“直线”命令和 O“偏移”命令，绘制线段，如图 20-48 所示。

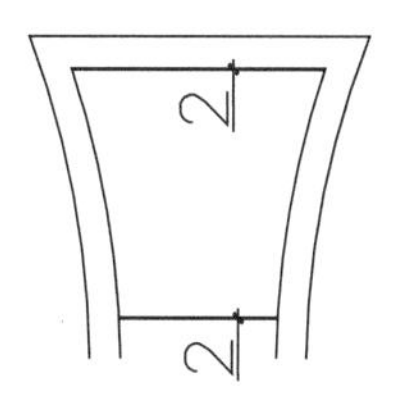

图 20-48　绘制线段

06 绘制坐垫。调用 REC“矩形”命令，绘制尺寸为 615×100 的矩形，如图 20-49 所示。

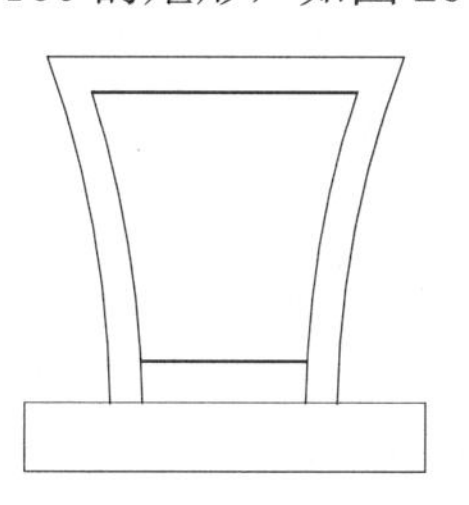

图 20-49　绘制矩形

07 调用 F“圆角”命令，对矩形进行圆角处理，圆角半径为 40，如图 20-50 所示。

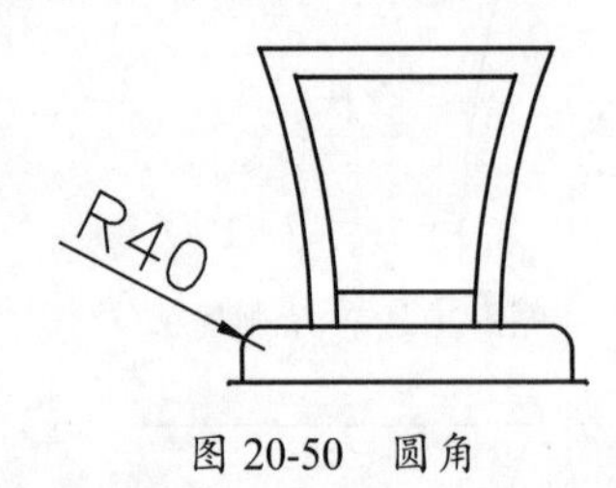

图 20-50　圆角

08 调用 H“填充”命令，在靠背和坐垫区域填充 CROSS 图案，填充参数设置和效果如图 20-51 所示。

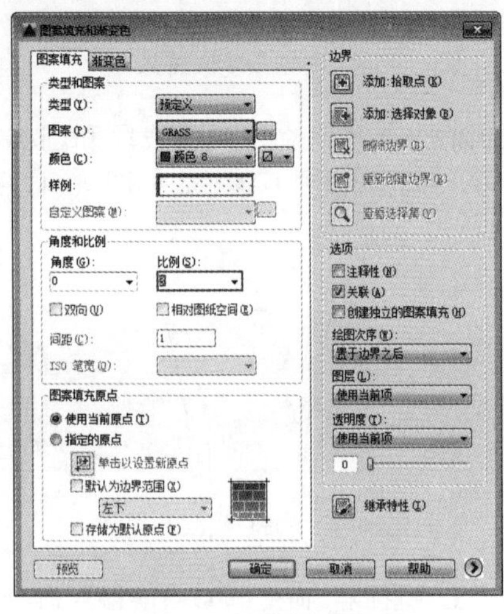

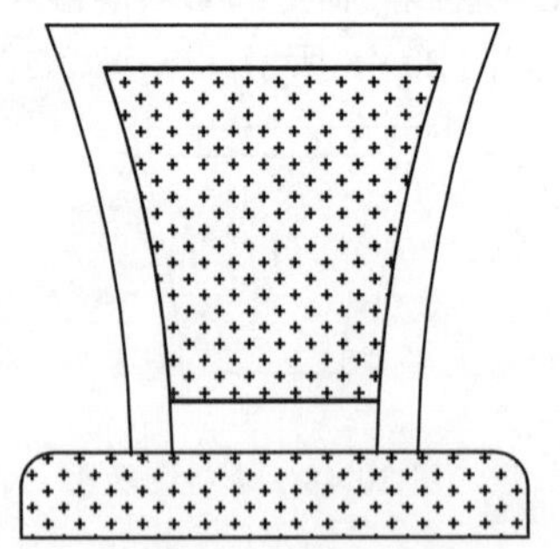

图 20-51　填充参数设置和效果

09 绘制椅脚。调用 PL“多段线”命令、A“圆弧”命令和 L“直线”命令，绘制椅脚，如图 20-52 所示。

10 调用 MI“镜像”命令，将椅脚镜像到另一侧，如图 20-53 所示。

11 调用 L“直线”命令和 O“偏移”命令，绘制线段，如图 20-54 所示，完座椅的绘制。

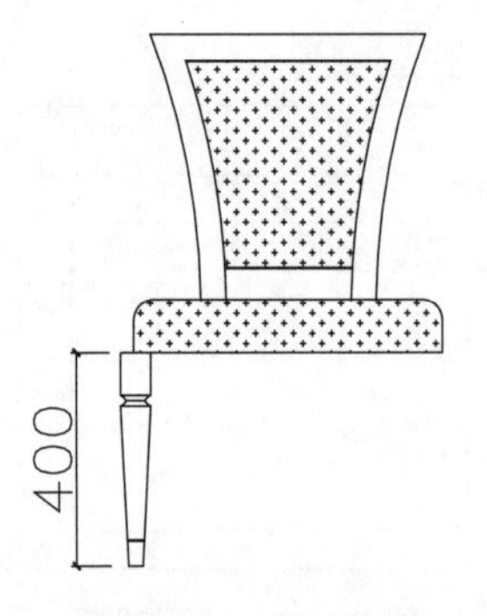

图 20-52　绘制椅脚

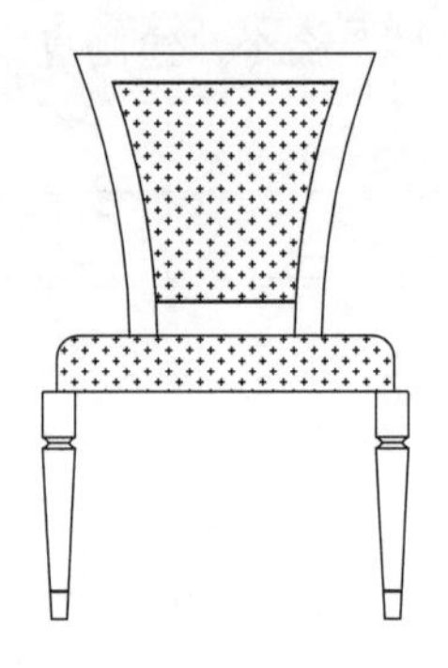

图 20-53　镜像椅脚

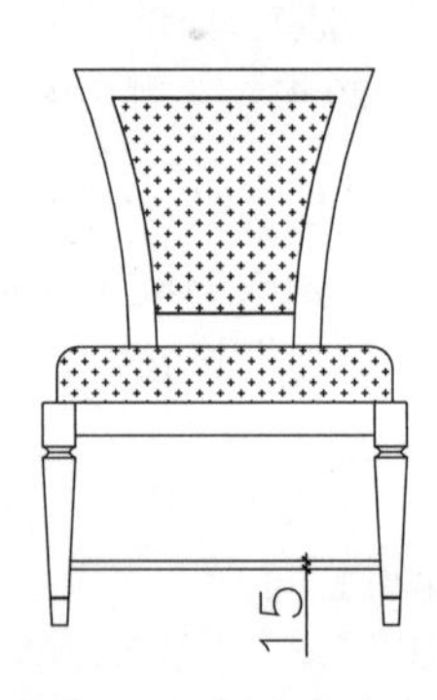

图 20-54　绘制线段

20.4.4　绘制欧式门

门是建筑制图中最常用的图元之一，它大致可以分为平开门、折叠门、推拉门、推杠门、旋转门和卷帘门等，其中，平开门最为常见。门的名称代号用 M 表示，在门立面图中，开启线实线为外开，虚线为内开，具体形式应根据实际情况绘制。

01 绘制门套。调用 REC“矩形”命令绘制一个大小为 1400×2350 的矩形，如图 20-55 所示。

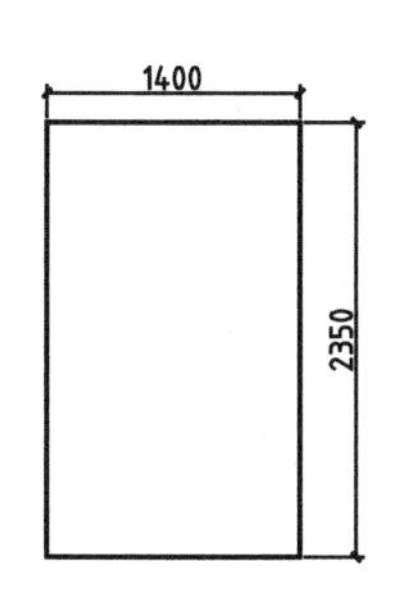

图 20-55　绘制门框

02 调用 O“偏移”命令，将矩形依次向内偏移 40、20、40，并删除和延伸线段，对其进行调整，结果如图 20-56 所示。

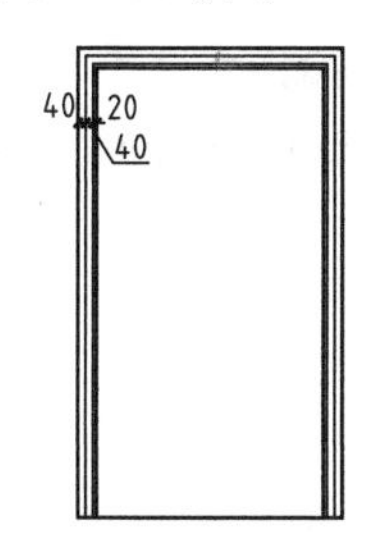

图 20-56　偏移门框

03 绘制踢脚线。调用 O“偏移”命令，将底线向上偏移 200，结果如图 20-57 所示。

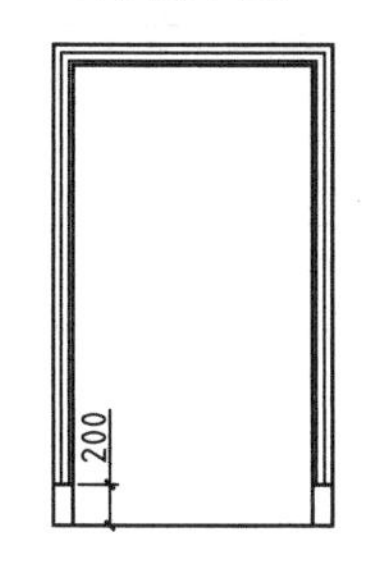

图 20-57　绘制踢脚线

04 绘制门装饰图纹。调用 REC“矩形”命令，绘制大小为 400×922 的矩形，如图 20-58 所示。

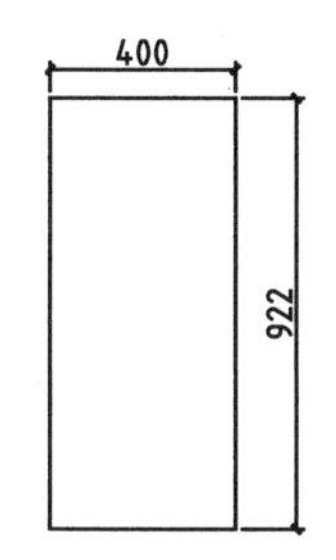

图 20-58　绘制装饰图纹轮廓

05 调用 ARC“圆弧”命令，分别绘制半径为 150、350 的圆弧，并修剪多余的线段，结果如图 20-59 和图 20-60 所示。

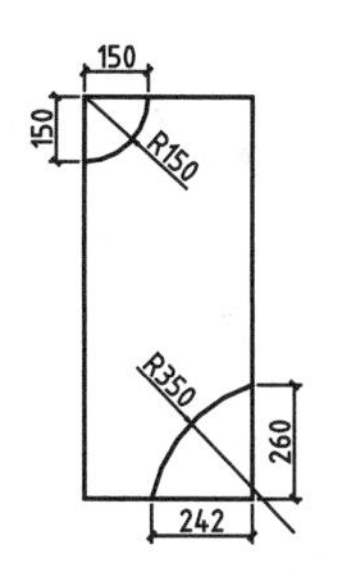

图 20-59　细化图纹

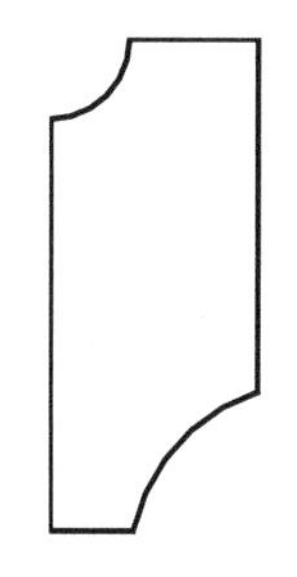

图 20-60　修剪图纹

06 调用 O“偏移”命令，将门装饰框图纹依次向内偏移 15、30，并用 L“直线”、EX“延伸”、TR“修剪”命令完善图形，门装饰图纹绘制结果如图 20-61 所示。

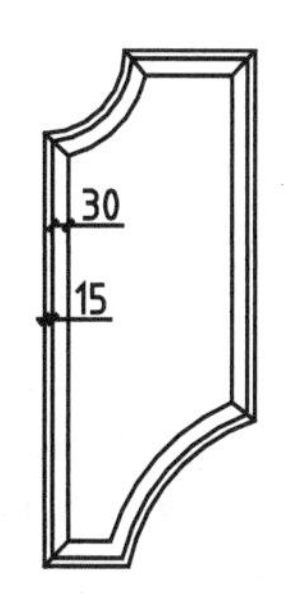

图 20-61　绘制结果

07 调用 REC“矩形”、C“圆”命令，绘制门把手，如图 20-62 所示。

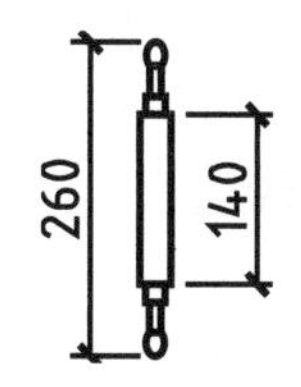

图 20-62　绘制门把手

08 完善门。调用 M“移动”命令，将装饰图纹移动至合适位置，并用 L“直线”命令分割出门扇，结果如图 20-63 所示。

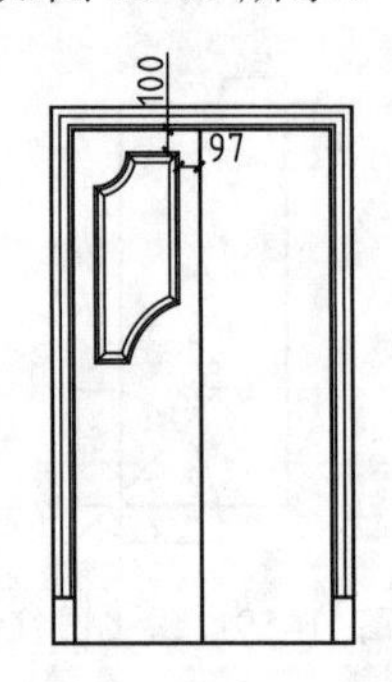

图 20-63 移动装饰图纹

09 调用 MI“镜像”命令，镜像装饰纹图形，完善门，如图 20-64 所示。

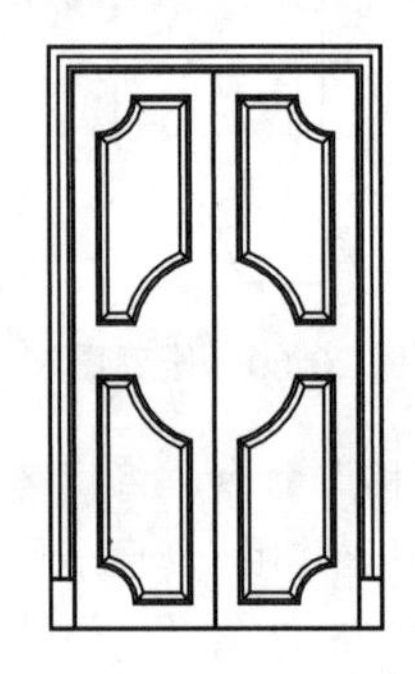

图 20-64 镜像装饰图纹

10 调用 M“移动”命令，将门把手移动至合适位置，结果如图 20-5 所示。

图 20-65 最终效果

20.4.5 绘制矮柜

矮柜是指收藏衣物、文件等用品的器具，方形或长方形，一般为木制或铁制。本节我们以绘制如图 20-72 所示的矮柜为例，来了解矮柜的构造及绘制方法，具体操作步骤如下。

01 绘制柜头。调用 REC“矩形”命令，绘制尺寸为 1519×354mm 的矩形。并调用 O“偏移”命令，将横向线段向下偏移 34mm、51mm、218mm，结果如图 20-66 所示。

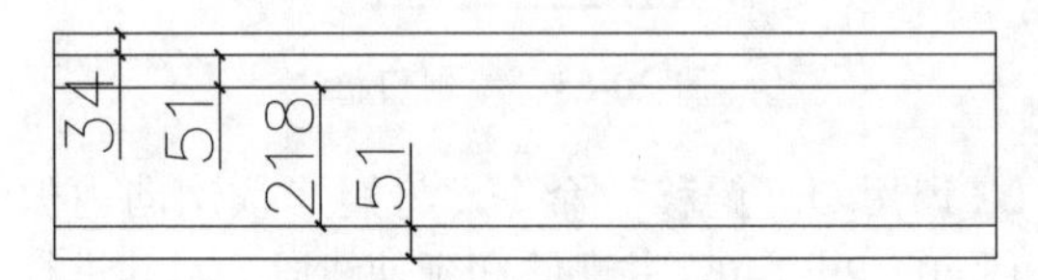

图 20-66 偏移横向线段

02 重复调用 O“偏移”命令，将竖向线段向右偏移 42mm、43mm、58mm，结果如图 20-67 所示。

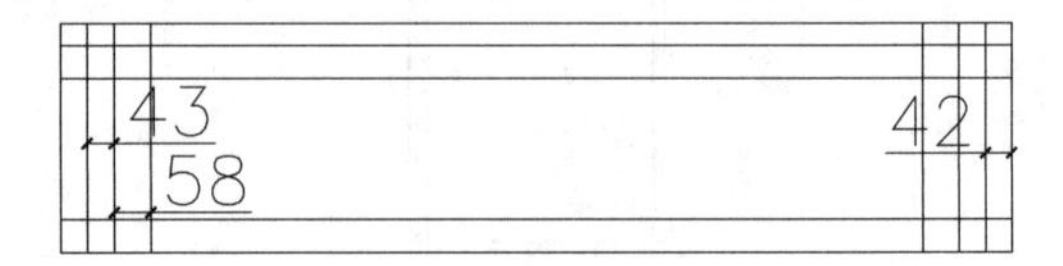

图 20-67 偏移竖向

03 调用 TR“修剪”命令，修剪多余线段，结果如图 20-68 所示。

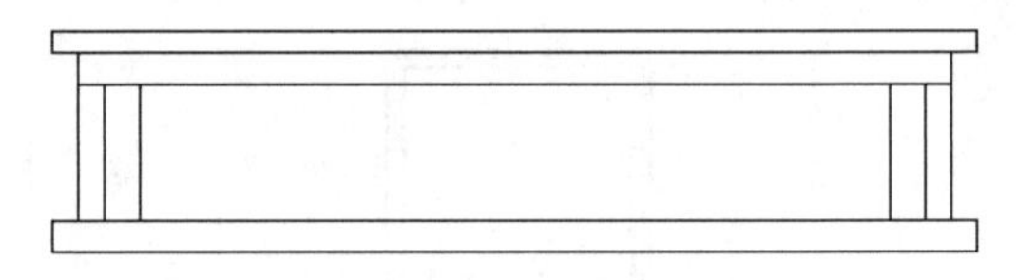

图 20-68 修剪线段

04 细化柜头。调用 ARC“圆弧”命令，绘制圆弧，结果如图 20-69 所示。

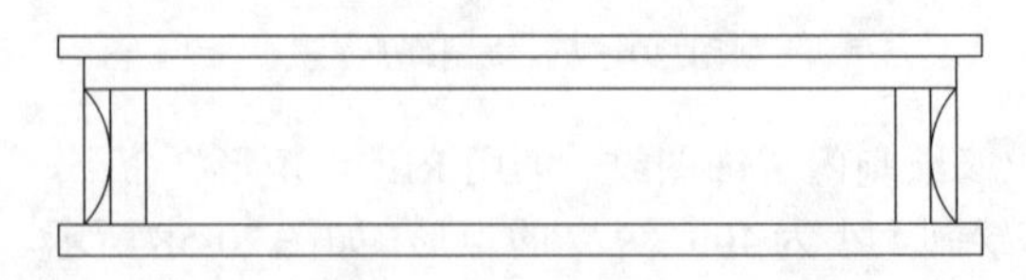

图 20-69 细化柜头

05 调用 E“删除”命令，删除多余线段，结果如图 20-70 所示。

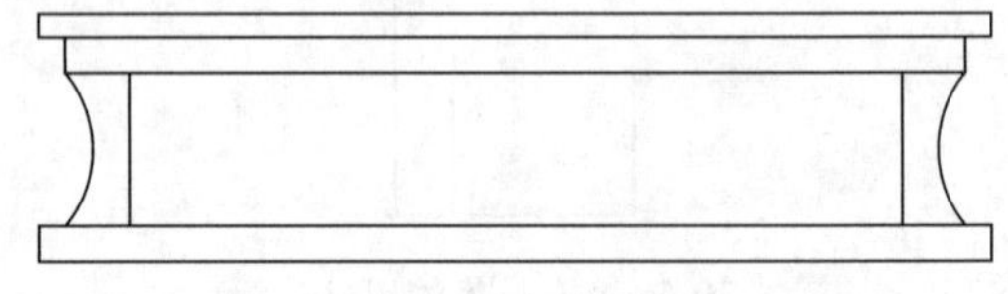

图 20-70 删除线段

06 绘制柜体。调用 REC“矩形”命令，绘制尺寸为 1326×633mm 的矩形。调用 X 分解命令，分解绘制完成的矩形。

07 调用 O“偏移”命令，将线段向下偏移 219mm、51mm、219mm、60mm、20mm，向左偏移 47mm。调用 TR“修剪”命令，修剪多余线段，结果如图 20-71 所示。

图 20-71　绘制柜体

08 绘制矮柜装饰。按快捷键 Ctrl+O，打开配套光盘提供的“素材 / 第 20 章 / 家具图例 .dwg”素材文件，将其中的“雕花”等图形复制粘贴到图形中，结果如图 20-72 所示。欧式矮柜绘制完成。

图 20-72　欧式矮柜绘制效果

20.5　绘制室内设计图

日常生活起居的环境称为“家居环境”，它为人们提供工作之外的休息、学习和生活的空间，是人们生活的重要场所。根据居住建筑的不同功能可以将居室分为卧室、客厅、书房、卫生间等空间。

本实例为四室二厅的户型，本节将在原始平面图（如图 20-73 所示）的基础上介绍平面布置图、地面布置图、顶棚平面图、开关布置图及主要立面图的绘制，使大家在绘图的过程中，对室内设计制图有一个全面、总体的了解。

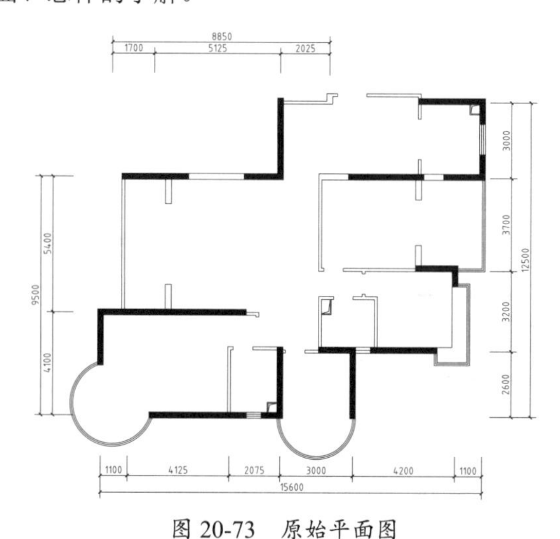

图 20-73　原始平面图

20.5.1　绘制平面布置图

平面布置图是室内装饰施工图纸中的关键性图纸。它是在原建筑结构的基础上，根据业主的要求和设计师的设计意图，对室内空间进行详细的功能划分和室内设施定位。

本例绘制的平面布置图如图 20-74 所示。其一般绘制步骤为：先对原始平面图进行整理和修改，然后分区插入室内家具图块，最后进行文字和尺寸等标注。

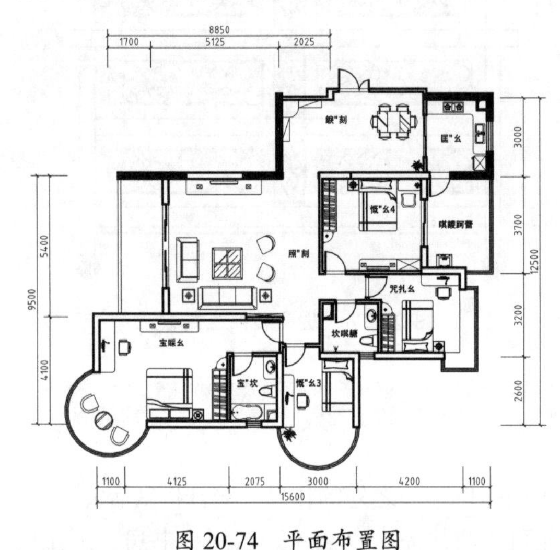

图 20-74 平面布置图

1. 拆墙砌墙

01 清理图形。调用 CO“复制”命令，将原始平面图复制一份至绘图区空白处，如图 20-75 所示。

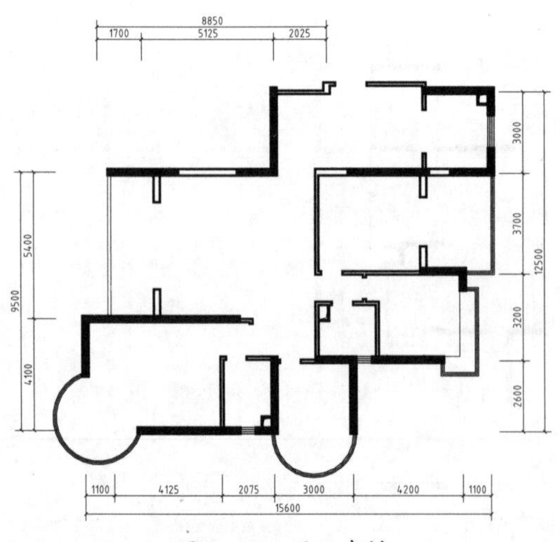

图 20-75 原始素材

02 修改图形。将“墙体”图层置为当前。调用L“直线”命令，绘制拆墙砌墙部分墙体图例。调用 H“图案”填充命令，使用不同的填充图案进行填充。填充图例与结果如图 20-76 所示。

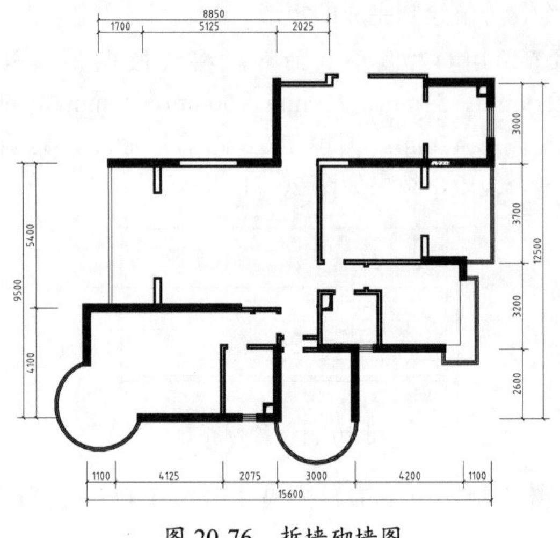

图 20-76 拆墙砌墙图

2. 插入门

01 将“门窗”图层置为当前。调用 I“插入”命令，插入随书光盘中的“入户门”“普通室内门”“阳台门”“生活阳台门”和“厨房门”图块，将其插入图中相应位置，并根据需要调节大小和方向，结果如图 20-77 所示。

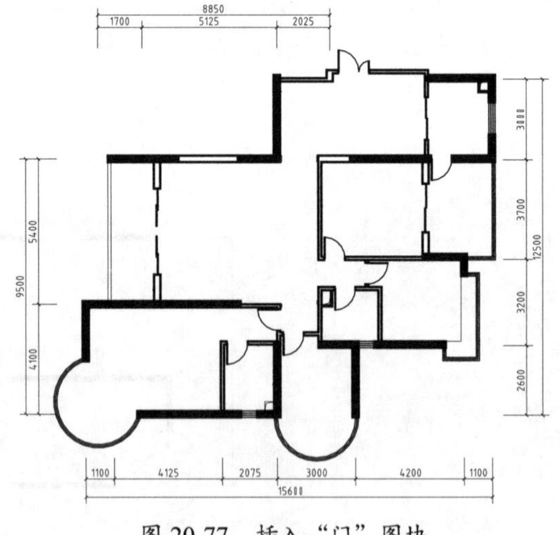

图 20-77 插入“门”图块

3. 绘制厨房餐厅布置

01 绘制灶台。调用 L“直线”命令，沿厨房右上角绘制灶台，结果如图 20-78 所示。

02 完善灶台。调用 A“圆弧”命令，设置圆角半径为100，为灶台向绘制出圆角。调用I“插入”命令，插入随书光盘中的“洗菜池”与“厨灶”图块，结果如图 20-79 所示。

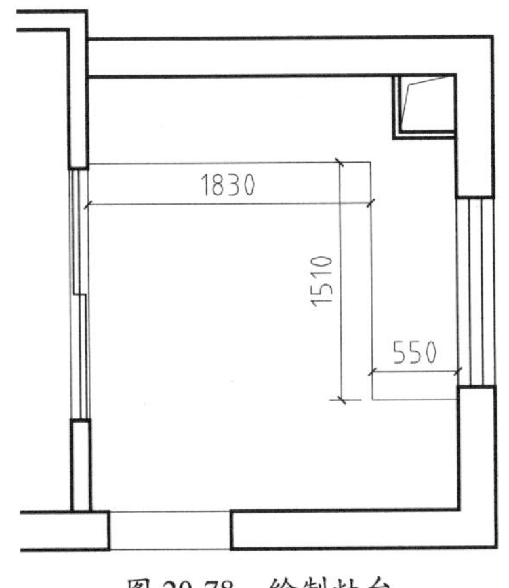

图 20-78　绘制灶台

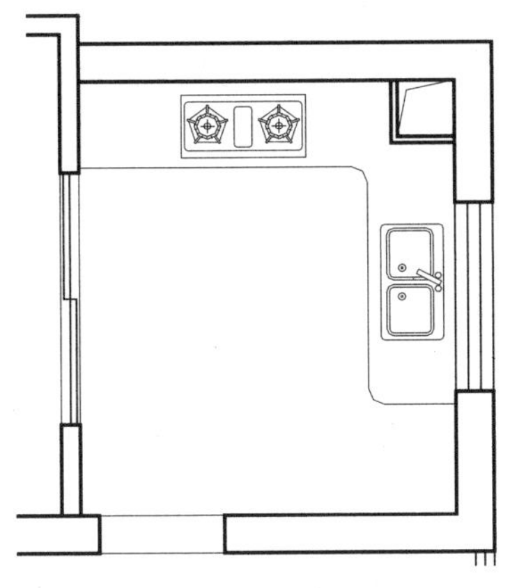

图 20-79　完善灶台

03 插入其他图块。调用 I“插入”命令，插入随书光盘中的“餐桌”“冰箱”“酒柜”“盆栽”图块，如图 20-80 所示。

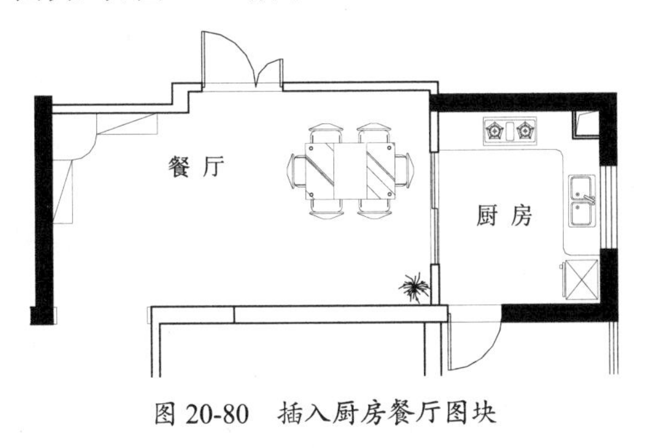

图 20-80　插入厨房餐厅图块

4．绘制客厅布置

01 插入图块。调用 I“插入”命令，插入随书光盘中的“组合沙发”与“电视”图块，如图 20-81 所示。

02 绘制电视柜。调用 L“直线”命令，绘制电视机下方电视柜及电视柜上的音响，如图 20-82 所示。

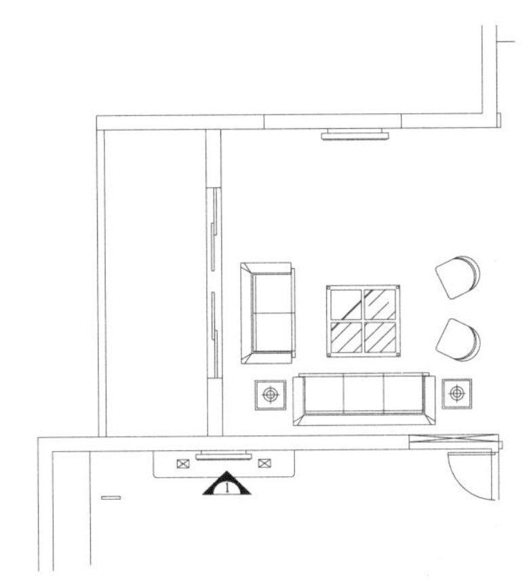

图 20-81　插入沙发组合

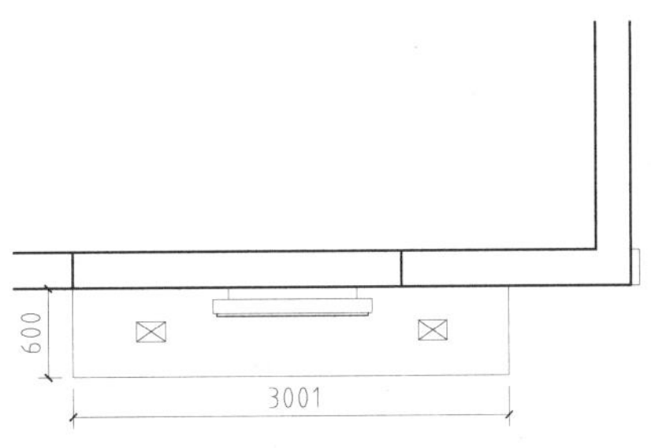

图 20-82　绘制电视柜

5．绘制生活阳台布置

插入图块。调用 I“插入”命令，插入随书光盘中的“洗衣机”图块，如图 20-83 所示。

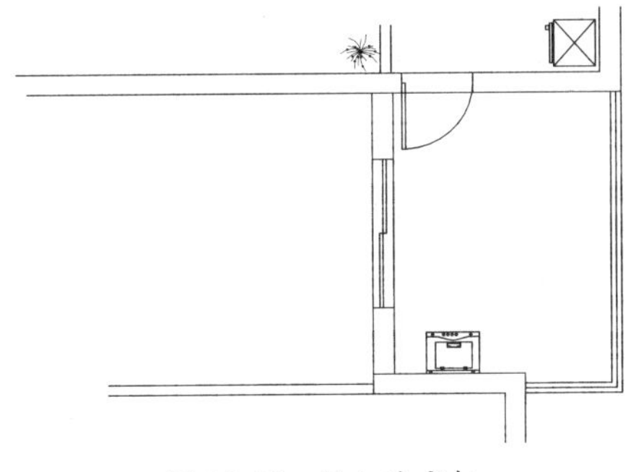

图 20-83　插入洗衣机

6. 绘制卫生间布置

调用I“插入”命令，插入随书光盘中的“座便器”“洗手池”与“淋浴”图块，如图20-84所示。

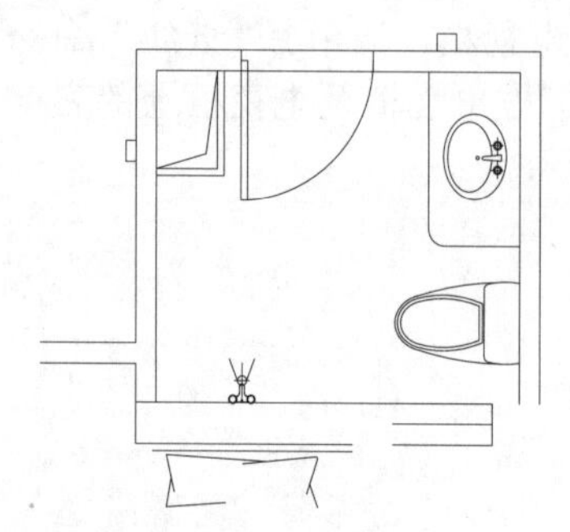

图20-84　绘制卫生间布置

7. 绘制主卧室卫生间布置

插入图块。调用I“插入”命令，插入随书光盘中的“洗手池”“座便器”及“浴缸”图块，如图20-85所示。

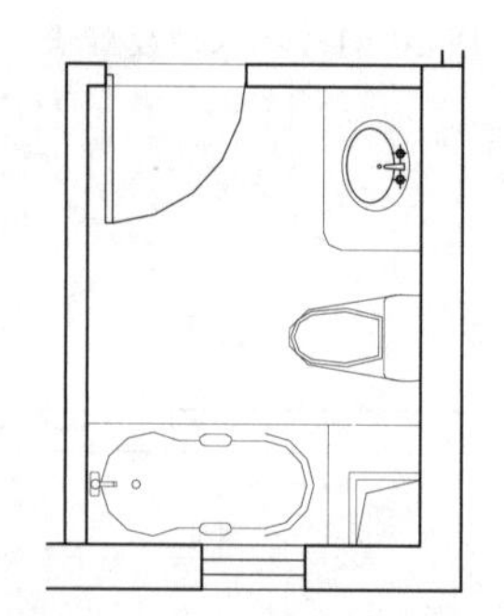

图20-85　绘制主卧卫生间布置

8. 绘制主卧室布置

01 插入图块。调用I“插入”命令，插入随书光盘中的“双人床”“主卧室衣柜”图块，结果如图20-86所示。

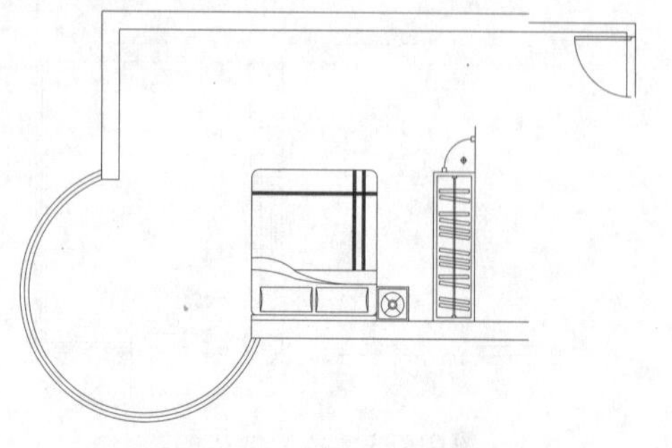

图20-86　绘制主卧室布置

02 绘制主卧室桌。调用L“直线”命令，绘制一条2006×600的矩形。调用F“圆角”命令，设置圆角半径为100，对直线相交处进行圆角处理，结果如图20-87所示。

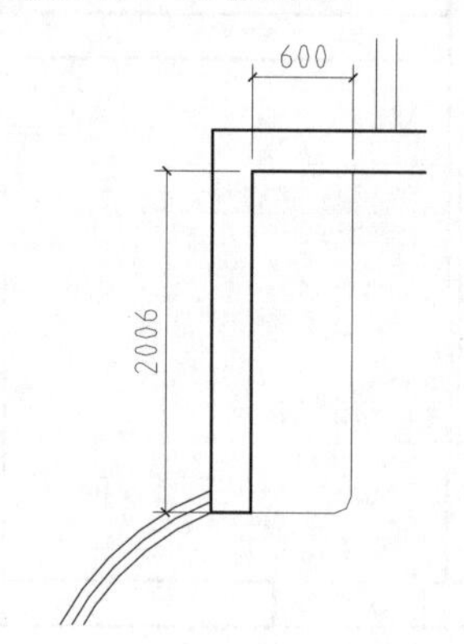

图20-87　绘制主卧室桌

03 插入图块。调用I“插入”命令，插入随书光盘中的“座椅”和“电脑”图块，结果如图20-88所示。

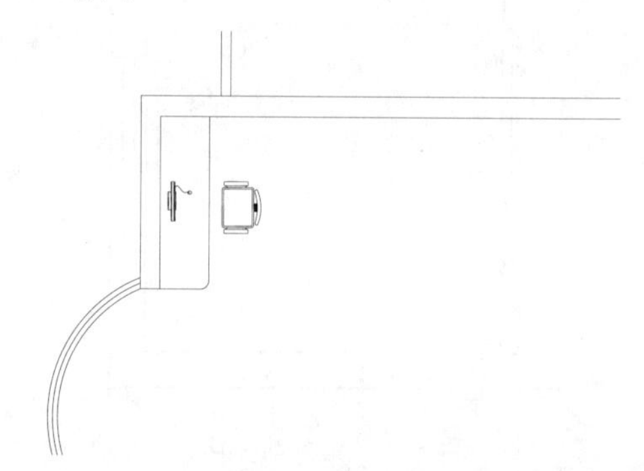

图20-88　插入主卧室椅

04 插入图块。调用I“插入”命令，插入随书光盘中的“电视机”图块，并按照之前绘制电视柜的步骤绘制出电视柜，如图20-89所示。

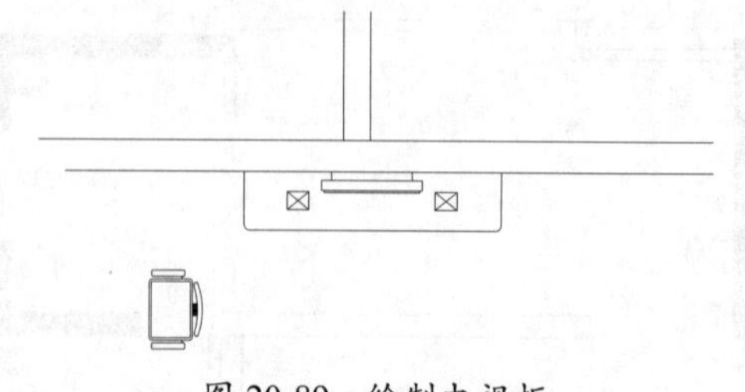

图20-89　绘制电视柜

05 插入图块。调用I“插入”命令，插入随书光盘中的“休闲桌椅”图块，如图20-90所示。

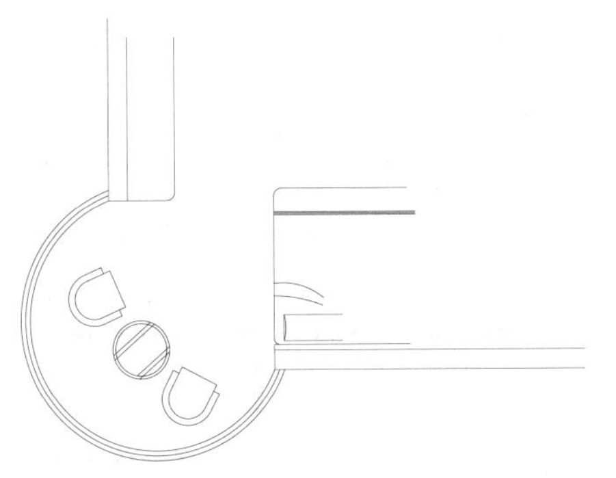

图 20-90　插入休闲桌椅

9. 绘制小孩房布置

01 插入图块。调用 I“插入”命令，插入随书光盘中的“单人床”与“小孩房衣柜”图块，如图 20-91 所示。

02 绘制小孩房座椅。调用 L“直线”命令，绘制小孩房电脑桌。调用 I“插入”命令，插入随书光盘中的“座椅”和“电脑”图块，如图 20-92 所示。

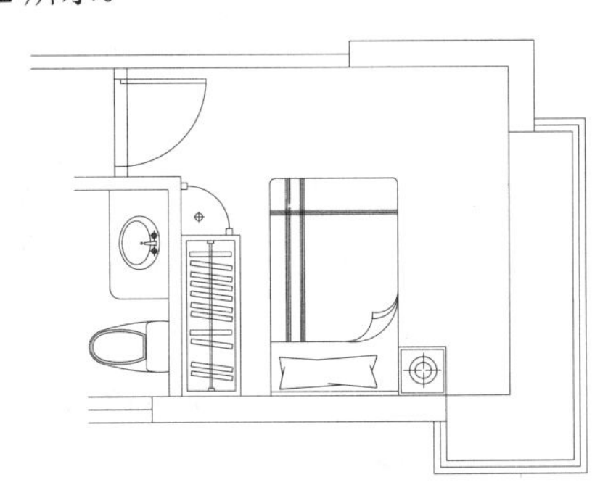

图 20-91　绘制小孩房布置

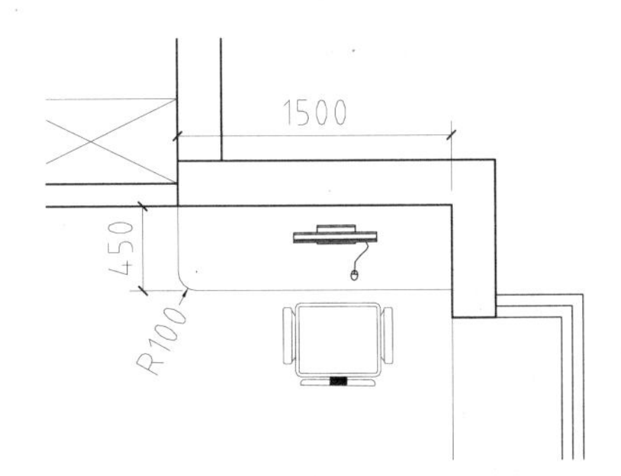

图 20-92　绘制次卧室桌椅

10. 绘制其他卧房

01 绘制卧房 1。按照上述方法完成卧房 1 的绘制，如图 20-93 所示。

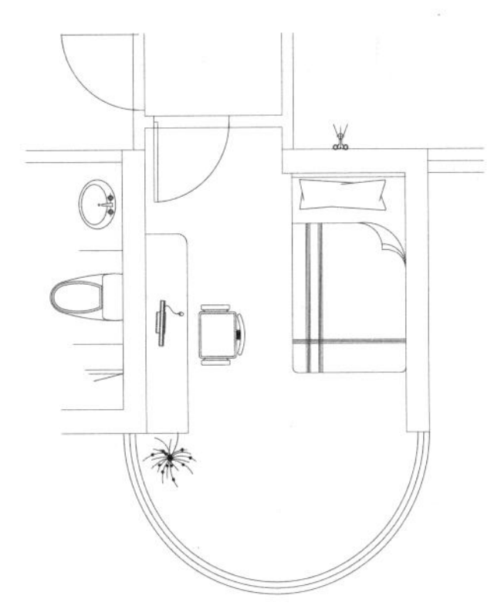

图 20-93　绘制卧房 1

02 绘制卧房 2。按照上述方法完成卧房 2 的绘制，如图 20-94 所示。

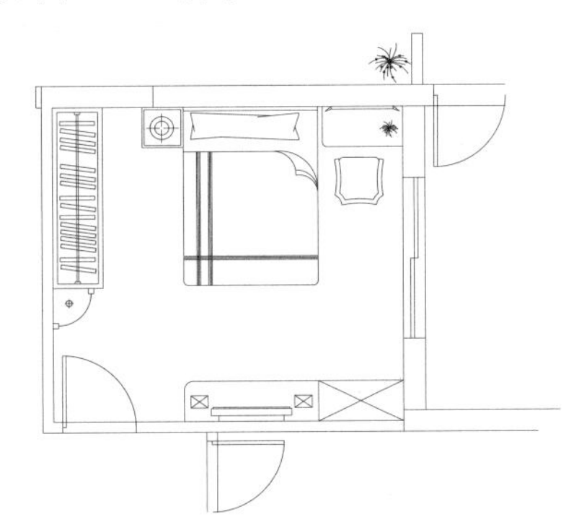

图 20-94　绘制卧房 2

11. 标注

文字标注。调用 DT“单行文字”命令，进行文字标注，以增加各空间的识别性，在命令行中设置文字高度为 250，结果如图 20-95 所示。

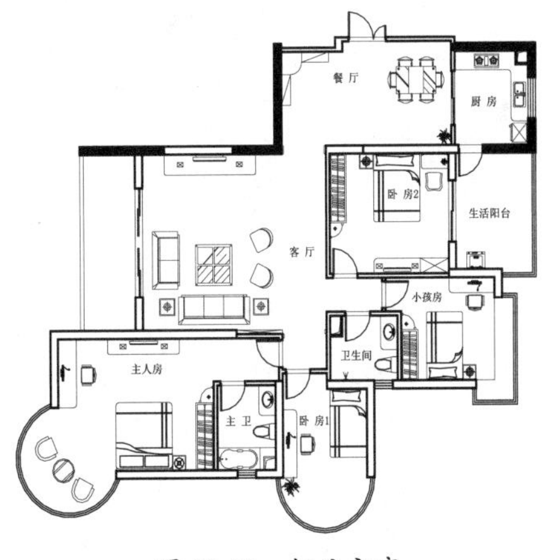

图 20-95　标注文字

20.5.2 绘制地面布置图

地面布置图又称为“地材图”，是用来表示地面做法的图样，包括地面用材和铺设形式。

本例绘制的地面布置图如图 20-97 所示，其一般绘制步骤为：先对平面布置图进行清理，再对需要填充的区域进行描边以方便填充，然后进行图案填充以表示地面材质，最后进行引线标注，说明地面材料和规格。

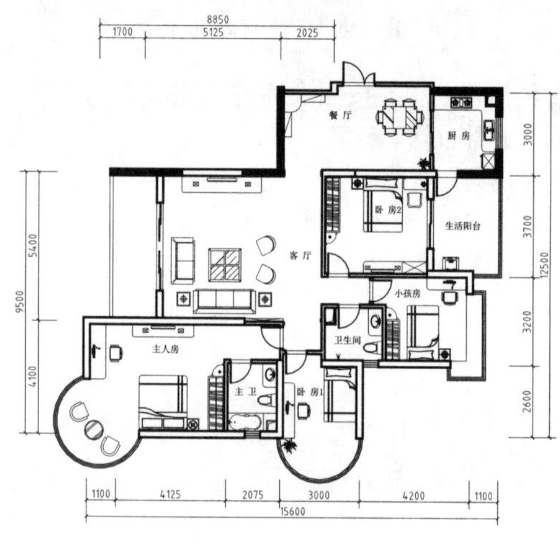

图 20-96　平面布置图

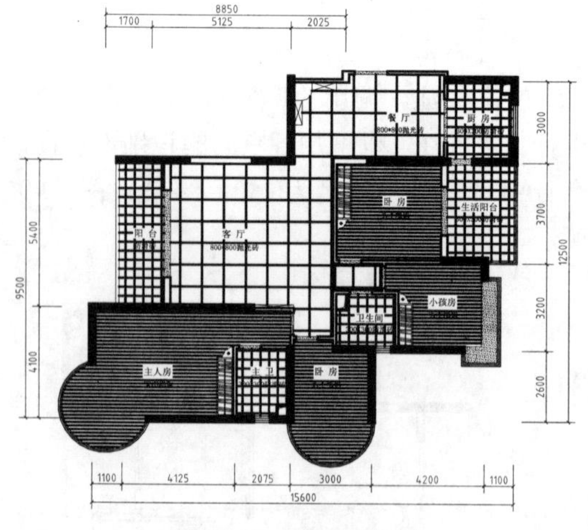

图 20-97　地面布置图

1. 整理平面布置图

01 清理图形。调用 CO“复制”命令，将平面布置图复制一份至绘图区空白处，并对其进行清理，保留书柜、衣柜、鞋柜图块和文字标注，删除其他图块和多重引线标注，如图 20-98 所示。

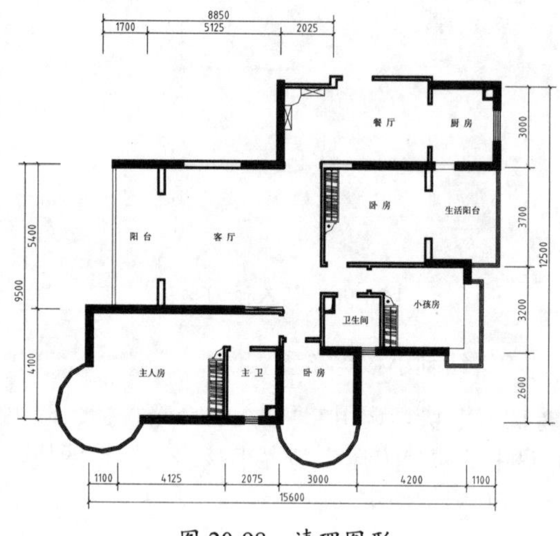

图 20-98　清理图形

02 门洞描边。新建“铺地”图层，设置颜色为 8 号，将其置为当前图层，调用 L“直线”命令，对门洞口进行描边处理，结果如图 20-99 所示。

图 20-99　门洞描边

2. 填充地材

01 填充房门槛石。调用 H“图案填充”命令，选择 AR-CONC 填充图案，设置填充比例为 10，填充结果如图 20-100 所示。

02 填充卫生间防滑地砖。调用 H“图案填充”命令，选择“预定义”类型，选择 ANGLE 填充图案，比例设为 1200，如图 20-101 所示。在每次选择填充边界后单击“指点原点”按钮，指定填充区域左下角点为原点，填充结果如图 20-102 所示。

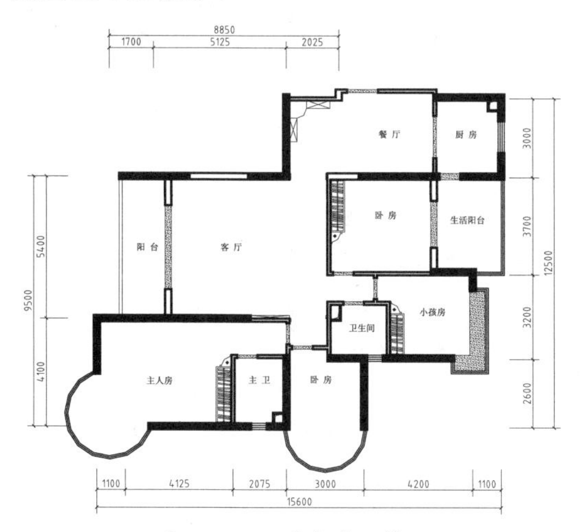

图 20-100　填充房门槛石

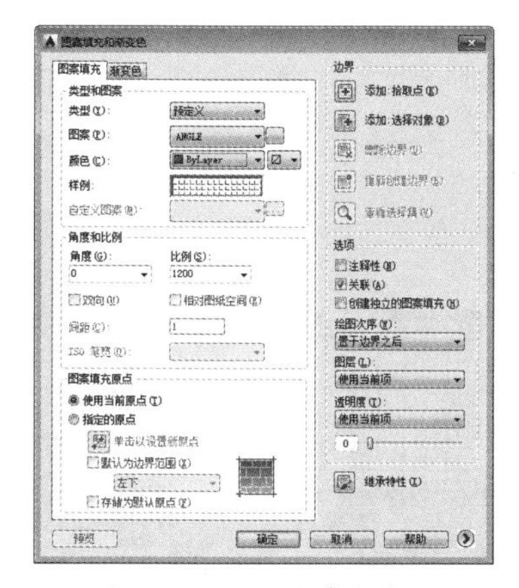

图 20-101　设置填充选项

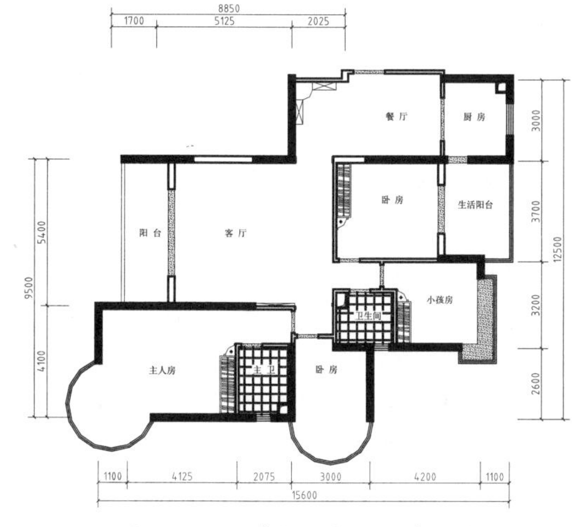

图 20-102　填充卫生间防滑地砖

03 填充客厅餐厅地砖。调用 L“直线”命令，绘制一条直线作为小孩房门厅与客厅填充分界，如图 20-103 所示。

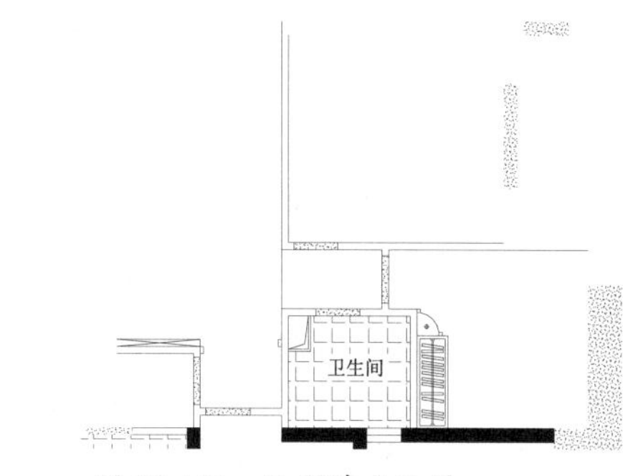

图 20-103　绘制填充边界

04 调用 H“图案填充”命令，选择“用户定义”类型，勾选“角度和比例”区域中的“双向”复选框，间距设为 800，比例为 1，填充结果如图 20-104 所示。

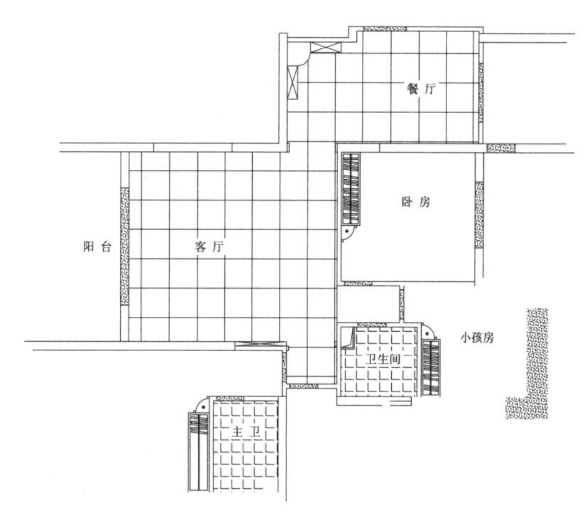

图 20-104　填充客厅地砖

05 填充小孩房门厅。将门厅向内偏移 100 绘制一个矩形，如图 20-105 所示。调用 H“图案填充”命令，选择“预定义”类型，选择 ANGLE 填充图案，比例设为 100，结果如图 20-106 所示。

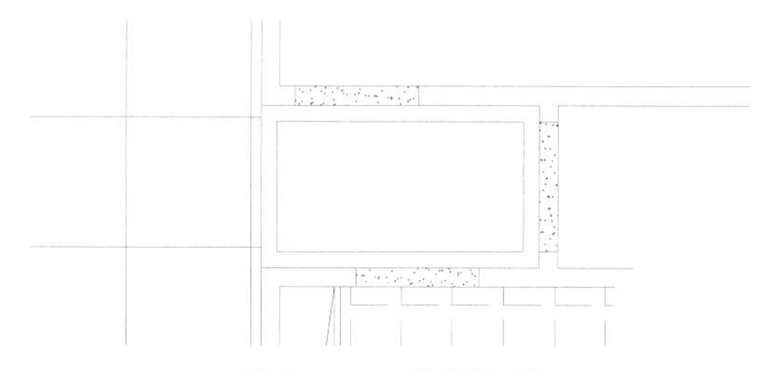

图 20-105　绘制门厅

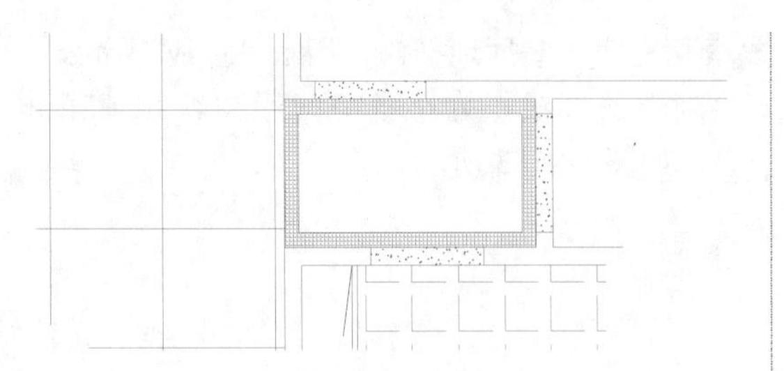

图 20-106 填充门厅

06 调用 H“图案填充”命令，选择“用户定义”类型，勾选“角度和比例”区域中的“双向”复选框，间距设为 800，比例为 1，填充门厅，填充结果如图 20-107 所示。

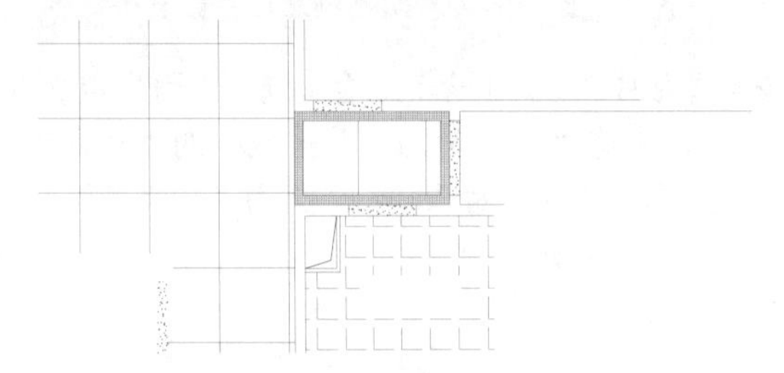

图 20-107 填充门厅

07 填充阳台、生活阳台、厨房防滑砖。调用 H“图案填充”命令，选择“预定义”类型，选择 ANGLE 填充图案，比例设为 1200，填充结果如图 20-108 所示。

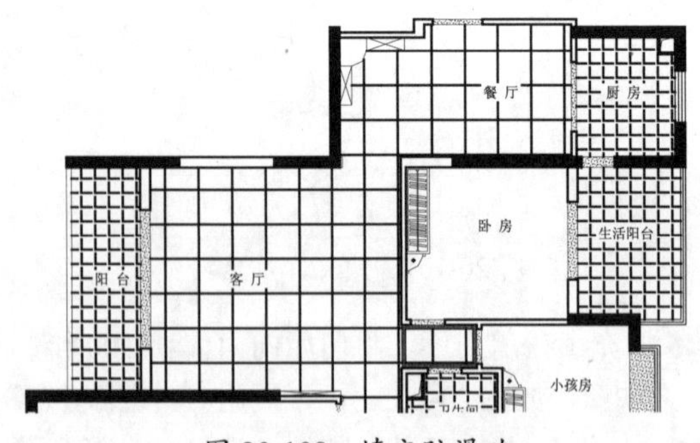

图 20-108 填充防滑砖

08 填充卧室复古木地板。调用 H“图案填充”命令，选择“用户定义”类型，间距设为 120，比例为 1，填充结果如图 20-109 所示。

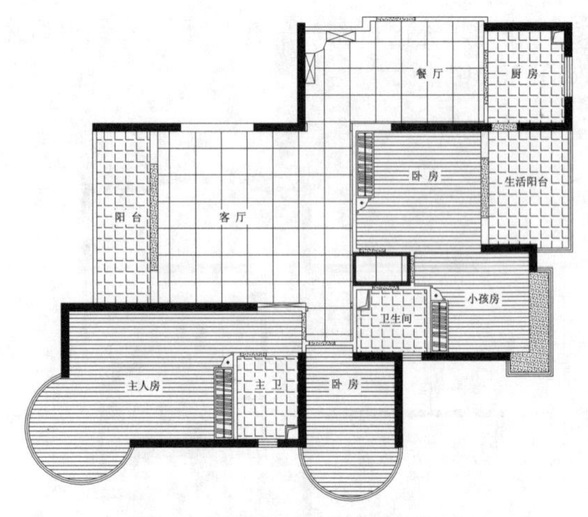

图 20-109 填充卧室复合木地板

3. 标注文字

调用 MT“多行文字”命令，对图形进行文字标注，结果如图 20-110 所示，至此，地面布置图绘制完成。

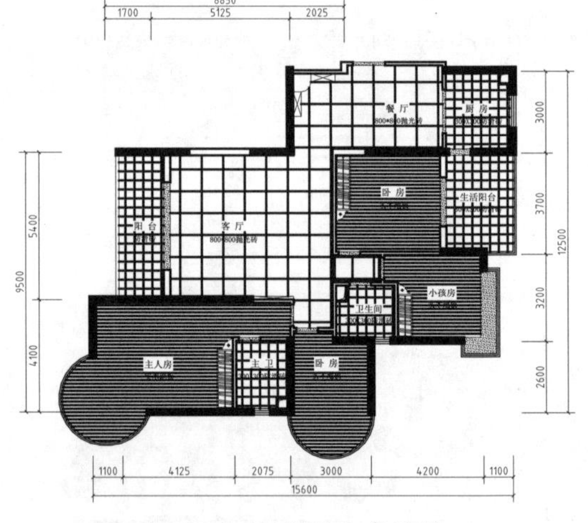

图 20-110 标注文字说明

20.5.3 绘制顶棚平面图

顶棚平面图主要用来表示顶棚的造型和灯具的布置，同时也反映了室内空间组合的标高关系和尺寸等。其内容主要包括各种装饰图形、灯具、说明文字、尺寸和标高。有时为了更详细地表示某处的构造和做法，还需要绘制该处的剖面详图。与平面布置图一样，顶棚平面图也是室内装饰设计图中不可缺少的图样。

本例绘制的顶棚平面图如图 20-111 所示，客厅和餐厅区域进行了造型处理，厨房和卫生间采用了集成吊顶，其他区域都实行原顶刷白。其一般绘制步骤为：首先对备份的平面布置整理图进行修改以完善图形，再绘制吊顶，然后插入灯具图块，最后进行各种标注。

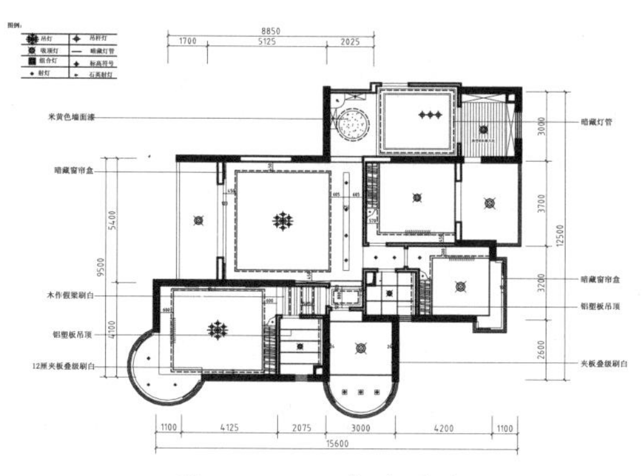

图 20-111　顶棚布置图

1. 修改图形

01 调用 CO“复制”命令，将地面布置图向右复制一份至绘图区域空白处，删除多余图元。

02 门洞封口，调用 L“直线”命令，将推拉门洞封口，如图 20-112 所示。

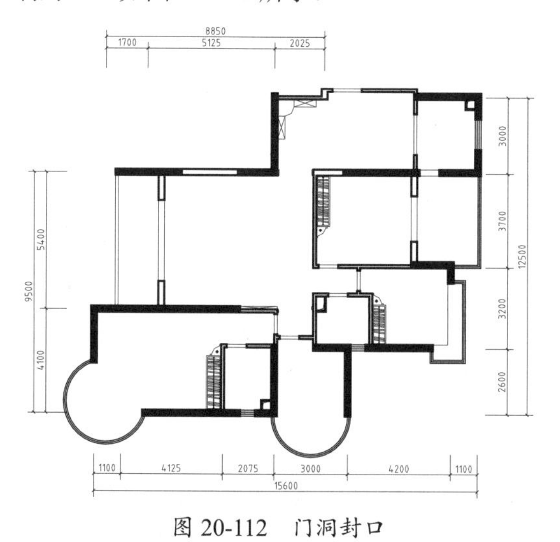

图 20-112　门洞封口

2. 绘制顶棚造型

01 绘制客厅造型。新建“顶棚”图层，设置图层颜色为 140，并将其置为当前图层。

02 调用 O“偏移”命令，将阳台与客厅间的墙线（靠近客厅的一边）向右偏移 120，得出隐形窗帘盒。

03 调用 REC“矩形”命令，对齐客厅与阳台和玄关间的分隔绘制矩形，大小为 4260×3990，并移动到相应的位置。

04 调用 O“偏移”命令，将矩形向内偏移 20。调用 REC“矩形”命令，在客厅右侧绘制一个尺寸为 4260×250 的灯槽，结果如图 20-113 所示。

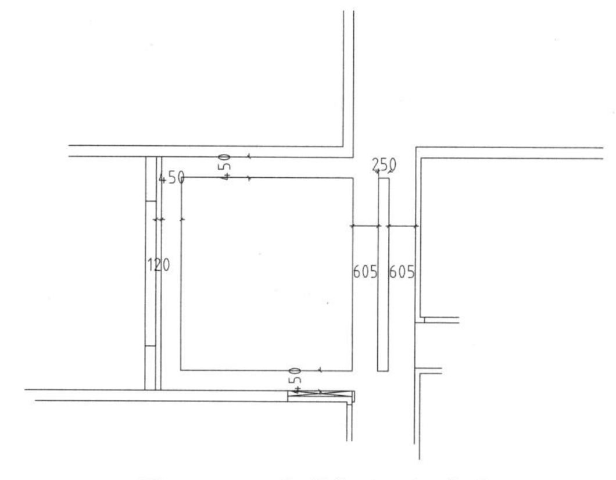

图 20-113　绘制客厅顶棚造型

05 完善客厅顶棚。调用 I“插入”命令，插入随书光盘的“水晶吊灯平面”“射灯平面”“窗帘平面”图块。调用 O“偏移”命令，将最里边的矩形向外偏移 80，更改其线型为虚线，如图 20-114 所示。

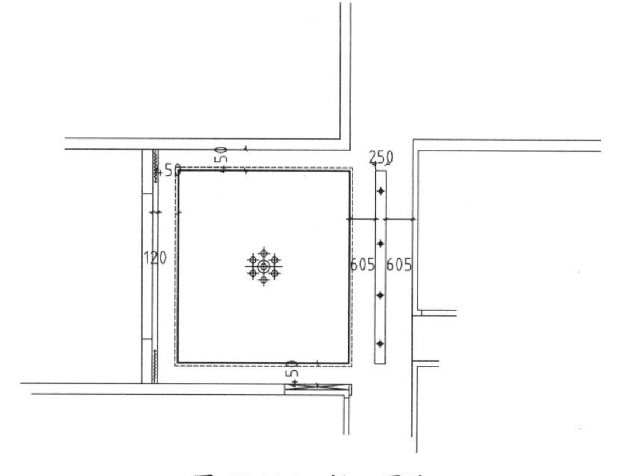

图 20-114　插入图块

06 绘制阳台顶棚造型。插入“吸顶灯”图块，结果如图 20-115 所示。

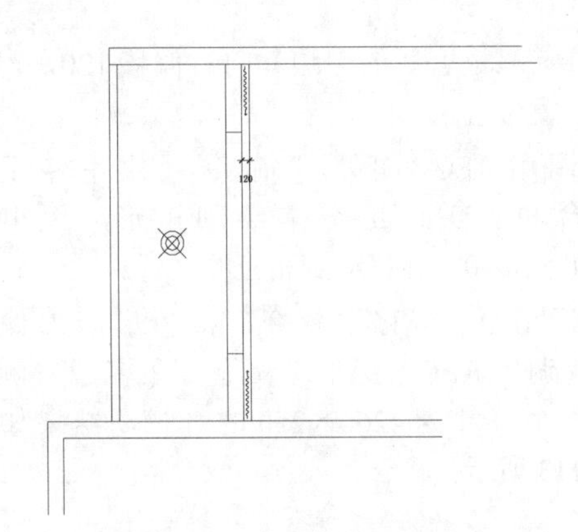

图 20-115　绘制阳台顶棚造型

07 绘制主卧卫生间顶棚。调用 O“偏移”命令，将主卧卫生间右墙向左偏移 120，再向左偏移 80，并将其线型改为虚线。调用 L“直线”命令，每隔 496 绘制一条水平线，再在卫生间内插入“吸顶灯”图块，并在主卧卫生间门口每隔 150 绘制一个 100 宽的假梁，如图 20-116 所示。

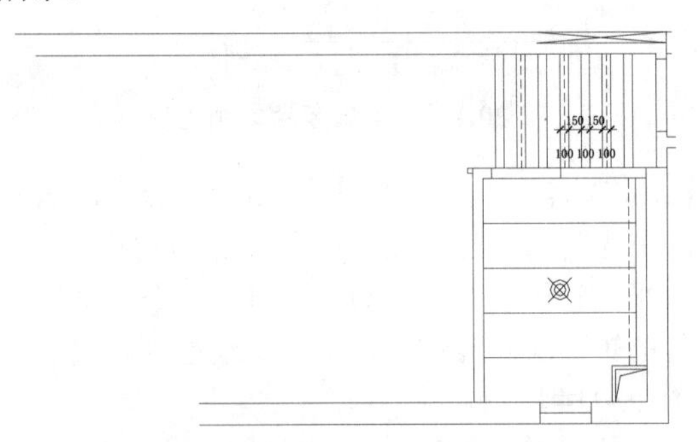

图 20-116　绘制主卧卫生间顶棚

08 参照主卧卫生间顶棚绘制方法，绘制卫生间顶棚造型，结果如图 20-117 所示。

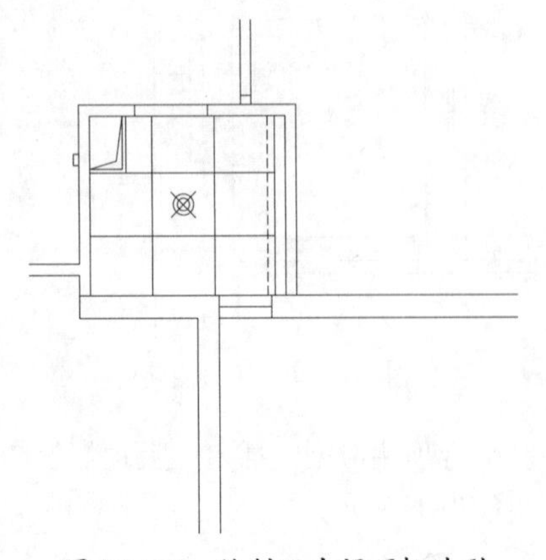

图 20-117　绘制卫生间顶棚造型

09 绘制厨房顶棚。调用 H“图案填充”命令，选择“预定义”类型，选择 ANST31 填充图案，角度设为 45°，比例设为 1000，指定填充区域左下角点为原点，如图 20-118 所示。

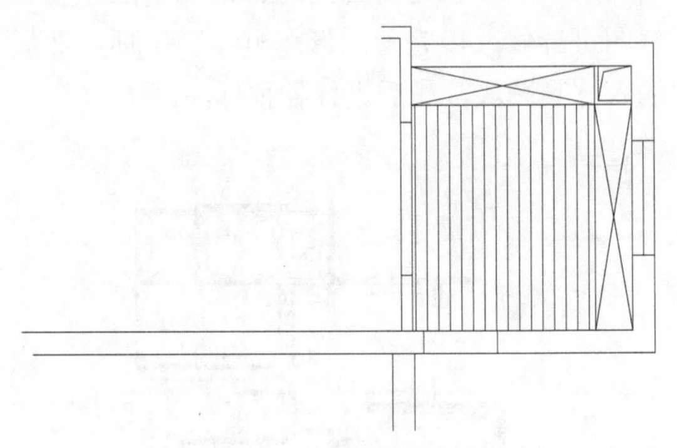

图 20-118　绘制厨房顶棚

10 绘制餐厅酒柜顶棚。调用 C“圆”命令，在餐厅酒柜上方绘制一个半径为 600 的圆。调用 H“图案填充”命令，选择“预定义”类型，选择 AR-CONC 填充图案，角度设为 45°，比例设为 33，指定填充区域左下角点为原点进行填充。调用 O“偏移”命令，将圆向外偏移 100，并将线型改为虚线，如图 20-119 所示。

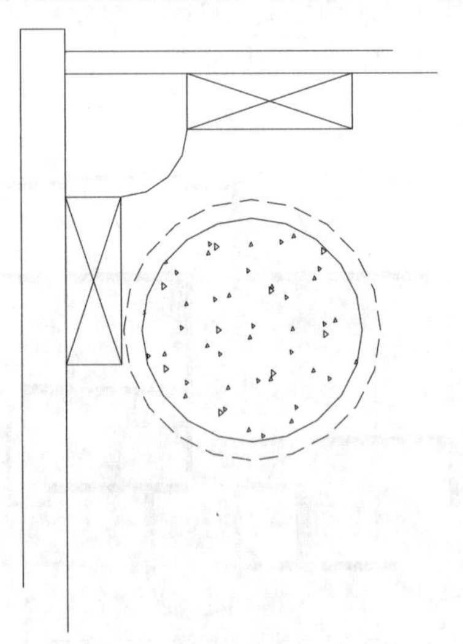

图 20-119　绘制餐厅酒柜顶棚

11 插入其他图块。按照绘制客厅顶棚的方式完成其他顶棚，并调用 I“插入”命令，插入其他房间的“吸顶灯”“窗帘”等图块，结果如图 20-120 所示。

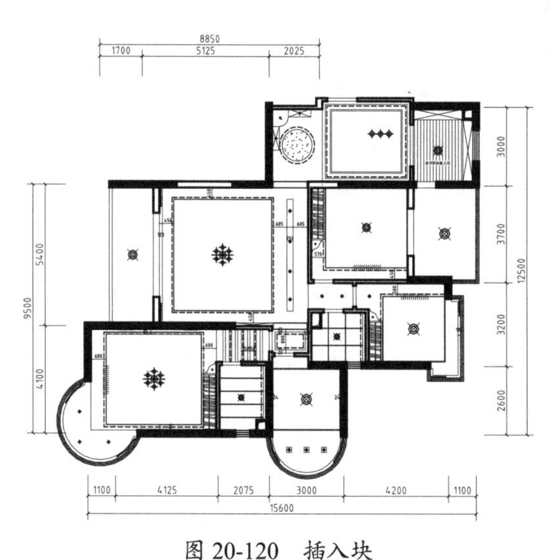

图 20-120 插入块

3．文字标注

调用 MLD“多重引线”命令，对顶棚进行文字标注说明，结果如图 20-121 所示。至此，顶棚布置图绘制完成。

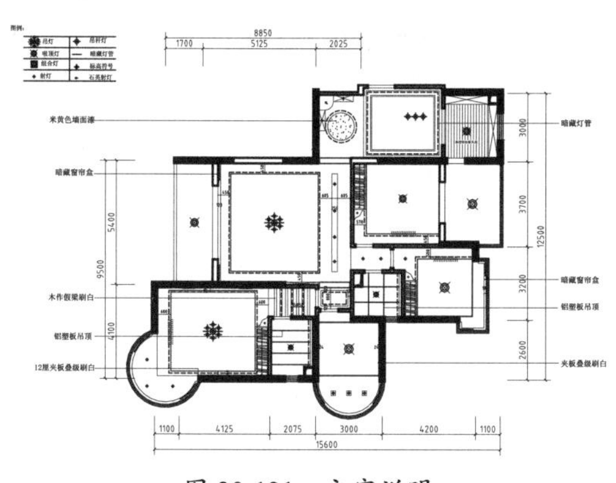

图 20-121 文字说明

20.5.4 绘制开关布置图

开关布置图主要用来表示室内开关线路的敷设方式和安装说明等。本例绘制的开关布置图如图 20-122 所示，开关全部为单联开关。其绘制步骤一般为：先清理顶棚布置图，再插入开关图块，然后将开关与灯具用线路连接起来，最后进行各种标注。

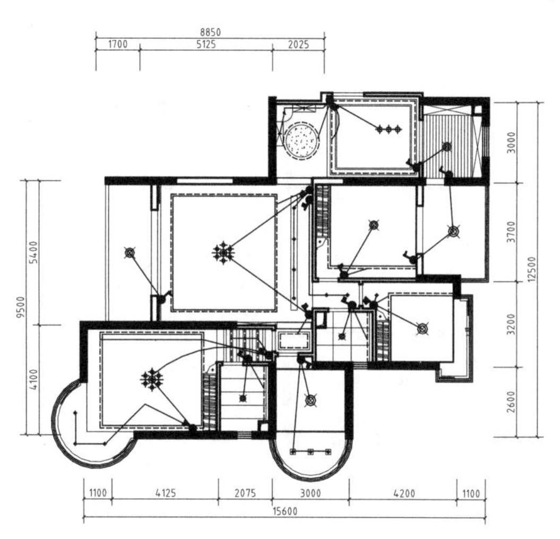

图 20-122 开关布置图

1．清理图形

01 调用 CO“复制”命令，复制一份顶棚平面图至绘图区空白处。并删除文字标注和标高，保留灯具图块，结果如图 20-123 所示。

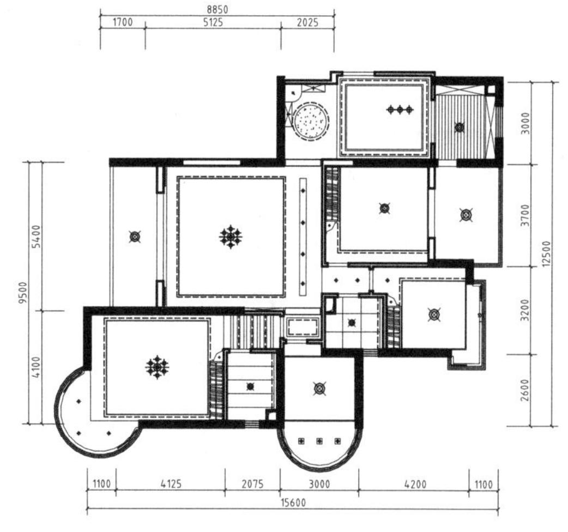

图 20-123 清理图形

2．插入开关图块并绘制线路

01 插入开关。调用 I“插入”命令，插入开关图块至图中相应位置，并调整其方向和角度，结果如图 20-124 所示。

02 绘制线路。指定“电路”图层为当前图层。调用 PL“多段线”命令，绘制线路，连接开关和灯具，结果如图 20-125 所示。至此，开关布置图绘制完成。

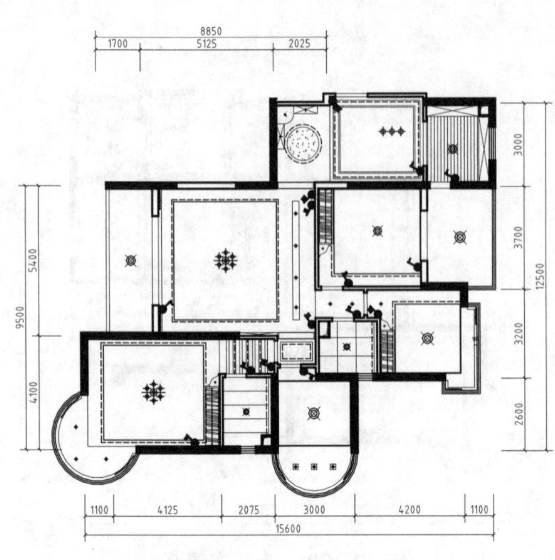

图 20-124　插入开关

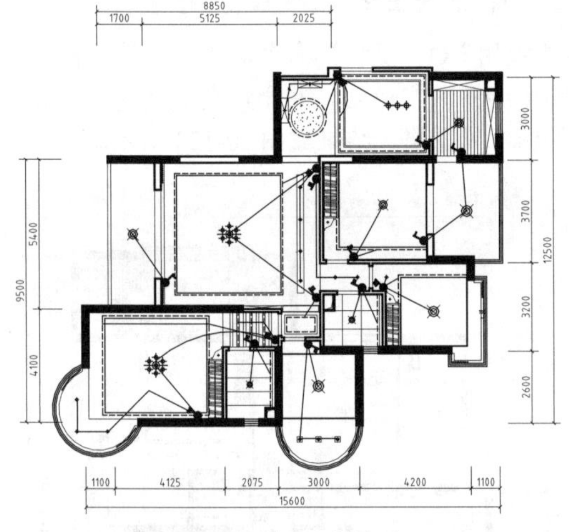

图 20-125　绘制线路

20.5.5　绘制电视背景墙立面图

立面图是一种与垂直界面平行的正投影图，它能够反映垂直界面的形状、装修做法和其上的陈设，是一种很重要的图样。立面图所要表达的内容为四个面（左右墙、地面和顶棚）所围合成的垂直界面的轮廓和轮廓里面的内容，包括按正投影原理能够投影到画面上的所有构配件，如门、窗、隔断和窗帘、壁饰、灯具、家具、设备与陈设等。

本例绘制的客厅电视背景墙立面图，其一般绘制步骤为：先绘制总体轮廓，再绘制墙体和吊顶，接下来绘制墙体装饰，再插入图块，最后进行标注。

1．绘制总体轮廓和墙体

01 绘制总体轮廓。设置“墙体”图层为当前图层。调用 REC“矩形”命令，绘制一个 2940×6020 大小的矩形。

02 绘制墙体。调用 O“偏移”命令，偏移并修剪墙线，结果如图 20-126 所示。

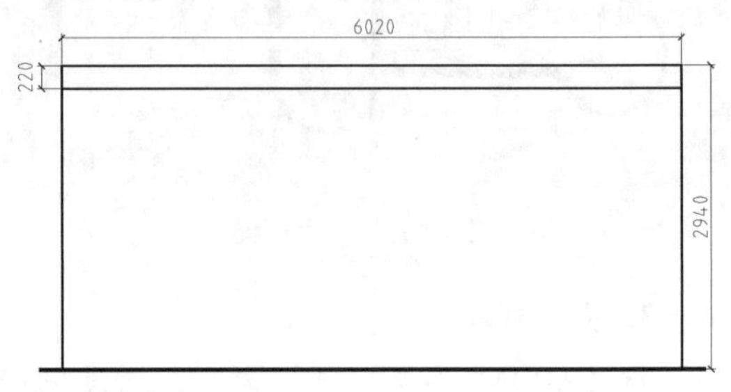

图 20-126　绘制墙体

03 插入推拉门。调用 I“插入”命令，插入随书光盘“推拉门立面”图块，结果如图 20-127 所示。

图 20-127　插入图块

2．绘制天花

01 绘制过道天花。调用 L“直线”命令，绘制出过道天花，并移动至如图 20-128 所示的位置。

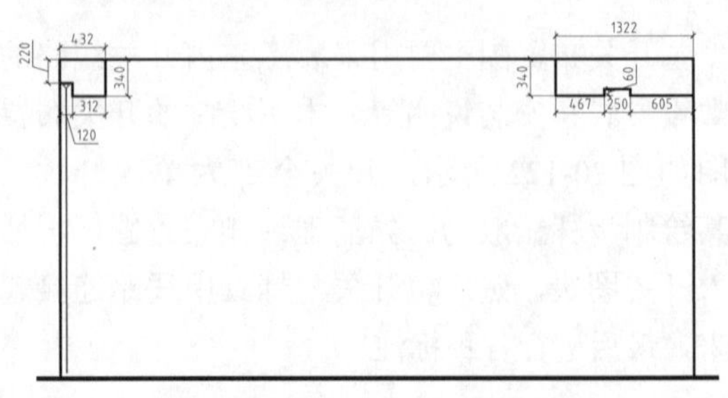

图 20-128　绘制过道天花

02 绘制客厅天花。调用 L“直线”命令，绘制如图 20-129 所示。

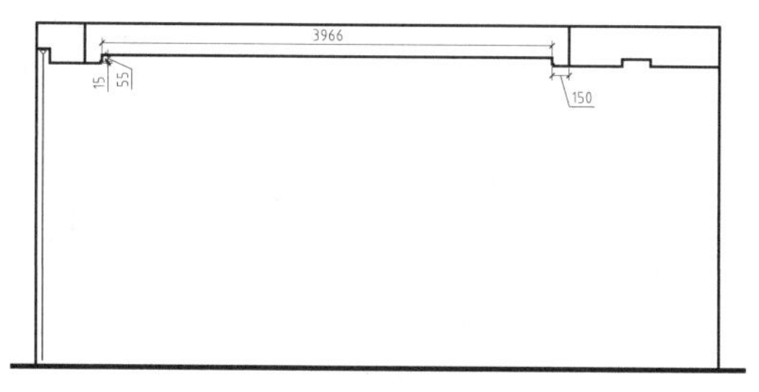

图 20-129　绘制客厅天花

3．绘制电视背景墙

01 绘制电视背景墙轮廓。调用 L“直线”命令，绘制电视背景墙轮廓线和过道门洞的立面。

02 调用 H“图案填充”命令，选择“预定义”类型，选择 MUDST 填充图案，比例设为 500，填充结果如图 20-130 所示。

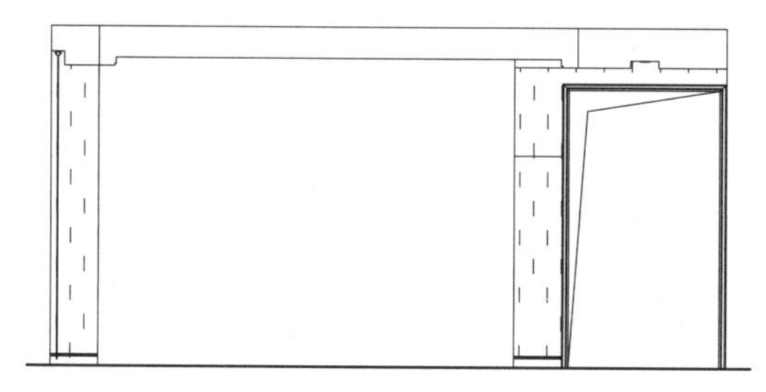

图 20-130　绘制电视背景墙轮廓

03 绘制电视背景墙外框架。调用 L“直线”命令，将电视背景墙轮廓线和电视柜绘制出来，结果如图 20-131 所示。

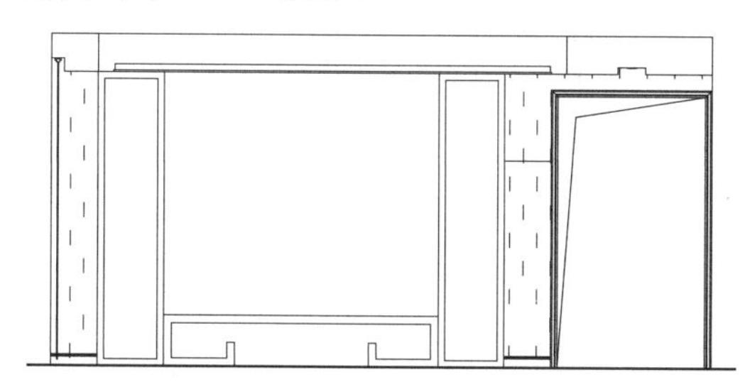

图 20-131　绘制电视背景墙框架

04 插入图块。调用 I“插入”命令，插入随书光盘中的“银镜装饰架”“电视机正立面”“音响”“DVD”“瓶栽”等图块，结果如图 20-132 所示。

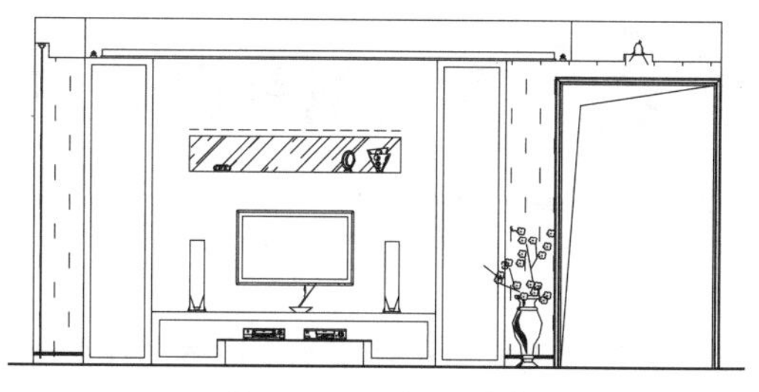

图 20-132　插入图块

4．绘制墙面装饰

01 绘制踢脚线。调用 O“偏移”命令，将最下方地面线向上偏移 50，并修剪多余图形。

02 绘制墙纸装饰图案。调用 H“图案填充”命令，选择 CROSS 填充图案，设置填充比例为 50，填充墙体。

03 绘制电视背景墙纹理。调用 O“偏移”命令，将电视背景墙下方水平线向上逐次偏移 600。左方水平线逐次向右偏移 1000，修剪掉多余的线条，结果如图 20-133 所示。

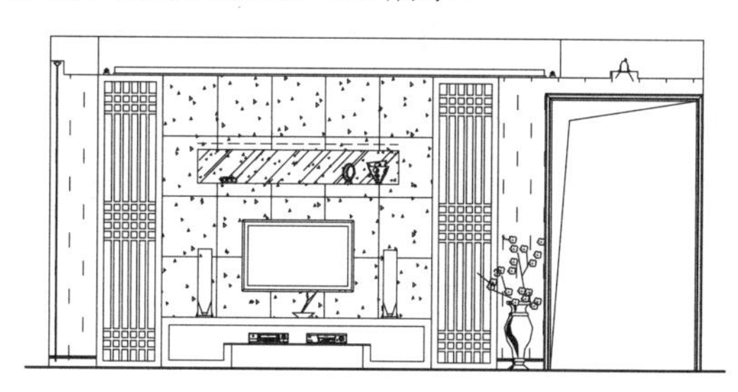

图 20-133　绘制墙面装饰

5．图形标注

参照本章前几个例子所用尺寸与文字的标注方法，对图形进行标注，最终结果如图 20-134 所示。至此，电视背景墙立面绘制完成。

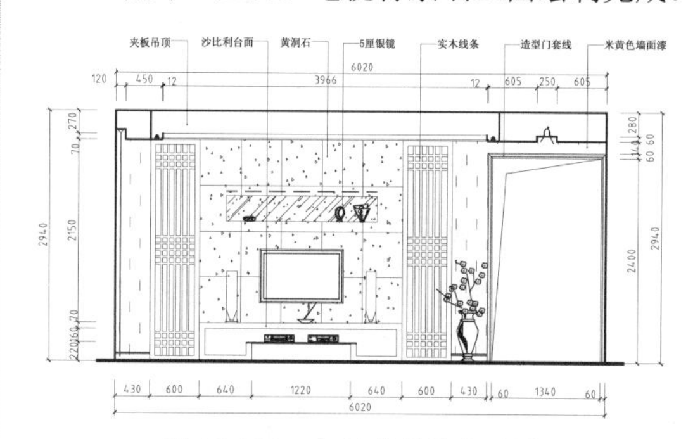

图 20-134　电视背景墙立面图

第 21 章 电气设计与绘图

电气工程图是用来阐述电气工作原理，描述电气产品的构造和功能，并提供产品安装和使用方法的一种简图，主要以图形符号、线框或简化外表，来表示电气设备或系统中各有关组成部分的连接方式。

本章将详细讲解电气工程图的相关基础知识，包括电气工程图的基础概念、电气工程图的相关标准，以及典型实例等内容，以供读者学习。

21.1 电气设计概述

电气设计（Electrical Design），就是根据规范要求，对电源、负荷等级和容量、供配电系统接线图、线路、照明系统、动力系统、接地系统等各系统从方案开始，进行分析、配置和计算，优化方案，提出初步设计，交用户审核，待建设意见返回后，再进行施工图设计，如图 21-1 所示。期间要与建设方多次沟通，以使设计方案最大限度地满足用户要求，但又不违背规范规定，最终完成向用户供电的整个设计过程，就是电气设计。

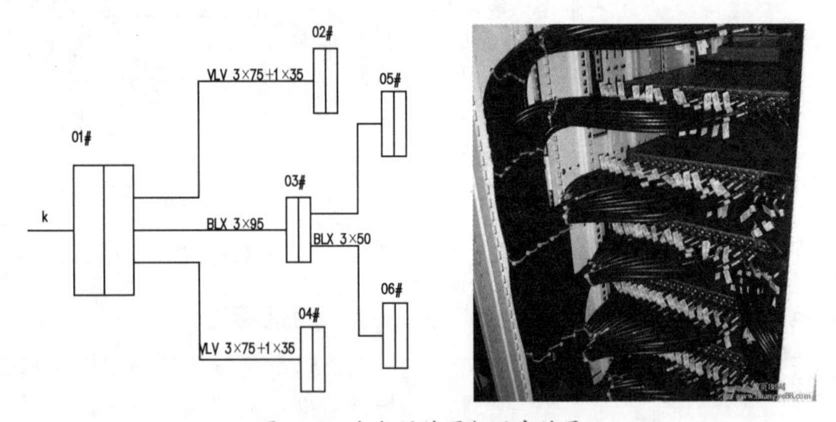

图 21-1　电气设计图与现实结果

21.1.1 电气设计的有关标准

电气工程设计部门设计、绘制图样，施工单位按图样组织工程施工，所以图样必须有设计和施工等部门共同遵守的一定格式和一些基本规定、要求。这些规定包括建筑电气工程图自身的规定和机械制图、建筑制图等方面的有关规定。

- 《电气工程 CAD 制图规则》GB/T18135-2008
- 《电气图用图形符号》GB4728-2008
- 《供配电系统设计规范》GB50052-2009
- 《电力工程电缆设计规范》GB50217-2007

- 《建筑照明设计标准》GB50034-2004
- 《火灾自动报警系统设计规范》GB50116-2008
- 《智能建筑工程施工规范》GB50606-2010
- 《入侵报警系统设计规范》GB50394-2007
- 《室外作业场地照明设计标准》GB50582-2010
- 《出入口控制系统设计规范》GB50396-2007
- 《建筑物防雷设计规范》GB50057-1994

电气设计制图标准涉及图纸幅面与元器件图块，以及图线、字体等绘图所包含的各方面的使用标准。本节为读者抽取一些制图标准中常用到的知识来讲解。

1. 图形比例标准

图形与实际物体线性尺寸的比值称为“比例”。大部分电气工程图是不按比例绘制的，某些位置则按照比例绘制或部分按照比例绘制。所采用的比例有1:1、1:2、1:5、1:10、1:20、1:30、1:50、1:100、1:150、1:200、1:500、1:1000、1:2000等。

2. 字体标准

汉字、字母和数字是电气图的重要组成部分，因而电气图的字体必须符合标准。

- 汉字一般采用仿宋体、宋体；字母和数字用正体、罗马字体，也可用斜体。
- 字体的大小一般为2.5~10mm，也可以根据不同的图纸使用更大的字体，根据文字所表示的内容不同应用不同大小的字体。
- 一般来说，电气器件触电号最小，线号次之，器件名称号最大。具体也要根据实际调整。

3. 图线标准

绘制电气工程图所用的各种线条统称为图线。为了使图纸清晰、含义清楚、绘图方便，国家标准中对图线的型式、宽度和间距都做了明确的规定。图线型式参见表21-1。

表21-1 图线型式

图线名称	图线形式	图线应用
粗实线	▬▬▬	建筑的立面线、平面图与剖面图的假面轮廓线、图框线等
中实线	———	电气施工图的干线、支线、电缆线及架空线等
细实线	▬▬▬	电气施工图的底图线。建筑平面图中用细实线突出用中实线绘制的电气线路
粗点划线	▬ · ▬ · ▬	通常在平面图中大型构件的轴线等处使用
点划线	▬ ▪ ▬ ▪ ▬	用于轴线、中心线等
粗虚线	▬ ▬ ▬ ▬	适用于地下管道
虚线	▬ ▬ ▬ ▬	适用于不可见的轮廓线
双点划线		辅助围框线
波浪线		断裂线
折断线	——╱╲——	用在被断开部分的边界线

- 电气图的线宽：可选0.18、0.25、0.35、0.5、0.7、1.0、1.4、2.0mm。
- 电气图线型的间距：平行图线边缘间距至少为两条图线中较粗一条图线宽度的2倍。

4. 尺寸标注和标高

尺寸数据是施工和加工的主要依据。尺寸是由尺寸线、尺寸界线、尺寸起止点（箭头或45°斜划线）、尺寸数字4个要素组成的。尺寸的单位除标高、总平面图和一些特大构件以“米”(m)为单位外，其余一律以“毫米”(mm)作单位。

电气图中的标高与建筑设计图纸中的相同，在此不多赘述。在电气工程图上有时还标有敷设标高点，它是指电气设备或线路安装敷设位置与该层坪面或楼面的高差。

5. 详图索引标志

表明图纸中所需要的细部构造、尺寸、安装工艺及用料等全部资料的详细图样称为“详图”。有些图形在原图纸上无法进行表述而进行详细制作，故也称作“节点大样”等。详图与总图的联系标志称为“详图索引标志”，如图21-2所示表示3号详图与总图画在同一张图纸上；如图21-3所示则表示2号详图画在第5号图纸上。

图21-2 详图索引标志一

图21-3 详图索引标志二

详图的比例应采用1:1、1:2、1:5、1:10、1:20、1:50绘制，必要时也可采用1:3、1:4、1:25、1:30、1:40比例绘制。

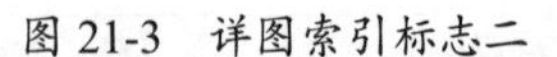

6. 电气图的布局方式

电气图的布局要从对图的理解及方便使用出发，力图做到突出图的本意、布局结构合理、排列均匀、图面清晰，以方便读图。

- 图线布局

电气图中用来表示导线、信号通路、连接线等的图线应为直线，即常说的横平竖直，并尽可能地减少交叉和弯折。

➢ 水平布局：水平布局的方式是将设备和元件按行布置，使其连接线一般成水平布置，如图21-4所示。其中各元件、二进制逻辑单元按行排列，从而使各连接线基本上都是水平线。

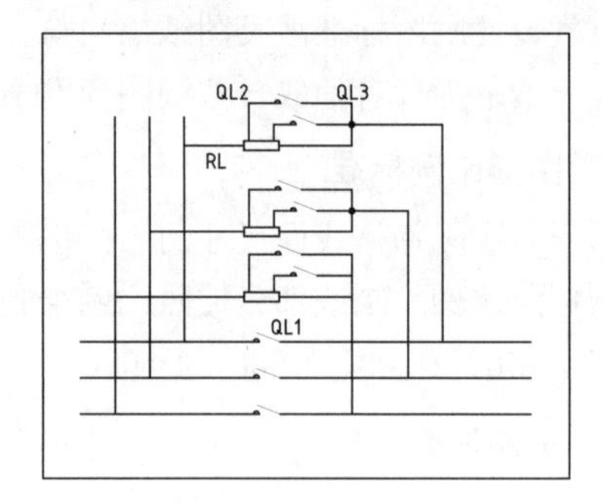

图21-4 水平布局

➢ 垂直布局：垂直布局的方式是将元件和设备按列来排列，连接线成垂直布局，使其连接线处于竖立在垂直布局的图中，如图21-5所示。元件、图线在图纸上的布置也可按图幅分区的列的代号来表示。

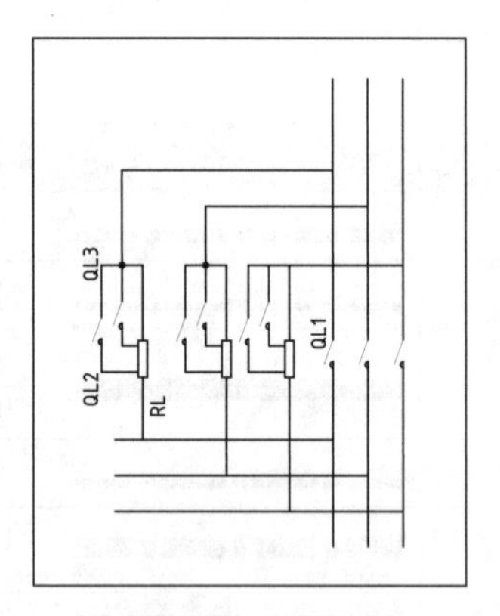

图21-5 垂直布局

➢ 交叉布局：为把相应的元件连接成对称的布局，也可采用斜的交叉线方式来布置，如图21-6所示。

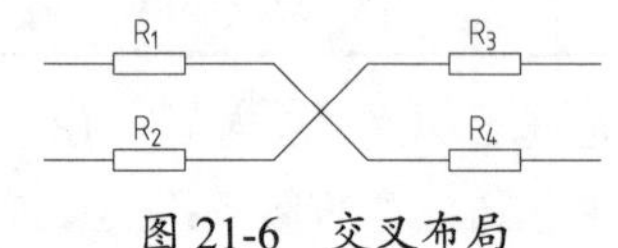

图21-6 交叉布局

● 电路或元件布局

电路或元件布局的方法有两种，一种是功能布局法，另一种是位置布局法。

➢ 功能布局法：着重强调项目功能和工作原理的电气图，应该采用功能布局法。在功能布局法中，电路尽可能按工作顺序布局，功能相关的符号应分组并靠近，从而使信息流向和电路功能清晰，并方便留出注释位置。如图 21-7 所示为水平布局，从左至右分析，SB1、FR、KM 都处于常闭状态，KT 线圈才能得电。经延时后，KT 的常开触合点闭合，KM 得电。

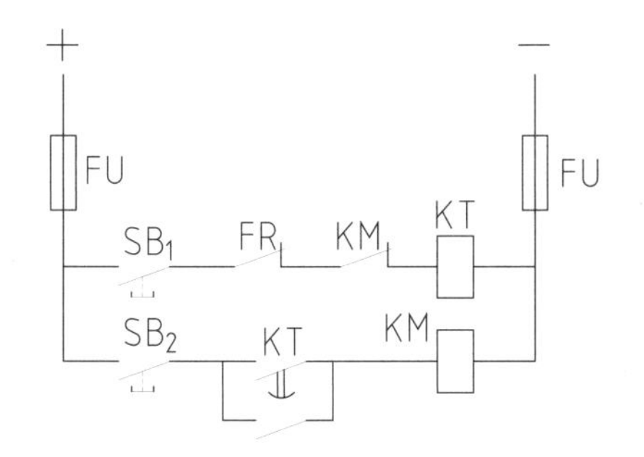

图 21-7　功能布局法示意

➢ 位置布局：强调项目实际位置的电气图，应采用位置布局法。符号应分组，其布局按实际位置来排列。位置布局法指电气图中元件符号的布置对应于该元件实际位置的布局方法。如图 21-8 所示为采用位置布局法绘制的电缆图，提供了有关电缆的信息，如导线识别标记、两端位置，以及特性、路径等。

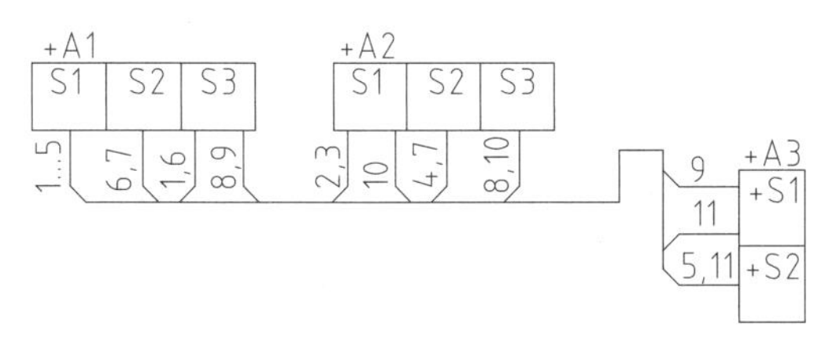

图 21-8　位置布局法

7. 围框

当需要在图上显示其中的一部分所表示的是功能单元、结构单元或项目组（电器组、继电器装置）时，可以用点化线围框表示。为了图面清楚，围框的形状可以是不规则的，如图 21-9 所示。

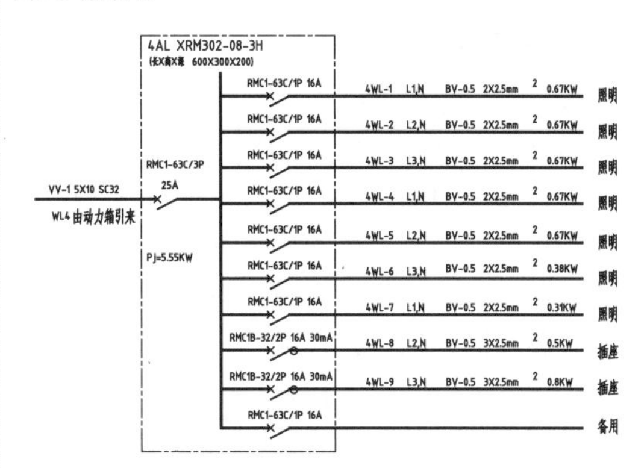

图 21-9　围框例图

21.1.2　电气设计的常见符号

电气图纸识读，首先必须熟悉电气图例符号，弄清图例、符号所代表的内容，常用的电气工程图例及文字符号可参见国家颁布的《电气图用图形符号》GB4728-2008。

阅读一套电气施工图纸，一般应先按照下面的顺序阅读，然后再对某部分内容进行重点识读。

01 看标题栏及图纸目录。了解工程名称、项目内容、设计日期及图纸内容、数量等。

02 看设计说明。了解工程概况、设计依据等，了解图纸中未能表达清楚的有关事项。

03 看设备材料表。了解工程所使用的设备、材料的型号、规格和数量等。

04 看系统图。了解系统基本组成，主要电气设备、元件之间的连接关系，以及它们的规格、型号、参数等，掌握该系统的组成概况。

05 看平面布置图。了解电气设备的规格、型号、数量及线路的起始点、敷设部位、敷设方式和导线根数等。平面图的阅读顺序可按照以下顺序进行：电源进线→总配电箱→干线→支线→分配电箱→电气设备。

06 看控制原理图。了解系统中电气设备的电气自动控制原理，以指导设备安装调试工作。

07 看安装接线图。了解电气设备的布置与接线。

08 看安装大样图。了解电气设备的具体安装方法、安装部件的具体尺寸等。

1. 电气图用图形符号

电气图用图形符号主要用于图样或其他文件以表示一个设备或概念的图形、标记或字符。或图形符号是通过书写、绘制、印刷或其他方法产生的可视图形，是一种以简明易懂的方式来传递一种信息，表示一个实物或概念，并可提供有关条件、相关性及动作信息的工业语言。

因本书篇幅所限，且电气符号图例较多，便只针对其内容进行介绍，具体图例请参见《电气图用图形符号》GB4728-2008。

- 图形符号组成

图形符号由一般符号、符号要素、限定符号和方框符号组成。

- 一般符号：表示一类产品或此类产品特征的简单符号，如电阻、电感、电容等，如图 21-10 所示。

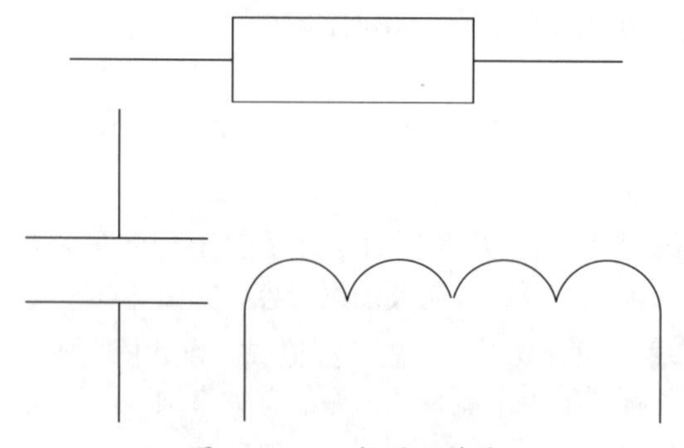

图 21-10　一般图形符号

- 符号要素：它具有确定意义的简单图形，必须同其他图形组合以构成一个设备或概念的完整符号。
- 限定符号：用于提供附加信息的一种加在其他符号上的符号，不能单独使用，但一般符号有时也可以用作限定符号。
- 方框符号：用于表示元件、设备等的组合及其功能，既不给出元件、设备的细节，也不考虑所有这些连接的一种简单图形符号。方框符号在系统图和框图中使用最多，在电路图中的外购件、不可修理件也可以用方框符号表示。

- 图形符号分类

图形符号的分类有以下 11 种，下面将分别进行介绍。

- 导线和连接器件：各种导线、接线端子和导线的连接、连接器件、电缆附件等。
- 无源元件：包括电阻器、电容器、电感器等。
- 半导体管和电子管：包括二极管、三极管、晶闸管、电子管、辐射探测器等。
- 电能的发生和转换：包括绕组、发电机、电动机、变压器、变流器等。
- 开关、控制和保护装置：包括触点(触头)、开关、开关装置、控制装置、电动机起动器、继电器、熔断器、间隙、避雷器等。
- 测量仪表、灯和信号器件：包括指示积算和记录仪表、热电偶、遥测装置、电钟、传感器、灯、喇叭和铃等。
- 电信交换和外围设备：包括交换系统、选择器、电话机、电报和数据处理设备、传真机、换能器、记录和播放等。
- 电信传输：包括通信电路、天线、无线电台及各种电信传输设备。
- 电力、照明和电信布置：包括发电站、变电站、网络、音响和电视的电缆配电系统、开关、插座引出线、电灯引出线、安装符号等。适用于电力、照明和电信系统和平面图。
- 二进制逻辑单元：包括组合和时序单元、运算器单元、延时单元、双稳、单稳和非稳单元、位移寄存器、计数器和储存器等。
- 模拟单元：包括函数器、坐标转换器、电子开关等。

● 常用图形符号应用的说明

常用图形符号的应用说明主要包括以下 7 点。

➢ 所有图形符号均由按无电压、无外力作用的正常状态示出。
➢ 在图形符号中，某些设备元件有多个图形符号，有优选形、其他形、形式 1、形式 2 等。选用符号的遵循原则是，尽可能采用优选形；在满足需要的前提下，尽量采用最简单的形式；在同一图号的图中使用同一种形式。
➢ 符号的大小和图线的宽度一般不影响符号的含义，在有些情况下，为了强调某些方面或者为了便于补充信息，或者为了区别不同的用途，允许采用不同大小的符号和不同宽度的图线。
➢ 为了保持图面的清晰，避免导线弯折或交叉，在不致引起误解的情况下，可以将符号旋转或成镜像放置，但此时图形符号的文字标注和指示方向不得倒置。
➢ 图形符号一般都画有引线，但在绝大多数情况下引线位置仅用作示例，在不改变符号含义的原则下，引线可取不同的方向，如引线符号的位置影响到符号的含义，则不能随意改变，否则会引起歧义。
➢ 在 GB4728 中比较完整地列出了符号要素、限定符号和一般符号，但组合符号是有限的。若某些特定装置或概念的图形符号在标准中位列出，允许通过已规定的一般符号、限定符号和符号要素适当组合，派生出新的符号。

2. 电气设备用图形符号

电气设备用图形符号是完全区别于电气图用图形符号的另一类符号，主要适用于各种类型的电气设备或电气设备部件上，使操作人员了解其用途和操作方法，也可用于安装或移动电气设备的场合，诸如禁止、警告、规定或限制等就注意的事项。电气设备用图形符号主要有识别、限定、说明、命令、警告和指示 5 大用途，设备用图形符号必须按照一定的比例绘制。

3. 电气图中常用的文字符号

在电气工程中，文字符号适用于电气技术领域中技术文件的编制，用以标明电子设备、装置和元器件的名称及电路的功能、状态和特征。根据我国公布的电气图用文字符号的国家标准（新标准编号 GB7159–87）规定，文字符号采用大写正体的拉丁字母，分为基本文字符号和辅助文字符号两类。

基本文字符号分为单字母和双字母两种。单字母符号是按拉丁字母顺序将各种电子设备、装置和元器件分为 23 大类，每大类用一个专用单字母符号表示，如 R 表示电阻器类、C 表示电容器类等，单字母符号应优先采用。双字母符号由一个表示种类的单字母符号与另一个字母组成，其组合形式应以单字母符号在前，另一个字母在后的次序列出。如 TG 表示电源变压器，T 为变压器单字母符号。只有在单字母符号不能满足要求，需要将某大类进一步划分时，才采用双字母符号，以便较详细和具体地表达电子设备、装置和元器件等。

各类常用基本文字符号，如表 21-2 所示。

表 21-2 常用电路文字符号

文字符号	含义	文字符号	含义
AAT	电源自动投入装置	M	电动机
AC	交流电	HG	绿灯

续表

文字符号	含义	文字符号	含义
DC	直流电	HR	红灯
FU	熔断器	HW	白灯
G	发电机	HP	光字牌
K	继电器	KA(NZ)	电流继电器（负序零序）
KD	差动继电器	KF	闪光继电器
KH	热继电器	KM	中间继电器
KOF	出口中间继电器	KS	信号继电器
KT	时间继电器	KP	极化继电器
KV(NZ)	电压继电器（负序零序）	KR	干簧继电器
KI	阻抗继电器	KW(NZ)	功率方向继电器（负序零序）
KM	接触器	KA	瞬时继电器 瞬时有或无继电器 交流继电器
KV	电压继电器	L	线路
QF	断路器	QS	隔离开关
T	变压器	TA	电流互感器
YC	合闸线圈	YT	跳闸线圈
TV	电压互感器	W	直流母线
PQS	有功无功视在功率	EUI	电动势电压电流
SE	实验按钮	SR	复归按钮
f	频率	Q	电路的开关器件
FU	熔断器	FR	热继电器
KM	接触器	KA	交流继电器
KT	延时 有或无继电器	SB	按钮开关
Q	电路的开关器件	FU	熔断器
KM	接触器	KA	瞬时接触继电器
SB	按钮开关	SA	转换开关
PJ	有功电度表	PJR	无功电度表
PF	频率表	PM	最大需量表
PPA	相位表	PPF	功率因数表
PW	有功功率表	PAR	无功电流表
PR	无功功率表	HA	声信号
HS	光信号	HL	指示灯
HR	红色灯	HG	绿色灯

续表

文字符号	含义	文字符号	含义
HY	黄色灯	HB	蓝色灯
HW	白色灯	XB	连接片
XP	插头	XS	插座
XT	端子板	W	电线电缆母线
WB	直流母线	WIB	插接式（馈电）母线
WP	电力分支线	WL	照明分支线
WE	应急照明分支线	WPM	电力干线
WT	滑触线	WC	控制小母线
WCL	合闸小母线	WS	信号小母线
WLM	照明干线	WEM	应急照明干线
WF	闪光小母线	WFS	事故音响小母线
WPS	预报音响小母线	WV	电压小母线
WELM	事故照明小母线	F	避雷器
FU	熔断器	FTF	快速熔断器
FF	跌落式熔断器	FV	限压保护器件
C	电容器	CE	电力电容器
SBF	正转按钮	SBR	反转按钮
SBS	停止按钮	SBE	紧急按钮
SBT	试验按钮	SR	复位按钮
SQ	限位开关	SQP	接近开关
SH	手动控制开关	SK	时间控制开关
SL	液位控制开关	SM	湿度控制开关
SP	压力控制开关	SS	速度控制开关
ST	温度控制开关辅助开关	SV	电压表切换开关
SA	电流表切换开关	U	整流器
UR	可控硅整流器	VC	控制电路有电源的整流器
UF	变频器	UC	变流器
UI	逆变器	M	电动机
MA	异步电动机	MS	同步电动机
MD	直流电动机	MW	绕线转子感应电动机
MC	鼠笼型电动机	YM	电动阀
YV	电磁阀	YF	防火阀
YS	排烟阀	YL	电磁锁

续表

文字符号	含义	文字符号	含义
YT	跳闸线圈	YC	合闸线圈
YPAYA	气动执行器	YE	电动执行器
FH	发热器件(电加热)	EL	照明灯（发光器件）
EV	空气调节器	EE	电加热器加热元件
L	感应线圈电抗器	LF	励磁线圈
LA	消弧线圈	LL	滤波电容器
R	电阻器变阻器	RP	电位器
RT	热敏电阻	RL	光敏电阻
RPS	压敏电阻	RG	接地电阻
RD	放电电阻	RS	启动变阻器
RF	频敏变阻器	RC	限流电阻器
B	光电池热电传感器	BP	压力变换器
BT	温度变换器	BV	速度变换器
BT1BK	时间测量传感器	BL	液位测量传感器
BHBM	温度测量传感器		

21.2 电气设计图的内容

由于电气图所表达的对象不同，因而使电气图具有多样性。如表示表示系统的工作原理、工作流程和分析电路特性需要用电路图。表示元件之间的关系、连接方式和特点需用接线图。在数字电路中，由于各种数字集成电路的应用使电路可以实现逻辑功能，因此就有了反映集成电路逻辑功能的逻辑图。

本节介绍各类电气图的基本知识。

21.2.1 目录和前言

目录和前言是电气工程图中的重要组成部分，分别介绍如下。

- 目录：目录是对某个电气工程的所有图纸编出目录，以便检索、查阅图纸，内容包括序号、图名、图纸编号、张数以及备注等。
- 前言：前言包括设计说明、图例、设备材料明细表、工程经常概算等。

21.2.2 系统图或框图

系统图或框图，也称为“概略图”，是指用符号或带注释的框概略表示系统或分系统的基本组成、相互关系及其主要特征的一种简图。

系统图可分不同层次绘制，可参照绘图对象的逐级分解来划分层次。一般采用总分的形式，它还作为工程技术人员参考、培训、操作和维修的基础文件，它可以使工程技术人员，对系统、装置、设备、整体供电情况等有一个概略的了解，为进一步编制详细的技术文件，以及绘制电路图、平面图、接线图和逻辑图等提供依据，也为进行有关计算、选择导线和电气设备等提供了重要依据。

1. 用一般符号表示的系统图

这类系统图通常采用单线表示法来绘制。例如建筑电气图中的供电系统图，如图21-11所示，从图中可以看出，供电电源是室外接入室内主配电箱，通过主配电箱在接入分配电箱，从图中还可以看出电路供电情况，设备总功率为336KW，计算负荷为153.72KW，计算电流为259.05A。了解这些信息后还可以对电路元器件的选择、供电导线的选择提供指示作用。

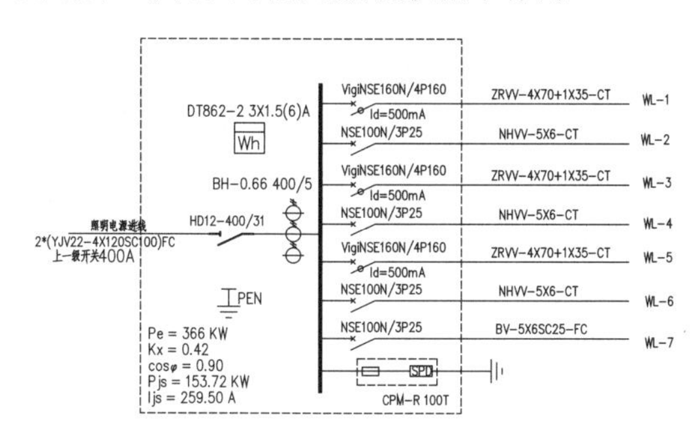

图 21-11　建筑电气供电系统图

2. 框图

比较复杂的电子设备，除了电路图之外，还需要使用电路框图来辅助表示。电路框图所包含的信息较少，因此根据框图无法清楚地了解电子设备的具体电路，只能作为分析复杂电子设备的辅助方式。

如图21-12所示的示波器是由一只示波管提供各种信号的电路组成的，在示波器的控制面板上设有一些输入插座和控制键钮。测量用的探头通过电缆和插头与示波器输入端子相连。示波器种类很多，但是基本原理与结构基本相同，通常由垂直偏转系统、水平偏转系统、辅助电路、电源及示波管电路组成。

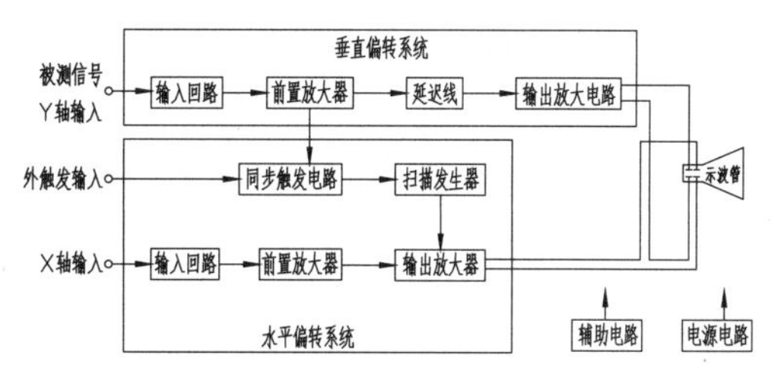

图 21-12　示波器框图

21.2.3 电路原理图和电路图

电气原理图是指用图形符号详细表示系统、分系统、成套设备、装置、部件等各组成元件连接关系的实际电路简图。

电路图是表示电流从电源到负载的传送情况和电气元件的工作原理，而不考虑其实际位置的一种简图。其目的是便于理解设备工作原理、分析和计算电路特性及参数，为测试和寻找故障提供信息，编制接线图提供依据，为安装和维修提供依据。电路图在绘制时应注意设备和元件的表示方法。在电路图中，设备和元件采用符号表示，并应以适当形式标注其代号、名称、型号、规格、数量等。注意设备和元件的工作状态。设备和元件的可动部分通常应表示在非激励或不工作的状态或位置符号的布置。对于驱动部分和被驱动部分之间采用机械联结的设备和元件可在图上采用集中、半集中或分开布置。

例如电机控制电路图，如图21-13所示，就表示了系统的供电、保护、控制之间的关系。

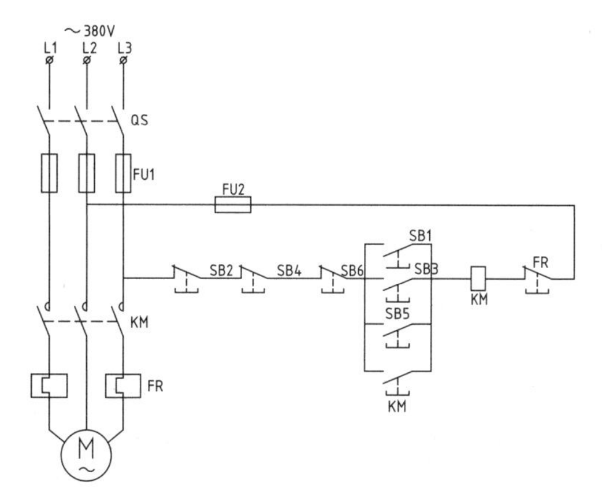

图 21-13　电动机控制线路原理图

21.2.4 接线图

接线图示表示成套装置、设备、电气元件的连接关系，用以进行安装接线、检查、试验与维修的一种简图或表格，称为“接线图”或“接线表”。接线图主要用于表示电气装置内部元件之间及其外部其他装置之间的连接关系，接线图是便于制作、安装及维修人员接线和检查的一种简图或表格。

例如，如图21-14所示是电动机控制线路的主电路接线图，它清楚地表示了各元件之间的实际位置和连接关系：电源(L1、L2、L3)由BLX-3×6的导线接至端子排X的1、2、3号，然后通过熔断器FU1～FU3接至交流接触器KM的主触点，再经过继电器的发热元件接到端子排的4、5、6号，最后用导线接入电动机的U、V、W端子。

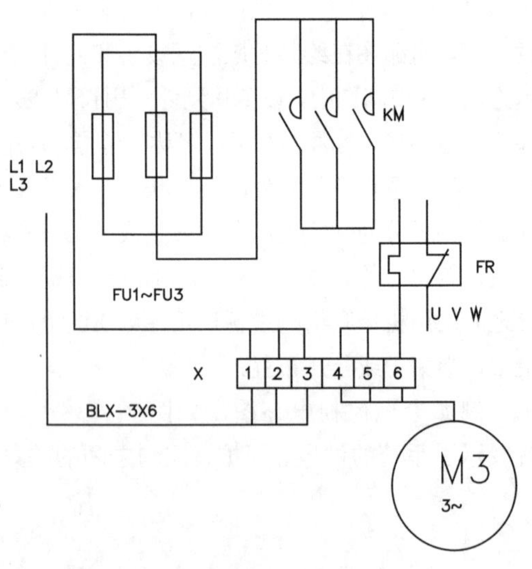

图 21-14 电动机控制接线图

21.2.5 电气平面图

电气平面图主要表示某一电气工程中的电气设备、装置和线路的平面布置。它一般是在建筑平面的基础上绘制出来的。常见的电气平面图主要有线路平面图、变电所平面图、弱电系统平面图、照明平面图、防雷与接地平面图等，如图21-15所示。图中表示出了电源经控制箱或配电箱，再分别经导线接至灯具及开关的具体布置。

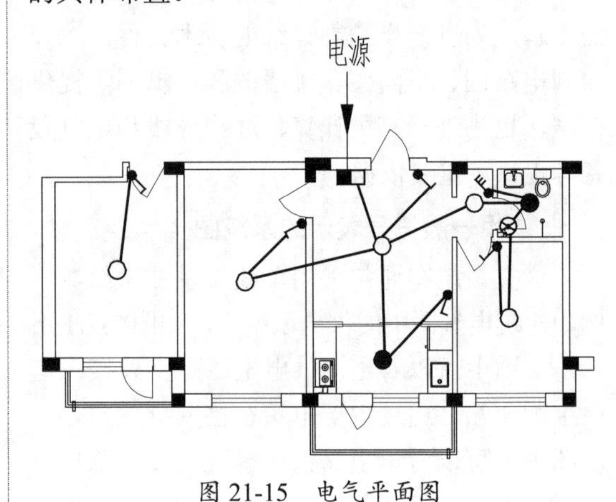

图 21-15 电气平面图

21.2.6 设备布置图

布置图是表示成套装置和设备在各个项目中的布局和安装位置，位置简图一般用图形符号绘制。如建筑电气图中的设备元件布置图，如图21-16所示。常见的设备布置图主要包括平面布置图、立面布置图、断面图、纵横剖面图等。

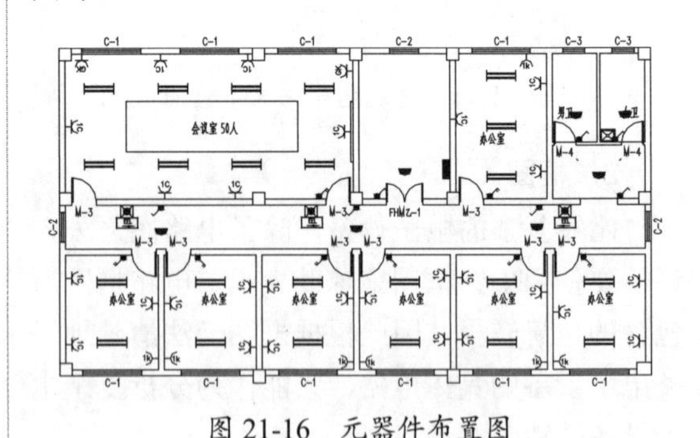

图 21-16 元器件布置图

21.2.7 设备元件和材料表

设备元件和材料表是把某一电气工程中用到的设备、元件和材料列成表格，表示其名称、符号、型号、规格和数量等，如图21-17所示。

符　号	名　称	型　号	数　量
ISA-351D	微机保护装置	220V	1
KS	自动加热除湿控制器	KS-3-2	1
SA	跳、合闸控制开关	LW-Z-1a,4,6a,20/F8	1
QC	主令开关	LS1-2	1
QF	自动空气开关	GM31-2PR3,0A	1
FU1-2	熔断器	AMI 16/6A	2
FU3	熔断器	AMI 16/2A	1
1-2DJR	加热器	DJR-75-220V	2
HLT	手车开关状态指示器	MGZ-91-220V	1
HLQ	断路器状态指示器	MGZ-91-220V	1
HL	信号灯	AD11-25/41-5G-220V	1
M	储能电动机		1

图 21-17　某开关柜上的设备元件表

21.2.8　大样图

大样图一般用来表示某一具体部位或某一设备元件的结构或具体安装方法的图样。一般非标准的控制柜、箱、检测元件和架空线路的安装等都需要用到大样图，大样图通常采用标准通用图集，为国家标准图。剖面图也是大样图的一种。

21.2.9　产品使用说明书用电气图

在电气设备中产品使用说明书通常附上电气图，供用户了解该产品的组成和工作过程及注意事项，以及一些电源极性端选择，以达到正确使用、维护和检修的目的。

21.2.10　其他电气图

在电气工程图中，系统图、电路图、接线图和设备布置图是最主要的图。在一些较复杂的电气工程中，为了补充和说明某一方面，还需要一些特殊的电气图，如逻辑图、功能图、曲线图和表格等。

21.3　绘制常见电气图例

电气工程的施工图是用各种图形符号、文字符号以及各种文字标注来表达的。本小节将通过绘制一些常用的电气图例，来了解和掌握这些符号的形式和内容。

21.3.1　绘制接触器

接触器（Contactor），狭义上是指能频繁关合、承载和开断正常电流及规定的过载电流的开断和关合装置；广义上是指工业电中利用线圈流过电流产生磁场，使触头闭合，以达到控制负载的电器。接触器控制容量大，适用于频繁操作和远距离控制，是自动控制系统中的重要元件之一。下面我们来绘制在非动作位置触点断开的接触器符号表示。

01 单击“快速访问”工具栏中的“新建”按钮，新建图形文件。

02 按 F8 键开启正交模式，调用 L“直线”命令，绘制垂直线段，结果如图 21-18 所示。

03 按 F3 键开启对象捕捉，调用 C“圆”命令，捕捉到上部线段的下端点，沿直线向上移动鼠标，如图 21-19 所示，在命令行中输入 1，指定距离下端点为 1 的点为圆心，绘制半径为 1 的圆，结果如图 21-20 所示。

04 调用 TR“修剪”命令，修剪圆，结果如图 21-21 所示。

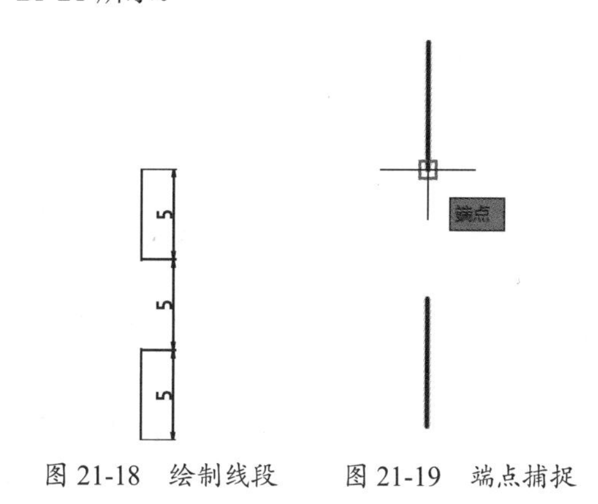

图 21-18　绘制线段　　图 21-19　端点捕捉

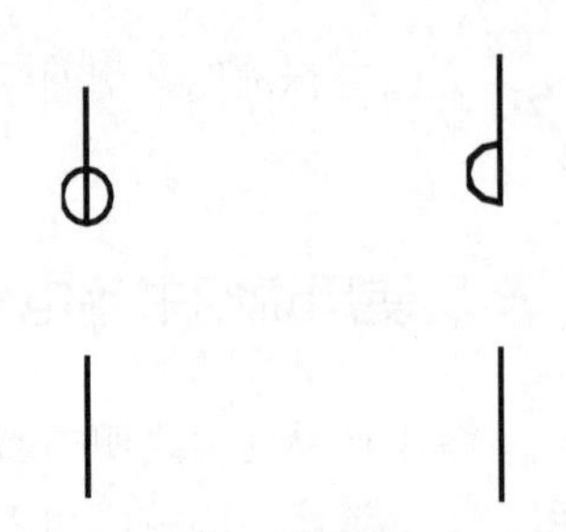

图 21-20　绘制圆　图 21-21　修剪圆

05 调用 L“直线”命令，指定下部线段的上端点为起点，在命令行中输入 @7<120，绘线段，结果如图 21-22 所示。

图 21-22　绘制斜线段

06 调用 W“写块”命令，打开“写块”对话框，在基点选项组下单击“拾取点”按钮，在绘图区中指定块基点，在对象选项组下单击“选择对象”按钮，在绘图区中选择图形后，按空格键返回对话框并设置参数，如图 21-23 所示，单击“确定”按钮，将绘制好的图形转换为外部块。

图 21-23　“写块”对话框

07 调用 I“插入”命令，可见刚定义的块图形，结果如图 21-24 所示。

图 21-24　“插入”对话框

21.3.2　绘制按钮开关

按钮开关（Push-button Switch），是指利用按钮推动传动机构，使动触点与静触点按通或断开并实现电路换接的开关。在电气自动控制电路中，用于手动发出控制信号以控制接触器、继电器、电磁起动器等。

01 单击“快速访问”工具栏中的“新建”按钮，新建空白图形文件。

02 在正交模式下，调用 PL“多段线”命令，绘制如图 21-25 所示的多段线，其中斜线长度为 7，角度为 120°，宽度为 0.35mm。

03 调用 TR“修剪”命令，修剪掉水平线段，结果如图 21-26 所示。

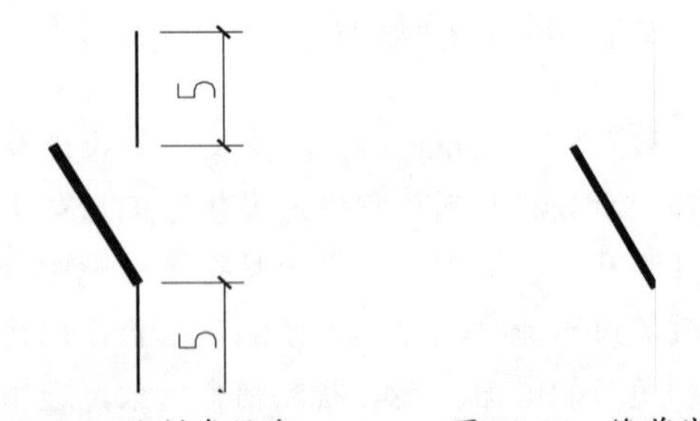

图 21-25　绘制多段线　　图 21-26　修剪线段

04 将线型设置为虚线，调用 L“直线”命令，捕捉斜线的中点，水平向左绘制长为 5 的虚线段，结果如图 21-27 所示。

05 调用 PL“多段线”命令，设置宽度为 0.35，绘制如图 21-28 所示图形。

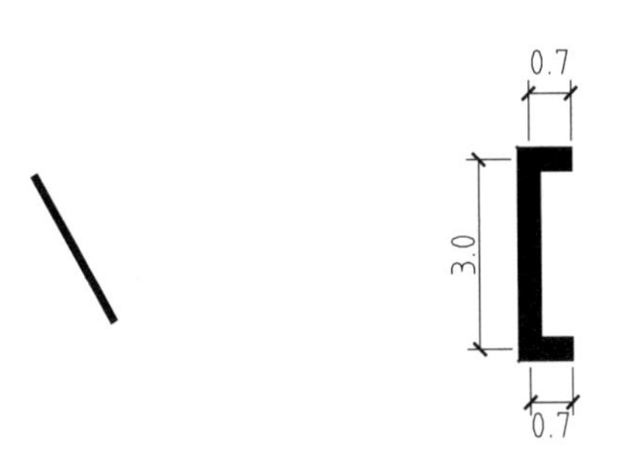

图 21-27　绘制虚线　　　　图 21-28　绘制按钮

06 调用 M“移动”命令，组合图形，绘制按钮开关的结果如图 21-29 所示。

07 调用 W“写块”命令，将按钮开关创建为外部块，结果如图 21-30 所示。

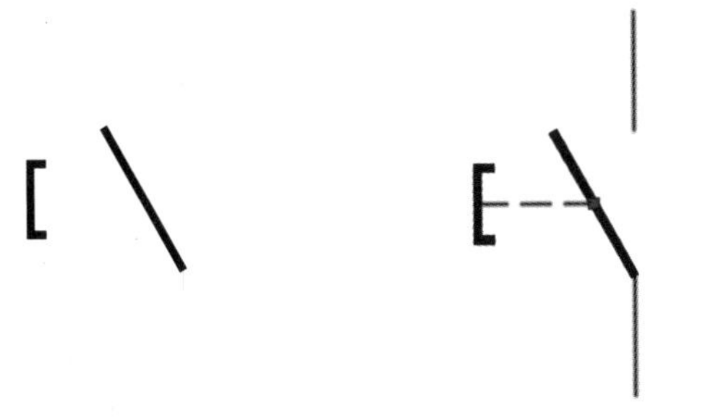

图 21-29　按钮开关　　　　图 21-30　写块结果

技术专题：开关的设计要点

双控开关是在两个不同的地方，可以控制同一盏灯的开、关的开关，需成对使用。双联开关指的是开关上的按钮个数，1 个按钮的为单联开关，2 个的为双联，3 个的为三联。

21.3.3　绘制可调电阻器

可调电阻也叫“可变电阻”，其英文为 Rheostat，是电阻的一类，其电阻值的大小可以人为调节，以满足电路的需要。可调电阻按照电阻值的大小、调节的范围、调节形式、制作工艺、制作材料、体积大小等可分为许多不同的型号和类型，分为：电子元器件可调电阻、瓷盘可调电阻、贴片可调电阻、线绕可调电阻等。

01 调用 L“直线”命令，绘制长度为 15 的水平线段，结果如图 21-31 所示。

图 21-31　绘制直线

02 调用 REC“矩形”命令绘制尺寸为 6×2 的矩形，并设置矩形线宽为 0.2，结果如图 21-32 所示。

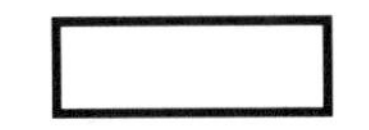

图 21-32　绘制矩形

03 调用 TR“修剪”命令，修剪线段，结果如图 21-33 所示。

04 调用 PL“多段线”命令，绘制方向为 60° 的箭头，结果如图 21-34 所示。

图 21-33　修剪图形

05 调用 W“写块”命令，将绘制的可调电阻器图形创建为外部块。

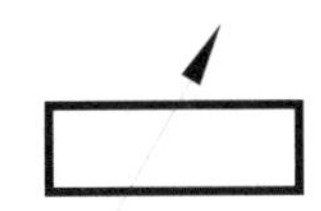

图 21-34　绘制多段线

技术专题：电阻的设计要点

可调电阻可以逐渐改变和它串联的用电器中的电流，也可以逐渐改变和它串联的用电器的电压，还可以起到保护用电器的作用。在实验中，它还起到获取多组数值的作用。可变电阻器由于结构和使用的原因，故障发生率明显高于普通电阻器。可变电阻器通常用于小信号电路中，在电子管放大器等少数场合也使用大信号可变电阻器。

21.3.4　绘制普通电容器

电容器，通常简称其容纳电荷的本领为“电容”，用字母 C 表示。由于任何两个彼此绝缘又相距很近的导体，都可以组成一个电容器，因此在电路图中常用两段平行的短线段表示电容。

01 调用 L“直线”命令，绘制长度为 6 的竖向线段。

02 调用 REC“矩形”命令，绘制尺寸为 2.5×1.5 的矩形，调用 M/MOVE“移动”命令，将矩形的中心点移动到线段的中点，并设置矩形线宽为 0.2，结果如图 21-35 所示。

03 调用 TR“修剪”命令，修剪图形，绘制电容器符号的结果，如图 21-36 所示。

图 21-35 绘制矩形　　图 21-36 修剪图形

04 调用 W“写块”命令，将绘制的电容器图形转换为外部块。

技术专题：电容的设计要点

在直流电路中，电容器是相当于断路的。电容器是一种能够储藏电荷的元件，也是最常用的电子元件之一。但是，在交流电路中，因为电流的方向是随时间成一定的函数关系变化的。而电容器充放电的过程是有时间的，这个时候，在极板间形成变化的电场，而这个电场也是随时间变化的函数。

21.3.5 绘制发光二极管（LED）

发光二极管简称为 LED，常见的 LED 小灯即是通过发光二极管制作的。其内部由含镓 (Ga)、砷 (As)、磷 (P)、氮 (N) 等的化合物制成。绘制发光二极管的操作步骤如下。

01 调用 PL“多段线”命令，设置起点宽度为 2，端点宽度为 0，绘制箭头线，如图 21-37 所示。

02 调用 RO“旋转”命令，将多段线旋转 150°，如图 21-38 所示。

图 21-37 绘制箭头线　　图 21-38 旋转箭头线

03 调用 CO“复制”命令，复制前面章节中绘制好的二极管，如图 21-39 所示。

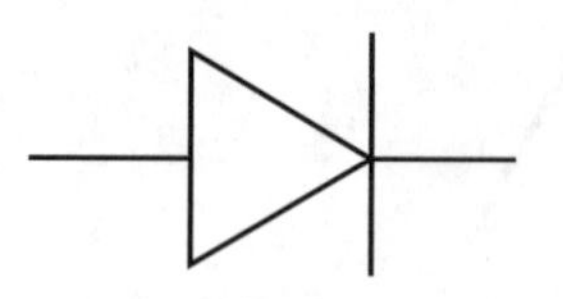

图 21-39 复制二极管

04 调用 M“移动”命令，将箭头线移动到合适的位置，如图 21-40 所示。

05 调用 CO“复制”命令，向下复制箭头多段线，如图 21-41 所示。

06 调用 B“创建块”命令，选择绘制好的电气符号，制作成块，将其命名为“发光二极管”。

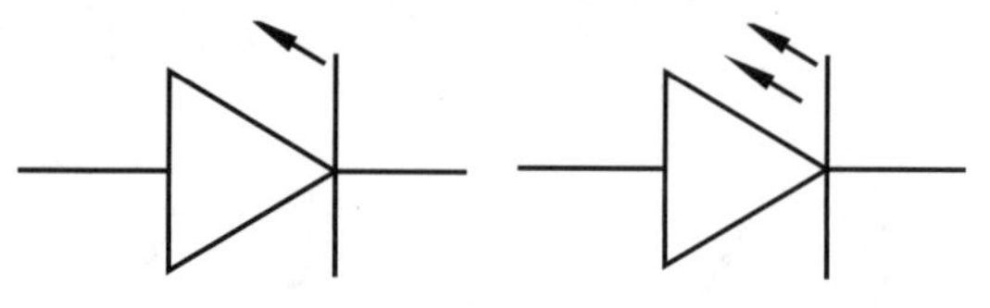

图 21-40 移动箭头线　　图 21-41 复制箭头线

技术专题：二极管的设计要点

发光二极管在电路及仪器中作为指示灯，或组成文字、数字显示。发出的光根据化合物不同而不同，砷化镓（GaAs）二极管发红光、磷化镓（GaP）二极管发绿光、碳化硅（SiC）二极管发黄光、氮化镓（GaN）二极管发蓝光。

21.3.6 绘制双向三极晶体闸流管

晶闸管（Thyristor）是晶体闸流管的简称，又可称作“可控硅整流器”，以前被简称为“可控硅”。晶闸管是 PNPN 四层半导体结构，它有三个极：阳极、阴极和门极。

01 调用 L“直线”命令，绘制长度为 8 的水平线段。

02 调用 PL“多段线”命令，在距端点距离为 3 处，绘制两条长度为 4 的垂直线段，结果如图 21-42 所示。

03 调用 POL“多边形”命令，绘制边长为 2 的正三角形，结果如图 21-43 所示。

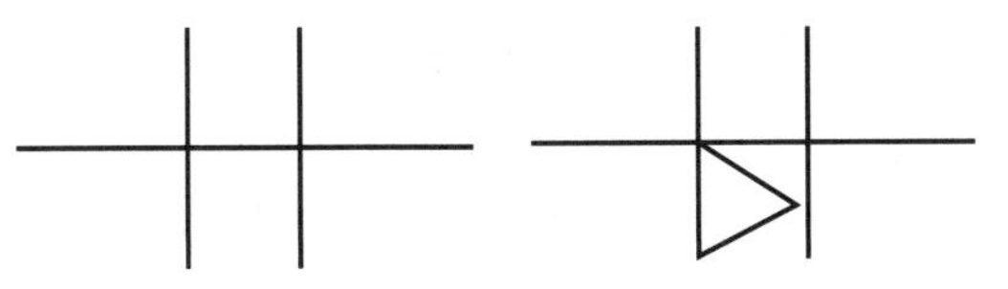
图 21-42 绘制段线　　图 21-43 绘制多边形

04 选择正三角形，单击右边顶点，水平向右拉伸至直线上单击，如图 21-44 所示。

05 调用 MI“镜像”命令，镜像正三角形，结果如图 21-45 所示。

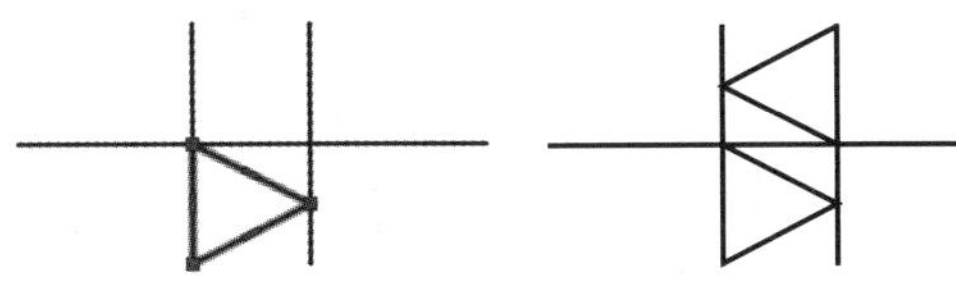
图 21-44 顶点拉伸　　图 21-45 镜像

06 调用 TR“修剪”命令，修剪图形，绘制结果如图 21-46 所示。

07 调用 W“写块”命令，将绘制好的图形创建为外部块，结果如图 21-47 所示。

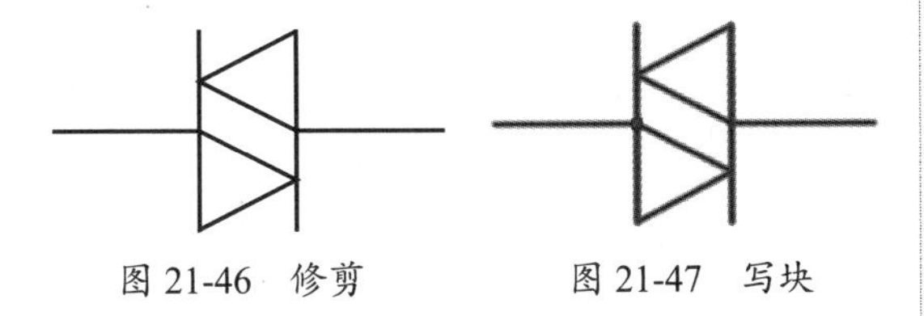
图 21-46 修剪　　图 21-47 写块

技术专题：晶闸管的设计要点

晶闸管工作条件为加正向电压且门极有触发电流。其派生器件有快速晶闸管、双向晶闸管、逆导晶闸管、光控晶闸管等。它是一种大功率开关型半导体器件，在电路中用文字符号为V、VT 表示（旧标准中用字母 SCR 表示）。

21.3.7 绘制电机

电机（英文：Electric machinery，俗称“马达”）是指依据电磁感应定律实现电能转换或传递的一种电磁装置。在电路中用字母 M（旧标准用 D）表示。它的主要作用是产生驱动转矩，作为用电器或各种机械的动力源。

01 调用 C“圆”命令，绘制一个半径为 7.5 的圆，如图 21-48 所示。

02 调用 L“直线”命令，开启对象捕捉功能，捕捉圆上方的象限点，单击此点并向上绘制长度为 7.5 的垂直线段，再绘制一条通过此象限点的水平辅助线，结果如图 21-49 所示。

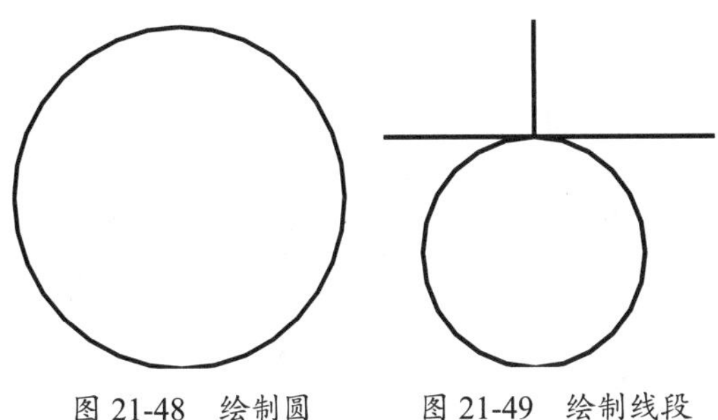
图 21-48 绘制圆　　图 21-49 绘制线段

03 调用 O“偏移”命令，将水平线段向上偏移 2.5，将垂直线段分别向右偏移 10，结果如图 21-50 所示。

04 再次调用 L“直线”命令，以经过偏移的水平线段和垂直线段的交点为起点，绘制角度为 225° 的直线与圆相交，结果如图 21-51 所示。

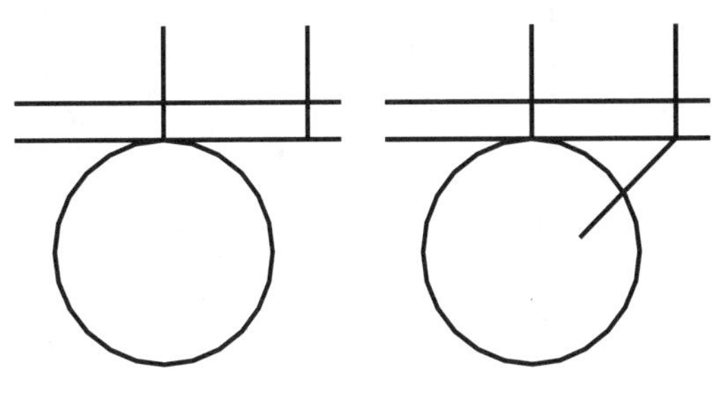
图 21-50 偏移线段　　图 21-51 绘制斜线

05 调用 TR“修剪”命令和 E“删除”命令，剪除多余的图形，结果如图 21-52 所示。

06 调用 M“镜像”命令，镜像线段，结果如图 21-53 所示。

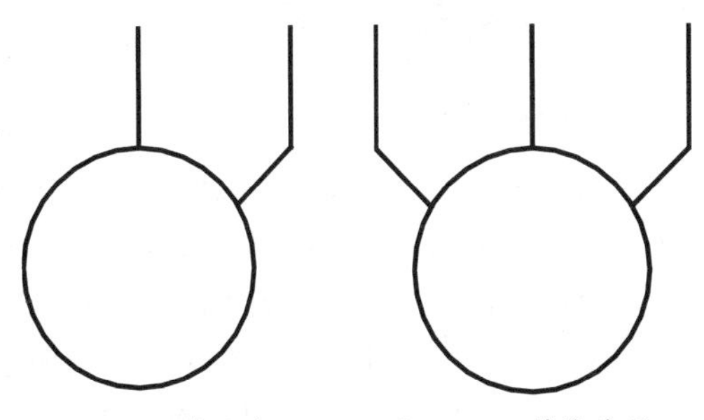
图 21-52 剪除线段　　图 21-53 镜像线段

07 调用 DO“圆环”命令，设置圆环内径为 0，外径为 1.5，指定圆上右象限点为圆环中心点，完成实心点的绘制，结果如图 21-54 所示。

08 调用 L“直线”命令，以圆上右象限点为起点，水平向右绘制长度为 2.5 的线段，结果如图 21-55 所示。

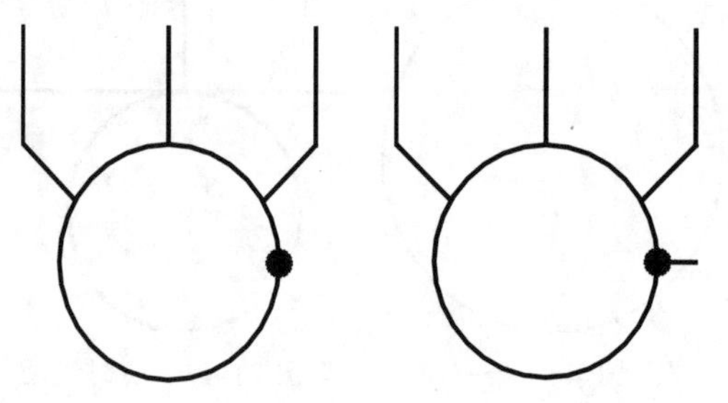

图 21-54　绘制圆环　　图 21-55　绘制直线

09 调用 DT“单行文字”命令，输入文字，结果如图 21-56 所示。

10 调用 W“写块”命令，将绘制好的图形创建为外部块，结果如图 21-57 所示。

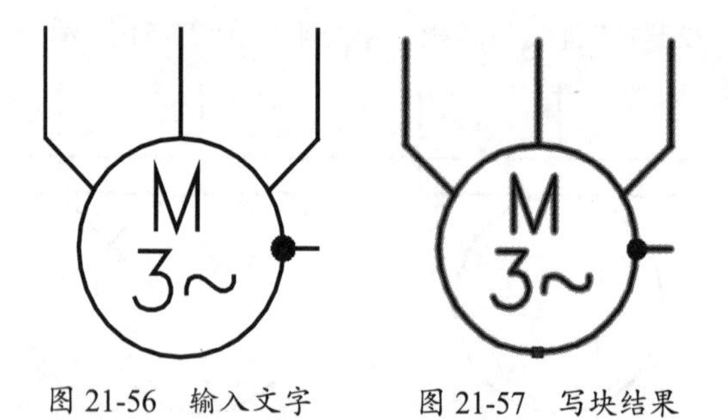

图 21-56　输入文字　　图 21-57　写块结果

操作技巧： 本例所绘制的是“三相异步电动”。M 表示电动机，3~ 表示三相交流。

21.3.8　绘制三相变压器

变压器是变换交流电压、电流和阻抗的器件，当初级线圈中通有交流电流时，铁芯（或磁芯）中便产生交流磁通，使次级线圈中感应出电压（或电流）。随着变压器行业的不断发展，越来越多的行业和企业运用上变压器，越来越多的企业进入了变压器行业，变压器由铁芯（或磁芯）和线圈组成，线圈有两个或两个以上的绕组，其中接电源的绕组称为“初级线圈”，其余的绕组称为“次级线圈”。

01 调用 L“直线”命令，绘制长度为 8 的辅助垂直线段，结果如图 21-58 所示。

02 调用 C“圆”命令，分别以线段两个端点为圆心绘制一个半径为 5 的圆，结果如图 21-59 所示。

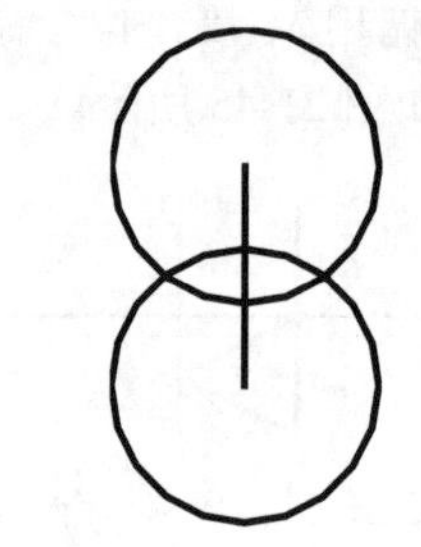

图 21-58　绘制辅助线　　图 21-59　绘制圆

03 调用 E“删除”命令删除辅助线，再次调用 L“直线”命令，绘制线段，结果如图 21-60 所示。

04 调用 DT“单行文字”命令，输入文字，结果如图 21-61 所示。

05 调用 W“写块”命令，将绘制好的图形创建为外部块。

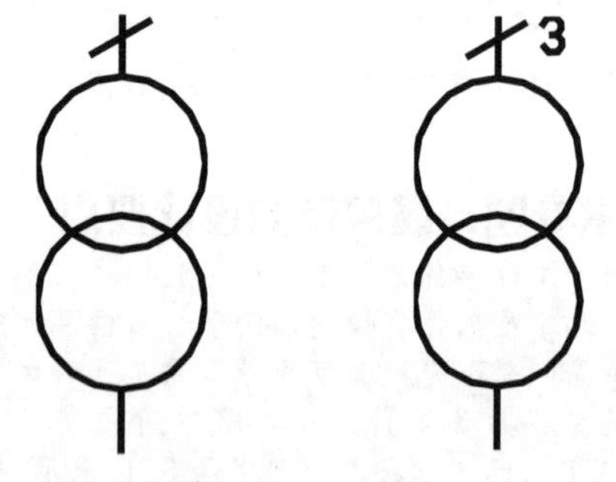

图 21-60　绘制线段　　图 21-61　输入文字

技术专题：变压器的设计要点

三相变压器广泛适用于交流 50Hz~60Hz，电压 660V 以下的电路中，广泛用于进口重要设备、精密机床、机械电子设备、医疗设备、整流装置、照明等。产品的各种输入、输出电压的高低、联接组别、调节抽头的多少及位置（一般为 ±5%）、绕组容量的分配、次级单相绕组的配备、整流电路的运用、是否要求带外壳等，均可根据用户的要求进行精心的设计与制造。

21.4 绘制电气工程图

本节以某住宅楼为例，介绍该住宅楼首层照明平面图的绘制流程，使读者掌握这些图的绘制方法及相关知识。

21.4.1 绘制住宅首层照明平面图

1. 设置绘图环境

01 单击“快速访问”工具栏中的“打开”按钮，打开配套光盘提供的“21.4 住宅首层平面图”文件，结果如图 21-62 所示。

02 新建图层。单击“图层”面板中的“图层特性管理器”按钮，在弹出来的“图层特性管理器”对话框中，新建“照明电气”及“连接线路”图层，结果如图 21-63 所示，单击右上角的“关闭”按钮，关闭该对话框，完成图层的设置。

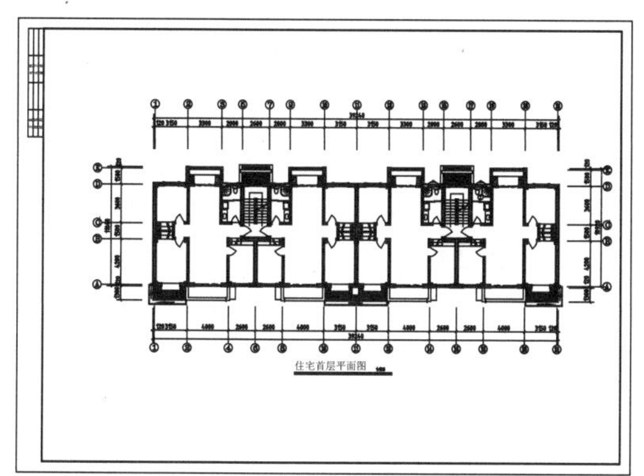

图 21-62　打开平面图

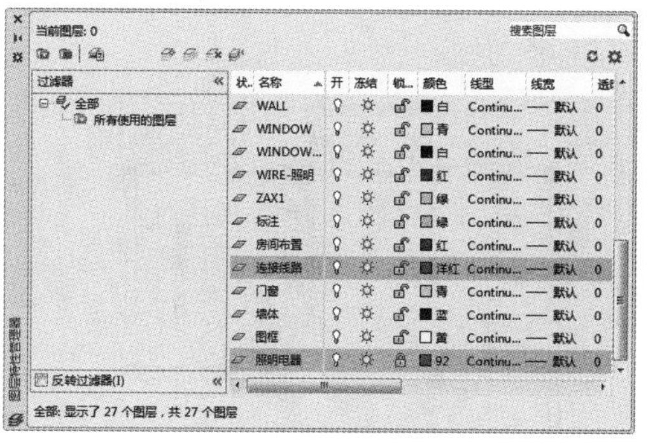

图 21-63　新建图层

2. 布置照明电器元器件

“首层住宅平面图”是对称的户型，可以先将其中一户的电气布置好，再调用 MI“镜像”命令完成照明平面图的绘制。

03 单击“图层”面板的“图层控制”下拉列表中，将“电气照明”图层置为当前。

04 调用 I“插入”命令，将“21.4 照明电器元器件图例”文件插入当前文件的空白位置，插入的图例文件，如图 21-64 所示。

主要材料表

序号	图例	名称	规格	单位	数量	备注	序号	图例	名称	规格	单位	数量	备注
1		用户照明配电箱	XSA2-18	台	4	安装高度为下距地1.5m	6		壁灯	用户自理	盏	4	
2		灯口带声光控开关照明灯	1x40W	盏	2		7		暗装单极开关	86系列—250v10A	个	20	安装高度为中距地1.4m
3		天棚灯	1x40W	盏	8		8		暗装三极开关	86系列—250v10A	个	4	安装高度为中距地1.4m
4		普通灯	用户自理	盏	4		9		暗装双极开关	86系列—250v10A	个	8	安装高度为中距地1.4m
5		花灯	用户自理	盏	4		10		浴霸	用户自理	盏	4	

图 21-64　图例文件

05 调用 X“分解”命令，将插入的图块对象分解。

06 将“用户照明配电箱”图块选中，调用 CO“复制”、M“移动”等命令将配电箱复制到洗衣间的外边墙上，如图 21-65 所示。

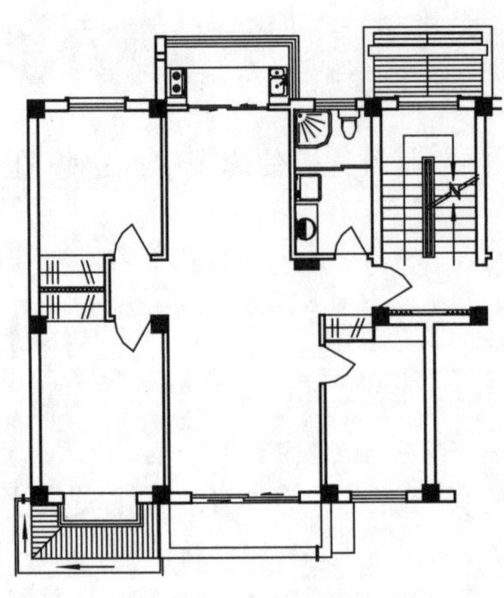

图 21-65　复制配电箱

07 采用同样的方法，将"天棚灯""普通灯""花灯""壁灯"等图块复制移动到各个房间的中间位置，并调用 RO"旋转"命令调整方向，如图 21-66 所示。

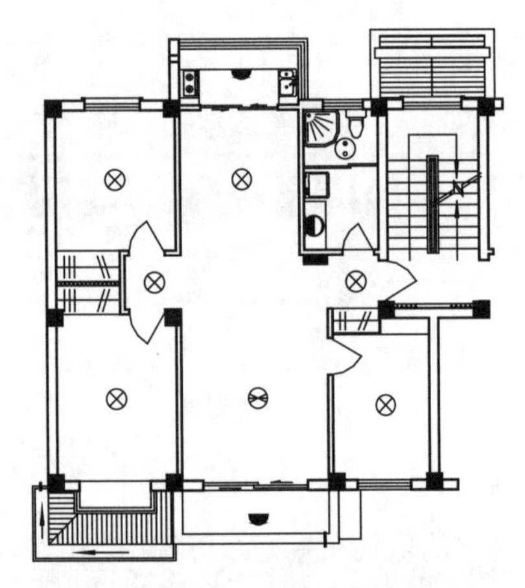

图 21-66　复制灯具

技术专题：室内灯具的布置技巧

灯具的选择应根据具体房间的功能而定，并宜采用直接照明和开启式灯具，本书将业内的布置经验具体总结如下。

- 起居室（厅）、餐厅等公共活动场所的照明应在屋顶至少预留一个电源出线口。
- 卧室、书房、卫生间、厨房的照明宜在屋顶预留一个电源出线口，灯位宜居中。
- 卫生间等潮湿场所，宜采用防潮易清洁的灯具；装有淋浴或浴盆卫生间的照明回路，宜装设剩余电流动作保护器。
- 起居室、通道和卫生间照明开关，宜选用夜间有光显示的面板。
- 有自然光的门厅、公共走道、楼梯间等的照明，宜采用光控开关。
- 住宅建筑公共照明宜采用定时开关、声光控制等节电开关和照明智能控制系统。

08 选中"暗装单极开关"图块，调用 CO"复制"命令将其复制到墙边上，再调用 RO"旋转"命令调整开关方向，结果如图 21-67 所示。

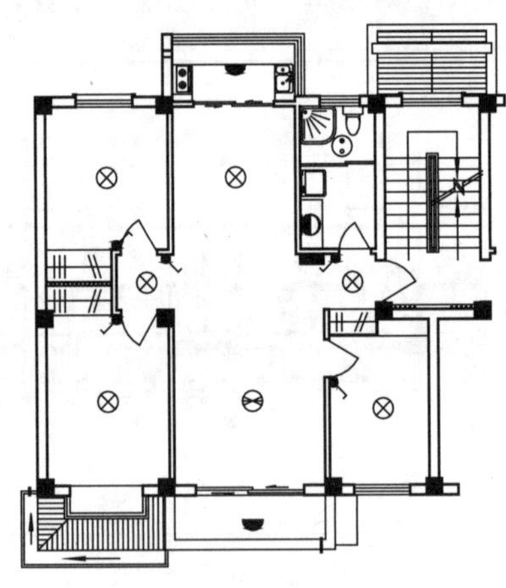

图 21-67　单极开关

09 采用同样的方法，将"暗装双极开关""暗装三极开关"插入到平面图上的合适位置，结果如图 21-68 所示。

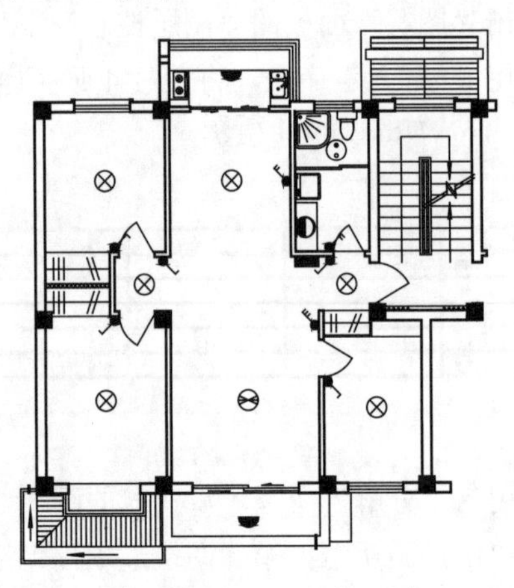

图 21-68　双、三极开关

技术专题：照明电路的设计要点

照明系统中的每一单相分支回路电流不宜超过16A，灯具数量不宜超过25个；大型建筑组合灯具每一单相回路电流不宜超过25A，光源数量不宜超过60个（当采用LED光源时除外）。

3. 绘制连接线路

01 在“图层”面板中的“图层控制”下拉列表中，将“连接线路”图层置为当前。

02 根据线路连接各电气元器件的控制原理，调用PL“多段线”命令，将线宽设置为30，先绘制出从配电箱引出，顺次连接“单极开关●”“普通灯⊗”“花灯⊗”“天棚灯◒”的一条线路，结果如图21-69所示。

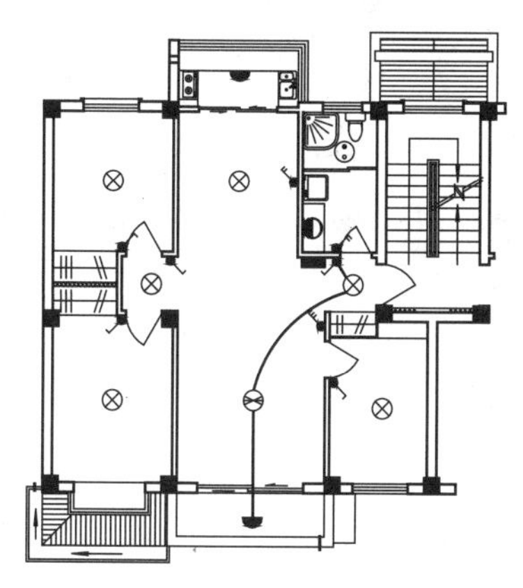

图21-69　连接灯具

03 采用同样的方法，绘制出其他的从配电箱引出，连接至其他灯具、开关的连接线路，结果如图21-70所示。

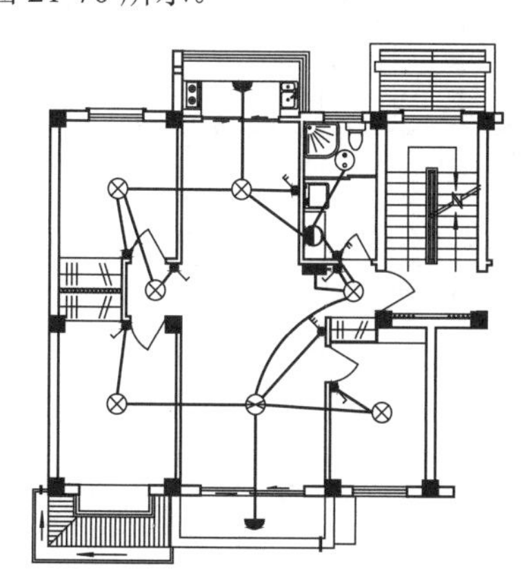

图21-70　连接线路

技术专题：照明电路的走线要点

连线时使用多段线将各顶灯一一连接即可，但注意电线不要横穿卫生间，因为卫生间湿度太大，水会顺着瓷砖缝隙渗透，影响电线的寿命，且有安全隐患。

04 调用MI“镜像”命令，将最左侧户型绘制好的灯具、开关、线路等图形镜像至右侧相邻的户型，结果如图21-71所示。

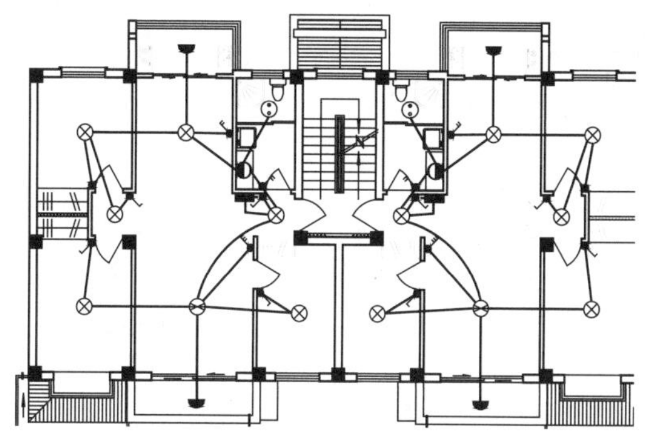

图21-71　镜像图形

05 调用CO“复制”、M“移动”等命令，在楼梯间内绘制灯口带声光控开关的照明灯，结果如图21-72所示。

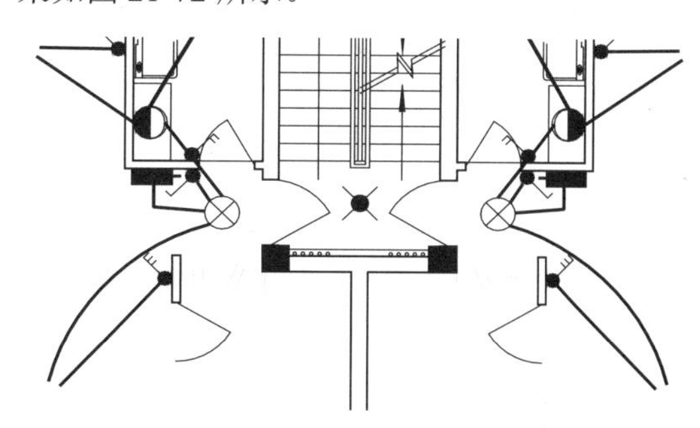

图21-72　绘制楼梯间灯具

06 调用PL“多段线”命令，先设置线宽为0，绘制一条长为400、角度为45°的线段，再设置起点宽度为100、端点宽度为0的箭头，结果如图21-73所示。

07 调用DO“圆环”命令，绘制直径为150的实心圆。复制多段线箭头，与实心圆组合成“由下引来向上配线”的线路走向符号，结果如图21-74所示。

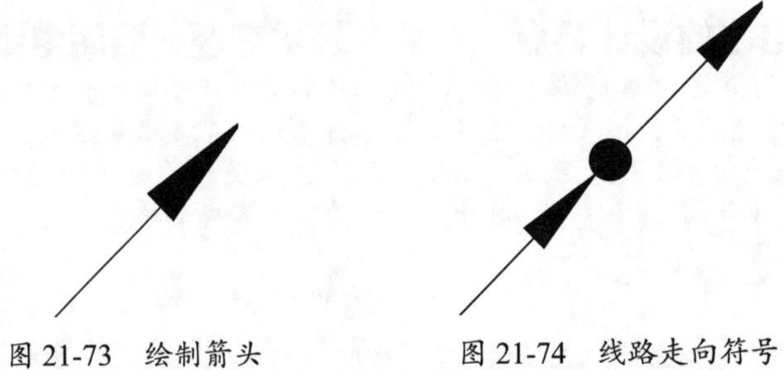

图 21-73　绘制箭头　　　　图 21-74　线路走向符号

08 调用 M“移动”、CO“复制”命令，将线路走向符号布置到恰当位置，结果如图 21-75 所示。

09 再次调用 PL“多段线”命令，将线宽设置为 30，将两户电路与楼梯间的电路相连接，结果如图 21-76 所示。

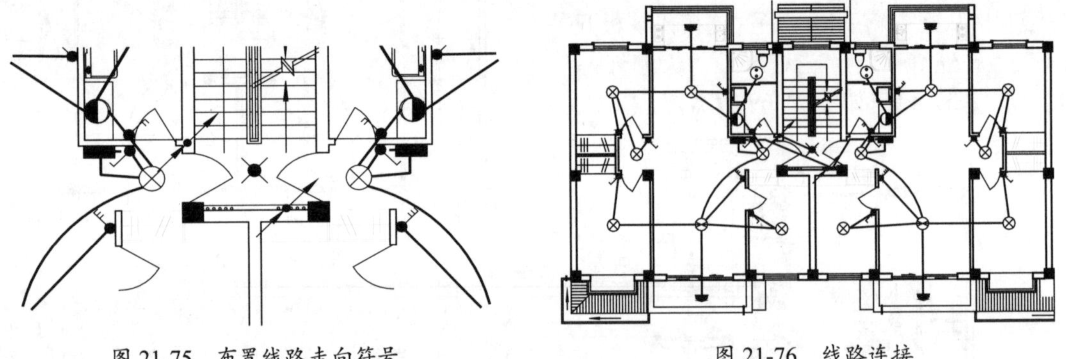

图 21-75　布置线路走向符号　　　　图 21-76　线路连接

10 调用 MI“镜像”命令，完善照明平面图，结果如图 21-77 所示。

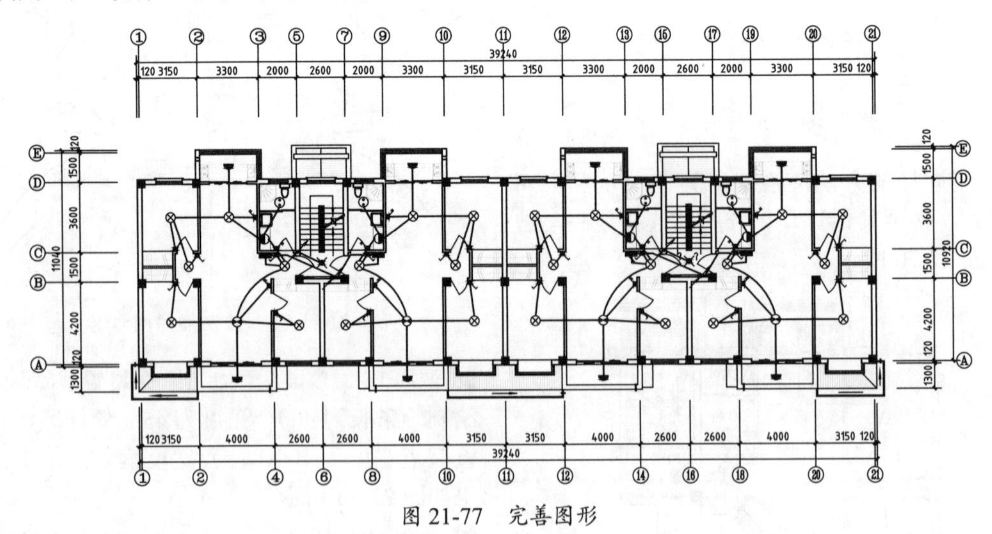

图 21-77　完善图形

1．标注说明

01 将“标注”图层置为当前。

02 将插入的“照明电器元器件图例”文件移动到合适位置。

03 利用文字的编辑功能，修改图名标注，结果如图 21-78 所示。

住宅首层平面图 1:100　　住宅首层照明平面图

图 21-78　修改图名标注

04 绘制住宅首层照明平面图的最终结果，如图 21-79 所示。

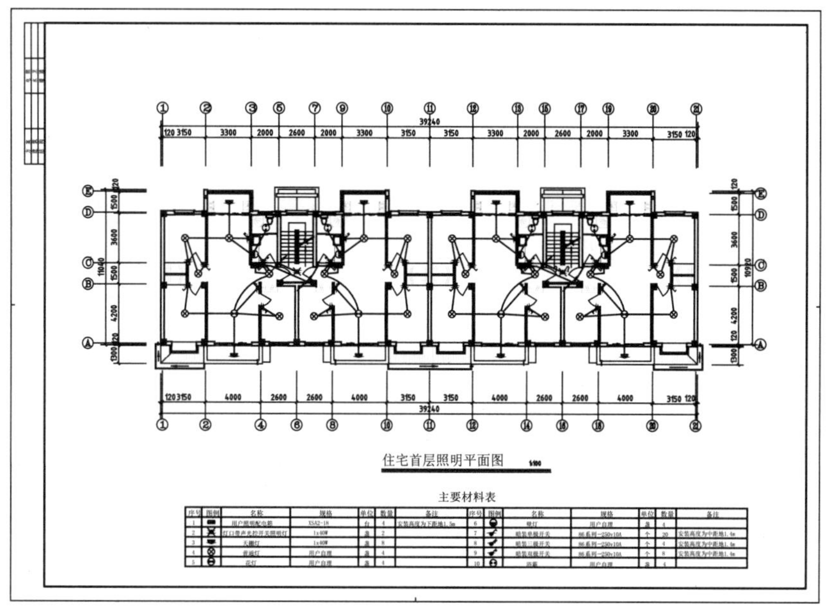

图 21-79　最终结果

21.4.2　绘制电气系统图

1. 设置绘图环境

01 单击“快速访问”工具栏中的“新建”按钮，新建一个图形文件。

02 单击“快速访问”工具栏中的“另存为”按钮，将文件另存为“21.4 住宅照明系统图”。

03 绘图之前，应新建相应图层。单击“图层”面板中的“图层特性管理器”按钮，在弹出的“图层特性管理器”对话框中，新建图层，结果如图 21-80 所示。

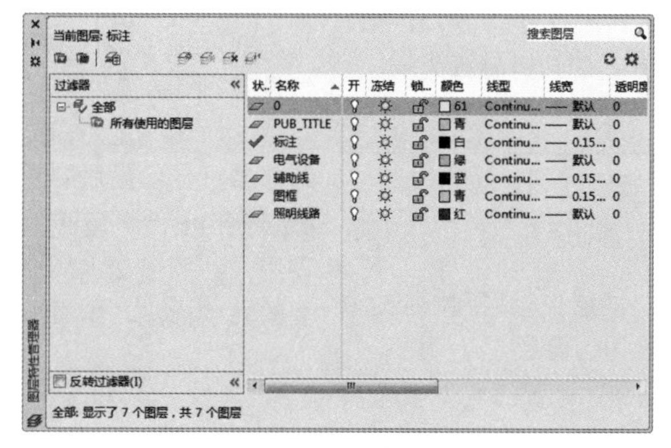

图 21-80　新建图层

04 设置文字样式。在命令行中输入 ST“文字样式”命令，在弹出的“文字样式”对话框中，单击“新建”按钮，打开“新建文字样式”对话框，设置新样式名称，结果如图 21-81 所示。

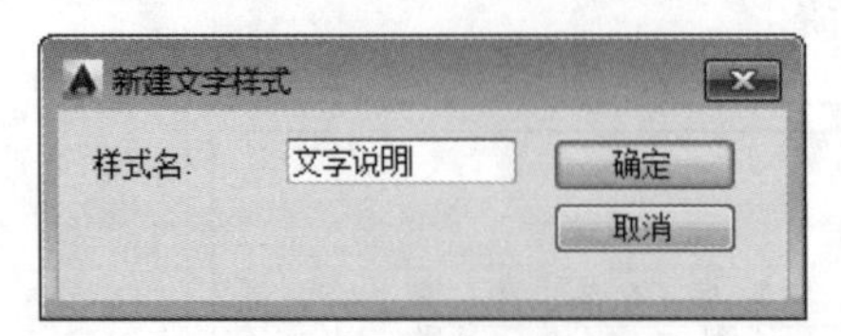

图 21-81　设置样式名称

05 单击“确定”按钮，返回“文字样式”对话框，设置参数，并单击“应用”按钮，如图 21-82 所示。

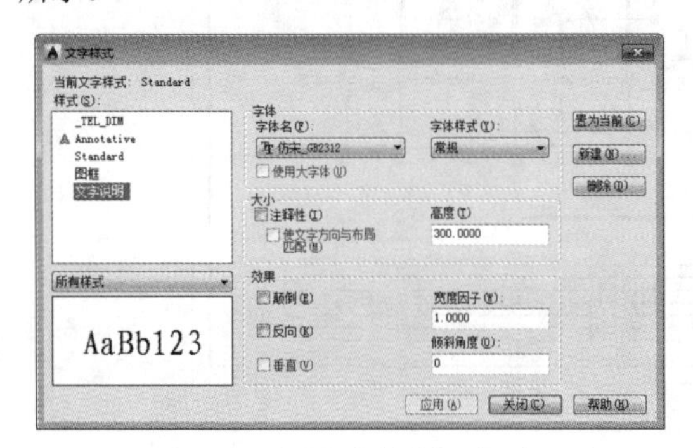

图 21-82　“文字样式”对话框

06 单击“置为当前”按钮将“文字说明”样式设为当前使用的样式，并单击“关闭”按钮关闭对话框。

2. 绘制总进户线

01 进入“图层”面板中的“图层控制”下拉列表，将“照明线路”图层设置为当前层。

02 调用 PL“多段线”命令，指定起点，选择“宽度”选项，设置起点宽度和端点宽度为 15，根据该建筑的线路布局要求，绘制出总进户线，结果如图 21-83 所示。

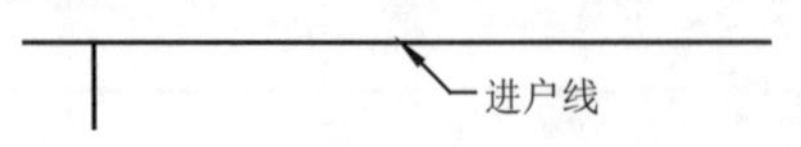

图 21-83　绘制总进户线

03 进入“图层”面板中的“图层控制”下拉列表，将“电气设备”图层设置为当前层。

04 调用 PL“多段线”命令，设置线宽为 30 的断路器符号，如图 21-84 所示。

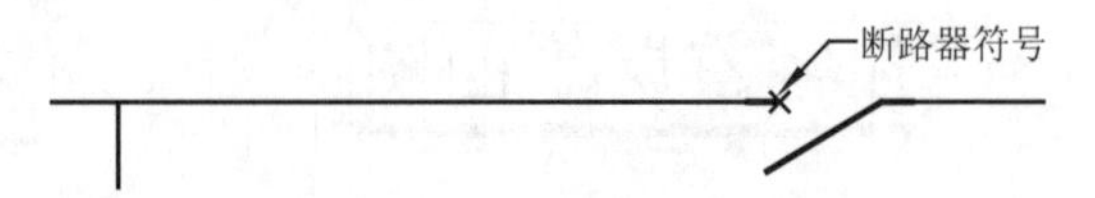

图 21-84　绘制断路器符号

05 调用 REC“矩形”命令，绘制浪涌保护器，结果如图 21-85 所示。

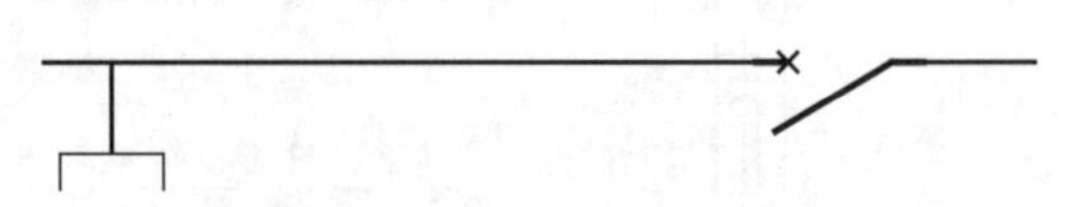

图 21-85　绘制浪涌保护器符号

06 调用 PL“多段线”命令，设置线宽为 30，绘制接地一般符号，结果如图 21-86 所示。

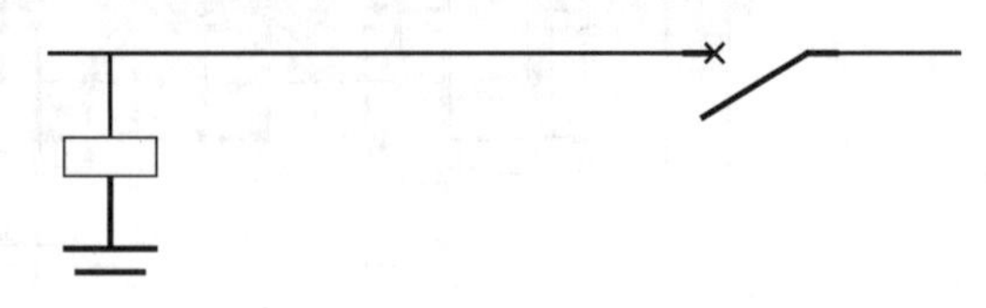

图 21-86　绘制接地符号

07 将“标注”图层置为当前，调用 T“多行文字”命令，添加文字说明，结果如图 21-87 所示。

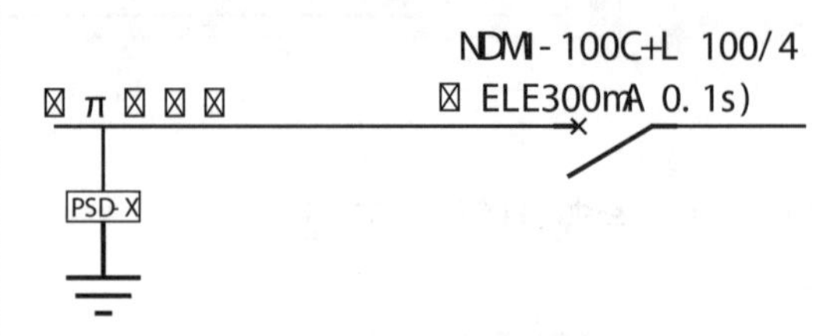

图 21-87　添加文字

3. 绘制各层干线及分配电箱

01 将“照明线路”图层置为当前，调用 PL“多段线”命令，根据命令行提示，设置多段线的宽度为 15，根据线路布局的要求绘制出从总线连接至该住宅各楼层的干线，再将“电气设备”图层置为当前，重复调用 PL“多段线”命令，设置线宽为 30，绘制出各楼层干线上的断路器符号，最后结果如图 21-88 所示。

02 调用 PL“多段线”命令绘制分配电箱，并调用 T“多行文字”命令，对分配电箱进行必要的文字标注，结果如图 21-89 所示。

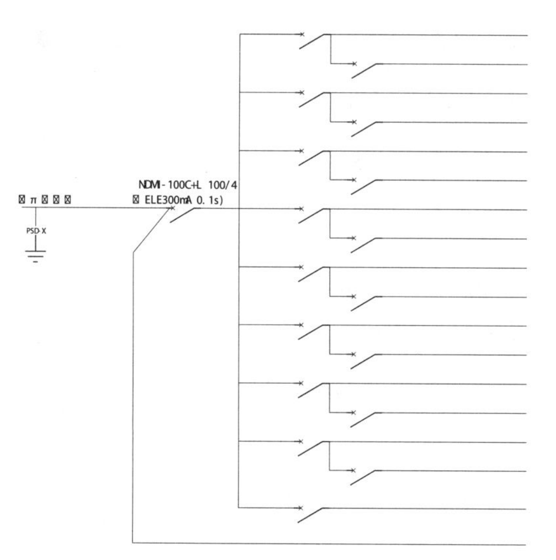

图 21-88　绘制干线及断路器符号

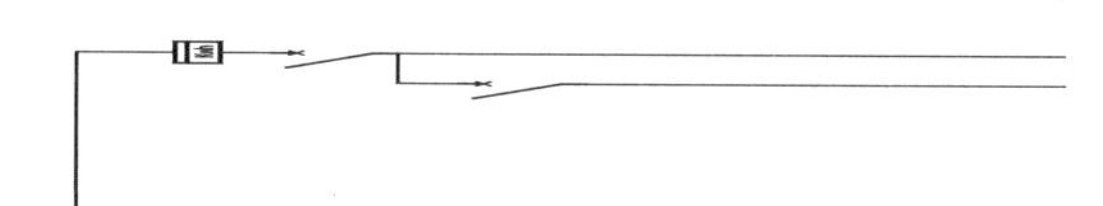

图 21-89　绘制分配电箱

03 调用 CO“复制”以及 TR“修剪”命令，复制分配电箱至其他干线上并修剪多余线条，结果如图 21-90 所示。

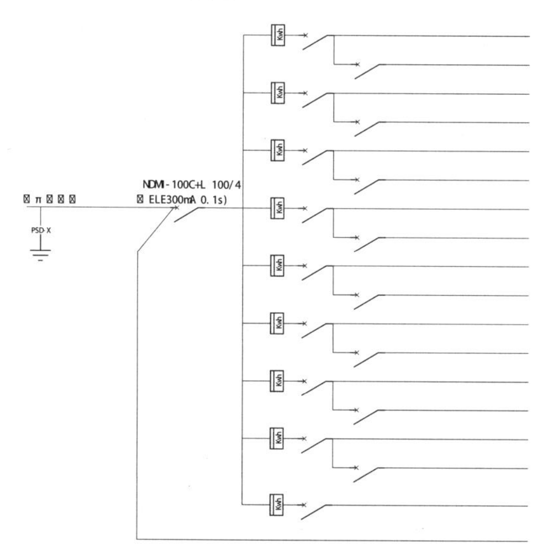

图 21-90　完善分配电箱绘制

04 将“标注”图层置为当前，调用 T“多行文字”命令，在绘制的各层干线上方输入相关的电气文字说明，如图 21-91 所示。

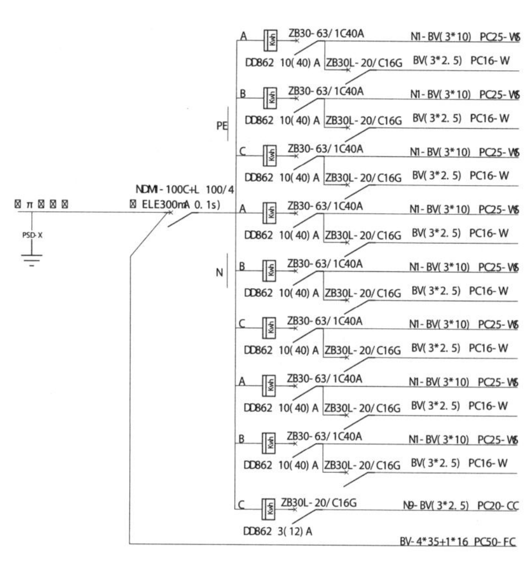

图 21-91　电气文字说明

4．文字说明及图名标注

01 将“辅助线”图层设为当前，并将线型设为虚线，调用 REC“矩形”命令，绘制尺寸为 11000×23000 的虚线框，如图 21-92 所示。

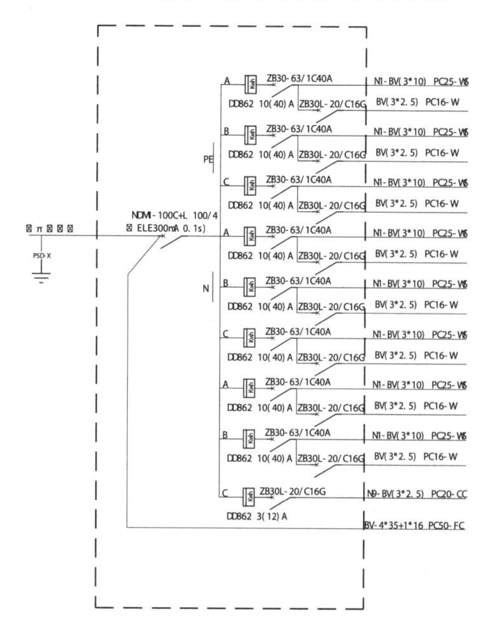

图 21-92　绘制矩形虚线框

02 调用 T“多行文字”及 L“直线”命令，在“标注”图层中对系统图进行必要的文字说明，结果如图 21-93 所示。

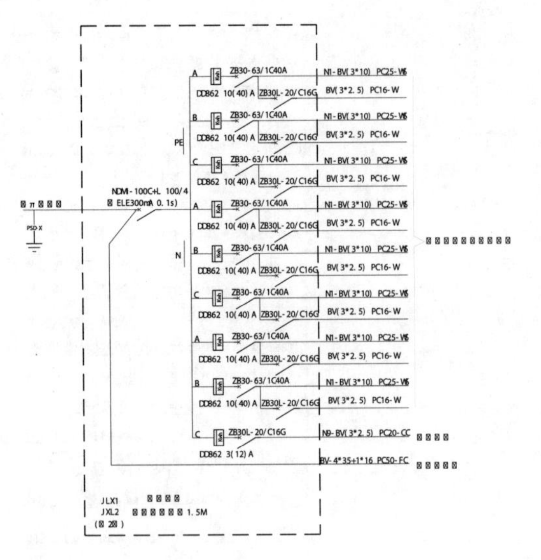

图 21-93　文字说明

03 图名标注。首先调用 T“多行文字”命令，分别设置字高为 700 和 500，在图下方适当的位置创建图名名称及图纸比例。再调用 PL“多段线”命令，在图名下绘制一条宽度为 100 的粗线和一条宽度为 0 的细线，结果如图 21-94 所示。

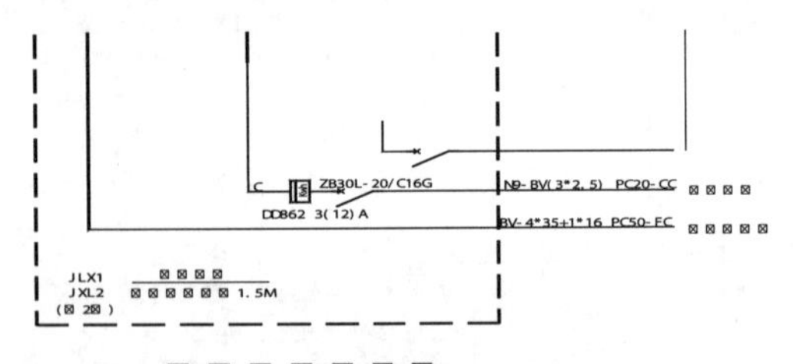

图 21-94　图名标注

5. 插入图框

01 调用 I“插入”命令，在弹出的“插入”对话框中，单击“浏览”按钮，在打开的“选择文件”对话框中选择需要的“21.4 图框 .dwg”文件，结果如图 21-95 所示。

02 单击“打开”按钮，返回“插入”对话框并设置参数，如图 21-96 所示。

图 21-95　“选择文件”对话框

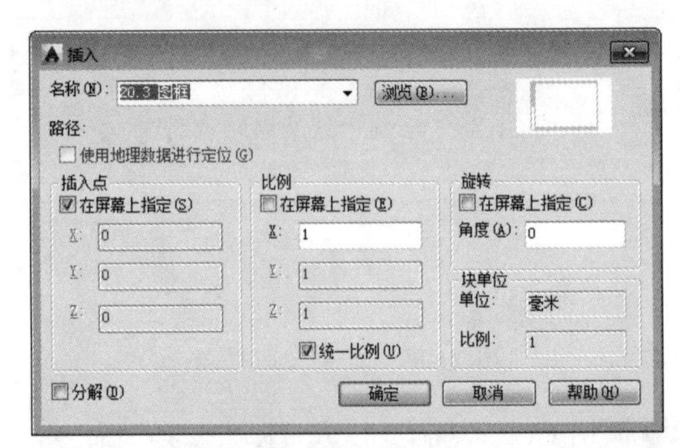

图 21-96　设置参数

03 单击“确定”按钮，在绘图区中合适位置指定图框的插入位置。绘制住宅照明系统图的最终结果，如图 21-97 所示。

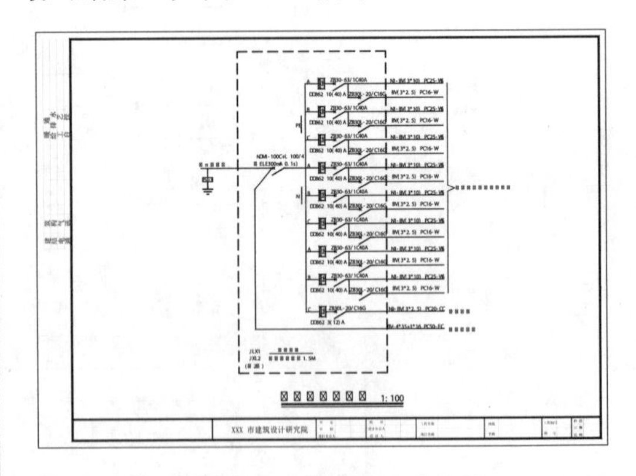

图 21-97　住宅照明系统图